本书部分案例

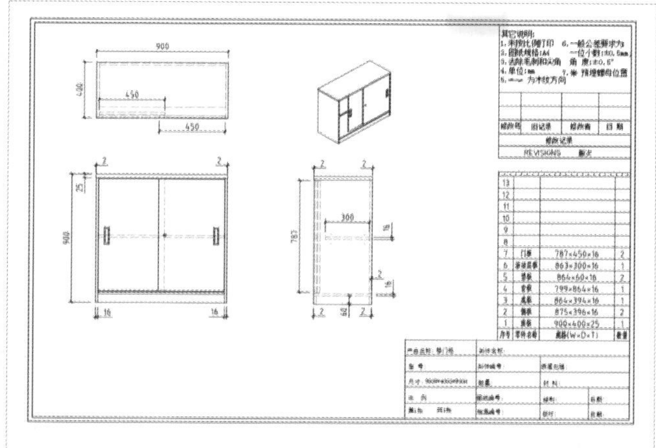

移动柜

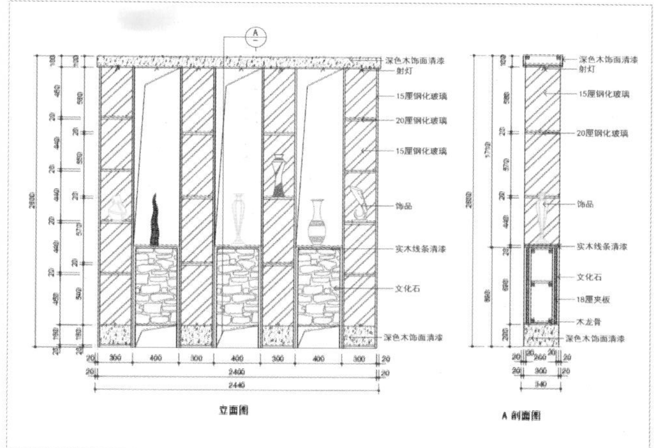

酒柜

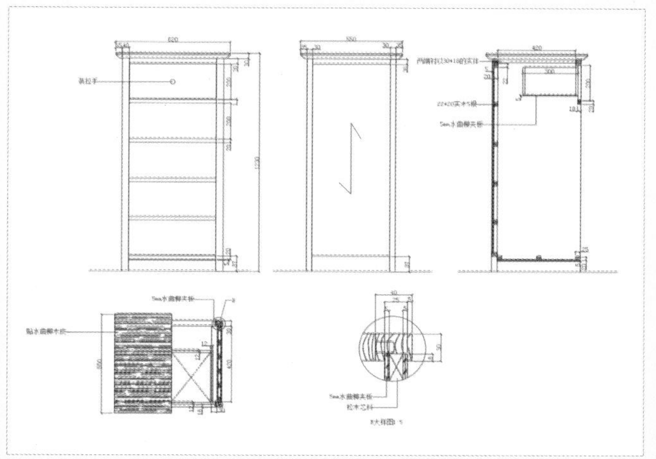

储物柜平面图

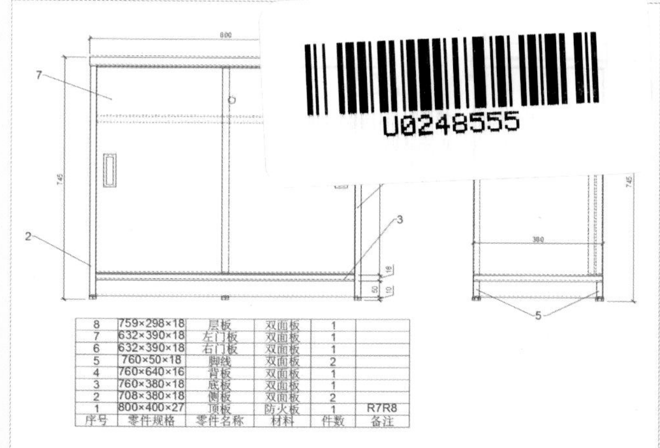

文件柜

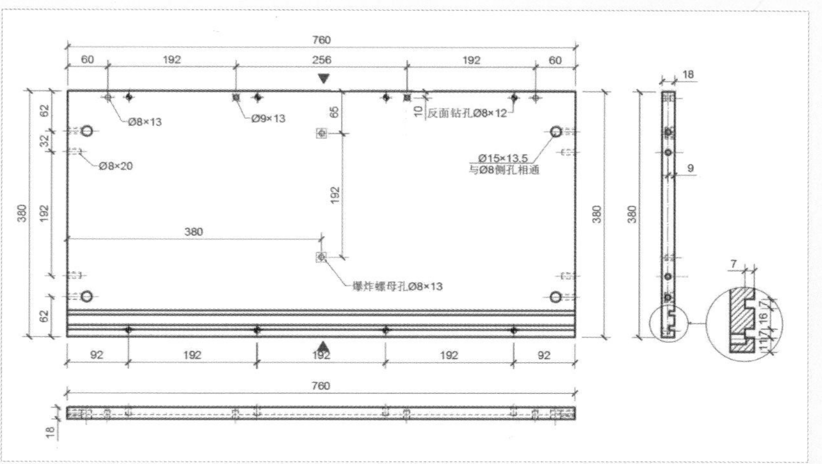

底板

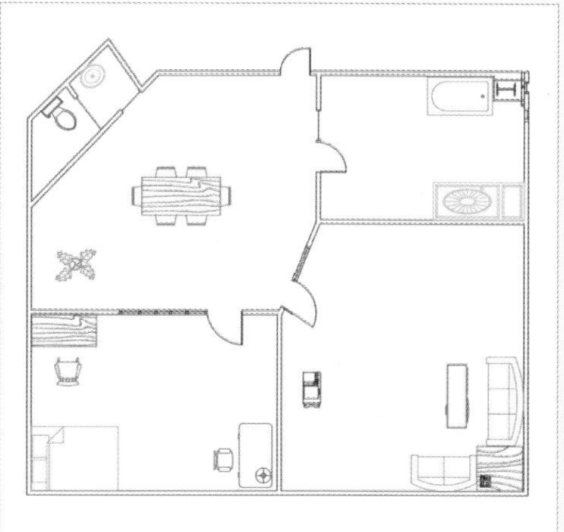

居室布置平面图

本书部分案例

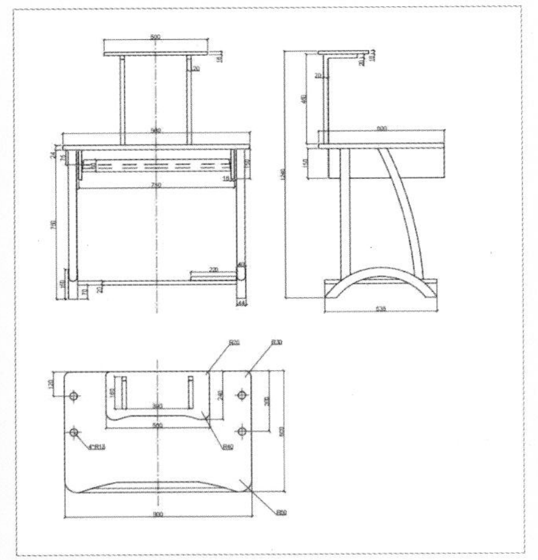

电脑桌平面图

木板椅平面图

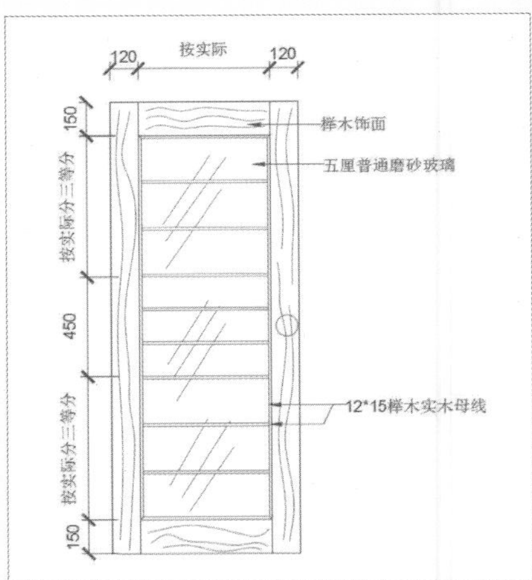

木门

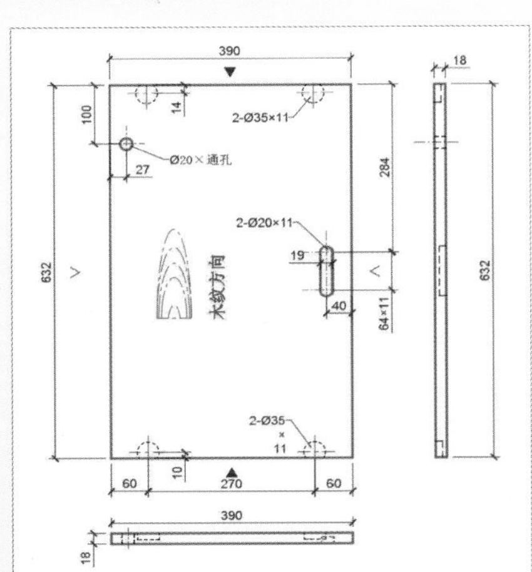

右门板

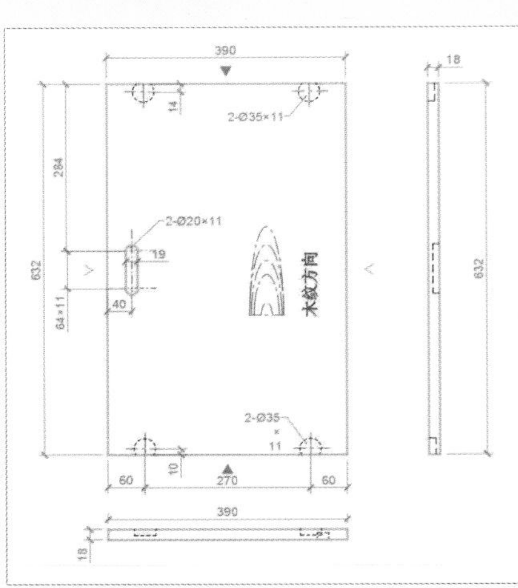

左门板

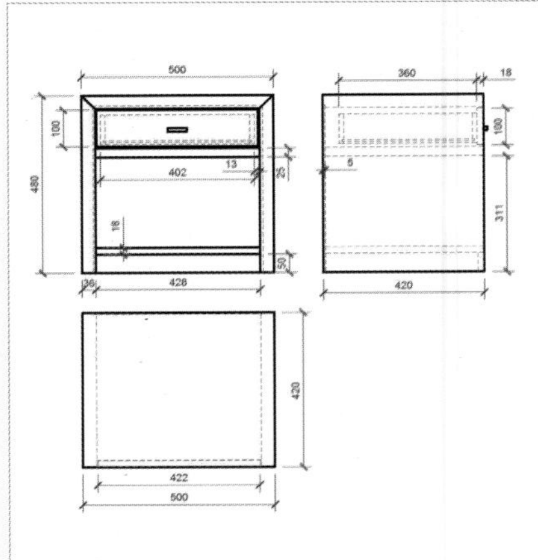

床头柜平面图

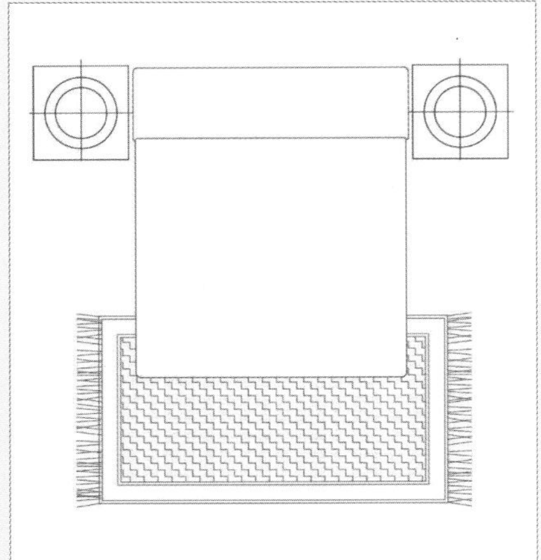

双人床

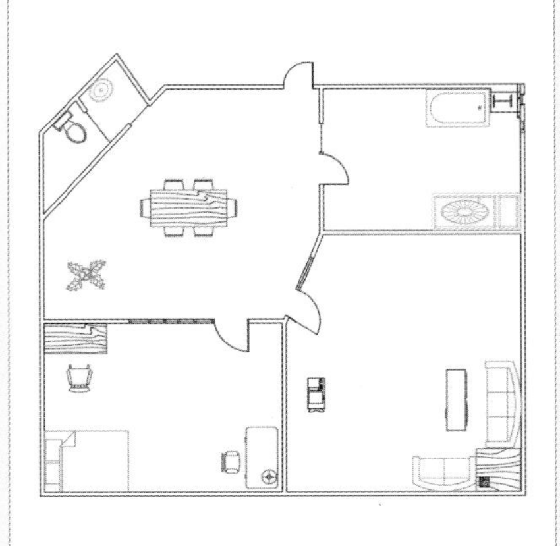

居室布置平面图

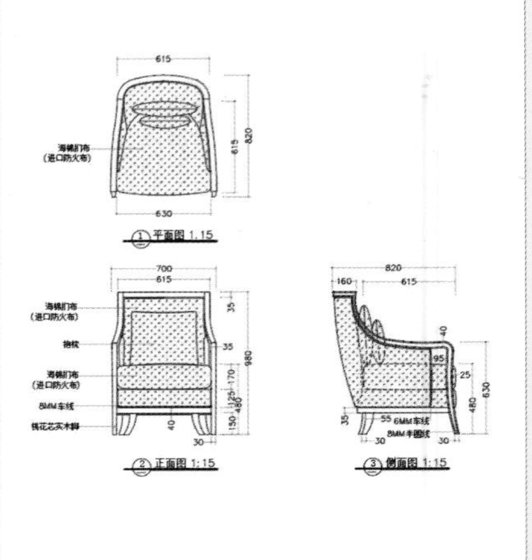

休闲椅

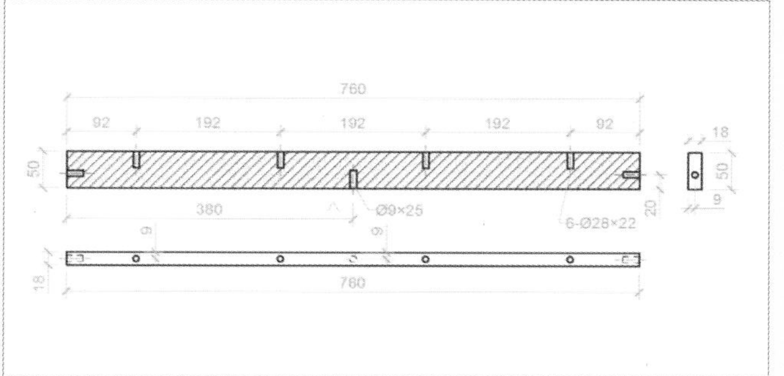

脚线

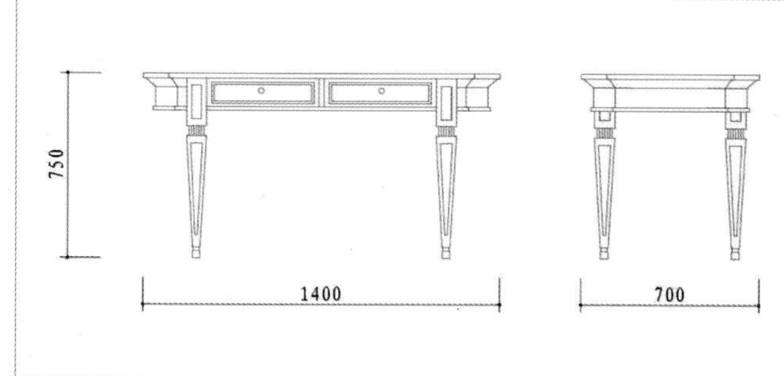

写字台

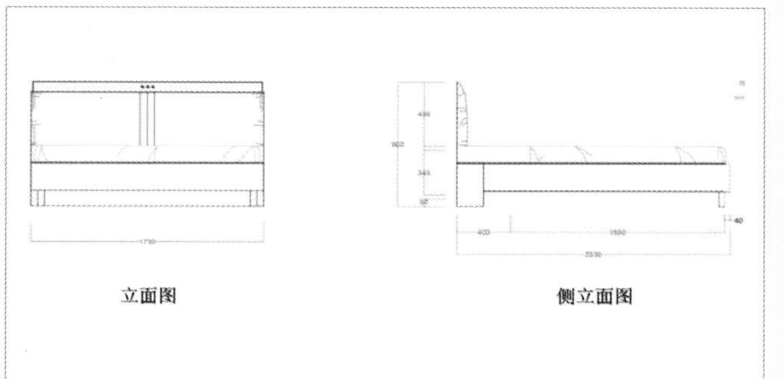

木板床

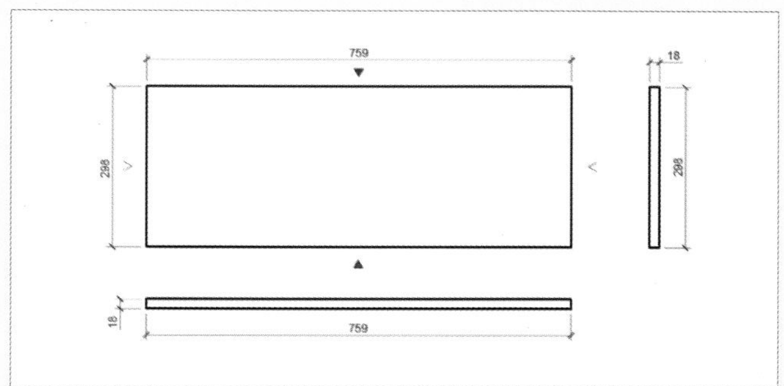

层板

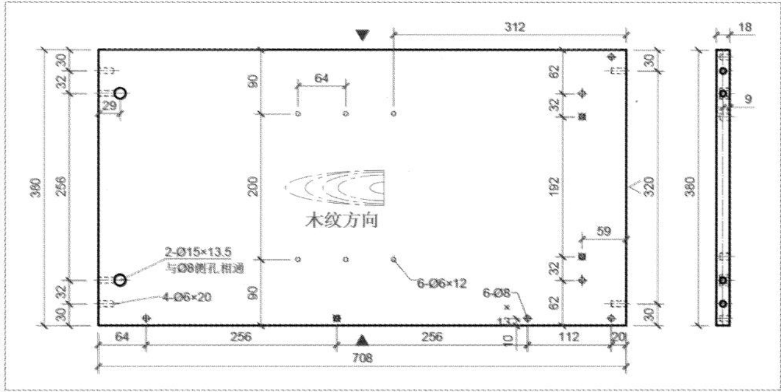

左右侧板

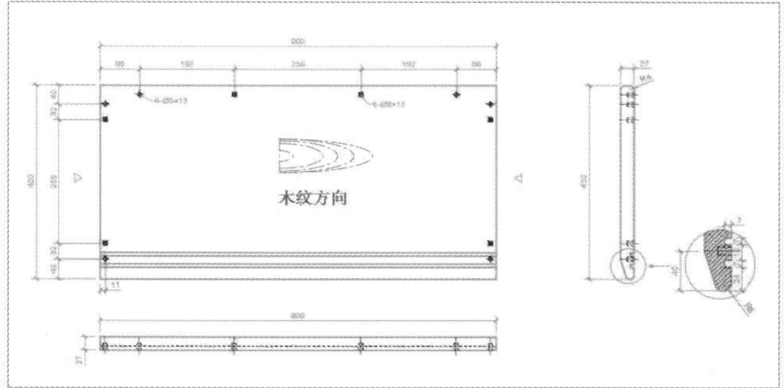

顶板

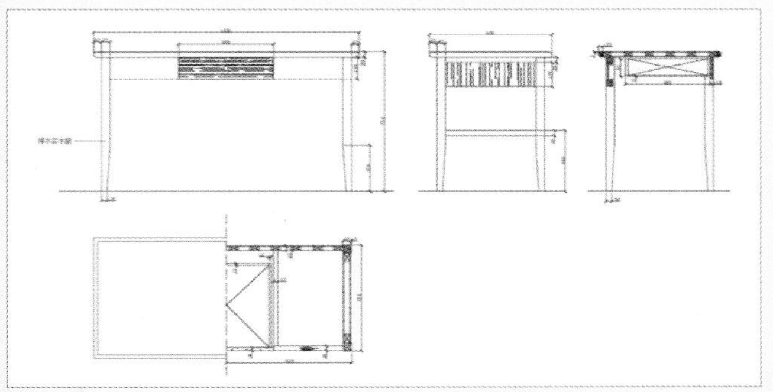

办公桌平面图

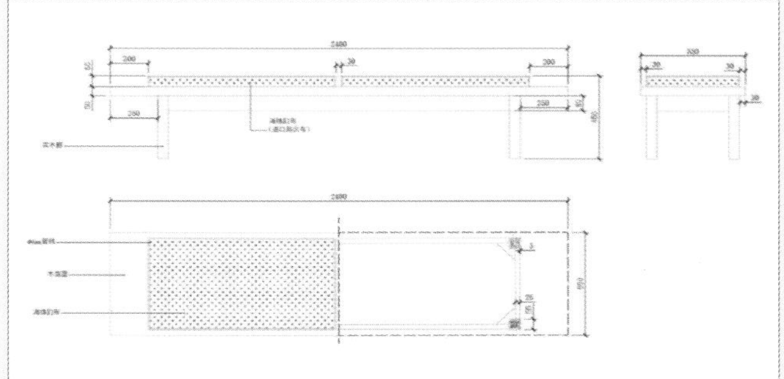

长凳平面图

本书部分案例

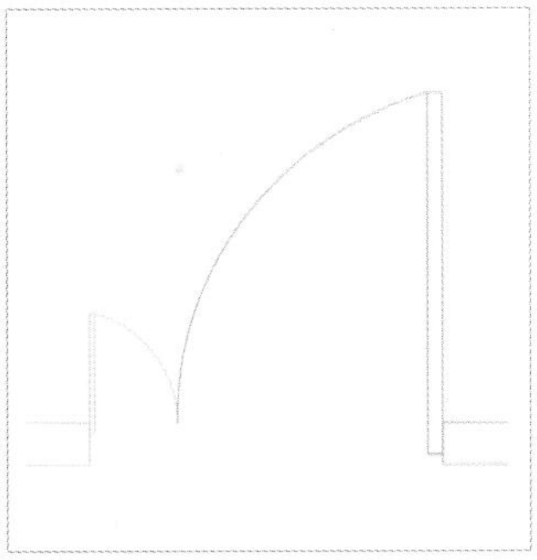

字母门

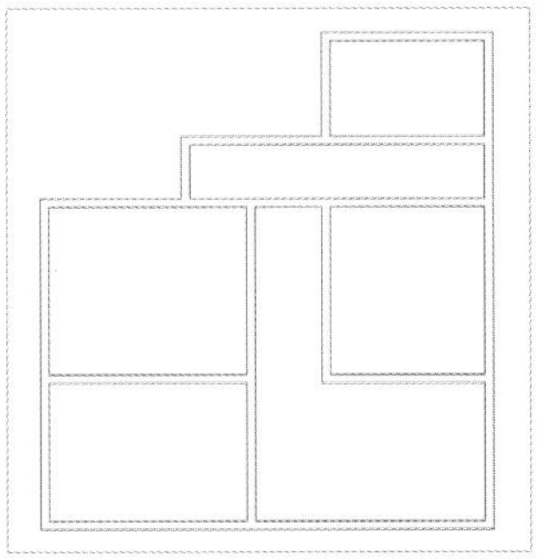

墙体

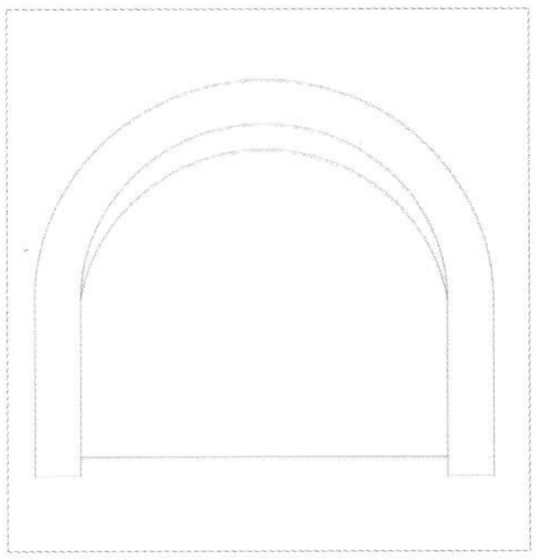

圈椅

圆桌

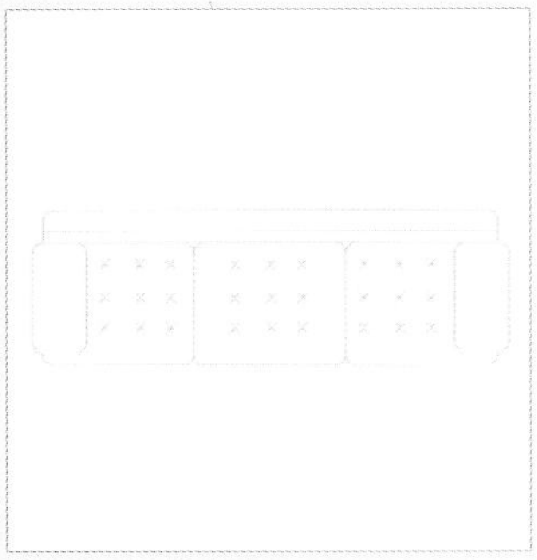

三人沙发

带柜茶几

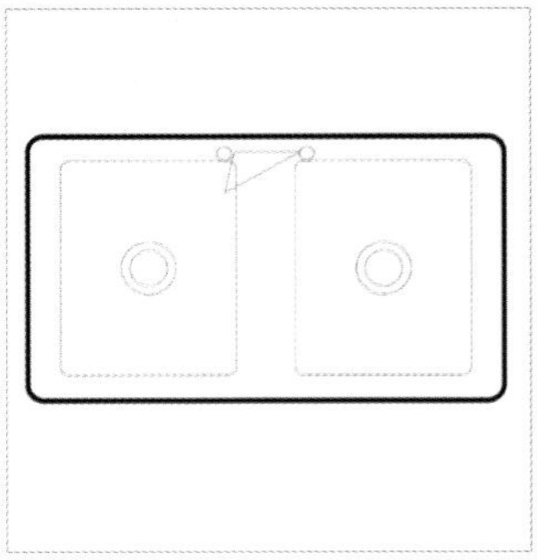

洗菜盆

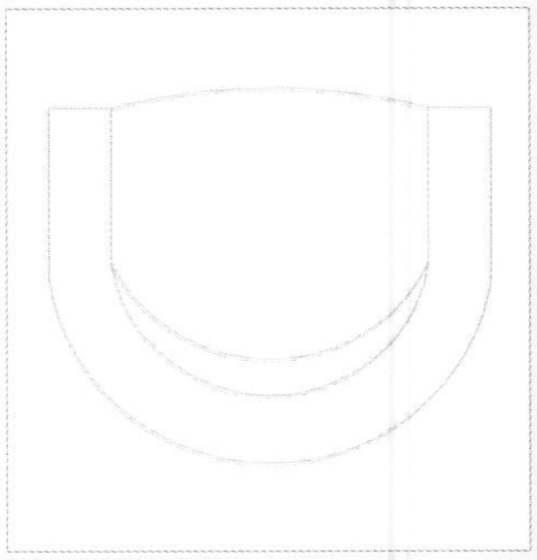

小靠背椅

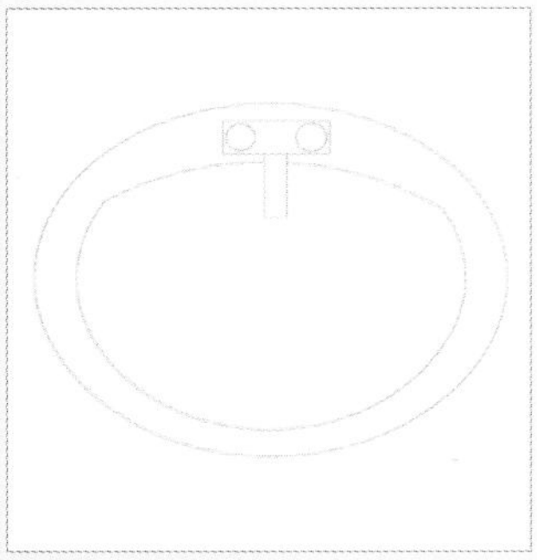

洗脸盆

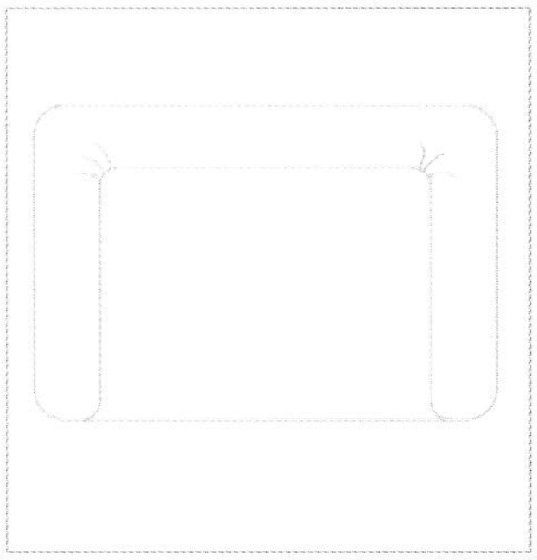

沙发

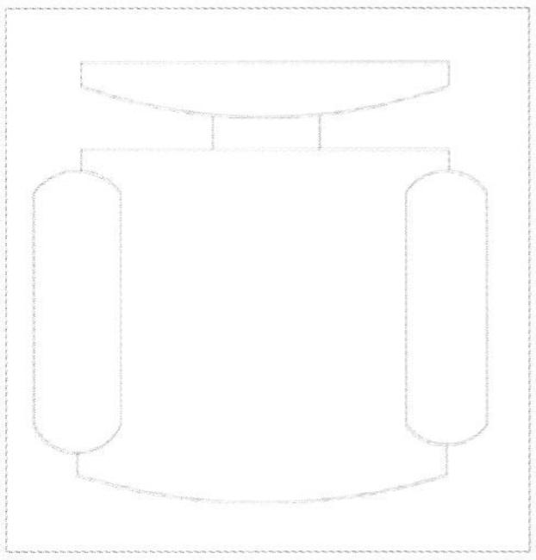

椅子

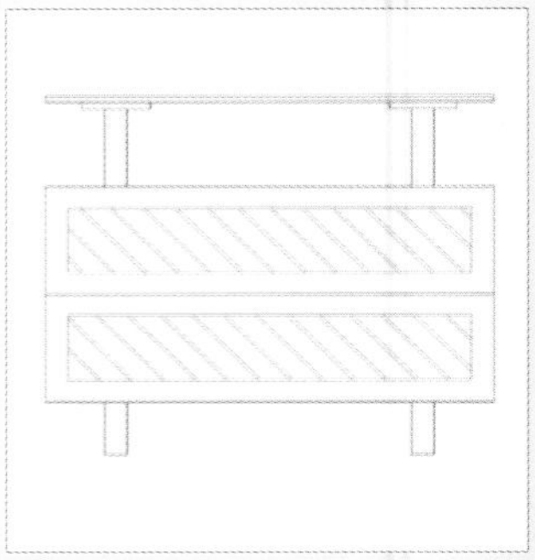

柜子

马桶

茶几

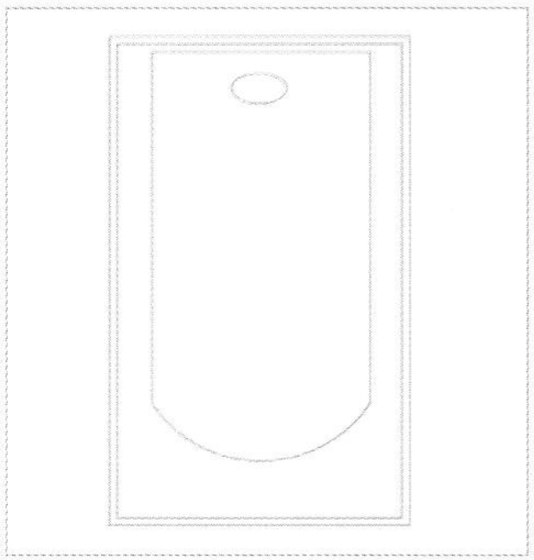

浴缸

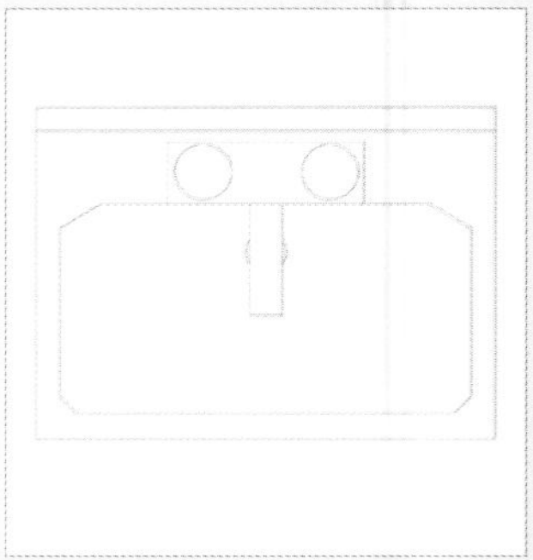

洗菜盆

四人桌椅

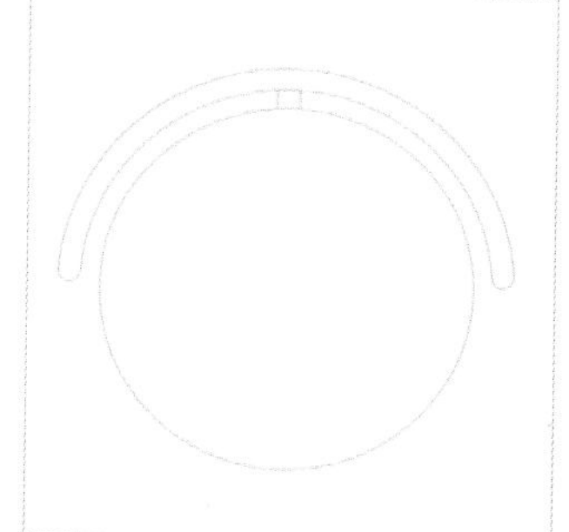

吧椅

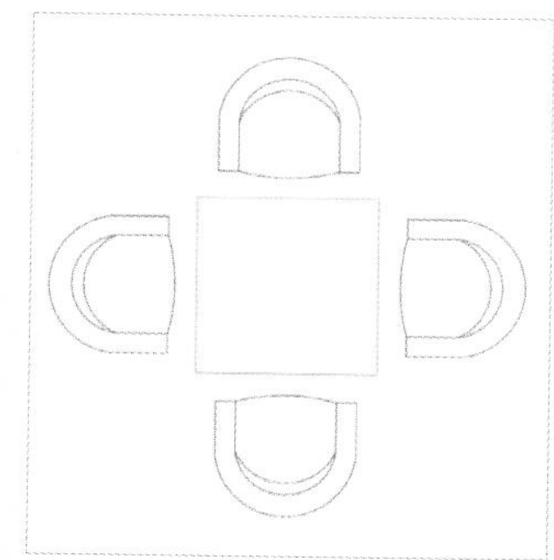

四人餐桌

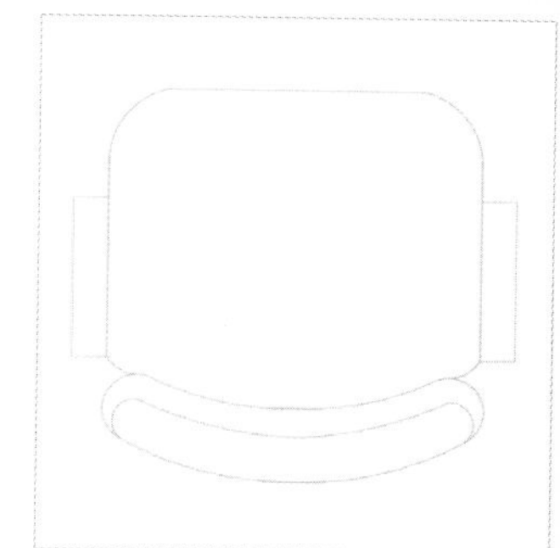

办公椅

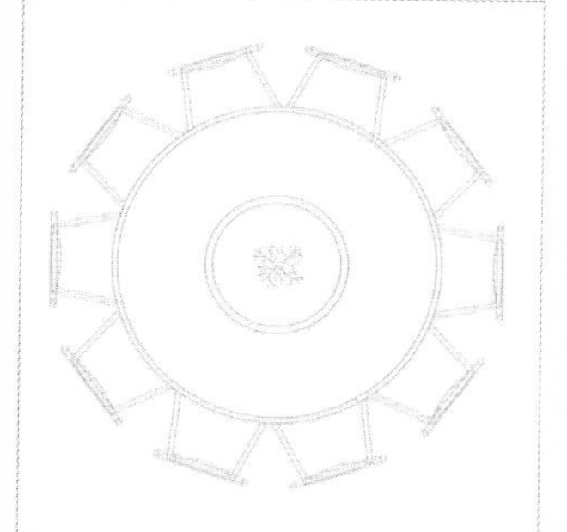

十人桌椅

八角凳

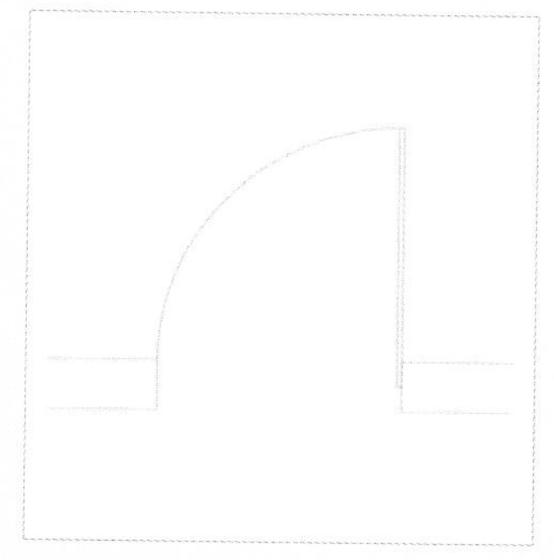

单扇平开门

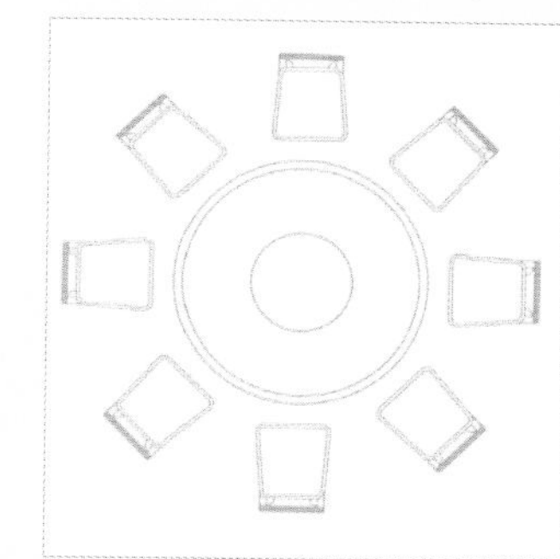

八人餐桌椅

会议餐桌

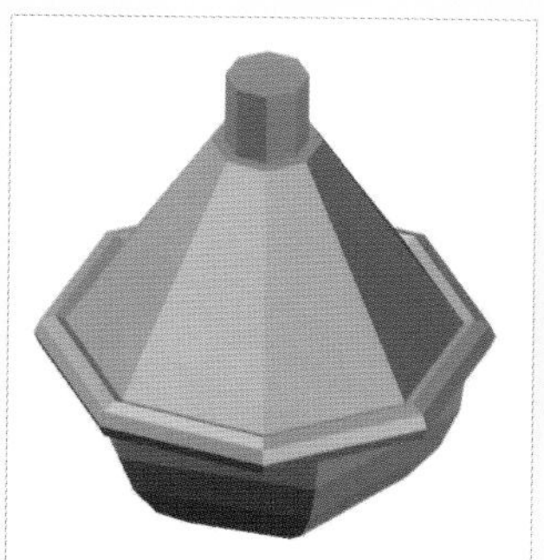

LED灯泡

两人沙发

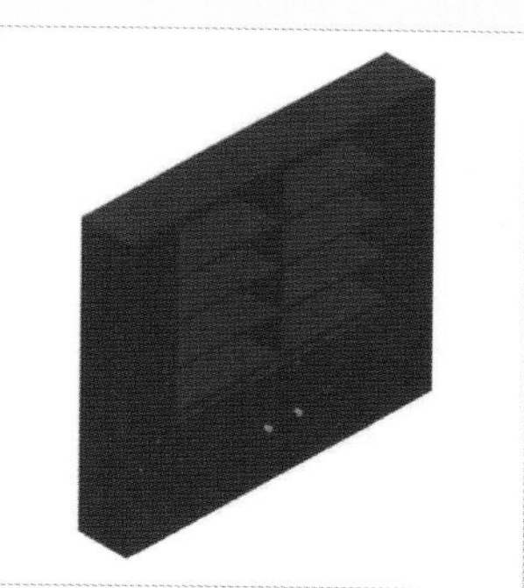

书柜

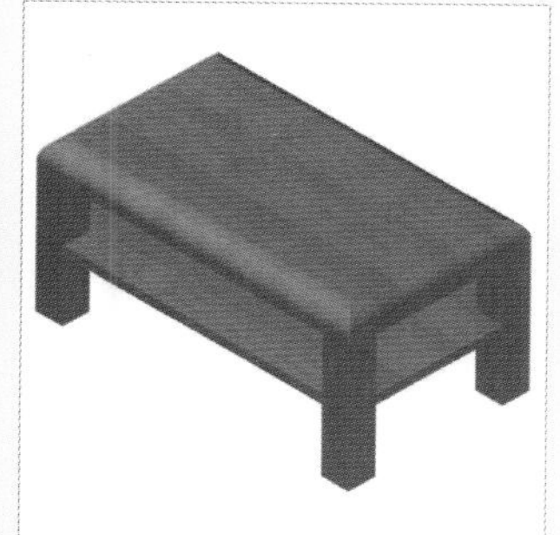

几案

办公椅

公园长椅

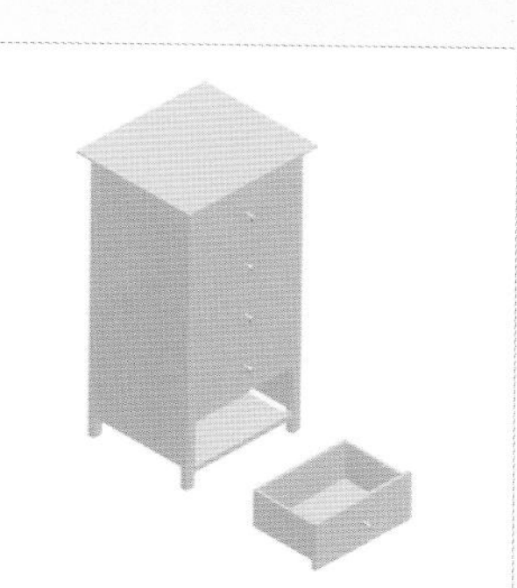

储物柜立体图

本书部分案例

长凳立体图

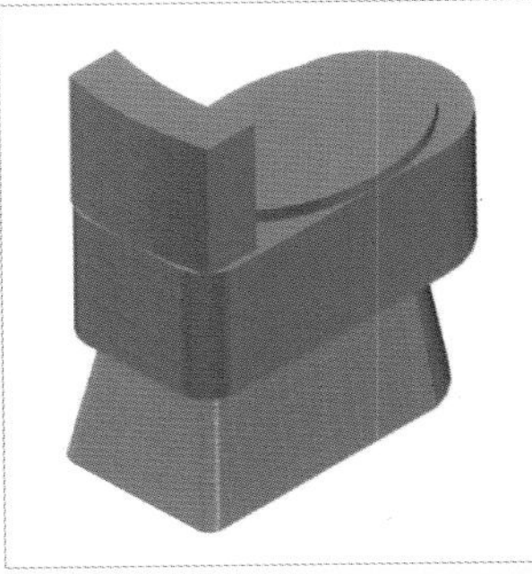
马桶

靠背椅

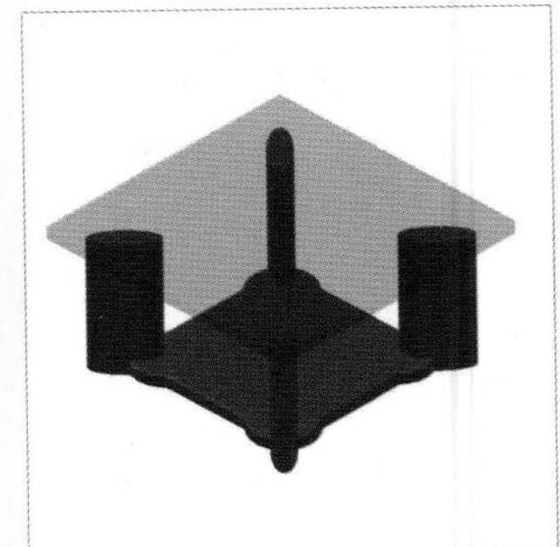
茶几

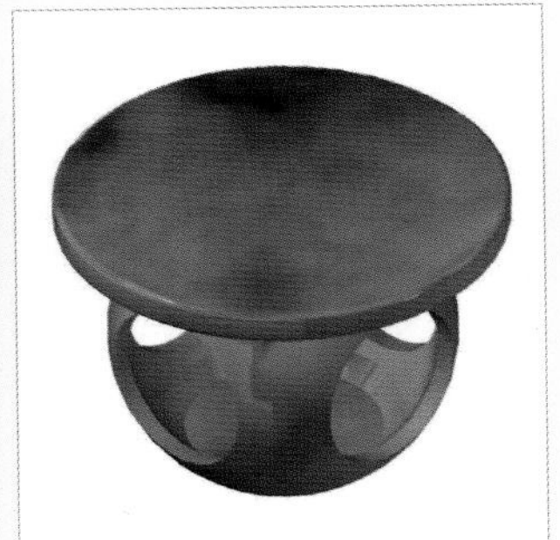
石桌

簸箕

石凳

电脑桌立体图

杯子

木板椅立体图

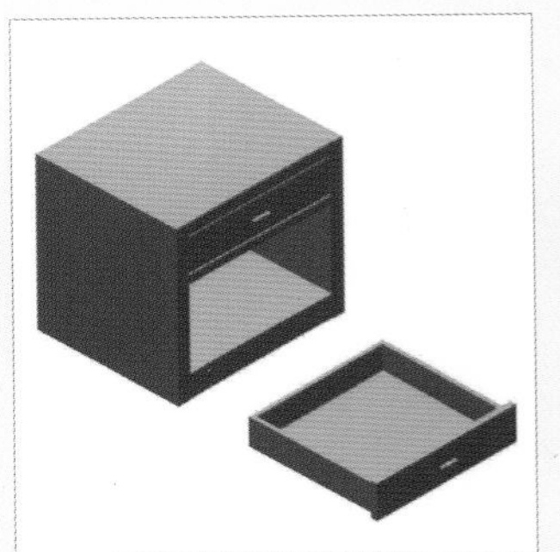
床头柜立体图

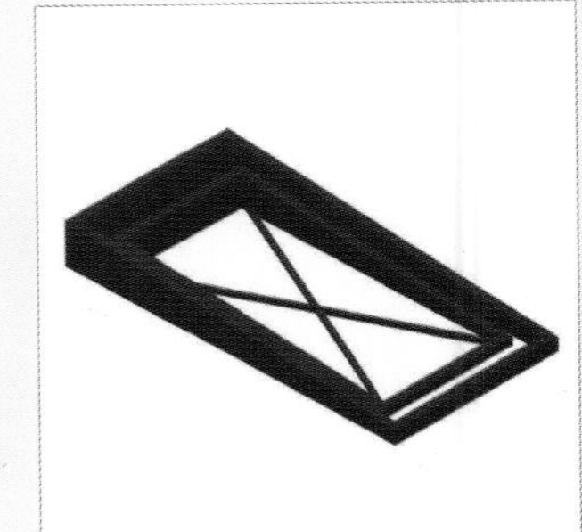
回形窗

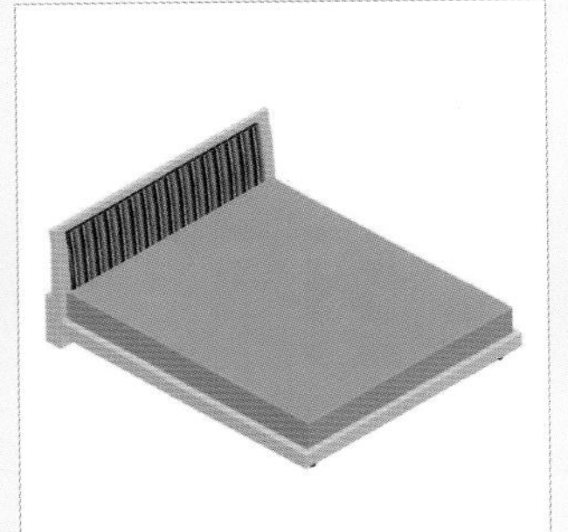
双人床立体图

双人床

办公桌立体图

办公桌

CAD/CAM/CAE 自学视频教程

AutoCAD 2016 中文版家具设计自学视频教程

CAD/CAM/CAE 技术联盟　编著

清华大学出版社
北　京

内 容 简 介

《AutoCAD 2016 中文版家具设计自学视频教程》以大量的实例、案例讲述了用 AutoCAD 2016 进行家具设计的方法与技巧。全书分 3 篇，即基础知识篇、典型家具设计篇、施工结构图篇。基础知识篇包括家具设计基础理论、AutoCAD 2016 入门、二维绘图命令、二维编辑命令、辅助工具的使用、三维造型绘制、三维造型编辑；典型家具设计篇包括凳椅类家具、柜类家具、床类家具、桌台类家具；施工结构图篇介绍了文件柜的绘制方法，具体包括层板、脚线、门板、背板、底板、顶板和侧板的绘制等。

《AutoCAD 2016 中文版家具设计自学视频教程》光盘配备了极为丰富的学习资源：配套自学视频、应用技巧大全、疑难问题汇总、经典练习题、常用图块集、全套工程图纸案例及配套视频、快捷键命令速查手册、快捷键速查手册、常用工具按钮速查手册等。

《AutoCAD 2016 中文版家具设计自学视频教程》定位于 AutoCAD 家具设计从入门到精通层次，可以作为家具设计初学者的入门教程，也可作为家具设计技术人员的参考书。

图书在版编目（CIP）数据

AutoCAD 2016 中文版家具设计自学视频教程/CAD/CAM/CAE 技术联盟编著. —北京：清华大学出版社，2016
（CAD/CAM/CAE 自学视频教程）
ISBN 978-7-302-45207-2 .

I. ①A…　II. ①C…　III. ①家具-计算机辅助设计-AutoCAD 软件-教材　IV. ①TS664.01-39

中国版本图书馆 CIP 数据核字（2016）第 264043 号

责任编辑：杨静华
封面设计：李志伟
版式设计：魏　远
责任校对：王　云
责任印制：李红英

出版发行：清华大学出版社
　　网　　址：http://www.tup.com.cn，http://www.wqbook.com
　　地　　址：北京清华大学学研大厦 A 座　　邮　　编：100084
　　社 总 机：010-62770175　　邮　　购：010-62786544
　　投稿与读者服务：010-62776969，c-service@tup.tsinghua.edu.cn
　　质 量 反 馈：010-62772015，zhiliang@tup.tsinghua.edu.cn
印 装 者：清华大学印刷厂
经　　销：全国新华书店
开　　本：203mm×260mm　印　张：29.5　插　页：4　字　数：771 千字
　　（附 DVD 光盘 1 张）
版　　次：2017 年 3 月第 1 版　　印　　次：2017 年 3 月第 1 次印刷
印　　数：1～4000
定　　价：69.80 元

产品编号：068949-01

前言

Preface

中国的历史悠久，家具的历史也非常悠久，夏、商、周时期已经开始有了箱、柜、屏风等家具。家具设计是用图形（或模型）和文字说明等方法，表达家具的造型、功能、尺度与尺寸、色彩、材料和结构。家具设计既是一门艺术，又是一门应用科学，主要包括造型设计、结构设计及工艺设计 3 个方面。设计的整个过程包括收集资料、构思、绘制草图、评价、试样、再评价、绘制生产图。

AutoCAD 作为最著名的计算机辅助设计软件之一，不仅具有强大的二维平面绘图功能，而且具有出色的、灵活可靠的三维建模功能，是进行家具设计最为有力的工具之一。使用 AutoCAD 进行家具设计，不仅可以利用人机交互界面实时进行修改，快速地把各方意见反映到设计中去，而且可以查看修改后的效果，从多个角度任意进行观察，大大提高了工作效率。

本书以目前应用最为广泛的 AutoCAD 2016 版本为基础进行讲解。

一、本书的编写目的和特色

鉴于 AutoCAD 强大的功能和深厚的工程应用底蕴，我们力图开发一套全方位介绍 AutoCAD 在各个工程行业应用实际情况的书籍。就本书而言，我们不求事无巨细地将 AutoCAD 知识点全面讲解清楚，而是针对本专业或本行业需要，利用 AutoCAD 大体知识脉络作为线索，以实例作为“抓手”，帮助读者掌握利用 AutoCAD 进行本行业工程设计的基本技能和技巧。

本书具有一些相对明显的特色。

☑ **经验、技巧、注意事项较多，注重图书的实用性，同时让读者少走弯路。**

本书领衔执笔作者是国内 AutoCAD 图书出版界知名作者、是 Autodesk 中国认证考试中心首席专家，其前期出版的一些相关书籍经过市场检验很受读者欢迎。本书是作者总结多年的设计经验以及教学的心得体会，历时多年精心编著而成，力求全面、细致地展现出 AutoCAD 2016 在家具设计应用领域的各种功能和使用方法。

☑ **实例、案例、实践练习丰富，通过大量实践达到高效学习之目的。**

本书中引用的凳椅类、柜类、床类和桌台类家具设计案例，经过作者精心提炼和改编，不仅保证了读者能够学好知识点，更重要的是能够帮助读者掌握实际的操作技能。

☑ **精选综合实例、大型案例，为成为家具设计工程师打下坚实基础。**

本书结合典型的家具设计实例详细讲解 AutoCAD 2016 家具设计知识要点，让读者在学习案例的过程中潜移默化地掌握 AutoCAD 2016 软件操作技巧，同时培养读者的工程设计实践能力。

☑ **内容全面，涵盖家具设计基本理论、AutoCAD 绘图基础知识和工程设计绘制等知识。**

本书在有限的篇幅内，包罗了 AutoCAD 常用的功能以及常见的家具设计知识，涵盖了家具设计基本理论、AutoCAD 绘图基础知识和工程设计等知识。“秀才不出屋，能知天下事”。读者

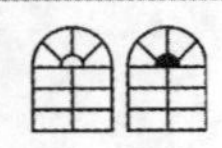

只要有本书在手，就能够做到 AutoCAD 家具设计知识全精通。

二、本书的配套资源

Note

在时间就是财富、效率就是竞争力的今天，谁能够快速学习，谁就能增强竞争力，掌握主动权。为了方便读者朋友快速、高效、轻松学习本书，我们在光盘上提供了极为丰富的学习配套资源，期望读者朋友在最短的时间学会并精通这门技术。

1．本书配套自学视频：全书实例均配有多媒体视频演示，读者可以先看视频演示，听老师讲解，然后再跟着书中实例操作，可以大幅提高学习效率。

2．AutoCAD 应用技巧大全：汇集了 AutoCAD 绘图的各类技巧，对提高作图效率很有帮助。

3．AutoCAD 疑难问题汇总：疑难解答的汇总，对入门者来讲非常有用，可以扫除学习障碍，让读者少走弯路。

4．AutoCAD 经典练习题：额外精选了不同类型的练习题，读者朋友只要认真去练，到一定程度就可以实现从量变到质变的飞跃。

5．AutoCAD 常用图块集：在实际工作中，积累大量的图块可以拿来就用，或者改改就可以用，对于提高作图效率极为重要。

6．AutoCAD 全套工程图纸案例及配套视频：大型图纸案例及学习视频，可以让读者朋友看到实际工作中的整个流程。

7．AutoCAD 快捷键命令速查手册：汇集了 AutoCAD 常用快捷命令，熟记可以提高作图效率。

8．AutoCAD 快捷键速查手册：汇集了 AutoCAD 常用快捷键，绘图高手通常会直接用快捷键。

9．AutoCAD 常用工具按钮速查手册：AutoCAD 速查工具按钮，也是提高作图效率的方法之一。

三、关于本书的服务

1．"AutoCAD 2016 简体中文版"安装软件的获取

按照本书上的实例进行操作练习，以及使用 AutoCAD 2016 进行绘图，需要事先在电脑上安装 AutoCAD 2016 软件。"AutoCAD 2016 简体中文版"安装软件可以登录 http://www.autodesk.com.cn 联系购买正版软件，或者使用其试用版。另外，也可在当地电脑城、软件经销商处购买。

2．关于本书的技术问题或有关本书信息的发布

读者朋友遇到有关本书的技术问题，可以登录 www.thjd.com.cn，搜索到本书后，可先查看是否已经有相关问题的答复，如果没有请直接留言或者将问题发到邮箱 win760520@126.com 或 CADCAMCAE7510@163.com，我们将及时回复。

本书经过多次审校，仍然可能有极少数错误，欢迎读者朋友批评指正，请给我们留言，我们也将对提出问题和建议的读者予以奖励。另外，有关本书的勘误，我们会在 www.thjd.com.cn 网站上公布。

3．关于本书光盘的使用

本书光盘可以放在电脑 DVD 格式光驱中使用，其中的视频文件可以用播放软件进行播放，但不能在家用 DVD 播放机上播放，也不能在 CD 格式光驱的电脑上使用（现在 CD 格式的光驱

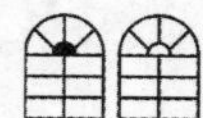

已经很少）。如果光盘仍然无法读取，最快的办法是建议换一台电脑读取，然后复制过来，极个别光驱与光盘不兼容的现象是有的。另外，盘面有胶、有脏物建议要先行擦拭干净。

四、关于作者

Note

本书由 CAD/CAM/CAE 技术联盟组织编写。CAD/CAM/CAE 技术联盟是一个 CAD/CAM/CAE 技术研讨、工程开发、培训咨询和图书创作的工程技术人员协作联盟，包含 20 多位专职和众多兼职 CAD/CAM/CAE 工程技术专家。

CAD/CAM/CAE 技术联盟负责人由 Autodesk 中国认证考试中心首席专家担任，其全面负责 Autodesk 中国官方认证考试大纲制定、题库建设、技术咨询和师资力量培训工作，精通 Autodesk 系列软件。其创作的很多教材成为国内具有引导性的旗帜作品，在国内相关专业方向图书创作领域具有举足轻重的地位。

赵志超、张辉、赵黎黎、朱玉莲、徐声杰、张琪、卢园、杨雪静、孟培、闫聪聪、王敏、李兵、甘勤涛、孙立明、李亚莉、张亭、秦志霞、解江坤、胡仁喜、王振军、宫鹏涵、王玮、王艳池、王培合、刘昌丽等参与了本书的编写，在此对他们的付出表示真诚的感谢。

五、致谢

在本书的写作过程中，策划编辑刘利民先生给予了我们很大的帮助和支持，提出了很多中肯的建议，在此表示感谢。同时，还要感谢清华大学出版社的所有编审人员为本书的出版所付出的辛勤劳动。本书的成功出版是大家共同努力的结果，谢谢你们。

编　者

目 录

Contents

第 1 篇 基础知识篇

Note

Note

第 2 篇 典型家具设计篇

第 3 篇　施工结构图篇

Note

AutoCAD 疑难问题汇总（光盘中）

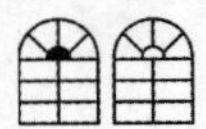

Note

Note

Note

AutoCAD 应用技巧大全（光盘中）

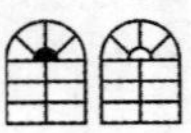

Note

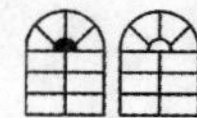

Note

▶▶第 1 篇

基础知识篇

本篇主要介绍家具设计的一些基础知识，包括AutoCAD 入门和家具设计理论等知识。

本篇讨论了 AutoCAD 应用于家具设计的一些基本功能，为后面的具体设计作准备。

- ⏭ **家具设计基础理论**
- ⏭ **AutoCAD 2016 入门**
- ⏭ **二维绘图命令**
- ⏭ **二维编辑命令**
- ⏭ **辅助工具的使用**
- ⏭ **三维造型绘制**
- ⏭ **三维造型编辑**

第1章

家具设计基础理论

本章学习要点和目标任务：

☑ 家具设计概述

☑ 图纸幅面及格式

☑ 标题栏

☑ 比例

☑ 字体

☑ 图线

☑ 剖面符号

☑ 尺寸注法

家具是人们生活中极为常见且必不可少的器具，家具设计经历了一个由经验指导随意设计的手工制作到今天的严格按照相关理论和标准进行工业化、标准化生产的过程。

为了对后面的家具设计实践进行必要的理论指导，本章简要介绍家具设计的基本理论和设计标准。

1.1　家具设计概述

Note

家具是家用器具的总称，其形式多样、种类繁多，是人类物质文明和日常生活不可或缺的重要组成部分。

家具的产生和发展有着悠久的历史，并随着时间的推移而不断更新完善。家具在方便人们生活的基础上，也承载着不同地域、不同时代的人们的审美情趣，具有丰富的文化内涵。家具的设计材料丰富，结构形式多样，下面对其所涉及的一些基本知识进行简要介绍。

1.1.1　家具设计的概念

1．家具的定义

家具一词在我国最早出现于隋唐五代时期，是家用的器具之意，华南地区又称为家私。传统的家具是指家庭中可移动的家用器具，现代家具的概念带有广义性，已超出了家庭范围，扩展到了商业店铺、学校等公共场所或户外，家具也不一定非移动不可。家具至今尚无严密的标准释义，只能依据传统意义的含义及逻辑的延伸，分为广义的和狭义的家具。广义的家具是指人们正常生活、工作、学习和社会交往中不可缺少的一类器具。狭义的家具是指人们在生活、工作、学习和社会交往中，供人们坐、卧或支承与储存物品和作为装饰的一类器具。

2．家具的特性

（1）家具的使用具有普遍性

人类无论是先前的跪坐、席地而坐还是后来的垂足而坐，家具都一直被人们广泛地使用。在当今社会中家具更是必不可少。家具以其独特的功能贯穿于人们的衣食住行之中，并且随着社会的发展和科技进步以及生活方式的变化而变化。

（2）家具的功能具有二重性

家具既是物质产品，又是精神产品，既有供人接触的使用功能，又有供人观赏产生审美情感和引发丰富联想的精神功能，这也就是人们常说的家具二重性的特点。它既涉及材料、工艺、设备等技术领域，又与社会学、行为学、关系学、心理学、造型艺术等社会科学密切相关。设计家具必须掌握好功能、物质技术条件和造型三者之间的关系，使家具能全面地体现自身的价值。

（3）家具的发展具有社会性

家具的类型、数量、形式、风格、功能、结构、加工水平以及社会家具的占有情况，是随着社会的发展而发展的，可以在很大程度上反映出一个国家和一个地区的技术水平、物质文明程度、历史文化特征以及生产方式和审美情趣。例如，目前流行的现代橱柜设计款式追求时代感，讲究环保化、智能化、多功能化和表面装饰多元化及造型的时尚和前卫的文化内涵，充分体现了当今社会的创新理念和科技水平。

3．家具设计的性质和内涵

（1）家具设计的性质

现代家具是一类利用现代工业原材料，经人们高效率地操作高精度的工业设备而批量生产出来的工业产品。因此，家具设计是属于工业设计的范围，是技术和艺术相结合的学科，并受市场、

心理、人体工效学、材料结构、工艺、美学、民俗、文化等诸多方面的制约和影响。

（2）家具设计的定义

家具设计是为了满足人们使用的、心理的、视觉的需要，在投入产前所进行的创造性的构思和规划，并通过图样、模型或样品表达出来的劳动过程。

（3）家具设计的内涵

家具设计是对家具的使用功能、材料构造、造型艺术、色彩机理、表面装饰、智能化、环保化等诸多要素，从社会的、经济的、技术的、艺术的角度进行综合处理，使之能满足人们使用功能的需求，又满足人们对环境功能与审美功能的需求。

1.1.2 家具设计原则

为使设计达到所有设计者都追求的最高目标，设计者必须在设计全过程，尤其在做出每一具体设计抉择之时，时刻不要忘记可以作为公允的基本标准，即如何评价一项家具设计优劣的基本原则。现代家具设计应遵循如下原则。

1．人体工效学原则

为使设计的家具更好地为人们服务，设计家具时应以人体工效学的原理指导家具设计。根据人体的尺寸、四肢活动的极限范围，人体在进行某项操作时所能承受的负荷以及由此产生的生理和心理上的变化以及各种生理特征等因素确定家具的坐面高、背靠斜度、工作面高等，并且根据使用功能的性质，如人们是在作业还是在休息的不同要求分别进行不同的处理。最终设计出使用者操作方便、舒适、稳定、安全且高效的，人和家具间都处于最佳状态，使人的心理和生理均得到大满足的家具。例如图书馆中书架的分隔高度，应使人眼能看清书脊的书名，对置于最高一格的书籍，要使读者的手能触及并便于工作人员的整理。

2．辩证构思的原则

辩证构思的原则是应用辩证思维的设计原理与方法进行构思，要求综合各种设计要素进行设计，同时考虑物质功能和精神功能；不仅设计要符合造型的审美艺术要求，还要考虑到用材、结构、设备与工艺以及生产效率和经济效益等因素，做到艺术性与工艺性的辩证统一；不但形态、色彩、质感要协调且有美感，而且加工、装配、装饰、包装、运输等现有的生产水平下也能得到满足；此外还应辩证地处理家具的造型与功能等问题。

3．满足需求的原则

需求是人类进步过程中不断产生的新的欲望与要求，并且人的需求是由底层次向高层次发展的。现代家具设计应适用“以人为本”的现代理念，优秀的新产品要求功能有新的开拓，适合于现代生活方式。以人们新的需求，新的市场为目标开发新产品也是一条主要的设计原则。设计者要从需求者、消费群体中，通过调查得到直接的需求信息，特别是要从生活方式的变化迹象中预测和推断出潜在的社会需求，并依此作为新产品开发的依据。

4．创造性的原则

设计过程就是创造过程，创造性当然也是设计的重要原则之一。设计师应在现代设计科学的基本理论和现代设计方法的基础上，应用创造性的设计原则，去进行新产品的开发工作，不断进行家具新功能的拓展，大量采用对人体无害的绿色新材料、新工艺，在造型上讲究时尚与前卫，在技术上应用微型计算机以体现智能化，使整体个性、品牌、功能一体化。

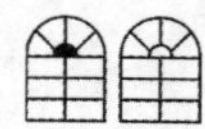

5. 流行性的原则

设计的流行性原则，就是要求设计的产品具有明显的时代特征，在造型、结构、材料、色彩等方面的运用上都是符合流行的潮流。要求设计者能经常地、及时地推出适销对路的产品，以满足市场的需要。现代家具设计的流行款式，要求造型上突出并追求时代感，表面艺术装饰多元化，产品要达到环保化、智能化、多功能化等。

要成功地应用流行性原则，就必须研究有关流行性的规律与理论，新材料、新工艺的应用往往是新产品形态发展的先导，新的生活方式的变化和当代文化思想的影响，是新形式、新特点的动因，经济的发展与社会的安定是产生流行的条件。

6. 资源持续利用的原则

可持续发展是所有现代工业必须遵循的基本原则，家具工业也不例外。目前，“节约材料，保护环境”的呼声越来越强烈，为此，家具设计必须考虑木材资源持续利用的原则。首先，设计时要做到减量，即减少产品的体积和用料，简化和消除不必要的功能，尽量减少产品制造和使用的能源消耗。具体地说就是尽量以速生材、小径材和人造板为原料，对于珍贵木材，应以薄木贴面的形式提高其利用率。其次是考虑产品的再使用，将产品设计成容易维护、可再次或重复使用、可以部分更替的家具。再次，可考虑回收再利用，设计时在用料上注意统一性，以减少分类处理的不便，降低回收成本。

1.1.3 家具设计的步骤和内容

家具设计的具体步骤与内容并不是人们简单理解的制图，而是包括了制图前后密切联系的一系列过程。这一过程是从设计实践中总结出来的一般规律和方法。学习和掌握它，对于正确、完整地表达设计内容、提高设计效果及避免走弯路都是十分必要的。目前，我国各地的家具设计与制造水平不尽相同，因此，在具体设计过程中还必须注意联系本地区的生产实际，把一般规律与设计实践相结合并灵活运用。现将家具设计步骤归结为设计准备阶段、设计构思阶段、初步设计阶段、设计评估阶段、设计完成阶段和设计后续阶段。

1. 设计准备阶段

设计准备阶段的主要工作内容是设计策划、设计调查及汇集资料、调查资料的整理和分析。

1）设计策划

设计策划就是对设计产品进行定位、确定设计目标。设计师可以进行自由创作，也可以接受委托设计。设计师可能是一名自由职业者，也可能是家具厂员工。策划因情况而定，现就企业情况而言，一般可分为订货加工与设计开发。

（1）订货加工产品也需要设计，但通常只包括结构设计与生产设计，可以称之为再设计或二次设计，即根据企业实际情况在不影响产品功能、外在效果及其他有关要求的前提下，对原有设计方案进行分解，为产品的高质、高效生产提供技术服务与指导。

（2）设计开发又分为老产品改造，工程项目设计和市场产品开发与市场预测等三种。

① 老产品改造是在原有产品基础上使之更加完善的一条途径，其改造依据来自自己发现或顾客反馈，通常是有针对性地做局部更改或材料重视选择，或者做装配结构难易的调整等，目标相对明确，比较容易把握。

② 工程项目设计是指承接工程项目时与室内环境进行的配套设计。此时需要直接考虑工程

Note

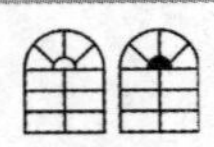

项目与室内环境和功能相统一，客户往往会提出明确的要求或意向，比较容易找到设计的依据，无须做定向策划工作。但设计思路容易受客户主观意识的影响，需要有足够的耐心和技巧去引导和说服客户，通过沟通，使双方意图相对一致地走到正确的道路上。

Note

③ 市场产品开发与市场预测。市场产品开发的关键在于市场的把握上，因为客户的需求往往是隐含的，而家具设计则偏偏需要寻求有一定共性的需求，因此市场分析和预测就成了需要解决的问题。

任何建立在个人幻想或是以纯美学理论指望引导消费的设计，其有效性都是未知的、冒险的。然而，设计师也不能完全被动地接受市场的引导。因此，必须亲自去感受，对市场信息进行有效的摄取与处理，做出短期需求的估计和未来需求的预测。

2）设计调查及汇集资料

设计策划一经确定，就应首先进行设计调查，从汇集资料工作着手。汇集资料工作在家具设计过程中起着“参谋”作用，并为制定设计方案打下基础。具体可以从下列几个方面进行。

（1）围绕设计项目，设计人员对所需设计的家具深入到有关场合开展调查研究，了解家具的使用要求和使用的环境特点，以及家具材料的供应、生产工艺等条件，记录可供利用的资料和分清资料可供利用的时限。

（2）广泛收集各种有关的参考资料，包括各地家具设计经验，国内外家具科技情报与动态、图集、期刊、工艺技术资料以及市场动态等，以引发、开阔和丰富设计构思的内容。

（3）采用重点解剖典型实例的方式，着重于实物资料的掌握和设计深度的理解。可以借助于实地参观或实物测绘等多种手段，从多种多样的家具产品中，分析它们的实际效果，取得各种解决问题的途径。

3）调查资料的整理和分析

通过必要的研究以后，将各种有关的资料进行整理和分析，分别汇编成册，以便用于指导设计。

2．设计构思阶段

家具设计方案可以用不同的方法来确定，但一开始的构思，就将在整个设计过程中起主导作用。这是一个深思熟虑的过程，通常称为“创造性”的形象构思。设计构思阶段是多次反复的艰苦的思维劳动，即“构思—评价—构思”不断重复直到得出满意结果的过程。

1）明确设计意图

在进行设计之前，必须首先了解有关要求，列出所要解决的设计内容，通过明确设计内容，使许多隐性的要求明朗化，以逐步形成一个隐约的设计轮廓。

现以设计一张新潮的修行椅为例，将全部设计内容分析如下。

（1）简洁明快，追求时尚，具有个性化，属于中国的后现代主义风格。

（2）用途：为单人休闲。

（3）使用对象：无性别和职业的要求。

（4）适用空间：室内空间。

（5）档次：高品位，保值。

（6）材料：红花梨木等名贵木材，有红木效果。

（7）表面装饰：透明涂饰，突出自然纹理。

（8）结构：榫结构，非拆装式。

（9）构件：标准化、批量化。

（10）运输：互相叠放。

2）构思方案的形式

构思方案是按设计意图，通过综合性的思考后得出的各种设想。构思方案的形成是复杂的、精细的而又富于灵感的劳动。从一般常规程序来说，它是从产品的使用要求着手，全面考虑功能、材料、结构、造型以及成本等综合性的构思。但有时也可以根据个人习惯或一些特殊情况，由局部入手，考虑家具的尺寸、用料、质感、装饰、色彩等微细处理。不管构思的方案是含糊的还是明确而具体的，都是多方推敲它是否符合设计意图的要求。

3）构思的记录

草图是家具设计中表现构思意图的一种重要手段，它能将设计人员头脑中的构思记录为可见的有形图样。草图不仅可以使人观察到具体设想，而且表达方法简便、迅速、易于修改还便于复印和保管。一件家具的设计往往由几张甚至几十张草图开始。

先练习画水平线，后画垂线、斜线、角度和圆。徒手画立体图的主要方法是依靠判别来确定家具各部分在透视图中的关系。作图时先画水平线作为视平线，同时按假定视点高度把基线表示出来，再根据透视规律先画出家具轮廓，再完成各部分图形，最后画出各细节内容。

3．初步设计阶段

初步设计是在对草图进行筛选的基础上画出方案图与彩色效果图。初步设计应绘出多个方案以便进行评估，选出最佳方案。画方案图时应按比例画出三视图并标注出主要尺寸，此外，还要体现出主要用材以及表面装饰材料与装饰工艺的要求等。

设计效果图是在方案图的基础上以各种不同的表现技法，表现出产品在空间或环境中的视觉效果。设计效果图常用水粉、水彩、喷绘、计算机辅助设计等不同手段表达。设计效果图还包括构成分解图，即以拆开的透视效果表示产品的内部结构。

由于某些家具设计方案的空间结构较为复杂，一些组合或多用式的家具有时在纸面上很难表达其空间关系，因此，可以制作仿真模型。常用简单的材料，如厚质纸、吹塑纸、纸板、金属丝、软木、硬质泡沫塑料、金属皮、薄木、木纹纸等，一般采用 1:2、1:5、1:8 等比例制作模型。

4．设计评估阶段

无论是草图、方案图还是模型，仅仅都是一种设计方案的设想，都必须通过不同的途径或方式，经过多次反复研究与讨论做出评估。评估可以用讨论的形式，也可以在确定目标的前提下由评审小组成员进行打分。评估的方法有外观评价法和综合评价法。通过评估可确定最佳方案，并将别人提出的正确意见或设计人员自己的新构想赋予到设计方案中去。

5．设计完成阶段

当家具设计方案确定以后，就进入了设计完成阶段，设计完成阶段要全面考虑家具的结构细节，具体确定各个零件的尺寸和形状以及它们的结合方式和方法，包括绘制家具生产图和编制材料与成本预算等内容，直至完成全部设计文件。设计文件包括以下内容。

1）生产图

生产图是整个家具生产工艺过程和产品规格、质量检验的基本依据，它具备了从零件加工到部件生产和家具装配等生产上所必需的全部数据并显示了所有的家具结构关系。生产图是设计的

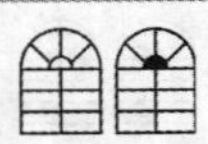

重要文件，务必根据制图标准，按生产要求，严密地绘制出来。生产图多采用缩小比例绘制，只是一些关键节点处和一些复杂而不规则的曲线，以及一些不易理解的结构，才采用 1:1 比例的足尺大样图或制成“样板”来表示。

生产图包括结构装配图、零件图、部件图、大样图等，加上前面完成的设计效果图和拆装示意图构成了完整的图样系列文件，用以指导生产。要完成上述图样，需要花相当多的时间，所以，目前家具设计已广泛地应用计算机辅助设计技术与相关的开发软件，进行家具设计和各类图样的绘制。

2）裁板（排料）图

为了提高板材利用率，降低成本，对板式零部件的配料，应预先画出裁板图，以便下料工人按图裁切。

3）零部件明细表（见表 1-1）

表 1-1　零部件明细表

序号名称：________　　规格：________　　代号：________

序　　号	零部件名称	材　　料	单　　位	数量（单件、套）	规　　格
					开料规格、净料规格

4）外加工件与配件明细表（见表 1-2）

表 1-2　外加工件与配件明细表

序　　号	配件名称	规　　格	材　　料	单位、数量（单件、套）	建议生产厂家

5）材料计算明细表（见表 1-3）

表 1-3　材料计算明细表

材料类别	材料名称	规　　格	单　　位	数量（单件、套）	批　　量	总　　量

6）包装设计及零部件包装清单

当今多数拆装结构家具，都是用专用五金件进行连接和拆装的，因此，大多采用板块纸箱包装或部件包装，使用时进行现场装配。包装时要考虑整套家具的包装件数、内外包装用料以及包装规格和标示。每件包装箱内都应有零部件包装清单，如表 1-4 所示。

表 1-4 零部件包装清单

序号名称：________ 规格：________ 代号：________

序 号	层 位	零部件名称	规 格	数 量	备 注

7）产品装配说明书

产品装配说明书要求说明产品的拆装过程，详细画出各连接件的拆装图解（包括步骤、方法、工具、注意事项等），并附详细的装配示意图和部分有代表性的总体效果图，使用户一目了然，便于拆装。

8）产品设计说明书

产品设计说明书的主要内容包括：产品的名称、型号、规格，产品的功能特点与使用对象，产品外观设计的特点，产品对选材用料的规定，产品内外表面装饰的内容、形式等要求，产品的结构形式，产品的包装要求及注意事项等。

6．设计后续阶段

从企业生产全局来看，施工图与设计文件完成后，产品开发设计还应完成如下各项工作。

1）样品制作

根据施工图加工出来的第一件产品就是样品。样品即可在样品制作间制作，也可在车间生产线上逐台机床加工，最后进行装配。样品制作之后还应进行试制小结。样品制作的主要内容如下。

（1）样品试制包括选材、配料、加工、装配、涂饰、修整等。

（2）试制小结包括零部件加工情况、材料使用情况、外观检验评议、理化性能检验评议及力学性能检验评议、提出存在问题等。

2）生产准备

生产准备工作包括原材料与辅助材料的订购，设备的增补与调试，专用模具、刀具的设计与加工，质量检控点的设置及专用检测量具与器材的准备等。

3）试产试销

该项工作是产品设计的延伸，设计者可以不完全参与，但必须十分关心。不管产品销售情况如何都必须注意信息反馈，以不断进行分析总结，进一步改进产品。

1.1.4 家具的分类

家具形式多样，下面按不同的方法对其进行简要的分类。

1．按使用的材料

按使用材料的不同，家具可以分为以下几种。

☑ 木制家具

☑ 钢制家具

☑ 藤制家具

☑ 竹制家具

☑ 合成材料家具

Note

2. 按基本功能

按基本功能的不同，家具可以分为以下几种。

☑ 支承类家具
☑ 储存类家具
☑ 辅助人体活动类家具

3. 按结构形式

按结构形式的不同，家具可以分为以下几种。

☑ 椅凳类家具
☑ 桌案类家具
☑ 橱柜类家具
☑ 床榻类家具
☑ 其他类家具

4. 按使用场所

按使用场所的不同，家具可以分为以下几种。

☑ 办公家具
☑ 实验室家具
☑ 医院家具
☑ 商业服务家具
☑ 会场、剧院家具
☑ 交通工具家具
☑ 民用家具
☑ 学校家具

5. 按放置形式

按放置形式的不同，家具可以分为以下几种。

☑ 自由式家具
☑ 镶嵌式家具
☑ 悬挂式家具

6. 按外观特征

按外观特征的不同，家具可以分为以下几种。

☑ 仿古家具
☑ 现代家具

7. 按地域特征

不同地域、不同民族的人群，由于其生活的环境和文化习惯的不同，生产出的家具也具有不同的特色，可以粗略分为以下几种。

☑ 南方家具
☑ 北方家具
☑ 汉族家具
☑ 少数民族家具
☑ 中式家具

☑　西式家具

8．按结构特征

按结构特征的不同，家具可以分为以下几种。

Note

☑　装配式家具

☑　通用部件式家具

☑　组合式家具

☑　支架式家具

☑　折叠式家具

☑　多用家具

☑　曲木家具

☑　壳体式家具

☑　板式家具

☑　简易卡装家具

1.2　图纸幅面及格式

图纸幅面及其格式在 GB/T 14689—2008 中有详细的规定，现进行简要介绍。

为了加强我国与世界各国的技术交流，依据国际标准化组织（ISO）制定的国际标准制定了我国国家标准《机械制图》，自 1993 年以来相继发布了“图纸幅面和格式”“比例”“字体”“投影法”“表面粗糙度符号代号及其注法”等标准，于 1994 年 7 月 1 日开始实施，并陆续进行了修订更新。

国家标准，简称国标，代号为 GB，斜杠后的字母为标准类型，其后的数字为标准号，由顺序号和发布的年代号组成，如表示比例的标准代号为 GB/T 14690—1993。

1.2.1　图纸幅面

绘图时应优先采用表 1-5 中规定的基本幅面。图幅代号为 A0、A1、A2、A3、A4，必要时可按规定加长幅面，如图 1-1 所示。

表 1-5　图纸幅面

单位：mm

幅面代号	A0	A1	A2	A3	A4
$B \times L$	841×1198	594×841	420×594	297×420	210×297
e	20			10	
c	10			5	
a	25				

1.2.2　图框格式

在图纸上必须用粗实线画出图框，其格式分不留装订边（见图 1-2）和留装订边（见图 1-3）两种，具体尺寸如表 1-5 所示。

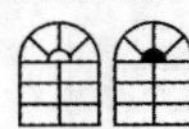

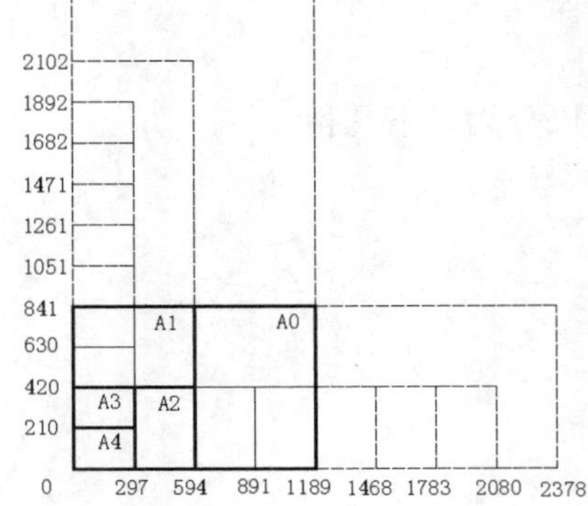

图 1-1　幅面尺寸

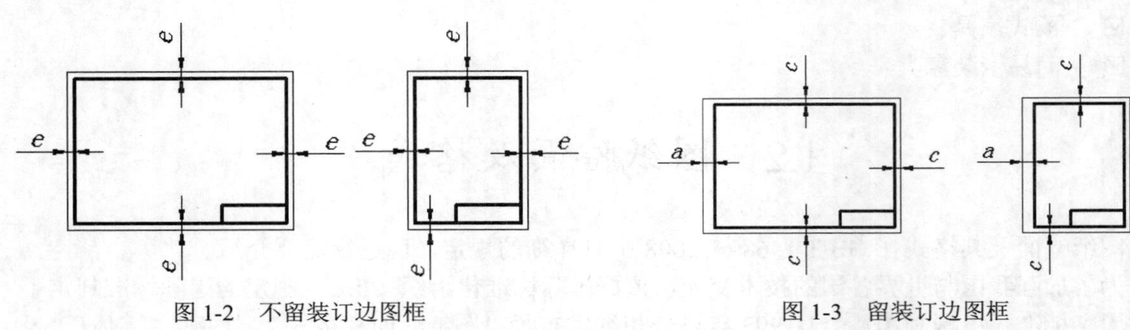

图 1-2　不留装订边图框　　图 1-3　留装订边图框

同一产品的图样只能采用同一种格式。

1.3　标　题　栏

国标《技术制图 标题栏》规定每张图纸上都必须画出标题栏，标题栏的位置位于图纸的右下角，与看图方向一致。

标题栏的格式和尺寸由 GB/T 10609.1—2008 规定，装配图中明细栏由 GB/T 10609.2—2009 规定，如图 1-4 所示（单位为 mm）。

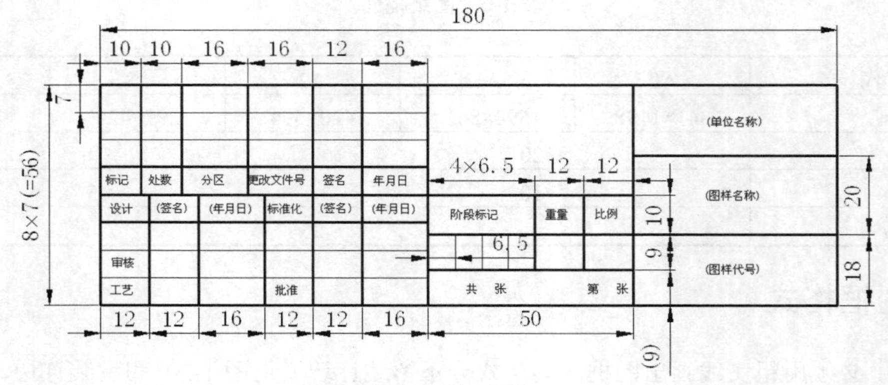

图 1-4　标题栏

在学习过程中，有时为了方便，对零件图和装配图的标题栏、明细栏内容进行简化，使用如图 1-5 所示（单位为 mm）的格式。

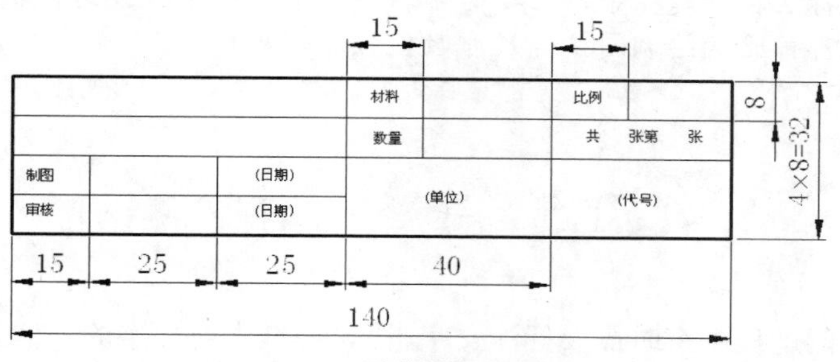

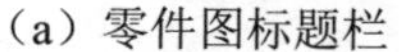
（a）零件图标题栏

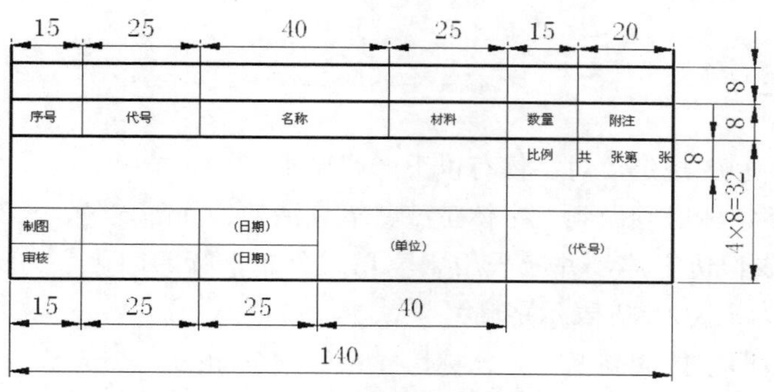

（b）装配图标题栏

图 1-5　简化标题栏

1.4　比　　例

比例为图样中图形与其实物相应要素的线性尺寸比，分为原值比例、放大比例、缩小比例 3 种。

需要按比例制图时，从表 1-6 规定的系列中选取适当的比例，必要时也允许选取表 1-7（《技术制图比例》GB/T 14690—1993）规定的比例。

表 1-6　标准比例系列

种　　类	比　　例
原值比例	1:1
放大比例	5:1　　2:1　　5×10^n:1　　2×10^n:1　　1×10^n:1
缩小比例	1:2　　1:5　　1:10　　1:2×10^n　　1:5×10^n　　1:1×10^n

注：n 为正整数。

表 1-7　可用比例系列

种　　类	比　　例
放大比例	4:1　　2.5:1　　4×10^n:1　　2.5×10^n:1
缩小比例	1:1.5　　1:2.5　　1:3　　1:4　　1:6 1:1.5×10^n　　1:2.5×10^n　　1:3×10^n　　1:4×10^n　　1:6×10^n

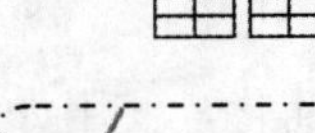

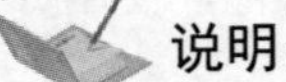

说明：

（1）比例一般标注在标题栏中，必要时可在视图名称的下方或右侧标出。

（2）不论采用哪种比例绘制图样，尺寸数值按原值标出。

Note

1.5 字　　体

在家具设计制图的过程中有时需要标注文字，国家标准中对文字的字体的规范也指定了相关标准，下面简要讲述。

1.5.1 一般规定

按 GB/T 14691—1993 规定，对字体有以下一般要求。

（1）图样中书写字体必须做到：字体工整、笔划清楚、间隔均匀、排列整齐。

（2）汉字应写成长仿宋体，并应采用国家正式公布推行的简化字。汉字的高度不应小于 3.5mm，其字宽一般为 $h/\sqrt{2}$（h 表示字高）。

（3）字体的号数即字体的高度，其公称尺寸系列为 1.8mm、2.5mm、3.5mm、5mm、7mm、10mm、14mm、20mm。如需书写更大的字，其字体高度应按 $\sqrt{2}$ 的比率递增。

（4）字母和数字分为 A 型和 B 型。A 型字体的笔划宽度 d 为字高 h 的 1/14；B 型字体对应为 1/10。同一图样上，只允许使用一种型式。

（5）字母和数字可写成斜体和直体。斜体字字头向右倾斜，与水平基准线约成 75°角。

1.5.2 字体示例

1．汉字——长仿宋体

字体工整　笔划清楚　间隔均匀　排列整齐

22 号字

横平竖直　注意起落　结构均匀　填满方格

14 号字

技术制图　机械电子　汽车航空　船舶土木　建筑矿山　井坑港口　纺织服装

10.5 号字

螺纹齿轮　端子接线　飞行指导　驾驶舱位　挖填施工　饮水通风　闸阀坝　棉麻化纤

9 号字

2．拉丁字母

ABCDEFGHIJKLMNOP

A 型大写斜体

abcdefghijklmnop

A 型小写斜体

ABCDEFGHIJKLMNOP

B 型大写斜体

3．希腊字母

ΑΒΓΕΖΗΘΙΚ

A 型大写斜体

αβγδεζηθικ

A 型小写直体

4．阿拉伯数字

1234567890　1234567890

斜体　直体

1.5.3　图样中书写规定

图样中有以下书写规定。

（1）用作指数、分数、极限偏差、注脚等的数字及字母，一般应采用小一号字体。

（2）图样中的数字符号、物理量符号、计量单位符号以及其他符号、代号应分别符合有关规定。

1.6　图　　线

GB/T 4457.4—2002 中对图线的相关使用规则进行了详细的规定，现进行简要介绍。

1.6.1　图线型式及应用

国标规定了各种图线的名称、型式、宽度以及在图上的一般应用，如表 1-8 和图 1-6 所示。

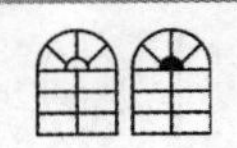

Note

表 1-8 图线型式

图线名称	线 型	线 宽	主要用途
粗实线		b	可见轮廓线、可见过渡线
细实线		约 $b/2$	尺寸线、尺寸界线、剖面线、引出线、弯折线、牙底线、齿根线、辅助线等
细点划线		约 $b/2$	轴线、对称中心线、齿轮节线等
虚线		约 $b/2$	不可见轮廓线、不可见过渡线
波浪线		约 $b/2$	断裂处的边界线、剖视与视图的分界线
双折线		约 $b/2$	断裂处的边界线
粗点划线		b	有特殊要求的线或面的表示线
双点划线		约 $b/2$	相邻辅助零件的轮廓线、极限位置的轮廓线、假想投影的轮廓线

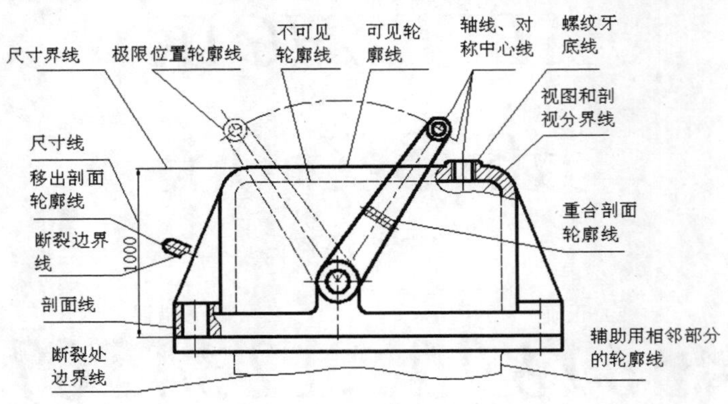

图 1-6 图线用途示例

1.6.2 图线宽度

图线分粗、细两种，粗线的宽度 b 应按图的大小和复杂程度，在 0.5～2mm 之间选择。图线宽度的推荐系列为 0.18mm、0.25mm、0.35mm、0.5mm、0.7mm、1mm、1.4mm 和 2mm。

1.6.3 图线画法

对于图线画法，一般有以下规定。

（1）同一图样中，同类图线的宽度应基本一致。虚线、点划线及双点划线的线段和间隔应各自大致相等。

（2）两条平行线（包括剖面线）之间的距离应不小于粗实线的两倍宽度，其最小距离不得小于 0.7mm。

（3）绘制圆的对称中心线时，圆心应为线段的交点。点划线和双点划线的首末两端应是线段而不是短划。建议中心线超出轮廓线 2～5mm，如图 1-7 所示。

（4）在较小的图形上画点划线或双点划线有困难时，可用细实线代替。

为保证图形清晰，各种图线相交、相连时的习惯画法如图 1-8 所示。

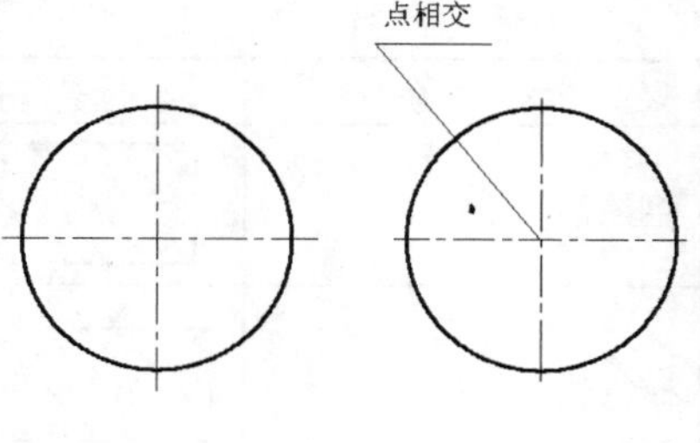

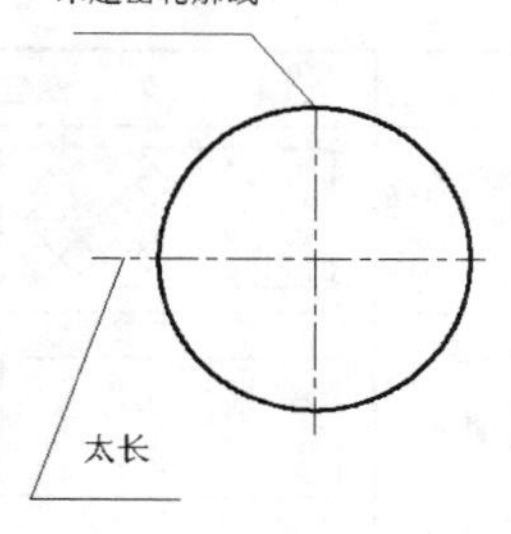

（a）正确　　（b）错误

图 1-7　点划线画法

点划线、虚线与粗实线相交以及点划线、虚线彼此相交时，均应交于点划线或虚线的线段处。虚线与粗实线相连时，应留间隙；虚直线与虚半圆弧相切时，在虚直线处留间隙，而虚半圆弧画到对称中心线为止，如图 1-8（a）所示。

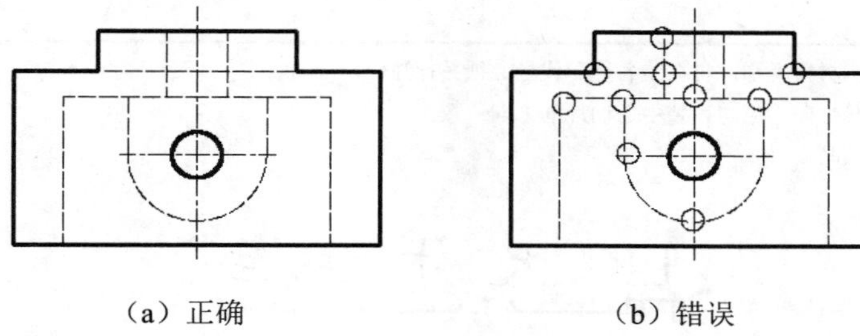

（a）正确　　（b）错误

图 1-8　图线画法

（5）由于图样复制中所存在的困难，应尽量避免采用 0.18mm 的线宽。

1.7　剖 面 符 号

除了传统的木质家具外，现代家具采用各种各样的材质，在绘制剖视和剖面图时，不同的材质应采用不同的符号，这方面国家标准也有详细规定。

在剖视和剖面图中，应采用表 1-9 中所规定的剖面符号（GB 4457.5—1984）。

表 1-9　剖面符号

材　质	符　号	材　质	符　号
金属材料（已有规定剖面符号除外）		纤维材料	
绕圈绕组元件		基础周围的泥土	
转子、电枢、变压器和电抗器等迭钢片		混凝土	

Note

续表

材　质		符　号	材　质	符　号
非金属材料（已有规定剖面符号者除外）			钢筋混凝土	
型砂、填砂、粉末冶金、砂轮、陶瓷刀片、硬质合金刀片等			砖	
玻璃及供观察用的其他透明材料			格网（筛网、过滤网等）	
木材	纵剖面		液体	
	横剖面			

注：（1）剖面符号仅表示材料类别，材料的名称和代号必须另行注明。

（2）迭钢片的剖面线方向，应与束装中迭钢片的方向一致。

（3）液面用细实线绘制。

1.8 尺寸注法

图样中，除需表达零件的结构形状外，还需标注尺寸，以确定零件的大小。GB/T 4458.4—2003 中对尺寸标注的基本方法做了一系列规定，必须严格遵守。

1.8.1 基本规定

基本规定如下。

（1）图样中的尺寸，以毫米为单位时，不需注明计量单位代号或名称。若采用其他单位，则必须标注相应计量单位或名称（如35°30′）。

（2）图样上所标注的尺寸数值是零件的真实大小，与图形大小及绘图的准确度无关。

（3）零件的每一尺寸在图样中一般只标注一次。

（4）图样中标注的尺寸是该零件最后完工时的尺寸，否则应另加说明。

1.8.2 尺寸要素

一个完整的尺寸包含下列 5 个尺寸要素。

1. 尺寸界线

尺寸界线用细实线绘制，如图 1-9（a）所示。尺寸界线一般是图形轮廓线、轴线或对称中心线的延伸线，超出箭头约 2～3mm，也可直接用轮廓线、轴线或对称中心线作尺寸界线。

尺寸界线一般与尺寸线垂直，必要时允许倾斜。

Note

2．尺寸线

尺寸线用细实线绘制，如图 1-9（a）所示。尺寸线必须单独画出，不能用图上任何其他图线代替，也不能与图线重合或在其延长线上（如图 1-9（b）中尺寸 3 和 8 的尺寸线），并应尽量避免尺寸线之间及尺寸线与尺寸界线之间相交。

标注线性尺寸时，尺寸线必须与所标注的线段平行，相同方向的各尺寸线间距要均匀，间隔应大于 5mm。

3．尺寸线终端

尺寸线终端有两种形式：箭头或细斜线，如图 1-10 所示。

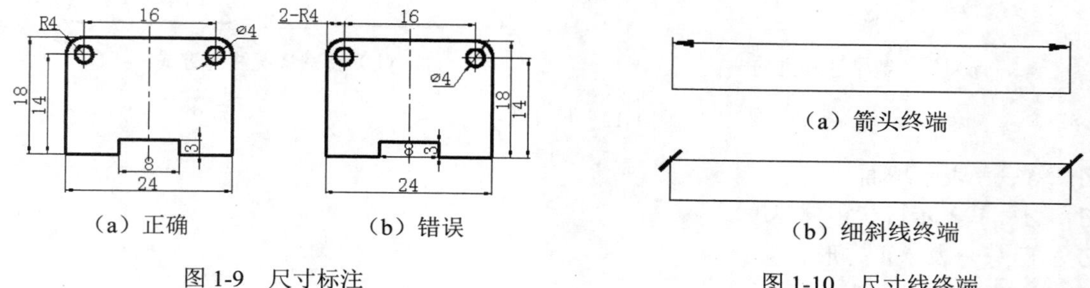

（a）正确　（b）错误

图 1-9　尺寸标注

（a）箭头终端

（b）细斜线终端

图 1-10　尺寸线终端

箭头适用于各种类型的图形，箭头尖端与尺寸界线接触，不得超出也不得离开，如图 1-11 所示。

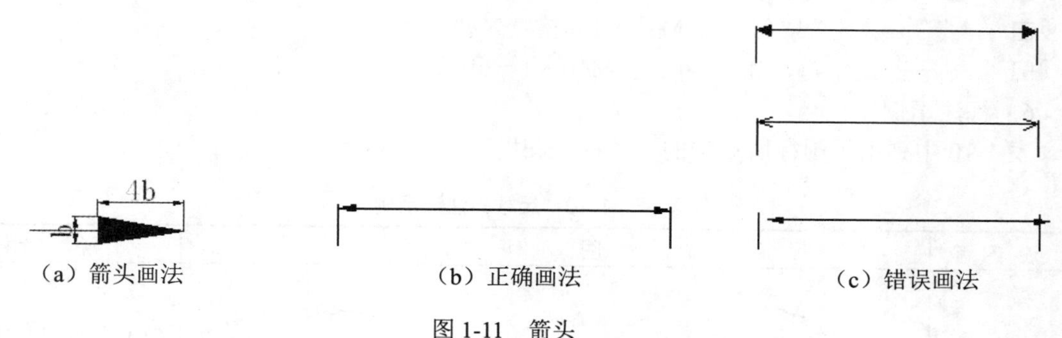

（a）箭头画法　（b）正确画法　（c）错误画法

图 1-11　箭头

当尺寸线终端采用箭头形式时，若位置不够，允许用圆点或细斜线代替箭头，如表 1-10 中狭小部位图所示；当尺寸线终端采用斜线形式时，尺寸线与尺寸界线必须相互垂直。同一图样中只能采用一种尺寸线终端形式。

4．尺寸数字

线性尺寸的数字一般标注在尺寸线上方或尺寸线中断处。同一图样内大小一致，位置不够时可引出标注。

线性尺寸数字方向按图 1-12（a）所示方向进行注写，并尽可能避免在图示 30° 范围内标注尺寸，当无法避免时，可按图 1-12（b）所示标注。

5．符号

图中用符号区分不同类型的尺寸。

☑　*Φ*——表示直径。

☑　*R*——表示半径。

Note

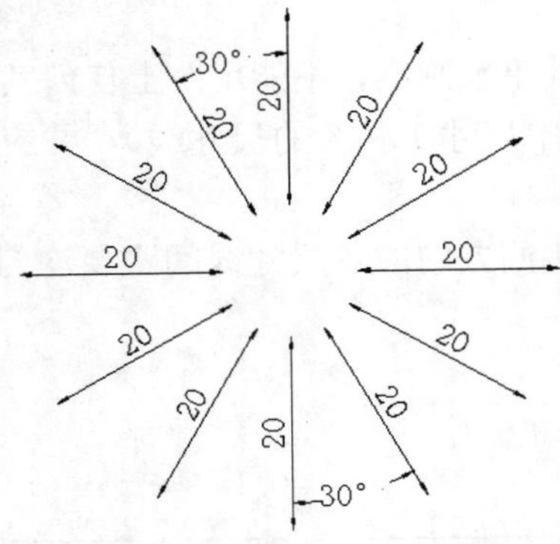

（a）尺寸数字注写方向

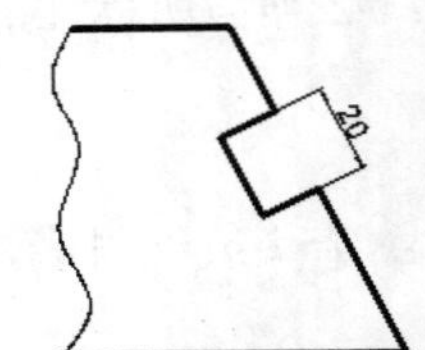

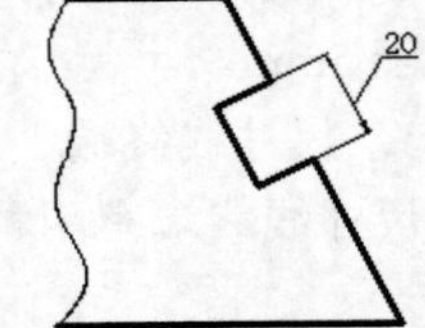

（b）特殊情况注写方式

图 1-12　尺寸数字

- ☑ *S*——表示球面。
- ☑ *Δ*——表示板状零件厚度。
- ☑ □——表示正方形。
- ☑ ∠——表示斜度。
- ☑ ◁——表示锥度。
- ☑ ±——表示正负偏差。
- ☑ ×——参数分隔符，如 M10×1，槽宽×槽深等。
- ☑ —— ——连字符，如 4－Φ10，M10×1－6H 等。

6．标注示例

表 1-10 中列出了国标所规定的尺寸标注图例。

表 1-10　尺寸标注法示例

标 注 内 容	图　　例	说　　明
角度	64°　65°　51°　30°　4°　15°　20°　20°　90°　5°　50°	（1）角度尺寸线沿径向引出 （2）角度尺寸线画成圆弧，圆心是该角顶点 （3）角度尺寸数字一律写成水平方向
圆的直径	Ø18　Ø18　Ø12　Ø8	（1）直径尺寸应在尺寸数字前加注符号 Φ （2）尺寸线应通过圆心，尺寸线终端画成箭头 （3）整圆或大于半圆标注直径

续表

标注内容	图例	说明
大圆弧	R60 SR64 (a) (b)	当圆弧半径过大，在图纸范围内无法标出圆心位置时按图（a）形式标注；若不需标出圆心位置时按图（b）形式标注
圆弧半径	R12 R18 R13 R10	（1）半径尺寸数字前加注符号R （2）半径尺寸必须注在投影为圆弧的图形上，且尺寸线应通过圆心 （3）半圆或小于半圆的圆弧标注半径尺寸
狭小部位	3 2 3 5 4 3 323 3 2 4 R5 R5 R5 R5 R3 R2 R4 R3 ø10 ø10 ø10 ø5 ø5 ø5	在没有足够位置画箭头或注写数字时，允许用圆点或细斜线的形式标注

续表

标注内容	图　例	说　明
对称机件		当对称机件的图形只画出一半或略大于一半时，尺寸线应略超过对称中心线或断裂处的边界线，并在尺寸线一端画出箭头
正方形结构		表示表面为正方形结构尺寸时，可在正方形边长尺寸数字前加注符号□，或用 14×14 代替□14
板状零件		标注板状零件厚度时，可在尺寸数字前加注符号“δ”
光滑过渡处		（1）在光滑过渡处标注尺寸时，须用实线将轮廓线延长，从交点处引出尺寸界线 （2）当尺寸界线过于靠近轮廓线时，允许倾斜画出
弦长和弧长	(a)　(b)	（1）标注弧长时，应在尺寸数字上方加符号⌒（见图（a）） （2）弦长及弧的尺寸界线应平行该弦的垂直平分线，当弧长较大时，可沿径向引出（见图（b））

Note

续表

标 注 内 容	图　例	说　明
球面	(a)　(b)　(c)	标注球面直径或半径时，应在 Φ 或 R 前再加注符号 S(见图(a)、图（b））。对标准件、轴及手柄的端部，在不致引起误解的情况下，可省略 S（见图（c））
斜度和锥度	(a) (b)　(c)	(1) 斜度和锥度的标注，其符号应与斜度、锥度的方向一致 (2) 符号的线宽为 h/10，画法如图（a）所示 (3) 必要时，在标注锥度的同时，在括号内注出其角度值（见图（c））

第2章

AutoCAD 2016 入门

本章学习要点和目标任务：

☑ 操作界面

☑ 设置绘图环境

☑ 文件管理

☑ 基本输入操作

☑ 图层设置

☑ 绘图辅助工具

本章开始循序渐进地学习 AutoCAD 2016 绘图的有关基本知识，让读者了解如何设置图形的系统参数、样板图，熟悉建立新的图形文件、打开已有文件的方法等。

2.1　操 作 界 面

AutoCAD 的操作界面是 AutoCAD 显示、编辑图形的区域。启动 AutoCAD 2016 后的默认界面如图 2-1 所示，这个界面是 AutoCAD 2009 以后出现的新界面风格。

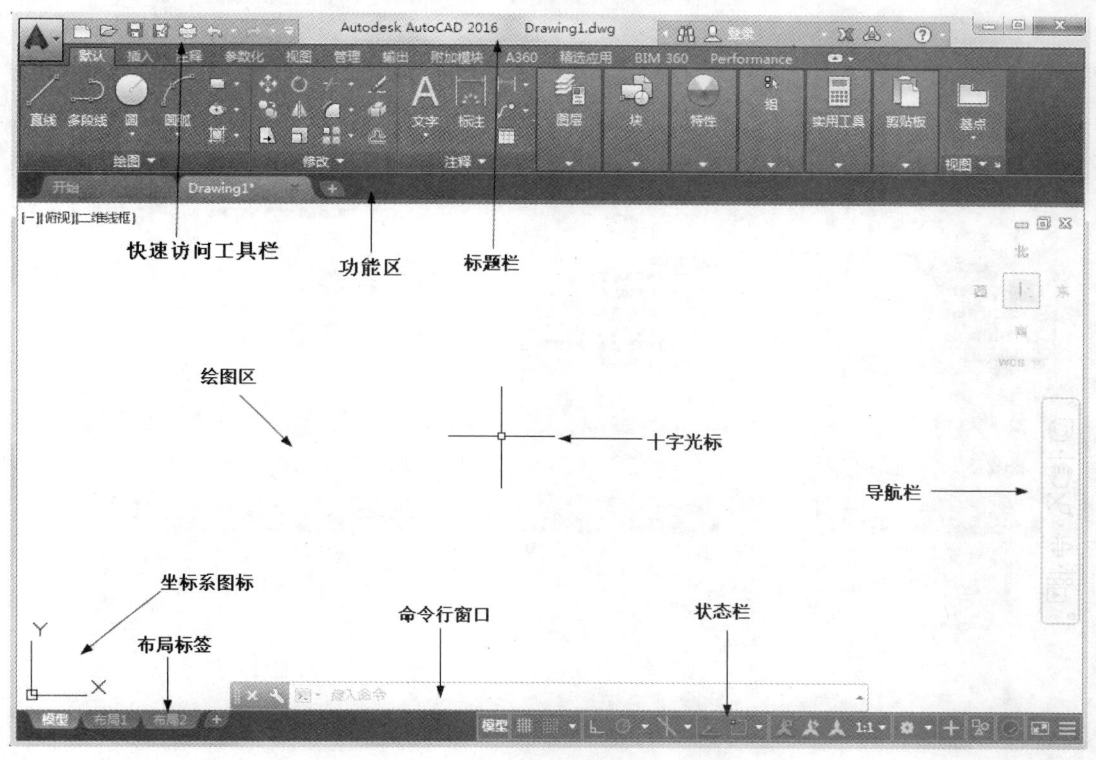

图 2-1　AutoCAD 2016 的默认界面

不同风格操作界面的具体转换方法是：单击界面右下角的“切换工作空间”按钮，如图 2-1 所示，在弹出的菜单中选择“草图与注释”选项，如图 2-2 所示，系统转换到草图与注释界面。

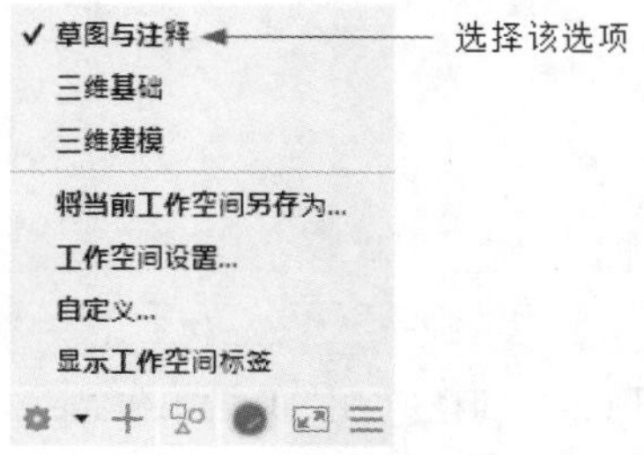

图 2-2　工作空间转换

一个完整的草图与注释操作界面如图 2-1 所示，包括标题栏、绘图区、十字光标、坐标系图标、命令行窗口、状态栏、布局标签和快速访问工具栏等。

Note

注意：

安装 AutoCAD 2016 后，在绘图区中右击，打开快捷菜单，如图 2-3 所示，选择“选项”命令，打开“选项”对话框，选择“显示”选项卡，将窗口元素对应的“配色方案”设置为“明”，如图 2-4 所示，单击“确定”按钮，退出对话框，其操作界面如图 2-5 所示。

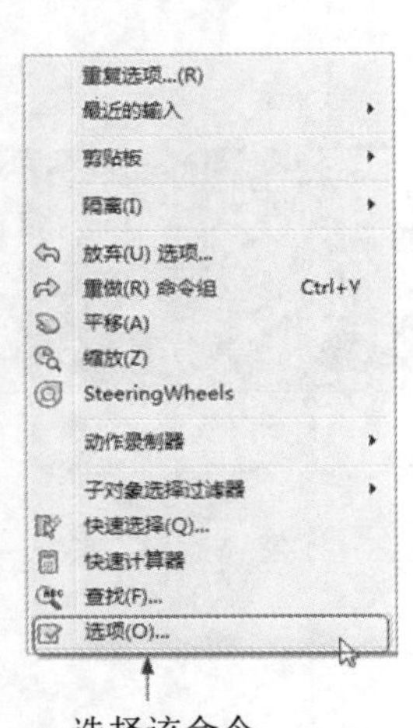

选择该命令

图 2-3 快捷菜单

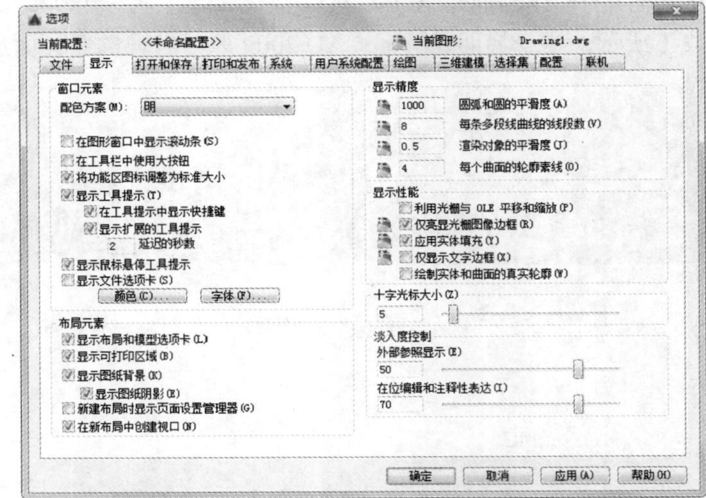

图 2-4 “选项”对话框

图 2-5 调整“明”后的工作界面

2.1.1 标题栏

在 AutoCAD 2016 中文版绘图窗口的最上端是标题栏。在标题栏中，显示了系统当前正在运

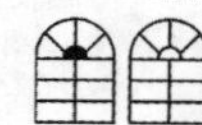

行的应用程序（AutoCAD 2016 和用户正在使用的图形文件）。用户第一次启动 AutoCAD 时，在 AutoCAD 2016 绘图窗口的标题栏中，将显示 AutoCAD 2016 在启动时创建并打开的图形文件的名称 Drawing1.dwg，如图 2-6 所示。

图 2-6　启动 AutoCAD 时的标题栏

2.1.2　绘图区

绘图区是指标题栏下方的大片空白区域，是用户使用 AutoCAD 2016 绘制图形的区域，设计图形的主要工作都是在绘图区中完成的。

在绘图区中，还有一个作用类似光标的十字线，其交点反映了光标在当前坐标系中的位置。在 AutoCAD 2016 中，将该十字线称为光标，AutoCAD 通过光标显示当前点的位置。十字线的方向与当前用户坐标系的 x 轴和 y 轴方向平行，十字线的长度默认为屏幕大小的 5%，如图 2-7 所示。

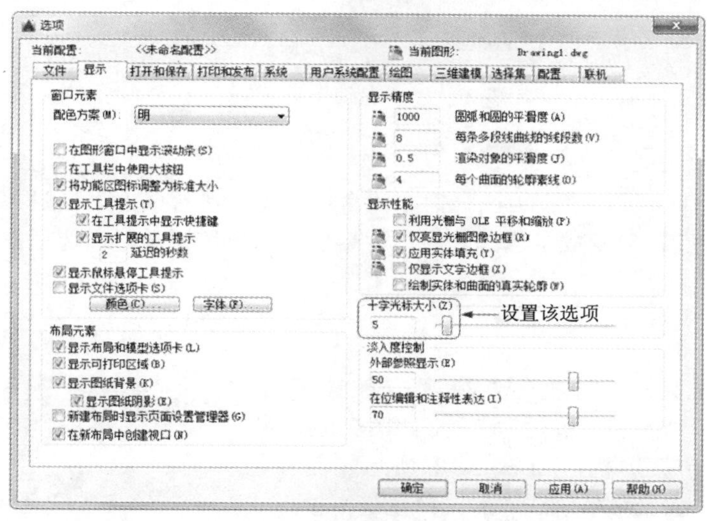

图 2-7　“选项”对话框中的“显示”选项卡

1．修改图形窗口中十字光标的大小

光标的长度默认为屏幕大小的 5%，用户可以根据绘图的实际需要更改其大小。改变光标大小的方法有以下两种：

☑ 在操作界面中选择“工具”/“选项”命令，将弹出“选项”对话框。选择“显示”选项卡，在“十字光标大小”选项组的文本框中直接输入数值，或者拖动文本框后的滑块，即可对十字光标的大小进行调整，如图 2-7 所示。

☑ 通过设置系统变量 CURSORSIZE 的值，实现对其大小的更改。执行该命令后，根据系统提示输入新值即可。

2．修改绘图窗口的颜色

默认情况下，AutoCAD 2016 的绘图窗口是黑色背景、白色线条，这不符合大多数用户的习惯，因此首先要修改绘图窗口的颜色。

修改绘图窗口颜色的步骤如下：

（1）在如图 2-7 所示的选项卡中单击“窗口元素”选项组中的“颜色”按钮，打开如图 2-8 所示的“图形窗口颜色”对话框。

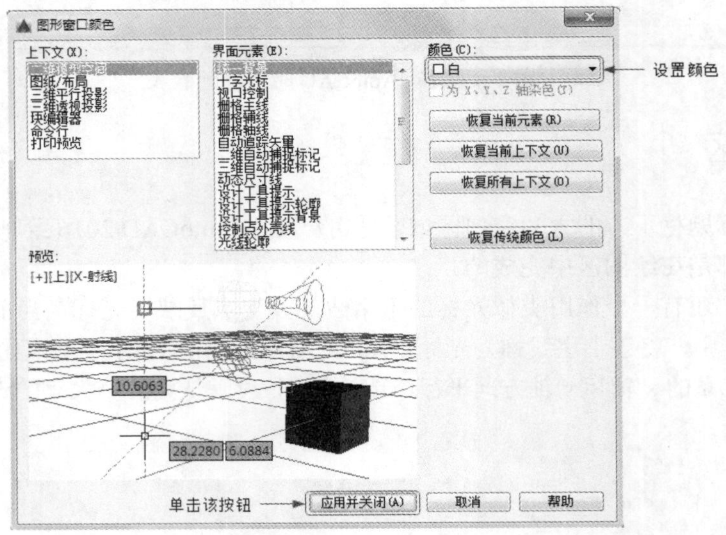

图 2-8　“图形窗口颜色”对话框

（2）在“颜色”下拉列表框中选择需要的窗口颜色，然后单击“应用并关闭”按钮，此时 AutoCAD 2016 的绘图窗口变成了选择的窗口背景色，通常按视觉习惯选择白色为窗口颜色。

2.1.3　菜单栏

单击快速访问工具栏上的“下拉菜单”按钮，在打开的下拉菜单中选择“显示菜单栏”选项，如图 2-9 所示，在功能区的上方显示菜单栏，如图 2-10 所示。同其他 Windows 程序一样，AutoCAD 2016 的菜单也是下拉形式的，并在菜单中包含子菜单。AutoCAD 2016 的菜单栏中包含 12 个菜单，即“文件”“编辑”“视图”“插入”“格式”“工具”“绘图”“标注”“修改”“参数”“窗口”“帮助”。这些菜单几乎包含了 AutoCAD 2016 的所有绘图命令，后面的章节将围绕这些菜单展开讲述。

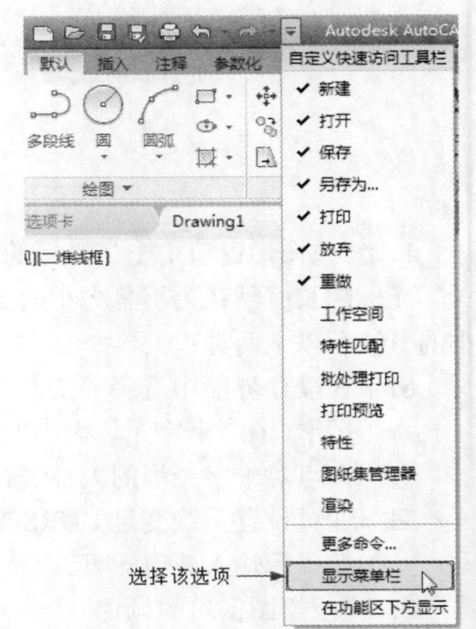

图 2-9　选择“显示菜单栏”选项

2.1.4　工具栏

工具栏是一组图标型工具的集合，选择菜单栏中的“工具”/“工具栏”/AutoCAD 命令，调出所需要的工具栏，把光标移动到某个图标，稍停片刻即在该图标一侧显示相应的工具提示，同时在状态栏中，显示对应的说明和

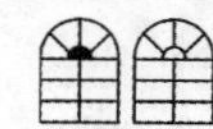

命令名。此时，单击图标也可以启动相应命令。

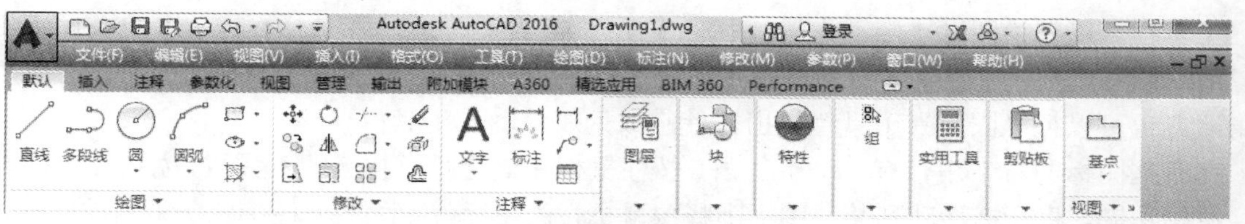

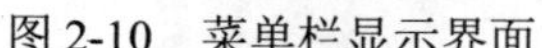

图 2-10　菜单栏显示界面

1．设置工具栏

AutoCAD 2016 的标准菜单提供有几十种工具栏，选择菜单栏中的“工具”/“工具栏”/AutoCAD 命令，调出所需要的工具栏，如图 2-11 所示。用鼠标左键单击某一个未在界面显示的工具栏名，系统自动在界面打开该工具栏；反之，关闭工具栏。

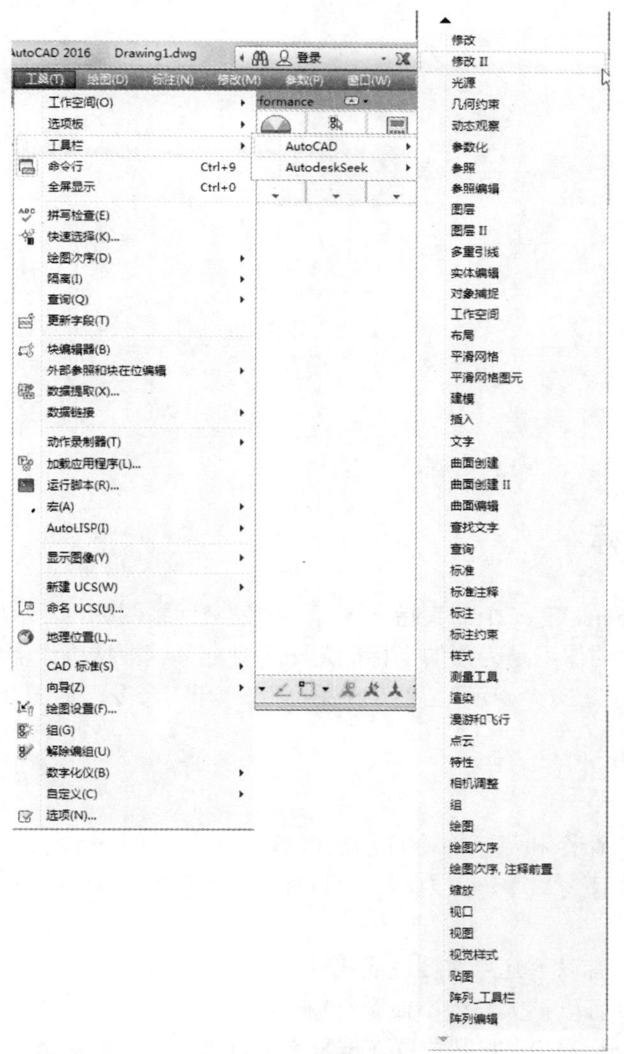

图 2-11　单独的工具栏标签

Note

2．工具栏的“固定”、“浮动”与“打开”

工具栏可以在绘图区“浮动”（如图 2-12 所示），此时显示该工具栏标题，并可关闭该工具栏，用鼠标可以拖动“浮动”工具栏到图形区边界，使它变为“固定”工具栏，此时该工具栏标题隐藏。也可以把“固定”工具栏拖出，使它成为“浮动”工具栏。

在有些图标的右下角带有一个小三角，按住鼠标左键会打开相应的工具栏，如图 2-13 所示，按住鼠标左键，将光标移动到某一图标上释放鼠标，该图标就变为当前图标。单击当前图标，可执行相应命令。

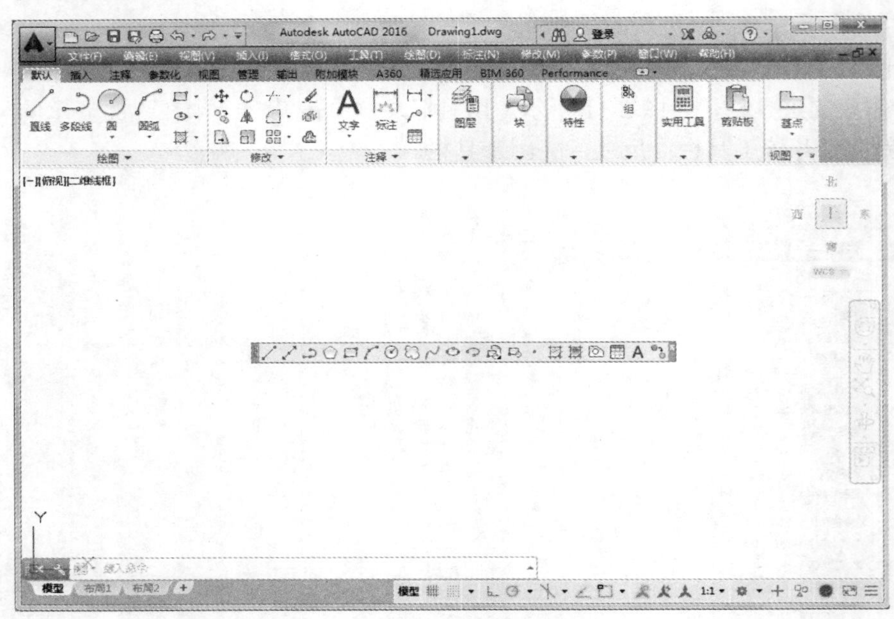

图 2-12 “浮动”工具栏

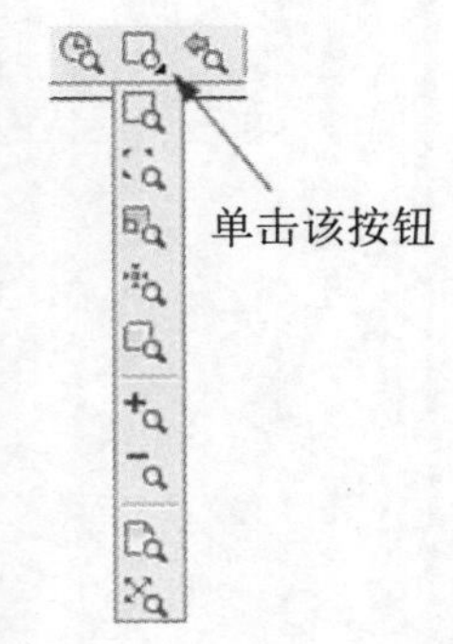

图 2-13 “打开”工具栏

2.1.5 坐标系图标

在绘图区域的左下角，有一个箭头指向图标，称为坐标系图标，表示用户绘图时正使用的坐标系形式，坐标系图标的作用是为点的坐标确定一个参照系。根据工作需要，用户可以选择将其关闭。方法是选择“视图”/“显示”/“UCS 图标”/“开”命令，如图 2-14 所示。

2.1.6 命令行窗口

命令行窗口是输入命令和显示命令提示的区域，默认的命令行窗口位于绘图区下方，是若干文本行。在当前命令行窗口中输入内容，可以按 F2 键用文本编辑的方法进行编辑，如图 2-15 所示。

对于命令行窗口，有以下几点需要说明：

☑ 移动拆分条，可以扩大与缩小命令行窗口。

☑ 可以拖动命令行窗口，将其放置在屏幕上的其他位置。默认情况下，命令行窗口位于图形窗口的下方。

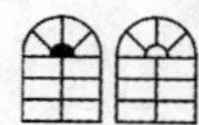

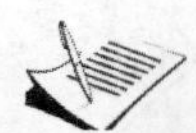

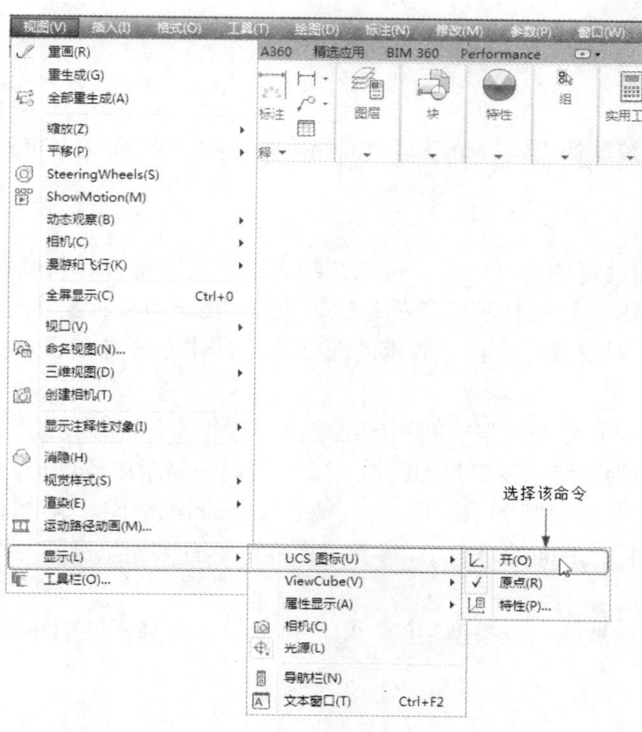

图 2-14 “视图”菜单

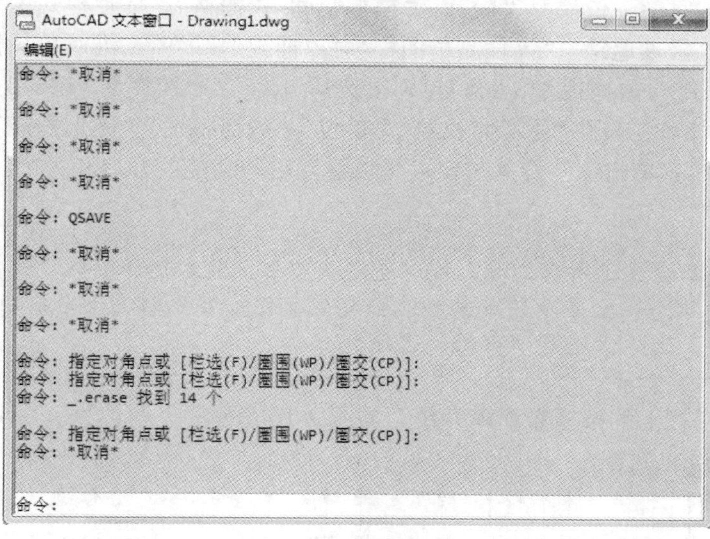

图 2-15 文本窗口

- ☑ 对当前命令行窗口中输入的内容，可以按 F2 键用文本编辑的方法进行编辑。AutoCAD 2016 的文本窗口和命令行窗口相似，它可以显示当前 AutoCAD 进程中命令的输入和执行过程，在 AutoCAD 2016 中执行某些命令时，它会自动切换到文本窗口，列出有关信息。
- ☑ AutoCAD 通过命令行窗口，反馈各种信息，包括出错信息。因此，用户要时刻关注命令行窗口中出现的信息。

2.1.7 布局标签

AutoCAD 2016 系统默认设定一个模型空间布局标签和“布局 1”“布局 2”两个图纸空间布局标签。

1. 布局

布局是系统为绘图设置的一种环境，包括图纸大小、尺寸单位、角度设定、数值精确度等，在系统默认的 3 个标签中，这些环境变量都是默认设置。用户可以根据实际需要改变这些变量的值。用户也可以根据需要设置符合自己要求的新标签，具体方法将在后面章节介绍。

2. 模型

AutoCAD 2016 的空间分为模型空间和图纸空间。模型空间是用户绘图的环境，而在图纸空间中，用户可以创建称为“浮动视口”的区域，以不同视图显示所绘图形。用户可以在图纸空间中调整浮动视口并决定所包含视图的缩放比例。如果选择图纸空间，则可打印多个视图，用户可以打印任意布局的视图。在后面的章节中，将专门详细讲解有关模型空间与图纸空间的有关知识，请注意学习体会。

AutoCAD 2016 系统默认打开模型空间，用户可以单击选择需要的布局。

2.1.8 状态栏

状态栏在屏幕的底部，依次有“坐标”“模型空间”“栅格”“捕捉模式”“推断约束”“动态输入”“正交模式”“极轴追踪”“等轴测草图”“对象捕捉追踪”“二维对象捕捉”“线宽”“透明度”“选择循环”“三维对象捕捉”“动态 UCS”“选择过滤”“小控件”“注释可见性”“自动缩放”“注释比例”“切换工作空间”“注释监视器”“单位”“快捷特性”“图形性能”“全屏显示”“自定义”28 个功能按钮。单击这些开关按钮，可以实现这些功能的开启和关闭。

注意：

默认情况下，不会显示所有工具，可以通过状态栏上最右侧的按钮，选择要从“自定义”菜单显示的工具。状态栏上显示的工具可能会发生变化，具体取决于当前的工作空间以及当前显示的是“模型”选项卡还是“布局”选项卡。

下面对部分状态栏上的按钮做简单介绍，如图 2-16 所示。

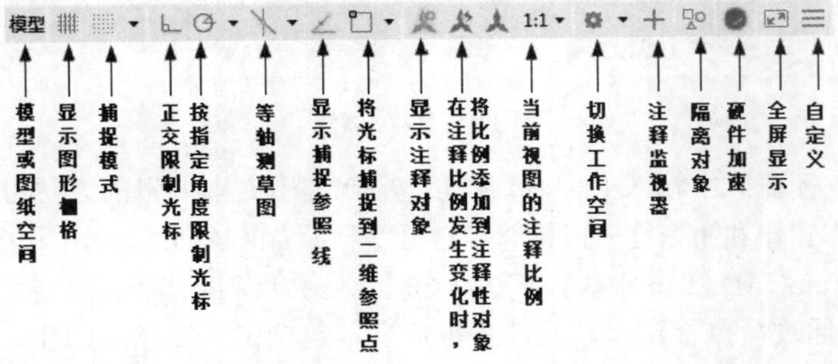

图 2-16 状态栏

- ☑ 模型或图纸空间：在模型空间与布局空间之间进行转换。
- ☑ 显示图形栅格：栅格是覆盖整个坐标系（UCS）XY 平面的直线或点组成的矩形图案。使用栅格类似于在图形下放置一张坐标纸。利用栅格可以对齐对象并直观显示对象之间的距离。
- ☑ 捕捉模式：对象捕捉对于在对象上指定精确位置非常重要。不论何时提示输入点，都可以指定对象捕捉。默认情况下，当光标移到对象的对象捕捉位置时，将显示标记和工具提示。
- ☑ 正交限制光标：将光标限制在水平或垂直方向上移动，以便于精确地创建和修改对象。当创建或移动对象时，可以使用“正交”模式将光标限制在相对于用户坐标系（UCS）的水平或垂直方向上。
- ☑ 按指定角度限制光标（极轴追踪）：使用极轴追踪，光标将按指定角度进行移动。创建或修改对象时，可以使用“极轴追踪”来显示由指定的极轴角度所定义的临时对齐路径。
- ☑ 等轴测草图：通过设定“等轴测捕捉/栅格”，可以很容易地沿 3 个等轴测平面之一对齐对象。尽管等轴测图形看似三维图形，但它实际上是由二维图形表示，因此不能期望提取三维距离和面积、从不同视点显示对象或自动消除隐藏线。
- ☑ 显示捕捉参照线（对象捕捉追踪）：使用对象捕捉追踪，可以沿着基于对象捕捉点的对齐路径进行追踪。已获取的点将显示一个小加号（+），一次最多可以获取 7 个追踪点。获取点之后，在绘图路径上移动光标，将显示相对于获取点的水平、垂直或极轴对齐路径。例如，可以基于对象端点、中点或者对象的交点，沿着某个路径选择一点。
- ☑ 将光标捕捉到二维参照点（对象捕捉）：使用执行对象捕捉设置（也称为对象捕捉），可以在对象上的精确位置指定捕捉点。选择多个选项后，将应用选定的捕捉模式，以返回距离靶框中心最近的点。按 Tab 键以在这些选项之间循环。
- ☑ 显示注释对象：当图标亮显时，表示显示所有比例的注释性对象；当图标变暗时，表示仅显示当前比例的注释性对象。
- ☑ 在注释比例发生变化时，将比例添加到注释性对象：注释比例更改时，自动将比例添加到注释对象。
- ☑ 当前视图的注释比例：单击注释比例右下角小三角符号弹出注释比例列表，如图 2-17 所示，可以根据需要选择适当的注释比例。
- ☑ 切换工作空间：进行工作空间转换。
- ☑ 注释监视器：打开仅用于所有事件或模型文档事件的注释监视器。
- ☑ 隔离对象：当选择隔离对象时，在当前视图中显示选定对象。所有其他对象都暂时隐藏；当选择隐藏对象时，在当前视图中暂时隐藏选定对象。所有其他对象都可见。
- ☑ 硬件加速：设定图形卡的驱动程序以及设置硬件加速的选项。
- ☑ 全屏显示：该选项可以清除 Windows 窗口中的标题栏、功能

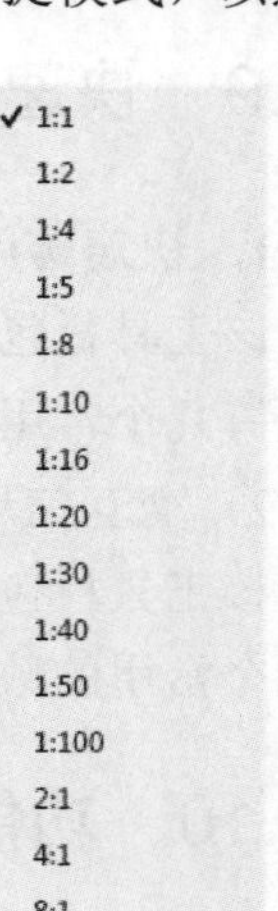

图 2-17　注释比例列表

区和选项板等界面元素，使AutoCAD的绘图窗口全屏显示，如图2-18所示。

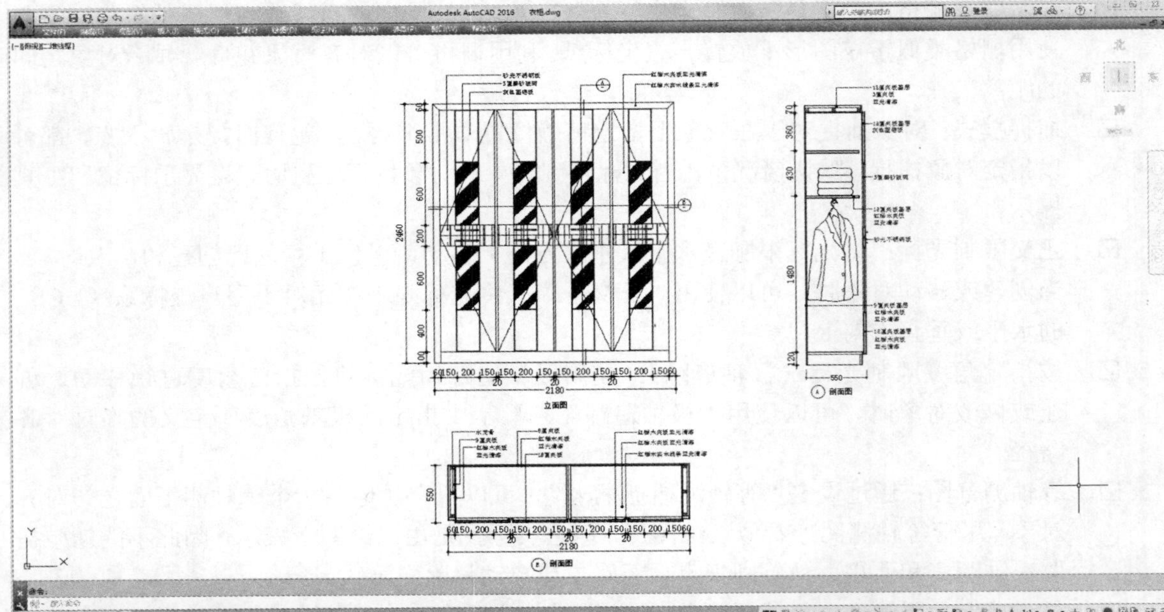

图2-18　全屏显示

☑ 自定义：状态栏可以提供重要信息，而无须中断工作流。使用MODEMACRO系统变量可将应用程序所能识别的大多数数据显示在状态栏中。使用该系统变量的计算、判断和编辑功能可以完全按照用户的要求构造状态栏。

2.1.9　快速访问工具栏和交互信息工具栏

1．快速访问工具栏

该工具栏包括“新建”、“打开”、“保存”、“另存为”、“打印”、“放弃”、“重做”和“工作空间”等几个常用工具。用户也可以单击本工具栏后面的下拉按钮，设置需要的常用工具。

2．交互信息工具栏

该工具栏包括“搜索”、Autodesk360、Autodesk Exchange应用程序、“保持连接”和“帮助”等几个常用的数据交互访问工具。

2.1.10　功能区

在默认情况下，功能区包括“默认”、“插入”、“注释”、“参数化”、“视图”、“管理”、“输出”、“附加模块”、A360、BIM360、“精选应用”以及Performance选项卡，如图2-19所示（所有的选项卡显示面板如图2-20所示）。每个选项卡集成了相关的操作工具，方便了用户的使用。用户可以单击功能区选项后面的▭按钮控制功能的展开与收缩。

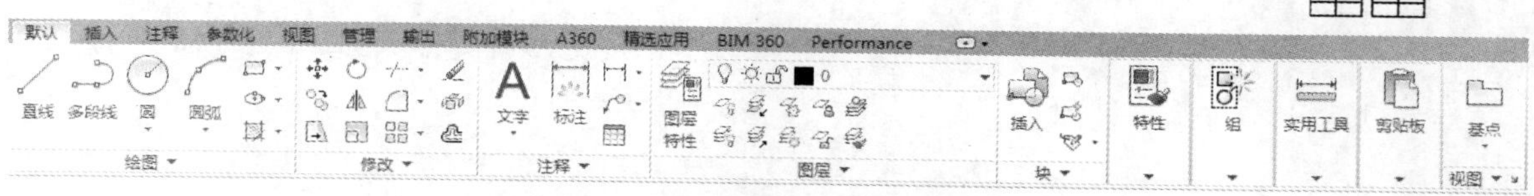

图 2-19　默认情况下出现的选项卡

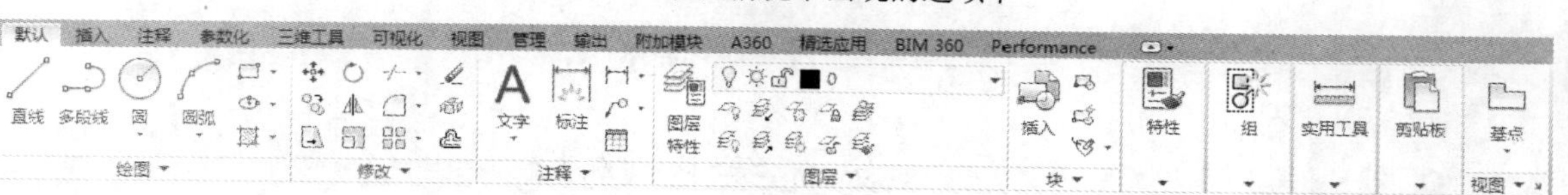

图 2-20　所有的选项卡

（1）设置选项卡。将光标放在面板中任意位置处，单击鼠标右键，打开如图 2-21 所示的快捷菜单。用鼠标左键单击某一个未在功能区显示的选项卡名，系统自动在功能区打开该选项卡。反之，关闭选项卡（调出面板的方法与调出选项板的方法类似，这里不再赘述）。

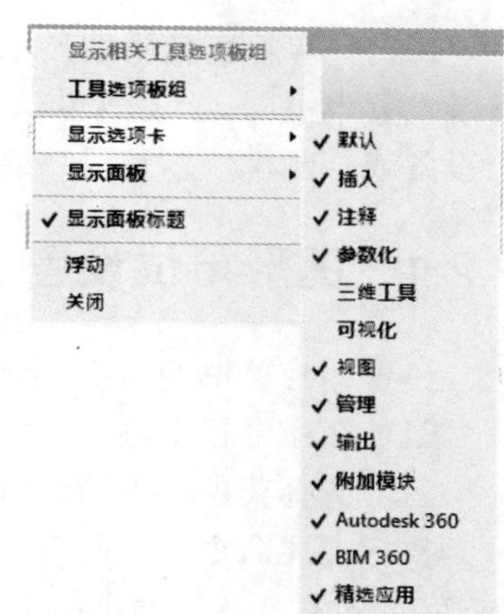

图 2-21　快捷菜单

（2）选项卡中面板的“固定”与“浮动”。面板可以在绘图区“浮动”（如图 2-22 所示），将鼠标放到浮动面板的右上角位置处，显示“将面板返回到功能区”，如图 2-23 所示。单击此处，使它变为“固定”面板。也可以把“固定”面板拖出，使它成为“浮动”面板。

设置功能区主要有如下两种调用方法：

☑ 在命令行中输入“PREFERENCES”命令。

☑ 选择菜单栏中的“工具”/“选项板”/“功能区”命令。

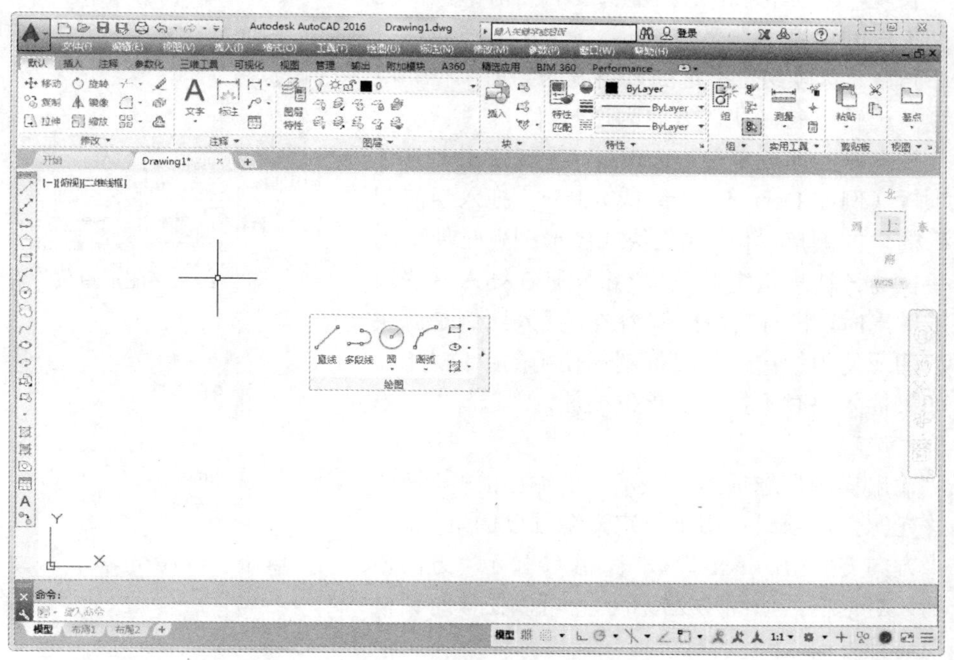

图 2-22　“浮动”面板

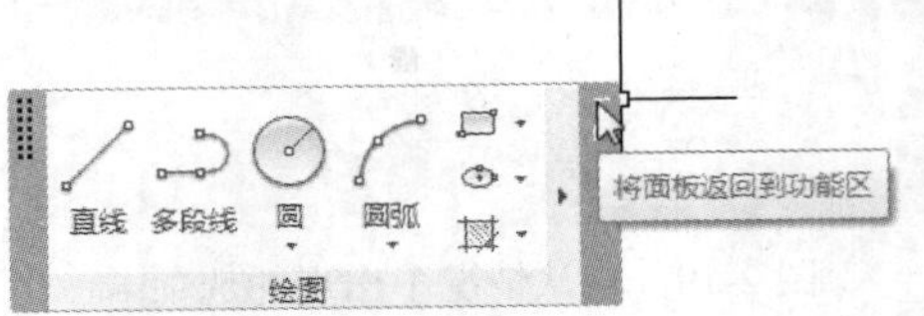

图 2-23 “绘图”面板

2.2 设置绘图环境

每台计算机所使用的显示器、输入设备和输出设备的类型不同，用户喜好的风格及计算机的目录设置也不同。一般来讲，使用 AutoCAD 2016 的默认配置就可以绘图，但为了使用用户的定点设备或打印机，以及提高绘图的效率，推荐用户在开始作图前先进行必要的配置。

2.2.1 图形单位设置

设置图形单位的命令主要有如下两种调用方法：

☑ 在命令行中输入“DDUNITS”或“UNITS”命令。

☑ 选择菜单栏中的“格式”/“单位”命令。

执行上述命令后，系统打开“图形单位”对话框，如图 2-24 所示。该对话框用于定义单位和角度格式，其中的各参数设置如下。

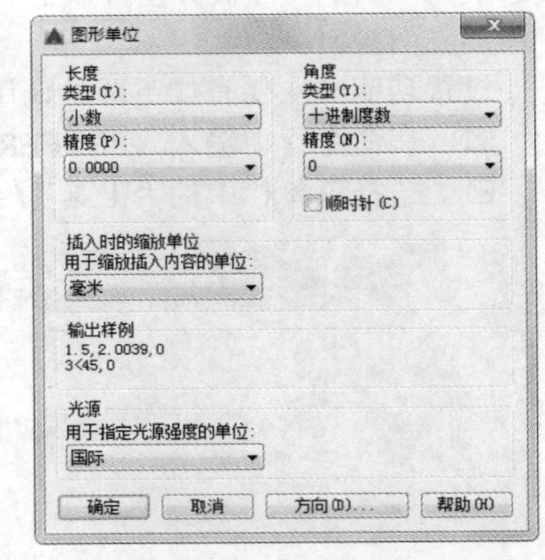

图 2-24 “图形单位”对话框

☑ “长度”选项组：指定测量长度的当前单位及当前单位的精度。

☑ “角度”选项组：指定测量角度的当前单位、精度及旋转方向，默认方向为逆时针。

☑ “插入时的缩放单位”选项组：控制使用工具选项板（例如 DesignCenter 或 i-drop）拖入当前图形的块的测量单位。如果块或图形创建时使用的单位与该选项指定的单位不同，则在插入这些块或图形时，将对其按比例缩放。插入比例是源块或图形使用的单位与目标图形使用的单位之比。如果插入块时不按指定单位缩放，则选择“无单位”选项。

☑ “输出样例”选项组：显示当前输出的样例值。

☑ “光源”选项组：用于指定光源强度的单位。

☑ “方向”按钮：单击该按钮，系统显示“方向控制”对话框，如图 2-25 所示。可以在该对话框中进行方向控制设置。

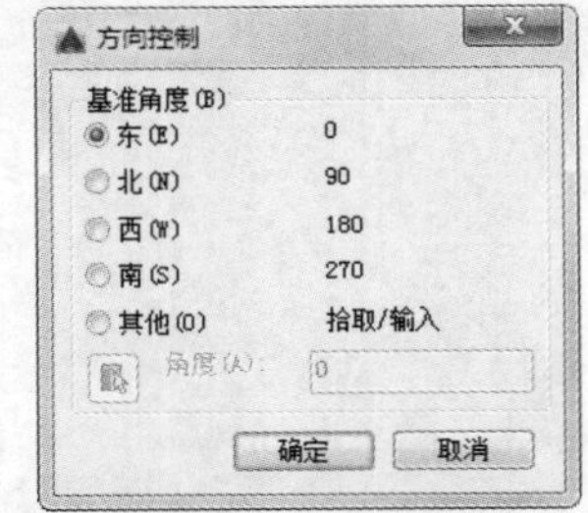

图 2-25 “方向控制”对话框

2.2.2 图形边界设置

执行“图形界限”命令主要有如下两种调用方法：

☑ 在命令行中输入“LIMITS”命令。

☑ 选择菜单栏中的“格式”/“图形界限”命令。

执行上述命令后，根据系统提示输入图形边界左下角和右上角的坐标后按 Enter 键。执行该命令时，命令行提示中各选项含义如下。

☑ 开(ON)：使绘图边界有效。系统在绘图边界以外拾取的点视为无效。

☑ 关(OFF)：使绘图边界无效。用户可以在绘图边界以外拾取点或实体。

☑ 动态输入角点坐标：它可以直接在屏幕上输入角点坐标，输入了横坐标值后，按下“,”键，接着输入纵坐标值，如图 2-26 所示。也可以在光标位置直接按下鼠标左键确定角点位置。

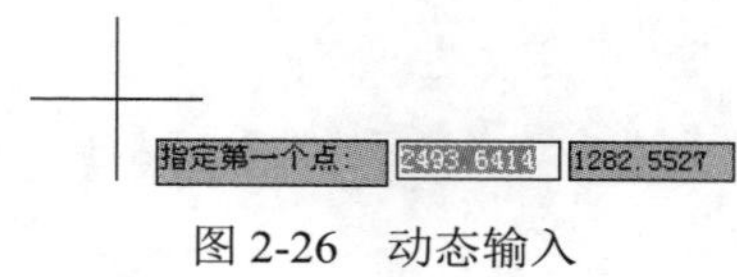

图 2-26　动态输入

2.3 文件管理

本节介绍有关文件管理的一些基本操作方法，包括新建文件、打开已有文件、保存文件、删除文件等，这些都是进行 AutoCAD 2016 操作最基础的知识。另外，本节还介绍安全口令和数字签名等涉及文件管理操作的知识。

2.3.1 新建文件

新建图形文件的方法有如下 3 种：

☑ 在命令行中输入“NEW”或“QNEW”命令。

☑ 选择菜单栏中的“文件”/“新建”命令或选择主菜单中的“新建”命令。

☑ 单击“标准”工具栏中的“新建”按钮□或单击快速访问工具栏中的“新建”按钮□。

执行上述命令后，系统弹出如图 2-27 所示的“选择样板”对话框，在“文件类型”下拉列表框中有 3 种格式的图形样板，分别是.dwt、.dwg、.dws。

在每种图形样板文件中，系统根据绘图任务的要求进行统一的图形设置，如绘图单位类型和精度要求、绘图界限、捕捉、网格与正交设置、图层、图框和标题栏、尺寸及文本格式、线型和线宽等。

使用图形样板文件开始绘图的优点在于，在完成绘图任务时不但可以保持图形设置的一致性，而且可以大大提高工作效率。用户也可以根据自己的需要设置新的样板文件。

一般情况下，.dwt 文件是标准的样板文件，通常将一些规定的标准性的样板文件设成.dwt

文件；.dwg 文件是普通的样板文件；而.dws 文件是包含标准图层、标注样式、线型和文字样式的样板文件。

Note

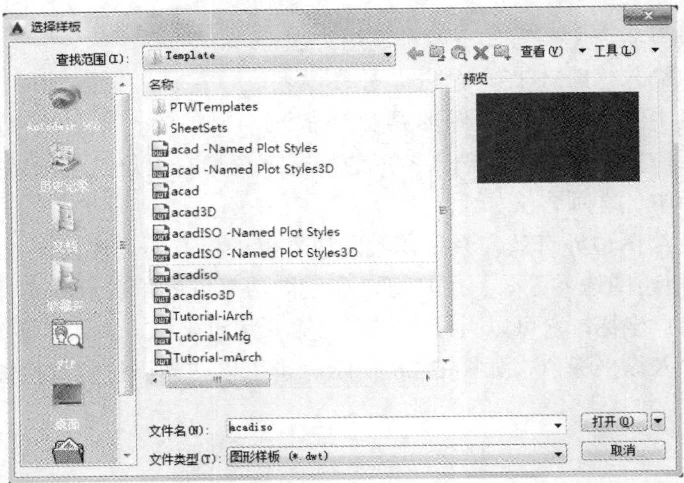

图 2-27 “选择样板”对话框

2.3.2 打开文件

打开图形文件的方法主要有如下 3 种：

☑ 在命令行中输入“OPEN”命令。

☑ 选择菜单栏中的“文件”/“打开”命令。

☑ 单击“标准”工具栏中的“打开”按钮或单击快速访问工具栏中的“打开”按钮。

执行上述命令后，系统弹出如图 2-28 所示的“选择文件”对话框，在“文件类型”下拉列表框中可选.dwg 文件、.dwt 文件、.dxf 文件和.dws 文件。.dxf 文件是用文本形式存储的图形文件，能够被其他程序读取，许多第三方应用软件都支持.dxf 格式。

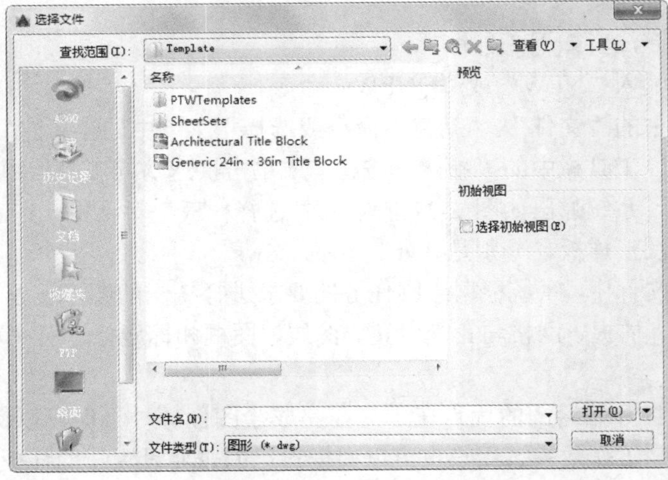

图 2-28 “选择文件”对话框

2.3.3　保存文件

保存图形文件的方法主要有如下 3 种：

☑　在命令行中输入“QSAVE”或“SAVE”命令。

☑　选择菜单栏中的“文件”/“保存”命令或选择主菜单中的“保存”命令。

☑　单击“标准”工具栏中的“保存”按钮或单击快速访问工具栏中的“保存”按钮。

执行上述命令后，若文件已命名，则 AutoCAD 自动保存；若文件未命名（即为默认名 Drawing1.dwg），则弹出如图 2-29 所示的“图形另存为”对话框，用户可以命名保存。在“保存于”下拉列表框中可以指定保存文件的路径；在“文件类型”下拉列表框中可以指定保存文件的类型。

图 2-29　“图形另存为”对话框

为了防止因意外操作或计算机系统故障导致正在绘制的图形文件丢失，可以对当前图形文件设置自动保存。步骤如下：

（1）利用系统变量 SAVEFILEPATH 设置所有“自动保存”文件的位置，如 C:\HU\。

（2）利用系统变量 SAVEFILE 存储“自动保存”文件名。该系统变量存储的文件名文件是只读文件，用户可以从中查询自动保存的文件名。

（3）利用系统变量 SAVETIME 指定在使用“自动保存”时多长时间保存一次图形。

2.3.4　另存为

对打开的已有图形进行修改后，可用“另存为”命令对其进行改名存储，具体方法主要有如下 3 种：

☑　在命令行中输入“SAVEAS”命令。

☑　选择菜单栏中的“文件”/“另存为”命令或选择主菜单中的“另存为”命令。

☑ 单击快速访问工具栏中的“另存为”按钮。

执行上述命令后，系统弹出如图 2-29 所示的“图形另存为”对话框，可以将图形用其他名称保存。

2.3.5 退出

图形绘制完毕后，想退出 AutoCAD，可用“退出”命令。调用“退出”命令的方法主要有如下 3 种：

☑ 在命令行中输入“QUIT”或“EXIT”命令。

☑ 选择菜单栏中的“文件”/“退出”命令或选择主菜单中的“关闭”命令。

☑ 单击 AutoCAD 操作界面右上角的“关闭”按钮。

执行上述命令后，若用户对图形所作的修改尚未保存，则会出现如图 2-30 所示的系统警告对话框。单击“是”按钮，系统将保存文件，然后退出；单击“否”按钮，系统将不保存文件。若用户对图形所做的修改已经保存，则直接退出。

2.3.6 图形修复

调用图形修复命令的方法主要有如下两种：

☑ 在命令行中输入“DRAWINGRECOVERY”命令。

☑ 选择菜单栏中的“文件”/“图形实用工具”/“图形修复管理器”命令。

执行上述命令后，系统弹出如图 2-31 所示的图形修复管理器，打开“备份文件”列表中的文件，可以重新保存，从而进行修复。

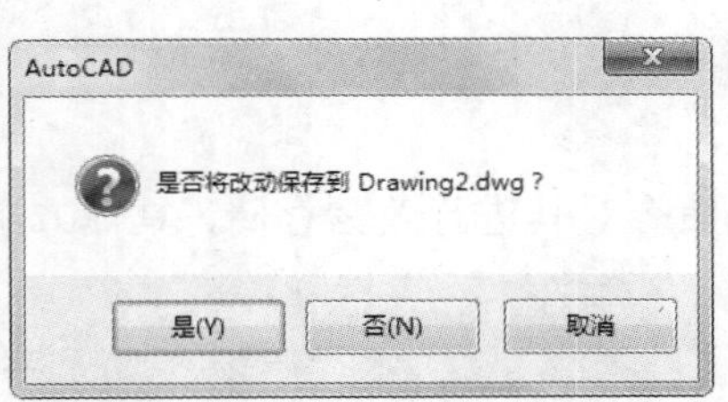

图 2-30 系统警告对话框

图 2-31 图形修复管理器

2.4 基本输入操作

在 AutoCAD 2016 中，有一些基本的输入操作方法，这些基本方法是进行 AutoCAD 绘图的必备基础知识，也是深入学习 AutoCAD 功能的前提。

2.4.1 命令输入方式

AutoCAD 交互绘图必须输入必要的指令和参数。有多种 AutoCAD 命令输入方式，下面以画直线为例进行介绍。

1．在命令行窗口输入命令名

命令字符不区分大小写。执行命令时，在命令行提示中经常会出现命令选项。如输入绘制直线命令 LINE 后，在命令行的提示下在屏幕上指定一点或输入一个点的坐标，当命令行提示“指定下一点或[放弃(U)]:”时，选项中不带括号的提示为默认选项，因此可以直接输入直线段的起点坐标或在屏幕上指定一点，如果要选择其他选项，则应该首先输入该选项的标识字符，如“放弃”选项的标识字符“U”，然后按系统提示输入数据即可。在命令选项的后面有时还带有尖括号，尖括号内的数值为默认数值。

2．在命令行窗口输入命令缩写字

如 L（Line）、C（Circle）、A（Arc）、Z（Zoom）、R（Redraw）、M（More）、CO（Copy）、PL（Pline）、E（Erase）等。

3．选择“绘图”菜单中的“直线”命令

选择该命令后，在状态栏中可以看到对应的命令说明及命令名。

4．单击工具栏或功能区中的对应图标

单击相应图标后，在状态栏中也可以看到对应的命令说明及命令名。

5．在命令行窗口打开右键快捷菜单

如果在前面刚使用过要输入的命令，则可以在命令行窗口单击鼠标右键，打开快捷菜单，在“最近使用的命令”子菜单中选择需要的命令，如图 2-32 所示。“最近使用的命令”子菜单中存储最近使用的 6 个命令，如果经常重复使用某 6 次操作以内的命令，这种方法就比较简捷。

6．在绘图区单击鼠标右键

如果用户要重复使用上次使用的命令，可以直接在绘图区单击鼠标右键，系统立即重复执行上次使用的命令，这种方法适用于重复执行某个命令。

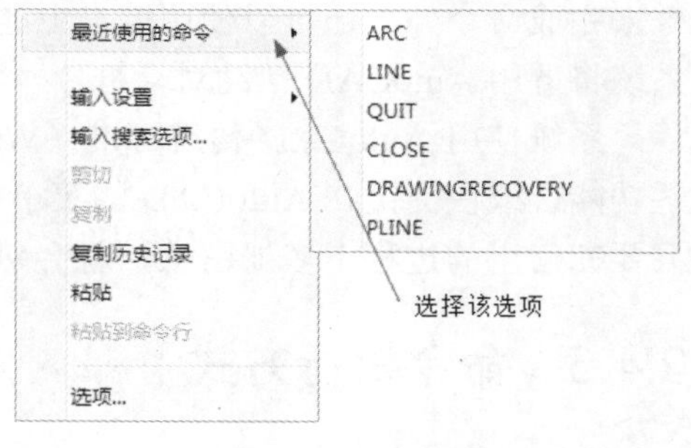

图 2-32 快捷菜单

2.4.2 命令的重复、撤销和重做

1．命令的重复

在命令行窗口中按 Enter 键可重复调用上一个命令，不管上一个命令是完成了还是被取消了。

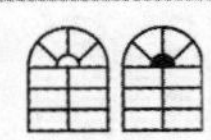

2．命令的撤销

在命令执行的任何时刻都可以取消和终止命令的执行。执行该命令时，调用方法有如下 4 种：

Note

☑ 在命令行中输入“UNDO”命令。

☑ 选择菜单栏中的“编辑”/“放弃”命令。

☑ 单击“标准”工具栏中的“放弃”按钮或单击快速访问工具栏中的“放弃”按钮。

☑ 利用快捷键 Esc。

3．命令的重做

已被撤销的命令还可以恢复重做，即恢复撤销的最后一个命令。执行该命令时，调用方法有如下 3 种：

☑ 在命令行中输入“REDO”命令。

☑ 选择菜单栏中的“编辑”/“重做”命令。

☑ 单击“标准”工具栏中的“重做”按钮或单击快速访问工具栏中的“重做”按钮。

可以一次执行多重放弃和重做操作，方法是单击 UNDO 或 REDO 列表箭头，在弹出的列表中选择要放弃或重做的操作即可，如图 2-33 所示。

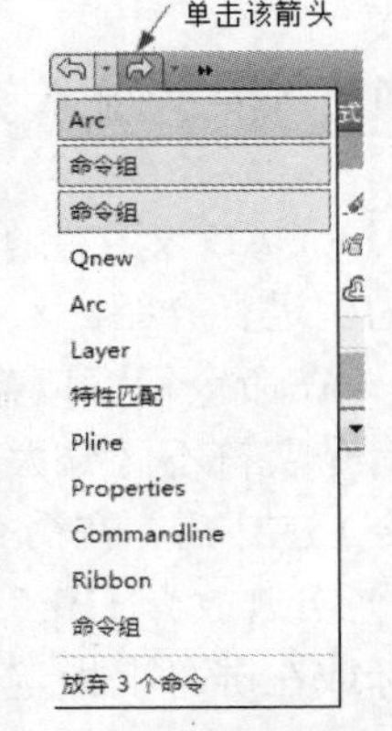

图 2-33　多重放弃或重做

2.4.3　透明命令

在 AutoCAD 2016 中，有些命令不仅可以直接在命令行中使用，而且还可以在其他命令的执行过程中插入并执行，待该命令执行完毕后，系统继续执行原命令，这种命令称为透明命令。透明命令一般多为修改图形设置或打开辅助绘图工具的命令。

如执行“圆弧”命令 ARC 时，在命令行提示“指定圆弧的起点或[圆心(C)]:”时输入“ZOOM”，则透明使用显示缩放命令，按 Esc 键退出该命令后，则恢复执行 ARC 命令。

2.4.4　按键定义

在 AutoCAD 2016 中，除了可以通过在命令行窗口输入命令、单击工具栏图标或选择菜单命令来完成命令外，还可以使用键盘上的一组功能键或快捷键，快速实现指定功能，如按 F1 键，系统将调用 AutoCAD 帮助对话框。

系统使用 AutoCAD 传统标准（Windows 之前）或 Microsoft Windows 标准解释快捷键。有些功能键或快捷键在 AutoCAD 的菜单中已经指出，如“粘贴”功能的快捷键为“Ctrl+V”，这些只要在使用的过程中多加留意，就会熟练掌握。快捷键的定义参见菜单命令后面的说明。

2.4.5　命令执行方式

有的命令有两种执行方式，通过对话框或通过命令行输入命令。如指定使用命令行方式，可以在命令名前加短划线来表示，如“-LAYER”表示用命令行方式执行“图层”命令。而如果在命令行中输入“LAYER”，系统则会自动打开“图层”对话框。

另外，有些命令同时存在命令行、菜单和工具栏 3 种执行方式，这时如果选择菜单或工具栏方式，命令行会显示该命令，并在前面加一个下划线，如通过菜单或工具栏方式执行“直线”命令时，命令行会显示“_line”，命令的执行过程和结果与命令行方式相同。

2.4.6　坐标系统与数据的输入方法

1．坐标系

AutoCAD 采用两种坐标系：世界坐标系（WCS）与用户坐标系（UCS）。刚进入 AutoCAD 2016 时出现的坐标系统就是世界坐标系，是固定的坐标系统。世界坐标系也是坐标系统中的基准，绘制图形时多数情况下都是在这个坐标系统下进行的。调用用户坐标系命令的方法有如下 4 种：

☑　在命令行中输入“UCS”命令。

☑　选择菜单栏中的“工具”/“新建 UCS”命令。

☑　单击 UCS 工具栏中的“UCS 图标”按钮。

☑　单击“视图”选项卡“视口工具”面板中的“UCS 图标”按钮。

AutoCAD 有两种视图显示方式：模型空间和布局空间。模型空间是指单一视图显示法，用户通常使用的都是这种显示方式；布局空间是指在绘图区创建图形的多视图，用户可以对其中每一个视图进行单独操作。在默认情况下，当前 UCS 与 WCS 重合。图 2-34（a）为模型空间下的 UCS 坐标系图标，通常放在绘图区左下角处；也可以指定它放在当前 UCS 的实际坐标原点位置，如图 2-34（b）所示；图 2-34（c）为布局空间下的坐标系图标。

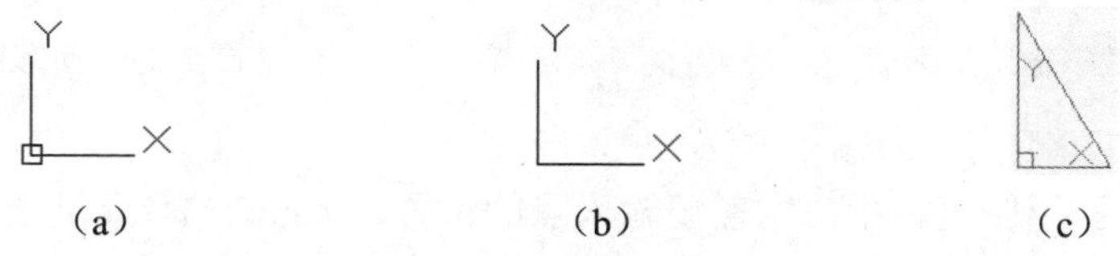

（a）　　（b）　　（c）

图 2-34　坐标系图标

2．数据输入方法

在 AutoCAD 2016 中，点的坐标可以用直角坐标、极坐标、球面坐标和柱面坐标表示，每一种坐标又分别具有两种坐标输入方式：绝对坐标和相对坐标。其中，直角坐标和极坐标最为常用，下面主要介绍它们的输入。

（1）直角坐标法：用点的 X、Y 坐标值表示的坐标。

例如，在命令行中输入点的坐标提示下，输入“15,18”，则表示输入了一个 X、Y 的坐标值分别为 15、18 的点，此为绝对坐标输入方式，表示该点的坐标是相对于当前坐标原点的坐标值，如图 2-35（a）所示。如果输入“@10,20”，则为相对坐标输入方式，表示该点的坐标是相对于前一点的坐标值，如图 2-35（b）所示，若用绝对坐标表示则为（20,28）。

（2）极坐标法：用长度和角度表示的坐标，只能用来表示二维点的坐标。

在绝对坐标输入方式下，表示为“长度<角度”，如“25<50”，其中长度为该点到坐标原点的距离，角度为该点至原点的连线与 X 轴正向的夹角，如图 2-35（c）所示。

在相对坐标输入方式下，表示为“@长度<角度”，如“@25<45”，其中长度为该点到前一点的距离，角度为该点至前一点的连线与 X 轴正向的夹角，如图 2-35（d）所示。

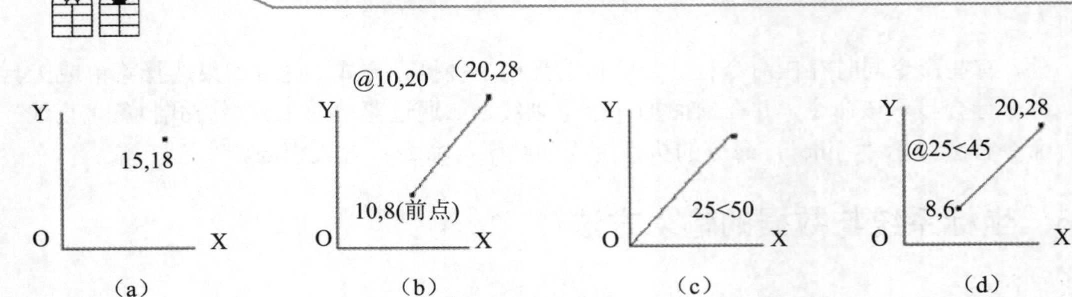

图 2-35　数据输入方法

3．动态数据输入

按下状态栏上的 DYN 按钮，系统弹出动态输入功能，可以在屏幕上动态地输入某些参数数据，例如在绘制直线时，在光标附近，会动态地显示"指定第一个点"以及后面的坐标框，当前显示的是光标所在位置，可以输入数据，两个数据之间以逗号隔开，如图 2-36 所示。指定第一点后，系统动态显示直线的角度，同时要求输入线段长度值，如图 2-37 所示，其输入效果与"@长度<角度"方式相同。

图 2-36　动态输入坐标值　　图 2-37　动态输入长度值

下面分别介绍点与距离值的输入方法。

（1）点的输入。绘图过程中，常需要输入点的位置，AutoCAD 提供了如下几种输入点的方式。

☑ 用键盘直接在命令行窗口中输入点的坐标。直角坐标有两种输入方式，即"X,Y"（点的绝对坐标值，例如"100,50"）和"@X,Y"（相对于上一点的相对坐标值，例如"@50,-30"）。坐标值均相对于当前的用户坐标系。

☑ 极坐标的输入方式。为"长度<角度"（其中，长度为点到坐标原点的距离，角度为原点至该点连线与 X 轴的正向夹角，例如"20<45"）或"@长度<角度"（相对于上一点的相对极坐标，例如"@50<-30"）。

☑ 用鼠标等定标设备移动光标单击鼠标左键在屏幕上直接取点。

☑ 用目标捕捉方式捕捉屏幕上已有图形的特殊点（如端点、中点、中心点、插入点、交点、切点、垂足点等）。

☑ 直接输入距离，即先用光标拖拉出橡筋线确定方向，然后用键盘输入距离，这样有利于准确控制对象的长度等参数。

（2）距离值的输入。在 AutoCAD 命令中，有时需要提供高度、宽度、半径、长度等距离值。AutoCAD 提供了两种输入距离值的方式：一种是用键盘在命令行窗口中直接输入数值；另一种是在屏幕上拾取两点，以两点的距离值定出所需数值。

2.5　图 层 设 置

AutoCAD 中的图层就如同在手工绘图中使用的重叠透明图纸，如图 2-38 所示，可以使用图层来组织不同类型的信息。在 AutoCAD 2016 中，图形的每个对象都位于一个图层上，所有图形对象都具有图层、颜色、线型和线宽这 4 个基本属性。在绘制时，图形对象将创建在当前的图层上。每个 CAD 文档中图层的数量是不受限制的，每个图层都有自己的名称。

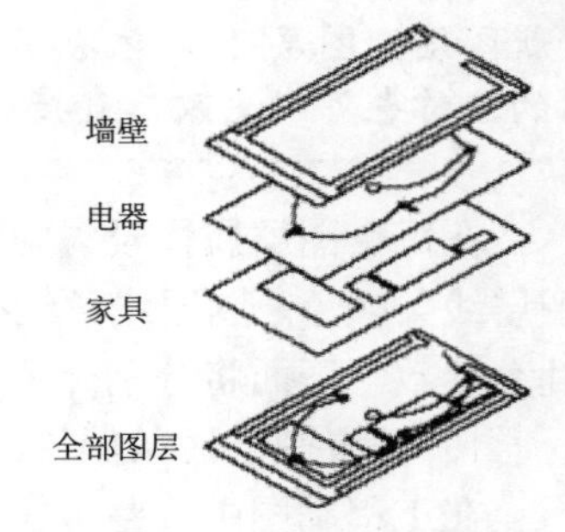

图 2-38　图层示意图

2.5.1　建立新图层

新建的 CAD 文档中只能自动创建一个名为 0 的特殊图层。默认情况下，图层 0 将被指定使用 7 号颜色、Continuous 线型、默认线宽，以及 NORMAL 打印样式。不能删除或重命名图层 0。通过创建新的图层，可以将类型相似的对象指定给同一个图层使其相关联。例如，可以将构造线、文字、标注和标题栏置于不同的图层上，并为这些图层指定通用特性。通过将对象分类放到各自的图层中，可以快速有效地控制对象的显示以及对其进行更改。调用图层特性管理器命令的方法有如下 4 种：

☑　在命令行中输入“LAYER”或“LA”命令。

☑　选择菜单栏中的“格式”/“图层”命令。

☑　单击“图层”工具栏中的“图层特性管理器”按钮。

☑　单击“默认”选项卡“图层”面板中的“图层特性”按钮。

执行上述命令后，系统弹出“图层特性管理器”选项板，如图 2-39 所示。

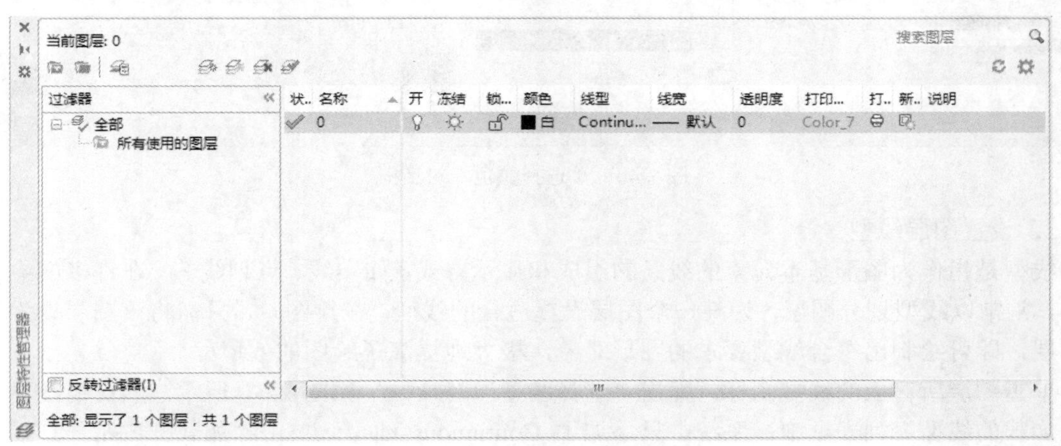

图 2-39　“图层特性管理器”选项板

单击“图层特性管理器”选项板中的“新建图层”按钮，建立新图层，默认的图层名为“图层 1”。可以根据绘图需要，更改图层名称，例如改为“实体”、“中心线”或“标准”图层等。

在一个图形中可以创建的图层数以及在每个图层中可以创建的对象数实际上是无限的。图层最长可使用 255 个字符的字母数字命名。图层特性管理器按名称的字母顺序排列图层。

Note

提示：

如果要建立不止一个图层，无须重复单击“新建”按钮，更有效的方法是：在建立一个新的图层“图层 1”后，改变图层名，在其后输入一个逗号“,”，这样就又会自动建立一个新图层“图层 1”，依次建立各个图层。也可以按两次 Enter 键，建立另一个新的图层。图层的名称也可以更改，直接双击图层名称，输入新的名称即可。

在每个图层属性设置中，包括图层名称、关闭/打开图层、冻结/解冻图层、锁定/解锁图层、图层线条颜色、图层线条线型、图层线条宽度、图层透明度、图层打印样式以及图层是否打印等几个参数。下面将分别介绍如何设置这些图层参数。

1．设置图层线条颜色

在工程制图中，整个图形包含多种不同功能的图形对象，例如实体、剖面线与尺寸标注等，为了便于直观地区分它们，就有必要针对不同的图形对象使用不同的颜色，例如“实体”图层使用白色、剖面线层使用青色等。

要改变图层的颜色时，单击图层所对应的颜色图标，弹出“选择颜色”对话框，如图 2-40 所示。它是一个标准的颜色设置对话框，可以使用“索引颜色”、“真彩色”和“配色系统”3 个选项卡来选择颜色。系统显示的 RGB 配比，即 Red（红）、Green（绿）和 Blue（蓝）3 种颜色。

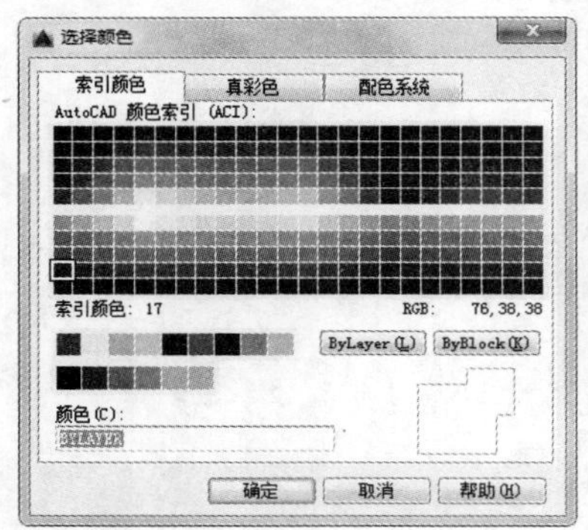

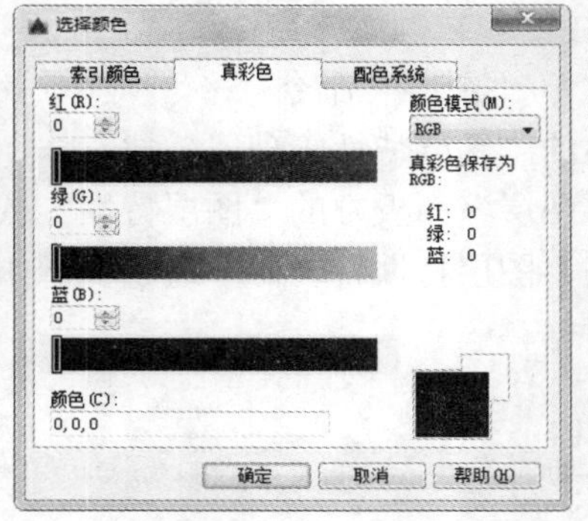

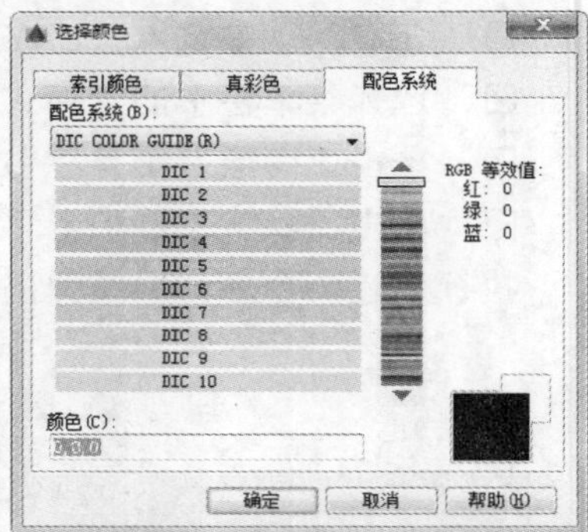

图 2-40 “选择颜色”对话框

2．设置图层线型

线型是指作为图形基本元素的线条的组成和显示方式，如实线、点划线等。在许多的绘图工作中，常常以线型划分图层，为某一个图层设置适合的线型，在绘图时，只需将该图层设为当前工作层，即可绘制出符合线型要求的图形对象，极大地提高了绘图的效率。

单击图层所对应的线型图标，弹出“选择线型”对话框，如图 2-41 所示。默认情况下，在“已加载的线型”列表框中，系统中只添加了 Continuous 线型。单击“加载”按钮，打开“加载或重载线型”对话框，如图 2-42 所示，可以看到 AutoCAD 2016 还提供了许多其他线型，用鼠标选择所需线型，单击“确定”按钮，即可把该线型加载到“已加载的线型”列表框中，可以按住 Ctrl 键选择几种线型同时加载。

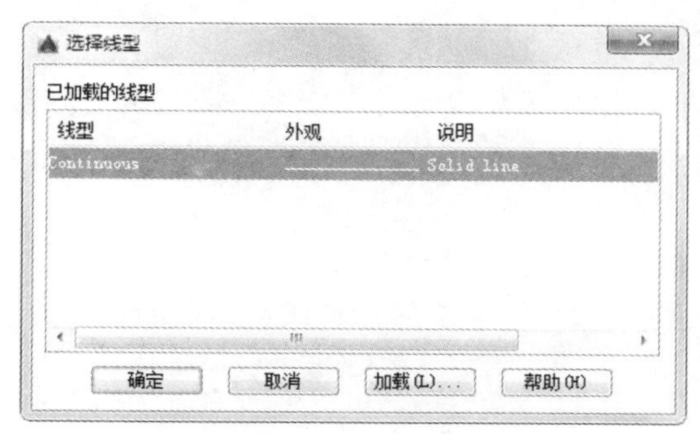

图 2-41　“选择线型”对话框

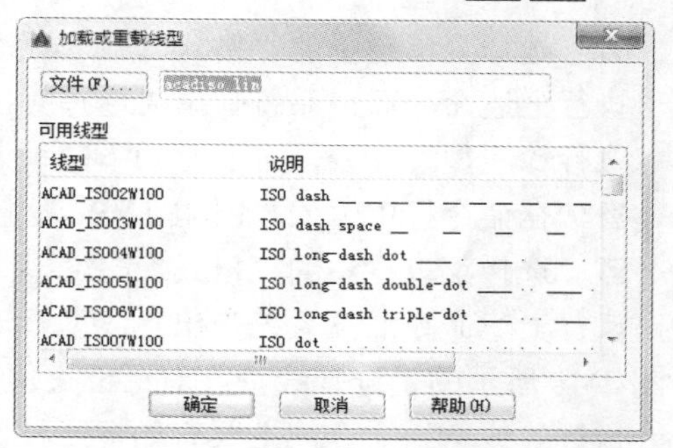

图 2-42　“加载或重载线型”对话框

3．设置图层线宽

线宽设置顾名思义就是改变线条的宽度。用不同宽度的线条表现图形对象的类型，也可以提高图形的表达能力和可读性，例如，绘制外螺纹时大径使用粗实线，小径使用细实线。

单击图层所对应的线宽图标，弹出“线宽”对话框，如图 2-43 所示。选择一个线宽，单击“确定”按钮完成对图层线宽的设置。

图层线宽的默认值为 0.25mm。在状态栏为“模型”状态时，显示的线宽与计算机的像素有关。线宽为零时，显示为一个像素的线宽。单击状态栏中的“线宽”按钮，屏幕上显示的图形线宽与实际线宽成比例，如图 2-44 所示，但线宽不随着图形的放大和缩小而变化。“线宽”功能关闭时，不显示图形的线宽，图形的线宽均以默认宽度值显示。可以在“线宽”对话框中选择需要的线宽。

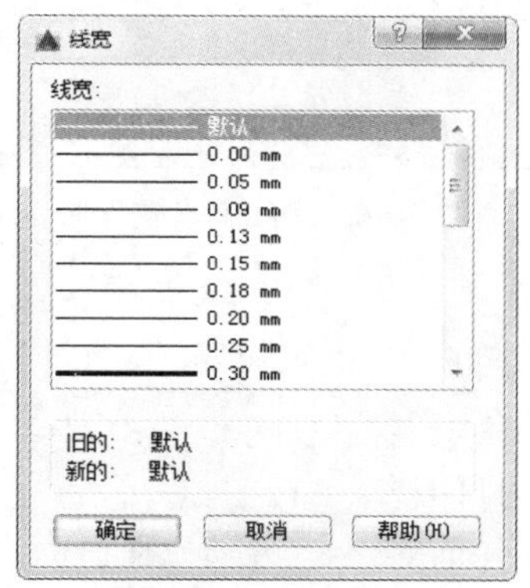

图 2-43　“线宽”对话框

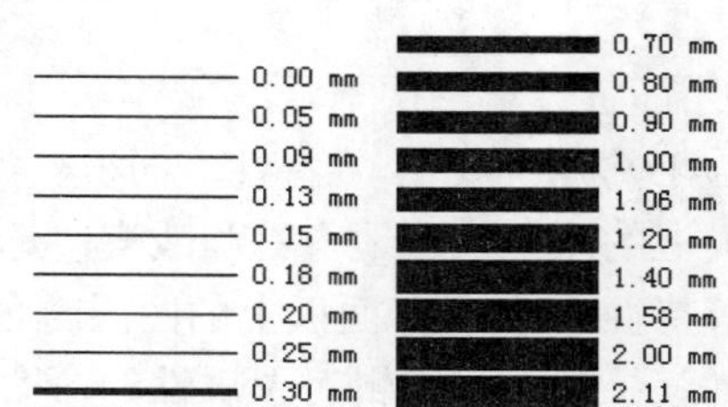

图 2-44　线宽显示效果图

2.5.2　设置图层

除了上面讲述的通过“图层特性管理器”选项板设置图层的方法外，还有几种其他的简便方法可以设置图层的颜色、线宽、线型等参数。

1．直接设置图层

可以直接通过命令行或菜单设置图层的颜色、线宽、线型。

执行“颜色”命令，主要有如下两种调用方法：

☑　在命令行中输入“COLOR”命令。

☑ 选择菜单栏中的“格式”/“颜色”命令。

执行上述命令后，系统弹出“选择颜色”对话框，如图2-40所示。

执行“线型”命令，主要有如下两种调用方法：

☑ 在命令行中输入“LINETYPE”命令。

☑ 选择菜单栏中的“格式”/“线型”命令。

执行上述命令后，系统弹出“线型管理器”对话框，如图2-45所示。该对话框的使用方法与图2-41所示的“选择线型”对话框类似。

执行“线宽”命令，主要有如下两种调用方法：

☑ 在命令行中输入“LINEWEIGHT”命令。

☑ 选择菜单栏中的“格式”/“线宽”命令。

执行上述命令后，系统弹出“线宽设置”对话框，如图2-46所示。该对话框的使用方法与图2-43所示的“线宽”对话框类似。

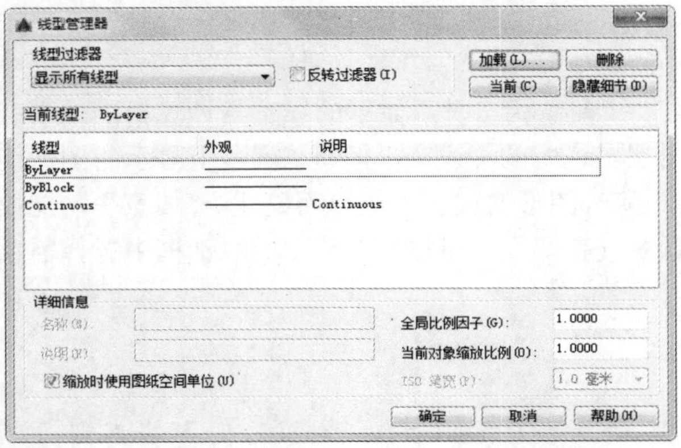

图2-45 “线型管理器”对话框

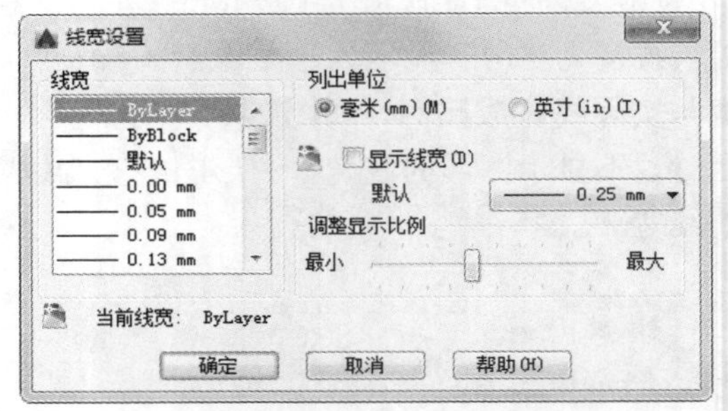

图2-46 “线宽设置”对话框

2．利用面板设置图层

AutoCAD提供了一个“特性”面板，如图2-47所示。用户可以利用面板上的图标快速地查看和改变所选对象的图层、颜色、线型和线宽等特性。“特性”面板上的图层颜色、线型、线宽和打印样式的控制增强了查看和编辑对象属性的命令。在绘图区选择任何对象后都将在面板上自动显示其所在图层、颜色、线型等属性。

图2-47 “特性”面板

也可以在“特性”面板的“颜色”、“线型”、“线宽”和“打印样式”下拉列表框中选择需要的参数值。如果在“颜色”下拉列表框中选择“更多颜色”选项，如图2-48所示，系统就会打开“选择颜色”对话框；同样，如果在“线型”下拉列表框中选择“其他”选项，如图2-49所示，系统就会打开“线型管理器”对话框。

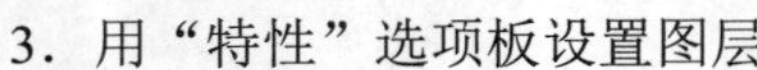

3．用“特性”选项板设置图层

执行“特性”命令，主要有如下4种调用方法：

☑ 在命令行中输入“DDMODIFY”或“PROPERTIES”命令。

☑ 选择菜单栏中的“修改”/“特性”命令。

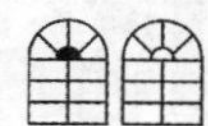

☑ 单击“标准”工具栏中的“特性”按钮。

☑ 单击“视图”选项卡“选项板”面板中的“特性”按钮。

执行上述命令后，系统弹出“特性”选项板，如图 2-50 所示。在其中可以方便地设置或修改图层、颜色、线型、线宽等属性。

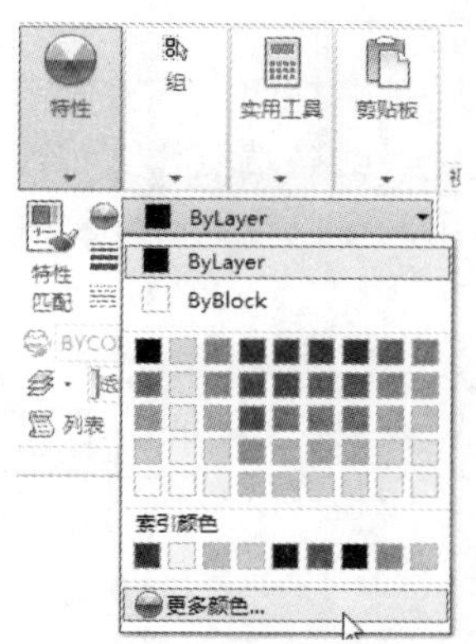

图 2-48 选择“更多颜色”选项

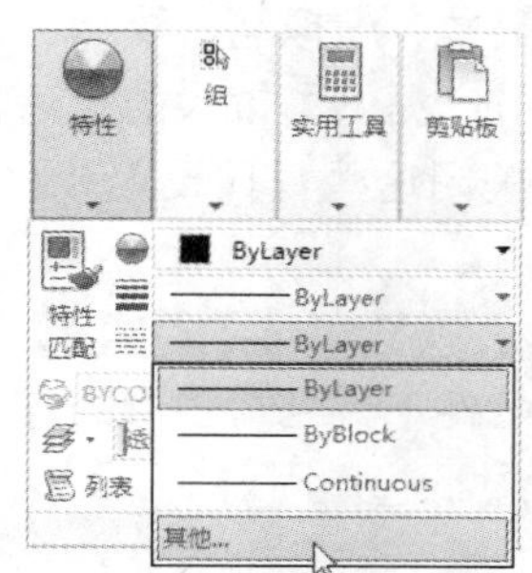

图 2-49 选择“其他”选项

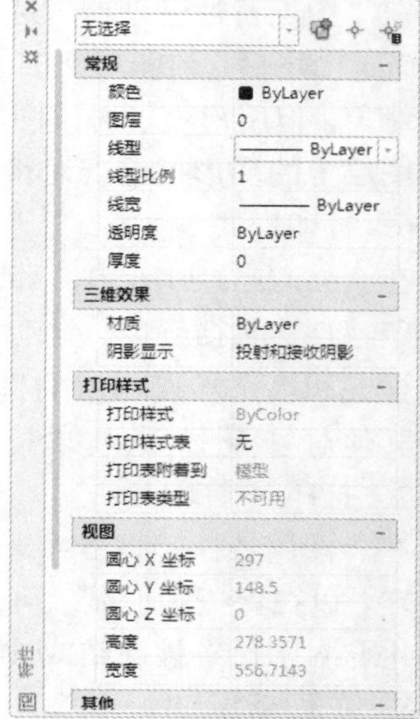

图 2-50 “特性”选项板

2.5.3 控制图层

1．切换当前图层

不同的图形对象需要绘制在不同的图层中，在绘制前，需要将工作图层切换到所需的图层上。打开“图层特性管理器”选项板，选择图层，单击“置为当前”按钮即可完成设置。

2．删除图层

在“图层特性管理器”选项板的图层列表框中选择要删除的图层，单击“删除图层”按钮即可删除该图层。从图形文件定义中删除选定的图层，只能删除未参照的图层。参照图层包括图层 0 及 DEFPOINTS、包含对象（包括块定义中的对象）的图层、当前图层和依赖外部参照的图层。不包含对象（包括块定义中的对象）的图层、非当前图层和不依赖外部参照的图层都可以删除。

3．关闭/打开图层

在“图层特性管理器”选项板中单击“开/关图层”按钮，可以控制图层的可见性。当图层打开时，图标小灯泡呈鲜艳的颜色，该图层上的图形可以显示在屏幕上或绘制在绘图仪上。当单击该按钮后，图标小灯泡呈灰暗色时，该图层上的图形不显示在屏幕上，而且不能被打印输出，但仍然作为图形的一部分保留在文件中。

4．冻结/解冻图层

在“图层特性管理器”选项板中单击“在所有视口中冻结/解冻”按钮，可以冻结图层或将图层解冻。图标呈雪花灰暗色时，该图层是冻结状态；图标呈太阳鲜艳色时，该图层是解冻状态。冻结图层上的对象不能显示，也不能打印，同时也不能编辑修改该图层上的图形对象。在冻结了图层后，该图层上的对象不影响其他图层上对象的显示和打印。例如，在使用 HIDE 命令消隐时，被冻结图层上的对象不隐藏。

Note

5．锁定/解锁图层

在“图层特性管理器”选项板中单击“锁定/解锁图层”按钮🔓，可以锁定图层或将图层解锁。锁定图层后，该图层上的图形依然显示在屏幕上并可打印输出，并可以在该图层上绘制新的图形对象，但用户不能对该图层上的图形进行编辑修改操作。可以对当前图层进行锁定，也可对锁定图层上的图形执行查询和对象捕捉命令。锁定图层可以防止对图形的意外修改。

6．打印样式

在 AutoCAD 2016 中，可以使用一个称为“打印样式”的新的对象特性。打印样式控制对象的打印特性，包括颜色、抖动、灰度、笔号、虚拟笔、淡显、线型、线宽、线条端点样式、线条连接样式和填充样式。使用打印样式给用户提供了很大的灵活性，因为用户可以设置打印样式来替代其他对象特性，也可以按用户需要关闭这些替代设置。

7．打印/不打印

在“图层特性管理器”选项板中单击“打印/不打印”按钮🖨，可以设置在打印时该图层是否打印，以在保证图形显示可见不变的条件下，控制图形的打印特征。打印功能只对可见的图层起作用，对于已经被冻结或被关闭的图层不起作用。

8．冻结新视口

控制在当前视口中图层的冻结和解冻。不解冻图形中设置为“关”或“冻结”的图层，对于模型空间视口不可用。

2.6 绘图辅助工具

要快速顺利地完成图形绘制工作，有时要借助一些辅助工具，如用于准确确定绘制位置的精确定位工具和调整图形显示范围与方式的显示工具等。下面简要介绍这两种非常重要的辅助绘图工具。

2.6.1 辅助定位工具

在绘制图形时，可以使用直角坐标和极坐标精确定位点，但是有些点（如端点、中心点等）的坐标我们是不知道的，要想精确地指定这些点，可想而知是很难的，有时甚至是不可能的。AutoCAD 提供了辅助定位工具，使用这类工具，可以很容易地在屏幕中捕捉到这些点，进行精确的绘图。

1．栅格

AutoCAD 的栅格由有规则的点的矩阵组成，延伸到指定为图形界限的整个区域。使用栅格与在坐标纸上绘图是十分相似的，利用栅格可以对齐对象并直观显示对象之间的距离。如果放大或缩小图形，可能需要调整栅格间距，使其更适合新的比例。虽然栅格在屏幕上是可见的，但它并不是图形对象，因此它不会被打印成图形中的一部分，也不会影响在何处绘图。

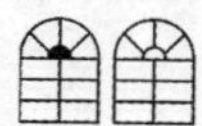

可以单击状态栏上的“栅格”按钮或按 F7 键打开或关闭栅格。启用栅格并设置栅格在 X 轴方向和 Y 轴方向上的间距的方法如下：

☑ 在命令行中输入“DSETTINGS”或“DS”、“SE”或“DDRMODES”命令。

☑ 选择菜单栏中的“工具”/“绘图设置”命令。

☑ 按 F7 键打开或关闭“栅格”功能。

Note

执行上述命令，系统弹出“草图设置”对话框，如图 2-51 所示。

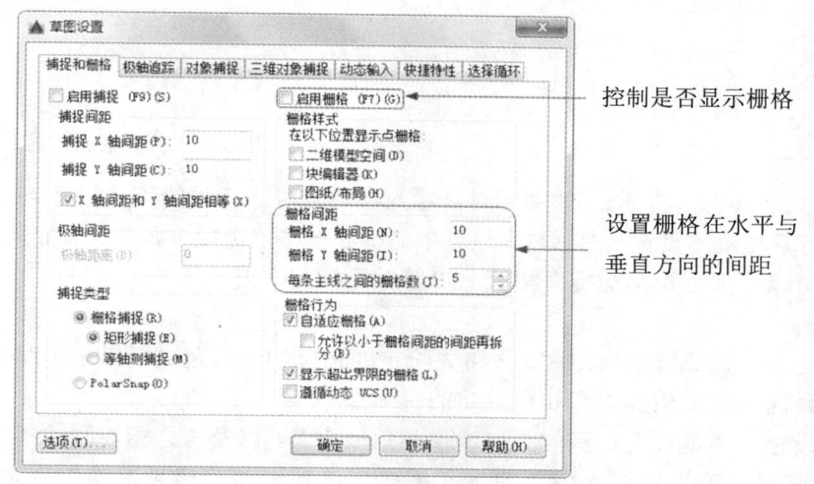

图 2-51 “草图设置”对话框

如果需要显示栅格，选中“启用栅格”复选框。在“栅格 X 轴间距”文本框中输入栅格点之间的水平距离，单位为毫米。如果使用相同的间距设置垂直和水平分布的栅格点，则按 Tab 键；否则，在“栅格 Y 轴间距”文本框中输入栅格点之间的垂直距离。

用户可改变栅格与图形界限的相对位置。默认情况下，栅格以图形界限的左下角为起点，沿着与坐标轴平行的方向填充整个由图形界限所确定的区域。

提示：

如果栅格的间距设置得太小，当进行“打开栅格”操作时，AutoCAD 将在文本窗口中显示“栅格太密，无法显示”的信息，而不在屏幕上显示栅格点。或者使用“缩放”命令时，将图形缩放很小，也会出现同样提示，并且不显示栅格。

捕捉可以使用户直接使用鼠标快速地定位目标点。捕捉模式有几种不同的形式：栅格捕捉、对象捕捉、极轴捕捉和自动捕捉。在下文中将详细讲解。

另外，可以使用 GRID 命令通过命令行方式设置栅格，功能与“草图设置”对话框类似，不再赘述。

2．捕捉

捕捉是指 AutoCAD 可以生成一个隐含分布于屏幕上的栅格，这种栅格能够捕捉光标，使得光标只能落到其中的一个栅格点上。捕捉可分为“矩形捕捉”和“等轴测捕捉”两种类型。默认设置为“矩形捕捉”，即捕捉点的阵列类似于栅格，如图 2-52 所示。用户可以指定捕捉模式在 X

轴方向和Y轴方向上的间距，也可改变捕捉模式与图形界限的相对位置。与栅格不同之处在于：捕捉间距的值必须为正实数；另外捕捉模式不受图形界限的约束。“等轴测捕捉”表示捕捉模式为等轴测模式，此模式是绘制正等轴测图时的工作环境，如图2-53所示。在“等轴测捕捉”模式下，栅格和光标十字线成绘制等轴测图时的特定角度。

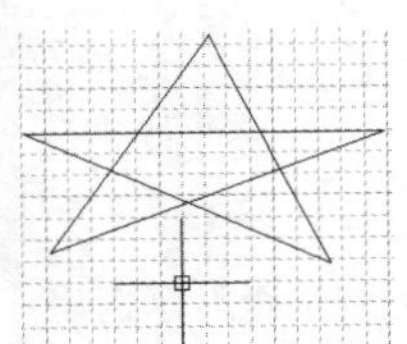

图2-52　“矩形捕捉”实例

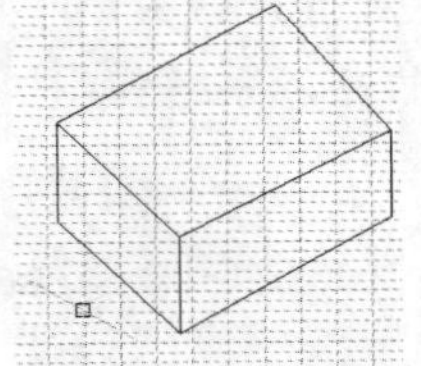

图2-53　“等轴测捕捉”实例

在绘制图2-52和图2-53所示的图形时，输入参数点时光标只能落在栅格点上。两种模式的切换方法为：打开“草图设置”对话框，进入“捕捉和栅格”选项卡，在“捕捉类型”选项组中，通过单选按钮可以切换“矩形捕捉”模式与“等轴测捕捉”模式。

3．极轴捕捉

极轴捕捉是在创建或修改对象时，按事先给定的角度增量和距离增量来追踪特征点，即捕捉相对于初始点且满足指定极轴距离和极轴角的目标点。

极轴追踪设置主要是设置追踪的距离增量和角度增量，以及与之相关联的捕捉模式。这些设置可以通过“草图设置”对话框的“捕捉和栅格”选项卡与“极轴追踪”选项卡来实现，如图2-54和图2-55所示。

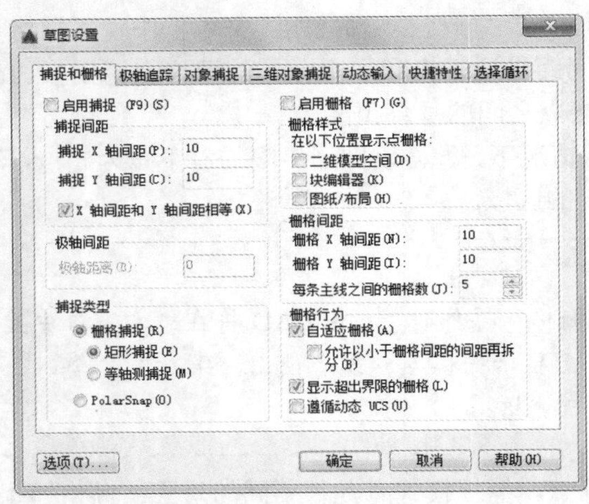

图2-54　“捕捉和栅格”选项卡

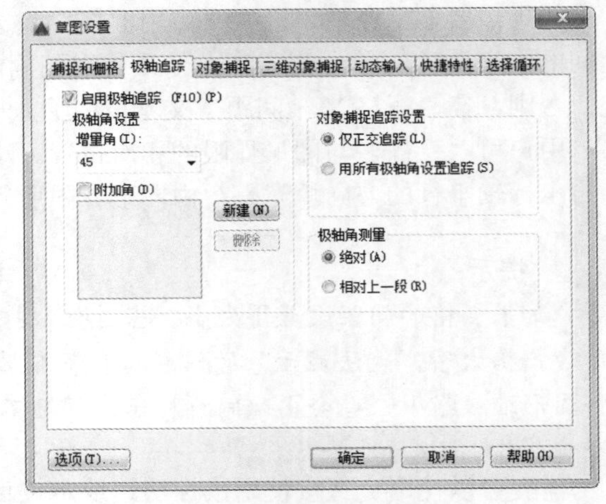

图2-55　“极轴追踪”选项卡

（1）设置极轴距离

在“草图设置”对话框的“捕捉和栅格”选项卡中，可以设置极轴距离，单位为毫米。绘图时，光标将按指定的极轴距离增量进行移动。

（2）设置极轴角度

在“草图设置”对话框的“极轴追踪”选项卡中，可以设置极轴角增量角度。设置时，可以在“增量角”下拉列表框中选择90、45、30、22.5、18、15、10和5为极轴角增量，也可以直

接输入其他任意角度。光标移动时，如果接近极轴角，将显示对齐路径和工具栏提示。例如，如图 2-56 所示为当极轴角增量设置为 30、光标移动 90 时显示的对齐路径。

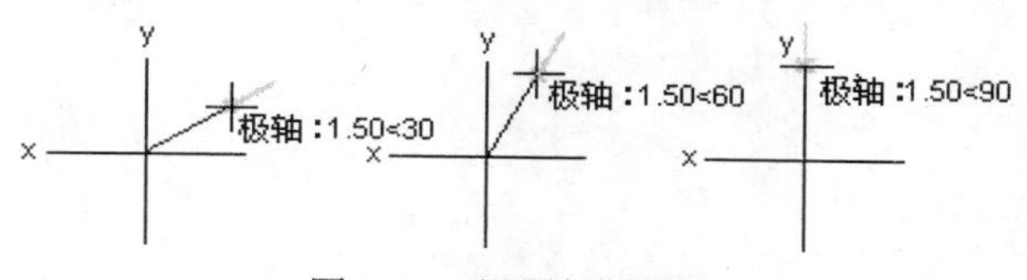

图 2-56 设置极轴角度

“附加角”用于设置极轴追踪时是否采用附加角度追踪。选中“附加角”复选框后，可通过“增加”按钮或者“删除”按钮来增加、删除附加角度值。

（3）对象捕捉追踪设置

用于设置对象捕捉追踪的模式。如果选中“仅正交追踪”单选按钮，则当采用追踪功能时，系统仅在水平和垂直方向上显示追踪数据；如果选中“用所有极轴角设置追踪”单选按钮，则当采用追踪功能时，系统不仅可以在水平和垂直方向显示追踪数据，还可以在设置的极轴追踪角度与附加角度所确定的一系列方向上显示追踪数据。

（4）极轴角测量

用于设置极轴角的角度测量采用的参考基准，“绝对”则是相对水平方向逆时针测量，“相对上一段”则是以上一段对象为基准进行测量。

4．对象捕捉

AutoCAD 给所有的图形对象都定义了特征点，对象捕捉则是指在绘图过程中，通过捕捉这些特征点，迅速准确地将新的图形对象定位在现有对象的确切位置上，例如圆的圆心、线段中点或两个对象的交点等。在 AutoCAD 2016 中，可以通过单击状态栏中的“对象捕捉”按钮，或是在“草图设置”对话框的“对象捕捉”选项卡中选中“启用对象捕捉”复选框，来完成启用对象捕捉功能。在绘图过程中，对象捕捉功能的调用可以通过以下方式完成。

☑ “对象捕捉”工具栏：如图 2-57 所示，在绘图过程中，当系统提示需要指定点位置时，可以单击“对象捕捉”工具栏中相应的特征点按钮，再把光标移动到要捕捉的对象上的特征点附近，AutoCAD 会自动提示并捕捉到这些特征点。例如，如果需要用直线连接一系列圆的圆心，可以将“圆心”设置为执行对象捕捉。如果有两个可能的捕捉点落在选择区域，AutoCAD 将捕捉离光标中心最近的符合条件的点。还有可能指定点时需要检查哪一个对象捕捉有效，例如在指定位置有多个对象捕捉符合条件，在指定点之前，按 Tab 键可以遍历所有可能的点。

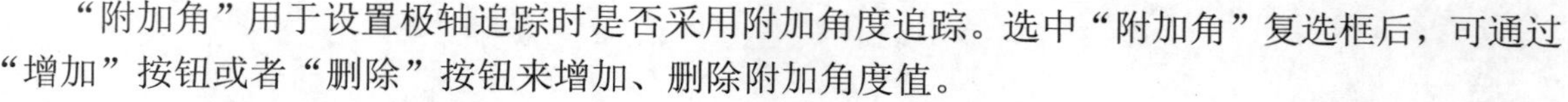

图 2-57 “对象捕捉”工具栏

☑ 对象捕捉快捷菜单：在需要指定点位置时，还可以按住 Ctrl 键或 Shift 键，单击鼠标右键，弹出“对象捕捉”快捷菜单，如图 2-58 所示。从该菜单中一样可以选择某一种特征点执行对象捕捉，把光标移动到要捕捉对象上的特征点附近，即可捕捉到这些特征点。

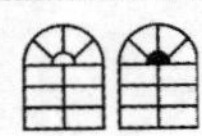
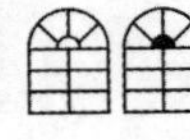

Note

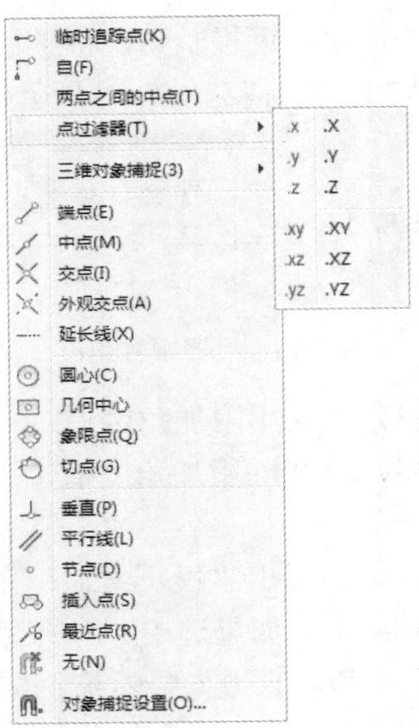

图 2-58 “对象捕捉”快捷菜单

☑ 使用命令行：当需要指定点位置时，在命令行中输入相应特征点的关键字，把光标移动到要捕捉对象上的特征点附近，即可捕捉到这些特征点。对象捕捉特征点的关键字如表 2-1 所示。

表 2-1 对象捕捉特征点的关键字

模　式	关　键　字	模　式	关　键　字	模　式	关　键　字
临时追踪点	TT	捕捉自	FROM	端点	END
中点	MID	交点	INT	外观交点	APP
延长线	EXT	圆心	CEN	象限点	QUA
切点	TAN	垂足	PER	平行线	PAR
节点	NOD	最近点	NEA	无捕捉	NON

提示：

（1）对象捕捉不可单独使用，必须配合其他绘图命令一起使用。仅当 AutoCAD 提示输入点时，对象捕捉才生效。如果试图在命令提示下使用对象捕捉，AutoCAD 将显示错误信息。

（2）对象捕捉只影响屏幕上可见的对象，包括锁定图层、布局视口边界和多段线上的对象。不能捕捉不可见的对象，如未显示的对象、关闭或冻结图层上的对象或虚线的空白部分。

5．自动对象捕捉

在绘制图形的过程中，使用对象捕捉的频率非常高，如果每次在捕捉时都要先选择捕捉模式，将使工作效率大大降低。出于此种考虑，AutoCAD 2016 提供了自动对象捕捉模式。如果启用自动捕捉功能，当光标距指定的捕捉点较近时，系统会自动精确地捕捉这些特征点，并显示出相应的标记以及该捕捉的提示。选择“草图设置”对话框中的“对象捕捉”选项卡，选中“启用对象

捕捉追踪”复选框，可以启用自动对象捕捉功能，如图 2-59 所示。

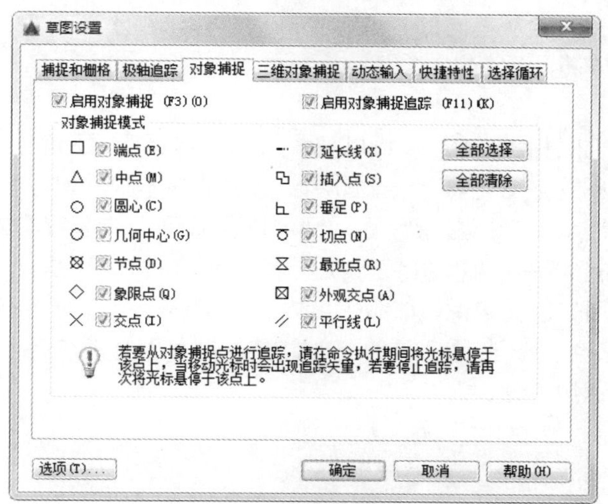

图 2-59　“对象捕捉”选项卡

提示：

用户可以设置自己经常要用的捕捉模式。一旦设置了运行捕捉模式后，在每次运行时，所设定的目标捕捉模式就会被激活，而不是仅对一次选择有效，当同时使用多种模式时，系统将捕捉距光标最近，同时又是满足多种目标捕捉模式之一的点。当光标距要获取的点非常近时，按下 Shift 键将暂时不获取对象。

6．正交绘图

正交绘图模式，即在命令的执行过程中，光标只能沿 X 轴或 Y 轴移动。所有绘制的线段和构造线都将平行于 X 轴或 Y 轴，因此它们相互垂直成 90° 相交，即正交。使用正交绘图，对于绘制水平和垂直线非常有用，特别是当绘制构造线时经常使用，而且当捕捉模式为等轴测模式时，它还迫使直线平行于 3 个等轴测中的一个。

设置正交绘图可以直接单击状态栏中的“正交”按钮或按 F8 键，相应地会在文本窗口中显示开/关提示信息。也可以在命令行中输入“ORTHO”命令，执行开启或关闭正交绘图功能。

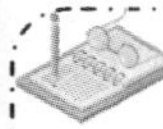

提示：

正交模式将光标限制在水平或垂直（正交）轴上。因为不能同时打开正交模式和极轴追踪，因此正交模式打开时，AutoCAD 会关闭极轴追踪。如果再次打开极轴追踪，AutoCAD 将关闭正交模式。

2.6.2　图形显示工具

对于一个较为复杂的图形来说，在观察整幅图形时，往往无法对其局部细节进行查看和操作，而当在屏幕上显示一个细部时又看不到其他部分。为解决这类问题，AutoCAD 提供了缩放、平

Note

移、视图、鸟瞰视图和视口命令等一系列图形显示控制命令，可以用来任意地放大、缩小或移动屏幕上的图形显示，或者同时从不同的角度、不同的部位来显示图形。AutoCAD 还提供了重画和重新生成命令来刷新屏幕、重新生成图形。

1．图形缩放

图形缩放命令类似于照相机的镜头，可以放大或缩小屏幕所显示的范围，只改变视图的比例，但是对象的实际尺寸并不发生变化。当放大图形一部分的显示尺寸时，可以更清楚地查看这个区域的细节；相反，如果缩小图形的显示尺寸，则可以查看更大的区域，如整体浏览。

图形缩放功能在绘制大幅面机械图，尤其是装配图时非常有用，是使用频率最高的命令之一。这个命令可以透明地使用，也就是说，该命令可以在其他命令执行时运行。用户完成涉及透明命令的过程时，AutoCAD 会自动地返回到在用户调用透明命令前正在运行的命令。执行图形缩放命令，主要有如下 4 种调用方法：

☑ 在命令行中输入“ZOOM”命令。

☑ 选择菜单栏中的“视图”/“缩放”命令。

☑ 单击“标准”工具栏中的“实时缩放”按钮。

☑ 单击“视图”选项卡“导航”面板中的“实时”按钮。

执行上述命令后，根据系统提示指定窗口的角点，然后输入比例因子。命令行提示中各选项的含义如下。

☑ 实时：这是缩放命令的默认操作，即在输入“ZOOM”命令后，直接按 Enter 键，将自动执行实时缩放操作。实时缩放就是可以通过上下移动鼠标交替进行放大和缩小。在使用实时缩放时，系统会显示一个“+”号或“−”号。当缩放比例接近极限时，AutoCAD 将不再与光标一起显示“+”号或“−”号。需要从实时缩放操作中退出时，可按 Enter 键、Esc 键或在空白处右击，在弹出的快捷菜单中选择“退出”命令。

☑ 全部(A)：执行 ZOOM 命令后，在提示文字后输入“A”，即可执行“全部(A)”缩放操作。不论图形有多大，该操作都将显示图形的边界或范围，即使对象不包括在边界以内，它们也将被显示。因此，使用“全部(A)”缩放选项，可查看当前视口中的整个图形。

☑ 中心(C)：通过确定一个中心点，该选项可以定义一个新的显示窗口。操作过程中需要指定中心点以及输入比例或高度。默认新的中心点就是视图的中心点，默认的输入高度就是当前视图的高度，直接按 Enter 键后，图形将不会被放大。输入比例，则数值越大，图形放大倍数也将越大。也可以在数值后面紧跟一个 X，如 3X，表示在放大时不是按照绝对值变化，而是按相对于当前视图的相对值缩放。

☑ 动态(D)：通过操作一个表示视口的视图框，可以确定所需显示的区域。选择该选项，在绘图窗口中出现一个小的视图框，按住鼠标左键左右移动可以改变该视图框的大小，定形后释放左键，再按下鼠标左键移动视图框，确定图形中的放大位置，系统将清除当前视口并显示一个特定的视图选择屏幕。这个特定屏幕，由有关当前视图及有效视图的信息所构成。

☑ 范围(E)：可以使图形缩放至整个显示范围。图形的范围由图形所在的区域构成，剩余的空白区域将被忽略。应用这个选项，图形中所有的对象都尽可能地被放大。

☑ 上一个(P)：在绘制一幅复杂的图形时，有时需要放大图形的一部分以进行细节的编辑。

当编辑完成后，有时希望回到前一个视图。这种操作可以使用“上一个(P)”选项来实现。当前视口由缩放命令的各种选项或移动视图、视图恢复、平行投影或透视命令引起的任何变化，系统都将做保存。每一个视口最多可以保存 10 个视图。连续使用“上一个(P)”选项可以恢复前 10 个视图。

- ☑ 比例(S)：提供了 3 种使用方法。在提示信息下，直接输入比例系数，AutoCAD 将按照此比例因子放大或缩小图形的尺寸。如果在比例系数后面加一个“X”，则表示相对于当前视图计算的比例因子。使用比例因子的第三种方法就是相对于图形空间，例如，可以在图纸空间阵列布排或打印出模型的不同视图。为了使每一张视图都与图纸空间单位成比例，可以使用“比例(S)”选项，每一个视图可以有单独的比例。
- ☑ 窗口(W)：是最常使用的选项。通过确定一个矩形窗口的两个对角来指定所需缩放的区域，对角点可以由鼠标指定，也可以输入坐标确定。指定窗口的中心点将成为新的显示屏幕的中心点。窗口中的区域将被放大或者缩小。调用 ZOOM 命令时，可以在没有选择任何选项的情况下，利用鼠标在绘图窗口中直接指定缩放窗口的两个对角点。
- ☑ 对象(O)：缩放以便尽可能大地显示一个或多个选定的对象并使其位于视图的中心。可以在启动 ZOOM 命令前后选择对象。

提示：

这里所提到的诸如放大、缩小或移动的操作，仅是对图形在屏幕上的显示进行控制，图形本身并没有任何改变。

2．图形平移

当图形幅面大于当前视口时，例如使用图形缩放命令将图形放大，如果需要在当前视口之外观察或绘制一个特定区域时，可以使用图形平移命令来实现。“平移”命令能将在当前视口以外的图形的一部分移动进来查看或编辑，但不会改变图形的缩放比例。执行“平移”命令，主要有如下 5 种调用方法：

- ☑ 在命令行中输入“PAN”命令。
- ☑ 选择菜单栏中的“视图”/“平移”命令。
- ☑ 单击“标准”工具栏中的“实时平移”按钮。
- ☑ 在绘图区中单击鼠标右键，在弹出的快捷菜单中选择“平移”命令。
- ☑ 单击“视图”选项卡“导航”面板中的“平移”按钮。

激活“平移”命令之后，光标形状将变成一只“小手”，可以在绘图窗口中任意移动，以示当前正处于平移模式。单击并按住鼠标左键将光标锁定在当前位置，即“小手”已经抓住图形，然后拖动图形使其移动到所需位置上。释放鼠标左键将停止平移图形。可以反复按下鼠标左键，拖动，释放，将图形平移到其他位置上。

“平移”命令预先定义了一些不同的菜单选项与按钮，它们可用于在特定方向上平移图形，在激活“平移”命令后，这些选项可以从菜单“视图”/“平移”中调用。

- ☑ 实时：是“平移”命令中最常用的选项，也是默认选项，前面提到的平移操作都是指实时平移，通过鼠标的拖动来实现任意方向上的平移。
- ☑ 点：这个选项要求确定位移量，这就需要确定图形移动的方向和距离。可以通过输入点

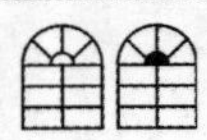

的坐标或用鼠标指定点的坐标来确定位移。

☑ 左：该选项移动图形使屏幕左部的图形进入显示窗口。

☑ 右：该选项移动图形使屏幕右部的图形进入显示窗口。

☑ 上：该选项向底部平移图形后，使屏幕顶部的图形进入显示窗口。

☑ 下：该选项向顶部平移图形后，使屏幕底部的图形进入显示窗口。

Note

2.7 实 战 演 练

通过前面的学习，读者对本章知识有了大体的了解，本节通过几个操作练习使读者进一步掌握本章知识要点。

【实战演练 1】管理图形文件。

1．目的要求

图形文件管理包括文件的新建、打开、保存、退出等。本例要求读者熟练掌握 DWG 文件的赋名保存、自动保存及打开的方法。

2．操作提示

（1）启动 AutoCAD 2016，进入操作界面。

（2）打开一幅已经保存过的图形。

（3）打开“图层特性管理器”选项板，设置图层。

（4）进行自动保存设置。

（5）尝试绘制任意图形。

（6）将图形以新的名称保存。

（7）退出该图形。

【实战演练 2】显示图形文件。

1．目的要求

图形文件显示包括各种形式的放大、缩小和平移等操作。本例要求读者熟练掌握 DWG 文件的灵活显示方法。

2．操作提示

（1）选择菜单栏中的“文件”/“打开”命令，打开“选择文件”对话框。

（2）打开一个图形文件。

（3）将其进行实时缩放、局部放大等显示操作。

第3章

二维绘图命令

本章学习要点和目标任务：

☑ 直线类

☑ 圆类

☑ 平面图形

☑ 点

☑ 多段线

☑ 样条曲线

☑ 多线

二维图形是指在二维平面空间绘制的图形，主要由一些图形元素组成，如点、直线、圆弧、圆、椭圆、矩形、多边形、多段线、样条曲线、多线等几何元素。AutoCAD 2016 提供了大量的绘图工具，可以帮助用户完成二维图形的绘制。本章主要内容包括直线、圆和圆弧、椭圆和椭圆弧、平面图形、点、多段线、样条曲线和多线等。

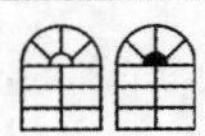

3.1 直 线 类

Note

直线类命令主要包括“直线”和“构造线”命令。这两个命令是 AutoCAD 2016 中最简单的绘图命令。

3.1.1 绘制直线段

不论多么复杂的图形，都是由点、直线、圆弧等按不同的粗细、间隔、颜色组合而成的。其中，直线是 AutoCAD 绘图中最简单、最基本的一种图形单元，连续的直线可以组成折线，直线与圆弧的组合又可以组成多段线。直线在机械制图中常用于表达物体棱边或平面的投影，直线在建筑制图中则常用于建筑平面投影。在这里暂时不关注直线段的颜色、粗细、间隔等属性，先简单讲述一下怎样开始绘制一条基本的直线段。执行“直线”命令，主要有如下 4 种调用方法：

☑ 在命令行中输入“LINE”或“L”命令。

☑ 选择菜单栏中的“绘图”/“直线”命令。

☑ 单击“绘图”工具栏中的“直线”按钮。

☑ 单击“默认”选项卡“绘图”面板中的“直线”按钮。

执行上述命令后，根据系统提示输入直线段的起点，用鼠标指定点或者给定点的坐标。再输入直线段的端点，也可以用鼠标指定一定角度后，直接输入直线的长度。在命令行提示下输入一直线段的端点。输入选项“U”表示放弃前面的输入；单击鼠标右键或按 Enter 键结束命令。在命令行提示下输入下一直线段的端点，或输入选项“C”使图形闭合，结束命令。使用“直线”命令绘制直线时，命令行提示中各选项的含义如下：

☑ 若采用按 Enter 键响应“指定第一个点:”提示，系统会把上次绘制图线的终点作为本次图线的起始点。若上次操作为绘制圆弧，按 Enter 键响应后绘出通过圆弧终点并与该圆弧相切的直线段，该线段的长度为光标在绘图区指定的一点与切点之间线段的距离。

☑ 在“指定下一点:”提示下，用户可以指定多个端点，从而绘出多条直线段。但是，每一段直线是一个独立的对象，可以进行单独的编辑操作。

☑ 绘制两条以上直线段后，若采用输入选项“C”响应“指定下一点:”提示，系统会自动连接起始点和最后一个端点，从而绘出封闭的图形；若采用输入选项“U”响应提示，则删除最近一次绘制的直线段。

☑ 若设置正交方式（按下状态栏中的“正交”按钮），只能绘制水平线段或垂直线段。

☑ 若设置动态数据输入方式（按下状态栏中的“动态输入”按钮），则可以动态输入坐标或长度值，效果与非动态数据输入方式类似。除了特别需要，以后不再强调，而只按非动态数据输入方式输入相关数据。

3.1.2 实战——折叠门

本实例主要介绍直线的具体应用。首先绘制左门框，然后绘制右门框，最后绘制门框上的直

线，绘制流程如图 3-1 所示。

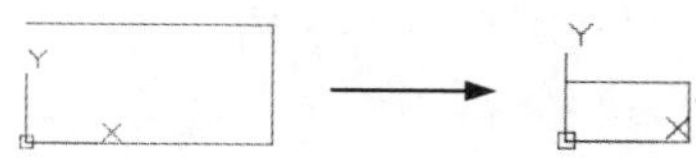

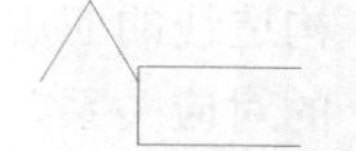

图 3-1　绘制折叠门流程图

操作步骤如下：（光盘\配套视频\第 3 章\折叠门.avi）

（1）单击“默认”选项卡“绘图”面板中的“直线”按钮，绘制左门框。

① 在命令行提示“指定第一个点:”后输入“0,0”。

② 在命令行提示“指定下一点或[放弃(U)]:”后输入“100,0”。

③ 在命令行提示“指定下一点或[放弃(U)]:”后输入“100,50”。

④ 在命令行提示“指定下一点或[闭合(C)/放弃(U)]:”后输入“0,50”。

结果如图 3-2 所示。

（2）选择菜单栏中的“绘图”/“直线”命令，绘制右门框。

① 在命令行提示“指定第一个点:”后输入“440,0”。

② 在命令行提示“指定下一点或[放弃(U)]:”后输入“@-100,0”。

③ 在命令行提示“指定下一点或[放弃(U)]:”后输入“@0,50”。

④ 在命令行提示“指定下一点或[闭合(C)/放弃(U)]:”后输入“@100,0”。

结果如图 3-3 所示。

图 3-2　绘制左门框

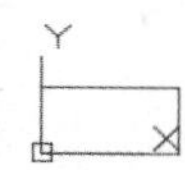

图 3-3　绘制右门框

（3）按 Enter 键，绘制左门框直线。

① 在命令行提示“指定第一个点:”后输入“100,40”。

② 在命令行提示“指定下一点或[放弃(U)]:”后输入“@60<60”。

③ 在命令行提示“指定下一点或[放弃(U)]:”后输入“@60<-60”。

结果如图 3-4 所示。

（4）在命令行中输入“L”命令，绘制右门框直线。

① 在命令行提示“指定第一个点:”后输入“340,40”。

② 在命令行提示“指定下一点或[放弃(U)]:”后输入“@60<120”。

③ 在命令行提示“指定下一点或[放弃(U)]:”后输入“@60<240”。

最终结果如图 3-5 所示。

图 3-4　绘制左门框直线

图 3-5　折叠门

3.1.3　绘制构造线

构造线就是无穷长度的直线，用于模拟手工作图中的辅助作图线。构造线用特殊的线型显示，

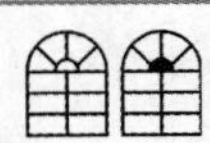

在图形输出时可不作输出。应用构造线作为辅助线绘制机械图中的三视图是构造线的最主要用途，构造线的应用保证了三视图之间“主、俯视图长对正，主、左视图高平齐，俯、左视图宽相等”的对应关系。构造线的绘制方法有“指定点”、“水平”、“垂直”、“角度”、“二等分”和“偏移”6种方式。

Note

执行“构造线”命令，主要有如下4种调用方法：

☑ 在命令行中输入“XLINE”或“XL”命令。

☑ 选择菜单栏中的“绘图”/“构造线”命令。

☑ 单击“绘图”工具栏中的“构造线”按钮。

☑ 单击“默认”选项卡“绘图”面板中的“构造线”按钮。

执行上述命令后，根据系统提示指定起点和通过点，绘制一条双向无限长直线。在命令行提示“指定通过点:”后继续指定点，继续绘制直线，按Enter键结束命令。

3.2 圆　类

圆类命令主要包括“圆”、“圆弧”、“椭圆”、“椭圆弧”以及“圆环”等命令，这几个命令是AutoCAD 2016中最简单的圆类命令。

3.2.1 绘制圆

圆是最简单的封闭曲线，也是在绘制工程图形时经常用的图形单元。

执行“圆”命令，主要有如下4种调用方法：

☑ 在命令行中输入“CIRCLE”或“C”命令。

☑ 选择菜单栏中的“绘图”/“圆”命令。

☑ 单击“绘图”工具栏中的“圆”按钮。

☑ 单击“默认”选项卡“绘图”面板中的“圆”下拉菜单。

执行上述命令后，根据系统提示指定圆心位置；在命令行提示“指定圆的半径或[直径(D)]:”后直接输入半径数值或用鼠标指定半径长度；在命令行提示“指定圆的直径<默认值>”后输入直径数值或用鼠标指定直径长度。使用“圆”命令时，命令行提示中各选项的含义如下。

☑ 三点(3P)：使用指定圆周上三点的方法画圆。

☑ 两点(2P)：使用指定直径的两端点的方法画圆。

☑ 切点、切点、半径(T)：使用先指定两个相切对象，后给出半径的方法画圆。

☑ 相切、相切、相切(A)：依次拾取相切的第一个圆弧、第二个圆弧和第三个圆弧。

3.2.2 实战——擦背床

本实例利用“直线”和“圆”命令绘制擦背床，绘制流程如图3-6所示。

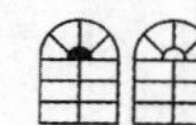

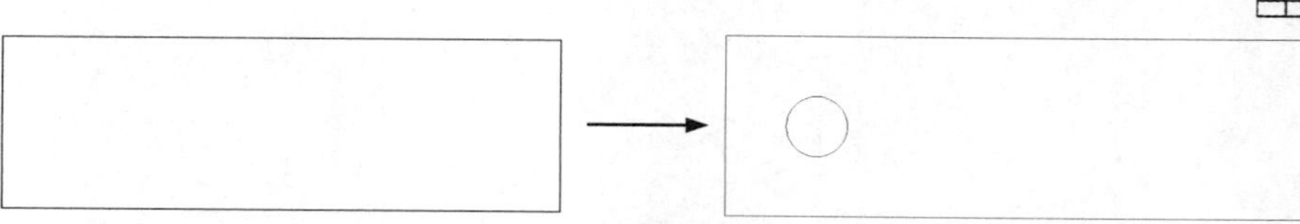

图 3-6　绘制擦背床流程图

操作步骤如下：（光盘\配套视频\第 3 章\擦背床.avi）

（1）单击“默认”选项卡“绘图”面板中的“直线”按钮，取适当尺寸，绘制矩形外轮廓，如图 3-7 所示。

（2）单击“默认”选项卡“绘图”面板中的“圆”按钮，绘制圆。

① 在命令行提示“指定圆的圆心或[三点(3P)/两点(2P)/切点、切点、半径(T)]: ”后在适当位置指定一点。

② 在命令行提示“指定圆的半径或[直径(D)]:”后用鼠标指定一点。

绘制结果如图 3-8 所示。

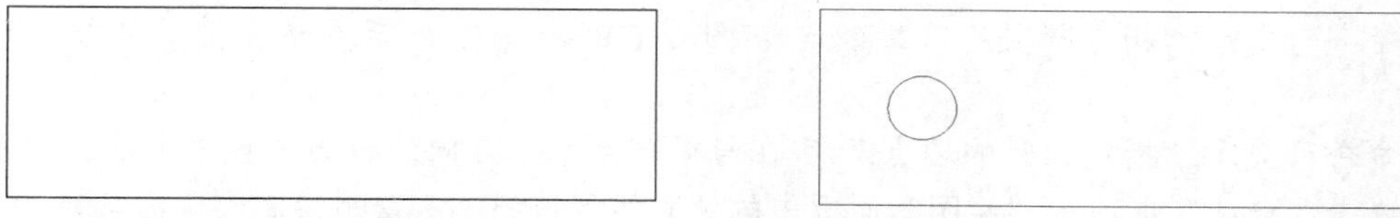

图 3-7　绘制外轮廓　　　　图 3-8　擦背床

3.2.3　绘制圆弧

圆弧是圆的一部分。在工程造型中，圆弧的使用比圆更普遍。我们通常强调的“流线形”造型或圆润的造型实际上就是圆弧造型。

执行“圆弧”命令，主要有如下 4 种调用方法：

☑ 在命令行中输入“ARC”或“A”命令。

☑ 选择菜单栏中的“绘图”/“圆弧”命令。

☑ 单击“绘图”工具栏中的“圆弧”按钮。

☑ 单击“默认”选项卡“绘图”面板中的“圆弧”按钮。

执行上述命令后，根据系统提示指定圆弧的起点、第二点和端点。用命令行方式画圆弧时，可以根据系统提示选择不同的选项，具体功能和用“绘制”菜单中“圆弧”子菜单提供的 11 种方式的功能相似。

需要强调的是“继续”方式，其绘制的圆弧与上一线段或圆弧相切，因此只需提供端点即可。

3.2.4　实战——小靠背椅

本实例主要介绍圆弧的具体应用。首先利用“直线”与“圆弧”命令绘制出靠背，然后再利用“圆弧”命令绘制坐垫，绘制流程如图 3-9 所示。

Note

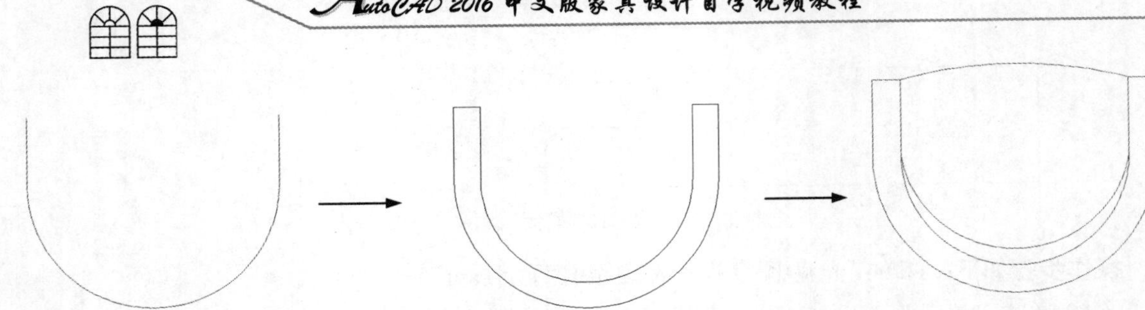

图 3-9　绘制小靠背椅流程图

操作步骤如下：（光盘\配套视频\第 3 章\小靠背椅.avi）

（1）单击“默认”选项卡“绘图”面板中的“直线”按钮，任意指定一点为线段起点，以点（@0,-140）为终点绘制一条线段。

（2）单击“默认”选项卡“绘图”面板中的“圆弧”按钮，绘制圆弧。

① 在命令行提示“指定圆弧的起点或[圆心(C):”后<打开对象捕捉>捕捉以直线的端点为起点。

② 在命令行提示“指定圆弧的第二个点或[圆心(C)/端点(E)]:”后在适当位置单击鼠标左键确认第二点。

③ 在命令行提示“指定圆弧的端点:”后在与第一点水平方向的适当位置单击确认端点。

（3）单击“默认”选项卡“绘图”面板中的“直线”按钮，以刚绘制圆弧右端点为起点，以点（@0,140）为终点绘制一条线段。结果如图 3-10 所示。

（4）单击“默认”选项卡“绘图”面板中的“直线”按钮，分别以刚绘制的两条线段的上端点为起点，以点（@50,0）和（@-50,0）为终点绘制两条线段。结果如图 3-11 所示。

（5）单击“默认”选项卡“绘图”面板中的“直线”按钮和“圆弧”按钮，以刚绘制的两条水平线的两个端点为起点和终点绘制线段和圆弧。结果如图 3-12 所示。

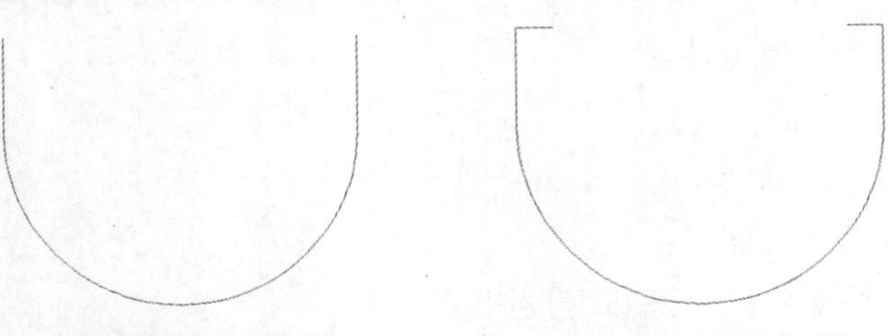

图 3-10　绘制直线　　图 3-11　绘制线段

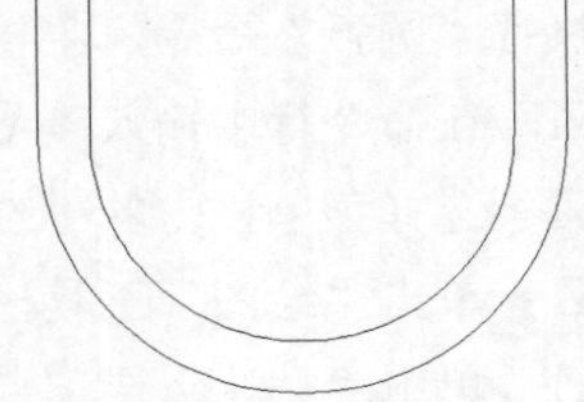

图 3-12　绘制线段和圆弧

（6）再以图 3-12 中内部两条竖线的上下两个端点分别为起点和终点，以适当位置一点为中间点，绘制两条圆弧，最终结果如图 3-13 所示。

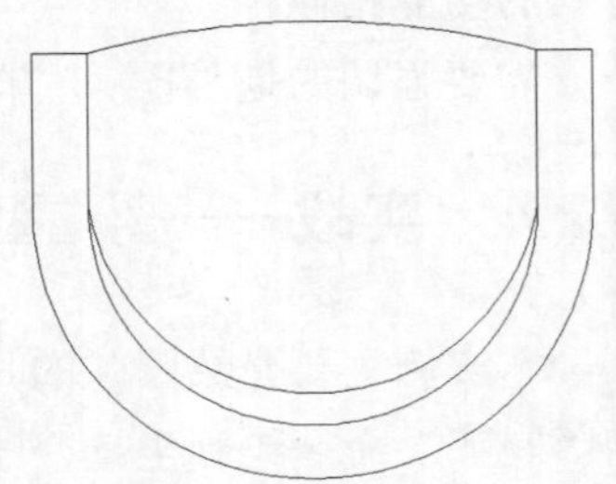

图 3-13　小靠背椅

3.2.5　绘制圆环

执行“圆环”命令，主要有如下 3 种调用方法：

☑ 在命令行中输入“DONUT”命令。

☑ 选择菜单栏中的“绘图”/“圆环”命令。

☑ 单击“默认”选项卡“绘图”面板中的“圆环”按钮◎。

执行上述命令后，指定圆环内径和外径，再指定圆环的中心点；在命令行提示“指定圆环的中心点或<退出>:”后继续指定圆环的中心点，则继续绘制相同内外径的圆环。按 Enter 键、空格键或右击，结束命令。若指定内径为零，则画出实心填充圆。用命令 FILL 可以控制圆环是否填充，根据系统提示选择“开”表示填充，选择“关”表示不填充。

Note

3.2.6　绘制椭圆与椭圆弧

椭圆也是一种典型的封闭曲线图形，圆在某种意义上可以看成是椭圆的特例。椭圆在工程图形中的应用不多，只在某些特殊造型，如室内设计单元中的浴盆、桌子等造型或机械造型中的杆状结构的截面形状等图形中才会出现。执行该命令，主要有如下 4 种调用方法：

☑　在命令行中输入“ELLIPSE”或“EL”命令。

☑　选择菜单栏中的“绘图”/“椭圆”命令下的子命令。

☑　单击“绘图”工具栏中的“椭圆”按钮或“椭圆弧”按钮。

☑　单击“默认”选项卡“绘图”面板中的“椭圆”下拉菜单。

执行上述命令后，根据系统提示指定轴端点和另一个轴端点。在命令行提示“指定另一条半轴长度或[旋转(R)]:”后按 Enter 键。使用“椭圆”命令时，命令行提示中各选项的含义如下。

☑　指定椭圆的轴端点：根据两个端点定义椭圆的第一条轴，第一条轴的角度确定了整个椭圆的角度。第一条轴既可定义椭圆的长轴，也可定义其短轴。

☑　圆弧(A)：用于创建一段椭圆弧，与单击“绘图”工具栏中的“椭圆弧”按钮功能相同。其中第一条轴的角度确定了椭圆弧的角度。第一条轴既可定义椭圆弧长轴，也可定义其短轴。

执行该命令后，根据系统提示输入“A”。之后指定端点或输入“C”并指定另一端点。在命令行提示下指定另一条半轴长度或输入“R”并指定起始角度、指定适当点或输入“P”。在命令行提示“指定端点角度或[参数(P)/夹角(I)]:”后指定适当点。其中各选项的含义如下。

☑　起始角度：指定椭圆弧端点的两种方式之一，光标与椭圆中心点连线的夹角为椭圆端点位置的角度。

☑　参数(P)：指定椭圆弧端点的另一种方式，该方式同样是指定椭圆弧端点的角度，但通过以下矢量参数方程式创建椭圆弧：$p(u) = c + a\times\cos(u) + b\times\sin(u)$。其中，$c$ 是椭圆的中心点，a 和 b 分别是椭圆的长轴和短轴，u 为光标与椭圆中心点连线的夹角。

☑　夹角(I)：定义从起始角度开始的包含角度。

☑　中心点(C)：通过指定的中心点创建椭圆。

☑　旋转(R)：通过绕第一条轴旋转圆来创建椭圆。相当于将一个圆绕椭圆轴翻转一个角度后的投影视图。

3.2.7　实战——洗脸盆

本实例主要介绍椭圆和椭圆弧绘制方法的具体应用。首先利用前面学到的知识绘制水龙头和旋钮，然后利用椭圆和椭圆弧绘制洗脸盆内沿和外沿。绘制流程图如图 3-14 所示。

Note

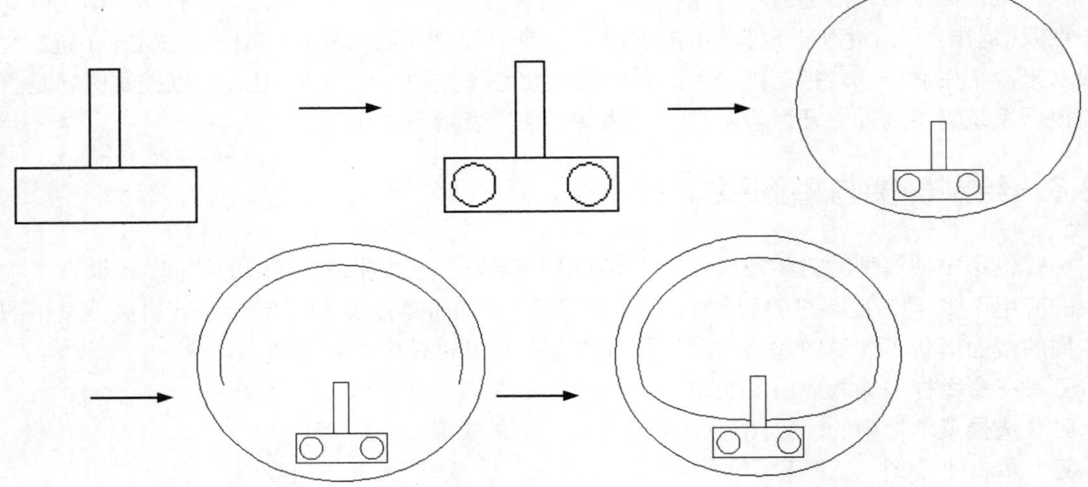

图 3-14 绘制洗脸盆流程图

操作步骤如下：（：光盘\配套视频\第 3 章\洗脸盆.avi）

（1）单击“默认”选项卡“绘图”面板中的“直线”按钮，绘制水龙头图形，如图 3-15 所示。

（2）单击“默认”选项卡“绘图”面板中的“圆”按钮，绘制两个水龙头旋钮，如图 3-16 所示。

图 3-15 绘制水龙头　　图 3-16 绘制旋钮

（3）单击“默认”选项卡“绘图”面板中的“椭圆”按钮，绘制脸盆外沿。

① 在命令行提示“指定椭圆弧的轴端点或[中心点(C)]:”后用鼠标指定椭圆轴端点。

② 在命令行提示“指定轴的另一个端点:”后用鼠标指定另一端点。

③ 在命令行提示“指定另一条半轴长度或[旋转(R)]:”后用鼠标在屏幕上拉出另一半轴长度。绘制结果如图 3-17 所示。

（4）单击“默认”选项卡“绘图”面板中的“椭圆弧”按钮，绘制脸盆部分内沿。

① 在命令行提示“指定椭圆弧的轴端点或[中心点(C)]:”后输入“C”。

② 在命令行提示“指定椭圆弧的中心点:”后单击状态栏中的“对象捕捉”按钮，捕捉刚才绘制的椭圆中心点。

③ 在命令行提示“指定轴的端点:”后适当指定一点。

④ 在命令行提示“指定另一条半轴长度或[旋转(R)]:”后输入“R”。

⑤ 在命令行提示“指定绕长轴旋转的角度:”后用鼠标指定椭圆轴端点。

⑥ 在命令行提示“指定起点角度或[参数(P)]:”后用鼠标拉出起始角度。

⑦ 在命令行提示“指定终点角度或[参数(P)/夹角(I)]:”后用鼠标拉出终止角度。

绘制结果如图 3-18 所示。

（5）单击“默认”选项卡“绘图”面板中的“圆弧”按钮，绘制脸盆其他部分内沿。最终结果如图 3-19 所示。

Note

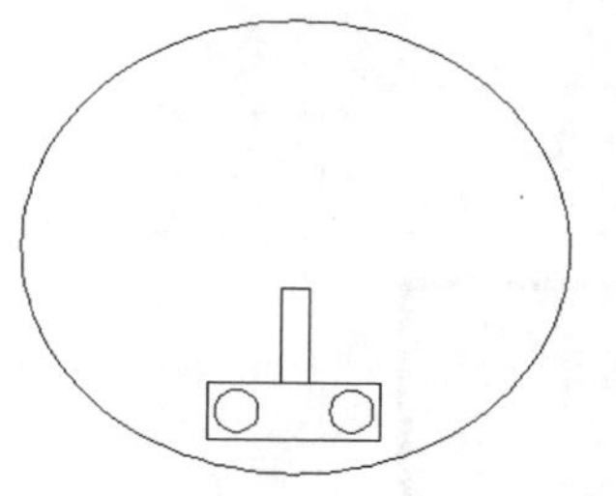

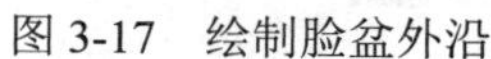

图 3-17　绘制脸盆外沿

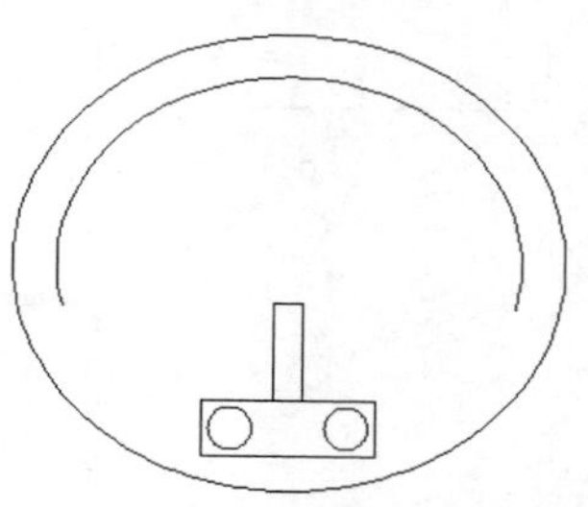

图 3-18　绘制脸盆部分内沿

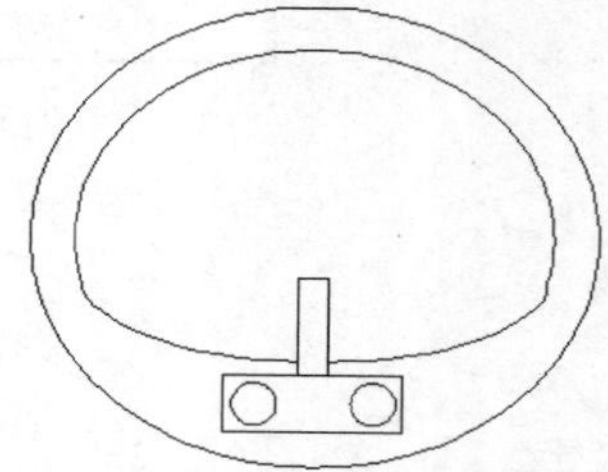

图 3-19　洗脸盆图形

注意：

本例中指定起点角度和端点角度的点时不要将两个点的顺序指定反了，因为系统默认的旋转的旋转方向是逆时针，如果指定反了，得出的结果可能和预期的刚好相反。

3.3　平面图形

简单的平面图形命令包括“矩形”和“正多边形”命令。

3.3.1　绘制矩形

矩形是最简单的封闭直线图形，在机械制图中常用来表达平行投影平面的面，在建筑制图中常用来表达墙体平面。执行“矩形”命令，主要有如下 4 种调用方法：

☑ 在命令行中输入“RECTANG”或“REC”命令。
☑ 选择菜单栏中的“绘图”/“矩形”命令。
☑ 单击“绘图”工具栏中的“矩形”按钮。
☑ 单击“默认”选项卡“绘图”面板中的“矩形”按钮。

执行上述命令后，根据系统提示指定角点，指定另一角点，绘制矩形。在执行“矩形”命令时，命令行提示中各选项的含义如下。

☑ 第一个角点：通过指定两个角点确定矩形，如图 3-20（a）所示。
☑ 倒角(C)：指定倒角距离，绘制带倒角的矩形，如图 3-20（b）所示。每一个角点的逆时针和顺时针方向的倒角可以相同，也可以不同，其中第一个倒角距离是指角点逆时针方向倒角距离，第二个倒角距离是指角点顺时针方向倒角距离。
☑ 标高(E)：指定矩形标高（Z 坐标），即把矩形放置在标高为 Z 并与 XOY 坐标面平行的平面上，并作为后续矩形的标高值。
☑ 圆角(F)：指定圆角半径，绘制带圆角的矩形，如图 3-20（c）所示。

Note

☑ 厚度(T)：指定矩形的厚度，如图 3-20（d）所示。

☑ 宽度(W)：指定线宽，如图 3-20（e）所示。

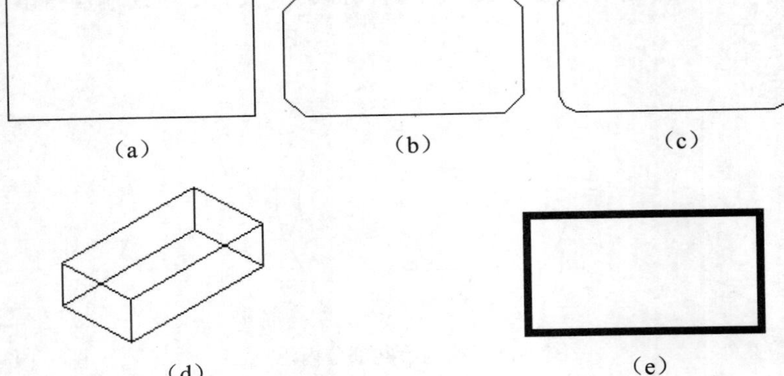

图 3-20　绘制矩形

☑ 面积(A)：指定面积和长或宽创建矩形。选择该项，操作如下。

- 在命令行提示“输入以当前单位计算的矩形面积<20.0000>:”后输入面积值。
- 在命令行提示“计算矩形标注时依据[长度(L)/宽度(W)]<长度>:”后按 Enter 键或输入“W”。
- 在命令行提示“输入矩形长度<4.0000>:”后指定长度或宽度。
- 指定长度或宽度后，系统自动计算另一个维度，绘制出矩形。如果矩形被倒角或圆角，则长度或面积计算中也会考虑此设置，如图 3-21 所示。

☑ 尺寸(D)：使用长和宽创建矩形，第二个指定点将矩形定位在与第一角点相关的 4 个位置之一内。

☑ 旋转(R)：使所绘制的矩形旋转一定角度。选择该项，操作如下。

- 在命令行提示“指定旋转角度或[拾取点(P)] <135>:”后指定角度。
- 在命令行提示“指定另一个角点或[面积(A)/尺寸(D)/旋转(R)]: 后“指定另一个角点或选择其他选项。
- 指定旋转角度后，系统按指定角度创建矩形，如图 3-22 所示。

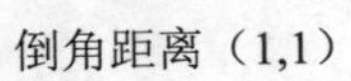

倒角距离（1,1）　　圆角半径：1.0

面积：20，长度：6　　面积：20，长度：6

图 3-21　按面积绘制矩形

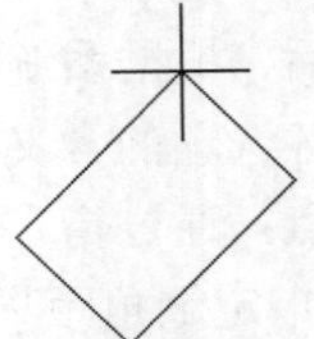

图 3-22　按指定旋转角度创建矩形

3.3.2　实战——方形茶几

本实例主要介绍矩形绘制方法的具体应用。首先利用“矩形”命令绘制外轮廓线，然后再利

用“矩形”命令绘制内轮廓线，绘制流程如图 3-23 所示。

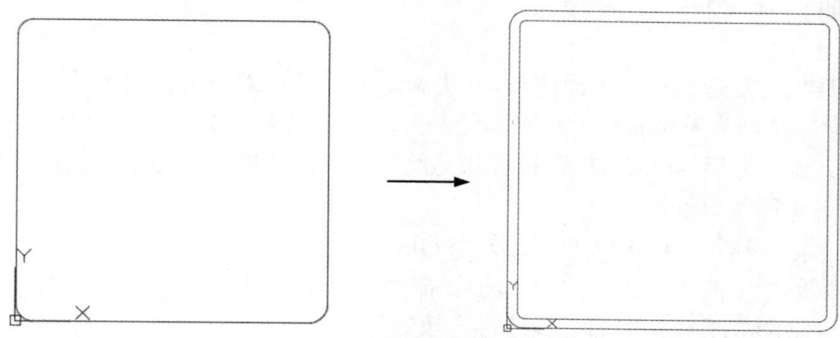

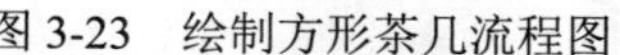

图 3-23　绘制方形茶几流程图

操作步骤如下：（：光盘\配套视频\第 3 章\方形茶几.avi）

（1）单击“默认”选项卡“绘图”面板中的“矩形”按钮，绘制外轮廓线。

① 在命令行提示“指定第一个角点或[倒角(C)/标高(E)/圆角(F)/厚度(T)/宽度(W)]:”后输入“f”。

② 在命令行提示“指定矩形的圆角半径<0.0000>:”后输入“50”。

③ 在命令行提示“指定第一个角点或[倒角(C)/标高(E)/圆角(F)/厚度(T)/宽度(W)]:”后输入“0,0”。

④ 在命令行提示“指定另一个角点或[面积(A)/尺寸(D)/旋转(R)]:”后输入“@980,980”。

结果如图 3-24 所示。

（2）单击“默认”选项卡“绘图”面板中的“矩形”按钮，绘制内轮廓线。

① 在命令行提示“指定第一个角点或[倒角(C)/标高(E)/圆角(F)/厚度(T)/宽度(W)]:”后输入“f”。

② 在命令行提示“指定矩形的圆角半径<50.0000>:”后输入“20”。

③ 在命令行提示“指定第一个角点或[倒角(C)/标高(E)/圆角(F)/厚度(T)/宽度(W)]:”后输入“30,30”。

④ 在命令行提示“指定另一个角点或[面积(A)/尺寸(D)/旋转(R)]:”后输入“@920,920”。

结果如图 3-25 所示。

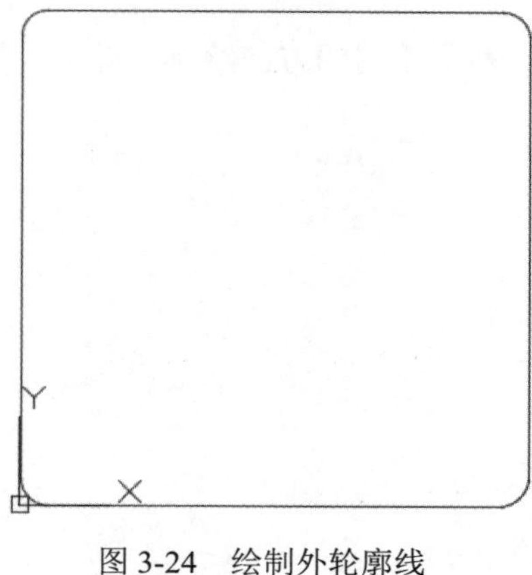

图 3-24　绘制外轮廓线

图 3-25　绘制方形茶几

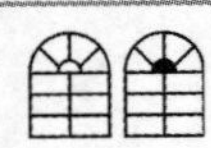

3.3.3 绘制正多边形

正多边形是相对复杂的一种平面图形，人类曾经为准确找到手工绘制正多边形的方法而长期求索。伟大数学家高斯为发现正十七边形的绘制方法而引以为毕生的荣誉，以致他的墓碑被设计成正十七边形。现在利用 AutoCAD 可以轻松地绘制任意边数的正多边形。执行“正多边形”命令，主要有如下 4 种调用方法：

☑ 在命令行中输入“POLYGON”或“POL”命令。

☑ 选择菜单栏中的“绘图”/“多边形”命令。

☑ 单击“绘图”工具栏中的“多边形”按钮⬠。

☑ 单击“默认”选项卡“绘图”面板中的“多边形”按钮⬠。

执行上述命令后，根据系统提示指定多边形的边数和中心点，之后指定是内接于圆或外切于圆，并输入外接圆或内切圆的半径。在执行“正多边形”命令的过程中，命令行提示中各选项的含义如下。

☑ 边(E)：选择该选项，则只要指定多边形的一条边，系统就会按逆时针方向创建该正多边形，如图 3-26（a）所示。

☑ 内接于圆(I)：选择该选项，绘制的多边形内接于圆，如图 3-26（b）所示。

☑ 外切于圆(C)：选择该选项，绘制的多边形外切于圆，如图 3-26（c）所示。

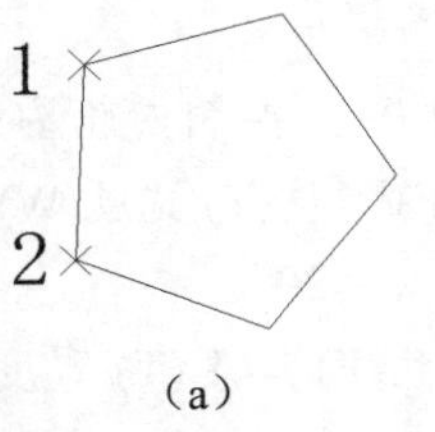

（a）

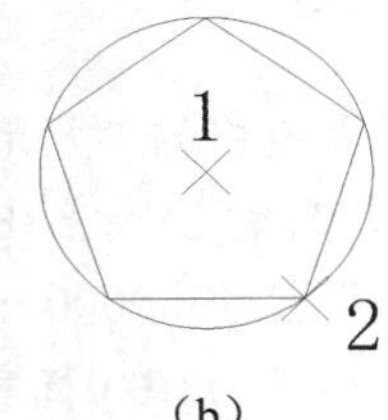

（b）

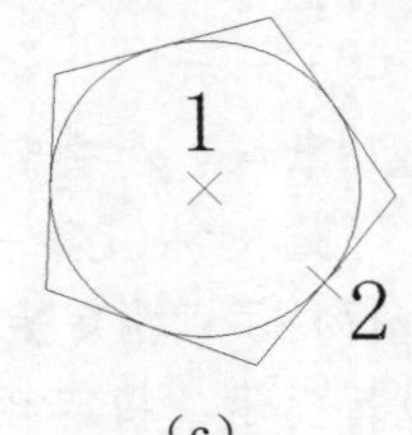

（c）

图 3-26 绘制正多边形

3.3.4 实战——八角凳

本实例主要是执行“正多边形”命令绘制外轮廓，再利用相同的方法绘制内轮廓，绘制流程如图 3-27 所示。

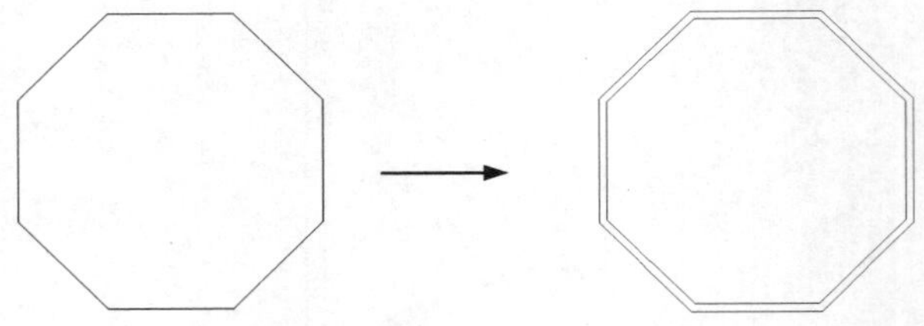

图 3-27 绘制八角凳流程图

操作步骤如下：（📹：光盘\配套视频\第 3 章\八角凳.avi）

（1）单击“默认”选项卡“绘图”面板中的“多边形”按钮⬠，绘制外轮廓线。

① 在命令行提示“输入侧面数<8>:”后输入“8”。

② 在命令行提示“指定正多边形的中心点或[边(E)]:”后输入“0,0”。

③ 在命令行提示“输入选项[内接于圆(I)/外切于圆(C)] <I>:”后输入“C”。

④ 在命令行提示“指定圆的半径:”后输入“100”。

绘制结果如图 3-28 所示。

（2）用同样的方法绘制另一个正多边形，中心点在（0,0）的正八边形，其内切圆半径为 95。绘制结果如图 3-29 所示。

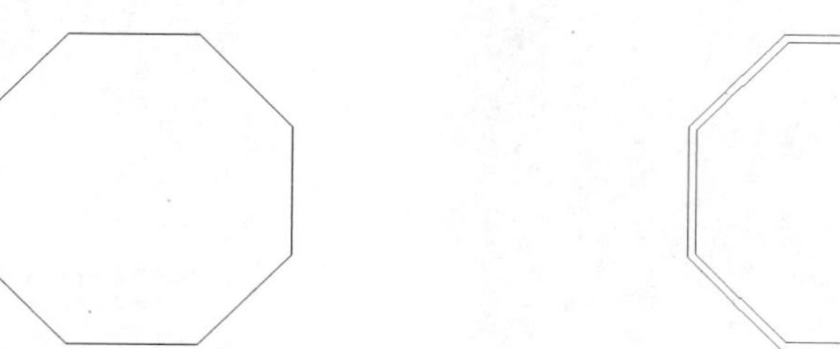

图 3-28　绘制外轮廓线　　　图 3-29　八角凳

3.4　点

点在 AutoCAD 2016 中有多种不同的表示方式，用户可以根据需要进行设置。也可以设置等分点和测量点。

3.4.1　绘制点

通常认为，点是最简单的图形单元。在工程图形中，点通常用来标定某个特殊的坐标位置，或者作为某个绘制步骤的起点和基础。为了使点更显眼，AutoCAD 为点设置了各种样式，用户可以根据需要来选择。执行“点”命令，主要有如下 4 种调用方法：

☑ 在命令行中输入“POINT”或“PO”命令。

☑ 选择菜单栏中的“绘图”/“点”命令。

☑ 单击“绘图”工具栏中的“点”按钮。

☑ 单击“默认”选项卡“绘图”面板中的“多点”按钮。

执行“点”命令之后，将出现命令行提示，在命令行提示后输入点的坐标或使用鼠标在屏幕上进行单击，即可完成点的绘制。

☑ 通过菜单方法进行操作时（如图 3-30 所示），“单点”命令表示只输入一个点，“多点”命令表示可输入多个点。

☑ 可以单击状态栏中的“对象捕捉”开关按钮，设置点的捕捉模式，帮助用户拾取点。

☑ 点在图形中的表示样式共有 20 种。可通过 DDPTYPE 命令或选择“格式”/“点样式”命令，打开“点样式”对话框来设置点样式，如图 3-31 所示。

Note

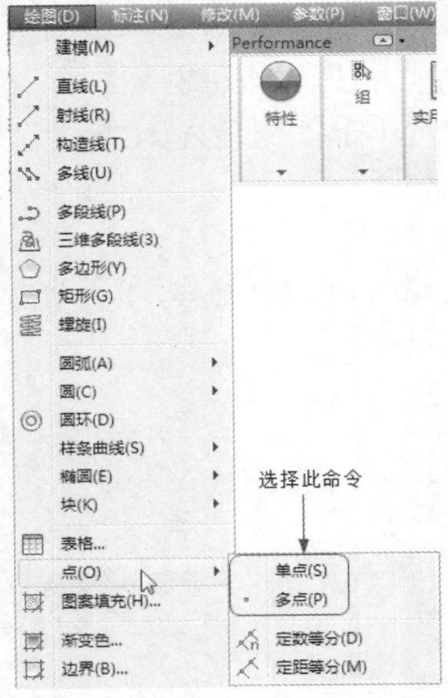

图 3-30 “点”子菜单

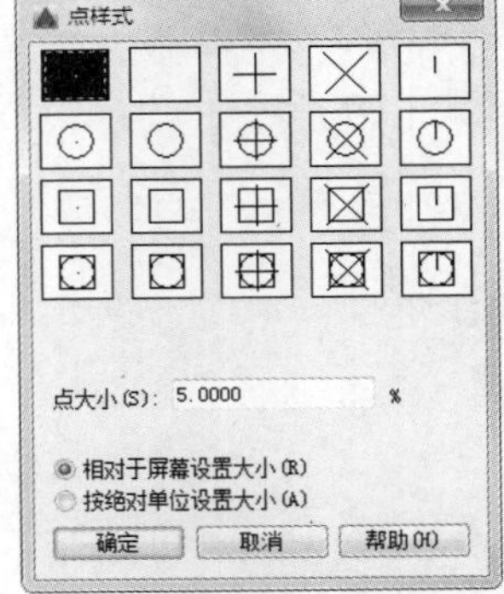

图 3-31 “点样式”对话框

3.4.2 绘制定数等分点

有时需要把某个线段或曲线按一定的份数进行等分。这一点在手工绘图中很难实现，但在 AutoCAD 中，可以通过相关命令轻松完成。该命令主要有如下 3 种调用方法：

☑ 在命令行中输入“DIVIDE”或“DIV”命令。

☑ 选择菜单栏中的“绘图”/“点”/“定数等分”命令。

☑ 单击“默认”选项卡“绘图”面板中的“定数等分”按钮。

执行上述命令后，根据系统提示拾取要等分的对象，并输入等分数，创建等分点。执行该命令时，需注意以下几点：

☑ 等分数目范围为 2～32767。

☑ 在等分点处，按当前点样式设置画出等分点。

☑ 在第二提示行选择“块(B)”选项时，表示在等分点处插入指定的块（BLOCK）。

3.4.3 绘制定距等分点

和定数等分类似，有时需要把某个线段或曲线以给定的长度为单元进行等分。在 AutoCAD 中，可以通过相关命令来完成。该命令主要有如下 3 种调用方法：

☑ 在命令行中输入“MEASURE”或“ME”命令。

☑ 选择菜单栏中的“绘图”/“点”/“定距等分”命令。

☑ 单击“默认”选项卡“绘图”面板中的“定距等分”按钮。

执行上述命令后，根据系统提示选择要定距等分的实体，并指定分段长度。执行该命令时，需注意以下几点：

☑ 设置的起点一般是指定线的绘制起点。

☑ 在第二提示行选择“块(B)”选项时，表示在等分点处插入指定的块。

☑ 在等分点处，按当前点样式设置绘制测量点。

☑ 最后一个测量段的长度不一定等于指定分段长度。

3.4.4 实战——地毯

本实例主要是执行“矩形”命令绘制轮廓后再利用“点”命令绘制装饰，绘制流程如图 3-32 所示。

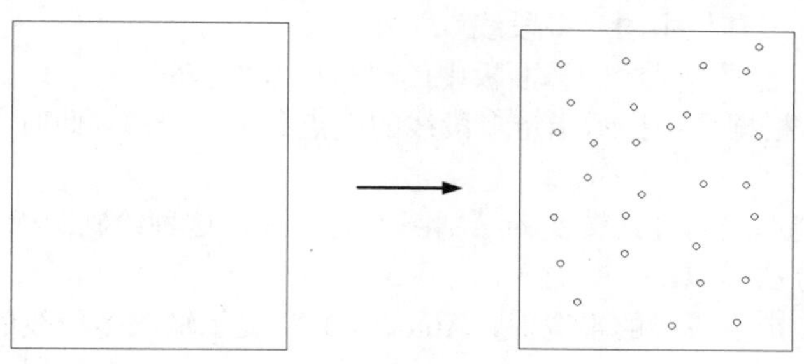

图 3-32　绘制地毯流程图

操作步骤如下：（光盘\配套视频\第 3 章\地毯.avi）

（1）单击“默认”选项卡“实用工具”面板中的“点样式”按钮，在弹出的“点样式”对话框中选择“O”样式。

（2）单击“默认”选项卡“绘图”面板中的“矩形”按钮，绘制地毯外轮廓线。

① 在命令行提示“指定第一个角点或[倒角(C)/标高(E)/圆角(F)/厚度(T)/宽度(W)]:”后输入“100,100”。

② 在命令行提示“指定另一个角点或[面积(A)/尺寸(D)/旋转(R)]:”后输入“@800,1000”。

绘制结果如图 3-33 所示。

（3）单击“默认”选项卡“绘图”面板中的“多点”按钮，在命令行提示“指定点:”后在屏幕上单击，绘制地毯内装饰点。结果如图 3-34 所示。

图 3-33　地毯外轮廓线

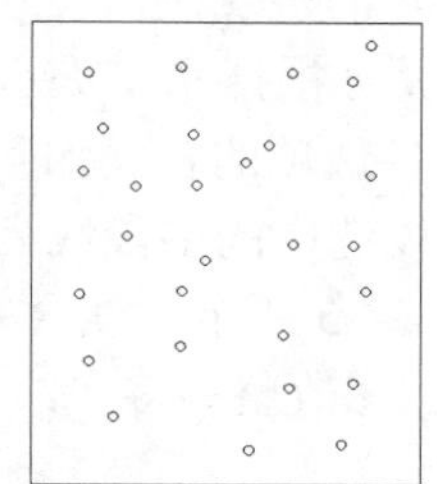

图 3-34　地毯内装饰点

3.5 多 段 线

多段线是一种由线段和圆弧组合而成的、不同线宽的多线，这种线由于其组合形式的多样和

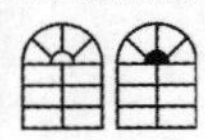

线宽的不同，弥补了直线或圆弧功能的不足，适合绘制各种复杂的图形轮廓，因而得到了广泛的应用。

3.5.1 绘制多段线

执行“多段线”命令，主要有如下 4 种调用方法：

☑ 在命令行中输入“PLINE”或“PL”命令。
☑ 选择菜单栏中的“绘图”/“多段线”命令。
☑ 单击“绘图”工具栏中的“多段线”按钮。
☑ 单击“默认”选项卡“绘图”面板中的“多段线”按钮。

执行上述命令后，根据系统提示指定多段线的起点和下一个点。此时，命令行提示中各选项的含义如下。

☑ 圆弧：将绘制直线的方式转变为绘制圆弧的方式，这种绘制圆弧的方法与用 ARC 命令绘制圆弧的方法类似。
☑ 半宽：用于指定多段线的半宽值，AutoCAD 将提示输入多段线的起点半宽值与终点半宽值。
☑ 长度：定义下一条多段线的长度，AutoCAD 将按照上一条直线的方向绘制这一条多段线。如果上一段是圆弧，则将绘制与此圆弧相切的直线。
☑ 宽度：设置多段线的宽度值。

3.5.2 编辑多段线

执行编辑多段线命令，主要有如下 5 种调用方法：

☑ 在命令行中输入“PEDIT”或“PE”命令。
☑ 选择菜单栏中的“修改”/“对象”/“多段线”命令。
☑ 单击“修改 II”工具栏中的“编辑多段线”按钮。
☑ 单击“默认”选项卡“修改”面板中的“编辑多段线”按钮。
☑ 选择要编辑的多线段，在绘图区右击，从打开的快捷菜单中选择“多段线编辑”命令。

执行上述命令后，根据系统提示选择一条要编辑的多段线，并根据需要输入其中的选项，此时，命令行提示中各选项的含义如下。

☑ 合并(J)：以选中的多段线为主体，合并其他直线段、圆弧或多段线，使其成为一条多段线，如图 3-35 所示。能合并的条件是各段线的端点首尾相连。
☑ 宽度(W)：修改整条多段线的线宽，使其具有同一线宽，如图 3-36 所示。

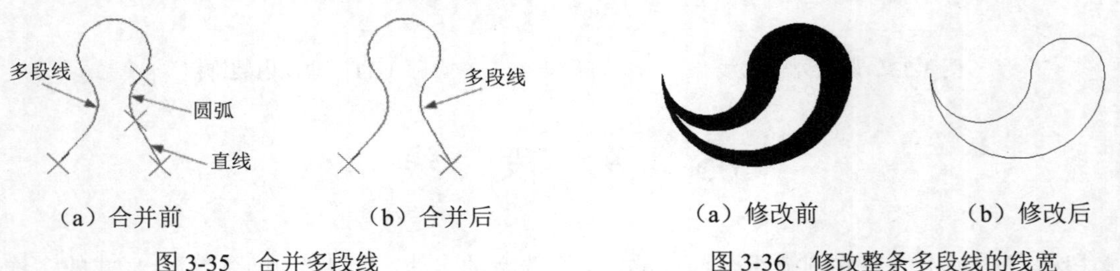

（a）合并前　（b）合并后

图 3-35　合并多段线

（a）修改前　（b）修改后

图 3-36　修改整条多段线的线宽

- ☑ 编辑顶点(E)：选择该选项后，在多段线起点处出现一个斜的十字叉“×”，它为当前顶点的标记，并在命令行出现后续操作提示中选择任意选项，这些选项允许用户进行移动、插入顶点和修改任意两点间的线的线宽等操作。
- ☑ 拟合(F)：从指定的多段线生成由光滑圆弧连接而成的圆弧拟合曲线，该曲线经过多段线的各顶点，如图 3-37 所示。

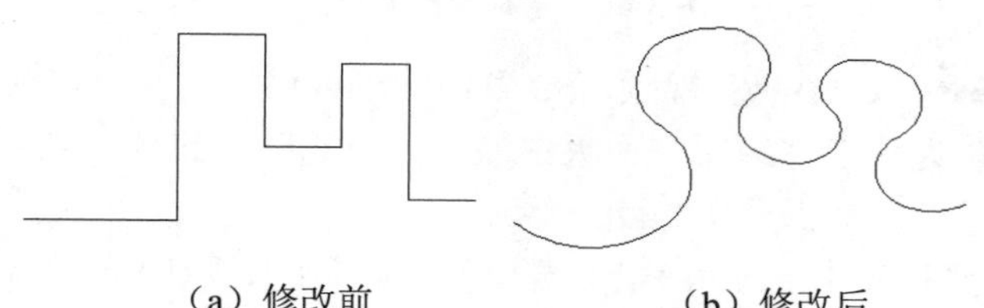

（a）修改前　　（b）修改后

图 3-37　生成圆弧拟合曲线

- ☑ 样条曲线(S)：以指定的多段线的各顶点作为控制点生成 B 样条曲线，如图 3-38 所示。

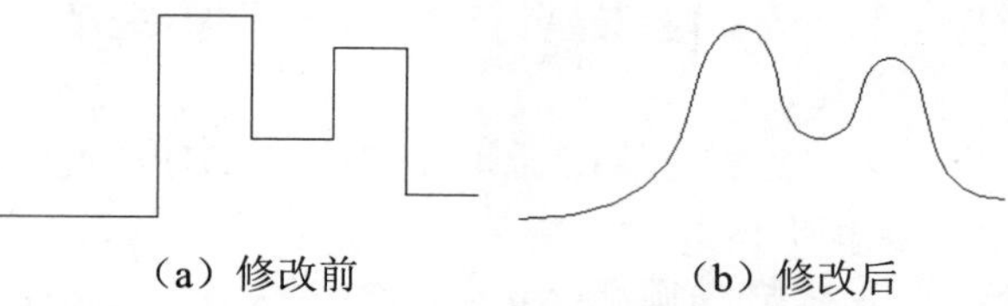

（a）修改前　　（b）修改后

图 3-38　生成 B 样条曲线

- ☑ 非曲线化(D)：用直线代替指定的多段线中的圆弧。对于选择“拟合(F)”选项或“样条曲线(S)”选项后生成的圆弧拟合曲线或样条曲线，删去其生成曲线时新插入的顶点，则恢复成由直线段组成的多段线。
- ☑ 线型生成(L)：当多段线的线型为点划线时，控制多段线的线型生成方式开关。选择 ON 时，将在每个顶点处允许以短划开始或结束生成线型；选择 OFF 时，将在每个顶点处允许以长划开始或结束生成线型，如图 3-39 所示。“线型生成”不能用于包含带变宽的线段的多段线。

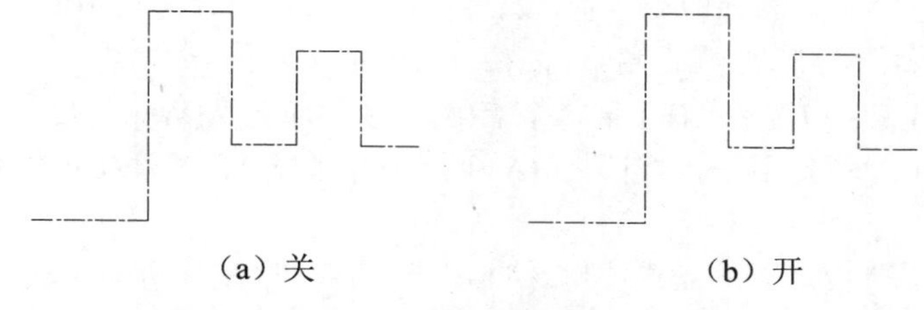

（a）关　　（b）开

图 3-39　控制多段线的线型（线型为点划线时）

3.5.3　实战——圈椅

本实例主要介绍多段线绘制和多段线编辑方法的具体应用。首先利用“多段线”命令绘制圈椅外圈，然后利用“圆弧”命令绘制内圈，再利用多段线编辑命令将所绘制线条合并，最后利用“圆弧”和“直线”命令绘制椅垫，绘制流程如图 3-40 所示。

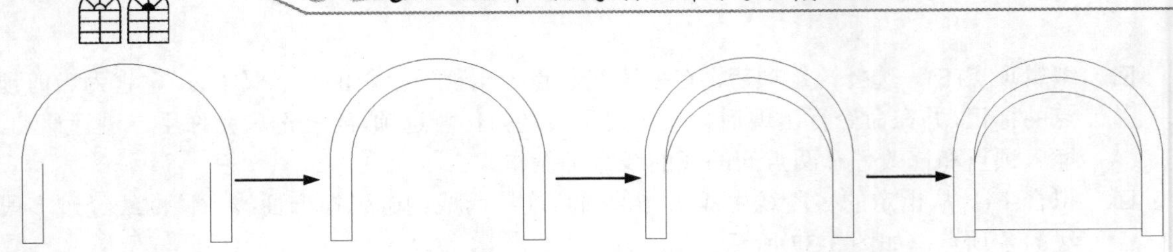

图 3-40　绘制圈椅流程图

Note

操作步骤如下：（光盘\配套视频\第 3 章\圈椅.avi）

（1）单击“默认”选项卡“绘图”面板中的“多段线”按钮，绘制外部轮廓。

① 在命令行提示“指定起点:”后指定一点。

② 在命令行提示“指定下一个点或[圆弧(A)/半宽(H)/长度(L)/放弃(U)/宽度(W)]:”后输入“@0,-600”。

③ 在命令行提示“指定下一点或[圆弧(A)/闭合(C)/半宽(H)/长度(L)/放弃(U)/宽度(W)]:”后输入“@150,0”。

④ 在命令行提示“指定下一点或[圆弧(A)/闭合(C)/半宽(H)/长度(L)/放弃(U)/宽度(W)]:”后输入“0,600”。

⑤ 在命令行提示“指定下一点或[圆弧(A)/闭合(C)/半宽(H)/长度(L)/放弃(U)/宽度(W)]:”后输入“U”(放弃，表示上步操作出错)。

⑥ 在命令行提示“指定下一点或[圆弧(A)/闭合(C)/半宽(H)/长度(L)/放弃(U)/宽度(W)]:”后输入“@0,600”。

⑦ 在命令行提示“指定下一点或[圆弧(A)/闭合(C)/半宽(H)/长度(L)/放弃(U)/宽度(W)]:”后输入“A”。

⑧ 在命令行提示“指定圆弧的端点(按住 Ctrl 键以切换方向)或[角度(A)/圆心(CE)/闭合(CL)/方向(D)/半宽(H)/直线(L)/半径(R)/第二个点(S)/放弃(U)/宽度(W)]:”后输入“R”。

⑨ 在命令行提示“指定圆弧的半径:”后输入“750”。

⑩ 在命令行提示“指定圆弧的端点(按住 Ctrl 键以切换方向)或[角度(A)]:”后输入“A”。

⑪ 在命令行提示“指定夹角:”后输入“180”。

⑫ 在命令行提示“指定圆弧的弦方向(按住 Ctrl 键以切换方向)<90>:”后输入“180”。

⑬ 在命令行提示“指定圆弧的端点(按住 Ctrl 键以切换方向)或[角度(A)/圆心(CE)/闭合(CL)/方向(D)/半宽(H)/直线(L)/半径(R)/第二个点(S)/放弃(U)/宽度(W)]:”后输入“L”。

⑭ 在命令行提示“指定下一点或[圆弧(A)/闭合(C)/半宽(H)/长度(L)/放弃(U)/宽度(W)]:”后输入“@0,-600”。

⑮ 在命令行提示“指定下一点或[圆弧(A)/闭合(C)/半宽(H)/长度(L)/放弃(U)/宽度(W)]:”后输入“@150,0”。

⑯ 在命令行提示“指定下一点或[圆弧(A)/闭合(C)/半宽(H)/长度(L)/放弃(U)/宽度(W)]:”后输入“@0,600”。

绘制结果如图 3-41 所示。

（2）打开状态栏上的“对象捕捉”按钮，单击“默认”选项卡“绘图”面板中的“圆弧”按钮，绘制内圈。

① 在命令行提示“指定圆弧的起点或[圆心(C)]:”后捕捉右边竖线上的端点。

Note

② 在命令行提示“指定圆弧的第二个点或[圆心(C)/端点(E)]:”后输入“E”。

③ 在命令行提示“指定圆弧的端点:”后捕捉左边竖线上的端点。

④ 在命令行提示“指定圆弧的中心点(按住 Ctrl 键以切换方向)或[角度(A)/方向(D)/半径(R)]:”后输入“D”。

⑤ 在命令行提示“指定圆弧起点的相切方向(按住 Ctrl 键以切换方向):”后输入“90”。

绘制结果如图 3-42 所示。

（3）选择菜单栏中的“修改”/“对象”/“多段线”命令，编辑多段线。

① 在命令行提示“选择多段线或[多条(M)]:”后选择刚绘制的多段线。

② 在命令行提示“输入选项[闭合(C)/合并(J)/宽度(W)/编辑顶点(E)/拟合(F)/样条曲线(S)/非曲线化(D)/线型生成(L)/反转(R)/放弃(U)]:”后输入“J”。

③ 在命令行提示“选择对象:”后选择刚绘制的圆弧。

④ 在命令行提示“选择对象:”后按 Enter 键。

⑤ 在命令行提示“输入选项[打开(O)/合并(J)/宽度(W)/编辑顶点(E)/拟合(F)/样条曲线(S)/非曲线化(D)/线型生成(L)/反转(R)/放弃(U)]:”后按 Enter 键。

系统将圆弧和原来的多段线合并成一个新的多段线，选择该多段线，可以看出所有线条都被选中，说明已经合并为一体了，如图 3-43 所示。

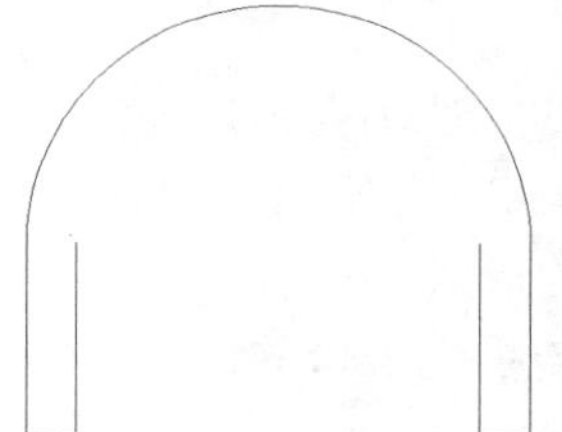

图 3-41　绘制外部轮廓

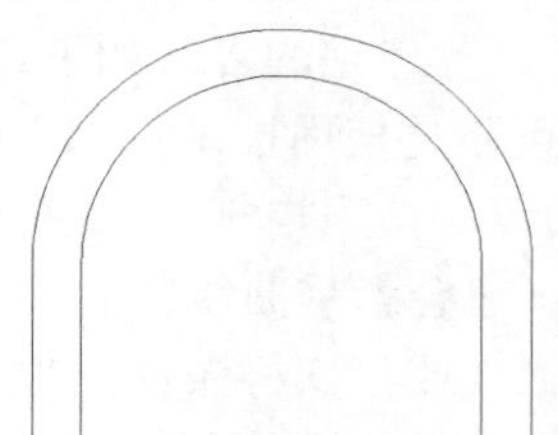

图 3-42　绘制内圈

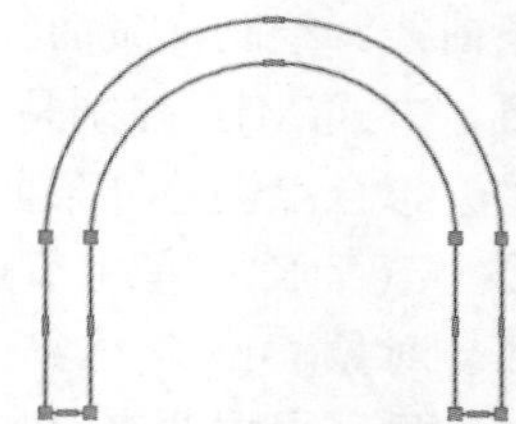

图 3-43　合并多段线

（4）打开状态栏上的“对象捕捉”按钮，单击“默认”选项卡“绘图”面板中的“圆弧”按钮，绘制椅垫，结果如图 3-44 所示。

（5）单击“默认”选项卡“绘图”面板中的“直线”按钮，捕捉适当的点为端点，绘制一条水平线，最终结果如图 3-45 所示。

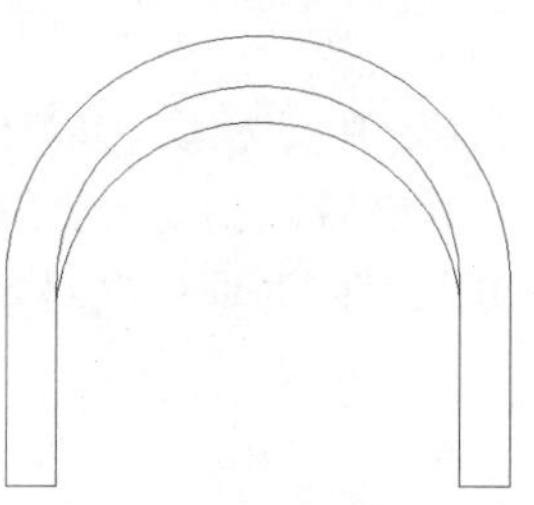

图 3-44　绘制椅垫

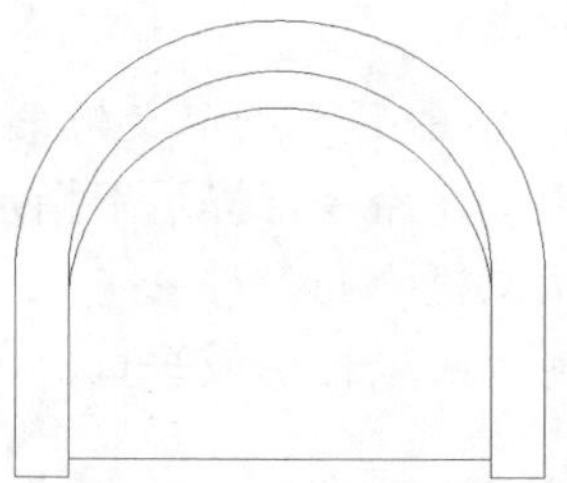

图 3-45　绘制直线

3.6　样条曲线

AutoCAD 2016 使用一种称为非一致有理 B 样条（NURBS）曲线的特殊样条曲线类型。

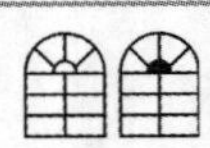

NURBS 曲线在控制点之间产生一条光滑的样条曲线，如图 3-46 所示。样条曲线可用于创建形状不规则的曲线，例如，为地理信息系统（GIS）应用或汽车设计绘制轮廓线。

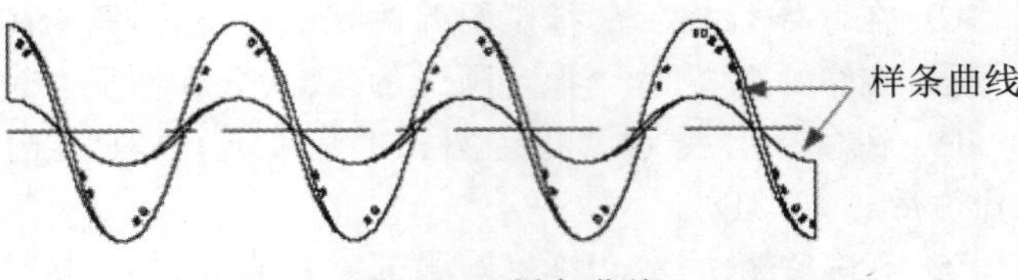

图 3-46　样条曲线

Note

3.6.1　绘制样条曲线

使用“样条曲线”命令可生成拟合光滑曲线，可以通过起点、控制点、终点及偏差变量来控制曲线，一般用于绘制建筑大样图等图形。执行“样条曲线”命令，主要有如下 4 种调用方法：

☑　在命令行中输入“SPLINE”或“SPL”命令。

☑　选择菜单栏中的“绘图”/“样条曲线”命令。

☑　单击“绘图”工具栏中的“样条曲线”按钮。

☑　单击“默认”选项卡“绘图”面板中的“样条曲线拟合”按钮或“样条曲线控制点”按钮。

执行上述命令后，系统将提示指定样条曲线的点，在绘图区依次指定所需位置的点即可创建出样条曲线。绘制样条曲线的过程中，各选项的含义如下。

☑　方式(M)：控制是使用拟合点还是使用控制点来创建样条曲线。选项会因选择的是使用拟合点创建样条曲线的选项还是使用控制点创建样条曲线的选项而异。

☑　节点(K)：指定节点参数化，它会影响曲线在通过拟合点时的形状。

☑　对象(O)：将二维或三维的二次或三次样条曲线拟合多段线转换为等价的样条曲线，然后（根据 DELOBJ 系统变量的设置）删除该多段线。

☑　起点切向(T)：定义样条曲线的第一点和最后一点的切向。如果在样条曲线的两端都指定切向，可以输入一个点或使用“切点”和“垂足”对象捕捉模式使样条曲线与已有的对象相切或垂直。如果按 Enter 键，系统将计算默认切向。

☑　端点相切(T)：停止基于切向创建曲线。可通过指定拟合点继续创建样条曲线。

☑　公差(L)：指定距样条曲线必须经过的指定拟合点的距离。公差应用于除起点和端点外的所有拟合点。

☑　闭合(C)：将最后一点定义与第一点一致，并使其在连接处相切，以闭合样条曲线。选择该选项，在命令行提示下指定点或按 Enter 键，用户可以指定一点来定义切向矢量，或按下状态栏中的“对象捕捉”按钮，使用“切点”和“垂足”对象捕捉模式使样条曲线与现有对象相切或垂直。

3.6.2　编辑样条曲线

执行编辑样条曲线命令，主要有如下 5 种调用方法：

☑　在命令行中输入“SPLINEDIT”命令。

☑　选择菜单栏中的“修改”/“对象”/“样条曲线”命令。

☑　单击“修改 II”工具栏中的“编辑样条曲线”按钮。

☑　单击“默认”选项卡“修改”面板中的“编辑样条曲线”按钮

☑　选择要编辑的样条曲线，在绘图区右击，从打开的快捷菜单中选择“编辑样条曲线”命令。

执行上述命令后，根据系统提示选择要编辑的样条曲线。若选择的样条曲线是用 SPLINE 命令创建的，其近似点以夹点的颜色显示出来；若选择的样条曲线是用 PLINE 命令创建的，其控制点以夹点的颜色显示出来。此时，命令行提示中各选项的含义如下。

☑　拟合数据(F)：编辑近似数据。选择该选项后，创建该样条曲线时指定的各点将以小方格的形式显示出来。

☑　移动顶点(M)：移动样条曲线上的当前点。

☑　精度(R)：调整样条曲线的定义精度。

☑　反转(E)：翻转样条曲线的方向。该项操作主要用于应用程序。

3.6.3　实战——茶几

本实例主要介绍样条曲线的具体应用。首先利用“矩形”命令绘制茶几轮廓，然后利用样条曲线绘制茶几花纹，绘制流程如图 3-47 所示。

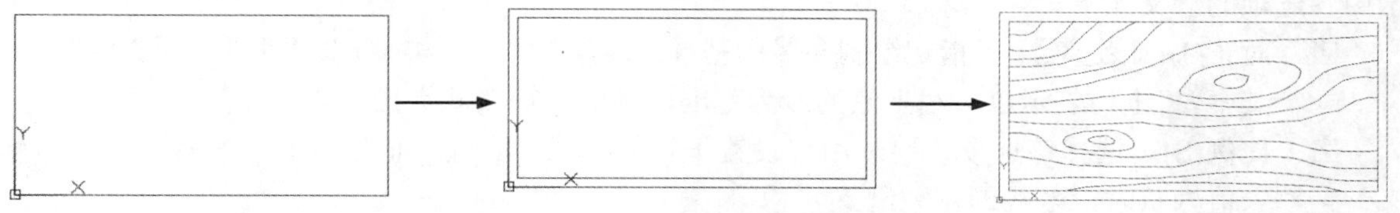

图 3-47　绘制茶几流程图

操作步骤如下：（：光盘\配套视频\第 3 章\茶几.avi）

（1）单击“默认”选项卡“绘图”面板中的“矩形”按钮，在坐标原点处绘制边长为 1200×600 的矩形，如图 3-48 所示。

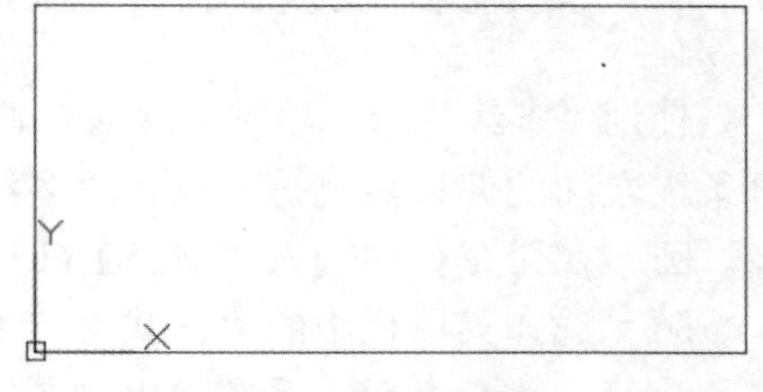

图 3-48　绘制矩形 1

（2）单击“默认”选项卡“绘图”面板中的“矩形”按钮，以坐标（30,30）和（@1140,540）为角点绘制第二个矩形，如图 3-49 所示。

（3）单击“默认”选项卡“绘图”面板中的“样条曲线拟合”按钮，关闭状态栏中的“极轴”“对象捕捉”“对象追踪”等功能，然后绘制茶几表面纹理，如图 3-50 所示。

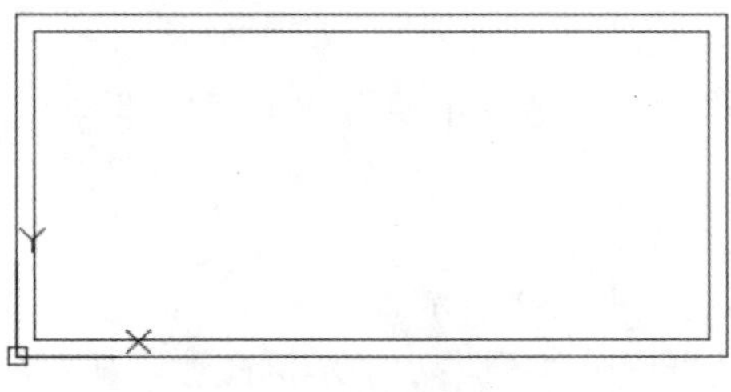

图 3-49　绘制矩形 2

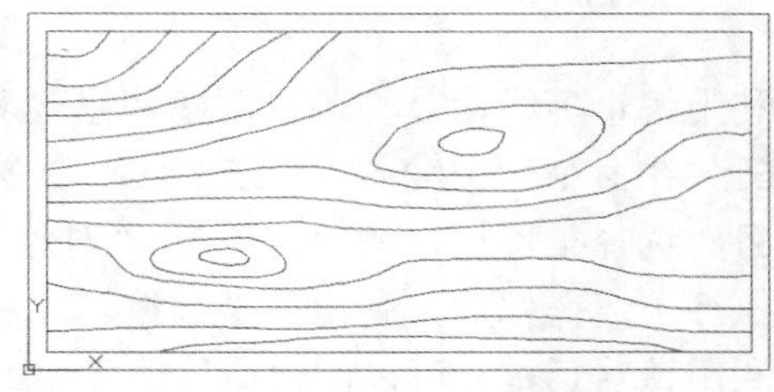

图 3-50　绘制茶几纹理

3.7 多　　线

Note

多线是一种复合线，由连续的直线段复合组成。多线的一个突出优点是能够提高绘图效率，保证图线之间的统一性。

3.7.1 绘制多线

多线应用的一个最主要的场合是建筑墙线的绘制，在后面的学习中会通过相应的实例帮助读者进行体会。执行“多线”命令，主要有如下两种调用方法：

☑ 在命令行中输入“MLINE”或“ML”命令。

☑ 选择菜单栏中的“绘图”/“多线”命令。

执行此命令后，根据系统提示指定起点和下一点。在命令行提示下继续指定下一点绘制线段；输入“U”，则放弃前一段多线的绘制；右击或按 Enter 键，结束命令。在命令行提示下继续指定下一点绘制线段；输入“C”则闭合线段，结束命令。在执行“多线”命令的过程中，命令行提示中各选项的含义如下。

☑ 对正(J)：该选项用于指定绘制多线的基准。共有 3 种对正类型，即“上”、“无”和“下”。其中，“上”表示以多线上侧的线为基准，其他两项依此类推。

☑ 比例(S)：选择该选项，要求用户设置平行线的间距。输入值为零时，平行线重合；输入值为负时，多线的排列倒置。

☑ 样式(ST)：用于设置当前使用的多线样式。

3.7.2 定义多线样式

使用“多线”命令绘制多线时，首先应对多线的样式进行设置，其中包括多线的数量，以及每条线之间的偏移距离等。执行“多线样式”命令，主要有如下两种调用方法：

☑ 在命令行中输入“MLSTYLE”命令。

☑ 选择菜单栏中的“格式”/“多线样式”命令。

执行上述命令后，系统弹出如图 3-51 所示的“多线样式”对话框。在该对话框中，用户可以对多线样式进行定义、保存和加载等操作。

3.7.3 编辑多线

利用编辑多线命令，可以创建和修改多线样式。执行该命令，主要有如下两种调用方法：

☑ 在命令行中输入“MLEDIT”命令。

☑ 选择菜单栏中的“修改”/“对象”/“多线”命令。

执行上述操作后，弹出“多线编辑工具”对话框，如图 3-52 所示。

利用该对话框，可以创建或修改多线的模式。对话框中分 4 列显示了示例图形。其中，第一

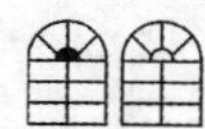

列管理十字交叉形式的多线，第二列管理 T 形多线，第三列管理拐角接合点和节点形式的多线，第四列管理多线被剪切或连接的形式。

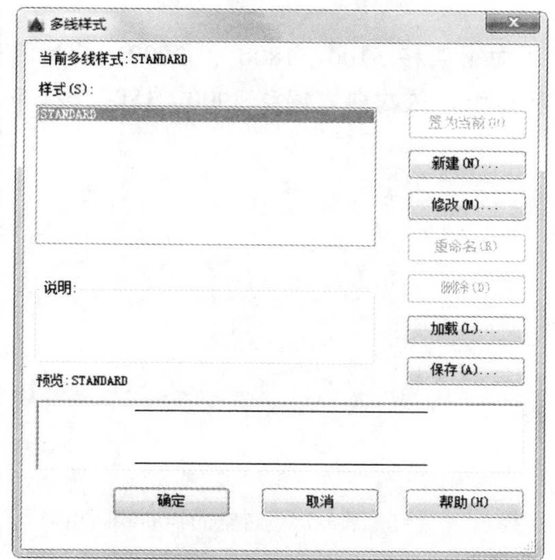

图 3-51　“多线样式”对话框

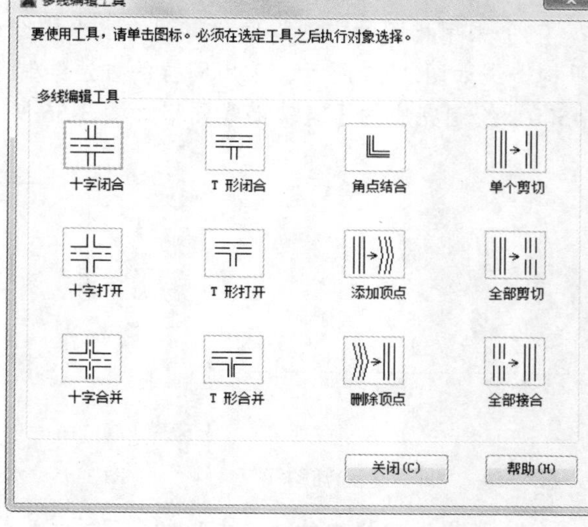

图 3-52　“多线编辑工具”对话框

单击选择某个示例图形，然后单击“关闭”按钮，就可以调用该项编辑功能。

3.7.4　实战——墙体

本例利用“构造线”与“偏移”命令绘制辅助线，再利用“多线”命令绘制墙线，最后编辑多线得到所需图形，绘制流程图如图 3-53 所示。

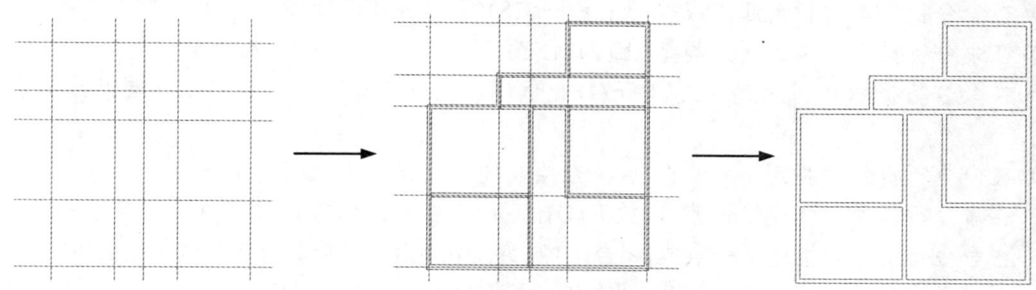

图 3-53　绘制墙体流程图

操作步骤如下：（光盘\配套视频\第 3 章\墙体.avi）

（1）单击“默认”选项卡“绘图”面板中的“构造线”按钮，绘制一条水平构造线和一条竖直构造线，组成“十”字辅助线，如图 3-54 所示。

（2）按 Enter 键，继续绘制构造线。

① 在命令行提示“指定点或[水平(H)/垂直(V)/角度(A)/二等分(B)/偏移(O)]:”后输入“O”。

② 在命令行提示“指定偏移距离或[通过(T)]<通过>:”后输入“4200”。

③ 在命令行提示“选择直线对象:”后选择水平构造线。

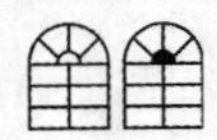
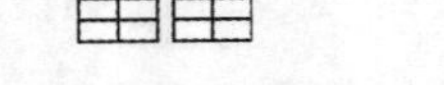

④ 在命令行提示“指定向哪侧偏移:”后指定上边一点。

⑤ 在命令行提示“选择直线对象:”后继续选择水平构造线。

⑥ 继续绘制辅助线。

Note

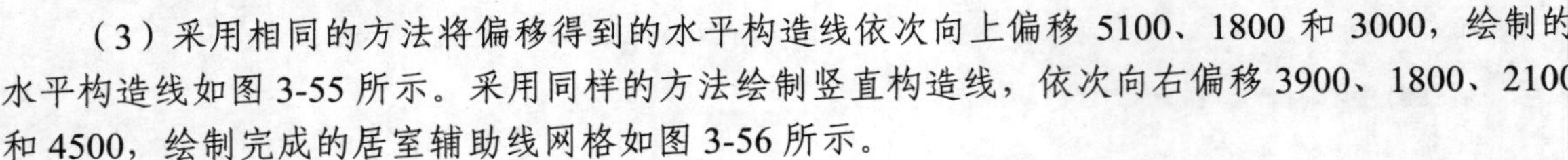

（3）采用相同的方法将偏移得到的水平构造线依次向上偏移 5100、1800 和 3000，绘制的水平构造线如图 3-55 所示。采用同样的方法绘制竖直构造线，依次向右偏移 3900、1800、2100 和 4500，绘制完成的居室辅助线网格如图 3-56 所示。

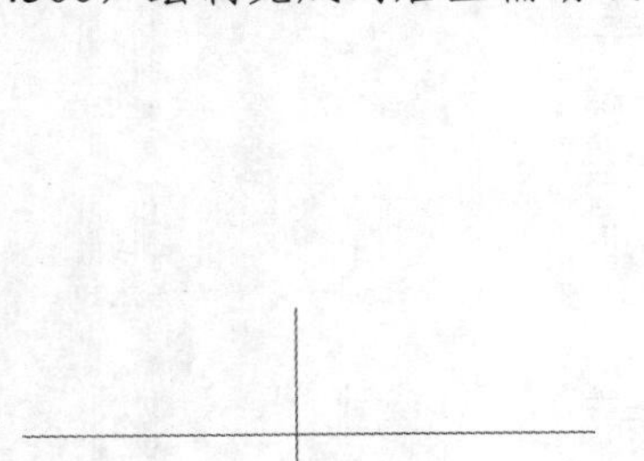
图 3-54 “十”字形辅助线

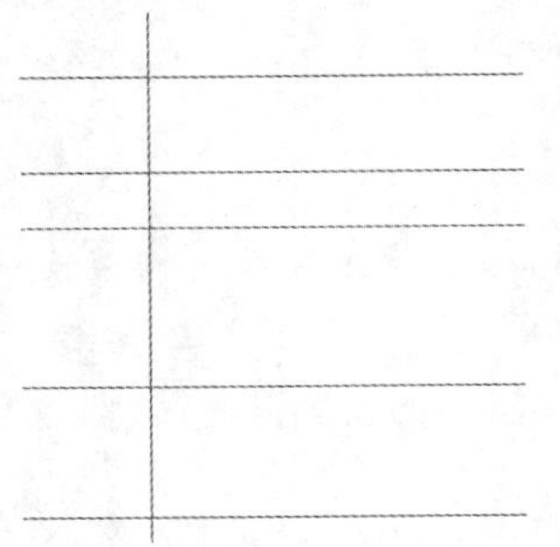
图 3-55 水平构造线

图 3-56 居室的辅助线网格

（4）选择菜单栏中的“格式”/“多线样式”命令，系统打开“多线样式”对话框，单击“新建”按钮，系统打开“新建多线样式”对话框，在“新样式名”文本框中输入“墙体线”，单击“继续”按钮。

（5）系统弹出“新建多线样式：墙体线”对话框，进行如图 3-57 所示的设置。

（6）选择菜单栏中的“绘图”/“多线”命令，绘制墙体。

① 在命令行提示“指定起点或[对正(J)/比例(S)/样式(ST)]:”后输入“S”。

② 在命令行提示“输入多线比例<20.00>:”后输入“1”。

③ 在命令行提示“指定起点或[对正(J)/比例(S)/样式(ST)]:”后输入“J”。

④ 在命令行提示“输入对正类型[上(T)/无(Z)/下(B)] <上>:”后输入“Z”。

⑤ 在命令行提示“指定起点或[对正(J)/比例(S)/样式(ST)]:”后，在绘制的辅助线交点上指定一点。

⑥ 在命令行提示“指定下一点:”后，在绘制的辅助线交点上指定下一点。

⑦ 在命令行提示“指定下一点或[放弃(U)]:”后，在绘制的辅助线交点上指定下一点。

⑧ 在命令行提示“指定下一点或[闭合(C)/放弃(U)]:”后，在绘制的辅助线交点上指定下一点。

⑨ 在命令行提示“指定下一点或[闭合(C)/放弃(U)]:”后输入“C”。

根据辅助线网格，用相同方法绘制多线，绘制结果如图 3-58 所示。

（7）选择菜单栏中的“修改”/“对象”/“多线”命令，系统弹出“多线编辑工具”对话框，如图 3-59 所示。单击其中的“T 形打开”选项。

① 在命令行提示“选择第一条多线:”后选择多线。

② 在命令行提示“选择第二条多线:”后选择多线。

③ 在命令行提示“选择第一条多线或[放弃(U)]:”后选择多线。

④ 在命令行提示“选择第一条多线或[放弃(U)]:”后按 Enter 键。

重复编辑多线命令继续进行多线编辑，编辑的最终结果如图 3-60 所示。

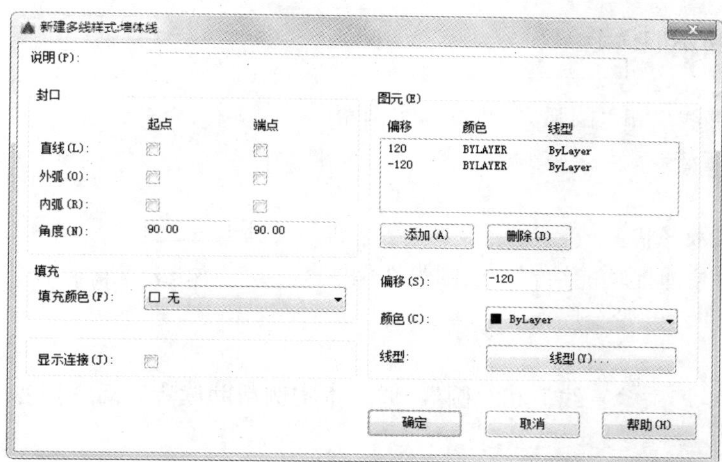

图 3-57 设置多线样式

图 3-58 全部多线绘制结果

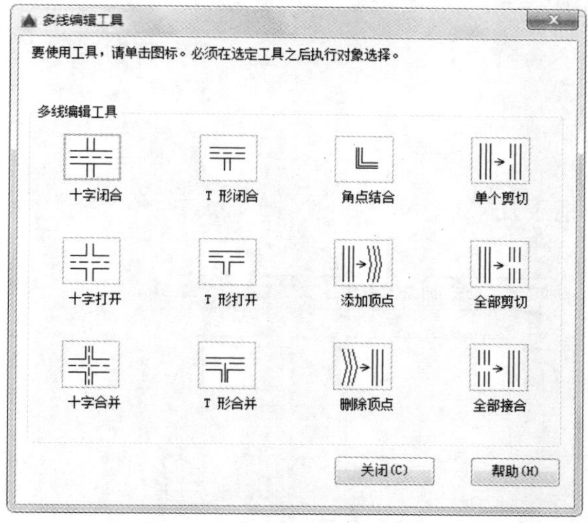

图 3-59 “多线编辑工具”对话框

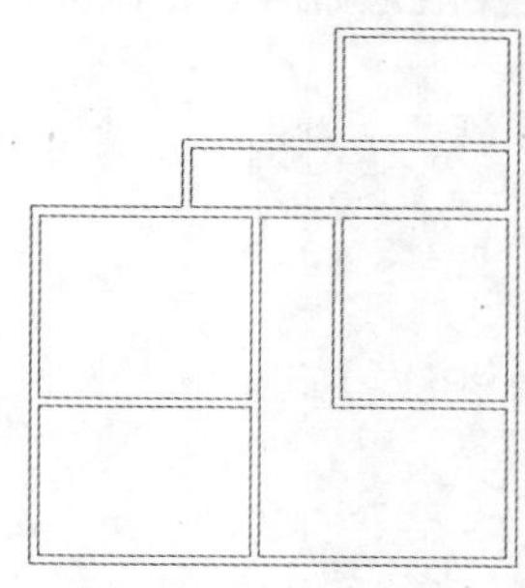

图 3-60 墙体

3.8 实战演练

通过前面的学习，读者对本章知识也有了大体的了解，本节通过几个操作练习使读者进一步掌握本章知识要点。

【实战演练 1】绘制如图 3-61 所示的圆桌。

1．目的要求

本例图形涉及的命令主要是“圆”命令。通过本实例帮助读者灵活掌握圆的绘制方法。

图 3-61 圆桌

2．操作提示

（1）利用“圆”命令绘制外沿。

（2）利用“圆”命令结合对象捕捉功能绘制同心内圆。

Note

【实战演练 2】绘制如图 3-62 所示的椅子。

1．目的要求

本例图形涉及的命令主要是“直线”和“圆弧”。通过本实例帮助读者灵活掌握直线和圆弧的绘制方法。

2．操作提示

（1）利用“直线”命令绘制基本形状。

（2）利用“圆弧”命令结合对象捕捉功能绘制一些圆弧造型。

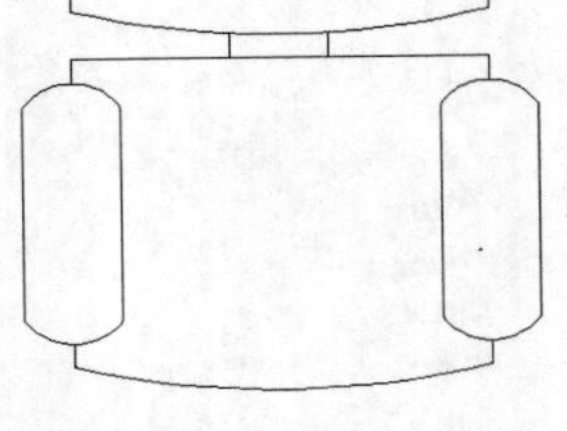

图 3-62　椅子

【实战演练 3】绘制如图 3-63 所示的带窗门。

1．目的要求

本例图形涉及的命令主要是“矩形”、“直线”和“圆”。通过本实例帮助读者灵活掌握各种基本绘图命令的操作方法。

2．操作提示

（1）利用“矩形”命令绘制门的大体轮廓。

（2）利用“矩形”命令绘制窗户。

（3）利用“直线”命令绘制窗户上的斜线。

（4）利用“圆”命令绘制把手。

（5）利用“圆弧”命令完成盥洗盆绘制。

【实战演练 4】绘制如图 3-64 所示的带柜茶几。

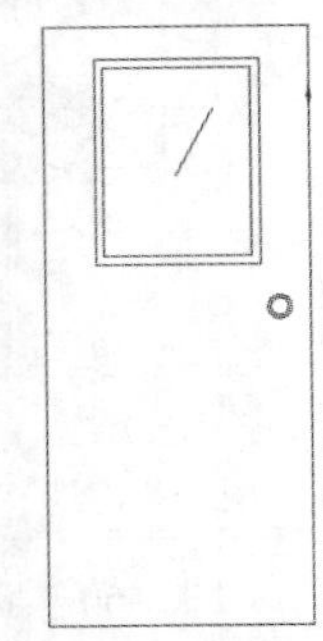

图 3-63　带窗门

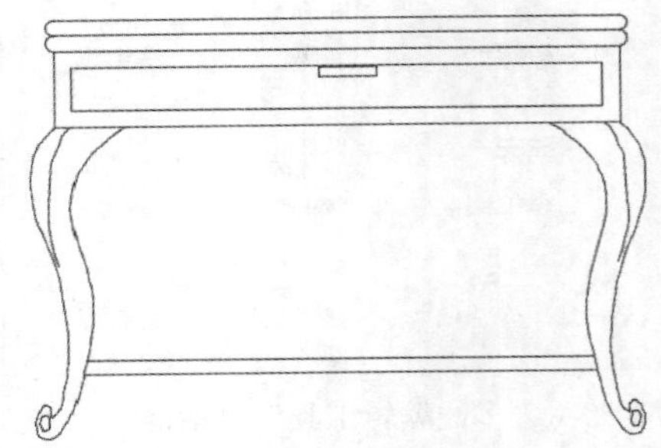

图 3-64　带柜茶几

1．目的要求

本例图形涉及的命令主要是“直线”、“圆弧”、“矩形”和“样条曲线”。通过本实例帮助读者灵活掌握样条曲线的操作方法。

2．操作提示

（1）利用“直线”和“圆弧”命令绘制茶几面。

（2）利用“矩形”命令绘制抽屉。

（3）利用“样条曲线”命令绘制茶几腿。

第4章

二维编辑命令

本章学习要点和目标任务：

- ☑ 选择对象
- ☑ 删除及恢复类命令
- ☑ 复制类命令
- ☑ 改变位置类命令
- ☑ 改变几何特性类命令
- ☑ 对象编辑
- ☑ 图案填充

二维图形的编辑操作配合绘图命令的使用可以进一步完成复杂图形对象的绘制工作，并可使用户合理安排和组织图形，保证绘图准确，减少重复。因此，对编辑命令的熟练掌握和使用有助于提高设计和绘图的效率。本章主要内容包括选择对象、删除及恢复类命令、复制类命令、改变位置类命令、改变几何特性类命令、对象编辑和图案填充等。

Note

4.1 选择对象

选择对象是进行编辑的前提。AutoCAD 提供了多种对象选择方法，如点取方法、用选择窗口选择对象、用选择线选择对象、用对话框选择对象等。

AutoCAD 可以把选择的多个对象组成整体，如选择集和对象组，进行整体编辑与修改。

AutoCAD 提供了两种执行效果相同的途径编辑图形：

☑ 先执行编辑命令，然后选择要编辑的对象。

☑ 先选择要编辑的对象，然后执行编辑命令。

4.1.1 构造选择集

选择集可以仅由一个图形对象构成，也可以是一个复杂的对象组，如位于某一特定层上的具有某种特定颜色的一组对象。选择集的构造可以在调用编辑命令之前或之后进行。

AutoCAD 提供以下几种方法来构造选择集：

☑ 先选择一个编辑命令，然后选择对象，按 Enter 键结束操作。

☑ 使用 SELECT 命令。

☑ 用点取设备选择对象，然后调用编辑命令。

☑ 定义对象组。

无论使用哪种方法，AutoCAD 2016 都将提示用户选择对象，并且光标的形状由十字光标变为拾取框。

下面结合 SELECT 命令说明选择对象的方法。

SELECT 命令可以单独使用，即在命令行中输入“SELECT”后按 Enter 键，也可以在执行其他编辑命令时被自动调用。此时，屏幕出现提示“选择对象:”，等待用户以某种方式选择对象作为回答。AutoCAD 提供多种选择方式，可以输入“?”查看这些选择方式。选择该选项后，出现提示“需要点或窗口(W)/上一个(L)/窗交(C)/框选(BOX)/全部(ALL)/栏选(F)/圈围(WP)/圈交(CP)/编组(G)/添加(A)/删除(R)/多个(M)/上一个(P)/放弃(U)/自动(AU)/单选(SI)/子对象(SU)/对象(O)”。

上面各选项的含义如下。

☑ 点：该选项表示直接通过点取的方式选择对象。这是较常用也是系统默认的一种对象选择方法。用鼠标或键盘移动拾取框，使其框住要选取的对象，然后单击鼠标左键，就会选中该对象并高亮显示。该点的选定也可以使用键盘输入一个点坐标值来实现。当选定点后，系统将立即扫描图形，搜索并且选择穿过该点的对象。用户可以选择“工具”/“选项”命令打开“选项”对话框设置拾取框的大小。在“选项”对话框中选择“选择”选项卡，移动“拾取框大小”选项组的滑块可以调整拾取框的大小。左侧的空白区中会显示相应的拾取框的尺寸大小。

☑ 窗口(W)：用由两个对角顶点确定的矩形窗口选取位于其范围内部的所有图形，与边界相交的对象不会被选中。指定对角顶点时应该按照从左向右的顺序。在“选择对象:”提示下输入“W”，按 Enter 键，选择该选项后，输入矩形窗口的第一个对角点的位置

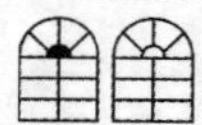

和另一个对角点的位置。指定两个对角顶点后，位于矩形窗口内部的所有图形被选中，并高亮显示，如图 4-1 所示。

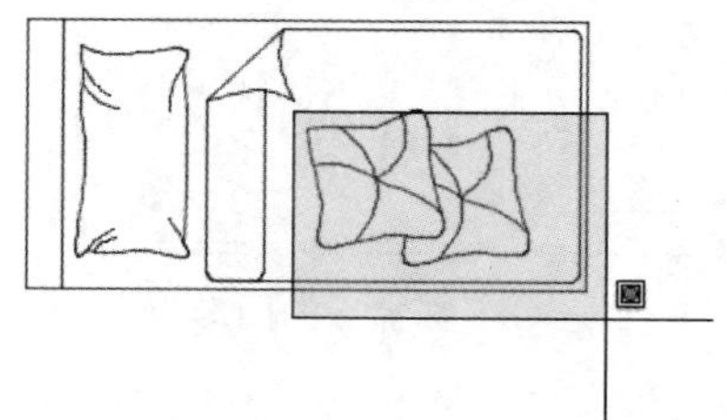

（a）图中深色覆盖部分为选择窗口

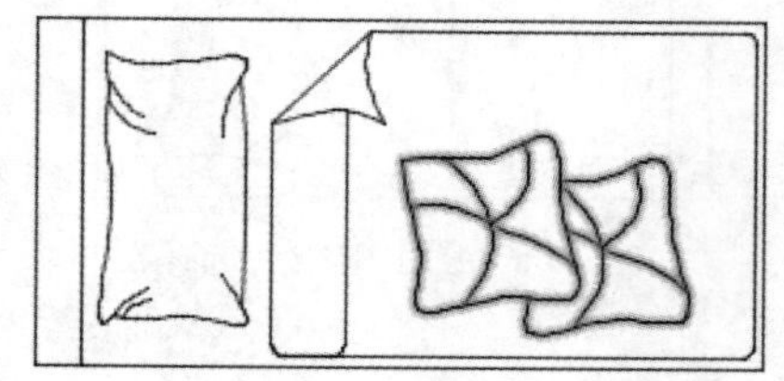

（b）选择后的图形

图 4-1　“窗口”对象选择方式

☑ 上一个(L)：在“选择对象:”提示下输入“L”后按 Enter 键，系统会自动选取最后绘出的一个对象。

☑ 窗交(C)：该方式与上述“窗口”方式类似，区别在于它不但选择矩形窗口内部的对象，也选中与矩形窗口边界相交的对象。在“选择对象:”提示下输入“C”，按 Enter 键，选择该选项后，输入矩形窗口的第一个对角点的位置和另一个对角点的位置即可。选择的对象如图 4-2 所示。

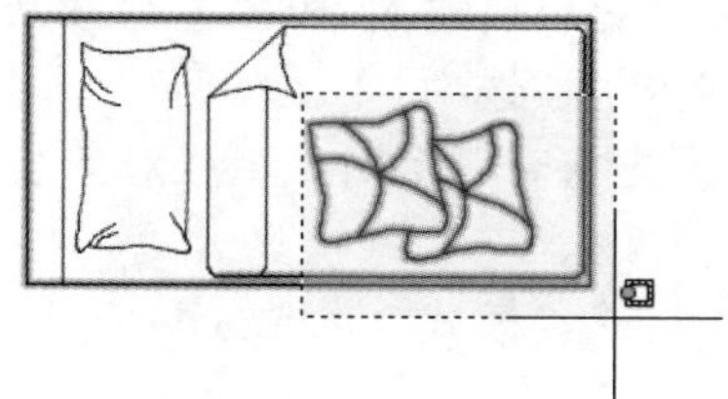

（a）图中深色覆盖部分为选择窗口

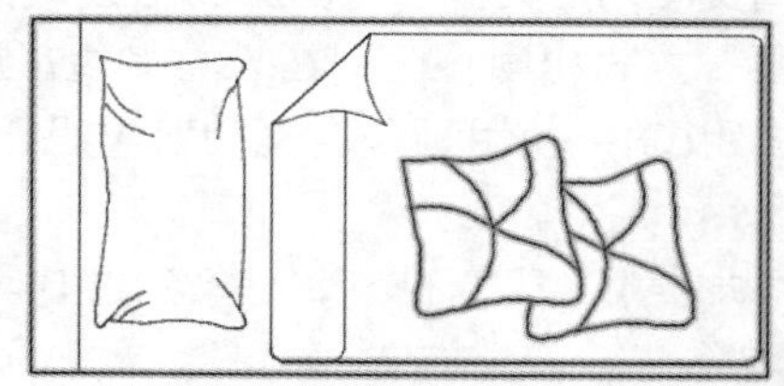

（b）选择后的图形

图 4-2　“窗交”对象选择方式

☑ 框选(BOX)：该方式没有命令缩写字。使用时，系统根据用户在屏幕上给出的两个对角点的位置自动引用“窗口”或“窗交”选择方式。若从左向右指定对角点，为“窗口”方式；反之，为“窗交”方式。

☑ 全部(ALL)：选取图面上所有对象。在“选择对象:”提示下输入“ALL”，按 Enter 键。此时，绘图区域内的所有对象均被选中。

☑ 栏选(F)：用户临时绘制一些直线，这些直线不必构成封闭图形，凡是与这些直线相交的对象均被选中。这种方式对选择相距较远的对象比较有效。交线可以穿过本身。在“选择对象:”提示下输入“F”，按 Enter 键，选择该选项后，选择指定交线的第一点、第二点和下一条交线的端点。选择完毕，按 Enter 键结束。执行结果如图 4-3 所示。

☑ 圈围(WP)：使用一个不规则的多边形来选择对象。在“选择对象:”提示下输入“WP”，选择该选项后，输入不规则多边形的第一个顶点坐标和第二个顶点坐标后按 Enter 键。根据提示，用户顺次输入构成多边形所有顶点的坐标，直到最后按 Enter 键作出空回答结束操作，系统将自动连接第一个顶点与最后一个顶点形成封闭的多边形。多边形的边不能接触或穿过本身。若输入“U”，将取消刚才定义的坐标点并且重新指定。凡是被

Note

多边形围住的对象均被选中（不包括边界）。执行结果如图 4-4 所示。

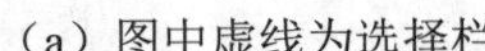
（a）图中虚线为选择栏　　　　（b）选择后的图形

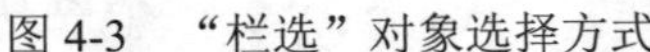
图 4-3　“栏选”对象选择方式

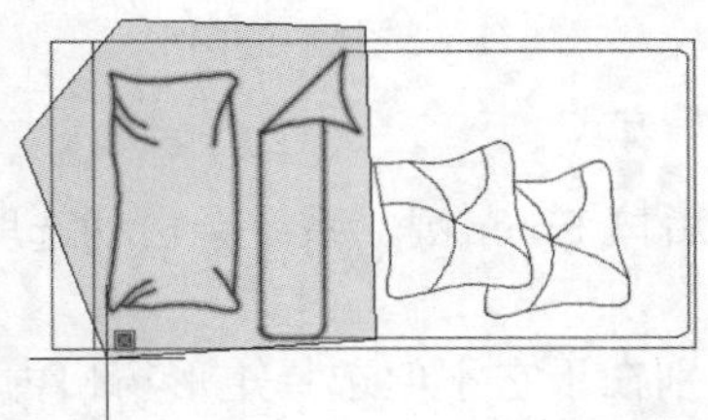

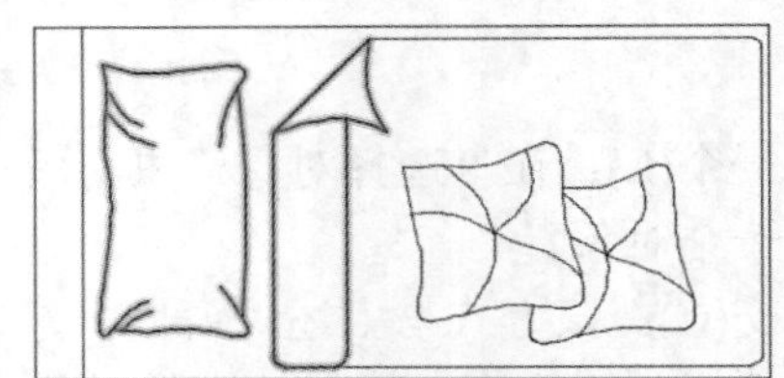

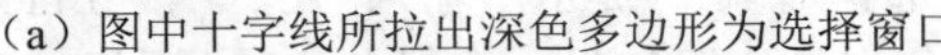
（a）图中十字线所拉出深色多边形为选择窗口　　　　（b）选择后的图形

图 4-4　“圈围”对象选择方式

☑ 圈交(CP)：类似于“圈围”方式，在“选择对象:”提示后输入“CP”，后续操作与“圈围”方式相同。区别在于与多边形边界相交的对象也被选中。

☑ 编组(G)：使用预先定义的对象组作为选择集。事先将若干个对象组成对象组，用组名引用。

☑ 添加(A)：添加下一个对象到选择集。也可用于从移走模式（Remove）到选择模式的切换。

☑ 删除(R)：按住 Shift 键选择对象，可以从当前选择集中移走该对象。对象由高亮度显示状态变为正常显示状态。

☑ 多个(M)：指定多个点，不高亮度显示对象。这种方法可以加快在复杂图形上的选择对象过程。若两个对象交叉，两次指定交叉点，则可以选中这两个对象。

☑ 上一个(P)：用关键字 P 回应“选择对象:”的提示，则把上次编辑命令中的最后一次构造的选择集或最后一次使用 SELECT（DDSELECT）命令预置的选择集作为当前选择集。这种方法适用于对同一选择集进行多种编辑操作的情况。

☑ 放弃(U)：用于取消加入选择集的对象。

☑ 自动(AU)：选择结果视用户在屏幕上的选择操作而定。如果选中单个对象，则该对象为自动选择的结果；如果选择点落在对象内部或外部的空白处，系统会提示“指定对角点”，此时，系统会采取一种窗口的选择方式。对象被选中后，变为虚线形式，并以高亮度显示。

☑ 单选(SI)：选择指定的第一个对象或对象集，而不继续提示进行下一步的选择。

☑ 子对象(SU)：使用户可以逐个选择原始形状，这些形状是复合实体的一部分或三维实体上的顶点、边和面。可以选择这些子对象的其中之一，也可以创建多个子对象的选择集。选择集可以包含多种类型的子对象。

☑ 对象(O)：结束选择子对象的功能。使用户可以使用对象选择方法。

提示：

若矩形框从左向右定义，即第一个选择的对角点为左侧的对角点，矩形框内部的对象被选中，外部的及与矩形框边界相交的对象不会被选中。若矩形框从右向左定义，矩形框内部及与矩形框边界相交的对象都会被选中。

Note

4.1.2 快速选择

有时需要选择具有某些共同属性的对象来构造选择集，如选择具有相同颜色、线型或线宽的对象，当然可以使用前面介绍的方法来选择这些对象，但如果要选择的对象数量较多且分布在较复杂的图形中，则会导致很大的工作量。AutoCAD 2016 提供了 QSELECT 命令来解决这个问题。调用 QSELECT 命令后，打开“快速选择”对话框，如图 4-5 所示，利用该对话框可以根据用户指定的过滤标准快速创建选择集。该命令主要有如下 3 种调用方法：

☑ 在命令行中输入“QSELECT”命令。

☑ 选择菜单栏中的“工具”/“快速选择”命令。

☑ 在右键快捷菜单中选择“快速选择”命令（如图 4-6 所示）或在“特性”选项板中单击“快速选择”按钮（如图 4-7 所示）。

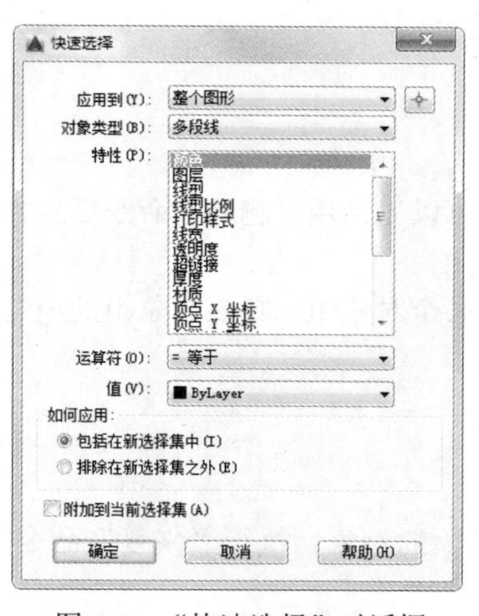

图 4-5 “快速选择”对话框

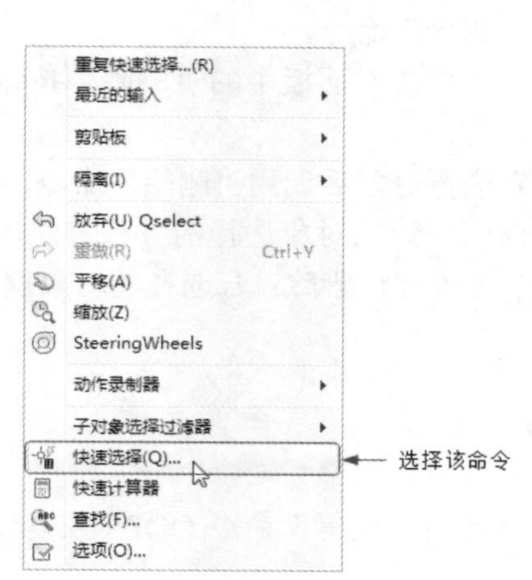

图 4-6 快捷菜单

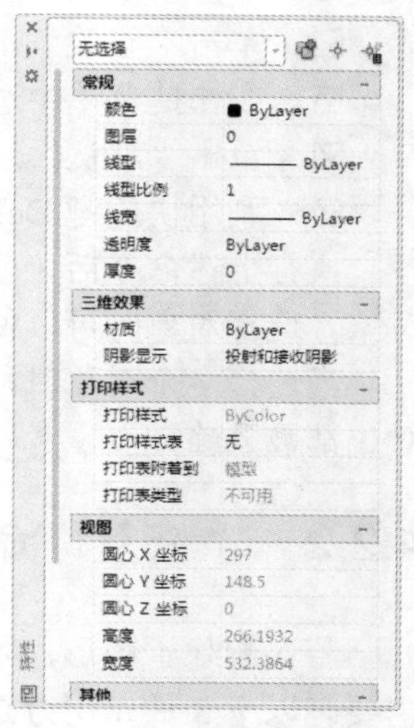

图 4-7 “特性”选项板

执行上述命令后，系统打开如图 4-5 所示的“快速选择”对话框，在该对话框中可以选择符合条件的对象或对象组。

4.1.3 构造对象组

对象组与选择集并没有本质的区别，当把若干个对象定义为选择集并想让它们在以后的操作中始终作为一个整体时，为了简捷，可以给这个选择集命名并保存起来，这个命名了的对象选择

集就是对象组，它的名字称为组名。

如果对象组可以被选择（位于锁定层上的对象组不能被选择），那么可以通过它的组名引用该对象组，并且一旦组中任何一个对象被选中，那么组中的全部对象成员都被选中。该命令的调用方法为：在命令行中输入“GROUP”命令。

执行上述命令后，系统打开“对象编组”对话框。利用该对话框可以查看或修改存在的对象组的属性，也可以创建新的对象组。

4.2 删除及恢复类命令

这一类命令主要用于删除图形的某部分或对已被删除的部分进行恢复，包括“删除”、“恢复”和“清除”等命令。

4.2.1 “删除”命令

如果所绘制的图形不符合要求或错绘了图形，则可以使用“删除”命令 ERASE 将其删除。执行“删除”命令，主要有以下 6 种调用方法：

☑ 在命令行中输入“ERASE”命令。

☑ 选择菜单栏中的“修改”/“删除”命令。

☑ 单击“修改”工具栏中的“删除”按钮。

☑ 在快捷菜单中选择“删除”命令。

☑ 单击“默认”选项卡“修改”面板中的“删除”按钮。

☑ 利用快捷键 Delete。

执行上述命令后，可以先选择对象后调用“删除”命令，也可以先调用“删除”命令后选择对象。选择对象时可以使用前面介绍的对象选择的各种方法。

当选择多个对象时，多个对象都被删除；若选择的对象属于某个对象组，则该对象组的所有对象都被删除。

4.2.2 “恢复”命令

若误删除了图形，则可以使用“恢复”命令 OOPS 恢复误删除的对象。执行“恢复”命令，主要有以下 3 种调用方法：

☑ 在命令行中输入“OOPS”或“U”命令。

☑ 单击“标准”工具栏中的“放弃”按钮或单击快速访问工具栏中的“放弃”按钮。

☑ 利用快捷键 Ctrl+Z。

4.3 复制类命令

本节将详细介绍 AutoCAD 2016 的复制类命令。利用这些复制类命令，可以方便地编辑绘制

图形。

4.3.1 “复制”命令

使用“复制”命令可以将一个或多个图形对象复制到指定位置，也可以将图形对象进行一次或多次复制操作。执行“复制”命令，主要有以下 5 种调用方法：

☑ 在命令行中输入“COPY”命令。

☑ 选择菜单栏中的“修改”/“复制”命令。

☑ 单击“修改”工具栏中的“复制”按钮。

☑ 选择快捷菜单中的“复制选择”命令。

☑ 单击“默认”选项卡“修改”面板中的“复制”按钮。

执行上述命令，将提示选择要复制的对象。按 Enter 键结束选择操作。在命令行提示“指定基点或[位移(D)/模式(O)]<位移>:”后指定基点或位移。使用“复制”命令时，命令行提示中各选项的含义如下。

☑ 指定基点：指定一个坐标点后，AutoCAD 2016 把该点作为复制对象的基点，并提示指定第二个点。指定第二个点后，系统将根据这两点确定的位移矢量把选择的对象复制到第二点处。如果此时直接按 Enter 键，即选择默认的“用第一点作位移”，则第一个点被当作相对于 X、Y、Z 的位移。例如，如果指定基点为“2,3”，并在下一个提示下按 Enter 键，则该对象从它当前的位置开始在 X 方向上移动 2 个单位，在 Y 方向上移动 3 个单位。复制完成后，根据提示指定第二个点或输入选项。这时，可以不断指定新的第二点，从而实现多重复制。

☑ 位移：直接输入位移值，表示以选择对象时的拾取点为基准，以拾取点坐标为移动方向纵横比移动指定位移后确定的点为基点。例如，选择对象时拾取点坐标为（2,3），输入位移为 5，则表示以（2,3）点为基准，沿纵横比为 3:2 的方向移动 5 个单位所确定的点为基点。

☑ 模式：控制是否自动重复该命令。选择该选项后，系统提示输入复制模式选项，可以设置复制模式是单个或多个。

4.3.2 实战——洗菜盆

本例利用“多段线”命令绘制洗菜盆的外轮廓，然后利用“复制”命令绘制相同的部分，最后利用“直线”和“圆”命令绘制水龙头形状。绘制流程如图 4-8 所示。

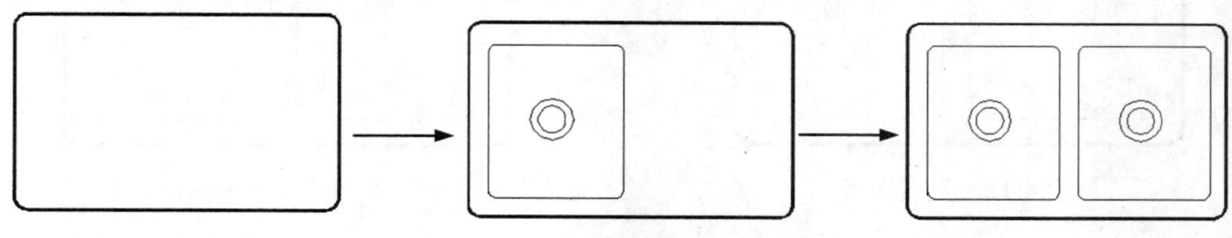

图 4-8 绘制洗菜盆流程图

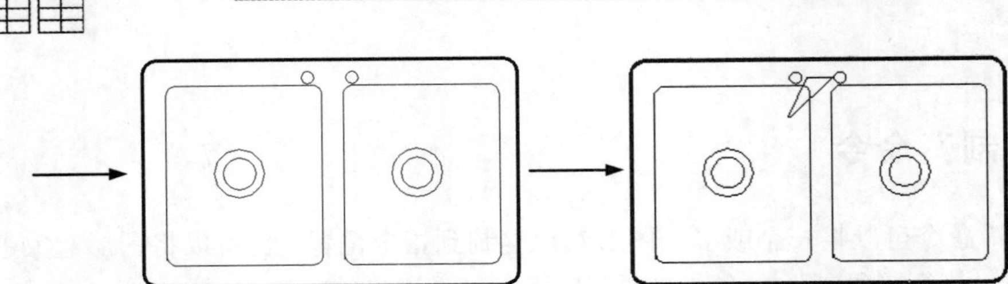

图 4-8　绘制洗菜盆流程图（续）

操作步骤如下：（　：光盘\配套视频\第 4 章\洗菜盆.avi）

（1）单击“默认”选项卡“绘图”面板中的“矩形”按钮，指定宽度为 5、半径为 20。在图形适当位置绘制如图 4-9 所示的图形。

（2）单击“默认”选项卡“绘图”面板中的“矩形”按钮，指定半径为 10，在第（1）步图形内绘制连续多段线，如图 4-10 所示。

（3）单击“默认”选项卡“绘图”面板中的“圆”按钮，在第（2）步绘制多段线内绘制两个同心圆，如图 4-11 所示。

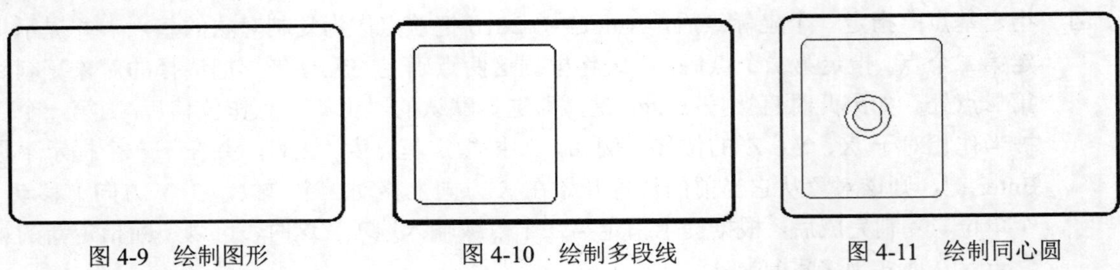

图 4-9　绘制图形　　图 4-10　绘制多段线　　图 4-11　绘制同心圆

（4）单击“默认”选项卡“修改”面板中的“复制”按钮，选择第（3）步绘制图形为复制对象向右侧进行复制。

① 在命令行提示“选择对象:”后选取内部图形。

② 在命令行提示“指定基点或[位移(D)/模式(O)] <位移>:”后选取图形上任意一点。

③ 在命令行提示“指定第二个点或[阵列(A)] <使用第一个点作为位移>:”后指定合适位置。结果如图 4-12 所示。

（5）单击“默认”选项卡“绘图”面板中的“圆”按钮，在所绘图形适当位置绘制一个半径为 13 的圆，如图 4-13 所示。

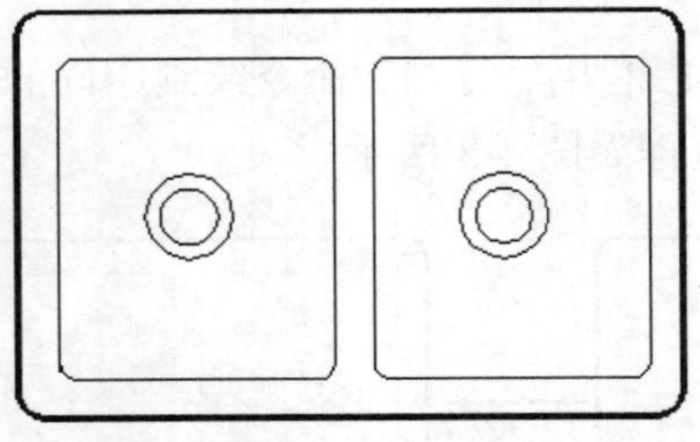

图 4-12　复制图形

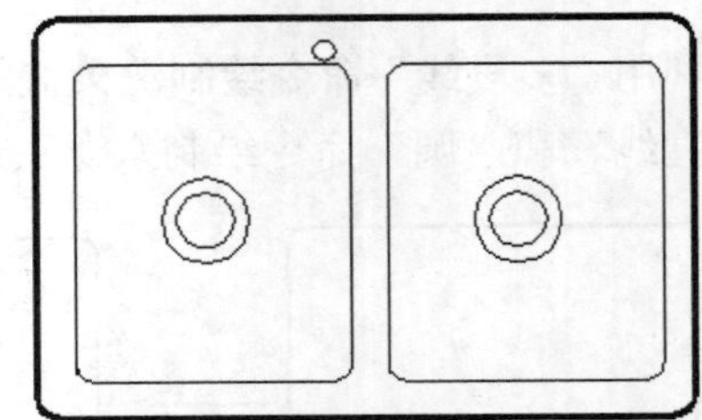

图 4-13　绘制圆

（6）单击“默认”选项卡“修改”面板中的“复制”按钮，选择绘制的圆为复制对象向右侧进行复制，如图 4-14 所示。

（7）单击“默认”选项卡“绘图”面板中的“直线”按钮╱，在绘制的圆之间绘制连续直线，完成洗菜盆的绘制，如图 4-15 所示。

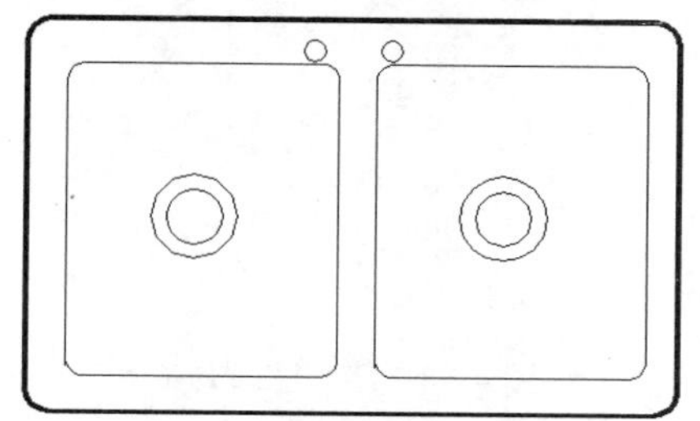

图 4-14　复制圆

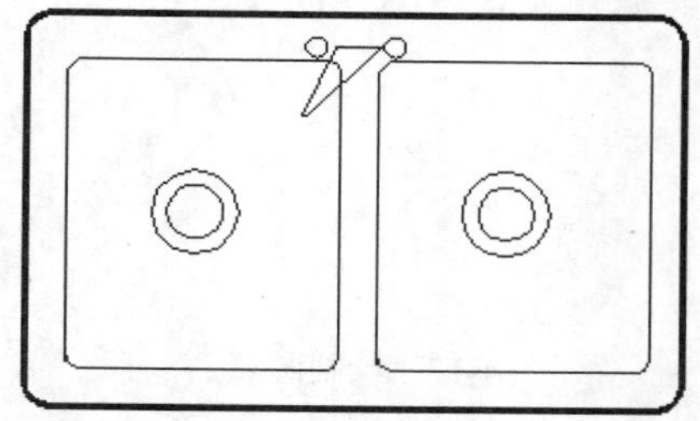

图 4-15　绘制连续直线

Note

4.3.3　“镜像”命令

镜像对象是指把选择的对象以一条镜像线为对称轴进行镜像。镜像操作完成后，可以保留源对象也可以将其删除。执行“镜像”命令，主要有如下 4 种调用方法：

☑　在命令行中输入“MIRROR”命令。

☑　选择菜单栏中的“修改”/“镜像”命令。

☑　单击“修改”工具栏中的“镜像”按钮。

☑　单击“默认”选项卡“修改”面板中的“镜像”按钮。

执行上述命令后，系统提示选择要镜像的对象，并指定镜像线的第一个点和第二个点，并确定是否删除源对象。这两点确定一条镜像线，被选择的对象以该线为对称轴进行镜像。包含该线的镜像平面与用户坐标系统的 XY 平面垂直，即镜像操作工作在与用户坐标系统的 XY 平面平行的平面上。

4.3.4　实战——办公椅

首先绘制椅背曲线，然后绘制扶手和边沿，最后通过“镜像”命令将左侧的图形进行镜像。绘制流程如图 4-16 所示。

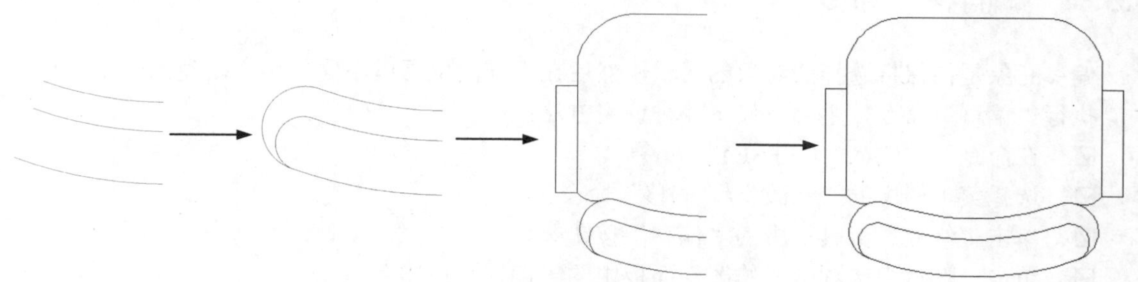

图 4-16　绘制办公椅流程图

操作步骤如下：（：光盘\配套视频\第 4 章\办公椅.avi）

（1）单击“默认”选项卡“绘图”面板中的“圆弧”按钮，绘制 3 条圆弧，采用“三点圆弧”的绘制方式，使 3 条圆弧形状相似，右端点大约在一条竖直线上，如图 4-17 所示。

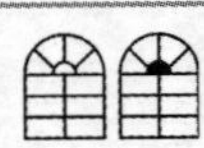

（2）单击“默认”选项卡“绘图”面板中的“圆弧”按钮，绘制两条圆弧，采用“起点/端点/圆心”的绘制方式，起点和端点分别捕捉为刚绘制圆弧的左端点，圆心适当选取，使造型尽量光滑过渡，如图 4-18 所示。

Note

图 4-17　绘制圆弧

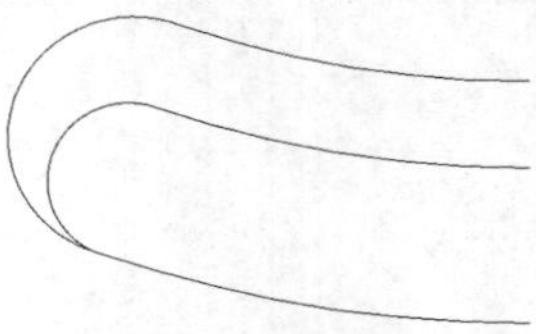

图 4-18　绘制圆弧角

（3）利用“矩形”“圆弧”“直线”等命令绘制扶手和外沿轮廓，如图 4-19 所示。

（4）单击“默认”选项卡“修改”面板中的“镜像”按钮，镜像所有图形。

① 在命令行提示“选择对象:”后选取绘制的所有图形。

② 在命令行提示“选择对象:”后按 Enter 键。

③ 在命令行提示“指定镜像线的第一点:”后捕捉最右边的点。

④ 在命令行提示“指定镜像线的第二点:”后在竖直方向上指定一点。

⑤ 在命令行提示“要删除源对象吗？[是(Y)/否(N)] <N>:”后按 Enter 键。

绘制结果如图 4-20 所示。

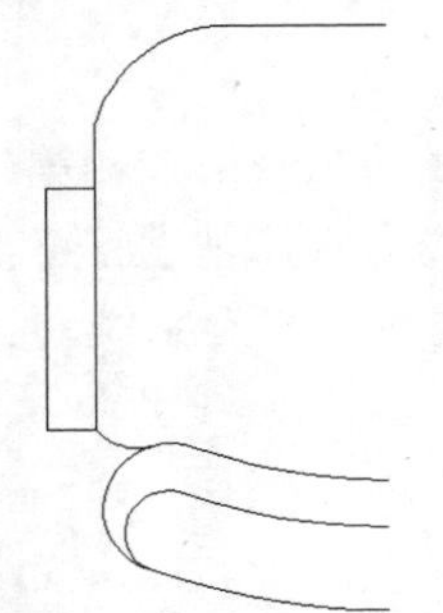

图 4-19　绘制扶手和外沿轮廓

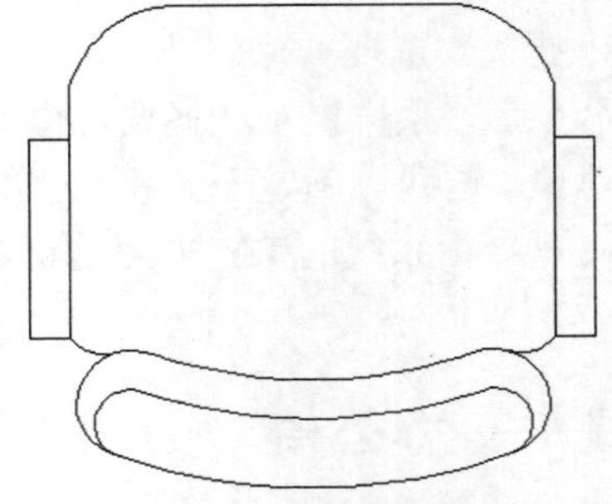

图 4-20　镜像图形

4.3.5　“偏移”命令

偏移对象是指保持选择的对象的形状，然后在不同的位置以不同的尺寸新建的一个对象。

执行“偏移”命令，主要有如下 4 种调用方法：

☑　在命令行中输入“OFFSET”命令。

☑　选择菜单栏中的“修改”/“偏移”命令。

☑　单击“修改”工具栏中的“偏移”按钮。

☑　单击“默认”选项卡“修改”面板中的“偏移”按钮。

执行上述命令后，将提示指定偏移距离或选择选项，选择要偏移的对象并指定偏移方向。使用“偏移”命令绘制构造线时，命令行提示中各选项的含义如下。

☑　指定偏移距离：输入一个距离值，或按 Enter 键使用当前的距离值，系统把该距离值作为偏移距离，如图 4-21 所示。

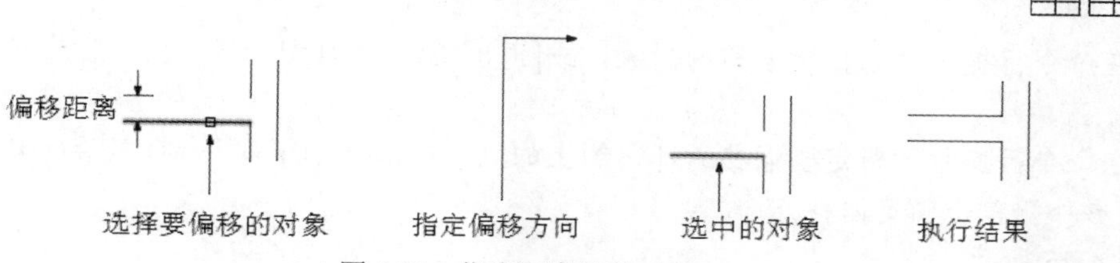

图 4-21　指定距离偏移对象

☑ 通过(T)：指定偏移的通过点。选择该选项后选择要偏移的对象后按 Enter 键，并指定偏移对象的一个通过点。操作完毕后系统根据指定的通过点绘出偏移对象，如图 4-22 所示。

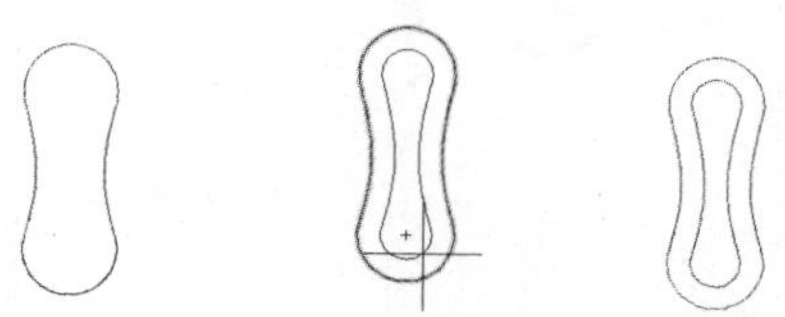

要偏移的对象　指定通过点　执行结果

图 4-22　指定通过点偏移对象

☑ 删除(E)：偏移后，将源对象删除。

☑ 图层：确定将偏移对象创建在当前图层上还是源对象所在的图层上。选择该选项后输入偏移对象的图层选项，操作完毕后系统根据指定的图层绘出偏移对象。

4.3.6　实战——浴缸

首先绘制浴缸大体轮廓，然后通过“偏移”命令绘制外部轮廓，最后通过“直线”、“圆弧”和“椭圆”命令绘制内部结构。绘制流程如图 4-23 所示。

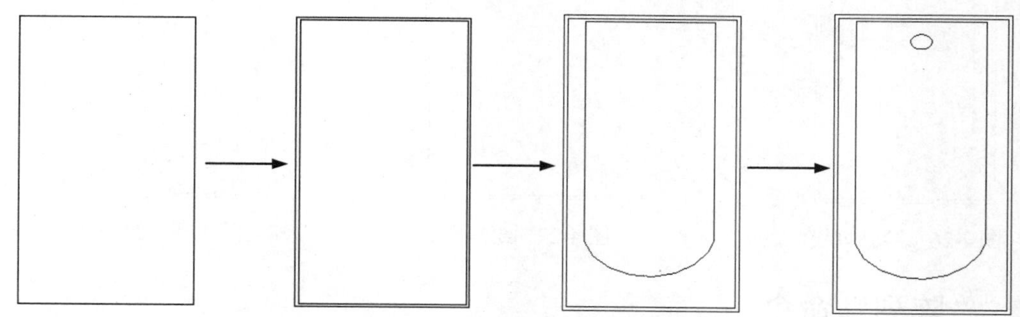

图 4-23　绘制浴缸流程图

操作步骤如下：（：光盘\配套视频\第 4 章\浴缸.avi）

（1）单击“默认”选项卡“绘图”面板中的“矩形”按钮，在图形适当位置绘制一个 700×1200 的矩形，如图 4-24 所示。

（2）单击“默认”选项卡“修改”面板中的“偏移”按钮，选择第（1）步绘制的矩形为偏移对象向内进行偏移。

① 在命令行提示“指定偏移距离或[通过(T)/删除(E)/图层(L)] <通过>:”后输入“19”。

Note

② 在命令行提示“选择要偏移的对象，或[退出(E)/放弃(U)] <退出>:”后选取第（1）步绘制的矩形。

③ 在命令行提示“指定要偏移的那一侧上的点，或[退出(E)/多个(M)/放弃(U)] <退出>:”后鼠标在矩形外侧单击确定偏移方向。

如图 4-25 所示。

图 4-24　绘制矩形

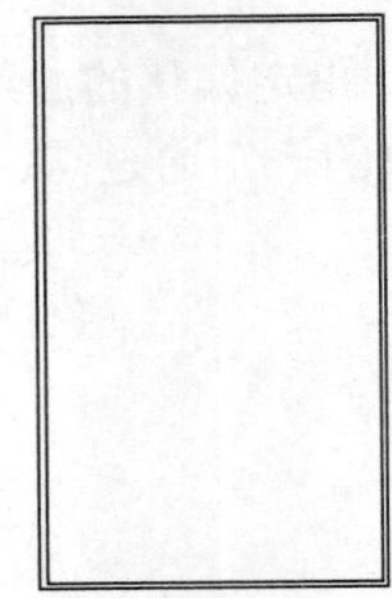

图 4-25　偏移矩形

（3）单击“默认”选项卡“绘图”面板中的“直线”按钮，在第（2）步图形内绘制连续直线，如图 4-26 所示。

（4）单击“默认”选项卡“绘图”面板中的“圆弧”按钮，连接第（3）步绘制的多段线下部两端点，绘制适当半径的圆弧，如图 4-27 所示。

（5）单击“默认”选项卡“绘图”面板中的“椭圆”按钮，在第（4）步图形顶部位置绘制一个适当半径的椭圆，完成浴缸图形的绘制，如图 4-28 所示。

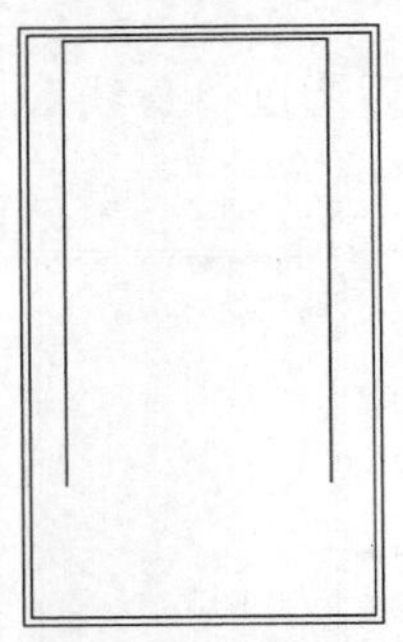

图 4-26　绘制直线

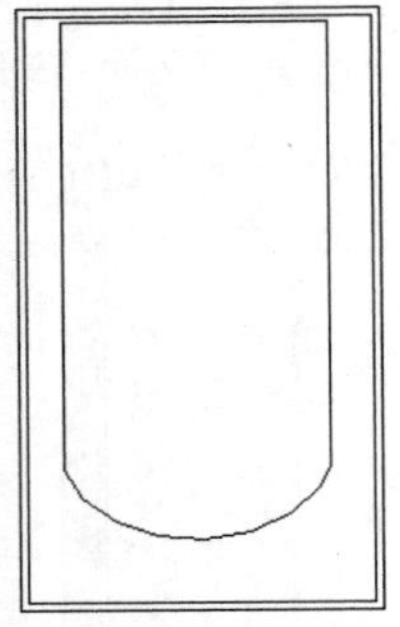

图 4-27　绘制圆弧

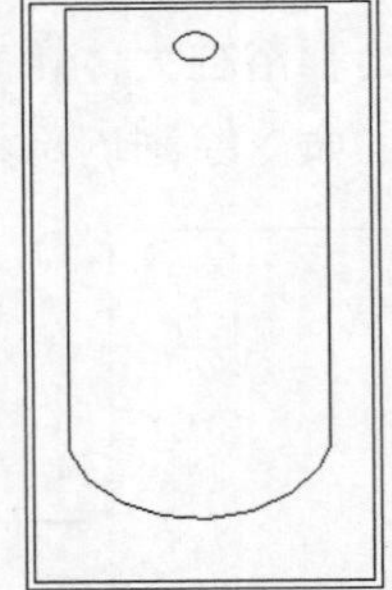

图 4-28　绘制椭圆

4.3.7　“阵列”命令

阵列是指多重复制选择对象并把这些副本按矩形或环形排列。把副本按矩形排列称为建立矩形阵列，把副本按环形排列称为建立极阵列。建立极阵列时，应该控制复制对象的次数和对象是否被旋转；建立矩形阵列时，应该控制行和列的数量以及对象副本之间的距离。

使用“阵列”命令可以一次将选择的对象复制多个并按一定规律进行排列。“阵列”命令主要有如下 4 种调用方法：

☑ 在命令行中输入“ARRAY”命令。

☑ 选择菜单栏中的“修改”/“阵列”命令。

☑ 单击“修改”工具栏中的“阵列”按钮。

☑ 单击“默认”选项卡“修改”面板中的“矩形阵列”按钮/“路径阵列”按钮/“环形阵列”按钮。

执行“阵列”命令后，根据系统提示选择对象，按 Enter 键结束选择后输入阵列类型。在命令行提示下选择路径曲线或输入行列数。在执行“阵列”命令的过程中，命令行提示中各主要选项的含义如下。

☑ 方向(O)：控制选定对象是否将相对于路径的起始方向重定向（旋转），然后再移动到路径的起点。

☑ 表达式(E)：使用数学公式或方程式获取值。

☑ 基点(B)：指定阵列的基点。

☑ 关键点(K)：对于关联阵列，在源对象上指定有效的约束点（或关键点）以用作基点。如果编辑生成的阵列的源对象，阵列的基点保持与源对象的关键点重合。

☑ 定数等分(D)：沿整个路径长度平均定数等分项目。

☑ 全部(T)：指定第一个和最后一个项目之间的总距离。

☑ 关联(AS)：指定是否在阵列中创建项目作为关联阵列对象，或作为独立对象。

☑ 项目(I)：编辑阵列中的项目数。

☑ 行数(R)：指定阵列中的行数和行间距，以及它们之间的增量标高。

☑ 层级(L)：指定阵列中的层数和层间距。

☑ 对齐项目(A)：指定是否对齐每个项目以与路径的方向相切。对齐相对于第一个项目的方向。

☑ Z 方向(Z)：控制是否保持项目的原始 Z 方向或沿三维路径自然倾斜项目。

☑ 退出(X)：退出命令。

4.3.8　实战——八人餐桌椅

首先利用“圆”命令绘制餐桌，然后利用绘图命令绘制椅子，最后通过“环形阵列”命令布置椅子。绘制流程如图 4-29 所示。

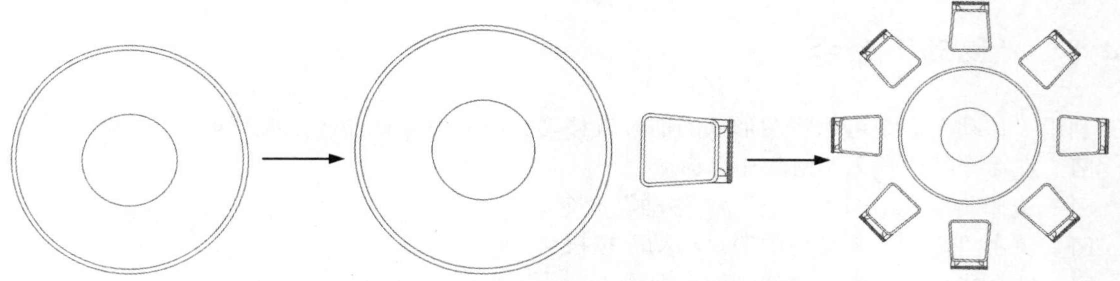

图 4-29　绘制八人餐桌椅流程图

操作步骤如下：（：光盘\配套视频\第 4 章\八人餐桌椅.avi）

（1）单击“默认”选项卡“绘图”面板中的“圆”按钮，在图中适当位置绘制直径分别

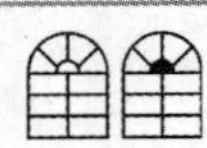

Note

为 1500、1440 和 600 的同心圆，如图 4-30 所示。

（2）利用“直线”和“圆弧”等命令在右侧绘制如图 4-31 所示的椅子，也可以直接从源文件中复制。

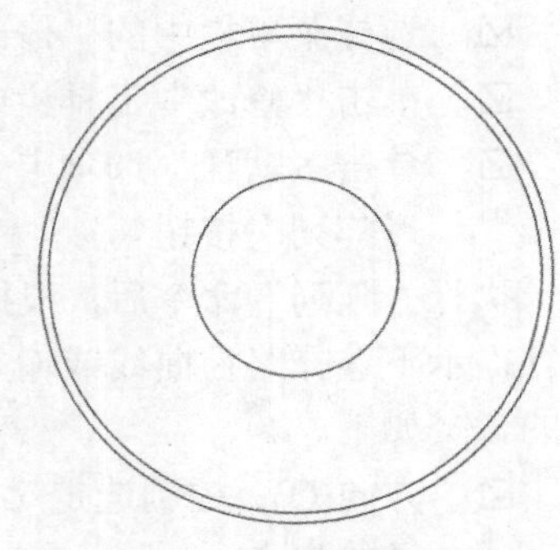

图 4-30 绘制圆

（3）单击“默认”选项卡“修改”面板中的“环形阵列”按钮，将第（2）步绘制的椅子进行环形阵列。

① 在命令行提示“选择对象:”后框选左侧的椅子。

② 在命令行提示“指定阵列的中心点或[基点(B)/旋转轴(A)]:”后捕捉圆心。

③ 在命令行提示“选择夹点以编辑阵列或[关联(AS)/基点(B)/项目(I)/项目间角度(A)/填充角度(F)/行(ROW)/层(L)/旋转项目(ROT)/退出(X)] <退出>:”后输入“I”。

④ 在命令行提示“输入阵列中的项目数或[表达式(E)] <6>:”后输入“8”。

结果如图 4-32 所示。

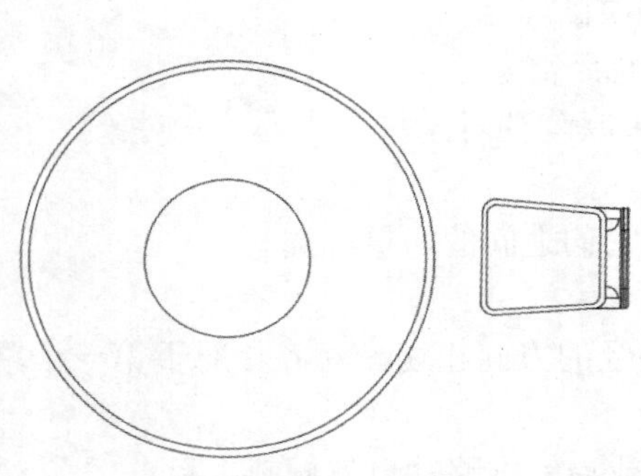

图 4-31 绘制椅子

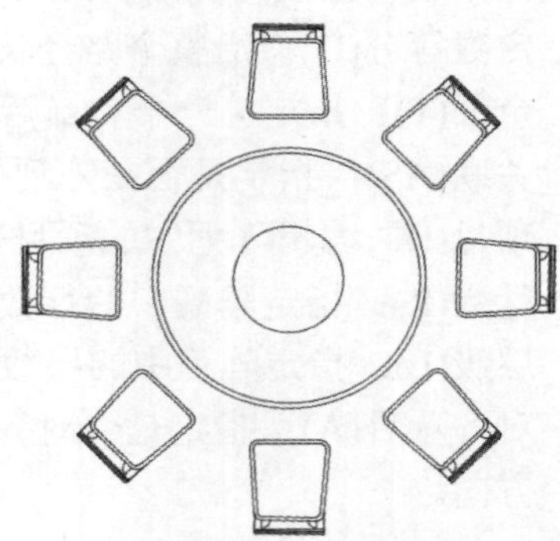

图 4-32 阵列椅子

4.4 改变位置类命令

这一类编辑命令的功能是按照指定要求改变当前图形或图形的某部分的位置，主要包括“移动”、“旋转”和“缩放”等命令。

4.4.1 “移动”命令

利用“移动”命令可以将图形从当前位置移动到新位置。该命令主要有如下 5 种调用方法：

☑ 在命令行中输入“MOVE”命令。

☑ 选择菜单栏中的“修改”/“移动”命令。

☑ 单击“修改”工具栏中的“移动”按钮。

☑ 选择快捷菜单中的“移动”命令。

☑ 单击“默认”选项卡“修改”面板中的“移动”按钮。

执行上述命令后，根据系统提示选择对象，按 Enter 键结束选择。在命令行提示下指定基点或移至点，并指定第二个点或位移量。各选项功能与 COPY 命令相关选项功能相同。所不同的

Note

是对象被移动后，原位置处的对象消失。

4.4.2　实战——单扇平开门

首先利用“直线”命令绘制门框，然后利用“矩形”命令绘制门，再利用“移动”命令将门移动到门框处，最后绘制圆弧。绘制流程如图 4-33 所示。

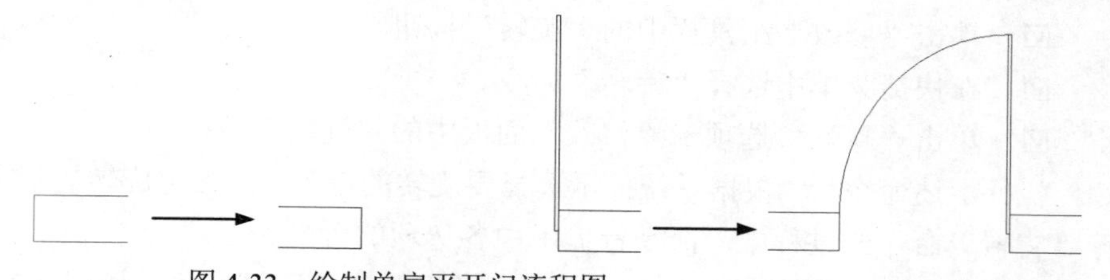

图 4-33　绘制单扇平开门流程图

操作步骤如下：（：光盘\配套视频\第 4 章\单扇平开门.avi）

（1）单击“默认”选项卡“绘图”面板中的“直线”按钮，绘制门框，如图 4-34 所示。

图 4-34　绘制门框

（2）单击“默认”选项卡“绘图”面板中的“矩形”按钮，以角点（340,25）和（335,290）绘制门。

（3）单击“默认”选项卡“修改”面板中的“移动”按钮，将刚绘制的矩形移动到右门框中点处。

① 在命令行提示“选择对象:”后选取第（3）步绘制的矩形。

② 在命令行提示“指定基点或[位移(D)] <位移>:”后选取矩形右下端点。

③ 在命令行提示“指定第二个点或<使用第一个点作为位移>:”后选取右门框的中点。

结果如图 4-35 所示。

（4）单击“默认”选项卡“绘图”面板中的“圆弧”按钮，指定圆弧的起点坐标为（335,290），输入端点坐标为（100,50），绘制圆心坐标为（340,50）的圆弧。

（5）单击“默认”选项卡“修改”面板中的“移动”按钮，将刚绘制的圆弧移动门框处，如图 4-36 所示。

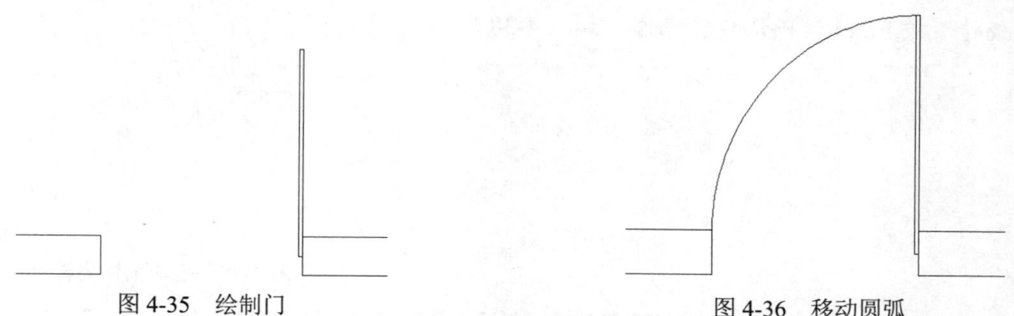

图 4-35　绘制门　　　　图 4-36　移动圆弧

4.4.3 “旋转”命令

Note

利用“旋转”命令可以将图形围绕指定的点进行旋转。该命令主要有如下 5 种调用方法：

☑ 在命令行中输入“ROTATE”命令。

☑ 选择菜单栏中的“修改”/“旋转”命令。

☑ 单击“修改”工具栏中的“旋转”按钮。

☑ 在快捷菜单中选择“旋转”命令。

☑ 单击“默认”选项卡“修改”面板中的“旋转”按钮。

执行上述命令后，根据系统提示选择要旋转的对象，并指定旋转的基点和旋转的角度。在执行“旋转”命令的过程中，命令行提示中各选项的含义如下。

☑ 复制(C)：选择该选项，旋转对象的同时，保留原对象，如图 4-37 所示。

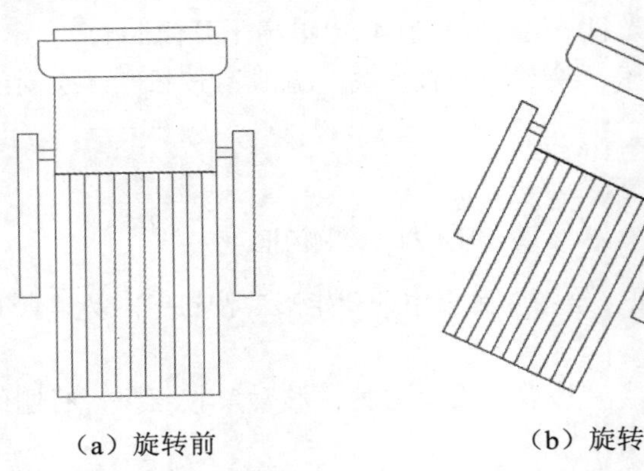

（a）旋转前　　（b）旋转后

图 4-37　复制旋转

☑ 参照(R)：采用参考方式旋转对象时，根据系统提示指定要参考的角度和旋转后的角度值，操作完毕后，对象被旋转至指定的角度位置。

提示：

可以用拖动鼠标的方法旋转对象。选择对象并指定基点后，从基点到当前光标位置会出现一条连线，鼠标选择的对象会动态地随着该连线与水平方向的夹角的变化而旋转，按 Enter 键确认旋转操作，如图 4-38 所示。

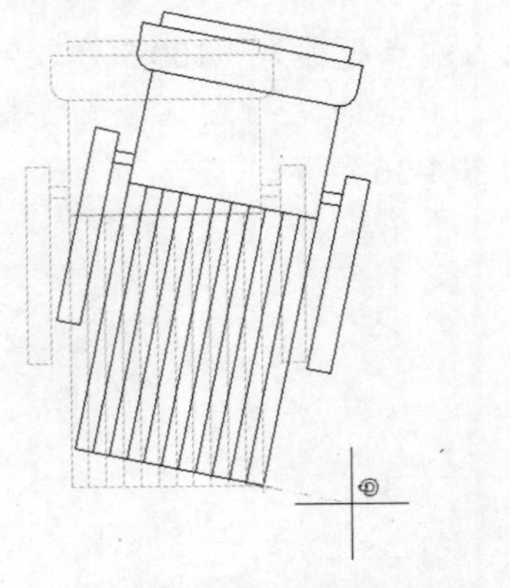

图 4-38　拖动鼠标旋转对象

4.4.4　实战——四人桌椅

首先绘制桌子，然后绘制椅子，最后利用“旋转”和“复制”命令布置椅子。绘制流程如图 4-39 所示。

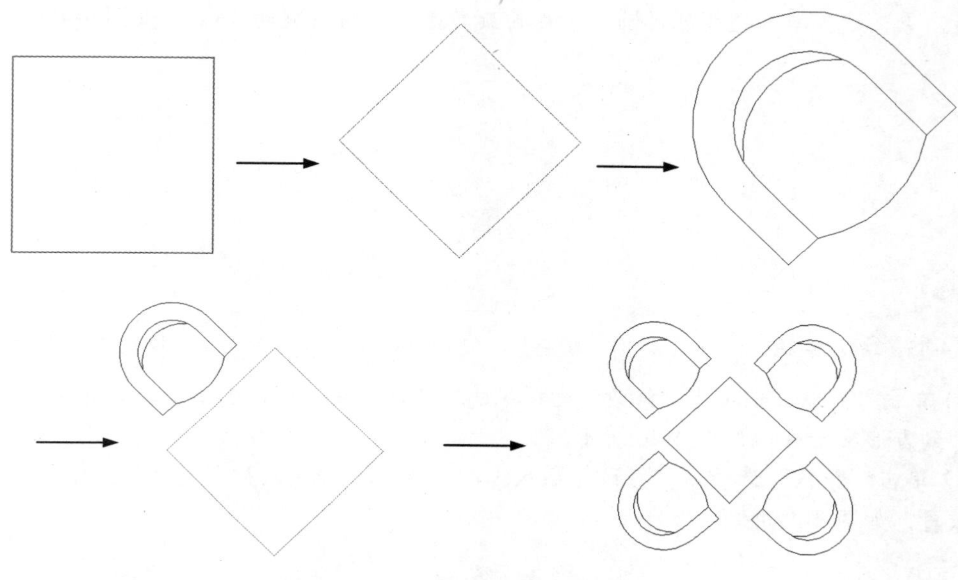

图 4-39　绘制四人桌椅流程图

操作步骤如下：（光盘\配套视频\第 4 章\四人桌椅.avi）

（1）单击“默认”选项卡“绘图”面板中的“矩形”按钮，在图形适当位置绘制一个 500×500 的矩形，如图 4-40 所示。

（2）单击“默认”选项卡“修改”面板中的“旋转”按钮，旋转矩形。

① 在命令行提示“选择对象:”后选取第（1）步绘制的矩形。

② 在命令行提示“指定基点:”后选取矩形下部水平边左端点。

③ 在命令行提示“指定旋转角度，或[复制(C)/参照(R)] <0>:”后输入“45”。

结果如图 4-41 所示。

（3）单击“默认”选项卡“绘图”面板中的“多段线”按钮，在绘图区域适当位置绘制连续多段线，如图 4-42 所示。

图 4-40　绘制矩形

图 4-41　旋转矩形

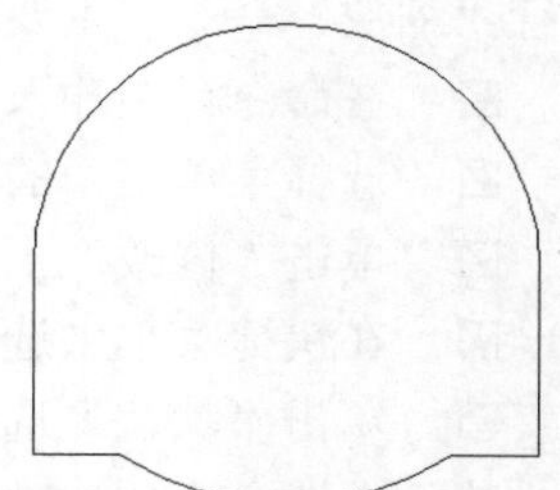

图 4-42　绘制多段线

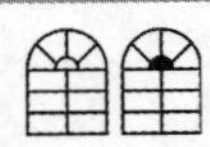

（4）单击“默认”选项卡“绘图”面板中的“多段线”按钮，在第（3）步绘制图形内继续绘制连续多段线，如图 4-43 所示。

（5）单击“默认”选项卡“绘图”面板中的“圆弧”按钮，在第（4）步绘制的多段线内绘制一段适当半径的圆弧，如图 4-44 所示。

Note

（6）单击“默认”选项卡“修改”面板中的“旋转”按钮，选择定义为块的单人座椅图形为旋转对象，选择单人座椅底部圆弧中点为旋转基点，将其旋转 45°，如图 4-45 所示。

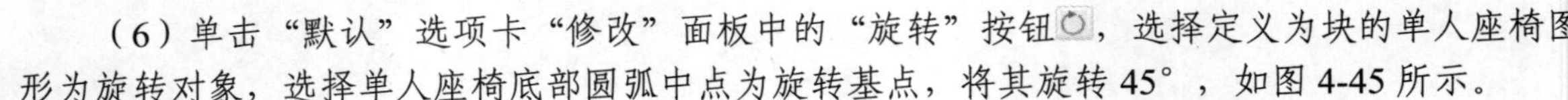

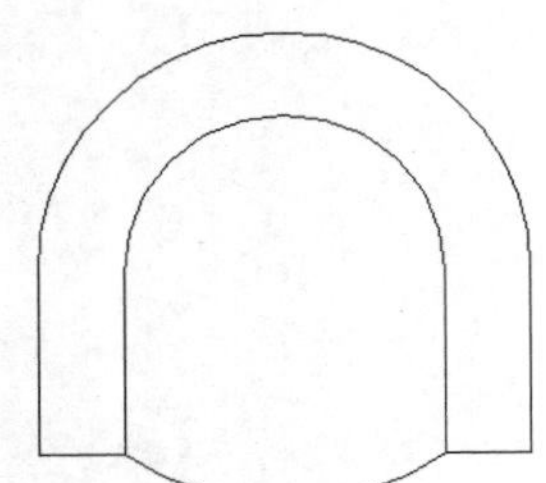

图 4-43　绘制多段线

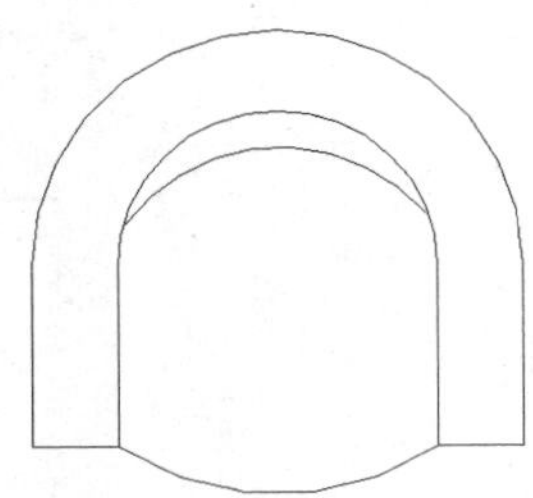

图 4-44　绘制圆弧

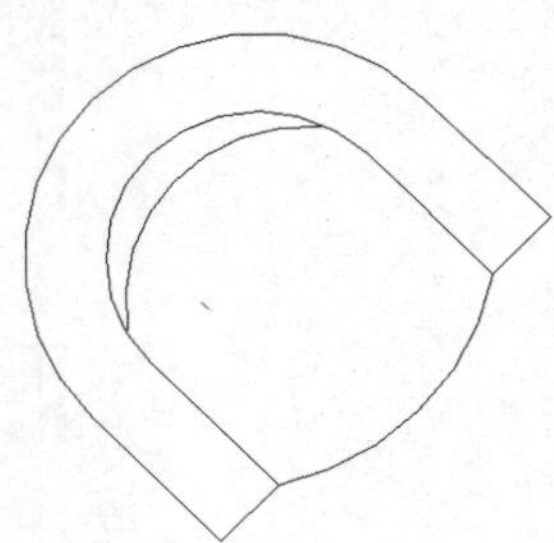

图 4-45　旋转椅子

（7）单击“默认”选项卡“修改”面板中的“移动”按钮，选择旋转后的椅子进行移动，将其移动到方形桌子处，如图 4-46 所示。

（8）单击“默认”选项卡“修改”面板中的“复制”按钮和“旋转”按钮，完成四人桌椅的放置，如图 4-47 所示。

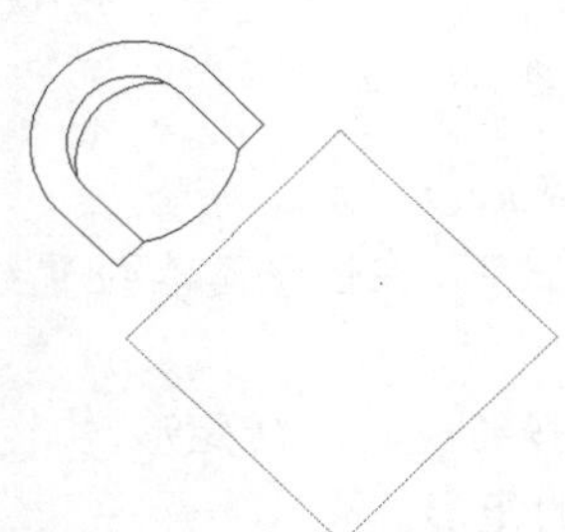

图 4-46　移动椅子

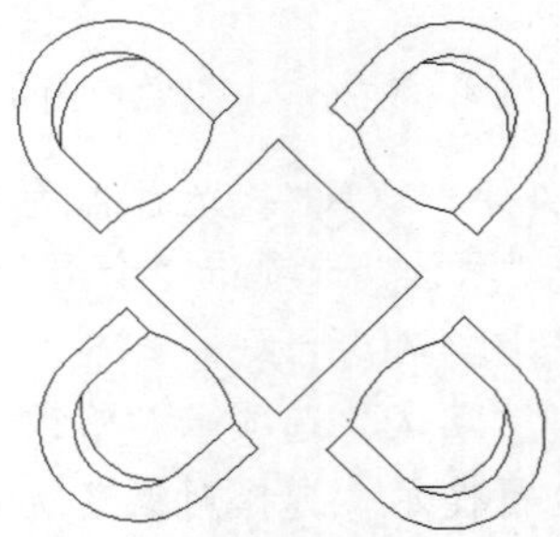

图 4-47　四人椅子

4.4.5　“缩放”命令

使用“缩放”命令可以改变实体的尺寸大小，在执行缩放的过程中，用户需要指定缩放比例。执行“缩放”命令，主要有以下 5 种调用方法：

☑　在命令行中输入“SCALE”命令。

☑　选择菜单栏中的“修改”/“缩放”命令。

☑　单击“修改”工具栏中的“缩放”按钮。

☑　在快捷菜单中选择“缩放”命令。

☑　单击“默认”选项卡“修改”面板中的“缩放”按钮。

执行上述命令后，根据系统提示选择要缩放的对象，指定缩放操作的基点，指定比例因子或选项。在执行“缩放”命令的过程中，命令行提示中各主要选项的含义如下。

- ☑ 参照(R)：采用参考方向缩放对象时，根据系统提示输入参考长度值并指定新长度值。若新长度值大于参考长度值，则放大对象；否则，缩小对象。操作完毕后，系统以指定的基点按指定的比例因子缩放对象。如果选择“点(P)”选项，则指定两点来定义新的长度。
- ☑ 指定比例因子：选择对象并指定基点后，从基点到当前光标位置会出现一条线段，线段的长度即为比例大小。鼠标选择的对象会动态地随着该连线长度的变化而缩放，按 Enter 键，确认缩放操作。
- ☑ 复制(C)：选择“复制(C)”选项时，可以复制缩放对象，即缩放对象时，保留源对象，如图 4-48 所示。

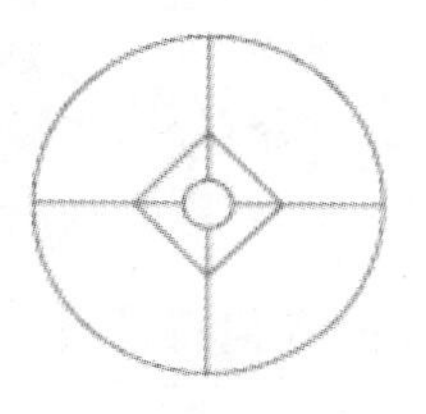

（a）缩放前

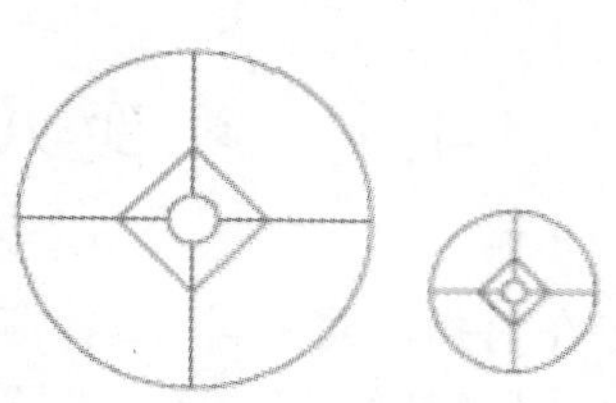

（b）缩放后

图 4-48　复制缩放

4.4.6　实战——字母门

首先绘制双扇平开门，然后利用“缩放”命令分别缩放左右门扇。绘制流程如图 4-49 所示。

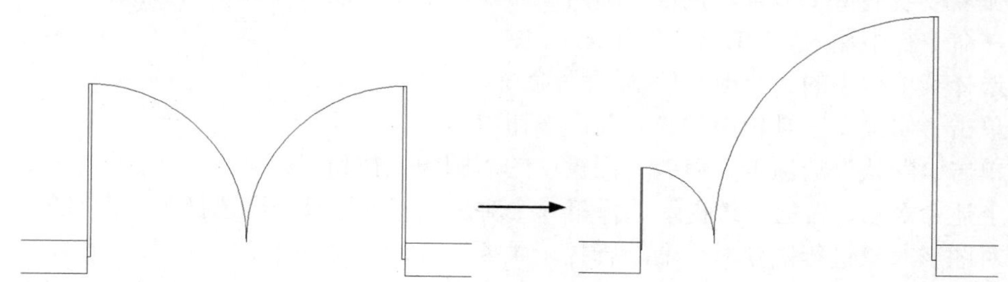

图 4-49　绘制字母门流程图

操作步骤如下：（：光盘\配套视频\第 4 章\字母门.avi）

（1）参考 4.4.2 节，利用所学知识绘制双扇平开门，如图 4-50 所示。

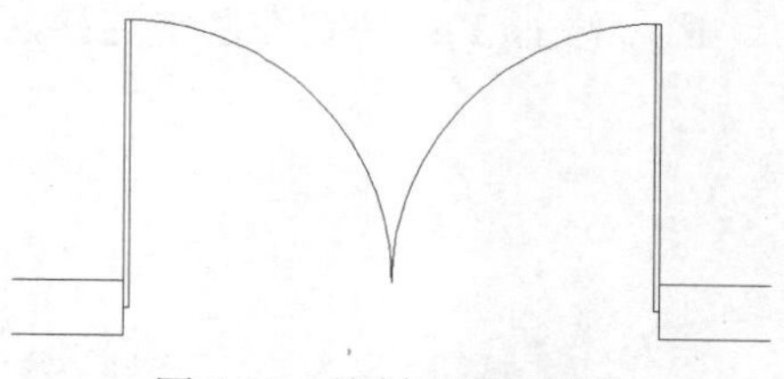

图 4-50　绘制双扇平开门

（2）单击“默认”选项卡“修改”面板中的“缩放”按钮，将左边门扇缩放 0.5 倍。

① 在命令行提示“选择对象:”后框选左边门扇。

② 在命令行提示“指定基点:”后指定左墙体右上端点。

③ 在命令行提示“指定比例因子或[复制(C)/参照(R)]:”后输入“0.5”。

结果如图 4-51 所示。

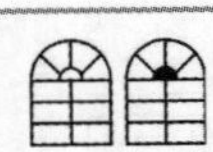

Note

（3）重复“缩放”命令，将右边门扇缩放 1.5 倍，结果如图 4-52 所示。

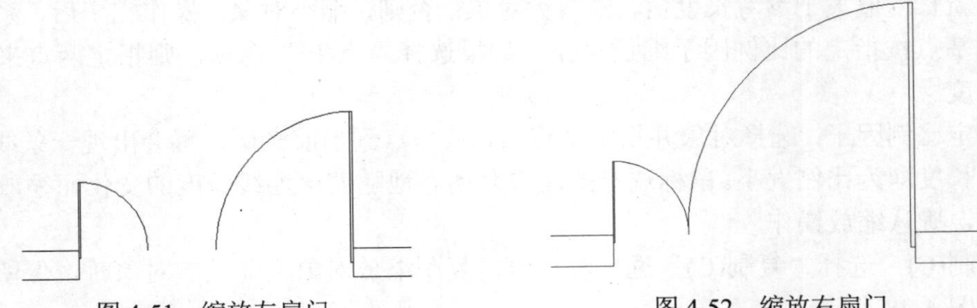

图 4-51 缩放左扇门　　　　图 4-52 缩放右扇门

4.5 改变几何特性类命令

这一类编辑命令在对指定对象进行编辑后，使编辑对象的几何特性发生改变，包括“倒角”“圆角”“打断”“修剪”“延伸”“拉长”“拉伸”等命令。

4.5.1 “圆角”命令

圆角是指用指定半径决定的一段平滑圆弧连接两个对象。系统规定可以圆角连接一对直线段、非圆弧的多段线、样条曲线、双向无限长线、射线、圆、圆弧和椭圆。可以在任何时刻圆角连接非圆弧多段线的每个节点。执行“圆角”命令，主要有以下 4 种调用方法：

☑ 在命令行中输入“FILLET”命令。
☑ 选择菜单栏中的“修改”/“圆角”命令。
☑ 单击“修改”工具栏中的“圆角”按钮□。
☑ 单击“默认”选项卡“修改”面板中的“圆角”按钮□。

执行上述命令后，根据系统提示选择第一个对象或其他选项，再选择第二个对象。使用“圆角”命令对图形对象进行圆角时，命令行提示主要选项的含义如下。

☑ 多段线(P)：在一条二维多段线的两段直线段的节点处插入圆滑的弧。选择多段线后系统会根据指定的圆弧的半径把多段线各顶点用圆滑的弧连接起来。
☑ 半径(R)：确定圆角半径。
☑ 修剪(T)：决定在圆滑连接两条边时，是否修剪这两条边，如图 4-53 所示。

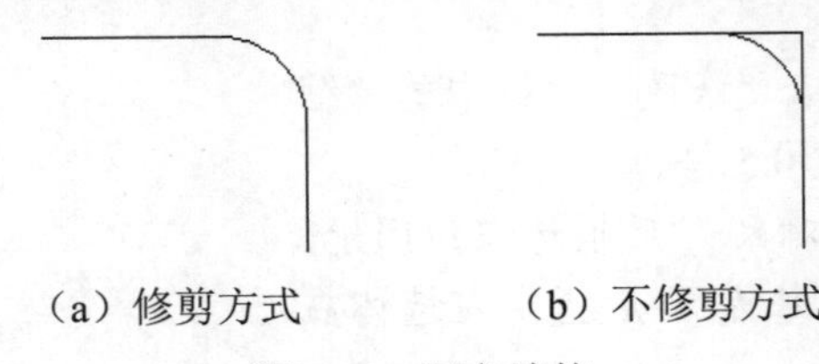

（a）修剪方式　　（b）不修剪方式

图 4-53 圆角连接

☑ 多个(M)：同时对多个对象进行圆角编辑。

4.5.2　实战——三人沙发

首先绘制沙发座位区域，然后绘制沙发的扶手，最后绘制沙发靠背。绘制流程如图 4-54 所示。

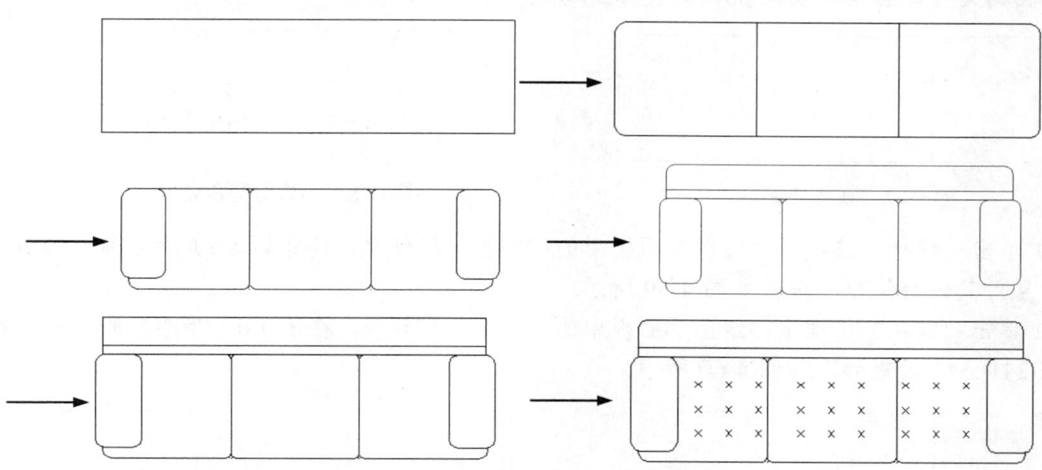

图 4-54　绘制三人沙发流程图

操作步骤如下：（光盘\配套视频\第 4 章\三人沙发.avi）

（1）单击“默认”选项卡“绘图”面板中的“矩形”按钮，在图形适当位置绘制一个 2016×570 的矩形，如图 4-55 所示。

（2）单击“默认”选项卡“修改”面板中的“分解”按钮，选择第（1）步绘制的矩形为分解对象，按 Enter 键确认进行分解。

（3）单击“默认”选项卡“绘图”面板中的“定数等分”按钮，选择第（2）步分解矩形下部水平边为等分对象，将其进行三等分，单击“默认”选项卡“绘图”面板中的“直线”按钮，绘制等分点之间的连接线，如图 4-56 所示。

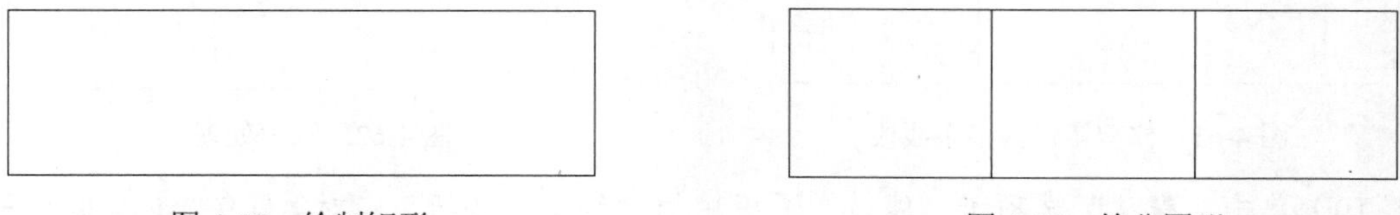

图 4-55　绘制矩形　　图 4-56　等分图形

（4）单击“默认”选项卡“修改”面板中的“圆角”按钮，对矩形四边进行圆角处理。

① 在命令行提示“选择第一个对象或[放弃(U)/多段线(P)/半径(R)/修剪(T)/多个(M)]:”后输入“R”。

② 在命令行提示“指定圆角半径<0.0000>:”后输入“50”。

③ 在命令行提示“选择第一个对象或[放弃(U)/多段线(P)/半径(R)/修剪(T)/多个(M)]:”后输入“M”。

④ 在命令行提示“选择第一个对象或[放弃(U)/多段线(P)/半径(R)/修剪(T)/多个(M)]:”后选取竖直边。

⑤ 在命令行提示“选择第二个对象，或按住 Shift 键选择对象以应用角点或[半径(R)]:”后

选取水平边。

依次选取矩形的四条边进行倒圆角，如图 4-57 所示。

（5）单击“默认”选项卡“修改”面板中的“圆角”按钮，对第（4）步绘制的等分线进行不修剪圆角处理，圆角半径为 30，如图 4-58 所示。

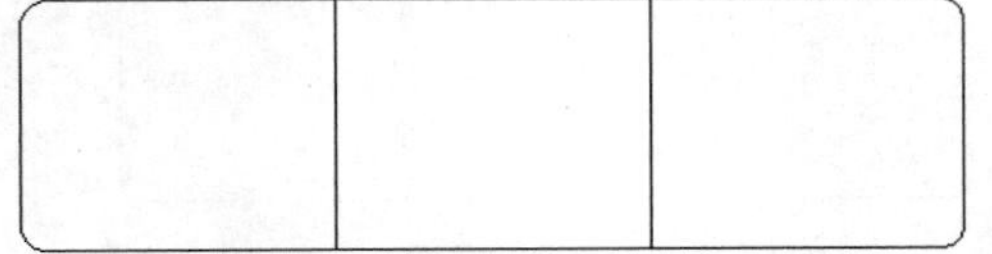

图 4-57 圆角处理

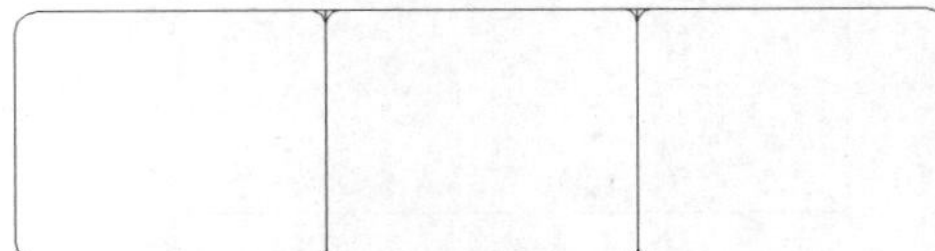

图 4-58 不修剪圆角处理

（6）单击“默认”选项卡“修改”面板中的“修剪”按钮，选择第（5）步圆角后的图形为修剪对象对其进行修剪处理，如图 4-59 所示。

（7）单击“默认”选项卡“绘图”面板中的“矩形”按钮，在第（6）步图形的适当位置绘制一个 241×511 的矩形，如图 4-60 所示。

图 4-59 修剪线段

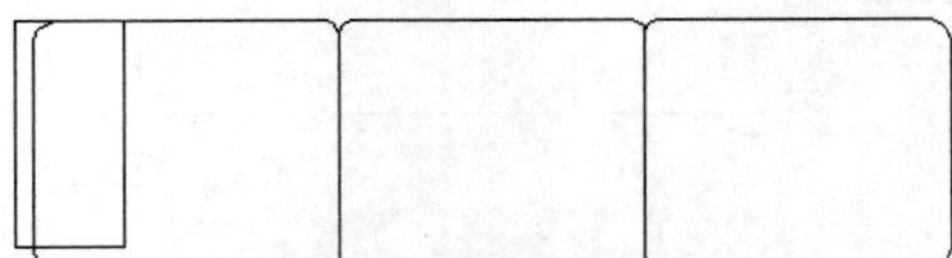

图 4-60 绘制矩形

（8）单击“默认”选项卡“修改”面板中的“修剪”按钮，选择第（7）步绘制矩形内的多余线段为修剪对象，对其进行修剪处理，如图 4-61 所示。

（9）单击“默认”选项卡“修改”面板中的“圆角”按钮，对第（8）步图形中的矩形进行不修剪模式处理，圆角半径为 50，如图 4-62 所示。

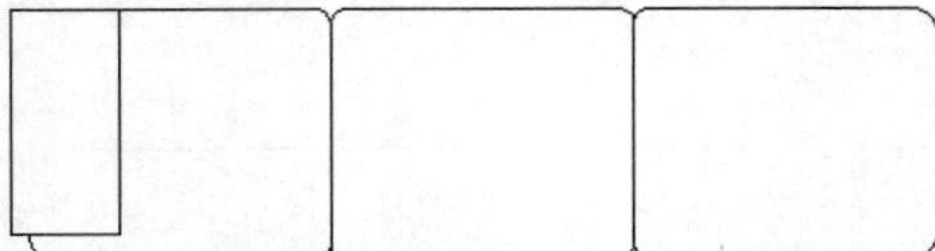

图 4-61 修剪矩形内多余线段

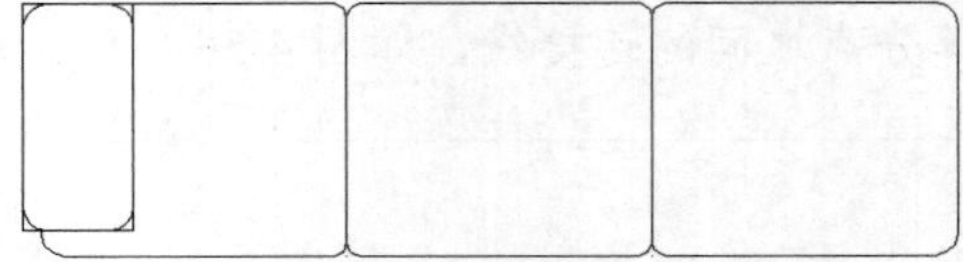

图 4-62 圆角处理

（10）单击“默认”选项卡“修改”面板中的“修剪”按钮，对第（9）步圆角处理后的图形进行修剪处理，如图 4-63 所示。

利用上述方法完成右侧相同图形的绘制，如图 4-64 所示。

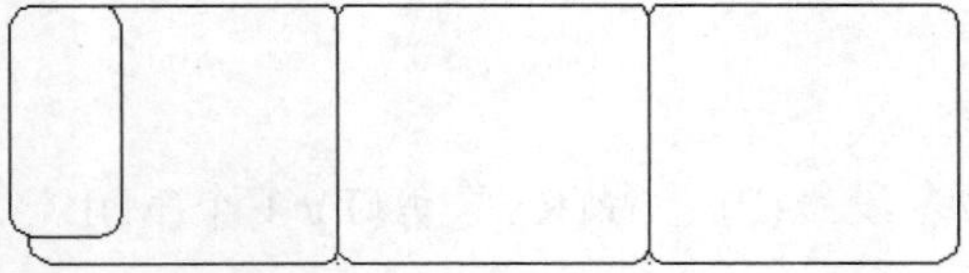

图 4-63 修剪处理

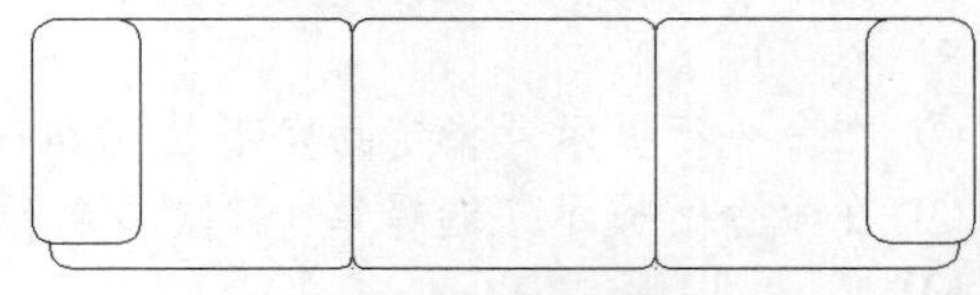

图 4-64 绘制右侧图形

（11）单击“默认”选项卡“绘图”面板中的“直线”按钮，在第（10）步图形顶部位置绘制一条水平直线，如图 4-65 所示。

（12）单击“默认”选项卡“修改”面板中的“偏移”按钮，选择第（11）步绘制的水平直线为偏移对象向上进行偏移，偏移距离分别为 50、150，如图 4-66 所示。

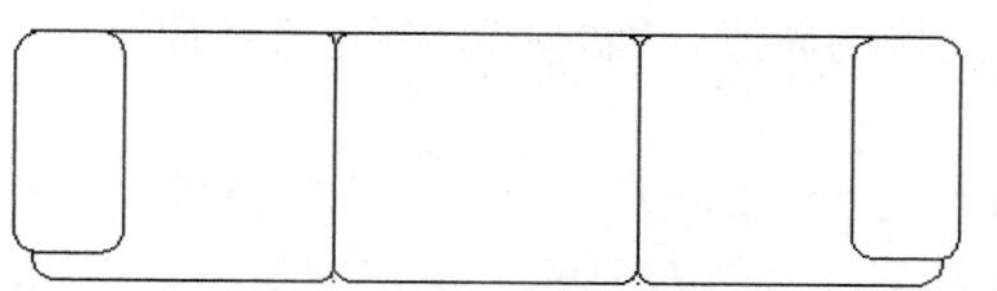

图 4-65　绘制水平直线

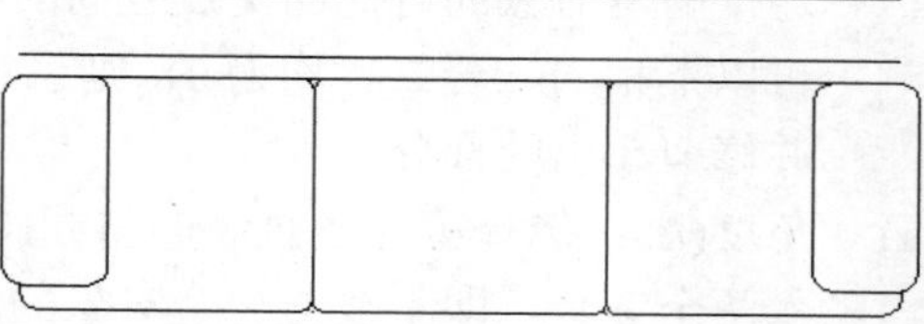

图 4-66　偏移线段

（13）单击“默认”选项卡“绘图”面板中的“直线”按钮，绘制两条竖直直线来连接第（12）步偏移线段，如图 4-67 所示。

（14）单击“默认”选项卡“修改”面板中的“圆角”按钮，选择第（13）步圆角线段进行圆角处理，圆角半径为 50，如图 4-68 所示。

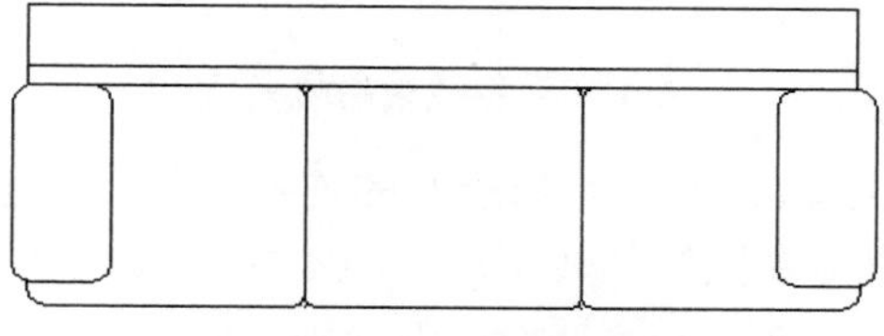

图 4-67　绘制竖直直线

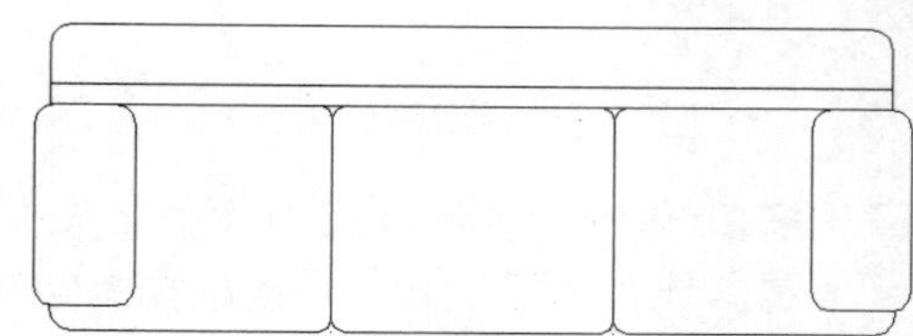

图 4-68　圆角处理

（15）单击“默认”选项卡“绘图”面板中的“直线”按钮，在第（14）步图形内绘制十字交叉线，如图 4-69 所示。

（16）单击“默认”选项卡“修改”面板中的“复制”按钮，选择第（15）步绘制的十字交叉线为复制对象，对其进行连续复制，如图 4-70 所示。

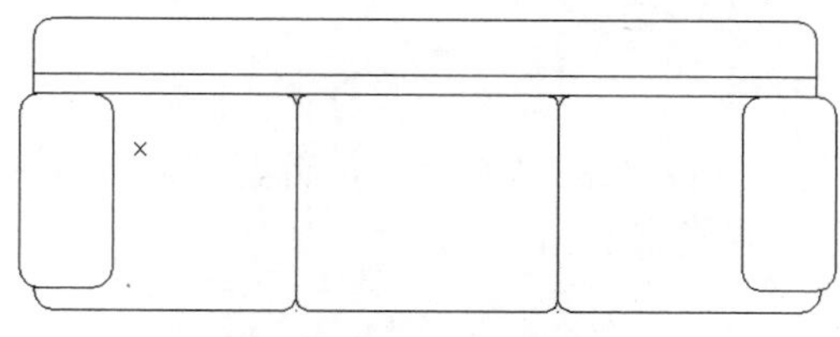

图 4-69　绘制十字交叉线

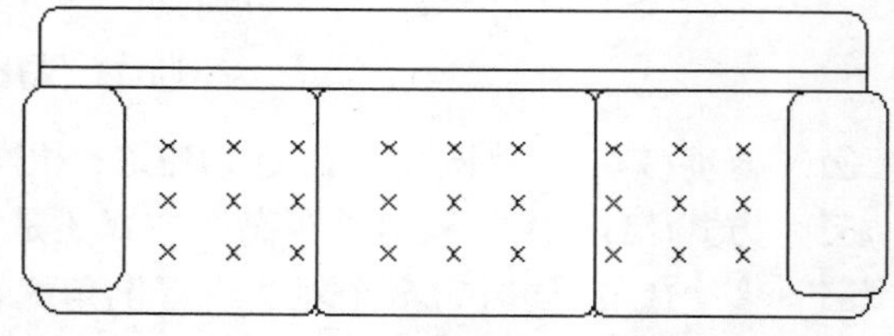

图 4-70　复制十字交叉线

4.5.3　“倒角”命令

倒角是指用斜线连接两个不平行的线型对象，可以用斜线连接直线段、双向无限长线、射线和多段线。执行“倒角”命令，主要有以下 4 种调用方法：

☑　在命令行中输入“CHAMFER”命令。

☑　选择菜单栏中的“修改”/“倒角”命令。

☑　单击“修改”工具栏中的“倒角”按钮。

☑　单击“默认”选项卡“修改”面板中的“倒角”按钮。

执行上述命令后，根据系统提示选择第一条直线或其他选项，再选择第二条直线。执行“倒角”命令对图形进行倒角处理时，命令行提示中各选项的含义如下。

☑ 距离(D)：选择倒角的两个斜线距离。斜线距离是指从被连接的对象与斜线的交点到被连接的两对象的可能的交点之间的距离，如图 4-71 所示。这两个斜线距离可以相同也可以不相同，若二者均为 0，则系统不绘制连接的斜线，而是把两个对象延伸至相交，并修剪超出的部分。

☑ 角度(A)：选择第一条直线的斜线距离和角度。采用这种方法斜线连接对象时，需要输入两个参数，即斜线与一个对象的斜线距离和斜线与该对象的夹角，如图 4-72 所示。

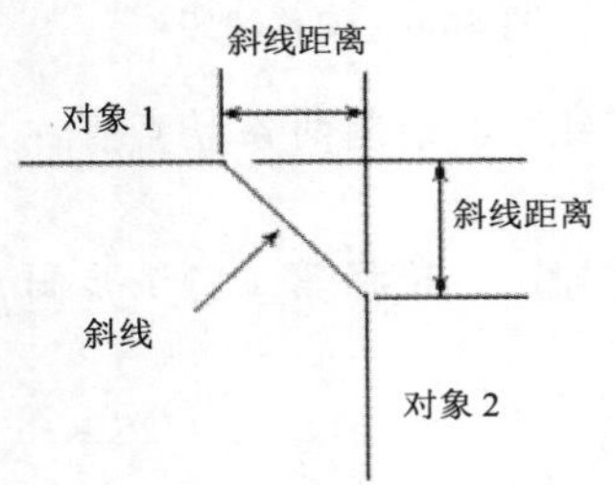

图 4-71　斜线距离

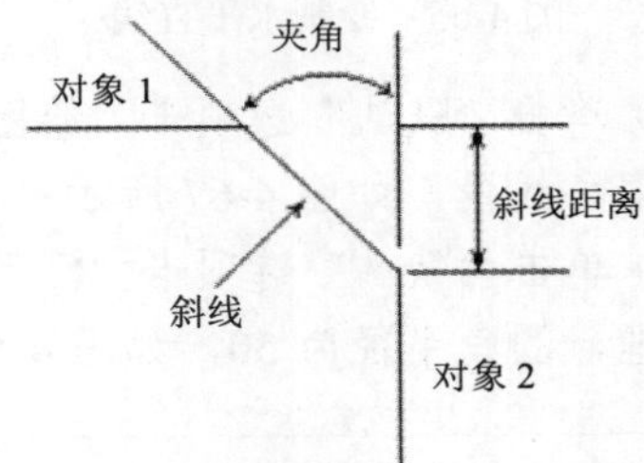

图 4-72　斜线距离与夹角

☑ 多段线(P)：对多段线的各个交叉点进行倒角编辑。为了得到最好的连接效果，一般设置斜线是相等的值。系统根据指定的斜线距离把多段线的每个交叉点都作斜线连接，连接的斜线成为多段线新添加的构成部分，如图 4-73 所示。

（a）选择多段线

（b）倒角结果

图 4-73　斜线连接多段线

☑ 修剪(T)：与“圆角”命令 FILLET 相同，该选项决定连接对象后，是否剪切源对象。

☑ 方式(M)：决定采用“距离”方式还是“角度”方式来倒角。

☑ 多个(U)：同时对多个对象进行倒角编辑。

提示：

有时用户在执行“圆角”和“倒角”命令时，发现命令不执行或执行后没什么变化，那是因为系统默认圆角半径和斜线距离均为 0。如果不事先设定圆角半径或斜线距离，系统就以默认值执行命令，所以看起来好像没有执行命令。

4.5.4　实战——洗菜盆

本例利用“直线”命令绘制大体轮廓，再利用“圆”和“复制”命令绘制水龙头和出水口，最后利用“倒角”命令细化，绘制流程如图 4-74 所示。

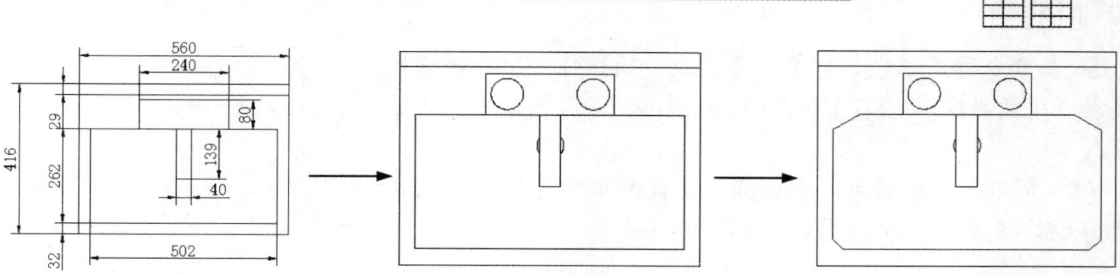

图 4-74 绘制洗菜盆流程图

操作步骤如下：（：光盘\配套视频\第 4 章\洗菜盆.avi）

（1）单击“默认”选项卡“绘图”面板中的“直线”按钮，可以绘制出初步轮廓，大约尺寸如图 4-75 所示。

（2）单击“默认”选项卡“绘图”面板中的“圆”按钮，以如图 4-60 所示长 240、宽 80 的矩形的大约左中位置为圆心，绘制半径为 35 的圆。

（3）单击“默认”选项卡“修改”面板中的“复制”按钮，选择刚绘制的圆，复制到右边合适的位置，完成旋钮绘制。

（4）单击“默认”选项卡“绘图”面板中的“圆”按钮，以如图 4-60 所示长 139、宽 40 的矩形的大约正中位置为圆心，绘制半径为 25 的圆作为出水口。

（5）单击“默认”选项卡“修改”面板中的“修剪”按钮（此命令在 4.5.5 节中将详细讲述），修剪绘制的出水口，如图 4-76 所示。

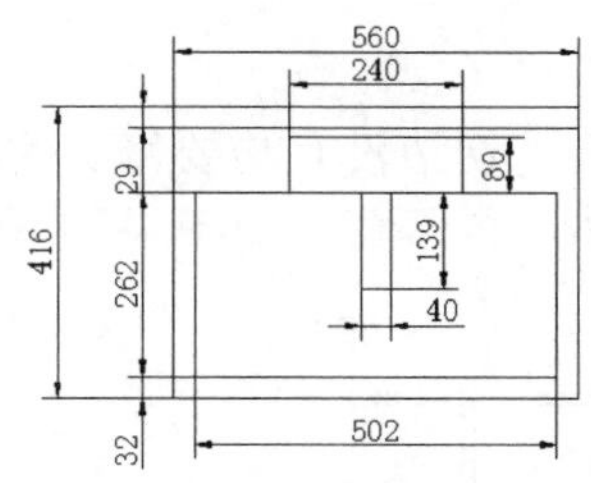

图 4-75 初步轮廓图

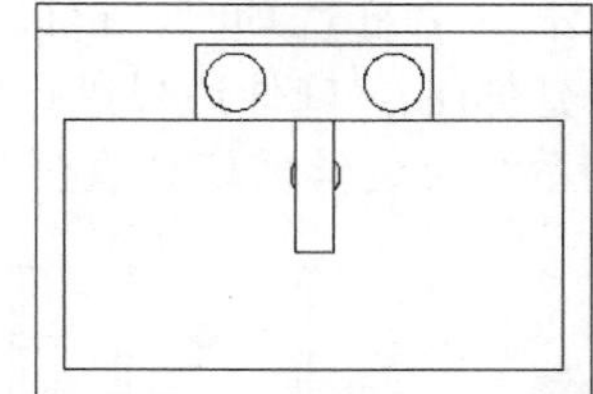

图 4-76 绘制水龙头和出水口

（6）单击“默认”选项卡“修改”面板中的“倒角”按钮，绘制水盆的 4 个角。

① 在命令行提示“选择第一条直线或[放弃(U)/多段线(P)/距离(D)/角度(A)/修剪(T)/方式(E)/多个(M)]:”后输入“D”。

② 在命令行提示“指定第一个倒角距离<0.0000>:”后输入“50”。

③ 在命令行提示“指定第二个倒角距离<50.0000>:”后输入“30”。

④ 在命令行提示“选择第一条直线或[放弃(U)/多段线(P)/距离(D)/角度(A)/修剪(T)/方式(E)/多个(M)]:”后输入“M”。

⑤ 在命令行提示“选择第一条直线或[放弃(U)/多段线(P)/距离(D)/角度(A)/修剪(T)/方式(E)/多个(M)]:”后选择左上角横线段。

⑥ 在命令行提示“选择第二条直线，或按住 Shift 键选择直线以应用角点或[距离(D)/角度(A)/方法(M)]:”后选择左上角竖线段。

⑦ 在命令行提示“选择第一条直线或[放弃(U)/多段线(P)/距离(D)/角度(A)/修剪(T)/方式(E)/多个(M)]:”后选择右上角横线段。

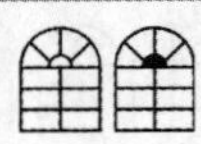

⑧ 在命令行提示“选择第二条直线，或按住 Shift 键选择直线以应用角点或[距离(D)/角度(A)/方法(M)]:”后选择右上角竖线段。

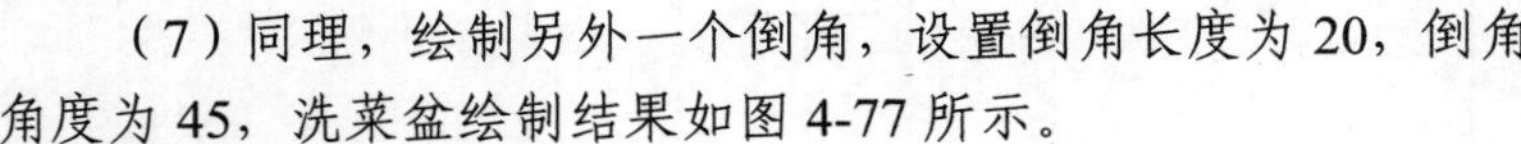

（7）同理，绘制另外一个倒角，设置倒角长度为 20，倒角角度为 45，洗菜盆绘制结果如图 4-77 所示。

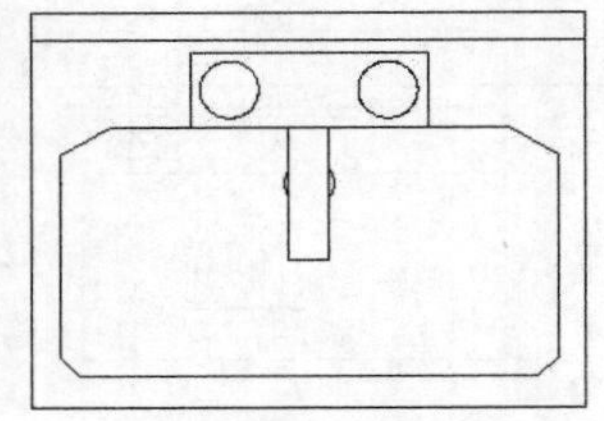

图 4-77 洗菜盆

4.5.5 “修剪”命令

使用“修剪”命令可以将超出修剪边界的线条进行修剪，被修剪的对象可以是直线、多段线、圆弧、样条曲线、构造线等。执行“修剪”命令，主要有以下 4 种调用方法：

☑ 在命令行中输入“TRIM”命令。

☑ 选择菜单栏中的“修改”/“修剪”命令。

☑ 单击“修改”工具栏中的“修剪”按钮。

☑ 单击“默认”选项卡“修改”面板中的“修剪”按钮。

执行上述命令后，根据系统提示选择剪切边，选择一个或多个对象并按 Enter 键，或者按 Enter 键选择所有显示的对象。按 Enter 键结束对象选择。使用“修剪”命令对图形对象进行修剪时，命令行提示主要选项的含义如下。

☑ 按 Shift 键：在选择对象时，如果按住 Shift 键，系统就自动将“修剪”命令转换成“延伸”命令，“延伸”命令将在 4.5.7 小节介绍。

☑ 边(E)：选择此选项时，可以选择对象的修剪方式。

  ➢ 延伸(E)：延伸边界进行修剪。在此方式下，如果剪切边没有与要修剪的对象相交，系统会延伸剪切边直至与要修剪的对象相交，然后再修剪，如图 4-78 所示。

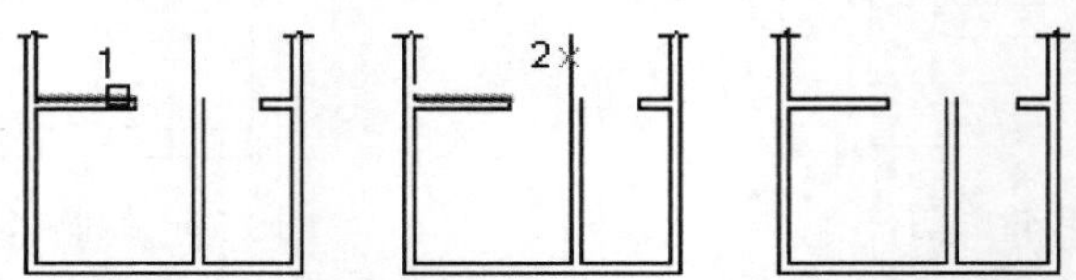

选择剪切边　　选择要修剪的对象　　修剪后的结果

图 4-78 延伸方式修剪对象

  ➢ 不延伸(N)：不延伸边界修剪对象，只修剪与剪切边相交的对象。

☑ 栏选(F)：选择此选项时，系统以栏选的方式选择被修剪对象，如图 4-79 所示。

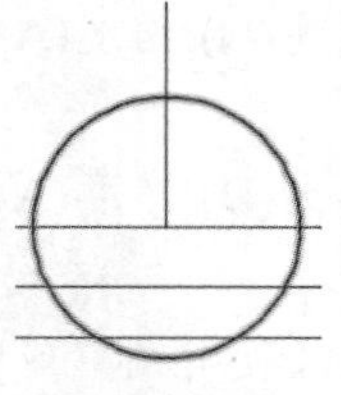

选定剪切边

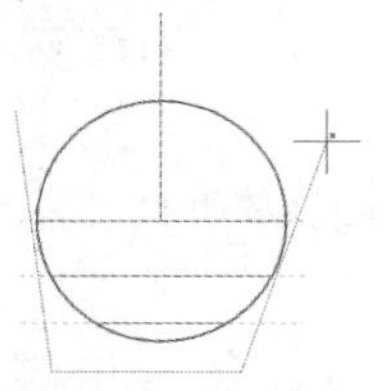

使用栏选选定要修剪的对象

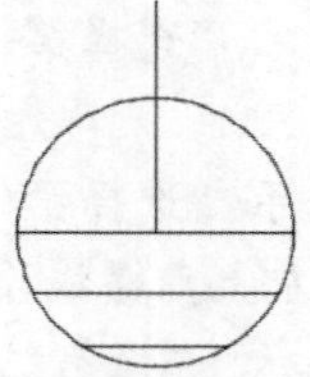

结果

图 4-79 栏选选择修剪对象

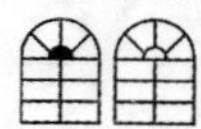

☑ 窗交(C)：选择此选项时，系统以窗交的方式选择被修剪对象，如图 4-80 所示。被选择的对象可以互为边界和被修剪对象，此时系统会在选择的对象中自动判断边界。

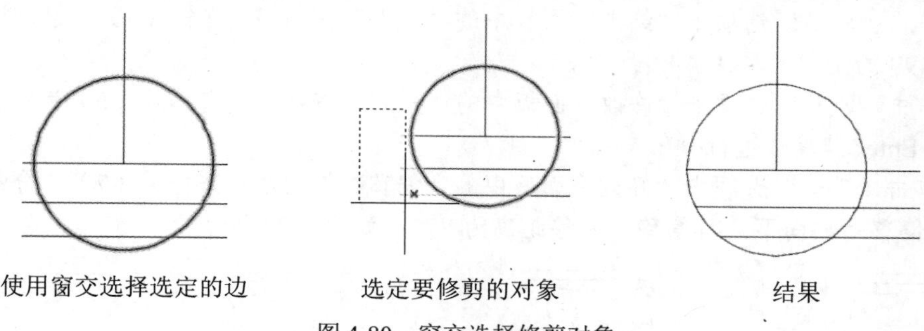

图 4-80　窗交选择修剪对象

4.5.6　实战——床

本例利用“矩形”命令绘制床的轮廓，再利用“直线”和“样条曲线”等命令绘制床上用品，最后利用“修剪”命令将多余的线段删除。绘制流程如图 4-81 所示。

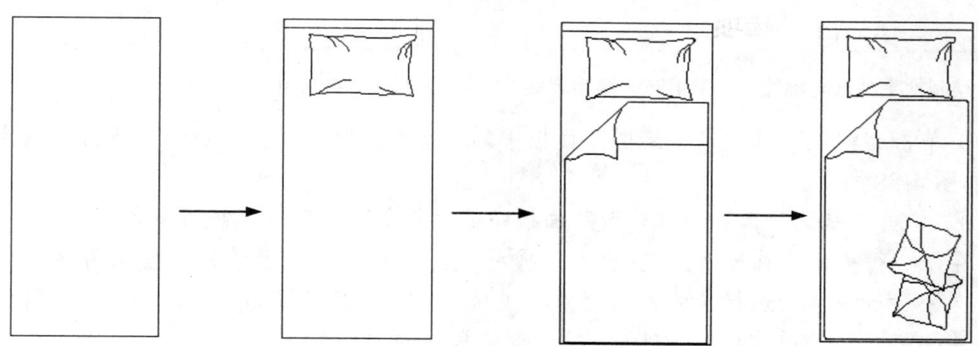

图 4-81　绘制床流程图

操作步骤如下：（：光盘\配套视频\第 4 章\床.avi）

（1）单击“默认”选项卡“绘图”面板中的“矩形”按钮，在图形空白区域绘制一个 900×2000 的矩形，如图 4-82 所示。

（2）单击“默认”选项卡“修改”面板中的“分解”按钮，选择绘制的矩形为分解对象，按 Enter 键确认进行分解。

（3）单击“默认”选项卡“修改”面板中的“偏移”按钮，选择第（2）步分解矩形的上部水平边为偏移对象，向下进行偏移，偏移距离为 52，如图 4-83 所示。

（4）单击“默认”选项卡“绘图”面板中的“样条曲线拟合”按钮和“圆弧”按钮，在第（3）步偏移直线下方绘制枕头外部轮廓线，如图 4-84 所示。

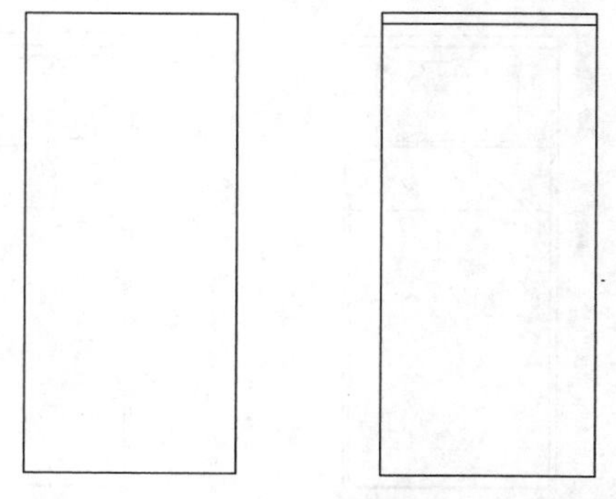

图 4-82　绘制矩形　　图 4-83　偏移直线

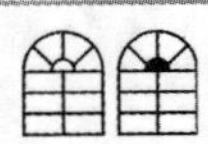

（5）单击“默认”选项卡“绘图”面板中的“圆弧”按钮，在第（4）步绘制的枕头外部轮廓线内绘制装饰线，如图 4-85 所示。

（6）单击“默认”选项卡“绘图”面板中的“矩形”按钮，在第（5）步绘制图形内绘制一个 846×1499 的矩形，如图 4-86 所示。

Note

（7）单击“默认”选项卡“修改”面板中的“分解”按钮，选择第（6）步绘制矩形为分解对象，按 Enter 键确认进行分解。

（8）单击“默认”选项卡“修改”面板中的“偏移”按钮，选择第（7）步分解矩形的上部水平边为偏移对象向下进行偏移，偏移距离为 273，如图 4-87 所示。

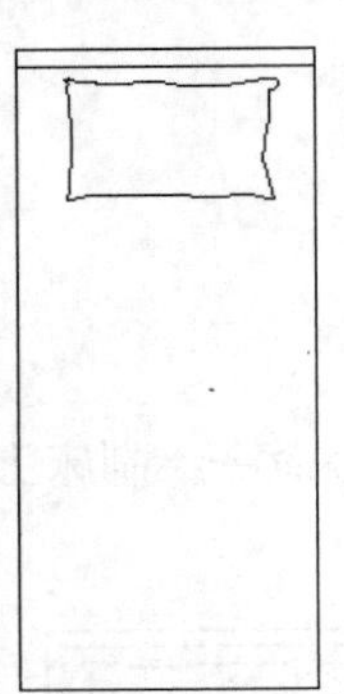

图 4-84　绘制枕头外部轮廓线

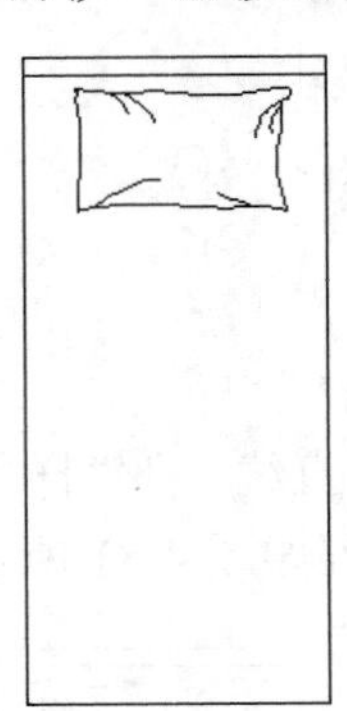

图 4-85　绘制圆弧

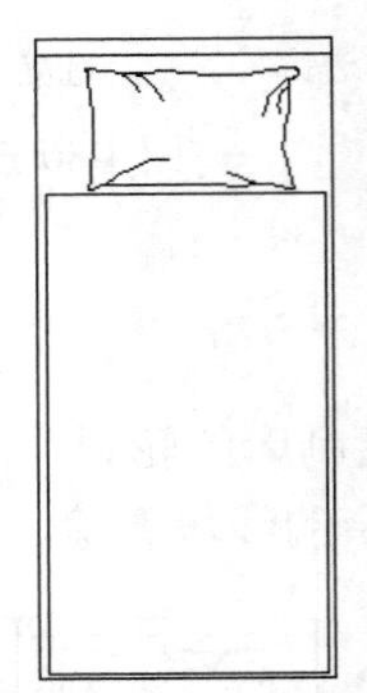

图 4-86　绘制矩形

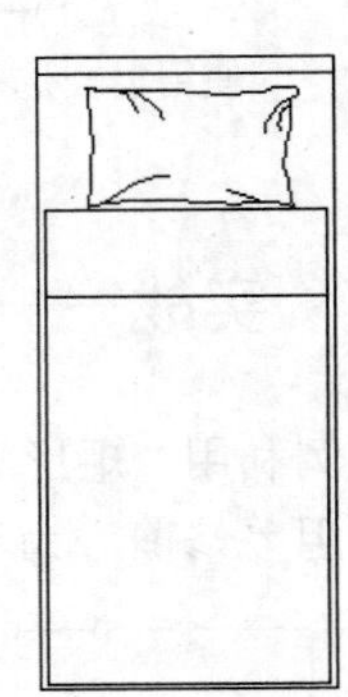

图 4-87　偏移线段

（9）单击“默认”选项卡“绘图”面板中的“直线”按钮和“圆弧”按钮，绘制被角图形，如图 4-88 所示。

（10）单击“默认”选项卡“修改”面板中的“修剪”按钮，修剪多余线段。

① 在命令行提示“选择对象或<全部选择>:”后选择第（9）步绘制的被角图形。

② 在命令行提示“选择要修剪的对象，或按住 Shift 键选择要延伸的对象，或[栏选(F)/窗交(C)/投影(P)/边(E)/删除(R)/放弃(U)]:”后选取被角内的图形。

结果如图 4-89 所示。

（11）单击“默认”选项卡“修改”面板中的“圆角”按钮，选择绘制的 846×1499 的矩形为圆角对象对其进行圆角处理，圆角半径为 20，如图 4-90 所示。

（12）结合所学知识完成单人床图形剩余部分的绘制，如图 4-91 所示。

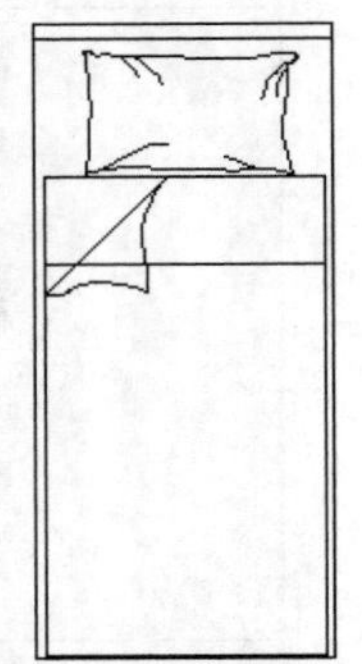

图 4-88　绘制被角图形

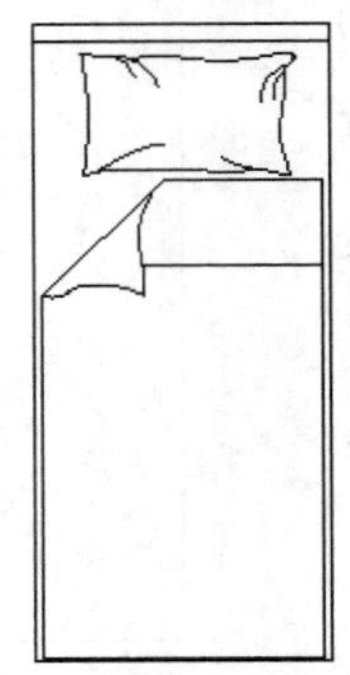

图 4-89　修剪线段

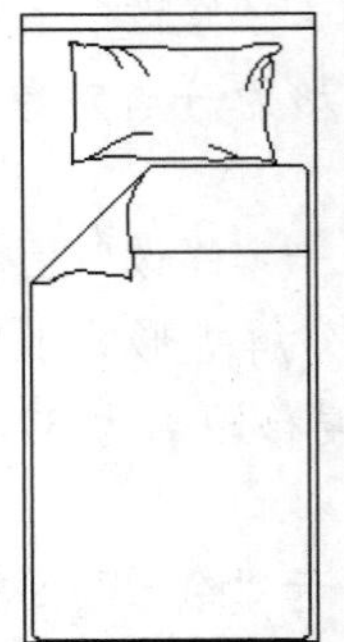

图 4-90　圆角处理

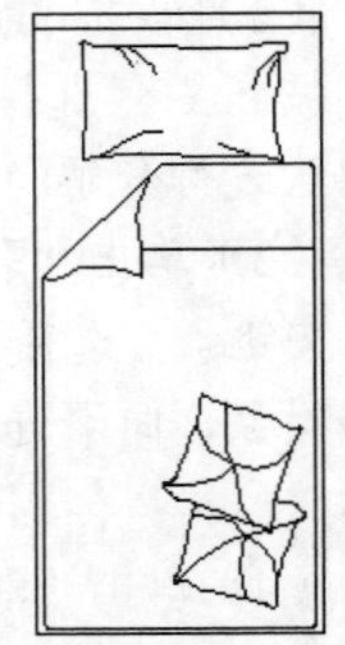

图 4-91　单人床

4.5.7 “延伸”命令

延伸对象是指延伸要延伸的对象直至另一个对象的边界线，如图 4-92 所示。执行“延伸”命令，主要有以下 4 种调用方法：

- ☑ 在命令行中输入“EXTEND”命令。
- ☑ 选择菜单栏中的“修改”/“延伸”命令。
- ☑ 单击“修改”工具栏中的“延伸”按钮。
- ☑ 单击“默认”选项卡“修改”面板中的“延伸”按钮。

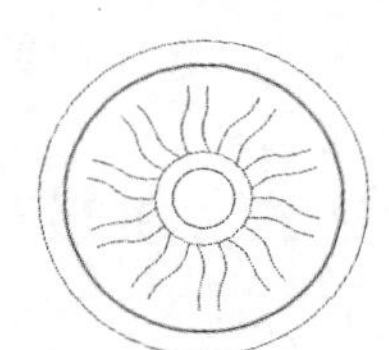

（a）选择边界

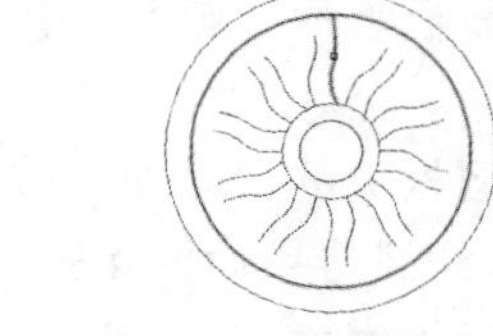

（b）选择要延伸的对象

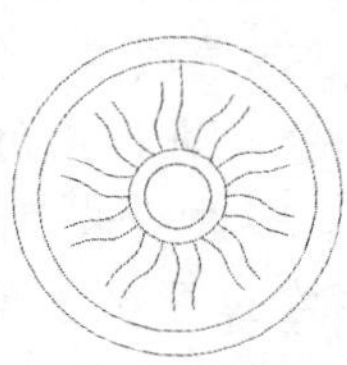

（c）执行结果

图 4-92　延伸对象

执行上述命令后，根据系统提示选择边界的边，选择边界对象，此时可以选择对象来定义边界。若直接按 Enter 键，则选择所有对象作为可能的边界对象。

AutoCAD 规定可以用作边界对象的对象有直线段、射线、双向无限长线、圆弧、圆、椭圆、二维和三维多段线、样条曲线、文本、浮动的视口、区域。如果选择二维多段线作边界对象，系统会忽略其宽度而把对象延伸至多段线的中心线。

选择边界对象后，系统继续提示选择要延伸的对象，此时可继续选择或按 Enter 键结束。使用“延伸”命令对图形对象进行延伸时，选择对象时，如果按住 Shift 键，系统自动将“延伸”命令转换成“修剪”命令。

4.5.8 实战——沙发

本例利用“矩形”和“直线”命令绘制沙发外轮廓，再利用“延伸”和“圆角”命令绘制圆角处理，最后利用“圆弧”命令进行细节处理。绘制流程如图 4-93 所示。

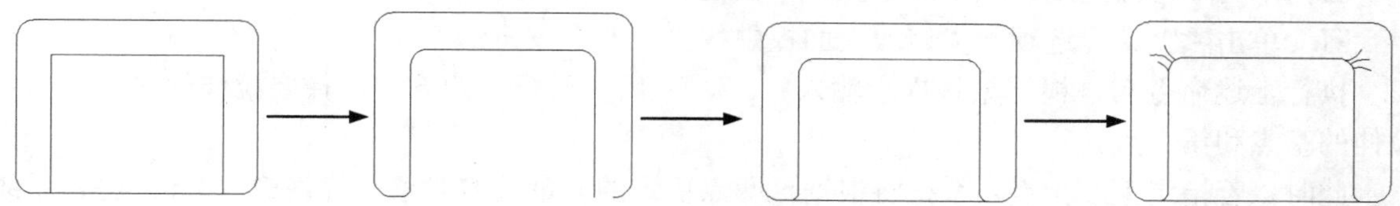

图 4-93　绘制沙发流程图

操作步骤如下：（：光盘\配套视频\第 4 章\沙发.avi）

（1）单击“默认”选项卡“绘图”面板中的“矩形”按钮，绘制圆角为 10、第一角点坐标为（20,20）、长度和宽度分别为 140 和 100 的矩形作为沙发的外框。

（2）单击“默认”选项卡“绘图”面板中的“直线”按钮，绘制坐标分别为（40,20）、（@0,80）、

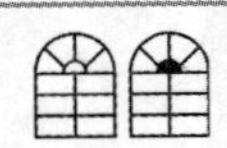

Note

(@100,0)、(@0,-80) 的连续线段。

(3) 单击"默认"选项卡"修改"面板中的"分解"按钮，将矩形进行分解；单击"默认"选项卡"修改"面板中的"圆角"按钮，对矩形进行倒圆角，圆角半径为 6，结果如图 4-94 所示。

(4) 单击"默认"选项卡"修改"面板中的"圆角"按钮，选择内部四边形左边和外部矩形下边左端为对象，进行圆角处理，圆角半径为 3。绘制结果如图 4-95 所示。

(5) 单击"默认"选项卡"修改"面板中的"延伸"按钮，延伸线段。

① 在命令行提示"选择对象或<全部选择>:"后选择如图 4-95 所示的右下角圆弧。

② 在命令行提示"选择要延伸的对象，或按住 Shift 键选择要修剪的对象，或[栏选(F)/窗交(C)/投影(P)/边(E)/放弃(U)]:"后选择如图 4-95 所示的左端短水平线。

(6) 单击"默认"选项卡"修改"面板中的"圆角"按钮，选择内部四边形右边和外部矩形下边为倒圆角对象，进行圆角处理。

(7) 单击"默认"选项卡"修改"面板中的"延伸"按钮，以矩形左下角的圆角圆弧为边界，对内部四边形右边下端进行延伸，绘制结果如图 4-96 所示。

(8) 单击"默认"选项卡"绘图"面板中的"圆弧"按钮，绘制沙发皱纹。在沙发拐角位置绘制 6 条圆弧。最终绘制结果如图 4-97 所示。

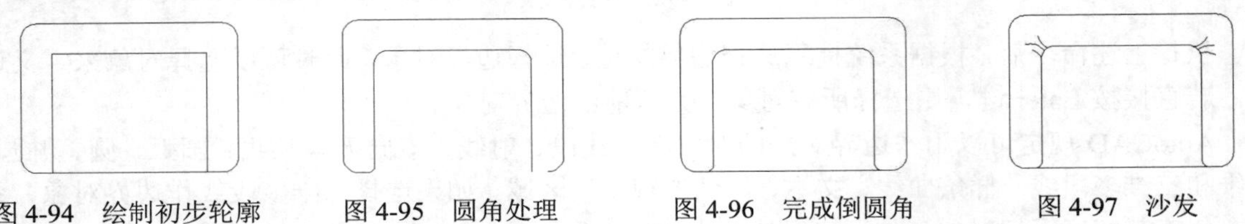

图 4-94　绘制初步轮廓　　图 4-95　圆角处理　　图 4-96　完成倒圆角　　图 4-97　沙发

4.5.9 "拉伸"命令

拉伸对象是指拖拉选择的对象，且形状发生改变后的对象。拉伸对象时，应指定拉伸的基点和移置点。利用一些辅助工具，如捕捉、钳夹功能及相对坐标等可以提高拉伸的精度。执行"拉伸"命令，主要有以下 4 种调用方法：

☑ 在命令行中输入"STRETCH"命令。

☑ 选择菜单栏中的"修改"/"拉伸"命令。

☑ 单击"修改"工具栏中的"拉伸"按钮。

☑ 单击"默认"选项卡"修改"面板中的"拉伸"按钮。

执行上述命令后，根据系统提示输入"C"，采用交叉窗口的方式选择要拉伸的对象，指定拉伸的基点和第二点。

此时，若指定第二个点，系统将根据这两点决定的矢量拉伸对象。若直接按 Enter 键，系统会把第一个点的坐标值作为 x 和 y 轴的分量值。

STRETCH 仅移动位于交叉窗口内的顶点和端点，不更改那些位于交叉窗口外的顶点和端点。部分包含在交叉窗口内的对象将被拉伸。

提示：

用交叉窗口选择拉伸对象时，落在交叉窗口内的端点被拉伸，落在外部的端点保持不动。

4.5.10　实战——把手

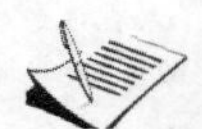

本例利用“圆”与“直线”命令绘制把手一侧的连续曲线后，利用“修剪”命令将多余的线段删除，得到一侧的曲线，再利用“镜像”命令创建另一侧的曲线，最后再用“修剪”“圆”“拉伸”命令创建销孔并细化图形。绘制流程如图 4-98 所示。

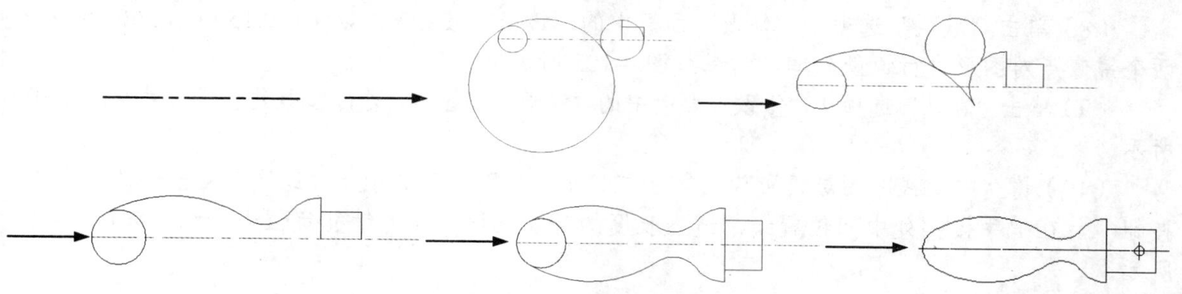

图 4-98　绘制把手流程图

操作步骤如下：（光盘\配套视频\第 4 章\把手.avi）

（1）设置图层。单击“默认”选项卡“图层”面板中的“图层特性”按钮，弹出“图层特性管理器”选项板，新建两个图层。

① 第一个图层命名为“轮廓线”，线宽属性为 0.3mm，其余属性默认。

② 第二个图层命名为“中心线”，颜色设为红色，线型加载为 Center，其余属性默认。

（2）将“中心线”图层设置为当前图层。单击“默认”选项卡“绘图”面板中的“直线”按钮，绘制坐标分别为（150,150）、（@120,0）的直线，结果如图 4-99 所示。

（3）将“轮廓线”图层设置为当前图层。单击“默认”选项卡“绘图”面板中的“圆”按钮，以（160,150）为圆心，绘制半径为 10 的圆。重复“圆”命令，以（235,150）为圆心，绘制半径为 15 的圆。再绘制半径为 50 的圆与前两个圆相切，结果如图 4-100 所示。

（4）单击“默认”选项卡“绘图”面板中的“直线”按钮，绘制坐标分别为（250,150）、（@10<90）、(@15<180)的直线。重复“直线”命令，绘制坐标分别为（235,165）、（235,150）的直线，结果如图 4-101 所示。

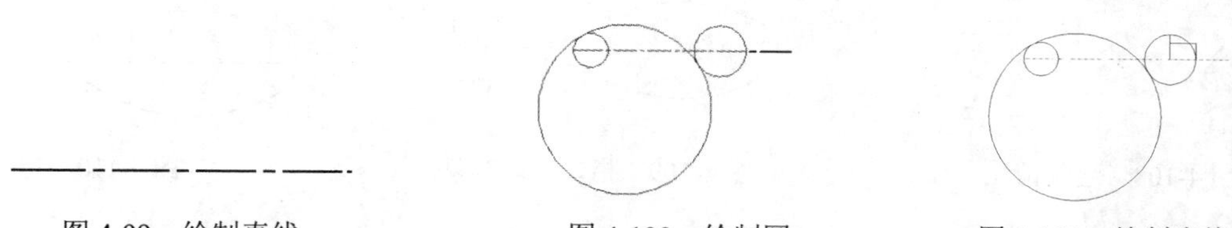

图 4-99　绘制直线　　　图 4-100　绘制圆　　　图 4-101　绘制直线

（5）单击“默认”选项卡“修改”面板中的“修剪”按钮，进行修剪处理，结果如图 4-102 所示。

（6）单击“默认”选项卡“绘图”面板中的“圆”按钮，绘制半径为 12 且与圆弧 1 和圆弧 2 相切的圆，结果如图 4-103 所示。

（7）单击“默认”选项卡“修改”面板中的“修剪”按钮，将多余的圆弧进行修剪，结

Note

果如图 4-104 所示。

图 4-102　修剪处理

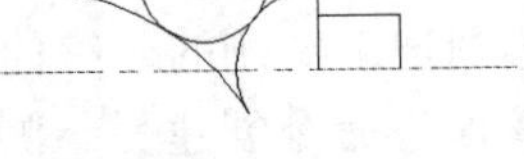

图 4-103　绘制圆

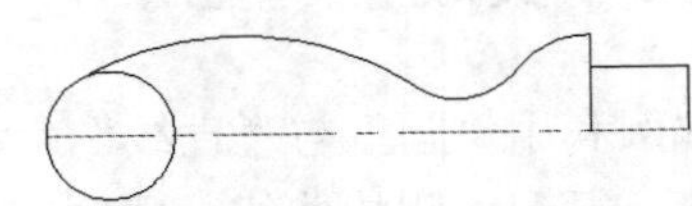

图 4-104　修剪处理

（8）单击“默认”选项卡“修改”面板中的“镜像”按钮，以（150,150）、（250,150）为两个镜像点对图形进行镜像处理，结果如图 4-105 所示。

（9）单击“默认”选项卡“修改”面板中的“修剪”按钮，进行修剪处理，结果如图 4-106 所示。

（10）将“中心线”图层设置为当前图层。单击“默认”选项卡“绘图”面板中的“直线”按钮，在把手接头处中间位置绘制适当长度的竖直线段，作为销孔定位中心线，如图 4-107 所示。

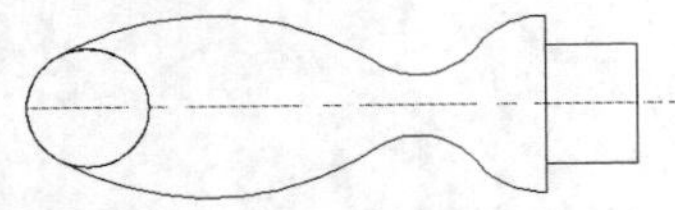

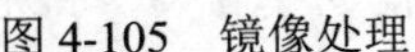

图 4-105　镜像处理

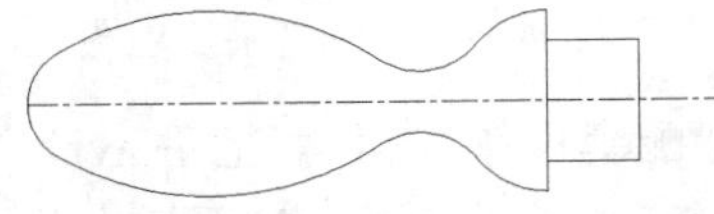

图 4-106　把手初步图形

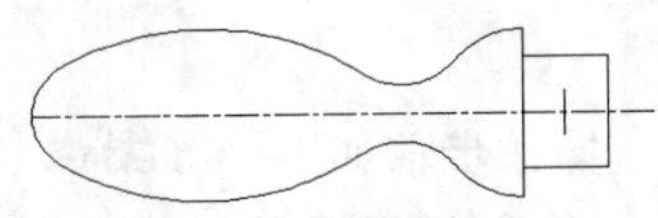

图 4-107　绘制销孔中心线

（11）将“轮廓线”图层设置为当前图层。单击“默认”选项卡“绘图”面板中的“圆”按钮，以中心线交点为圆心绘制适当半径的圆作为销孔，如图 4-108 所示。

（12）单击“默认”选项卡“修改”面板中的“拉伸”按钮，拉伸接头长度。

① 在命令行提示“选择对象:”后输入“C”。

② 在命令行提示“指定第一个角点:”后框选手柄接头部分，如图 4-109 所示。

③ 在命令行提示“选择对象:”后按 Enter 键。

④ 在命令行提示“指定基点或[位移(D)] <位移>:”后选择右侧竖直线与中心线的交点。

⑤ 在命令行提示“指定位移的第二个点或<用第一个点作位移>:”后在右方适当的位置处指定一点，如图 4-109 所示。

结果如图 4-110 所示。

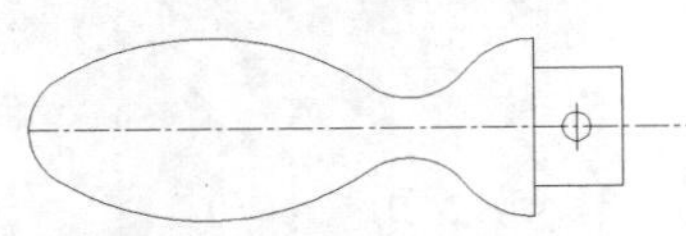

图 4-108　绘制销孔

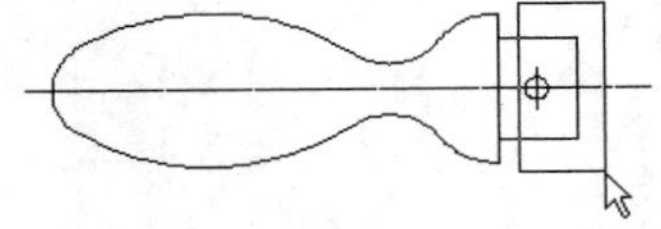

图 4-109　指定拉伸对象

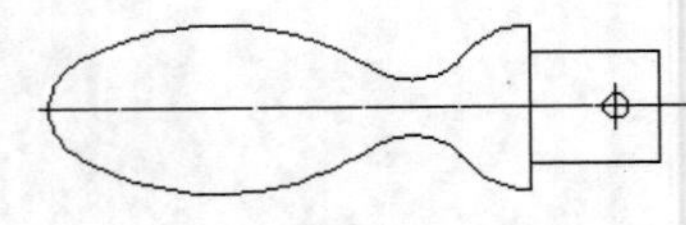

图 4-110　把手

4.5.11　“拉长”命令

“拉长”命令是指拖拉选择的对象至某点或拉长一定长度。执行“拉长”命令，主要有以下 3 种调用方法：

☑　在命令行中输入“LENGTHEN”命令。

☑　选择菜单栏中的“修改”/“拉长”命令。

☑　单击“默认”选项卡“修改”面板中的“拉长”按钮。

执行上述命令后，根据系统提示选择对象。使用“拉长”命令对图形对象进行拉长时，命令行提示主要选项的含义如下。

☑　增量(DE)：用指定增加量的方法改变对象的长度或角度。

☑　百分数(P)：用指定占总长度的百分比的方法改变圆弧或直线段的长度。

☑　全部(T)：用指定新的总长度或总角度值的方法来改变对象的长度或角度。

☑　动态(DY)：打开动态拖拉模式。在这种模式下，可以使用拖拉鼠标的方法来动态地改变对象的长度或角度。

4.5.12　实战——十人桌椅

首先利用“圆”命令绘制餐桌，然后利用绘图和编辑命令绘制椅子，最后通过“环形阵列”命令布置椅子。绘制流程如图 4-111 所示。

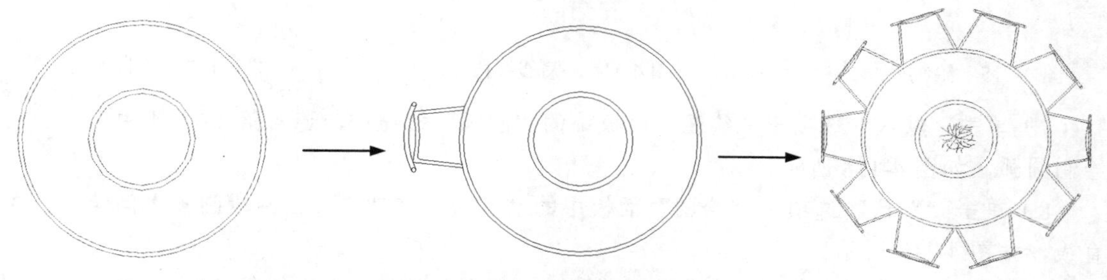

图 4-111　绘制十人桌椅流程图

操作步骤如下：（：光盘\配套视频\第 4 章\十人桌椅.avi）

（1）单击“默认”选项卡“绘图”面板中的“圆”按钮，在图形适当位置绘制半径分别为 331、369、823、851 的圆，如图 4-112 所示。

（2）单击“默认”选项卡“绘图”面板中的“直线”按钮，在图形空白区域分别绘制两条长为 342 的斜向线段，如图 4-113 所示。

（3）单击“默认”选项卡“绘图”面板中的“圆弧”按钮，以第（2）步绘制的左端直线上端点为圆弧起点，右端直线上端点为圆弧终点绘制圆弧，如图 4-114 所示。

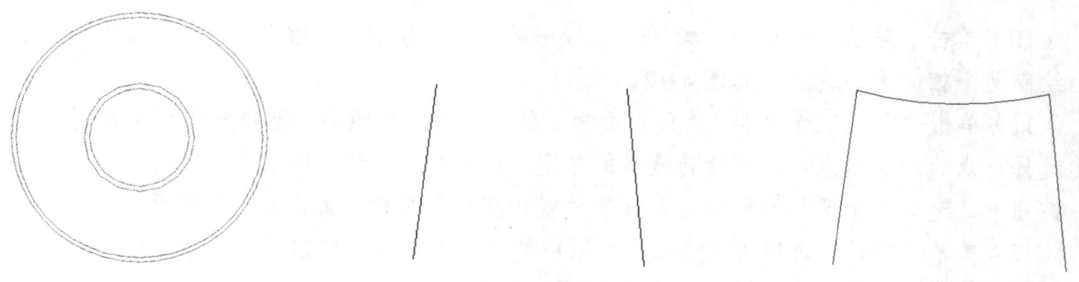

图 4-112　绘制圆　　图 4-113　绘制两条斜向直线　　图 4-114　绘制圆弧

（4）单击“默认”选项卡“修改”面板中的“圆角”按钮，对第（3）步绘制的圆弧和两条斜线进行圆角处理，圆角半径为 16，如图 4-115 所示。

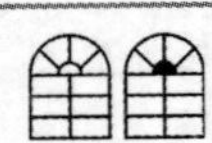

（5）单击“默认”选项卡“修改”面板中的“偏移”按钮，选择两斜线为偏移对象分别向外偏移，偏移距离为26，如图4-116所示。

（6）单击“默认”选项卡“修改”面板中的“拉长”按钮，选择第（5）步偏移的两条直线向上拉长30。

① 在命令行提示“选择要测量的对象或[增量(DE)/百分比(P)/总计(T)/动态(DY)] <总计(T)>:”后输入“DE”。

② 在命令行提示“输入长度增量或[角度(A)] <0.0000>:”后输入“30”。

③ 在命令行提示“选择要修改的对象或[放弃(U)]:”后选择左右两条直线。

结果如图4-117所示。

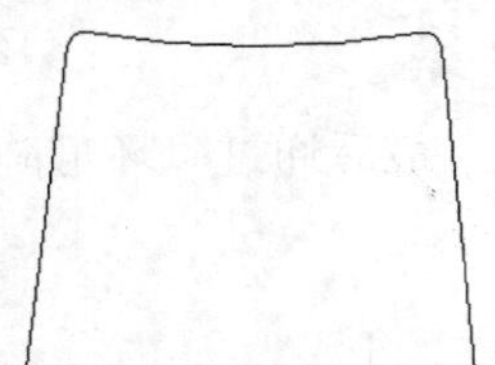

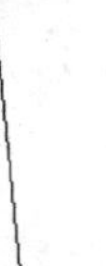

图4-115　绘制圆角

图4-116　偏移线段

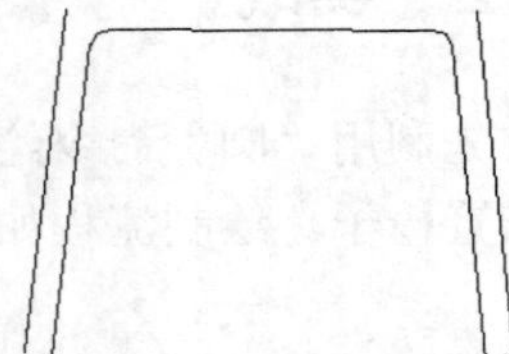

图4-117　拉长线段

（7）单击“默认”选项卡“绘图”面板中的“圆弧”按钮，连接第（6）步中两条拉长直线绘制圆弧，如图4-118所示。

（8）单击“默认”选项卡“绘图”面板中的“直线”按钮，在两段圆弧之间绘制一条水平直线，如图4-119所示。

（9）单击“默认”选项卡“修改”面板中的“偏移”按钮，选择第（8）步中两条绘制的直线向上偏移，偏移距离为30，结果如图4-120所示。

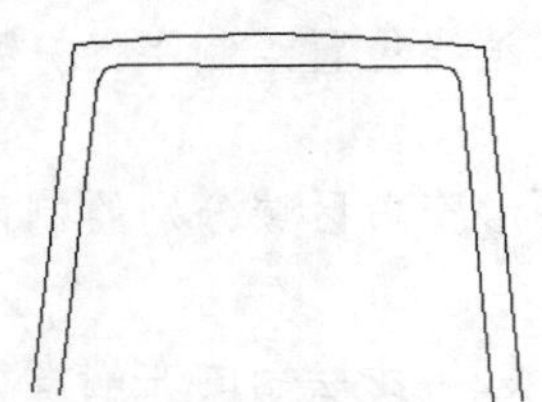

图4-118　绘制圆弧

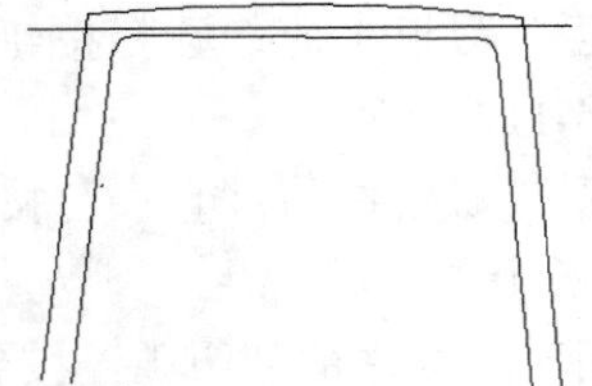

图4-119　绘制直线

图4-120　编移直线

（10）单击“默认”选项卡“绘图”面板中的“圆”按钮，在第（9）步偏移线段左右端分别绘制两个相同大小的圆，如图4-121所示。

（11）单击“默认”选项卡“修改”面板中的“旋转”按钮，选择椅子为旋转对象，在椅子上选择一点为旋转基点，将其旋转适当的角度，并单击“默认”选项卡“修改”面板中的“移动”按钮，选择椅子图形为移动对象将其放置到圆形餐桌前，如图4-122所示。

（12）单击“默认”选项卡“修改”面板中的“环形阵列”按钮，将第（11）步旋转的椅子图形绕圆心进行环形阵列，阵列个数为10。

（13）单击“默认”选项卡“绘图”面板中的“直线”按钮，在桌子中心绘制装饰物，最终完成十人桌椅的绘制，如图4-123所示。

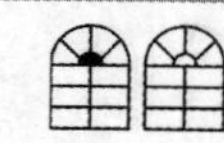

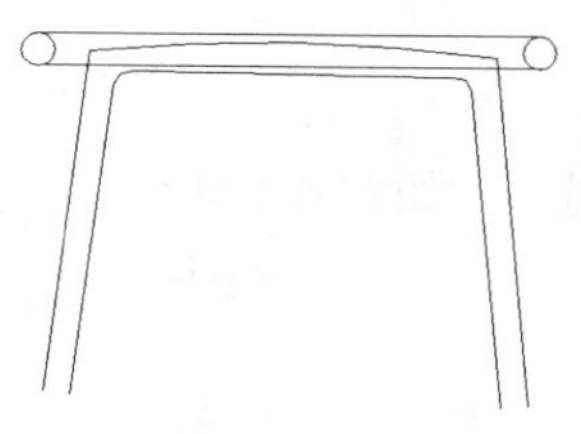

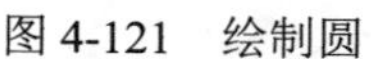

图 4-121　绘制圆

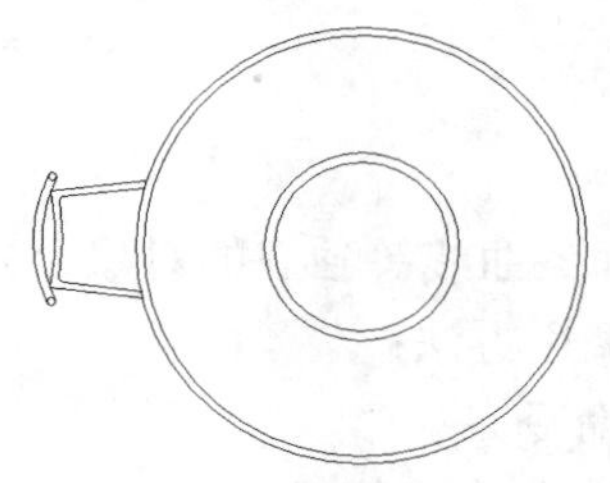

图 4-122　移动图形

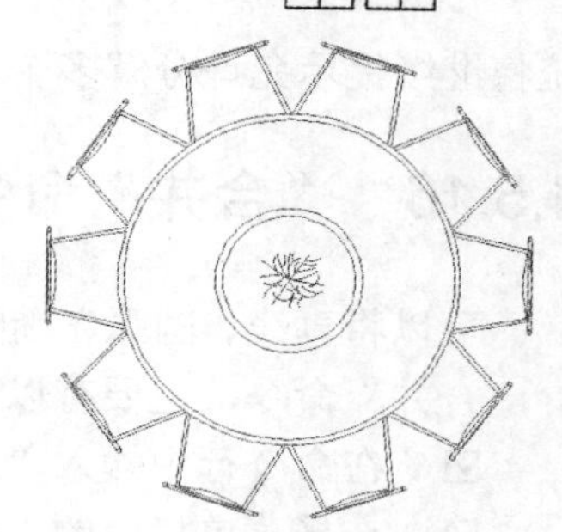

图 4-123　十人桌椅

4.5.13　“打断”命令

利用“打断”命令可以将直线、多段线、射线、样条曲线、圆和圆弧等建筑图形分成两个对象或删除对象中的一部分。该命令主要有以下 4 种调用方法：

☑　在命令行中输入“BREAK”命令。

☑　选择菜单栏中的“修改”/“打断”命令。

☑　单击“修改”工具栏中的“打断”按钮。

☑　单击“默认”选项卡“修改”面板中的“打断”按钮。

执行上述命令后，根据系统提示选择要打断的对象，并指定第二个打断点或输入“F”。使用“打断”命令对图形对象进行打断时，命令行提示主要选项为“第一点(F)”，如果选择该选项，AutoCAD 2016 将丢弃前面的第一个选择点，重新提示用户指定两个断开点。

4.5.14　“打断于点”命令

“打断于点”命令是指在对象上指定一点从而把对象在此点拆分成两部分。此命令与“打断”命令类似。该命令主要有如下 3 种调用方法：

☑　选择菜单栏中的“修改”/“打断”命令。

☑　单击“修改”工具栏中的“打断于点”按钮。

☑　单击“默认”选项卡“修改”面板中的“打断于点”按钮。

执行上述命令后，根据系统提示选择要打断的对象，并选择打断点，图形由断点处断开。

4.5.15　“分解”命令

利用“分解”命令可以将由多个对象组合的图形（如多段线、矩形、多边形和图块等）进行分解。执行“分解”命令，主要有以下 4 种调用方法：

☑　在命令行中输入“EXPLODE”命令。

☑　选择菜单栏中的“修改”/“分解”命令。

☑　单击“修改”工具栏中的“分解”按钮。

☑　单击“默认”选项卡“修改”面板中的“分解”按钮。

执行上述命令后，根据系统提示选择要分解的对象。选择一个对象后，该对象会被分解。系

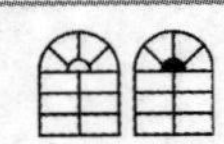

统将继续提示允许分解多个对象。选择的对象不同，分解的结果就不同。

4.5.16 “合并”命令

Note

可以将直线、圆弧、椭圆弧和样条曲线等独立的对象合并为一个对象，如图 4-124 所示。执行“合并”命令，主要有以下 4 种调用方法：

- ☑ 在命令行中输入“JOIN”命令。
- ☑ 选择菜单栏中的“修改”/“合并”命令。
- ☑ 单击“修改”工具栏中的“合并”按钮。
- ☑ 单击“默认”选项卡“修改”面板中的“合并”按钮。

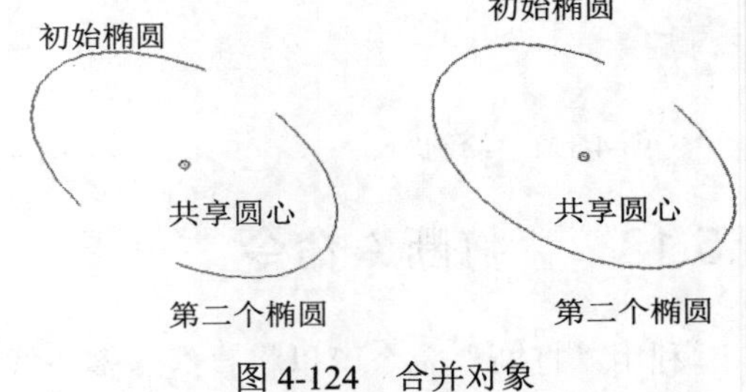

图 4-124 合并对象

执行上述命令后，根据系统提示选择一个对象，再选择要合并到源的另一个对象，合并完成。

4.6 对象编辑

在对图形进行编辑时，还可以对图形对象本身的某些特性进行编辑，从而方便地进行图形绘制。

4.6.1 钳夹功能

利用钳夹功能可以快速方便地编辑对象。AutoCAD 在图形对象上定义了一些特殊点，称为夹点，利用夹点可以灵活地控制对象，如图 4-125 所示。

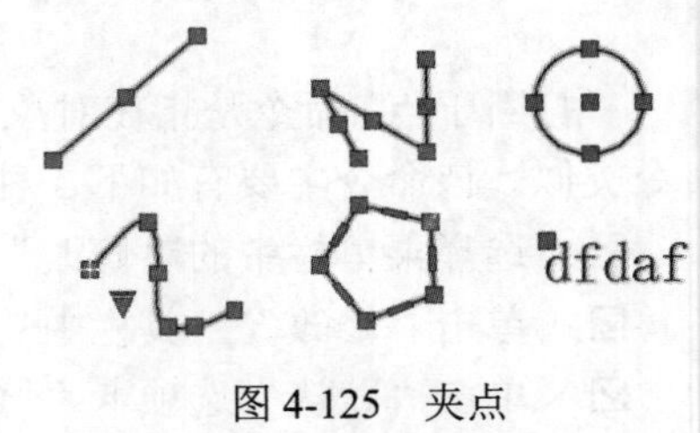

图 4-125 夹点

要使用钳夹功能编辑对象，必须先打开钳夹功能，打开方法是：选择“工具”/“选项”命令，打开“选项”对话框，选择“选择集”选项卡，选中“启用夹点”复选框。在该选项卡中，还可以设置代表夹点的小方格的尺寸和颜色。也可以通过 GRIPS 系统变量来控制是否打开钳夹功能，1 代表打开，0 代表关闭。

打开了钳夹功能后，应该在编辑对象之前先选择对象。夹点表示了对象的控制位置。

使用夹点编辑对象，要选择一个夹点作为基点，称为基准夹点。然后，选择一种编辑操作，如拉伸拟合点、镜像、移动、旋转和缩放等。可以用空格键、Enter 键或键盘上的快捷键循环选择这些功能。

下面仅就其中的拉伸拟合点操作为例进行讲述，其他操作类似。

在图形上拾取一个夹点，该夹点改变颜色，此点为夹点编辑的基准夹点。这时系统提示：

```
** 拉伸 **
指定拉伸点或[基点(B)/复制(C)/放弃(U)/退出(X)]:
```

在上述拉伸编辑提示下输入移动命令，或右击鼠标，在弹出的快捷菜单中选择“移动”命令，

如图 4-126 所示，系统就会转换为“移动”操作。其他操作类似。

4.6.2 修改对象属性

修改对象属性主要通过“特性”选项板进行，可以通过以下 4 种方法打开该选项板。

☑ 在命令行中输入“DDMODIFY”或“PROPERTIES”命令。

☑ 选择菜单栏中的“修改”/“特性”命令。

☑ 单击“标准”工具栏中的“特性”按钮。

☑ 单击“视图”选项卡“选项板”面板中的“特性”按钮。

执行上述命令后，AutoCAD 打开“特性”选项板，如图 4-127 所示。利用它可以方便地设置或修改对象的各种属性。

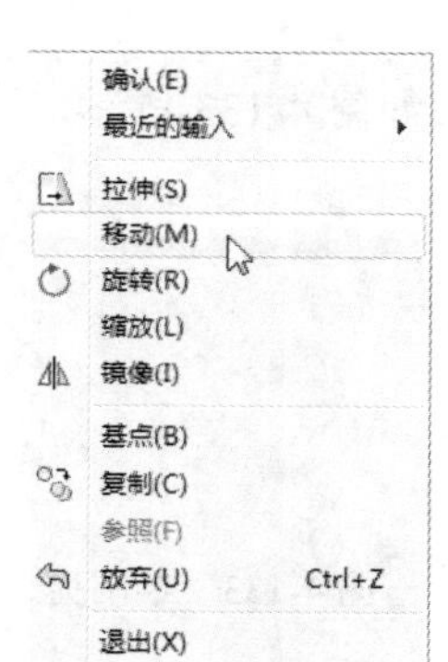

图 4-126 右键快捷菜单

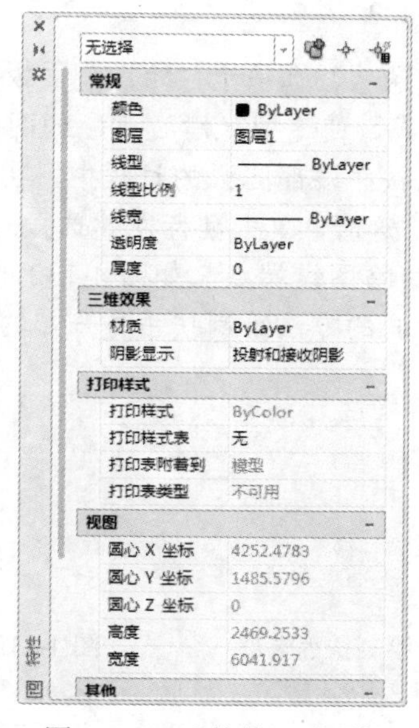

图 4-127 “特性”选项板

不同的对象属性种类和值不同，修改属性值，对象的属性即可改变。

4.6.3 实战——吧椅

本例利用“圆”、“圆弧”、“直线”和“偏移”命令绘制吧椅图形，在绘制过程中，利用钳夹功能编辑局部图形。绘制流程如图 4-128 所示。

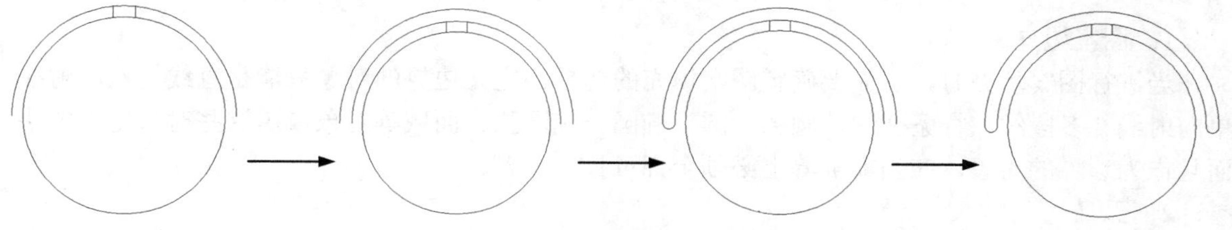

图 4-128 绘制吧椅流程图

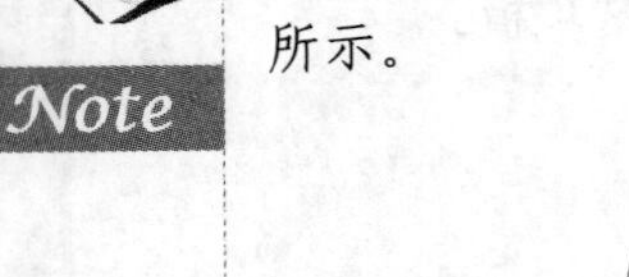

操作步骤如下：（📹：光盘\配套视频\第4章\吧椅.avi）

（1）单击“默认”选项卡“绘图”面板中的“直线”按钮、“圆弧”按钮和“圆”按钮，绘制初步图形，其中圆弧和圆同心，大约左右对称，如图4-129所示。

（2）单击“默认”选项卡“修改”面板中的“偏移”按钮，偏移刚绘制的圆弧，如图4-130所示。

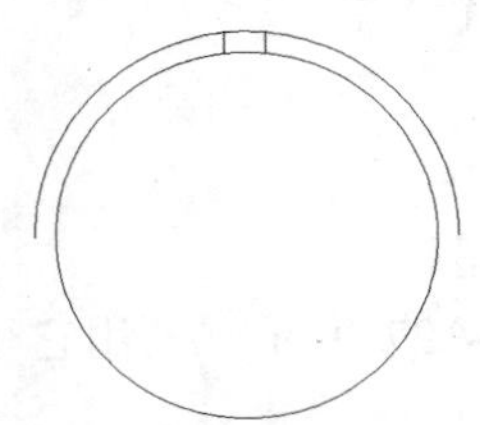

图4-129　绘制初步图形

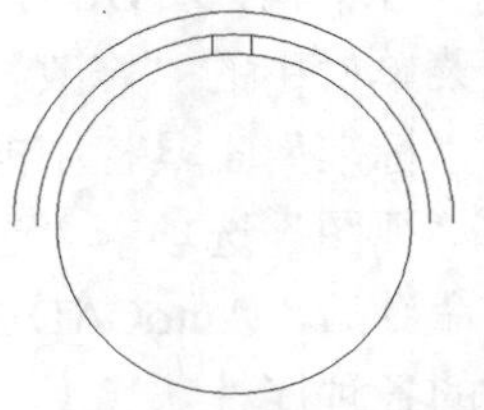

图4-130　偏移圆弧

（3）单击“默认”选项卡“绘图”面板中的“圆弧”按钮，绘制扶手端部，采用“起点/端点/圆心”的方式，使造型光滑过渡，如图4-131所示。

（4）在绘制扶手端部圆弧的过程中，由于采用的是粗略的绘制方法，放大局部后，可能会发现图线不闭合。这时，单击鼠标左键选择对象图线，出现钳夹编辑点，移动相应编辑点捕捉到需要闭合连接的相临图线端点，如图4-132所示。

（5）使用相同的方法绘制扶手另一端的圆弧造型，结果如图4-133所示。

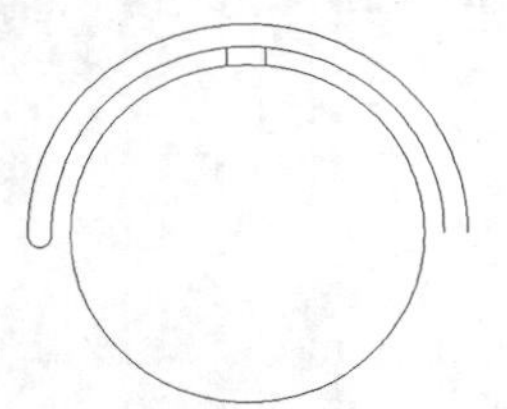

图4-131　绘制扶手端部

图4-132　调整编辑点

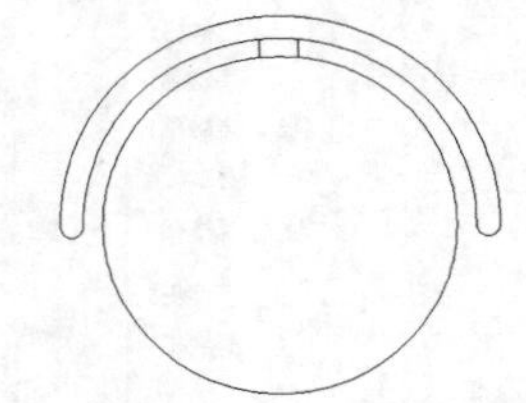

图4-133　绘制另一端圆弧造型

4.7　图案填充

当需要用一个重复的图案（Pattern）填充某个区域时，可以使用BHATCH命令建立一个相关联的填充阴影对象，即所谓的图案填充。

4.7.1　基本概念

1．图案边界

当进行图案填充时，首先要确定图案填充的边界。定义边界的对象只能是直线、双向射线、单向射线、多段线、样条曲线、圆弧、圆、椭圆、椭圆弧、面域等对象或用这些对象定义的块，而且作为边界的对象，在当前屏幕上必须全部可见。

2．孤岛

在进行图案填充时，我们把位于总填充域内的封闭区域称为孤岛，如图4-134所示。在用

BHATCH 命令进行图案填充时，AutoCAD 允许用户以拾取点的方式确定填充边界，即在希望填充的区域内任意拾取一点，AutoCAD 会自动确定出填充边界，同时也确定该边界内的孤岛。如果用户是以点取对象的方式确定填充边界的，则必须确切地点取这些孤岛。

3．填充方式

在进行图案填充时，需要控制填充的范围，AutoCAD 系统为用户设置了以下 3 种填充方式，实现对填充范围的控制。

☑ 普通方式：如图 4-135（a）所示，该方式从边界开始，由每条填充线或每个填充符号的两端向里画，遇到内部对象与之相交时，填充线或符号断开，直到遇到下一次相交时再继续画。采用这种方式时，要避免剖面线或符号与内部对象的相交次数为奇数。该方式为系统内部的默认方式。

☑ 最外层方式：如图 4-135（b）所示，该方式从边界向里画剖面符号，只要在边界内部与对象相交，剖面符号由此断开，而不再继续画。

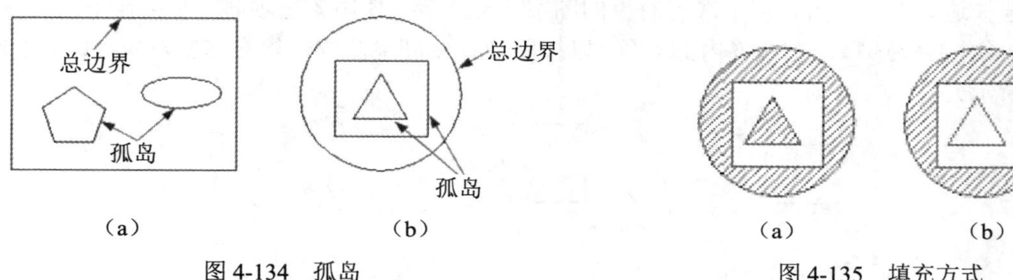

图 4-134　孤岛

图 4-135　填充方式

☑ 忽略方式：如图 4-136 所示，该方式忽略边界内的对象，所有内部结构都被剖面符号覆盖。

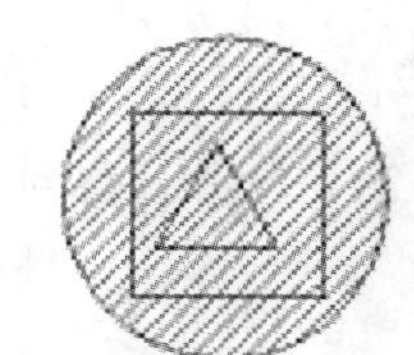

图 4-136　忽略方式

4.7.2　图案填充的操作

在 AutoCAD 2016 中，可以对图形进行图案填充，图案填充是在“图案填充创建”选项卡中进行的。打开“图案填充创建”选项卡，主要有如下 4 种调用方法：

☑ 在命令行中输入“BHATCH”命令。

☑ 选择菜单栏中的“绘图”/“图案填充”命令。

☑ 单击“绘图”工具栏中的“图案填充”按钮或“渐变色”按钮。

☑ 单击“默认”选项卡“绘图”面板中的“图案填充”按钮。

执行上述命令后系统打开如图 4-137 所示的“图案填充创建”选项卡。

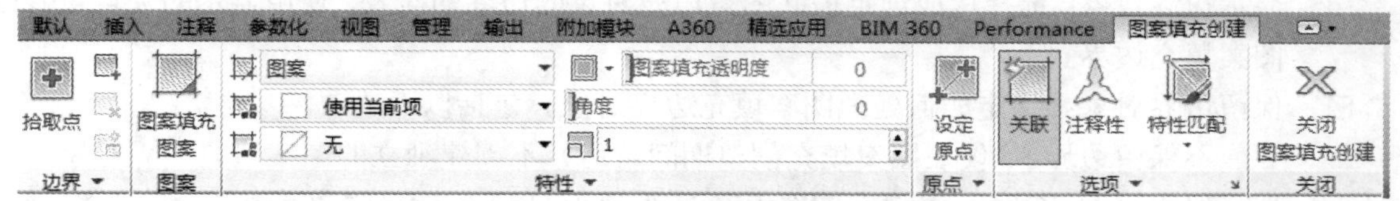

图 4-137　“图案填充创建”选项卡

Note

各选项组和按钮的含义如下。

1.“边界”面板

☑ 拾取点：通过选择由一个或多个对象形成的封闭区域内的点，确定图案填充边界（如图 4-138 所示）。指定内部点时，可以随时在绘图区域中单击鼠标右键以显示包含多个选项的快捷菜单。

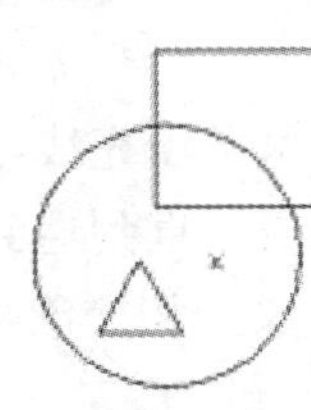

选择一点

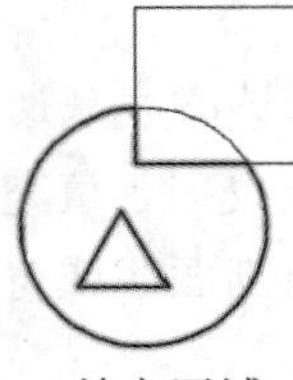

填充区域

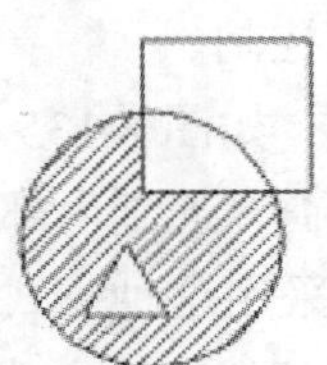

填充结果

图 4-138　边界确定

☑ 选择边界对象：指定基于选定对象的图案填充边界。使用该选项时，不会自动检测内部对象，必须选择选定边界内的对象，以按照当前孤岛检测样式填充这些对象（如图 4-139 所示）。

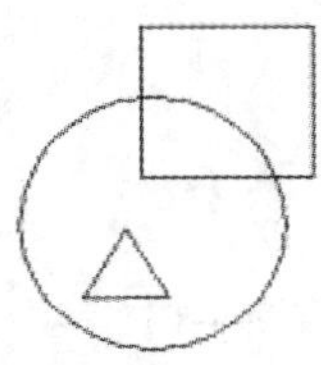

原始图形

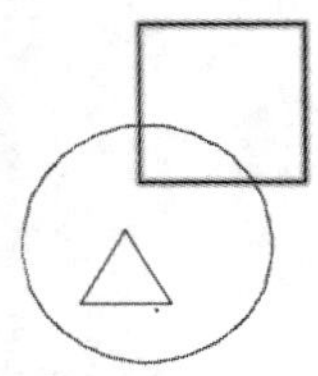

选取边界对象

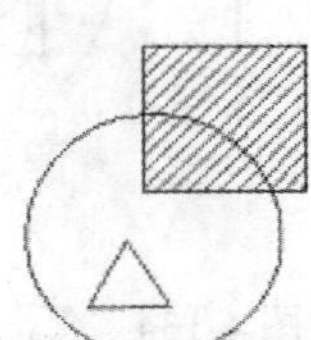

填充结果

图 4-139　选择边界对象

☑ 删除边界对象：从边界定义中删除之前添加的任何对象（如图 4-140 所示）。

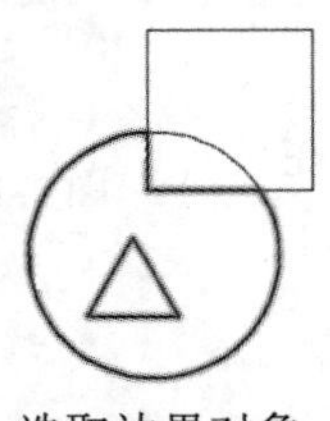

选取边界对象

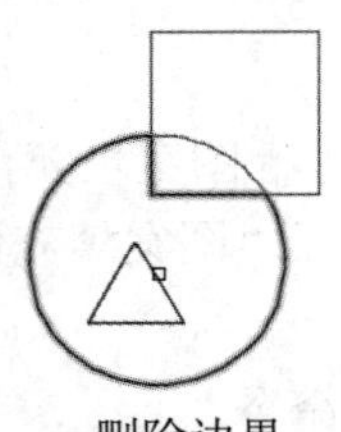

删除边界

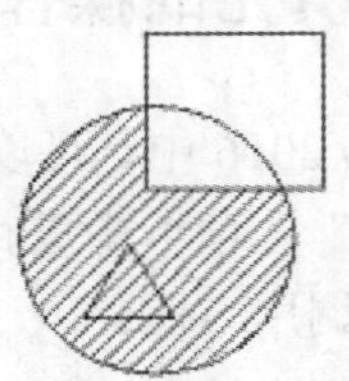

填充结果

图 4-140　删除“岛”后的边界

☑ 重新创建边界：围绕选定的图案填充或填充对象创建多段线或面域，并使其与图案填充对象相关联（可选）。

☑ 显示边界对象：选择构成选定关联图案填充对象的边界的对象，使用显示的夹点可修改图案填充边界。

☑ 保留边界对象：指定如何处理图案填充边界对象。包括以下选项。

- 不保留边界：（仅在图案填充创建期间可用）不创建独立的图案填充边界对象。
- 保留边界-多段线：（仅在图案填充创建期间可用）创建封闭图案填充对象的多段线。

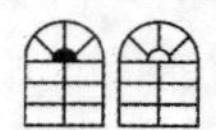

- ⇘ 保留边界-面域：（仅在图案填充创建期间可用）创建封闭图案填充对象的面域对象。
- ⇘ 选择新边界集：指定对象的有限集（称为边界集），以便通过创建图案填充时的拾取点进行计算。

2．“图案”面板

显示所有预定义和自定义图案的预览图像。

3．“特性”面板

- ☑ 图案填充类型：指定是使用纯色、渐变色、图案还是用户定义的填充。
- ☑ 图案填充颜色：替代实体填充和填充图案的当前颜色。
- ☑ 背景色：指定填充图案背景的颜色。
- ☑ 图案填充透明度：设定新图案填充或填充的透明度，替代当前对象的透明度。
- ☑ 图案填充角度：指定图案填充或填充的角度。
- ☑ 填充图案比例：放大或缩小预定义或自定义填充图案。
- ☑ 相对图纸空间：（仅在布局中可用）相对于图纸空间单位缩放填充图案。使用此选项，可很容易地做到以适合于布局的比例显示填充图案。
- ☑ 双向：（仅当“图案填充类型”设定为“用户定义”时可用）将绘制第二组直线，与原始直线成 90° 角，从而构成交叉线。
- ☑ ISO 笔宽：（仅对于预定义的 ISO 图案可用）基于选定的笔宽缩放 ISO 图案。

4．“原点”面板

- ☑ 设定原点：直接指定新的图案填充原点。
- ☑ 左下：将图案填充原点设定在图案填充边界矩形范围的左下角。
- ☑ 右下：将图案填充原点设定在图案填充边界矩形范围的右下角。
- ☑ 左上：将图案填充原点设定在图案填充边界矩形范围的左上角。
- ☑ 右上：将图案填充原点设定在图案填充边界矩形范围的右上角。
- ☑ 中心：将图案填充原点设定在图案填充边界矩形范围的中心。
- ☑ 使用当前原点：将图案填充原点设定在 HPORIGIN 系统变量中存储的默认位置。
- ☑ 存储为默认原点：将新图案填充原点的值存储在 HPORIGIN 系统变量中。

5．“选项”面板

- ☑ 关联：控制当用户修改图案填充边界时是否自动更新图案填充。
- ☑ 注释性：指定图案填充为注释性。此特性会自动完成缩放注释过程，从而使注释能够以正确的大小在图纸上打印或显示。
- ☑ 特性匹配：特性匹配分两种情况，下面对每种情况作简单的介绍。
  - ⇘ 使用当前原点：使用选定图案填充对象（除图案填充原点外）设定图案填充的特性。
  - ⇘ 使用源图案填充的原点：使用选定图案填充对象（包括图案填充原点）设定图案填充的特性。
- ☑ 允许的间隙：设定将对象用作图案填充边界时可以忽略的最大间隙。默认值为 0，此值指定对象必须封闭区域而没有间隙。
- ☑ 创建独立的图案填充：控制当指定了几个单独的闭合边界时，是创建单个图案填充对象，还是创建多个图案填充对象。

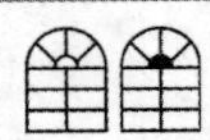
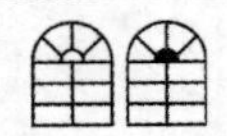

Note

☑ 孤岛检测：孤岛检测分 3 种情况，下面对每种情况作简单的介绍。

- 普通孤岛检测：从外部边界向内填充。如果遇到内部孤岛，填充将关闭，直到遇到孤岛中的另一个孤岛。
- 外部孤岛检测：从外部边界向内填充。此选项仅填充指定的区域，不会影响内部孤岛。
- 忽略孤岛检测：忽略所有内部的对象，填充图案时将通过这些对象。

☑ 绘图次序：为图案填充或填充指定绘图次序。选项包括不更改、后置、前置、置于边界之后和置于边界之前。

6．"关闭"面板

关闭"图案填充创建"：退出 HATCH 并关闭上下文选项卡。也可以按 Enter 键或 Esc 键退出 HATCH。

4.7.3 编辑填充的图案

在对图形对象以图案进行填充后，还可以对填充图案进行编辑，如更改填充图案的类型、比例等。更改图案填充，主要有以下 5 种调用方法：

☑ 在命令行中输入"HATCHEDIT"命令。

☑ 选择菜单栏中的"修改"/"对象"/"图案填充"命令。

☑ 单击"修改 II"工具栏中的"编辑图案填充"按钮。

☑ 选中填充的图案右击，在打开的快捷菜单中选择"图案填充编辑"命令（如图 4-141 所示）。

☑ 直接选择填充的图案，打开"图案填充编辑器"选项卡。

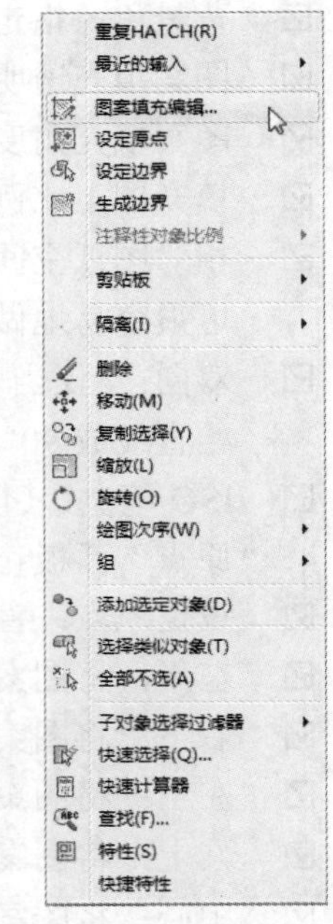

图 4-141　快捷菜单

执行上述命令后，根据系统提示选取关联填充物体后，系统弹出如图 4-142 所示的"图案填充编辑器"选项卡。

在图 4-142 中，只有正常显示的选项才可以对其进行操作。该面板中各项的含义与图 4-137 所示的"图案填充创建"选项卡中各项的含义相同。利用该面板，可以对已弹出的图案进行一系列的编辑修改。

图 4-142　"图案填充编辑器"选项卡

4.7.4 实战——单人床

本实例主要介绍图案填充的具体应用。首先利用"矩形"命令绘制床和枕头的外轮廓，然后利用"样条曲线"命令绘制枕头的轮廓线，最后利用"圆弧"和"图案填充"命令绘制枕头和床单褶皱。绘制流程如图 4-143 所示。

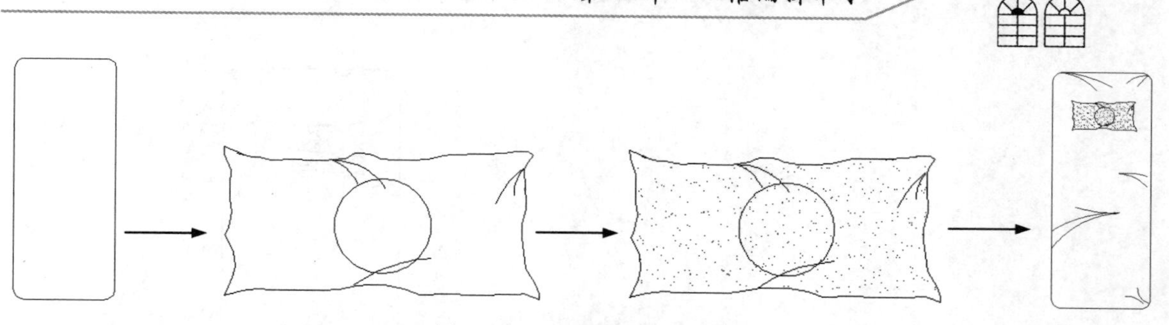

图 4-143　绘制单人床流程图

操作步骤如下：（：光盘\配套视频\第 4 章\单人床.avi）

（1）单击“默认”选项卡“绘图”面板中的“矩形”按钮，在图中适当位置绘制圆角半径为 100、边长为 1000×2500 的矩形，如图 4-144 所示。

（2）单击“默认”选项卡“绘图”面板中的“矩形”按钮，在图中绘制边长为 600×300 的矩形，如图 4-145 所示。

（3）单击“默认”选项卡“绘图”面板中的“样条曲线拟合”按钮，关闭状态栏中的“极轴”“对象捕捉”“对象追踪”等功能，然后沿矩形的边缘绘制曲折的边缘线，作为枕头的轮廓线，如图 4-146 所示。

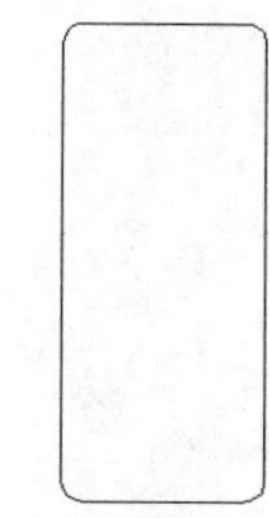

图 4-144　绘制矩形

（4）删除矩形，单击“默认”选项卡“绘图”面板中的“圆弧”按钮，在图中绘制枕头的内部褶皱线，并单击“圆”按钮在中心绘制半径为 100 的圆，如图 4-147 所示。

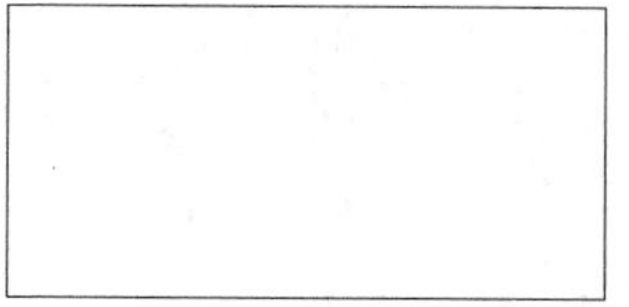

图 4-145　绘制枕头轮廓矩形

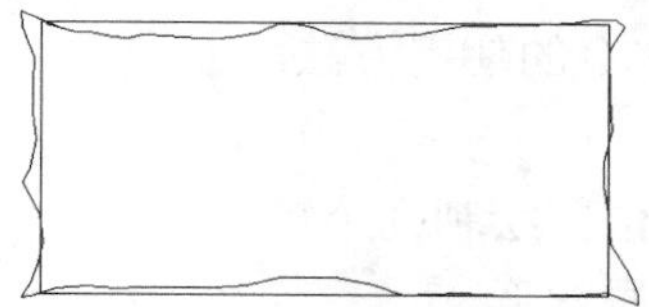

图 4-146　绘制枕头轮廓线

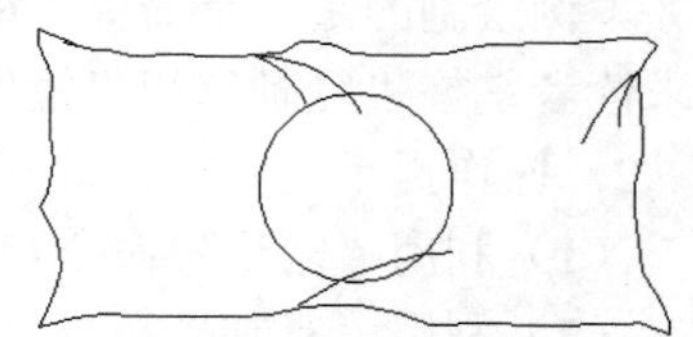

图 4-147　绘制弧线及圆

（5）单击“默认”选项卡“绘图”面板中的“图案填充”按钮，打开如图 4-148 所示的“图案填充创建”选项卡，在“图案”面板中选取填充图案为 AR-SAND，在“特性”面板中设置填充比例为 1，选取枕头对象，填充图案，结果如图 4-149 所示。

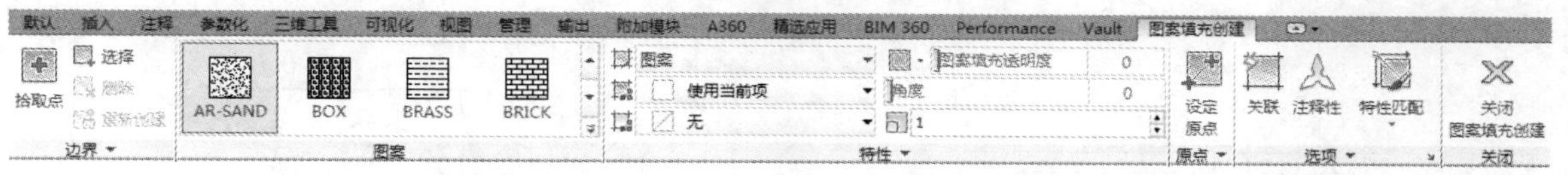

图 4-148　“图案填充创建”选项卡

（6）单击“默认”选项卡“修改”面板中的“移动”按钮，将枕头移到床上适当位置；单击“默认”选项卡“绘图”面板中的“圆弧”按钮，在床的内部绘制弧线，作为床单的褶皱，如图 4-150 所示。

Note

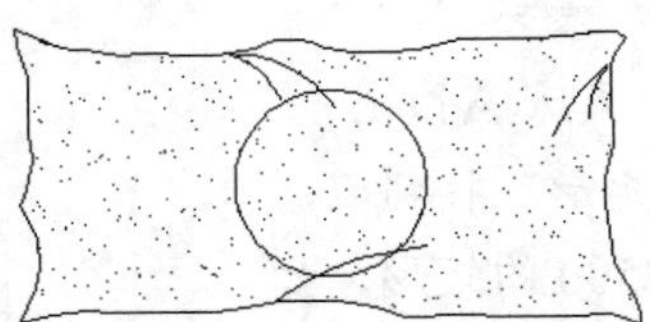
图 4-149　填充图案

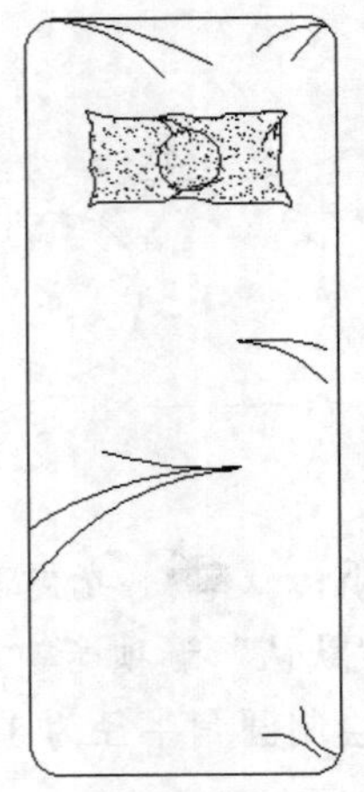
图 4-150　绘制床单褶皱

4.8　实战演练

通过前面的学习，读者对本章知识也有了大体的了解，本节通过几个操作练习使读者进一步掌握本章知识要点。

【实战演练 1】绘制如图 4-151 所示的柜子。

1．目的要求

本例绘制的是一个简单的柜子图形，涉及的命令有“矩形、“复制”和“镜像”。通过本例，要求读者掌握“复制”和“镜像”命令的使用方法。

2．操作提示

（1）利用“矩形”命令在适当位置绘制几个矩形。

（2）利用“复制”命令复制抽屉图形。

（3）利用“镜像”命令镜像支撑。

（4）利用“图案填充”命令填充图案

【实战演练 2】绘制如图 4-152 所示的马桶。

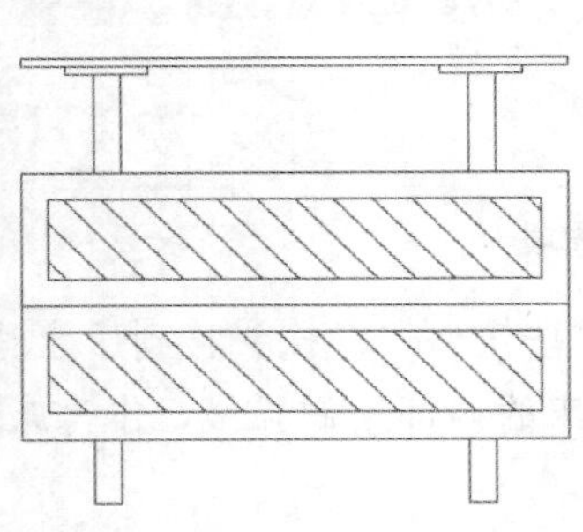
图 4-151　柜子

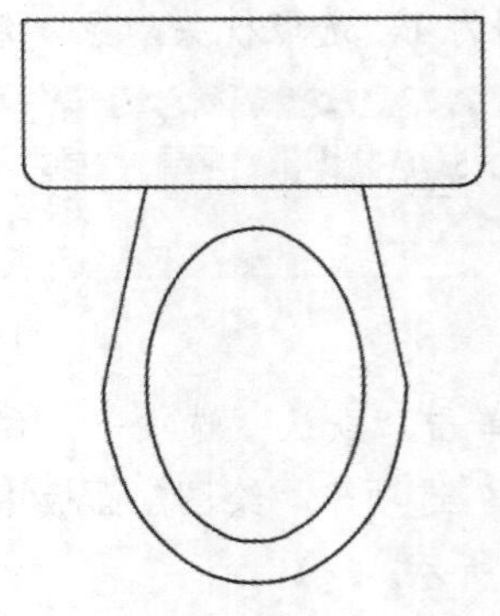
图 4-152　马桶

1．目的要求

本例绘制的是一个马桶图形，涉及的编辑命令有“分解”、“圆角”、“偏移”和“修剪”等。通过本例，要求读者掌握相关编辑命令的使用方法。

2．操作提示

（1）利用“矩形”命令绘制马桶水箱。

（2）利用“直线”和“椭圆”命令绘制马桶轮廓。

（3）利用“圆角”命令修改马桶轮廓。

（4）利用“修剪”命令修剪多余线段。

【实战演练 3】绘制如图 4-153 所示的双人床。

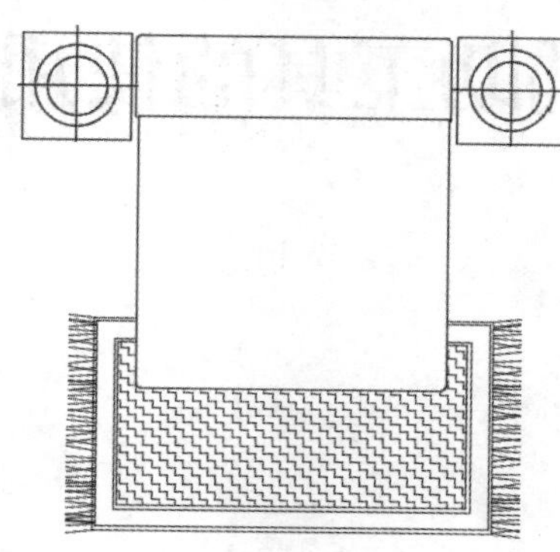

图 4-153　双人床

1．目的要求

本例绘制的是一个双人床图形，涉及的编辑命令有“偏移”、“镜像”和“图案填充”等。通过本例，要求读者掌握相关编辑命令的使用方法。

2．操作提示

（1）利用“直线”、“矩形”和“镜像”命令绘制床。

（2）利用“圆”、“直线”和“镜像”命令绘制茶几和台灯。

（3）利用“矩形”和“图案填充”命令绘制地毯。

Note

第 5 章

辅助工具的使用

本章学习要点和目标任务：

☑ 查询工具

☑ 图块及其属性

☑ 文本标注

☑ 表格

☑ 尺寸标注

☑ 设计中心与工具选项板

文字注释是图形中很重要的一部分内容，在进行各种设计时，通常不仅要绘出图形，还要在图形中标注一些文字。图表在 AutoCAD 图形中也有大量的应用，如明细表、参数表和标题栏等。尺寸标注则是绘图设计过程中相当重要的一个环节。

在绘图设计过程中，经常会遇到一些重复出现的图形（例如室内设计中的桌椅、门窗等），如果每次都重新绘制这些图形，不仅会造成大量的重复工作，而且存储这些图形及其信息也会占据相当大的磁盘空间。所以在本章中学习利用创建块的方法将其创建为块进行保存，在需要时利用插入块的方法插入到图中即可。

Note

5.1 查询工具

为方便用户及时了解图形信息，AutoCAD 提供了很多查询工具，这里简要进行说明。

5.1.1 距离查询

执行距离查询命令的方法主要有如下 3 种：

☑ 在命令行中输入“DIST”命令。

☑ 选择菜单栏中的“工具”/“查询”/“距离”命令。

☑ 单击“查询”工具栏中的“距离”按钮。

执行上述命令后，根据系统提示指定要查询的第一点和第二点。此时，命令行提示中选项为“多点”，如果使用此选项，将基于现有直线段和当前橡皮线即时计算总距离。

5.1.2 面积查询

执行面积查询命令的方法主要有如下 3 种：

☑ 在命令行中输入“MEASUREGEOM”命令。

☑ 选择菜单栏中的“工具”/“查询”/“面积”命令。

☑ 单击“查询”工具栏中的“面积”按钮。

执行上述命令后，根据系统提示选择查询区域。此时，命令行提示中各选项的含义如下。

☑ 指定角点：计算由指定点所定义的面积和周长。

☑ 增加面积：打开“加”模式，并在定义区域时即时保持总面积。

☑ 减少面积：从总面积中减去指定的面积。

5.2 图块及其属性

把一组图形对象组合成图块加以保存，需要时可以把图块作为一个整体以任意比例和旋转角度插入到图中任意位置，这样不仅避免了大量的重复工作，提高绘图速度和工作效率，而且可大大节省磁盘空间。

5.2.1 图块操作

1．图块定义

在使用图块时，首先要定义图块，图块的定义方法有如下 4 种：

☑ 在命令行中输入“BLOCK”命令。

☑ 选择菜单栏中的“绘图”/“块”/“创建”命令。

☑ 单击“绘图”工具栏中的“创建块”按钮。

☑ 单击“默认”选项卡“块”面板中的“创建”按钮或单击“插入”选项卡“块定义”面板中的“创建块”按钮。

执行上述命令后，系统弹出如图 5-1 所示的“块定义”对话框。利用此对话框指定定义对象和基点以及其他参数，即可定义图块并命名。

2. 图块保存

图块的保存方法为：在命令行中输入“WBLOCK”命令。

执行上述命令后，系统弹出如图 5-2 所示的“写块”对话框。利用此对话框可把图形对象保存为图块或把图块转换成图形文件。

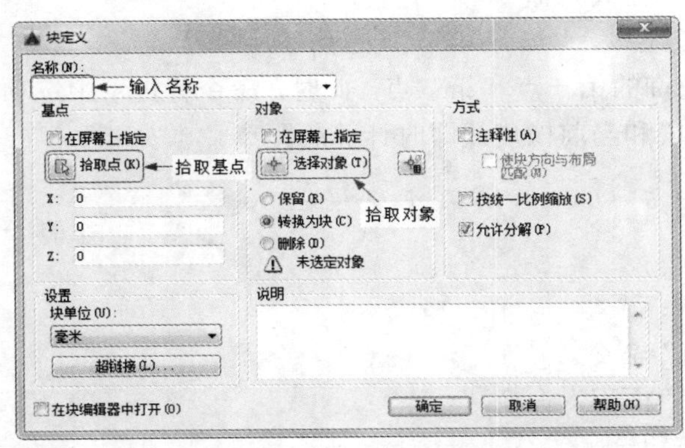

图 5-1 “块定义”对话框

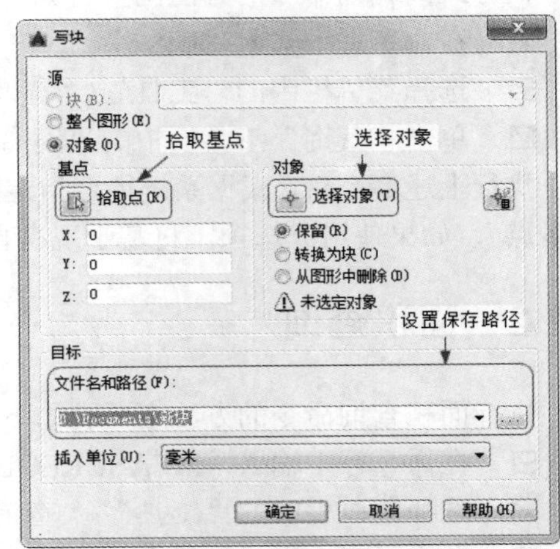

图 5-2 “写块”对话框

3. 图块插入

执行块插入命令，主要有以下 4 种调用方法：

☑ 在命令行中输入“INSERT”命令。

☑ 选择菜单栏中的“插入”/“块”命令。

☑ 单击“插入”工具栏中的“插入块”按钮或单击“绘图”工具栏中的“插入块”按钮。

☑ 单击“默认”选项卡“块”面板中的“插入”按钮或单击“插入”选项卡“块”面板中的“插入”按钮。

执行上述命令，系统弹出“插入”对话框，如图 5-3 所示。利用此对话框设置插入点位置、插入比例以及旋转角度可以指定要插入的图块及插入位置。

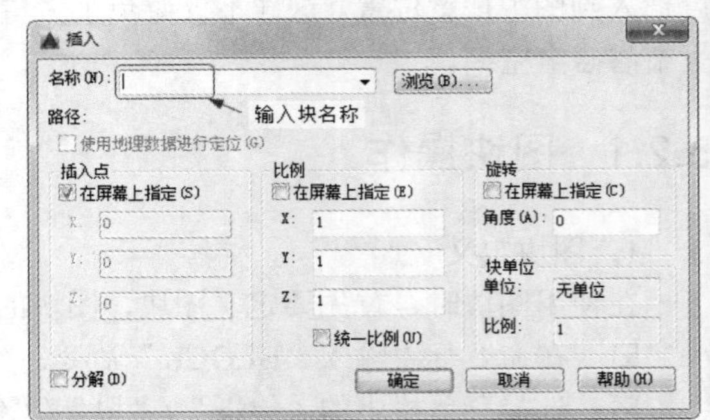

图 5-3 “插入”对话框

5.2.2 图块的属性

图块除了包含图形对象以外，还可以具有非图形信息，例如把一个椅子的图形定义为图块后，还可以把椅子的号码、材料、重量、价格以及说明等文本信息一并加入到图块当中。图块的这些非图形信息，叫作图块的属性，它

是图块的一个组成部分，与图形对象一起构成一个整体，在插入图块时 AutoCAD 把图形对象连同属性一起插入到图形中。

1．属性定义

在使用图块属性前，要对其属性进行定义，定义属性命令的调用方法有如下 3 种：

☑ 在命令行中输入“ATTDEF”命令。

☑ 选择菜单栏中的“绘图”/“块”/“定义属性”命令。

☑ 单击“默认”选项卡“块”面板中的“定义属性”按钮或单击“插入”选项卡“块定义”面板中的“定义属性”按钮。

执行上述命令，系统弹出“属性定义”对话框，如图 5-4 所示。对话框中的重要选项组的含义如下。

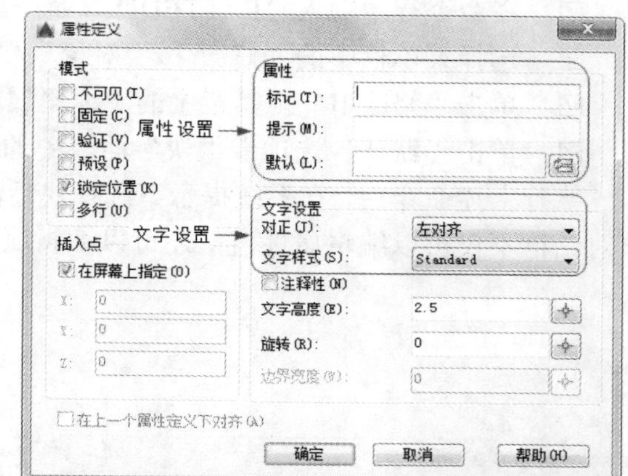

图 5-4 “属性定义”对话框

☑ “模式”选项组

- “不可见”复选框：选中此复选框，属性为不可见显示方式，即插入图块并输入属性值后，属性值在图中并不显示出来。
- “固定”复选框：选中此复选框，属性值为常量，即属性值在属性定义时给定，在插入图块时，AutoCAD 2016 不再提示输入属性值。
- “验证”复选框：选中此复选框，当插入图块时，AutoCAD 2016 重新显示属性值让用户验证该值是否正确。
- “预设”复选框：选中此复选框，当插入图块时，AutoCAD 2016 自动把事先设置好的默认值赋予属性，而不再提示输入属性值。
- “锁定位置”复选框：选中此复选框，当插入图块时，AutoCAD 2016 锁定块参照中属性的位置。解锁后，属性可以相对于使用夹点编辑的块的其他部分移动，并且可以调整多行属性的大小。
- “多行”复选框：指定属性值可以包含多行文字。

☑ “属性”选项组

- “标记”文本框：输入属性标签。属性标签可由除空格和感叹号以外的所有字符组成。AutoCAD 2016 自动把小写字母改为大写字母。
- “提示”文本框：输入属性提示。属性提示是在插入图块时 AutoCAD 2016 要求输入属性值的提示。如果不在此文本框内输入文本，则以属性标签作为提示。如果在“模式”选项组中选中“固定”复选框，即设置属性为常量，则不需设置属性提示。
- “默认”文本框：设置默认的属性值。可把使用次数较多的属性值作为默认值，也可不设默认值。

其他各选项组比较简单，不再赘述。

Note

2．修改属性定义

在定义图块之前，可以对属性的定义加以修改，不仅可以修改属性标签，还可以修改属性提示和属性默认值。文字编辑命令的调用方法有如下两种：

☑ 在命令行中输入“DDEDIT”命令。

☑ 选择菜单栏中的“修改”/“对象”/“文字”/“编辑”命令。

执行上述命令后，根据系统提示选择要修改的属性定义，AutoCAD 2016 打开“编辑属性定义”对话框，如图 5-5 所示。可以在该对话框中修改属性定义。

3．图块属性编辑

图块属性编辑命令的调用方法有如下 4 种：

☑ 在命令行中输入“EATTEDIT”命令。

☑ 选择菜单栏中的“修改”/“对象”/“属性”/“单个”命令。

☑ 单击“修改 II”工具栏中的“编辑属性”按钮。

☑ 单击“默认”选项卡“块”面板中的“定义属性”按钮。

执行上述命令后，在系统提示下选择块后，弹出“增强属性编辑器”对话框，如图 5-6 所示。该对话框不仅可以编辑属性值，还可以编辑属性的文字选项和图层、线型、颜色等特性值。

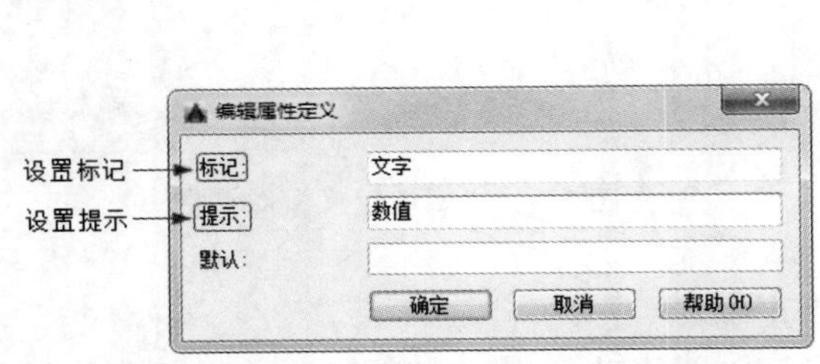

图 5-5 “编辑属性定义”对话框

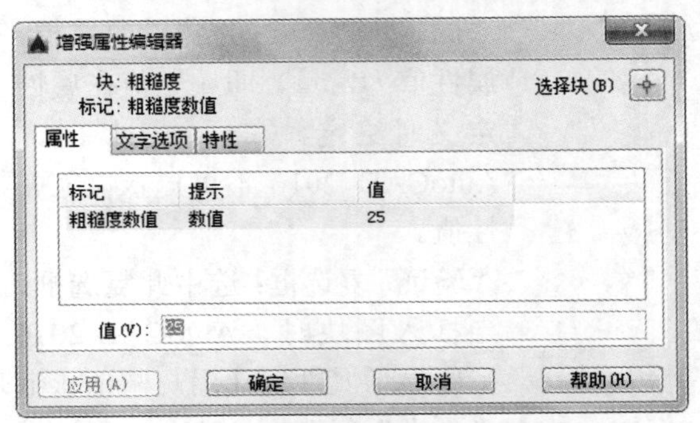

图 5-6 “增强属性编辑器”对话框

5.2.3 实战——四人餐桌

本实例主要介绍灵活利用图块快速绘制家具图形的具体方法。首先将已经绘制好的圈椅定义成图块并保存，然后绘制桌子，最后将圈椅图块插入到桌子图形中。绘制流程如图 5-7 所示。

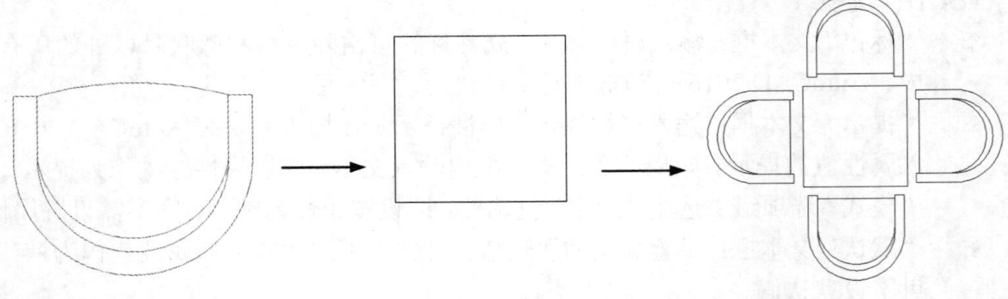

图 5-7 绘制四人餐桌流程图

操作步骤如下：（📹：光盘\配套视频\第 5 章\四人餐桌.avi）

（1）打开 3.2.4 小节绘制的小靠背椅图形，如图 5-8 所示。

（2）在命令行中输入“WBLOCK”命令，弹出“写块”对话框，如图 5-9 所示。

① 拾取点。单击“拾取点”按钮切换到作图屏幕，选择靠背椅前沿的中点为基点，按 Enter 键返回“写块”对话框。

② 选择对象。单击“选择对象”按钮切换到作图屏幕，拾取整个靠背椅图形为对象，按 Enter 键返回“写块”对话框。

③ 保存图块。单击“目标”选项组中的...按钮，打开“浏览图形文件”对话框，在“保存于”下拉列表框中选择图块的存放位置，在“文件名”文本框中输入“靠背椅图块”，单击“保存”按钮，返回“写块”对话框。

④ 关闭对话框。单击“确定”按钮，关闭“写块”对话框。

（3）新建一空白文件。单击“默认”选项卡“绘图”面板中的“多边形”按钮，绘制一个适当大小的正方形餐桌，如图 5-10 所示。

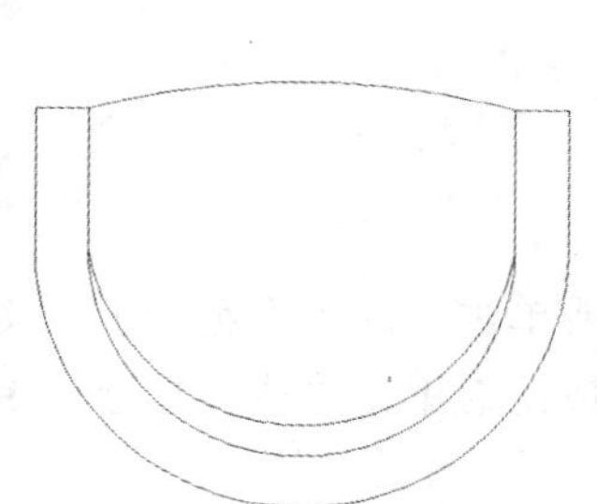

图 5-8 小靠背椅

图 5-9 “写块”对话框

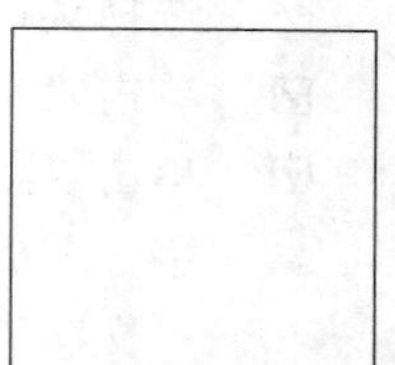

图 5-10 餐桌

（4）单击“默认”选项卡“块”面板中的“插入”按钮，打开“插入”对话框，单击“浏览”按钮，找到圈椅图块保存的路径，在“角度”文本框中输入“270”，选中“在屏幕上指定”和“统一比例”复选框，其他选项按默认设置，如图 5-11 所示，单击“确定”按钮。

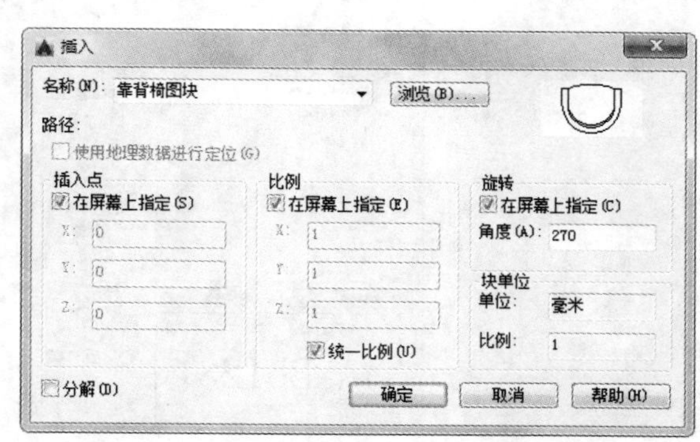

图 5-11 “插入”对话框

（5）利用“对象捕捉”和“对象追踪”功能，追踪捕捉桌子图形中点左边一个适当距离放置圈椅图块，如图 5-12 所示。

（6）单击“默认”选项卡“修改”面板中的“环形阵列”按钮，将插入的圈椅图块以桌子中心为中心进行阵列，并设置阵列数目为 4，填充角度为 360 度，最终结果如图 5-13 所示。

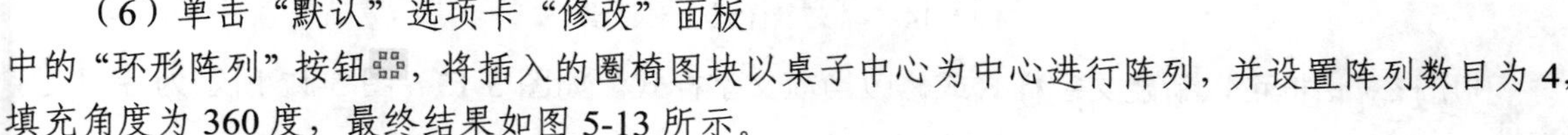

Note

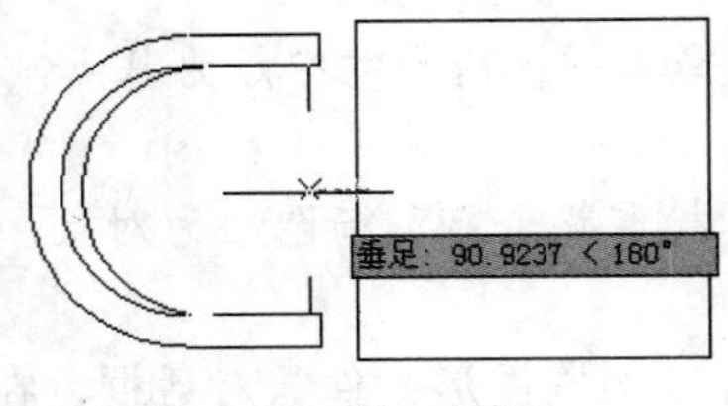

图 5-12　插入图块

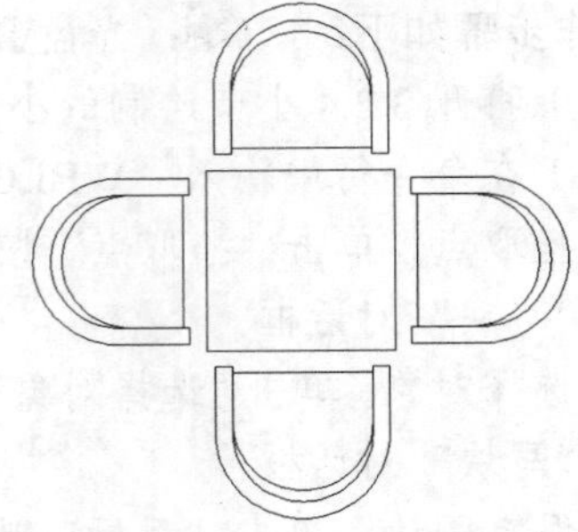

图 5-13　阵列处理

5.3　文 本 标 注

文本是建筑图形的基本组成部分，在图签、说明、图纸目录等地方都要用到文本。本节讲述文本标注的基本方法。

5.3.1　设置文本样式

执行“文本样式”命令，主要有以下 4 种调用方法：

☑　在命令行中输入“STYLE”或“DDSTYLE”命令。

☑　选择菜单栏中的“格式”/“文字样式”命令。

☑　单击“文字”工具栏中的“文字样式”按钮。

☑　单击“默认”选项卡“注释”面板中的“文字样式”按钮或单击“注释”选项卡“文字”面板上的“文字样式”下拉菜单中的“管理文字样式”按钮或单击“注释”选项卡“文字”面板中的“对话框启动器”按钮。

执行上述命令，系统弹出“文字样式”对话框，如图 5-14 所示。

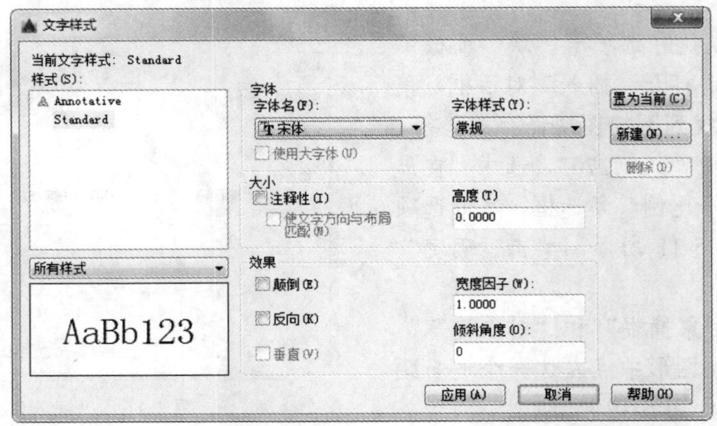

图 5-14　“文字样式”对话框

利用该对话框可以新建文字样式或修改当前文字样式。如图 5-15～图 5-17 所示为各种文字样式。

家具设计家具设计

家具设计家具设计

<u>家具设计家具设计</u>

家具设计家具设计

家具设计家具设计

图 5-15　同一文字的不同样式图

ABCDEFGHIJKLMN

ABCDEFGHIJKLMN

（a）

ABCDEFGHIJKLMN

ABCDEFGHIJKLMN

（b）

图 5-16　文字颠倒标注与反向标注

abcd

a
b
c
d

图 5-17　垂直标注文字

5.3.2　单行文字标注

执行单行文字标注命令，主要有以下 4 种调用方法：

☑　在命令行中输入“TEXT”命令。

☑　选择菜单栏中的“绘图”/“文字”/“单行文字”命令。

☑　单击“文字”工具栏中的“单行文字”按钮A|。

☑　单击“默认”选项卡“注释”面板中的“单行文字”按钮A|或单击“注释”选项卡“文字”面板中的“单行文字”按钮A|。

执行上述命令后，根据系统提示指定文字的起点或选择选项。执行该命令后，命令行提示中主要选项的含义如下。

☑　指定文字的起点：在此提示下直接在作图屏幕上点取一点作为文本的起始点，在此提示下输入一行文本后按 Enter 键，AutoCAD 继续显示“输入文字:”提示，可继续输入文本，待全部输入完后在此提示下直接按 Enter 键，则退出 TEXT 命令。可见，由 TEXT 命令也可创建多行文本，只是这种多行文本每一行是一个对象，不能对多行文本同时进行操作。

☑　对正(J)：在上面的提示下输入“J”，用来确定文本的对齐方式，对齐方式决定文本的哪一部分与所选的插入点对齐。执行此选项，根据系统提示选择选项作为文本的对齐方式。当文本串水平排列时，AutoCAD 为标注文本串定义了图 5-18 所示的顶线、中线、基线和底线，各种对齐方式如图 5-19 所示，图中大写字母对应上述提示中各命令。

图 5-18　文本行的底线、基线、中线和顶线

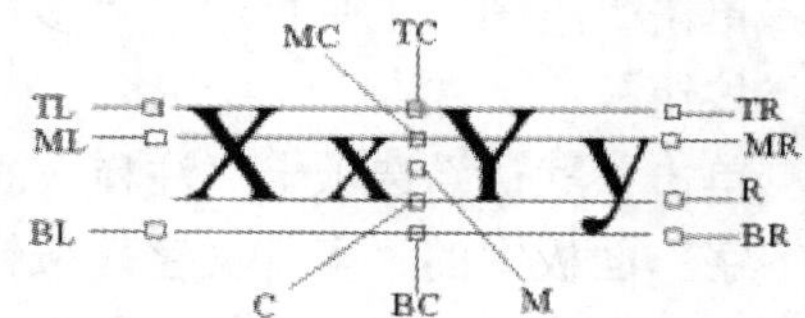

图 5-19　文本的对齐方式

下面以“对齐”为例进行简要说明。选择“对齐(A)”选项，要求用户指定文本行基线的起始点与终止点的位置，AutoCAD 提示如下：

```
指定文字基线的第一个端点:（指定文本行基线的起点位置）
指定文字基线的第二个端点:（指定文本行基线的终点位置）
```

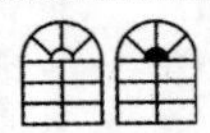

输入文字:（输入一行文本后按 Enter 键）
输入文字:（继续输入文本或直接按 Enter 键结束命令）

Note

执行结果：所输入的文本字符均匀地分布于指定的两点之间，如果两点间的连线不水平，则文本行倾斜放置，倾斜角度由两点间的连线与 x 轴夹角确定；字高、字宽根据两点间的距离、字符的多少以及文本样式中设置的宽度系数自动确定。指定了两点之后，每行输入的字符越多，字宽和字高越小。

其他选项与“对齐”类似，不再赘述。

实际绘图时，有时需要标注一些特殊字符，例如直径符号、上划线或下划线、温度符号等。由于这些符号不能直接从键盘上输入，AutoCAD 提供了一些控制码，用来实现这些要求。控制码用两个百分号（%%）加一个字符构成，常用的控制码如表 5-1 所示。

表 5-1　AutoCAD 常用控制码

符　号	功　能	符　号	功　能
%%O	上划线	\u+0278	电相位
%%U	下划线	\u+E101	流线
%%D	“度”符号	\u+2261	标识
%%P	正负符号	\u+E102	界碑线
%%C	直径符号	\u+2260	不相等
%%%	百分号%	\u+2126	欧姆
\u+2248	几乎相等	\u+03A9	欧米加
\u+2220	角度	\u+214A	低界线
\u+E100	边界线	\u+2082	下标 2
\u+2104	中心线	\u+00B2	上标 2
\u+0394	差值		

5.3.3　多行文字标注

执行多行文字标注命令，主要有以下 4 种调用方法：

☑ 在命令行中输入“MTEXT”命令。
☑ 选择菜单栏中的“绘图”/“文字”/“多行文字”命令。
☑ 单击“绘图”工具栏中的“多行文字”按钮A或单击“文字”工具栏中的“多行文字”按钮A。
☑ 单击“默认”选项卡“注释”面板中的“多行文字”按钮A或单击“注释”选项卡“文字”面板中的“多行文字”按钮A。

执行上述命令后，根据系统提示指定矩形框的范围，创建多行文字。

使用“多行文字”命令绘制文字时，命令行提示中主要选项的含义如下。

☑ 指定对角点：直接在屏幕上点取一个点作为矩形框的第二个角点，AutoCAD 以这两个点为对角点形成一个矩形区域，其宽度作为将来要标注的多行文本的宽度，而且第一个点作为第一行文本顶线的起点。响应后 AutoCAD 打开如图 5-20 所示的“文字编辑器”选项卡和多行文字编辑器，可利用此编辑器输入多行文本并对其格式进行设置。关于对

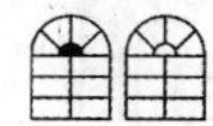

话框中各项的含义与编辑器功能，稍后再详细介绍。

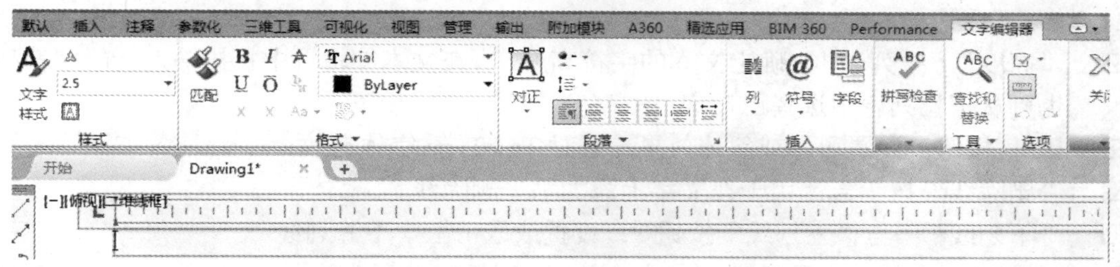

Note

图 5-20　“文字编辑器”选项卡和多行文字编辑器

☑ 对正(J)：确定所标注文本的对齐方式。选择此选项，根据系统提示选择对齐方式，这些对齐方式与 TEXT 命令中的各对齐方式相同，不再重复。选取一种对齐方式后按 Enter 键，AutoCAD 回到上一级提示。

☑ 行距(L)：确定多行文本的行间距，这里所说的行间距是指相邻两文本行的基线之间的垂直距离。根据系统提示输入行距类型，在此提示下有两种方式确定行间距，即“至少”方式和“精确”方式。“至少”方式下，AutoCAD 根据每行文本中最大的字符自动调整行间距；“精确”方式下，AutoCAD 给多行文本赋予一个固定的行间距。可以直接输入一个确切的间距值，也可以输入“nx”的形式，其中 n 是一个具体数，表示行间距设置为单行文本高度的 n 倍，而单行文本高度是本行文本字符高度的 1.66 倍。

☑ 旋转(R)：确定文本行的倾斜角度。根据系统提示输入倾斜角度。

☑ 样式(S)：确定当前的文本样式。

☑ 高度(H)：指定多行文本的高度。

☑ 宽度(W)：指定多行文本的宽度。可在屏幕上选取一点与前面确定的第一个角点组成的矩形框的宽作为多行文本的宽度。也可以输入一个数值，精确设置多行文本的宽度。

在多行文字绘制区域，单击鼠标右键，系统打开右键快捷菜单，如图 5-21 所示。该快捷菜单提供标准编辑命令和多行文字特有的命令。菜单顶层的命令是基本编辑命令，如剪切、复制和粘贴等，后面的命令则是多行文字编辑器特有的命令。

☑ 栏(C)：根据栏宽、栏间距宽度和栏高组成矩形框，打开如图 5-20 所示的“文字编辑器”选项卡和多行文字编辑器。

“文字编辑器”选项卡：用来控制文本文字的显示特性。可以在输入文本文字前设置文本的特性，也可以改变已输入的文本文字特性。要改变已有文本文字显示特性，首先应选择要修改的文本，选择文本的方式有以下 3 种：

☑ 将光标定位到文本文字开始处，按住鼠标左键，拖到文本末尾。

☑ 双击某个文字，则该文字被选中。

☑ 3 次单击鼠标，则选中全部内容。

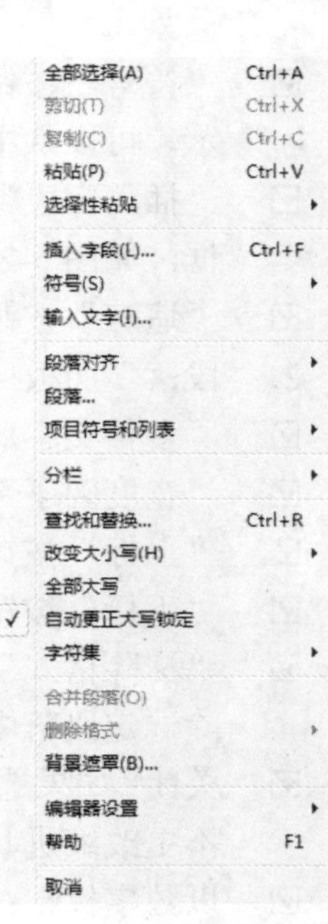

图 5-21　右键快捷菜单

Note

下面介绍面板中部分选项的功能。

1．“格式”面板

☑ “高度”下拉列表框：确定文本的字符高度，可在文本编辑框中直接输入新的字符高度，也可从下拉列表中选择已设定过的高度。

☑ B和I按钮：设置黑体或斜体效果，只对 TrueType 字体有效。

☑ “删除线”按钮A：用于在文字上添加水平删除线。

☑ “下划线”U与“上划线”按钮O：设置或取消上（下）划线。

☑ “堆叠”按钮：即层叠/非层叠文本按钮，用于层叠所选的文本，也就是创建分数形式。当文本中某处出现“/”、“^”或“#”这 3 种层叠符号之一时可层叠文本，方法是选中需层叠的文字，然后单击此按钮，则符号左边的文字作为分子，右边的文字作为分母。AutoCAD 提供了 3 种分数形式，如果选中“abcd/efgh”后单击此按钮，得到如图 5-22（a）所示的分数形式；如果选中“abcd^efgh”后单击此按钮，则得到如图 5-22（b）所示的形式，此形式多用于标注极限偏差；如果选中“abcd # efgh”后单击此按钮，则创建斜排的分数形式，如图 5-22（c）所示。如果选中已经层叠的文本对象后单击此按钮，则恢复到非层叠形式。

☑ “倾斜角度”下拉列表框0/：设置文字的倾斜角度，如图 5-23 所示。

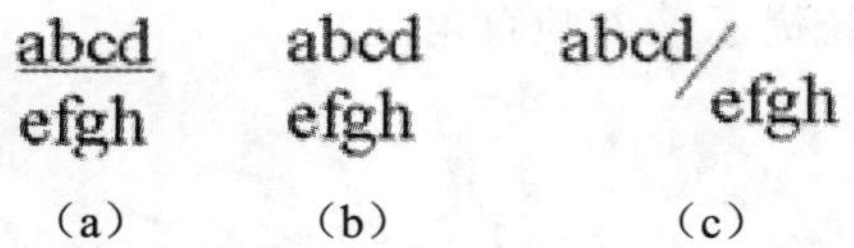

$\frac{abcd}{efgh}$　　abcd efgh　　abcd/efgh

（a）　　（b）　　（c）

图 5-22　文本层叠

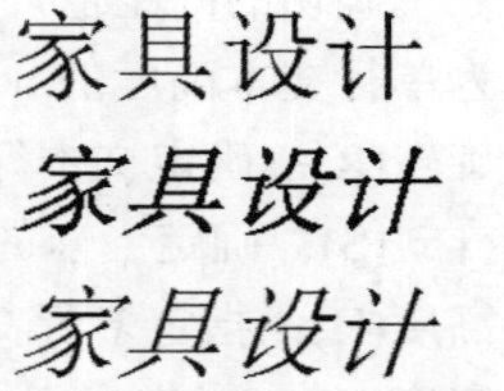

家具设计
家具设计
家具设计

图 5-23　倾斜角度与斜体效果

☑ “符号”按钮@：用于输入各种符号。单击该按钮，系统打开符号列表，如图 5-24 所示，可以从中选择符号输入到文本中。

☑ “插入字段”按钮：插入一些常用或预设字段。单击该按钮，系统打开“字段”对话框，如图 5-25 所示，用户可以从中选择字段插入到标注文本中。

☑ “追踪”按钮 a-b：增大或减小选定字符之间的空隙。

2．“段落”面板

☑ “多行文字对正”按钮：显示“多行文字对正”菜单，并且有 9 个对齐选项可用。

☑ “宽度因子”按钮：扩展或收缩选定字符。

☑ “上标”按钮x^{2}：将选定文字转换为上标，即在键入线的上方设置稍小的文字。

☑ “下标”按钮x_{2}：将选定文字转换为下标，即在键入线的下方设置稍小的文字。

☑ “清除格式”下拉列表：删除选定字符的字符格式，或删除选定段落的段落格式，或删除选定段落中的所有格式。

☑ 关闭：如果选择此选项，将从应用了列表格式的选定文字中删除字母、数字和项目符号。不更改缩进状态。

☑ 以数字标记：应用将带有句点的数字用于列表中的项的列表格式。

☑ 以字母标记：应用将带有句点的字母用于列表中的项的列表格式。如果列表含有的项多

于字母中含有的字母，可以使用双字母继续序列。

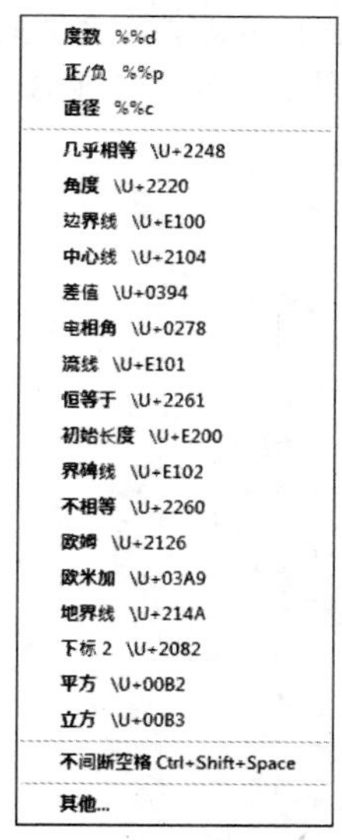

图 5-24　符号列表

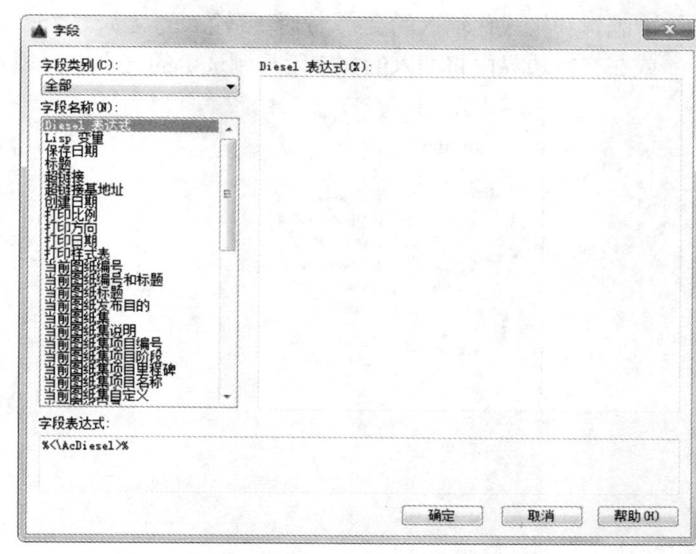

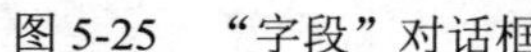
图 5-25　“字段”对话框

☑　以项目符号标记：应用将项目符号用于列表中的项的列表格式。

☑　起点：在列表格式中启动新的字母或数字序列。如果选定的项位于列表中间，则选定项下面的未选中的项也将成为新列表的一部分。

☑　连续：将选定的段落添加到上面最后一个列表然后继续序列。如果选择了列表项而非段落，选定项下面的未选中的项将继续序列。

☑　允许自动项目符号和编号：在输入时应用列表格式。以下字符可以用作字母和数字后的标点并不能用作项目符号：句点（.）、逗号（,）、右括号（)）、右尖括号（>）、右方括号（]）和右花括号（}）。

☑　允许项目符号和列表：如果选择此选项，列表格式将应用到外观类似列表的多行文字对象中的所有纯文本。

☑　段落：为段落和段落的第一行设置缩进。指定制表位和缩进，控制段落对齐方式、段落间距和段落行距，如图 5-26 所示。

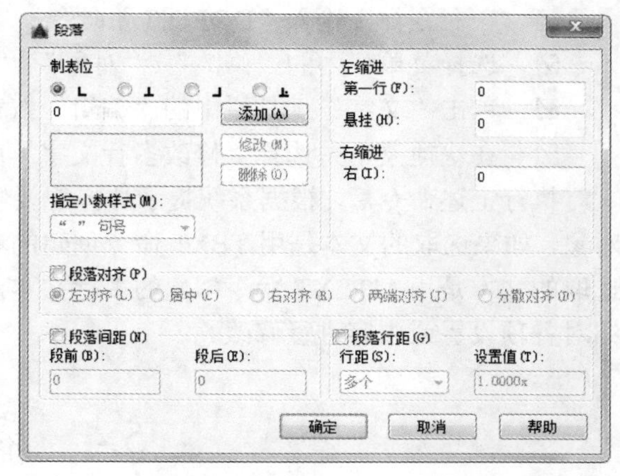

图 5-26　“段落”对话框

3．“拼写检查”面板

☑　拼写检查：确定输入时拼写检查处于打开还是关闭状态。

☑　编辑词典：显示“词典”对话框，从中可添加或删除在拼写检查过程中使用的自定义词典。

4．“工具”面板

☑　输入文字：选择此项，系统打开“选择文件”对话框，如图 5-27 所示。选择任意 ASCII

或 RTF 格式的文件。输入的文字保留原始字符格式和样式特性，但可以在多行文字编辑器中编辑和格式化输入的文字。选择要输入的文本文件后，可以替换选定的文字或全部文字，或在文字边界内将插入的文字附加到选定的文字中。输入文字的文件必须小于 32KB。

图 5-27 “选择文件”对话框

5.“选项”面板

☑ 标尺：在编辑器顶部显示标尺。拖动标尺末尾的箭头可更改文字对象的宽度。列模式处于活动状态时，还显示高度和列夹点。

5.3.4 多行文字编辑

执行多行文字编辑命令，主要有以下 4 种调用方法：

☑ 在命令行中输入“DDEDIT”命令。

☑ 选择菜单栏中的“修改”/“对象”/“文字”/“编辑”命令。

☑ 单击“文字”工具栏中的“编辑”按钮。

☑ 在快捷菜单中选择“修改多行文字”或“编辑文字”命令。

执行上述命令后，根据系统提示选择想要修改的文本，同时光标变为拾取框。用拾取框点击对象，如果选取的文本是用 TEXT 命令创建的单行文本，则深显该文本，可对其进行修改。如果选取的文本是用 MTEXT 命令创建的多行文本，选取后则打开多行文字编辑器，可根据前面的介绍对各项设置或内容进行修改。

5.4 表 格

在以前的版本中，要绘制表格必须采用绘制图线或者图线结合偏移或复制等编辑命令来完成，这样的操作过程繁琐而复杂，不利于提高绘图效率。表格功能使创建表格变得非常容易，用户可以直接插入设置好样式的表格，而不用绘制由单独的图线组成的栅格。

Note

5.4.1　设置表格样式

执行表格样式命令，主要有以下 4 种调用方法：

☑　在命令行中输入“TABLESTYLE”命令。

☑　选择菜单栏中的“格式”/“表格样式”命令。

☑　单击“样式”工具栏中的“表格样式管理器”按钮。

☑　单击“默认”选项卡“注释”面板中的“表格样式”按钮或单击“注释”选项卡“表格”面板上的“表格样式”下拉菜单中的“管理表格样式”按钮或单击“注释”选项卡“表格”面板中的“对话框启动器”按钮。

执行上述命令后，AutoCAD 打开“表格样式”对话框，如图 5-28 所示。对话框中部分按钮的含义如下。

☑　新建：单击该按钮，系统弹出“创建新的表格样式”对话框，如图 5-29 所示。输入新的表格样式名后，单击“继续”按钮，系统打开“新建表格样式”对话框，如图 5-30 所示，从中可以定义新的表格样式。分别控制表格中数据、列标题和总标题的有关参数，如图 5-31 所示。

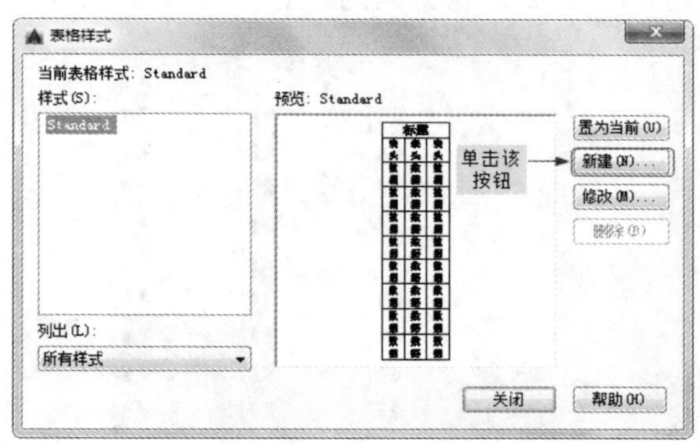

图 5-28　“表格样式”对话框

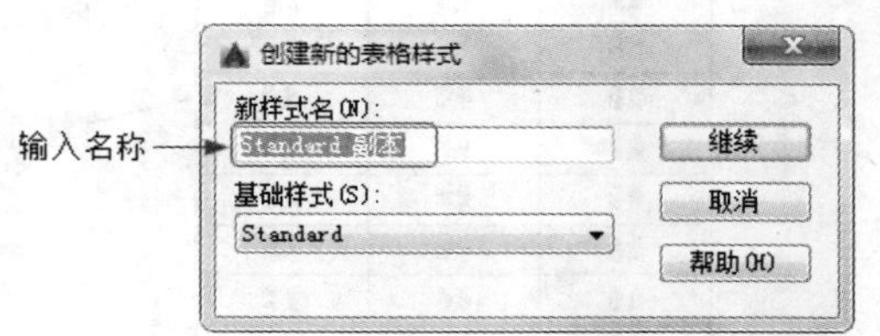

图 5-29　“创建新的表格样式”对话框

☑　修改：单击该按钮可对当前表格样式进行修改，方式与新建表格样式相同。

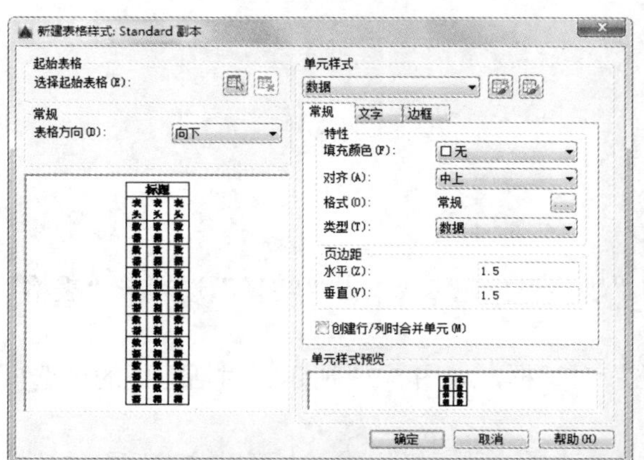

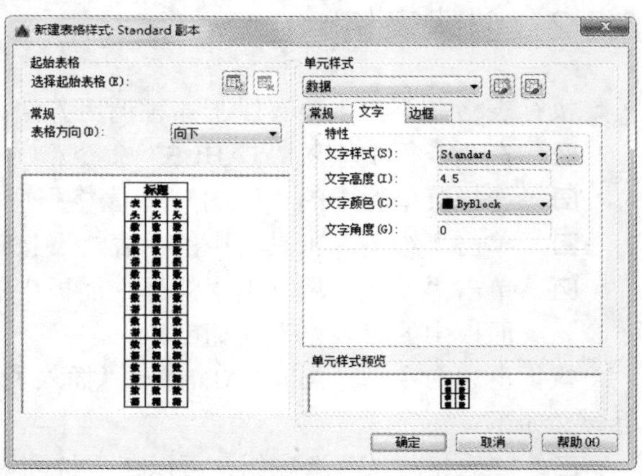

图 5-30　“新建表格样式”对话框

Note

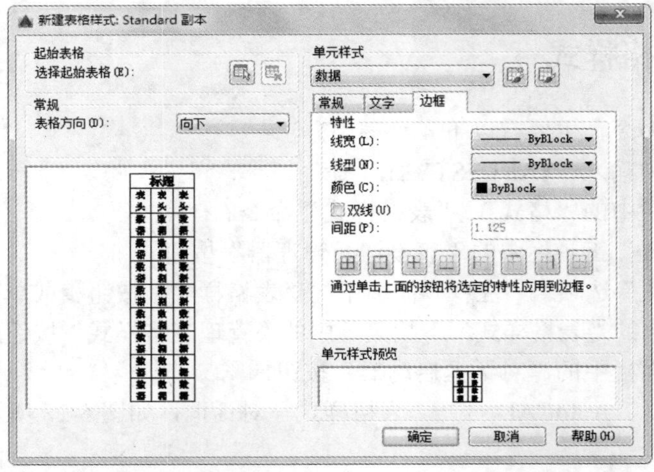

图 5-30 “新建表格样式”对话框（续）

图 5-32 所示为数据文字样式为 Standard，文字高度为 4.5，文字颜色为“红色”，填充颜色为“黄色”，对齐方式为“右下”；没有列标题行，标题文字样式为 Standard，文字高度为 6，文字颜色为“蓝色”，填充颜色为“无”，对齐方式为“正中”；表格方向为“上”，水平单元边距和垂直单元边距都为 1.5 的表格样式。

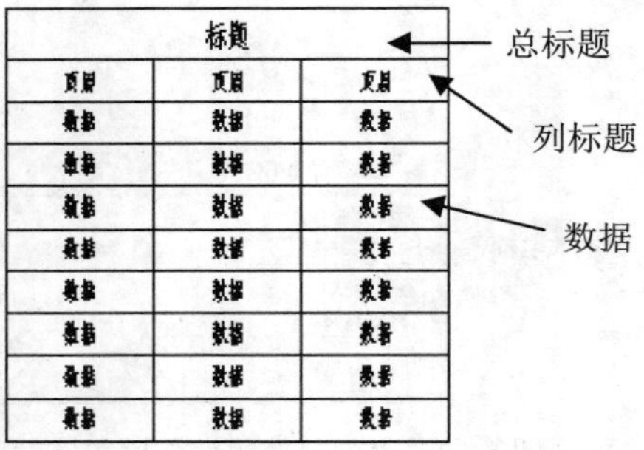

标题		
页眉	页眉	页眉
数据	数据	数据
数据	数据	数据
数据	数据	数据
数据	数据	数据
数据	数据	数据
数据	数据	数据
数据	数据	数据
数据	数据	数据

总标题

列标题

数据

图 5-31 表格样式

图 5-32 表格示例

5.4.2 创建表格

执行表格命令，主要有以下 4 种调用方法：

☑ 在命令行中输入“TABLE”命令。

☑ 选择菜单栏中的“绘图”/“表格”命令。

☑ 单击“绘图”工具栏中的“表格”按钮▦。

☑ 单击“默认”选项卡“注释”面板中的“表格”按钮▦或单击“注释”选项卡“表格”面板中的“表格”按钮▦。

执行上述命令后，AutoCAD 打开“插入表格”对话框，如图 5-33 所示。对话框中的各选项组含义如下。

☑ “表格样式”选项组：可以在下拉列表框中选择一种表格样式，也可以单击后面的▦按钮新建或修改表格样式。

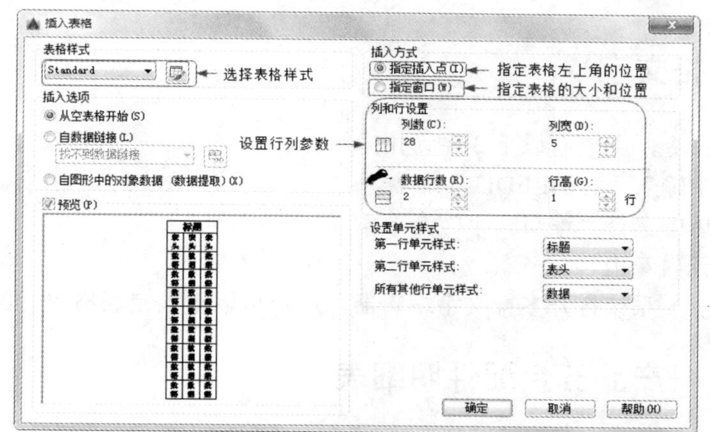

图 5-33　“插入表格”对话框

☑　“插入方式”选项组：选中“指定插入点”单选按钮，可以指定表左上角的位置。可以使用定点设备，也可以在命令行中输入坐标值。如果将表的方向设置为由下而上读取，则插入点位于表的左下角。选中“指定窗口”单选按钮，可以指定表的大小和位置。可以使用定点设备，也可以在命令行中输入坐标值。此时，行数、列数、列宽和行高取决于窗口的大小以及列和行设置。

☑　“列和行设置”选项组：指定列和行的数目以及列宽与行高。

提示：

在“插入方式”选项组中选中“指定窗口”单选按钮后，列与行设置的两个参数中只能指定一个，另外一个由指定窗口大小自动等分指定。

在上面的“插入表格”对话框中进行相应设置后，单击“确定”按钮，系统在指定的插入点或窗口自动插入一个空表格，并显示多行文字编辑器，用户可以逐行逐列输入相应的文字或数据，如图 5-34 所示。

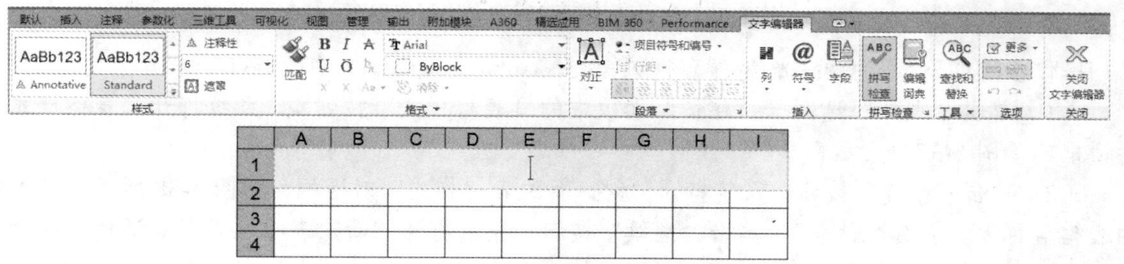

图 5-34　多行文字编辑器

提示：

在插入后的表格中选择某一个单元格，单击后出现钳夹点，通过移动钳夹点可以改变单元格的大小，如图 5-35 所示。

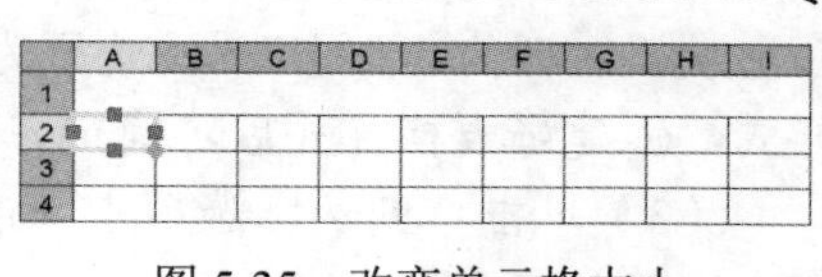

图 5-35　改变单元格大小

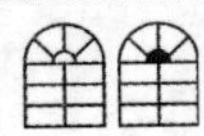

5.4.3 编辑表格文字

Note

执行文字编辑命令，主要有以下 3 种调用方法：

☑ 在命令行中输入“TABLEDIT”命令。

☑ 在快捷菜单中选择“编辑文字”命令。

☑ 在表格单元内双击。

执行上述命令后，系统打开多行文字编辑器，用户可以对指定表格单元的文字进行编辑。

5.4.4 实战——产品五金配件明细表

本实例利用表格命令绘制产品五金配件明细表。首先设置表格样式，然后插入表格并调整表格的大小，最后填写表格中的文字。绘制流程图如图 5-36 所示。

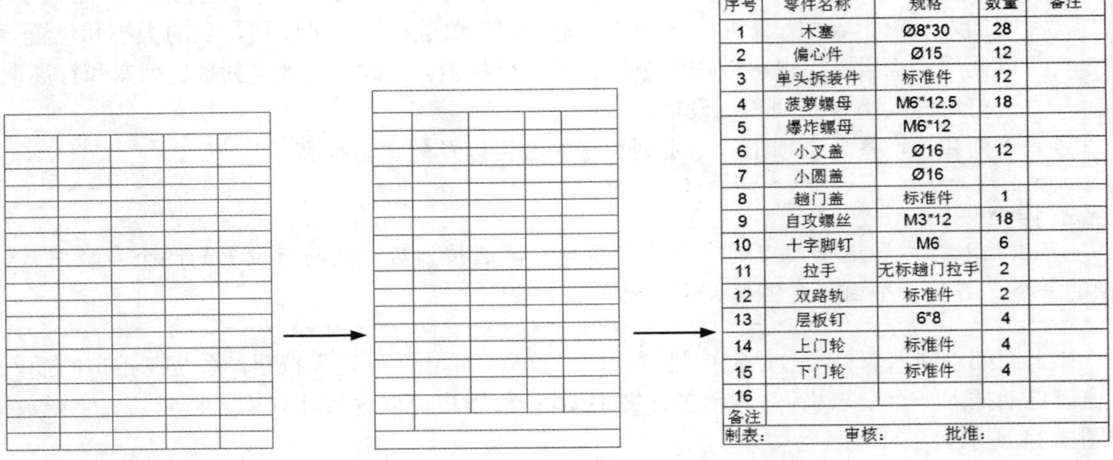

产品五金配件明细表				
序号	零件名称	规格	数量	备注
1	木塞	Ø8*30	28	
2	偏心件	Ø15	12	
3	单头拆装件	标准件	12	
4	菠萝螺母	M6*12.5	18	
5	爆炸螺母	M6*12		
6	小叉盖	Ø16	12	
7	小圆盖	Ø16		
8	趟门盖	标准件	1	
9	自攻螺丝	M3*12	18	
10	十字脚钉	M6	6	
11	拉手	无标趟门拉手	2	
12	双路轨	标准件	2	
13	层板钉	6*8	4	
14	上门轮	标准件	4	
15	下门轮	标准件	4	
16				
备注				
制表：	审核：	批准：		

图 5-36 产品五金配件明细表绘制流程图

操作步骤如下：（光盘\配套视频\第 5 章\产品五金配件明细表.avi）

（1）单击“默认”选项卡“注释”面板中的“表格样式”按钮，系统打开“表格样式”对话框，如图 5-37 所示。

（2）单击“新建”按钮，系统打开“创建新的表格样式”对话框，如图 5-38 所示。输入新的表格名称为“五金配件表”，单击“继续”按钮，系统打开“新建表格样式”对话框，在“单元样式”对应的下拉列表框中选择“数据”，其对应的“常规”选项卡设置如图 5-39 所示，“文字”选项卡设置如图 5-40 所示。同理，在“单元样式”对应的下拉列表框中分别选择“标题”，分别设置对齐为“正中”，页边距为 4，文字高度为 25。“表头”单元样式的设置同“数据”单元样式，创建好表格样式后，确定并关闭退出“表格样式”对话框。

（3）单击“默认”选项卡“注释”面板中的“表格”按钮，系统打开“插入表格”对话框，设置如图 5-41 所示。

Note

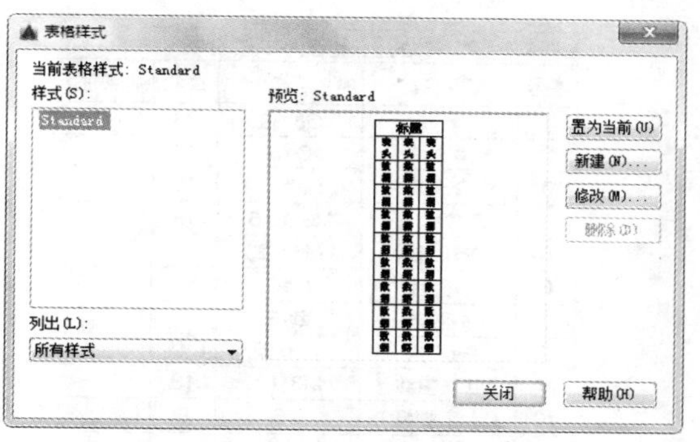

图 5-37　“表格样式”对话框

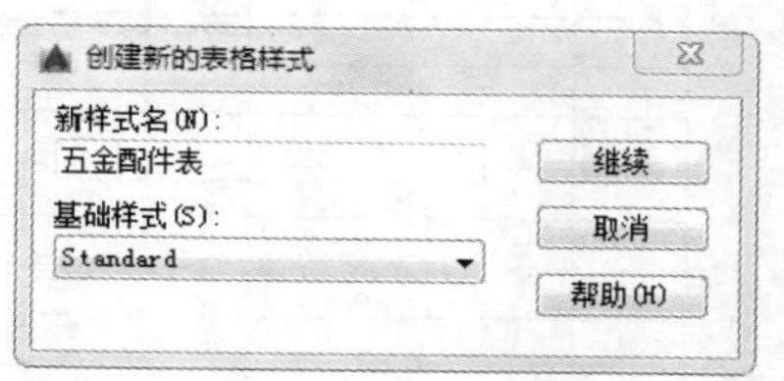

图 5-38　“创建新的表格样式”对话框

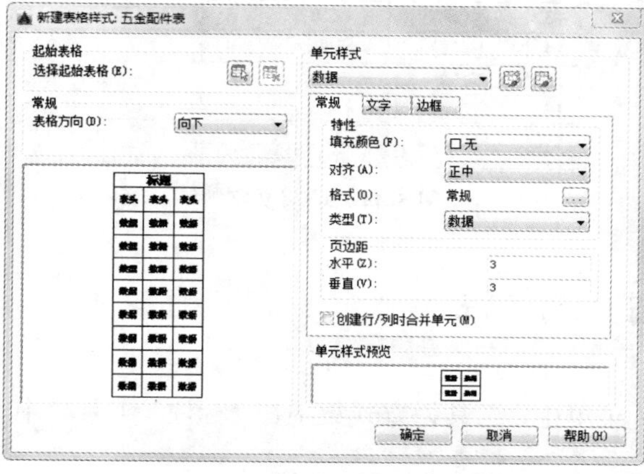

图 5-39　“常规”选项卡设置

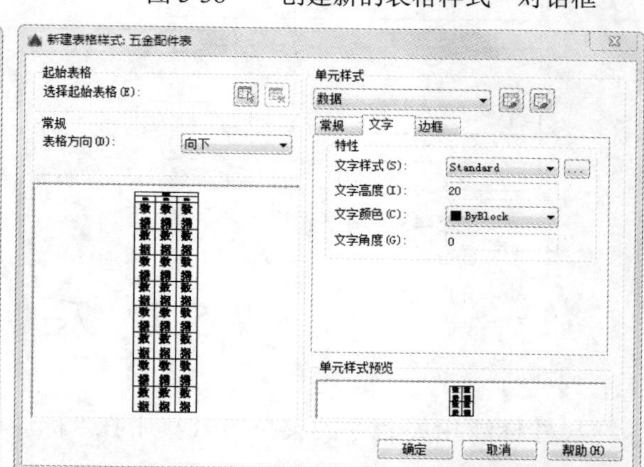

图 5-40　“文字”选项卡设置

（4）单击“确定”按钮，系统在指定的插入点或窗口自动插入一个空表格，如图 5-42 所示。

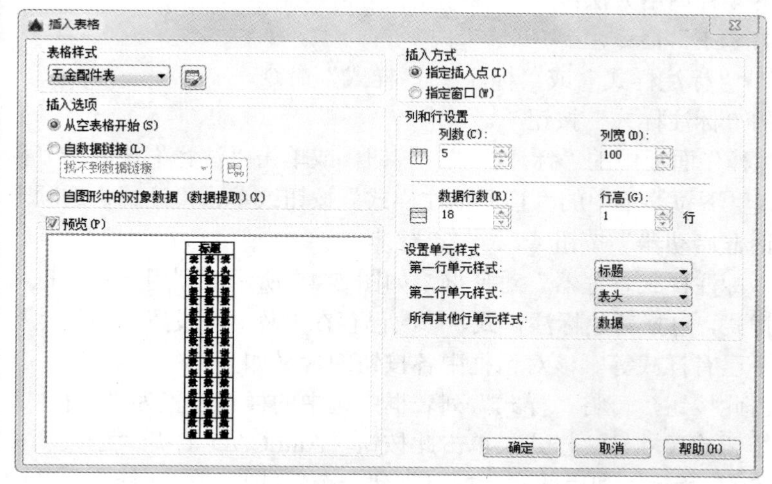

图 5-41　“插入表格”对话框

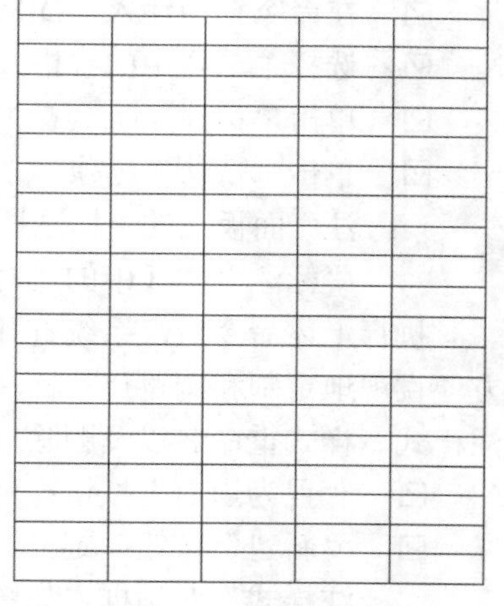

图 5-42　插入表格

（5）单击表格拖动夹点，调整表格的宽度，选取要合并的单元，单击“表格单元”选项卡“合并”面板中的“合并单元”按钮▦，合并单元格，结果如图 5-43 所示。

（6）双击单元格，打开文字编辑器，输入对应的文字，完成明细表的创建，如图 5-44 所示。

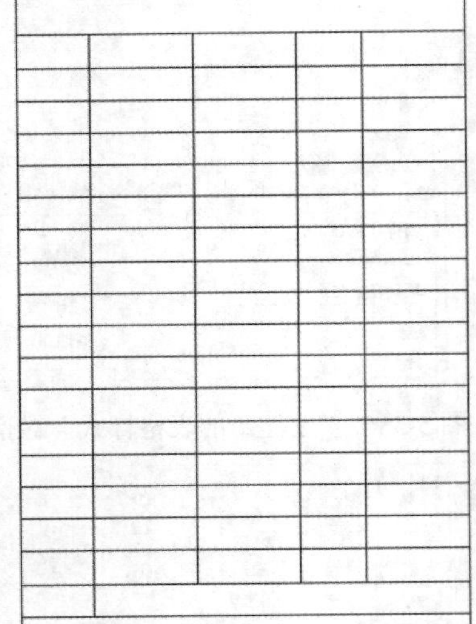

图 5-43　调整表格大小

产品五金配件明细表				
序号	零件名称	规格	数量	备注
1	木塞	Ø8*30	28	
2	偏心件	Ø15	12	
3	单头拆装件	标准件	12	
4	菠萝螺母	M6*12.5	18	
5	爆炸螺母	M6*12		
6	小叉盖	Ø16	12	
7	小圆盖	Ø16		
8	趟门盖	标准件	1	
9	自攻螺丝	M3*12	18	
10	十字脚钉	M6	6	
11	拉手	无标趟门拉手	2	
12	双路轨	标准件	2	
13	层板钉	6*8	4	
14	上门轮	标准件	4	
15	下门轮	标准件	4	
16				
备注				
制表:	审核:	批准:		

图 5-44　填写文字

5.5　尺 寸 标 注

尺寸标注相关命令的菜单方式集中在“标注”菜单中，工具栏方式集中在“标注”工具栏中。

5.5.1　设置尺寸样式

执行标注样式命令主要有如下 4 种调用方法：

☑　在命令行中输入“DIMSTYLE”命令。

☑　选择菜单栏中的“格式”/“标注样式”或“标注”/“样式”命令。

☑　单击“标注”工具栏中的“标注样式”按钮。

☑　单击“默认”选项卡“注释”面板中的“标注样式”按钮或单击“注释”选项卡“标注”面板上的“标注样式”下拉菜单中的“管理标注样式”按钮或单击“注释”选项卡“标注”面板中的“对话框启动器”按钮。

执行上述命令后，系统打开“标注样式管理器”对话框，如图 5-45 所示。利用此对话框可方便直观地定制和浏览尺寸标注样式，包括新建标注样式、修改已存在的样式、设置当前尺寸标注样式、样式重命名以及删除一个已有样式等。该对话框中各按钮的含义如下。

☑　“置为当前”按钮：单击此按钮，可将“样式”列表框中选中的样式设置为当前样式。

☑　“新建”按钮：定义一个新的尺寸标注样式。单击此按钮，AutoCAD 打开“创建新标注样式”对话框，如图 5-46 所示，利用此对话框可创建一个新的尺寸标注样式，其中各项的功能说明如下。

- 新样式名：给新的尺寸标注样式命名。
- 基础样式：选取创建新样式所基于的标注样式。单击右侧的下拉箭头，可在弹出的当前已有的样式列表中选取一个作为定义新样式的基础，新的样式是在这个样式的

基础上修改一些特性得到的。

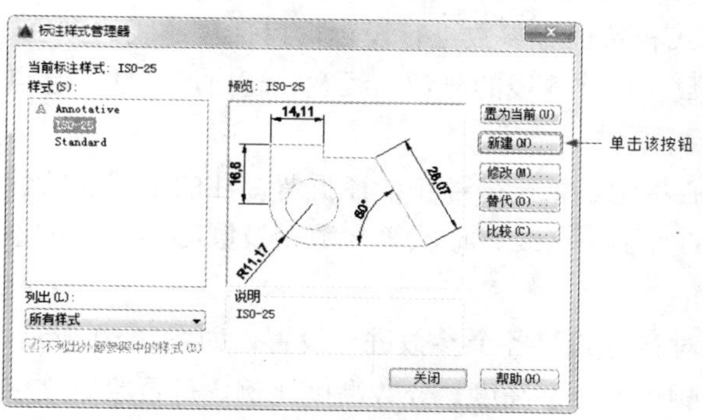

图 5-45 “标注样式管理器”对话框

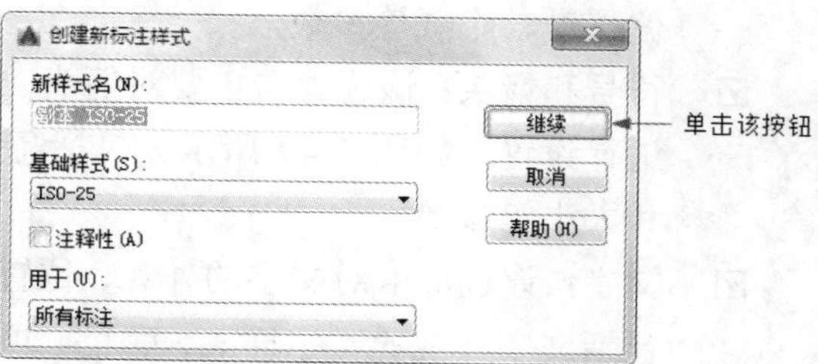

图 5-46 “创建新标注样式”对话框

- 用于：指定新样式应用的尺寸类型。单击右侧的下拉箭头，弹出尺寸类型列表，如果新建样式应用于所有尺寸，则选“所有标注”；如果新建样式只应用于特定的尺寸标注（例如只在标注直径时使用此样式），则选取相应的尺寸类型。
- 继续：各选项设置好以后，单击“继续”按钮，AutoCAD 打开“新建标注样式”对话框，如图 5-47 所示，利用此对话框可对新样式的各项特性进行设置。该对话框中各部分的含义和功能将在后面介绍。

☑ “修改”按钮：修改一个已存在的尺寸标注样式。单击此按钮，AutoCAD 弹出“修改标注样式”对话框，该对话框中的各选项与“新建标注样式”对话框中完全相同，可以对已有标注样式进行修改。

☑ “替代”按钮：设置临时覆盖尺寸标注样式。单击此按钮，AutoCAD 打开“替代当前样式”对话框，该对话框中各选项与“新建标注样式”对话框完全相同，用户可改变选项的设置覆盖原来的设置，但这种修改只对指定的尺寸标注起作用，而不影响当前尺寸变量的设置。

☑ “比较”按钮：比较两个尺寸标注样式在参数上的区别或浏览一个尺寸标注样式的参数设置。单击此按钮，AutoCAD 打开“比较标注样式”对话框，如图 5-48 所示。可以把比较结果复制到剪贴板上，然后再粘贴到其他的 Windows 应用软件上。

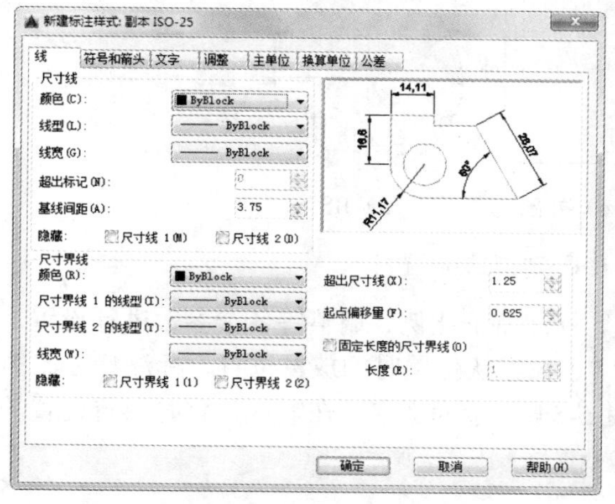

图 5-47 “新建标注样式”对话框

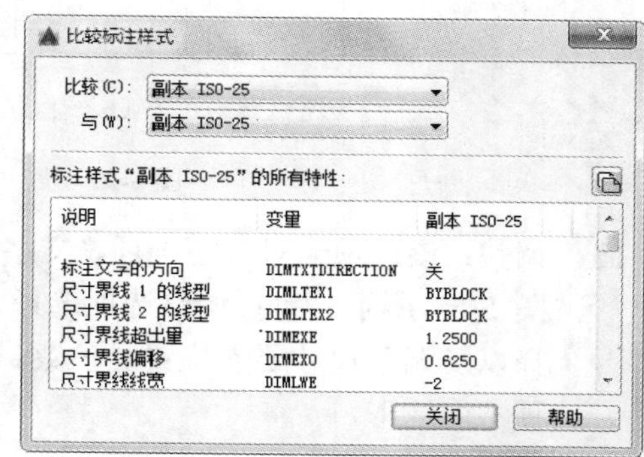

图 5-48 “比较标注样式”对话框

Note

在图 5-47 所示的“新建标注样式”对话框中有 7 个选项卡，分别说明如下。

☑ 线：该选项卡对尺寸线、尺寸界线的形式和特性等参数进行设置，包括尺寸线的颜色、线宽、超出标记、基线间距、隐藏等参数，尺寸界线的颜色、线宽、超出尺寸线、起点偏移量、隐藏等参数。

☑ 符号和箭头：该选项卡主要对箭头、圆心标记、弧长符号和半径折弯标注的形式和特性进行设置，如图 5-49 所示。包括箭头的大小、引线、形状等参数以及圆心标记的类型和大小等参数。

☑ 文字：该选项卡对文字的外观、位置、对齐方式等各个参数进行设置，如图 5-50 所示。包括文字外观的文字样式、颜色、填充颜色、文字高度、分数高度比例、是否绘制文字边框等参数，文字位置的垂直、水平和从尺寸线偏移量等参数。对齐方式有水平、与尺寸线对齐、ISO 标准等 3 种方式。如图 5-51 所示为尺寸在垂直方向的放置的 4 种不同情形，如图 5-52 所示为尺寸在水平方向放置的 5 种不同情形。

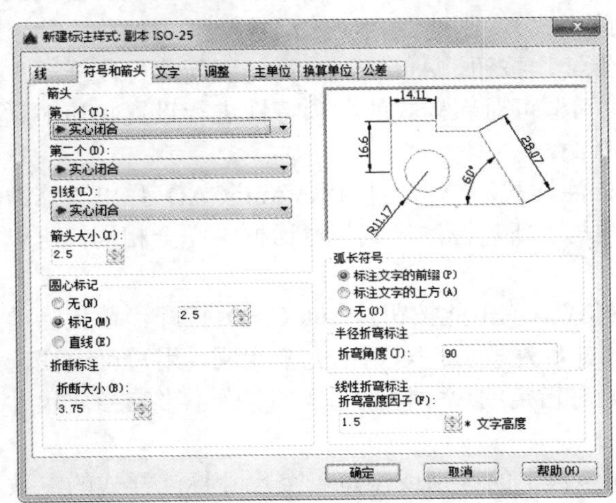

图 5-49 “符号和箭头”选项卡

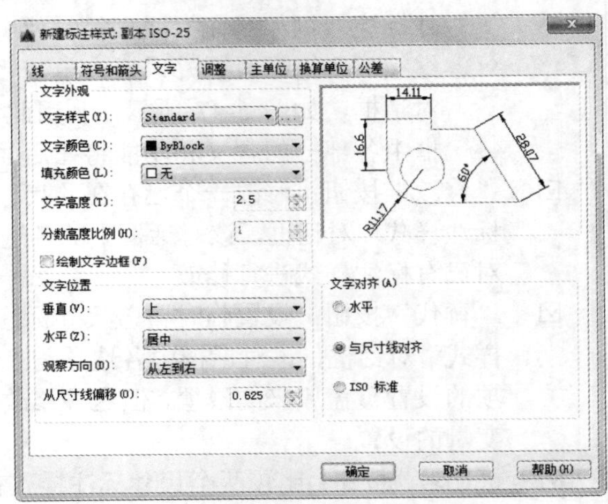

图 5-50 “文字”选项卡

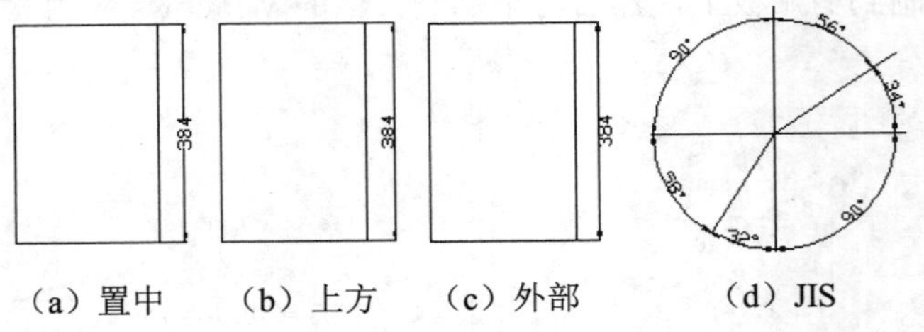

图 5-51 尺寸文本在垂直方向的放置

☑ 调整：该选项卡对调整选项、文字位置、标注特征比例、调整等各个参数进行设置，如图 5-53 所示。包括调整选项选择、文字不在默认位置时的放置位置、标注特征比例选择以及调整尺寸要素位置等参数。如图 5-54 所示为文字不在默认位置时放置位置的 3 种不同情形。

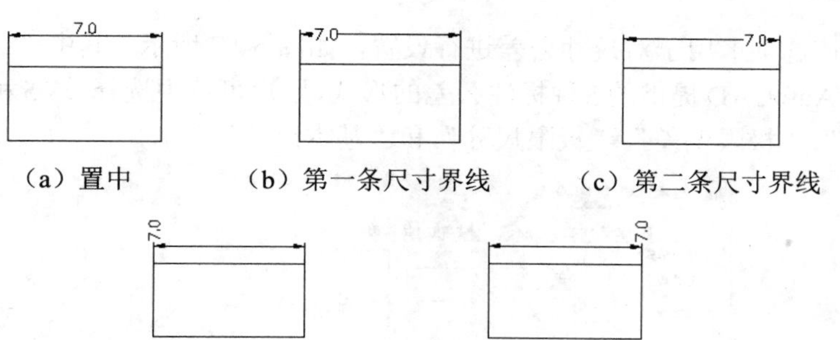

（a）置中　（b）第一条尺寸界线　（c）第二条尺寸界线

（d）第一条尺寸界线上方　（e）第二条尺寸界线上方

图 5-52　尺寸文本在水平方向的放置

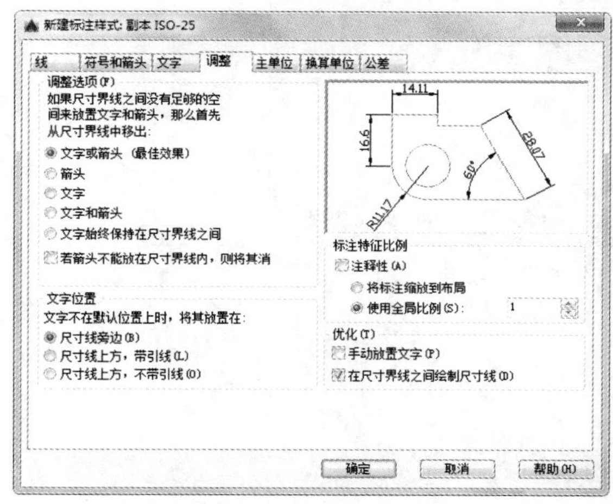

图 5-53　“调整”选项卡

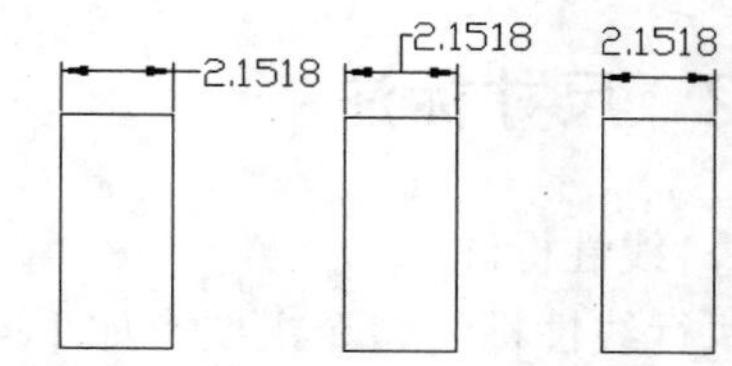

图 5-54　尺寸文本的位置

☑　主单位：该选项卡用来设置尺寸标注的主单位和精度，以及给尺寸文本添加固定的前缀或后缀。该选项卡包含两个选项组，分别对长度型标注和角度型标注进行设置，如图 5-55 所示。

☑　换算单位：该选项卡用于对替换单位进行设置，如图 5-56 所示。

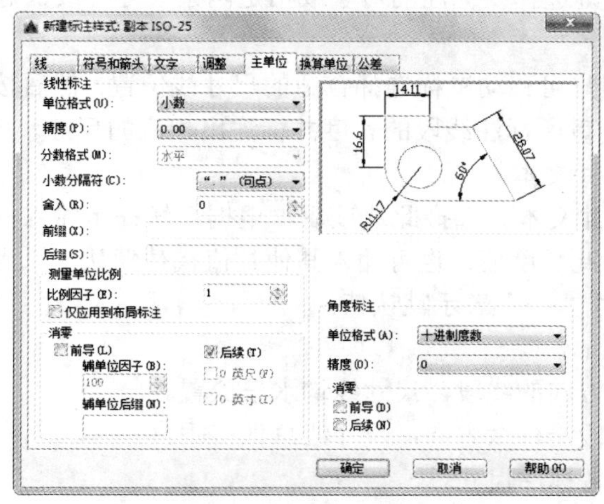

图 5-55　“主单位”选项卡

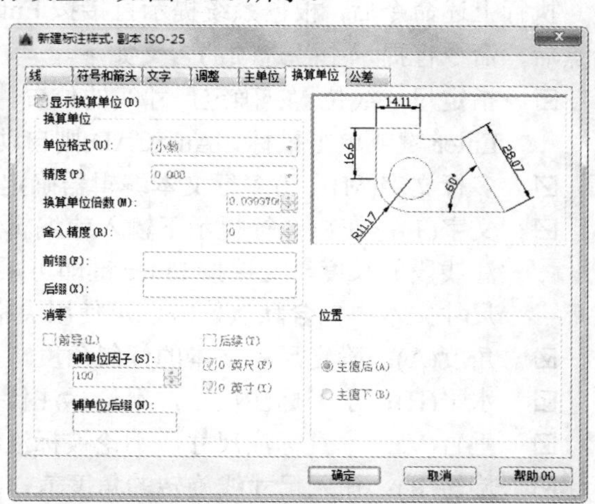

图 5-56　“换算单位”选项卡

☑ 公差：该选项卡用于对尺寸公差进行设置，如图 5-57 所示。其中，“方式”下拉列表框列出了 AutoCAD 提供的 5 种标注公差的形式，用户可从中选择。这 5 种形式分别是“无”、“对称”、“极限偏差”、“极限尺寸”和“基本尺寸”。

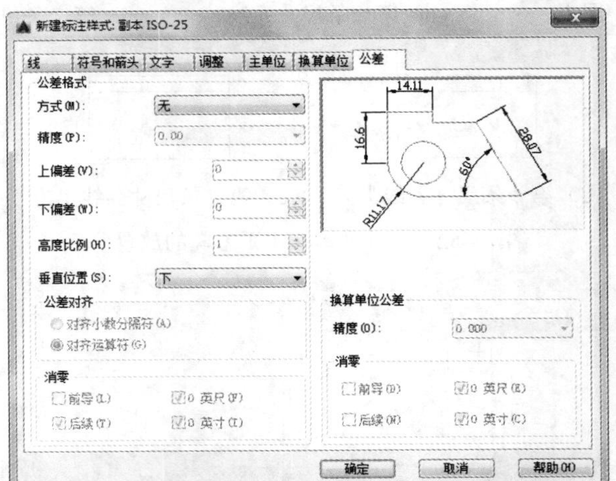

图 5-57 “公差”选项卡

5.5.2 尺寸标注

1．线性标注

执行线性标注命令主要有如下 4 种调用方法：

☑ 在命令行中输入“DIMLINEAR（缩写名 DIMLIN）”命令。

☑ 选择菜单栏中的“标注”/“线性”命令。

☑ 单击“标注”工具栏中的“线性”按钮⊟。

☑ 单击“默认”选项卡“注释”面板中的“线性”按钮⊟或单击“注释”选项卡“标注”面板中的“线性”按钮⊟。

执行上述命令后，根据系统提示直接按 Enter 键选择要标注的对象或指定两条尺寸界线的起始点后，命令行提示中各选项的含义如下。

☑ 指定尺寸线位置：确定尺寸线的位置。用户可移动鼠标选择合适的尺寸线位置，然后按 Enter 键或单击鼠标，AutoCAD 则自动测量所标注线段的长度并标注出相应的尺寸。

☑ 多行文字(M)：用多行文本编辑器确定尺寸文本。

☑ 文字(T)：在命令行提示下输入或编辑尺寸文本。选择此选项后，根据系统提示输入标注线段的长度，直接按 Enter 键即可采用此长度值，也可输入其他数值代替默认值。当尺寸文本中包含默认值时，可使用尖括号“<>”表示默认值。

☑ 角度(A)：确定尺寸文本的倾斜角度。

☑ 水平(H)：水平标注尺寸，不论标注什么方向的线段，尺寸线均水平放置。

☑ 垂直(V)：垂直标注尺寸，不论被标注线段沿什么方向，尺寸线总保持垂直。

☑ 旋转(R)：输入尺寸线旋转的角度值，旋转标注尺寸。

对齐标注的尺寸线与所标注的轮廓线平行；坐标尺寸标注点的纵坐标或横坐标；角度标注用

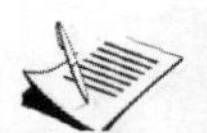

于标注两个对象之间的角度；直径或半径标注用于标注圆或圆弧的直径或半径；圆心标注则标注圆或圆弧的中心或中心线，具体由“新建（修改）标注样式”对话框中“符号与箭头”选项卡的“圆心标记”选项组决定。上面所述几种尺寸标注与线性标注类似，不再赘述。

2．基线标注

基线标注用于产生一系列基于同一条尺寸界线的尺寸标注，适用于长度尺寸标注、角度标注和坐标标注等。在使用基线标注方式之前，应该先标注出一个相关的尺寸，如图 5-58 所示。基线标注两平行尺寸线间距由“新建（修改）标注样式”对话框中“线”选项卡的“尺寸线”选项组中的“基线间距”文本框的值决定。基线标注命令的调用方法主要有如下 4 种：

☑ 在命令行中输入“DIMBASELINE”命令。
☑ 选择菜单栏中的“标注”/“基线”命令。
☑ 单击“标注”工具栏中的“基线”按钮。
☑ 单击“注释”选项卡“标注”面板中的“基线”按钮。

执行上述命令后，根据系统提示指定第二条尺寸界线原点或选择其他选项。

连续标注又叫尺寸链标注，用于产生一系列连续的尺寸标注，后一个尺寸标注均把前一个标注的第二条尺寸界线作为它的第一条尺寸界线。与基线标注一样，在使用连续标注方式之前，应该先标注出一个相关的尺寸。其标注过程与基线标注类似，如图 5-59 所示。

3．快速标注

快速尺寸标注命令 QDIM 使用户可以交互地、动态地、自动化地进行尺寸标注。在 QDIM 命令中可以同时选择多个圆或圆弧标注直径或半径，也可同时选择多个对象进行基线标注和连续标注，选择一次即可完成多个标注，因此可节省时间，提高工作效率。快速尺寸标注命令的调用方法主要有如下 4 种：

☑ 在命令行中输入“QDIM”命令。
☑ 选择菜单栏中的“标注”/“快速标注”命令。
☑ 单击“标注”工具栏中的“快速标注”按钮。
☑ 单击“注释”选项卡“标注”面板中的“快速标注”按钮。

执行上述命令后，根据系统提示选择要标注尺寸的多个对象后按 Enter 键，并指定尺寸线位置或选择其他选项。执行此命令时，命令行提示中各选项的含义如下。

☑ 指定尺寸线位置：直接确定尺寸线的位置，则在该位置按默认的尺寸标注类型标注出相应的尺寸。
☑ 连续(C)：产生一系列连续标注的尺寸。输入“C”，AutoCAD 提示用户选择要进行标注的对象，选择完后按 Enter 键，返回上面的提示，给定尺寸线位置，则完成连续尺寸标注。
☑ 并列(S)：产生一系列交错的尺寸标注。
☑ 基线(B)：产生一系列基线标注尺寸。后面的“坐标(O)”“半径(R)”“直径(D)”含义与此类同。
☑ 基准点(P)：为基线标注和连续标注指定一个新的基准点。
☑ 编辑(E)：对多个尺寸标注进行编辑。AutoCAD 允许对已存在的尺寸标注添加或移去尺寸点。选择此选项，根据系统提示确定要移去的点之后按 Enter 键，AutoCAD 对尺寸标注进行更新。如图 5-61 所示为图 5-60 删除中间 2 个标注点后的尺寸标注。

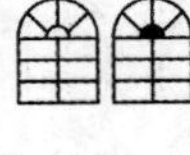

Note

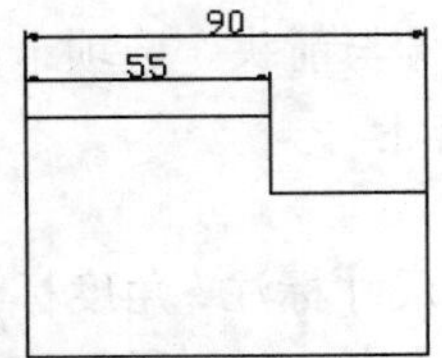

图 5-58 基线标注

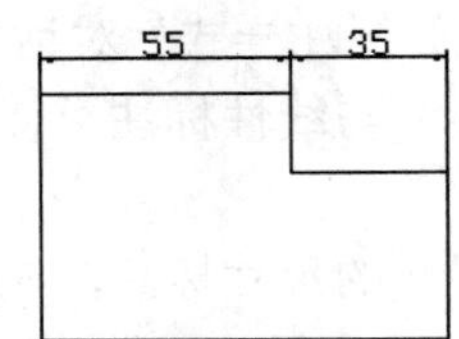

图 5-59 连续标注

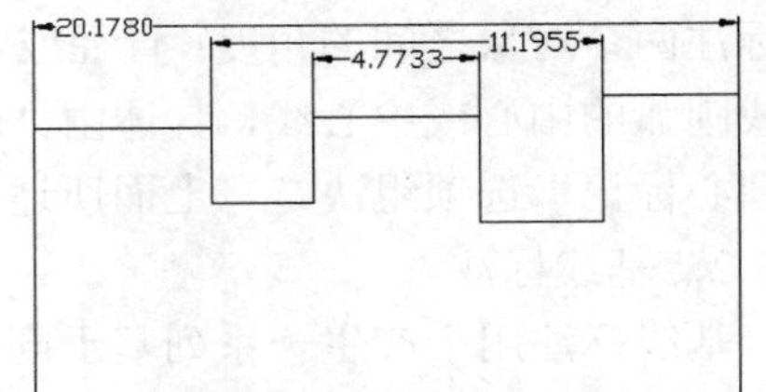

图 5-60 交错尺寸标注

4．引线标注

引线标注命令的调用方法为：在命令行中输入“QLEADER”命令。

执行上述命令后，根据系统提示指定第一个引线点或选择其他选项。也可以在上面操作过程中选择“设置(S)”选项，弹出“引线设置”对话框进行相关参数设置，如图 5-62 所示。

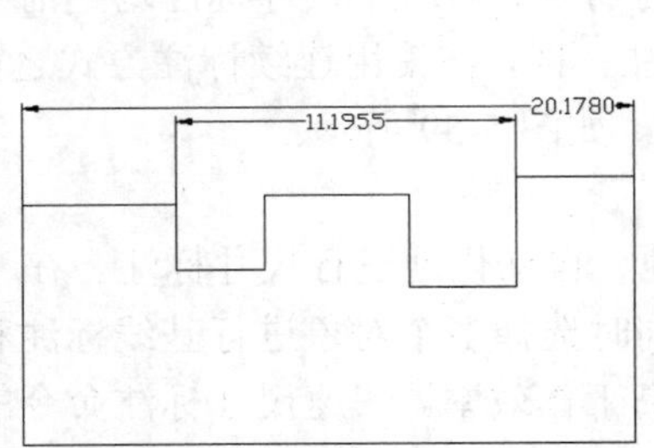

图 5-61 删除标注点

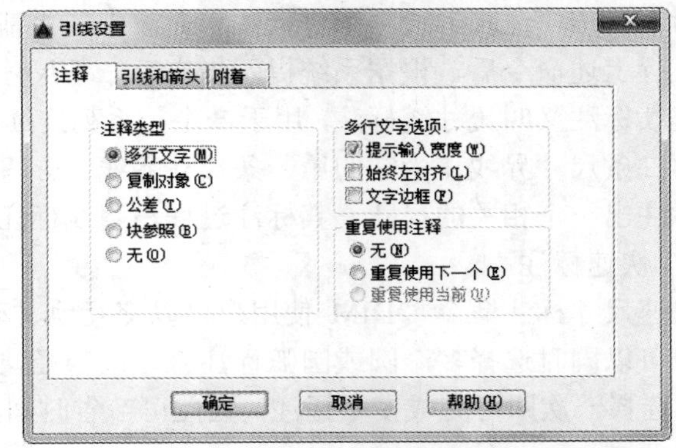

图 5-62 “引线设置”对话框

另外还有一个名为 LEADER 的命令也可以进行引线标注，与 QLEADER 命令类似，不再赘述。

5.6 设计中心与工具选项板

使用 AutoCAD 2016 设计中心可以很容易地组织设计内容，并把它们拖动到当前图形中。工具选项板是工具选项板窗口中选项卡形式的区域，提供组织、共享和放置块及填充图案的有效方法。工具选项板还可以包含由第三方开发人员提供的自定义工具。也可以利用设计中心组织内容，并将其创建为工具选项板。设计中心与工具选项板的使用大大方便了绘图，加快了绘图的效率。

5.6.1 设计中心

1．启动设计中心

启动设计中心的方法有如下 5 种：

☑ 在命令行中输入“ADCENTER”命令。

☑ 选择菜单栏中的“工具”/“选项板”/“设计中心”命令。

☑ 单击“标准”工具栏中的“设计中心”按钮。

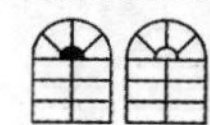

☑ 利用快捷键 Ctrl+2。

☑ 单击“视图”选项卡“选项板”面板中的“设计中心”按钮

执行上述命令，系统打开设计中心。第一次启动设计中心时，它默认打开的选项卡为“文件夹”。内容显示区采用大图标显示，左边的资源管理器采用 tree view 显示方式显示系统的树形结构，浏览资源的同时，在内容显示区显示所浏览资源的有关细目或内容，如图 5-63 所示。也可以搜索资源，方法与 Windows 资源管理器类似。

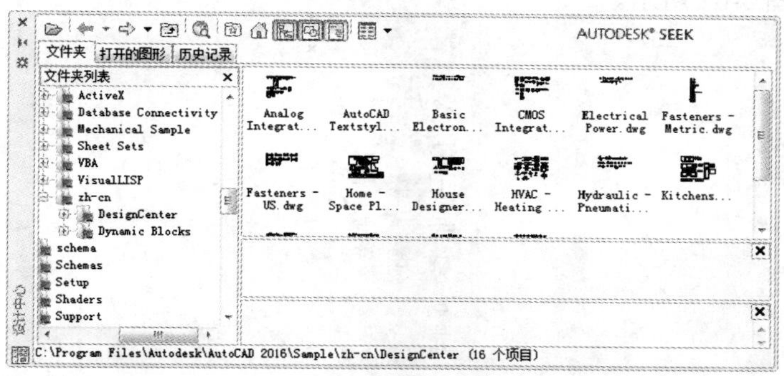

图 5-63 AutoCAD 2016 设计中心的资源管理器和内容显示区

2．利用设计中心插入图形

设计中心一个最大的优点是可以将系统文件夹中的 DWG 图形当成图块插入到当前图形中。采用该方法插入图块的步骤如下：

（1）从查找结果列表框中选择要插入的对象，双击对象。

（2）弹出“插入”对话框，如图 5-64 所示。

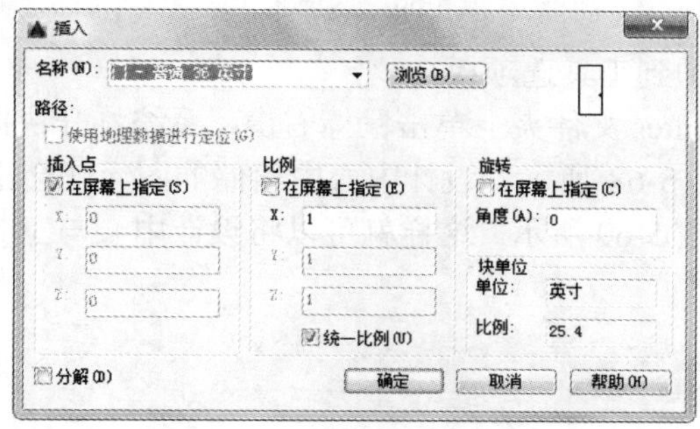

图 5-64 “插入”对话框

（3）在对话框中设置插入点、比例和旋转角度等数值。被选择的对象根据指定的参数插入到图形当中。

5.6.2 工具选项板

1．打开工具选项板

工具选项板的打开方式非常简单，主要有如下 5 种调用方法：

☑ 在命令行中输入“TOOLPALETTES”命令。

☑ 选择菜单栏中的“工具”/“选项板”/“工具选项板窗口”命令。

☑ 单击“标准”工具栏中的“工具选项板窗口”按钮。

☑ 利用快捷键 Ctrl+3。

☑ 单击“视图”选项卡“选项板”面板中的“设计中心”按钮。

Note

执行上述操作后，系统自动弹出工具选项板窗口，如图 5-65 所示。单击鼠标右键，在系统弹出的快捷菜单中选择“新建选项板”命令，如图 5-66 所示。系统新建一个空白选项卡，可以命名该选项卡，如图 5-67 所示。

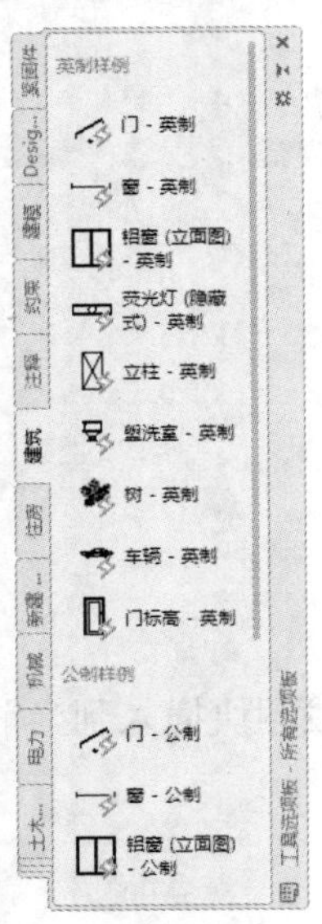

图 5-65 工具选项板窗口

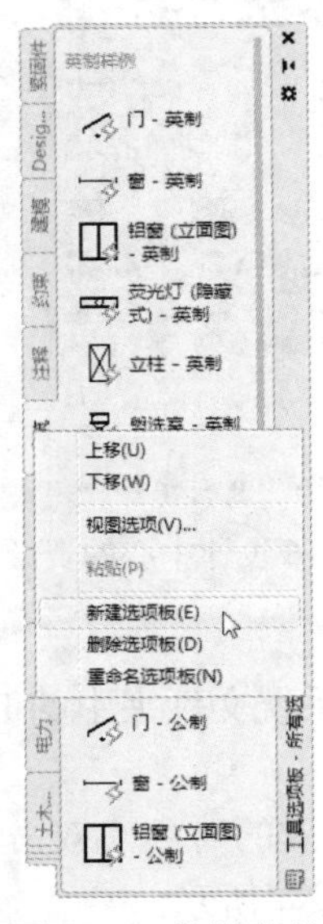

图 5-66 快捷菜单

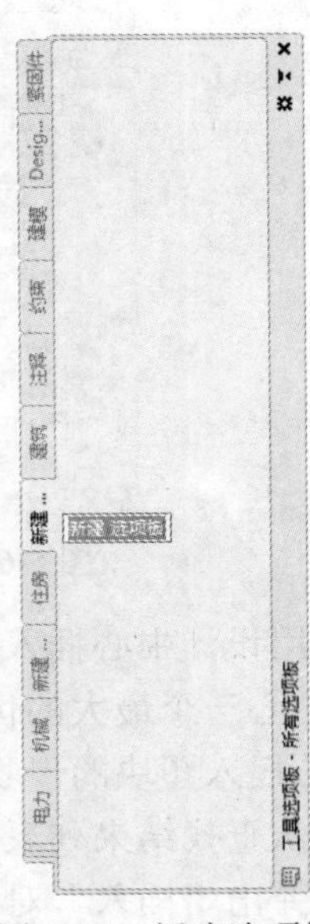

图 5-67 新建选项板

2．将设计中心内容添加到工具选项板

在设计中心的 Designcenter 文件夹上单击鼠标右键，系统打开快捷菜单，从中选择“创建块的工具选项板”命令，如图 5-68 所示。设计中心中存储的图元就会出现在工具选项板中新建的 Designcenter 选项卡上，如图 5-69 所示。这样就可以将设计中心与工具选项板结合起来，建立一个快捷方便的工具选项板。

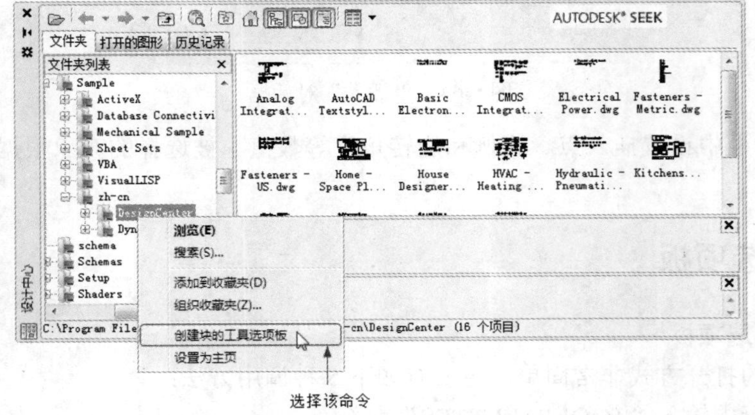

图 5-68 快捷菜单

3．利用工具选项板绘图

只需将工具选项板中的图形单元拖动到当前图形，该图形单元就以图块的形式插入到当前图形中。如图 5-70 所示是将工具选项板中“建筑”选项卡中的“床-双人床”图形单元拖到当前图形。

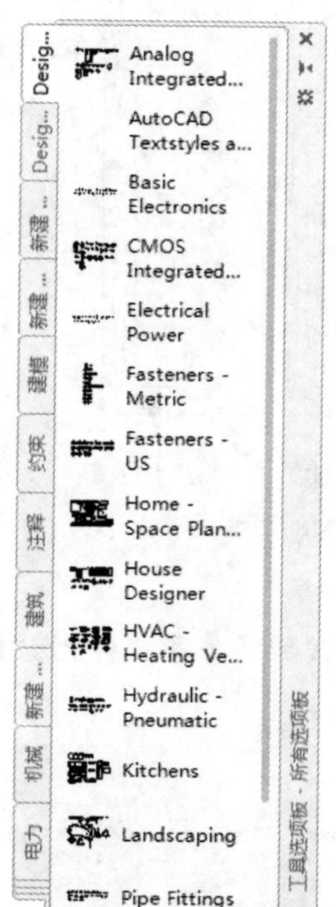

图 5-69　创建工具选项板

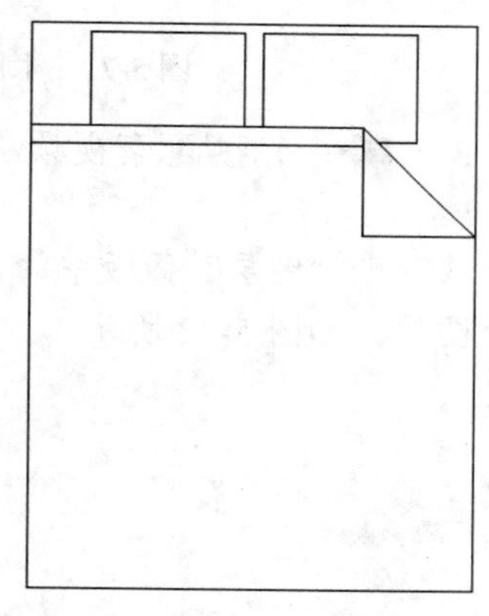

图 5-70　双人床

5.7　综合演练——木门

首先绘制设置图层，然后利用绘图命令绘制木门，再利用引线标注木门上的文字，最后标注尺寸。绘制流程图如图 5-71 所示。

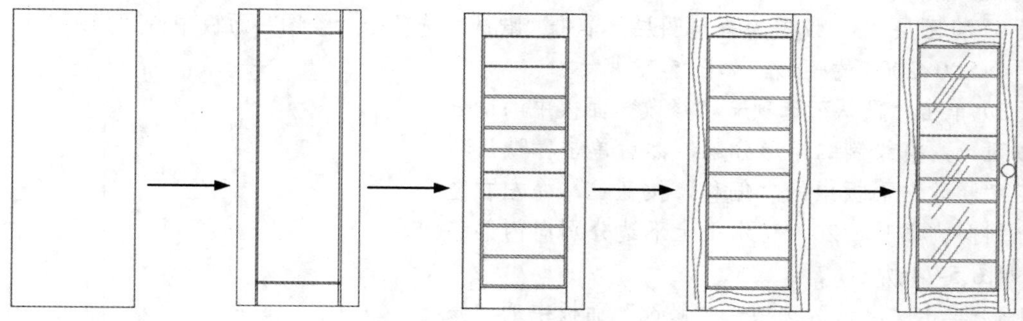

图 5-71　木门绘制流程图

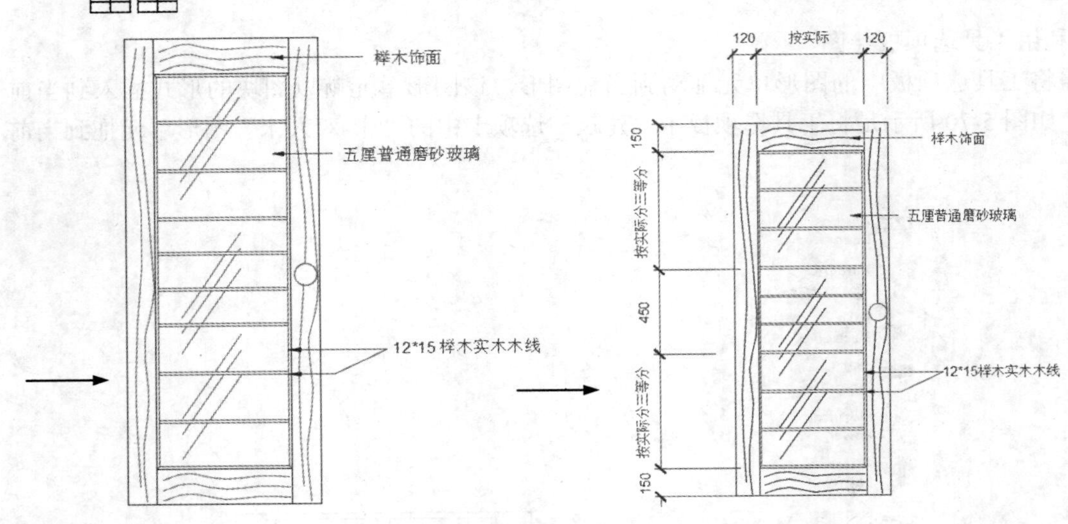

图 5-71　木门绘制流程图（续）

操作步骤如下：（光盘\配套视频\第 5 章\木门.avi）

1. 设置图层

单击“默认”选项卡“图层”面板中的“图层特性”按钮，系统弹出“图层特性管理器”对话框，设置 4 个图层，如图 5-72 所示。

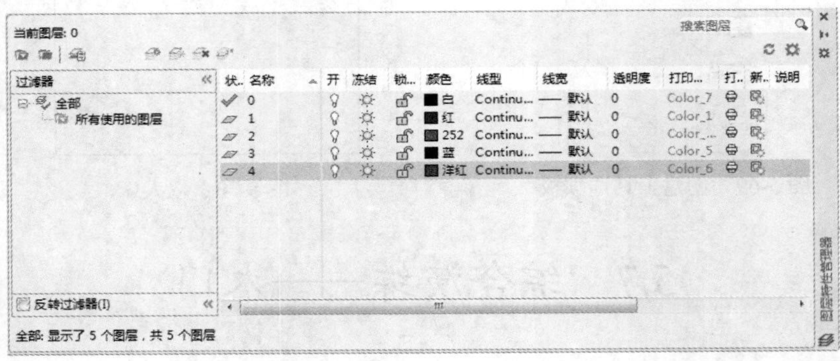

状.	名称	开	冻结	锁...	颜色	线型	线宽	透明度	打印...	打.	新..	说明
✓	0				白	Continu...	—— 默认	0	Color_7			
	1				红	Continu...	—— 默认	0	Color_1			
	2				252	Continu...	—— 默认	0	Color_...			
	3				蓝	Continu...	—— 默认	0	Color_5			
	4				洋红	Continu...	—— 默认	0	Color_6			

图 5-72　设置“图层管理器”对话框

2. 绘制木门

（1）将图层“3”设置为当前图层，单击“默认”选项卡“绘图”面板中的“矩形”按钮，绘制一个 800×2000 的矩形，如图 5-73 所示。

（2）单击“默认”选项卡“修改”面板中的“分解”按钮，将绘制的矩形分解，然后单击“默认”选项卡“修改”面板中的“偏移”按钮，将左右竖向边分别向内偏移 120，将水平上下边分别向内偏移 150，如图 5-74 所示。

（3）单击“默认”选项卡“修改”面板中的“修剪”按钮，将偏移后的直线进行修剪处理，结果如图 5-75 所示。

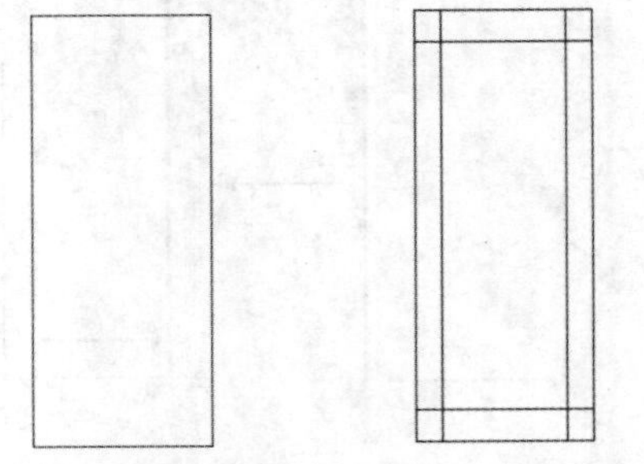

图 5-73　绘制矩形　　图 5-74　偏移直线

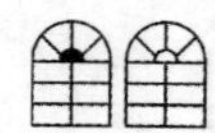

Note

（4）单击“默认”选项卡“修改”面板中的“偏移”按钮，将修剪后的直线向内偏移 12，结果如图 5-76 所示。

（5）选中偏移后的直线并将其图层切换到“4”，单击“默认”选项卡“修改”面板中的“修剪”按钮，修剪多余的线段，结果如图 5-77 所示。

（6）将图层“4”设置为当前图层，单击“默认”选项卡“修改”面板中的“偏移”按钮，将偏移后的上侧水平直线依次向下偏移 190、12、196、12、196、12、138、12、138、12、140、12、196、12、196、12、190，结果如图 5-78 所示。

（7）单击“默认”选项卡“绘图”面板中的“直线”按钮，由内部矩形四角处向外侧直线绘制斜线，结果如图 5-79 所示。

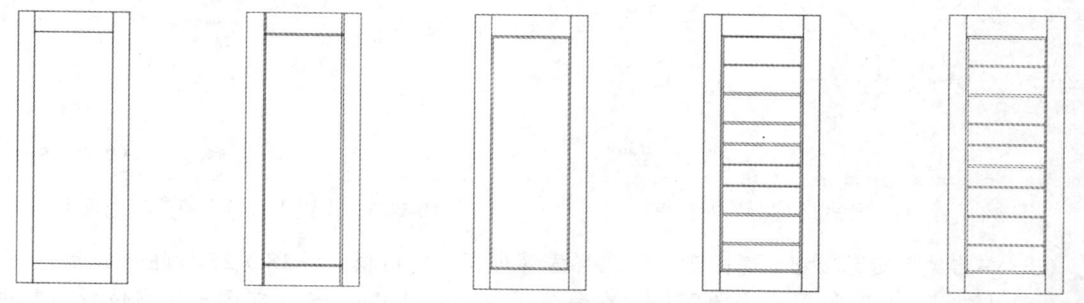

图 5-75　修剪直线　　图 5-76　偏移直线　　图 5-77　修剪处理　　图 5-78　偏移直线　　图 5-79　绘制斜线

（8）将图层“2”设置为当前图层，单击“默认”选项卡“绘图”面板中的“样条曲线拟合”按钮，在门框上绘制榉木饰面，结果如图 5-80 所示。

（9）单击“默认”选项卡“绘图”面板中的“直线”按钮，在门上绘制玻璃纹络，结果如图 5-81 所示。

（10）单击“默认”选项卡“修改”面板中的“修剪”按钮，修剪掉榉木实线直线的玻璃纹络，结果如图 5-82 所示。

（11）将图层“4”设置为当前图层，单击“默认”选项卡“绘图”面板中的“圆”按钮，在门的左侧中央位置处绘制门把手，结果如图 5-83 所示。

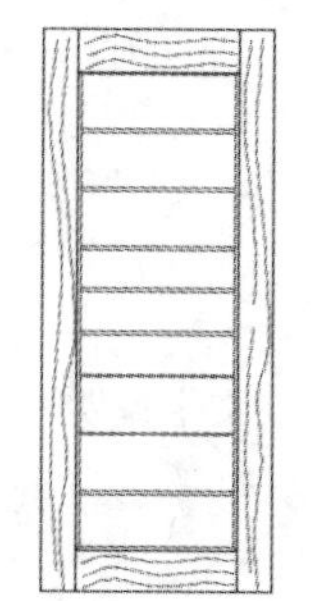

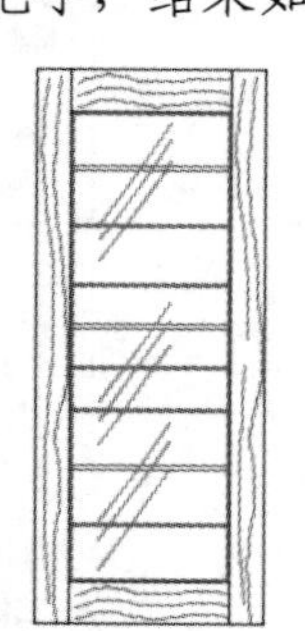

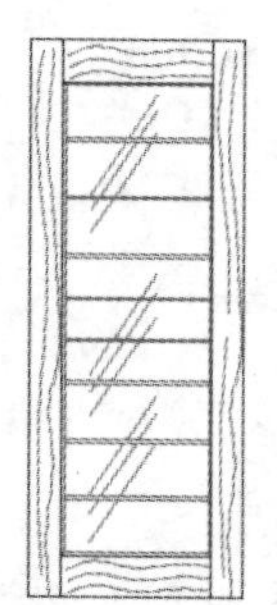

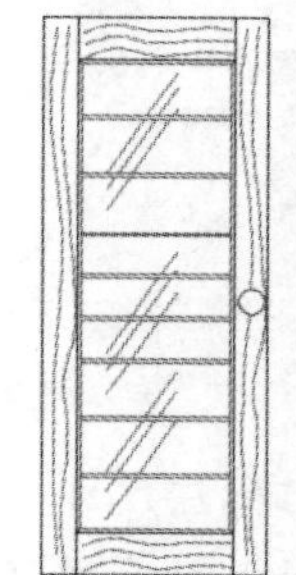

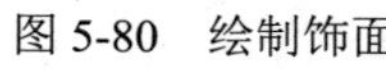

图 5-80　绘制饰面　　图 5-81　绘制玻璃纹络　　图 5-82　修剪玻璃纹络　　图 5-83　绘制门把手

3. 标注文字

（1）选择菜单栏中的“格式”/“标注样式”命令，系统打开“标注样式管理器”对话框，如图 5-84 所示。

（2）单击“修改”按钮，打开“修改标注样式”对话框，依次对各个选项卡进行设置，如图 5-85 和图 5-86 所示。

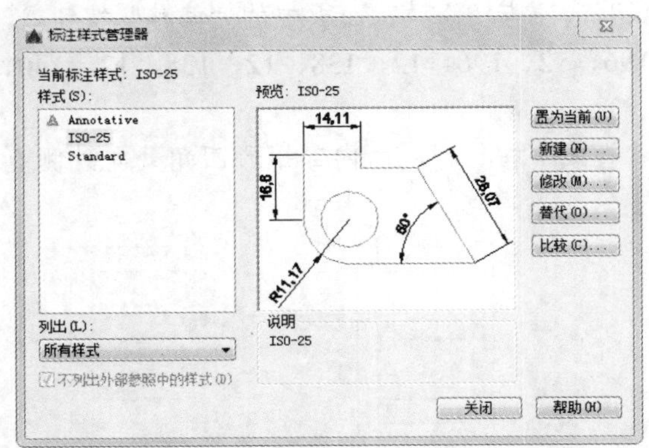

图 5-84 “标注样式管理器”对话框

图 5-85 设置“符号和箭头”选项卡

（3）单击“确定”按钮，返回到“标注样式管理器”对话框，将 ISO-25 标注样式置为当前。

（4）将图层“1”设置为当前图层，在命令行中输入“qleader”，在图形适当位置对其进行引线标注，结果如图 5-87 所示。

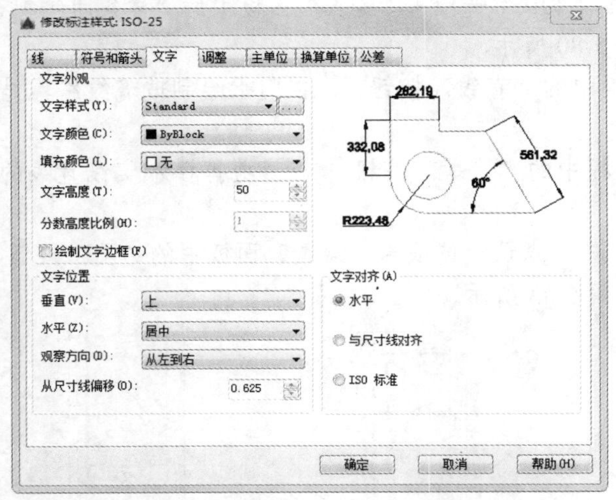

图 5-86 设置“文字”选项卡

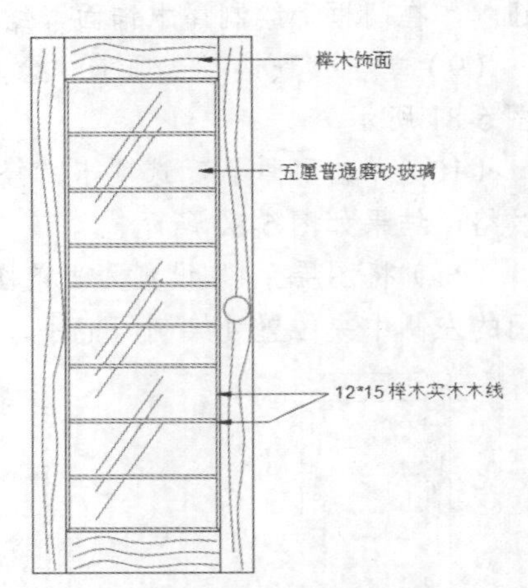

图 5-87 标注文字说明

4. 标注尺寸

（1）选择菜单栏中的“格式”/“标注样式”命令，系统打开“标注样式管理器”对话框。

（2）单击“新建”按钮，系统打开“创建新标注样式”对话框，将其命名为“标注尺寸”，如图 5-88 所示。

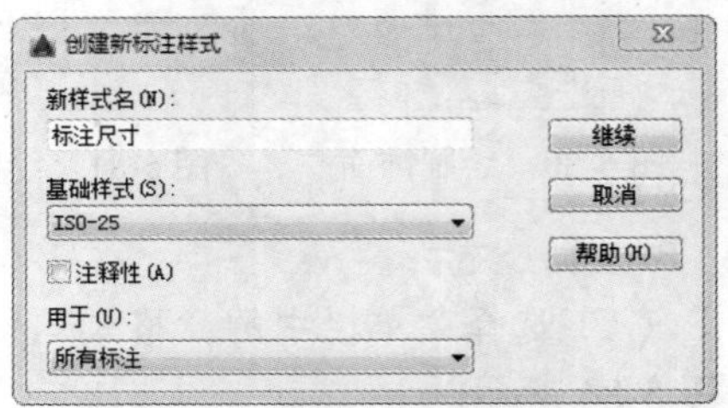

图 5-88 创建新标注样式

（3）单击“继续”按钮，系统打开“新建标注样

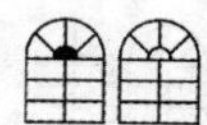

式”对话框，对各个选项卡进行设置，如图 5-89～图 5-93 所示。

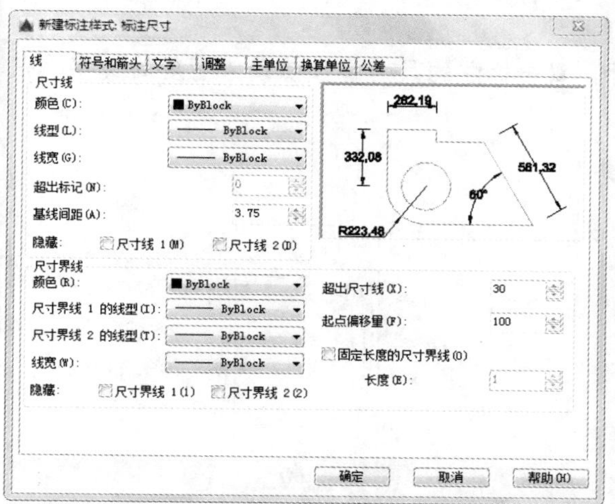

图 5-89　设置“线”选项卡

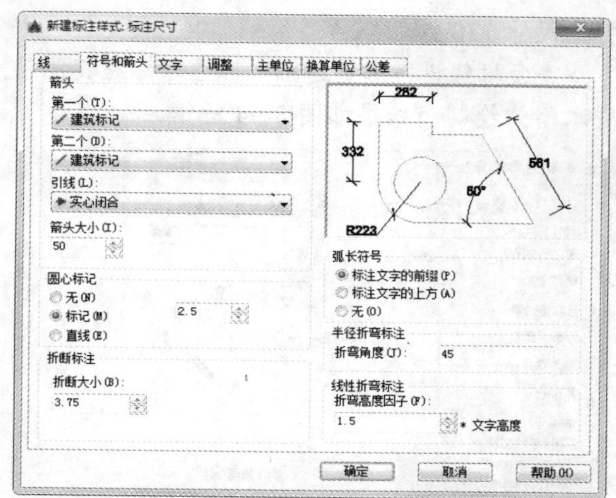

图 5-90　设置“符号和箭头”选项卡

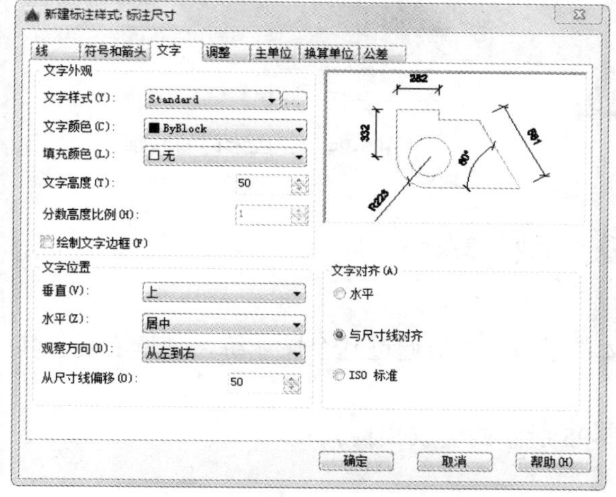

图 5-91　设置“文字”选项卡

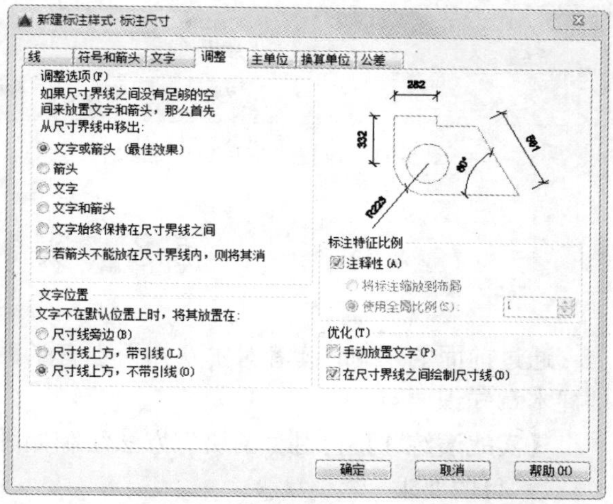

图 5-92　设置“调整”选项卡

（4）单击“确定”按钮，返回到“标注样式管理器”对话框，将“标注尺寸”标注样式置为当前。

（5）单击“注释”选项卡“标注”面板中的“线性”按钮，对图形进行尺寸标注。

① 在命令行提示“指定第一个尺寸界线原点或<选择对象>:”后选取左端点。

② 在命令行提示“指定第二条尺寸界线原点:”后选取第二条竖直线的顶点。

③ 在命令行提示“指定尺寸线位置或[多行文字(M)/文字(T)/角度(A)/水平(H)/垂直(V)/旋转(R)]:”后拖动尺寸放置到图中适当位置，标注尺寸 120。

（6）单击“注释”选项卡“标注”面板中的“连续”按钮，对图形进行连续尺寸标注。

① 在命令行提示“指定第二条尺寸界线原点或[放弃(U)/选择(S)]<选择>:”后选取第三条竖直的顶点，标注尺寸 560。

Note

② 在命令行提示“指定第二条尺寸界线原点或[放弃(U)/选择(S)]<选择>:”后选取右端顶点，标注尺寸 120。

重复“线性”和“连续”标注，标注其他尺寸，双击标注的尺寸将数值改为需要的文字，完成木门的绘制，结果如图 5-94 所示。

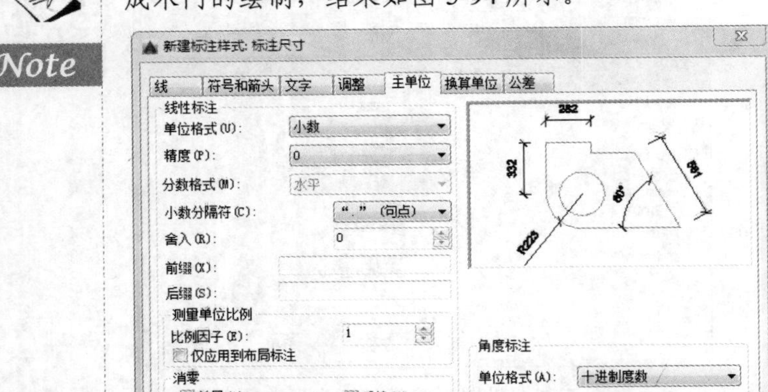

图 5-93 设置“主单位”选项卡

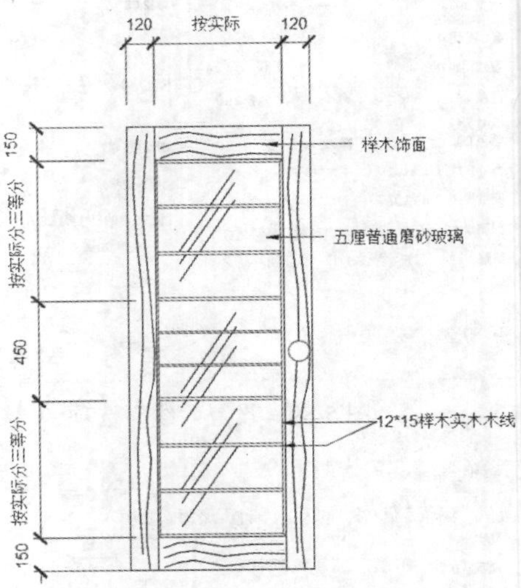

图 5-94 完成木门的绘制

5.8 实 战 演 练

通过前面的学习，读者对本章知识也有了大体的了解，本节通过几个操作练习使读者进一步掌握本章知识要点。

【实战演练 1】利用“图块”方法绘制如图 5-95 所示的会议桌椅。

1. 目的要求

在实际绘图过程中，会经常遇到重复性的图形单元。解决这类问题最简单快捷的办法是将重复性的图形单元制作成图块，然后将图块插入图形。本例通过会议桌椅的标注，使读者掌握图块相关的操作。

2. 操作提示

（1）打开前面绘制的办公椅图形。

（2）定义成图块并保存。

（3）绘制圆桌。

（4）插入办公椅图块。

（5）阵列处理。

【实战演练 2】绘制如图 5-96 所示的居室布置平面图。

1. 目的要求

在绘图过程中，若出现多个家具图形，可运用设计中心将家具图块插入到居室平面图中。通

Note

过本实例的绘制，进一步掌握设计中心的运用。

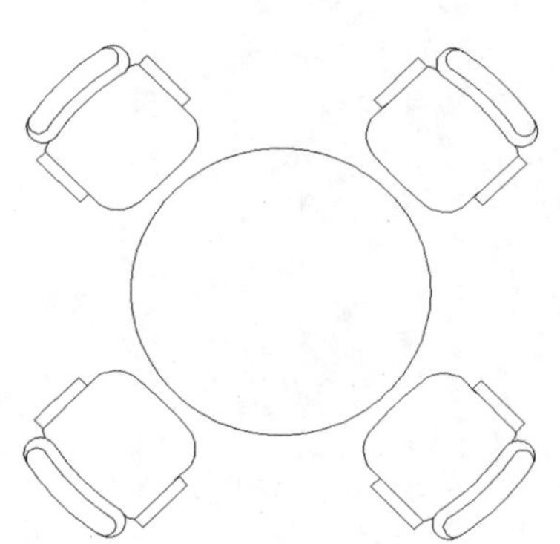

图 5-95　会议桌椅

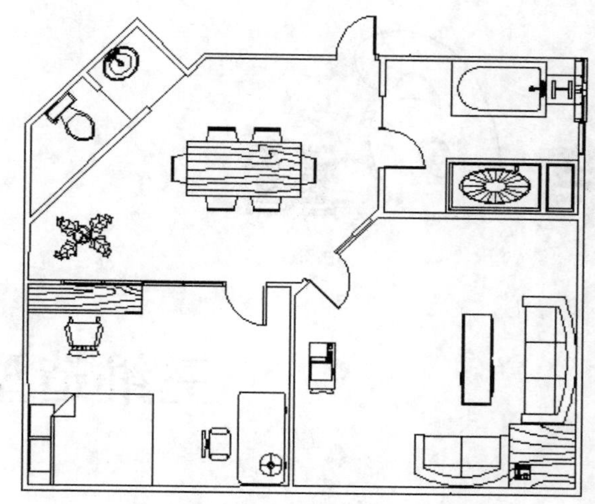

图 5-96　居室布置平面图

2．操作提示

（1）利用学过的绘图命令与编辑命令，绘制住房结构截面图。

（2）利用设计中心，将多个家具图块插入到居室平面图中。

第6章

三维造型绘制

本章学习要点和目标任务：

☑ 三维坐标系统

☑ 观察模式

☑ 显示形式

☑ 渲染实体

☑ 三维绘制

☑ 由二维图形生成三维网格曲面

☑ 创建基本三维实体

☑ 布尔运算

三维造型绘制是 AutoCAD 2016 除了二维绘制外的另一项主要功能，利用三维造型功能可以绘制出形象直观的三维图形，便于我们观察和理解。本章将介绍基本的三维绘制功能，包括一些三维造型辅助工具。

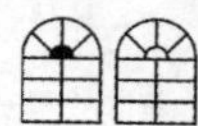

6.1 三维坐标系统

AutoCAD 2016 使用的是笛卡儿坐标系。其使用的直角坐标系有两种类型，一种是世界坐标系（WCS），另一种是用户坐标系（UCS）。绘制二维图形时，常用的坐标系，即世界坐标系（WCS），由系统默认提供。世界坐标系又称通用坐标系或绝对坐标系，对于二维绘图来说，世界坐标系足以满足要求。为了方便创建三维模型，AutoCAD 2016 允许用户根据自己的需要设定坐标系，即用户坐标系（UCS），合理地创建 UCS，可以方便地创建三维模型。

6.1.1 坐标系设置

可以利用相关命令对坐标系进行设置，坐标系设置的调用方法有如下 4 种：

☑ 在命令行中输入“ucsman（UC）”命令。

☑ 选择菜单栏中的“工具”/“命名 UCS”命令。

☑ 单击“UCS II”工具栏中的“命名 UCS”按钮。

☑ 单击“视图”选项卡“坐标”面板中的“命名 UCS”按钮。

执行上述操作后，系统打开如图 6-1 所示的 UCS 对话框。对话框中的各选项含义如下。

☑ “命名 UCS”选项卡：用于显示已有的 UCS、设置当前坐标系。在“命名 UCS”选项卡中，用户可以将世界坐标系、上一次使用的 UCS 或某一命名的 UCS 设置为当前坐标。其具体方法是：从列表框中选择某一坐标系，单击“置为当前”按钮。还可以利用选项卡中的“详细信息”按钮，了解指定坐标系相对于某一坐标系的详细信息。其具体步骤是：单击“详细信息”按钮，系统打开如图 6-2 所示的“UCS 详细信息”对话框，该对话框详细说明了用户所选坐标系的原点及 X、Y 和 Z 轴的方向。

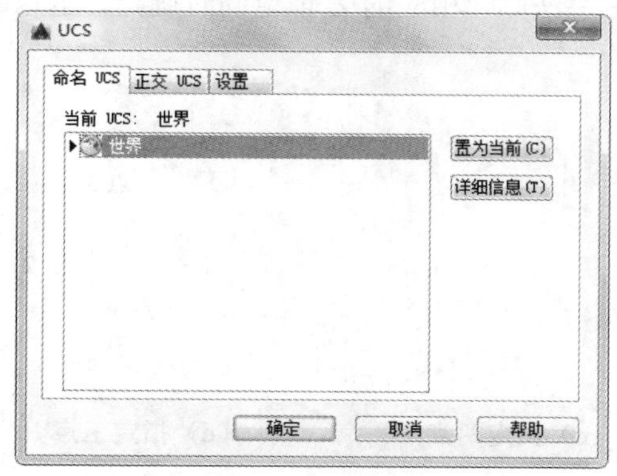

图 6-1 UCS 对话框

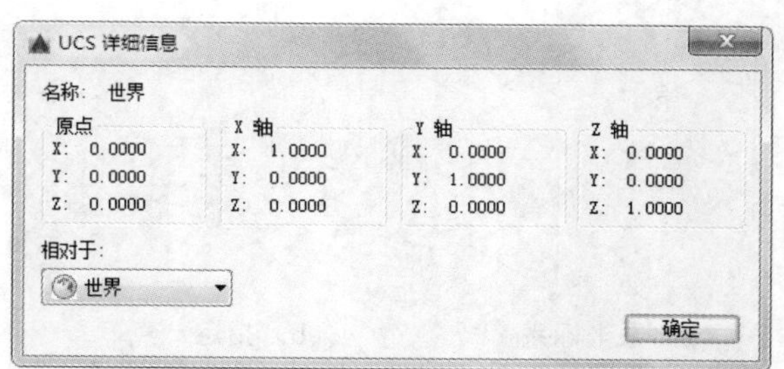

图 6-2 “UCS 详细信息”对话框

☑ “正交 UCS”选项卡：用于将 UCS 设置成某一正交模式，如图 6-3 所示。其中，“深度”列用来定义用户坐标系 XY 平面上的正投影与通过用户坐标系原点平行平面之间的距离。

☑ “设置”选项卡：用于设置 UCS 图标的显示形式、应用范围等，如图 6-4 所示。

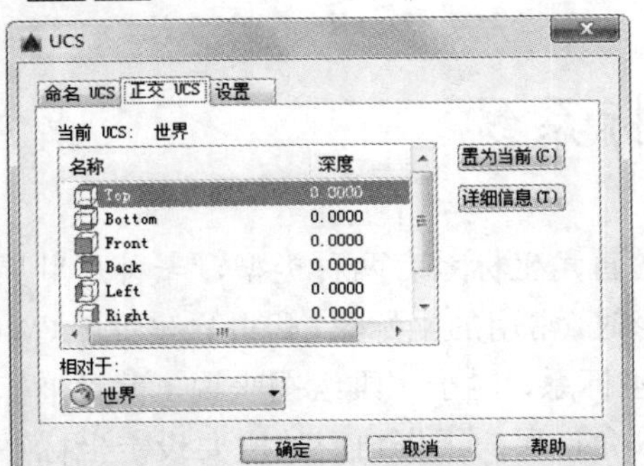

图 6-3 “正交 UCS”选项卡

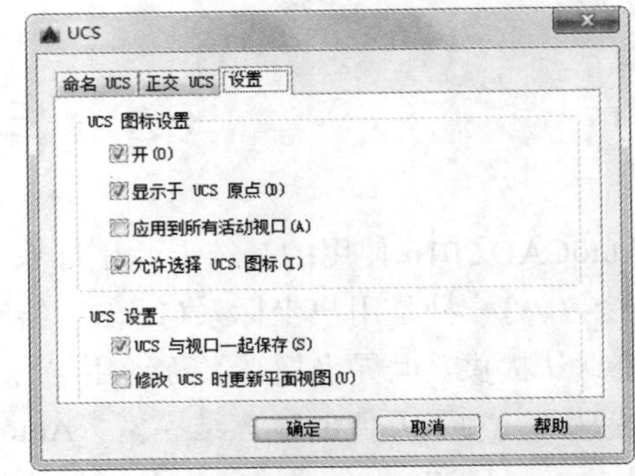

图 6-4 “设置”选项卡

6.1.2 创建坐标系

在三维绘图的过程中，有时根据操作的要求，需要转换坐标系，这时就需要新建一个坐标系来取代原来的坐标系。创建坐标系的调用方法有如下 4 种：

☑ 在命令行中输入“UCS”命令。

☑ 选择菜单栏中的“工具”/“新建 UCS”命令。

☑ 单击 UCS 工具栏中的任一按钮。

☑ 单击“视图”选项卡“坐标”面板中的 UCS 按钮。

执行上述操作后，根据系统提示指定 UCS 的原点或选择其他选项。命令行提示中各选项的含义如下。

☑ 指定 UCS 的原点：使用一点、两点或三点定义一个新的 UCS。如果指定单个点 1，当前 UCS 的原点将会移动而不会更改 X、Y 和 Z 轴的方向。选择该选项，在命令行提示下继续指定 X 轴通过的点 2 或直接按 Enter 键，接受原坐标系 X 轴为新坐标系的 X 轴。在命令行提示下继续指定 XY 平面通过的点 3 以确定 Y 轴或直接按 Enter 键，接受原坐标系 XY 平面为新坐标系的 XY 平面，根据右手法则，相应的 Z 轴也同时确定，示意图如图 6-5 所示。

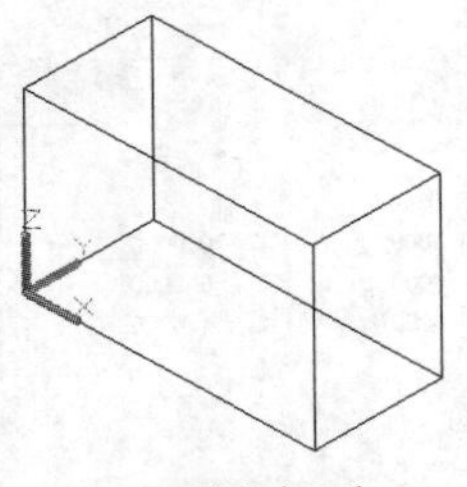

（a）原坐标系

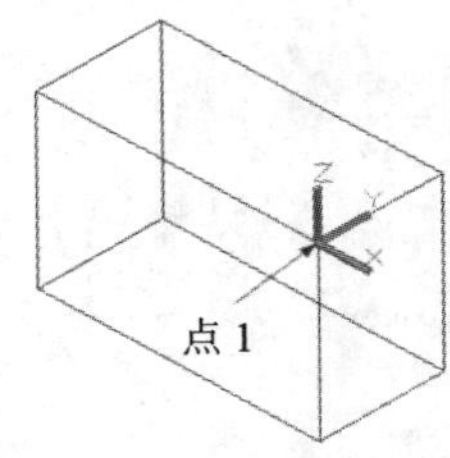

（b）指定一点

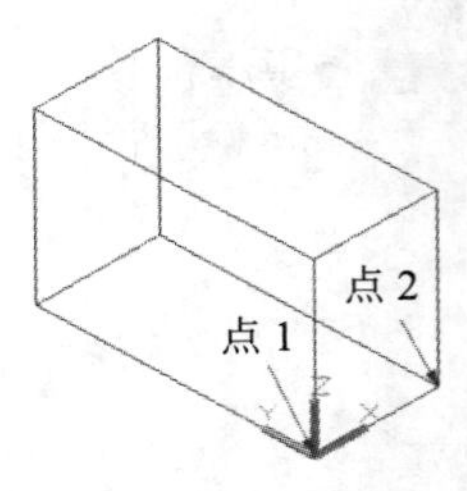

（c）指定两点

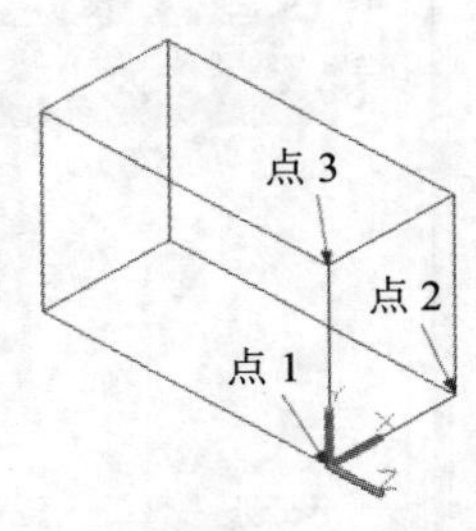

（d）指定三点

图 6-5 指定原点

☑ 面(F)：将 UCS 与三维实体的选定面对齐。要选择一个面，请在此面的边界内或面的边上单击，被选中的面将亮显，UCS 的 X 轴将与找到的第一个面上最近的边对齐。选择该选项，在命令行提示选择面后按 Enter 键。结果如图 6-6 所示。如果选择“下一个”选项，系统将 UCS 定位于邻接的面或选定边的后向面。

☑ 对象(OB)：根据选定三维对象定义新的坐标系，如图 6-7 所示。新建 UCS 的拉伸方向（Z 轴正方向）与选定对象的拉伸方向相同。选择该选项，在命令行提示下选择对象，对于大多数对象，新 UCS 的原点位于离选定对象最近的顶点处，并且 X 轴与一条边对齐或相切。对于平面对象，UCS 的 XY 平面与该对象所在的平面对齐。对于复杂对象，将重新定位原点，但是轴的当前方向保持不变。

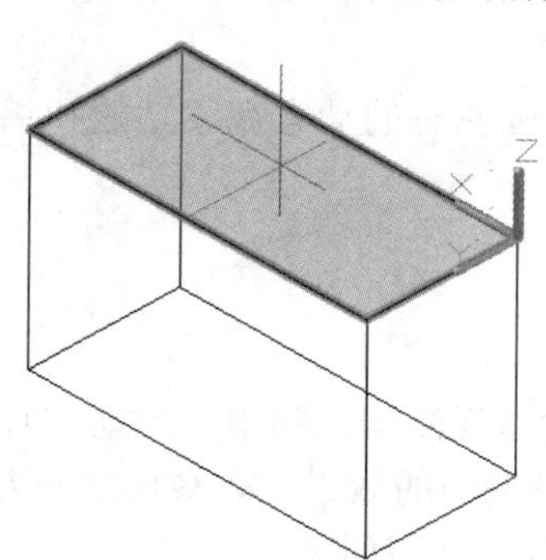

图 6-6　选择面确定坐标系

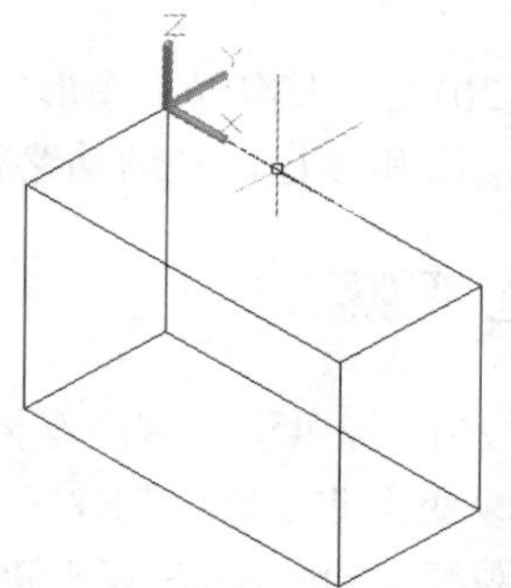

图 6-7　选择对象确定坐标系

☑ 视图(V)：以垂直于观察方向（平行于屏幕）的平面为 XY 平面，创建新的坐标系。UCS 原点保持不变。

☑ 世界(W)：将当前用户坐标系设置为世界坐标系。WCS 是所有用户坐标系的基准，不能被重新定义。

提示：

该选项不能用于下列对象：三维多段线、三维网格和构造线。

☑ X、Y、Z：绕指定轴旋转当前 UCS。

☑ Z 轴(ZA)：利用指定的 Z 轴正半轴定义 UCS。

6.1.3　动态坐标系

打开动态坐标系的具体操作方法是单击状态栏中的“允许/禁止动态 UCS”按钮。可以使用动态 UCS 在三维实体的平整面上创建对象，而无须手动更改 UCS 方向。在执行命令的过程中，当将光标移动到面上方时，动态 UCS 会临时将 UCS 的 XY 平面与三维实体的平整面对齐，如图 6-8 所示。

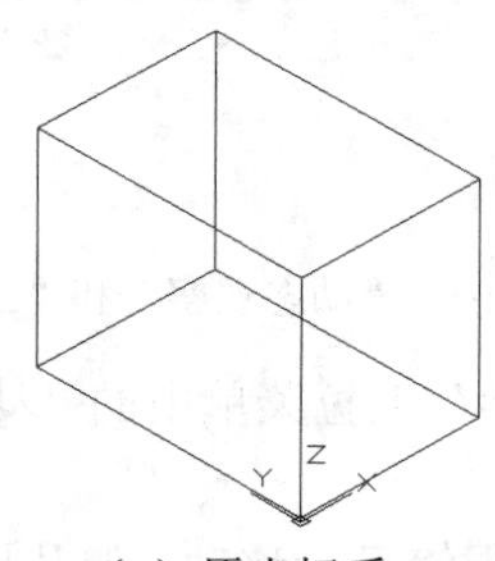

（a）原坐标系

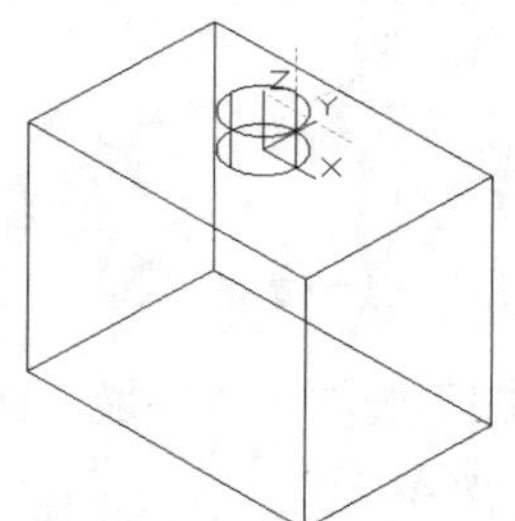

（b）绘制圆柱体时的动态坐标系

图 6-8　动态 UCS

动态 UCS 激活后，指定的点和绘图工具（如极轴追踪和栅格）都将与动态 UCS 建立的临时 UCS 相关联。

Note

6.2 观 察 模 式

AutoCAD 2016 大大增强了图形的观察功能，在增强原有的动态观察功能和相机功能的前提下，又增加了漫游和飞行以及运动路径动画的功能。

6.2.1 动态观察

AutoCAD 2016 提供了具有交互控制功能的三维动态观测器，利用三维动态观测器用户可以实时地控制和改变当前视口中创建的三维视图，以得到期望的效果。动态观察分为 3 类，分别是受约束的动态观察、自由动态观察和连续动态观察，具体介绍如下。

1．受约束的动态观察

受约束的动态观察命令的调用方法主要有如下 5 种：

☑ 在命令行中输入“3DORBIT（或 3DO）”命令。

☑ 选择菜单栏中的“视图”/“动态观察”/“受约束的动态观察”命令。

☑ 启用交互式三维视图后，在视口中右击，打开快捷菜单，如图 6-9 所示，选择“受约束的动态观察”命令。

☑ 单击“动态观察”工具栏中的“受约束的动态观察”按钮或单击“三维导航”工具栏中的“受约束的动态观察”按钮，如图 6-10 所示。

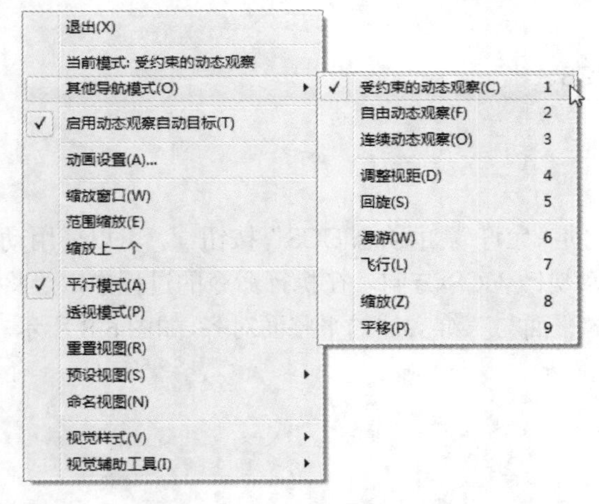

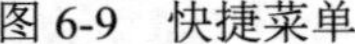

图 6-9 快捷菜单

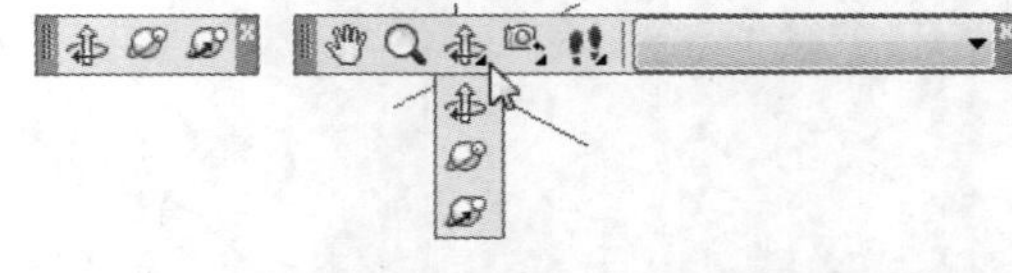

图 6-10 “动态观察”和“三维导航”工具栏

☑ 单击“视图”选项卡“导航”面板上的“动态观察”下拉菜单中的“动态观察”按钮，如图 6-11 所示。

执行上述操作后，视图的目标将保持静止，而视点将围绕目标移动。但从用户的视点看起来就像三维模型正在随着光标的移动而旋转，用户可以以此方式指定模型的任意视图。

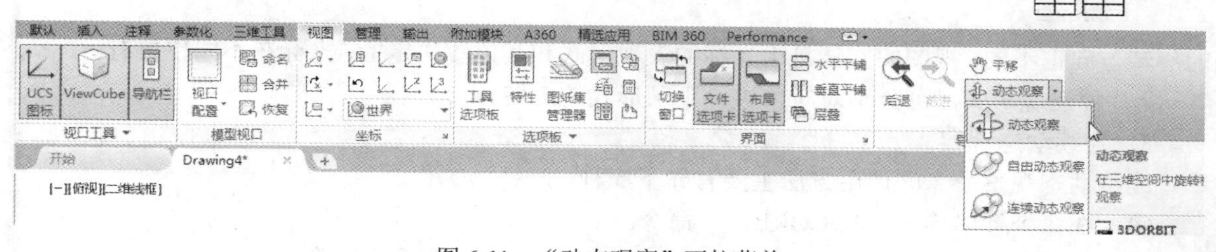

图 6-11　“动态观察”下拉菜单

Note

系统显示三维动态观察光标图标。如果水平拖动鼠标，相机将平行于世界坐标系（WCS）的 XY 平面移动。如果垂直拖动鼠标，相机将沿 Z 轴移动，如图 6-12 所示。

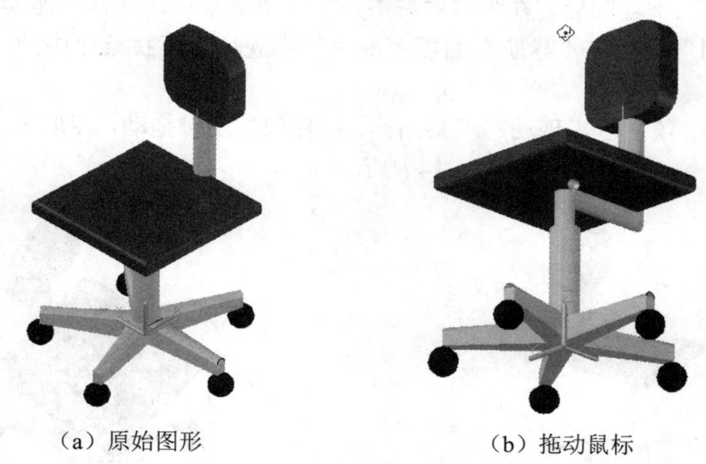

（a）原始图形　　（b）拖动鼠标

图 6-12　受约束的三维动态观察

提示：

3DORBIT 命令处于活动状态时，无法编辑对象。

2．自由动态观察

自由动态观察命令的调用方法主要有如下 5 种：

☑ 在命令行中输入“3DFORBIT”命令。

☑ 选择菜单栏中的“视图”/“动态观察”/“自由动态观察”命令。

☑ 单击“动态观察”工具栏中的“自由动态观察”按钮或单击“三维导航”工具栏中的“自由动态观察”按钮。

☑ 启用交互式三维视图后，在视口中右击，打开快捷菜单，选择“自由动态观察”命令。

☑ 单击“视图”选项卡“导航”面板上的“动态观察”下拉菜单中的“自由动态观察”按钮。

执行上述操作后，在当前视口出现一个绿色的大圆，在大圆上有 4 个绿色的小圆，如图 6-13 所示。此时通过拖动鼠标就可以对视图进行旋转观察。

在三维动态观测器中，查看目标的点被固定，用户可以利用鼠标控制相机位置绕观察对象得到动态的观测效果。当光标在绿色大圆的不同位置进行拖动时，光标的表现形式是不同的，视图

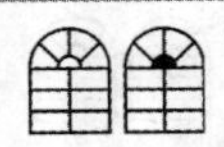

的旋转方向也不同。视图的旋转是由光标的表现形式和其位置决定的，光标在不同位置有⊕、⊙、⊕、⊕几种表现形式，可分别对对象进行不同形式的旋转。

3．连续动态观察

连续动态观察命令的调用方法主要有如下 5 种：

☑ 在命令行中输入“3DCORBIT”命令。

☑ 选择菜单栏中的“视图”/“动态观察”/“自由动态观察”命令。

☑ 单击“动态观察”工具栏中的“连续动态观察”按钮或单击“三维导航”工具栏中的“连续动态观察”按钮。

☑ 启用交互式三维视图后，在视口中右击，打开快捷菜单，选择“连续动态观察”命令。

☑ 单击“视图”选项卡“导航”面板上的“动态观察”下拉菜单中的“连续动态观察”按钮。

执行上述操作后，绘图区出现动态观察图标，按住鼠标左键拖动，图形按鼠标拖动的方向旋转，旋转速度为鼠标拖动的速度，如图 6-14 所示。

图 6-13　自由动态观察

图 6-14　连续动态观察

提示：

如果设置了相对于当前 UCS 的平面视图，就可以在当前视图用绘制二维图形的方法在三维对象的相应面上绘制图形。

6.2.2 视图控制器

使用视图控制器功能，可以方便地转换方向视图。视图控制器命令的调用方法为：在命令行中输入“NAVVCUBE”命令。

执行上述命令后，可控制视图控制器的打开与关闭，当打开该功能时，绘图区的右上角自动显示视图控制器，如图 6-15 所示。

单击控制器的显示面或指示箭头，界面图形就自动转换到相应的方向视图。如图 6-16 所示为单击控制器“前”面后，系统转换到前视图的情形。单击控制器上的按钮，系统回到西南等轴测视图。

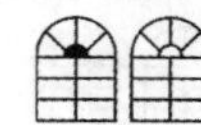

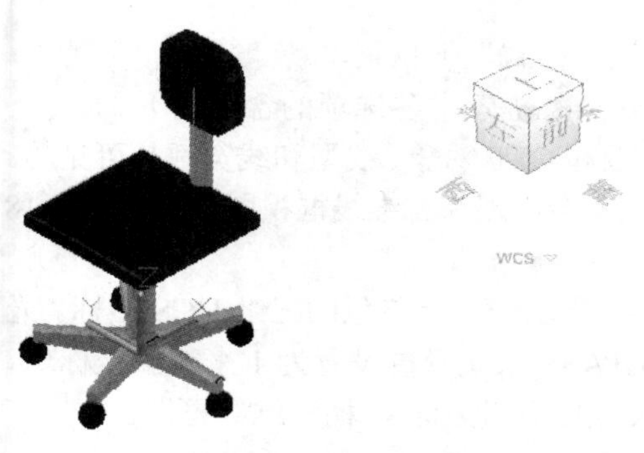

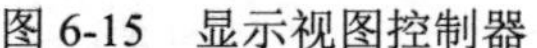
图 6-15　显示视图控制器

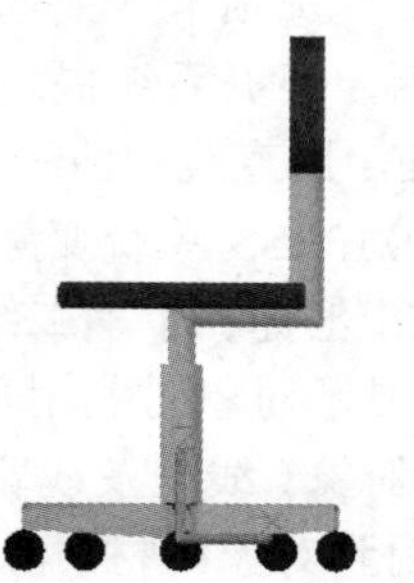

图 6-16　单击控制器“前”面后的视图

6.3　显示形式

在 AutoCAD 2016 中，三维实体有多种显示形式，包括二维线框、三维线框、三维消隐、真实、概念和消隐显示等。

6.3.1　消隐

消隐是指按视觉的真实情况，消除那些被挡住部分的图线。“消隐”命令的调用方法主要有如下 4 种：

☑　在命令行中输入“HIDE（或 HI）”命令。

☑　选择菜单栏中的“视图”/“消隐”命令。

☑　单击“渲染”工具栏中的“隐藏”按钮。

☑　单击“视图”选项卡“视觉样式”面板中的“隐藏”按钮。

执行该命令后，系统将被其他对象挡住的图线隐藏起来，以增强三维视觉结果，结果如图 6-17 所示。

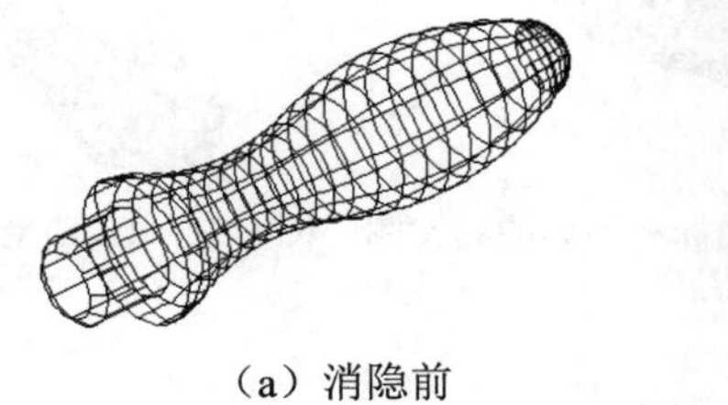

（a）消隐前

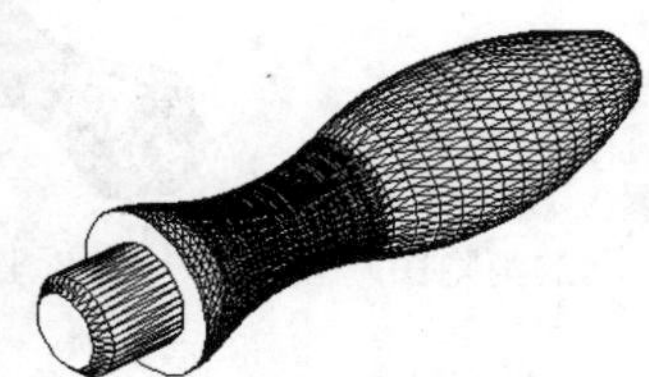

（b）消隐后

图 6-17　消隐结果

6.3.2　视觉样式

视觉样式命令的调用方法主要有如下 4 种：

☑　在命令行中输入“VSCURRENT”命令。

☑　选择菜单栏中的“视图”/“视觉样式”命令。

☑　单击“视觉”工具栏中的“样式”按钮。

☑ 单击“视图”选项卡“视觉样式”面板中的“视觉样式”下拉菜单。

执行上述命令后，根据系统提示输入选项。此时，命令行提示中各选项的含义如下。

☑ 二维线框(2)：用直线和曲线表示对象的边界。光栅和 OLE 对象、线型和线宽都是可见的。即使将 COMPASS 系统变量的值设置为 1，它也不会出现在二维线框视图中。如图 6-18 所示为 UCS 坐标和手柄二维线框图。

☑ 线框(W)：显示对象时利用直线和曲线表示边界。显示一个已着色的三维 UCS 图标。光栅和 OLE 对象、线型及线宽不可见。可将 COMPASS 系统变量设置为 1 来查看坐标球，将显示应用到对象的材质颜色。如图 6-19 所示为 UCS 坐标和手柄三维线框图。

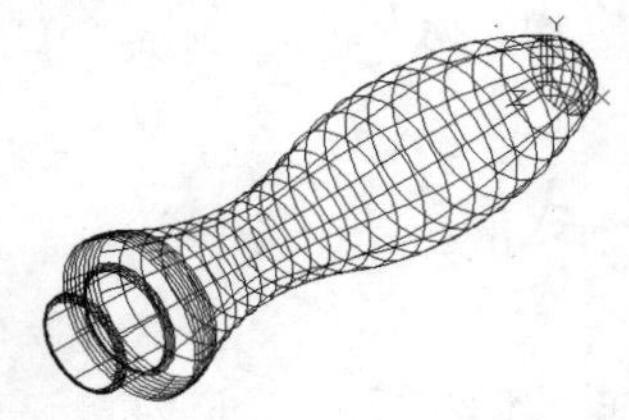

图 6-18　UCS 坐标和手柄的二维线框图

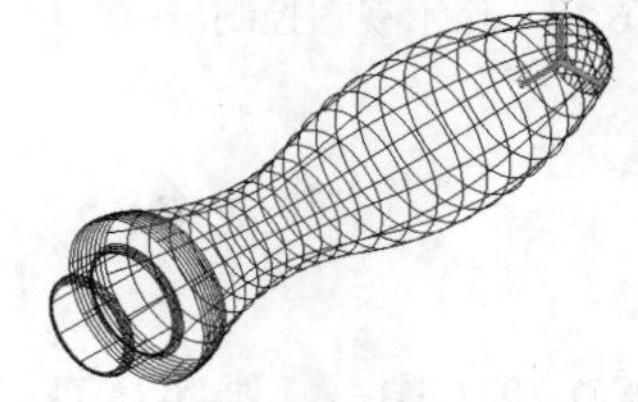

图 6-19　UCS 坐标和手柄的三维线框图

☑ 隐藏(H)：显示用三维线框表示的对象并隐藏表示后向面的直线。如图 6-20 所示为 UCS 坐标和手柄的消隐图。

☑ 真实(R)：着色多边形平面间的对象，并使对象的边平滑化。如果已为对象附着材质，将显示已附着到对象材质。如图 6-21 所示为 UCS 坐标和手柄的真实图。

☑ 概念(C)：着色多边形平面间的对象，并使对象的边平滑化。着色使用冷色和暖色之间的过渡，结果缺乏真实感，但是可以更方便地查看模型的细节。如图 6-22 所示为 UCS 坐标和手柄的概念图。

☑ 其他(O)：选择该选项，在命令行提示“输入视觉样式名称[?]:”后，可以输入当前图形中的视觉样式名称或输入“?”，以显示名称列表并重复该提示。

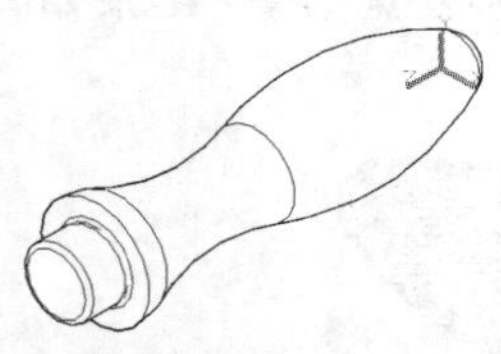

图 6-20　UCS 坐标和手柄的消隐图

图 6-21　UCS 坐标和手柄的真实图

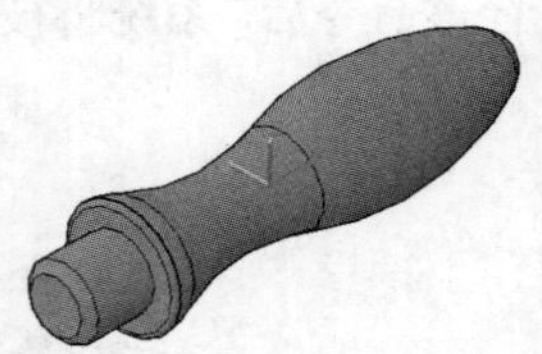

图 6-22　UCS 坐标和手柄的概念图

6.3.3　视觉样式管理器

视觉样式管理器命令的调用方法主要有如下 4 种：

☑ 在命令行中输入“VISUALSTYLES”命令。

☑ 选择菜单栏中的“视图”/“视觉样式”/“视觉样式管理器”或“工具”/“选项板”/“视觉样式”命令。

☑ 单击“视觉样式”工具栏中的“管理视觉样式”按钮。

☑ 单击“视图”选项卡“视觉样式”面板上“视觉样式”下拉菜单中的“视觉样式管理器”按钮或单击“视图”选项卡“视觉样式”面板中的“对话框启动器”按钮或单击“视

图”选项卡“选项板”面板中的“视觉样式”按钮⊗。

执行该命令后，系统弹出“视觉样式管理器”选项板，可以对视觉样式的各参数进行设置，如图6-23所示。如图6-24所示为按如图6-23所示进行设置的概念图显示结果。

Note

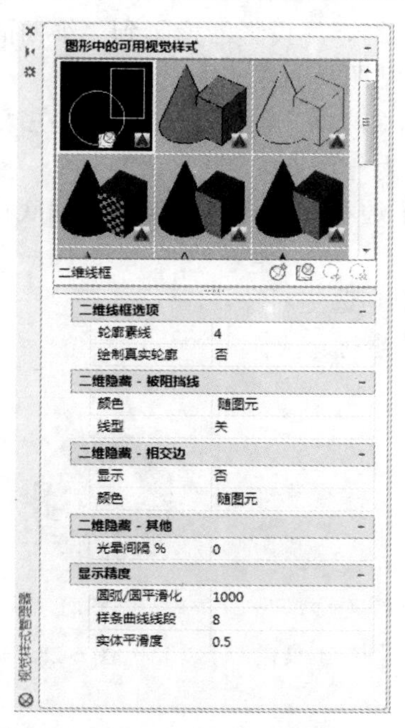

图6-23　“视觉样式管理器”选项板

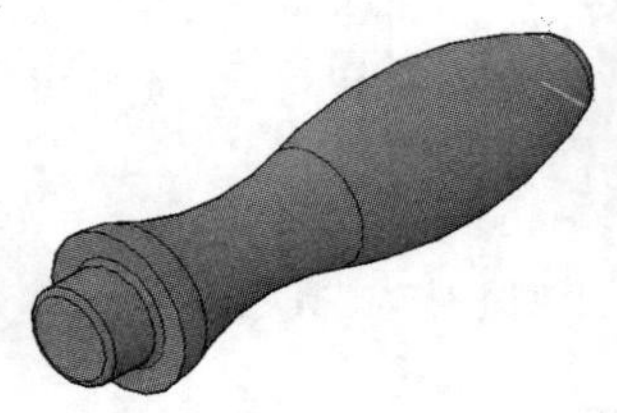

图6-24　显示结果

6.4　渲染实体

渲染是对三维图形对象加上颜色和材质因素，或灯光、背景、场景等因素的操作，能够更真实地表达图形的外观和纹理。渲染是输出图形前的关键步骤，尤其是在效果图的设计中。

6.4.1　贴图

贴图的功能是在实体附着带纹理的材质后，调整实体或面上纹理贴图的方向。当材质被映射后，调整材质以适应对象的形状，将合适的材质贴图类型应用到对象中，可以使之更加适合于对象。

“贴图”命令的调用方法主要有如下3种：

☑　在命令行中输入“MATERIALMAP”命令。

☑　选择菜单栏中的“视图”/“渲染”/“贴图”命令（见图6-25）。

☑　单击“渲染”工具栏中的“贴图”按

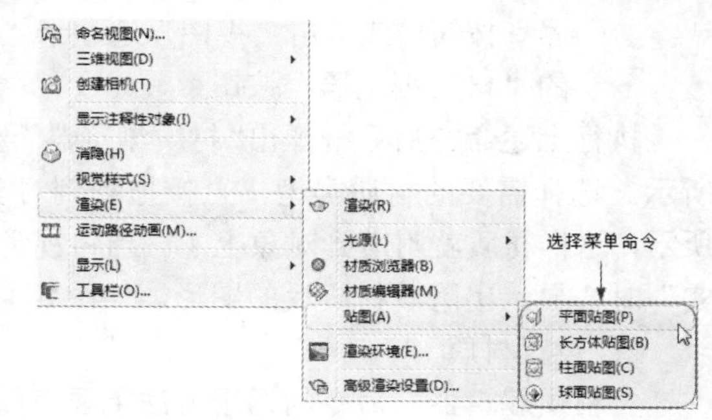

图6-25　贴图子菜单

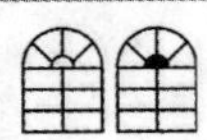

钮（见图 6-26）或“贴图”工具栏中的按钮（见图 6-27）。

执行上述命令后，根据系统提示选择选项。命令行提示中各选项的含义如下。

☑ 长方体(B)：将图像映射到类似长方体的实体上，该图像将在对象的每个面上重复使用。

☑ 平面(P)：将图像映射到对象上，就像将其从幻灯片投影器投影到二维曲面上一样，图像不会失真，但是会被缩放以适应对象。该贴图最常用于面。

☑ 球面(S)：在水平和垂直两个方向上同时使图像弯曲。纹理贴图的顶边在球体的“北极”压缩为一个点；同样，底边在“南极”压缩为一个点。

☑ 柱面(C)：将图像映射到圆柱形对象上，水平边将一起弯曲，但顶边和底边不会弯曲。图像的高度将沿圆柱体的轴进行缩放。

☑ 复制贴图至(Y)：将贴图从原始对象或面应用到选定对象。

☑ 重置贴图(R)：将 UV 坐标重置为贴图的默认坐标。

如图 6-28 所示是球面贴图实例。

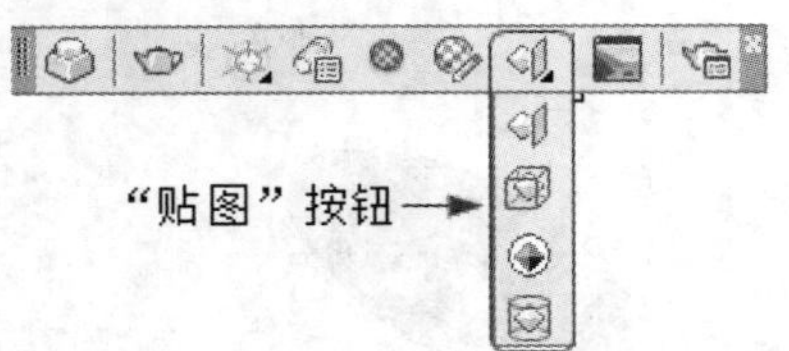

图 6-26 “渲染”工具栏

图 6-27 “贴图”工具栏

图 6-28 球面贴图

6.4.2 材质

1．附着材质

AutoCAD 2016 附着材质的方式与以前版本有很大的不同，AutoCAD 2016 将常用的材质都集成到工具选项板中。“材质浏览器”命令的调用方法主要有如下 4 种：

☑ 在命令行中输入“MATBROWSEROPEN”命令。

☑ 选择菜单栏中的“视图”/“渲染”/“材质浏览器”命令。

☑ 单击“渲染”工具栏中的“材质浏览器”按钮。

☑ 单击“可视化”选项卡“材质”面板中的“材质浏览器”按钮或单击“视图”选项卡“选项板”面板中的“材质浏览器”按钮。

执行上述命令后系统弹出“材质浏览器”选项板，如图 6-29 所示。选择需要的材质类型，直接拖动到对象上，如图 6-30 所示，这样材质就附着到对象上了。当将视觉样式转换成“真实”时，显示出附着材质后的图形，如图 6-31 所示。

2．设置材质

“材质编辑器”命令的调用方法主要有如下 4 种：

☑ 在命令行中输入“MATEDITOROPEN”命令。

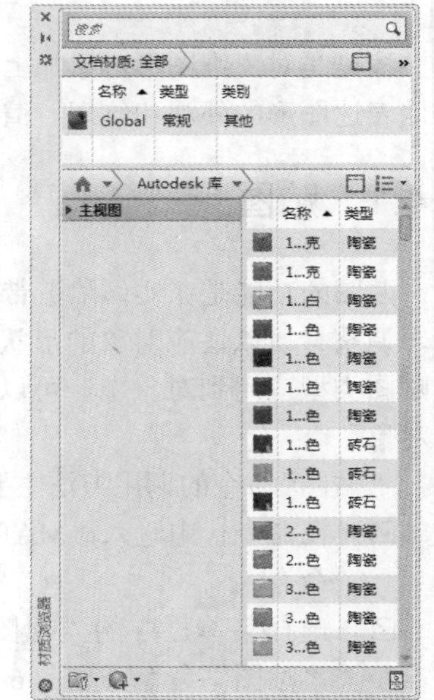

图 6-29 “材质浏览器”选项板

☑　选择菜单栏中的“视图”/“渲染”/“材质编辑器”命令。

☑　单击“渲染”工具栏中的“材质编辑器”按钮。

☑　单击“视图”选项卡“选项板”面板中的“材质编辑器”按钮。

执行上述操作后，系统弹出如图 6-32 所示的“材质编辑器”选项板。通过该选项板，可以对材质的有关参数进行设置。

Note

6.4.3　渲染

1．高级渲染设置

“高级渲染设置”命令的调用方法主要有如下 4 种：

☑　在命令行中输入“RPREF”或“RPR”命令。

☑　选择菜单栏中的“视图”/“渲染”/“高级渲染设置”命令。

☑　单击“渲染”工具栏中的“高级渲染设置”按钮。

☑　单击“视图”选项卡“选项板”面板中的“高级渲染设置”按钮。

执行上述操作后，系统弹出如图 6-33 所示的“渲染预设管理器”选项板。通过该选项板，可以对渲染的有关参数进行设置。

图 6-30　指定对象

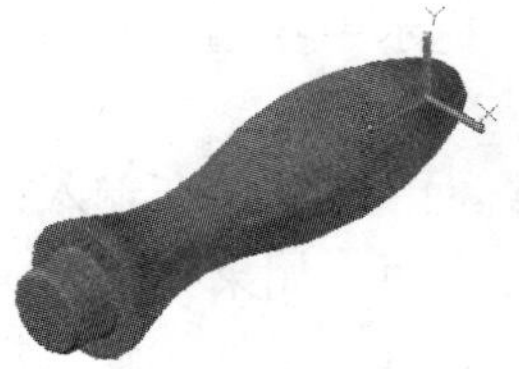

图 6-31　附着材质后

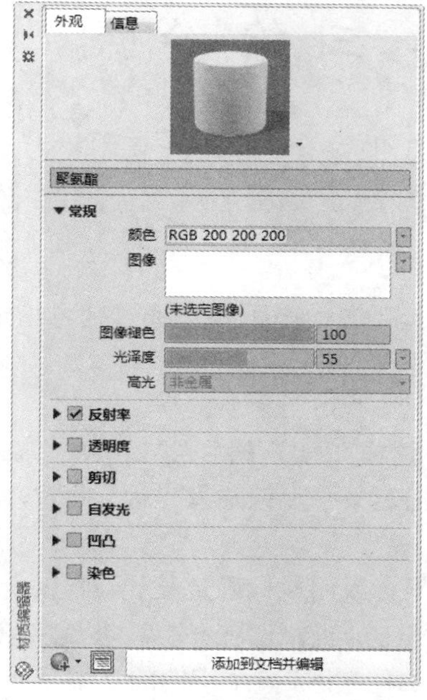

图 6-32　“材质编辑器”选项板

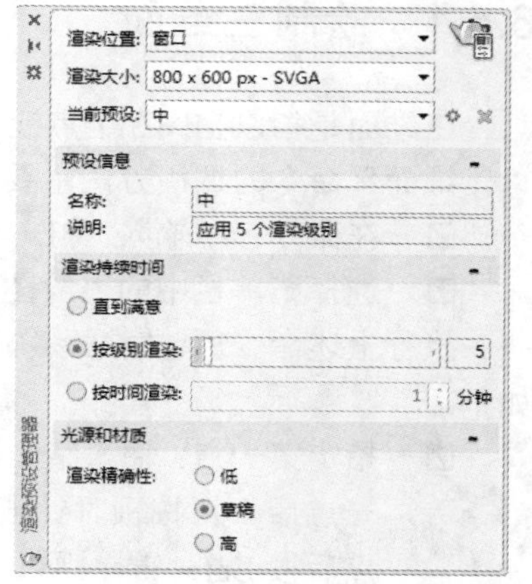

图 6-33　“渲染预设管理器”选项板

2．渲染

“渲染”命令的调用方法主要有如下 4 种：

☑　在命令行中输入“RENDER”或“RR”命令。

☑　选择菜单栏中的“视图”/“渲染”/“渲染”命令。

☑　单击“渲染”工具栏中的“渲染”按钮。

☑　单击“可视化”选项卡“渲染-MentalRay”面板中的“渲染”按钮。

执行上述操作后，系统弹出如图 6-34 所示的“渲染”对话框，显示渲染结果和相关参数。

Note

提示：

在 AutoCAD 2016 中，渲染代替了传统的建筑、机械和工程图形使用水彩、有色蜡笔和油墨等生成最终演示的渲染效果图。渲染图形的过程一般分为以下 4 步。

（1）准备渲染模型：包括遵从正确的绘图技术、删除消隐面、创建光滑的着色网格和设置视图的分辨率。

（2）创建和放置光源以及创建阴影。

（3）定义材质并建立材质与可见表面间的联系。

（4）进行渲染，包括检验渲染对象的准备、照明和颜色的中间步骤。

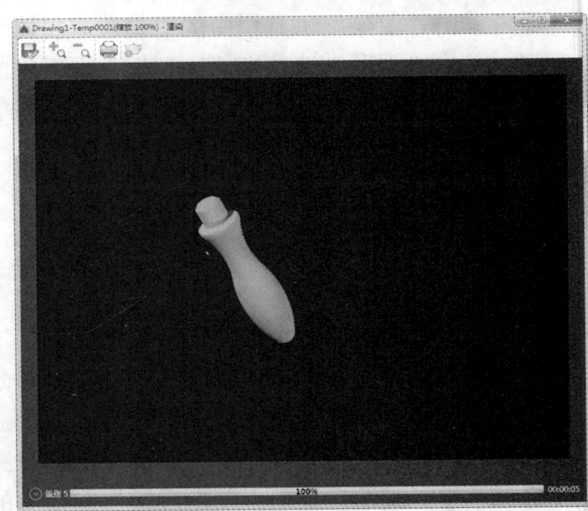

图 6-34　“渲染”对话框

6.5　三 维 绘 制

在三维图形中，有一些图形元素是组成三维图形的最基本要素。下面依次进行讲解。

6.5.1　绘制三维面

三维面是指以空间 3 个点或 4 个点组成一个面。可以通过任意指定 3 点或 4 点来绘制三维面。“三维面”命令的调用方法主要有如下两种：

☑　在命令行中输入“3DFACE”或“3F”命令。

☑　选择菜单栏中的“绘图”/“建模”/“网格”/“三维面”命令。

执行上述命令后，根据系统提示指定某一点或输入坐标。此时，命令行提示中各选项的含义如下。

☑　指定第一点：输入某一点的坐标或用鼠标确定某一点，以定义三维面的起点。在输入第一点后，可按顺时针或逆时针方向输入其余的点，以创建普通三维面。如果在输入 4 点后按 Enter 键，则以指定第 4 点生成一个空间的三维平面。如果在提示下继续输入第二个平面上的第 3 点和第 4 点坐标，则生成第二个平面。该平面以第一个平面的第 3 点和第 4 点作为第二个平面的第 1 点和第 2 点创建第二个三维平面。继续输入点可以创建用户要创建的平面，按 Enter 键结束。

☑　不可见(I)：控制三维面各边的可见性，以便创建有孔对象的正确模型。如果在输入某一边之前输入“I”，则可以使该边不可见。如图 6-35 所示为创建一长方体时某一边使用 I 命令和不使用 I 命令的视图比较效果。

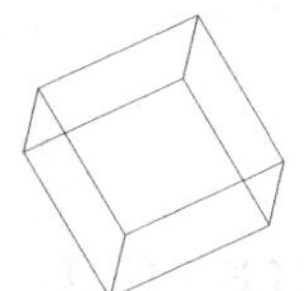

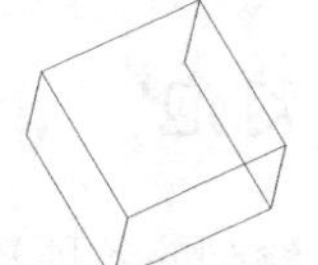

（a）可见边　　　　（b）不可见边

图 6-35　“不可见”命令选项视图比较

6.5.2　绘制多边网格面

在 AutoCAD 2016 中，可以指定多个点来组成空间平面。“多边网格面”命令的调用方法为：在命令行中输入“PFACE”命令。

执行上述命令后，根据系统提示输入点 1 的坐标或指定一点，然后在命令行提示下输入点 2 的坐标或指定一点。同理，指定其他各点后按 Enter 键。在命令行提示“输入顶点编号或[颜色(C)/图层(L)]：”时输入顶点编号或输入选项。输入平面上顶点的编号后，根据指定的顶点序号，AutoCAD 2016 会生成一平面。当确定了一个平面上的所有顶点之后，在提示状态下按 Enter 键，AutoCAD 2016 则指定另外一个平面上的顶点。

6.5.3　绘制三维网格

在 AutoCAD 2016 中，可以指定多个点来组成三维网格，这些点按指定的顺序来确定其空间位置。“三维网格”命令的调用方法为：在命令行中输入“3DMESH”命令。

执行上述命令后，根据系统提示输入 M 和 N 方向上的网格数量为 2～256 之间的值。在命令行提示“指定顶点(0,0)的位置:”后输入第 1 行第 1 列的顶点坐标；在命令行提示“指定顶点(0,1)的位置:”后输入第 1 行第 2 列的顶点坐标；在命令行提示“指定顶点的位置:”后输入第 1 行第 3 列的顶点坐标，依此类推，在命令行提示“指定顶点(M−1, N−1)的位置:”后输入第 M 行第 N 列的顶点坐标。如图 6-36 所示为绘制的三维网格表面。

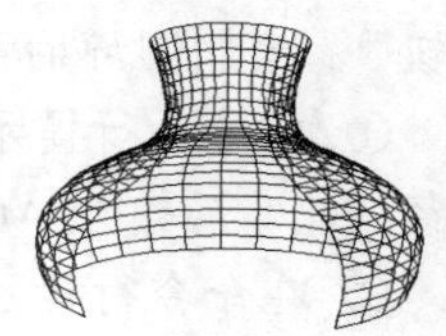

图 6-36　三维网格表面

6.5.4　绘制基本三维网格

三维基本图元与三维基本形体表面类似，有长方体表面、圆柱体表面、棱锥面、楔体表面、球面、圆锥面、圆环面等。

三维基本图元的调用方法主要有如下 4 种：

☑　在命令行中输入“MESH”命令。

☑　选择菜单栏中的“绘图”/“建模”/“网格”/“图元”下拉菜单中的命令。

☑　单击“平滑网格图元”工具栏中的各图元按钮。

☑　单击“三维工具”选项卡“建模”面板中的各图元按钮。

执行上述命令后，根据系统提示可以选择创建长方体图元、圆柱体图元、棱锥体图元、楔体图元、球体图元、圆锥体图元、圆环体图元。

6.5.5 实战——LED 灯泡

Note

利用前面学过的三维网格绘制的各种基本方法，制作 LED 灯泡，其绘制流程图如图 6-37 所示。

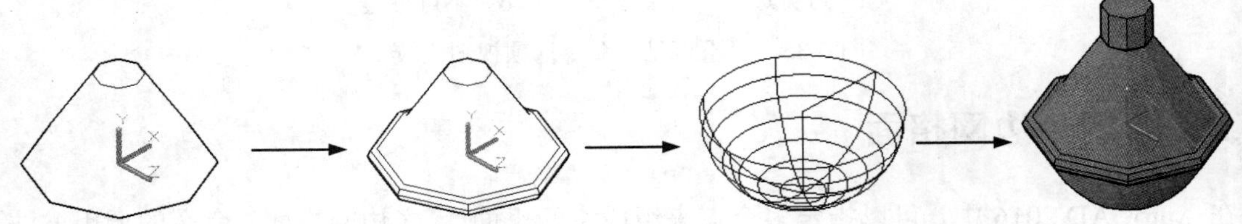

图 6-37 LED 灯泡创建流程图

操作步骤如下：（📹：光盘\配套视频\第 6 章\LED 灯泡.avi）

（1）单击“三维工具”选项卡“建模”面板中的“网格圆锥体”按钮，绘制圆锥曲面。

① 在命令行提示“指定底面的中心点或[三点(3P)/两点(2P)/切点、切点、半径(T)/椭圆(E)]:”后输入“0,0,0”。

② 在命令行提示“指定底面半径或[直径(D)] <30.0000>:”后输入“30”。

③ 在命令行提示“指定高度或[两点(2P)/轴端点(A)/顶面半径(T)]<8.0000>:”后输入“t”。

④ 在命令行提示“指定顶面半径<0.0000>:”后输入“8”。

⑤ 在命令行提示“指定高度或[两点(2P)/轴端点(A)]<8.0000>:”后输入“35”。将视图切换到西南等轴测，消隐后效果如图 6-38 所示。

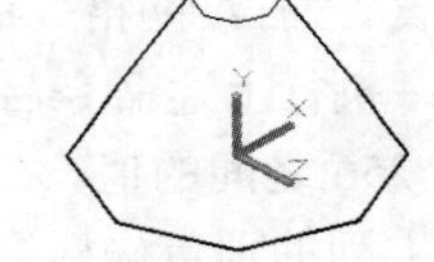

图 6-38 绘制圆锥曲面

（2）单击“三维工具”选项卡“建模”面板中的“网格圆环体”按钮，绘制圆环曲面。

① 在命令行提示“指定中心点或[三点(3P)/两点(2P)/切点、切点、半径(T)]:”后输入“0,0,0”。

② 在命令行提示“指定半径或[直径(D)] <30.0000>:”后输入“30”。

③ 在命令行提示“指定圆管半径或[两点(2P)/直径(D)]:”后输入“3”。绘制效果如图 6-39 所示。

图 6-39 绘制圆环曲面

（3）单击“三维工具”选项卡“建模”面板中的“网格圆柱体”按钮，绘制圆柱曲面。

① 在命令行提示“指定底面的中心点或[三点(3P)/两点(2P)/切点、切点、半径(T)/椭圆(E)]:”后输入“0,0,35”。

② 在命令行提示“指定底面半径或[直径(D)] <30.0000>:”后输入“8”。

③ 在命令行提示“指定高度或[两点(2P)/轴端点(A)]<35.0000>:”后输入“12”，按 Enter 键。

（4）将当前视图设置为“前视”。单击“默认”选项卡“绘图”面板中的“圆”按钮，在任意位置绘制半径为 30 的圆。

（5）单击“默认”选项卡“绘图”面板中的“直线”按钮，绘制两条过圆心的水平线和垂直线。

（6）单击“默认”选项卡“修改”面板中的“修剪”按钮，对圆进行修剪。效果如图 6-40 所示。

（7）选择菜单栏中的“绘图”/“建模”/“网格”/“旋转网格”命令，拾取绘制的圆弧，拾取垂直线为旋转轴创建旋转角度为 360 的实体。

① 在命令行提示“选择要旋转的对象:”后选择圆弧。

② 在命令行提示“选择定义旋转轴的对象:”后选择垂直线。

③ 在命令行提示“指定起点角度 <0>:”后输入“0”或直接按 Enter 键。

④ 在命令行提示“指定夹角 (+=逆时针，-=顺时针) <360>:”后输入“360”或直接按 Enter 键。西南等轴测视图的结果如图 6-41 所示。

（8）单击“默认”选项卡“修改”面板中的“移动”按钮，将第（7）步创建的旋转曲面以圆心为基点移动到（0,0,0）点。采用“概念视觉样式”后的效果如图 6-42 所示。

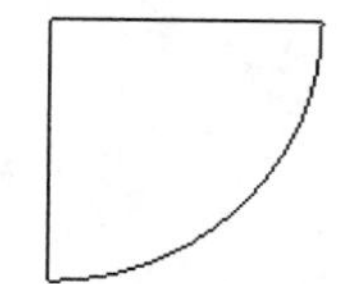

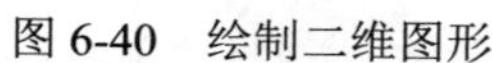

图 6-40　绘制二维图形

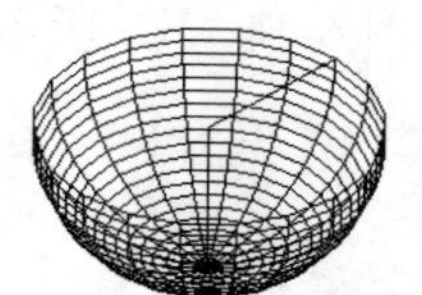

图 6-41　创建旋转曲面

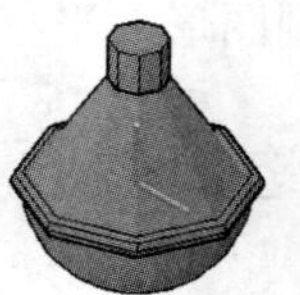

图 6-42　移动效果

6.6　由二维图形生成三维网格曲面

在三维造型的生成过程中，有一种思路是通过二维图形来生成三维网格。AutoCAD 2016 提供了 5 种方法来实现。

6.6.1　直纹曲面

“直纹网格”命令的调用方法主要有如下两种：

☑　在命令行中输入“RULESURF”命令。

☑　选择菜单栏中的“绘图”/“建模”/“网格”/“直纹网格”命令。

执行上述命令后，根据系统提示拾取草图曲线，生成直纹网格面，如图 6-43 所示。

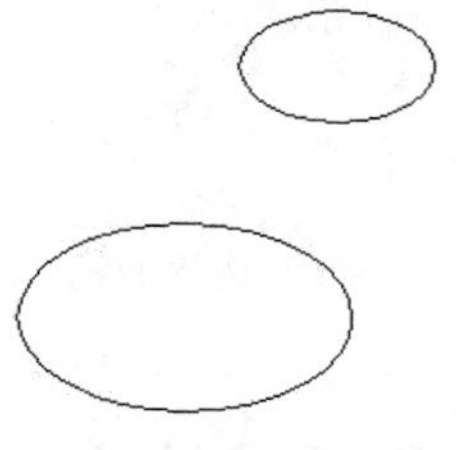

（a）作为草图的圆图

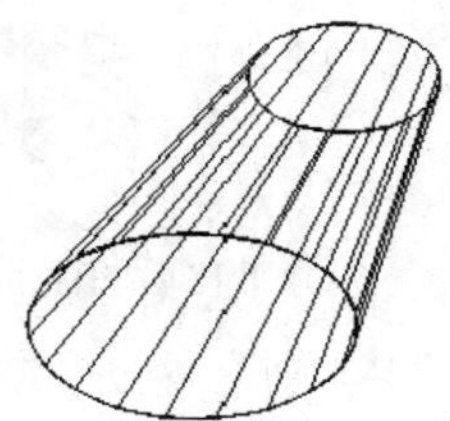

（b）生成的直纹曲面

图 6-43　绘制直纹曲面

6.6.2　平移曲面

“平移网格”命令的调用方法主要有如下两种：

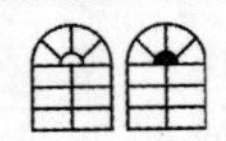

☑ 在命令行中输入“TABSURF”命令。

☑ 选择菜单栏中的“绘图”/“建模”/“网格”/“平移网格”命令。

执行上述命令后，根据系统提示选择一个已经存在的轮廓曲线和方向线。使用该命令时，命令行提示中各选项的含义如下。

☑ 轮廓曲线：可以是直线、圆弧、圆、椭圆、二维或三维多段线。AutoCAD 2016 默认从轮廓曲线上离选定点最近的点开始绘制曲面。

☑ 方向矢量：指出形状的拉伸方向和长度。在多段线或直线上选定的端点来决定拉伸的方向。

如图 6-41（a）所示为选择图中六边形为轮廓曲线对象，以图 6-44（a）中所绘制的直线为方向矢量绘制图形，平移后的曲面图形如图 6-44（b）所示。

6.6.3 边界曲面

“边界网格”命令的调用方法主要有如下两种：

☑ 在命令行中输入“EDGESURF”命令。

☑ 选择菜单栏中的“绘图”/“建模”/“网格”/“边界网格”命令。

执行上述命令后，根据系统提示选择第一条边界线、第二条边界线、第三条边界线和第四条边界线。使用该命令时，命令行提示中各选项的含义如下。

☑ 系统变量 SURFTAB1 和 SURFTAB2 分别控制 M、N 方向的网格分段数。可通过在命令行中输入“SURFTAB1”改变 M 方向的默认值，在命令行中输入“SURFTAB2”改变 N 方向的默认值。

下面生成一个简单的边界曲面。首先选择菜单栏中的“视图”/“三维视图”/“西南等轴测”命令，将视图转换为西南等轴测，绘制 4 条首尾相连的边界，如图 6-45（a）所示。在绘制边界的过程中，为了方便绘制，可以首先绘制一个基本三维表面中的立方体作为辅助立体，在它上面绘制边界，然后再将其删除。执行“边界网格”命令，分别选择绘制的 4 条边界，则得到如图 6-45（b）所示的边界曲面。

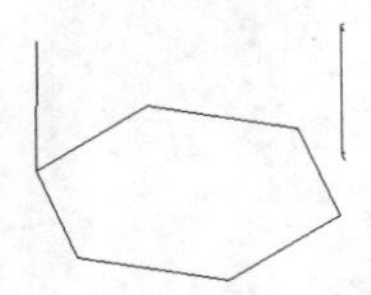

（a）六边形和方向线

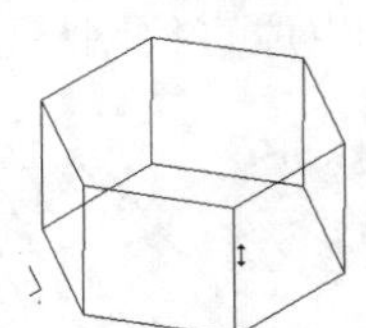

（b）平移后的曲面

图 6-44　平移曲面

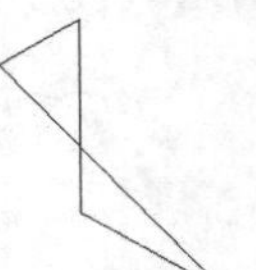

（a）边界曲线

（b）生成的边界曲面

图 6-45　边界曲面

6.6.4 旋转曲面

“旋转网格”命令的调用方法主要有如下两种：

☑ 在命令行中输入“REVSURF”命令。

☑ 选择菜单栏中的“绘图”/“建模”/“网格”/“旋转网格”命令。

执行上述命令后，根据系统提示选择已绘制好的直线、圆弧、圆或二维、三维多段线。在命

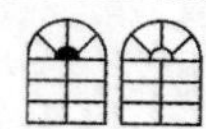

令行提示下选择已绘制好用作旋转轴的直线或是开放的二维、三维多段线，然后指定起点角度和包含角。使用该命令时，命令行提示中各选项的含义如下。

☑ 起点角度：如果设置为非零值，平面将从生成路径曲线位置的某个偏移处开始旋转。

☑ 夹角：用来指定绕旋转轴旋转的角度。

☑ 系统变量 SURFTAB1 和 SURFTAB2：用来控制生成网格的密度。SURFTAB1 指定在旋转方向上绘制的网格线数目；SURFTAB2 指定绘制的网格线数目进行等分。

如图 6-46 所示为利用 REVSURF 命令绘制的花瓶。

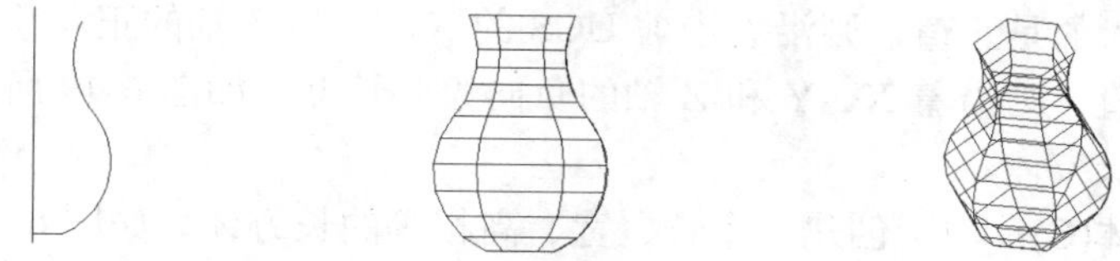

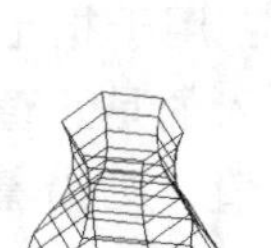

（a）轴线和回转轮廓线　　（b）回转面　　（c）调整视角

图 6-46　绘制花瓶

6.6.5 平面曲面

“平面”命令的调用方法主要有如下两种：

☑ 在命令行中输入“PLANESURF”命令。

☑ 选择菜单栏中的“绘图”/“建模”/“曲面”/“平面”命令。

执行上述命令后，根据系统提示选择对象。使用该命令时，命令行提示中各选项的含义如下。

☑ 指定第一个角点：通过指定两个角点来创建矩形形状的平面曲面，如图 6-47 所示。

☑ 对象(O)：通过指定平面对象创建平面曲面，如图 6-48 所示。

图 6-47　矩形形状的平面曲面

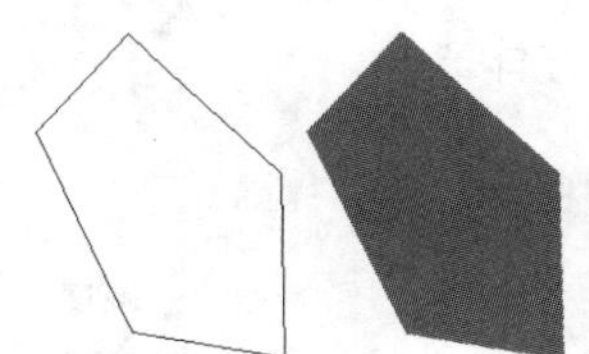

图 6-48　指定平面对象创建平面曲面

6.7 创建基本三维实体

复杂的三维实体都是由最基本的实体单元（如长方体、圆柱体等）通过各种方式组合而成的。本节将简要讲述这些基本实体单元的绘制方法。

6.7.1 长方体

长方体是最简单的实体单元。“长方体”命令的调用方法主要有如下 4 种：

☑ 在命令行中输入“BOX”命令。

☑ 选择菜单栏中的“绘图”/“建模”/“长方体”命令。

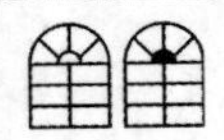

☑ 单击“建模”工具栏中的“长方体”按钮。

☑ 单击“三维工具”选项卡“建模”面板中的“长方体”按钮。

执行上述命令后，根据系统提示指定第一点或按 Enter 键表示原点是长方体的角点，或输入“C”表示中心点。此时，命令行提示中各选项的含义如下。

Note

☑ 指定第一个角点：用于确定长方体的一个顶点位置。选择该选项后，命令行提示中各选项的含义如下。

- 角点：用于指定长方体的其他角点。输入另一角点的数值，即可确定该长方体。如果输入的是正值，则沿着当前 UCS 的 X、Y 和 Z 轴的正向绘制长度。如果输入的是负值，则沿着 X、Y 和 Z 轴的负向绘制长度。如图 6-49 所示为利用角点命令创建的长方体。
- 立方体(C)：用于创建一个长、宽、高相等的长方体。如图 6-50 所示为利用立方体命令创建的长方体。

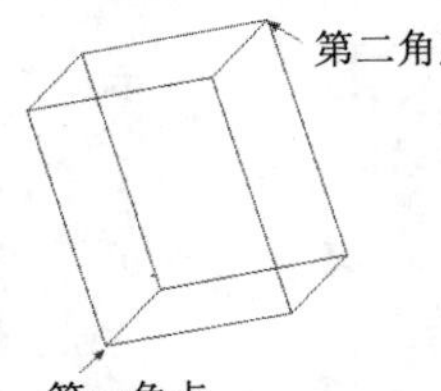

图 6-49　利用角点命令创建的长方体

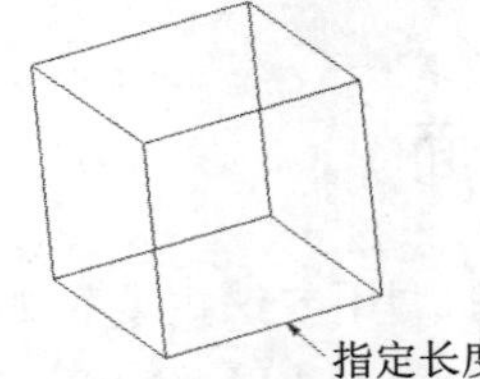

图 6-50　利用立方体命令创建的长方体

- 长度(L)：按要求输入长、宽、高的值。如图 6-51 所示为利用长、宽和高命令创建的长方体。
- 中心点：利用指定的中心点创建长方体。如图 6-52 所示为利用中心点命令创建的长方体。

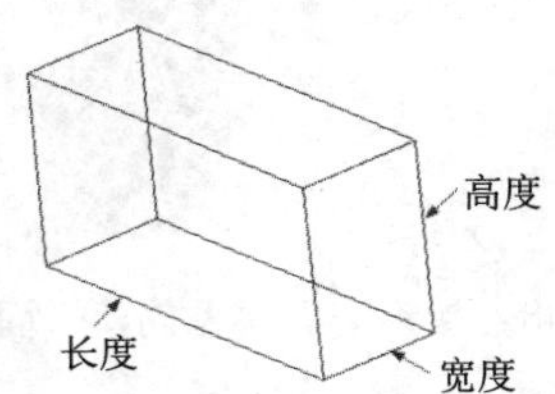

图 6-51　利用长、宽和高命令创建的长方体

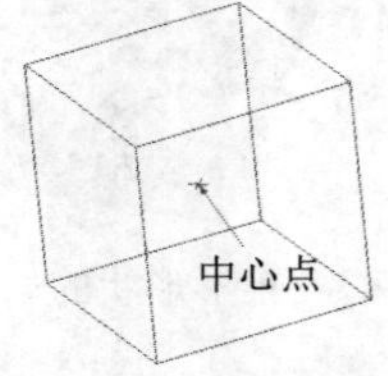

图 6-52　利用中心点命令创建的长方体

提示：

如果在创建长方体时选择“立方体”或“长度”选项，则还可以在单击以指定长度时指定长方体在 XY 平面中的旋转角度；如果选择“中心点”选项，则可以利用指定中心点来创建长方体。

6.7.2　实战——几案

本实例将详细介绍几案的绘制方法，首先利用“长方体”命令绘制几案面、几案腿以及隔板，

然后利用“移动”命令移动隔板到合适位置，再利用“圆角”命令对几案面进行圆角处理，并对所有实体进行并集处理，最后进行赋材渲染。绘制流程如图 6-53 所示。

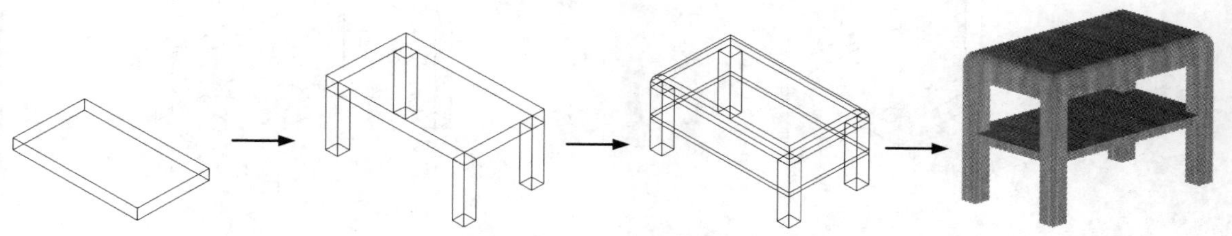

图 6-53　几案绘制流程

操作步骤如下：（：光盘\动画演示\第 6 章\几案.avi）

（1）将当前视图设置为西南等轴测视图。单击“三维工具”选项卡“建模”面板中的“长方体”按钮，绘制长方体，

① 在命令行提示“指定第一个角点或[中心(C)]:”后输入“10,10”。

② 在命令行提示“指定其他角点或[立方体(C)/长度(L)]:”后输入“@70,40”。

③ 在命令行提示“指定其他角点或[立方体(C)/长度(L)]:”后输入“6”。

完成几案面的绘制，结果如图 6-54 所示。

（2）单击“三维工具”选项卡“建模”面板中的“长方体”按钮，在茶几的 4 个角点绘制 4 个尺寸为 6×6×28 的长方体，完成茶几腿的绘制，如图 6-55 所示。

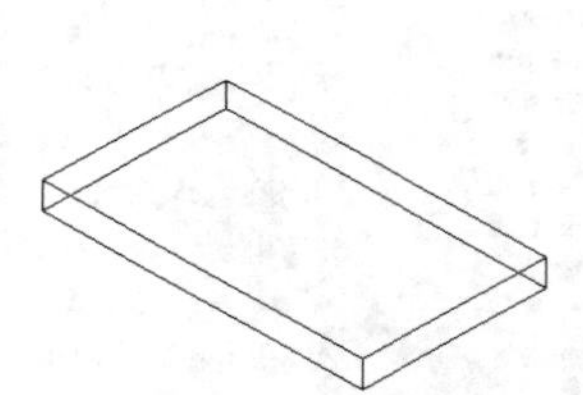

图 6-54　绘制茶几表面

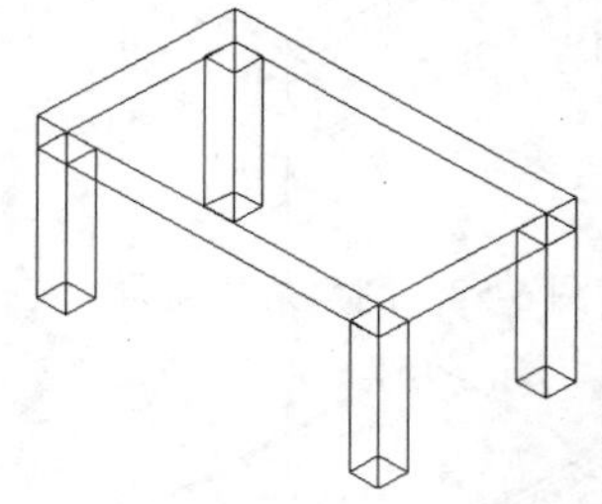

图 6-55　绘制茶几腿

（3）单击“三维工具”选项卡“建模”面板中的“长方体”按钮，以茶几的两条对角腿的外角点为对角点，作厚度为 2 的长方体，完成隔板的绘制，结果如图 6-56 所示。

（4）单击“默认”选项卡“修改”面板中的“移动”按钮，移动隔板。

① 在命令行提示“选择对象:”后选中要移动的隔板。

② 在命令行提示“指定基点或[位移(D)] <位移>:”后输入（80,10,−28）。

③ 在命令行提示“指定第二个点或<使用第一个点作为位移>:”后输入（@0,0,14）。

结果如图 6-57 所示。

（5）单击“默认”选项卡“修改”面板中的“圆角”按钮，设置圆角半径为 4，对立方体各条边进行圆角处理，结果如图 6-58 所示。

（6）单击“三维工具”选项卡“实体编辑”面板中的“并集”按钮，选中要进行并集处理茶几桌面、腿以及隔板。

（7）单击“可视化”选项卡“视觉样式”面板中的“隐藏”按钮，对图形进行消隐处理，

Note

结果如图 6-59 所示。

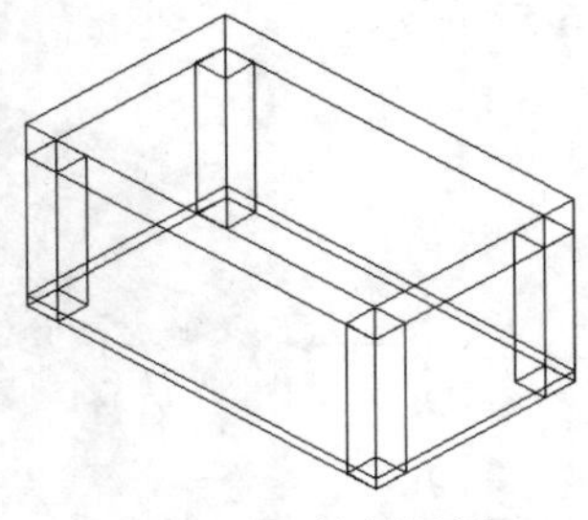

图 6-56　绘制隔板

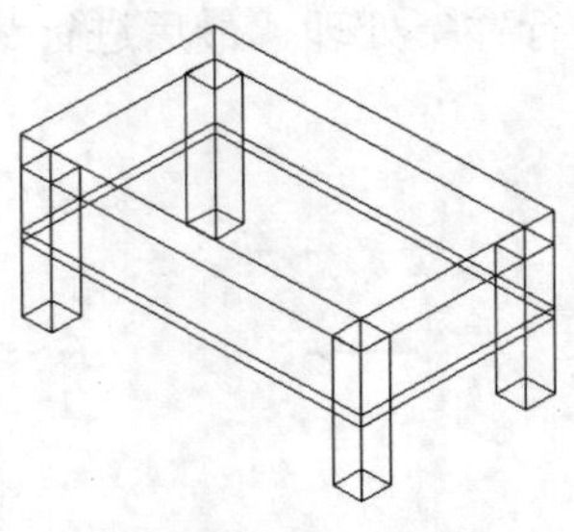

图 6-57　移动隔板

（8）单击“可视化”选项卡“材质”面板中的“材质”按钮，打开“材质编辑器”对话框，单击“主视图”/“Autodesk 库”/“木材”，如图 6-60 所示。选择其中一种材质，拖动到绘制的几案实体上。

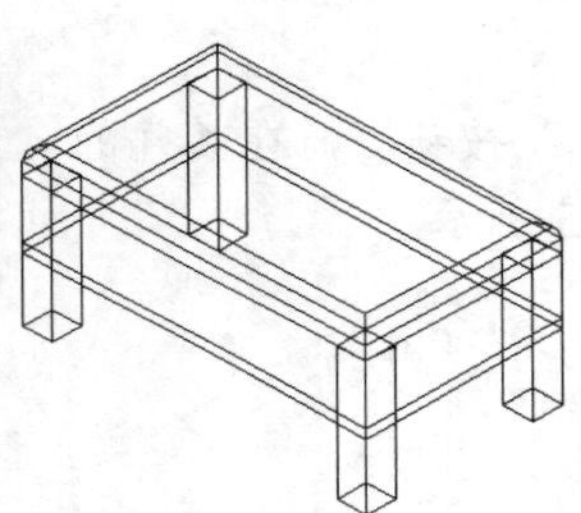

图 6-58　圆角茶几桌面

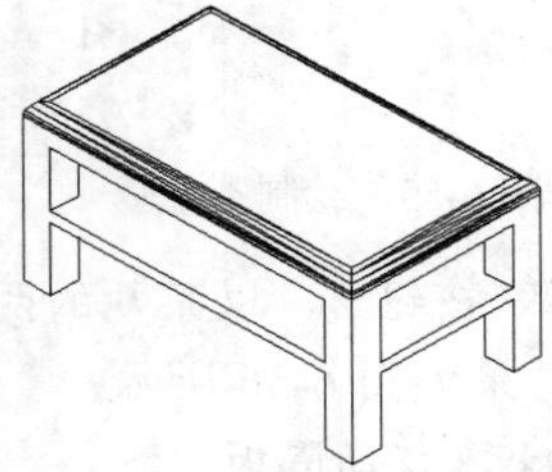

图 6-59　并集处理后消隐的结果

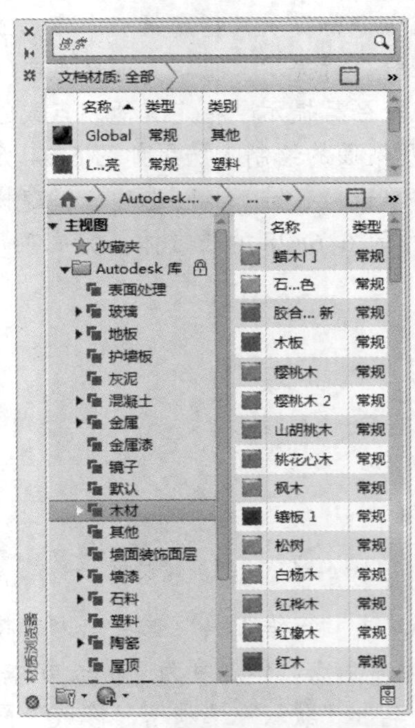

图 6-60　“材质编辑器”对话框

（9）在“可视化”选项卡“视觉样式”面板中的“视觉样式”下拉列表中选择“真实”，系统自动改变实体的视觉样式，结果如图 6-61 所示。

6.7.3　圆柱体

圆柱体也是一种简单的实体单元。“圆柱体”命令的调用方法主要有如下 4 种：

图 6-61　真实视觉样式

☑　在命令行中输入“CYLINDER”或“CYL”命令。

☑　选择菜单栏中的“绘图”/“建模”/“圆柱体”命令。

☑　单击“建模”工具栏中的“圆柱体”按钮。

☑　单击“三维工具”选项卡“建模”面板中的“圆柱体”按钮。

执行上述命令后，根据系统提示指定底面的中心点或选择其他选项。此时，命令行提示中各选项的含义如下。

☑　中心点：先输入底面圆心的坐标，然后指定底面的半径和高度，此选项为系统的默认选项。AutoCAD 按指定的高度创建圆柱体，且圆柱体的中心线与当前坐标系的 Z 轴平行，如图 6-62 所示。也可以指定另一个端面的圆心来指定高度，AutoCAD 根据圆柱体两个端面的中心位置来创建圆柱体，该圆柱体的中心线就是两个端面的连线，如图 6-63 所示。

☑　椭圆(E)：创建椭圆柱体。椭圆端面的绘制方法与平面椭圆一样，创建的椭圆柱体如图 6-64 所示。

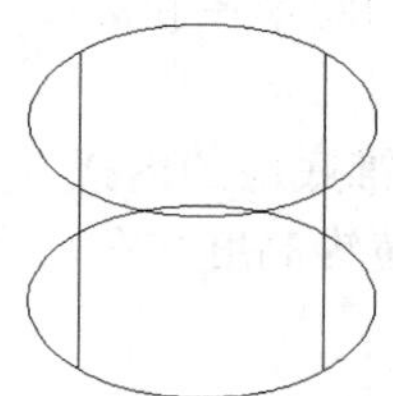

图 6-62　按指定高度创建圆柱体

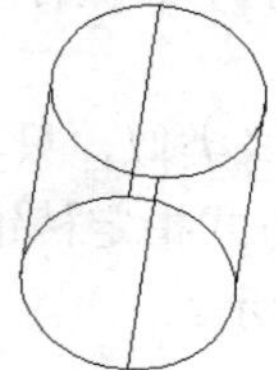

图 6-63　指定圆柱体另一个端面的中心位置

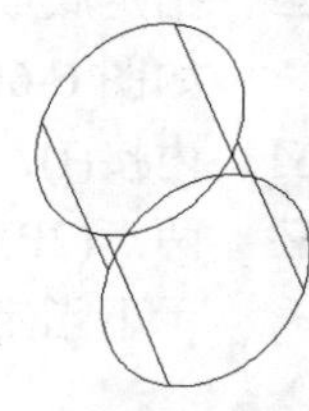

图 6-64　椭圆柱体

其他的基本建模，如楔体、圆锥体、球体、圆环体等的创建方法与长方体和圆柱体类似，不再赘述。

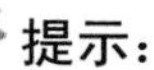

提示：

建模模型具有边和面，还有在其表面内由计算机确定的质量。建模模型是最容易使用的三维模型，它的信息最完整，不会产生歧义。与线框模型和曲面模型相比，建模模型的创建方式最直接，所以，在 AutoCAD 三维绘图中，建模模型应用最为广泛。

6.7.4　楔体

楔体也属于一种简单的实体单元。“楔体”命令的调用方法主要有如下 4 种：

☑　在命令行中输入“WEDGE”命令。

☑　选择菜单栏中的“绘图”/“建模”/“楔体”命令。

☑　单击“建模”工具栏中的“楔体”按钮。

☑　单击“三维工具”选项卡“建模”面板中的“楔体”按钮。

执行上述命令后，根据系统提示指定第一个角点或选择其他选项。此时，命令行提示中各选项的含义如下。

☑　指定楔体的第一个角点：指定楔体的第一个角点，然后按提示指定下一个角点或长、宽、高，结果如图 6-65 所示。

☑　指定中心点(C)：指定楔体的中心点，然后按提示指定下一个角点或长、宽、高。

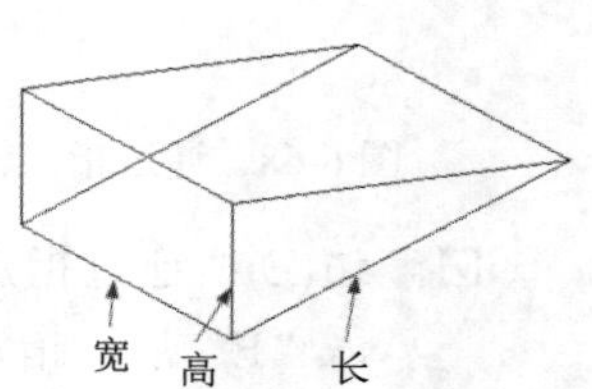

图 6-65　指定长、宽、高创建的楔体

6.7.5 棱锥体

Note

棱锥体也属于一种简单的实体单元。“棱锥体”命令的调用方法主要有如下 4 种：

☑ 在命令行中输入“PYRAMID”命令。

☑ 选择菜单栏中的“绘图”/“建模”/“棱锥体”命令。

☑ 单击“建模”工具栏中的“棱锥体”按钮。

☑ 单击“三维工具”选项卡“建模”面板中的“棱锥体”按钮。

执行上述命令后，根据系统提示指定中心点，指定底面外切圆半径，指定高度或选择其他选项。此时，命令行提示中各选项的含义如下。

☑ 指定底面的中心点：这是最基本的执行方式，然后按提示指定外切圆半径和高度，结果如图 6-66 所示。

☑ 内接(I)：与上面讲的外切方式类似，只不过指定的底面半径是棱锥底面的内接圆半径。

☑ 两点(2P)：通过指定两点的方式指定棱锥高度，两点间的距离为棱锥高度。在命令行提示下指定两点，如图 6-67 所示。

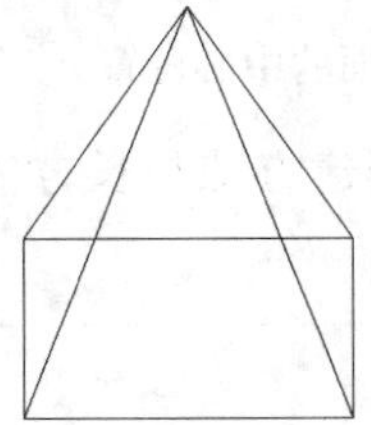

图 6-66　指定底面中心点、外切圆半径和高度创建的楔体

图 6-67　通过两点方式确定棱锥高度

☑ 轴端点(A)：通过指定轴端点的方式指定棱锥高度和倾向，指定点为棱锥顶点。由于顶点与底面中心点连线为棱锥高线，垂直于底面，所以底面方向随指定的轴端点位置不停地变动，如图 6-68 所示。

☑ 顶面半径(T)：通过指定顶面半径的方式指定棱台上顶面外切圆或内接圆半径，如图 6-69 所示。在命令行提示下指定顶面半径值和高度。

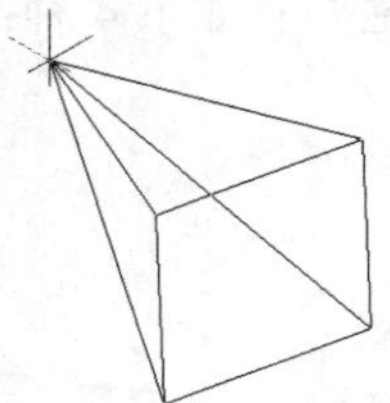

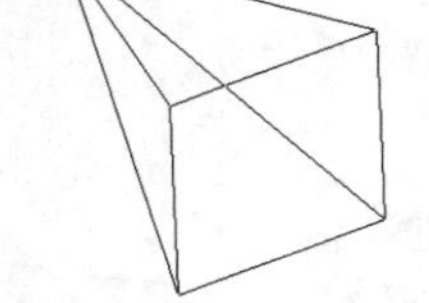

图 6-68　通过指定轴端点方式绘制棱锥

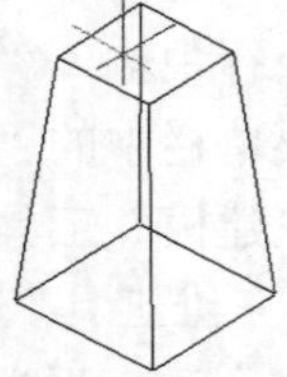

图 6-69　通过指定顶面半径方式绘制棱台

☑ 边(E)：通过指定边的方式指定棱锥底面正多边形，如图 6-70 所示。在命令行提示下输入“E”后，指定底面边的第一个端点，如图 6-70 中点 1 所示；指定底面边的第二个端点，如图 6-70 中点 2 所示。此时可指定高度或选择其他选项。

☑ 侧面(S)：通过指定侧面数目的方式指定棱锥的棱数，如图 6-71 所示。在命令行提示下输入“S”后，输入棱边数 6，图 6-71 为绘制的六棱锥，此时可指定底面的中心点或选

Note

择其他选项。

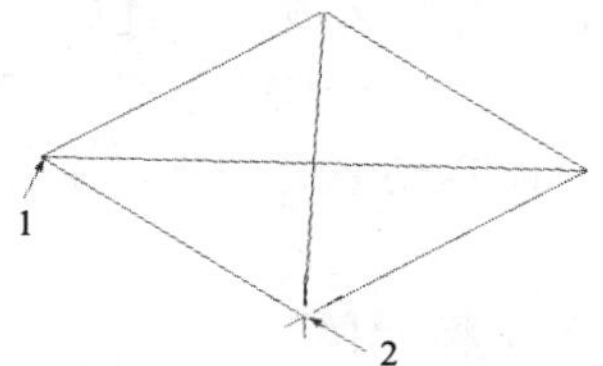

图 6-70　通过指定边的方式绘制棱锥底面

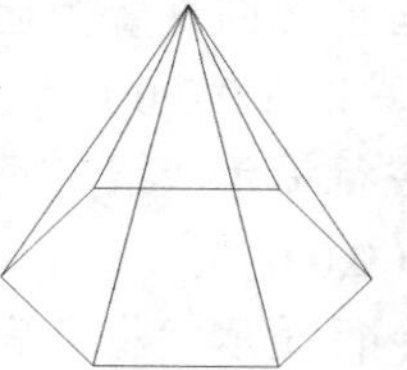

图 6-71　通过指定侧面的方式绘制六棱锥

6.7.6　绘制圆锥体

圆锥体也属于一种简单的实体单元。“圆锥体”命令的调用方法主要有如下 4 种：

☑　在命令行中输入“CONE”命令。

☑　选择菜单栏中的“绘图”/“建模”/“圆锥体”命令。

☑　单击“建模”工具栏中的“圆锥体”按钮。

☑　单击“三维工具”选项卡“建模”面板中的“圆锥体”按钮。

执行上述命令后，根据系统提示指定底面的中心点或选择其他选项。此时，命令行提示中各选项的含义如下。

☑　中心点：指定圆锥体底面的中心位置，然后指定底面半径和锥体高度或顶点位置。

☑　椭圆(E)：创建底面是椭圆的圆锥体。如图 6-72 所示为绘制的椭圆圆锥体，其中图 6-72（a）的线框密度为 4。输入“ISOLINES”命令后增加线框密度至 16 后的图形如图 6-72（b）所示。

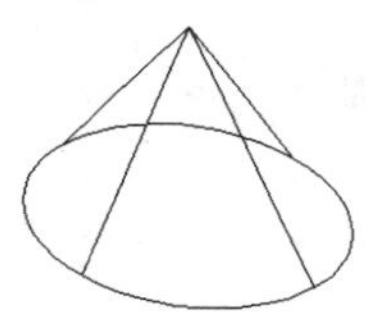

（a）ISOLINES=4

（b）ISOLINES=16

图 6-72　椭圆圆锥体

6.7.7　实战——石凳

本实例将详细介绍石凳的绘制方法，首先利用“圆锥面”命令绘制石凳主体，然后利用“圆柱体”命令绘制石凳的凳面，最后选择适当的材质对石凳进行渲染处理。绘制流程如图 6-73 所示。

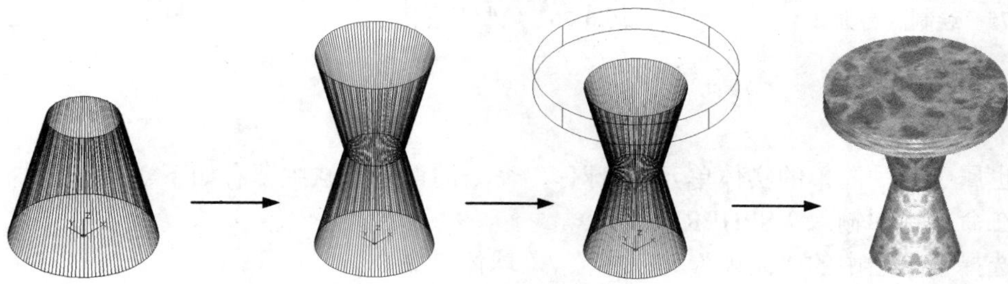

图 6-73　石凳绘制流程

Note

操作步骤如下：（光盘\动画演示\第 6 章\石凳.avi）

（1）将当前视图设置为西南等轴测视图，单击“三维工具”选项卡“建模”面板中的“圆锥体”按钮，以（0,0,0）为圆心，绘制底面半径为 10、顶面半径为 5、高度为 20 的圆台面。

① 在命令行提示“指定底面的中心点或[三点(3P)/两点(2P)/切点、切点、半径(T)/椭圆(E)]:”后输入坐标“(0,0,0)”。

② 在命令行提示“指定底面半径或[直径(D)]:”后输入坐标“10”。

③ 在命令行提示“指定高度或[两点(2P)/轴端点(A)/顶面半径(T)]:”后输入“T”。

④ 在命令行提示“指定顶面半径<0.0000>:”后输入“5”。

⑤ 在命令行提示“指定高度或[两点(2P)/轴端点(A)]:”后输入“20”。

绘制结果如图 6-74 所示。

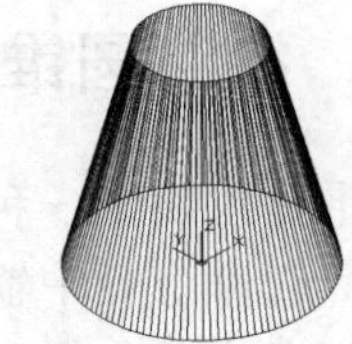

图 6-74　绘制圆台面 1

（2）单击“三维工具”选项卡“建模”面板中的“圆锥体”按钮，以（0,0,20）为圆心，绘制底面半径为 5、顶面半径为 10、高度为 20 的圆台面。完成石凳主体的绘制，结果如图 6-75 所示。

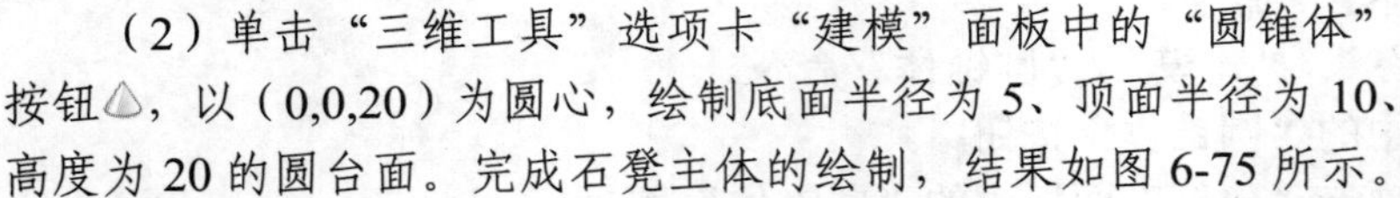

（3）单击“三维工具”选项卡“建模”面板中的“圆柱体”按钮，绘制以（0,0,40）为圆心，半径为 20、高度为 5 的圆柱体。

① 在命令行提示“指定底面的中心点或[三点(3P)/两点(2P)/切点、切点、半径(T)/椭圆(E)]:”后输入坐标（0,0,40）。

② 在命令行提示“指定底面半径或[直径(D)]<10.0000>:”后输入“20”。

③ 在命令行提示“指定高度或[两点(2P)/轴端点(A)]<20.0000>:”后输入“5”。

完成石凳凳面的绘制，结果如图 6-76 所示。

（4）单击“可视化”选项卡“材质”面板中的“材质”按钮，在材质选项板中选择适当的材质附于图形。效果如图 6-77 所示。

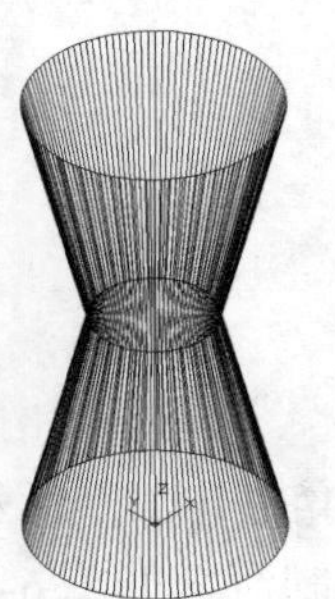

图 6-75　绘制圆台面 2

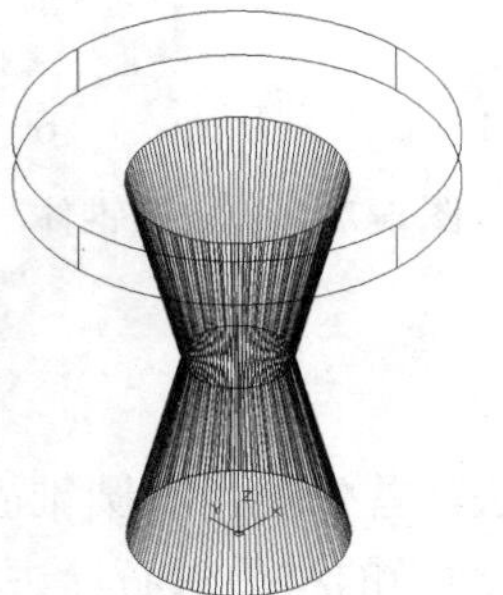

图 6-76　绘制圆柱体

图 6-77　渲染处理

6.7.8　绘制球体

球体也属于一种简单的实体单元。“球体”命令的调用方法主要有如下 4 种：

☑　在命令行中输入“SPHERE”命令。

☑　选择菜单栏中的“绘图”/“建模”/“球体”命令。

☑　单击“建模”工具栏中的“球体”按钮。

☑　单击“三维工具”选项卡“建模”面板中的“球体”按钮◎。

执行上述命令后，根据系统提示输入球心的坐标值和半径或直径。

6.7.9　绘制圆环体

圆环体也属于一种简单的实体单元。“圆环体”命令的调用方法主要有如下 4 种：

☑　在命令行中输入“TORUS”命令。

☑　选择菜单栏中的“绘图/建模/圆环体”命令。

☑　单击“建模”工具栏中的“圆环体”按钮◎。

☑　单击“三维工具”选项卡“建模”面板中的“圆环体”按钮◎。

执行上述命令后，根据系统提示指定中心点或选择其他选项，在命令行提示下指定半径或直径后，指定圆管半径或直径或选择其他选项。如图 6-78 所示为绘制的圆环体。

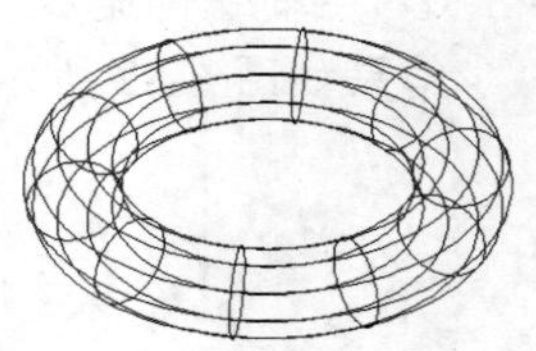

图 6-78　圆环体

6.7.10　实战——簸箕

利用前面学过的楔体、圆柱体、圆环体和球体创建簸箕，其流程图如图 6-79 所示。

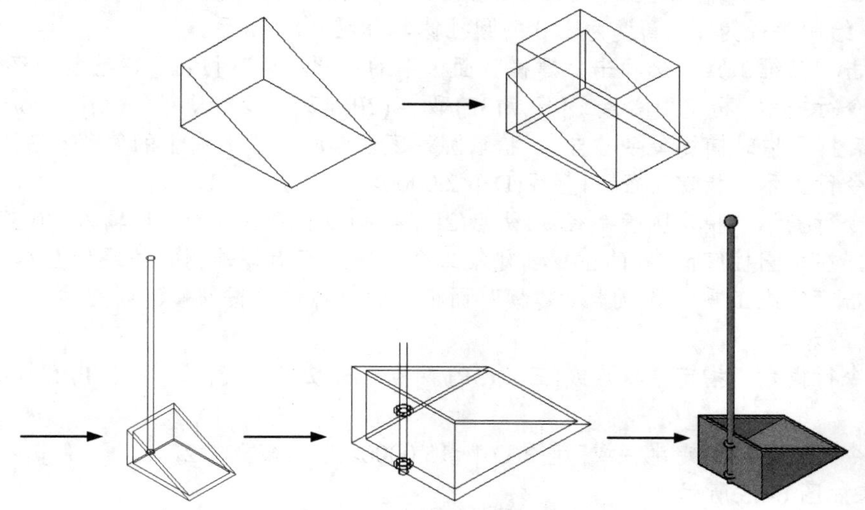

图 6-79　簸箕的绘制流程图

操作步骤如下：（：光盘\配套视频\第 6 章\簸箕.avi）

（1）单击“三维工具”选项卡“建模”面板中的“楔体”按钮，绘制簸箕基体。

① 在命令行提示“指定第一个角点或[中心(C)]:”后在绘图区拾取一点作为第一角点。

② 在命令行提示“指定其他角点或[立方体(C)/长度(L)]:”后输入“@40,30”。

③ 在命令行提示“指定高度或[两点(2P)]<117.2463>:”后输入“20”，结果如图 6-80 所示。

（2）单击“三维工具”选项卡“建模”面板中的“长方体”按钮，绘制长方体。

① 在命令行提示“指定第一个角点或[中心(C)]: _from 基点: <偏移>:”后打开临时捕捉命令“自”，拾取图 6-80 所示的点 1，输入偏移量 2。

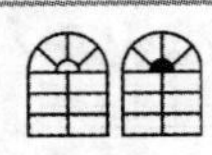
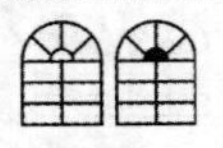

Note

② 在命令行提示“指定其他角点或[立方体(C)/长度(L)]:”后输入“@-38,24”。

③ 在命令行提示“指定高度或[两点(2P)]<30.0000>:”后输入“30”，如图 6-81 所示。

（3）单击“默认”选项卡“修改”面板中的“移动”按钮，将第（2）步绘制的长方体向上移动 1。

（4）单击“三维工具”选项卡“实体编辑”面板中的“差集”按钮，对楔体和长方体进行差集运算。

① 在命令行提示“选择要从中减去的实体、曲面和面域... 选择对象:”后选取楔体。

② 在命令行提示“选择对象:选择要减去的实体、曲面和面域...”后选取长方体。

结果如图 6-82 所示。

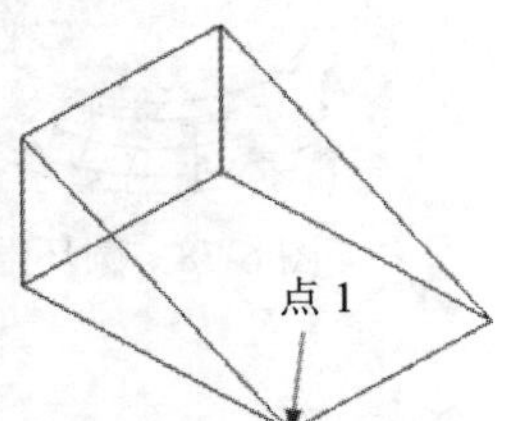

图 6-80　创建楔体

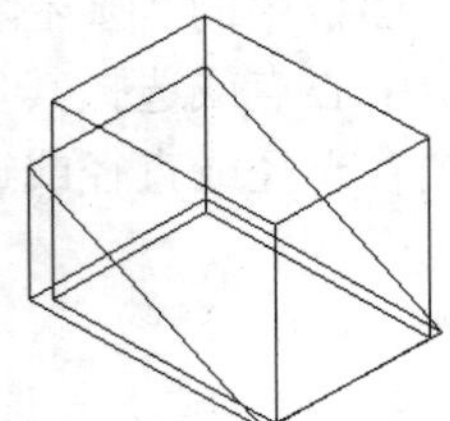
图 6-81　创建长方体

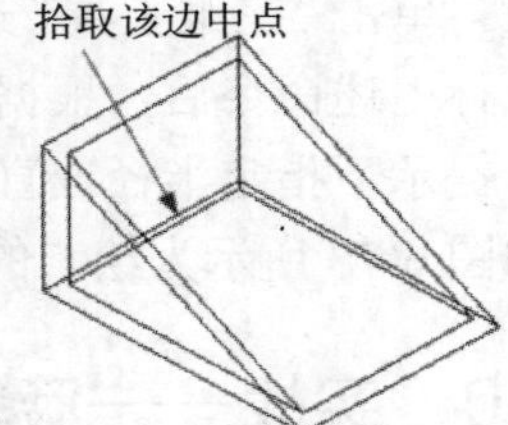

图 6-82　差集结果

（5）单击“三维工具”选项卡“建模”面板中的“圆柱体”按钮，以图 6-82 所示的棱边中点为圆心，绘制半径为 1、高度为 110 的圆柱体，如图 6-83 所示。

（6）单击“三维工具”选项卡“建模”面板中的“圆环体”按钮，绘制圆环体。

① 在命令行提示“指定中心点或[三点(3P)/两点(2P)/切点、切点、半径(T)]: _from 基点: _cen 于<偏移>:”后打开临时捕捉命令“自”，拾取圆柱底面圆心，输入向上的偏移量 3。

② 在命令行提示“指定半径或[直径(D)]<2.0000>:”后输入“1.5”。

③ 在命令行提示“指定圆管半径或[两点(2P)/直径(D)] <0.5000>:”后输入“0.5”。

④ 同理，在距圆柱底面 16 的位置创建第二个圆环。西南等轴测的结果如图 6-84 所示。

（7）单击“三维工具”选项卡“建模”面板中的“球体”按钮，以圆柱上端面为球心，绘制半径为 2 的球体。

① 在命令行提示“指定中心点或[三点(3P)/两点(2P)/切点、切点、半径(T)]:”后拾取圆柱上端面圆心。

② 在命令行提示“指定半径或[直径(D)] <15.0000>:”后输入“2”。

真实效果如图 6-85 所示。

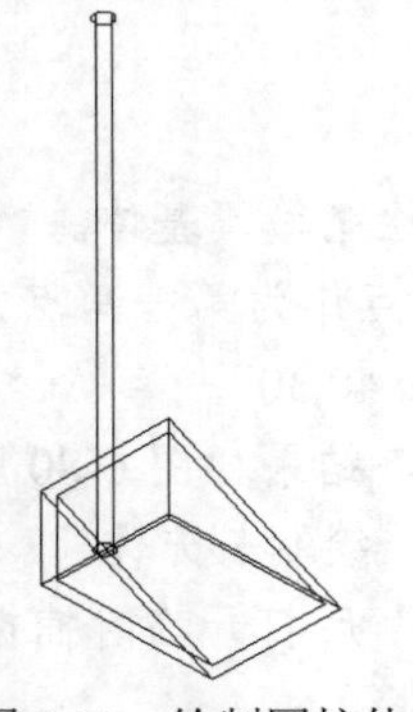
图 6-83　绘制圆柱体

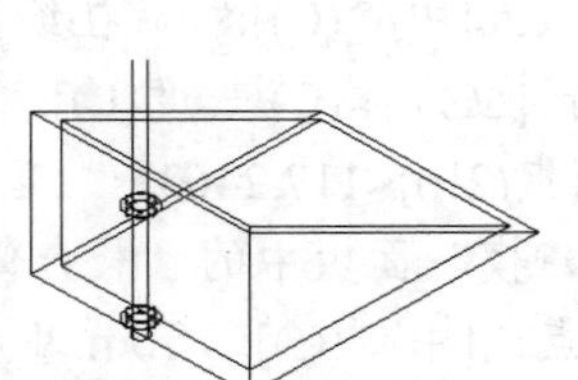
图 6-84　绘制圆环体

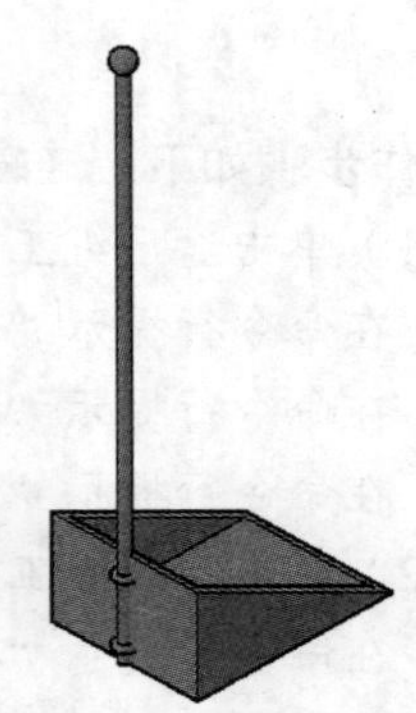
图 6-85　创建球体

6.8 布 尔 运 算

布尔运算在教学的集合运算中得到了广泛应用，AutoCAD 2016 也将该运算应用到了建模的创建过程中。

6.8.1 布尔运算简介

用户可以对三维实体对象进行并集、交集、差集的运算。三维实体的布尔运算与平面图形类似。如图 6-86 所示为 3 个圆柱体进行交集运算后的图形。

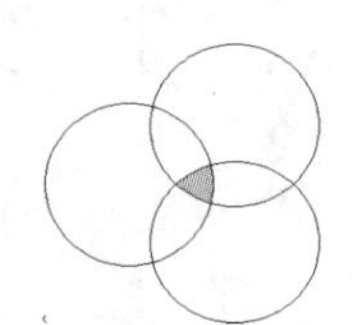

（a）求交集前图

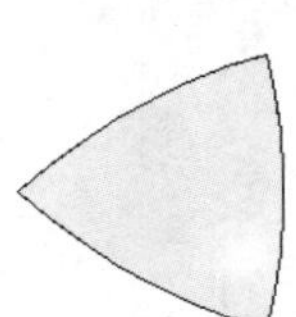

（b）求交集后

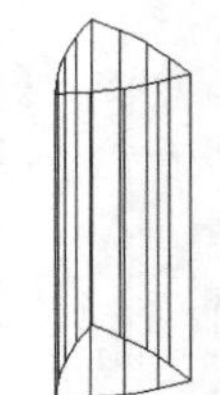

（c）交集的立体图

图 6-86　3 个圆柱体交集后的图形

6.8.2 实战——办公桌

本实例要求用户对办公桌的结构熟悉，且能灵活运用三维实体的基本图形的绘制命令和编辑命令。通过绘制此图，用户对此三维实体的绘制过程将有全面的了解，会熟悉一些常用的图形处理和绘制技巧，首先绘制办公桌的主体结构，然后绘制办公桌的抽屉和柜门。绘制流程如图 6-87 所示。

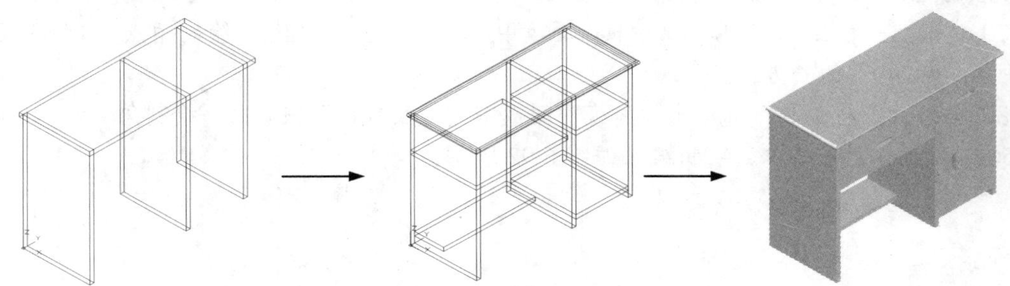

图 6-87　办公桌绘制流程

操作步骤如下：（：光盘\动画演示\第 6 章\办公桌.avi）

1. 绘制主体

（1）将当前视图切换到东南等轴测视图。单击“三维工具”选项卡“建模”面板中的“长方体”按钮，绘制一个长方体，角点为（0,0,0）和（@500,30,900）。

（2）单击“默认”选项卡“修改”面板中的“复制”按钮，将第（1）步创建的长方体以（0,0,0）为基点复制到（0,730,0）和（0,1160,0）处，绘制结果如图 6-88 所示。

（3）单击“三维工具”选项卡“建模”面板中的“长方体”按钮，绘制角点为（0,-30,900）和（@530,1250,30）的长方体。绘制结果如图6-89所示。

（4）单击“默认”选项卡“修改”面板中的“圆角”按钮，对图形进行圆角处理。

① 在命令行提示“选择第一个对象或[放弃(U)/多段线(P)/半径(R)/修剪(T)/多个(M)]:”后选择第（3）步所作的长方体前面的一边。

② 在命令行提示“输入圆角半径或[表达式(E)] <0.0000>:”后输入“15”。

③ 在命令行提示“选择边或[链(C)/环(L)/半径(R)]:”后依此选取第（3）步所作的长方体的另外7条边。

绘制结果如图6-90所示。

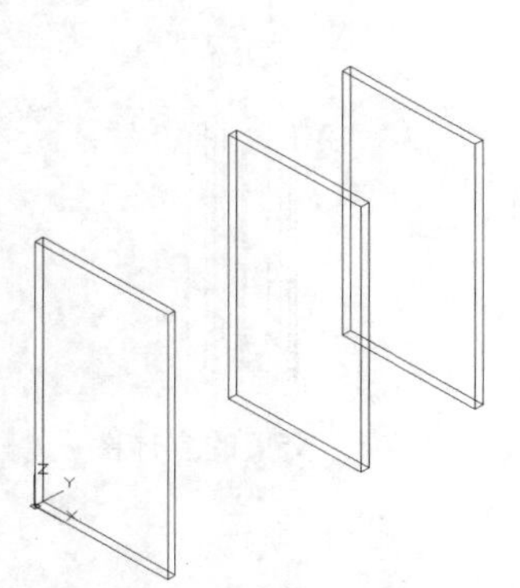

图6-88　复制后的图形

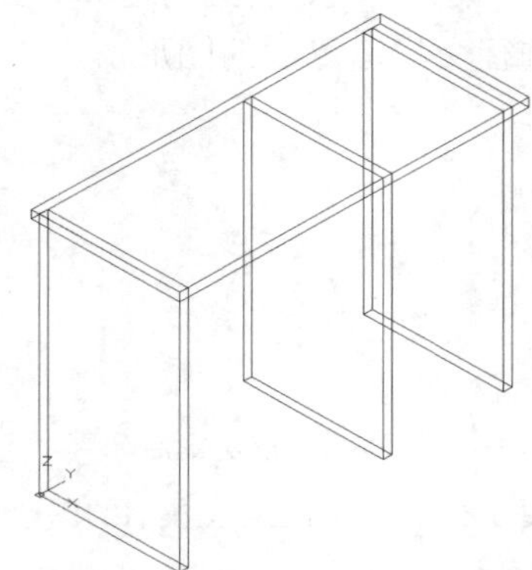

图6-89　绘制长方体后的图形1

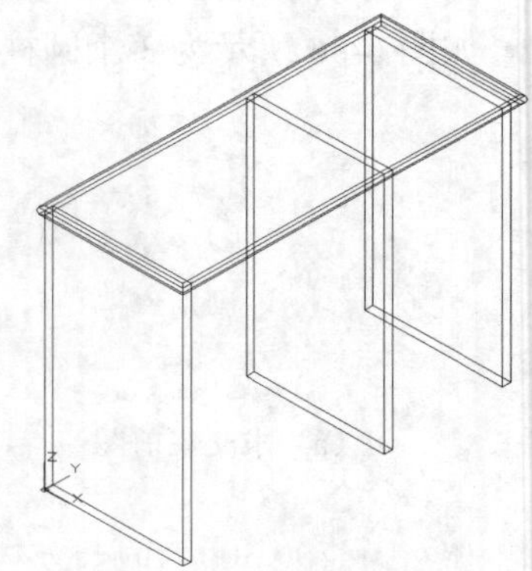

图6-90　倒圆角后的图形

（5）单击“三维工具”选项卡“建模”面板中的“长方体”按钮，绘制角点为（0,30,630）和（@500,700,30）的长方体。

（6）单击“三维工具”选项卡“建模”面板中的“长方体”按钮，绘制角点为（0,760,630）和（@500,400,30）的长方体。绘制结果如图6-91所示。

（7）单击“三维工具”选项卡“建模”面板中的“长方体”按钮，绘制角点为（500,30,660）和（@-30,700,240）的长方体。

（8）单击“三维工具”选项卡“建模”面板中的“长方体”按钮，绘制角点为（0,760,50）和（@500,400,30）的长方体。绘制结果如图6-92所示。

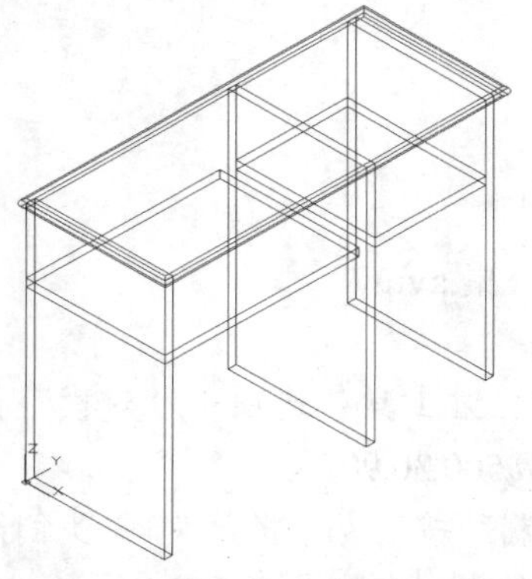

图6-91　绘制长方体后的图形2

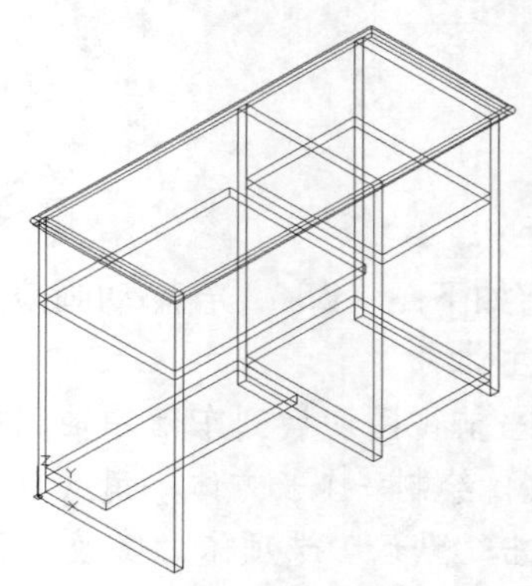

图6-92　绘制长方体后的图形3

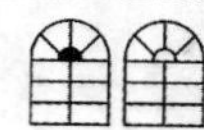

2. 绘制办公桌的抽屉和柜门

（1）单击“三维工具”选项卡“建模”面板中的“长方体”按钮，绘制角点为（500,760,660）和（@-30,400,240）的长方体。

（2）单击“三维工具”选项卡“建模”面板中的“楔体”按钮，绘制楔体。

① 在命令行提示“指定第一个角点或[中心(C)]:”后输入坐标（500,900,735）。

② 在命令行提示“指定其他角点或[立方体(C)/长度(L)]:”后输入坐标（@-25,120,30）。

（3）单击“三维工具”选项卡“实体编辑”面板中的“差集”按钮，减去第（2）步所作的楔体。

① 在命令行提示“选择对象:”后选择第（1）步绘制的长方体为主体，按 Enter 键。

② 在命令行提示“选择对象:”后选择第（2）步绘制的楔体作为要减去的实体。

绘制结果如图 6-93 所示。

（4）单击“三维工具”选项卡“建模”面板中的“长方体”按钮，绘制一长方体，角点为（500,760,80）和（@-30,400,550）。

（5）单击“三维工具”选项卡“建模”面板中的“楔体”按钮，绘制角点为（500,860,295）和（@-25,30,120）的楔体。

（6）单击“三维工具”选项卡“实体编辑”面板中的“差集”按钮，在第（4）步绘制的长方体中减去第（5）步所作的楔体。绘制结果如图 6-94 所示。

（7）单击“三维工具”选项卡“建模”面板中的“长方体”按钮，绘制角点为（500,30,600）和（@-30,700,300）的长方体。

（8）单击“三维工具”选项卡“建模”面板中的“楔体”按钮，绘制角点为(500,300,735)和（@-25,120,30）的楔体。

（9）单击“三维工具”选项卡“实体编辑”面板中的“差集”按钮，在第（7）步绘制的长方体中减去第（8）步所作的楔体。绘制结果如图 6-95 所示。

图 6-93　差集处理后的图形 1

图 6-94　差集处理后的图形 2

图 6-95　差集处理后的图形 3

6.9　实战演练

通过前面的学习，读者对本章的知识也有了大体的了解，下面通过几个操作练习进一步掌握本章知识要点。

【实战演练 1】利用三维动态观察器观察办公桌。

1．目的要求

为了更清楚地观察三维图形，了解三维图形各部分、各方位的结构特征，需要从不同视角观察三维图形，利用三维动态观察器能够方便地对三维图形进行多方位观察。本例要求读者掌握从不同视角观察物体的方法。

2．操作提示

（1）打开三维动态观察器。

（2）灵活利用三维动态观察器的各种工具进行动态观察。

【实战演练 2】绘制如图 6-96 所示的书柜。

图 6-96　书柜

1．目的要求

基本三维实体是构成三维图形的基本单元，灵活利用各种基本实体构建三维图形是三维绘图的关键技术与能力要求。本例要求读者熟练掌握各种三维实体绘制方法，体会构建三维图形的技巧。

2．操作提示

（1）利用“长方体”命令绘制书柜水平板。

（2）利用“长方体”命令绘制书柜侧板和隔板。

（3）利用“长方体”命令绘制书柜柜门。

（4）利用“圆角”命令对柜门棱边进行倒圆角。

第7章

三维造型编辑

本章学习要点和目标任务：

- ☑ 编辑三维造型
- ☑ 特征操作
- ☑ 实体三维操作
- ☑ 特殊视图
- ☑ 编辑实体

第 6 章讲述的基本三维造型绘制功能只能绘制一些简单的三维造型，对于更复杂的三维造型，需要综合利用各种三维编辑功能来实现。

7.1 编辑三维造型

Note

三维编辑主要是对三维物体进行编辑，包括三维镜像、三维阵列、对齐对象三维移动以及三维旋转等。

7.1.1 三维镜像

“三维镜像”命令的调用方法主要有如下两种：

☑ 在命令行中输入“MIRROR3D”命令。

☑ 选择菜单栏中的“修改”/“三维操作”/“三维镜像”命令。

执行上述命令后，根据系统提示选择要镜像的对象后按 Enter 键。在命令行提示下在镜像平面上指定 3 点。执行该命令时，命令行提示中各选项的含义如下。

☑ 点：输入镜像平面上点的坐标。该选项通过 3 个点确定镜像平面，是系统的默认选项。

☑ 最近的：相对于最后定义的镜像平面对选定的对象进行镜像处理。

☑ Z 轴(Z)：利用指定的平面作为镜像平面。选择该选项后，命令行提示中各选项的含义如下。

  ➢ 在镜像平面上指定点：输入镜像平面上一点的坐标。

  ➢ 在镜像平面的 Z 轴（法向）上指定点：输入与镜像平面垂直的任意一条直线上任意一点的坐标，根据需要确定是否删除源对象。

☑ 视图(V)：指定一个平行于当前视图的平面作为镜像平面。

☑ XY(YZ、ZX)平面：指定一个平行于当前坐标系的 XY（YZ、ZX）平面作为镜像平面。

7.1.2 三维阵列

“三维阵列”命令的调用方法主要有如下 3 种：

☑ 在命令行中输入“3DARRAY”命令。

☑ 单击“建模”工具栏中的“三维阵列”按钮。

☑ 选择菜单栏中的“修改”/“三维操作”/“三维阵列”命令。

执行上述命令后，根据系统提示选择要阵列的对象，并选择阵列类型。此时，命令行提示中各选项的含义如下。

☑ 矩形(R)：对图形进行矩形阵列复制，是系统的默认选项。选择该选项后，在命令行提示下输入行数、列数、层数、行间距、列间距、层间距。

☑ 环形(P)：对图形进行环形阵列复制。选择该选项后，在命令行提示下输入阵列的数目、阵列的圆心角，确定阵列上的每一个图形是否根据旋转轴线的位置进行旋转，指定阵列的中心点及旋转轴线上另一点的坐标。

如图 7-1 所示为 3 层 3 行 3 列间距分别为 300 的圆柱的矩形阵列。如图 7-2 所示为圆柱的环

形阵列。

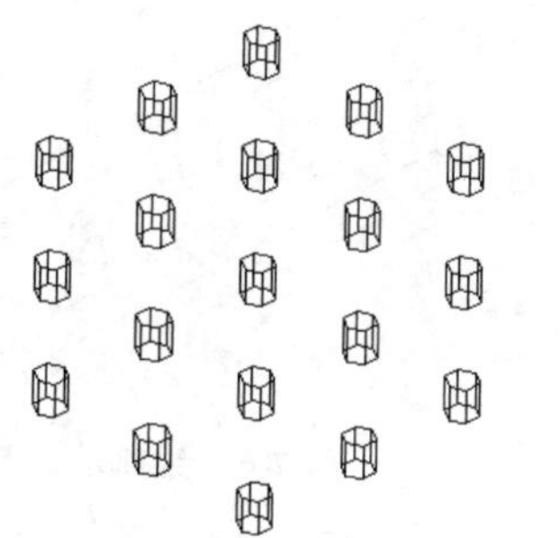

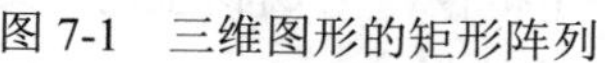

图 7-1 三维图形的矩形阵列

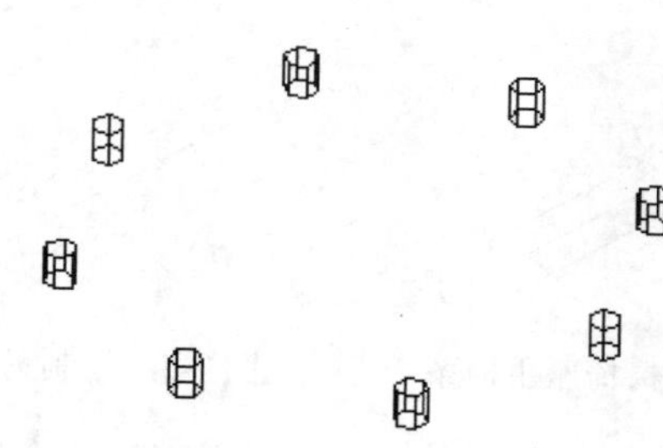

图 7-2 三维图形的环形阵列

7.1.3 实战——公园长椅

本实例将详细介绍公园长椅的绘制方法，首先利用“长方体”和“三维阵列”命令绘制支架和椅脚，然后利用“长方体”、“三维阵列”和“三维旋转”命令绘制椅背，再利用“长方体”和“三维阵列”命令绘制横条，最后进行赋材渲染。绘制流程如图 7-3 所示。

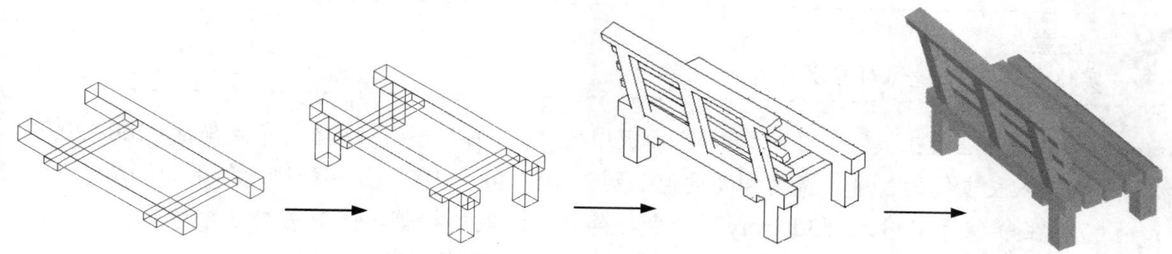

图 7-3 公园长椅绘制流程

操作步骤如下：（光盘\动画演示\第 7 章\公园长椅.avi）

（1）在命令行中输入“LIMITS”命令。输入图纸的左下角的坐标（0,0），再输入图纸的右上角点（900,600），然后执行 ZOOM/ALL 命令。

（2）将视图方向设定为西南等轴测视图。单击“三维工具”选项卡“建模”面板中的“长方体”按钮，输入角点坐标值（200,200,0），然后依次输入长方体的长度、宽度和高度值分别为 40、500、40，绘制长椅椅座的主横条。结果如图 7-4 所示。

（3）单击“三维工具”选项卡“建模”面板中的“长方体”按钮，输入角点坐标值（400,200,0），然后依次输入长方体的长度、宽度和高度值分别为 40、500、40，绘制另一条椅座主横条，结果如图 7-5 所示。

> **注意：**
> 长方体的长、宽、高分别对应+X、+Y、+Z 轴方向。

（4）单击“三维工具”选项卡“建模”面板中的“长方体”按钮，输入角点坐标值（200,280,0），然后依次输入长方体的长度、宽度和高度值分别为 240、40、−20。绘制椅座主横条的右连接板，

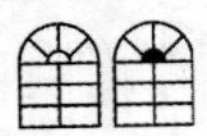

结果如图 7-6 所示。

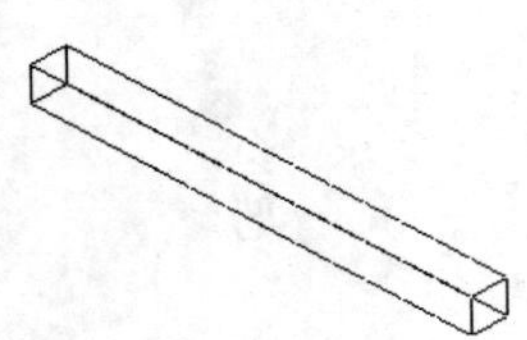

图 7-4　长椅椅座主横条

图 7-5　绘制另一条椅座主横条

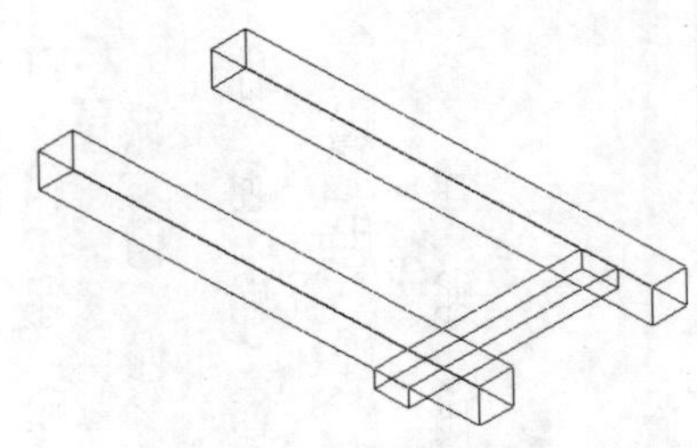

图 7-6　绘制右连接板

（5）在命令行中输入“mirror3d”命令，镜像刚绘制的右连接板，生成椅座的左连接板。

① 在命令行提示“选择对象:”后选取第（4）步绘制的右连接板。

② 在命令行提示“指定镜像平面 (三点) 的第一个点或[对象(O)/最近的(L)/Z 轴(Z)/视图(V)/XY 平面(XY)/YZ 平面(YZ)/ZX 平面(ZX)/三点(3)]<三点>:”后输入“ZX”。

③ 在命令行提示“指定 ZX 平面上的点<0,0,0>:”后捕捉椅座主横条在 Y 轴方向的中点。

④ 在命令行提示“是否删除源对象？[是(Y)/否(N)]<否>:”后按 Enter 键确认。

镜像结果如图 7-7 所示。

注意：

实体与其三维镜像对象关于平面对称。

（6）单击“三维工具”选项卡“建模”面板中的“长方体”按钮，输入角点坐标（200,220,0），然后依次输入长方体的长度、宽度和高度值分别为 40、40、-100，绘制椅脚。结果如图 7-8 所示。

（7）在命令行中输入“3d array”命令，阵列刚绘制的椅脚，生成另外 3 个椅脚。

① 在命令行提示“选择对象:”后选取第（6）步绘制的椅脚。

② 在命令行提示“输入阵列类型[矩形(R)/环形(P)] <矩形>:”后输入“R”或直接按 Enter 键。

③ 在命令行提示“输入行数 (---) <1>:”后输入“2”。

④ 在命令行提示“输入列数 (|||) <1>:”后输入“2”。

⑤ 在命令行提示“输入层数 (...) <1>:”后直接按 Enter 键。

⑥ 在命令行提示“指定行间距 (---):”后输入“420”。

⑦ 在命令行提示“指定列间距 (|||):”后输入“200”。

阵列结果如图 7-9 所示。

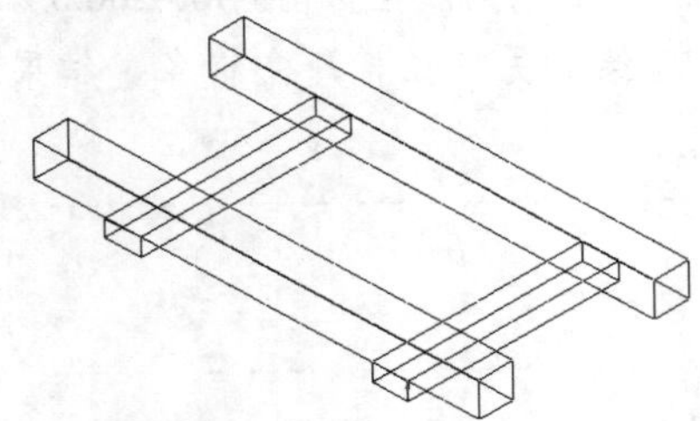

图 7-7　绘制左连接板

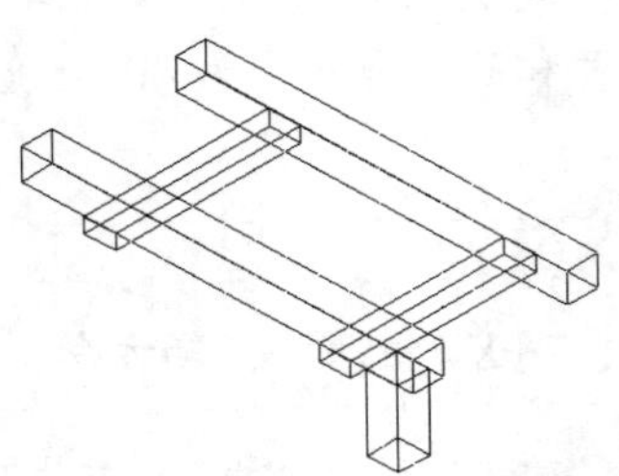

图 7-8　绘制椅脚

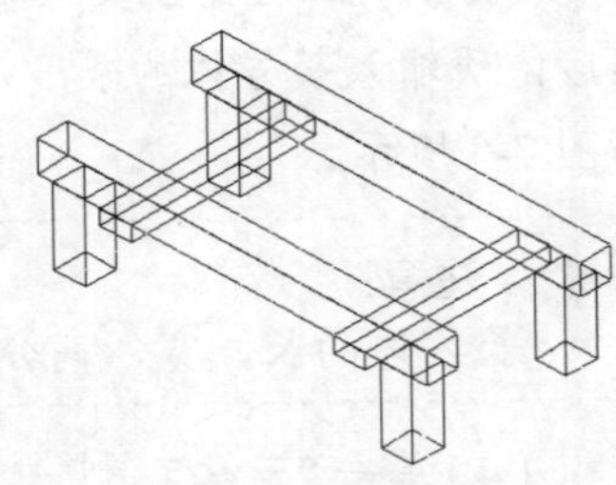

图 7-9　阵列椅脚

提示：

阵列操作中的行、列和层分别对应 X、Y、Z 轴，行间距、列间距和层间距的正负号决定阵列的方向。

Note

（8）单击“三维工具”选项卡“实体编辑”面板中的“并集”按钮，将椅座的主横条、连接板和椅脚组合在一起。消隐后如图 7-10 所示。

（9）单击“三维工具”选项卡“建模”面板中的“长方体”按钮，输入角点坐标值（200,240,40），然后依次输入长方体的长度、宽度和高度值分别为 20、40、200，生成椅背竖条，如图 7-11 所示。

注意：

为了便于观察，下面的绘制结果都用消隐效果显示。

（10）在命令行中输入“3darray”命令，选择刚绘制的椅背竖条为阵列对象，设置行数为 3，行间距为 190，生成另外两条椅背竖条，如图 7-12 所示。

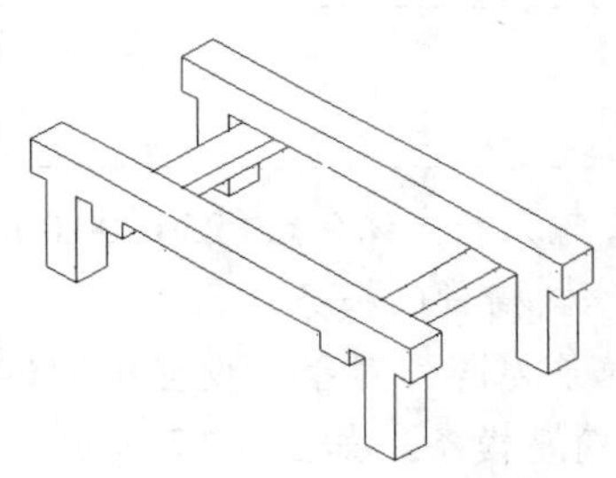

图 7-10　消隐效果

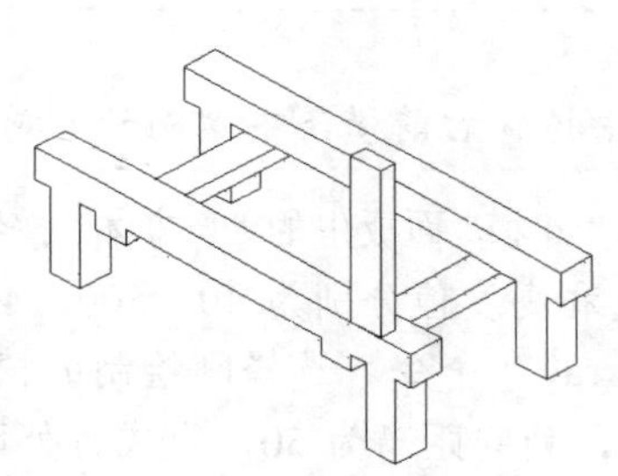

图 7-11　绘制椅背竖条

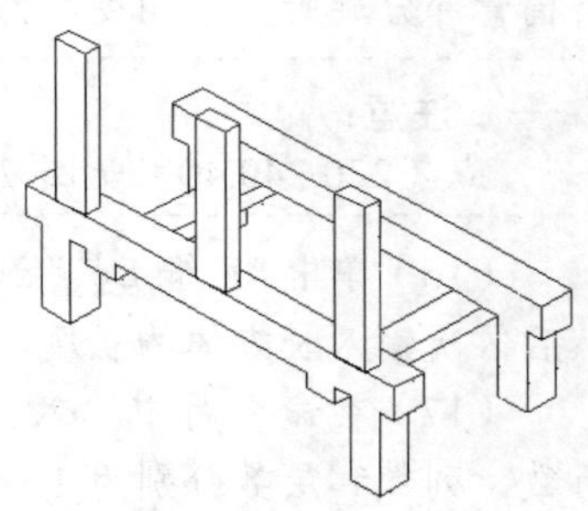

图 7-12　阵列椅背竖条

（11）单击“三维工具”选项卡“建模”面板中的“长方体”按钮，输入角点坐标值（200,200,240），然后依次输入长方体的长度、宽度和高度值分别为 40、500、20。绘制椅背上面的主横条。结果如图 7-13 所示。

提示：

也可在没有合并椅座和椅脚各部分前，用“三维镜像”或“三维阵列”命令生成椅背上面的主横条。

（12）单击“三维工具”选项卡“建模”面板中的“长方体”按钮，输入长方体角点坐标（220,200,205），然后依次输入长方体的长度、宽度和高度值分别为 20、500、-20，绘制椅背的一条横条，结果如图 7-14 所示。

（13）在命令行中输入“3darray”命令，选择刚绘制的椅背横条为阵列对象，设置阵列的行数、列数和层数分别为 1、1、3，层间距离为-55，生成另外 4 条椅背横条。阵列结果如图 7-15 所示。

（14）单击“三维工具”选项卡“实体编辑”面板中的“并集”按钮，将椅背各部分合并在一起。

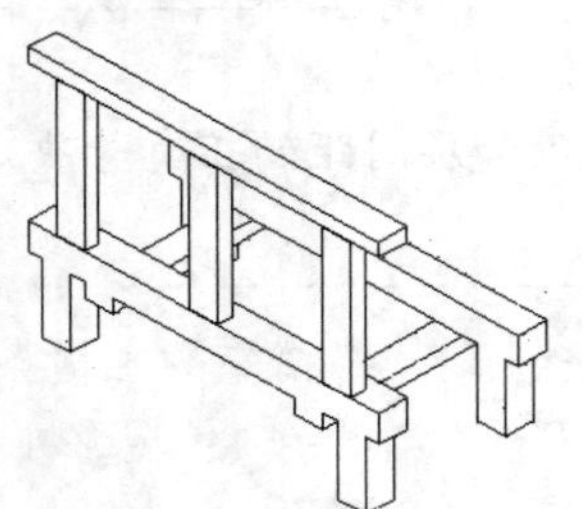

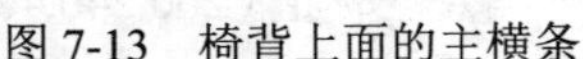

图 7-13　椅背上面的主横条

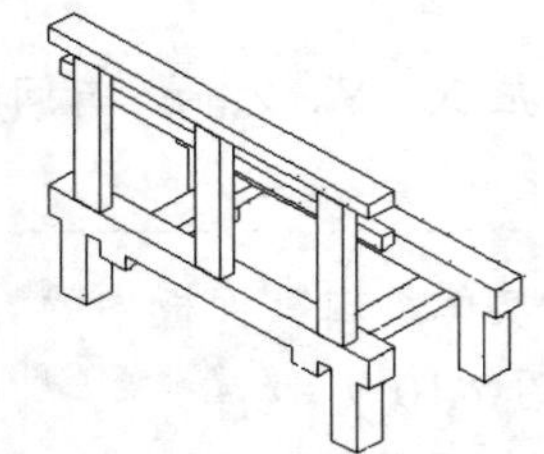

图 7-14　绘制椅背横条

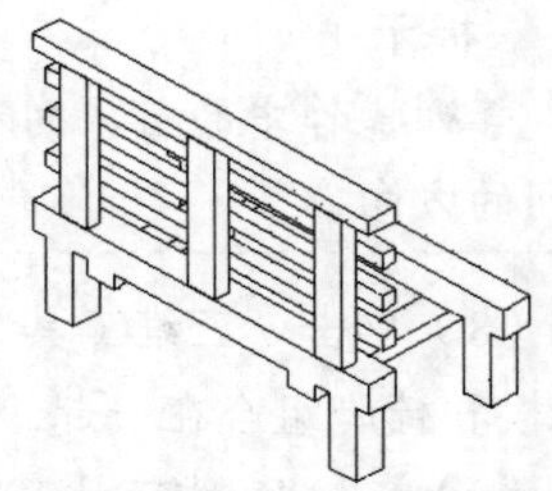

图 7-15　阵列椅背横条

提示：

选择参与并集运算的实体时，也可以按住鼠标右键并拖动鼠标，用方框选中要选择的对象。在需要选择对象时，最好先消隐，这样有助于准确选择。

（15）在命令行中输入“3drotate”命令，指定旋转基点为（220,240,40），旋转轴为 Y 轴，将椅背部分旋转一个角度，然后将旋转后的长椅消隐，结果如图 7-16 所示。

注意：

点（220,240,40）是图 7-16 中椅背右前横条下端面的右前方点。

（16）单击“三维工具”选项卡“建模”面板中的“长方体”按钮，输入长方体角点（250,200,0），然后依次输入长方体的长度、宽度和高度值分别为 40、500、40，绘制椅背的横条。

（17）在命令行中输入“3darray”命令，选择刚绘制的椅座横条为阵列对象，设置阵列的行数、列数和层数分别为 1、3、1，列间距离为 50，生成另外两条椅座横条，如图 7-17 所示。

（18）单击“默认”选项卡“修改”面板中的“圆角”按钮，选择椅座右侧主横条为倒圆角对象，半径为 10，消隐结果如图 7-18 所示。

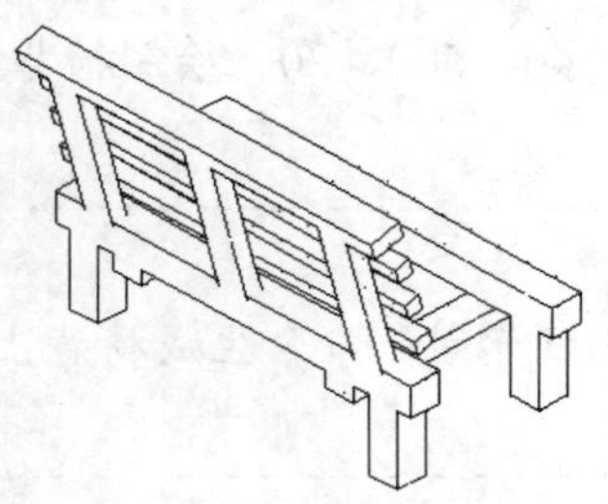

图 7-16　旋转椅背

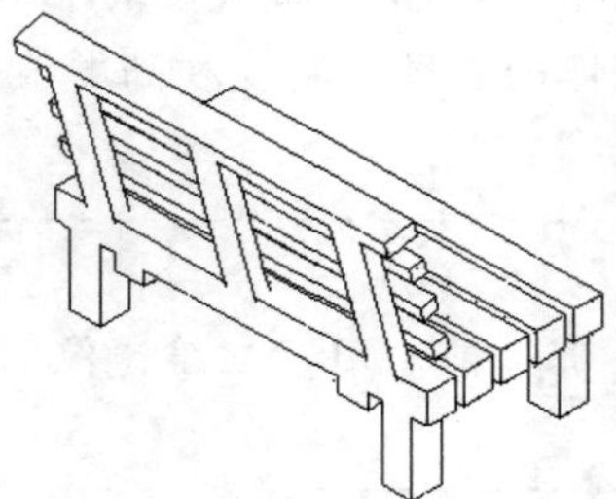

图 7-17　阵列椅座横条

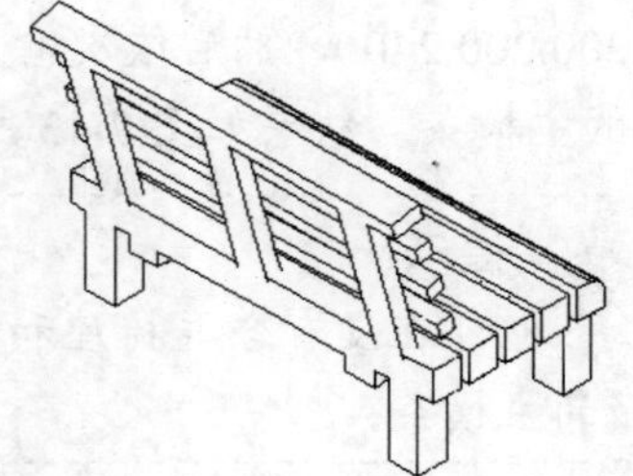

图 7-18　倒圆角

7.1.4　对齐对象

“对齐”命令的调用方法主要有如下两种：

☑　在命令行中输入“ALIGN”或“AL”命令。

☑　选择菜单栏中的“修改”/“三维操作”/“对齐”命令。

执行上述命令后，根据系统提示选择要对齐的对象，指定第一个源点 1、第一个目标点 2，将选定对象对齐。

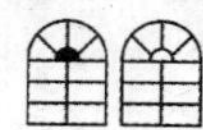

对齐效果如图 7-19 所示。两对点和三对点与一对点的情形类似。

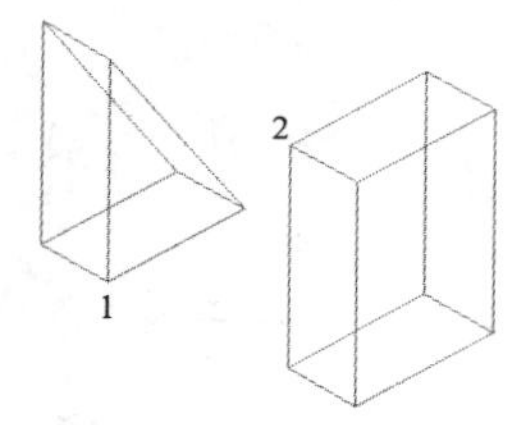

（a）对齐前

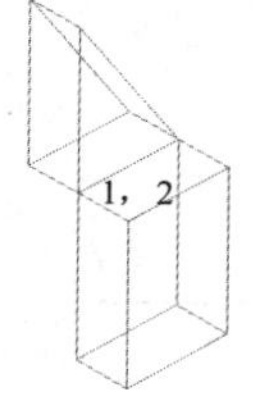

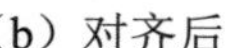

（b）对齐后

图 7-19 一点对齐

Note

7.1.5 三维移动

“三维移动”命令的调用方法主要有如下 3 种：

☑ 在命令行中输入“3DMOVE”命令。

☑ 选择菜单栏中的“修改”/“三维操作”/“三维移动”命令。

☑ 单击“建模”工具栏中的“三维移动”按钮。

执行上述命令后，根据系统提示选择对象，指定基点，指定第二点。

其操作方法与二维移动命令类似，如图 7-20 所示为将滚珠从轴承中移出的情形。

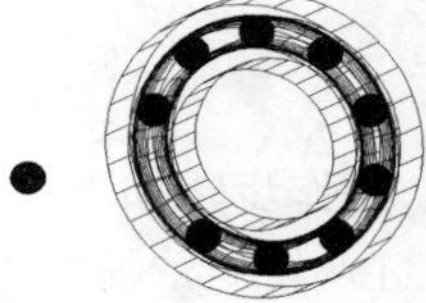

图 7-20 三维移动

7.1.6 三维旋转

“三维旋转”命令的调用方法主要有如下 3 种：

☑ 在命令行中输入“3DROTATE”命令。

☑ 选择菜单栏中的“修改”/“三维操作”/“三维旋转”命令。

☑ 单击“建模”工具栏中的“三维旋转”按钮。

执行上述命令后，根据系统提示选择对象，指定基点，拾取旋转轴，如图 7-21 所示。再指定角的起点或输入角度，指定角的端点。旋转效果如图 7-22 所示。

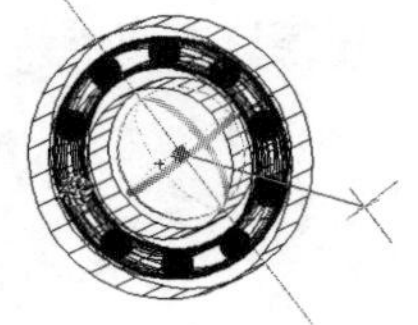

图 7-21 指定参数

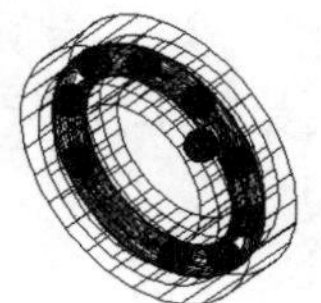

图 7-22 旋转效果

7.1.7 实战——两人沙发

本实例将详细介绍两人沙发的绘制方法，首先利用“长方体”命令绘制主体结构，然后利用“长方体”、“圆角”和“三维旋转”命令绘制扶手和靠背，再利用“圆椎体”和“三维阵列”命令绘制沙发脚。绘制流程如图 7-23 所示。

Note

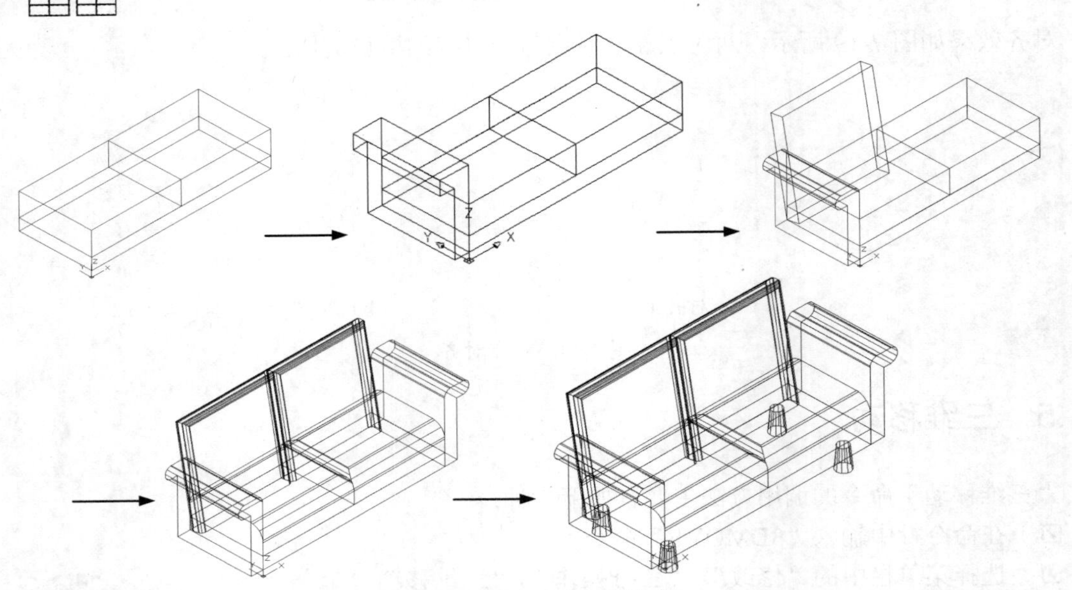

图 7-23　两人沙发绘制流程

操作步骤如下：（：光盘\动画演示\第 7 章\两人沙发.avi）

1．绘制沙发的主体结构

（1）设置绘图环境。在命令行中输入“LIMITS”命令设置图幅：297×210。在命令行中输入“ISOLINES”命令，设置对象上每个曲面的轮廓线数目为 10。

（2）将视图方向设定为西南等轴测视图。单击“三维工具”选项卡“建模”面板中的“长方体”按钮，以（0,0,5）为角点，创建长为 150、宽为 60、高为 10 的长方体；重复“长方体”命令，以（0,0,15）和（@75,60,20）为角点创建长方体；重复“长方体”命令，以（75,0,15）和（@75,60,20）为角点创建长方体，结果如图 7-24 所示。

2．绘制沙发的扶手和靠背

（1）单击“三维工具”选项卡“建模”面板中的“长方体”按钮，以（0,0,5）和（@−10,60,40）为角点绘制长方体；重复“长方体”命令，以（0,0,45）和（@−20,60,10）为角点绘制长方体，结果如图 7-25 所示。

（2）单击“三维工具”选项卡“实体编辑”面板中的“并集”按钮，与第（1）步创建的长方体合并，结果如图 7-26 所示。

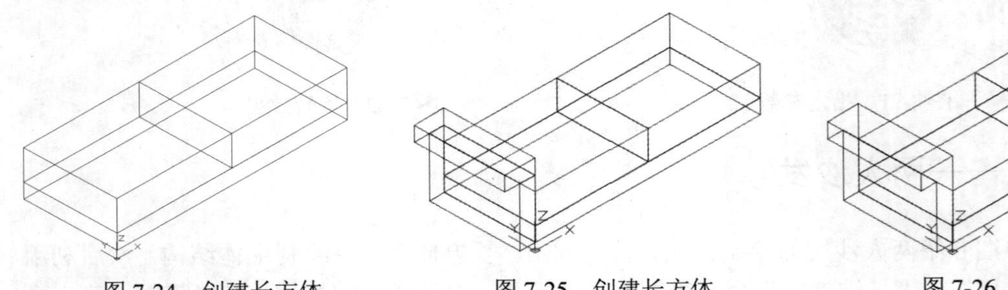

图 7-24　创建长方体　　图 7-25　创建长方体　　图 7-26　并集处理

（3）单击“默认”选项卡“修改”面板中的“圆角”按钮，将合并后实体的棱边倒圆角，

圆角半径为 5，结果如图 7-27 所示。

（4）单击“三维工具”选项卡“建模”面板中的“长方体”按钮，以（0,60,5）和（@75,-10,75）为角点创建长方体，结果如图 7-28 所示。

（5）在命令行中输入“3DROTATE”命令，将第（4）步绘制的长方体旋转-10°。

① 在命令行提示“选择对象:”后选取第（4）步创建的长方体。

② 在命令行提示“指定基点:”后捕捉第（4）步创建的长方体左前下端点。

③ 在命令行提示“拾取旋转轴:”后拾取 X 轴。

④ 在命令行提示“指定角的起点或键入角度:”后输入“-10”。

结果如图 7-29 所示。

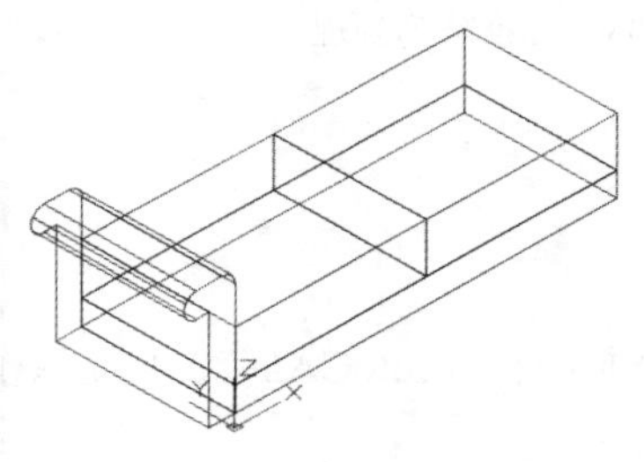

图 7-27　圆角处理

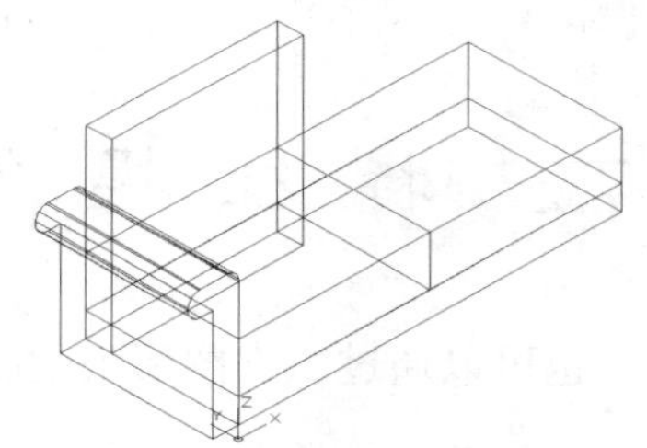

图 7-28　创建长方体

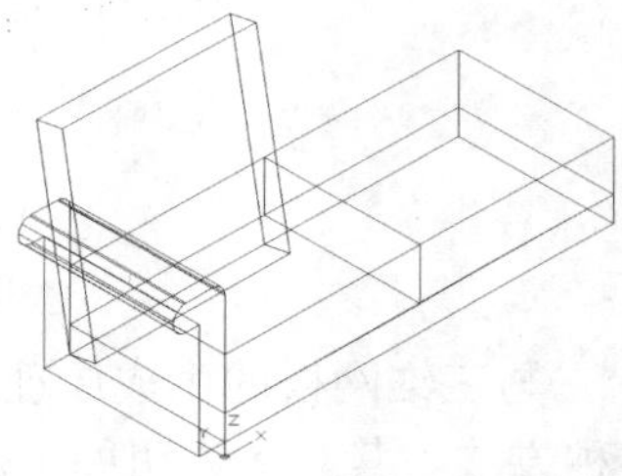

图 7-29　三维旋转处理

（6）在命令行中输入“MIRROR3D”命令，将合并后的实体和旋转后的长方体以过（75,0,15）、（75,0,35）、（75,60,35）三点的平面为镜像面，进行镜像处理，结果如图 7-30 所示。

（7）单击“默认”选项卡“修改”面板中的“圆角”按钮，进行圆角处理。座垫的圆角半径为 10，靠背的圆角半径为 3，结果如图 7-31 所示。

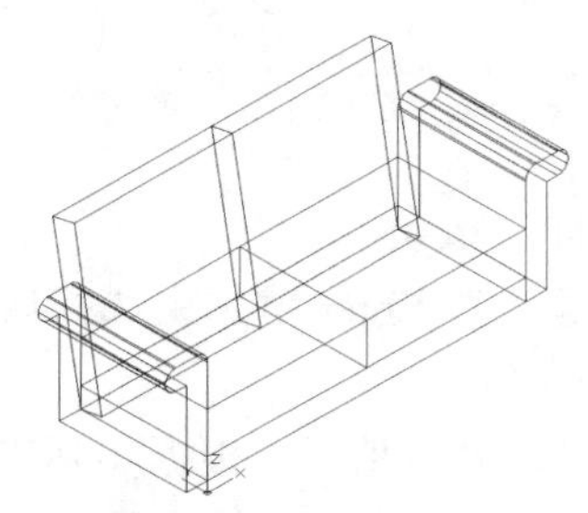

图 7-30　三维镜像处理

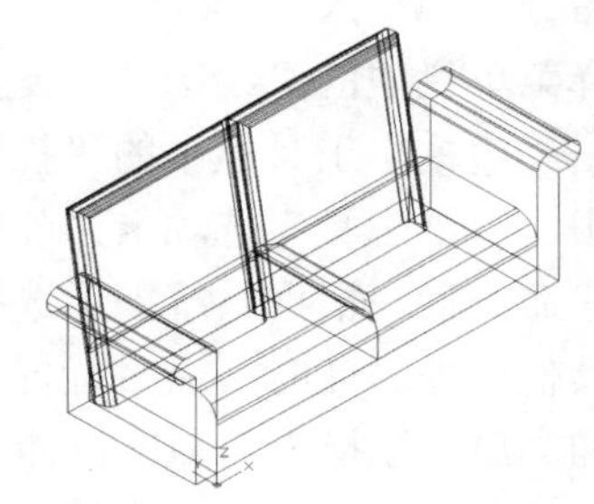

图 7-31　圆角处理

3. 绘制沙发脚

（1）单击“三维工具”选项卡“建模”面板中的“圆锥体”按钮，创建沙发脚。

① 在命令行提示“指定底面的中心点或[三点(3P)/两点(2P)/切点、切点、半径(T)/椭圆(E)]:”后输入坐标“11,9,-9”。

② 在命令行提示“指定底面半径或[直径(D)] <0.0000>:”后输入“5”。

③ 在命令行提示“指定高度或[两点(2P)/轴端点(A)/顶面半径(T)] <15.5885>:”后输入“T”。

④ 在命令行提示“指定顶面半径<0.0000>:”后输入“3”。

⑤ 在命令行提示“指定高度或[两点(2P)/轴端点(A)] <15.5885>:”后输入“15”。

结果如图 7-32 所示。

（2）在命令行中输入“3DARRAY”命令，将创建的圆锥体进行矩形阵列，阵列行数为 2，列数为 2，行间距为 42，列间距为 128，结果如图 7-33 所示。

Note

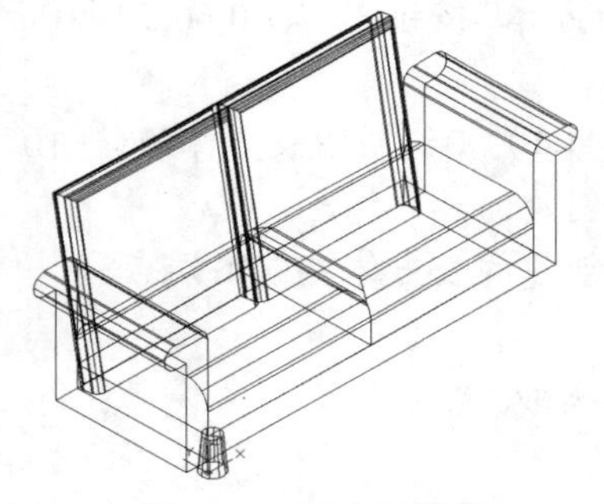
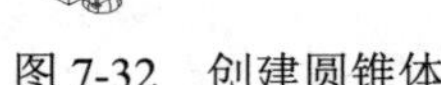
图 7-32　创建圆锥体

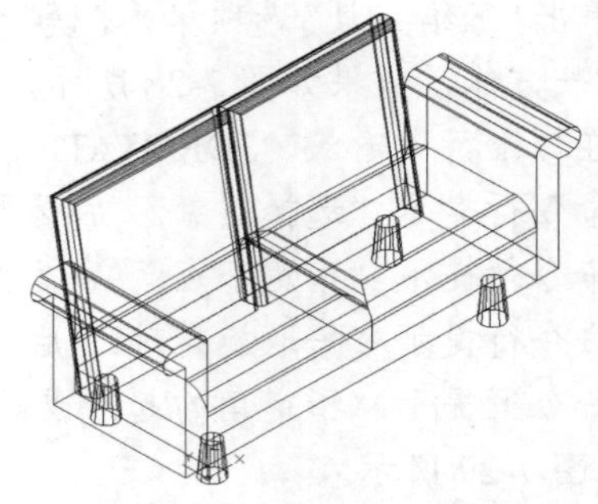
图 7-33　三维阵列处理

7.2　特 征 操 作

与三维网格的生成原理一样，也可以通过二维图形来生成三维实体。AutoCAD 2016 提供了 5 种方法。其具体说明如下。

7.2.1　拉伸

拉伸是指在平面图形的基础上沿一定路径生成三维实体。“拉伸”命令的调用方法主要有如下 4 种：

☑　在命令行中输入“EXTRUDE”或“EXT”命令。

☑　选择菜单栏中的“绘图”/“建模”/“拉伸”命令。

☑　单击“建模”工具栏中的“拉伸”按钮。

☑　单击“三维工具”选项卡“建模”面板中的“拉伸”按钮。

执行上述命令后，根据系统提示选择绘制好的二维对象，按 Enter 键结束选择后指定拉伸的高度或选择其他选项。此时，命令行提示中各选项的含义如下。

☑　拉伸高度：按指定的高度拉伸出三维建模对象。输入高度值后，根据实际需要，指定拉伸的倾斜角度。如果指定的角度为 0，AutoCAD 则把二维对象按指定的高度拉伸成柱体；如果输入角度值，拉伸后建模截面沿拉伸方向按此角度变化，成为一个棱台或圆台体。如图 7-34 所示为不同角度拉伸圆的结果。

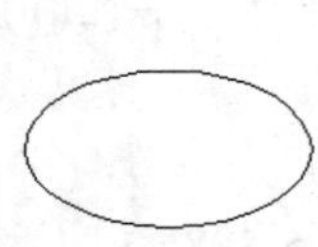
（a）拉伸前

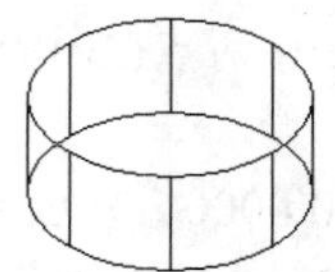
（b）拉伸锥角为 0°

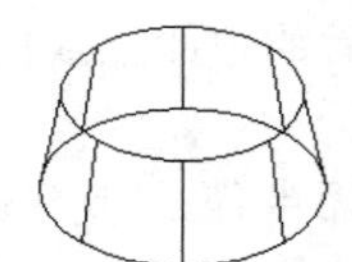
（c）拉伸锥角为 10°

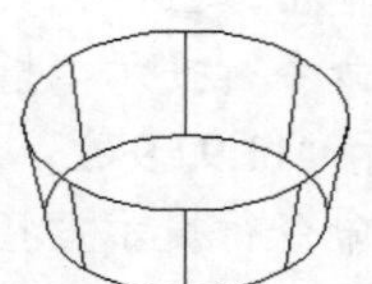
（d）拉伸锥角为-10°

图 7-34　拉伸圆

☑　路径(P)：以现有的图形对象作为拉伸创建三维建模对象。如图 7-35 所示为沿圆弧曲线路径拉伸圆的结果。

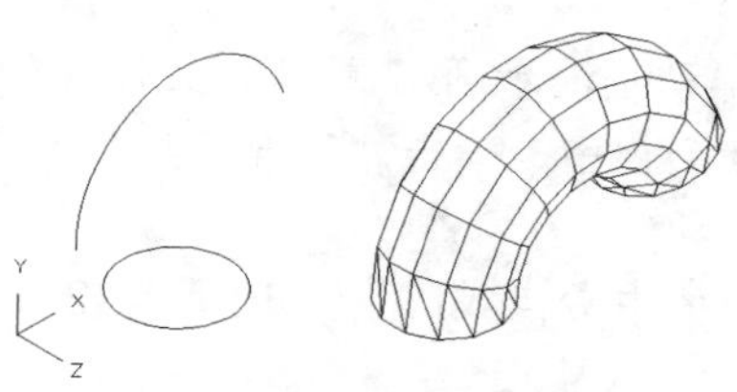

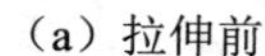

（a）拉伸前　　（b）拉伸后

图 7-35　沿圆弧曲线路径拉伸圆

提示：

可以使用创建圆柱体的“轴端点”命令确定圆柱体的高度和方向。轴端点是圆柱体顶面的中心点，轴端点可以位于三维空间的任意位置。

- ☑ 方向：可以指定两个点以设定拉伸的长度和方向。
- ☑ 倾斜角：在定义要求成一定倾斜角的零件方面，倾斜拉伸非常有用，例如铸造车间用来制造金属产品的铸模。
- ☑ 表达式：输入数学表达式可以约束拉伸的高度。

提示：

拉伸对象和拉伸路径必须是不在同一个平面上的两个对象，这里需要转换坐标平面。有的读者经常发现无法拉伸对象，很可能就是出现了拉伸对象和拉伸路径在同一个平面上的情况。

7.2.2　实战——茶几

本实例将详细介绍茶几的绘制方法，首先利用“圆柱体”命令绘制腿部，然后利用“长方体”命令绘制茶几面，利用绘图命令绘制底部轮廓并拉伸创建底部。绘制流程如图 7-36 所示。

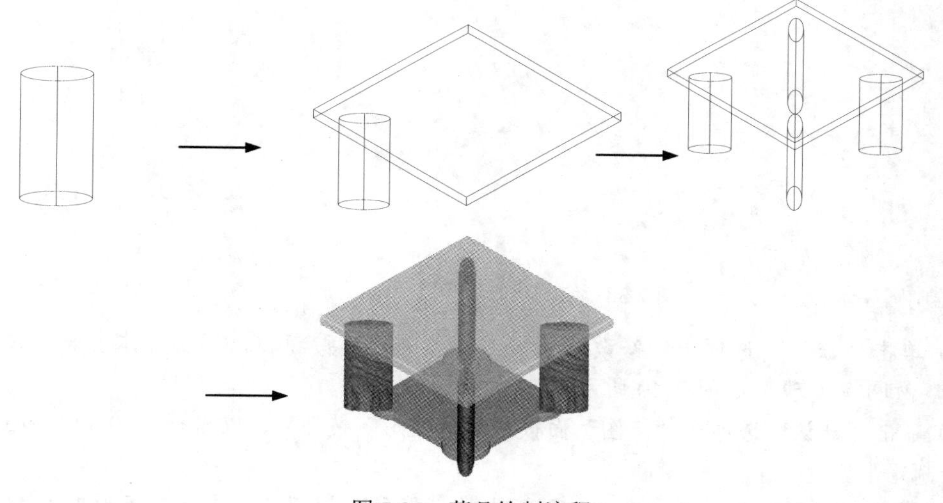

图 7-36　茶几绘制流程

操作步骤如下：（：光盘\动画演示\第 7 章\茶几.avi）

（1）将视图切换到东南等轴测视图。单击“三维工具”选项卡“建模”面板中的“圆柱体”按钮，绘制圆柱体。

① 在命令行提示“指定底面的中心点或[三点(3P)/两点(2P)/切点、切点、半径(T)/椭圆(E)]:”后输入“E”。

② 在命令行提示“指定第一个轴的端点或[中心(C)]:”后输入“C”。

③ 在命令行提示“指定中心点:”后输入“0,0,0”。

④ 在命令行提示“指定到第一个轴的距离<5.0000>:”后输入“25”。

⑤ 在命令行提示“指定第二个轴的端点:”后输入“50,50”。

⑥ 在命令行提示“指定高度或[两点(2P)/轴端点(A)] <30.0000>:”后输入“300”。

结果如图 7-37 所示。

（2）单击“三维工具”选项卡“建模”面板中的“长方体”按钮，以坐标（-100,-100,300）和（@600,600,30）为角点绘制长方体，绘制结果如图 7-38 所示。

（3）在命令行中输入“3darray”命令，将椭圆柱体进行环形阵列。

① 在命令行提示“选择对象:”后选取椭圆柱体。

② 在命令行提示“输入阵列类型[矩形(R)/环形(P)]<R>:”后输入“P”。

③ 在命令行提示“输入阵列中的项目数目:”后输入“4”。

④ 在命令行提示“指定要填充的角度(+=逆时针, -=顺时针) <360>:”后按 Enter 键，采用默认值为“360”。

⑤ 在命令行提示“旋转阵列对象？[是(Y)/否(N)] <Y>:”后输入“Y”。

⑥ 在命令行提示“指定阵列的中心点:”后输入“200,200,0”。

⑦ 在命令行提示“指定旋转轴上的第二点:”后输入“200,200,100”（即旋转轴为 Z 轴）。

绘制结果如图 7-39 所示。

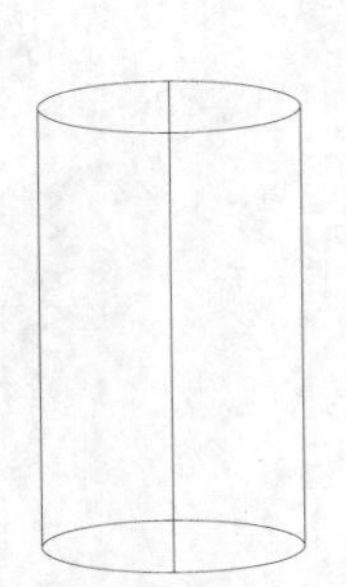

图 7-37　绘制圆柱体

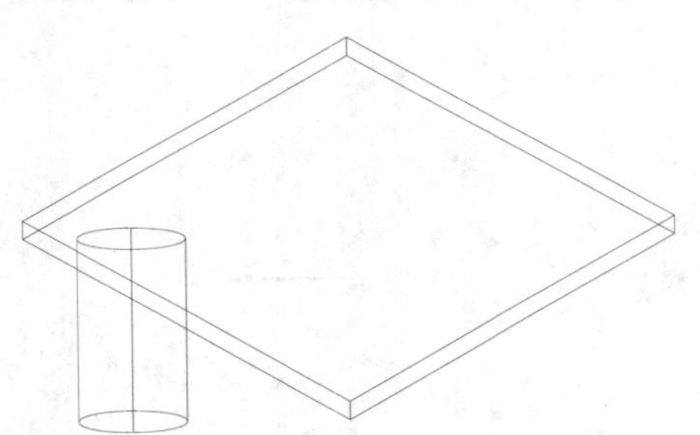

图 7-38　绘制长方体

图 7-39　阵列处理

（4）单击“默认”选项卡“修改”面板中的“圆角”按钮，将长方体上表面边线的半径均设为 5，做圆角处理，如图 7-40 所示。

（5）单击“默认”选项卡“绘图”面板中的“矩形”按钮，以坐标（50,50）和（350,350）为角点绘制矩形。

（6）单击“默认”选项卡“修改”面板中的“偏移”按钮，将上述矩形偏移 50，方向为向外。绘制结果如图 7-41 所示。

Note

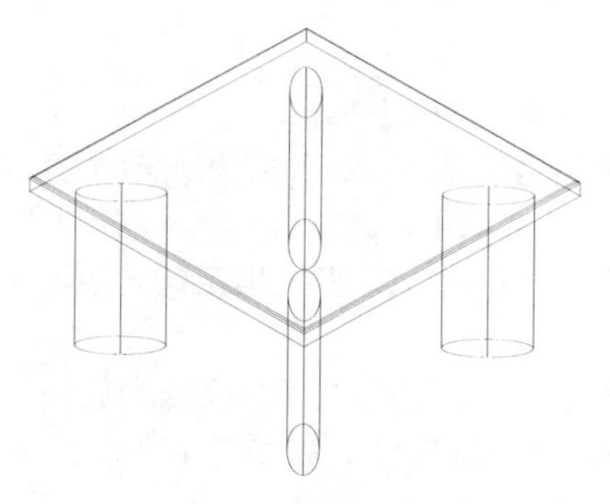

图 7-40　圆角处理

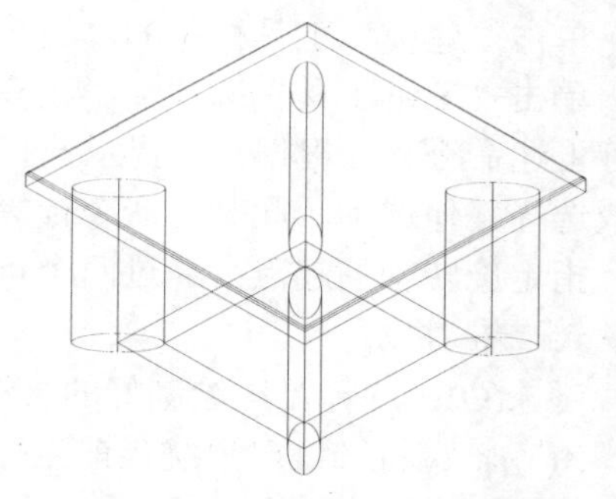

图 7-41　绘制矩形并偏移

（7）单击“默认”选项卡“绘图”面板中的“圆”按钮，以小矩形的顶点为圆心，捕捉大矩形的顶点为半径绘圆。

（8）单击“默认”选项卡“修改”面板中的“修剪”按钮，将外部矩形删除并对圆图形进行修剪。

（9）单击“默认”选项卡“绘图”面板中的“面域”按钮，将修剪后的图形创建为面域，如图 7-42 所示。

（10）单击“三维工具”选项卡“建模”面板中的“拉伸”按钮，将面域进行拉伸。

① 在命令行提示“选择要拉伸的对象或[模式(MO)]:”后选取第（9）步创建的面域。

② 在命令行提示“指定拉伸的高度或[方向(D)/路径(P)/倾斜角(T)/表达式(E)] <15.0000>:”后输入“30”。

（11）单击“默认”选项卡“修改”面板中的“圆角”按钮，将上述各棱边的半径均设为 5，做圆角处理，结果如图 7-43 所示。

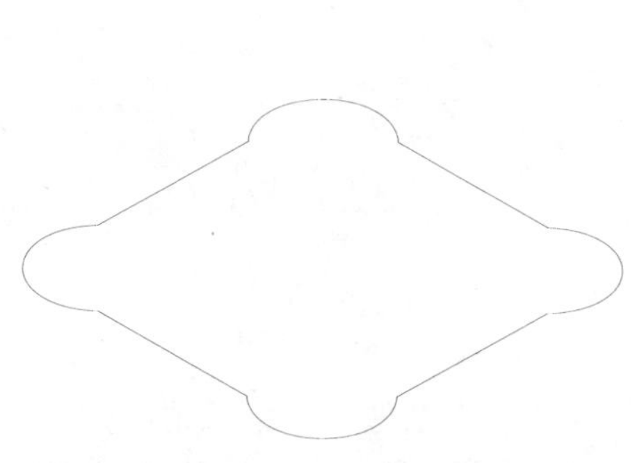

图 7-42　面域处理

图 7-43　倒圆处理

7.2.3　旋转

旋转是指一个平面图形围绕某个轴转过一定角度形成的实体。“旋转”命令的调用方法主要有如下 4 种：

☑　在命令行中输入“REVOLVE”或“REV”命令。

☑　选择菜单栏中的“绘图”/“建模”/“旋转”命令。

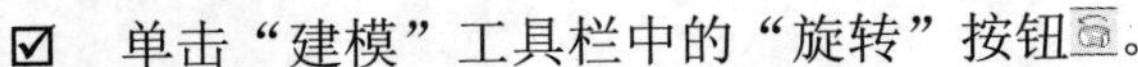

Note

☑ 单击“建模”工具栏中的“旋转”按钮。

☑ 单击“三维工具”选项卡“建模”面板中的“旋转”按钮。

执行上述命令后，根据系统提示选择绘制好的二维对象，按 Enter 键结束选择后指定旋转轴的起点或选择其他选项。此时，命令行提示中各选项的含义如下。

☑ 指定旋转轴的起点：通过两个点来定义旋转轴。AutoCAD 将按指定的角度和旋转轴旋转二维对象。

☑ 对象(O)：选择已经绘制好的直线或用“多段线”命令绘制的直线段作为旋转轴线。

☑ X(Y)轴：将二维对象绕当前坐标系（UCS）的 X(Y)轴旋转。如图 7-44 所示为矩形平面绕 X 轴旋转的效果。

7.2.4 扫掠

扫掠是指某平面轮廓沿着某个指定的路径扫描过的轨迹形成的三维实体。与拉伸不同的是，拉伸是以拉伸对象为主体，以拉伸实体从拉伸对象所在的平面位置为基准开始生成。扫掠是以路径为主体，即扫掠实体是路径所在的位置开始生成，并且路径可以是空间曲线。“拉伸”命令的调用方法主要有如下 4 种：

☑ 在命令行中输入“SWEEP”命令。

☑ 选择菜单栏中的“绘图”/“建模”/“扫掠”命令。

☑ 单击“建模”工具栏中的“扫掠”按钮。

☑ 单击“三维工具”选项卡“建模”面板中的“扫掠”按钮。

执行上述命令后，根据系统提示选择要扫掠的对象，如图 7-45（a）所示的圆。在命令行提示下选择扫掠路径或其他选项，图 7-45（a）中螺旋线扫掠结果如图 7-45（b）所示。此时，命令行提示中各选项的含义如下。

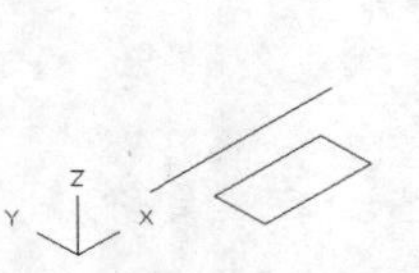

（a）旋转界面

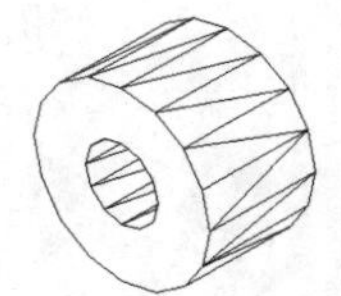

（b）旋转后的建模

图 7-44 旋转体

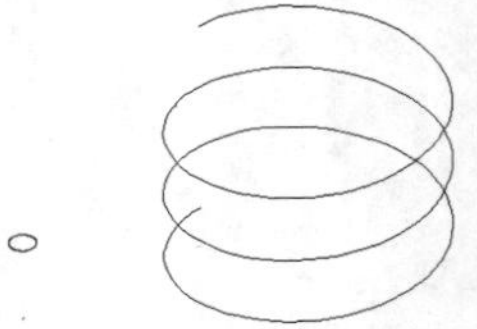

（a）对象和路径

（b）结果

图 7-45 扫掠

☑ 对齐(A)：指定是否对齐轮廓以使其作为扫掠路径切向的法向，默认情况下，轮廓是对齐的。选择该选项，在命令行提示“扫掠前对齐垂直于路径的扫掠对象[是(Y)/否(N)] <是>:”后输入“N”，指定轮廓无须对齐；按 Enter 键，指定轮廓将对齐。

提示：

使用“扫掠”命令，可以通过沿开放或闭合的二维或三维路径扫掠开放或闭合的平面曲线（轮廓）来创建新建模或曲面。“扫掠”命令用于沿指定路径以指定轮廓的形状（扫掠对象）创建建模或曲面。可以扫掠多个对象，但是这些对象必须在同一平面内。如果沿一条路径扫掠闭合的曲线，则生成建模。

☑ 基点(B)：指定要扫掠对象的基点。如果指定的点不在选定对象所在的平面上，则该点将被投影到该平面上。

☑ 比例(S)：指定比例因子以进行扫掠操作。从扫掠路径的开始到结束，比例因子将统一应用到扫掠的对象上。选择该选项，在命令行提示“输入比例因子或[参照(R)] <1.0000>: ”后指定比例因子，输入“R”，调用参照选项；按 Enter 键，选择默认值。其中“参照(R)”选项表示通过拾取点或输入值来根据参照的长度缩放选定的对象。

Note

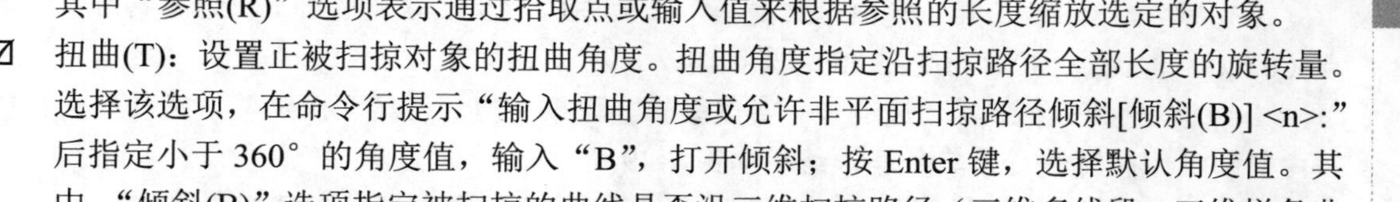

☑ 扭曲(T)：设置正被扫掠对象的扭曲角度。扭曲角度指定沿扫掠路径全部长度的旋转量。选择该选项，在命令行提示“输入扭曲角度或允许非平面扫掠路径倾斜[倾斜(B)] <n>:”后指定小于 360° 的角度值，输入“B”，打开倾斜；按 Enter 键，选择默认角度值。其中，“倾斜(B)”选项指定被扫掠的曲线是否沿三维扫掠路径（三维多线段、三维样条曲线或螺旋线）自然倾斜（旋转）。如图 7-46 所示为扭曲扫掠示意图。

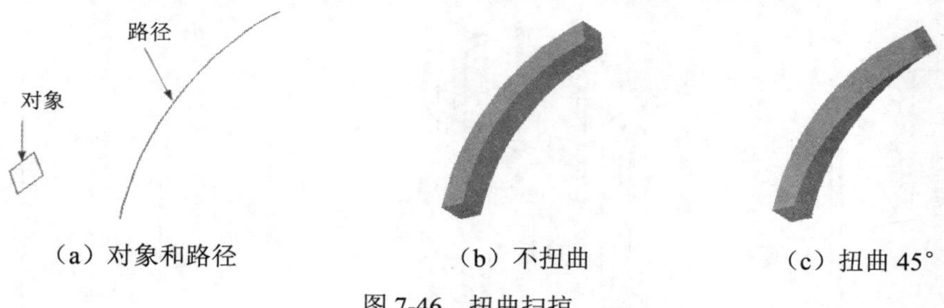

（a）对象和路径　　（b）不扭曲　　（c）扭曲 45°

图 7-46　扭曲扫掠

7.2.5 实战——杯子

本实例将详细介绍杯子的绘制方法，首先利用“圆柱体”和“差集”命令绘制杯子主体，然后利用“扫掠”命令绘制杯子手柄。绘制流程如图 7-47 所示。

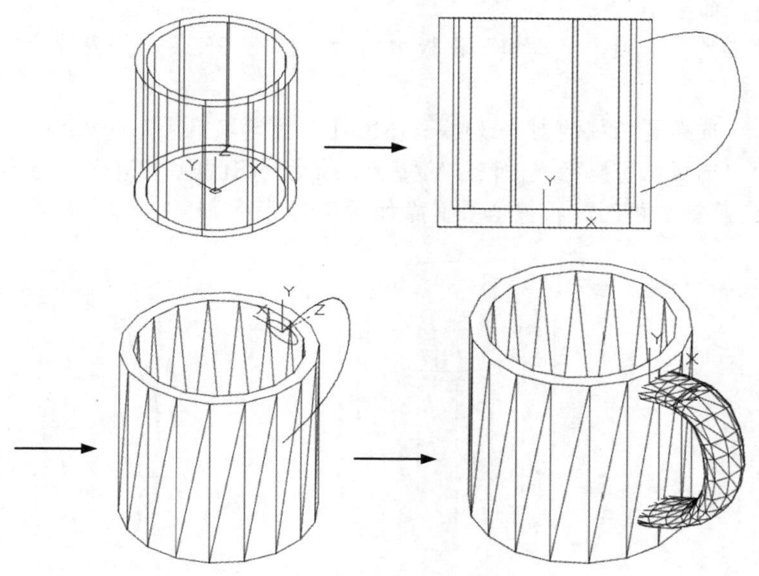

图 7-47　杯子绘制流程

操作步骤如下：（📹：光盘\动画演示\第 7 章\杯子.avi）

（1）在命令行中输入“ISOLINES”命令，设置对象上每个曲面的轮廓线数目为 10。

（2）将当前视图方向设置为西南等轴测视图。单击“三维工具”选项卡“建模”面板中的“圆柱体”按钮，绘制底面中心点在原点，直径为 35，高度为 35 的圆柱体，结果如图 7-48 所示。

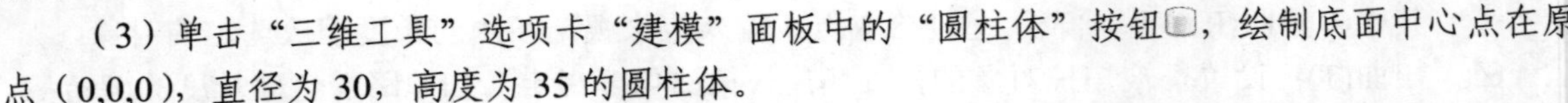

（3）单击“三维工具”选项卡“建模”面板中的“圆柱体”按钮，绘制底面中心点在原点（0,0,0），直径为 30，高度为 35 的圆柱体。

（4）单击“三维工具”选项卡“实体编辑”面板中的“差集”按钮，将外形圆柱体轮廓和内部圆柱体轮廓进行差集处理，结果如图 7-49 所示。

（5）将视图切换到前视图。单击“默认”选项卡“绘图”面板中的“样条曲线拟合”按钮，绘制如图 7-50 所示的样条曲线。

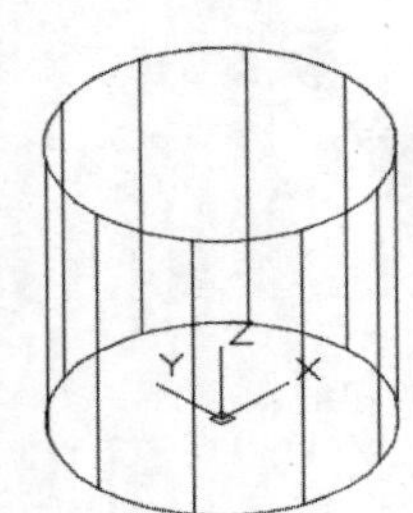

图 7-48　绘制圆柱体

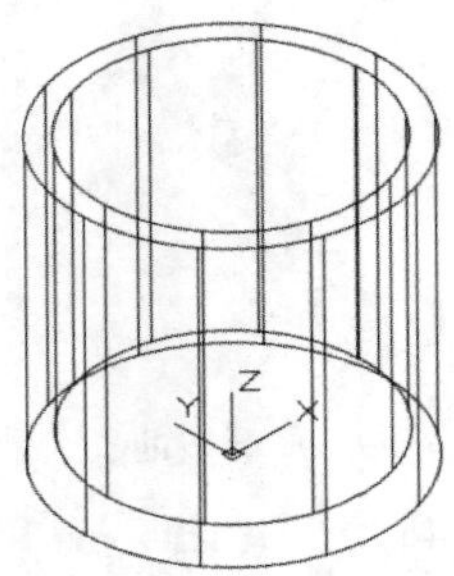

图 7-49　差集运算

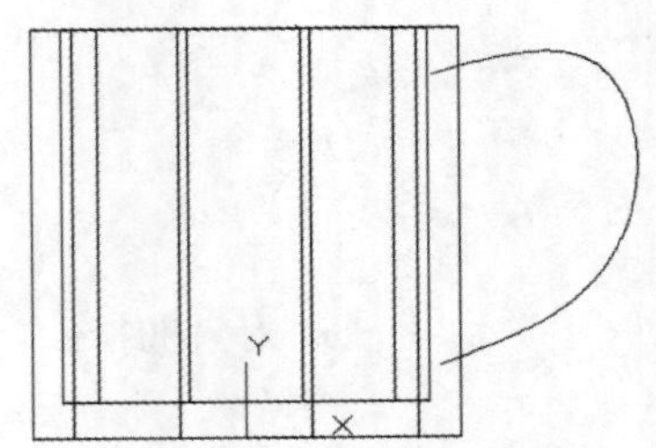

图 7-50　绘制样条曲线

（6）将视图切换到西南等轴测视图。在命令行中输入“UCS”命令，将坐标系移动到样条曲线的上端点。重复 UCS 命令，将坐标系绕 Y 轴旋转 90°，结果如图 7-51 所示。

（7）单击“默认”选项卡“绘图”面板中的“椭圆”按钮，在坐标原点处绘制长半轴为 4，短半轴为 2 的椭圆，如图 7-52 所示。

（8）单击“三维工具”选项卡“建模”面板中的“扫掠”按钮，将椭圆沿样条曲线扫掠成杯把。

① 在命令行提示“选择要扫掠的对象或[模式(MO)]:”后选取第（7）步绘制的椭圆。

② 在命令行提示“选择扫掠路径或[对齐(A)/基点(B)/比例(S)/扭曲(T)]:”后选取样条曲线。将视图切换到东南等轴测视图，扫掠结果消隐如图 7-53 所示。

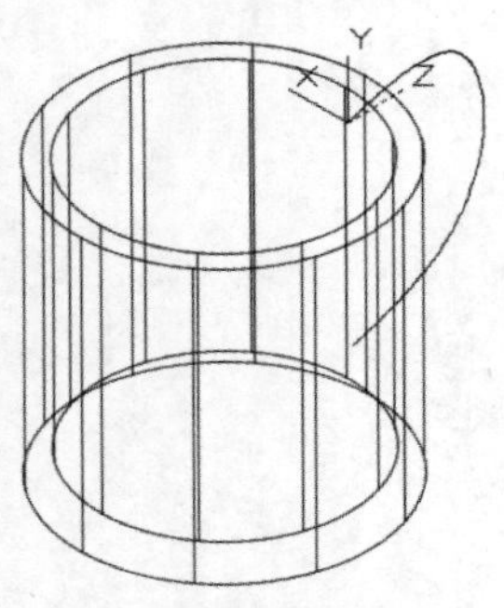

图 7-51　移动坐标系

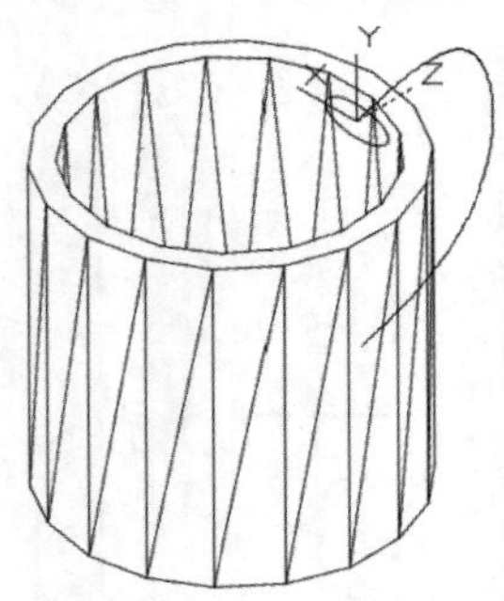

图 7-52　绘制椭圆

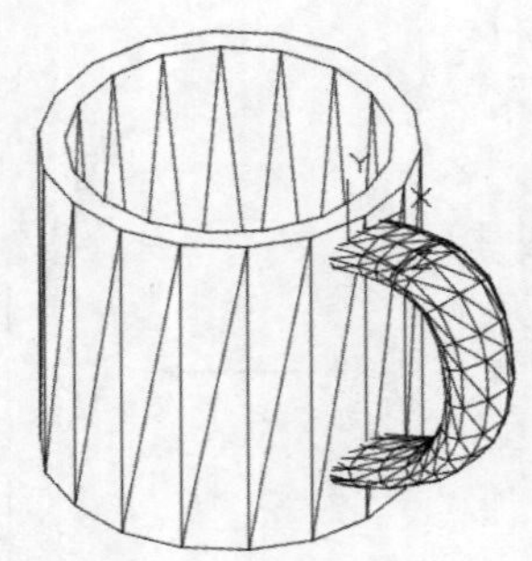

图 7-53　创建杯把

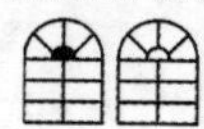

7.2.6　放样

放样是指按指定的导向线生成实体，使实体的某几个截面形状刚好是指定的平面图形形状。“放样”命令的调用方法主要有如下 4 种：

☑　在命令行中输入“LOFT”命令。

☑　选择菜单栏中的“绘图”/“建模”/“放样”命令。

☑　单击“建模”工具栏中的“放样”按钮。

☑　单击“三维工具”选项卡“建模”面板中的“放样”按钮。

执行上述命令后，根据系统提示输入“MO”，按 Enter 键后输入“SO”，在命令行提示下依次选择如图 7-54 所示的 3 个截面后按 Enter 键。执行此命令时，命令行提示中各选项的含义如下。

☑　仅横截面(C)：在不使用导向或路径的情况下，创建放样对象。

☑　导向(G)：指定控制放样建模或曲面形状的导向曲线。导向曲线是直线或曲线，可通过将其他线框信息添加至对象来进一步定义建模或曲面的形状，如图 7-54 所示。选择该选项，在命令行提示下选择放样建模或曲面的导向曲线，然后按 Enter 键。

提示：

每条导向曲线必须满足以下条件才能正常工作：

（1）与每个横截面相交。

（2）从第一个横截面开始。

（3）到最后一个横截面结束。

可以为放样曲面或建模选择任意数量的导向曲线。

☑　路径(P)：指定放样建模或曲面的单一路径，如图 7-55 所示。选择该选项，在命令行提示下指定放样建模或曲面的单一路径。

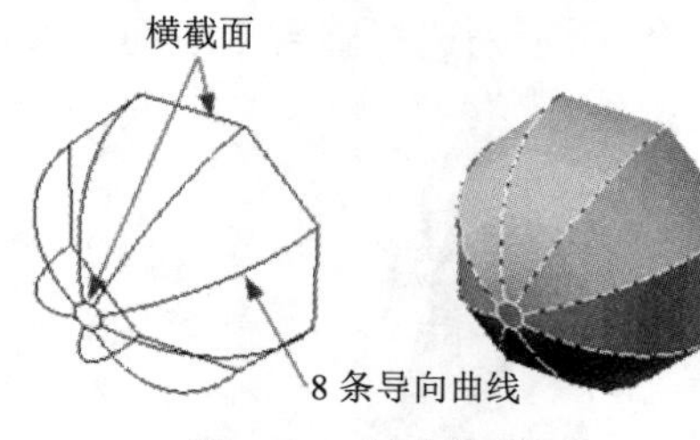

图 7-54　导向放样

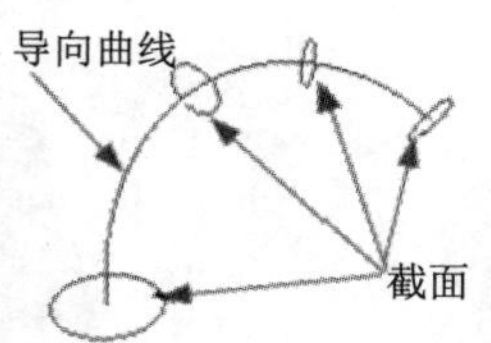

图 7-55　路径放样

☑　设置(S)：选择该选项，系统弹出“放样设置”对话框，如图 7-56 所示。其中有 4 个单选按钮，如图 7-57（a）所示为选中“直纹”单选按钮的放样结果示意图，图 7-57（b）所示为选中“平滑拟合”单选按钮的放样结果示意图，图 7-57（c）所示为选中“法线指向”单选按钮并选择“所有横截面”选项的放样结果示意图，图 7-57（d）所示为选中“拔模斜度”单选按钮并设置“起点角度”为 45°、“起点幅值”为 10、“端点角度”为 60°、“端点幅值”为 10 的放样结果示意图。

Note

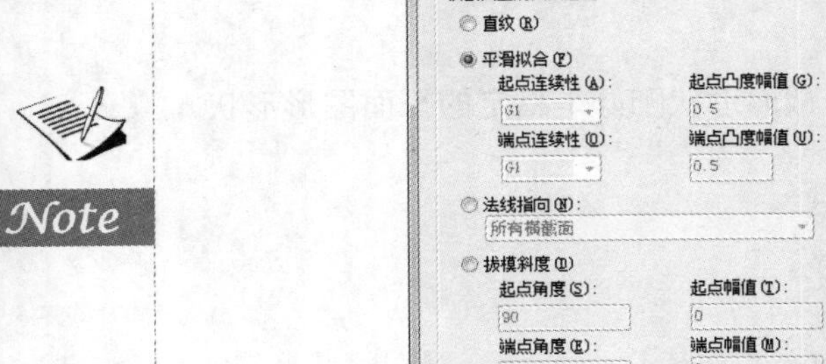

图 7-56 “放样设置”对话框

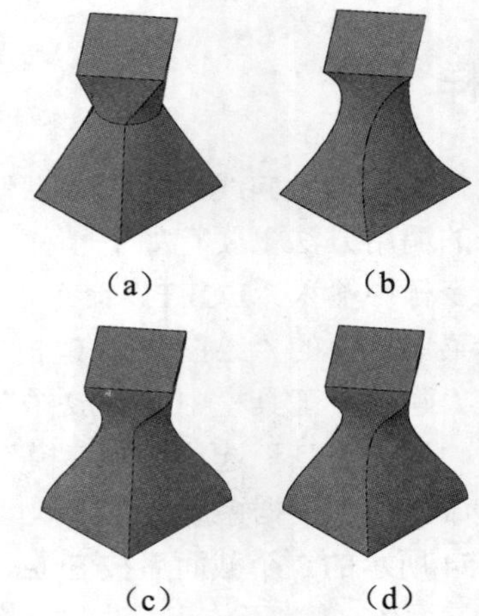

图 7-57 放样示意图

提示：

路径曲线必须与横截面的所有平面相交。

7.2.7 拖曳

拖曳实际上是一种三维实体对象的夹点编辑，通过拖动三维实体上的夹持点来改变三维实体的形状。“拖曳”命令的调用方法主要有如下 3 种：

☑ 在命令行中输入“PRESSPULL”命令。

☑ 单击“建模”工具栏中的“按住并拖动”按钮。

☑ 单击“三维工具”选项卡“实体编辑”面板中的“按住并拖动”按钮。

执行上述命令后，根据系统提示单击有限区域以进行按住或拖动操作。选择有限区域后，按住鼠标左键并拖动，相应的区域就会进行拉伸变形。如图 7-58 所示为选择圆台上表面，按住并拖动的结果。

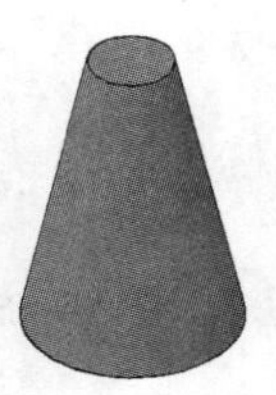

（a）圆台

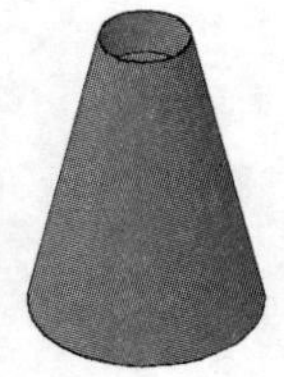

（b）向下拖动

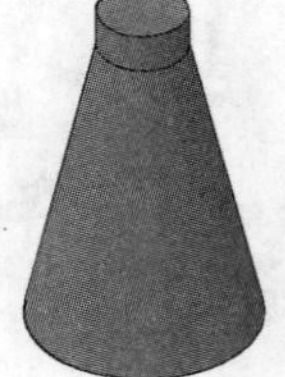

（c）向上拖动

图 7-58 按住并拖动

7.3 实体三维操作

本节介绍一些基本的建模三维操作命令。这些命令有的为二维和三维绘制共有的命令，但在

三维绘制操作中与二维绘制操作中应用时有所不同，如倒角、圆角功能。有的命令是关于二维与三维或曲面与实体相互转换的命令。

7.3.1　倒角

"倒角"命令的调用方法主要有如下 3 种：

- ☑ 在命令行中输入"CHAMFER"或"CHA"命令。
- ☑ 选择菜单栏中的"修改"/"倒角"命令。
- ☑ 单击"修改"工具栏中的"倒角"按钮。

执行上述命令后，命令行提示显示为"选择第一条直线或[放弃(U)/多段线(P)/距离(D)/角度(A)/修剪(T)/方式(E)/多个(M)]:"，命令行提示中各选项的含义如下。

- ☑ 选择第一条直线：选择实体的一条边，此选项为系统的默认选项。选择某一条边以后，与此边相邻的两个面中的一个面的边框就变成虚线。选择实体上要倒直角的边后，命令行提示要求选择基面，默认选项是当前，即以虚线表示的面作为基面。如果选择"下一个(N)"选项，则以与所选边相邻的另一个面作为基面。选择好基面后，输入基面上的倒角距离，输入与基面相邻的另外一个面上的倒角距离。
- ☑ 选择边或[环(L)]。
  - ➢ 选择边：确定需要进行倒角的边，此项为系统的默认选项。选择基面的某一边后，按 Enter 键对选择好的边进行倒角，也可以继续选择其他需要倒角的边。
  - ➢ 选择环：对基面上所有的边都进行倒直角。
- ☑ 其他选项：与二维斜角类似，此处不再赘述。

如图 7-59 所示为对长方体倒角的效果。

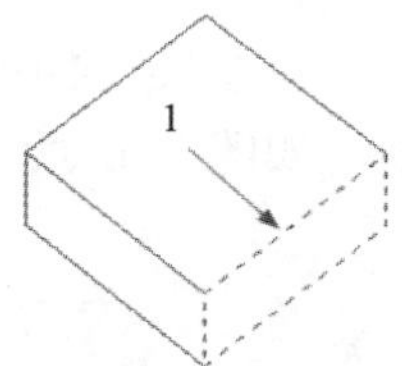

（a）选择倒角边 1

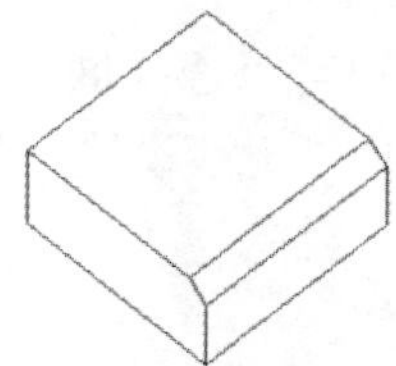

（b）选择边倒角效果

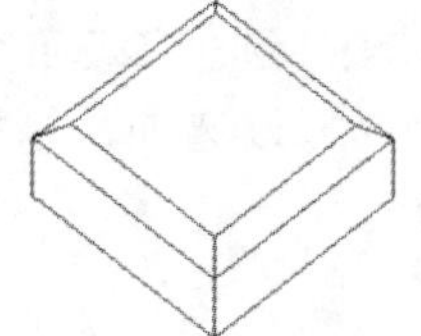

（c）选择环倒角效果

图 7-59　对实体棱边倒角

7.3.2　圆角

三维造型绘制中的圆角与二维绘制中的"圆角"命令相同，但执行方法略有差别，读者注意体会。"圆角"命令的调用方法主要有如下 3 种：

- ☑ 在命令行中输入"FILLET"或"F"命令。
- ☑ 选择菜单栏中的"修改"/"圆角"命令。
- ☑ 单击"修改"工具栏中的"圆角"按钮。

执行上述命令后，根据系统提示选择建模上的一条边，在命令行提示下输入圆角半径，再在提示下选择边或其他选项。此时，命令行提示中各选项的含义如下。

☑ 链(C)：表示与此边相邻的边都被选中，并进行倒圆角的操作。如图 7-60 所示为对长方体倒圆角的效果。

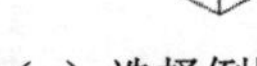

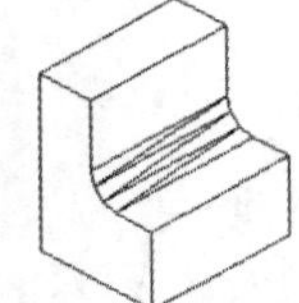

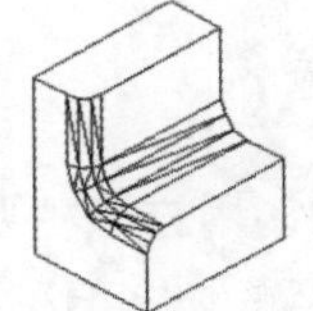

（a）选择倒圆角边 1　　（b）边倒圆角效果　　（c）链倒圆角效果

图 7-60　对建模棱边倒圆角

7.3.3　干涉检查

干涉检查主要通过对比两组对象或一对一地检查所有建模来检查建模模型中的干涉（三维建模相交或重叠的区域）。系统将在建模相交处创建和亮显临时建模。

干涉检查常用于检查装配体立体图是否干涉，从而判断设计是否正确。“干涉检查”命令的调用方法主要有如下 3 种：

☑ 在命令行中输入“INTERFERE”或“INT”命令。

☑ 选择菜单栏中的“修改”/“三维操作”/“干涉检查”命令。

☑ 单击“三维工具”选项卡“实体编辑”面板中的“干涉检查”按钮。

执行上述命令后，根据系统提示拾取第一组嵌套对象和第二组嵌套对象。如果两对象发生干涉，则系统打开“干涉检查”对话框，如图 7-61 所示。在该对话框中列出了找到的干涉对数量，并可以通过“上一个”和“下一个”按钮来亮显干涉对象。此时，命令行提示中各选项的含义如下。

☑ 嵌套选择(N)：选择该选项，用户可以选择嵌套在块和外部参照中的单个建模对象。

☑ 设置(S)：选择该选项，系统打开“干涉设置”对话框，如图 7-62 所示，可以设置干涉的相关参数。

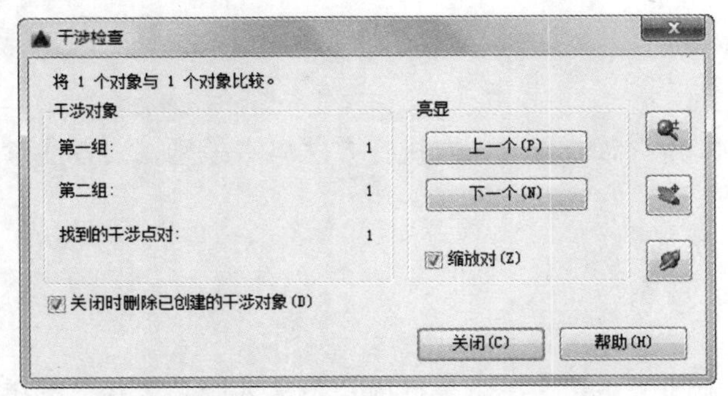

图 7-61　“干涉检查”对话框

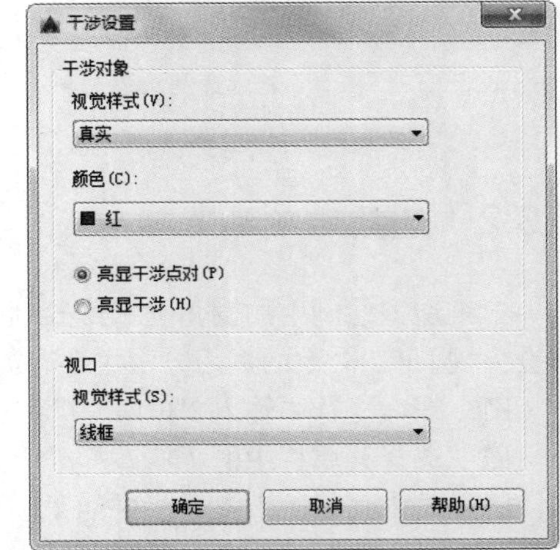

图 7-62　“干涉设置”对话框

7.3.4　实战——马桶

本例首先利用“矩形”、“圆弧”、“面域”和“拉伸”命令绘制马桶的主体，然后利用“圆柱体”“差集”“交集”命令绘制水箱，最后利用“椭圆”和“拉伸”命令绘制马桶盖。其绘制流程图如图 7-63 所示。

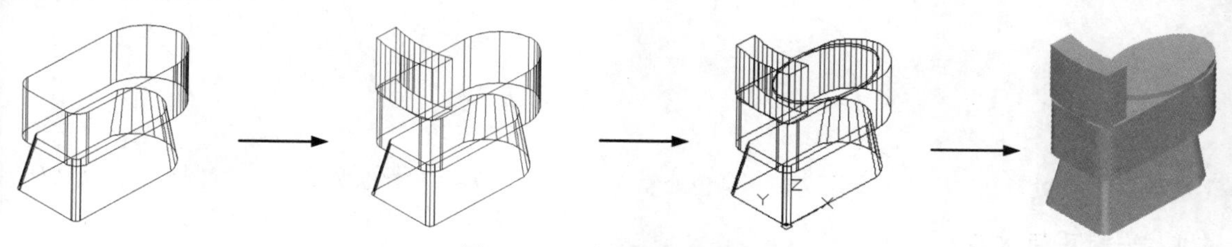

图 7-63　马桶的绘制流程图

操作步骤如下：（：光盘\配套视频\第 7 章\马桶.avi）

1. 绘制马桶底座和主体

（1）设置绘图环境。使用 ISOLINES 命令，设置对象上每个曲面的轮廓线数目为 10。

（2）单击“默认”选项卡“绘图”面板中的“矩形”按钮，绘制角点为（0,0）、（560,260）的矩形。绘制效果如图 7-64 所示。

（3）单击“默认”选项卡“绘图”面板中的“圆弧”按钮，以（400,0）、（500,130）、（400,260）3 点绘制圆弧。

（4）单击“默认”选项卡“修改”面板中的“修剪”按钮，将多余的线段剪去，修剪之后的效果如图 7-65 所示。

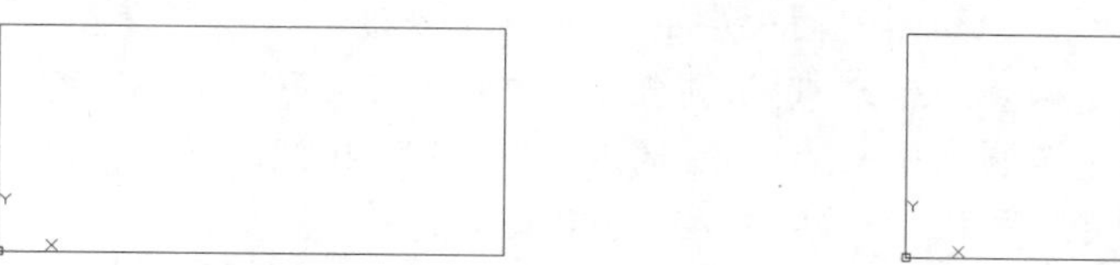

图 7-64　绘制矩形

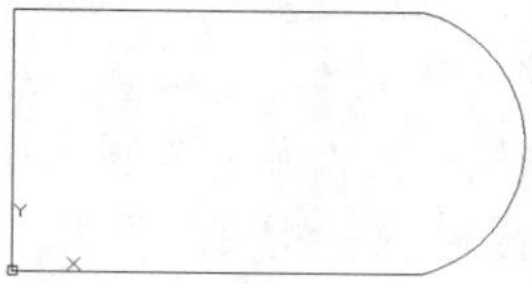

图 7-65　绘制圆弧

（5）单击“默认”选项卡“绘图”面板中的“面域”按钮，将绘制的矩形和圆弧进行面域处理。

（6）将视图切换到西南等轴测视图。单击“三维工具”选项卡“建模”面板中的“拉伸”按钮，将第（5）步创建的面域拉伸处理，设置倾斜角为 10，高度为 200。绘制效果如图 7-66 所示。

（7）单击“默认”选项卡“修改”面板中的“圆角”按钮，圆角半径设为 20，将马桶底座的直角边改为圆角边。

① 在命令行提示“选择第一个对象或[放弃(U)/多段线(P)/半径(R)/修剪(T)/多个(M)]:”选取马桶底座的一直角边。

② 在命令行提示“输入圆角半径或[表达式(E)] <4.0000>:”后输入“20”。

③ 在命令行提示“选择边或[链(C)/环(L)/半径(R)]:”后选取马桶底座的另一直角边。

绘制效果如图 7-67 所示。

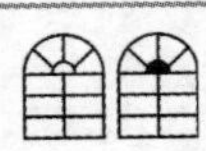

（8）单击“三维工具”选项卡“建模”面板中的“长方体”按钮，输入两角点坐标（0,0,200）、（550,260,400）绘制马桶主体。绘制效果如图 7-68 所示。

（9）单击“默认”选项卡“修改”面板中的“圆角”按钮，圆角半径设为 130，将长方体右侧的两条棱做圆角处理；左侧两条棱的圆角半径为 50，如图 7-69 所示。

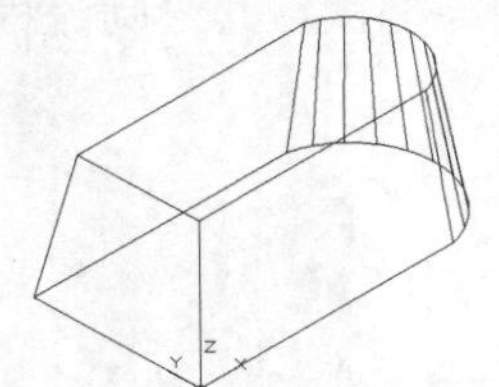
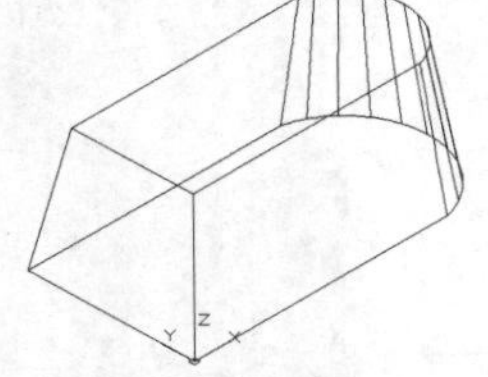

图 7-66　拉伸处理

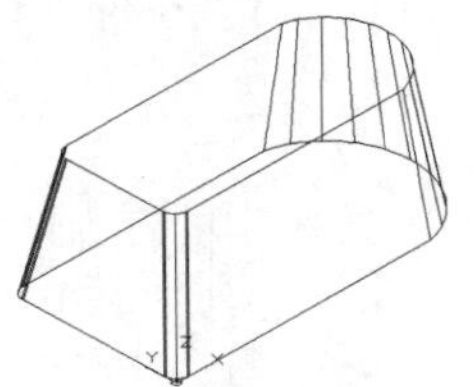

图 7-67　圆角处理

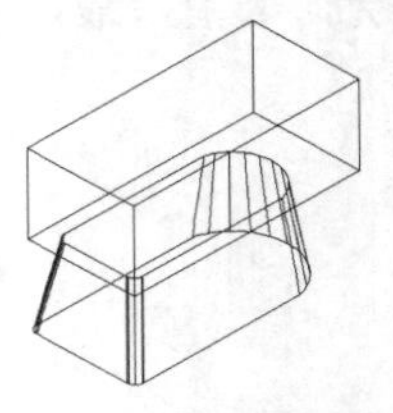

图 7-68　绘制长方体

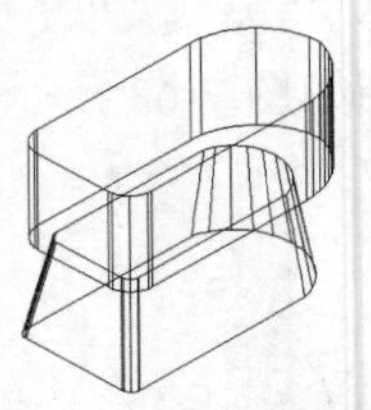

图 7-69　圆角处理

2. 绘制马桶水箱

（1）单击“三维工具”选项卡“建模”面板中的“长方体”按钮，以（50,130,500）为中心点绘制长、宽、高分别为 100、240、200 的水箱主体。

（2）单击“三维工具”选项卡“建模”面板中的“圆柱体”按钮，以（500,130,400）为中心点绘制底面半径为 500，高度为 200 的圆柱体。同理，绘制底面半径为 420、高度为 200 的同心圆柱。绘制效果如图 7-70 所示。

（3）单击“三维工具”选项卡“实体编辑”面板中的“差集”按钮，将第（2）步绘制的大圆柱体与小圆柱体进行差集处理，消隐后效果如图 7-71 所示。

（4）单击“三维工具”选项卡“实体编辑”面板中的“交集”按钮，选择长方体和圆柱环，将其进行交集处理，效果如图 7-72 所示。

3. 绘制马桶盖

（1）单击“默认”选项卡“绘图”面板中的“椭圆”按钮，绘制椭圆。

① 在命令行提示“指定椭圆的轴端点或[圆弧(A)/中心点(C)]:”后输入“C”。

② 在命令行提示“指定椭圆的中心点:”后输入“300,130,400”。

③ 在命令行提示“指定轴的端点:”后输入“500,130”。

④ 在命令行提示“指定另一条半轴长度或[旋转(R)]:”后输入“130”。

（2）单击“三维工具”选项卡“建模”面板中的“拉伸”按钮，将椭圆拉伸成为马桶盖，拉伸距离为 20。绘制效果如图 7-73 所示。

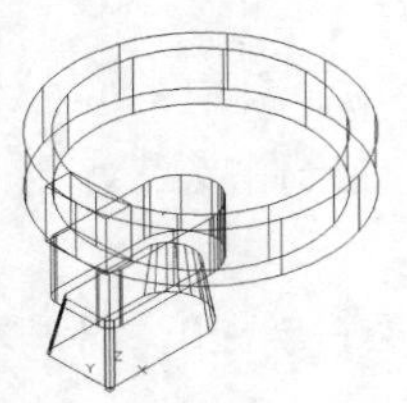
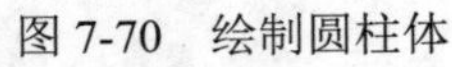

图 7-70　绘制圆柱体

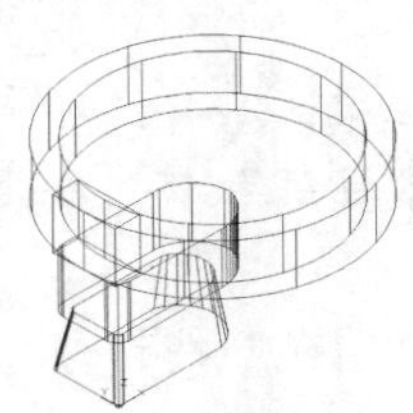

图 7-71　差集消隐处理

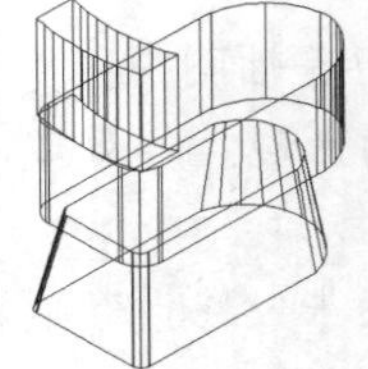

图 7-72　交集处理

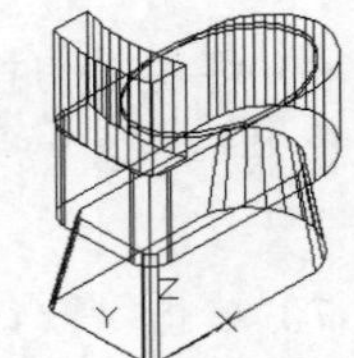

图 7-73　绘制椭圆并拉伸

7.4 特 殊 视 图

利用假想的平面对实体进行剖切，是实体编辑的一种基本方法。

Note

7.4.1　剖切

剖切功能操作是指将实体沿某个截面剖切后得到剩下的实体。“剖切”命令的调用方法主要有如下 3 种：

☑　在命令行中输入“SLICE”或“SL”命令。

☑　选择菜单栏中的“修改”/“三维操作”/“剖切”命令。

☑　单击“三维工具”选项卡“实体编辑”面板中的“剖切”按钮。

执行上述命令后，根据系统提示选择要剖切的对象后按 Enter 键，在命令行提示下指定切面的起点和第二个点，在所需的侧面上指定点或选择其他选项。使用此命令时，命令行提示中各选项的含义如下。

☑　对象(O)：将所选对象的所在平面作为剖切面。

☑　Z 轴(Z)：通过平面指定一点与在平面的 Z 轴（法线）上指定另一点来定义剖切平面。

☑　视图(V)：以平行于当前视图的平面作为剖切面。

☑　XY 平面(XY)/YZ 平面(YZ)/ZX 平面(ZX)：将剖切平面与当前用户坐标系（UCS）的 XY 平面/YZ 平面/ZX 平面对齐。

☑　三点(3)：根据空间的 3 个点确定的平面作为剖切面。确定剖切面后，系统会提示保留一侧或两侧。如图 7-74 所示为剖切三维实体图。

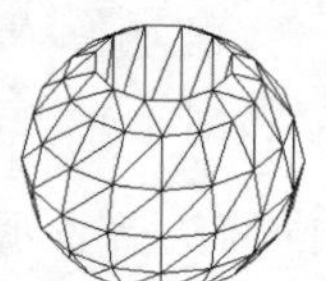

（a）剖切前的三维实体

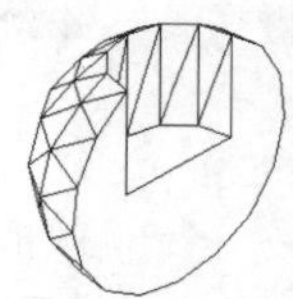

（b）剖切后的实体

图 7-74　剖切三维实体

7.4.2　剖切截面

剖切截面功能与剖切相对应，是指平面剖切实体后截面的形状。“剖切截面”命令的调用方法主要为：在命令行中输入“SECTION”或“SEC”命令。

执行上述命令后，根据系统提示选择要剖切的实体，在命令行提示下指定一点或输入一个选项。如图 7-75 所示为断面图形。

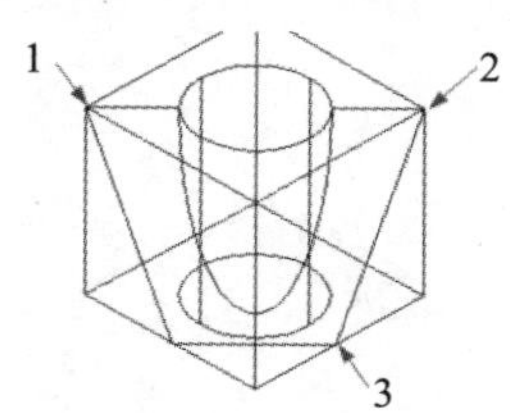

（a）剖切平面与断面

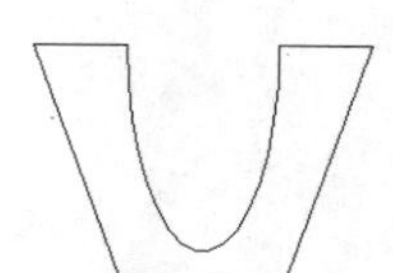

（b）移出的断面图形

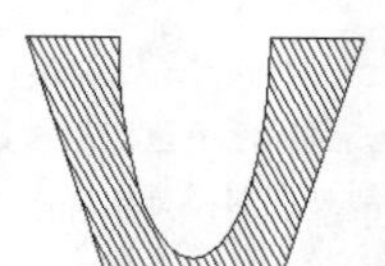

（c）填充剖面线的断面图形

图 7-75　断面图形

7.4.3　截面平面

通过截面平面功能可以创建实体对象的二维截面平面或三维截面实体。“截面平面”命令的调用方法主要有如下 3 种：

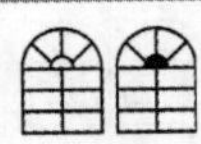

☑ 在命令行中输入“SECTIONPLANE”命令。

☑ 选择菜单栏中的“绘图”/“建模”/“截面平面”命令。

☑ 单击“三维工具”选项卡“截面”面板中的“截面平面”按钮。

Note

执行上述命令后，根据系统提示选择面或任意点以定位截面线或选择其他选项。使用此命令时，命令行提示中各选项的含义如下。

☑ 选择面或任意点以定位截面线：选择该选项创建截面的方法主要有 3 种，选择绘图区的任意点（不在面上）可以创建独立于实体的截面对象。第一点可创建截面对象旋转所围绕的点，第二点可创建截面对象。如图 7-76 所示为在手柄主视图上指定两点创建一个截面平面，如图 7-77 所示为转换到西南等轴测视图的情形，图中半透明的平面为活动截面，实线为截面控制线。单击活动截面平面，显示编辑夹点，如图 7-78 所示，其功能分别介绍如下。

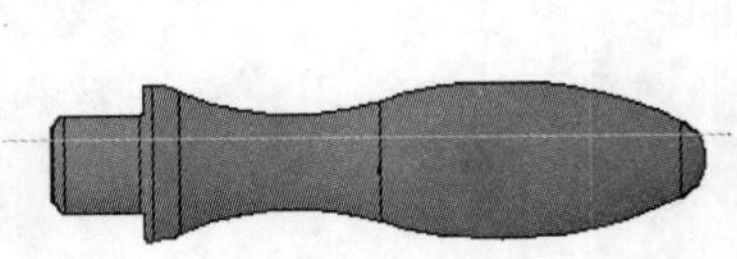

图 7-76　创建截面

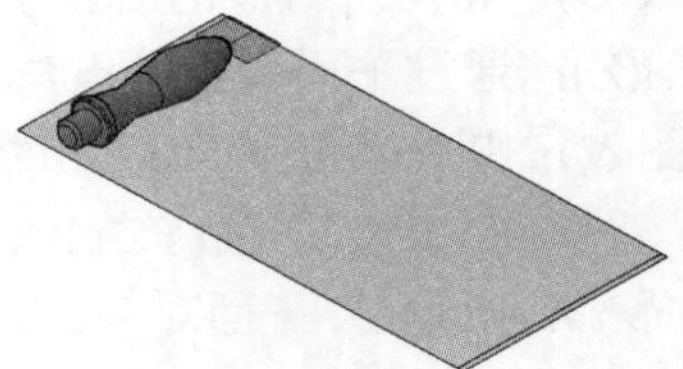

图 7-77　西南等轴测视图

- 截面实体方向箭头：表示生成截面实体时所要保留的一侧，单击该箭头，则反向。
- 截面平移编辑夹点：选中并拖动该夹点，截面沿其法向平移。
- 宽度编辑夹点：选中并拖动该夹点可以调节截面宽度。
- 截面属性下拉菜单按钮：单击该按钮，显示当前截面的属性，包括平面（见图 7-78）、边界（见图 7-79）、体积（见图 7-80）3 种，分别显示截面平面相关操作的作用范围，调节相关夹点可以调整范围。

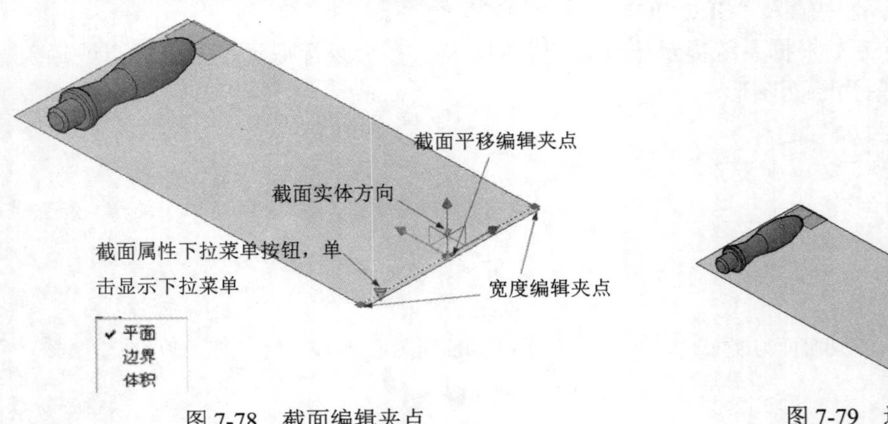

图 7-78　截面编辑夹点

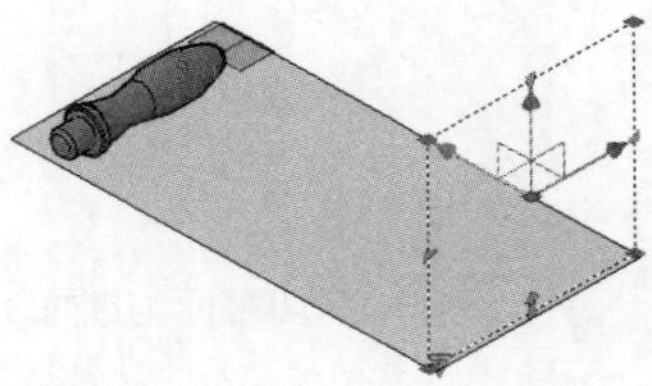

图 7-79　边界

☑ 选择实体或面域上的面可以产生与该面重合的截面对象。

☑ 快捷菜单。在截面平面编辑状态下右击，系统打开快捷菜单，如图 7-81 所示。其中几个主要命令介绍如下。

- 激活活动截面：选择该命令，活动截面被激活，可以对其进行编辑，同时源对象不

可见，如图 7-82 所示。

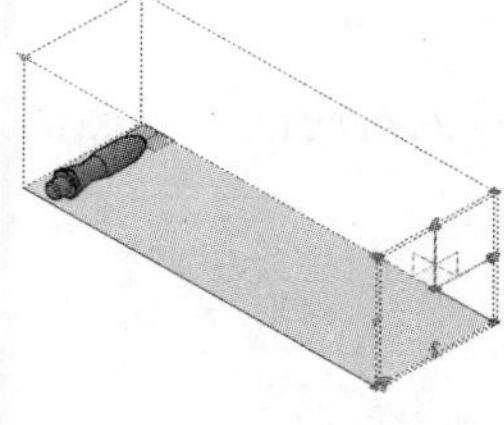

图 7-80　体积

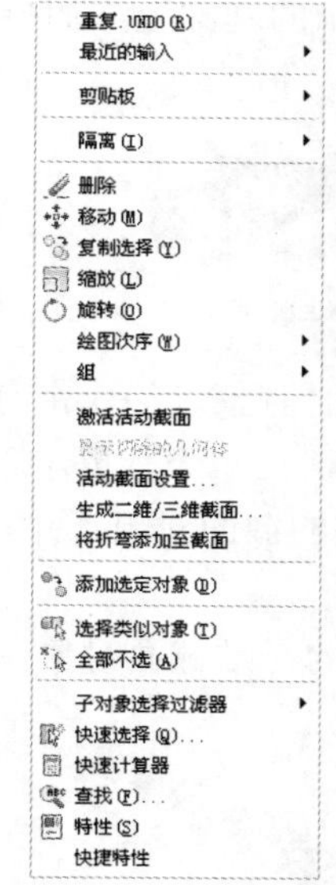

图 7-81　快捷菜单

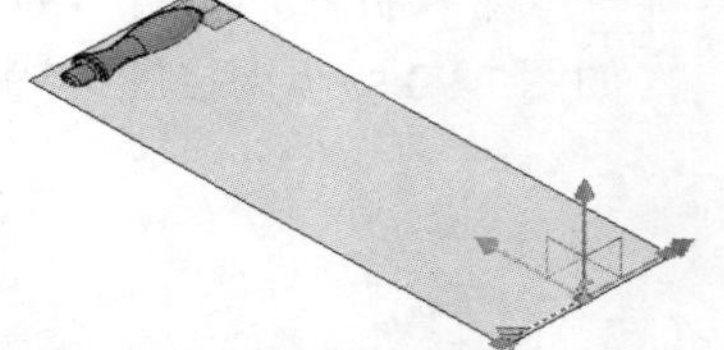

图 7-82　编辑活动截面

- 活动截面设置：选择该命令，弹出“截面设置”对话框，可以设置截面各参数，如图 7-83 所示。
- 生成二维/三维截面：选择该命令，系统弹出“生成截面/立面”对话框，如图 7-84 所示。设置相关参数后，单击“创建”按钮，即可创建相应的图块或文件。在图 7-85 所示的截面平面位置创建的三维截面如图 7-86 所示，如图 7-87 所示为对应的二维截面。

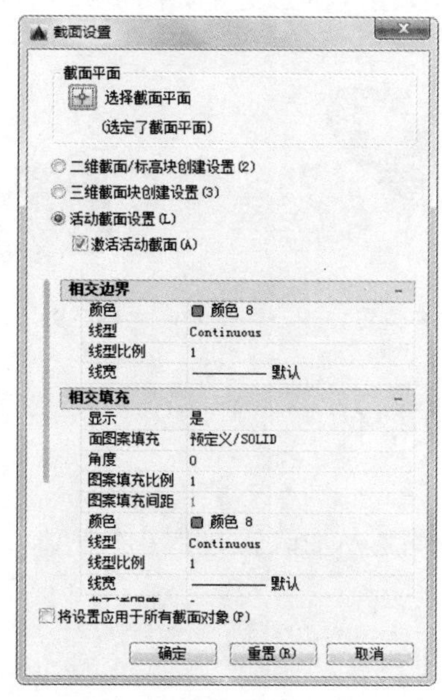

图 7-83　“截面设置”对话框

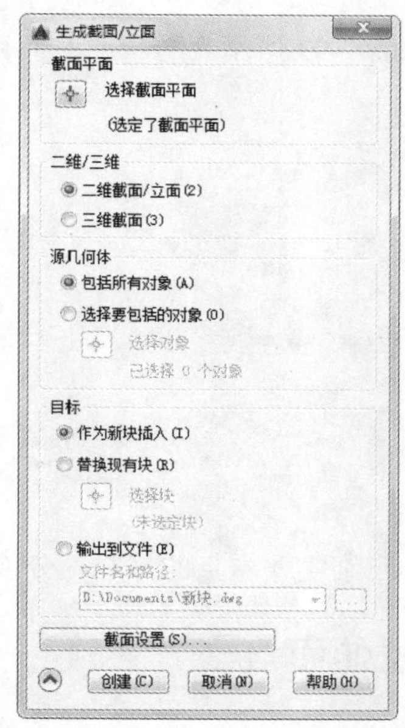

图 7-84　“生成截面/立面”对话框

Note

- 将折弯添加至截面：选择该命令，系统提示添加折弯到截面的一端，并可以编辑折弯的位置和高度。在图 7-87 所示的基础上添加折弯后的截面平面如图 7-88 所示。

图 7-85　截面平面位置

图 7-86　三维截面

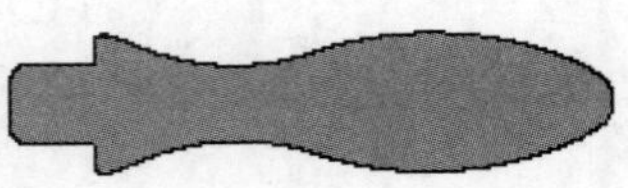

图 7-87　二维截面

☑ 绘制截面(D)：定义具有多个点的截面对象以创建带有折弯的截面线。选择该选项，在命令行提示下指定点 1、点 2 和点 3，在命令行提示下指定点以指示剪切平面的方向。该选项将创建处于“截面边界”状态的截面对象，并且活动截面会关闭，该截面线可以带有折弯，如图 7-89 所示。

如图 7-90 所示为按图 7-89 设置截面生成的三维截面对象，如图 7-91 所示为对应的二维截面。

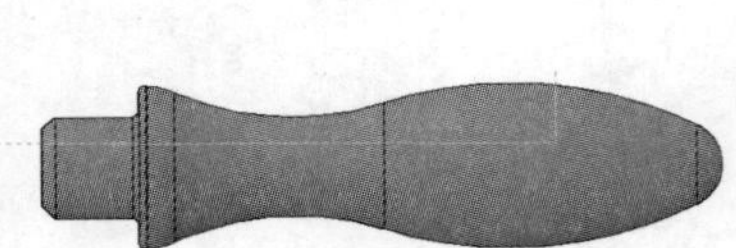

图 7-88　折弯后的截面平面

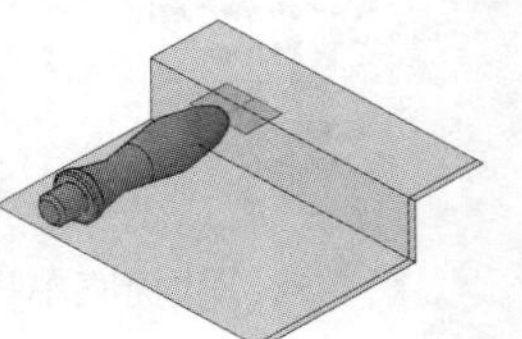

图 7-89　折弯截面

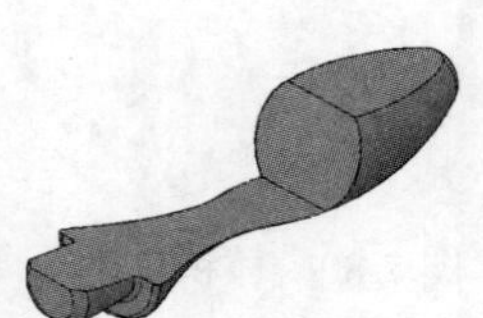

图 7-90　三维截面

☑ 正交(O)：将截面对象与相对于 UCS 的正交方向对齐。选择该选项，在命令行提示“将截面对齐至[前(F)/后(B)/顶部(T)/底部(B)/左(L)/右(R)]:”后输入选项。选择该选项后，将以相对于 UCS（不是当前视图）的指定方向创建截面对象，并且该对象将包含所有三维对象。该选项将创建处于“截面边界”状态的截面对象，并且活动截面会打开。选择该选项，可以很方便地创建工程制图中的剖视图。UCS 处于如图 7-92 所示的位置，如图 7-93 所示为对应的左向截面。

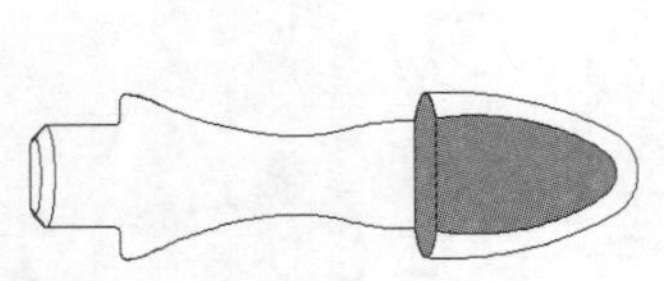

图 7-91　二维截面

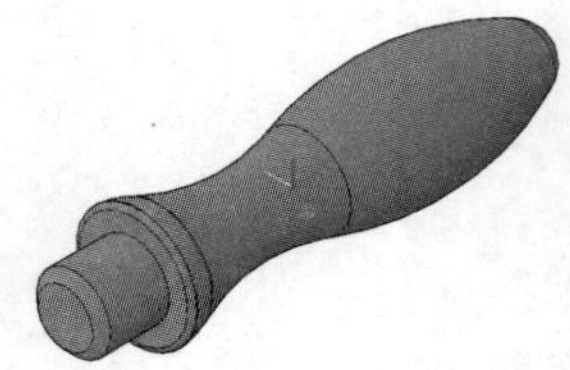

图 7-92　UCS 位置

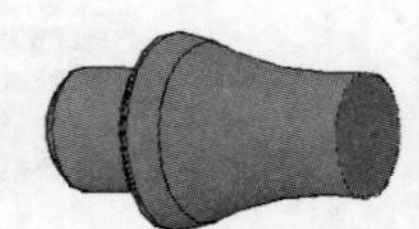

图 7-93　左向截面

7.5　编 辑 实 体

对单个三维实体本身的某些部分或某些要素进行编辑，从而改变三维实体造型。

7.5.1　拉伸面

“拉伸面”命令的调用方法主要有如下 4 种：

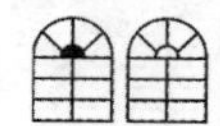

Note

☑　在命令行中输入“SOLIDEDIT”命令。

☑　选择菜单栏中的“修改”/“实体编辑”/“拉伸面”命令。

☑　单击“实体编辑”工具栏中的“拉伸面”按钮。

☑　单击“三维工具”选项卡“实体编辑”面板中的“拉伸面”按钮。

执行上述命令后，根据系统提示输入“Face”，在命令行提示下选择要进行的操作后，选择要进行拉伸的面并指定拉伸高度或选择其他选项。使用该命令时，命令行提示中各选项的含义如下。

☑　指定拉伸高度：按指定的高度值来拉伸面。指定拉伸的倾斜角度后完成拉伸操作。

☑　路径(P)：沿指定的路径曲线拉伸面。如图 7-94 所示为拉伸长方体顶面和侧面的效果。

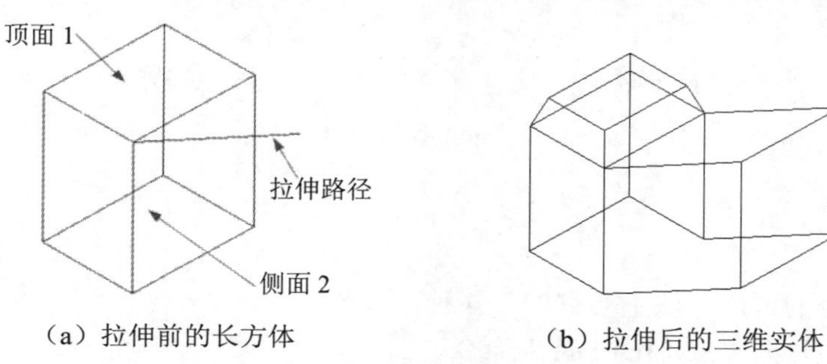

（a）拉伸前的长方体　　（b）拉伸后的三维实体

图 7-94　拉伸长方体

7.5.2　移动面

“移动面”命令的调用方法主要有如下 4 种：

☑　在命令行中输入“SOLIDEDIT”命令。

☑　选择菜单栏中的“修改”/“实体编辑”/“移动面”命令。

☑　单击“实体编辑”工具栏中的“移动面”按钮。

☑　单击“三维工具”选项卡“实体编辑”面板中的“移动面”按钮。

执行上述命令后，根据系统提示选择要进行移动的面、移动的基点或位移及位移的第二点。各选项的含义在前面介绍的命令中都有涉及，如有问题，请查询相关命令（拉伸面、移动等）。如图 7-95 所示为移动三维实体的效果。

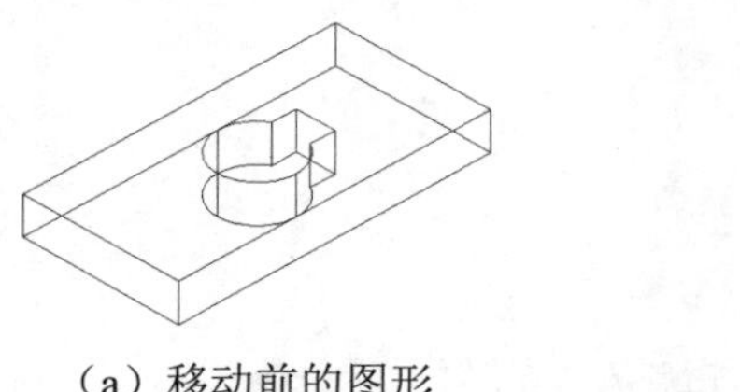

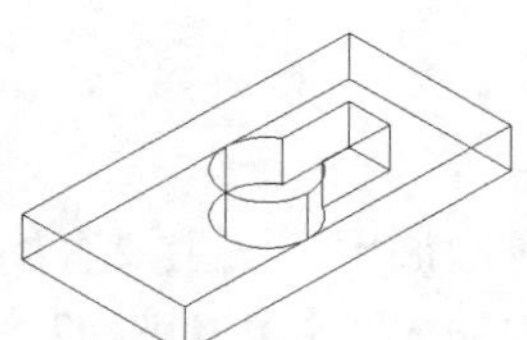

（a）移动前的图形　　（b）移动后的图形

图 7-95　移动三维实体

7.5.3　偏移面

“偏移面”命令的调用方法主要有如下 4 种：

☑　在命令行中输入“SOLIDEDIT”命令。

☑ 选择菜单栏中的“修改”/“实体编辑”/“偏移面”命令。

☑ 单击“实体编辑”工具栏中的“偏移面”按钮。

☑ 单击“三维工具”选项卡“实体编辑”面板中的“偏移面”按钮。

Note

执行上述命令后，根据系统提示选择要进行偏移的面，输入要偏移的距离值。如图 7-96 所示为通过“偏移面”命令改变哑铃手柄大小的效果。

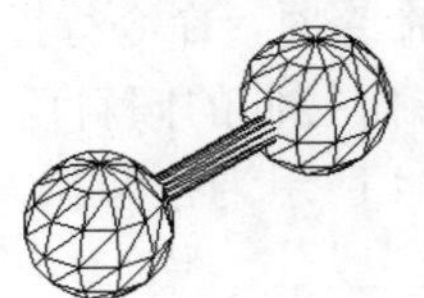
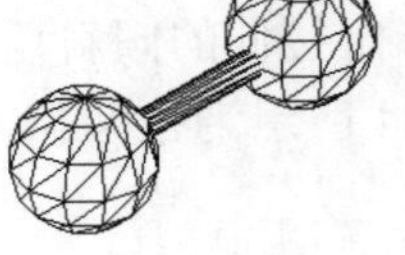
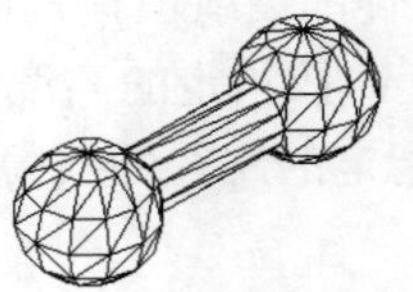
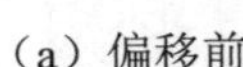

（a）偏移前　　（b）偏移后

图 7-96　偏移对象

7.5.4　删除面

“删除面”命令的调用方法主要有如下 4 种：

☑ 在命令行中输入“SOLIDEDIT”命令。

☑ 选择菜单栏中的“修改”/“实体编辑”/“删除面”命令。

☑ 单击“实体编辑”工具栏中的“删除面”按钮

☑ 单击“三维工具”选项卡“实体编辑”面板中的“删除面”按钮。

执行上述命令后，根据系统提示选择要删除的面。如图 7-97 所示为删除长方体的一个圆角面后的效果。

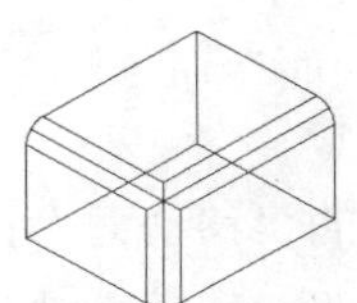
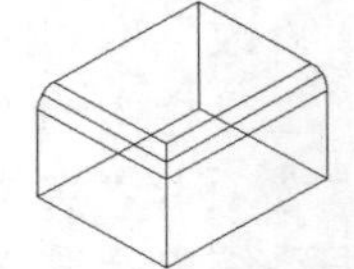

（a）倒圆角后的长方体　　（b）删除倒角面后的图形

图 7-97　删除圆角面

7.5.5　旋转面

“旋转面”命令的调用方法主要有如下 4 种：

☑ 在命令行中输入“SOLIDEDIT”命令。

☑ 选择菜单栏中的“修改”/“实体编辑”/“旋转面”命令。

☑ 单击“实体编辑”工具栏中的“旋转面”按钮。

☑ 单击“三维工具”选项卡“实体编辑”面板中的“旋转面”按钮。

执行上述命令后，根据系统提示选择要旋转的面，按 Enter 键，选择一种确定轴线的方式，输入旋转角度。

将图 7-98（a）中开口槽的方向旋转 90°后的效果如图 7-98（b）所示。

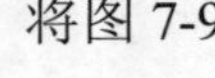

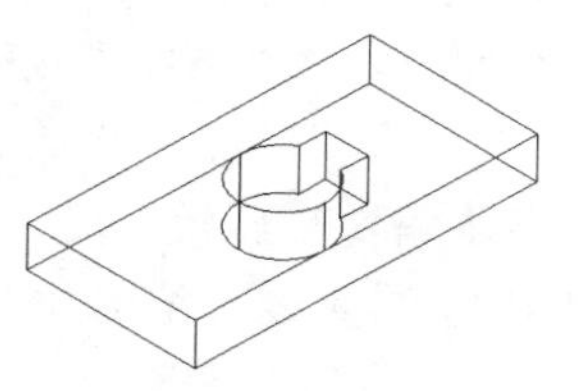

（a）旋转前

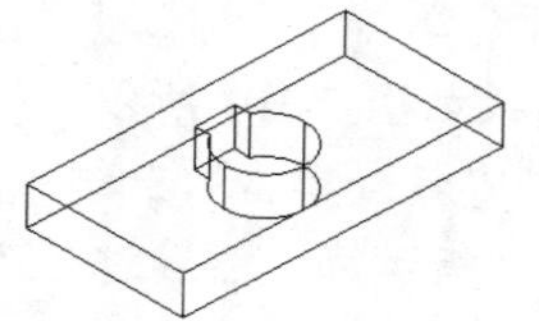

（b）旋转后

图 7-98　开口槽旋转 90° 前后的图形

7.5.6　倾斜面

“倾斜面”命令的调用方法主要有如下 4 种：

☑　在命令行中输入“SOLIDEDIT”命令。

☑　选择菜单栏中的“修改”/“实体编辑”/“倾斜面”命令。

☑　单击“实体编辑”工具栏中的“倾斜面”按钮。

☑　单击“三维工具”选项卡“实体编辑”面板中的“倾斜面”按钮。

执行上述命令后，根据系统提示选择要倾斜的面后，再选择倾斜的基点，指定沿倾斜轴的另一个点，并输入倾斜角度。

7.5.7　实战——回形窗

本实例回形窗的绘制主要运用到“矩形”“拉伸”命令、倾斜面功能和布尔运算。其绘制流程如图 7-99 所示。

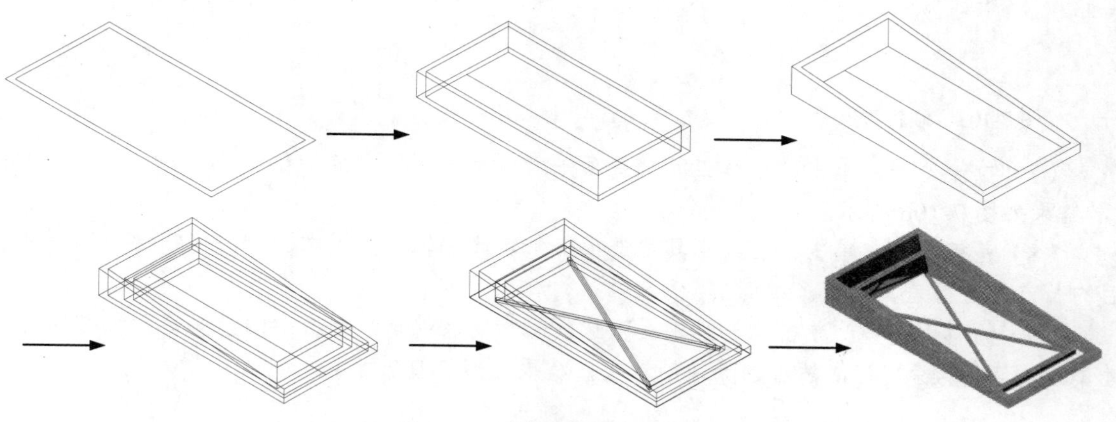

图 7-99　回形窗绘制流程图

操作步骤如下：（：光盘\配套视频\第 7 章\回形窗.avi）

（1）设置绘图环境。用 LIMITS 命令设置图幅：297×210。在命令行中输入“ISOLINES”命令，设置线框密度为 10。

（2）绘制矩形。单击“默认”选项卡“绘图”面板中的“矩形”按钮，以（0,0）和（@40,80）为角点绘制矩形，再以（2,2）和（@36,76）为角点绘制矩形，结果如图 7-100 所示。

（3）拉伸处理。单击“三维工具”选项卡“建模”面板中的“拉伸”按钮，拉伸矩形，拉伸高度为 10，结果如图 7-101 所示。

（4）绘制辅助直线。单击“三维工具”选项卡“实体编辑”面板中的“差集”按钮，将两个拉伸实体进行差集运算；然后过（20,2）和（20,78）绘制直线，结果如图 7-102 所示。

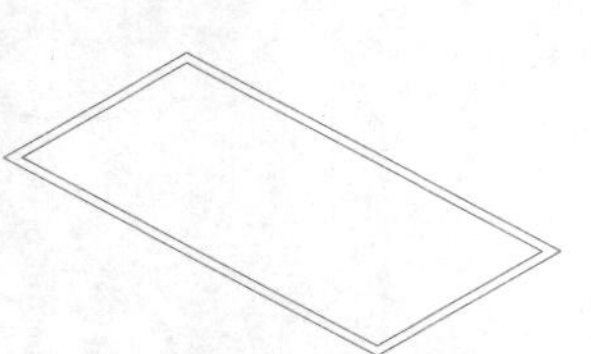

图 7-100　绘制矩形

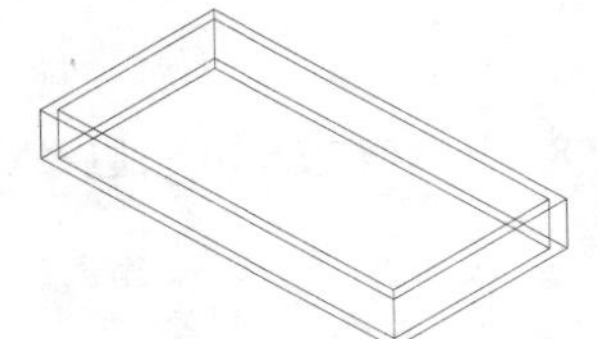

图 7-101　拉伸处理

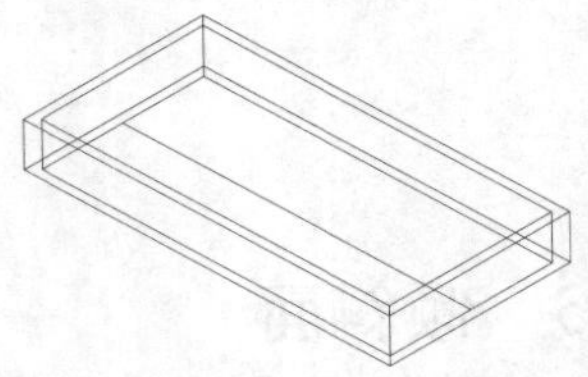

图 7-102　绘制直线

（5）单击“三维工具”选项卡“实体编辑”面板中的“倾斜面”按钮。

① 在命令行提示“选择面或[放弃(U)/删除(R)]: ”后选择如图 7-103 所示的阴影面。

② 在命令行提示“选择面或[放弃(U)/删除(R)/全部(ALL)]: ”后按 Enter 键。

③ 在命令行提示“指定基点:”后选择上述绘制直线的左上方的角点。

④ 在命令行提示“指定沿倾斜轴的另一个点:”后选择直线右下方角点。

⑤ 在命令行提示“指定倾斜角度:”后输入“5”，结果如图 7-104 所示。

（6）绘制矩形。单击“默认”选项卡“绘图”面板中的“矩形”按钮，以（4,7）和（@32,66）为角点绘制矩形；以（6,9）和（@28,62）为角点绘制矩形，结果如图 7-105 所示。

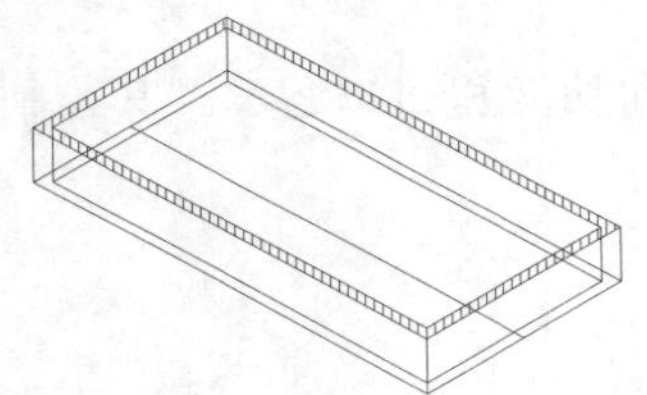

图 7-103　倾斜对象

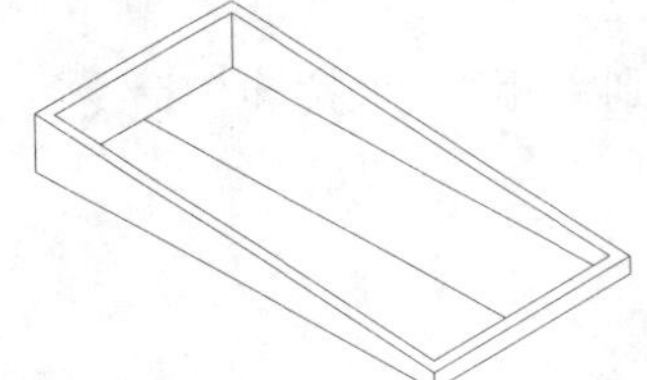

图 7-104　倾斜面处理

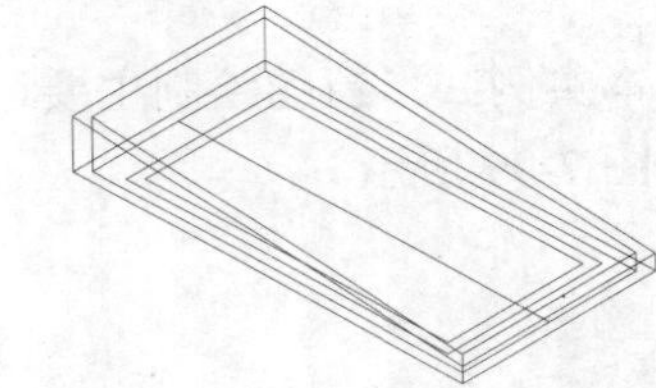

图 7-105　绘制矩形

（7）拉伸处理。单击“三维工具”选项卡“建模”面板中的“拉伸”按钮，拉伸高度为 8，结果如图 7-106 所示。

（8）差集运算。单击“三维工具”选项卡“实体编辑”面板中的“差集”按钮，将拉伸后的长方体进行差集运算。

（9）倾斜面处理。单击“三维工具”选项卡“实体编辑”面板中的“倾斜面”按钮，将差集后的实体倾斜 5°，然后删除辅助直线，结果如图 7-107 所示。

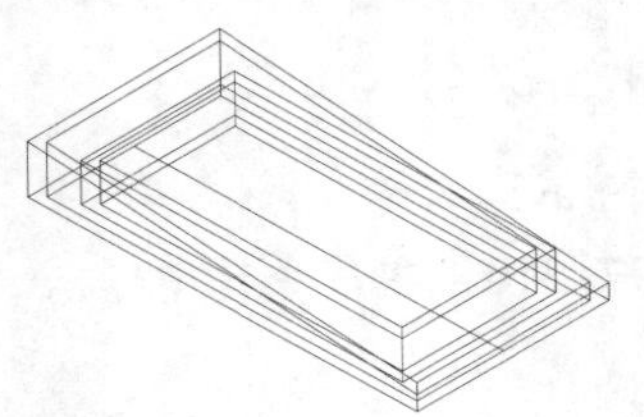

图 7-106　拉伸处理

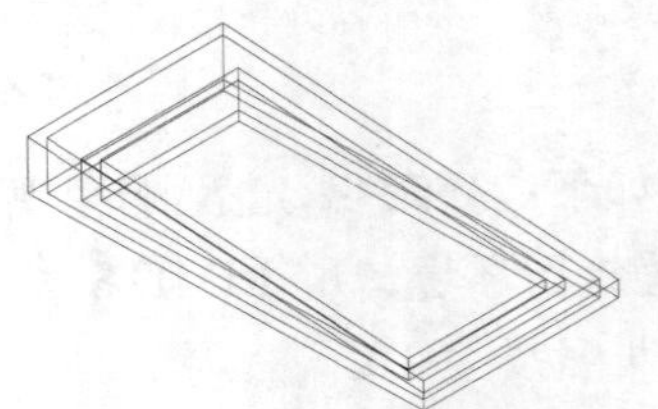

图 7-107　倾斜面处理

（10）创建长方体。单击“三维工具”选项卡“建模”面板中的“长方体”按钮，以（0,0,15）

和（@1,72,1）为角点创建长方体，结果如图 7-108 所示。

（11）复制并旋转长方体。单击“默认”选项卡“修改”面板中的“复制”按钮，复制长方体；选择菜单栏中的“修改”/“三维操作”/“三维旋转”命令，分别将两个长方体旋转 25°和-25°；调用移动命令，将旋转后的长方体移动，结果如图 7-109 所示。

Note

（12）渲染视图。单击“可视化”选项卡“材质”面板中的“材质浏览器”按钮，在材质选项板中选择适当的材质。单击“可视化”选项卡“渲染-MentalRay”面板中的“渲染”按钮，对实体进行渲染，渲染后的效果如图 7-110 所示。

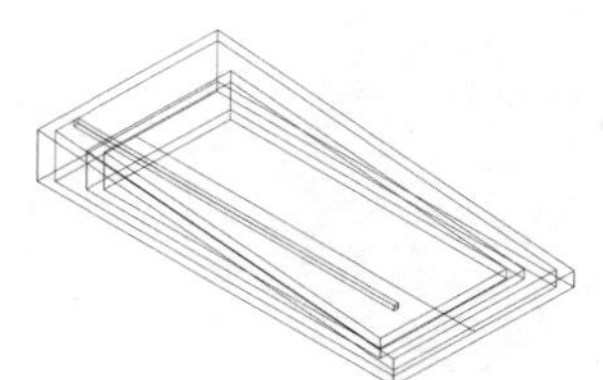

图 7-108　创建长方体

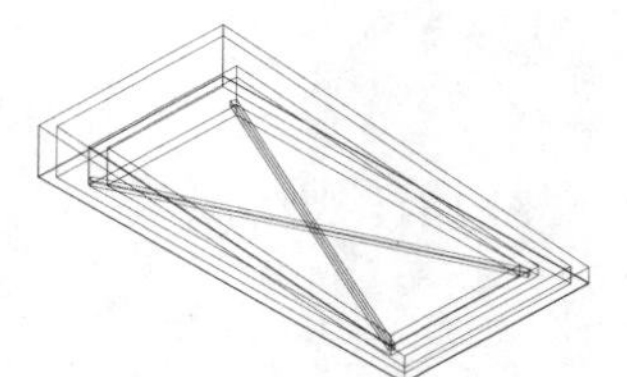

图 7-109　复制并旋转长方体

图 7-110　回形窗

7.5.8　复制面

“复制面”命令的调用方法主要有如下 3 种：

☑　在命令行中输入“SOLIDEDIT”命令。

☑　选择菜单栏中的“修改”/“实体编辑”/“复制面”命令。

☑　单击“实体编辑”工具栏中的“复制面”按钮。

执行上述命令后，根据系统提示选择要复制的面，并指定基点或位移，指定位移的第二点。

7.5.9　着色面

“着色面”命令的调用方法主要有如下 3 种：

☑　在命令行中输入“SOLIDEDIT”命令。

☑　选择菜单栏中的“修改”/“实体编辑”/“着色面”命令。

☑　单击“实体编辑”工具栏中的“着色面”按钮。

执行上述命令后，根据系统提示选择要着色的面。选择好要着色的面后 AutoCAD 2016 打开“选择颜色”对话框，根据需要选择合适颜色作为要着色面的颜色。操作完成后，该表面将被相应的颜色覆盖。

7.5.10　复制边

“复制边”命令的调用方法主要有如下 4 种：

☑　在命令行中输入“SOLIDEDIT”命令。

☑　选择菜单栏中的“修改”/“实体编辑”/“复制边”命令。

☑　单击“实体编辑”工具栏中的“复制边”按钮。

☑　单击“三维工具”选项卡“实体编辑”面板中的“复制边”按钮。

执行上述命令后，根据系统提示选择曲线边，再指定复制基准点、复制目标点。如图 7-111 所示为复制边的图形效果。

Note

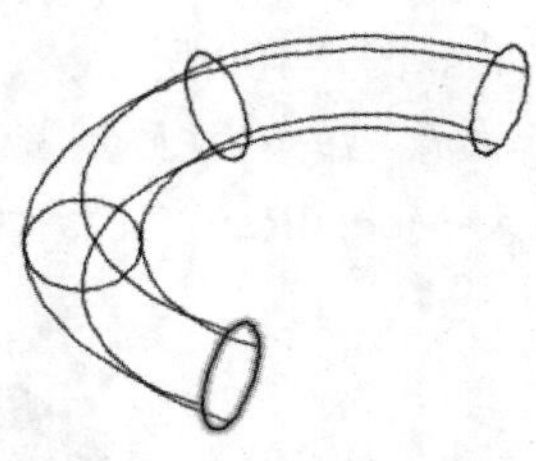

（a）选择边

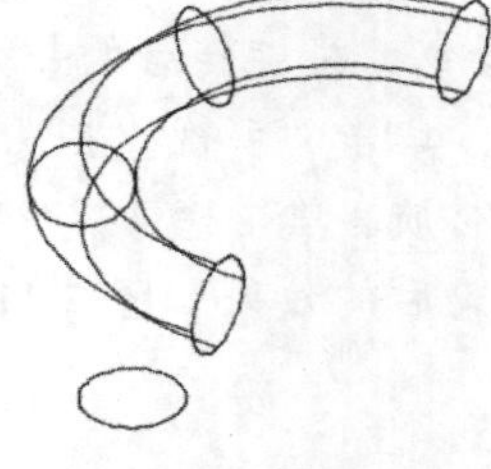

（b）复制边

图 7-111　复制边

7.5.11　着色边

“着色边”命令的调用方法主要有如下 4 种：

☑　在命令行中输入“SOLIDEDIT”命令。

☑　选择菜单栏中的“修改”/“实体编辑”/“着色边”命令。

☑　单击“实体编辑”工具栏中的“着色边”按钮。

☑　单击“三维工具”选项卡“实体编辑”面板中的“着色边”按钮。

执行上述命令后，根据系统提示选择要着色的边。选择好边后，AutoCAD 2016 将打开“选择颜色”对话框，根据需要选择合适的颜色作为要着色边的颜色。

7.5.12　压印边

“压印边”命令的调用方法主要有如下 4 种：

☑　在命令行中输入“SOLIDEDIT”命令。

☑　选择菜单栏中的“修改”/“实体编辑”/“压印边”命令。

☑　单击“实体编辑”工具栏中的“压印边”按钮。

☑　单击“三维工具”选项卡“实体编辑”面板中的“压印边”按钮。

执行上述命令后，根据系统提示选择三维实体，依次选择三维实体、要压印的对象和设置是否删除源对象。如图 7-112 所示为将五角星压印在长方体上的效果。

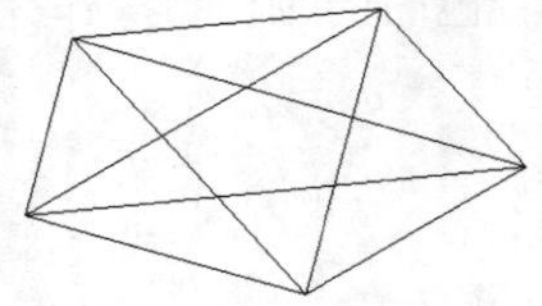

（a）五角星和五边形

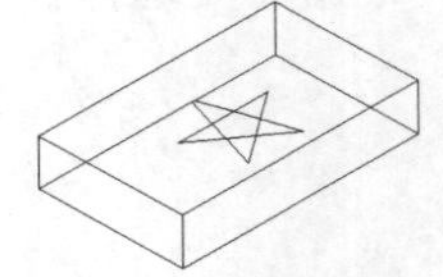

（b）压印后的长方体和五角星

图 7-112　压印对象

7.5.13　清除

“清除”命令的调用方法主要有如下 4 种：

☑ 在命令行中输入“SOLIDEDIT”命令。

☑ 选择菜单栏中的“修改”/“实体编辑”/“清除”命令。

☑ 单击“实体编辑”工具栏中的“清除”按钮。

☑ 单击“三维工具”选项卡“实体编辑”面板中的“清除”按钮。

执行上述命令后，根据系统提示选择要删除的对象。

7.5.14 分割

“分割”命令的调用方法主要有如下 4 种：

☑ 在命令行中输入“SOLIDEDIT”命令。

☑ 选择菜单栏中的“修改”/“实体编辑”/“分割”命令。

☑ 单击“实体编辑”工具栏中的“分割”按钮。

☑ 单击“三维工具”选项卡“实体编辑”面板中的“分割”按钮。

执行上述命令后，根据系统提示选择要分割的对象。

7.5.15 抽壳

“抽壳”命令的调用方法主要有如下 4 种：

☑ 在命令行中输入“SOLIDEDIT”命令。

☑ 选择菜单栏中的“修改”/“实体编辑”/“抽壳”命令。

☑ 单击“实体编辑”工具栏中的“抽壳”按钮。

☑ 单击“三维工具”选项卡“实体编辑”面板中的“抽壳”按钮。

执行上述命令后，根据系统提示选择三维实体，选择开口面，指定壳体的厚度值。如图 7-113 所示为利用“抽壳”命令创建的花盆。

（a）创建初步轮廓

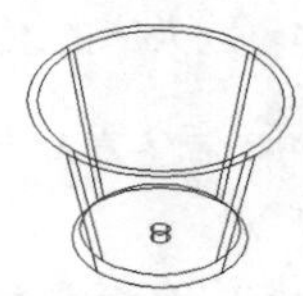

（b）完成创建

（c）消隐结果

图 7-113　花盆

提示：

抽壳是用指定的厚度创建一个空的薄层。可以为所有面指定一个固定的薄层厚度，通过选择面可以将这些面排除在壳外。一个三维实体只能有一个壳，通过将现有面偏移出其原位置来创建新的面。

7.5.16 检查

“检查”命令的调用方法主要有如下 4 种：

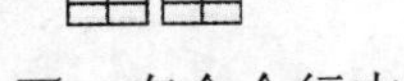

☑ 在命令行中输入“SOLIDEDIT”命令。

☑ 选择菜单栏中的“修改”/“实体编辑”/“检查”命令。

☑ 单击“实体编辑”工具栏中的“检查”按钮。

☑ 单击“三维工具”选项卡“实体编辑”面板中的“检查”按钮。

执行上述命令后，根据系统提示选择要检查的三维实体。选择实体后 AutoCAD 2016 将在命令行提示中显示出该对象是否为有效的 ACIS 实体。

7.6 综合演练——双人床

本实例将详细介绍双人床的绘制方法，首先利用“长方体”命令绘制床体、床垫和床头主体，然后利用“面域”“拉伸”命令绘制床头曲面，利用“长方体”“三维阵列”命令绘制床腿，再利用“球体”“长方体”“三维阵列”命令绘制床垫凸纹，利用“拉伸”“三维阵列”命令绘制枕头，利用“圆柱体”命令绘制床头装饰，绘制流程图如图 7-114 所示。

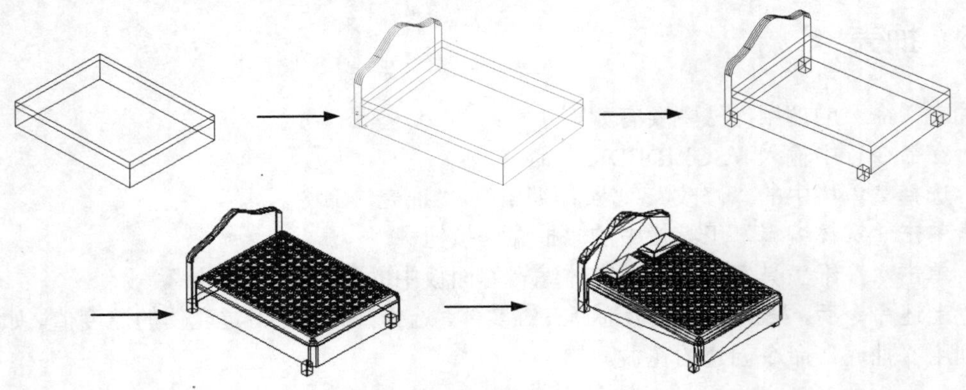

图 7-114 双人床的绘制流程图

操作步骤如下：（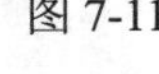：光盘\动画演示\第 7 章\双人床.avi）

1. 绘制床体

（1）单击“三维工具”选项卡“建模”面板中的“长方体”按钮，绘制一个长方体，如图 7-115 所示，其长度、宽度和高度分别为 1500、2000、300。

（2）单击“三维工具”选项卡“建模”面板中的“长方体”按钮，以床体长方体上表面右下方角点为床垫长方体的绘制基准，其长度、宽度和高度分别设置为 1500、2000、100，如图 7-116 所示。

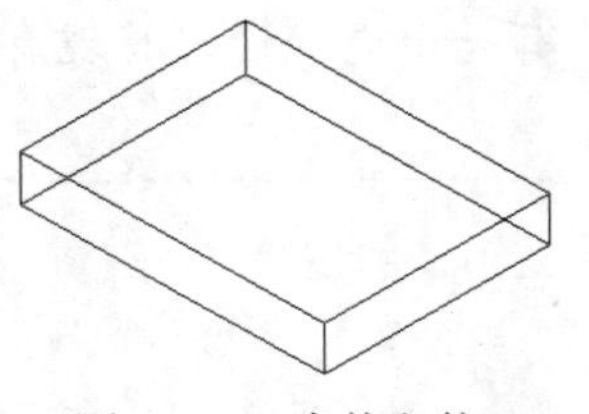

图 7-115 床体主体

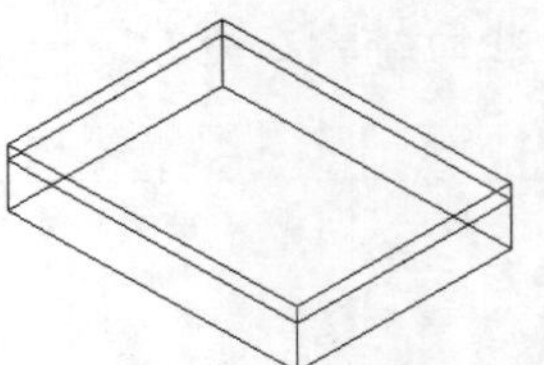

图 7-116 绘制床垫主体

（3）单击“三维工具”选项卡“建模”面板中的“长方体”按钮，以床体长方体下表面左下方角点为床头长方体的绘制基准，其长度、宽度和高度分别设置为 1500、100、600，如图 7-117 所示。

（4）在命令行中输入“UCS”命令，以三点方式改变当前坐标系，将床头长方体上表面左下方角点设置为新的坐标原点，点取床头长方体上表面右下方角点确定新的 X 轴方向，选取床头长方体下表面左下方角点确定新的 Y 轴方向，新的 Z 轴方向根据右手法则确定，如图 7-118 所示。

（5）单击“默认”选项卡“绘图”面板中的“样条曲线拟合”按钮，在命令行提示中依次输入（0,0）、（40,-100）、（230,-145）、（375,-200）、（750,-400）、（1125,-200）、（1270,-145）、（1460,-100）和（1500,0）作为关键点，并将其起始点和终止点处的切向都设置为竖直向下，如图 7-119 所示。

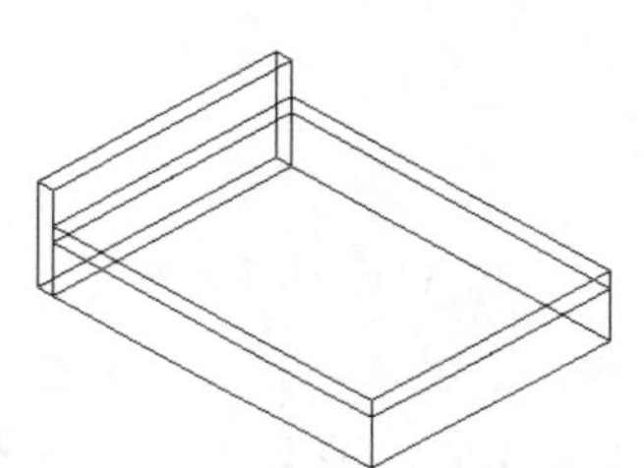

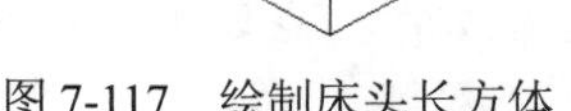
图 7-117　绘制床头长方体

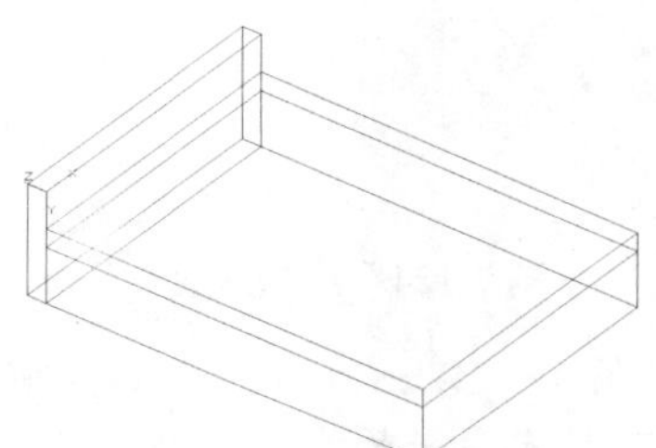
图 7-118　变换坐标系

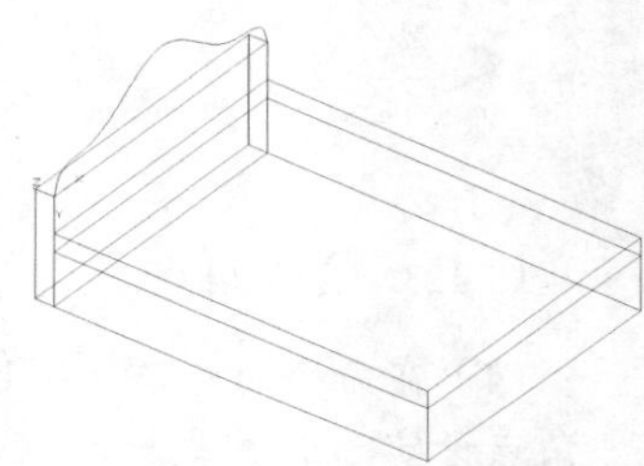
图 7-119　绘制样条曲线

（6）单击“默认”选项卡“绘图”面板中的“直线”按钮，绘制直线连接样条曲线的起始点和终止点。

（7）单击“默认”选项卡“绘图”面板中的“面域”按钮，拉框选取样条曲线和第（6）步中所绘制的直线，形成一个面域。

（8）单击“三维工具”选项卡“建模”面板中的“拉伸”按钮，选取第（7）步中生成的面域作为拉伸对象，拉伸高度设定为 100，拉伸倾斜角度接受默认值 0，执行结果如图 7-120 所示。

（9）单击“三维工具”选项卡“实体编辑”面板中的“并集”按钮，将床头的长方体部分和曲面柱体部分合并在一起，如图 7-121 所示。

（10）在命令行中输入“ISOLINES”命令，可以对当前的线框密度进行修改，将其从默认值 4 修改为 10，结果如图 7-122 所示。

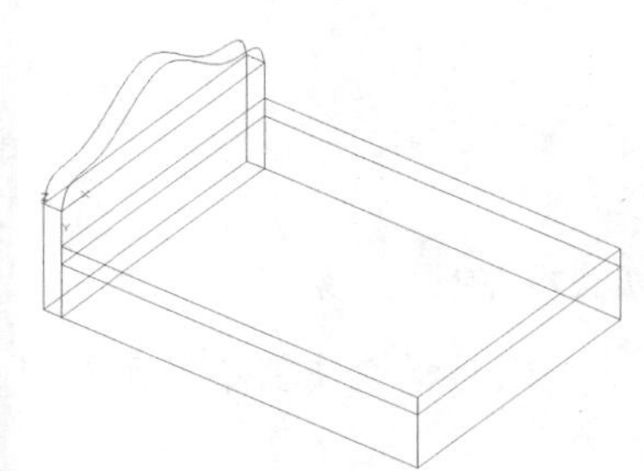
图 7-120　绘制床头曲面柱体

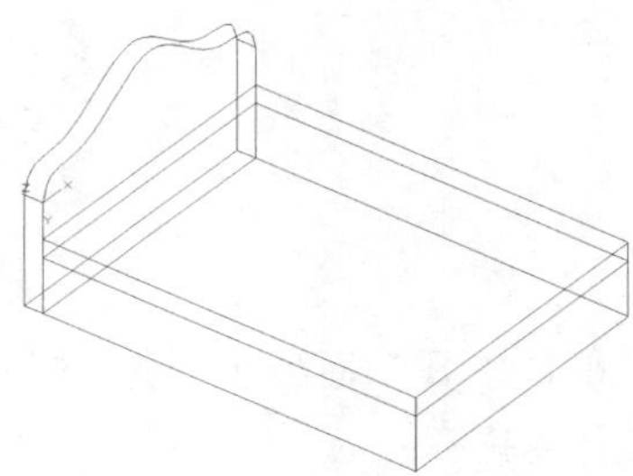
图 7-121　合并床头两部分

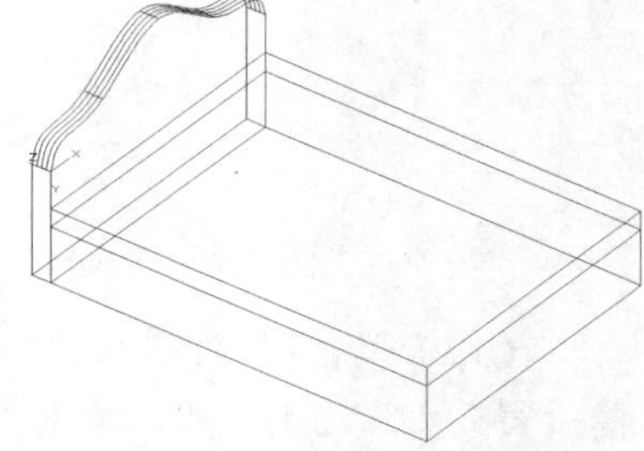
图 7-122　修改当前线框密度

（11）在命令行中输入“UCS”命令，以三点方式改变当前坐标系，将床头长方体下表面左上方角点设置为新的坐标原点，点取床头长方体下表面左下方角点确定新的 X 轴方向，点取床

头长方体下表面右上方角点确定新的 Y 轴方向，新的 Z 轴方向根据右手法则确定，如图 7-123 所示。

Note

（12）单击“三维工具”选项卡“建模”面板中的“长方体”按钮，以床头长方体下表面左上方角点为基准，绘制一长方体，其长度、宽度和高度分别设定为 100、100、-150，如图 7-124 所示。

（13）在命令行中输入“3DARRAY”命令，设置阵列类型为“矩形”，行数和列数均为 2，层数为 1，行间距为 1400，列间距为 1900，阵列第（12）步绘制的长方体，如图 7-125 所示。

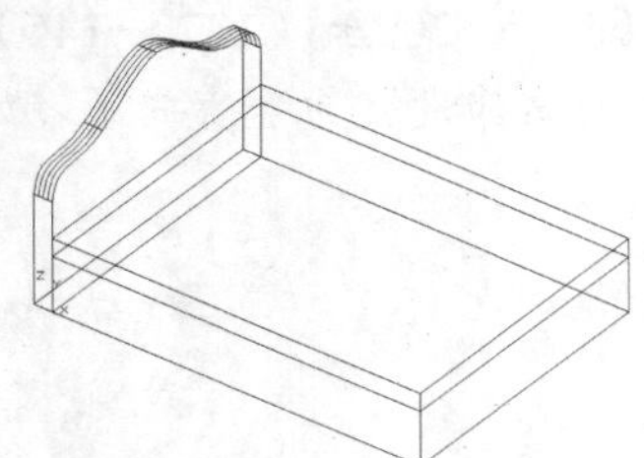

图 7-123　变换坐标系

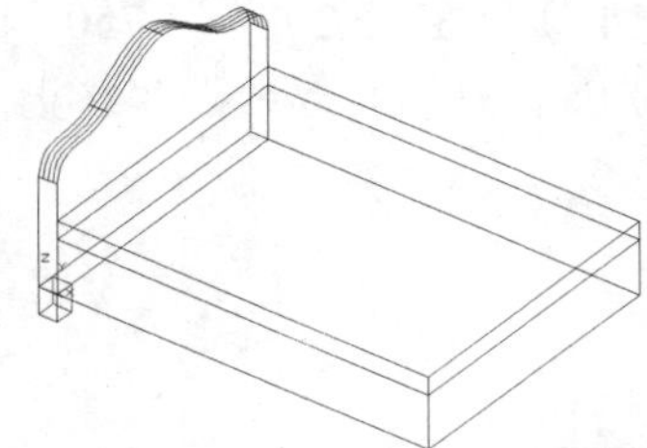

图 7-124　绘制床腿

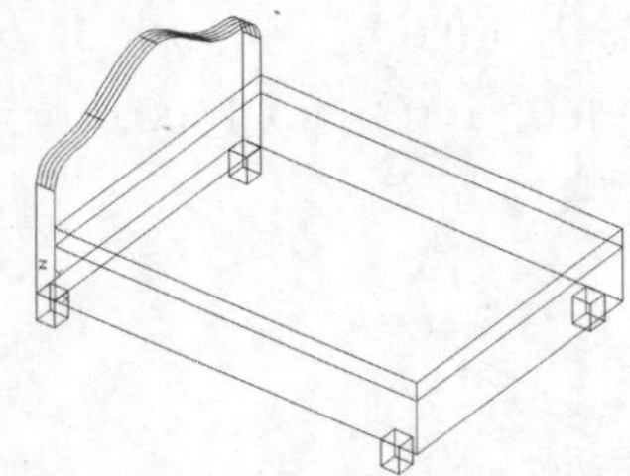

图 7-125　床腿阵列

（14）在命令行中输入“UCS”命令，以三点方式改变当前坐标系，将床垫长方体上表面左上方角点设定为新的坐标原点，选取竖直向上的方向为新坐标系的 X 轴方向，点取床垫长方体上表面左上方角点确定 Y 轴方向，Z 轴方向随之确定，如图 7-126 所示。

（15）在命令行中输入“UCS”命令，命名坐标系。

① 在命令行提示“指定 UCS 的原点或[面(F)/命名(NA)/对象(OB)/上一个(P)/视图(V)/世界(W)/X/Y/Z/Z 轴(ZA)] <世界>:”后输入“NA”。

② 在命令行提示“输入选项[恢复(R)/保存(S)/删除(D)/?]:”后输入“S”。

③ 在命令行提示“输入保存当前 UCS 的名称或[?]:”后输入“床头装饰”。

（16）在命令行中输入“UCS”命令，以当前 Y 轴为旋转轴旋转坐标系，旋转角度设为 90°，得到新的坐标系，如图 7-127 所示。

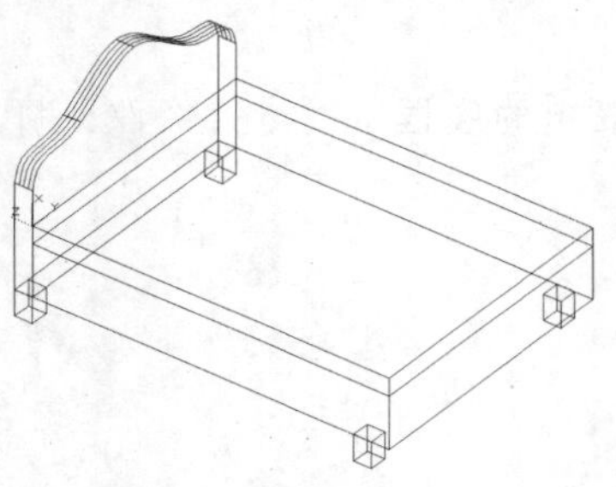

图 7-126　变换坐标系

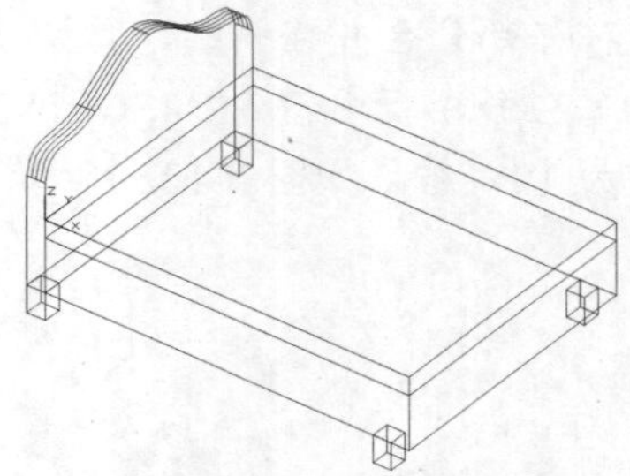

图 7-127　旋转坐标系

（17）单击“视图”选项卡“视口工具”面板上的 UCS 图标，关闭坐标系使其不显示，消隐后得到如图 7-128 所示的双人床大致轮廓。

提示：

根据作图需要灵活变换坐标系，可以大大减少作图过程中的尺寸计算，方便图形的绘制。

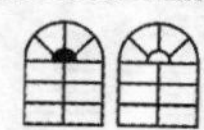

（18）在命令行中输入“RE”，使图形回到线框状态，如图 7-129 所示。

（19）单击“默认”选项卡“修改”面板中的“圆角”按钮，将圆角半径设置为 80，并依次选取床体长方体垂直方向的 4 条棱作为操作对象。结果如图 7-130 所示。

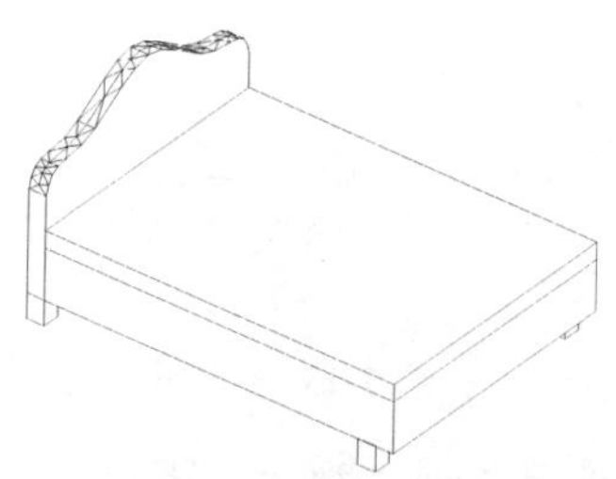

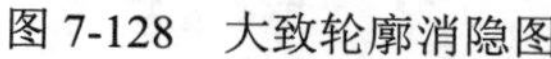

图 7-128　大致轮廓消隐图

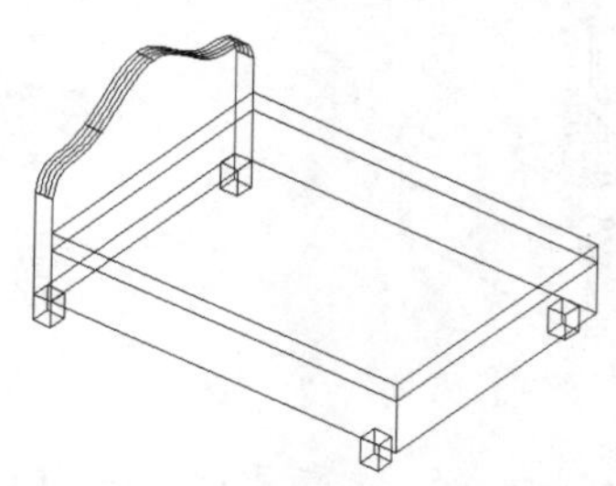

图 7-129　二维线框图

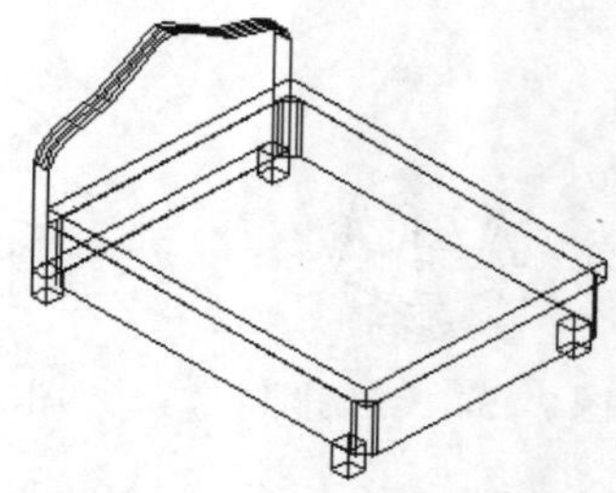

图 7-130　床体垂直棱边倒圆

提示：

在执行“圆角”命令时，每次只可对一个实体进行操作。因此，为避免拾取到其他实体的棱边，可先拾取实体上不与其他实体棱边重合的棱边以确定待操作实体，而后再拾取其他棱边。

（20）单击“默认”选项卡“修改”面板中的“圆角”按钮，对床垫长方体的 4 条垂直棱边和上表面 4 条棱边进行倒圆角操作，圆角半径设置为 80，绘制其结果如图 7-131 所示。

（21）单击“默认”选项卡“修改”面板中的“圆角”按钮，对床头部分进行倒圆角操作，圆角半径设置为 8，选取其 4 条垂直的棱边和顶部前后两条曲线棱边作为操作对象。绘制结果如图 7-132 所示。

（22）按照同样的方法，对床腿的垂直棱边进行倒圆操作，倒圆半径设置为 8，如图 7-133 所示。

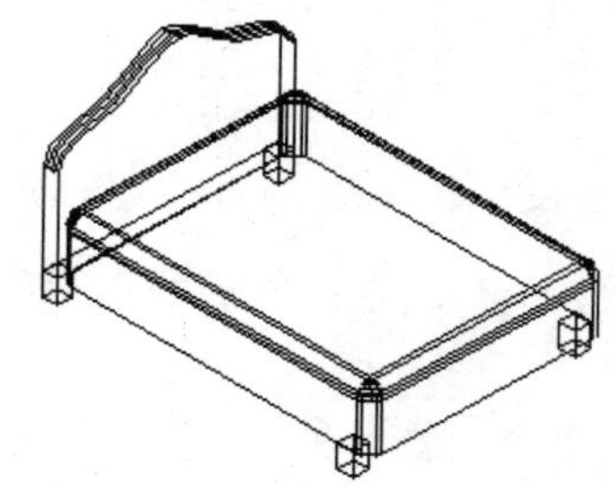

图 7-131　床垫长方体棱边倒圆

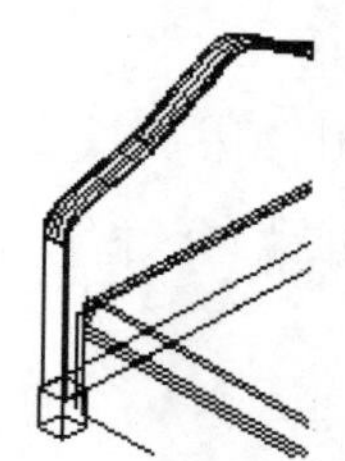

图 7-132　床头倒圆

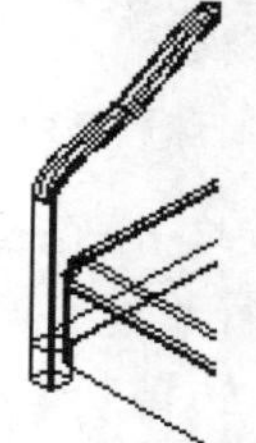

图 7-133　床腿倒圆

2. 绘制床垫

（1）单击“三维工具”选项卡“建模”面板中的“球体”按钮，绘制一半径为 100 的圆球，如图 7-134 所示。

（2）单击“三维工具”选项卡“建模”面板中的“长方体”按钮，以圆球的球心为中心点，绘制一长方体，其长度、宽度和高度分别为 300、300、160，如图 7-135 所示。

（3）单击“三维工具”选项卡“实体编辑”面板中的“差集”按钮，选择圆球作为“从

中减去的对象”，长方体作为“减去对象”，绘制结果如图 7-136 所示。

（4）单击“默认”选项卡“修改”面板中的“分解”按钮，选取第（3）步中所得图形作为操作对象。而后将下球冠删去，得到如图 7-137 所示的图形。

图 7-134　绘制圆球

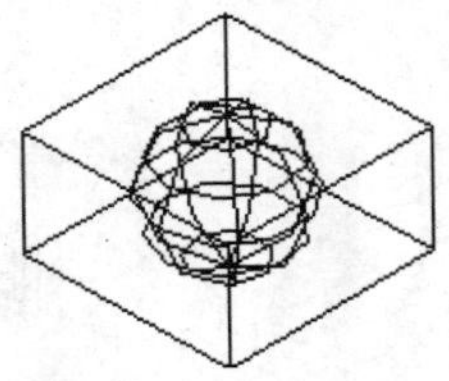

图 7-135　绘制长方体

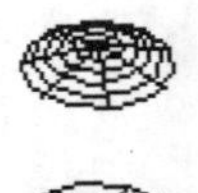

图 7-136　生成球冠

图 7-137　删除下球冠

（5）在命令行中输入“3darray”命令，选取球冠为阵列对象，设置阵列类型为“矩形”，行数为 11，列数为 15，层数为 1，行间距和列间距均为 120，如图 7-138 所示。

（6）单击“默认”选项卡“修改”面板中的“移动”按钮，移动整个球冠阵列，选取球冠阵列左下方球冠的圆心作为移动基点，移动第二点设定为（160,150,0），如图 7-139 所示。

3. 绘制枕头

（1）单击“三维工具”选项卡“建模”面板中的“长方体”按钮，以点（3000,2000,0）作为基点，绘制一个长方体，其长度、宽度和高度分别为 300、500、30，如图 7-140 所示。

（2）单击“默认”选项卡“绘图”面板中的“矩形”按钮，在第（1）步绘制的长方体上表面绘制一个矩形。

（3）单击“三维工具”选项卡“建模”面板中的“拉伸”按钮，将第（2）步绘制的矩形进行拉伸，拉伸高度设定为 50，拉伸的倾斜角度设定为 45°，如图 7-141 所示。

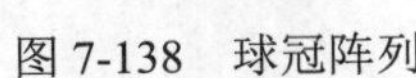

图 7-138　球冠阵列

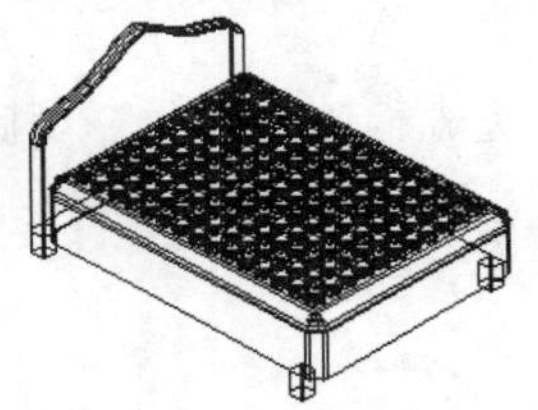

图 7-139　球冠阵列移动

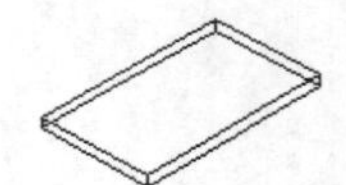

图 7-140　枕头长方体　图 7-141　拉伸矩形

（4）单击“三维工具”选项卡“实体编辑”面板中的“并集”按钮，将拉伸后的图形和长方体进行并集运算。

（5）选择菜单栏中的“视图”/“动态观察”/“自由动态观察”命令，拖动鼠标，使枕头长方体的下表面置于窗口前，如图 7-142 所示。

（6）单击“默认”选项卡“绘图”面板中的“矩形”按钮，在绘制的长方体下表面绘制一个矩形。

（7）单击“三维工具”选项卡“建模”面板中的“拉伸”按钮，选取枕头长方体的下表面作为操作面，拉伸高度设定为 20，拉伸的倾斜角度设定为 20°，如图 7-143 所示。

（8）单击“三维工具”选项卡“实体编辑”面板中的“并集”按钮，将拉伸后的图形和长方体进行并集运算。

（9）单击“默认”选项卡“修改”面板中的“圆角”按钮，对枕头的各条棱边进行倒圆

角操作，共计有 28 条棱边。由于观察角度的局限，可能有些棱边在当前方位上彼此重叠或间距很小，此时，可先对部分棱边进行倒圆角操作，而后通过选择“视图”/“动态观察”命令将图形调整到适当的方位，对其他各棱边进行倒圆角操作。

Note

（10）在完成所有倒圆角操作之后，选择菜单栏中的“视图”/“动态观察”/“自由动态观察”命令，拖动鼠标，使整个图形的观察角度大致恢复到第（8）步之前的方位，结果如图 7-144 所示。

（11）在命令行中输入“3darray”命令，选择枕头作为阵列对象，阵列类型为“矩形”，行数为 2，列数和层数均为 1，行间距设定为 640，如图 7-145 所示。

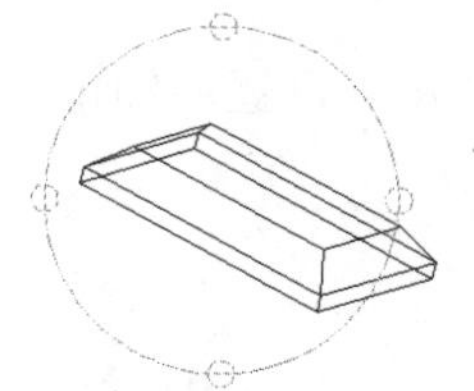

图 7-142　调整枕头图形位置

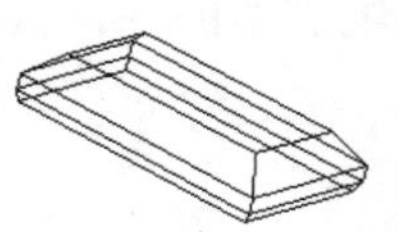

图 7-143　拉伸

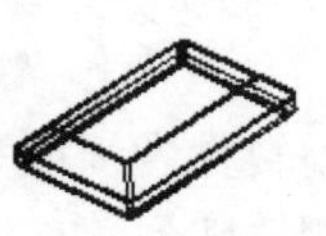

图 7-144　倒圆

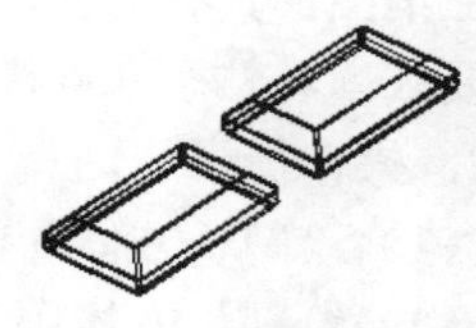

图 7-145　三维阵列操作

（12）单击“默认”选项卡“修改”面板中的“移动”按钮，移动整个枕头阵列，基点坐标设定为（3000,2000,0），移动第二点的坐标设定为（100,190,40），如图 7-146 所示。

（13）选择菜单栏中的“视图”/“消隐”命令，得到消隐后的整体三维立体图，如图 7-147 所示。

（14）单击“视图”功能区“坐标”面板中的“未命名”下拉列表，选取“床头装饰”坐标系，此时保存的“床头装饰”坐标系成为当前坐标系。

（15）单击“三维工具”选项卡“建模”面板中的“圆柱体”按钮，以中心点底坐标为（220,750,0）绘制椭圆柱体，指定到第一个轴的距离为 200，指定第二个轴的端点为（220,400,0），椭圆体的高度设定为-5，结果如图 7-148 所示。

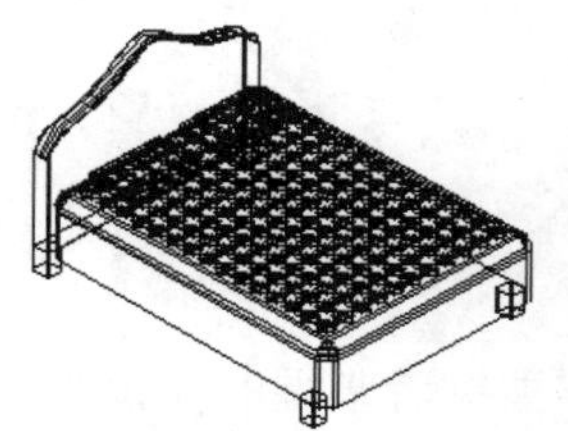

图 7-146　将枕头移至床垫上

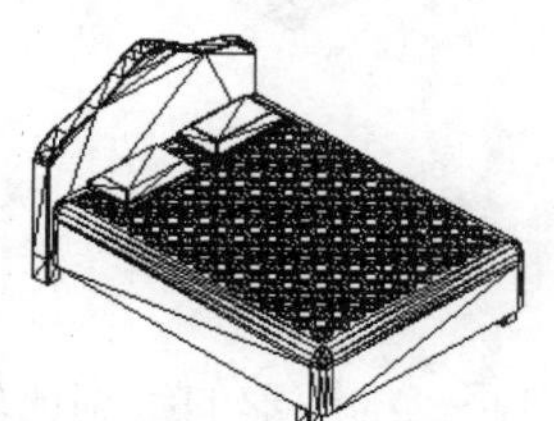

图 7-147　消隐图

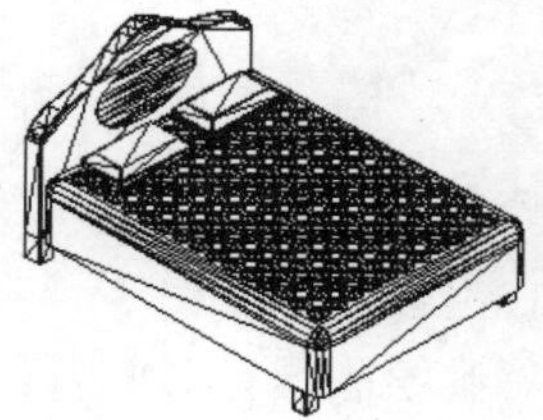

图 7-148　生成椭圆体

7.7　实战演练

通过前面的学习，读者对本章的知识也有了大体的了解，下面通过几个操作练习使读者进一步掌握本章知识要点。

【实战演练 1】创建如图 7-149 所示的石桌。

1. 目的要求

三维图形具有形象逼真的优点，但是三维图形的创建比较复杂，需要读者掌握的知识比较多。

本例要求读者熟悉三维模型创建的步骤，掌握三维模型的创建技巧。

2．操作提示

（1）创建球体，然后剖切。

（2）对剖切后的球体进行抽壳。

（3）利用圆柱体和抽壳后的球体进行差集得到桌体。

（4）创建圆柱体为桌面。

【实战演练 2】创建如图 7-150 所示的靠背椅。

1．目的要求

三维图形具有形象逼真的优点，但是三维图形的创建比较复杂，需要读者掌握的知识比较多。本例要求读者熟悉三维模型创建的步骤，掌握三维模型的创建技巧。

2．操作提示

（1）绘制长方体并通过旋转作为椅面和靠背。

（2）绘制长方体作为一侧椅腿。

（3）通过三维镜像创建另一侧椅腿。

（4）对椅子主体进行圆角处理。

（5）渲染处理。

【实战演练 3】绘制如图 7-151 所示的办公椅。

图 7-149　石桌

图 7-150　靠背椅

图 7-151　办公椅

1．目的要求

三维绘图具有形象逼真的优点，但是三维图形的绘制比较复杂，需要读者掌握的知识比较多。本例的目的是使读者熟悉三维图形制作的操作步骤，掌握绘制三维图形的技巧。

2．操作提示

（1）绘制支架和底座。

（2）绘制滚轮

（3）绘制椅面和靠背。

（4）渲染处理。

▶▶第2篇

典型家具设计篇

本篇主要结合实例讲解利用AutoCAD 2016进行家具设计的操作步骤、方法和技巧等，包括凳椅类家具、柜类家具、床类家具、桌台类家具的设计。

通过本篇内容的学习，加深读者对AutoCAD功能的理解和掌握，熟悉各种类型家具设计的方法。

⏭ 凳椅类家具

⏭ 柜类家具

⏭ 床类家具

⏭ 桌台类家具

第8章

凳椅类家具

本章学习要点和目标任务：

☑ 椅凳类家具功能尺寸的确定

☑ 长凳

☑ 木板椅

椅、凳类家具的使用范围非常广泛，但主要是以休息和工作两种用途为主，因此在设计时要根据不同用途进行相应的结构设计。

8.1　椅凳类家具功能尺寸的确定

坐椅设计是家具设计中的主要设计项目之一。椅的基本功能是满足人们坐的舒服和提高工作效率。最理想的坐椅应最大限度地减少人体全身的疲劳而又能够适合不同姿态。形成人体疲劳的原因很复杂，主要是来自肌肉与韧带的收缩运动，并产生巨大的拉力，时间一长，人就会感到疲劳。此外人的情绪、心理的因素也会增加疲劳的程度。设计坐椅应尽量设法减少和消除产生疲劳的各种因素。由于人坐姿的变化和人体结构的变化，两者间存在着重要关系，因此坐椅的设计关键在于掌握好座面和靠背所构成的角度和支撑位置的选择。

1．座高

座高即座前高，是座面中轴线前部最高点至地面的距离。座高是椅桌尺寸中的设计基准，由它决定靠背高度、扶手高度以及桌面高度等一系列的其他尺寸，所以座高是一个关键尺寸。

座高的决定与人体小腿的高度有着密切的关系。当椅面高度低于小腿长度 50mm 时，体压比较集中于坐骨骨节部位；如果椅面过低则体压分布就过于集中，人体形成前屈姿态，从而增大了背部肌肉负荷，同时人体的重心也低，所形成的力矩也大，使得人体起立时感到困难，当椅面高度等于下肢长度时，体压稍分散于整个臀部；如果椅面过高，两足不能落地，体压分撒至大腿部分，使大腿前半部近膝窝处软组织受压，时间久了，血液循环不畅，肌腱就会发胀而麻木。图 8-1 所示是座面高度不适合的例子。

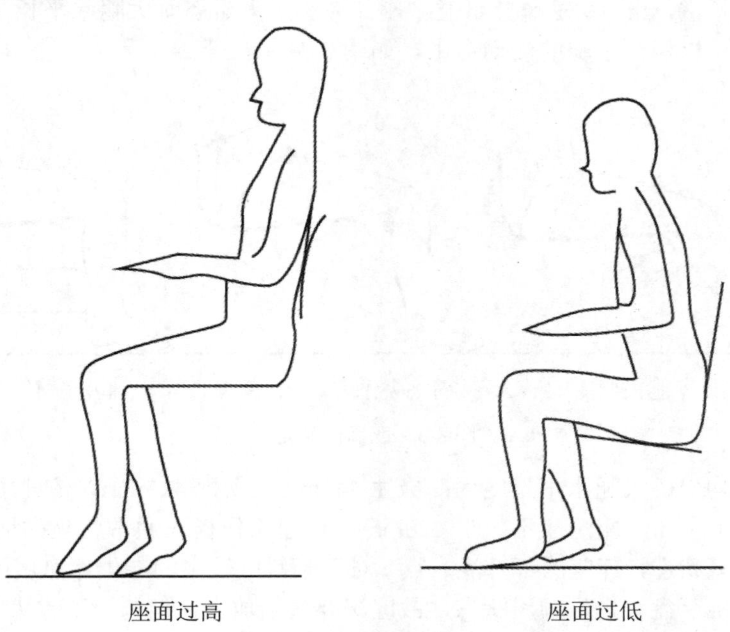

图 8-1　座面高度不适的例子

按照人类功效学的基本原理，座高小于坐者小腿腘窝到地面的垂直距离 10～20mm，以使小腿有一定的活动余地，如图 8-2 所示。

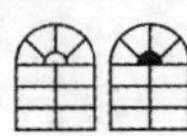

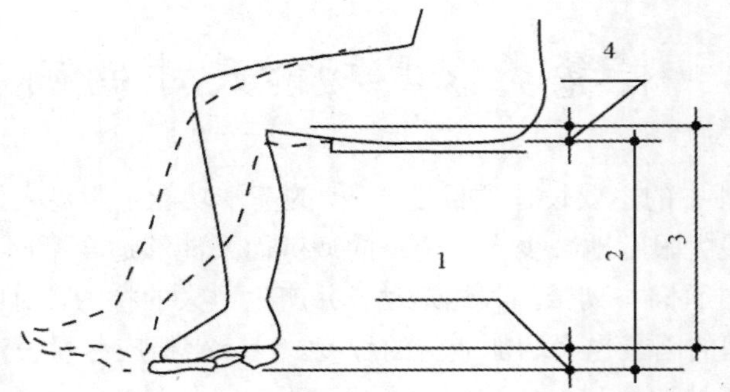

1．鞋厚　2．椅前沿高　3．小腿高　4．小腿活动余地

图 8-2　座前高的确定

因此适宜座高应当是：

椅座高：小腿胭窝高+鞋跟高-适当间隙。

小腿胭窝高约为 420～430mm，鞋跟高一般取 25～35mm，适当间隙可取 10～20mm，则椅座高取 400～440mm 比较合适。如果是休息用椅，座高还应低 50mm 左右（不包括座面软质材料的弹性余量）。

2．座深

座深是指座面的前沿至后沿的距离，它对人体的舒适感影响也很大。座面深度的确定通常是根据人体大腿水平长度（即胭窝至臀部后端的距离）而定。如果座面过深，则小腿内侧受到压迫，同时腰部的支撑点悬空，靠背失去作用。通常座深应小于人坐姿时大腿水平长，使座面前沿离开小腿有一定的距离，以保证小腿的活动自由，如图 8-3 所示。

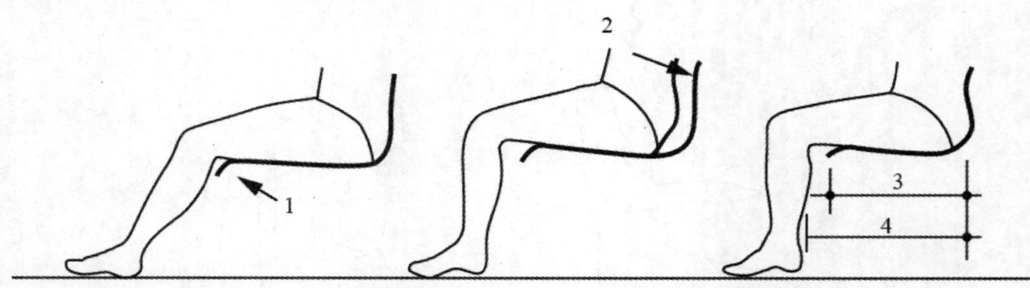

1．小腿内侧受压　2．靠背失去作用　3．座深　4．大腿水平长

图 8-3　座深的确定

我国人体的平均坐姿大腿水平长度为：男性 445mm，女性 425mm，依此值减去座面前沿到胭窝之间的空隙约 60mm，座深应不大于 420mm。普通工作椅在通常就坐的情况下，由于腰椎到盘骨之间接近垂直状态，其座深可以浅一点。对于倾斜度较大的专供休息用的靠椅、躺椅、沙发，因人体此时腰椎至盘骨也呈倾斜状态，故座深要适当放大，但一般不宜大于 530mm。

3．座宽与扶手内宽

椅子座面的宽度，前沿称座前宽，后沿称后沿宽。座宽应当使臀部得到全部的支持，并且有一定的宽裕，使人能随时调整其坐姿。考虑到肩并肩坐时，宽度需保证人的自由活动，因此座宽应不少于 380mm。

对于扶手椅来说，以扶手内宽作为座宽尺寸，按人体平均肩宽尺寸加上适当余量，一般不少于 460mm，其上限尺寸应兼顾功能和造型需要，如就餐用的椅子，因人在就餐时，活动量较大，则可适当宽些。但不能过宽，因过宽或过窄，都会增加肌肉的活动度，产生肩酸疲劳的现象，一般以 520～560mm 为适宜。直扶手的前端还应比后端的间隙稍宽，一般是两扶手分别向左右两侧各张开 10° 左右。

Note

4．扶手高

休息椅和部分工作椅常设有扶手，其作用是减轻两臂和背部的疲劳，对上肢肌肉的休息也有作用。扶手的高度应与坐面到人体自然屈臂的肘部下端的垂直距离相等。过高了，双肩不能自然下垂，过低了，两肘不能自然落在扶手上。扶手过高和过低都容易使两肘肌肉活动度增加而产生疲劳。根据我国人体骨骼比例的实际情况，坐面到扶手上表面的垂直距离可酌情采用 200mm～250mm 为宜。扶手也可随座面与靠背的夹角变化而略有倾斜，前端可稍高一些，这样有助于提高舒适效果，倾斜度通常取 10°～20° 为宜。

5．座面曲度

人坐在椅或凳上，座面的曲度直接影响体压的分布，给使用者带来不同的感觉。常见的有以下 3 种座面。

（1）平直硬椅面：它制作简便易行，是木制工作椅最常用的椅面。从生理学上来说，平直硬椅面比过度的不适当的曲线椅面更合理，其原因是平直硬椅面的体压集中于坐骨支撑点部分，大腿只受轻微的压力。

（2）曲面硬椅面：硬椅面作为小曲度的曲面，其优点是使体压不过分集中于坐骨骨节部位，而稍分散于整个臀部，利于肌肉的松弛和便于起坐动作。其形式有两种，一种是只在纵剖方向制成曲线形，在横剖方向则为水平直线。另一种是在纵剖和横剖两个方向都制成曲线形。事实上，椅座曲面是很难充分适合于各种人需要的，有时反而会妨碍臀部和身体的活动和坐姿的调整。

（3）软面椅：一般是用泡沫塑料或弹簧作垫层，然后再包以面层。座面不宜过软，因为座面过软，臀部肌肉受压面积太大，大腿同时受压，腿部软组织丰满，无合适的支撑位置，不具备受压条件，因此，椅的座面宜选用半软半硬的材料，尽量减少腿部软组织受压程度。

6．座斜角与背斜角

椅子的座面应有一定的后倾角度（α），靠背表面也应适度后倾（β），α 和 β 这两个角度互为关联，β 角的大小主要取决于椅子的使用功能。具体角度可以参考表 8-1。

表 8-1　不同功能要求的座斜角与背斜角参考表

倾斜角 \ 使用功能	工作用椅	轻工作用椅	轻休息用椅	休息用椅	带枕躺椅
α 角	3°～5°	5°	5°～10°	10°～15°	15°～25°
β 角	100°	105°	110°	110°～115°	115°～123°

对工作用椅来说，接近水平的座面要比向后倾斜座面好一些，因为当人处于工作状态时，若座面是后倾的，人体背部也相应向后倾斜，势必产生人体重心随背部的后倾面向后移动，这样，人们为了提高工作效率，自然会力图保持重心向前的姿势，致使肌肉与韧带呈现极度紧张的状态，极容易造成腰、腹、腿的疲劳和酸痛。

对于休息用椅来说，座面向后倾斜一定的角度，可以促使身体稍向后倾，将体重分移至背的

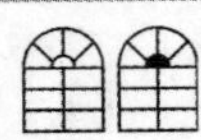

下半部与大腿部分，从而把身体全部拖住，免得身体向前沿滑动，致使背的下半部失去稳定和支持，造成背部肌肉紧张，产生疲劳。

7．椅靠背高度

椅靠背的作用是使躯干得到充分的支持，同时应不妨碍手臂的活动，所以，椅靠背一般均略向后倾斜，使人体腰椎得到舒适的支撑面。椅靠背的基部最好有一段空隙，使人坐下时，臀肌不致受到挤压。靠背的高度，一般上沿不宜高于肩胛骨（相当于第 9 条胸椎）；对于专供操作的工作座椅，靠背高度低于腰椎骨上沿，支撑点位于上腰凹部第二条腰椎处为合适，便于腰关节自由转动和上肢前后左右活动；对于高背休息椅和躺椅，靠背高度须增高至头部的颈椎。也就是说，根据不同的功能要求，椅靠背高要有腰椎、胸椎、颈椎 3 个支撑点，其中以腰椎的支撑点最关重要，因为人体采取正坐姿态，上半身的重量主要靠腰部来支撑。

表 8-2 提供了 10 组最佳支撑点位置和角度，可供设计时参考。

表 8-2　支撑点位置和角度参考表

支撑点 \ 条件		上体的角度	上部		下部	
			支撑点的高度	支撑面的角度	支撑点的高度	支撑点的角度
一个支撑点	第一组	90	25cm	90	—	—
	第二组	100	31cm	98	—	—
	第三组	105	31cm	104	—	—
	第四组	110	31cm	105	—	—
两个支撑点	第五组	100°	40cm	95°	19cm	100°
	第六组	100°	40cm	98°	25cm	94°
	第七组	100°	31cm	105°	19cm	94°
	第八组	110°	40cm	110°	25cm	104°
	第九组	110°	40cm	104°	19cm	105°
	第十组	120°	50cm	94°	25cm	129°

8.2　长　　凳

凳没有靠背，它的构成较为简单，由坐面和腿支架两部分构成。凳子的坐面大多为方形和圆形，也有多角形，是人体直接接触的部分。制作材料大多是木材，也有编织机软垫做法。

本节主要介绍长凳二维图形和三维图形的绘制方法，首先绘制长凳的立面图、侧立面图、平面图并对其标注尺寸和文字，然后在长凳平面图的基础上通过拉伸、复制、提取边等命令创建长凳的三维图形，如图 8-4 所示。

8.2.1　绘制长凳立面图

本节绘制如图 8-5 所示的长凳立面图。首先设置图层，然后绘制长凳的大板，再利用“偏移”“修剪”“圆角”“图案填充”命令绘制坐垫，最后利用“偏移”“修剪”“圆角”命令绘制凳腿。

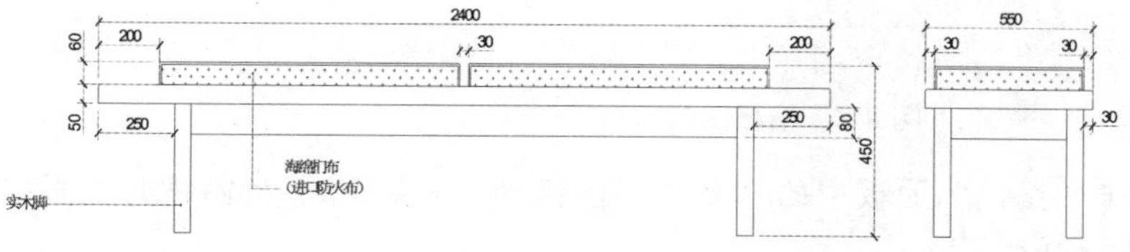

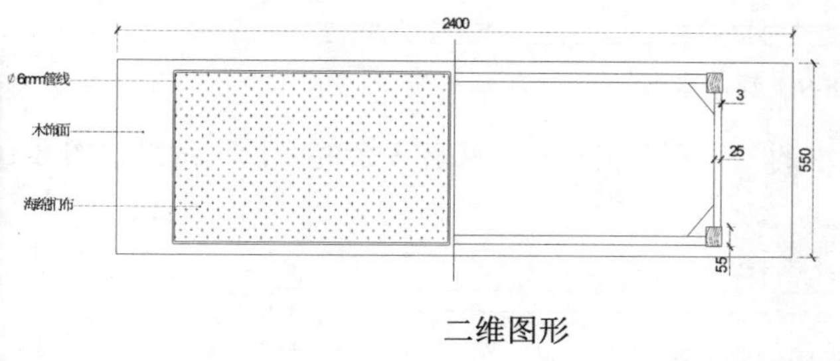

二维图形

三维图形

图 8-4　长凳

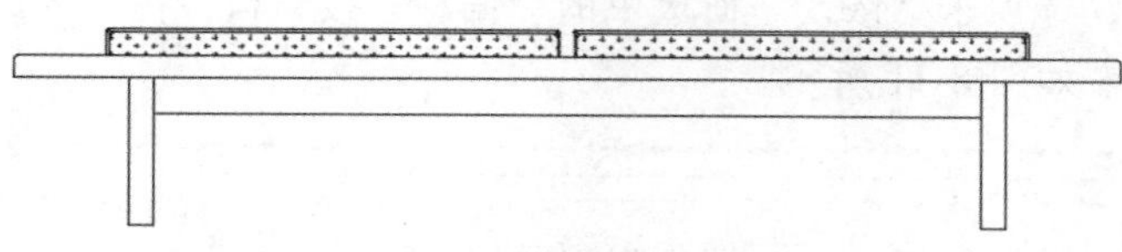

图 8-5　长凳立面图

操作步骤如下：（：光盘\动画演示\第 8 章\长凳立面图.avi）

（1）单击“默认”选项卡“图层”面板中的“图层特性”按钮，打开“图层特性管理器”选项板，新建图层，具体设置参数如图 8-6 所示。

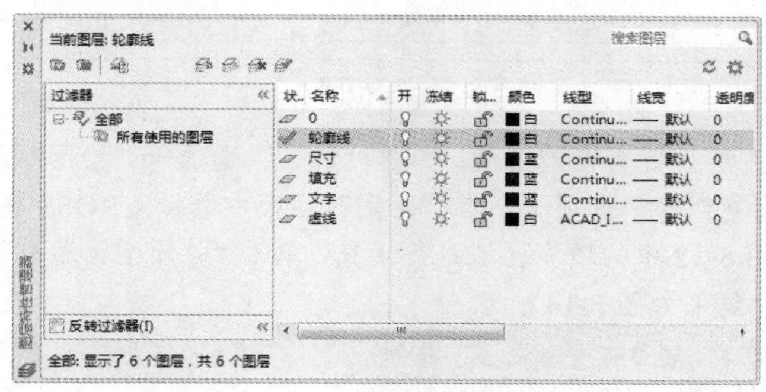

图 8-6　“图层特性管理器”选项板

（2）将“轮廓线”图层设置为当前图层。单击“默认”选项卡“绘图”面板中的“矩形”按钮，在图中适当位置绘制 2400×50 的矩形，如图 8-7 所示。

图 8-7　绘制矩形

（3）单击“默认”选项卡“修改”面板中的“分解”按钮，将第（2）步绘制的矩形进行分解。单击“默认”选项卡“修改”面板中的“偏移”按钮，将左、右两侧竖直线向内偏移，偏移距离分别为 200mm 和 1185mm；重复“偏移”命令，将上端的水平直线向上编移，偏移距离为 600mm，结果如图 8-8 所示。

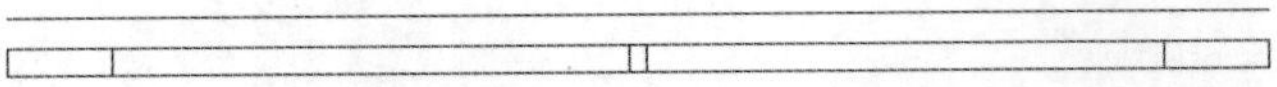

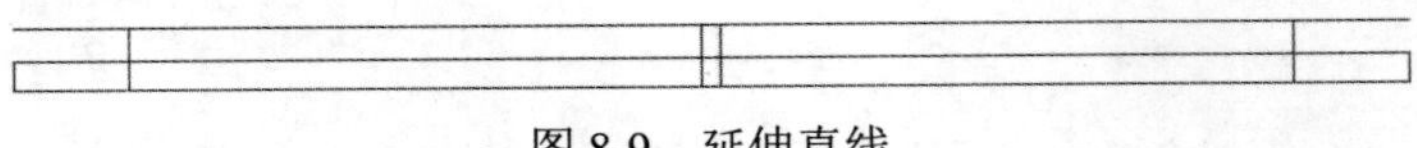

图 8-8　偏移线段

（4）单击“默认”选项卡“修改”面板中的“延伸”按钮，将第（3）步偏移的竖直线延伸至最上端水平线，结果如图 8-9 所示。

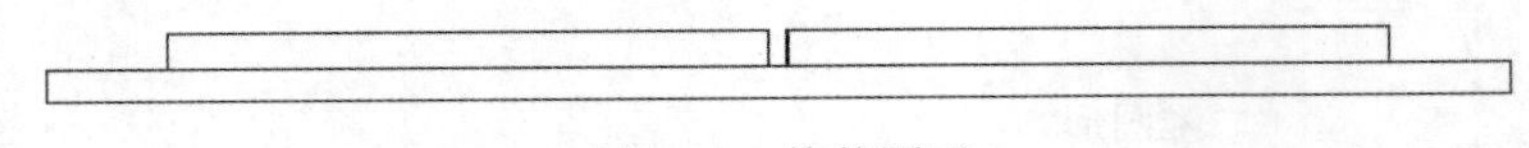

图 8-9　延伸直线

（5）单击“默认”选项卡“修改”面板中的“修剪”按钮，修剪多余的线段，结果如图 8-10 所示。

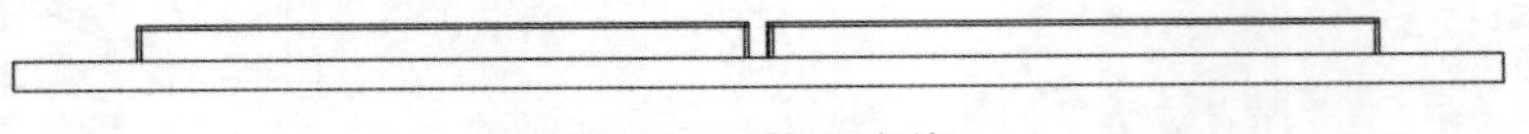

图 8-10　修剪图形

（6）单击“默认”选项卡“修改”面板中的“偏移”按钮，将上方的两个矩形向内偏移，偏移距离为 6mm，结果如图 8-11 所示。

图 8-11　偏移直线

（7）单击“默认”选项卡“修改”面板中的“圆角”按钮，对上方的矩形进行倒圆角处理，圆角半径为 3，结果如图 8-12 所示。

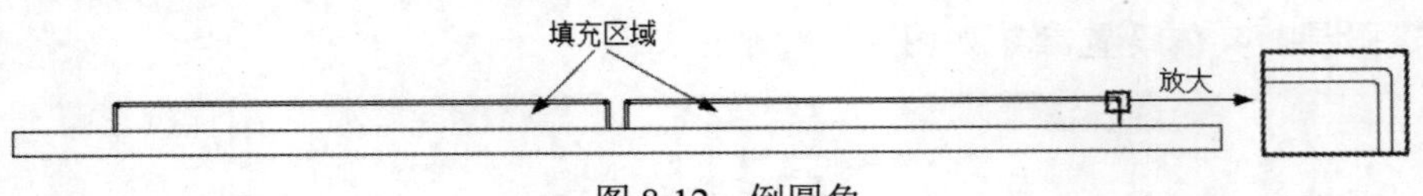

图 8-12　倒圆角

（8）将“填充”图层设置为当前图层。单击“默认”选项卡“绘图”面板中的“图案填充”按钮，打开“图案填充创建”选项卡，在“图案”面板中选择 CROSS 图案，设置比例为 3，如图 8-13 所示，选取图 8-12 中的填充区域进行填充，单击“关闭图案填充创建”按钮，关闭“图案填充创建”选项卡，结果如图 8-14 所示。

图 8-13　“图案填充创建”选项卡

图 8-14　填充图案

（9）单击“默认”选项卡“修改”面板中的“偏移”按钮，将最外侧的左、右两竖直线向内偏移，偏移距离分别为 250mm 和 304mm；将矩形的最下端的水平直线向下偏移，偏移距离分别为 80mm 和 340mm，结果如图 8-15 所示。

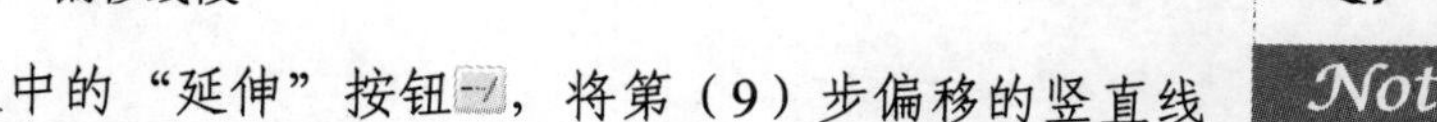

图 8-15　偏移线段

（10）单击“默认”选项卡“修改”面板中的“延伸”按钮，将第（9）步偏移的竖直线延伸至最上端水平线，结果如图 8-16 所示。

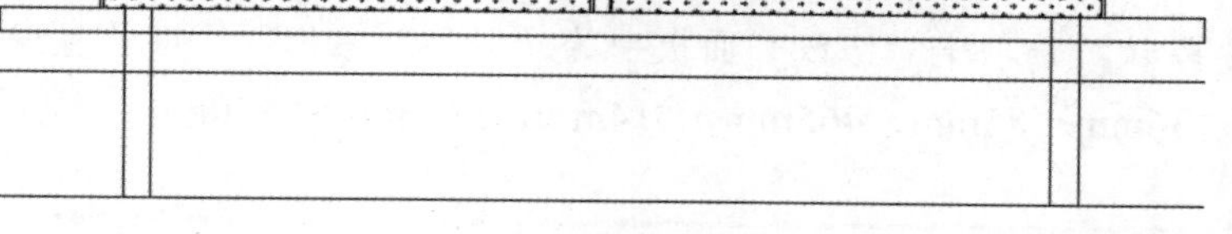

图 8-16　延伸直线

（11）单击“默认”选项卡“修改”面板中的“修剪”按钮，修剪多余的线段，结果如图 8-17 所示。

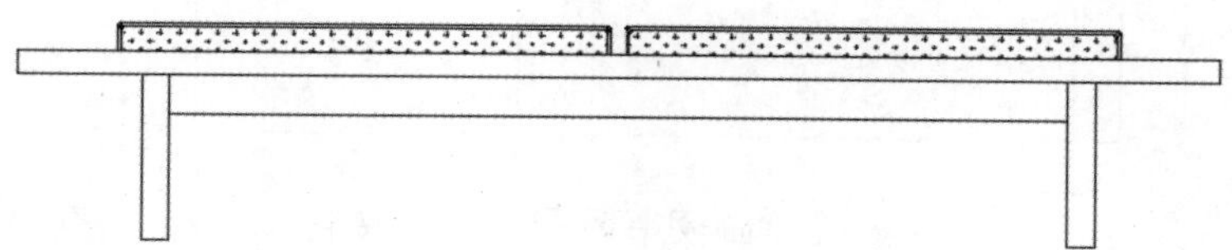

图 8-17　修剪图形

（12）将“轮廓线”图层设置为当前图层。单击“默认”选项卡“修改”面板中的“圆角”按钮，对最大矩形的上端进行倒圆角处理，圆角半径为 5，结果如图 8-18 所示。

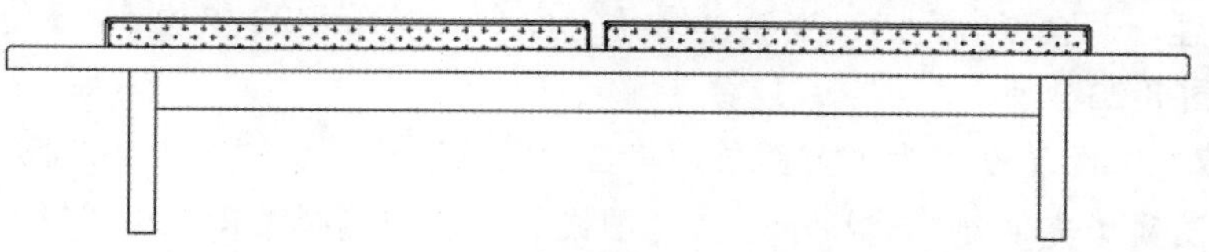

图 8-18　倒圆角处理

8.2.2　绘制长凳侧立面图

本节绘制如图 8-19 所示的长凳侧立面图。首先根据立面图绘制侧立面图中的辅助线，再利用“偏移”“修剪”“圆角”等命令完成主体绘制，最后利用“图案填充”命令填充坐垫。

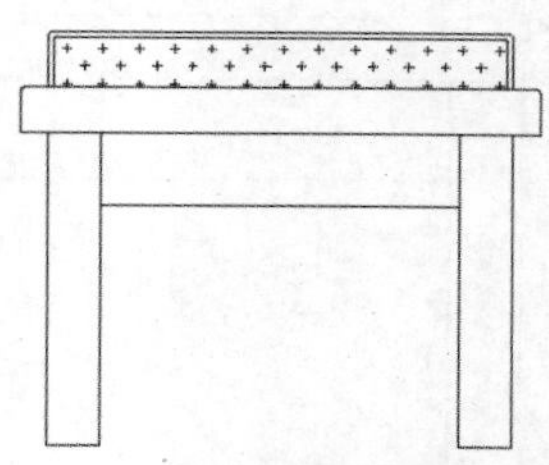

图 8-19　长凳侧立面图

操作步骤如下：（：光盘\动画演示\第 8 章\长凳侧立面图.avi）

（1）将“轮廓线”图层设置为当前图层。单击“默认”选项卡“绘图”面板中的“直线”按钮，在立面图的右侧适当位置绘制一条竖直线；重复“直线”命令，捕捉立面图中的各端点，绘制水平直线，结果如图 8-20 所示。

Note

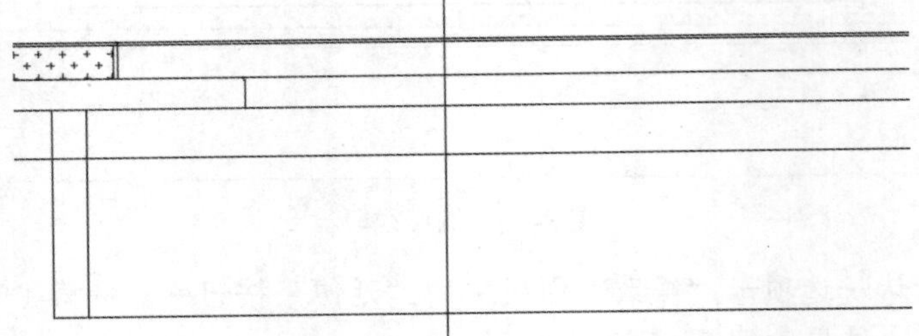

图 8-20　绘制直线

（2）单击“默认”选项卡“修改”面板中的“偏移”按钮，将竖直线向右偏移，偏移距离分别为 30mm、36mm、85mm、465mm、514mm、520mm 和 550mm，结果如图 8-21 所示。

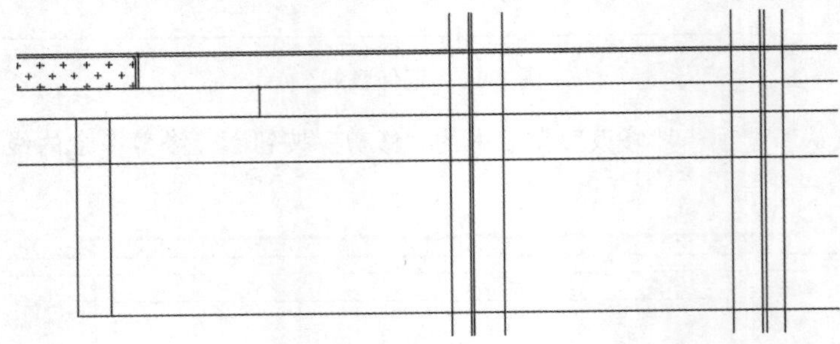

图 8-21　偏移线段

（3）单击“默认”选项卡“修改”面板中的“修剪”按钮，修剪多余的线段，结果如图 8-22 所示。

（4）单击“默认”选项卡“修改”面板中的“圆角”按钮，对图 8-22 中的 1、2、3、4 处进行倒圆角处理，圆角半径为 3，重复“圆角”命令，对图 8-22 中的 5、6 处倒圆角，圆角半径为 5，结果如图 8-23 所示。

（5）将“填充”图层设置为当前图层。单击“默认”选项卡“绘图”面板中的“图案填充”按钮，打开“图案填充创建”选项卡，在“图案”面板中选择 CROSS 图案，设置比例为 3，选取图 8-23 中的填充区域进行填充，单击“关闭图案填充创建”按钮，关闭“图案填充创建”选项卡，结果如图 8-24 所示。

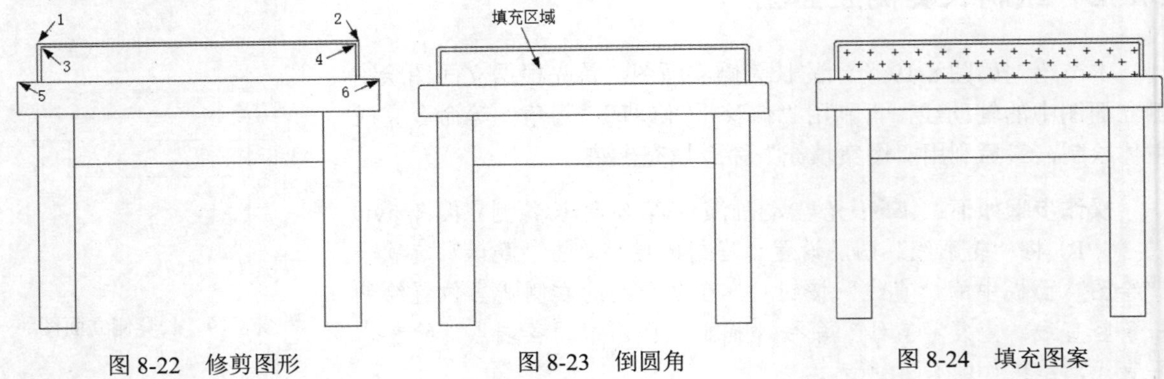

图 8-22　修剪图形　　图 8-23　倒圆角　　图 8-24　填充图案

8.2.3　绘制长凳平面图

本节绘制如图 8-25 所示的长凳平面图。首先根据立面图绘制定位平面图中的关键点，再利用"偏移""修剪""圆角"等命令完成左侧图形，最后利用"偏移""修剪""样条曲线"命令绘制右侧内部结构。

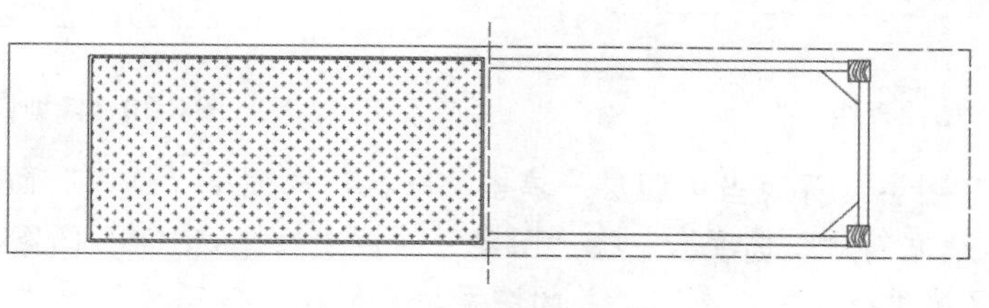

图 8-25　长凳平面图

操作步骤如下：（：光盘\动画演示\第 8 章\长凳平面图.avi）

（1）将"轮廓线"图层设置为当前图层。单击"默认"选项卡"绘图"面板中的"矩形"按钮，捕捉追踪立面图最左端点移动鼠标在立面图下方位置确定第一角点，绘制 2400×550 的矩形，单击"默认"选项卡"绘图"面板中的"直线"按钮，捕捉矩形的中点绘制竖直线，并将直线转换到虚线层，修改比例为 5，结果如图 8-26 所示。

（2）单击"默认"选项卡"修改"面板中的"分解"按钮，将第（1）步绘制的矩形分解。单击"默认"选项卡"修改"面板中的"打断于点"按钮，分别将上下两条水平线在中点处打断，并将右侧图形转换到虚线图层，修改比例为 5，结果如图 8-27 所示。

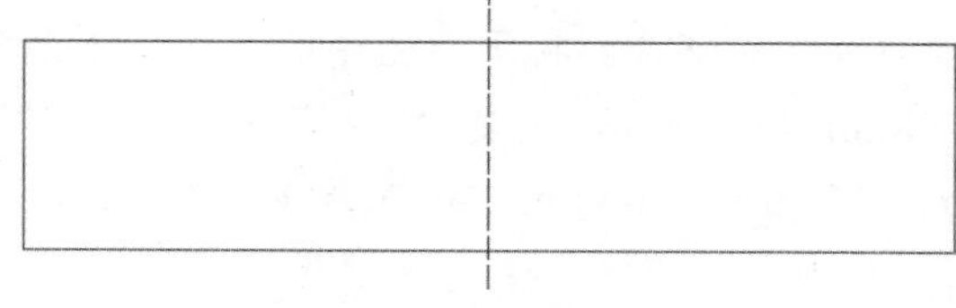

图 8-26　绘制外轮廓

图 8-27　打断图形

（3）单击"默认"选项卡"绘图"面板中的"直线"按钮，捕捉立面图中的点向下绘制竖直线，如图 8-28 所示。

（4）单击"默认"选项卡"修改"面板中的"偏移"按钮，将平面图中的上下两条水平线向内偏移，偏移距离分别为 30mm 和 36mm，结果如图 8-29 所示。

（5）单击"默认"选项卡"修改"面板中的"修剪"按钮，修剪多余的线段，结果如图 8-30 所示。

（6）单击"默认"选项卡"修改"面板中的"圆角"按钮，对创建的矩形的 4 个角进行倒圆角，圆角半径为 3，结果如图 8-31 所示。

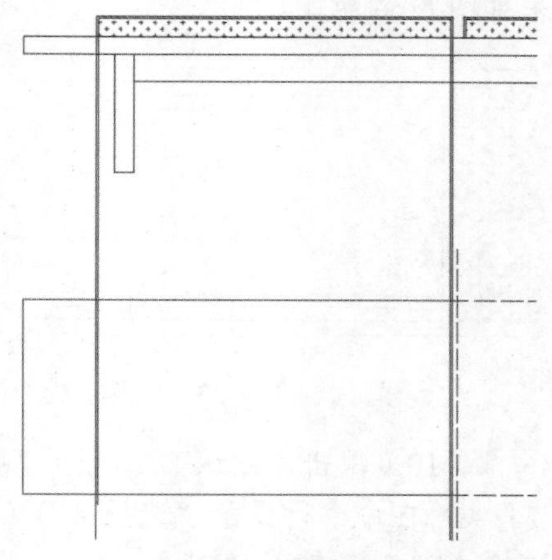

图 8-28　绘制竖直线

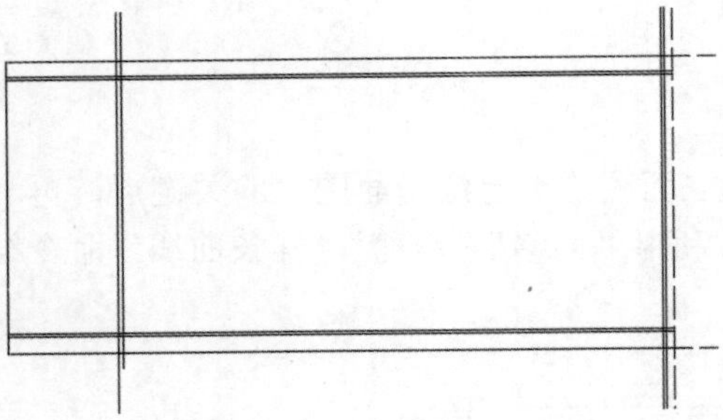

图 8-29　偏移直线

图 8-30　修剪图形

（7）将“填充”图层设置为当前图层。单击“默认”选项卡“绘图”面板中的“图案填充”按钮，打开“图案填充创建”选项卡，在“图案”面板中选择 CROSS 图案，设置比例为 3，选取图 8-31 中的填充区域进行填充，单击“关闭图案填充创建”按钮，关闭“图案填充创建”选项卡，结果如图 8-32 所示。

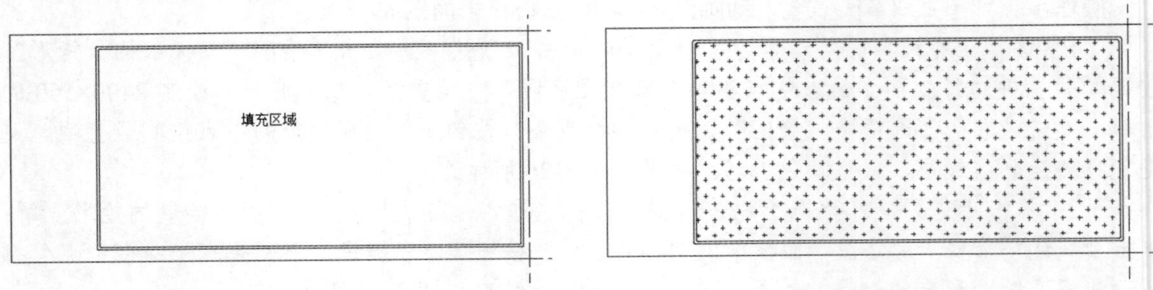

图 8-31　倒圆角

图 8-32　填充图案

（8）单击“默认”选项卡“修改”面板中的“偏移”按钮，将平面图中的右侧上下两条水平线向内偏移，偏移距离分别为 30mm、33mm、58mm 和 85mm，重复“偏移”命令，将右侧竖直线向左偏移，偏移距离分别为 250mm、253mm、278mm、305mm，并将偏移后的直线转换至“轮廓线”图层，结果如图 8-33 所示。

（9）单击“默认”选项卡“修改”面板中的“修剪”按钮，修剪和删除多余的线段，结果如图 8-34 所示。

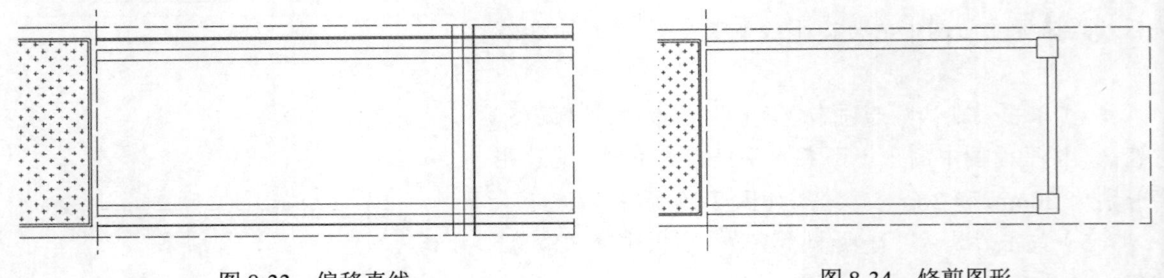

图 8-33　偏移直线

图 8-34　修剪图形

（10）单击“默认”选项卡“修改”面板中的“倒角”按钮，内侧矩形进行倒角。

① 在命令行提示“选择第一条直线或[放弃(U)/多段线(P)/距离(D)/角度(A)/修剪(T)/方式(E)/多个(M)]:”后输入“D”。

② 在命令行提示“指定第一个倒角距离<0.0000>:”后输入“94”。

③ 在命令行提示“指定第二个倒角距离<94.0000>:”后输入“89”。

④ 在命令行提示“选择第一条直线或[放弃(U)/多段线(P)/距离(D)/角度(A)/修剪(T)/方式(E)/多个(M)]:”后输入“T”。

⑤ 在命令行提示“输入修剪模式选项[修剪(T)/不修剪(N)] <修剪>:”后输入“N”。

⑥ 在命令行提示“选择第一条直线或[放弃(U)/多段线(P)/距离(D)/角度(A)/修剪(T)/方式(E)/多个(M)]:”后输入“M”。

⑦ 在命令行提示“选择第一条直线或[放弃(U)/多段线(P)/距离(D)/角度(A)/修剪(T)/方式(E)/多个(M)]:”后选取上方水平直线。

⑧ 在命令行提示“选择第二条直线，或按住 Shift 键选择直线以应用角点或[距离(D)/角度(A)/方法(M)]:”后选取竖直线。

⑨ 在命令行提示“选择第一条直线或[放弃(U)/多段线(P)/距离(D)/角度(A)/修剪(T)/方式(E)/多个(M)]:”后选取下方水平直线。

⑩ 在命令行提示“选择第二条直线，或按住 Shift 键选择直线以应用角点或[距离(D)/角度(A)/方法(M)]:”后选取竖直线。

结果如图 8-35 所示。

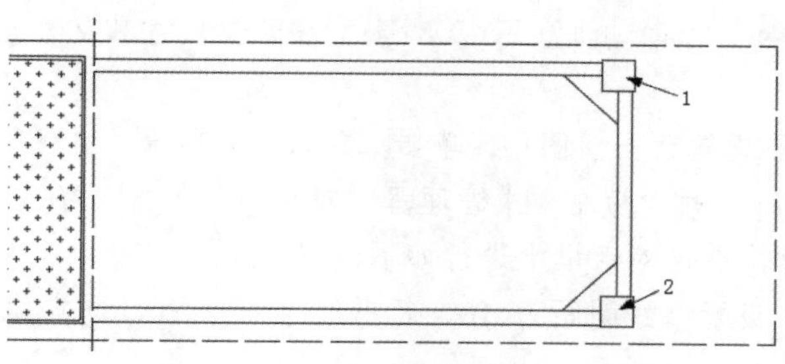

图 8-35　倒角处理

（11）将“填充”图层设置为当前图层。单击“默认”选项卡“绘图”面板中的“样条曲线拟合”按钮，在图 8-35 中的区域 1 和区域 2 绘制木纹线，结果如图 8-36 所示。

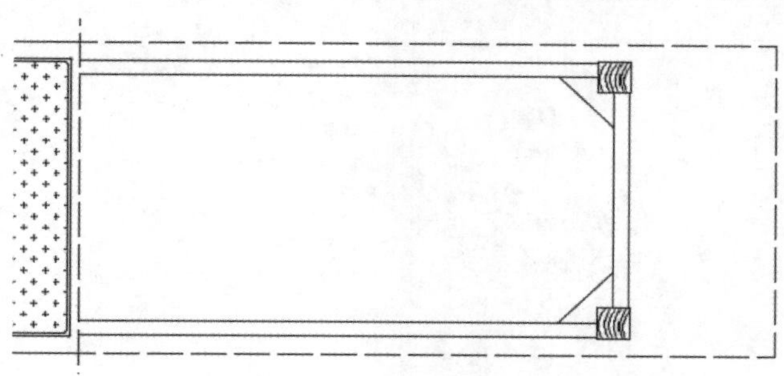

图 8-36　绘制木纹线

8.2.4　标注长凳尺寸和文字

本节标注长凳尺寸和文字，如图 8-37 所示。首先设置尺寸样式，然后依次标注立面图、侧立面图和平面图的尺寸，最后设置文字样式，利用 QLEADER 命令标注带引线的文字。

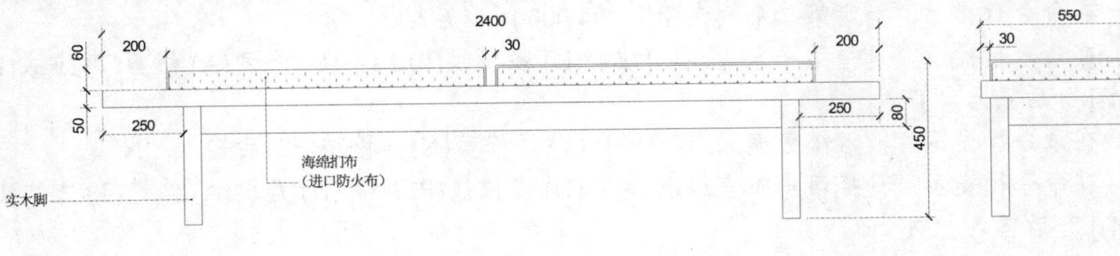

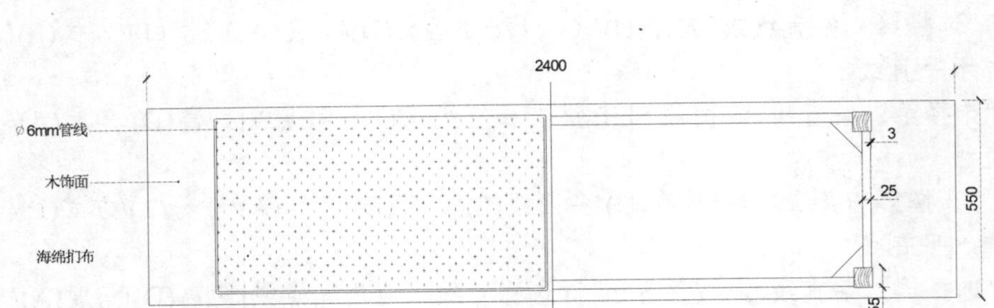

图 8-37　标注尺寸和文字

操作步骤如下：（光盘\动画演示\第 8 章\标注长凳尺寸和文字.avi）

1. 标注尺寸

（1）将“尺寸”图层设置为当前图层。单击“默认”选项卡“注释”面板中的“标注样式”按钮，打开如图 8-38 所示的“标注样式管理器”对话框，单击“修改”按钮，打开“修改标注样式：ISO-25”对话框，在该对话框中进行如下设置。

☑ “线”选项卡：设置基线间距为 10，超出尺寸线为 20，起点偏移量为 20，如图 8-39 所示。

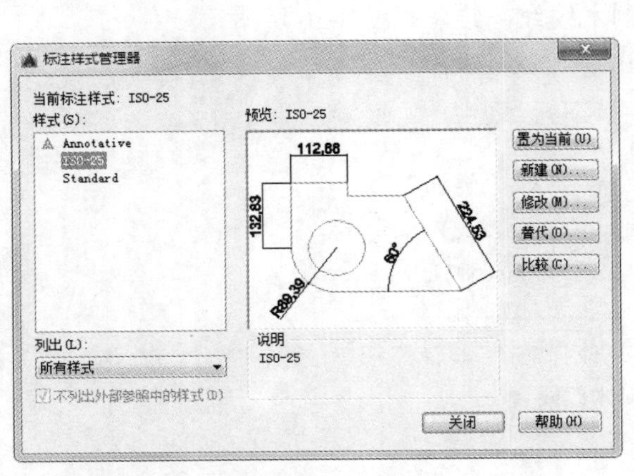

图 8-38　“标注样式管理器”对话框

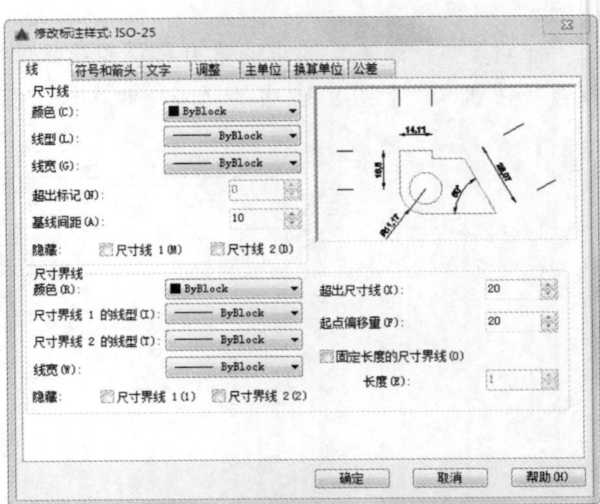

图 8-39　“线”选项卡

☑ “符号和箭头”选项卡：设置箭头类型为“建筑标记”，设置箭头大小为 20，如图 8-40

所示。

☑　“文字”选项卡：设置文字高度为 30，从尺寸线偏移为 10，文字对齐方式为“与尺寸线对齐”，如图 8-41 所示。

Note

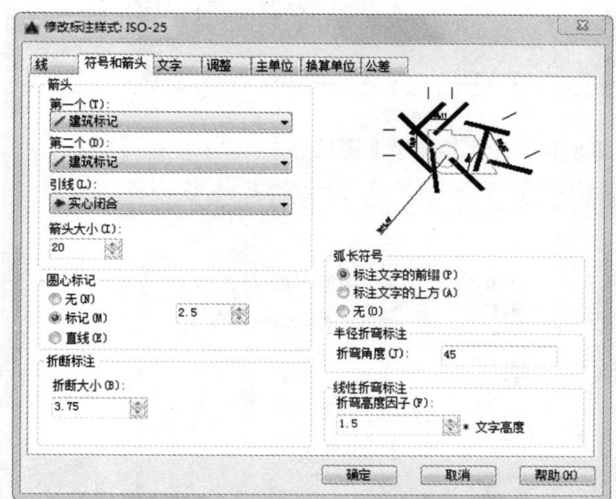

图 8-40　“符号和箭头”选项卡

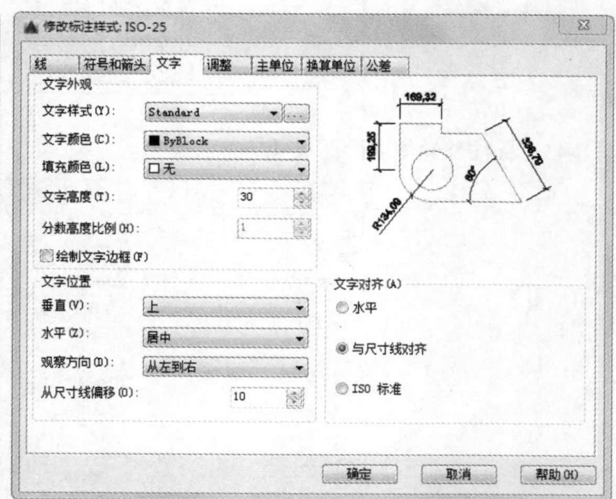

图 8-41　“文字”选项卡

其他采用默认设置，单击“确定”按钮后返回到“标注样式管理器”对话框，单击“关闭”按钮，关闭对话框。

（2）单击“默认”选项卡“注释”面板中的“线性”按钮⊢⊣，标注长凳立面图尺寸，如图 8-42 所示。

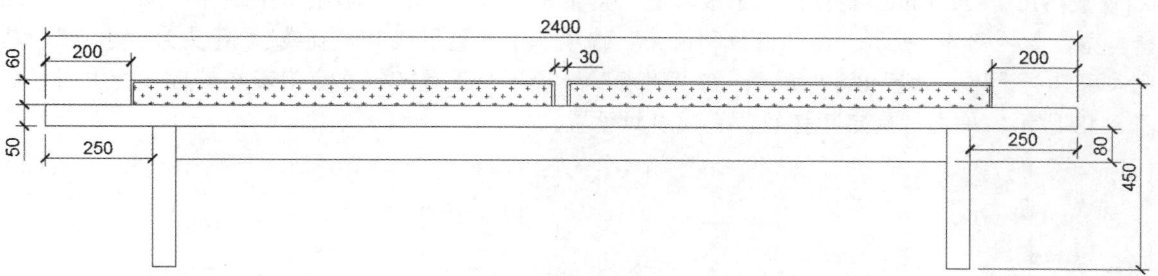

图 8-42　标注长凳立面图尺寸

（3）单击“默认”选项卡“注释”面板中的“线性”按钮⊢⊣，标注长凳侧立面图尺寸，如图 8-43 所示。

（4）单击“默认”选项卡“注释”面板中的“线性”按钮⊢⊣，标注长凳平面图尺寸，如图 8-44 所示。

2. 标注文字

（1）单击“默认”选项卡“注释”面板中的“文字样式”按钮A，打开“文字样式”对话框，新建“文字”样式，设置字体名为“宋体”，高度为 25，并将其设置为当前，如图 8-45 所示。

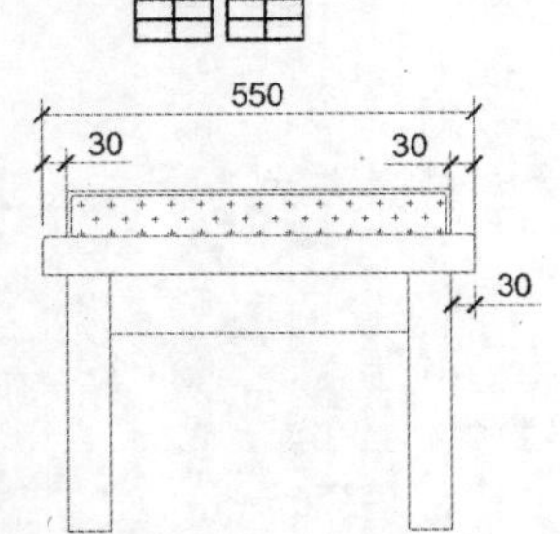

图 8-43　标注长凳侧立面图尺寸

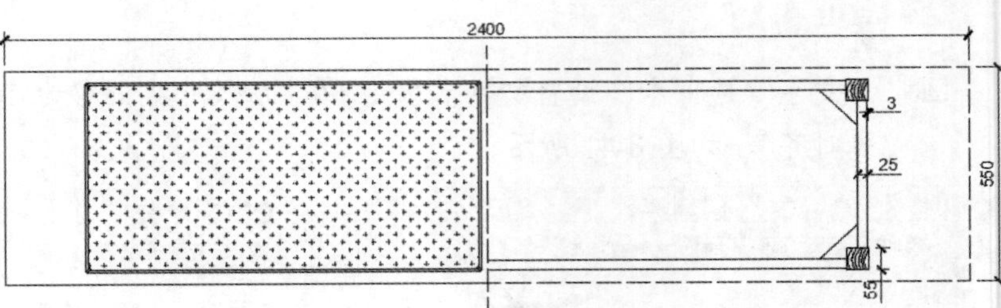

图 8-44　标注长凳平面图尺寸

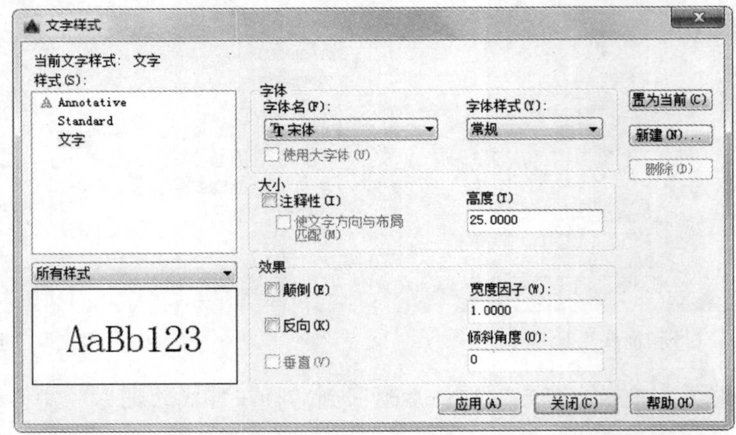

图 8-45　“文字样式”对话框

（2）在命令行中输入“QLEADER”命令，按 Enter 键后命令行中提示“指定第一个引线点或[设置(S)]:”，按 Enter 键打开“引线设置”对话框，在“注释”选项卡中选择“多行文字”注释类型，如图 8-46 所示；在“引线和箭头”选项卡中设置引线为“直线”，箭头为“小点”，其他采用默认设置，如图 8-47 所示；在“附着”选项卡中设置多行文字附着在最后一行中间，如图 8-48 所示。单击“确定”按钮，完成引线设置。

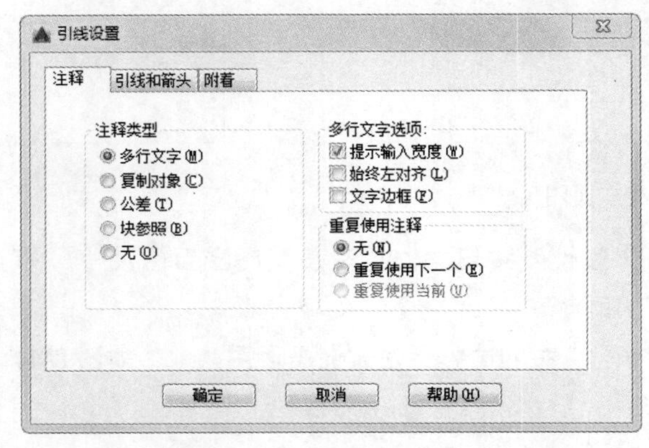

图 8-46　“注释”选项卡

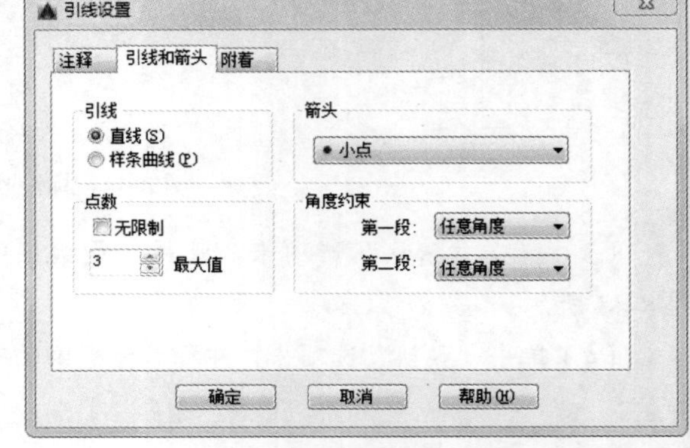

图 8-47　“引线和箭头”选项卡

（3）在长凳立面图中的腿上指定引线的起点，移动鼠标在立面图的右侧指定下一点，然后命令行提示“指定文字宽度<0>:”，采用默认设置，按 Enter 键后，命令行提示“输入注释文字的第一行<多行文字(M)>:”，输入“实木脚”文字，继续按 Enter 键，结果如图 8-49 所示。

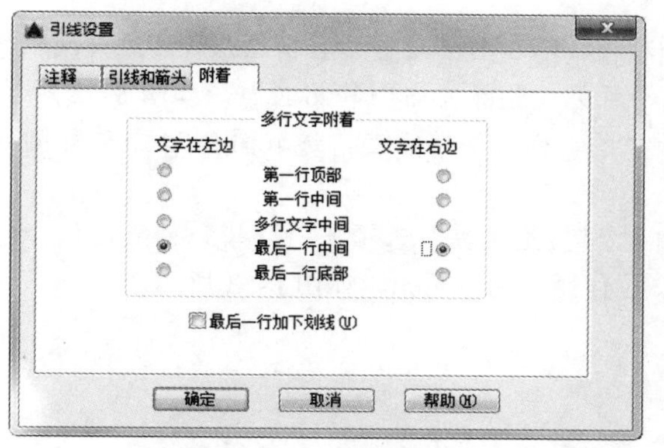

图 8-48　“附着”选项卡

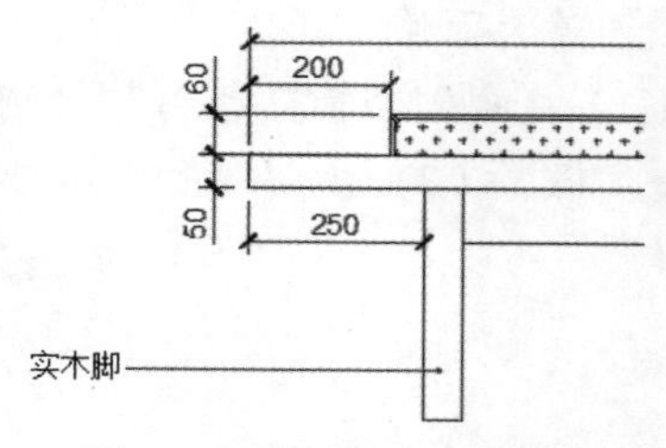

图 8-49　标注第一个文字

（4）采用相同的方式，标注图中所有文字，结果如图 8-50 所示。

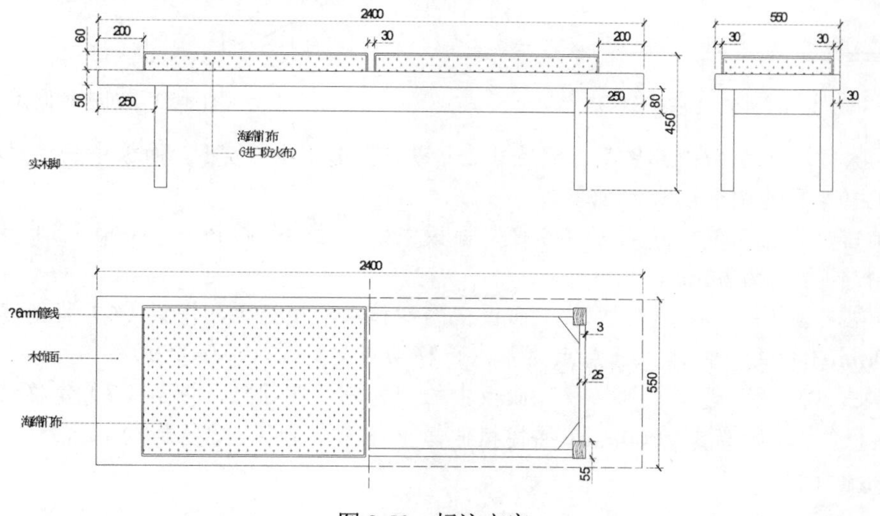

图 8-50　标注文字

8.2.5　绘制长凳立体图

本节绘制如图 8-51 所示的长凳立体图。首先打开平面图并对平面图进行整理，删除不需要的图形，然后在平面图的基础上进行拉伸、三维镜像等命令创建立体图，最后添加材质。

操作步骤如下：（：光盘\动画演示\第 8 章\长凳立体图.avi）

1. 绘制长凳

（1）单击快速访问工具栏中的“打开”按钮，打开 8.2.3 节绘制的“长凳平面图”，然后单击“另存为”按钮，将其另存为“长凳立体图”。

（2）单击“默认”选项卡“图层”面板中的“图

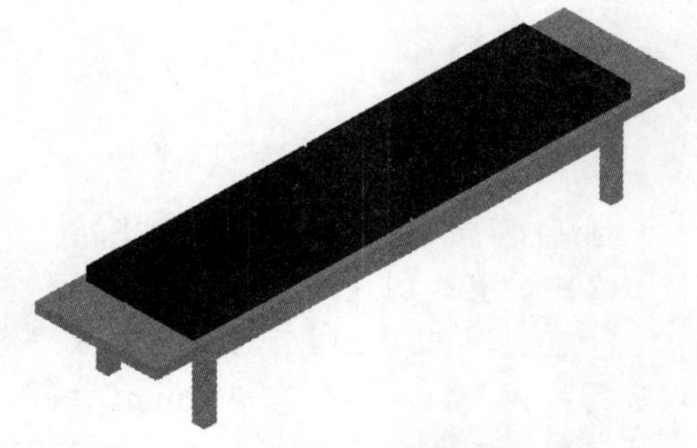

图 8-51　长凳立体图

层特性”按钮，打开“图层特性管理器”选项板，将0图层设置为当前图层，然后关闭“尺寸”、“文字”和“填充”图层，使尺寸线和填充不可见，删除立面图和侧立面，如图8-52所示。

Note

（3）单击“默认”选项卡“绘图”面板中的“面域”按钮，选取图8-52中最外侧的直线和虚线创建为面域。

（4）将视图切换到西南等轴测视图，单击“三维工具”选项卡“建模”面板中的“拉伸”按钮，将第（3）步创建的面域进行拉伸，拉伸距离为50mm，如图8-53所示。

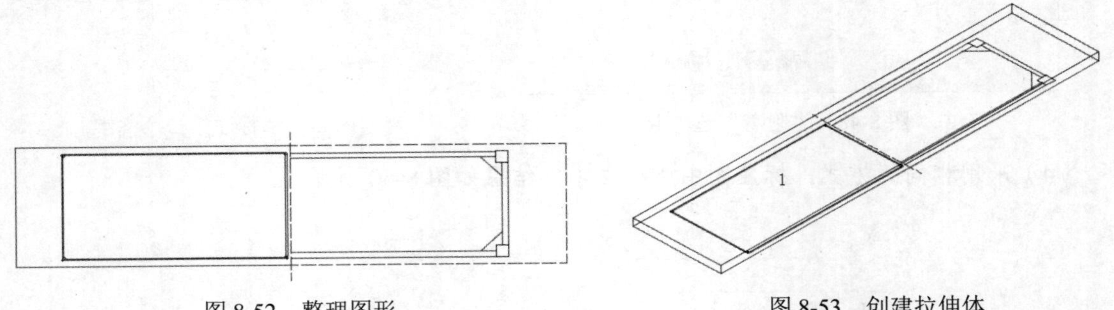

图8-52　整理图形

图8-53　创建拉伸体

（5）删除区域1中的内部图形，然后单击“默认”选项卡“绘图”面板中的“面域”按钮，选取图8-54中外侧的图形创建为面域。

（6）单击“三维工具”选项卡“建模”面板中的“拉伸”按钮，将第（5）步创建的面域进行拉伸，拉伸距离为60mm。

（7）单击“默认”选项卡“修改”面板中的“移动”按钮，将第（6）步创建的拉伸体沿Z轴移动50mm（捕捉拉伸体上任意点为基点，移动点坐标为（@0,0,50））。

（8）单击“默认”选项卡“修改”面板中的“复制”按钮，将第（7）步移动后的拉伸体沿X轴复制拉伸体，距离为1000mm（捕捉拉伸体上任意点为基点，复制点坐标为（@1000,0,0）），结果如图8-55所示。

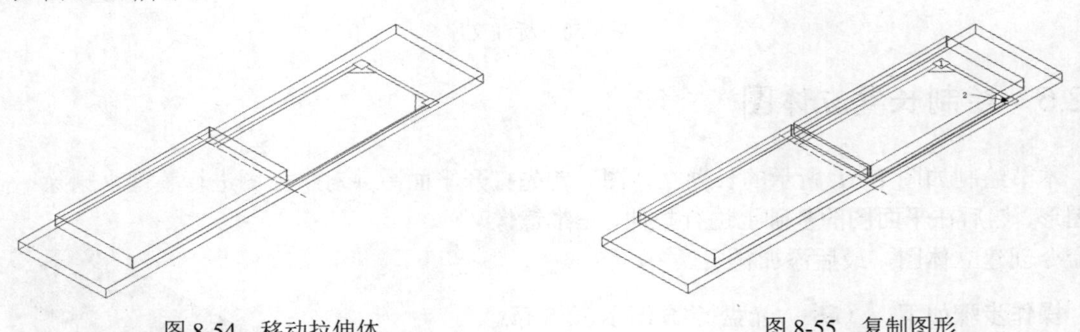

图8-54　移动拉伸体

图8-55　复制图形

（9）单击“默认”选项卡“绘图”面板中的“面域”按钮，分别选取图8-55中区域1和区域2中的直线创建为面域。

（10）单击“三维工具”选项卡“建模”面板中的“拉伸”按钮，将第（9）步创建的面域进行拉伸，拉伸距离为-340mm，结果如图8-56所示。

（11）在命令行中输入“mirror3d”命令，选取第（10）步创建的拉伸体为镜像对象，选取第一个拉伸体两侧面的中点创建镜像平面，结果如图8-57所示。

Note

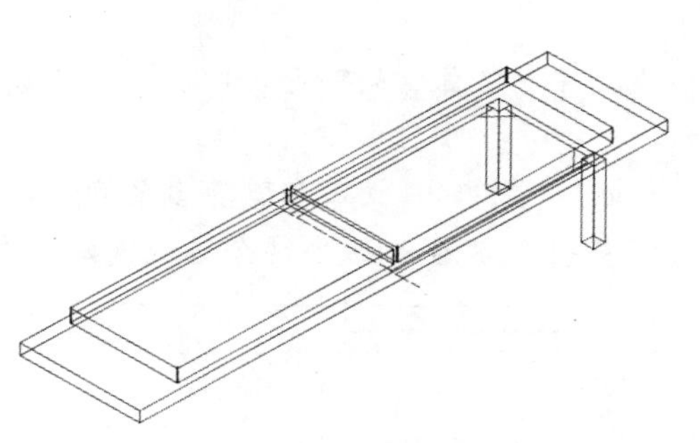

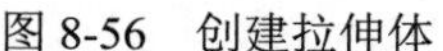

图 8-56　创建拉伸体

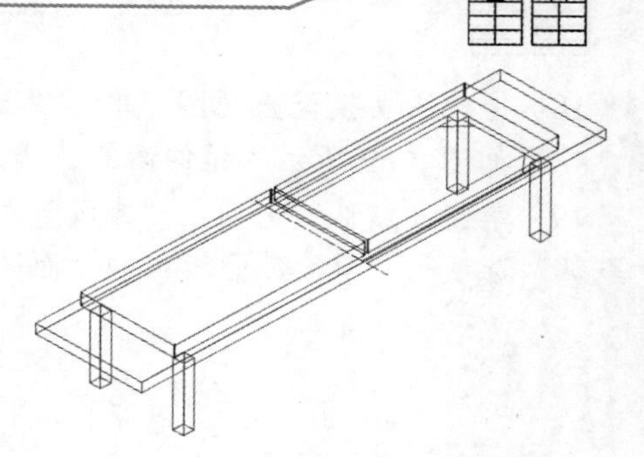

图 8-57　镜像拉伸体

（12）将视图切换到俯视图，将“轮廓线”图层设置为当前图层，关闭 0 图层，结果如图 8-58 所示。

（13）单击“默认”选项卡“绘图”面板中的“直线”按钮，连接各直线端点，分别创建封闭图形，如图 8-59 所示。

图 8-58　关闭图层

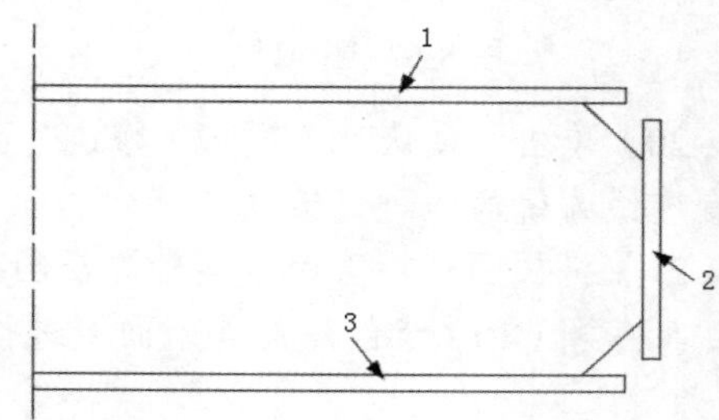

图 8-59　绘制封闭图形

（14）单击“默认”选项卡“绘图”面板中的“面域”按钮，分别选取图 8-59 中 3 个区域创建为面域。

（15）打开 0 图层，并将其设置为当前图层。将视图切换到西南等轴测视图，单击“三维工具”选项卡“建模”面板中的“拉伸”按钮，将第（14）步创建的面域进行拉伸，拉伸距离为 −80mm，结果如图 8-60 所示。

（16）在命令行中输入“mirror3d”命令，选取第（15）步创建的拉伸体为镜像对象，选取图 8-60 中所示的平面 3 个端点为镜像平面。

（17）单击“三维工具”选项卡“实体编辑”面板中的“并集”按钮，分别选取镜像前和镜像后的左右两侧面的拉伸体做并集处理，结果如图 8-61 所示。

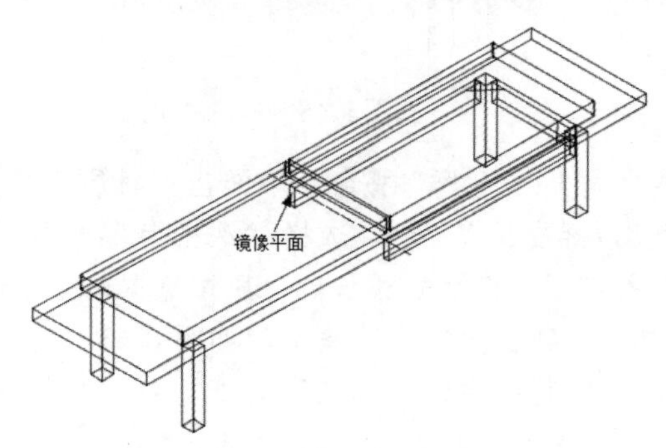

图 8-60　创建拉伸体

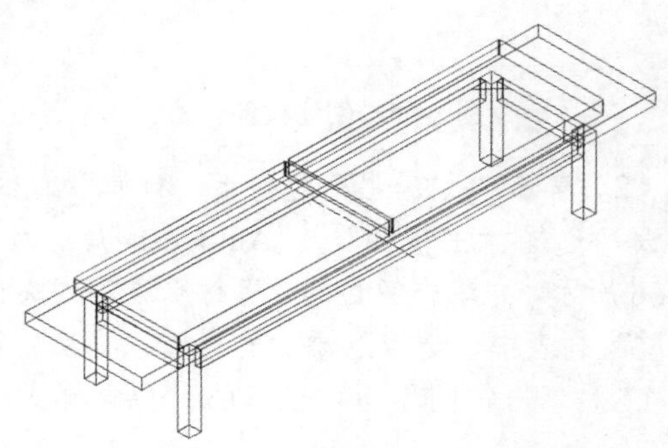

图 8-61　并集处理

（18）将视图切换至俯视图，单击“三维工具”选项卡“实体编辑”面板中的“提取边”按钮，提取如图 8-62 所示的拉伸体的边线。

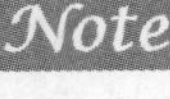

（19）单击“默认”选项卡“修改”面板中的“修剪”按钮，修剪和删除多余的线段；单击“默认”选项卡“绘图”面板中的“面域”按钮，分别选取图 8-63 中两个区域创建为面域。

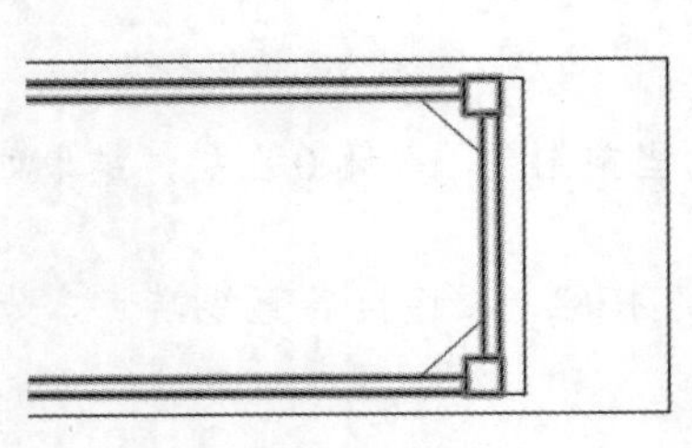

图 8-62　提取边

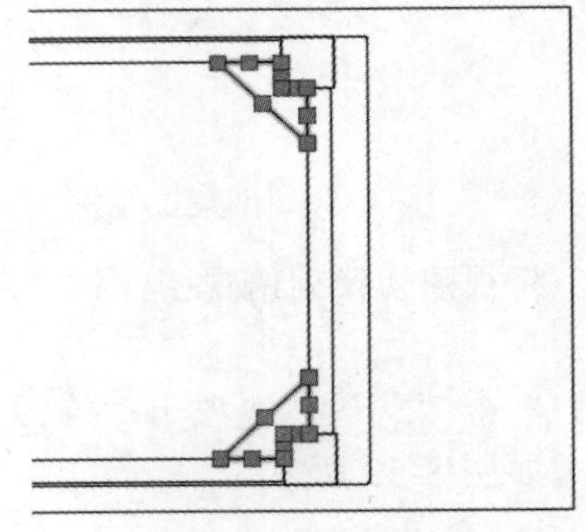

图 8-63　创建面域

（20）单击“默认”选项卡“修改”面板中的“镜像”按钮，选取第（19）步创建的面域以竖直虚线为镜像线进行镜像。

（21）将视图切换至西南等轴测视图。单击“三维工具”选项卡“建模”面板中的“拉伸”按钮，将第（20）步创建的 4 个面域进行拉伸，拉伸距离为-80mm，删除虚线，结果如图 8-64 所示。

2. 渲染图形

（1）单击视图界面左上角的“视觉样式控件”下拉菜单中的“概念”样式，结果如图 8-65 所示。

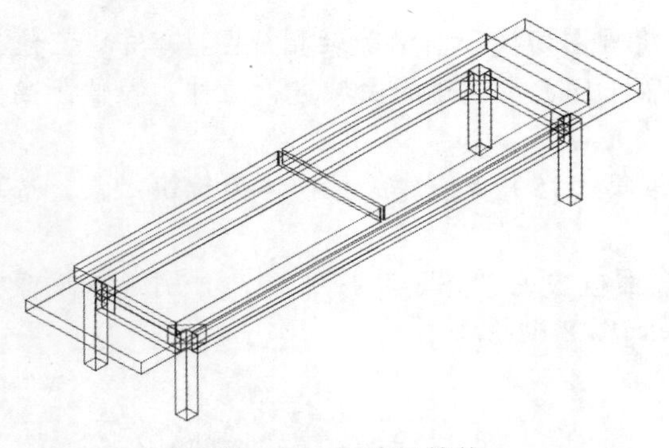

图 8-64　创建拉伸体

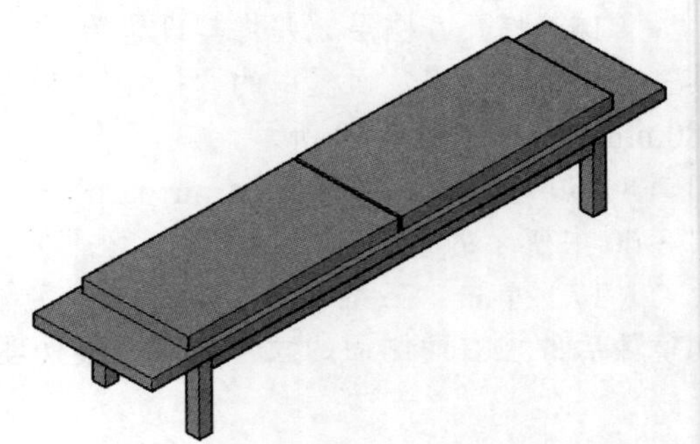

图 8-65　概念样式

（2）单击“可视化”选项卡“材质”面板中的“材质浏览器”按钮，弹出“材质浏览器”选项板，选择“主视图”/“Autodesk 库”/“织物”/“皮革”，然后选择“深褐色”材质，如图 8-66 所示，并单击旁边的“将材质添加到文档中”按钮，将材质添加到材质浏览器的上端“文档材质”列表中，选取刚添加的材质，拖动到视图中放置到长凳的海绵垫上，如图 8-67 所示。

（3）单击视图界面左上角的“视觉样式控件”下拉菜单中的“真实”样式，结果如图 8-68 所示。

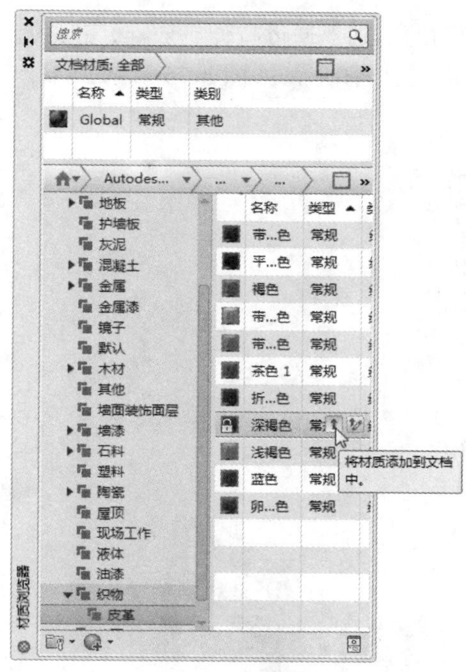

图 8-66　选取材质

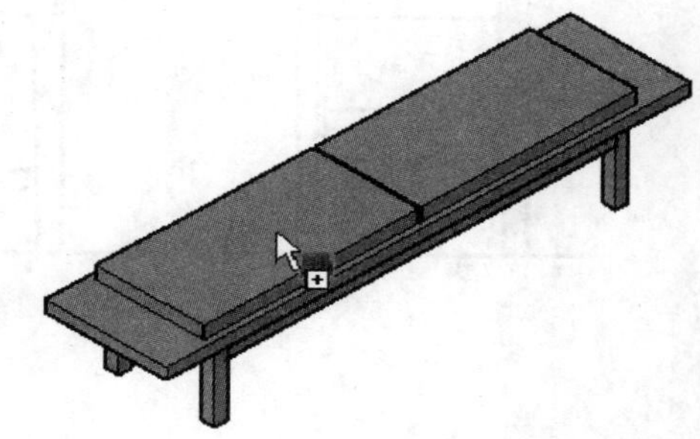

图 8-67　添加材质

（4）选择“主视图”/“Autodesk 库”/“木材”，然后选择“红橡木”材质，并单击旁边的“将材质添加到文档中”按钮，将材质添加到材质浏览器的上端“文档材质”列表中，选取刚添加的材质，拖动到视图中放置到长凳的其他位置，如图 8-69 所示。

图 8-68　真实样式

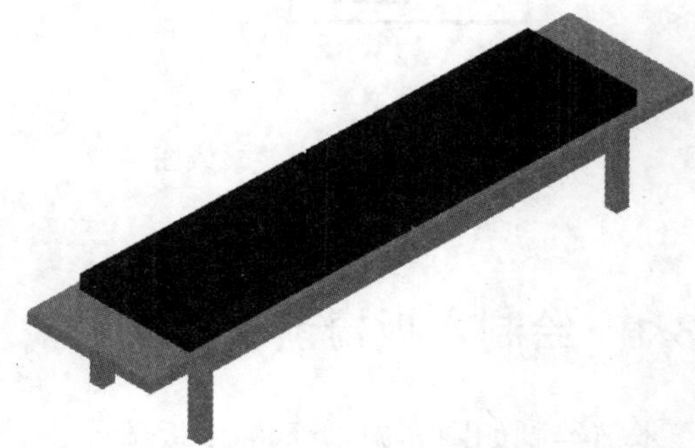

图 8-69　添加材质

8.3　木　板　椅

木板椅全部用木质材料制成的椅子，是造型最多的一种椅子，可分为普通椅和高档椅两种。普通椅比较适合大众使用，是用途最广泛的一种椅子，而高档椅则是用硬木制成，由于天然的纹理和高贵的色泽而受到人们的喜爱。

本节主要介绍木板椅二维图形和三维图形的绘制方法，首先绘制前、后视图、B-B 剖面图、

A-A 剖面图并对其标注尺寸和文字，然后在 B-B 剖面图的基础上通过拉伸、放样、三维旋转、三维镜像等命令再根据其他两个视图的尺寸创建木板椅的三维图形，如图 8-70 所示。

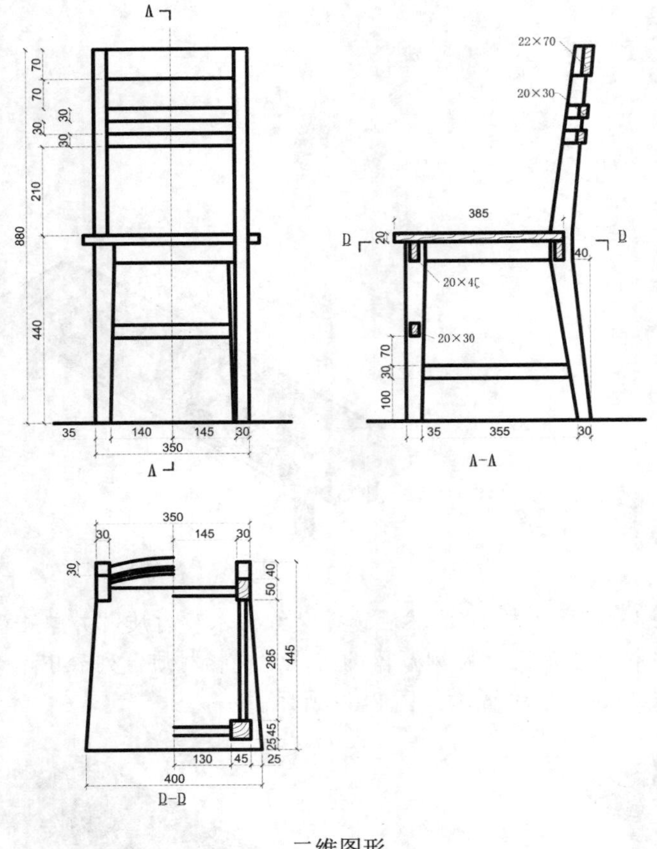

二维图形

三维图形

图 8-70 木板椅

8.3.1 绘制木板椅前、后视图

本节绘制如图 8-71 所示的木板椅前、后视图。首先设置图层，然后绘制木板椅左侧图形通过“镜像”命令创建右侧图形，再对右侧图形进行具体的修改。

操作步骤如下：（光盘\动画演示\第 8 章\木板椅前、后视图.avi）

（1）单击“默认”选项卡“图层”面板中的“图层特性”按钮，打开“图层特性管理器”选项板，新建图层，具体设置参数如图 8-72 所示。

（2）将“粗实线”图层设置为当前图层，单击“默认”选项卡“绘图”面板中的“直线”按钮，在适当位置绘制一条水平直

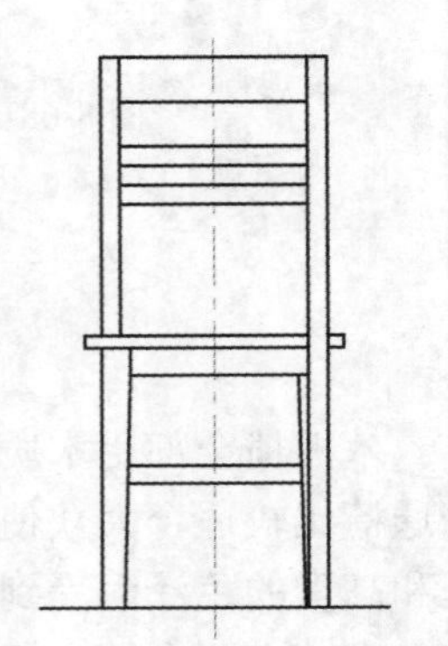

图 8-71 木板椅前、后视图

线；将“中心线”图层设置为当前图层，重复“直线”命令，在图中水平直线的中点位置绘制一条竖直中心线，如图 8-73 所示。

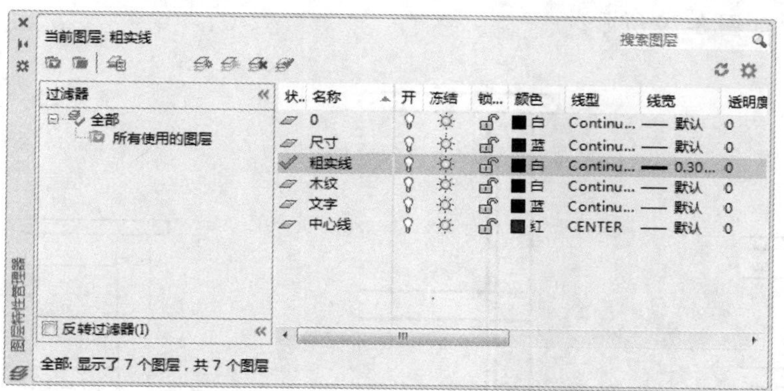

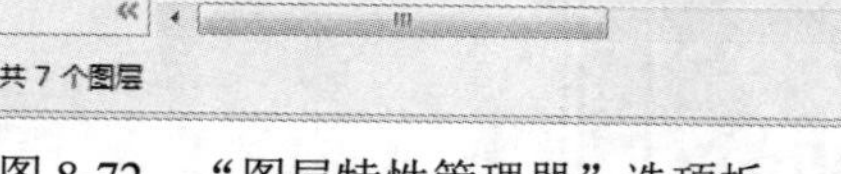

图 8-72　“图层特性管理器”选项板

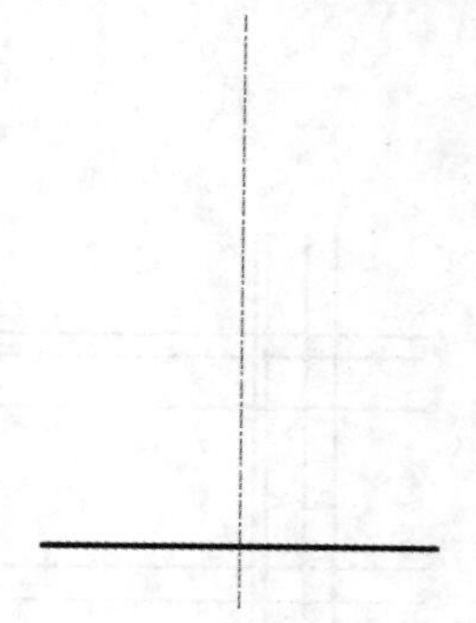

图 8-73　绘制直线

（3）选取中心线，单击鼠标右键，在弹出的如图 8-74 所示的快捷菜单中选择“特性”选项，打开如图 8-75 所示的“特性”选项板，更改比例为 3，结果如图 8-76 所示。

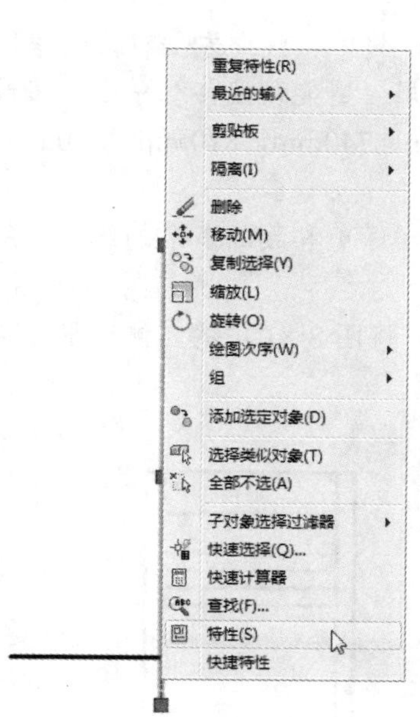

图 8-74　快捷菜单

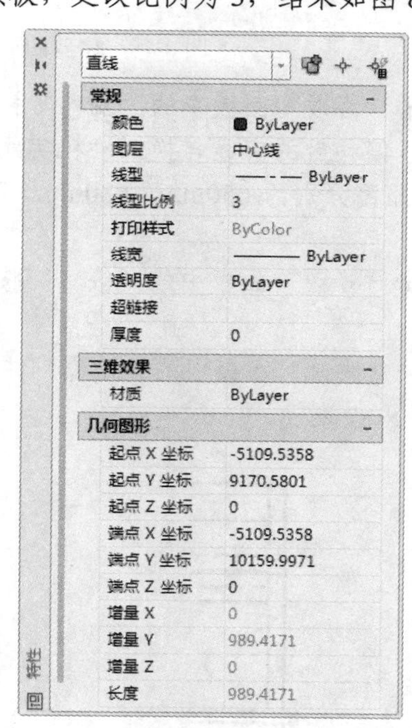

图 8-75　“特性”选项板

图 8-76　更改线型比例

（4）单击“默认”选项卡“修改”面板中的“偏移”按钮，将中心线向左偏移，偏移距离分别为 130mm、140mm、175mm、200mm，将偏移后的直线转换到“粗实线”图层；重复“偏移”命令，将水平直线向上偏移，偏移距离分别为 200mm、230mm、375mm、420mm、440mm，结果如图 8-77 所示。

（5）单击“默认”选项卡“修改”面板中的“修剪”按钮，修剪多余的线段，结果如图 8-78 所示。

（6）将“粗实线”图层设置为当前图层，单击“默认”选项卡“绘图”面板中的“直线”按钮，连接图 8-78 中的点 1 和点 2；单击“默认”选项卡“修改”面板中的“修剪”按钮，修剪和删除多余的线段，结果如图 8-79 所示。

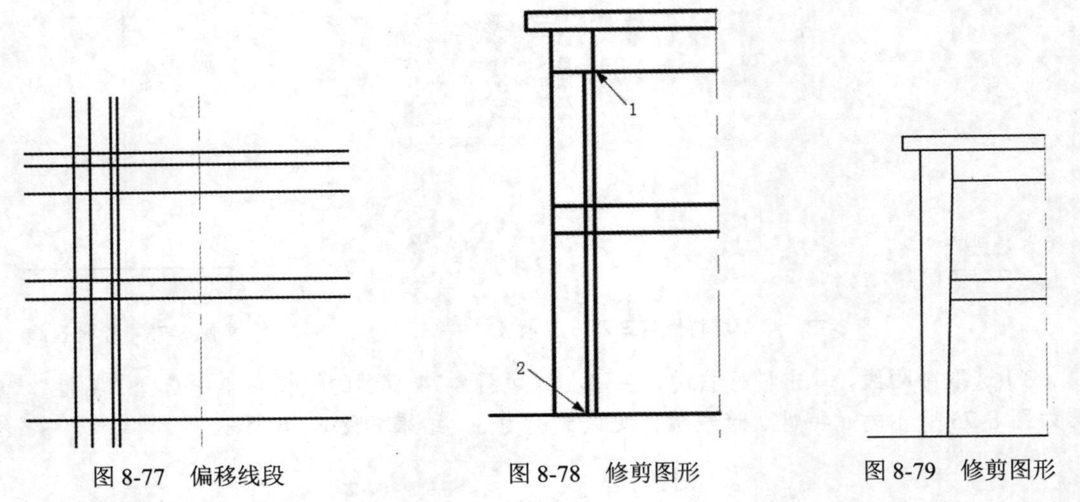

图 8-77　偏移线段　　图 8-78　修剪图形　　图 8-79　修剪图形

（7）单击“默认”选项卡“修改”面板中的“偏移”按钮，将中心线向左偏移，偏移距离分别为 145mm、175mm，将偏移后的直线转换到“粗实线”图层；重复“偏移”命令，将最下端水平直线向上偏移，偏移距离分别为 650mm、680mm、710mm、740mm、810mm、880mm，结果如图 8-80 所示。

（8）单击“默认”选项卡“修改”面板中的“修剪”按钮，修剪和删除多余的线段，结果如图 8-81 所示。

（9）单击“默认”选项卡“修改”面板中的“镜像”按钮，将图 8-81 中的左侧图形以竖直中心线为镜像线，结果如图 8-82 所示。

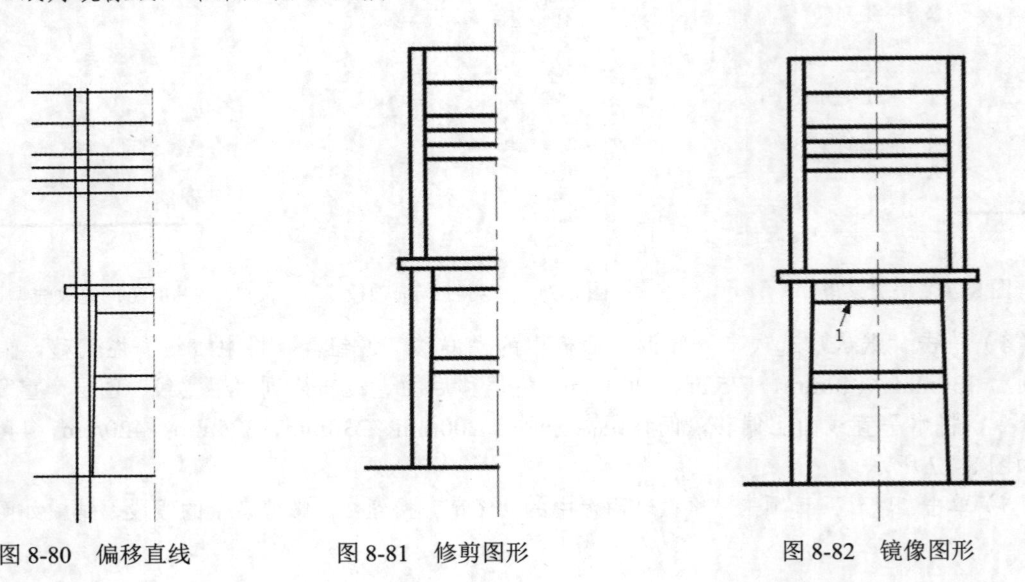

图 8-80　偏移直线　　图 8-81　修剪图形　　图 8-82　镜像图形

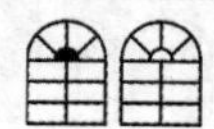

（10）单击“默认”选项卡“修改”面板中的“延伸”按钮，将右上端的外侧两条竖直线延伸至最下端水平线；重复“延伸”命令，将图 8-82 中的水平直线 1 延伸至竖直线，结果如图 8-83 所示。

（11）单击“默认”选项卡“修改”面板中的“修剪”按钮，修剪和删除多余的线段，结果如图 8-84 所示。

Note

8.3.2 绘制木板椅 B-B 剖面图

本节绘制如图 8-85 所示的 B-B 剖面图。首先根据前、后图绘制 B-B 剖面图中的辅助线，再利用“偏移”“修剪”等命令完成右侧图形的绘制，最后利用“镜像”命令将右侧的外部轮廓镜像到左侧，并绘制圆弧。

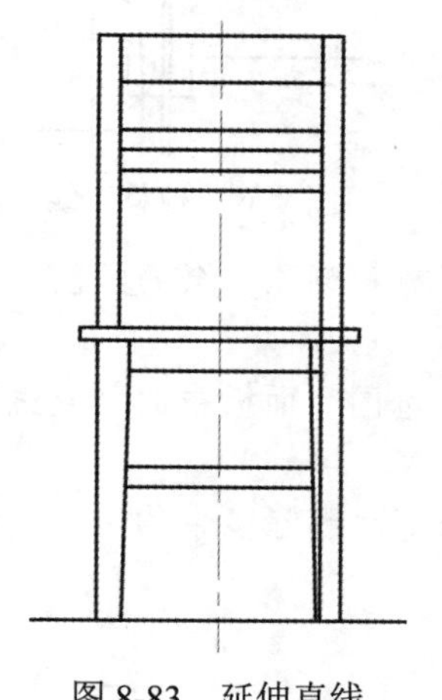

图 8-83　延伸直线

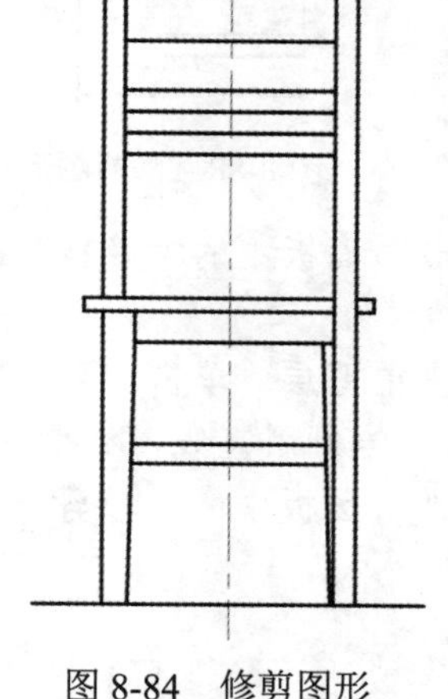

图 8-84　修剪图形

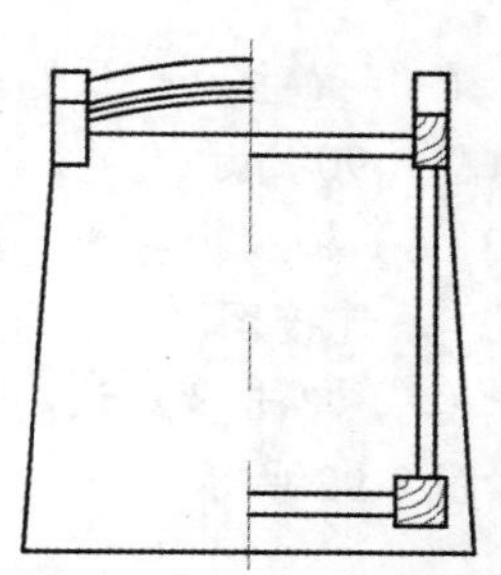

图 8-85　B-B 剖面图

操作步骤如下：（：光盘\动画演示\第 8 章\木板椅 B-B 剖面图.avi）

（1）将“中心线”图层设置为当前图层。单击状态栏中的“对象捕捉追踪”按钮，打开对象捕捉追踪，单击“默认”选项卡“绘图”面板中的“直线”按钮，捕捉木板椅后视图中的中心线下端点，绘制竖直中心线，并将比例修改为 3。将“粗实线”图层设置为当前图层，重复“直线”命令，捕捉木板椅后视图中的端点，绘制竖直线；重复“直线”命令，绘制一条水平直线，如图 8-86 所示。

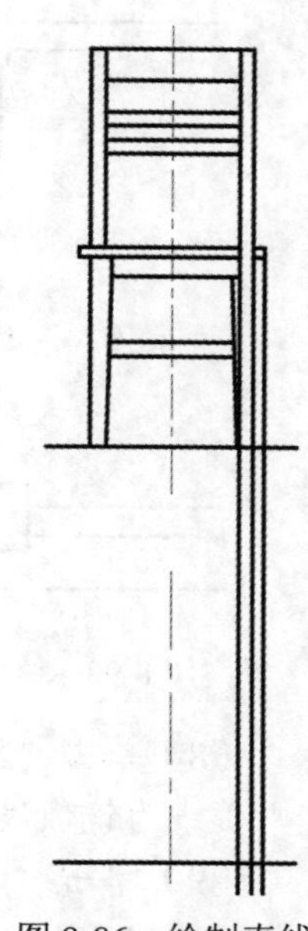

图 8-86　绘制直线

（2）单击“默认”选项卡“修改”面板中的“偏移”按钮，将中心线向左偏移，偏移距离为 130mm，将偏移后的直线转换到“粗实线”图层；重复“偏移”命令，将最下端水平直线向上偏移，偏移距离分别为 25mm、35mm、55mm、70mm，结果如图 8-87 所示。

（3）单击“默认”选项卡“修改”面板中的“修剪”按钮，修剪和删除多余的线段，结果如图 8-88 所示。

（4）单击“默认”选项卡“修改”面板中的“偏移”按钮，将中心线向左偏移，偏移距离分别为 145mm、150mm、165mm，将偏移后的直线

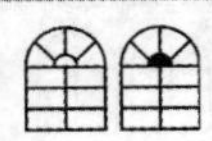

转换到“粗实线”图层；重复“偏移”命令，将最下端水平直线向上偏移，偏移距离分别为355mm、365mm、385mm、405mm、445mm，结果如图8-89所示。

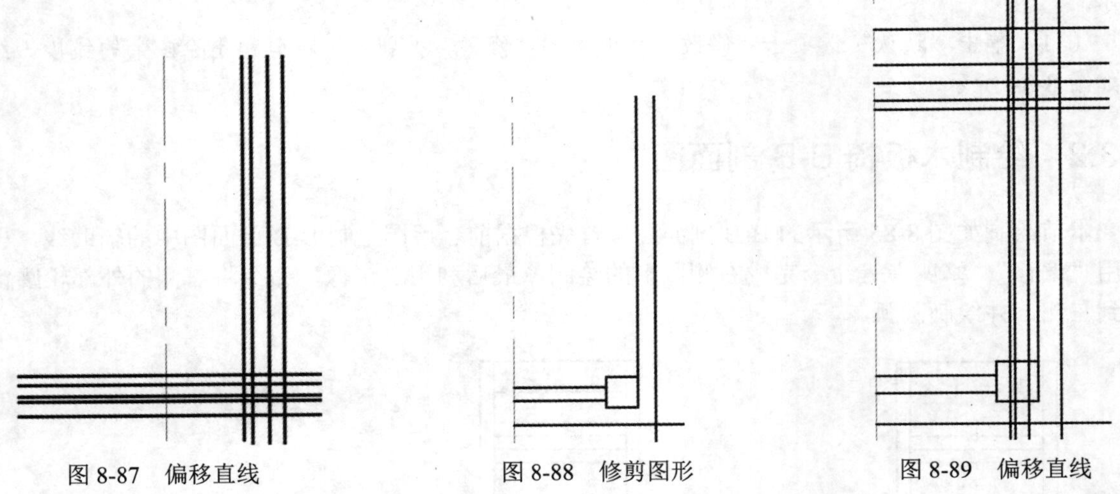

图8-87　偏移直线　　图8-88　修剪图形　　图8-89　偏移直线

（5）单击“默认”选项卡“修改”面板中的“修剪”按钮，修剪和删除多余的线段，结果如图8-90所示。

（6）将“粗实线”图层设置为当前图层。单击“默认”选项卡“绘图”面板中的“直线”按钮，连接图8-90中的点1和点2，绘制斜直线，结果如图8-91所示。

（7）单击“默认”选项卡“修改”面板中的“修剪”按钮，修剪和删除多余的线段，结果如图8-92所示。

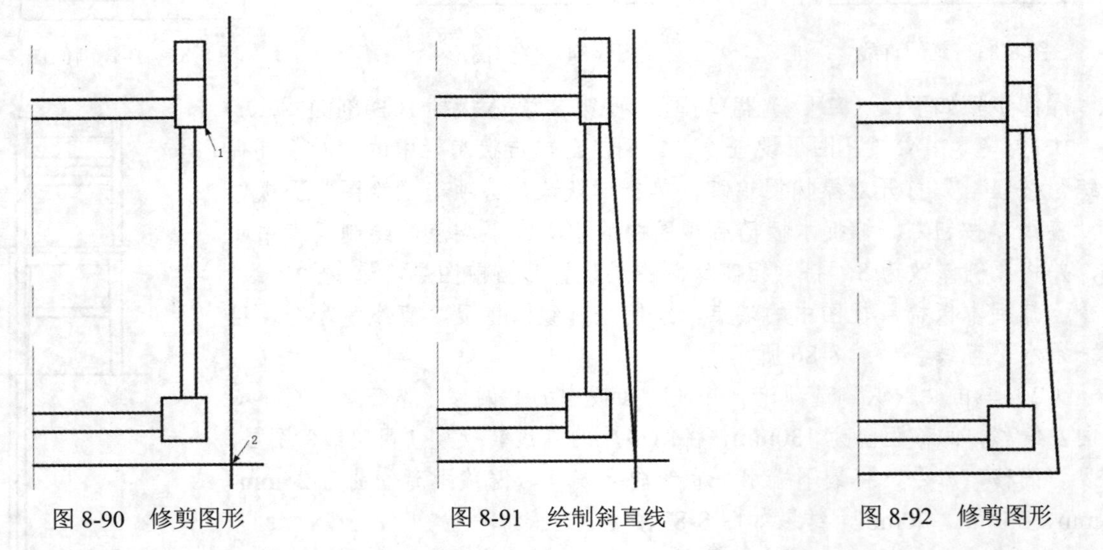

图8-90　修剪图形　　图8-91　绘制斜直线　　图8-92　修剪图形

（8）单击“默认”选项卡“修改”面板中的“镜像”按钮，选取如图8-93所示图形以竖直中心线为镜像线，结果如图8-94所示。

（9）单击“默认”选项卡“绘图”面板中的“圆弧”按钮，在适当位置绘制圆弧线，结果如图8-95所示。

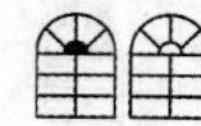

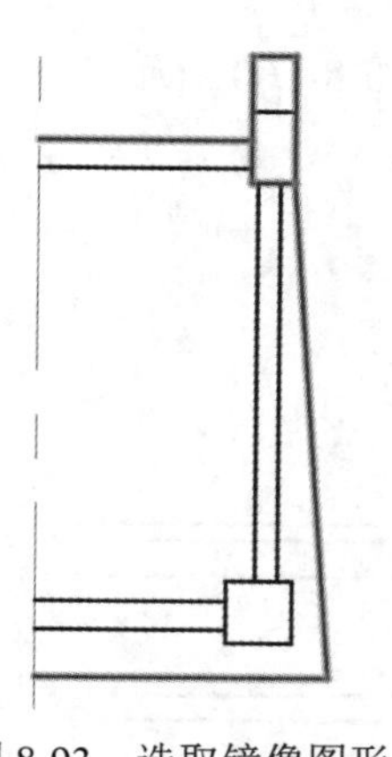

图 8-93　选取镜像图形

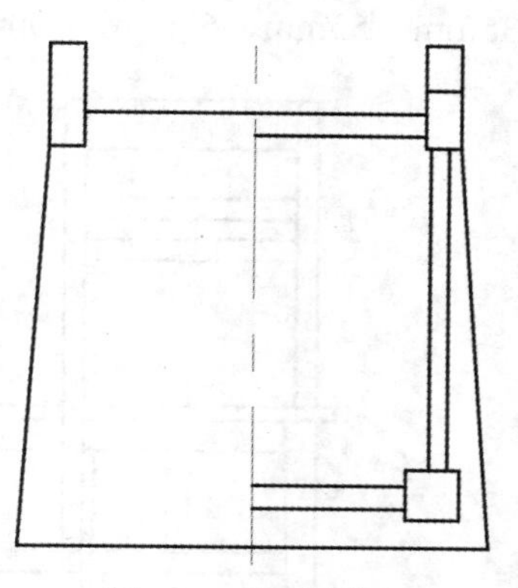

图 8-94　镜像图形

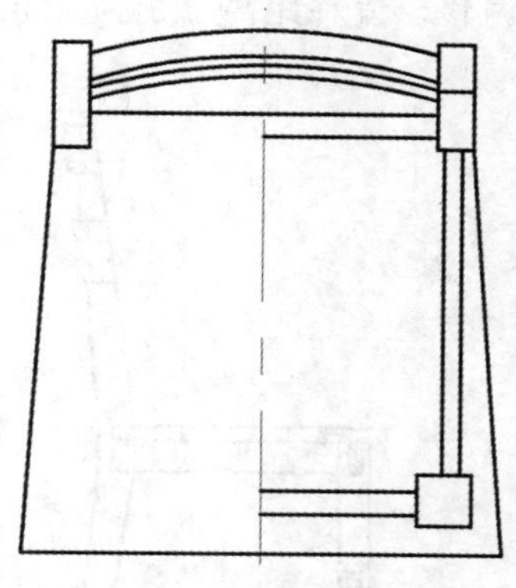

图 8-95　绘制圆弧

（10）单击“默认”选项卡“修改”面板中的“偏移”按钮，将左侧最上端水平线向下偏移，偏移距离为 30mm；单击“默认”选项卡“修改”面板中的“修剪”按钮，修剪和删除多余的线段，结果如图 8-96 所示。

（11）将“木纹”图层设置为当前图层。单击“默认”选项卡“绘图”面板中的“样条曲线拟合”按钮，在上下两端方框内，绘制木纹线，结果如图 8-97 所示。

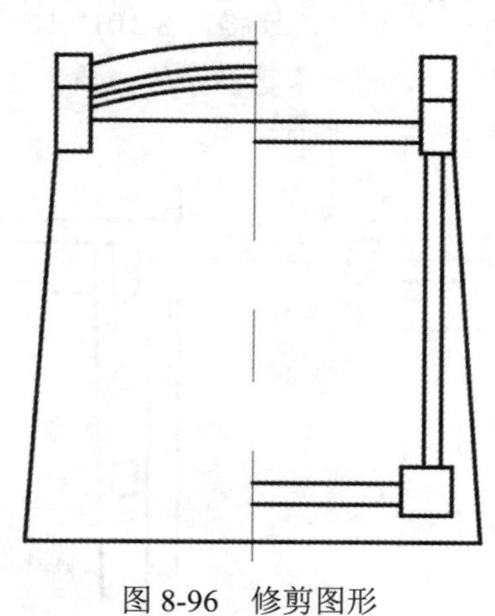

图 8-96　修剪图形

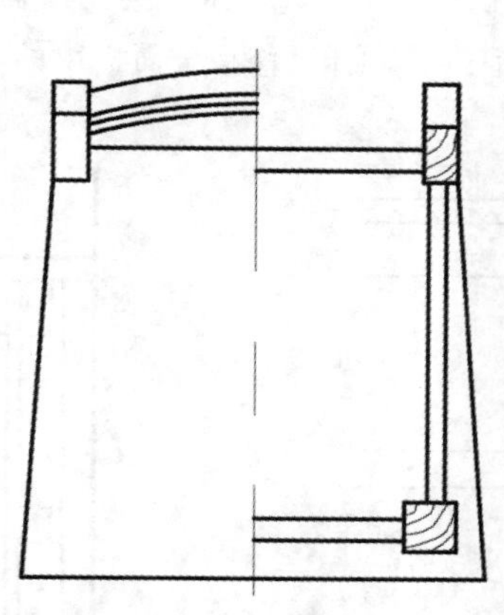

图 8-97　绘制木纹线

8.3.3　绘制木板椅 A-A 剖面图

本节绘制如图 8-98 所示的 A-A 剖面图。首先根据前、后图绘制 A-A 剖面图中的辅助线，再利用“偏移”“修剪”等命令完成椅面和腿的绘制，最后绘制靠背部分。

操作步骤如下：（：光盘\动画演示\第 8 章\木板椅 A-A 剖面图.avi）

（1）将“粗实线”图层设置为当前图层。单击状态栏中的“对象捕捉追踪”按钮，打开对象捕捉追踪，单击“默认”选项卡“绘图”面板中的“直线”按钮，捕捉木板椅后视图中的端点，绘制水平直线；重复“直线”命令，绘制一条竖直线，如图 8-99 所示。

（2）单击“默认”选项卡“修改”面板中的“偏移”按钮，将第（1）步绘制的竖直线向

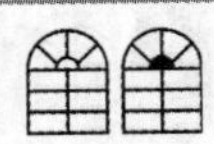

右偏移，偏移距离分别为 25mm、35mm、55mm、60mm、70mm，结果如图 8-100 所示。

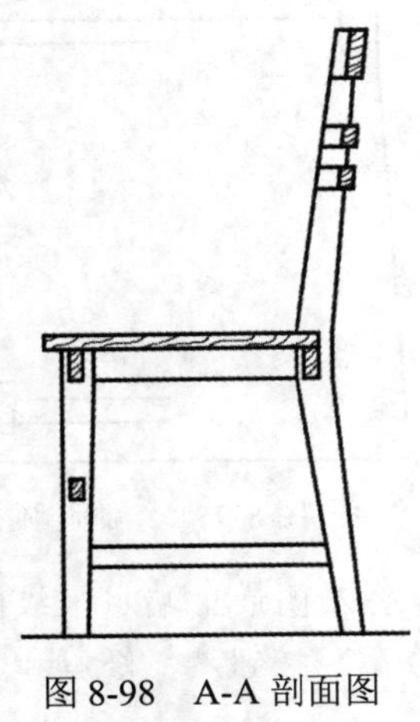

图 8-98　A-A 剖面图

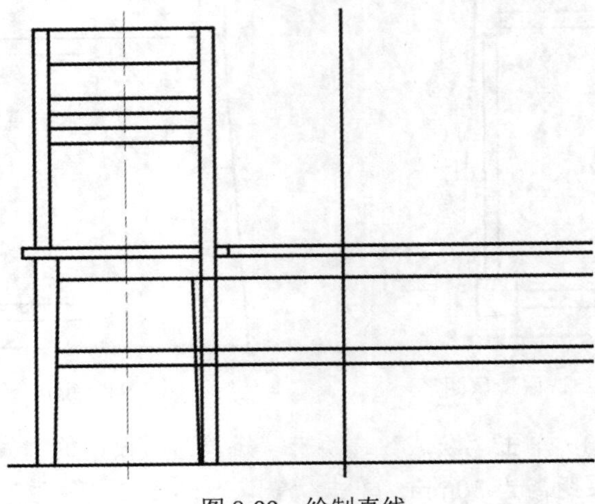

图 8-99　绘制直线

（3）单击“默认”选项卡“修改”面板中的“修剪”按钮，修剪和删除多余的线段，结果如图 8-101 所示。

（4）单击“默认”选项卡“绘图”面板中的“直线”按钮，连接图 8-101 中的点 1 和点 2，然后单击“默认”选项卡“修改”面板中的“修剪”按钮，删除和修剪多余的线段，结果如图 8-102 所示。

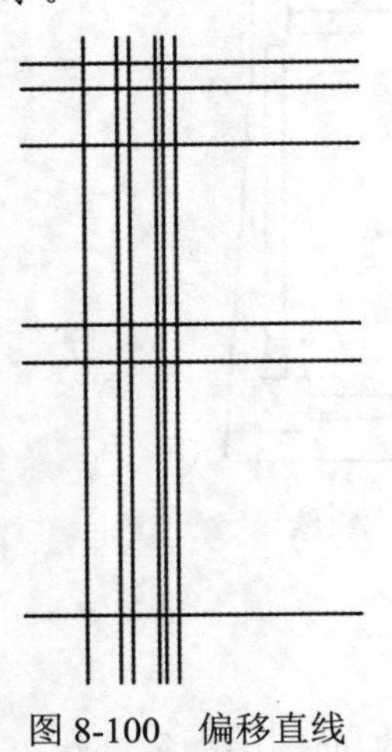

图 8-100　偏移直线

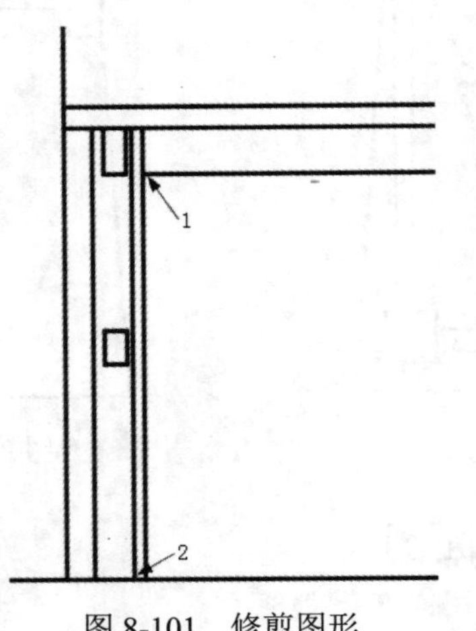

图 8-101　修剪图形

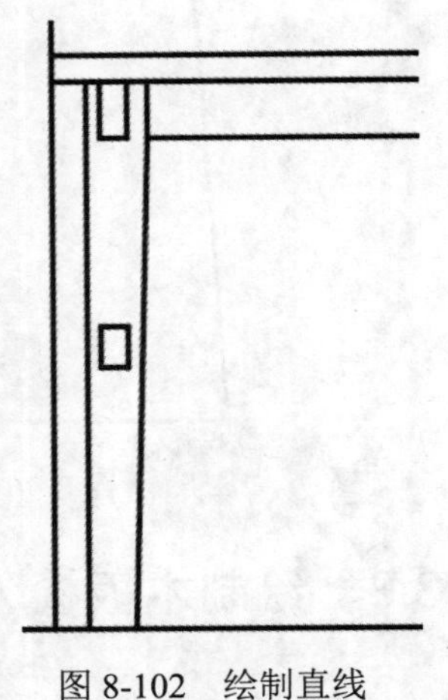

图 8-102　绘制直线

（5）单击“默认”选项卡“修改”面板中的“偏移”按钮，将最左侧的竖直线向右偏移，偏移距离分别为 355mm、365mm、385mm、405mm、415mm、445mm，结果如图 8-103 所示。

（6）单击“默认”选项卡“绘图”面板中的“直线”按钮，连接图 8-103 中的点 1 和点 2、点 3 和点 4，绘制两条斜直线，结果如图 8-104 所示。

（7）单击“默认”选项卡“修改”面板中的“修剪”按钮，删除和修剪多余的线段，结果如图 8-105 所示。

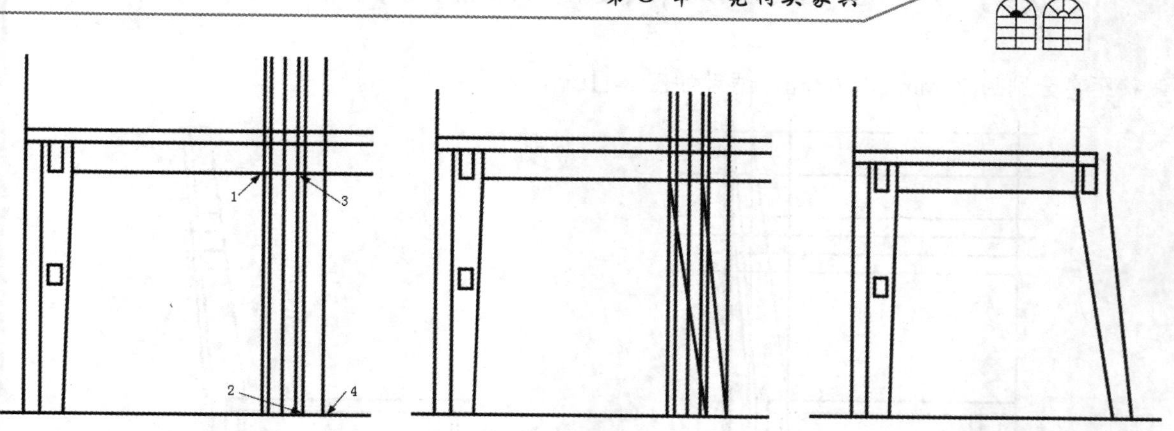

图 8-103　偏移直线　　图 8-104　绘制斜直线　　图 8-105　修剪图形

（8）单击“默认”选项卡“修改”面板中的“偏移”按钮，将最下端的水平直线向上偏移，偏移距离分别为 100mm、130mm；单击“默认”选项卡“修改”面板中的“修剪”按钮，修剪多余线段，结果如图 8-106 所示。

（9）单击“默认”选项卡“绘图”面板中的“直线”按钮，从后视图的端点引出水平直线；然后单击“默认”选项卡“修改”面板中的“偏移”按钮，将最左端的竖直线向右偏移，偏移距离分别为 415mm、445mm、456.5mm（此数是根据 B-B 剖面图中的圆弧的中点到椅面边线的距离，所以此数不是唯一的），结果如图 8-107 所示。

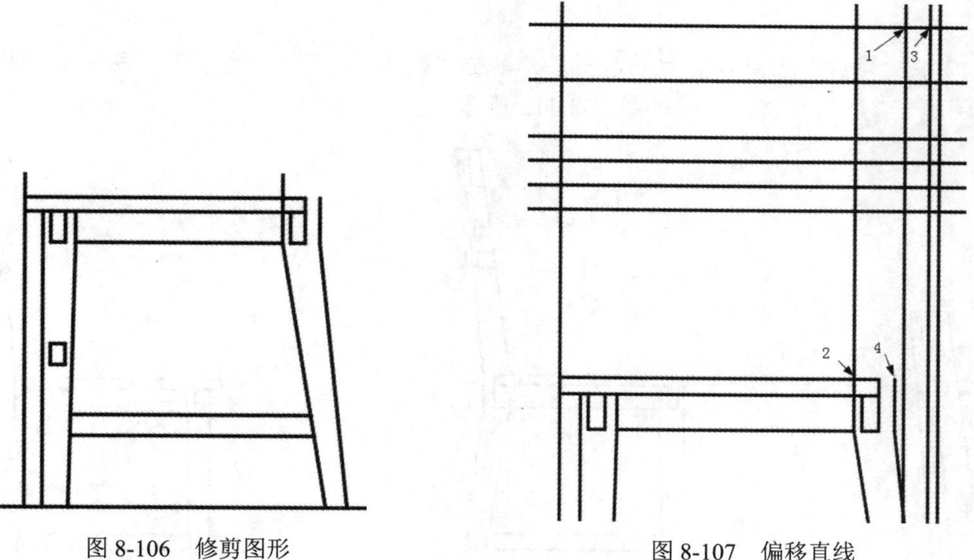

图 8-106　修剪图形　　图 8-107　偏移直线

（10）单击“默认”选项卡“绘图”面板中的“直线”按钮，连接图 8-107 中的点 1 和点 2、点 3 和点 4，绘制斜直线；单击“默认”选项卡“修改”面板中的“偏移”按钮，将连接点 3 和点 4 的斜直线偏移至点 3，结果如图 8-108 所示。

（11）单击“默认”选项卡“修改”面板中的“修剪”按钮和单击“默认”选项卡“修改”面板中的“延伸”按钮，修剪多余线段，并补全缺的线段，结果如图 8-109 所示。

（12）单击“默认”选项卡“修改”面板中的“偏移”按钮，将右侧的斜直线向左偏移，

Note

偏移距离分别为 22mm 和 20mm，结果如图 8-110 所示。

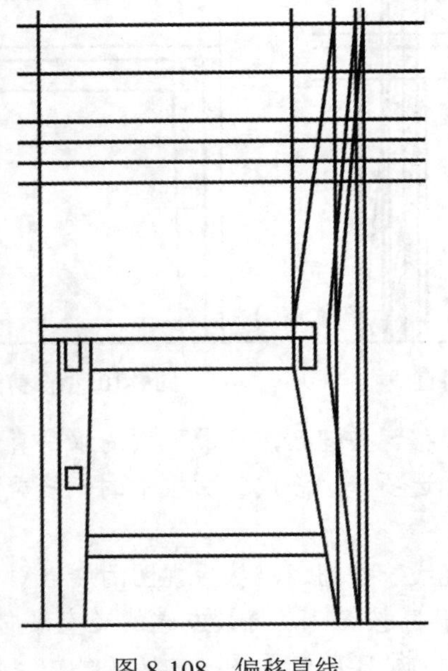

图 8-108　偏移直线

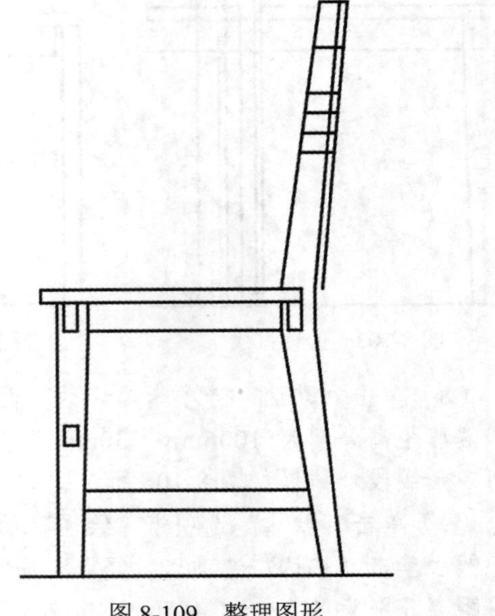

图 8-109　整理图形

（13）单击“默认”选项卡“修改”面板中的“修剪”按钮，修剪多余的线段，结果如图 8-111 所示。

（14）将“木纹”图层设置为当前图层。单击“默认”选项卡“绘图”面板中的“样条曲线拟合”按钮，绘制木纹线，结果如图 8-112 所示。

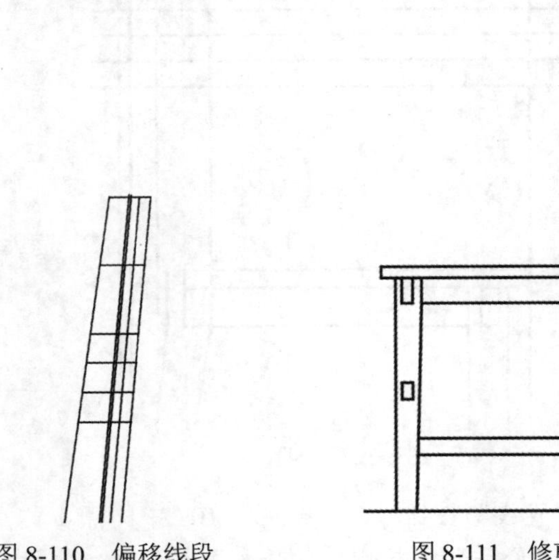

图 8-110　偏移线段

图 8-111　修剪图形

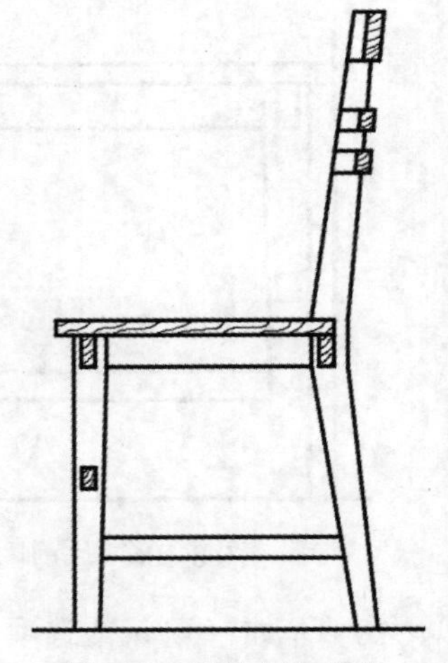

图 8-112　绘制木纹线

8.3.4　标注木板椅尺寸和文字

本节标注木板椅尺寸和文字，如图 8-113 所示。首先设置尺寸样式，然后依次标注前后视图、B-B 剖面图和 A-A 剖面图的尺寸，最后绘制剖切符号和标注剖切文字。

Note

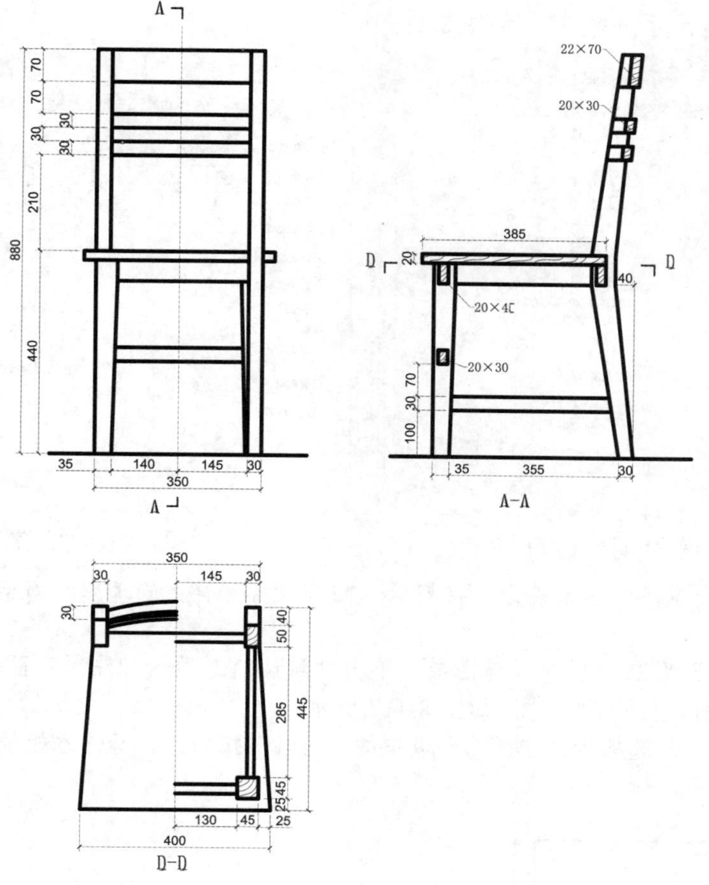

图 8-113　标注尺寸和文字

操作步骤如下：（📹：光盘\动画演示\第 8 章\标注木板椅尺寸和文字.avi）

1. 标注尺寸

（1）单击“默认”选项卡“注释”面板中的“标注样式”按钮，打开“标注样式管理器”对话框，单击“修改”按钮，打开“修改标注样式：ISO-25”对话框，在该对话框中进行如下设置。

☑ “线”选项卡：设置基线间距为 5，超出尺寸线为 10，起点偏移量为 10，如图 8-114 所示。

☑ “符号和箭头”选项卡：设置箭头类型为“建筑标记”，设置箭头大小为 8，如图 8-115 所示。

☑ “文字”选项卡：设置文字高度为 15，从尺寸线偏移为 5，文字对齐

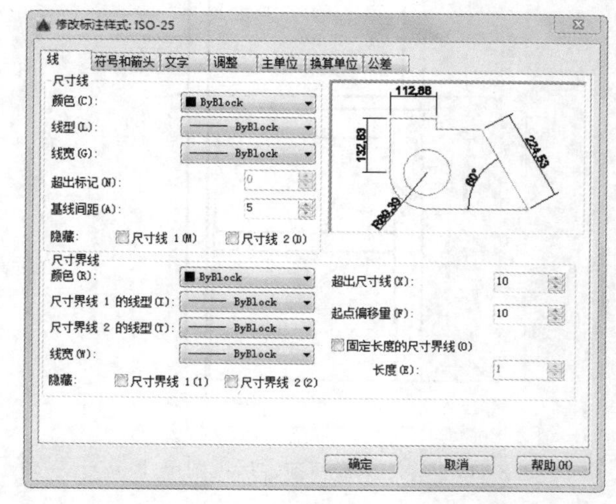

图 8-114　“线”选项卡

方式为“与尺寸线对齐”，如图 8-116 所示。

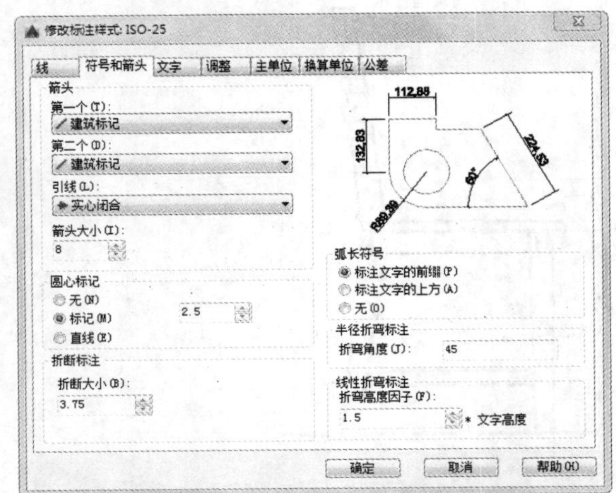

图 8-115 “符号和箭头”选项卡

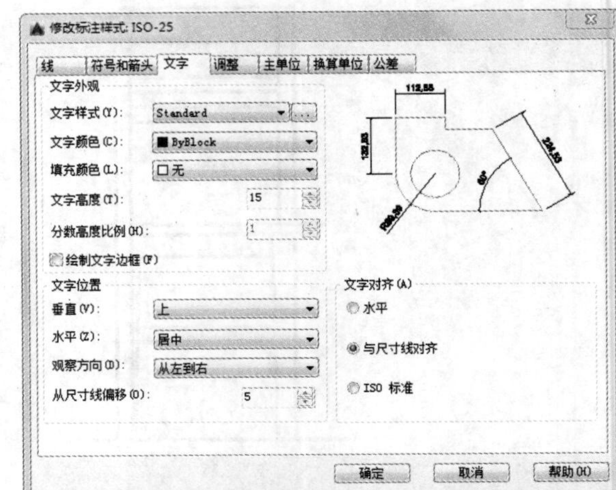

图 8-116 “文字”选项卡

其他采用默认设置，单击“确定”按钮后返回到“标注样式管理器”对话框，单击“关闭”按钮，关闭对话框。

（2）将“尺寸”图层设置为当前图层。单击“默认”选项卡“注释”面板中的“线性”按钮⊢, 标注木板椅前、后视图尺寸，如图 8-117 所示。

（3）单击“默认”选项卡“注释”面板中的“线性”按钮⊢, 标注木板椅 B-B 剖面图尺寸，如图 8-118 所示。

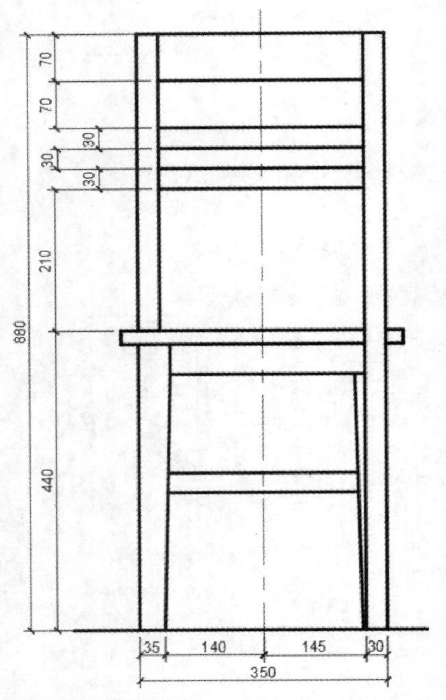

图 8-117 标注木板椅前、后视图尺寸

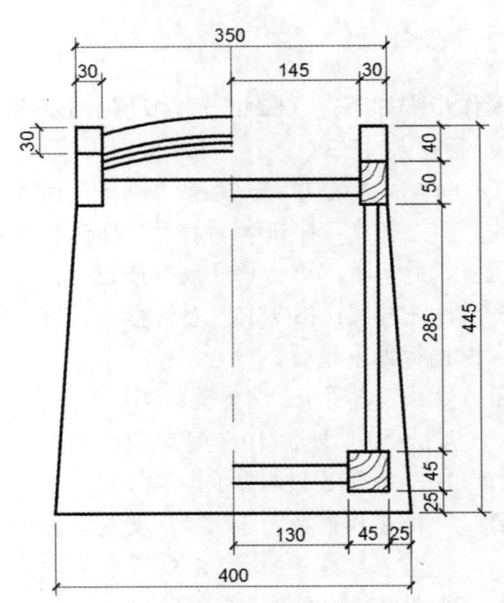

图 8-118 标注木板椅 B-B 剖面图尺寸

（4）单击“默认”选项卡“注释”面板中的“线性”按钮⊢, 标注 A-A 剖面图尺寸，如图 8-119

所示。

（5）单击“默认”选项卡“注释”面板中的“多重引线”按钮，在视图中指定引线箭头的位置，然后指定引线基线的位置，在打开的文字格式编辑器中输入尺寸值，结果如图 8-120 所示。

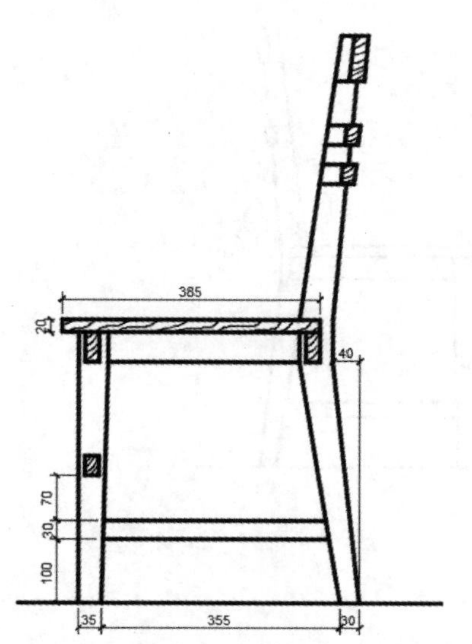

图 8-119 标注 A-A 剖面图的线性尺寸

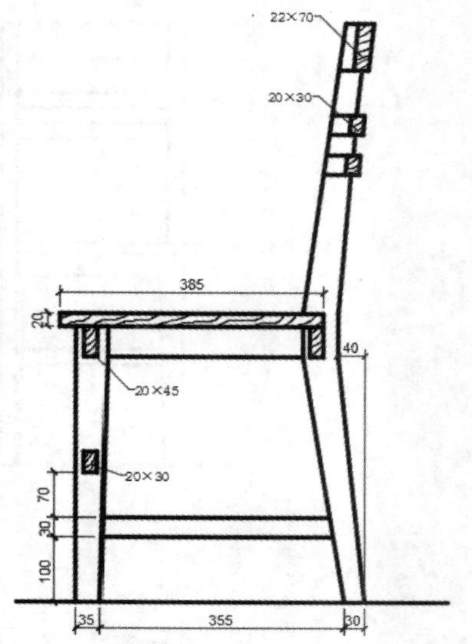

图 8-120 标注多重引线尺寸

2. 绘制剖切符号

（1）单击“默认”选项卡“绘图”面板中的“多段线”按钮，设置宽度为 3，在前、后视图和 A-A 剖面图上绘制剖切符号，结果如图 8-121 所示。

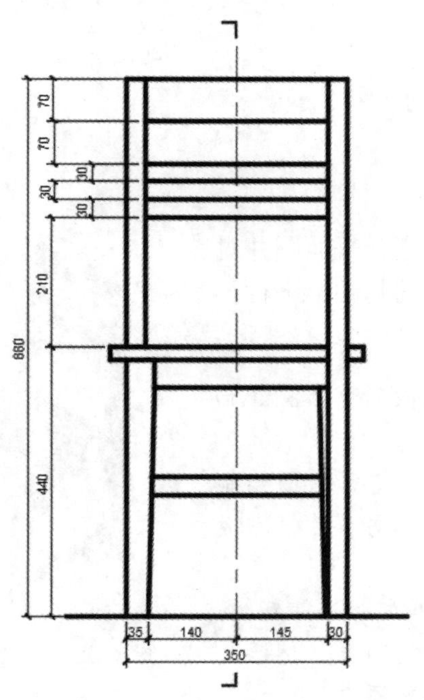

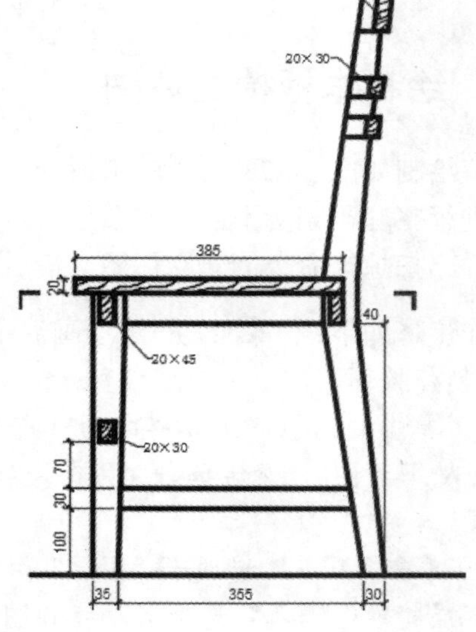

图 8-121 绘制剖切符号

Note

（2）单击“默认”选项卡“注释”面板中的“多行文字”按钮A，指定区域，打开文字编辑器，输入剖切文字，设置高度为30，结果如图8-122所示。

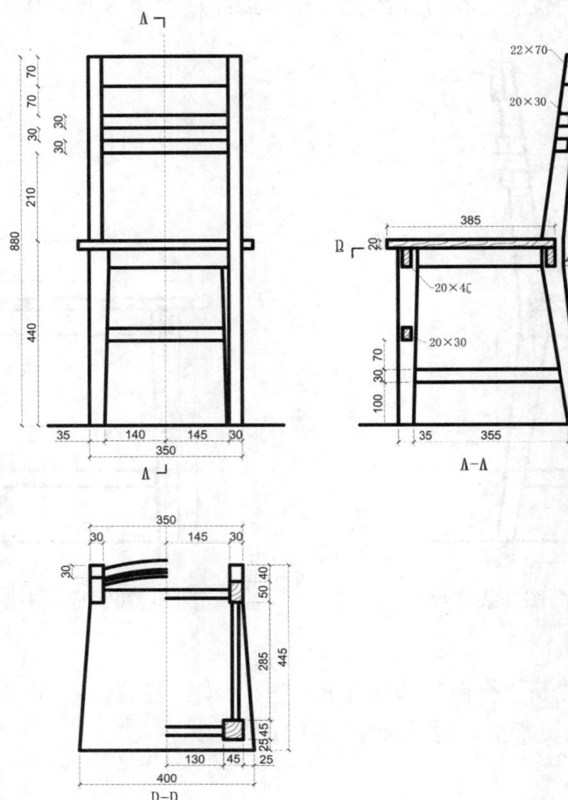

图8-122　标注剖切文字

8.3.5　绘制木板椅立体图

本节绘制如图8-123所示的木板椅立体图。首先打开平面图并对平面图进行整理，删除不需要的图形，然后在平面图的基础上进行拉伸、放样、扫掠等命令创建立体图，最后添加材质。

图8-123　木板椅立体图

操作步骤如下：（：光盘\动画演示\第8章\木板椅立体图.avi）

1. 创建椅面

（1）单击快速访问工具栏中的“打开”按钮，打开前面绘制的“木板椅平面图”，然后单击“另存为”按钮，将其另存为“木板椅立体图”。

（2）单击“默认”选项卡“图层”面板中的“图层特性”按钮，打开“图层特性管理器”选项板，将0图层设置为当前图层，然后关闭“尺寸”、“文字”和“木纹”图层，使尺寸线和填充不可见。

（3）单击“默认”选项卡“绘图”面板中的“直线”按钮，绘制如图8-124所示的直线。

（4）单击“默认”选项卡“绘图”面板中的“面域”按钮，选取图 8-124 中最外侧的直线创建为面域。

（5）将视图切换到西南等轴测视图，单击“三维工具”选项卡“建模”面板中的“拉伸”按钮，将第（4）步创建的面域进行拉伸，拉伸距离为 20mm，如图 8-125 所示。

（6）将视图切换到俯视图，单击“默认”选项卡“绘图”面板中的“直线”按钮，绘制如图 8-126 所示的直线。

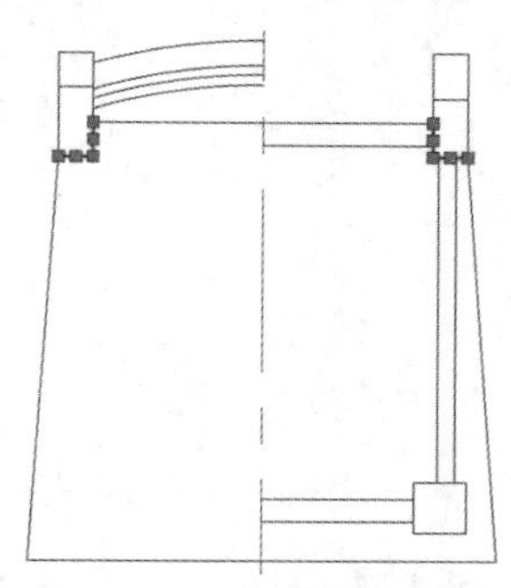

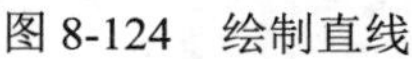

图 8-124　绘制直线

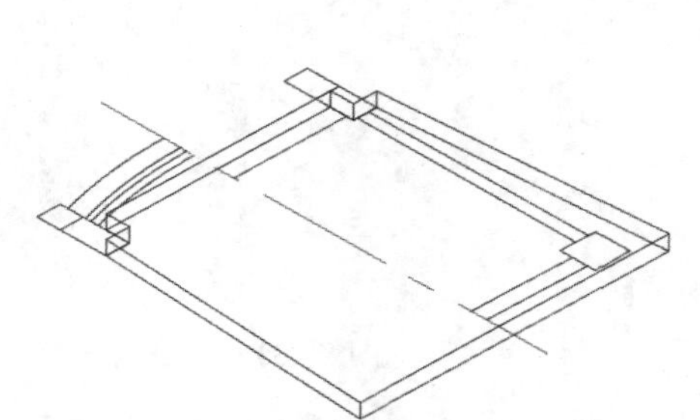

图 8-125　创建拉伸体

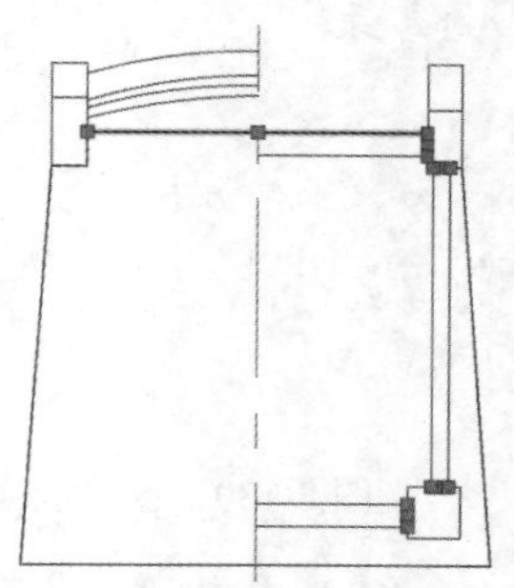

图 8-126　绘制直线

（7）单击“默认”选项卡“修改”面板中的“镜像”按钮，选取如图 8-127 所示的图形为镜像对象，选取中心线为镜像线，结果如图 8-128 所示。

（8）单击“默认”选项卡“绘图”面板中的“面域”按钮，分别选取图 8-128 中 4 个区域创建为面域。

（9）将视图切换到西南等轴测视图，单击“三维工具”选项卡“建模”面板中的“拉伸”按钮，将第（8）步创建的面域进行拉伸，拉伸距离为-45mm，如图 8-129 所示。

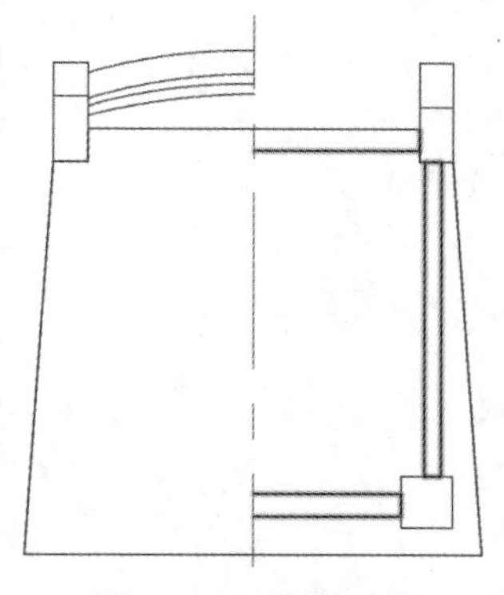

图 8-127　选取对象

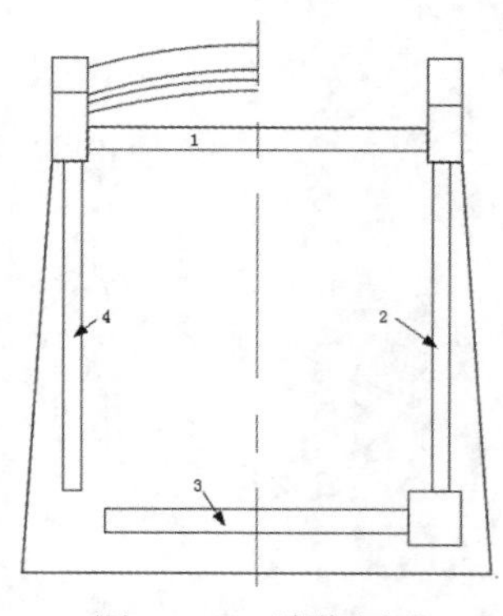

图 8-128　镜像图形

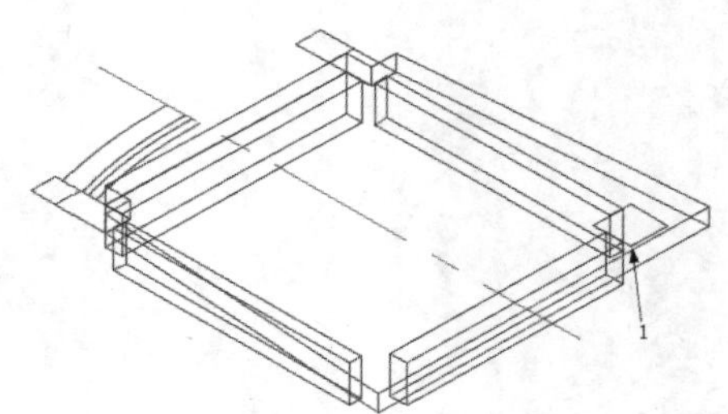

图 8-129　创建拉伸体

2. 创建椅子腿

（1）在命令行中输入“UCS”命令，将坐标点移动到图 8-129 中的点 1 处；单击“默认”选项卡“绘图”面板中的“矩形”按钮，以（0,0,-420）为第一角点，绘制 45×35 的矩形。

（2）单击“默认”选项卡“绘图”面板中的“面域”按钮，将图 8-129 中区域 1 创建为面域。单击“三维工具”选项卡“建模”面板中的“放样”按钮，选取面域和第（1）步创建的矩形为放样截面，结果如图 8-130 所示。

（3）在命令行中输入“mirror3d”命令，选取第（2）步创建的拉伸体为镜像对象，选取第

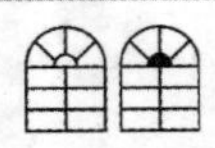

一个拉伸体两侧面的中点创建镜像平面，结果如图 8-131 所示。

（4）将视图切换到俯视图，单击“默认”选项卡“修改”面板中的“修剪”按钮和“延伸”按钮，整理侧立面图，结果如图 8-132 所示。

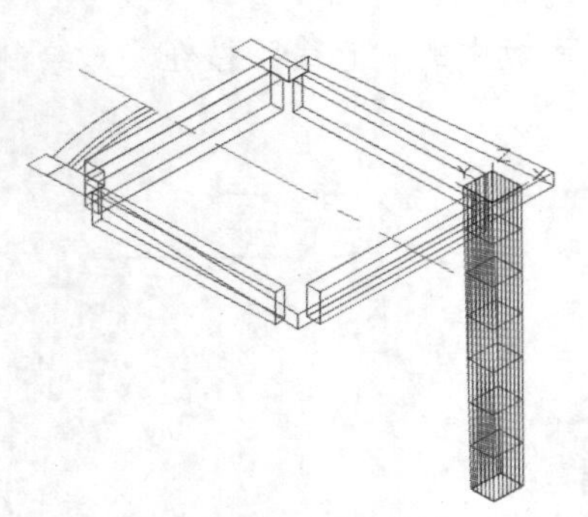

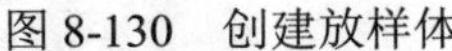

图 8-130　创建放样体

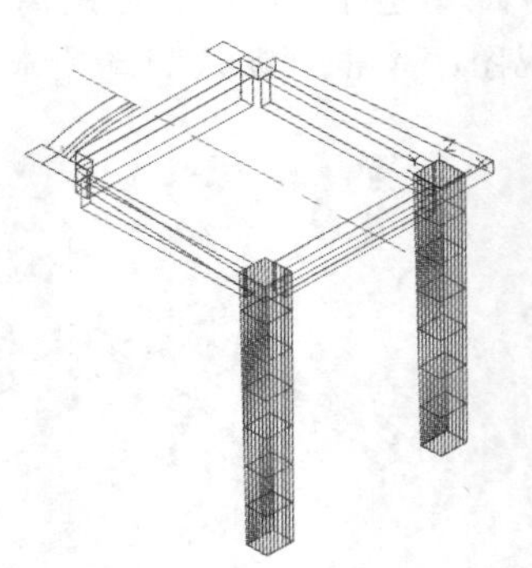

图 8-131　镜像椅腿

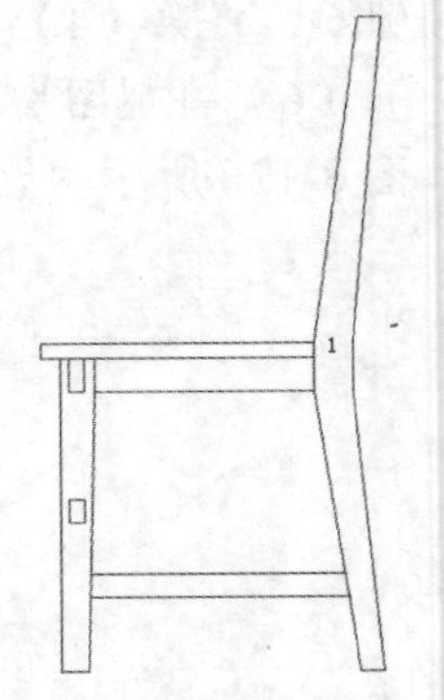

图 8-132　整理图形

（5）单击“默认”选项卡“绘图”面板中的“面域”按钮，将图 8-132 中区域 1 创建为面域。

（6）将视图切换到西南等轴测视图，单击“三维工具”选项卡“建模”面板中的“拉伸”按钮，将第（5）步创建的面域进行拉伸，拉伸距离为 30mm，如图 8-133 所示。

（7）在命令行中输入“3drotate”命令，将拉伸体绕 X 轴旋转 90°，然后再绕 Z 轴旋转 90°，结果如图 8-134 所示。

（8）在命令行中输入“3dmove”命令，将拉伸体从图 8-134 中的点 1 移动到点 2，结果如图 8-135 所示。

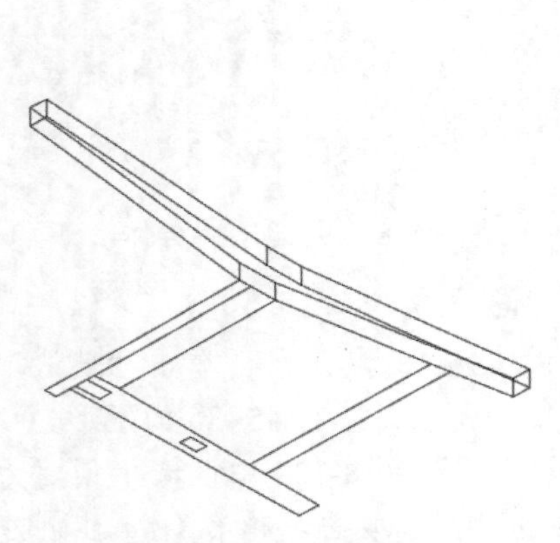

图 8-133　创建拉伸体

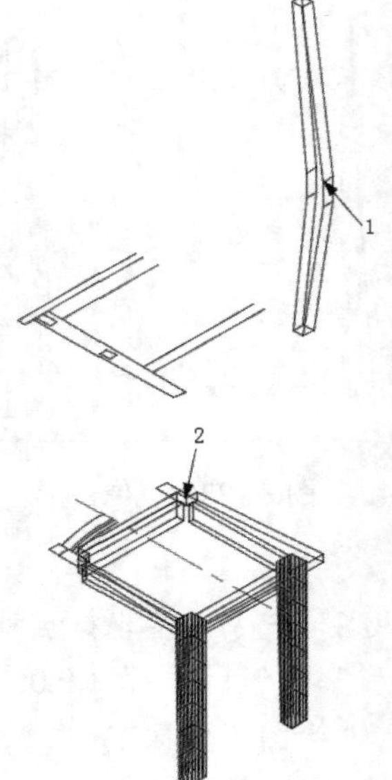

图 8-134　旋转拉伸体

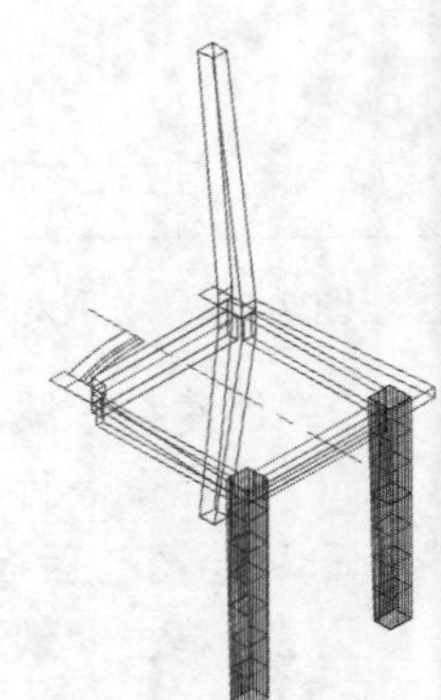

图 8-135　移动拉伸体

（9）在命令行中输入“mirror3d”命令，选取第（8）步创建的拉伸体为镜像对象，选取第

一个拉伸体两侧面的中点创建镜像平面，消隐后结果如图 8-136 所示。

（10）在命令行中输入“UCS”命令，捕捉图 8-136 所示的点 1 为坐标原点，然后再绕 Y 轴旋转 90°。

（11）单击“三维工具”选项卡“建模”面板中的“长方体”按钮，以（-200,10,0）和（@40,20,280）为角点绘制长方体，结果如图 8-137 所示。

（12）在命令行中输入“UCS”命令，捕捉图 8-137 所示的点 1 为坐标原点，然后再绕 X 轴旋转 90°。

（13）单击“三维工具”选项卡“建模”面板中的“长方体”按钮，以（-100,5,10）和（@-30,30,-370）为角点绘制长方体。

（14）在命令行中输入“mirror3d”命令，选取第（13）步创建的长方体为镜像对象，选取第一个拉伸体两侧面的中点创建镜像平面，消隐后结果如图 8-138 所示。

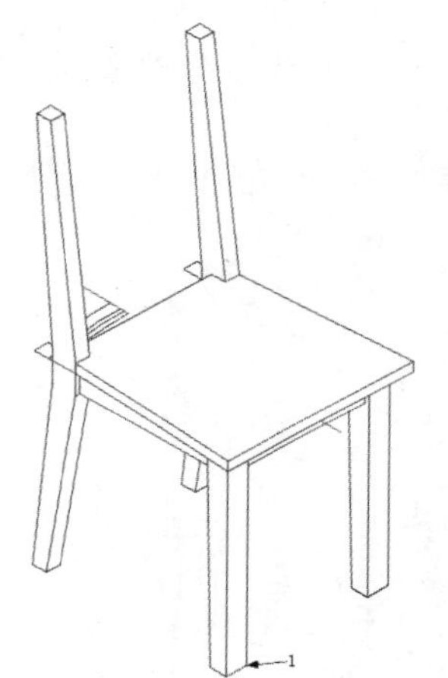

图 8-136　镜像拉伸体

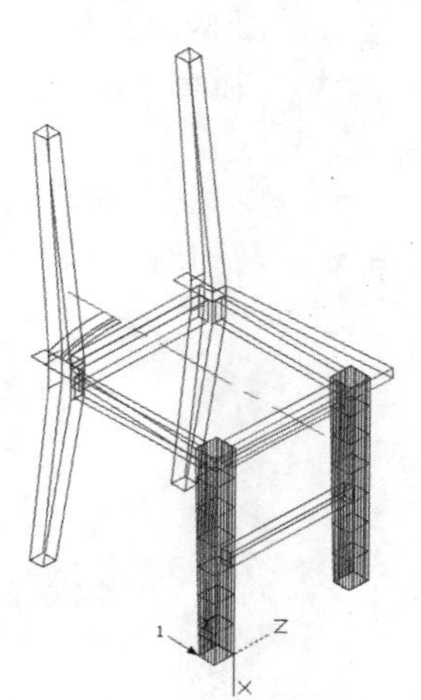

图 8-137　创建长方体

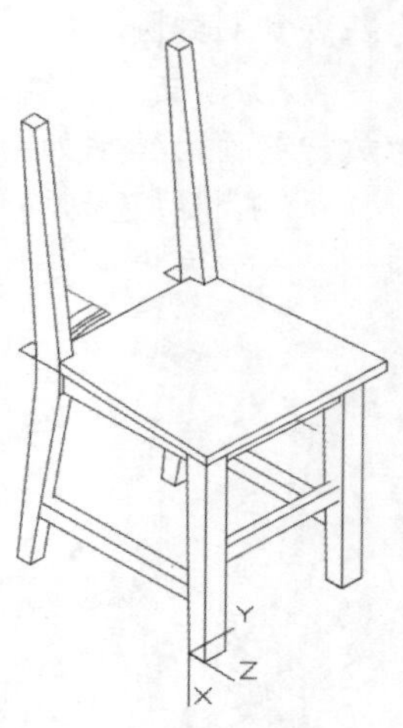

图 8-138　镜像长方体

3. 创建靠背

（1）将视图切换至左视图，单击“三维工具”选项卡“实体编辑”面板中的“复制边”按钮，选取左上端点为基点，并在基点处复制如图 8-139 所示的边。

（2）单击“默认”选项卡“修改”面板中的“偏移”按钮，将复制后的水平直线向下偏移，偏移距离为 70mm；重复“偏移”命令，将复制后的斜直线向右偏移，偏移距离为 22mm；单击“默认”选项卡“修改”面板中的“修剪”按钮，修剪多余的线段，结果如图 8-140 所示。

（3）单击“默认”选项卡“绘图”面板中的“面域”按钮，将第（2）步创建的图形创建为面域。

（4）将视图切换至俯视图；单击“默认”选项卡“修改”面板中的“镜像”按钮，选取最外侧的半圆弧线，以竖直中心线为镜像线进行镜像；单击“默认”选项卡“修改”面板中的“编辑多段线”按钮，将镜像前和镜像后的圆弧线合并为一条多段线，结果如图 8-141 所示。

（5）将视图切换至西南等轴测视图，单击“默认”选项卡“修改”面板中的“移动”按钮，将第（4）步创建的多段线移动到椅子的左侧端点处。重复“移动”命令，将图 8-140 中的图形复制到多段线的端点处。

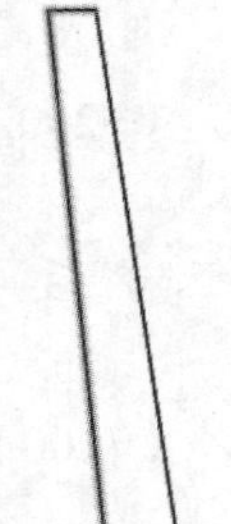
图 8-139 复制边

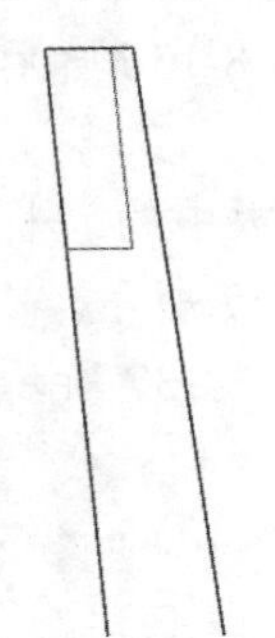
图 8-140 修剪图形

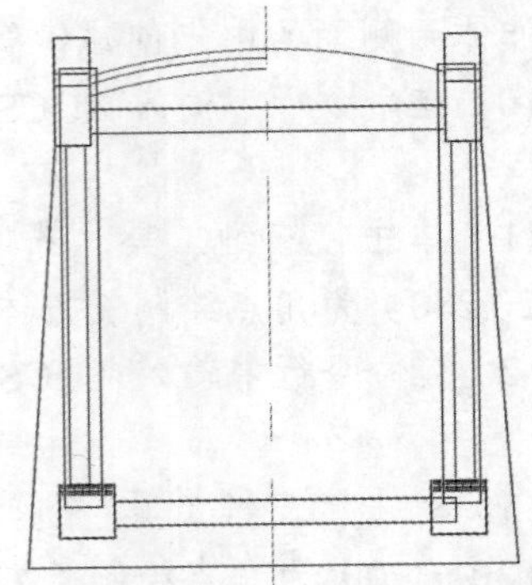
图 8-141 创建多段线

（6）单击“默认”选项卡“修改”面板中的“复制”按钮，将移动后的面域以左上端点为基点复制到圆弧的节点和端点处，结果如图 8-142 所示。

（7）单击“三维工具”选项卡“建模”面板中的“放样”按钮，选取面域和创建的矩形为放样截面，结果如图 8-143 所示。

（8）将视图切换至左视图，单击“三维工具”选项卡“实体编辑”面板中的“复制边”按钮，选取左上端点为基点，并在基点处复制如图 8-144 所示的边。

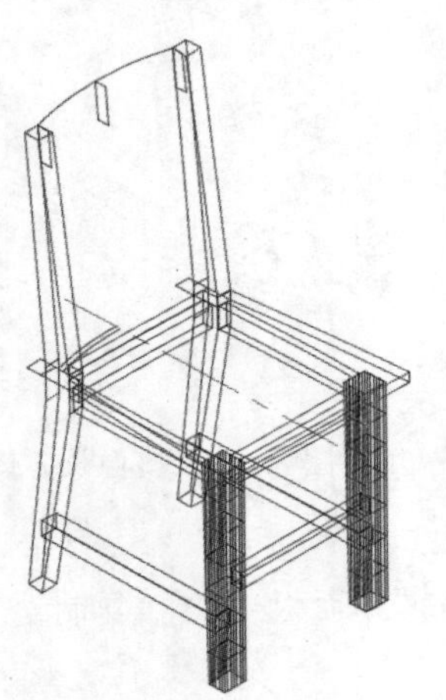
图 8-142 复制面域

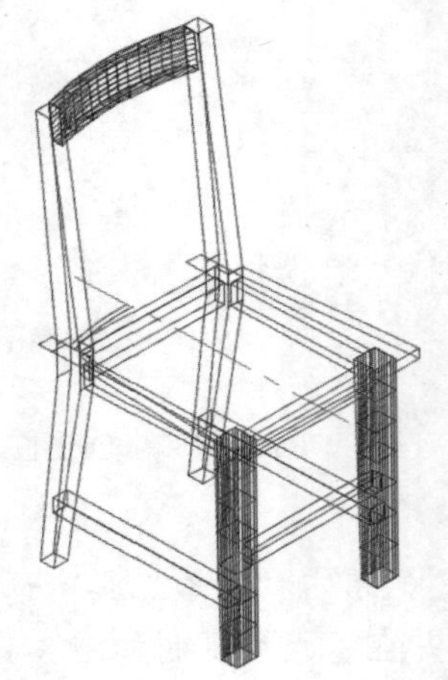
图 8-143 放样实体

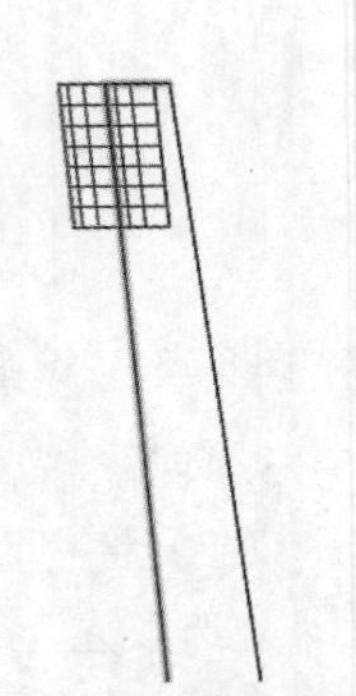
图 8-144 复制边

（9）单击“默认”选项卡“修改”面板中的“偏移”按钮，将复制后的水平直线向下偏移，偏移距离分别为 140mm 和 170mm；重复“偏移”命令，将复制后的斜直线向右偏移，偏移距离为 20mm；单击“默认”选项卡“修改”面板中的“修剪”按钮和“延伸”按钮，修剪多余的线段并延伸线段使其成为封闭的图形，切换到西南等轴测视图，结果如图 8-145 所示。

（10）单击“默认”选项卡“绘图”面板中的“面域”按钮，将第（9）步创建的图形创建为面域。单击“默认”选项卡“修改”面板中的“移动”按钮，选取第（9）步绘制的图形为移动对象，选取图 8-145 中的点 1 为基点，将图形向 Z 轴方向移动-30mm，结果如图 8-146 所示。

（11）将视图切换至俯视图。单击“默认”选项卡“修改”面板中的“镜像”按钮，选取最外侧的半圆弧线，以竖直中心线为镜像线进行镜像；单击“默认”选项卡“修改”面板中的“编辑多段线”按钮，将镜像前和镜像后的圆弧线合并为一条多段线，结果如图 8-147 所示。

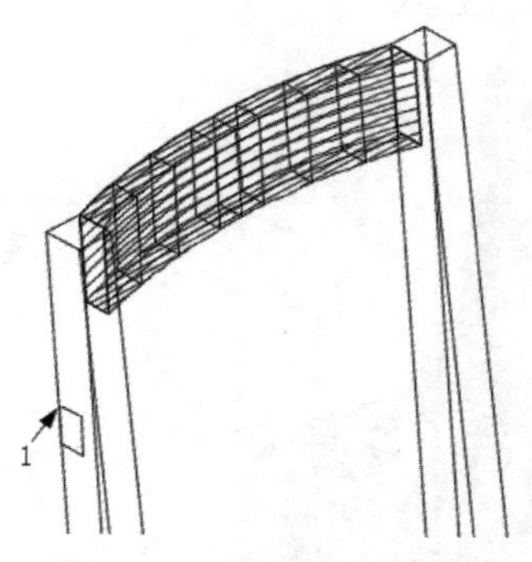

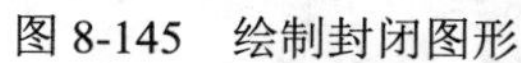

图 8-145　绘制封闭图形

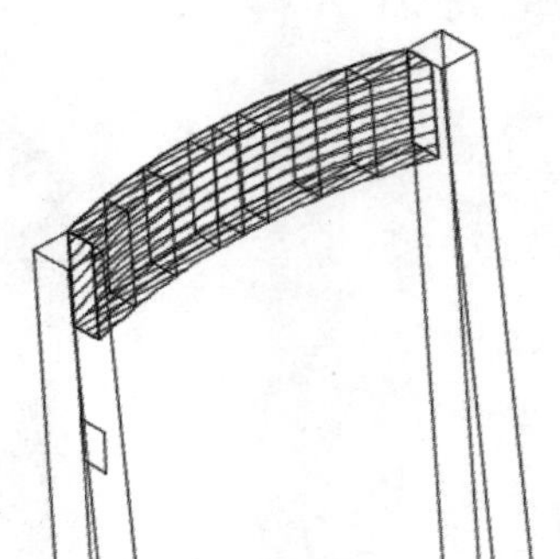

图 8-146　移动图形

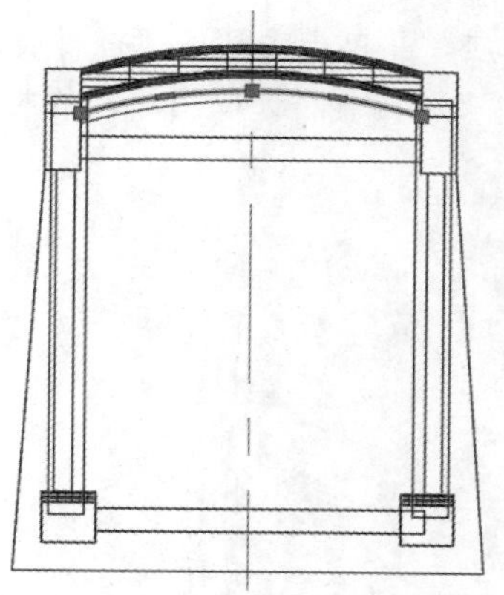

图 8-147　合并圆弧

（12）将视图切换至西南等轴测视图，单击“默认”选项卡“修改”面板中的“移动”按钮，将第（11）步创建的多段线移动到椅子的面域的外侧上端点处。

（13）单击“默认”选项卡“修改”面板中的“复制”按钮，将移动后的面域以左上端点为基点复制到圆弧的节点和端点处，结果如图 8-148 所示。

（14）单击“三维工具”选项卡“建模”面板中的“放样”按钮，选取面域和前面创建的矩形为放样截面，消隐后结果如图 8-149 所示。

（15）重复第（8）步～第（14）步，创建如图 8-150 所示的放样体，具体尺寸可以参照平面图。

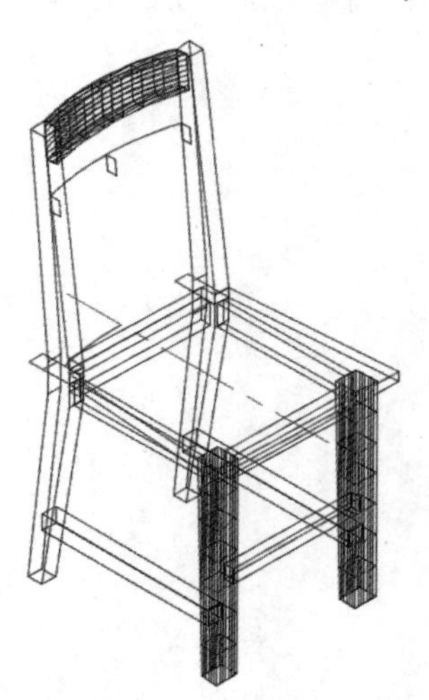

图 8-148　复制面域

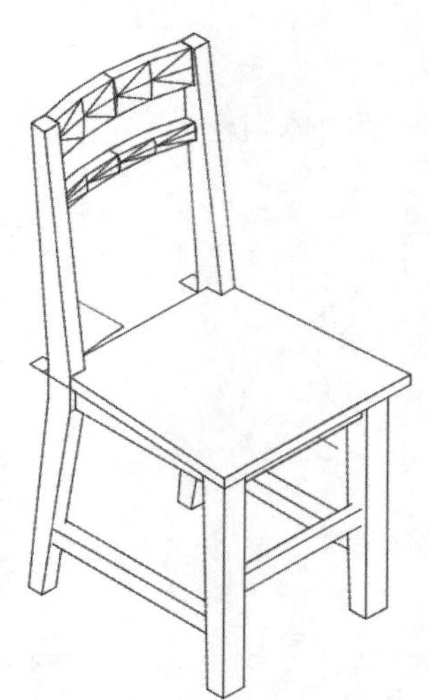

图 8-149　放样实体

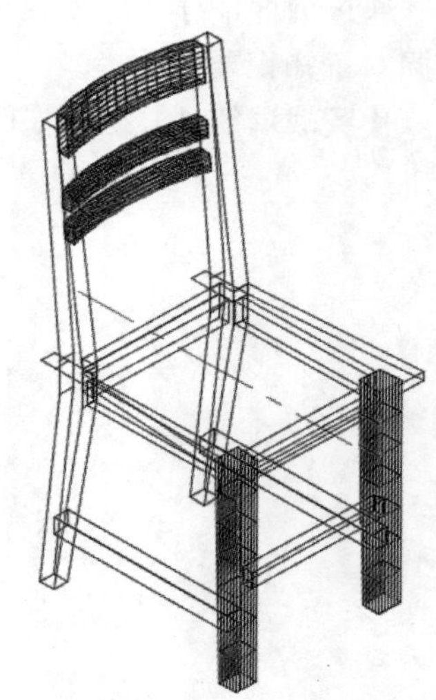

图 8-150　创建放样体

（16）关闭 0 层，删除视图中多余的线段，然后打开 0 图层，消隐后的木板椅如图 8-151 所示。

4. 渲染图形

（1）单击视图界面左上角的“视觉样式控件”下拉菜单中的“真实”样式。

（2）单击“可视化”选项卡“材质”面板中的“材质浏览器”按钮，弹出“材质浏览器”选项板，选择“主视图”/“Autodesk 库”/“木材”，然后选择“樱桃木-深色着色中光泽实心”

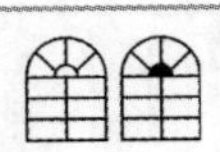

材质，并单击旁边的“将材质添加到文档中”按钮，将材质添加到材质浏览器的上端“文档材质”列表中，选取刚添加的材质，拖动到视图中椅子上，如图 8-152 所示。

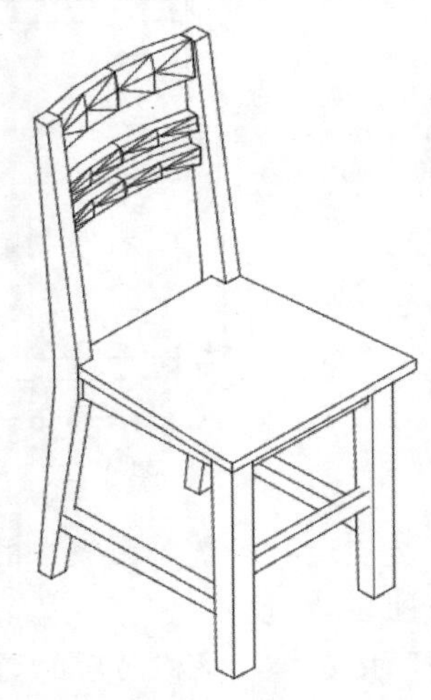

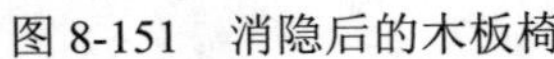

图 8-151　消隐后的木板椅

图 8-152　添加材质

8.4　实 战 演 练

通过前面的学习，读者对本章知识也有了大体的了解，本节通过几个操作练习使读者进一步掌握本章知识要点。

【实战演练 1】绘制如图 8-153 所示的休闲椅。

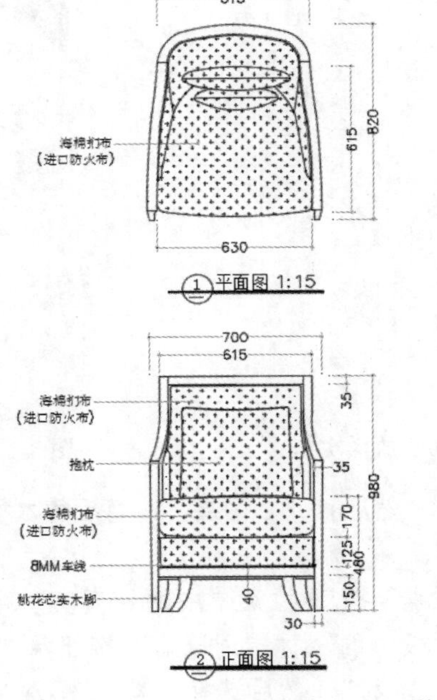

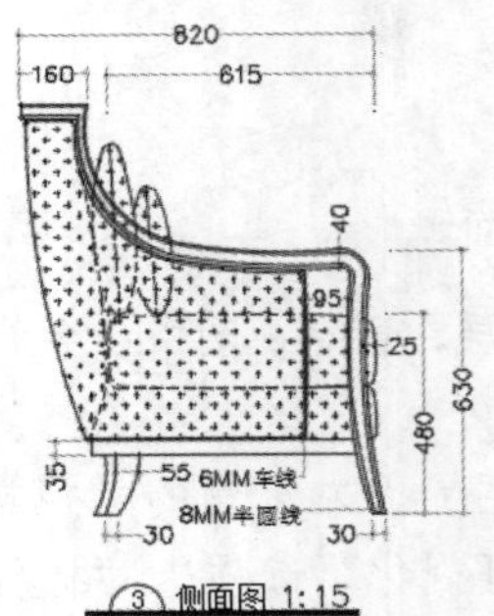

图 8-153　休闲椅

1．目的要求

本实例主要要求读者通过练习进一步熟悉和掌握椅凳类图形的绘制方法。通过本实例，可以帮助读者学会完成休闲椅绘制的全过程。

2．操作提示

（1）绘制正立面图。

（2）绘制侧面图。

（3）绘制平面图。

（4）标注尺寸和文字。

【实战演练 2】绘制如图 8-154 所示的办公椅。

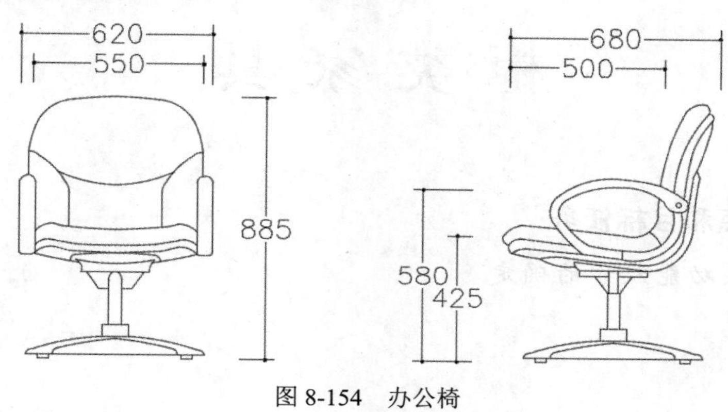

图 8-154　办公椅

1．目的要求

本实例主要要求读者通过练习进一步熟悉和掌握椅凳类图形的绘制方法。通过本实例，可以帮助读者学会完成办公椅绘制的全过程。

2．操作提示

（1）绘制正立面图。

（2）绘制侧面图。

（3）标注尺寸。

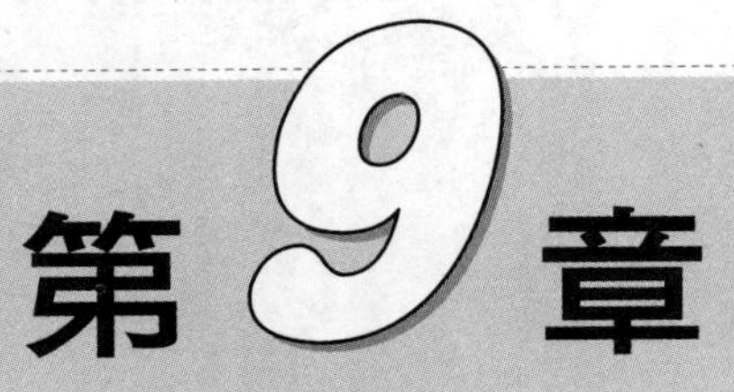

第9章 柜类家具

本章学习要点和目标任务：

☑ 柜类家具功能尺寸的确定

☑ 床头柜

☑ 储物柜

柜类家具包括衣柜、书柜、餐柜、音响柜、博古柜、床头柜等，它的基本功能是储存物品。

9.1　柜类家具功能尺寸的确定

柜类家具的设计要求以能存放数量充分、存放方式合理、存取方便、容易清洁整理、占据室内空间较小为原则，因此我们需对存放物品的规格尺寸、存放方式、物品使用要求以及使用过程人体活动规律等有充分的了解，以便于设计。

1．柜类家具的基本尺寸（见图 9-1）

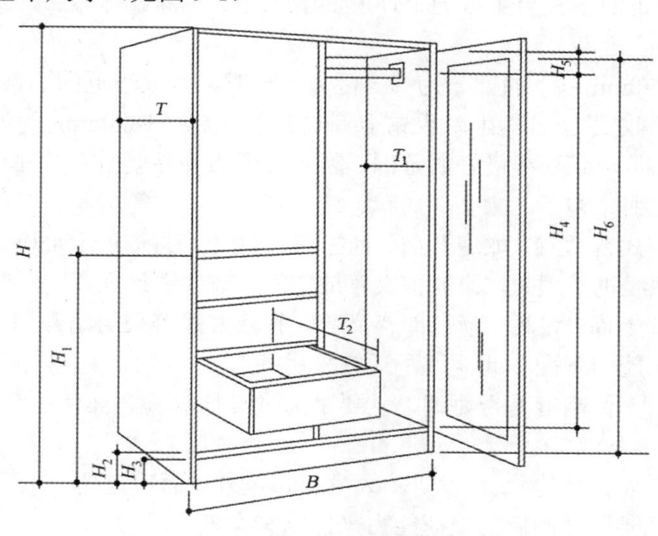

图 9-1　柜类家具的基本尺寸

B 柜的宽度　　*T* 柜的深度　　T_1 挂衣空间的深度　　T_2 抽屉的深度

H 柜的高度　　H_1 顶层屉面上沿离地面的高度　　H_2 底层屉面下沿离地面的高度

H_3 亮脚柜类家具底部离地面的净高度，或围板式底脚柜类家具的柜体底面离底地面的高度

H_4 挂衣棍上沿至地板内表面之间的距离

H_5 挂衣棍上沿至顶板内表面之间的距离

H_6 衣镜上沿离地面的高度

2．存放物品的规格尺寸

人们的生活用品是丰富多彩的，各类物品有不同的规格尺寸，有的比较单调固定，有的却多种多样，而且经常变化。所以在设计家具时应该根据实际情况具体分析，以求找到存放物品的最佳尺寸值。

3．物品存放方式及使用要求

为了提高柜类家具储存的合理性，应该充分考虑柜橱存放物品的存放方式，如对于衣柜，首先要确定衣服是折叠平放还是用衣架悬挂。又如对书刊文献，特别是线装书，要考虑是平放或是竖放。有些物品是斜置的，如期刊陈列架或鞋柜，要根据物品倾斜的程度和物品的规格尺寸，方可确定搁板的平面尺寸。

柜类家具的设计还必须充分考虑不同物品的使用要求。如食品的储存，在没有电冰箱的条件下，一般人家都是用碗柜储存生、熟菜和其他食品的。这类食品要求通风条件好，防止变馊变质，

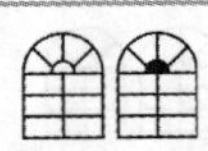

所以其门窗一般是装上窗纱，而不是装玻璃。又如电视机柜，除了具备散热条件外，还必须符合电视机的使用条件，结构布局要便于使用者调整电视机，搁板高度要适合观看。对于多功能的多用柜、组合柜、博古柜等橱柜，还要考虑使用过程的程序，如带翻板门的多用柜，当一块翻板放下成为写字桌面时，在它的下部若放置常用物品，就会妨碍物品的存取。

Note

4．柜类家具的高度

柜类家具的高度主要是根据人体高度来确定的。柜类家具与人体的尺度关系是以人站立时，手臂的上下动作的幅度为依据，通常分为 3 个区域：从地面至人站立时手臂垂下指尖的垂直距离为第一区域；从手臂垂下的指尖至手臂向上伸展的最大距离为第二区域；第二区域以上超高空间为第三区域。

按我国的习惯，650mm 以下的部分为第一区域，一般可存放较重的不常用的物品，如箱子、鞋子、大瓶子等物品。收藏方式常用扇开式门或推拉门。650～1850mm 为第二区域，这是两手最边缘到达的高度，也是两眼视线最好的范围，因此常用的物品就应存放在这一区域，一般可存放日常生活用品，如衣服、帽子、罐头、酱料、碗、筷、叉、勺等文具、书报、电视音响等。在此区域采用各种收藏方式皆适宜，如扇开门、拖拉门、翻门、抽屉等。1850mm 以上为第三区域，这个区域使用不便，视线也不理想，但能扩大存放空间，节约占地面积，一般可存放较轻的过节的物品，如棉絮、备用食品和餐具、消耗库存品等。收藏方式可采用扇开门、拖拉门。若采用翻门，门只能向上翻而不能向下翻，此区域不适宜采用抽屉。

柜类家具的高度与人体高度是否协调，主要是通过设计家具各部件的高度得以实现。

5．柜类家具的宽度与深度

柜的宽度是根据存放物品的种类、大小、数量和布置方式而决定的，对于荷重较大的物品柜，如电视柜、书柜等，还要根据搁板的载荷能力来控制其宽度。

柜子的深度主要按搁板的深度而定，另外加上门板与搁板之间的间隙。搁板的深度要根据存放物品的规格尺寸而定。除此之外，如果柜门反面要挂放如伞、镜框、领结之类物品时，柜子还需适当增加深度。一般柜深不超过 600mm，否则存取物品不方便，柜内光线也差。

设计柜类家具的宽度与深度，除了要考虑以上因素外，人造板材的合理裁割与设计家具系列化问题也是必须考虑的因素。另外柜类体积给人的视感也应考虑，从单体家具看，过大的柜体与人的感情较疏远，在视觉上似如一道墙，体验不到通过使用它而带来的亲切感，而且过大的柜体势必占用室内较多的空间，影响整个室内布局。

9.2 床 头 柜

床头柜是卧房家具中的小角色，它一左一右，心甘情愿地衬托着卧床，就连它的名字也是因补充床的功能而产生。一直以来床头柜因为它的功用而存在，收纳一些日常用品，放置床头灯。随着床的变化和个性化壁灯的设计，使床头柜的款式也随之丰富，装饰作用显得比实用性更重要了。

本节主要介绍床头柜二维图形和三维图形的绘制方法，首先绘制立面图、侧立面图、平面图，并对其标注尺寸和文字，然后在立面图的基础上通过拉伸、三维旋转、移动和复制等命令再根据其他两个视图的尺寸创建床头柜的三维图形，如图 9-2 所示。

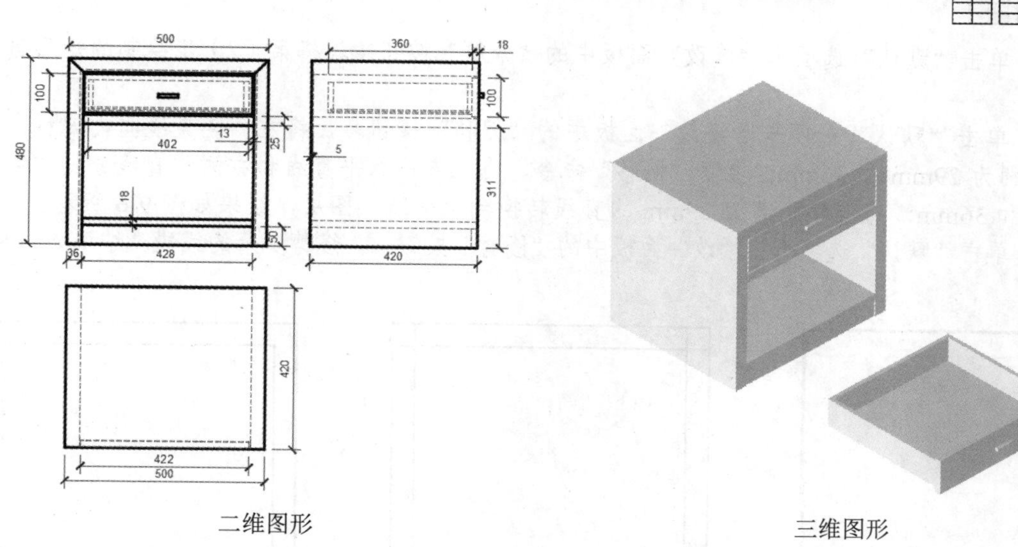

二维图形　　三维图形

图 9-2　床头柜

9.2.1　绘制床头柜立面图

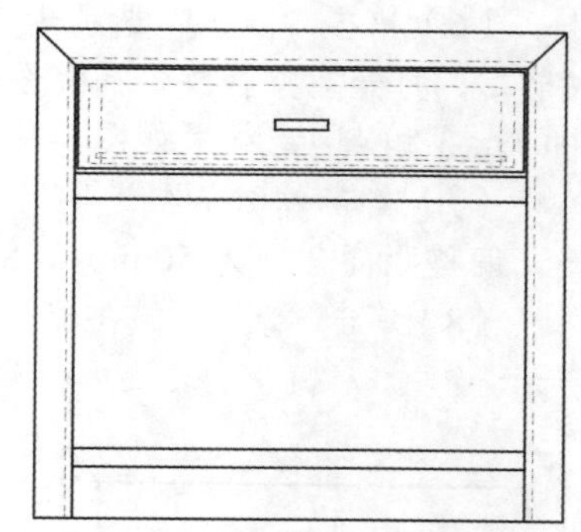

图 9-3　床头柜立面图

本节绘制如图 9-3 所示的床头柜立面图。首先设置图层，然后利用“矩形”“偏移”“修剪”等命令绘制床头柜的主体，最后利用“偏移”“修剪”等命令绘制抽屉。

操作步骤如下：（光盘\动画演示\第 9 章\床头柜立面图.avi）

（1）单击“默认”选项卡“图层”面板中的“图层特性”按钮，打开“图层特性管理器”选项板，新建图层，具体设置参数如图 9-4 所示。

（2）将“粗实线”图层设置为当前图层。单击状态栏上的“显示/隐藏开关”按钮，单击“默认”选项卡“绘图”面板中的“矩形”按钮，在图中适当位置绘制 500×480 的矩形，如图 9-5 所示。

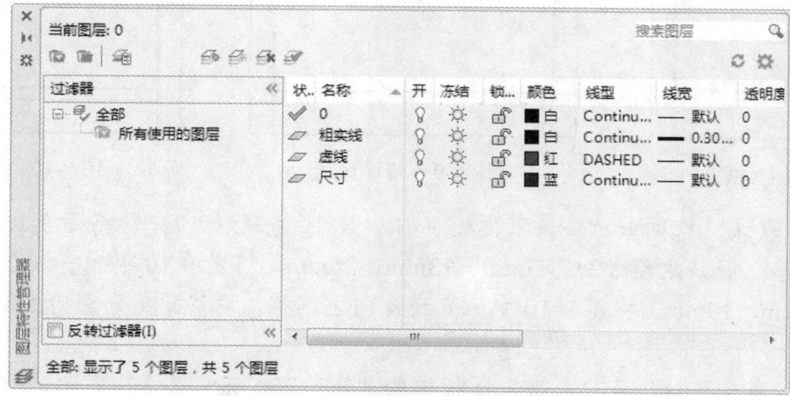

图 9-4　“图层特性管理器”选项板

（3）单击“默认”选项卡“修改”面板中的“分解”按钮，将第（2）步绘制的矩形进行分解。

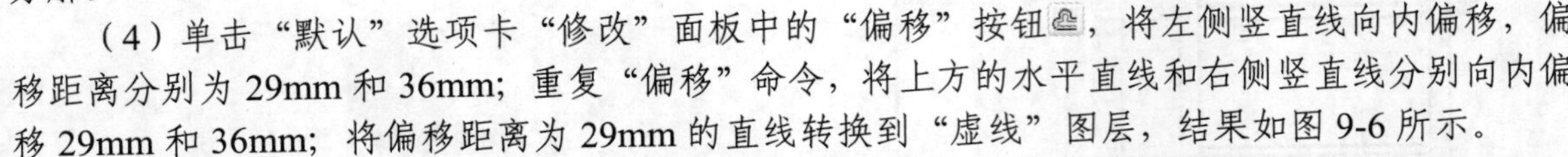

（4）单击“默认”选项卡“修改”面板中的“偏移”按钮，将左侧竖直线向内偏移，偏移距离分别为29mm和36mm；重复“偏移”命令，将上方的水平直线和右侧竖直线分别向内偏移29mm和36mm；将偏移距离为29mm的直线转换到“虚线”图层，结果如图9-6所示。

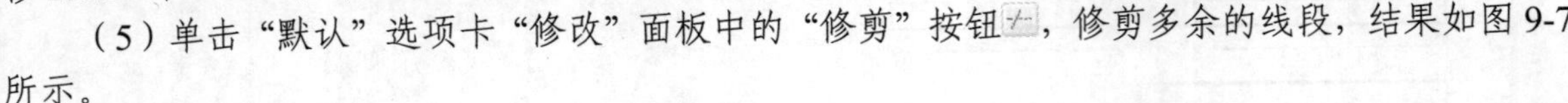

（5）单击“默认”选项卡“修改”面板中的“修剪”按钮，修剪多余的线段，结果如图9-7所示。

图9-5 绘制矩形

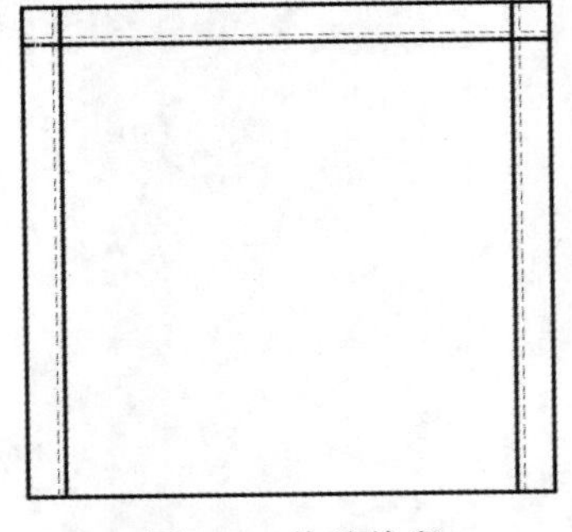

图9-6 偏移线段

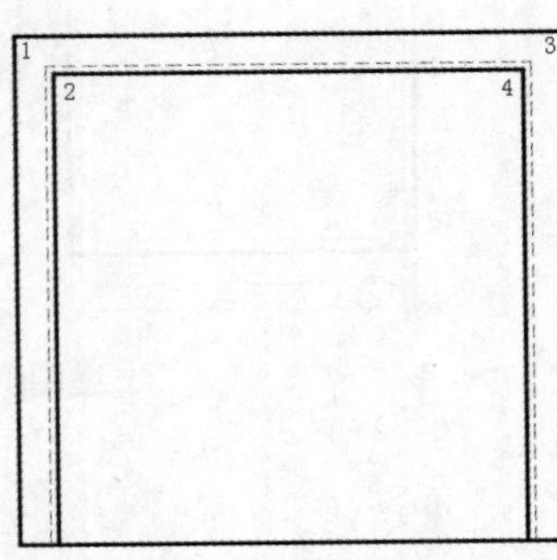

图9-7 修剪图形

（6）单击“默认”选项卡“绘图”面板中的“直线”按钮，单击状态栏上的“对象捕捉”按钮，打开对象捕捉，捕捉图9-7中的点1和点2，绘制直线；重复“直线”命令，连接图9-7中的点3和点4，结果如图9-8所示。

（7）单击“默认”选项卡“修改”面板中的“偏移”按钮，将最下方的水平直线向上偏移，偏移距离分别为50mm、68mm、311mm、336mm，结果如图9-9所示。

（8）单击“默认”选项卡“修改”面板中的“修剪”按钮，修剪多余的线段，结果如图9-10所示。

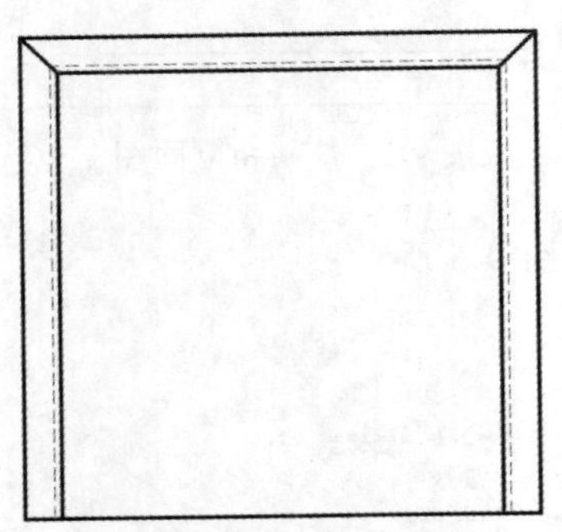

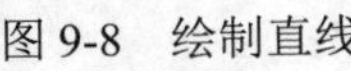

图9-8 绘制直线

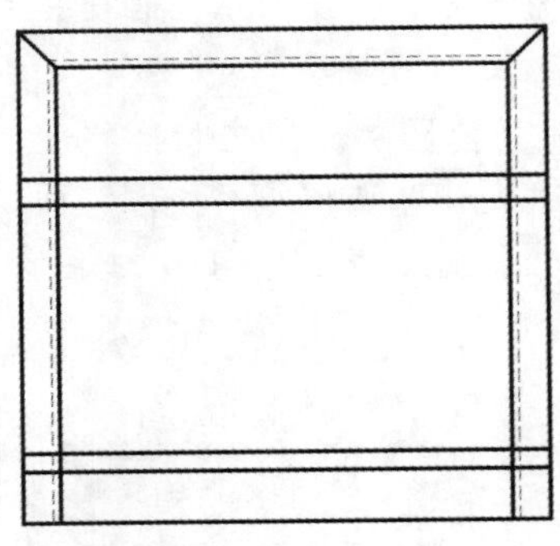

图9-9 偏移直线

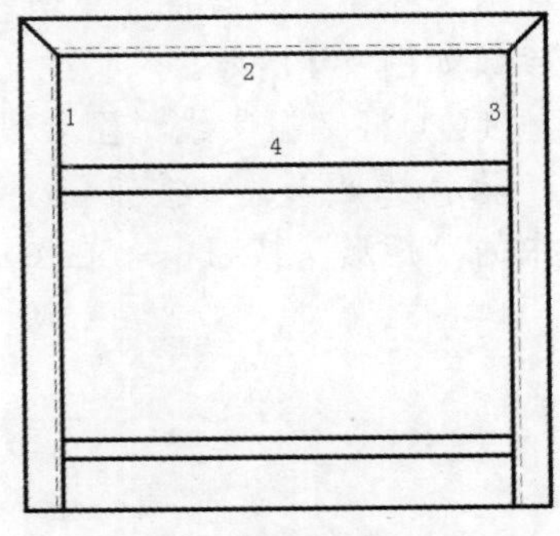

图9-10 修剪图形

（9）单击“默认”选项卡“修改”面板中的“偏移”按钮，分别将图9-10所示的直线1和直线3向内偏移，偏移距离分别为3mm、13mm、25mm，将图9-10中的直线2向下偏移，偏移距离分别为3mm、18mm，将图9-10中的直线4向上偏移，偏移距离分别为5mm、10mm，结果如图9-11所示。

（10）单击“默认”选项卡“修改”面板中的“修剪”按钮，修剪多余的线段，然后将内部的线段转换到“虚线”图层，结果如图9-12所示。

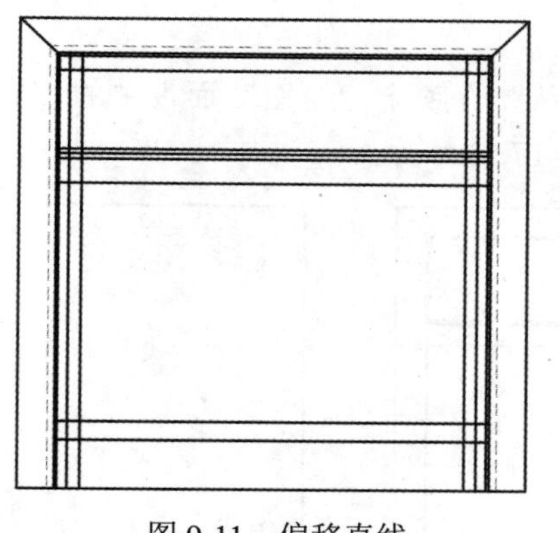

图 9-11　偏移直线

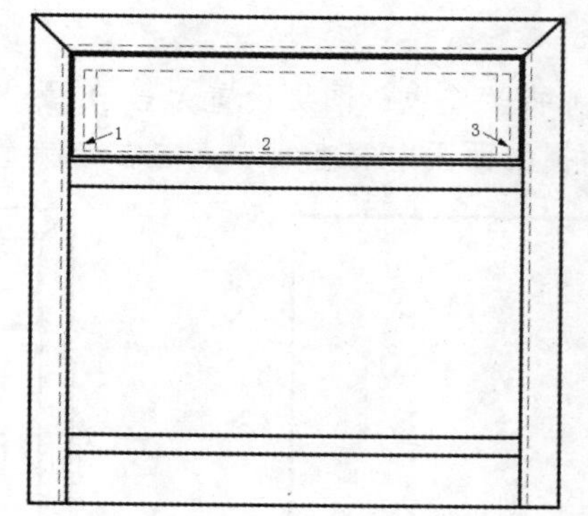

图 9-12　修剪直线

（11）单击“默认”选项卡“修改”面板中的“偏移”按钮，分别将图 9-12 所示的直线 1 和直线 3 向内偏移，偏移距离分别为 7mm、176mm，将图 9-12 中的直线 2 向上偏移，偏移距离分别为 5mm、10mm、35mm、45mm，结果如图 9-13 所示。

（12）单击“默认”选项卡“修改”面板中的“修剪”按钮，修剪多余的线段，然后将内部的矩形转换到“粗实线”图层，结果如图 9-14 所示。

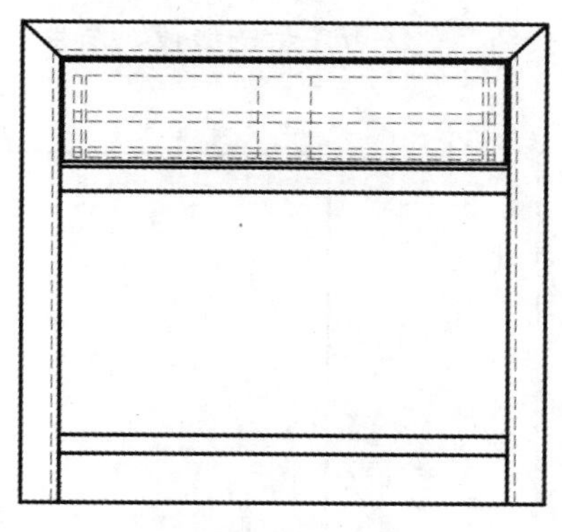

图 9-13　偏移直线

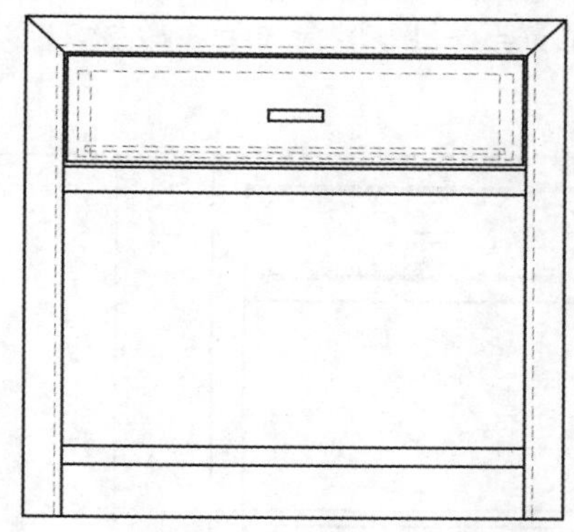

图 9-14　修剪图形

9.2.2　绘制床头柜侧立面图

本节绘制如图 9-15 所示的床头柜侧立面图。首先根据立面图绘制侧立面图中的辅助线，再利用“偏移”“修剪”“圆角”等命令完成床头柜的绘制。

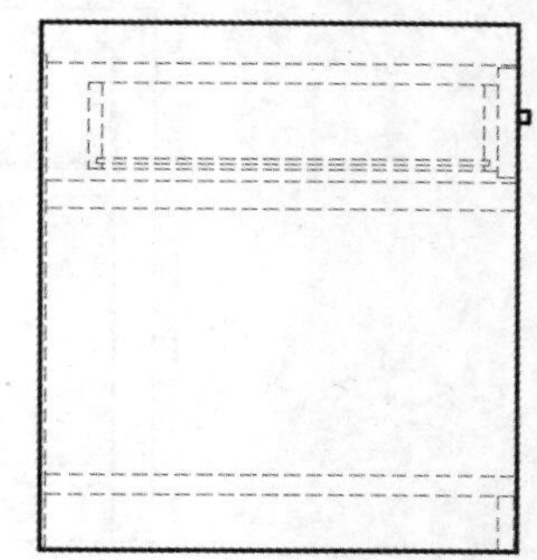

图 9-15　床头柜侧立面图

操作步骤如下：（：光盘\动画演示\第 9 章\床头柜侧立面图.avi）

（1）将“粗实线”图层设置为当前图层。单击状态栏中的“对象捕捉追踪”按钮，打开对象捕捉追踪，单击“默认”选项卡“绘图”面板中的“直线”按钮，捕捉床头柜立面图的下端点，向右移动鼠标，在适当位置单击确定直线的第一点，单击状态栏中的“正交”按钮，打开正交，绘制长度为 420 的水平直线，然后绘制长度为 480 的竖直线，继续绘制直线，完成矩形的绘制，如图 9-16

所示。

（2）将“虚线”图层设置为当前图层。单击“默认”选项卡“绘图”面板中的“直线”按钮╱，捕捉立面图中的直线端点向右绘制直线，如图 9-17 所示。

Note

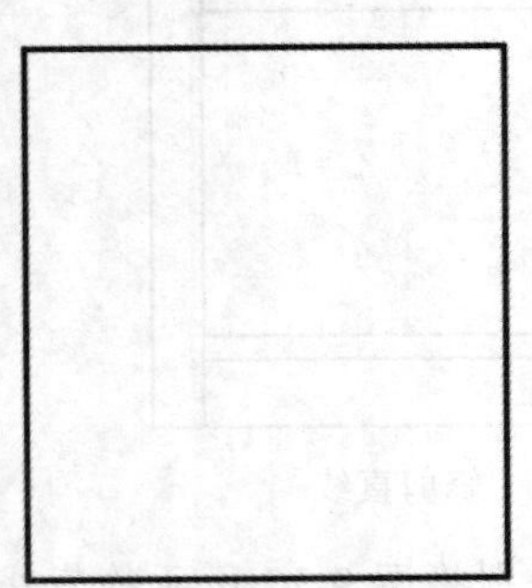

图 9-16　绘制侧立面图外轮廓

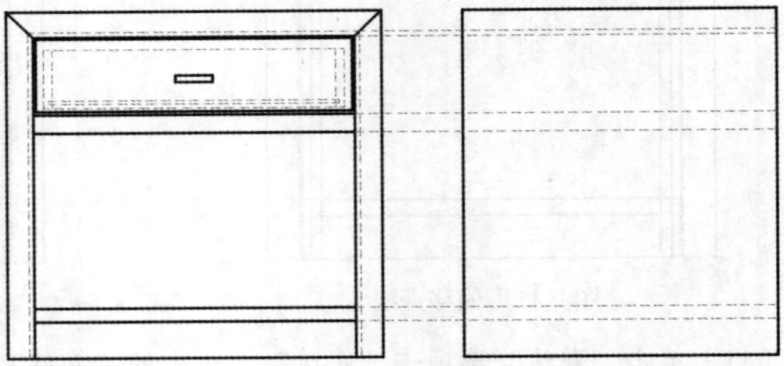

图 9-17　绘制直线

（3）单击“默认”选项卡“修改”面板中的“偏移”按钮，将侧立面图左侧竖直线向内偏移，偏移距离为 5mm，将侧立面图右侧竖直线向内偏移，偏移距离分别为 2mm、17mm，并将偏移后的线段转换到“虚线”图层，结果如图 9-18 所示。

（4）单击“默认”选项卡“修改”面板中的“修剪”按钮，修剪多余的线段，结果如图 9-19 所示。

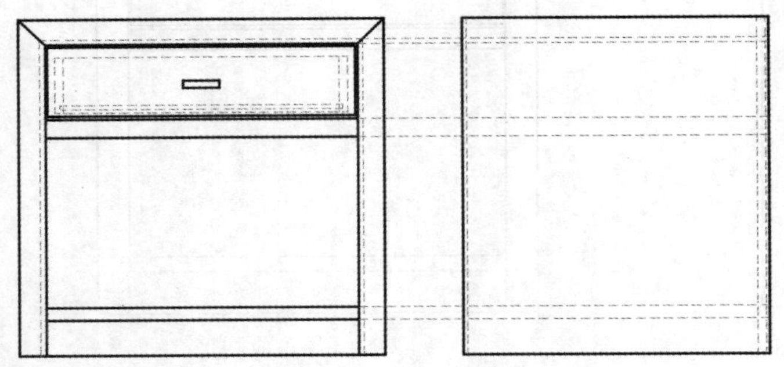

图 9-18　偏移直线

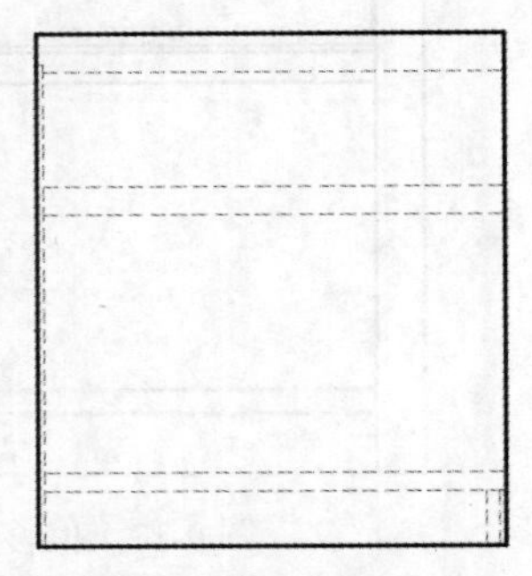

图 9-19　修剪直线

（5）将“虚线”图层设置为当前图层。单击“默认”选项卡“绘图”面板中的“直线”按钮╱，捕捉立面图中的直线端点向右绘制直线，如图 9-20 所示。

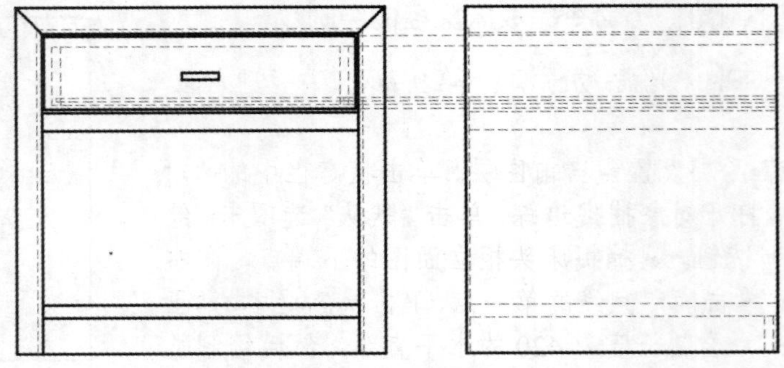

图 9-20　绘制直线

（6）单击“默认”选项卡“修改”面板中的“偏移”按钮，将侧立面图右侧竖直线向内偏移，偏移距离分别为 18mm、25mm、30mm、366mm、371mm、378mm，并将偏移后的线段转换到“虚线”图层，结果如图 9-21 所示。

（7）单击“默认”选项卡“修改”面板中的“修剪”按钮，修剪多余的线段，结果如图 9-22 所示。

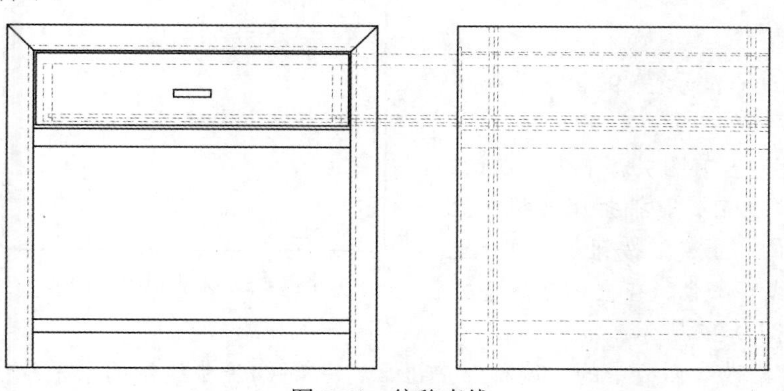

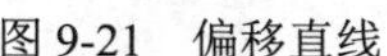
图 9-21　偏移直线

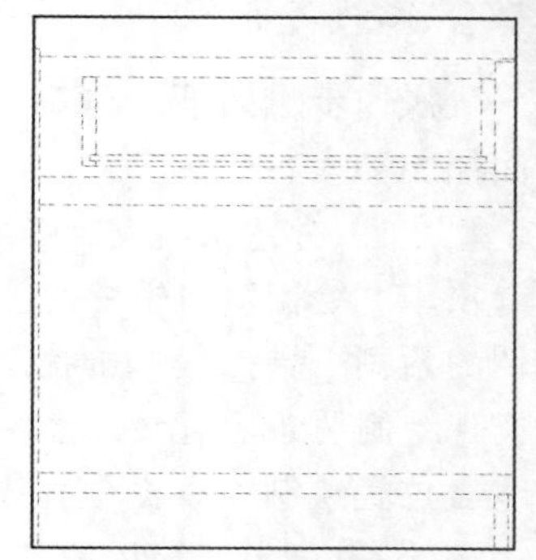

图 9-22　修剪直线

（8）将“粗实线”图层设置为当前图层。单击“默认”选项卡“绘图”面板中的“矩形”按钮，捕捉如图 9-23 所示的立面图中拉手上端点，然后向右移动鼠标，在侧立面图的右侧外边线上单击，确定矩形的第一角点，然后绘制 10×10 的矩形，如图 9-24 所示。

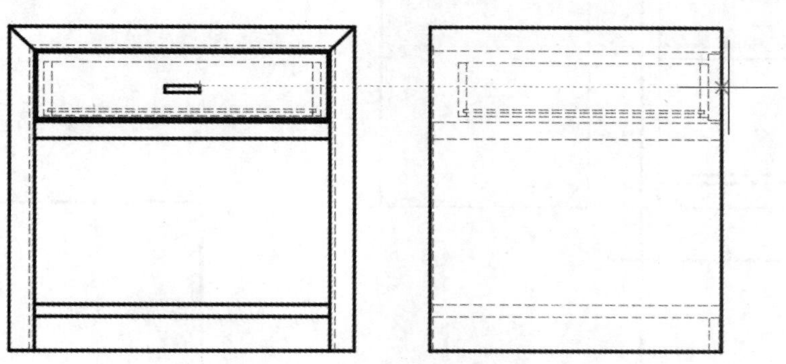

图 9-23　确定矩形的角点

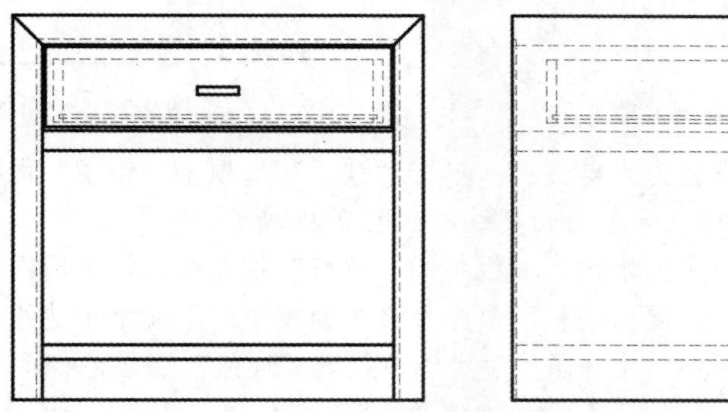

图 9-24　绘制矩形

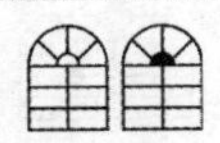

9.2.3 绘制床头柜平面图

Note

本节绘制如图 9-25 所示的床头柜平面图。床头柜平面图比较简单，根据立面图绘制平面图中的辅助线，再利用“偏移”“修剪”命令完成平面图的绘制。

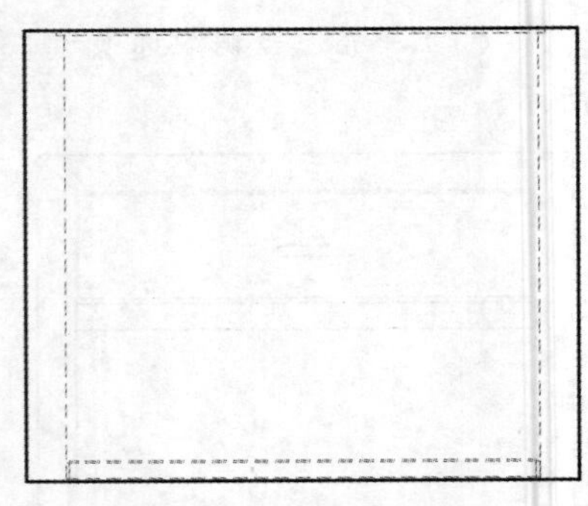

图 9-25 床头柜平面图

操作步骤如下：（：光盘\动画演示\第 9 章\床头柜平面图.avi）

（1）将“粗实线”图层设置为当前图层。单击“默认”选项卡“绘图”面板中的“直线”按钮，捕捉床头柜立面图的两侧下端点，单击状态栏中的“正交”按钮，打开正交，绘制两条竖直线；重复“直线”命令，在立面图的下方适当位置绘制一条水平直线，如图 9-26 所示。

（2）单击“默认”选项卡“修改”面板中的“偏移”按钮，将第（1）步绘制的水平直线向下偏移，偏移距离为 420mm。

（3）单击“默认”选项卡“修改”面板中的“修剪”按钮，修剪多余的线段，结果如图 9-27 所示。

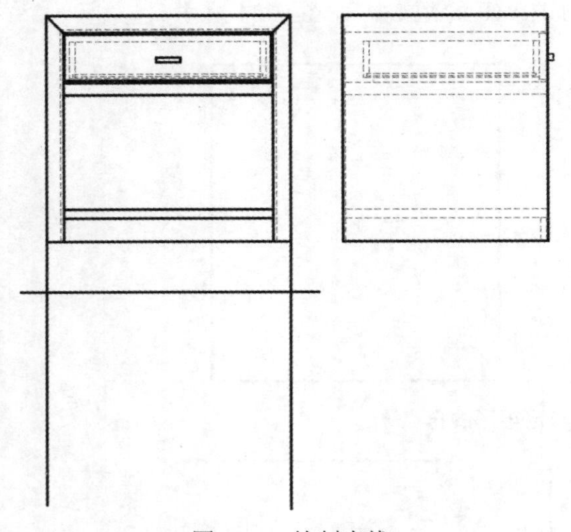

图 9-26 绘制直线

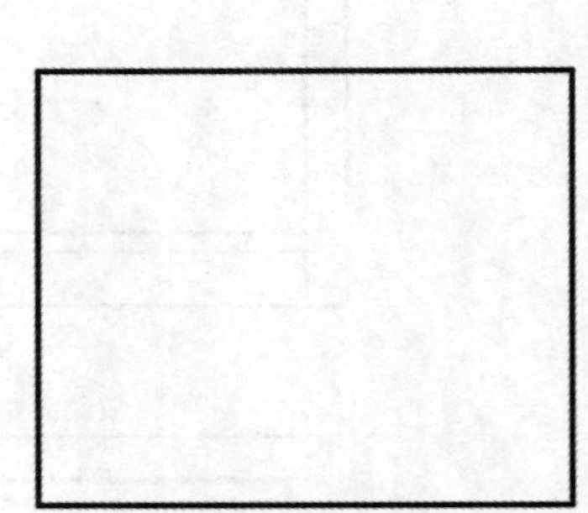

图 9-27 平面图外粗实线

（4）将“虚线”图层设置为当前图层。单击“默认”选项卡“绘图”面板中的“直线”按钮，捕捉立面图中的直线端点向下绘制直线，如图 9-28 所示。

（5）单击“默认”选项卡“修改”面板中的“偏移”按钮，将平面图中的上端水平线向下偏移，偏移距离为 5mm。重复“偏移”命令，将平面图中的下端水平边线向上偏移，偏移距离分别为 2mm、17mm、19mm，并将偏移后直线转换到“虚线”图层，如图 9-29 所示。

（6）单击“默认”选项卡“修改”面板中的“修剪”按钮，修剪多余的线段，结果如图 9-30 所示。

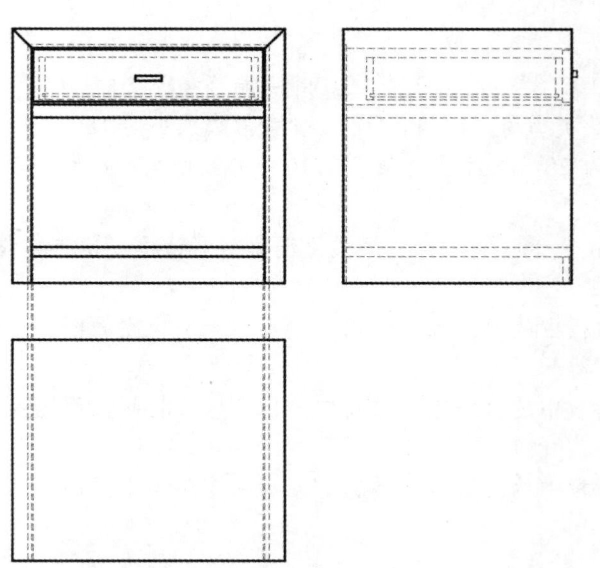

图 9-28　绘制直线

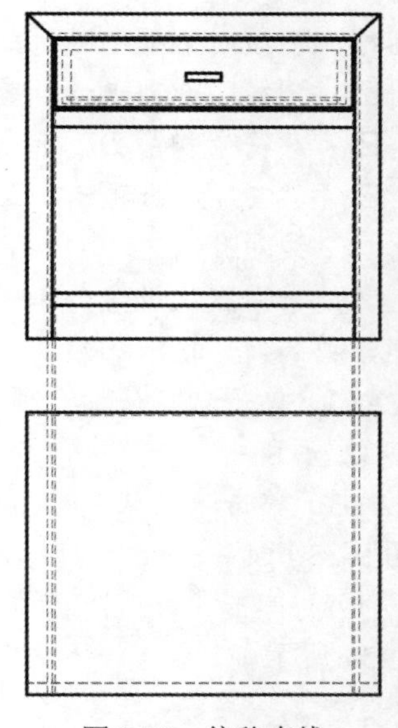

图 9-29　偏移直线

9.2.4　标注床头柜尺寸

本节标注床头柜尺寸，如图 9-31 所示。首先设置尺寸样式，然后依次标注立面图、侧立面图和平面图的尺寸。

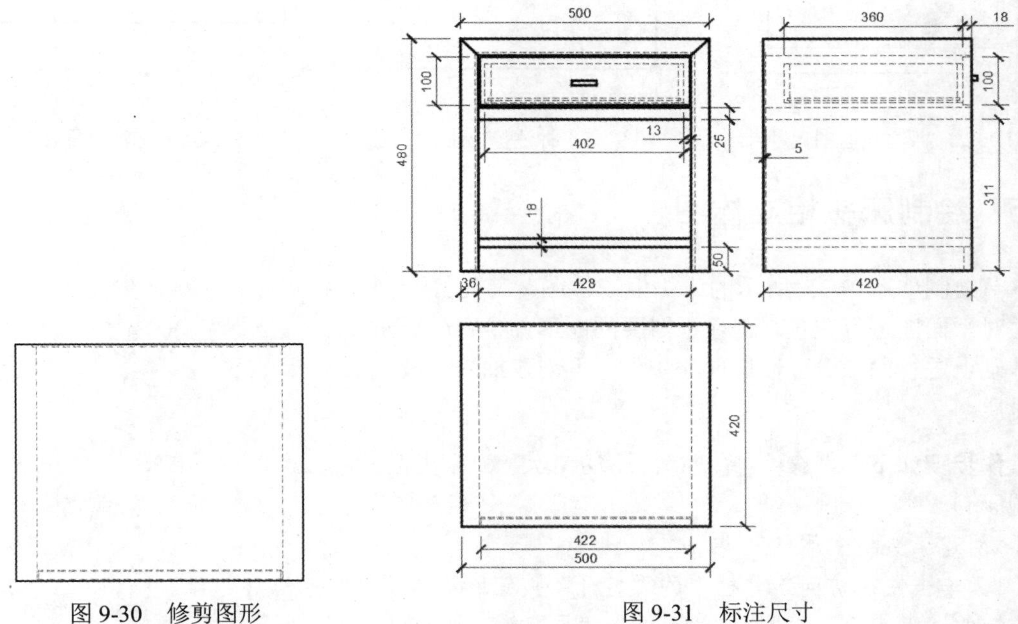

图 9-30　修剪图形

图 9-31　标注尺寸

操作步骤如下：（：光盘\动画演示\第 9 章\标注床头柜尺寸.avi）

（1）将“尺寸”图层设置为当前图层。单击“默认”选项卡“注释”面板中的“标注样式”按钮，打开“标注样式管理器”对话框，单击“修改”按钮，打开“修改标注样式：ISO-25”

Note

对话框，在该对话框中进行如下设置。

☑ “线”选项卡：设置基线间距为 10，超出尺寸线为 20，起点偏移量为 20。

☑ “符号和箭头”选项卡：设置箭头类型为“建筑标记”，设置箭头大小为 18。

☑ “文字”选项卡：设置文字高度为 20，从尺寸线偏移为 10，文字对齐方式为“与尺寸线对齐”。

其他采用默认设置，单击“确定”按钮后返回到“标注样式管理器”对话框，单击“关闭”按钮，关闭对话框。

（2）单击“默认”选项卡“注释”面板中的“线性”按钮，标注床头柜立面图尺寸，如图 9-32 所示。

（3）单击“默认”选项卡“注释”面板中的“线性”按钮，标注床头柜侧立面图尺寸，如图 9-33 所示。

（4）单击“默认”选项卡“注释”面板中的“线性”按钮，标注床头柜平面图尺寸，如图 9-34 所示。

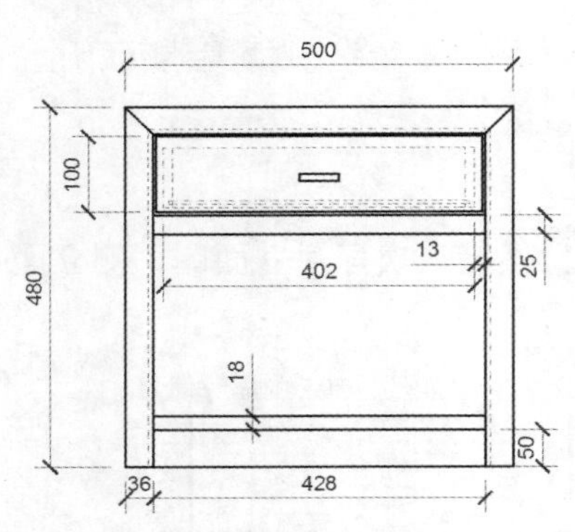

图 9-32　标注立面图尺寸

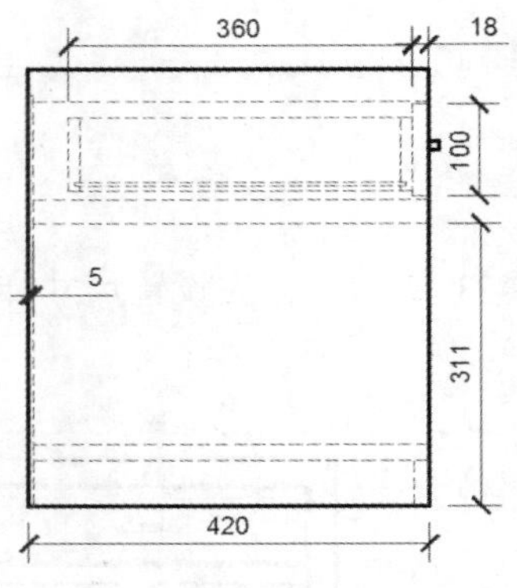

图 9-33　标注侧立面图尺寸

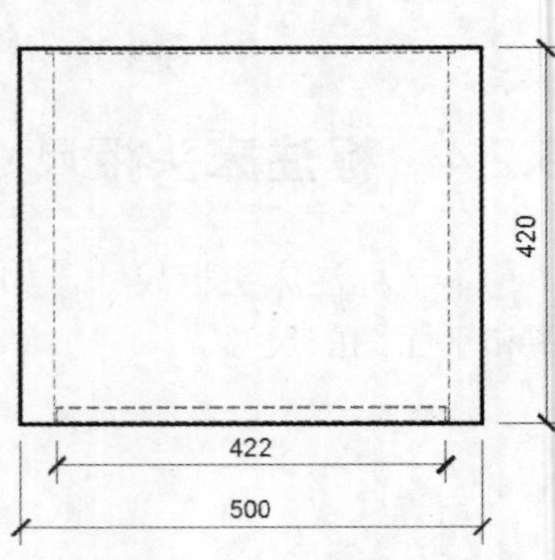

图 9-34　标注平面图尺寸

9.2.5　绘制床头柜立体图

本节绘制如图 9-35 所示的床头柜立体图。首先打开平面图并对平面图进行整理，删除不需要的图形，然后在平面图的基础上进行面域、拉伸等创建主体，再创建抽屉，最后添加材质。

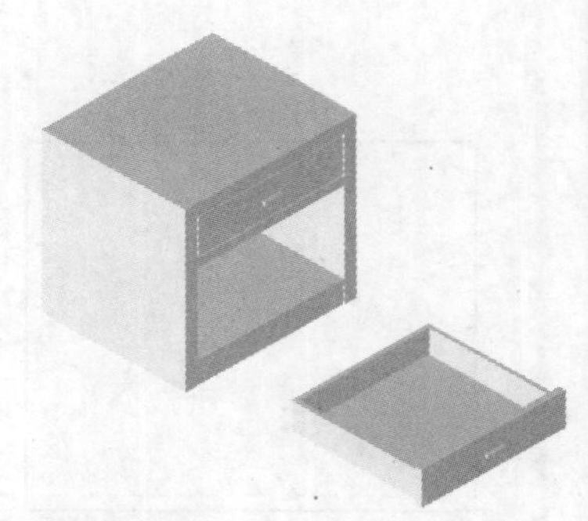

图 9-35　床头柜立体图

操作步骤如下：（：光盘\动画演示\第 9 章\床头柜立体图.avi）

1. 创建床头柜主体

（1）单击快速访问工具栏中的“打开”按钮，打开前面绘制的“床头柜平面图”，然后单击“另存为”按钮，将其另存为“床头柜立体图”。

（2）单击“默认”选项卡“图层”面板中的“图层特性”按钮，打开“图层特性管理器”选项板，将“0”图层设置为当前图层，然后关闭“尺寸”图层，使尺寸线不可见，然后删除侧

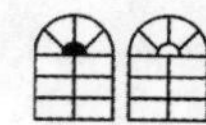

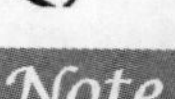

立面图和平面图。

（3）单击“默认”选项卡“修改”面板中的“修剪”按钮，修剪立面图中最下端直线，单击“默认”选项卡“绘图”面板中的“面域”按钮，选取如图9-36所示的立面图中区域1中的线段，将其创建为面域；采用相同的方法将图9-36中的区域2和区域3分别创建成面域，结果如图9-37所示。

（4）将视图切换到西南等轴测视图，单击“三维工具”选项卡“建模”面板中的“拉伸”按钮，将第（3）步创建的3个面域进行拉伸，拉伸距离为420mm，如图9-38所示。

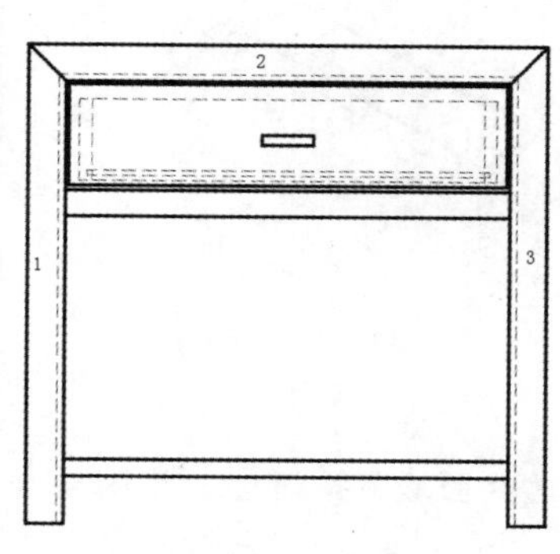

图9-36　修剪图形

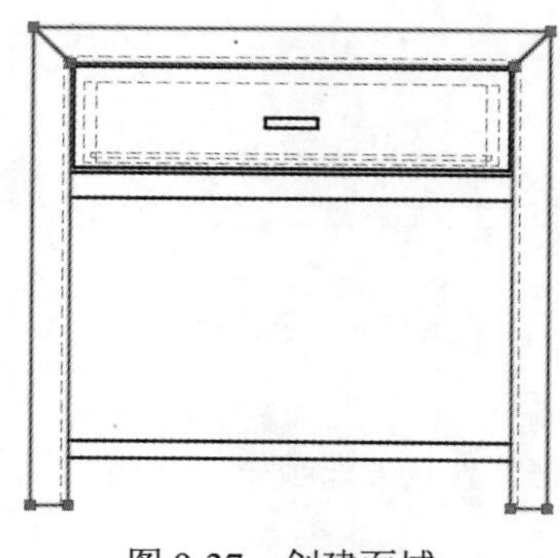

图9-37　创建面域

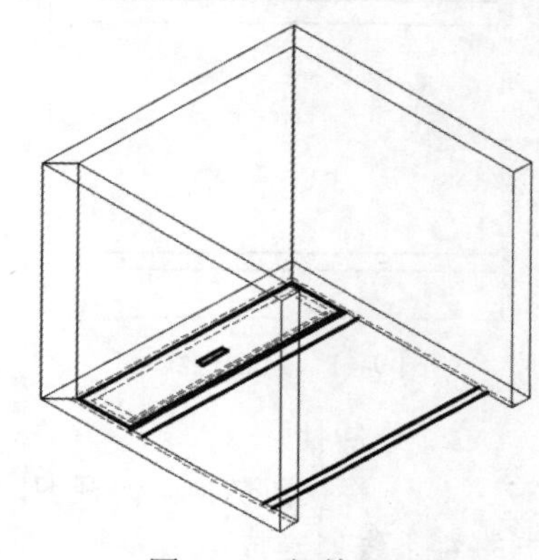

图9-38　拉伸处理

（5）单击“默认”选项卡“绘图”面板中的“直线”按钮，连接立面图中两条虚线的下端点，如图9-39所示。

（6）单击“默认”选项卡“绘图”面板中的“面域”按钮，选取刚绘制的直线和其他3条虚线，将其创建成面域。

（7）单击“三维工具”选项卡“建模”面板中的“拉伸”按钮，将创建的3个面域进行拉伸，拉伸距离为5mm，如图9-40所示。

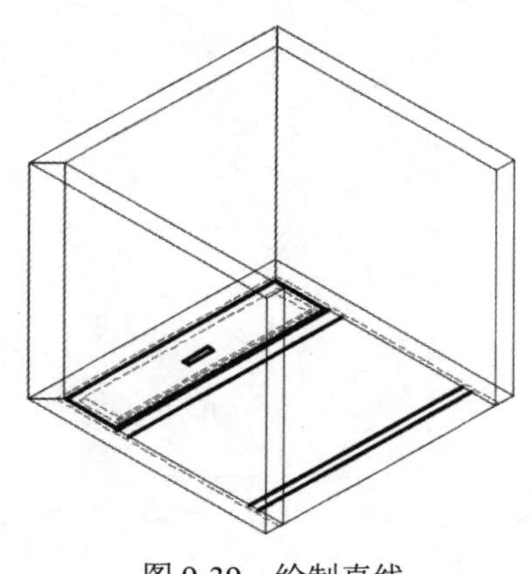

图9-39　绘制直线

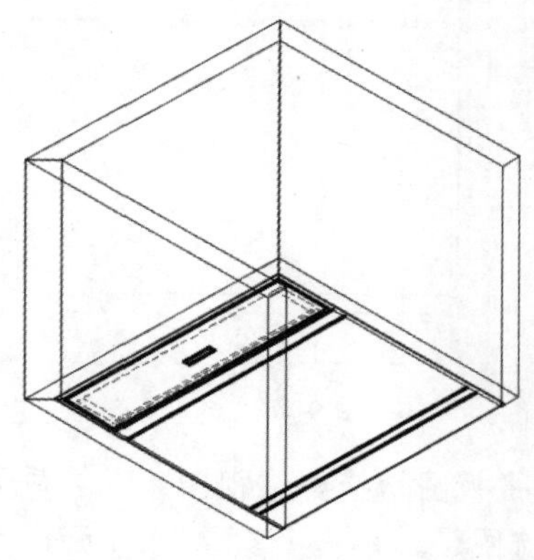

图9-40　拉伸处理

（8）将视图切换到俯视图。将“粗实线”图层设置为当前图层。单击“默认”选项卡“绘图”面板中的“直线”按钮，如图9-41所示的4条直线（如果在绘制过程中捕捉不到直线的端点，可以先将“0”图层关闭，绘制完直线后再打开）。

（9）单击“默认”选项卡“绘图”面板中的“面域”按钮，将图9-42中的区域1和区域

2创建成面域。

（10）将视图切换到西南等轴测视图，单击“三维工具”选项卡“建模”面板中的“拉伸”按钮，将第（9）步创建的两个面域进行拉伸，拉伸距离为420mm，如图9-43所示。

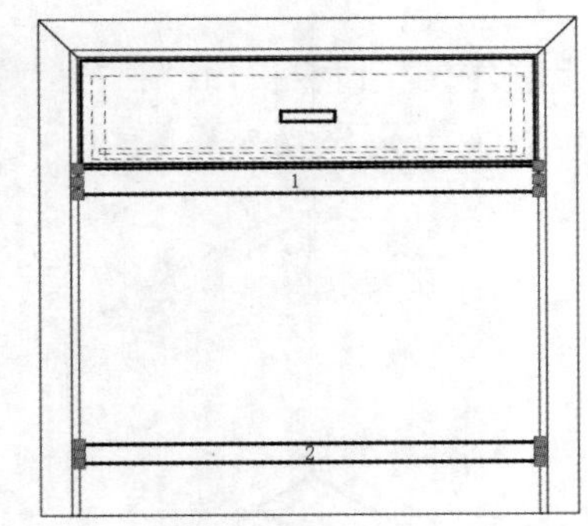

图9-41　绘制直线

图9-42　创建面域

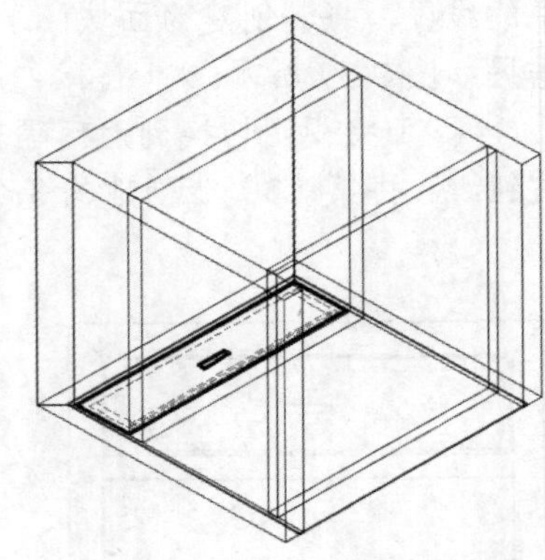

图9-43　拉伸处理

2. 绘制抽屉

（1）将视图切换到俯视图。单击“默认”选项卡“绘图”面板中的“面域”按钮，将图9-44中的4条线创建成面域。

（2）将视图切换到西南等轴测视图，单击“三维工具”选项卡“建模”面板中的“拉伸”按钮，将第（1）步创建的面域进行拉伸，拉伸距离为18mm。

（3）单击“默认”选项卡“修改”面板中的“移动”按钮，将第（2）步创建的拉伸体沿Z轴移动，移动距离为402mm，结果如图9-45所示。

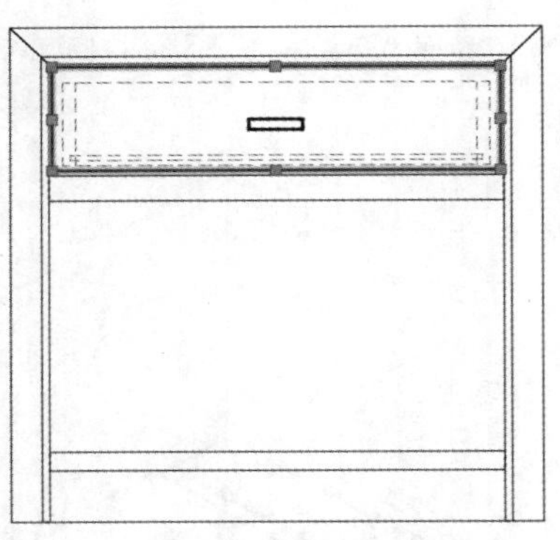

图9-44　选取直线

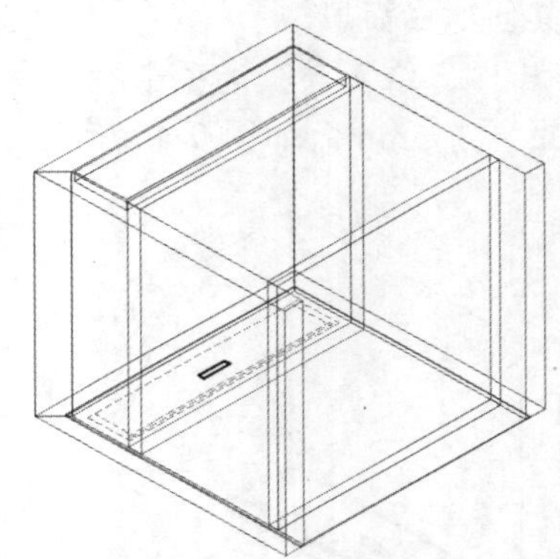

图9-45　移动图形

（4）将视图切换到俯视图。将“虚线”图层设置为当前图层。单击“默认”选项卡“绘图”面板中的“直线”按钮，如图9-46所示的4条直线（如果在绘制过程中捕捉不到直线的端点，可以先将“0”图层关闭，绘制完直线后再打开）。

（5）单击“默认”选项卡“绘图”面板中的“面域”按钮，将图9-46中的3个区域分别创

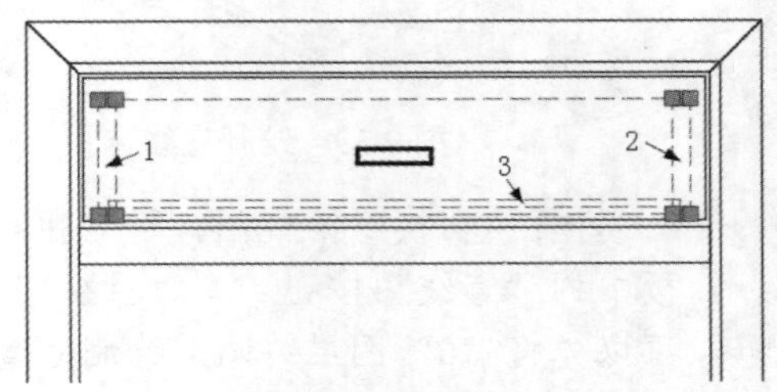

图9-46　绘制直线

建成面域。

（6）将视图切换到西南等轴测视图，单击“三维工具”选项卡“建模”面板中的“拉伸”按钮，将第（5）步创建的面域进行拉伸，拉伸距离为360mm，如图9-47所示。

（7）将视图切换到俯视图。将“虚线”图层设置为当前图层。单击“默认”选项卡“绘图”面板中的“直线”按钮，如图9-48所示的两条直线（如果在绘制过程中捕捉不到直线的端点，可以先将“0”图层关闭，绘制完直线后再打开）。

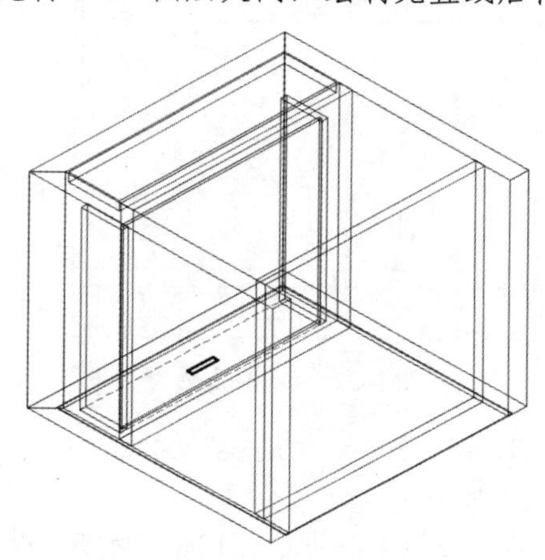

图9-47　拉伸处理

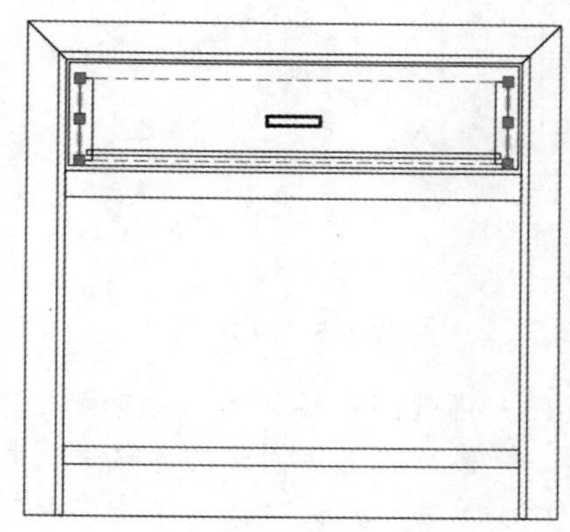

图9-48　绘制直线

（8）将“0”图层设置为当前图层。单击“默认”选项卡“绘图”面板中的“面域”按钮，将图9-48中的4条虚线创建成面域。

（9）将视图切换到西南等轴测视图，单击“三维工具”选项卡“建模”面板中的“拉伸”按钮，将第（8）步创建的面域进行拉伸，拉伸距离为12mm，如图9-49所示。

（10）单击“默认”选项卡“修改”面板中的“复制”按钮，将第（9）步创建的拉伸体沿Z轴复制，距离为360mm，结果如图9-50所示。

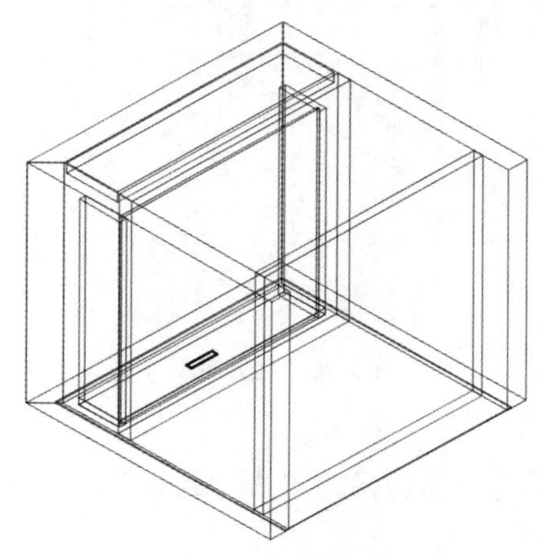

图9-49　拉伸处理

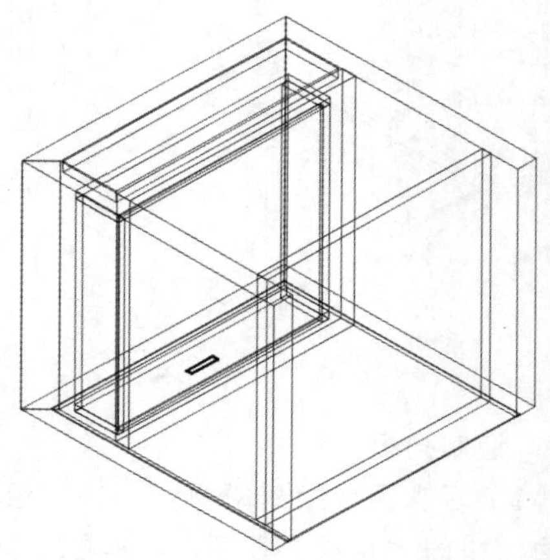

图9-50　复制图形

（11）单击“默认”选项卡“修改”面板中的“移动”按钮，将第（2）步～第（10）步创建的拉伸体沿Z轴移动，移动距离为30mm，结果如图9-51所示。

Note

（12）将视图切换到俯视图。单击“默认”选项卡“绘图”面板中的“面域”按钮，将图 9-52 中的 4 条线创建成面域。

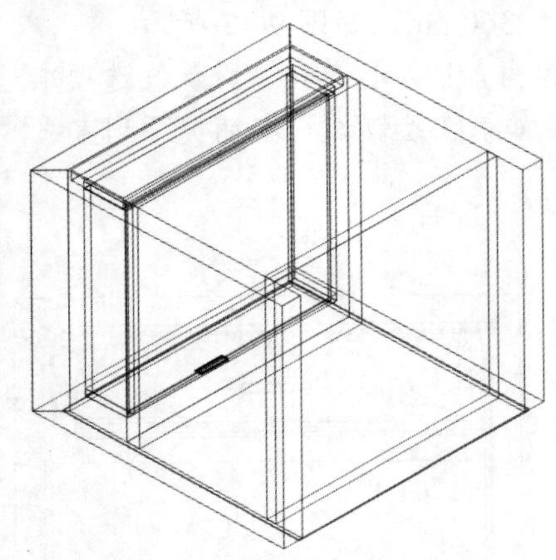

图 9-51　移动图形

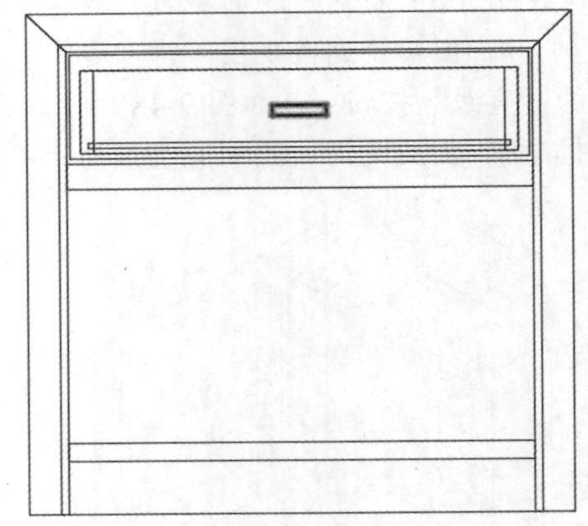

图 9-52　创建面域

（13）将视图切换到西南等轴测视图，单击“三维工具”选项卡“建模”面板中的“拉伸”按钮，将第（12）步创建的面域进行拉伸，拉伸距离为 10mm。

（14）单击“默认”选项卡“修改”面板中的“移动”按钮，将第（13）步创建的拉伸体沿 Z 轴移动，移动距离为 420mm，结果如图 9-53 所示。

（15）单击“三维工具”选项卡“实体编辑”面板中的“并集”按钮，将如图 9-54 所示的抽屉部分的所有拉伸体进行合并操作。

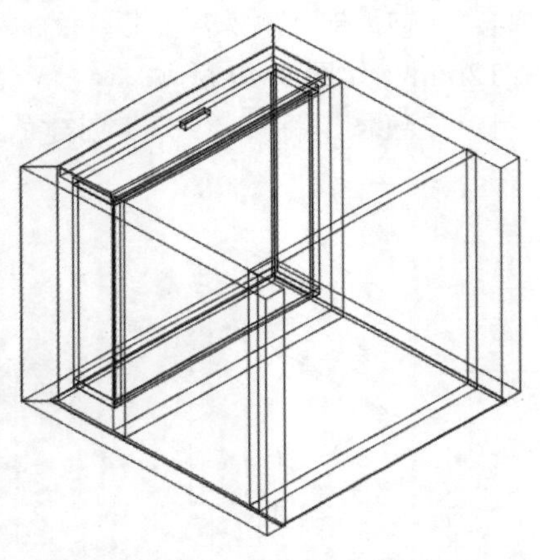

图 9-53　移动图形

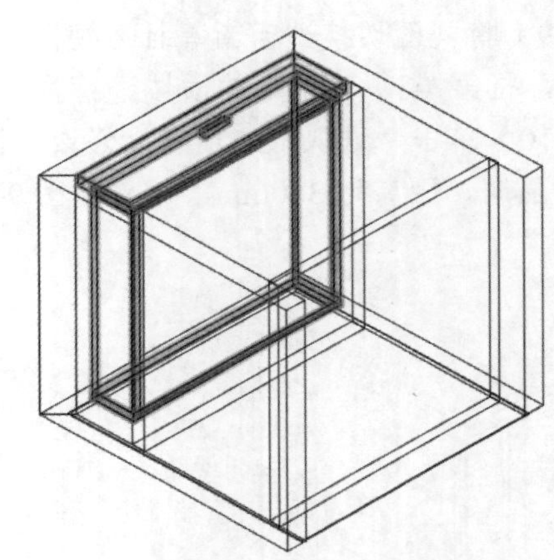

图 9-54　合并抽屉

3. 绘制挡板

（1）将视图切换到俯视图。将“粗实线”图层设置为当前图层。单击“默认”选项卡“绘图”面板中的“直线”按钮，如图 9-55 所示的 4 条粗线。

（2）单击“默认”选项卡“绘图”面板中的“面域”按钮，将第（1）步绘制的 4 条线创建成面域，将视图切换到西南等轴测视图，如图 9-56 所示。

（3）单击“三维工具”选项卡“建模”面板中的“拉伸”按钮，将第（2）步创建的面域

进行拉伸，拉伸距离为-17mm。

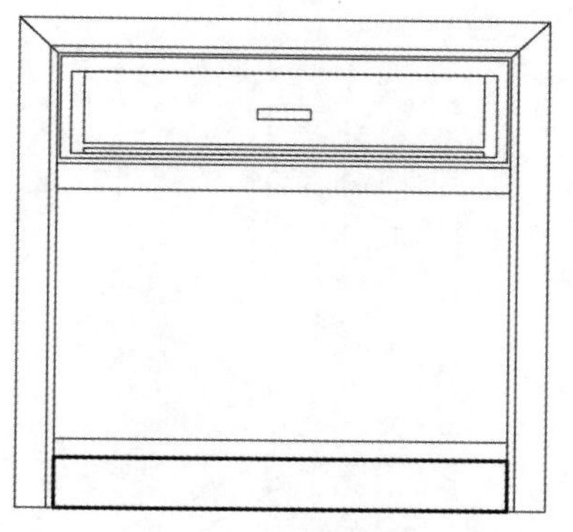

图 9-55　绘制直线

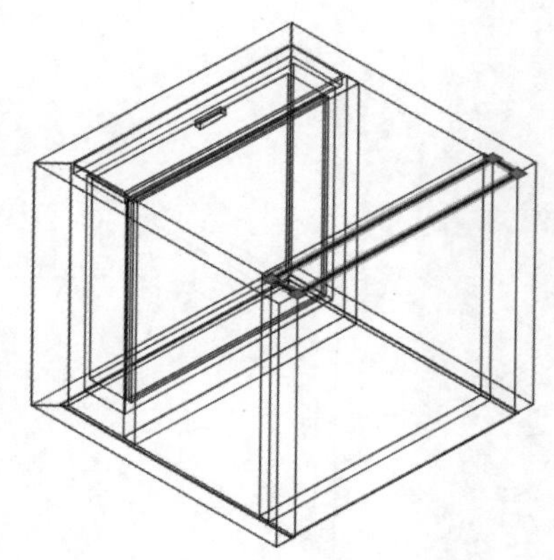

图 9-56　创建面域

（4）单击“默认”选项卡“修改”面板中的“移动”按钮，将第（3）步创建的拉伸体沿 Z 轴移动，移动距离为-2mm，结果如图 9-57 所示。

（5）单击“三维工具”选项卡“实体编辑”面板中的“并集”按钮，将除抽屉部分以外的所有拉伸体进行合并操作，消隐以后结果如图 9-58 所示。

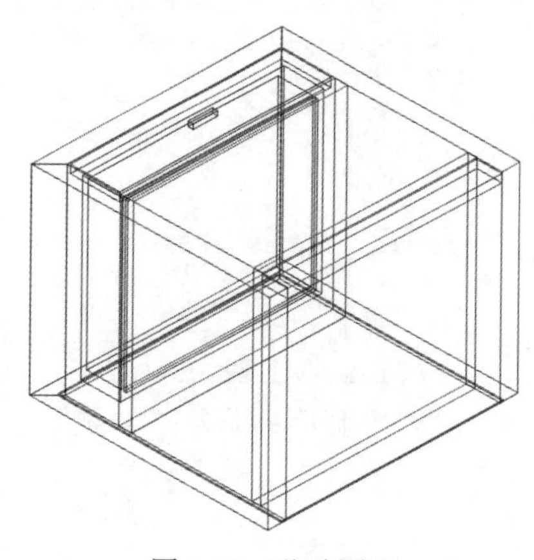

图 9-57　移动图形

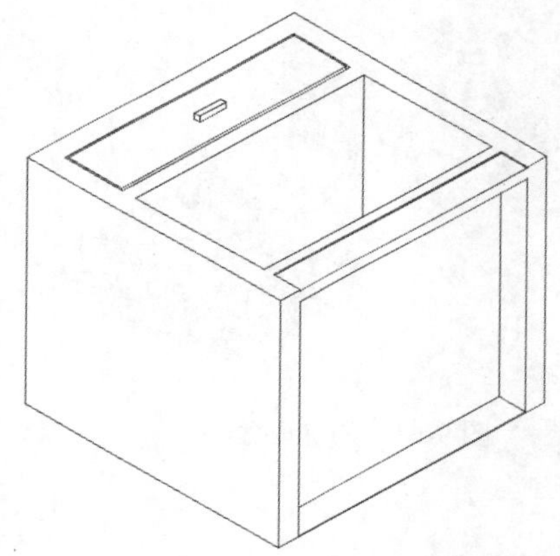

图 9-58　合并图形

（6）选择菜单栏中的“修改”/“三维操作”/“三维旋转”命令，将视图中所有图形绕 X 轴旋转 90°，结果如图 9-59 所示。

（7）单击“默认”选项卡“修改”面板中的“复制”按钮，将抽屉复制移动到适当位置，结果如图 9-60 所示。

4. 渲染图形

（1）单击视图界面左上角的“视觉样式控件”下拉菜单中的“真实”样式。

（2）选取视图中所有图形，在“默认”选项卡“特性”面板的“对象颜色”下拉列表中选择“黄色”，结果如图 9-61 所示。

（3）单击“可视化”选项卡“阳光和位置”面板中的“阳光状态”按钮，打开阳光光照效果，打开如图 9-62 所示的“光源-视口光源模式”对话框，单击“关闭默认光源”选项，打开如图 9-63 所示的“光源-太阳光和曝光”对话框，选择“调整曝光设置（建议）”选项，打开如

图 9-64 所示的“渲染环境和曝光”选项板，设置曝光为 13，白平衡为 7806，关闭选项板。

Note

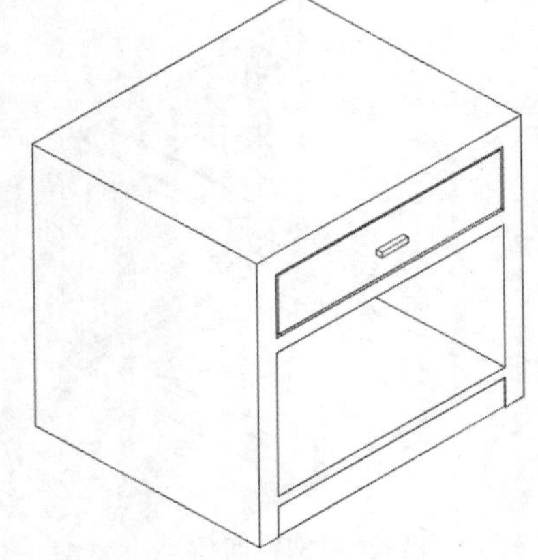

图 9-59　旋转图形

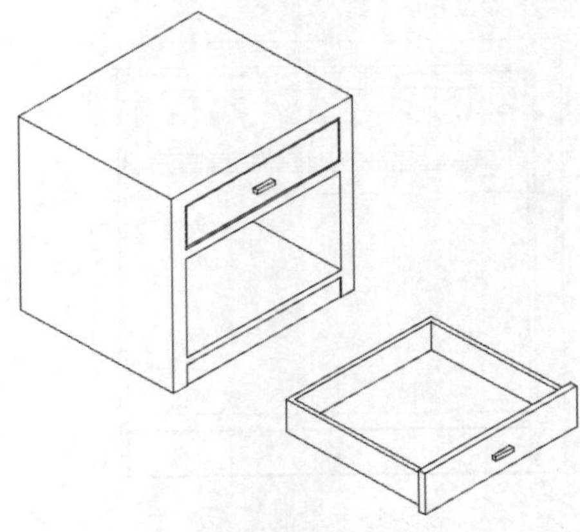

图 9-60　显示抽屉

图 9-61　添加颜色

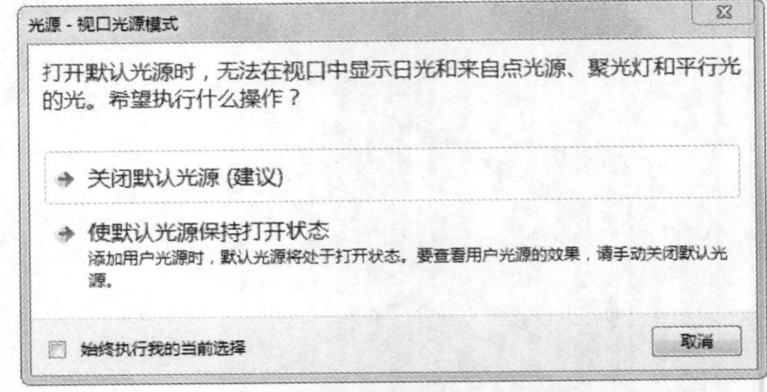

图 9-62　“光源-视口光源模式”对话框

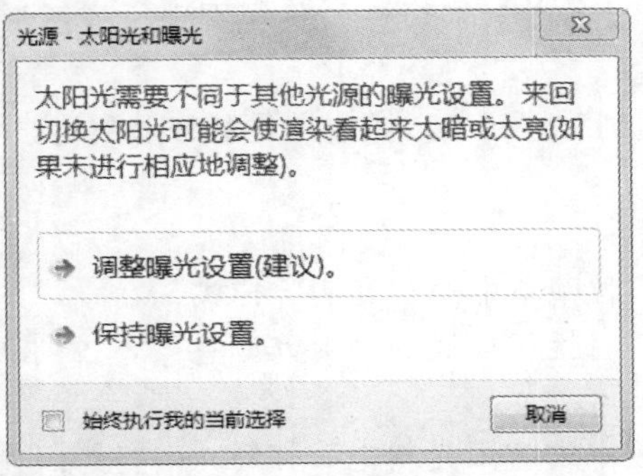

图 9-63　“光源-太阳光和曝光”对话框

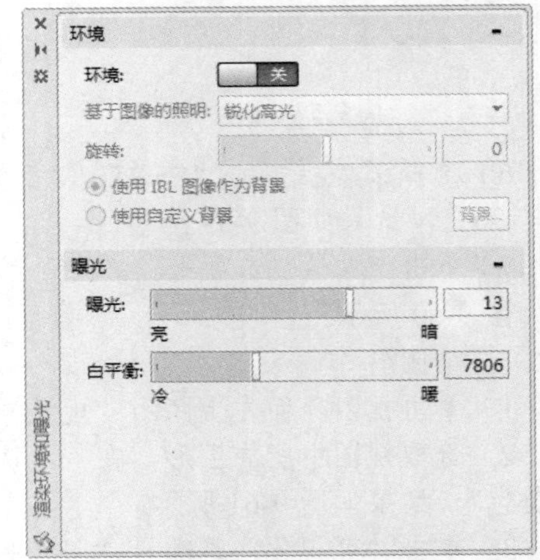

图 9-64　“渲染环境和曝光”选项板

（4）单击“可视化”选项卡“阳光和位置”面板，在下滑面板中设置位置，设置如图 9-65

所示的太阳光照射的日期和时间，结果如图 9-66 所示。

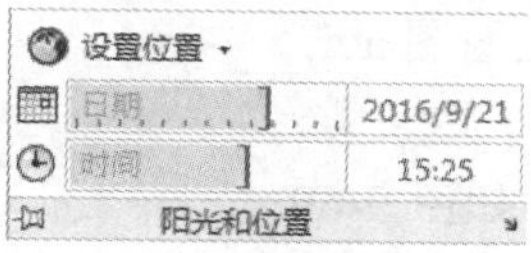

设置位置
日期　2016/9/21
时间　15:25
阳光和位置

图 9-65　设置日期和时间

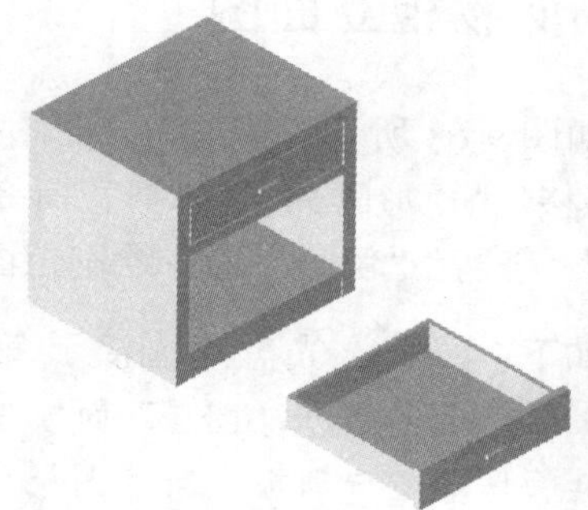

图 9-66　床头柜

9.3　储　物　柜

储物柜一般分为家庭储物柜和商务储物柜等，主要用来方便人们的使用，存储不同的物品，分门别类。而且对于空间较小的家庭或者宿舍来说，更是必备物品，能够充分利用好空间来容纳较多的生活物品，而且也能够很好地装饰人们的居家环境。

本节主要介绍储物柜二维图形和三维图形的绘制方法，首先绘制立面图、侧立面图、侧剖面图、平面图以及大样图，然后对图形标注尺寸和文字，最后在平面图的基础上通过“拉伸”、“长方体”、“圆柱体”、“倒角”和“圆角”等命令再根据其他视图的尺寸创建床头柜的三维图形，如图 9-67 所示。

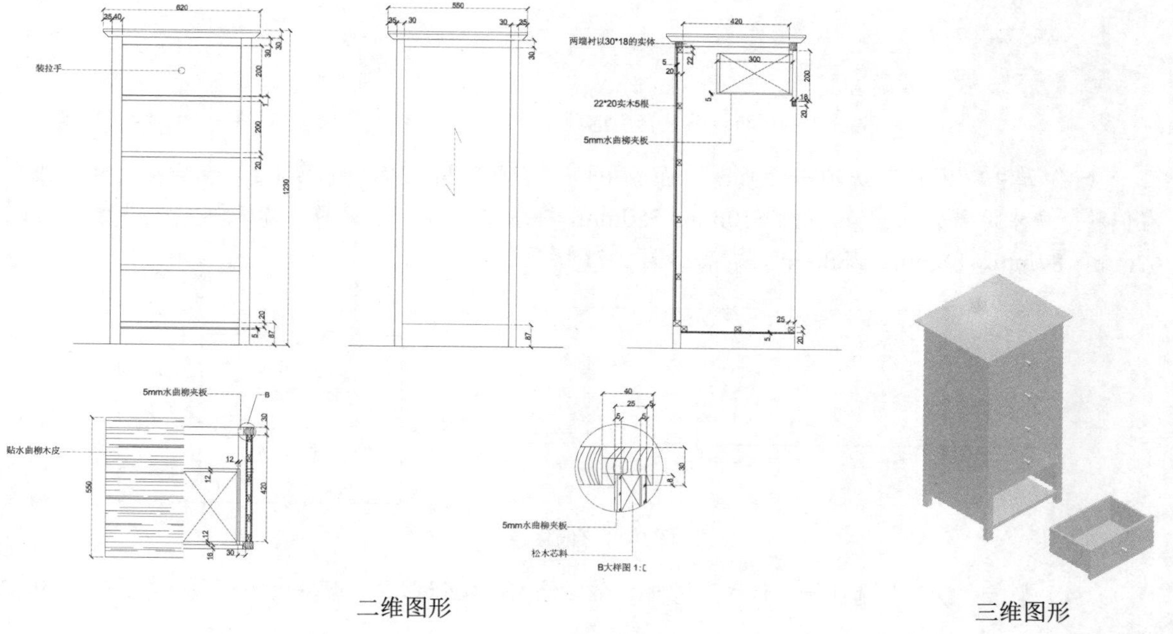

二维图形　　三维图形

图 9-67　储物柜

Note

9.3.1 绘制储物柜立面图

本节绘制如图 9-68 所示的储物柜立面图。首先设置图层，然后利用“直线”“偏移”“矩形阵列”“修剪”命令绘制立面图的主体，最后利用“偏移”“修剪”“倒角”命令绘制柜面。

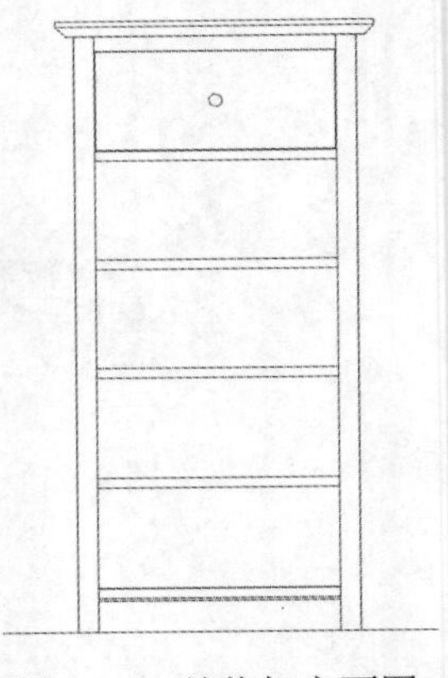

图 9-68 储物柜立面图

操作步骤如下：（光盘\动画演示\第 9 章\储物柜立面图.avi）

（1）单击“默认”选项卡“图层”面板中的“图层特性”按钮，打开“图层特性管理器”选项板，新建图层，具体设置参数如图 9-69 所示。

（2）将“粗实线”图层设置为当前图层。单击“默认”选项卡“绘图”面板中的“直线”按钮，在图中适当位置绘制长度为 1200 的竖直线。重复“直线”命令，在竖直线的下方绘制一条水平直线，如图 9-70 所示。

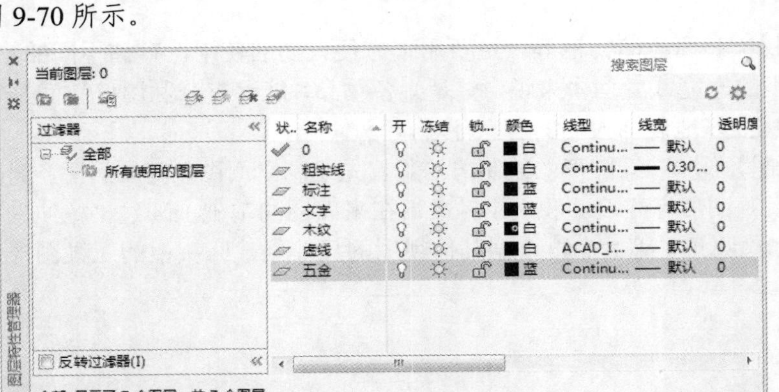

图 9-69 “图层特性管理器”选项板

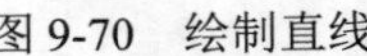

图 9-70 绘制直线

（3）单击“默认”选项卡“修改”面板中的“偏移”按钮，将第（2）步绘制的竖直线向右偏移，偏移距离分别为 40mm、510mm、550mm，将水平直线向上偏移，偏移距离分别为 62mm、67mm、87mm、88mm、288mm，结果如图 9-71 所示。

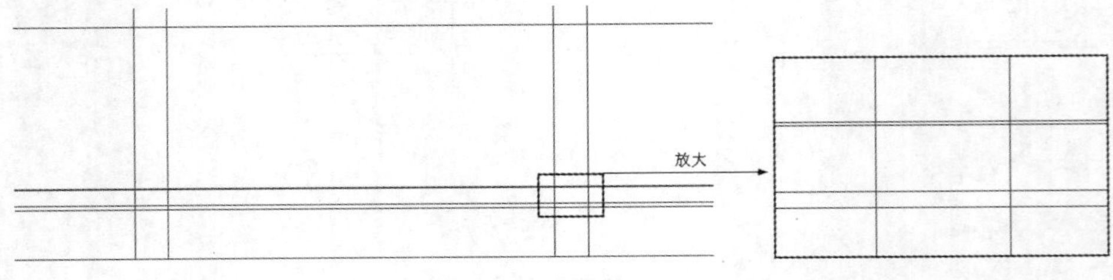

图 9-71 偏移线段

（4）单击“默认”选项卡“修改”面板中的“修剪”按钮，修剪多余的线段，结果如图 9-72 所示。

（5）单击“默认”选项卡“修改”面板中的“矩形阵列”按钮，将视图中最上方的两条

水平直线进行阵列，行数为 4，行数之间的距离为 220，列数为 1，结果如图 9-73 所示。

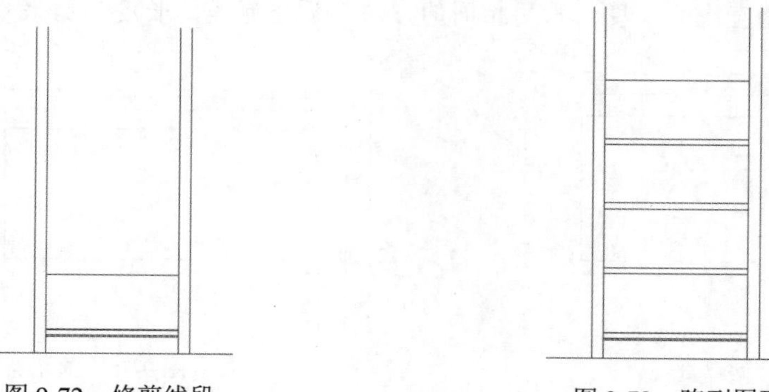

图 9-72　修剪线段　　　　图 9-73　阵列图形

（6）单击“默认”选项卡“修改”面板中的“偏移”按钮，将里面的两条竖直线分别向内偏移，偏移距离为 1mm，将最上端的水平直线向上偏移，偏移距离分别为 20mm、21mm、221mm、222mm，结果如图 9-74 所示。

（7）单击“默认”选项卡“修改”面板中的“修剪”按钮，修剪多余的线段，结果如图 9-75 所示。

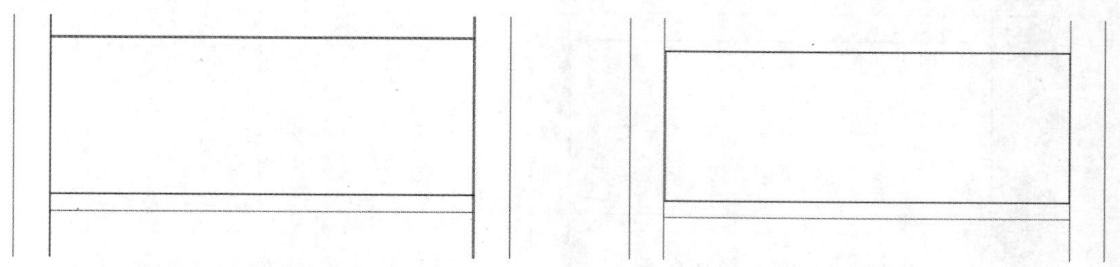

图 9-74　偏移直线　　　　图 9-75　修剪图形

（8）将“五金”图层设置为当前图层。单击“默认”选项卡“绘图”面板中的“圆”按钮，单击“对象追踪”按钮，打开对象追踪，捕捉第（7）步修剪后的矩形中点，在如图 9-76 所示的中点延长线的交点处绘制半径为 12.5 的圆。

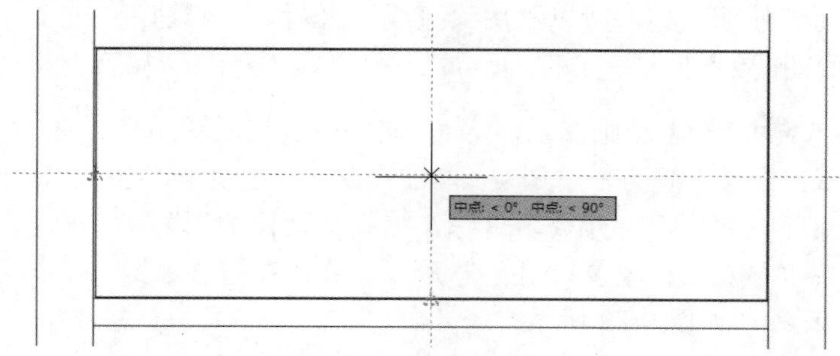

图 9-76　确定圆心

（9）将“粗实线”图层设置为当前图层。单击“默认”选项卡“修改”面板中的“偏移”按钮，将左端竖直线向左偏移，偏移距离为 35mm，然后向右偏移，偏移距离为 585mm，将最上端的水平直线向上偏移，偏移距离分别为 30mm、50mm、60mm，结果如图 9-77 所示。

Note

（10）选中要偏移后的直线，将鼠标放在夹点处，在显示的快捷菜单中选择“拉长”选项，如图9-78所示，调整直线的长度；采用相同的方法，调整直线的长度，结果如图9-79所示。

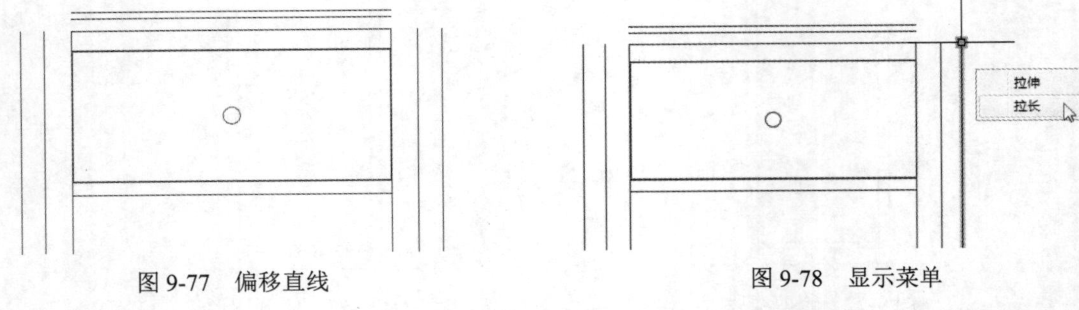

图9-77　偏移直线

图9-78　显示菜单

（11）单击“默认”选项卡“修改”面板中的“倒角”按钮，将倒角距离设置为20mm，对图9-79中的边线1、2和3、4进行倒角，结果如图9-80所示。

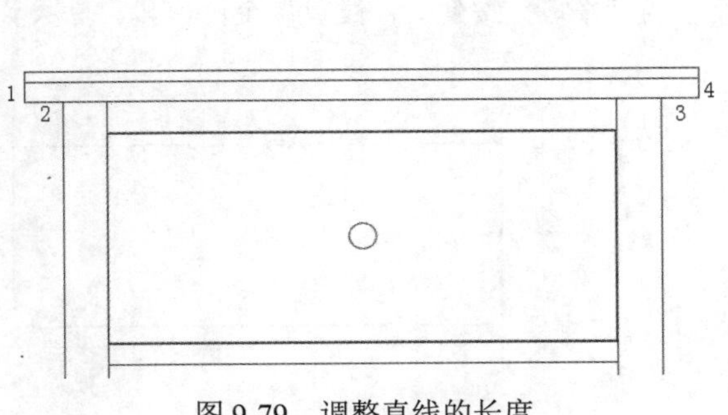

图9-79　调整直线的长度

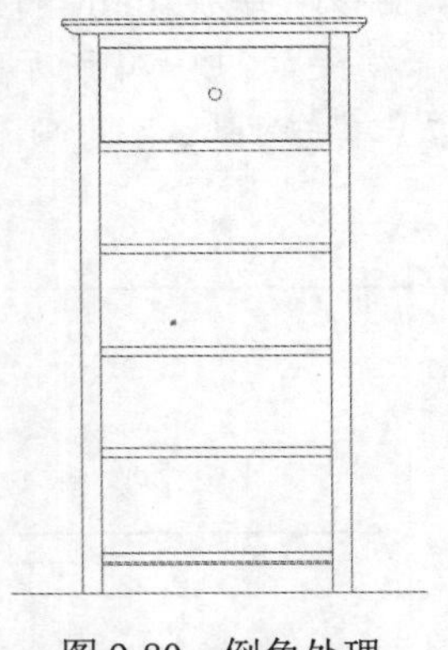

图9-80　倒角处理

9.3.2　绘制储物柜侧立面图

本节绘制如图9-81所示的储物柜侧立面图。此图比较简单，主要表达的是储物柜侧面的外部结构，所以利用“直线”“偏移”“修剪”命令即可完成侧立面图的绘制。

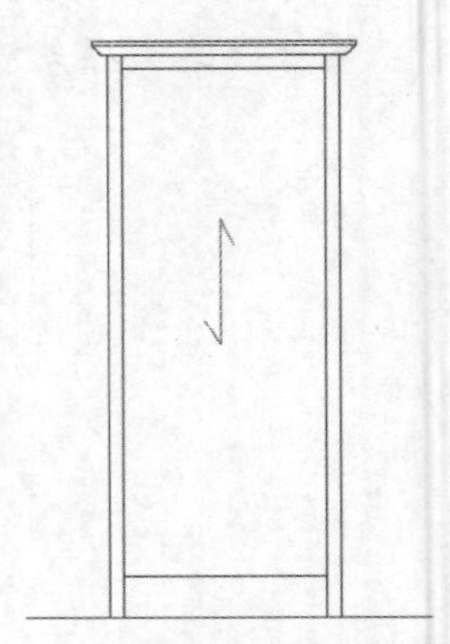

图9-81　储物柜侧立面图

操作步骤如下：（：光盘\动画演示\第9章\储物柜侧立面图.avi）

（1）将“粗实线”图层设置为当前图层。单击“默认”选项卡“绘图”面板中的“直线”按钮，打开极轴追踪，捕捉立面图的下端水平线右端点绘制一条水平直线；重复“直线”命令，在水平直线上绘制长度为1230的竖直线，如图9-82所示。

（2）单击“默认”选项卡“修改”面板中的“偏移”按钮，将第（1）步绘制的竖直线向右偏移，偏移距离分别为35mm、65mm、485mm、515mm、550mm，将水平直线向上偏移，偏移距离分别为87mm、1170mm、1200mm、1220mm、1230mm，结果如图9-83所示。

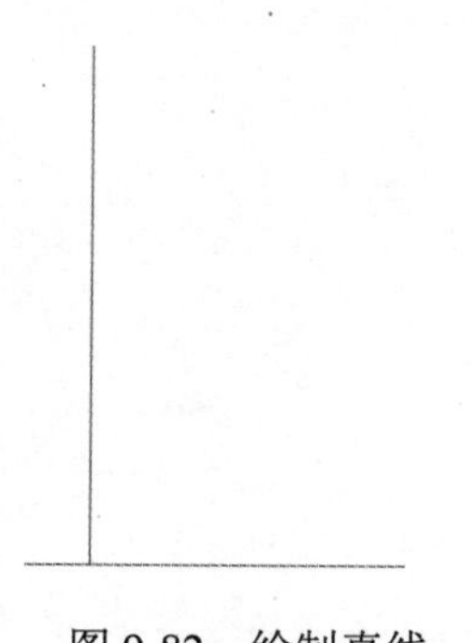

图 9-82　绘制直线

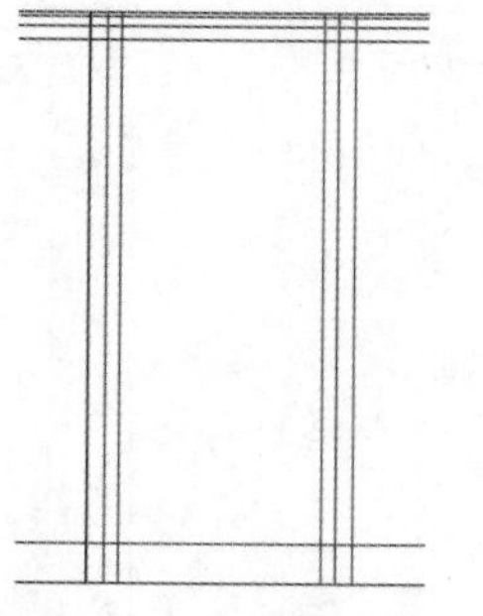

图 9-83　偏移线段

（3）单击“默认”选项卡“修改”面板中的“修剪”按钮，修剪多余的线段，结果如图 9-84 所示。

（4）单击“默认”选项卡“修改”面板中的“倒角”按钮，将倒角距离设置为 20mm，对图 9-84 中的边线 1、2 和 3、4 进行倒角，结果如图 9-85 所示。

（5）将“五金”图层设置为当前图层。单击“默认”选项卡“绘图”面板中的“多段线”按钮，在侧立面图的适当位置绘制多段线，结果如图 9-86 所示。

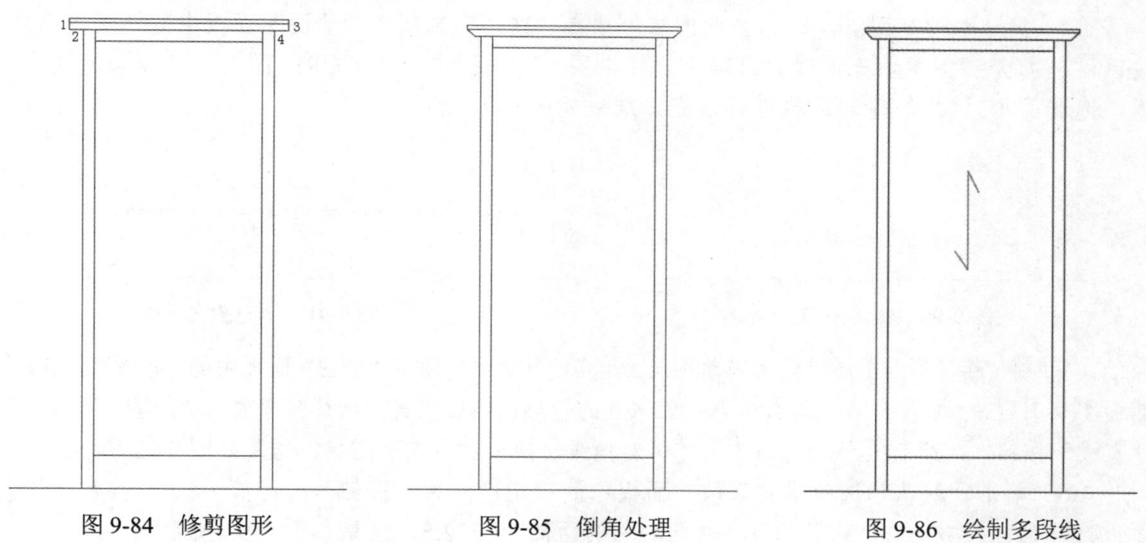

图 9-84　修剪图形　　图 9-85　倒角处理　　图 9-86　绘制多段线

9.3.3　绘制储物柜侧剖面图

本节绘制如图 9-87 所示的储物柜侧剖面图。此图主要表达储物柜内部结构，首先复制侧立面图，并删除多余的线段，然后绘制主体内部结构，最后绘制抽屉的内部结构。

操作步骤如下：（：光盘\动画演示\第 9 章\储物柜侧剖面图.avi）

（1）单击“默认”选项卡“修改”面板中的“复制”按钮，将储物柜侧立面图复制并放置在立面图的右边适当位置，删除多余线段，如图 9-88 所示。

（2）单击“默认”选项卡“修改”面板中的“偏移”按钮，将水平直线向上偏移，偏移距离分别为 62mm、67mm，结果如图 9-89 所示。

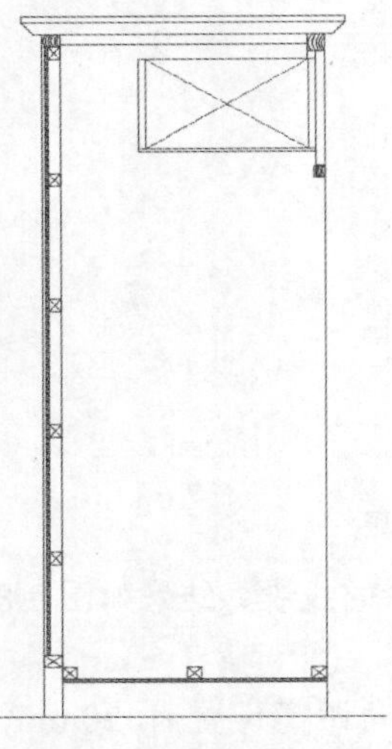

图 9-87　储物柜侧剖面图

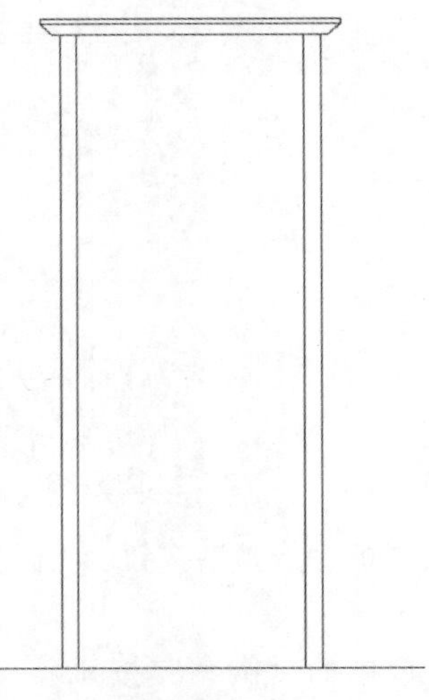

图 9-88　整理图形

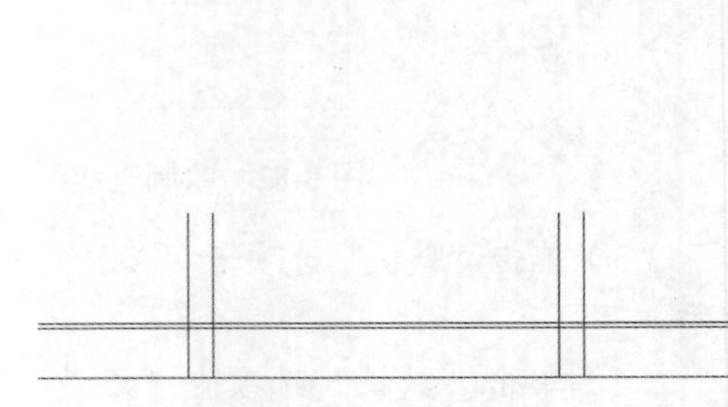

图 9-89　偏移线段

（3）单击“默认”选项卡“修改”面板中的“修剪”按钮，修剪多余的线段，结果如图 9-90 所示。

（4）将“木纹”图层设置为当前图层。单击“默认”选项卡“绘图”面板中的“图案填充”按钮，打开“图案填充创建”选项卡，在“图案”面板中选择 CORK 图案，其他采用默认设置，选取第（3）步创建的区域进行填充，结果如图 9-91 所示。

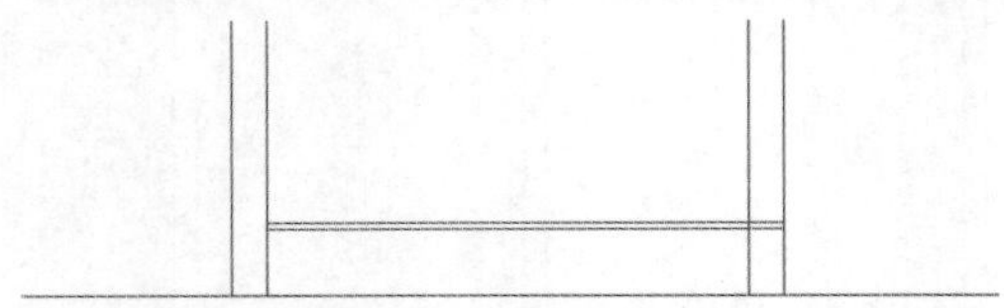

图 9-90　修剪图形

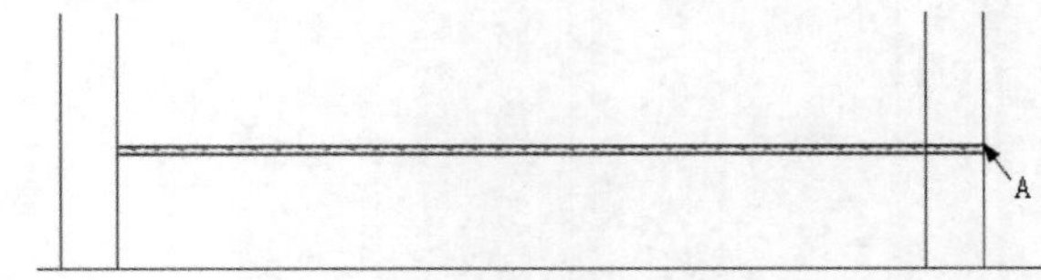

图 9-91　填充图案

（5）将“粗实线”图层设置为当前图层。单击“默认”选项卡“绘图”面板中的“矩形”按钮，捕捉图 9-91 中的 A 点为第一角点，绘制 25×20 的矩形，然后单击“默认”选项卡“绘图”面板中的“直线”按钮，绘制矩形的对角线，并将对角线转换至“木纹”图层，结果如图 9-92 所示。

（6）单击“默认”选项卡“修改”面板中的“矩形阵列”按钮，将第（5）步绘制的横截面进行阵列，行数为 1，列数为 3，列数之间的距离为-212.5，结果如图 9-93 所示。

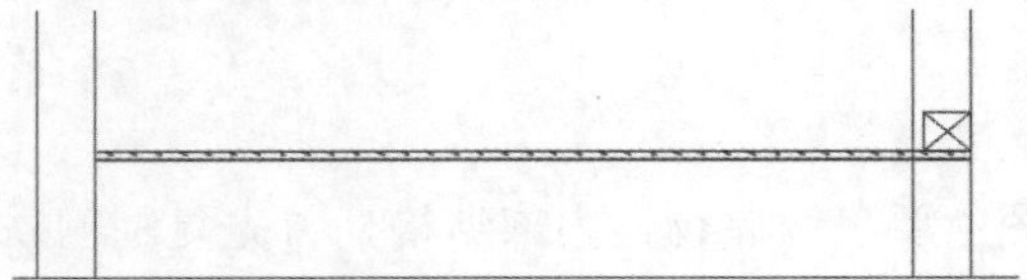

图 9-92　绘制横截面

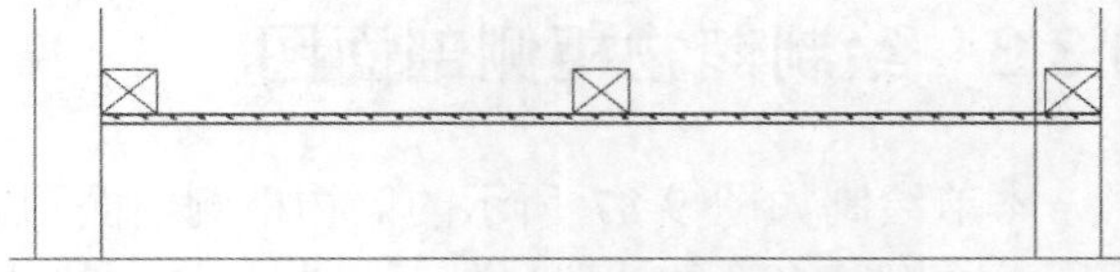

图 9-93　阵列横截面

（7）单击“默认”选项卡“修改”面板中的“偏移”按钮，将上方的第三根水平线向下偏移，偏移距离分别为 18mm、22mm、30mm，结果如图 9-94 所示。

（8）单击“默认”选项卡“修改”面板中的“修剪”按钮，修剪多余的线段，结果如图 9-95 所示。

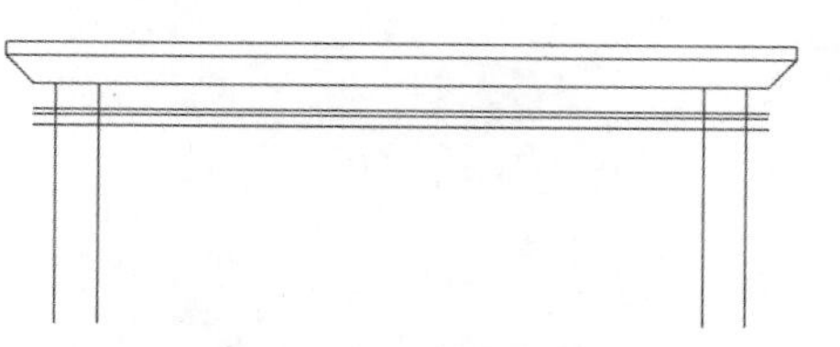

图 9-94 偏移直线

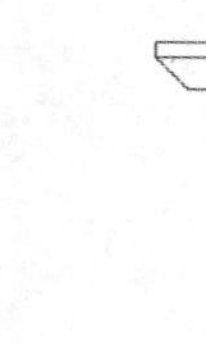

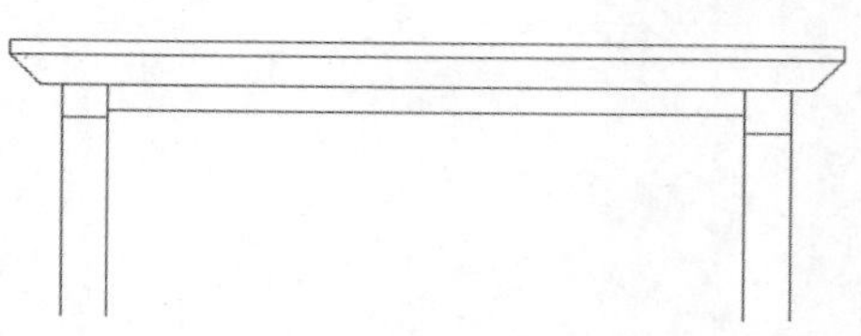

图 9-95 修剪图形

（9）将“木纹”图层设置为当前图层。单击“默认”选项卡“绘图”面板中的“样条曲线拟合”按钮，在左右两端方框内绘制木纹线，结果如图 9-96 所示。

（10）将“粗实线”图层设置为当前图层。单击“默认”选项卡“绘图”面板中的“矩形”按钮，捕捉第（6）步创建的最左端矩形的左上端点为第一角点，绘制 30×22 的矩形，然后单击“默认”选项卡“绘图”面板中的“直线”按钮，绘制矩形的对角线，并将对角线转换至“木纹”图层，结果如图 9-97 所示。

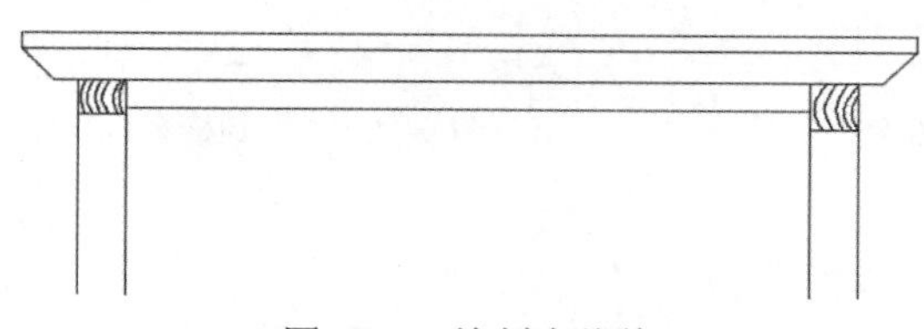

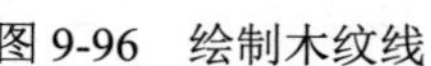

图 9-96 绘制木纹线

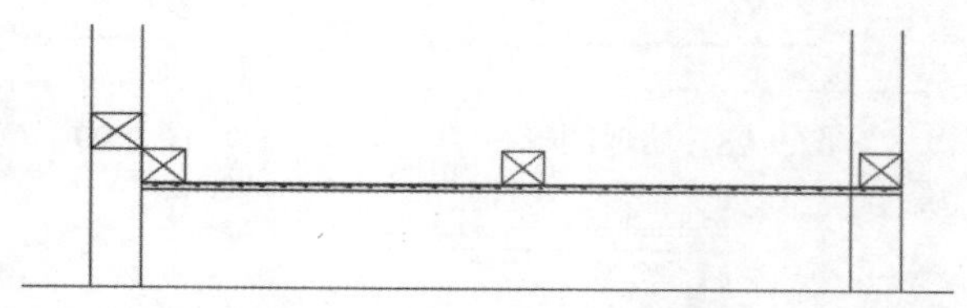

图 9-97 绘制横截面

（11）单击“默认”选项卡“修改”面板中的“偏移”按钮，将最左端的竖直线向右偏移，偏移距离分别为 5mm、10mm。

（12）单击“默认”选项卡“修改”面板中的“修剪”按钮，修剪多余的线段，结果如图 9-98 所示。

（13）将“木纹”图层设置为当前图层。单击“默认”选项卡“绘图”面板中的“图案填充”按钮，打开“图案填充创建”选项卡，在“图案”面板中选择 CORK 图案，其他采用默认设置，选取第（12）步创建的区域进行填充，结果如图 9-99 所示。

（14）将“粗实线”图层设置为当前图层。单击“默认”选项卡“绘图”面板中的“矩形”按钮，捕捉图 9-99 中的点 A 创建的最左端矩形的左上端点为第一角点，绘制 20×22 的矩形，然后单击“默认”选项卡“绘图”面板中的“直线”按钮，绘制矩形的对角线，并将对角线转换至“木纹”图层，结果如图 9-100 所示。

（15）单击“默认”选项卡“修改”面板中的“矩形阵列”按钮，将第（14）步绘制的横截面进行阵列，行数为 5，列数为 1，行数之间的距离为-222，结果如图 9-101 所示。

（16）绘制抽屉。

① 单击“默认”选项卡“绘图”面板中的“直线”按钮，捕捉立面图中抽屉上的上点绘制直线至剖面图上。

② 单击“默认”选项卡“修改”面板中的“偏移”按钮，将最右端的竖直线向左偏移，偏移距离分别为 16mm、28mm、304mm、316mm。重复“偏移”命令，将最上端的水平直线向下偏移，偏移距离分别为 75mm、231mm、236mm，结果如图 9-102 所示。

（17）单击“默认”选项卡“修改”面板中的“修剪”按钮，修剪多余的线段，结果如图 9-103 所示。

图 9-98 修剪图形

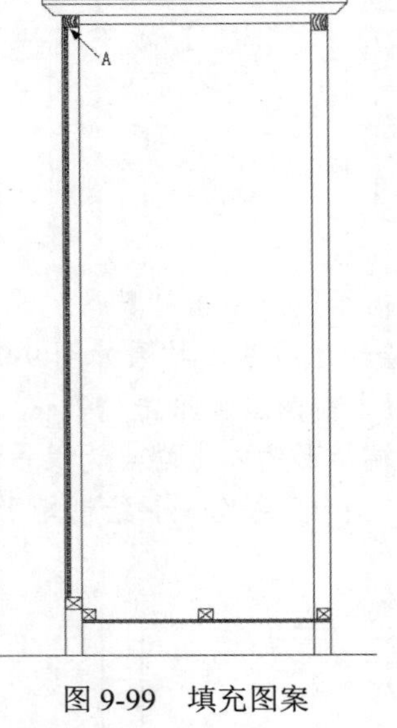

图 9-99 填充图案

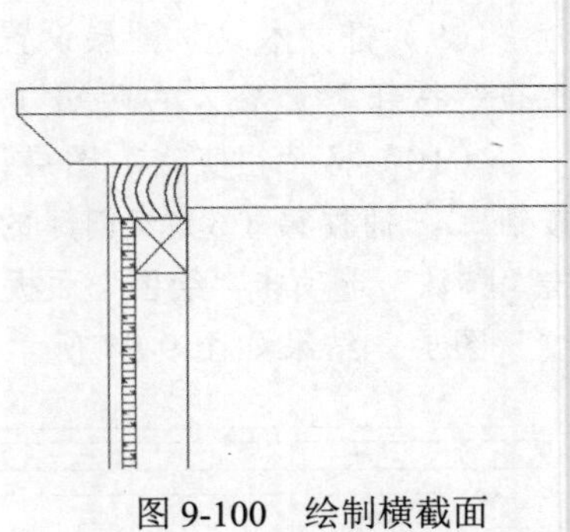

图 9-100 绘制横截面

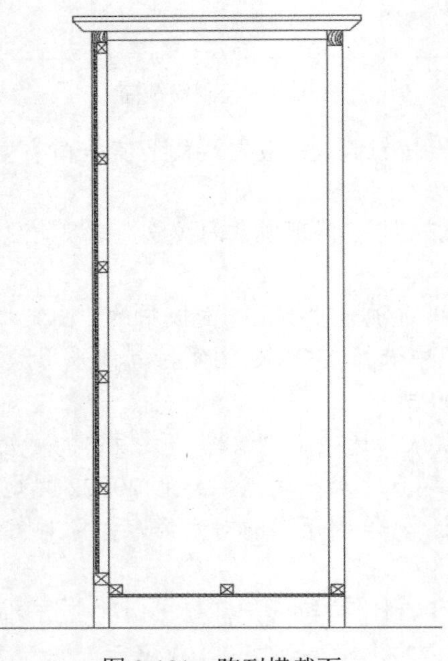

图 9-101 阵列横截面

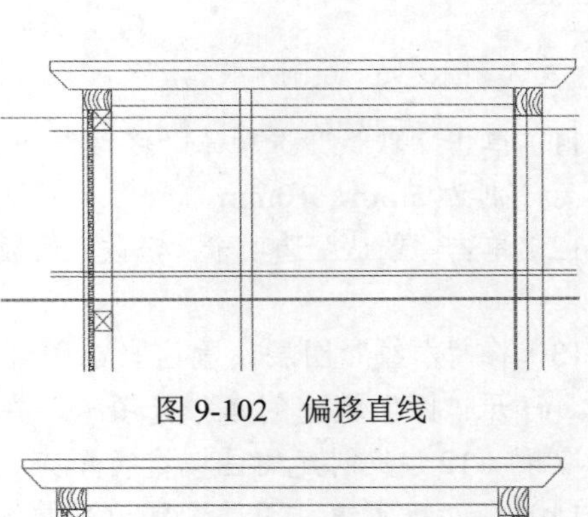

图 9-102 偏移直线

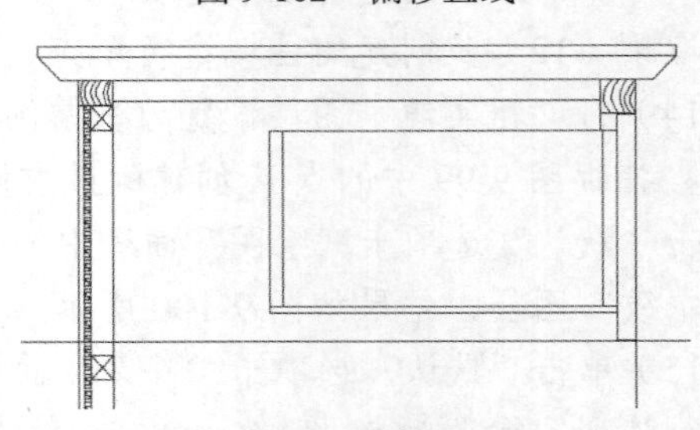

图 9-103 修剪图形

（18）将“虚线”图层设置为当前图层，单击“默认”选项卡“绘图”面板中的“直线”按钮，绘制抽屉上矩形的对角线，如图 9-104 所示。

（19）将“粗实线”图层设置为当前图层。单击“默认”选项卡“绘图”面板中的“矩形”按钮，捕捉图 9-104 中的点 A 创建的最左端矩形的左上端点为第一角点，绘制 18×20 的矩形，然后单击“默认”选项卡“绘图”面板中的“样条曲线拟合”按钮，在矩形内绘制木纹线，并将样条曲线转换至“木纹”图层，删除辅助线，结果如图 9-105 所示。

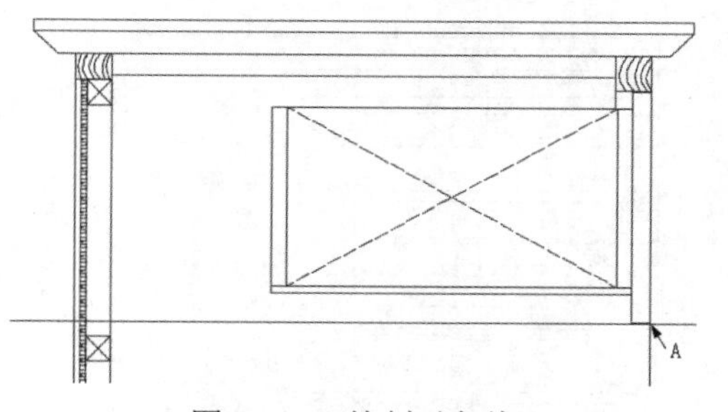

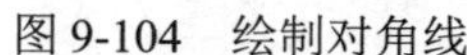

图 9-104 绘制对角线

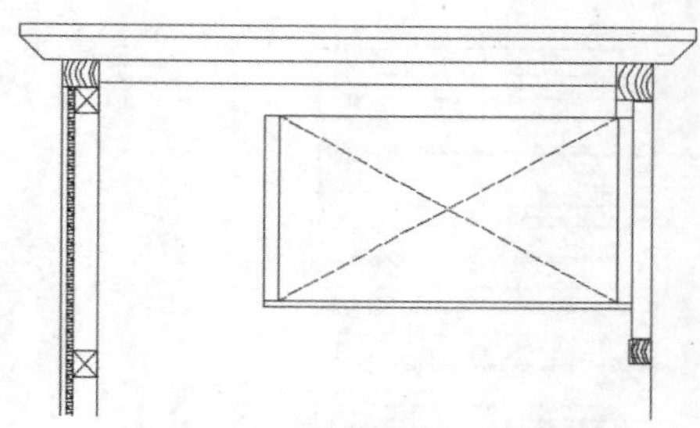

图 9-105 绘制横截面

9.3.4 绘制储物柜平面图

本节绘制如图 9-106 所示的储物柜平面图。首先根据立面图绘制定位平面图中的关键点，然后利用“偏移”“修剪”“图案填充”等命令完成左侧图形，再利用“镜像”“偏移”“修剪”“矩形阵列”命令绘制右侧内部结构，最后绘制抽屉。

操作步骤如下：（：光盘\动画演示\第 9 章\储物柜平面图.avi）

（1）将“粗实线”图层设置为当前图层。单击“默认”选项卡“绘图”面板中的“矩形”按钮，捕捉追踪立面图左上端点移动鼠标在立面图下方位置确定第一角点，绘制 620×550 的矩形，单击“默认”选项卡“绘图”面板中的“直线”按钮，捕捉矩形的中点绘制竖直线，结果如图 9-107 所示。

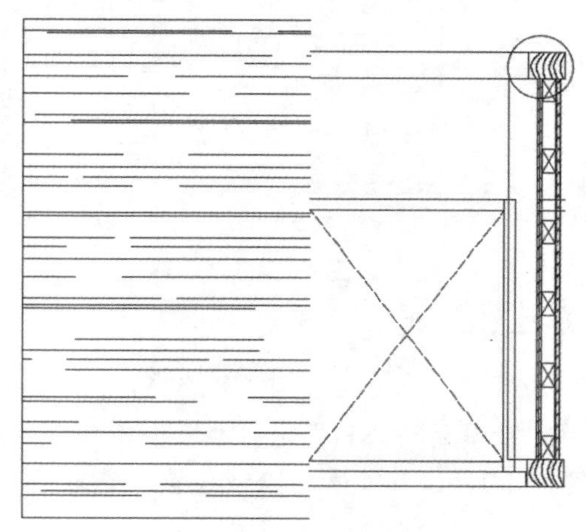

图 9-106 储物柜平面图

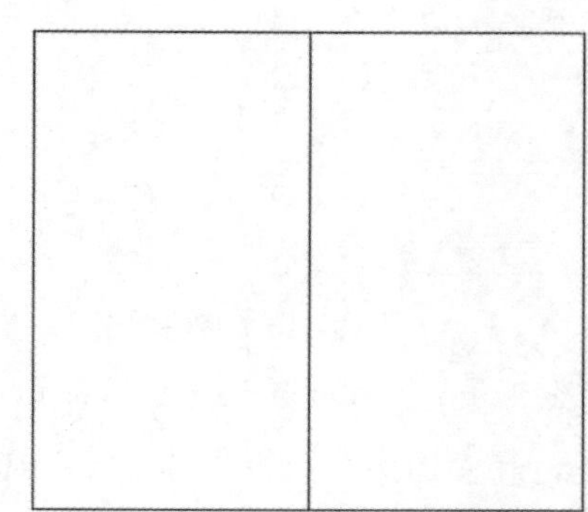

图 9-107 绘制外轮廓

（2）将“木纹”图层设置为当前图层。单击“默认”选项卡“绘图”面板中的“图案填充”按钮，打开“图案填充创建”选项卡，在“图案”面板中选择 AR-RROOF 图案，其他采用默认设置，选取第（1）步创建的左侧区域进行填充，结果如图 9-108 所示。

（3）单击“默认”选项卡“修改”面板中的“分解”按钮，将矩形分解。单击“默认”选项卡“修改”面板中的“偏移”按钮，将矩形的上下两条水平线分别向内偏移，偏移距离分别为 35mm、65mm，将右侧竖直线向内偏移，偏移距离分别为 35mm、40mm、45mm、60mm、65mm、75mm，结果如图 9-109 所示。

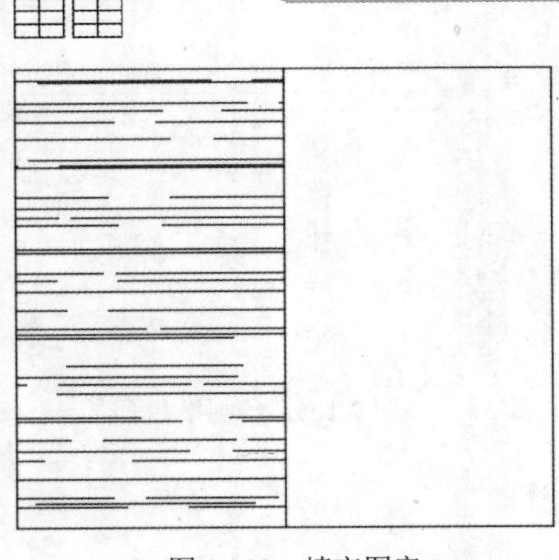

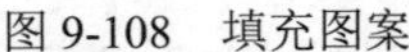

图 9-108　填充图案

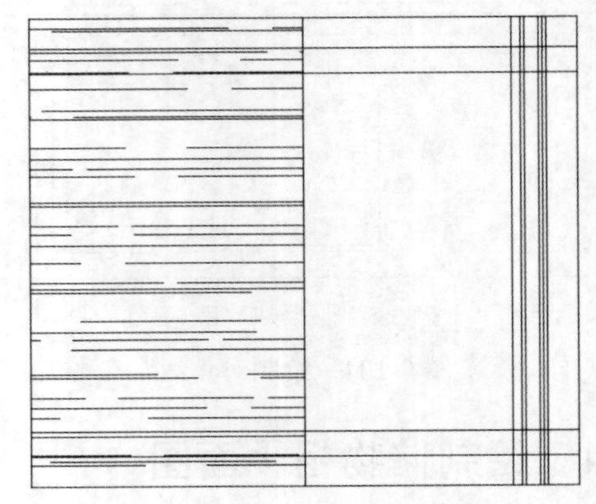

图 9-109　偏移直线

（4）单击“默认”选项卡“修改”面板中的“修剪”按钮，修剪多余的线段，结果如图 9-110 所示。

（5）单击“默认”选项卡“绘图”面板中的“样条曲线拟合”按钮，在右上下两个方框内绘制木纹线，结果如图 9-111 所示。

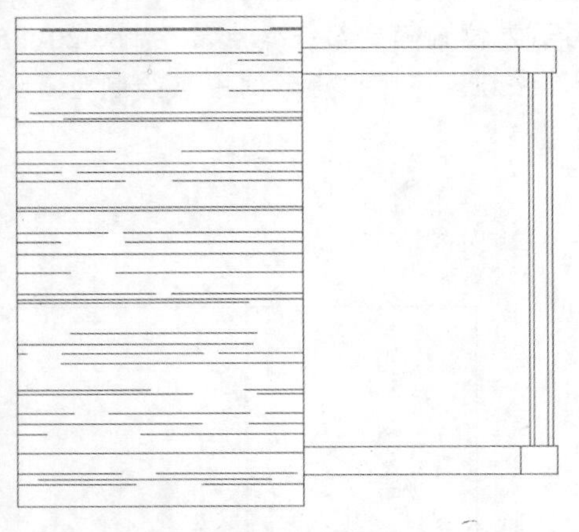

图 9-110　修剪图形

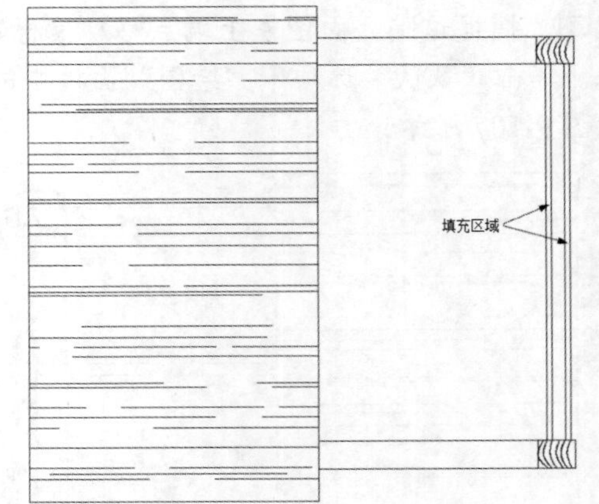

图 9-111　绘制木纹线

（6）单击“默认”选项卡“绘图”面板中的“图案填充”按钮，打开“图案填充创建”选项卡，在“图案”面板中选择 CORK 图案，角度为 90°，其他采用默认设置，选取图 9-111 所示的区域进行填充，结果如图 9-112 所示。

（7）将“粗实线”图层设置为当前图层。单击“默认”选项卡“绘图”面板中的“矩形”按钮，捕捉图 9-112 中的 A 点为第一角点，绘制 15×26 的矩形，然后单击“默认”选项卡“绘图”面板中的“直线”按钮，绘制矩形的对角线，并将对角线转换至“木纹”图层，结果如图 9-113 所示。

（8）单击“默认”选项卡“修改”面板中的“路径阵列”按钮，选择横截面为阵列对象，选取竖直线为阵列路径，打开“阵列创建”选项卡，设置项目数为 6，介于为 78.8，其他采用默认设置，如图 9-114 所示，单击“关闭阵列”按钮，关闭“阵列创建”选项卡，结果如图 9-115 所示。

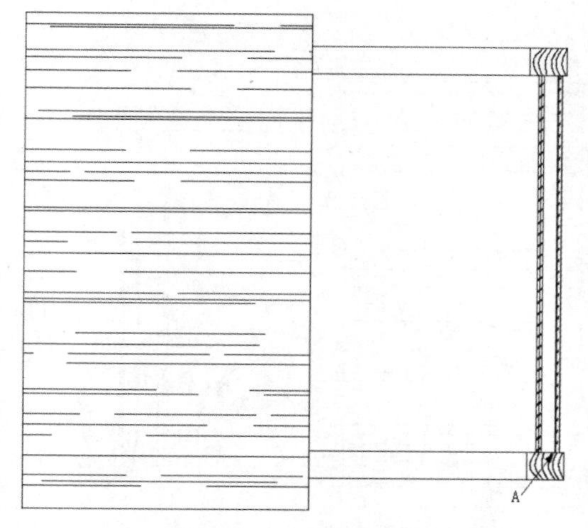

图 9-112　填充图案

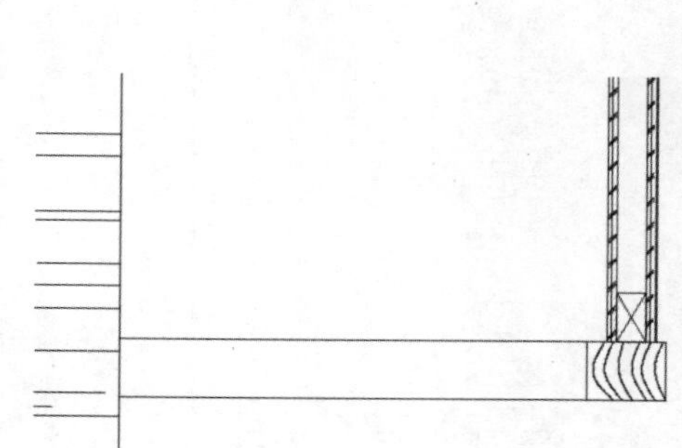

图 9-113　绘制横截面

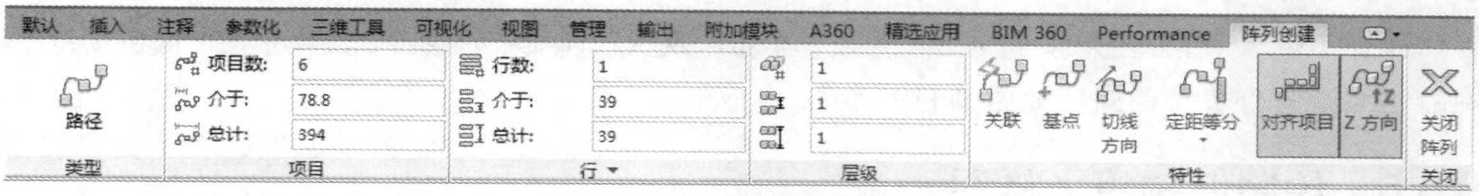

默认 插入 注释 参数化 三维工具 可视化 视图 管理 输出 附加模块 A360 精选应用 BIM 360 Performance 阵列创建

路径　类型

项目数: 6　介于: 78.8　总计: 394　项目

行数: 1　介于: 39　总计: 39　行

1　1　1　层级

关联 基点 切线方向 定距等分 对齐项目 Z 方向　特性

关闭阵列　关闭

图 9-114　“阵列创建”选项卡

（9）绘制抽屉。

① 单击“默认”选项卡“修改”面板中的“偏移”按钮，将右侧最里面的竖直线向内偏移，偏移距离分别为 23mm、30mm、35mm，然后将下端右侧竖直线向内偏移，偏移距离为 1mm，将右侧下端水平线分别向内偏移，偏移距离分别为 16mm、28mm、304mm、316mm，结果如图 9-116 所示。

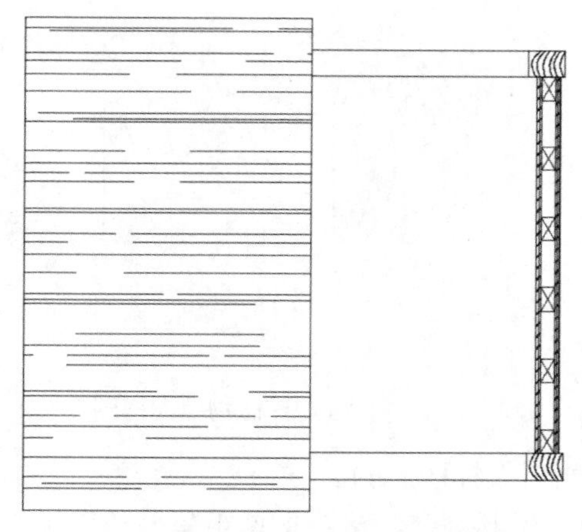

图 9-115　阵列横截面

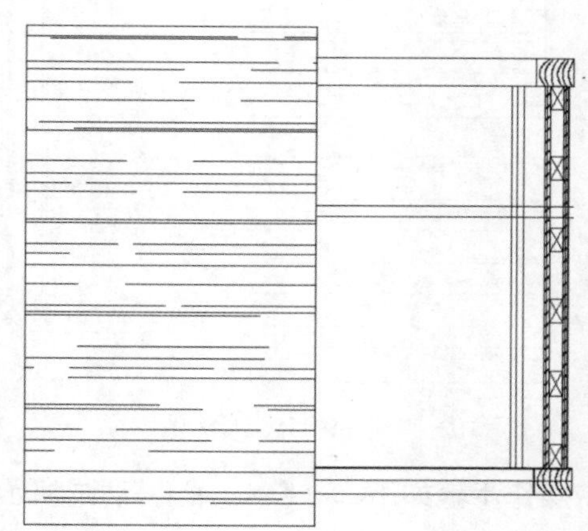

图 9-116　偏移直线

② 单击“默认”选项卡“修改”面板中的“修剪”按钮和“延伸”按钮，修剪多余的线段并将直线段延长，结果如图 9-117 所示。

③ 将“虚线”图层设置为当前图层，单击“默认”选项卡“绘图”面板中的“直线”按钮，

绘制抽屉上矩形的对角线，如图 9-118 所示。

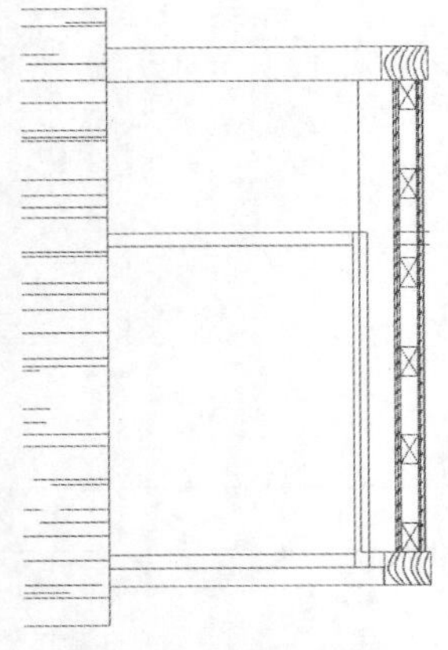

图 9-117　修整图形

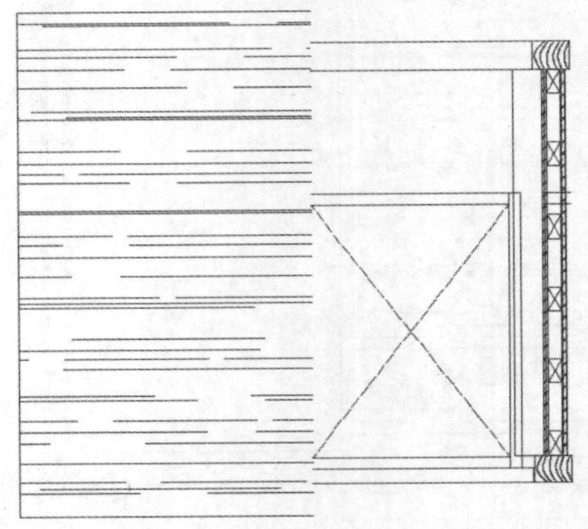

图 9-118　绘制虚线

（10）将“标注”图层设置为当前图层，单击“默认”选项卡“绘图”面板中的“圆”按钮，在右上端适当位置绘制圆，如图 9-119 所示。

9.3.5　绘制储物柜大样图

本节绘制如图 9-120 所示的大样图。此大样图是平面图上大样图，因此复制平面图上的大样图部分，修剪多余的部分，并将图形放大，最后进行细节修改。

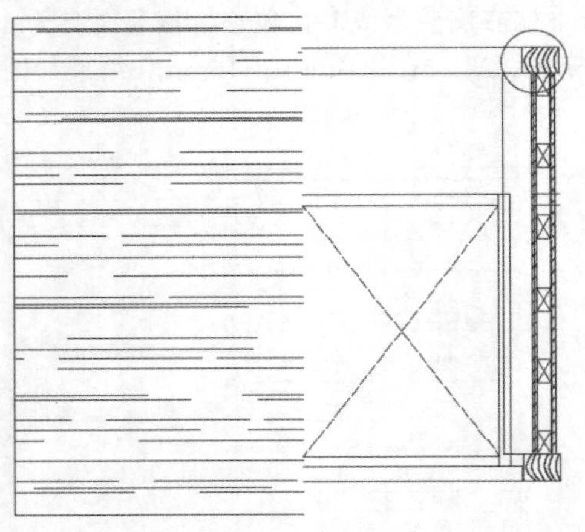

图 9-119　绘制圆

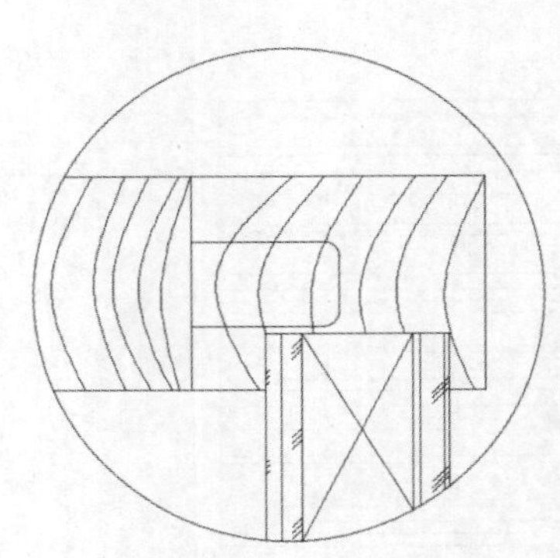

图 9-120　储物柜大样图

操作步骤如下：（：光盘\动画演示\第 9 章\储物柜大样图.avi）

（1）单击“默认”选项卡“修改”面板中的“复制”按钮，将平面图中绘制的圆以及圆里的图形复制到图中适当位置；单击“默认”选项卡“修改”面板中的“修剪”按钮，以圆为边界将圆外的图形修剪掉，结果如图 9-121 所示。

（2）单击“默认”选项卡“修改”面板中的“缩放”按钮，将第（1）步创建的图形放大 5 倍。

（3）单击“默认”选项卡“修改”面板中的“偏移”按钮，将最下端水平直线向上偏移，偏移距离为40mm，单击“默认”选项卡“修改”面板中的“延伸”按钮，将下方的竖直线延伸至偏移直线，结果如图9-122所示。

（4）单击“默认”选项卡“修改”面板中的“修剪”按钮，修剪多余的线段，结果如图9-123所示。

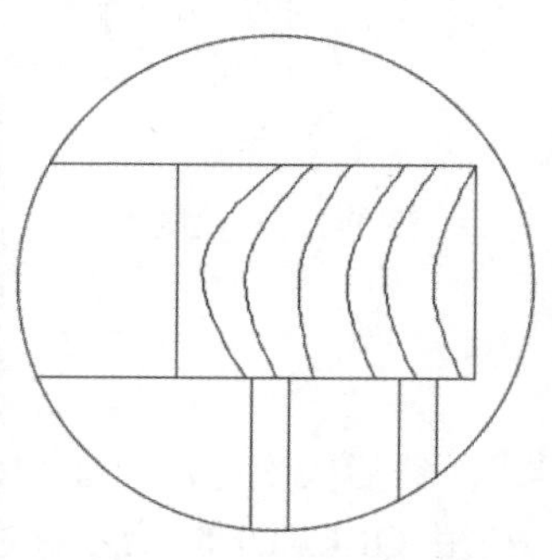

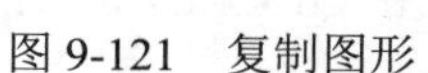

图9-121 复制图形

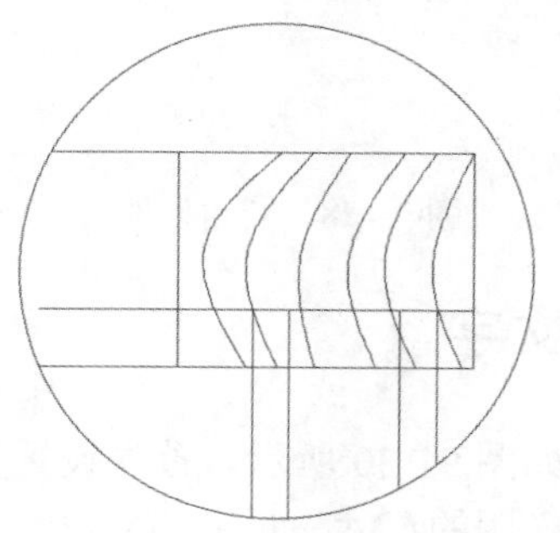

图9-122 偏移和延伸直线

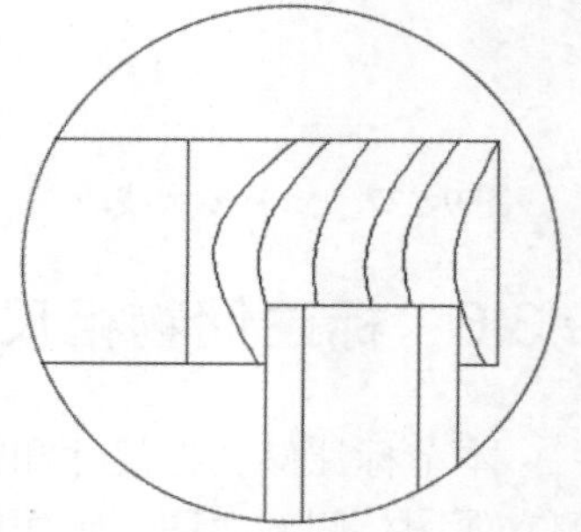

图9-123 修剪图形

（5）将“木纹”图层设置为当前图层。单击“默认”选项卡“绘图”面板中的“直线”按钮，绘制矩形的对角线，结果如图9-124所示。

（6）单击“默认”选项卡“绘图”面板中的“图案填充”按钮，打开“图案填充创建”选项卡，在“图案”面板中选择CORK图案，角度为90°，比例为5，其他采用默认设置，选取区域进行填充，结果如图9-125所示。

（7）单击“默认”选项卡“修改”面板中的“偏移”按钮，将最上端水平直线向下偏移，偏移距离分别为45mm、105mm，将右端的竖直线向左偏移，偏移距离为100，结果如图9-126所示。

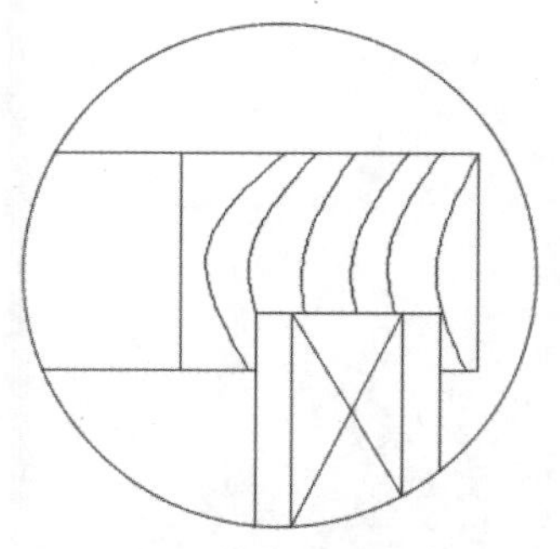

图9-124 绘制截面

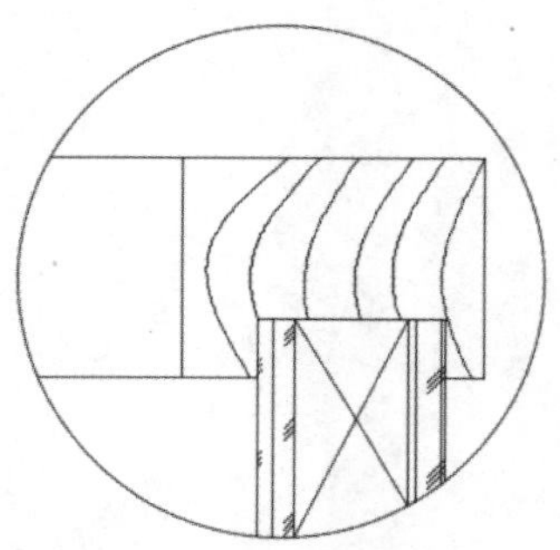

图9-125 填充图案

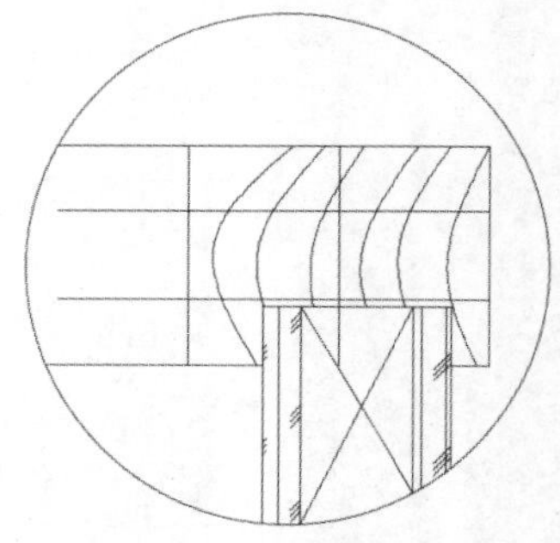

图9-126 偏移直线

（8）单击“默认”选项卡“修改”面板中的“修剪”按钮，修剪多余的线段，结果如图9-127所示。

（9）单击“默认”选项卡“修改”面板中的“圆角”按钮，对修剪后矩形右端进行倒圆角，圆角半径为10，结果如图9-128所示。

（10）单击“默认”选项卡“绘图”面板中的“样条曲线拟合”按钮，在左侧方框内绘制木纹线，结果如图9-129所示。

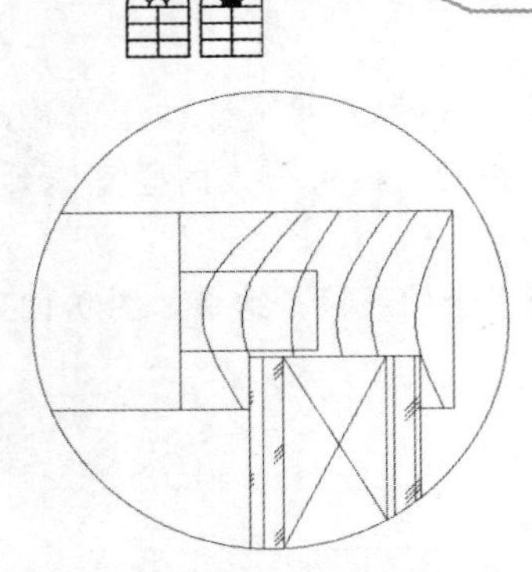

图 9-127　修剪多余线段

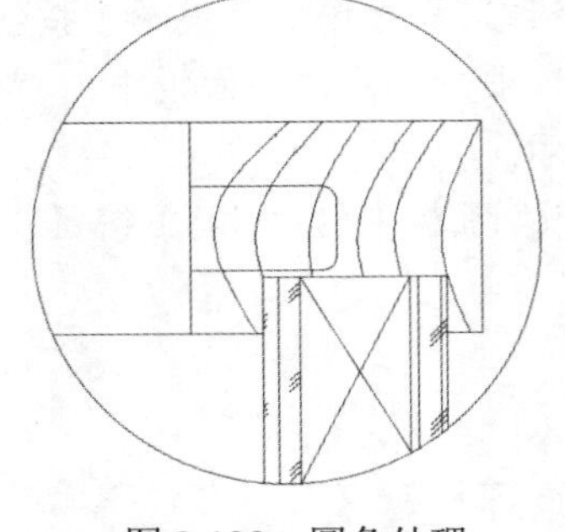

图 9-128　圆角处理

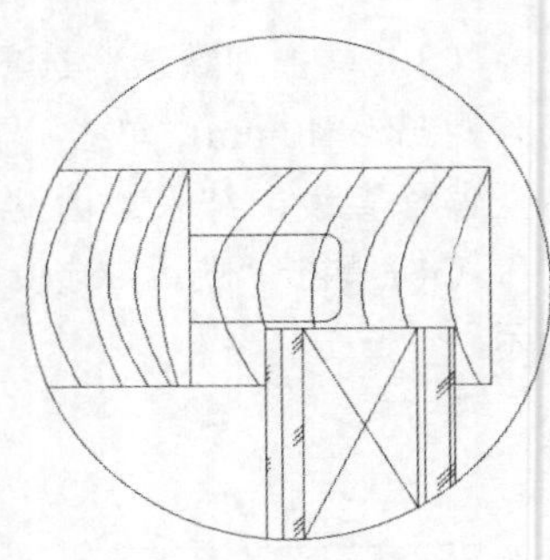

图 9-129　绘制木纹

9.3.6　标注储物柜尺寸和文字

本节标注储物柜尺寸和文字，如图 9-130 所示。首先设置尺寸样式，然后依次标注立面图、侧立面图、侧剖面图、平面图和大样图的尺寸，最后设置文字样式，利用 QLEADER 命令标注带引线的文字。

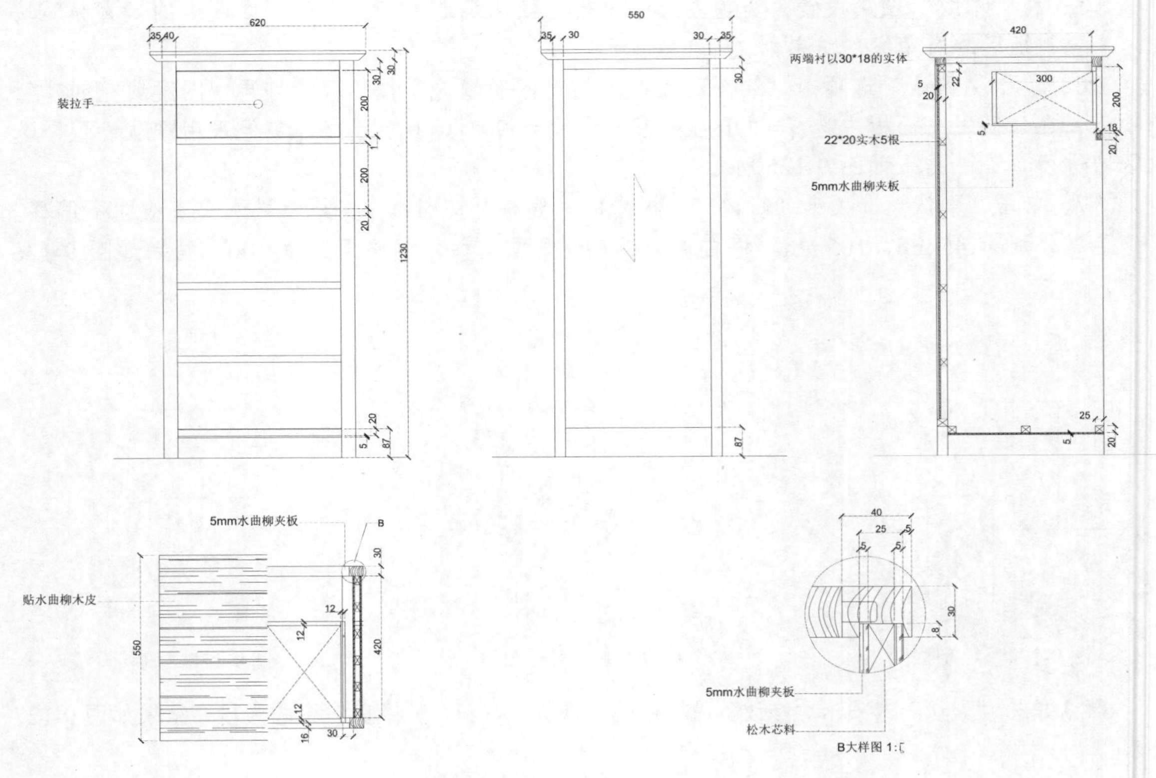

图 9-130　标注尺寸和文字

操作步骤如下：（：光盘\动画演示\第 9 章\标注储物柜尺寸和文字.avi）

1. 标注尺寸

（1）将“标注”图层设置为当前图层。单击“默认”选项卡“注释”面板中的“标注样式”

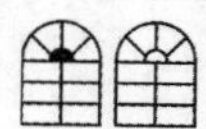

按钮，打开“标注样式管理器”对话框，单击“修改”按钮，打开“修改标注样式：ISO-25”对话框，在该对话框中进行如下设置。

☑ “线”选项卡：设置基线间距为10，超出尺寸线为3，起点偏移量为8。

☑ “符号和箭头”选项卡：设置箭头类型为“建筑标记”，设置箭头大小为10。

☑ “文字”选项卡：设置文字高度为12，从尺寸线偏移为1，文字对齐方式为“与尺寸线对齐”。

其他采用默认设置，单击“确定”按钮后返回到“标注样式管理器”对话框，单击“关闭”按钮，关闭对话框。

（2）单击“默认”选项卡“注释”面板中的“线性”按钮，标注储物柜立面图尺寸，如图9-131所示。

（3）单击“默认”选项卡“注释”面板中的“线性”按钮，标注储物柜侧立面图尺寸，如图9-132所示。

（4）单击“默认”选项卡“注释”面板中的“线性”按钮，标注储物柜侧剖立面图尺寸，如图9-133所示。

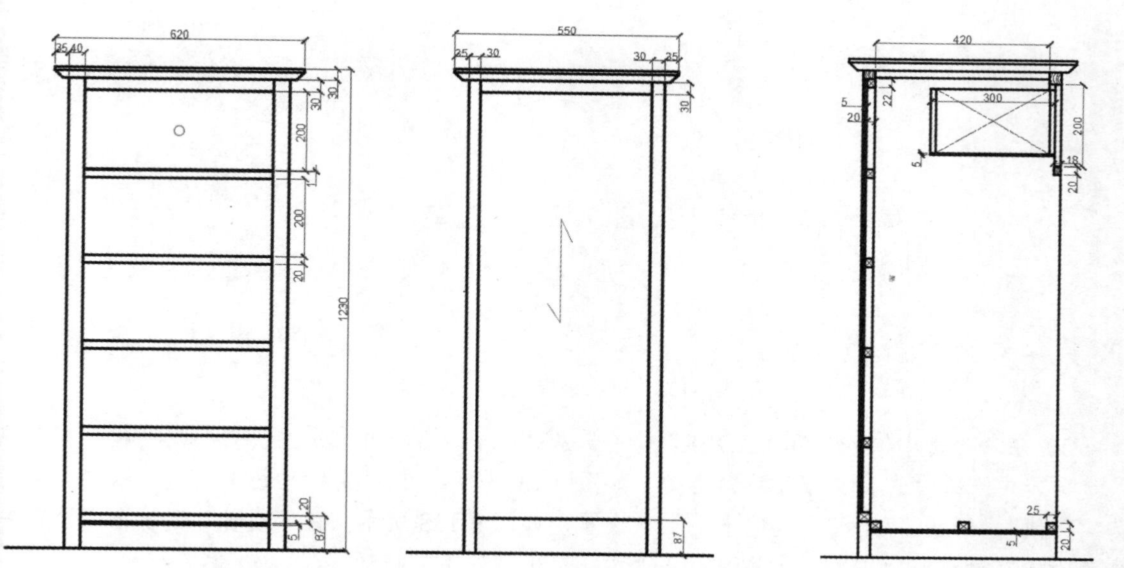

图9-131 标注储物柜立面图尺寸 图9-132 标注储物柜侧立面图尺寸 图9-133 标注储物柜侧剖立面图尺寸

（5）单击“默认”选项卡“注释”面板中的“线性”按钮，标注储物柜平面图尺寸，如图9-134所示。

（6）单击“默认”选项卡“注释”面板中的“标注样式”按钮，打开“标注样式管理器”对话框，单击“新建”按钮，打开“创建新标注样式”对话框，输入新样式名为“大样图标注”，单击“继续”按钮，打开“新建标注样式：大样图标注”对话框，将“主单位”选项卡中的比例因子设置为0.2，单击“确定”按钮后返回到“标注样式管理器”对话框，将大样图标注置为当前，单击“关闭”按钮，关闭对话框。

（7）单击“默认”选项卡“注释”面板中的“线性”按钮，标注大样图尺寸，如图9-135所示。

Note

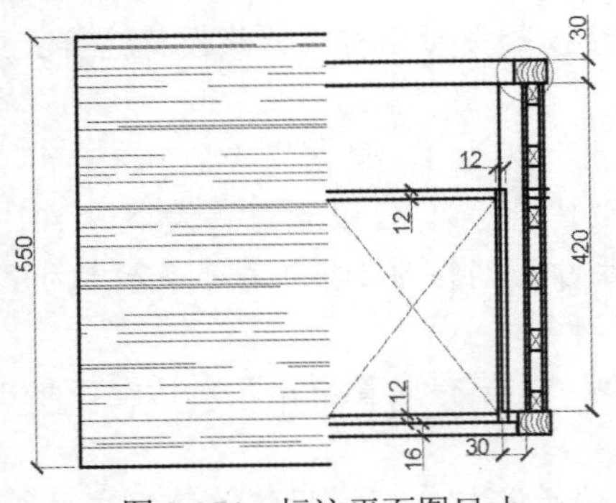

图 9-134　标注平面图尺寸

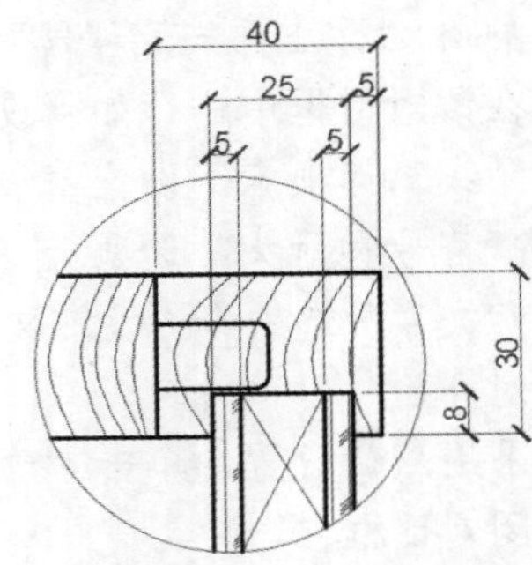

图 9-135　标注大样图尺寸

2. 标注文字

（1）单击“默认”选项卡“注释”面板中的“文字样式”按钮，打开“文字样式”对话框，新建“文字”样式，设置字体名为“宋体”，高度为 25，并将其设置为当前，如图 9-136 所示。

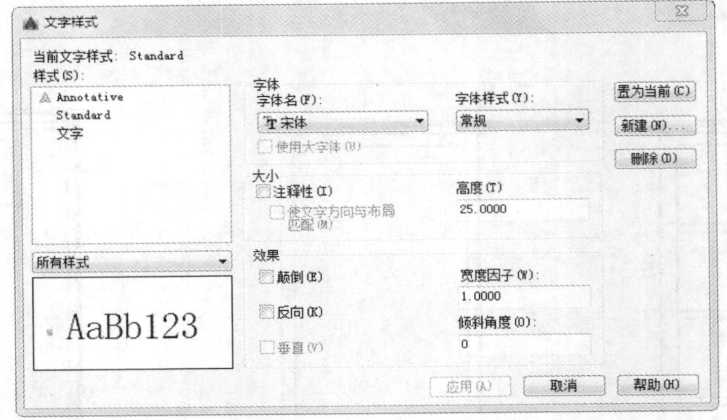

图 9-136　“文字样式”对话框

（2）在命令行中输入“QLEADER”命令，按 Enter 键后打开“引线设置”对话框，在“注释”选项卡中选择“多行文字”注释类型，如图 9-137 所示；在“引线和箭头”选项卡中设置引线为“直线”，箭头为“无”，其他采用默认设置，如图 9-138 所示；在“附着”选项卡中设置多行文字附着在最后一行中间，如图 9-139 所示，单击“确定”按钮。

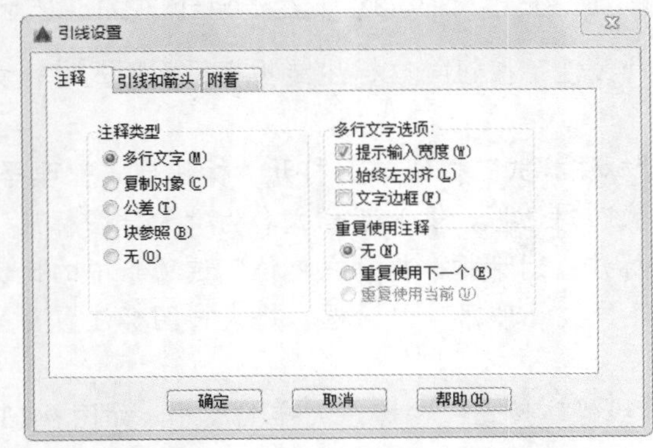

图 9-137　“注释”选项卡

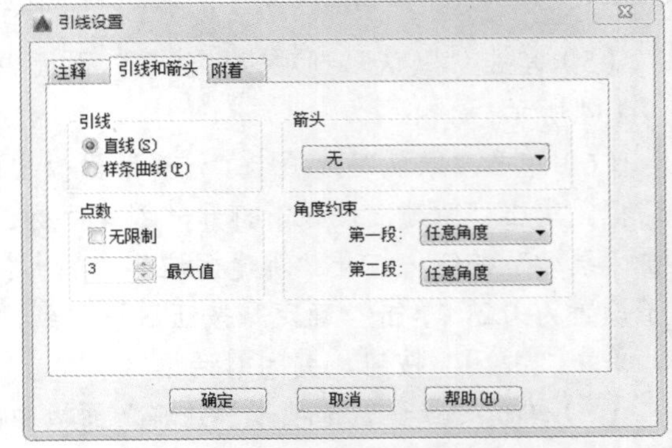

图 9-138　“引线和箭头”选项卡

（3）将“文字”图层设置为当前图层。在储物柜立面图中的拉手上指定引线的起点，然后输入文字“装拉手”文字，结果如图9-140所示。

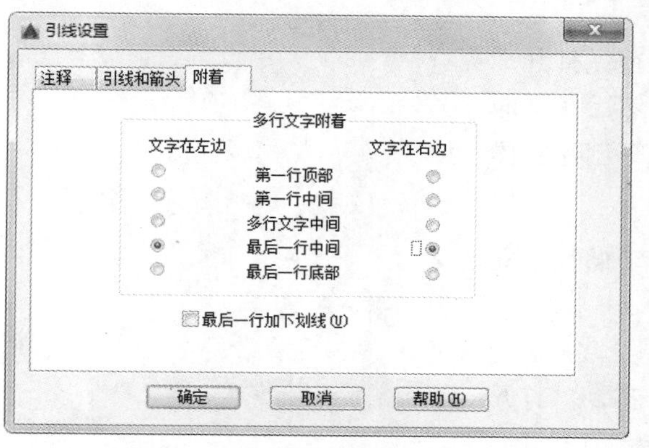

图9-139　“附着”选项卡

图9-140　输入文字

（4）采用相同的方式，标注图中所有文字，结果如图9-141所示。

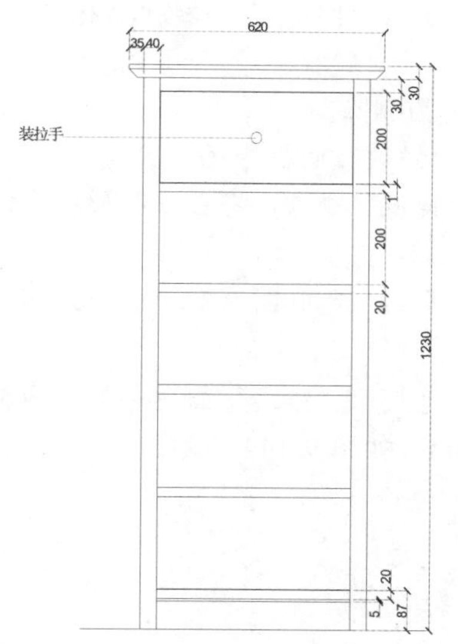

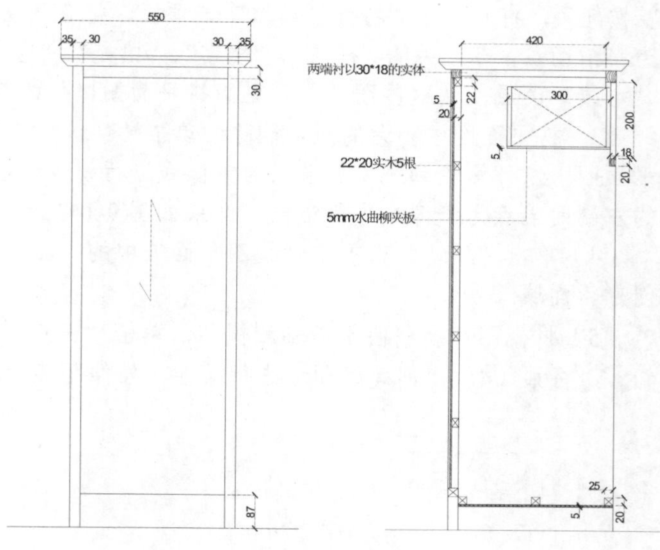

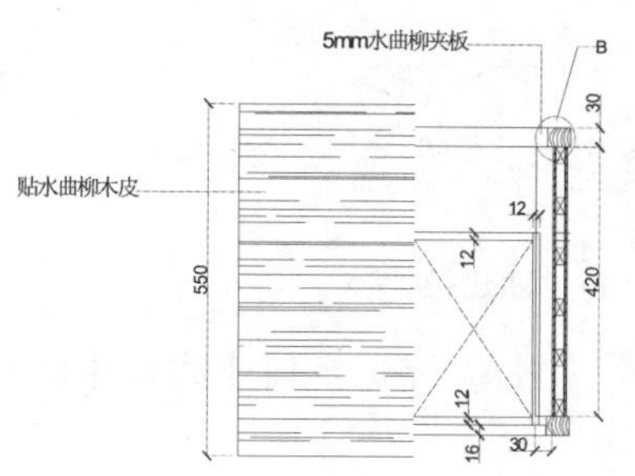

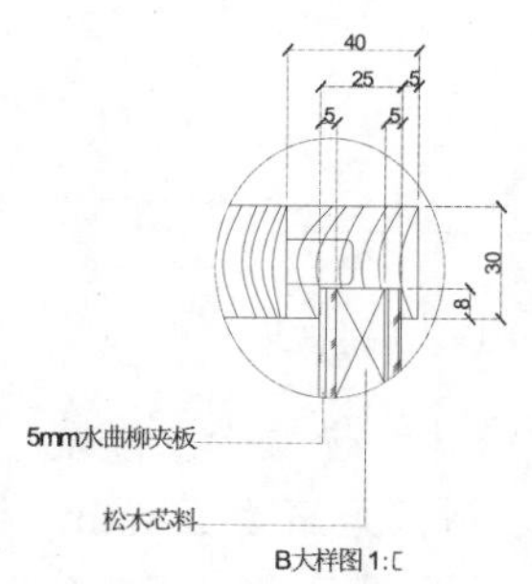

图9-141　标注文字

9.3.7 绘制储物柜立体图

本节绘制如图 9-142 所示的储物柜立体图。首先打开平面图并对平面图进行整理，删除不需要的图形，然后在平面图的基础上进行拉伸、倒角、长方体、三维阵列等创建立体图，最后添加材质。

图 9-142 储物柜立体图

操作步骤如下：（：光盘\动画演示\第 9 章\储物柜立体图.avi）

1. 绘制储物柜主体

（1）单击快速访问工具栏中的“打开”按钮，打开前面绘制的“储物柜平面图”，然后单击“另存为”按钮，将其另存为“储物柜立体图”。

（2）单击“默认”选项卡“图层”面板中的“图层特性”按钮，打开“图层特性管理器”选项板，将 0 图层设置为当前图层，然后关闭“标注”、“文字”、“填充”、“虚线”和“木纹”图层，使这些图层不可见，将平面图以外的其他视图删除。

（3）将平面图中多余的线段删除；单击“默认”选项卡“修改”面板中的“镜像”按钮，将平面图中左外侧轮廓线以右端点为镜像线进行镜像；重复“镜像”命令，将右侧图形以内侧图形的左端两端点为镜像线进行镜像，结果如图 9-143 所示。

（4）单击“默认”选项卡“绘图”面板中的“面域”按钮，选取图 9-143 中最外侧的直线创建为面域。

（5）将视图切换到西南等轴测视图，单击“三维工具”选项卡“建模”面板中的“拉伸”按钮，将第（4）步创建的面域进行拉伸，拉伸距离为 30mm，如图 9-144 所示。

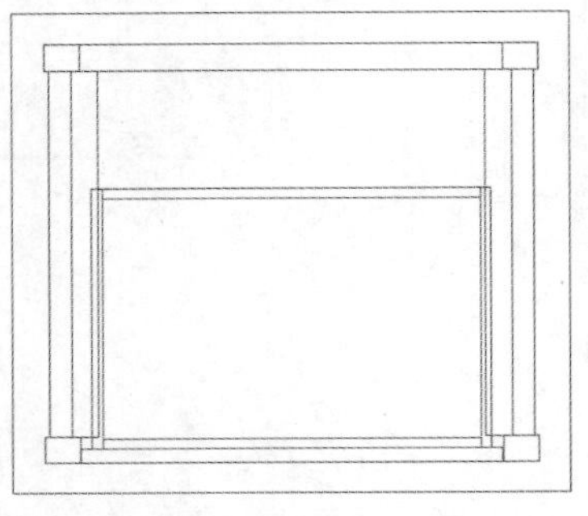

图 9-143 镜像图形

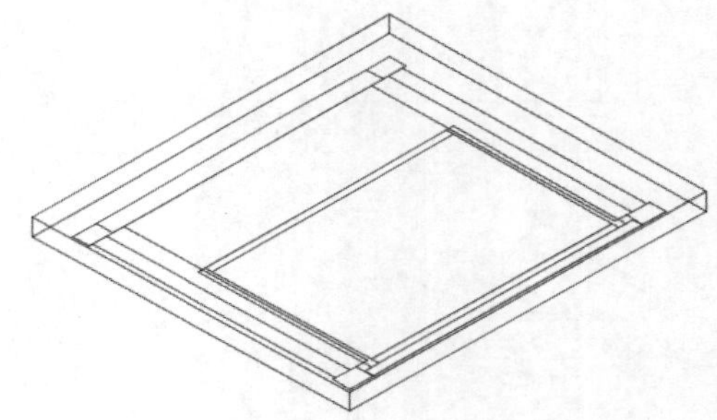

图 9-144 创建拉伸体

（6）单击“默认”选项卡“修改”面板中的“倒角”按钮，对第（5）步创建的拉伸体的下边线进行倒角，倒角距离为 20mm，结果如图 9-145 所示。

（7）将 0 图层关闭并将“粗实线”图层设置为当前图层，将视图切换到俯视图，单击“默认”选项卡“修改”面板中的“打断于点”按钮，在端点处打断，完成图 9-146 中的封闭区域。单击“默认”选项卡“绘图”面板中的“面域”按钮，选取图 9-146 中封闭区域创建为面域。

图 9-145 倒角

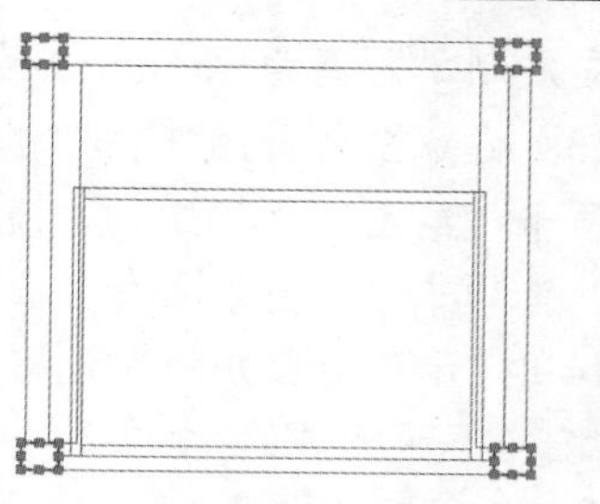

图 9-146 绘制封闭区域

（8）打开 0 图层并将其设置为当前图层。将视图切换到西南等轴测视图，单击“三维工具”选项卡“建模”面板中的“拉伸”按钮，将第（7）步创建的面域进行拉伸，拉伸距离为-1200mm，如图 9-147 所示。

（9）在命令行中输入“UCS”命令，将坐标移动到图 9-147 中的点 1 处并绕 Y 轴旋转 90°；单击“三维工具”选项卡“建模”面板中的“长方体”按钮，以坐标原点为角点绘制长度为 470，宽度和高度为 30 的长方体（坐标点为-30,30,470）。

（10）单击“默认”选项卡“修改”面板中的“移动”按钮，将第（9）步绘制的长方体以坐标原点为基点，沿 X 轴移动-1170mm；在命令行中输入“mirror3d”命令，选取移动后的长方体为镜像对象，选取第一个拉伸体在 Y 轴方向的 3 个中点为镜像平面进行镜像，结果如图 9-148 所示。

（11）重复第（6）步～第（7）步，将坐标移动到图 9-148 中的点 2 处并绕 X 轴旋转-90°，绘制长度为 420 的长方体并将其移动后镜像，结果如图 9-149 所示。

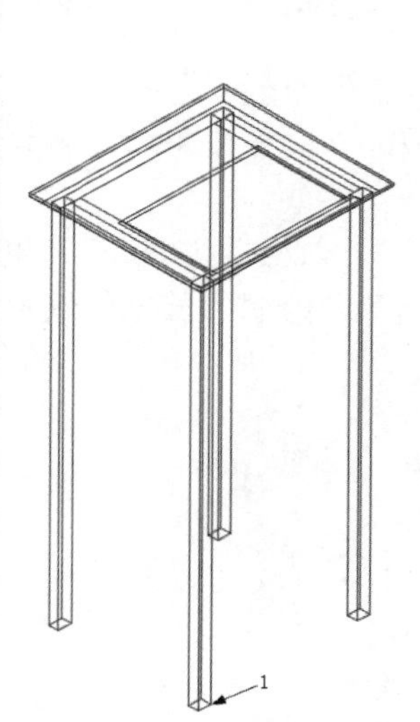

图 9-147 创建拉伸体

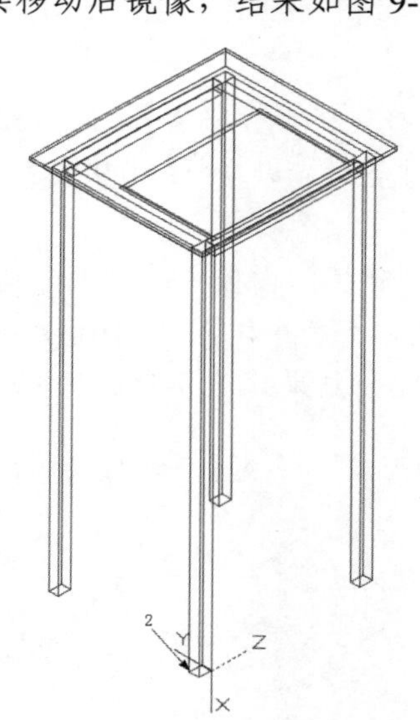

图 9-148 镜像拉伸体

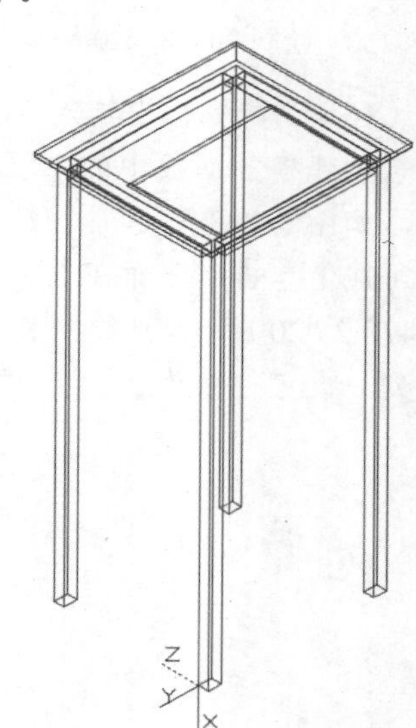

图 9-149 绘制 30×30×420 的实木条

（12）单击“三维工具”选项卡“建模”面板中的“长方体”按钮，以坐标原点为角点绘制长度为 420、宽度为 30 和高度为 18 的长方体（坐标点为-18,-30,420）。单击“默认”选项卡“修改”面板中的“移动”按钮，将第（11）步绘制的长方体以坐标原点为基点，移动坐标为（-1182,-30,0）；单击“默认”选项卡“修改”面板中的“复制”按钮，将移动后的长方体沿

Y 轴方向复制，距离为-460mm，结果如图 9-150 所示。

（13）将 0 图层关闭并将“粗实线”图层设置为当前图层，将视图切换到俯视图，单击“默认”选项卡“绘图”面板中的“直线”按钮，绘制如图 9-151 所示的直线形成封闭区域。单击“默认”选项卡“绘图”面板中的“面域”按钮，分别选取图 9-151 中封闭区域创建为面域。

Note

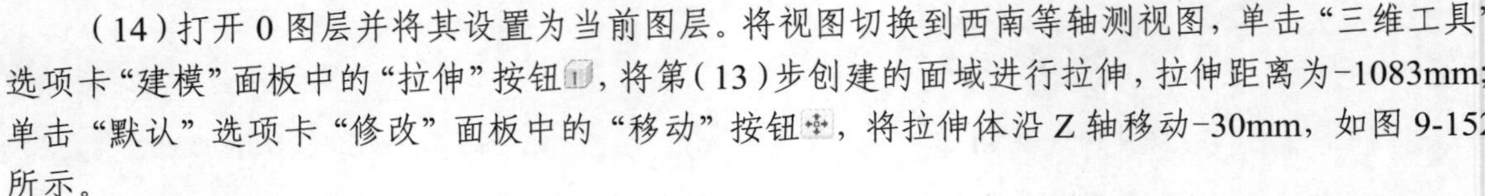

（14）打开 0 图层并将其设置为当前图层。将视图切换到西南等轴测视图，单击“三维工具”选项卡“建模”面板中的“拉伸”按钮，将第（13）步创建的面域进行拉伸，拉伸距离为-1083mm；单击“默认”选项卡“修改”面板中的“移动”按钮，将拉伸体沿 Z 轴移动-30mm，如图 9-152 所示。

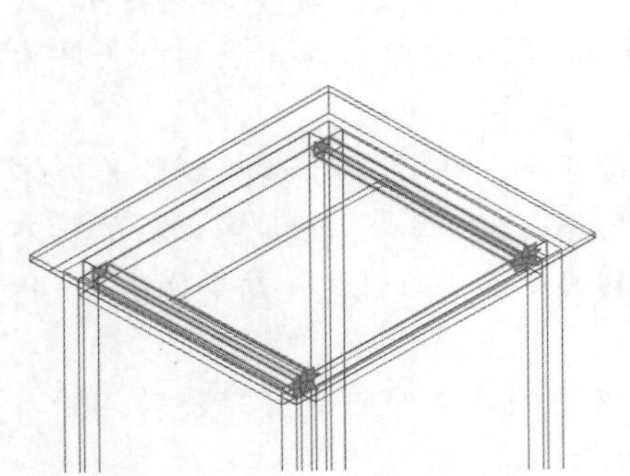

图 9-150　绘制 30×18×420 的实木条

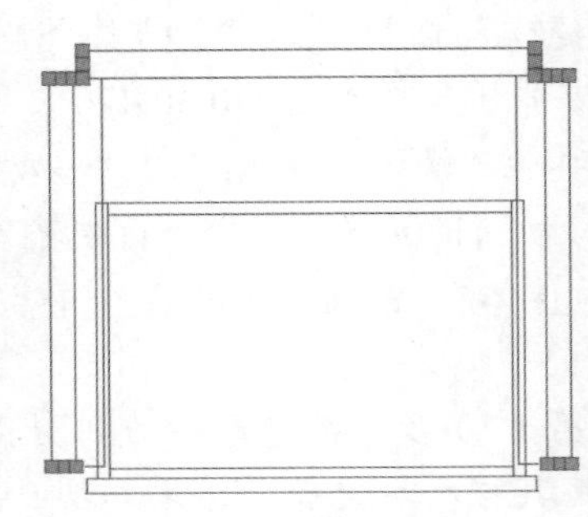

图 9-151　绘制直线

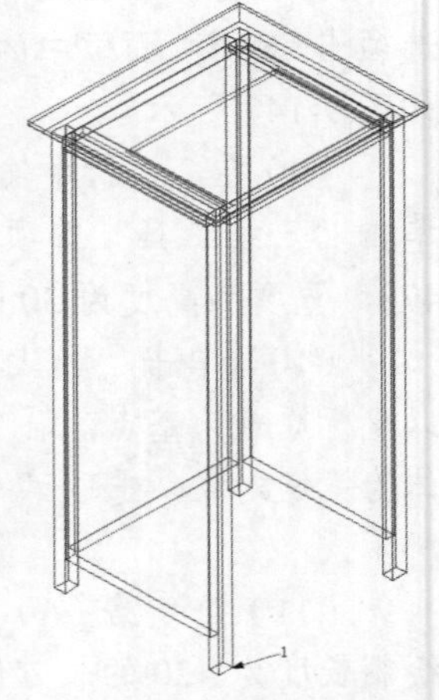

图 9-152　创建拉伸体

（15）在命令行中输入“UCS”命令，将坐标移动到图 9-152 中的点 1 处；单击“三维工具”选项卡“建模”面板中的“长方体”按钮，以坐标（0,0,62）和（@470,450,5）为角点绘制长方体，如图 9-153 所示。

（16）单击“三维工具”选项卡“建模”面板中的“长方体”按钮，以坐标（0,0,67）和（@470,25,20）为角点绘制长方体。在命令行中输入“3darray”命令，选取刚绘制的长方体做矩形阵列，设置行数为 3，行间距为 212.5，结果如图 9-154 所示。

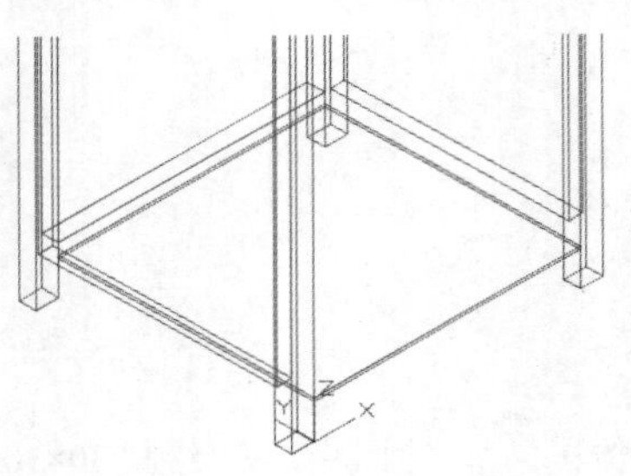

图 9-153　绘制长方体

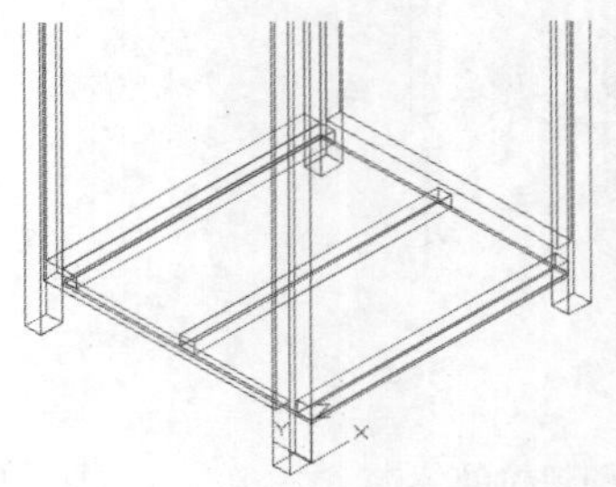

图 9-154　阵列长方体

（17）单击“默认”选项卡“修改”面板中的“复制”按钮，将第（16）步创建的第一个长方体以下端点为基点，沿 Z 轴复制，距离分别为 221mm、441mm、661mm、881mm，消隐后结果如图 9-155 所示。

2. 绘制抽屉

（1）将 0 图层关闭并将“粗实线”图层设置为当前图层，将视图切换到俯视图，单击“默认”选项卡“绘图”面板中的“矩形”按钮□，捕捉如图 9-156 所示的两点绘制矩形。

图 9-155　复制长方体

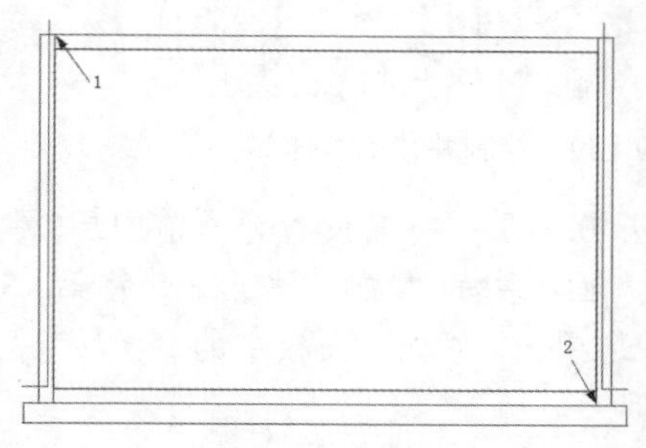

图 9-156　绘制矩形

（2）打开 0 图层并将其设置为当前图层。将视图切换到西南等轴测视图，单击“三维工具”选项卡“建模”面板中的“拉伸”按钮，将第（1）步创建的矩形进行拉伸，拉伸距离为-5mm；单击“默认”选项卡“修改”面板中的“移动”按钮，将拉伸体沿 Z 轴移动-201mm，如图 9-157 所示。

（3）将 0 图层关闭并将“粗实线”图层设置为当前图层，将视图切换到俯视图，单击“默认”选项卡“修改”面板中的“修剪”按钮，修剪多余的线段；单击“默认”选项卡“绘图”面板中的“面域”按钮，分别选取图 9-158 中封闭区域创建为面域。

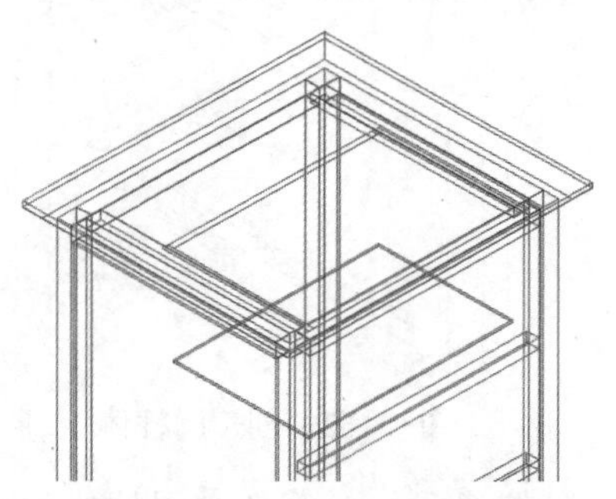

图 9-157　绘制并移动拉伸体

图 9-158　创建面域

（4）打开 0 图层并将其设置为当前图层。将视图切换到西南等轴测视图，单击“三维工具”选项卡“建模”面板中的“拉伸”按钮，将第（3）步创建的面域进行拉伸，拉伸距离为-200mm；单击“默认”选项卡“修改”面板中的“移动”按钮，将拉伸体沿 Z 轴移动-30mm，如图 9-159 所示。

（5）将 0 图层关闭并将“粗实线”图层设置为当前图层，将视图切换到俯视图，单击“默认”选项卡“绘图”面板中的“直线”按钮，绘制直线形成封闭区域，删除多余的线段；单击“默认”选项卡“绘图”面板中的“面域”按钮，分别选取图 9-160 中 4 个封闭区域创建为面域。

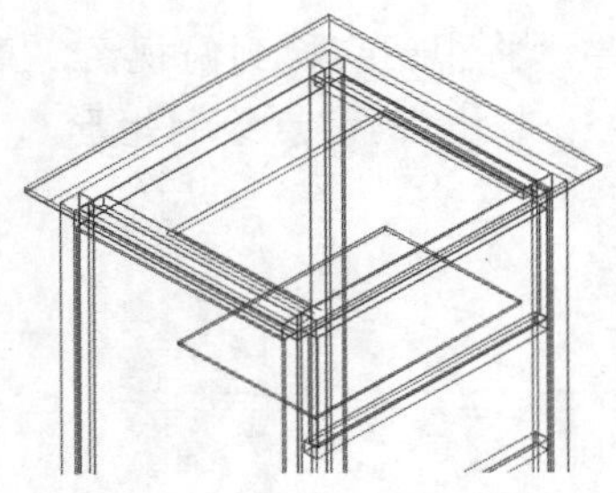
图 9-159　绘制并移动拉伸体

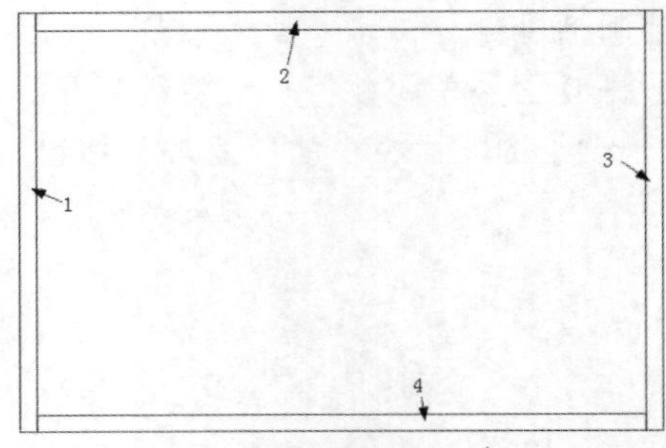

图 9-160　创建 4 个面域

（6）打开 0 图层并将其设置为当前图层。将视图切换到西南等轴测视图，单击“三维工具”选项卡“建模”面板中的“拉伸”按钮，将第（5）步创建的面域进行拉伸，拉伸距离为-156mm；单击“默认”选项卡“修改”面板中的“移动”按钮，将拉伸体沿 Z 轴移动-45mm，如图 9-161 所示。

（7）在命令行中输入“UCS”命令，将坐标系移动到图 9-161 的点 1 处，并绕 Y 轴旋转 90°。

（8）单击“三维工具”选项卡“建模”面板中的“圆柱体”按钮，以坐标（234,100,0）为中心绘制半径为 6、高度为 30 的圆柱体；重复“圆柱体”命令，以（234,100,30）为中心绘制半径为 12.5、高度为 10 的圆柱体，消隐后结果如图 9-162 所示。

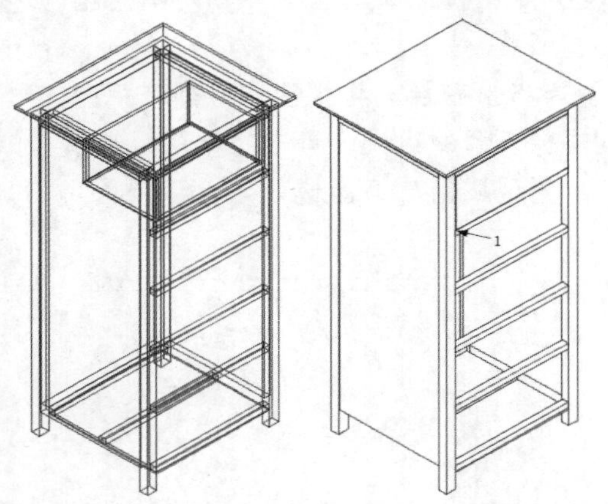

图 9-161　绘制并移动拉伸体

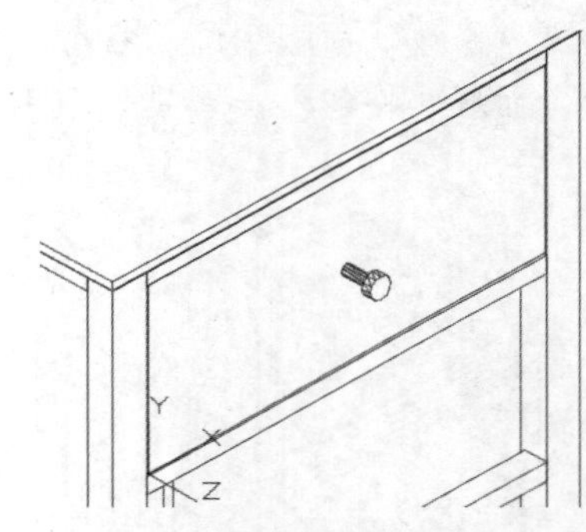

图 9-162　创建圆柱体

（9）单击“默认”选项卡“修改”面板中的“圆角”按钮，对第二个圆柱体的外边线进行倒圆角，圆角半径为 4mm，结果如图 9-163 所示。

（10）单击“三维工具”选项卡“实体编辑”面板中的“并集”按钮，将第一个圆柱体和第二个圆柱体做并集运算；重复“并集”命令，将抽屉各个部件和把手做并集运算。

（11）将坐标系恢复到世界坐标系；单击“默认”选项卡“修改”面板中的“复制”按钮，将第（10）步合并后的抽屉下端点为基点，沿 Z 轴复制，距离分别为-221mm、-441mm、-661mm、-881mm，消隐后结果如图 9-164 所示。

（12）单击“默认”选项卡“修改”面板中的“移动”按钮，将合并后的抽屉沿 Z 轴向外移动，消隐后结果如图 9-165 所示。

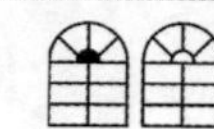

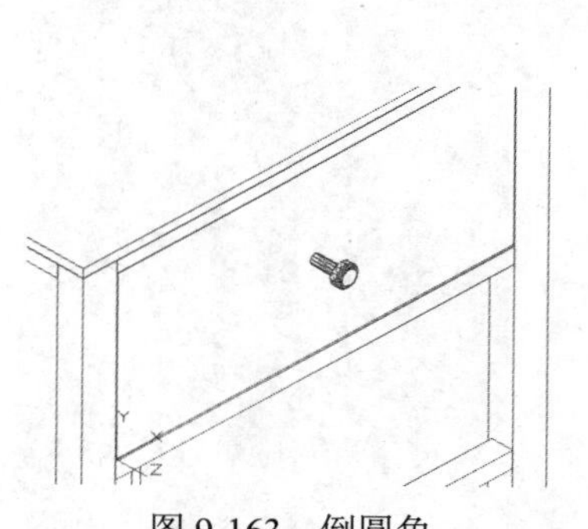

图 9-163　倒圆角

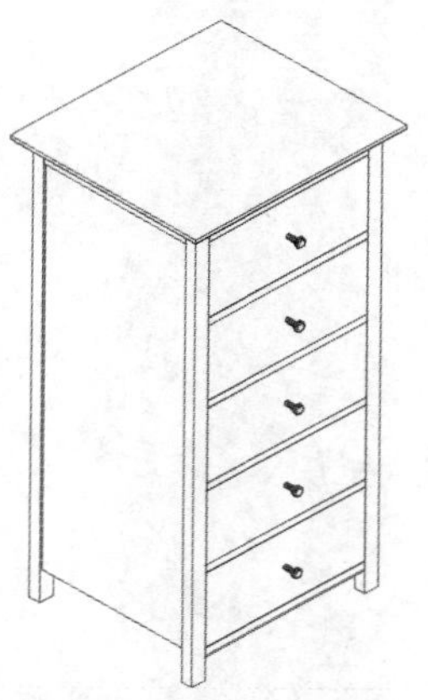

图 9-164　复制抽屉

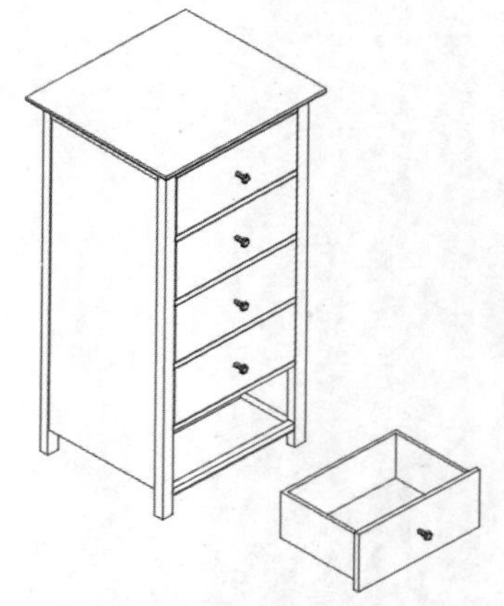

图 9-165　移动抽屉

3. 渲染图形

（1）选择视图界面上左上角的“视觉样式控件”下拉菜单中的“真实”样式。

（2）单击“可视化”选项卡“材质”面板中的“材质浏览器”按钮，弹出“材质浏览器”选项板，选择“主视图”/“Autodesk 库”/“木材”，然后选择“松木”材质，并单击旁边的“将材质添加到文档中”按钮，将材质添加到材质浏览器的上端“文档材质”列表中，选取刚添加的材质，拖动到视图中储物柜上，如图 9-166 所示。

（3）单击“可视化”选项卡“光源”面板，在下滑面板中设置如图 9-167 所示光源的曝光和白平衡，结果如图 9-168 所示。

图 9-166　添加材质

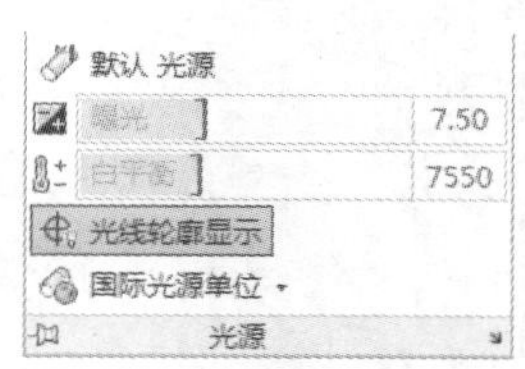

图 9-167　设置光源

图 9-168　效果

（4）单击“可视化”选项卡“光源”面板中的“创建点光源”按钮，在如图 9-169 所示的位置添加默认的点光源。

（5）在“可视化”选项卡“渲染”面板中设置渲染级别为“中”，选择在窗口中渲染，单击“可视化”选项卡“渲染”面板中的“渲染到尺寸”按钮，打开渲染窗口，渲染结果如图 9-170 所示。

图 9-169　添加点光源

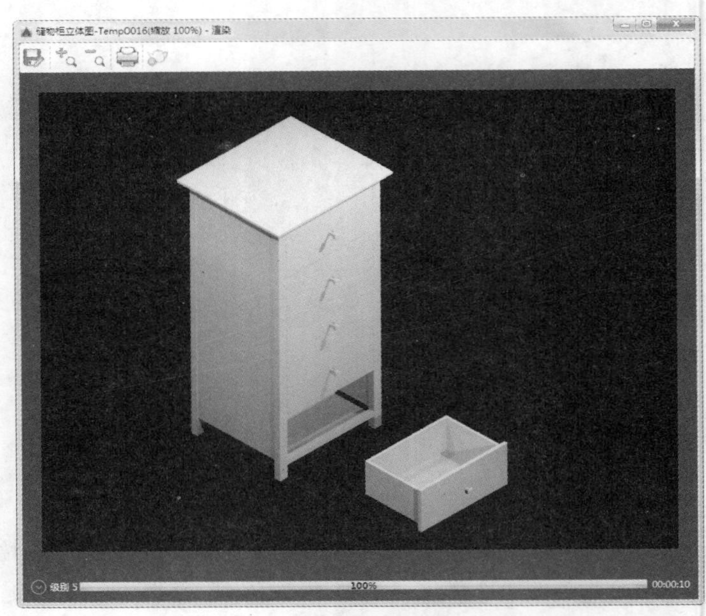

图 9-170　渲染

9.4 实战演练

通过前面的学习，读者对本章知识也有了大体的了解，本节通过几个操作练习使读者进一步掌握本章知识要点。

【实战演练 1】 绘制如图 9-171 所示的酒柜。

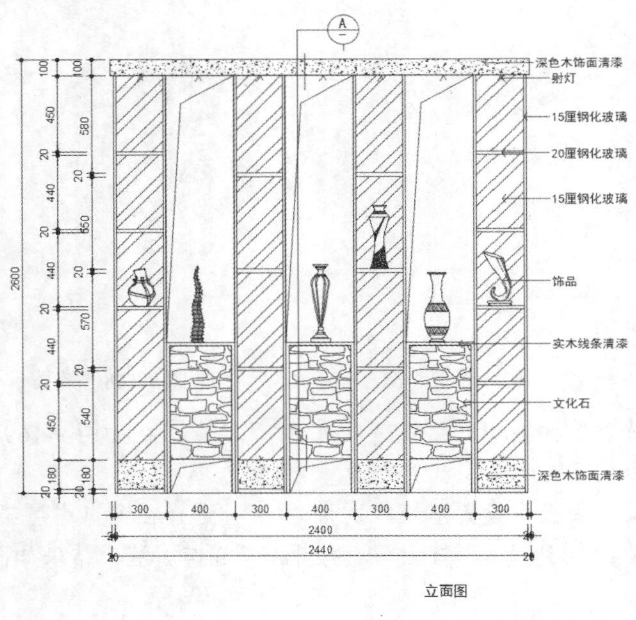

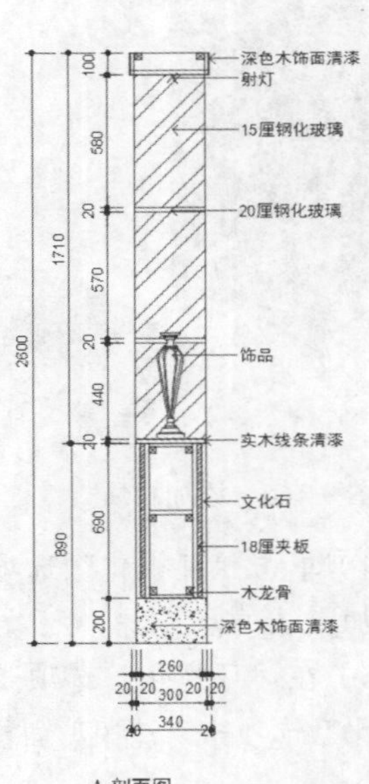

图 9-171　酒柜

1．目的要求

本实例主要要求读者通过练习进一步熟悉和掌握柜类家具的绘制方法。通过本实例，可以帮助读者学会完成酒柜绘制的全过程。

2．操作提示

（1）绘制立面图。

（2）绘制剖面图。

（3）标注尺寸和文字。

【实战演练 2】绘制如图 9-172 所示的衣柜。

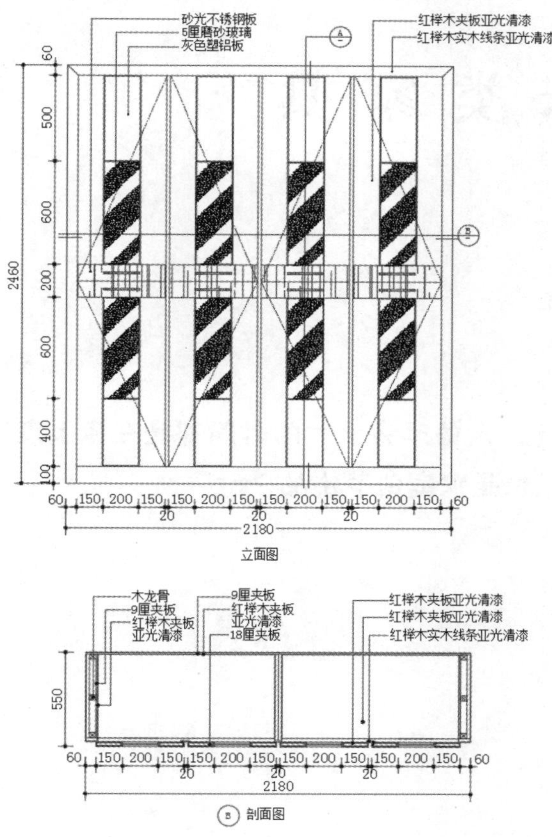

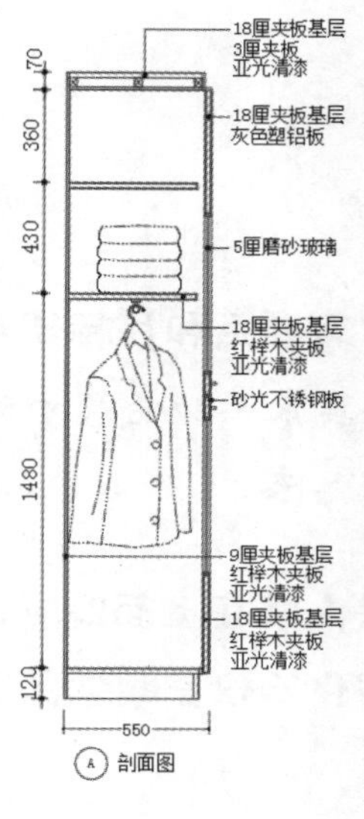

图 9-172　衣柜

1．目的要求

本实例主要要求读者通过练习进一步熟悉和掌握柜类家具的绘制方法。通过本实例，可以帮助读者学会完成衣柜绘制的全过程。

2．操作提示

（1）绘制立面图。

（2）绘制 A 剖面图。

（3）绘制 B 剖面图。

（4）标注尺寸和文字。

第10章

床类家具

本章学习要点和目标任务：

☑ 床类家具功能尺寸的确定

☑ 双人床

床是供人躺在上面睡觉的家具。人的三分之一的时间都是在床上度过的。经过千百年的演化不仅是睡觉的工具，也是家庭的装饰品之一。

10.1　床类家具功能尺寸的确定

床的基本功能要求是使人躺在床上能舒适地睡眠休息，以消除每天的疲劳，恢复工作精力和体力。因此，设计床类家具必须注重考虑床与人体的关系，着眼于床的尺度与弹性结构，使床具备支撑人体卧姿处于最佳状态的条件，使人体得到舒适的休息。

1．床类家具的基本尺度

床类家具的基本尺度如图 10-1 所示。

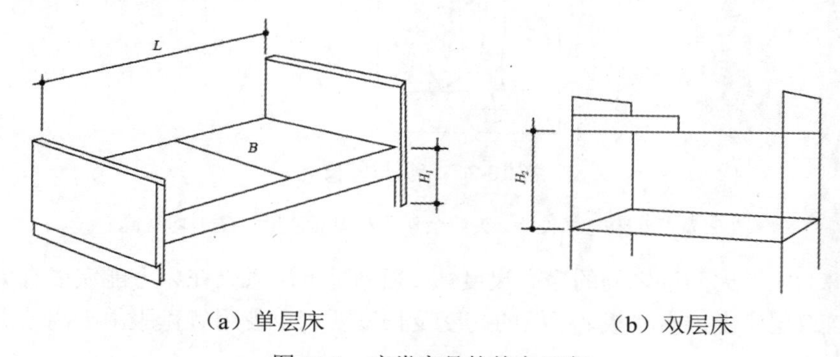

（a）单层床　　（b）双层床

图 10-1　床类家具的基本尺度

B 铺面宽（床宽）　L 铺面净长（床长）　H_1（底层）铺面离地高度　H_2 层间净高

2．床宽

床的宽度与人睡眠的关系最为密切，确定床宽要考虑保持人体良好的睡姿，翻身的动作和熟睡程度等生理和心理因素。据观测，床的宽窄直接影响人睡时的翻身活动，睡窄床比睡阔床翻身次数少。正常情况下一般人睡在 900mm 宽的床上每晚翻身次数为 20～30 次，当睡在 500mm 宽的窄床上时，初入睡由于担心掉下来，翻身次数要减少 30%，因而大大影响熟睡程度。

床宽的尺寸常以仰卧姿势作基准，使床宽为仰卧时肩宽的 2.5～3 倍。因女子的肩宽尺寸小于男子，故多按男子肩宽来推算。成年男子平均肩宽 W=410mm，则单人床宽 B=2.5～3m，所以单人床宽度不少于 800mm 较为理想。

3．床长

床的长度指床板两头或床架内的距离。床的长度宜长不宜短，因为对较矮的人床长一点，从生理学的角度来看毫无影响的，但也不宜过长，因为床过长，一是浪费材料，二是占地面积大。决定床长要以仰卧为基准，在人体平均身高的基准上再增加 5%，另增加头部放置枕头的尺度，脚端折被尺度以及必要的活动空隙，所以床内长的计算式为：

L（床的总长）=H（平均身高）×1.05+a（头前余量）+b（脚下余量）

床的尺度如图 10-2 所示。

4．床高

床面的高度参照座椅座高的确定原理和具体尺寸，即可睡又可坐，为穿衣、脱鞋、就寝、起

床等与床发生关系的活动创造便利条件。

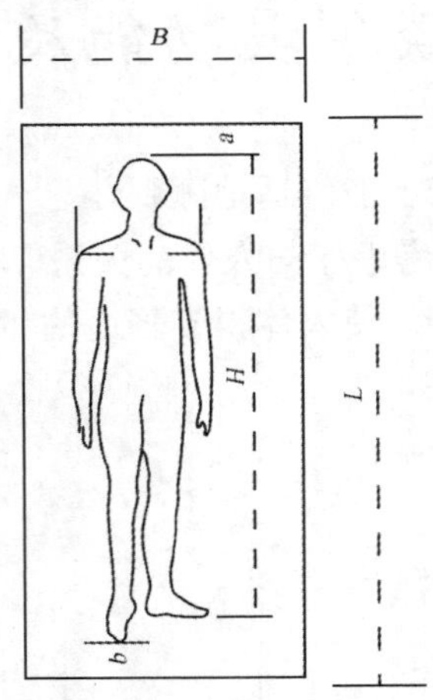

图 10-2 床宽与床长

B 床宽 *L* 床的总长 *a* 头前余量 *b* 脚下余量 *H* 平均身高

对于双层床，应考虑两层之间的净高尺度，必须满足下层人坐在床上能完成有关睡眠前或床上动作的距离。双层床上层有栏板，栏板的高度及长度要利于使用者克服由于离地面较高而产生的恐惧心理。

5．弹性床面

从生理学上说，仰卧、侧卧是比较合理的睡眠姿势，所以我们主要以仰卧姿势时人体骨骼肌肉结构情况来研究床的设计问题。

首先来看硬床面上仰卧情况：人在站立时，腰椎自然状态的弓背高是 40～60mm，人在硬床面仰卧时，人体是平直的，比较接近直立时的自然姿势，但仍有差别，弓背高减到 20～30mm，如图 10-3 所示，从拍摄的 X 光照片来看，从硬床面仰卧，脊椎线相当弯曲，腰椎突向上方，如图 10-4（a）所示。其姿势未能顺应脊椎的自然形态，而且各部分肌肉的受压情况也不一样，所以采用硬床面存在着一些不足之处。

我们再来看软床面上仰卧的情况，睡在弹性完全相同的软床面上，人的姿势同人体直立时的自然姿态相差比较大，仰卧的姿势近于 W 形，背部和臀部下沉，腰部突出，骨骼结构不自然，肌肉和韧带也改变了常态，处于紧张的收缩状态，时间久了就会产生不舒适感，如图 10-4（b）所示。另外，人睡在软床面上，人体受压面大，较多的压力要由人体软组织来承受，造成人体疲劳。由于人体同床面的接触面过大，人体所发出的汗水得不到很好的挥发，会使人感到闷热不适。

显然，过硬和过软的床面是不利于睡眠的，舒适的仰卧姿势是顺应脊椎的自然形态，使脊椎线接近于直立时的自然姿势，腰部与臀部的压陷略有差异，差距以不大于 30mm 为宜。人体受压面不能过大，应使体压大部分在具备承受压力条件的硬骨节点上。为此，必须精心设计调整好床面的弹性，可以采用不同材料搭配而成的三层结构的做法：与人体接触的床面层宜采用质地柔软材料，中层则可采用较硬质的材料，有利于身体保持良好的姿态，最下一层是承受压力的部分，用稍软的弹性材料制作，主要起缓冲作用，采用这种软中有硬的 3 层结构可发挥复合材料的振动特性，使人体在仰卧时的姿态接近于直立的自然姿势，使人得到舒适的休息，如图 10-4（c）所示。

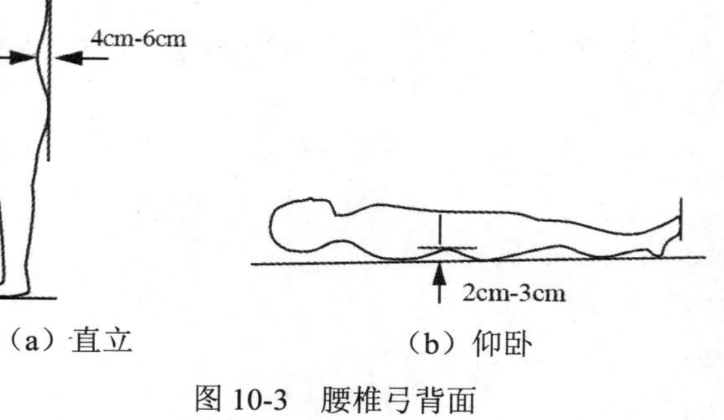

（a）直立　　　（b）仰卧

图 10-3　腰椎弓背面

（a）

（b）

（c）

图 10-4　脊椎线

10.2　双　人　床

当代人用的床，其实包括床架和床垫两部分。最新趋势对床的要求大致有四点。首先是稳固，不能睡上去有摇晃的感觉。其次，是造型要简洁，线条直来直去的床具比较符合消费者的购买思路。第三，床头的面积有加大的趋势，并且要做出特色。第四，床的高度降低了，加上床垫后最多只有 20 厘米，而传统的床的高度是 40 厘米。

本节主要介绍木板椅二维图形和三维图形的绘制方法，首先绘制立面图、侧立面图并对其标注尺寸和文字，然后在侧立面图的基础上通过“拉伸”“旋转”“提取”“复制”等命令再根据立面图的尺寸创建双人床的三维图形，如图 10-5 所示。

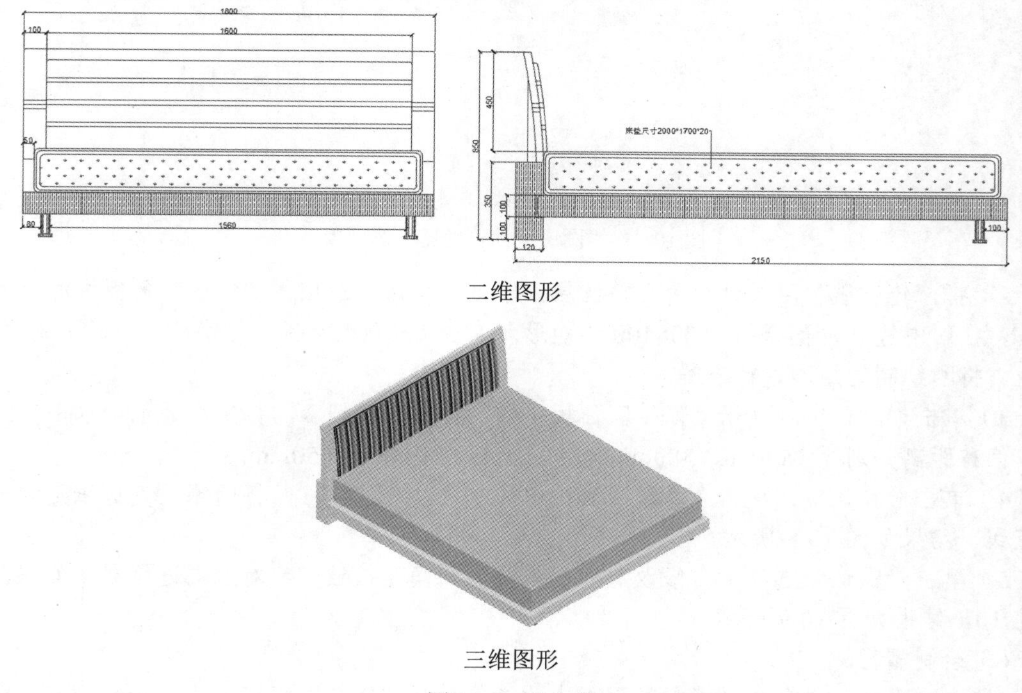

二维图形

三维图形

图 10-5　双人床

10.2.1 绘制双人床立面图

Note

本节绘制如图 10-6 所示的双人床立面图。首先设置图层，然后绘制床头部分，再绘制床垫部分，最后绘制床脚。

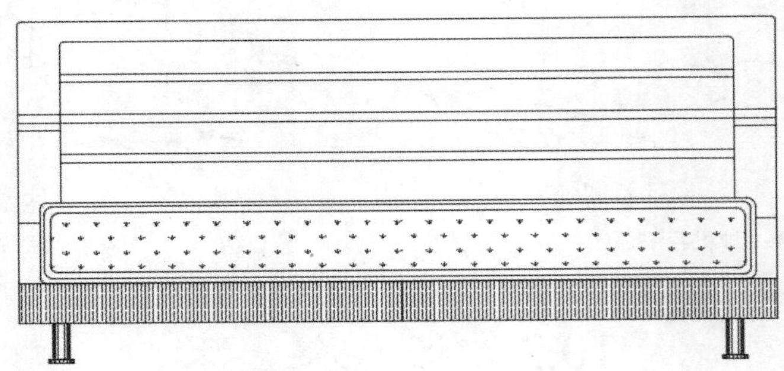

图 10-6 双人床立面图

操作步骤如下：（：光盘\动画演示\第 10 章\双人床立面图.avi）

（1）单击“默认”选项卡“图层”面板中的“图层特性”按钮，打开“图层特性管理器”选项板，新建图层，具体设置参数如图 10-7 所示。

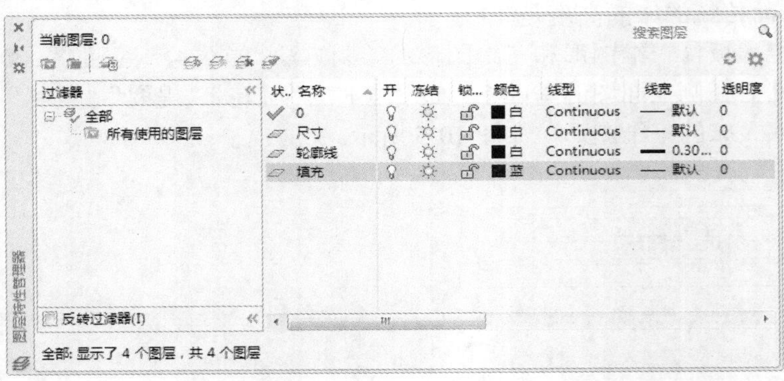

图 10-7 “图层特性管理器”选项板

（2）将“轮廓线”图层设置为当前图层。单击“默认”选项卡“绘图”面板中的“矩形”按钮，在图中适当位置绘制 1800×100 的矩形；单击“默认”选项卡“修改”面板中的“分解”按钮，将刚绘制的矩形进行分解。

（3）单击“默认”选项卡“修改”面板中的“偏移”按钮，将矩形的上端水平直线向上偏移，偏移距离分别为 150mm、380mm、399.5mm、419mm、650mm。

（4）单击“默认”选项卡“修改”面板中的“延伸”按钮，将两侧竖直边线延伸至偏移后的直线，结果如图 10-8 所示。

（5）单击“默认”选项卡“修改”面板中的“圆角”按钮，对上端进行圆角处理，圆角半径为 10，结果如图 10-9 所示。

（6）绘制靠背。

① 单击“默认”选项卡“修改”面板中的“偏移”按钮，将矩形的上端水平直线向上偏

移，偏移距离分别为 300mm、320mm、400mm、420mm、500mm、520mm、600mm；重复“偏移”命令，分别将左右两侧的竖直线向内偏移，偏移距离为 100mm。

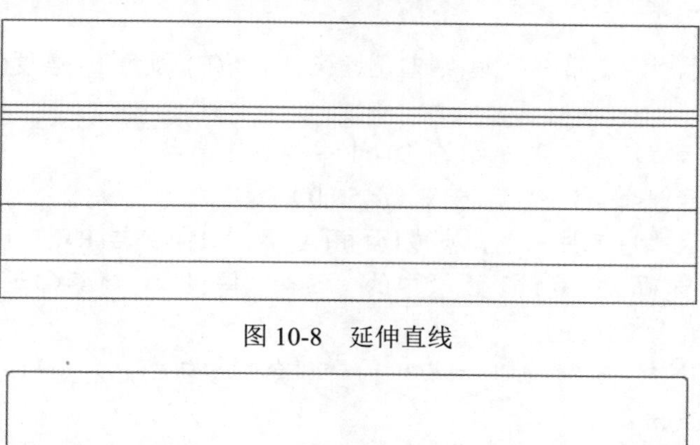

图 10-8　延伸直线

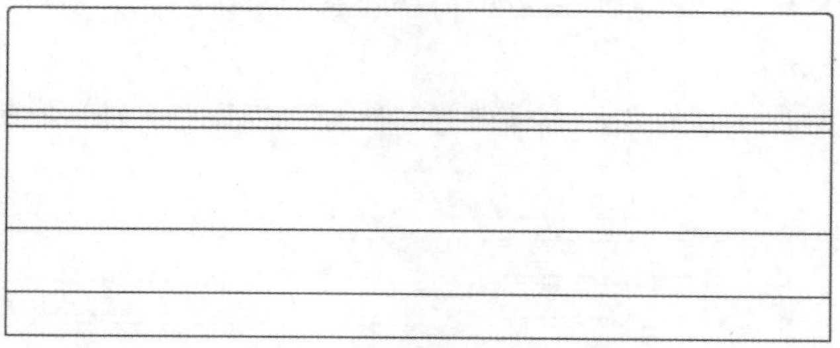

图 10-9　圆角处理

② 单击“默认”选项卡“修改”面板中的“修剪”按钮，修剪和删除多余的线段，结果如图 10-10 所示。

图 10-10　修剪图形

③ 单击“默认”选项卡“修改”面板中的“圆角”按钮，对靠背上端进行圆角处理，圆角半径为 10，结果如图 10-11 所示。

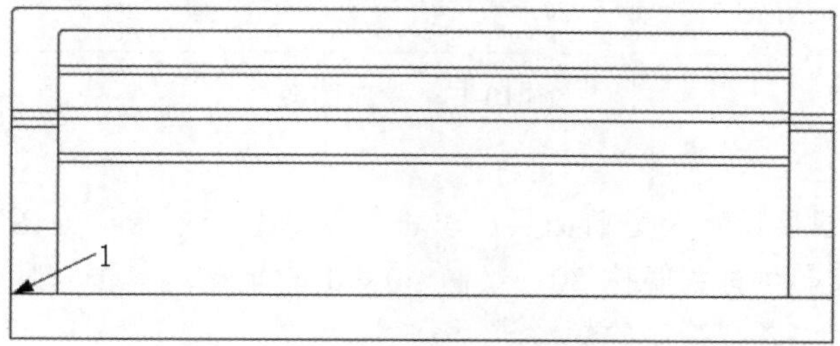

图 10-11　圆角处理

Note

（7）绘制床垫。

① 单击“默认”选项卡“绘图”面板中的“矩形”按钮▭，以图 10-11 中的点 1 为基点绘制 1700×200 的矩形。

☑ 在命令行提示“指定第一个角点或[倒角(C)/标高(E)/圆角(F)/厚度(T)/宽度(W)]:”后输入“from”。

☑ 在命令行提示“基点:”后选取图 10-11 中的点 1 为基点。

☑ 在命令行提示“<偏移>:”后输入（@50,0）。

☑ 在命令行提示“指定另一个角点或[面积(A)/尺寸(D)/旋转(R)]:”后输入（@1700,200）。

② 单击“默认”选项卡“修改”面板中的“偏移”按钮，将第①步绘制的矩形向内偏移，偏移距离分别为 10mm 和 25mm。

③ 单击“默认”选项卡“修改”面板中的“圆角”按钮，对矩形和偏移后的矩形进行圆角处理，圆角半径为 20mm。

④ 单击“默认”选项卡“修改”面板中的“修剪”按钮，修剪和删除多余的线段，结果如图 10-12 所示。

图 10-12　修剪图形

⑤ 将“填充”图层设置为当前图层。单击“默认”选项卡“绘图”面板中的“图案填充”按钮，打开“图案填充创建”选项卡，在“图案”面板中选择 GRASS 图案，输入比例为 2，选取最里面的矩形进行图案填充，结果如图 10-13 所示。

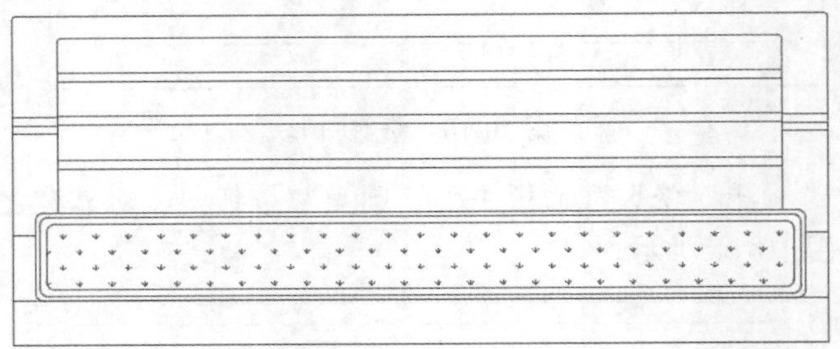

图 10-13　填充图案

（8）绘制床腿。

① 将“轮廓线”图层设置为当前图层。单击“默认”选项卡“绘图”面板中的“矩形”按钮▭，以左下端点为基点，向右偏移 80，绘制 40×90 的矩形；单击“默认”选项卡“修改”面板中的“分解”按钮，将刚绘制的矩形进行分解。

② 单击“默认”选项卡“修改”面板中的“偏移”按钮，分别将第①步绘制的矩形两侧

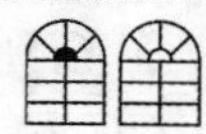

竖直边向内偏移，偏移距离分别为 1mm、3mm、7mm 和 12mm，并将偏移后的直线转换至“填充”图层，如图 10-14 所示。

③ 单击“默认”选项卡“绘图”面板中的“矩形”按钮，以左下端点为基点，向左偏移 10，绘制 60×10 的矩形；单击“默认”选项卡“修改”面板中的“分解”按钮，将刚绘制的矩形进行分解。

Note

④ 单击“默认”选项卡“修改”面板中的“偏移”按钮，分别将第③步绘制的矩形两侧竖直边向内偏移，偏移距离分别为 0.5mm、2mm、4mm、6.5mm、11mm、17mm 和 25mm，并将偏移后的直线转换至“填充”图层，如图 10-15 所示。

图 10-14　偏移直线　　　　图 10-15　绘制床腿

⑤ 单击“默认”选项卡“修改”面板中的“复制”按钮，将第①步～第④步绘制的床腿复制到右侧，距离为 1600mm，结果如图 10-16 所示。

图 10-16　复制床腿

（9）将“填充”图层设置为当前图层。单击“默认”选项卡“绘图”面板中的“图案填充”按钮，打开“图案填充创建”选项卡，在“图案”面板中选择 BRASS 图案，输入比例为 2，角度为 90，选取图 10-16 中的区域 1 进行图案填充，结果如图 10-17 所示。

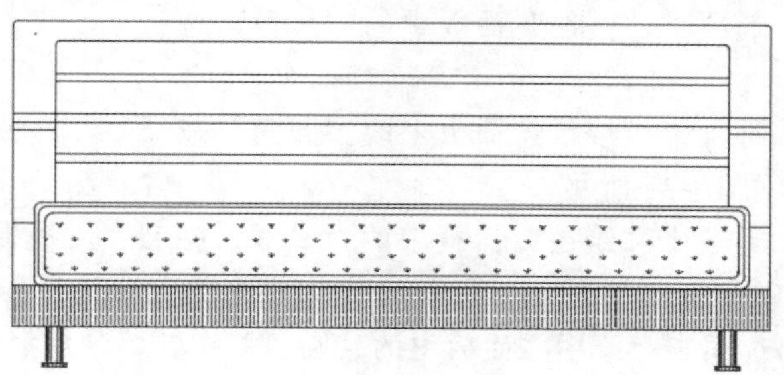

图 10-17　填充图案

Note

10.2.2 绘制双人床侧立面图

本节绘制如图 10-18 所示的双人床侧立面图。首先根据立面图绘制定位侧立面图的关键点，然后绘制床头部分，再绘制床板和床垫，最后利用“复制”命令绘制床脚。

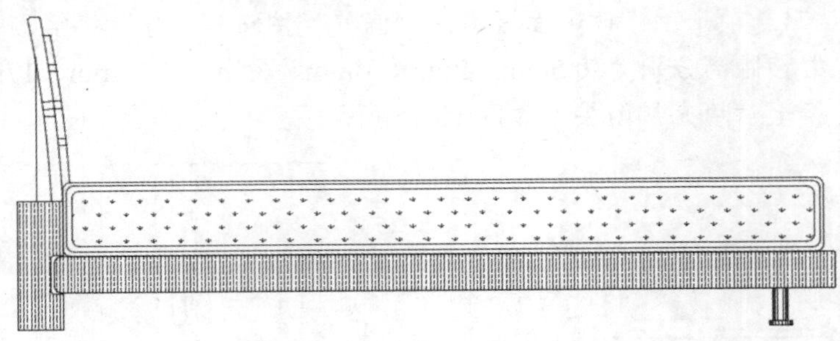

图 10-18 双人床侧立面图

操作步骤如下：（：光盘\动画演示\第 10 章\双人床侧立面图.avi）

（1）将“轮廓线”图层设置为当前图层。单击“默认”选项卡“绘图”面板中的“矩形”按钮，捕捉立面图的床腿的右下端点，然后向右移动鼠标到适当位置确定矩形第一角点，绘制 120×350 的矩形，单击“默认”选项卡“修改”面板中的“分解”按钮，将刚绘制的矩形进行分解，结果如图 10-19 所示。

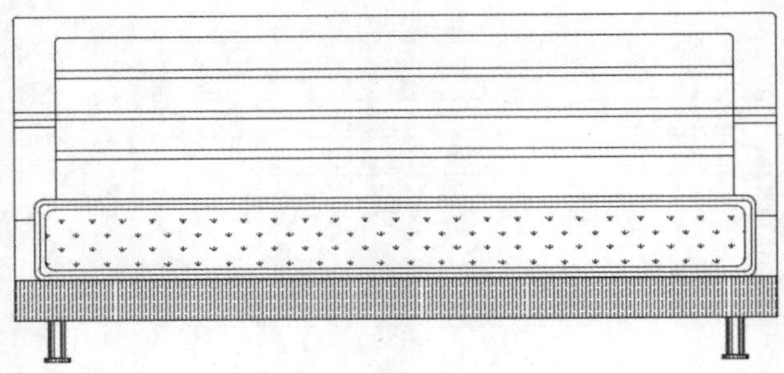

图 10-19 绘制矩形

（2）单击“默认”选项卡“修改”面板中的“偏移”按钮，将第（1）步绘制的矩形下边线向上偏移，偏移距离分别为 98mm 和 202mm；重复“偏移”命令，将矩形的左侧竖直线向右偏移，偏移距离为 88mm。

（3）单击“默认”选项卡“修改”面板中的“修剪”按钮，修剪和删除多余的线段，结果如图 10-20 所示。

（4）单击“默认”选项卡“修改”面板中的“圆角”按钮，对凹槽部分进行倒圆角，圆角半径为 5mm，结果如图 10-21 所示。

（5）单击“默认”选项卡“绘图”面板中的“直线”按钮，捕捉立面图的右上端点绘制水平辅助线。

（6）单击“默认”选项卡“绘图”面板中的“圆弧”按钮，捕捉矩形的右上端点为起点，选取水平直线上合适点绘制圆弧，结果如图 10-22 所示。

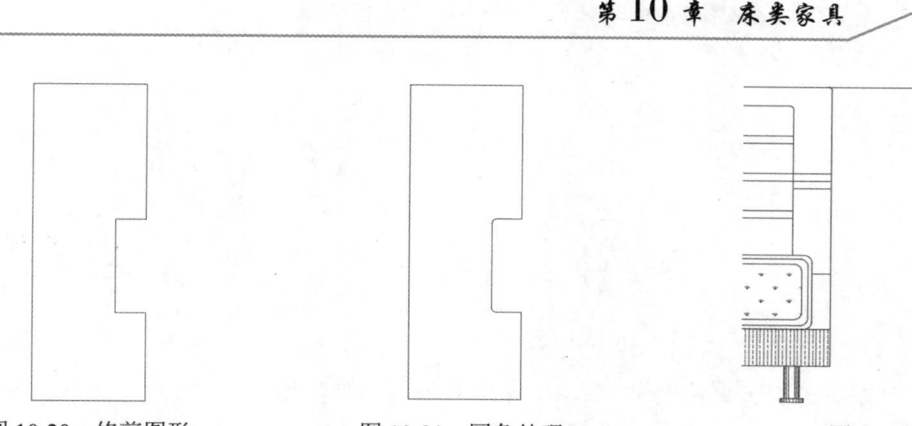

图 10-20　修剪图形　　图 10-21　圆角处理　　图 10-22　绘制圆弧

Note

（7）单击“默认”选项卡“修改”面板中的“偏移”按钮，将第（6）步绘制的圆弧向左偏移 30mm，向右偏移 20mm。

（8）单击“默认”选项卡“绘图”面板中的“直线”按钮，捕捉立面图的靠背右上端点绘制水平辅助线，如图 10-23 所示。

（9）单击“默认”选项卡“修改”面板中的“修剪”按钮和“延伸”按钮，整理图形。单击“默认”选项卡“修改”面板中的“圆角”按钮，对图形进行倒圆角，圆角半径为 5mm，结果如图 10-24 所示。

（10）单击“默认”选项卡“绘图”面板中的“直线”按钮，捕捉侧立面图中的各端点，绘制水平辅助线；重复“直线”命令，以矩形的左上端点为基点，向右偏移 50 绘制一条竖直线；单击“默认”选项卡“修改”面板中的“修剪”按钮，修剪多余线段，结果如图 10-25 所示。

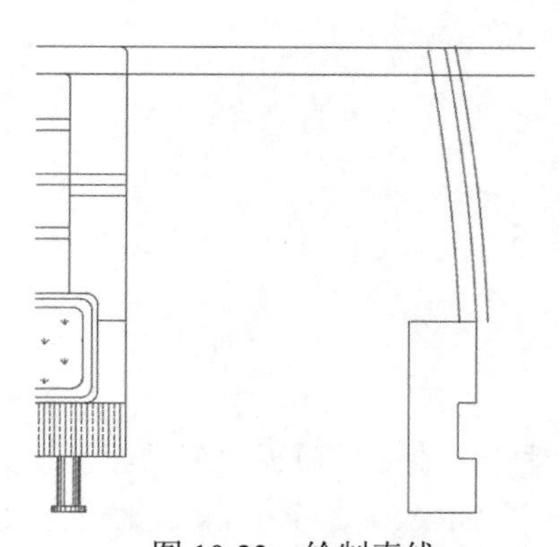

图 10-23　绘制直线

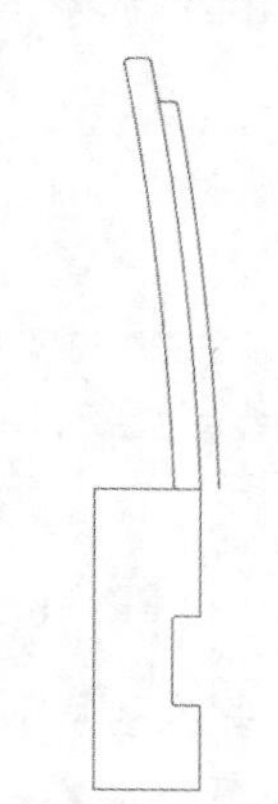

图 10-24　倒圆角

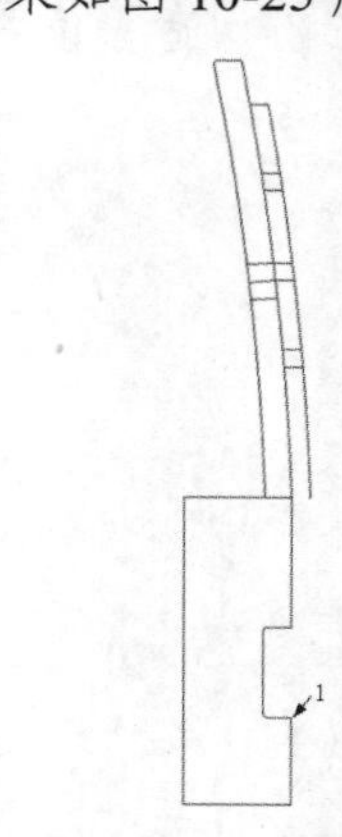

图 10-25　绘制直线

（11）单击“默认”选项卡“绘图”面板中的“矩形”按钮，捕捉图 10-25 中的点 1 为基点，以（@−25,2）为偏移，绘制 2055×100 的矩形。单击“默认”选项卡“修改”面板中的“圆角”按钮，进行倒圆角，左侧半径为 20mm，右侧半径为 5mm，结果如图 10-26 所示。

（12）单击“默认”选项卡“绘图”面板中的“矩形”按钮，以床头与床板的交点为角点，绘制 2000×200 的矩形；单击“默认”选项卡“修改”面板中的“偏移”按钮，将刚绘制的矩形向内偏移，偏移距离分别为 10mm 和 25mm；单击“默认”选项卡“修改”面板中的“圆角”按钮，对矩形和偏移后的矩形进行圆角处理，圆角半径为 20mm；单击“默认”选项卡“修改”面板中的“修剪”按钮，修剪多余线段。

Note

图 10-26　绘制矩形

（13）将“填充”图层设置为当前图层。单击“默认”选项卡“绘图”面板中的“图案填充”按钮，打开“图案填充创建”选项卡，在“图案”面板中选择 GRASS 图案，输入比例为 2，选取最里面的矩形进行图案填充，结果如图 10-27 所示。

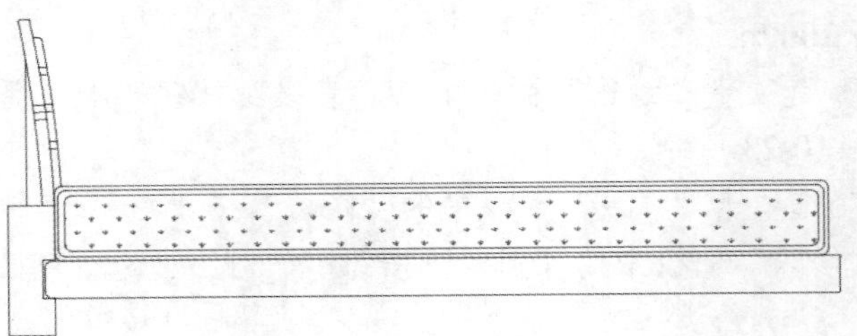

图 10-27　填充图案

（14）单击“默认”选项卡“修改”面板中的“复制”按钮，复制立面图中的床腿放置到侧立面图中适当位置，结果如图 10-28 所示。

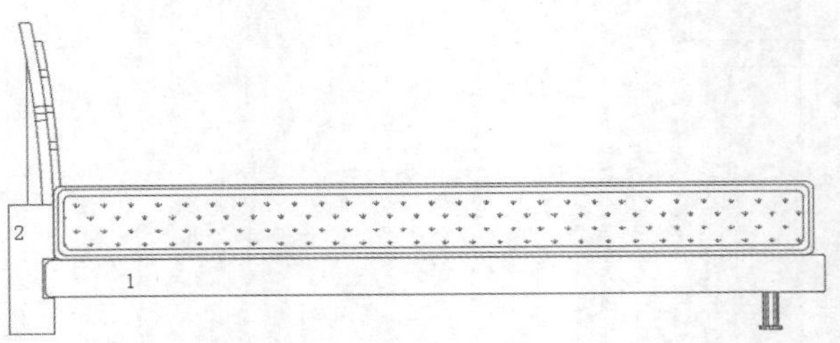

图 10-28　复制床腿

（15）将“填充”图层设置为当前图层。单击“默认”选项卡“绘图”面板中的“图案填充”按钮，打开“图案填充创建”选项卡，在“图案”面板中选择 BRASS 图案，输入比例为 2，角度为 90，选取图 10-28 中的区域 1 和区域 2 进行图案填充，结果如图 10-29 所示。

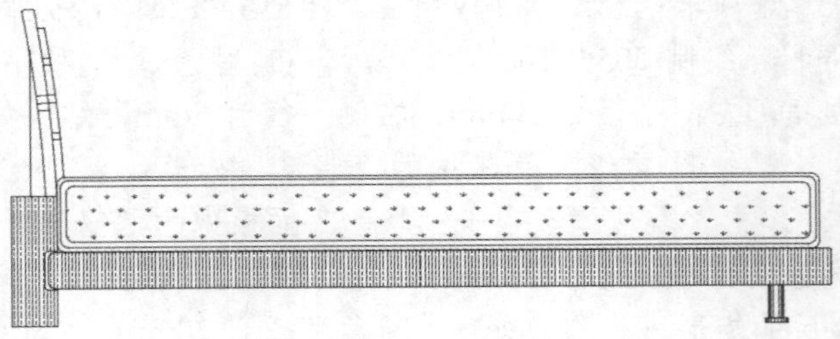

图 10-29　填充图案

10.2.3 标注双人床尺寸

本节标注双人床尺寸，如图 10-30 所示。首先设置尺寸样式，然后依次标注立面图、侧立面图的尺寸，最后多重引线标注带引线的文字。

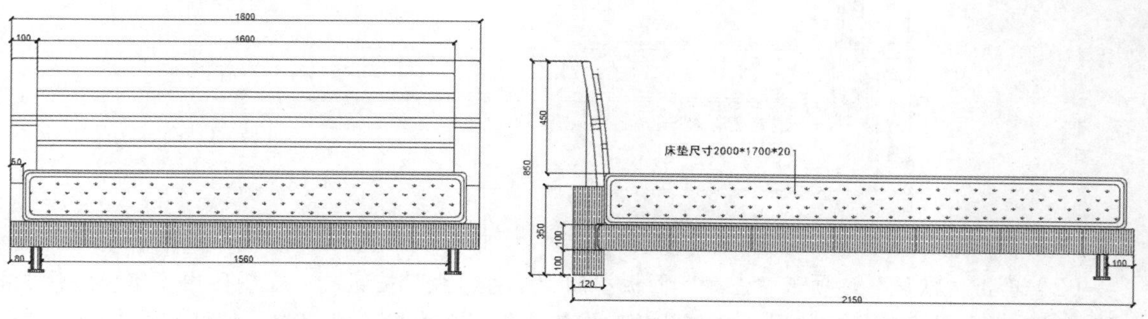

图 10-30 标注尺寸和文字

操作步骤如下：（光盘\动画演示\第 10 章\标注双人床尺寸.avi）

（1）标注尺寸。

① 将“尺寸”图层设置为当前图层。单击“默认”选项卡“注释”面板中的“标注样式”按钮，打开“标注样式管理器”对话框，单击“修改”按钮，打开“修改标注样式：ISO-25”对话框，在该对话框中进行如下设置。

☑ “线”选项卡：设置基线间距为 10，超出尺寸线为 3，起点偏移量为 8。

☑ “符号和箭头”选项卡：设置箭头类型为“建筑标记”，设置箭头大小为 10。

☑ “文字”选项卡：设置文字高度为 20，从尺寸线偏移为 1，文字对齐方式为“与尺寸线对齐”。

其他采用默认设置，单击“确定”按钮后返回到“标注样式管理器”对话框，单击“关闭”按钮，关闭对话框。

② 单击“默认”选项卡“注释”面板中的“线性”按钮，标注立面图尺寸，如图 10-31 所示。

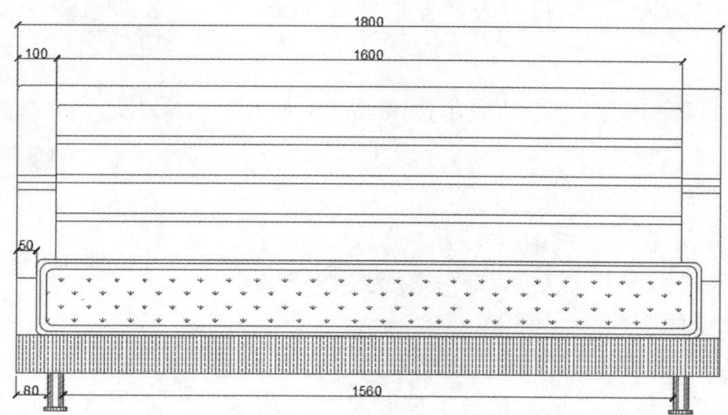

图 10-31 标注立面图尺寸

Note

③ 单击“默认”选项卡“注释”面板中的“线性”按钮，标注侧立面图尺寸，如图 10-32 所示。

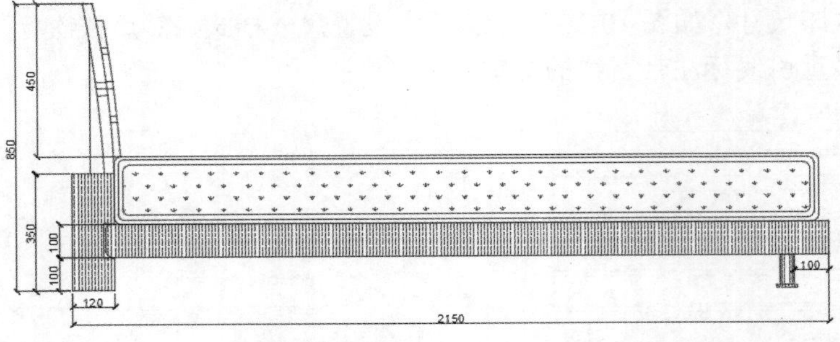

图 10-32　标注侧立面图

（2）单击“默认”选项卡“注释”面板中的“多重引线”按钮，在视图中指定引线箭头的位置，然后指定引线基线的位置，在打开的文字格式编辑器中输入尺寸值，结果如图 10-33 所示。

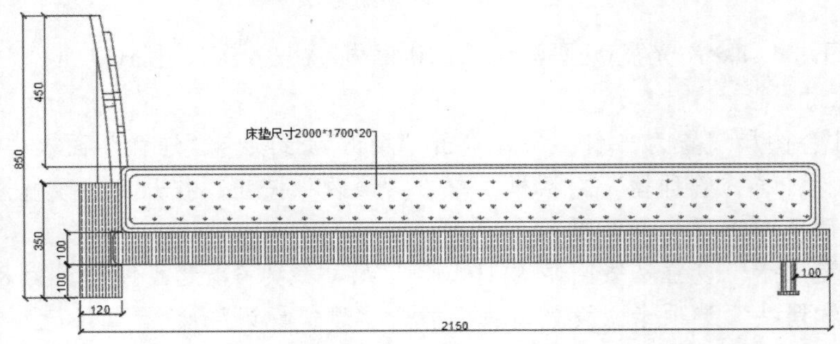

图 10-33　标注多重引线尺寸

10.2.4　绘制双人床立体图

本节绘制如图 10-34 所示的双人床立体图。首先打开平面图并对平面图进行整理，删除不需要的图形，然后在平面图的基础上通过“拉伸”“旋转”等命令创建立体图，最后添加材质。

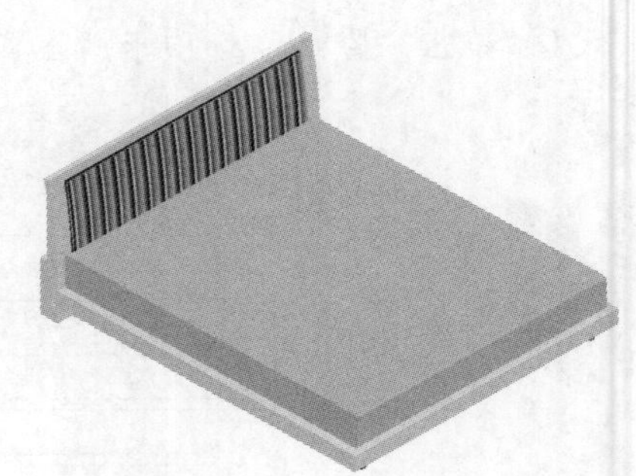

图 10-34　双人床立体图

操作步骤如下：（：光盘\动画演示\第 8 章\双人床立体图.avi）

1. 创建双人床主体

（1）单击快速访问工具栏中的“打开”按钮，打开前面绘制的“双人床平面图”，然后单击“另存为”按钮，将其另存为“双人床立体图”。

（2）单击“默认”选项卡“图层”面板中的“图层特性”按钮，打开“图层特性管理器”选项板，将 0 图层设置为当前图层，然后关闭“尺寸”图层，使尺寸线不可见，删除立面图和侧立面上的填充图案。

（3）单击“默认”选项卡“绘图”面板中的“面域”按钮，选取如图 10-35 所示的立面图中区域 1 中的线段，将其创建为面域。

（4）将视图切换到西南等轴测视图，单击“三维工具”选项卡“建模”面板中的“拉伸”按钮，将第（3）步创建的面域 1 和矩形 2 进行拉伸，拉伸距离为 1800mm；为了观察方便，将所有图形绕 X 轴旋转 90°，如图 10-36 所示。

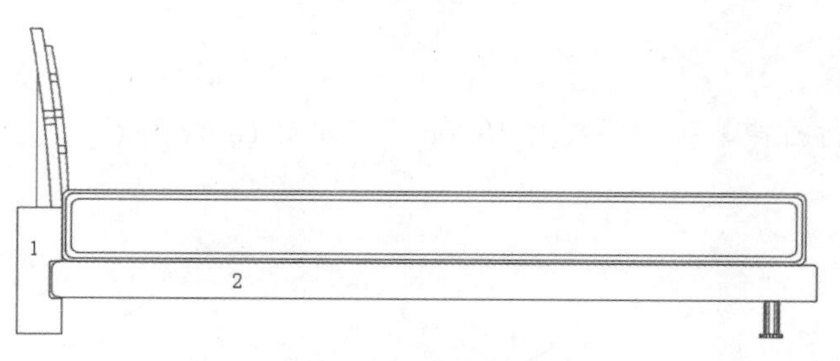

图 10-35　修剪图形

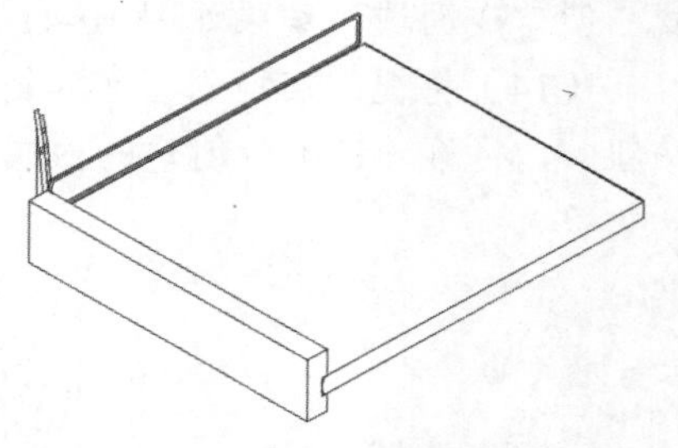

图 10-36　拉伸处理

（5）单击“三维工具”选项卡“建模”面板中的“拉伸”按钮，将床垫的最外侧矩形沿-Y 轴进行拉伸，拉伸距离为 1700mm。

（6）单击“默认”选项卡“修改”面板中的“移动”按钮，将第（5）步创建的拉伸体沿-Y 轴移动，移动距离为 50mm，消隐后如图 10-37 所示。

（7）将视图切换到前视图。删除床腿上的装饰线。单击“默认”选项卡“绘图”面板中的“直线”按钮，捕捉床腿上下两个矩形的中点绘制直线。

（8）单击“默认”选项卡“修改”面板中的“修剪”按钮，修剪多余的线段，结果如图 10-38 所示。

（9）单击“默认”选项卡“绘图”面板中的“面域”按钮，选取第（8）步修剪后的图形将其创建成面域。

（10）单击“三维工具”选项卡“建模”面板中的“旋转”按钮，将第（9）步创建的面域绕长竖直线旋转，切换视图到西南等轴测视图。

（11）单击“默认”选项卡“修改”面板中的“移动”按钮，将第（10）步创建的旋转体沿 Z 轴移动，移动距离为 80；单击“默认”选项卡“修改”面板中的“复制”按钮，将移动后的旋转体沿 Z 轴复制，距离为 1640，如图 10-39 所示。

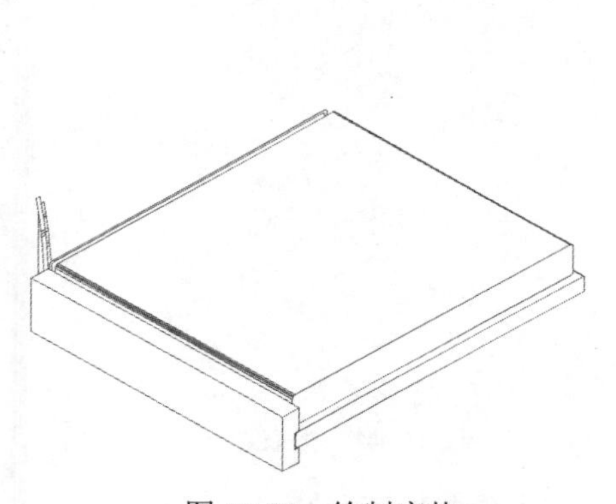

图 10-37　绘制床垫

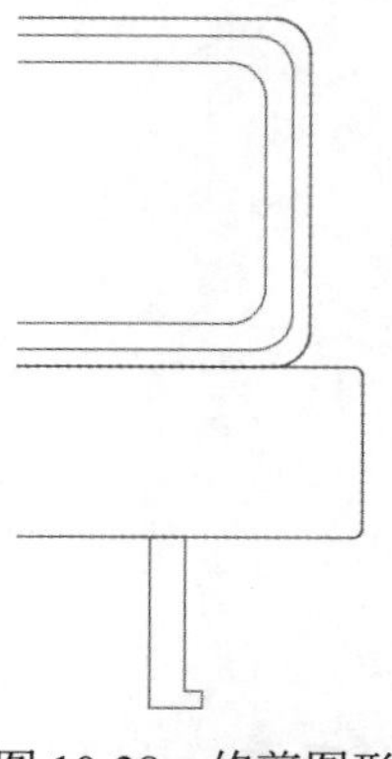

图 10-38　修剪图形

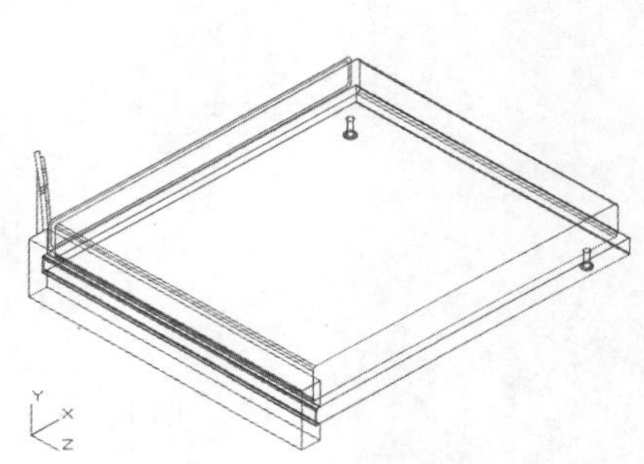

图 10-39　创建床腿

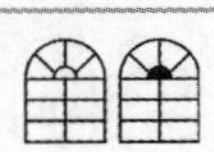

Note

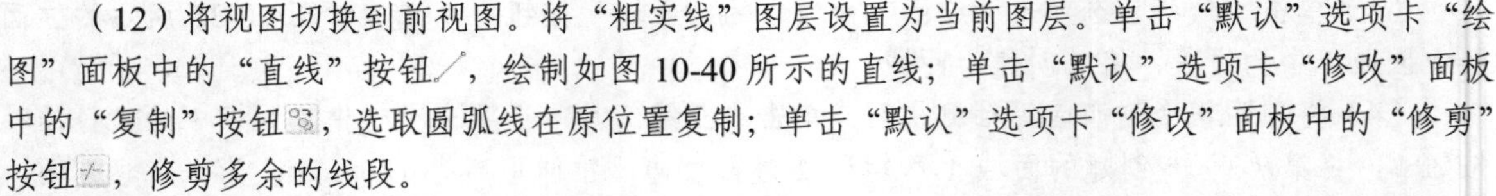

（12）将视图切换到前视图。将“粗实线”图层设置为当前图层。单击“默认”选项卡“绘图”面板中的“直线”按钮，绘制如图 10-40 所示的直线；单击“默认”选项卡“修改”面板中的“复制”按钮，选取圆弧线在原位置复制；单击“默认”选项卡“修改”面板中的“修剪”按钮，修剪多余的线段。

（13）单击“默认”选项卡“绘图”面板中的“面域”按钮，将图 10-40 中的区域 1 和区域 2 创建成面域，结果如图 10-41 所示。

（14）将视图切换到西南等轴测视图，单击“三维工具”选项卡“建模”面板中的“拉伸”按钮，将第（13）步创建的面域 2 进行拉伸，拉伸距离为 1800mm，如图 10-42 所示。

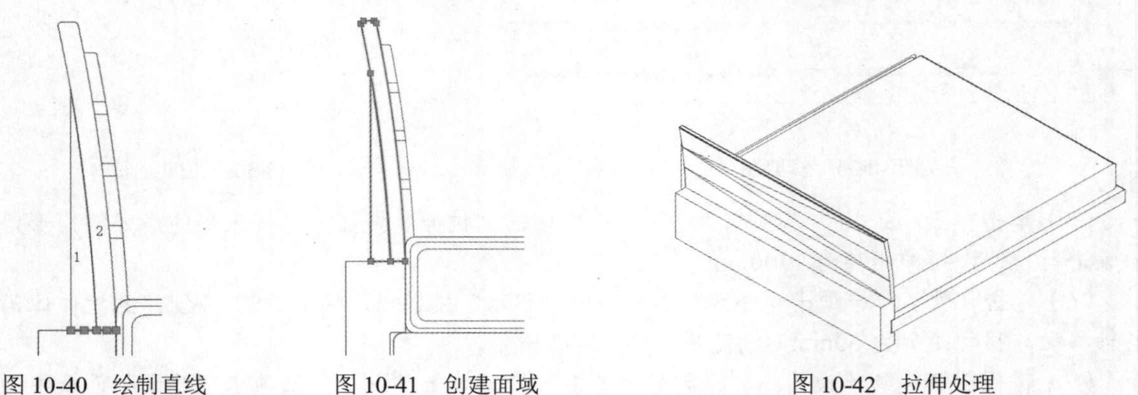

图 10-40　绘制直线　　图 10-41　创建面域　　图 10-42　拉伸处理

（15）单击“三维工具”选项卡“建模”面板中的“拉伸”按钮，将第（13）步创建的面域 1 进行拉伸，拉伸距离为 60mm。将坐标系切换至世界坐标系，在命令行中输入“3Darray”命令，将拉伸体进行阵列，阵列行数为 4，行间距为-580，结果如图 10-43 所示。

（16）单击“三维工具”选项卡“实体编辑”面板中的“提取边”按钮，提取床垫的边线。单击“默认”选项卡“修改”面板中的“移动”按钮，选取图 10-44 所示的边线，沿 Y 轴方向移动，移动距离为 50mm。

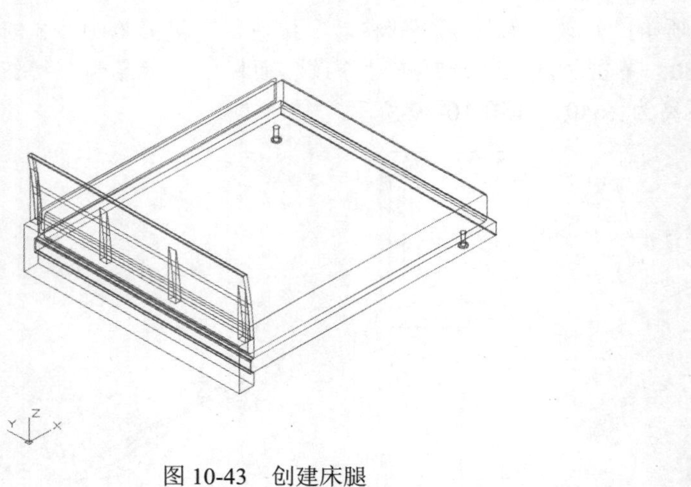

图 10-43　创建床腿　　图 10-44　提取边线

（17）将视图切换到前视图，单击“三维工具”选项卡“实体编辑”面板中的“复制边”按

钮▢，在原位置复制床头的边线；单击“默认”选项卡“修改”面板中的“修剪”按钮，修剪多余的线段。

（18）单击“默认”选项卡“修改”面板中的“编辑多段线”按钮，选取如图 10-45 所示的边线创建为多段线。

（19）将视图切换到西南等轴测视图，单击“三维工具”选项卡“建模”面板中的“拉伸”按钮，将第（18）步创建的多段线进行拉伸，拉伸距离为 1600mm。单击“默认”选项卡“修改”面板中的“移动”按钮，将拉伸体沿 Z 轴移动 100mm，将视图切换到东南等轴测视图，结果如图 10-46 所示。

（20）单击“默认”选项卡“修改”面板中的“删除”按钮，删除多余的线段，结果如图 10-47 所示。

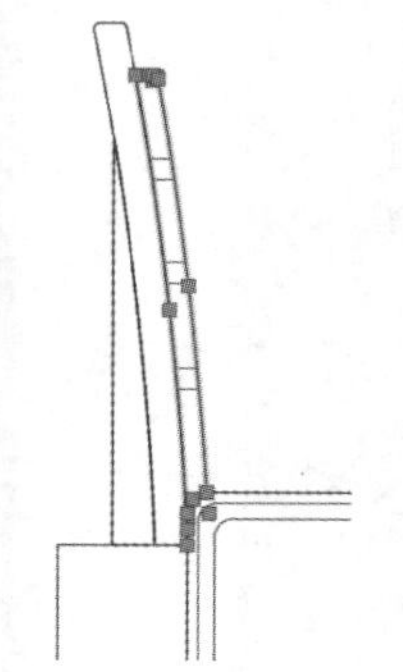

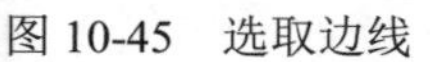

图 10-45　选取边线

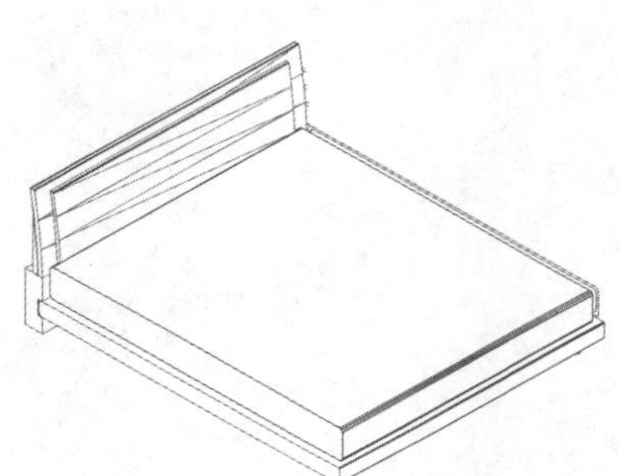

图 10-46　移动拉伸体

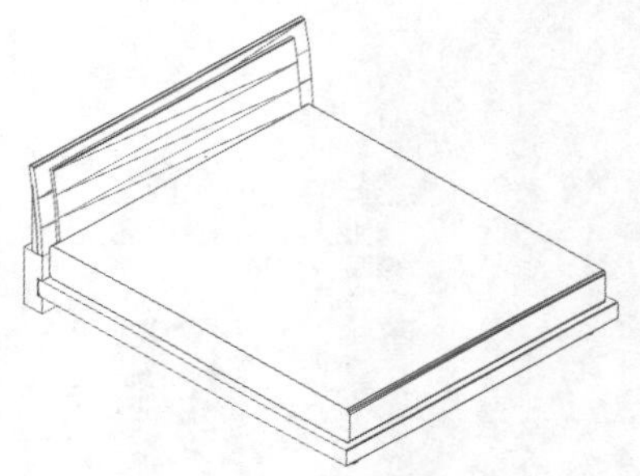

图 10-47　删除线段

2. 渲染图形

（1）选择视图界面上左上角的“视觉样式控件”下拉菜单中的“真实”样式。

（2）单击“可视化”选项卡“材质”面板中的“材质浏览器”按钮，弹出“材质浏览器”选项板，选择“主视图”/“Autodesk 库”/“金属”/“钢”，然后选择“钢-抛光”材质拖动到视图床腿上。

（3）在“材质浏览器”选项板中选择“主视图”/“Autodesk 库”/“木材”，然后选择“枫木”材质拖动到视图床的主体上，如图 10-48 所示。

（4）在“材质浏览器”选项板中选择“主视图”/“Autodesk 库”/“织物”，然后选择“条纹布-黑白蓝灰色”材质拖动到视图床的靠背上，如图 10-49 所示。

图 10-48　添加枫木材质

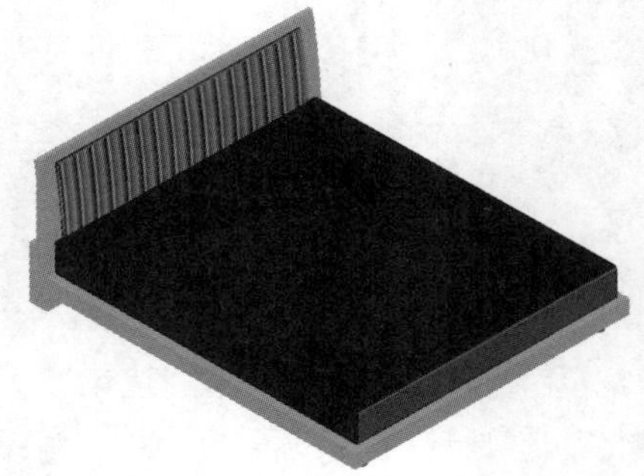

图 10-49　添加“条纹布-黑白蓝灰色”材质

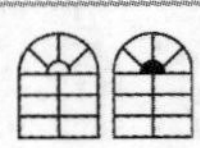

Note

（5）在“材质浏览器”选项板中选择“主视图”/“Autodesk 库”/“织物”，然后选择“米色”材质拖动到视图床垫上。单击文档材质列表中“米色”对应栏上的“编辑材质”按钮，打开“材质编辑器”选项板，选中“染色”复选框，单击染色区域，打开“选择颜色”对话框，选取如图 10-50 所示的颜色，然后在常规中设置图像褪色为 80，其他采用默认设置，如图 10-51 所示，结果如图 10-52 所示。

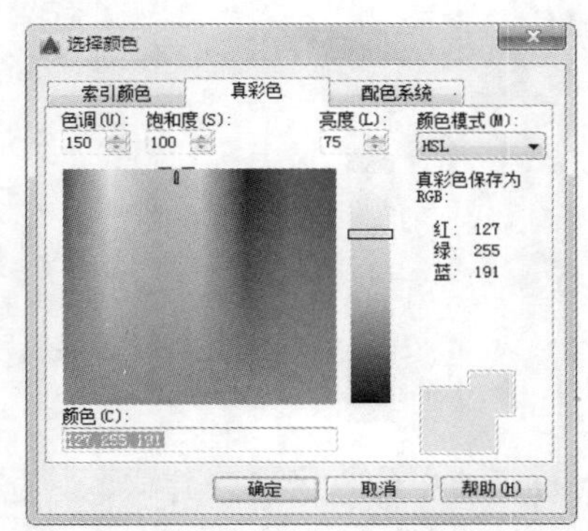

图 10-50 选取颜色

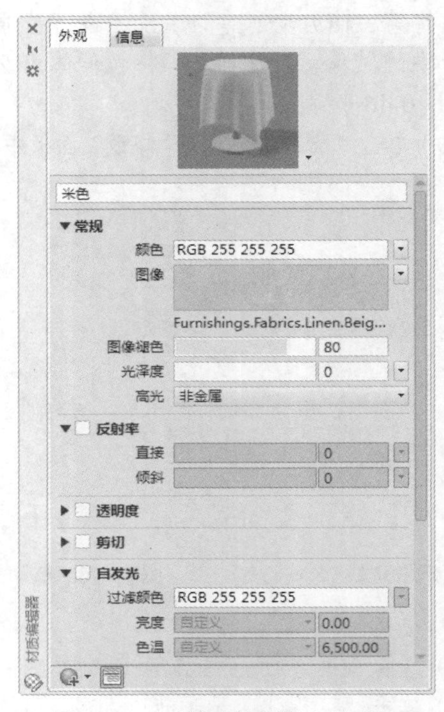

图 10-51 “材质编辑器”选项板

（6）单击“可视化”选项卡“光源”面板，在下滑面板中设置如图 10-53 所示光源的曝光和白平衡，结果如图 10-54 所示。

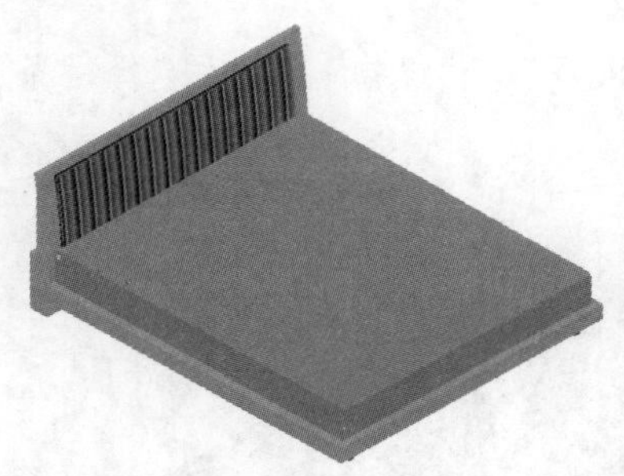

图 10-52 添加织物材质

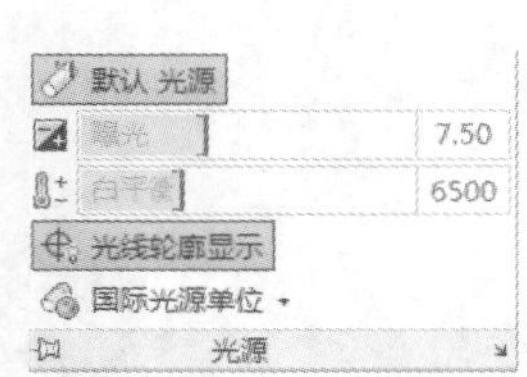

图 10-53 设置光源

图 10-54 效果

（7）在“可视化”选项卡“渲染”面板中设置渲染级别为“中”，选择在窗口中渲染，单击“可视化”选项卡“渲染”面板中的“渲染到尺寸”按钮，打开渲染窗口，渲染结果如图 10-55 所示。

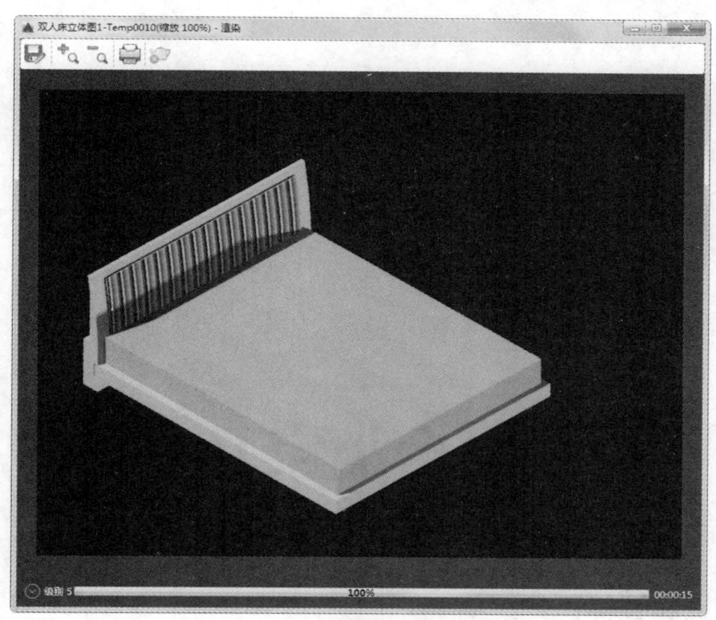

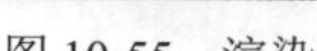

图 10-55　渲染

10.3　实战演练

通过前面的学习，读者对本章知识也有了大体的了解，本节通过操作练习使读者进一步掌握本章知识要点。

【实战演练】绘制如图 10-56 所示的木板床。

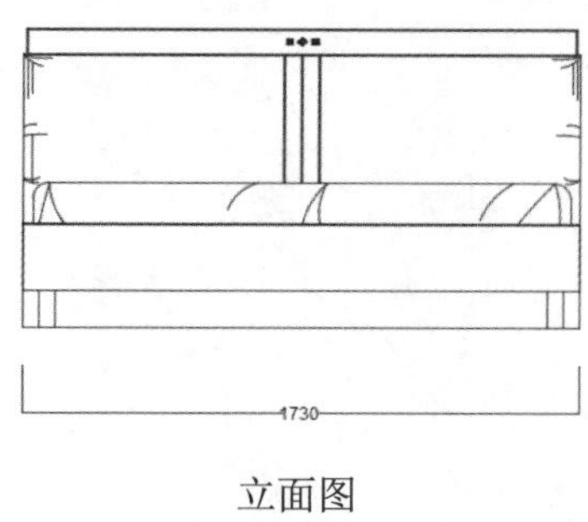

立面图

495
960
345
60
400
1590
40
2030

侧立面图

图 10-56　木板床

1．目的要求

本实例主要要求读者通过练习进一步熟悉和掌握床类图形的绘制方法。通过本实例，可以帮助读者学会完成木板床绘制的全过程。

2．操作提示

（1）绘制立面图。

（2）绘制侧立面图。

（3）标注尺寸和文字。

第11章

桌台类家具

本章学习要点和目标任务：

☑ 桌台类家具功能尺寸的确定

☑ 办公桌

☑ 电脑桌

桌台类家具按功能分为桌、台和几。桌类家具供人们坐姿状态下使用，台类家具供人们站姿或坐、站两种姿势状态下使用，几具有陈放物品和装饰的作用。

11.1 桌台类家具功能尺寸的确定

桌类家具的基本要求是桌面高度既能适于高效率工作状态和减少疲劳，又能满足在站立和坐式工作时所必需的桌面下容纳膝部的空间及置足的位置；桌面宽度与深度要适合放置和储存一定的物品；桌面要有不刺激视觉的色、形、光等，以达到使用方便和舒适的要求。

1．桌类家具的基本尺寸

桌类家具的基本尺寸如图 11-1 所示。

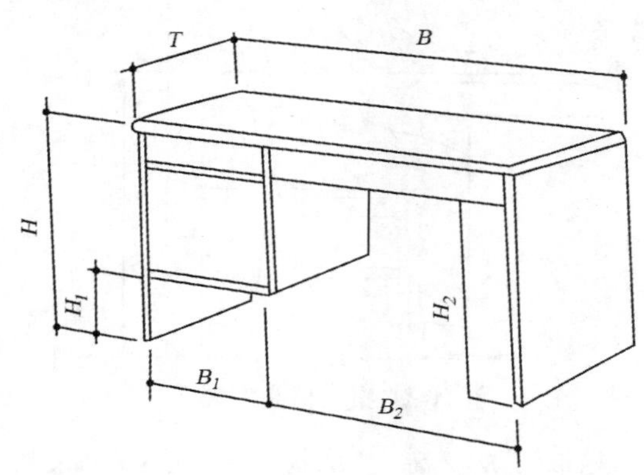

图 11-1 桌类家具的基本尺寸

B 桌面宽　B_1 侧柜抽屉内宽　B_2 中间净空宽

T 桌面深　H 桌高　H_1 柜脚净空高　H_2 中间净空高

2．桌高

研究表明，过高的桌子不但容易造成脊椎侧弯、视力下降，颈椎肥大等病症，影响人体健康，还会造成耸肩、低头和肘低于桌面等不正确姿势，引起肌肉紧张、疲劳，影响工作效率。身体各部分的疲劳百分比，女人又比男人高两倍左右，显然女人更不适应过高的桌子。过低的桌子同样是有害无益的，它会使人脊椎弯曲扩大、驼背，背肌容易疲劳，腹部受压，妨碍呼吸运动和血液循环。如图 11-2 所示为桌高不合适的例子。

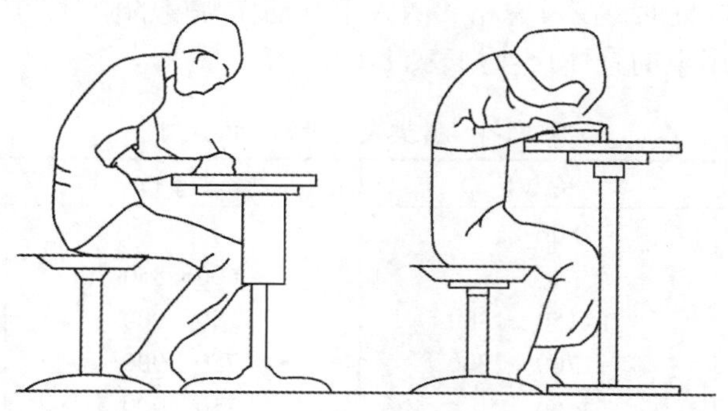

图 11-2 桌高不适

因为桌高与座高关系密切，所以桌高常用桌椅高度差来衡量。设计桌高时，应先有椅高，然

后再加上桌面和椅面的高度差尺寸便可确定桌面高，即：

桌高=椅高+桌椅高度差

合理的桌椅高度差应使坐者长期保持正确的坐姿，即躯体正直，前倾角不大于 30°。肩部放松，肘弯近 90°，且能保持 35～40cm 的视距。桌椅高度差是通过人体测量加以确定的常数。在欧美等国，桌椅高度差是以肘下尺寸（即上臂靠拢躯干，肘至椅座面的高度）为依据；日本和中国则以 1/3 坐高（即人坐时椅面至头顶的高度）为确定桌椅高差的依据，如图 11-3 所示。

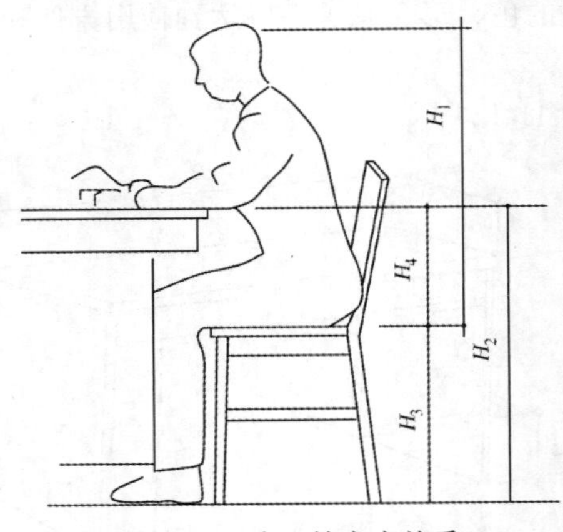

图 11-3　桌、椅高度关系

H_1 坐高　　H_2 桌高　　H_3 椅高　　H_4 桌椅高度差

在实际应用时桌面的高低要根据不同的使用特点酌情增减，在设计中餐桌时，要考虑端碗吃饭的进餐方式，餐桌可略高一点。在设计西餐桌时，就要根据用刀叉的进餐方式，餐桌可低一点。设计站立用工作台高度，如讲台、陈列台、营业台、信贷柜台时，要根据人站立着自然屈臂的肘高来确定，按人体的平均身高，工作台椅 910～965mm 为宜，为适应于着力的工作，则桌面可稍降低 20～50mm。

3．桌面尺寸

桌子的宽度和深度是根据人坐时手臂的活动范围，以及桌上放置物品的类型和方式来确定的。

多人平行坐的桌子，应加长桌面，以互不影响相邻两人平行动作的幅度为宜。对于餐桌、会议桌之类的家具，应以人体占用桌边沿的宽度去考虑，桌面尺寸可在 550～750mm 的范围内设计。面对面坐的桌子，应加宽桌面，在考虑相邻两人平行动作幅度的同时，还要考虑面对面两人对话中的卫生要求等。多人用桌的具体尺寸如表 11-1 所示。

表 11-1　各类人用桌的平面尺寸

编　号	长度 L	深度 D	B 附加尺寸
1	780～850		
2		600～850	
3	1150～1300	750～900	
4	1700～2000	750～900	
5	3000	750～900	
6	700～800	750～900	L_O=720
7		550	

作为阅览桌、课桌等用途的桌面，为了使人视觉更舒适，可做成往前倾斜 150 左右的斜坡，这样当视线向下倾斜时，则视线与倾斜桌面接近 90°，书面在视网膜上的清晰度就高，既便于书写，又使背部保持着较为正常的姿势，减少了弯腰与低头的动作，从而减轻了背部的肌肉紧张和酸痛现象，但在倾斜的桌面上，不宜陈列物品。

4．桌面下的净空尺寸

桌面下的各种高度尺寸如图 11-4 所示。

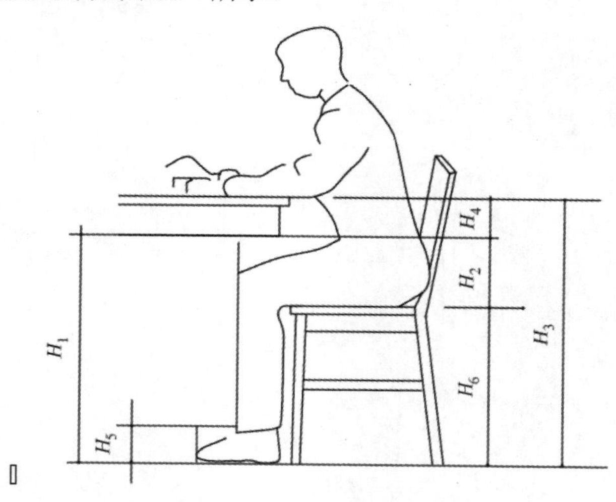

图 11-4　桌面下的净空尺寸

H_1 净空高度　H_2 座面高至抽屉底垂直距离　H_3 桌面高　H_4 抽屉底至桌面板垂直距离　H_5 柜脚净空高　H_6 座面高

桌面下的净空高度 H_1 高于双腿交叉时的膝高，并使膝部有一定的活动余地。因此，从座面高至抽屉底的垂直距离 H_2 至少有 140mm 空隙。既要限制桌面的高度 H_3，又要保证桌面下的净空高度 H_1，那么抽屉底至桌面的尺寸 H_4 就是有限的，其抽屉的高度必须适可而止。也就是说，不能根据抽屉功能的要求决定其尺寸，而只能根据 H_4 有限空间的范围决定抽屉的高度，所以这个抽屉普遍较薄，甚至取消抽屉。桌柜脚净空高 H_5 主要是供身体活动时脚能自由放置的空间，一般不少于 100mm。

站立用工作台的下部空隙不需要设有腿部活动的空隙，通常是作为收藏物品的柜体来处理的，但需要有置足的位置，以满足人紧靠工作台时做着力动作的需要，这个置足的空隙高度为 80mm，深度在 50～100mm 为宜。

11.2　办　公　桌

办公桌是指日常生活工作和社会活动中为工作方便而配备的桌子。良好的办公桌除了应该考虑放置信息产品的空间外，也应有足够的，包括横向与垂直的线路收纳空间。

本节主要介绍办公桌二维图形和三维图形的绘制方法，首先绘制立面图、侧立面图、侧剖面图、平面图并对其标注尺寸和文字，然后在平面图的基础上通过“拉伸”“放样”“三维镜像”“圆柱体”等命令再根据其他视图的尺寸创建办公桌的三维图形，如图 11-5 所示。

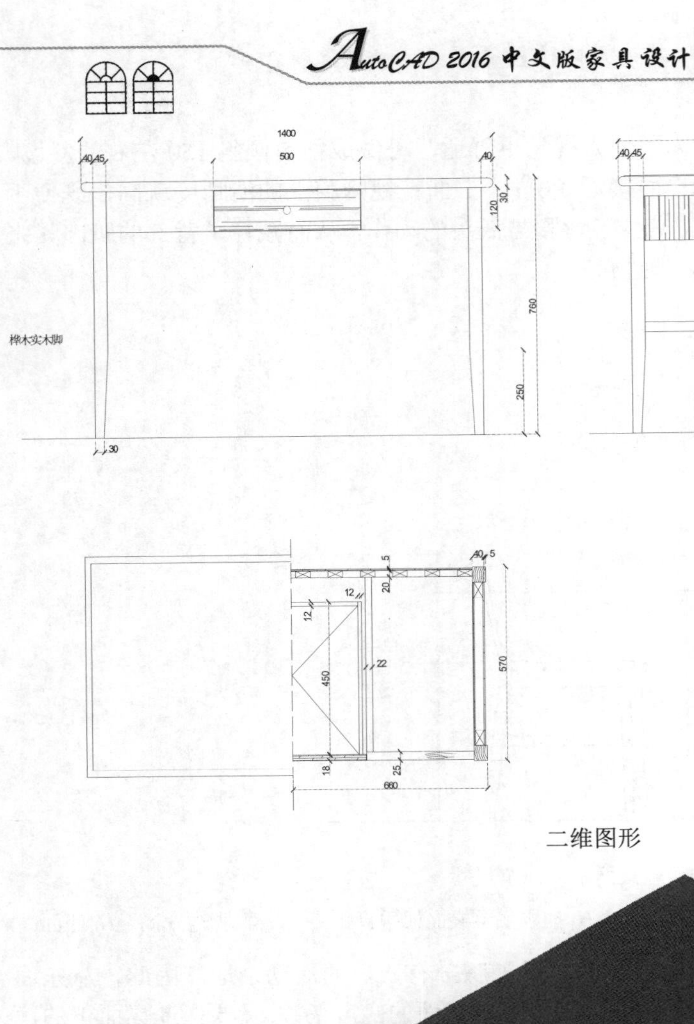

二维图形

三维图形

图 11-5　办公桌

11.2.1　绘制办公桌立面图

本节绘制如图 11-6 所示的办公桌立面图。首先设置图层，然后利用“偏移”“修剪”“圆角”命令绘制办公桌主体，最后利用“圆”“偏移”“修剪”“图案填充”命令绘制抽屉。

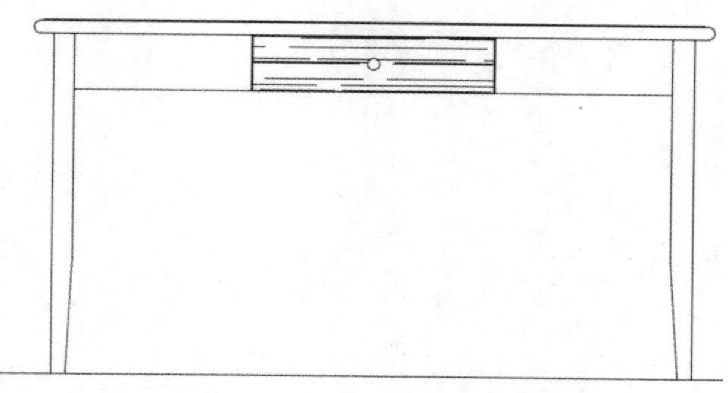

图 11-6　办公桌立面图

操作步骤如下：（光盘\动画演示\第 11 章\办公桌立面图.avi）

（1）单击“默认”选项卡“图层”面板中的“图层特性”按钮，打开“图层特性管理器”选项板，新建图层，具体设置参数如图 11-7 所示。

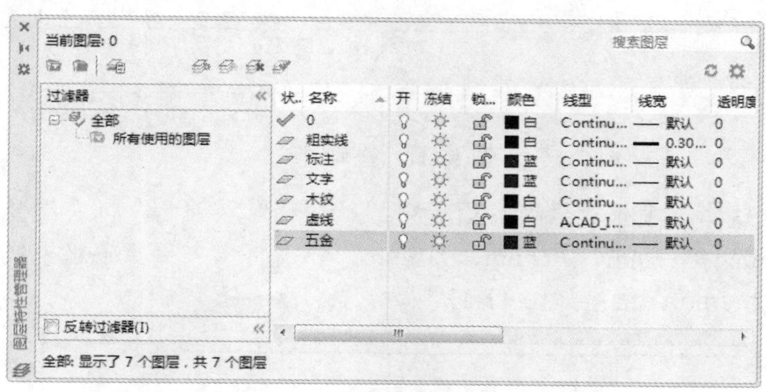

图 11-7　“图层特性管理器”选项板

（2）将“粗实线”图层设置为当前图层。单击“默认”选项卡“绘图”面板中的“直线”按钮，在图中适当位置绘制长度为 760 的竖直线，再以竖直线的上端点为起点绘制一条长度为 1400 的水平直线，继续绘制一条长度为 760 的竖直线，重复“直线”命令，在竖直线的下方绘制一条水平直线，如图 11-8 所示。

（3）单击“默认”选项卡“修改”面板中的“偏移”按钮，将第（2）步绘制的上端水平直线向下偏移，偏移距离分别为 3mm、30mm、150mm，分别将左右端竖直线向内偏移，偏移距离分别为 20mm、40mm、85mm，结果如图 11-9 所示。

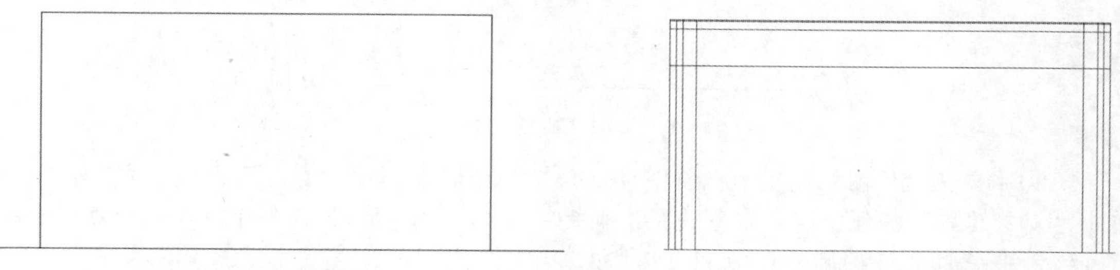

图 11-8　绘制直线　　图 11-9　偏移线段

（4）单击“默认”选项卡“修改”面板中的“修剪”按钮，修剪多余的线段，结果如图 11-10 所示。

Note

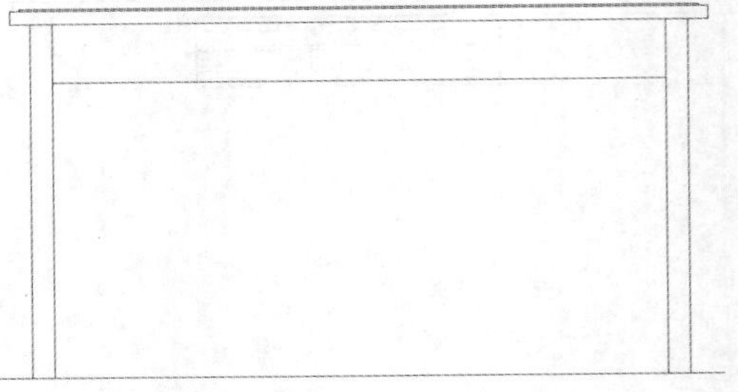

图 11-10　修剪图形

（5）单击“默认”选项卡“修改”面板中的“偏移”按钮，将左右端最外侧竖直线向内偏移，偏移距离为 13.5mm；单击“默认”选项卡“绘图”面板中的“圆弧”按钮，分别以偏移后的直线中点为圆心，绘制圆弧；单击“默认”选项卡“修改”面板中的“修剪”按钮，修剪和删除多余的线段，结果如图 11-11 所示。

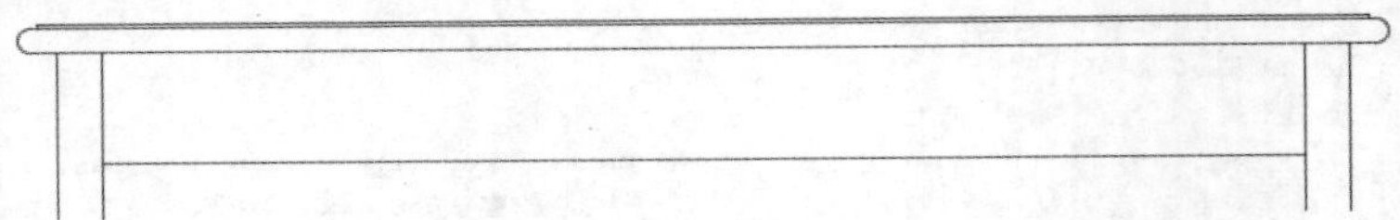

图 11-11　修剪图形

（6）单击“默认”选项卡“修改”面板中的“偏移”按钮，将左端竖直线向内偏移，偏移距离分别为 410mm、411mm、909mm、910mm。分别将上方第三条水平线和第四条水平线向内偏移，偏移距离为 1mm，结果如图 11-12 所示。

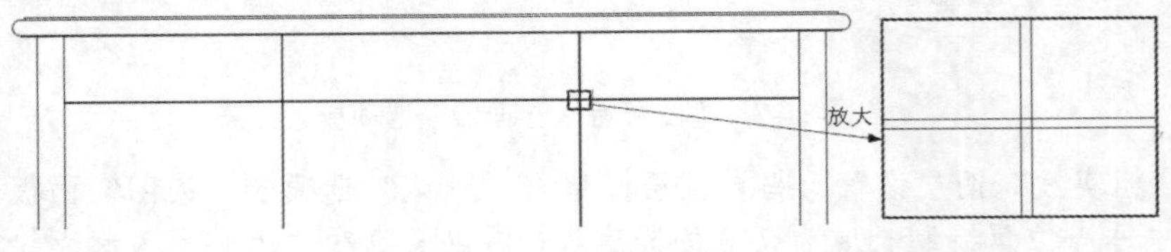

图 11-12　偏移线段

（7）单击“默认”选项卡“修改”面板中的“修剪”按钮，修剪和删除多余的线段，结果如图 11-13 所示。

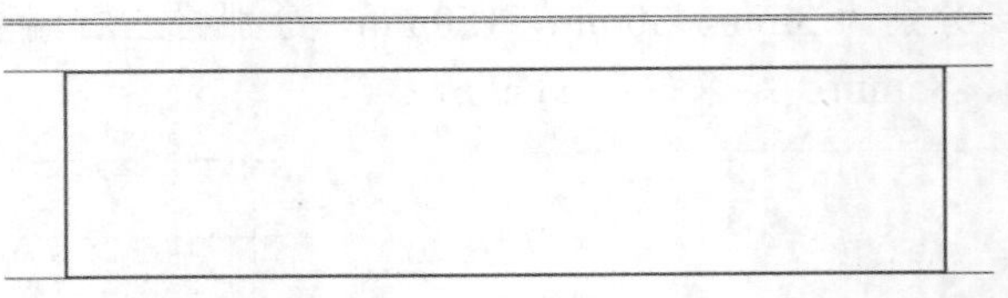

图 11-13　修剪图形

（8）将“五金”图层设置为当前图层。单击“默认”选项卡“绘图”面板中的“圆”按钮，单击“对象追踪”按钮，打开对象追终，捕捉第（7）步修剪后的矩形中点，在中点延长线的交点处绘制半径为 12.5 的圆，如图 11-14 所示。

（9）将“木纹”图层设置为当前图层。单击“默认”选项卡“绘图”面板中的“图案填充”按钮，打开“图案填充创建”选项卡，在“图案”面板中选择 AR-RROOF 图案，其他采用默认设置，选取第（8）步抽屉区域进行填充，结果如图 11-15 所示。

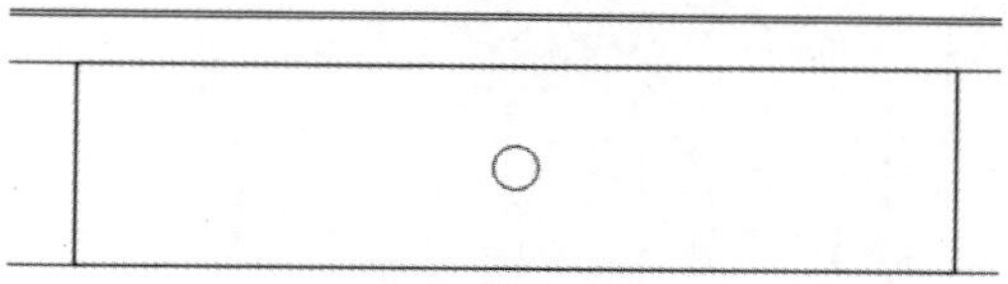

图 11-14　绘制圆

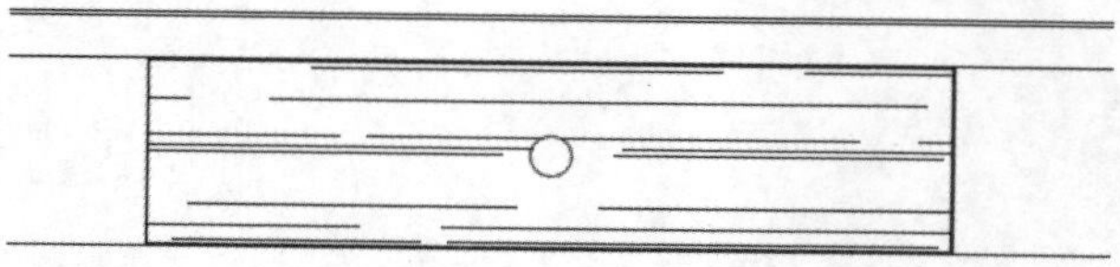

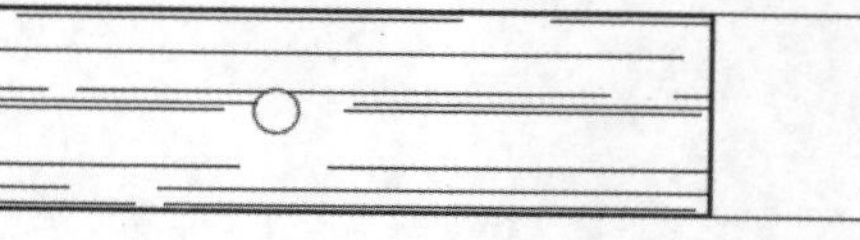

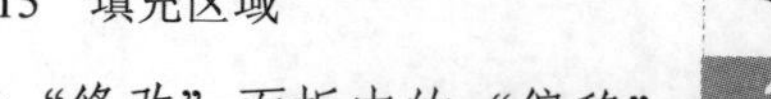

图 11-15　填充区域

（10）将“粗实线”图层设置为当前图层。单击“默认”选项卡“修改”面板中的“偏移”按钮，将左、右两端竖直线向内偏移，偏移距离为 30mm。将最下端的水平直线向上偏移，偏移距离为 250mm，结果如图 11-16 所示。

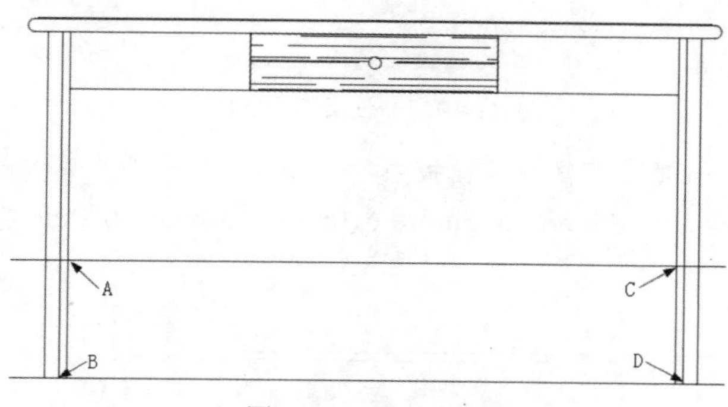

图 11-16　偏移直线

（11）单击“默认”选项卡“绘图”面板中的“直线”按钮，分别连接图 11-16 中的 A、B 两点和 C、D 两点，结果如图 11-17 所示。

（12）单击“默认”选项卡“修改”面板中的“修剪”按钮，修剪多余的线段，然后删除偏移后的直线，结果如图 11-18 所示。

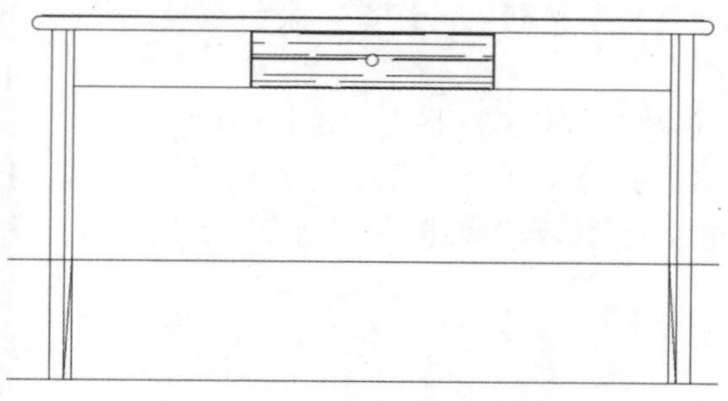

图 11-17　绘制直线

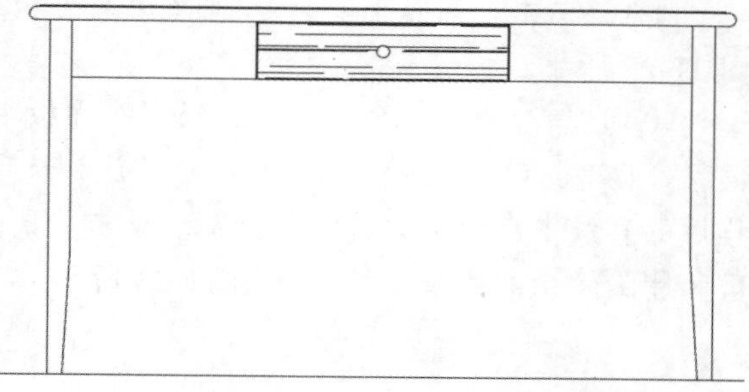

图 11-18　修剪图形

11.2.2　绘制办公桌侧立面图

本节绘制如图 11-19 所示的办公桌侧立面图。首先根据立面图绘制侧立面图中的辅助线，再利用“圆弧”“偏移”“修剪”等命令完成侧立面的绘制。

操作步骤如下：（：光盘\动画演示\第 11 章\办公桌侧立面图.avi）

（1）单击“默认”选项卡“绘图”面板中的“直线”按钮，捕捉立面图中的端点，绘制水平辅助线，然后绘制一条竖直线，结果如图 11-20 所示。

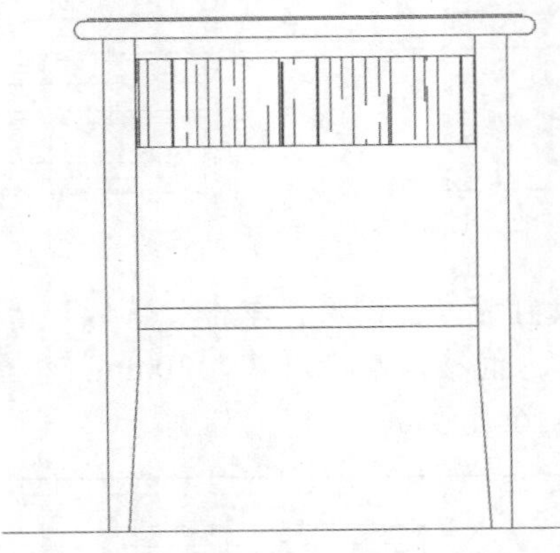

图 11-19　办公桌侧立面图

（2）单击“默认”选项卡“修改”面板中的“偏移”按钮，将左端竖直线向右偏移，偏移距离分别为 20mm、40mm、85mm、565mm、610mm、630mm、650mm，结果如图 11-21 所示。

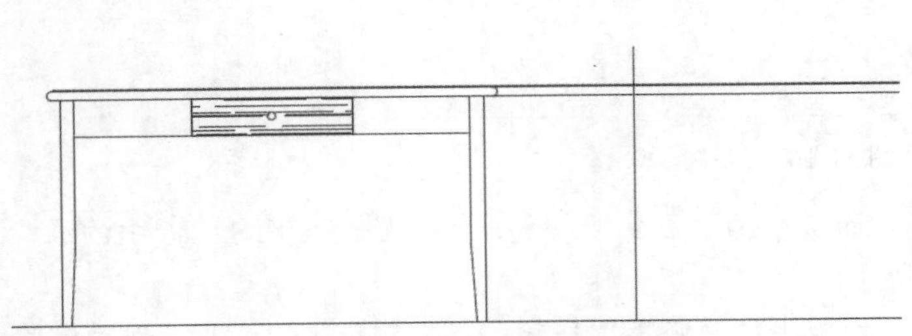

图 11-20　绘制直线

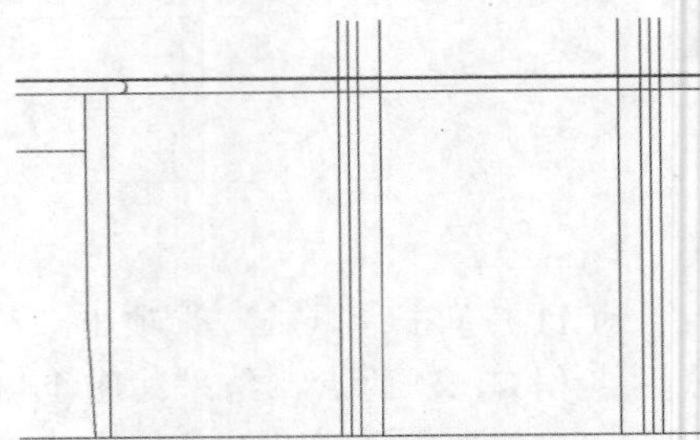

图 11-21　偏移直线

（3）单击“默认”选项卡“修改”面板中的“修剪”按钮，修剪多余的线段，结果如图 11-22 所示。

（4）单击“默认”选项卡“修改”面板中的“偏移”按钮，将左右端最外侧竖直线向内偏移，偏移距离为 13.5mm；单击“默认”选项卡“绘图”面板中的“圆弧”按钮，分别以偏移后的直线中点为圆心，绘制圆弧；单击“默认”选项卡“修改”面板中的“修剪”按钮，修剪和删除多余的线段，结果如图 11-23 所示。

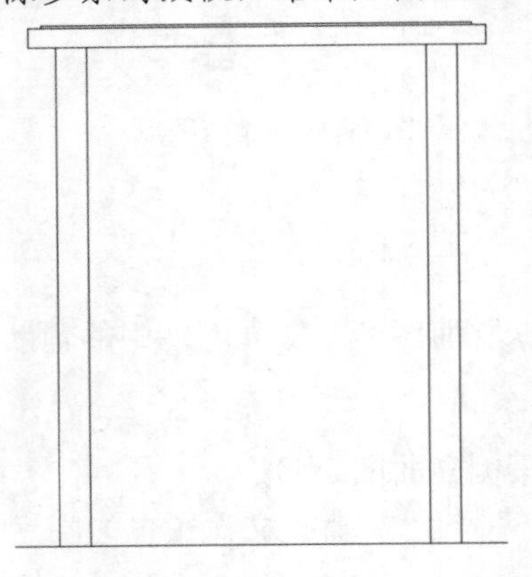

图 11-22　修剪图形

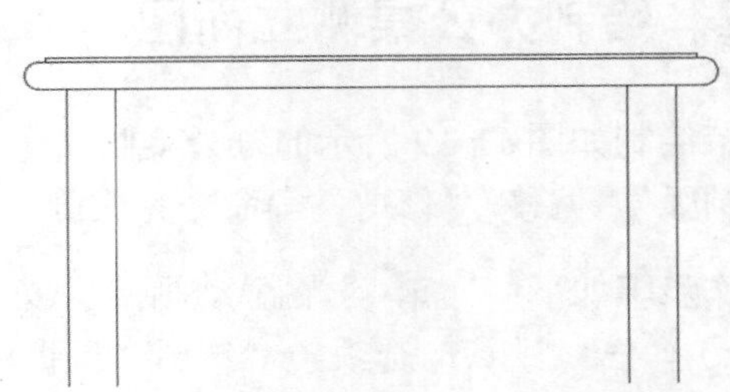

图 11-23　绘制圆弧

（5）单击“默认”选项卡“修改”面板中的“偏移”按钮，将最下端的水平直线向上偏移，偏移距离分别为 300mm、330mm、570mm、700mm，结果如图 11-24 所示。

（6）单击“默认”选项卡“修改”面板中的“修剪”按钮，修剪多余的线段，结果如图 11-25 所示。

（7）将“木纹”图层设置为当前图层。单击“默认”选项卡“绘图”面板中的“图案填充”按钮，打开“图案填充创建”选项卡，在“图案”面板中选择 AR-RROOF 图案，设置角度为 90°，比例为 2，选取区域进行填充，结果如图 11-26 所示。

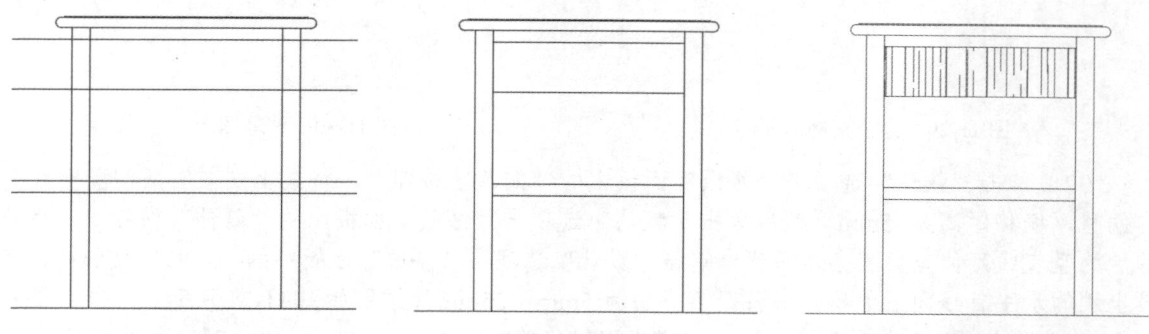

图 11-24　偏移直线　　图 11-25　修剪图形　　图 11-26　填充区域

（8）将“粗实线”图层设置为当前图层。单击“默认”选项卡“修改”面板中的“偏移”按钮，将左、右两端竖直线向内偏移，偏移距离为 30mm。将最下端的水平直线向上偏移，偏移距离为 250mm，结果如图 11-27 所示。

（9）单击“默认”选项卡“绘图”面板中的“直线”按钮，分别连接图 11-27 中的 A、B 两点和 C、D 两点，结果如图 11-28 所示。

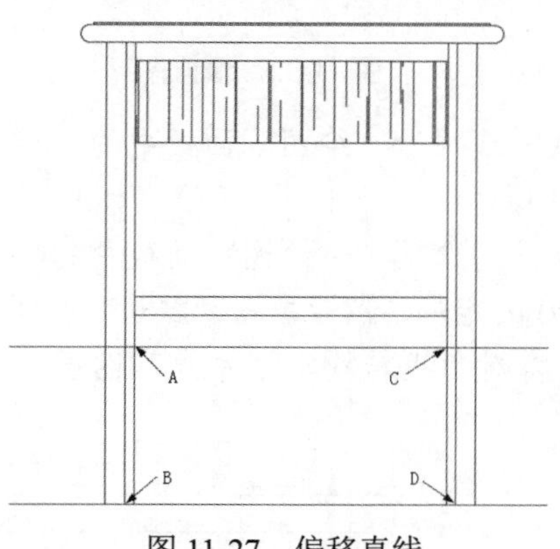

图 11-27　偏移直线

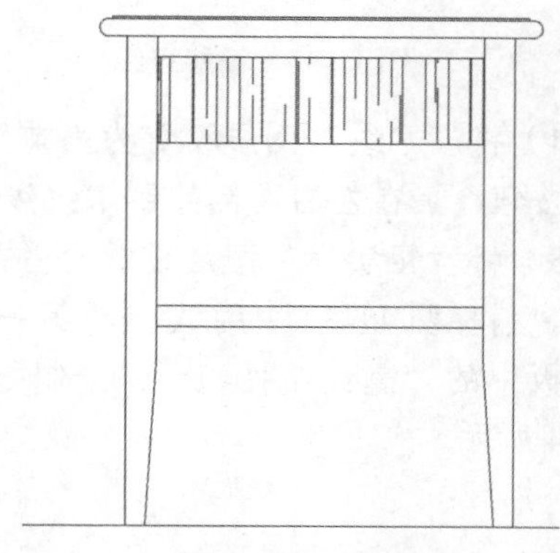

图 11-28　绘制直线

11.2.3　绘制办公桌侧剖面图

本节绘制如图 11-29 所示的办公桌侧剖面图。此图主要表达办公桌内部结构，首先复制侧立面图，并删除多余的线段，然后绘制主体内部结构，最后绘制抽屉的内部结构。

操作步骤如下：（：光盘\动画演示\第 11 章\办公桌侧剖面图.avi）

（1）单击“默认”选项卡“修改”面板中的“复制”按钮，将办公桌侧立面图复制并放

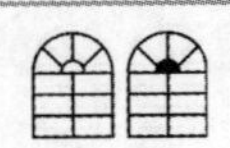

Note

置在立面图的右边适当位置，删除多余线段，如图 11-30 所示。

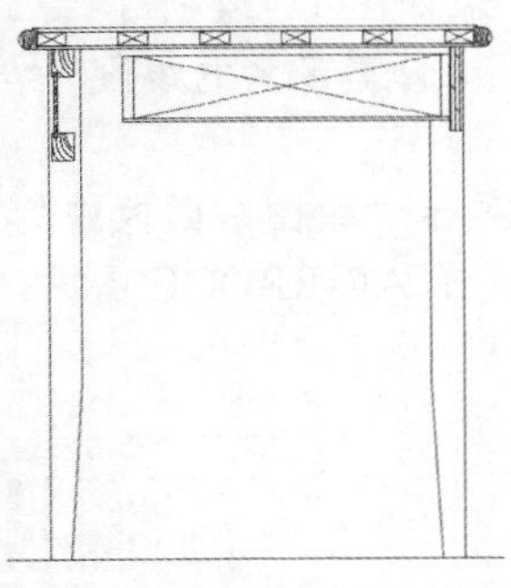

图 11-29　办公桌侧剖面图

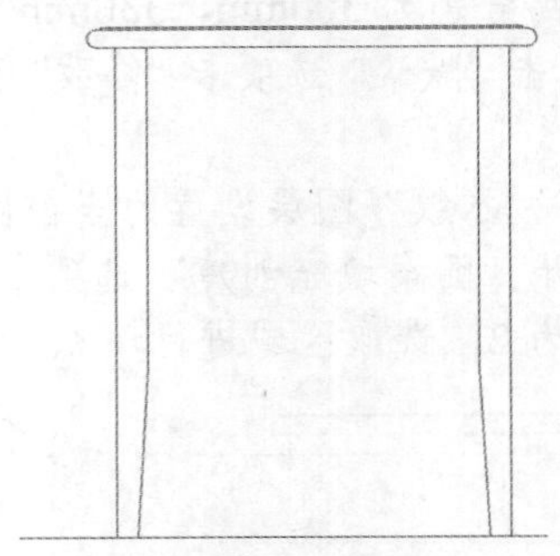

图 11-30　整理图形

（2）单击“默认”选项卡“修改”面板中的“偏移”按钮，将最上端左右两侧竖直线向内偏移，偏移距离为 5mm，然后单击“默认”选项卡“修改”面板中的“延伸”按钮，将偏移后的竖直线延伸至第三条水平线；单击“默认”选项卡“修改”面板中的“偏移”按钮，将最上端的水平直线向下偏移，偏移距离分别为 5mm、25mm，结果如图 11-31 所示。

（3）单击“默认”选项卡“修改”面板中的“修剪”按钮，修剪多余的线段，结果如图 11-32 所示。

图 11-31　偏移直线

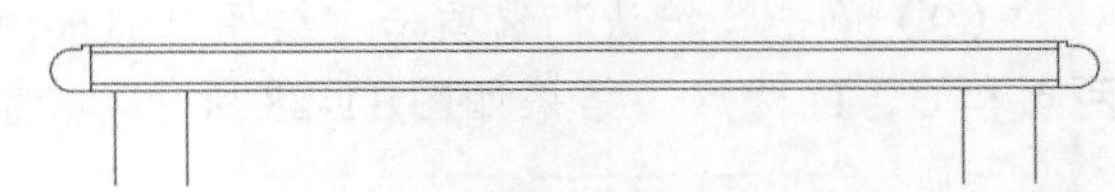

图 11-32　修剪图形

（4）将“木纹”图层设置为当前图层。单击“默认”选项卡“绘图”面板中的“样条曲线拟合”按钮，在左右两侧绘制木纹线，结果如图 11-33 所示。

（5）将“粗实线”图层设置为当前图层。单击“默认”选项卡“绘图”面板中的“矩形”按钮，捕捉图 11-33 中的 A 点为第一角点，绘制 40×20 的矩形，然后单击“默认”选项卡“绘图”面板中的“直线”按钮，绘制矩形的对角线，并将对角线转换至“木纹”图层，结果如图 11-34 所示。

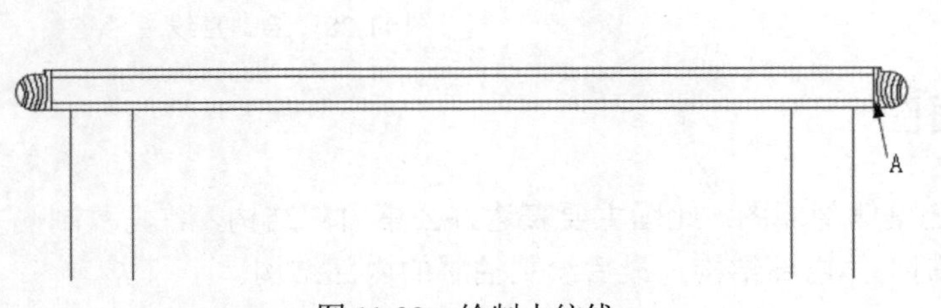

图 11-33　绘制木纹线

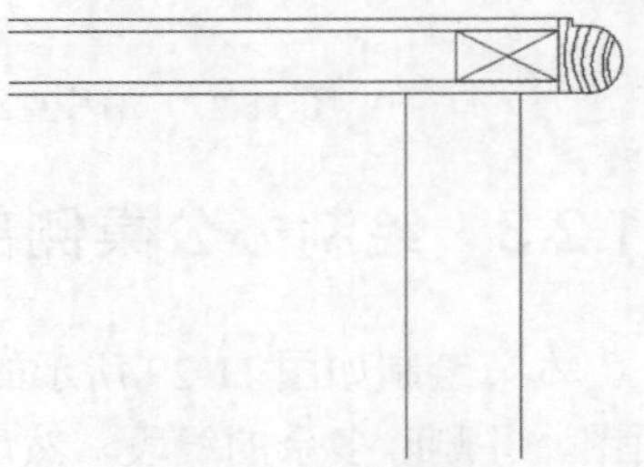

图 11-34　绘制横截面

（6）单击“默认”选项卡“修改”面板中的“矩形阵列”按钮，将第（5）步绘制的横截

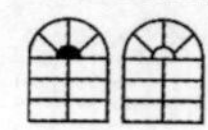

面进行阵列，行数为 1，列数为 6，列数之间的距离为−112，结果如图 11-35 所示。

（7）绘制抽屉。

① 单击“默认”选项卡“修改”面板中的“偏移”按钮，将右侧竖直线向左偏移，偏移距离分别为 18mm、30mm、453mm、468mm，将最上端的水平直线向下偏移，偏移距离分别为 40mm、130mm、135mm、150mm，结果如图 11-36 所示。

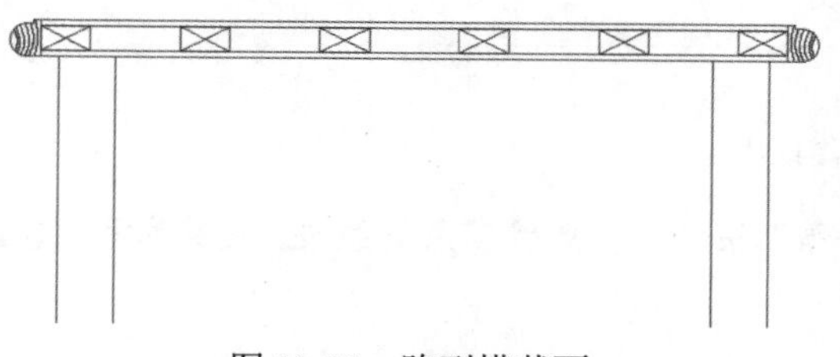

图 11-35 阵列横截面

图 11-36 偏移直线

② 单击“默认”选项卡“修改”面板中的“修剪”按钮，修剪多余的线段，结果如图 11-37 所示。

③ 将“虚线”图层设置为当前图层。单击“默认”选项卡“绘图”面板中的“直线”按钮，绘制矩形的对角线，结果如图 11-38 所示。

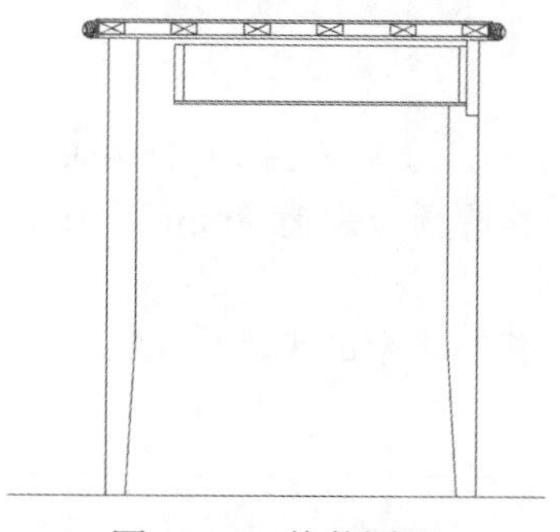

图 11-37 修剪图形

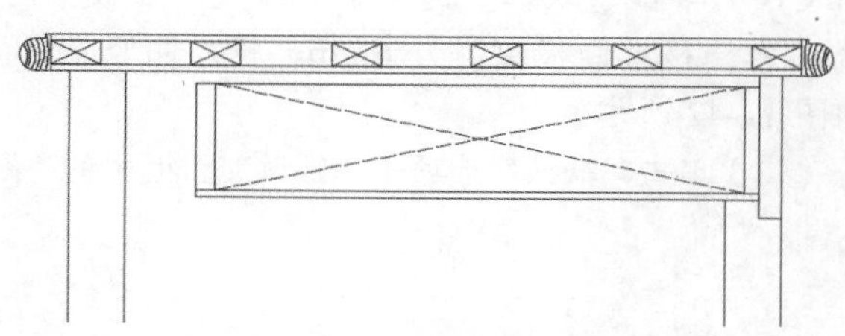

图 11-38 绘制对角线

④ 将“木纹”图层设置为当前图层。单击“默认”选项卡“绘图”面板中的“图案填充”按钮，打开“图案填充创建”选项卡，在“图案”面板中选择 DOLMIT 图案，设置角度为 90°，比例为 1，选取区域进行填充，结果如图 11-39 所示。

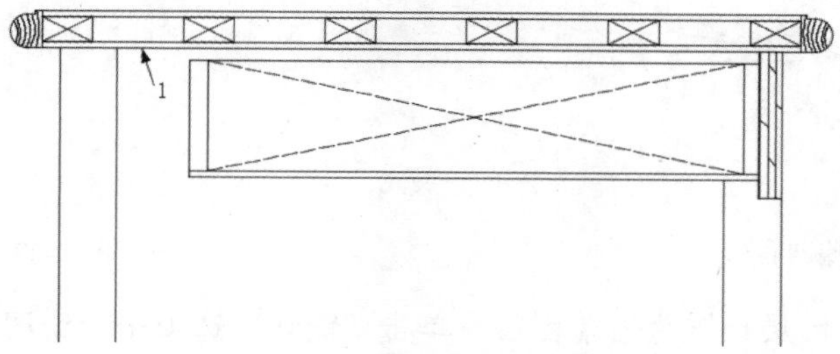

图 11-39 填充图案

（8）将“粗实线”图层设置为当前图层。单击“默认”选项卡“修改”面板中的“偏移”按钮，将图 11-39 中的直线 1 向下偏移，偏移距离分别为 40mm、120mm、160mm，将左侧竖

Note

直线向右偏移，偏移距离分别为 5mm、35mm，结果如图 11-40 所示。

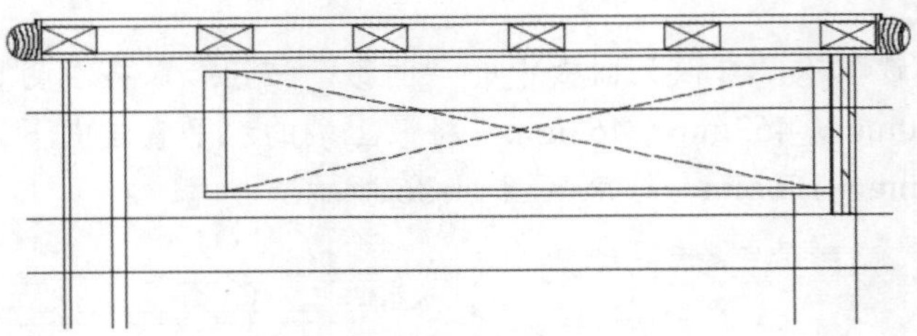

图 11-40　偏移直线

（9）单击“默认”选项卡“修改”面板中的“修剪”按钮，修剪多余的线段，结果如图 11-41 所示。

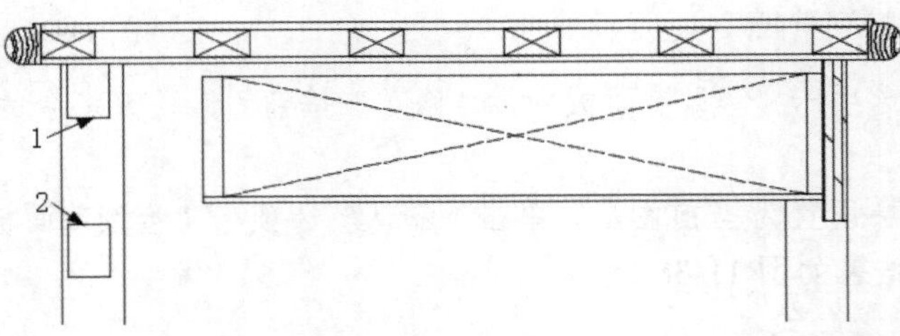

图 11-41　修剪图形

（10）单击“默认”选项卡“修改”面板中的“偏移”按钮，分别将图 11-41 中的直线 1 和 2 向内偏移，偏移距离为 6mm，将左侧竖直线向右偏移，偏移距离分别为 8mm、13mm，结果如图 11-42 所示。

（11）单击“默认”选项卡“修改”面板中的“修剪”按钮，修剪多余的线段，结果如图 11-43 所示。

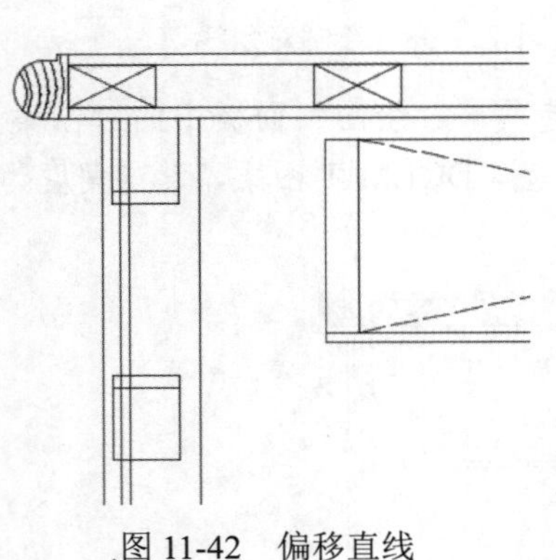

图 11-42　偏移直线

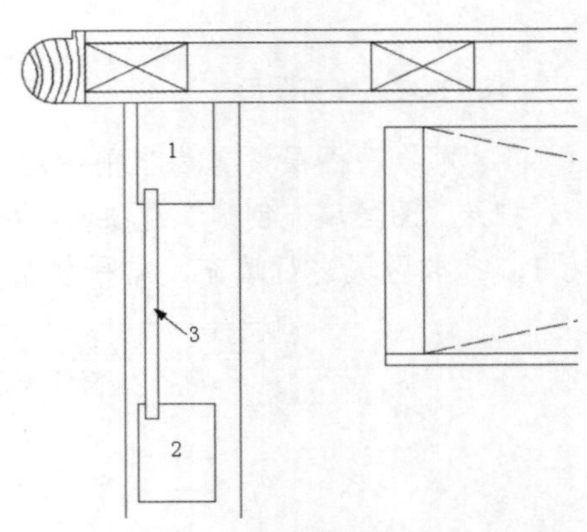

图 11-43　修剪图形

（12）将“木纹”图层设置为当前图层。单击“默认”选项卡“绘图”面板中的“样条曲线拟合”按钮，在图 11-43 中的区域 1 和区域 2 内绘制木纹线，结果如图 11-44 所示。

（13）单击“默认”选项卡“绘图”面板中的“图案填充”按钮，打开“图案填充创建”选项卡，在“图案”面板中选择 DOLMIT 图案，设置角度为 45°，比例为 1，选取图 11-43 中的区域 3 进行填充，结果如图 11-45 所示。

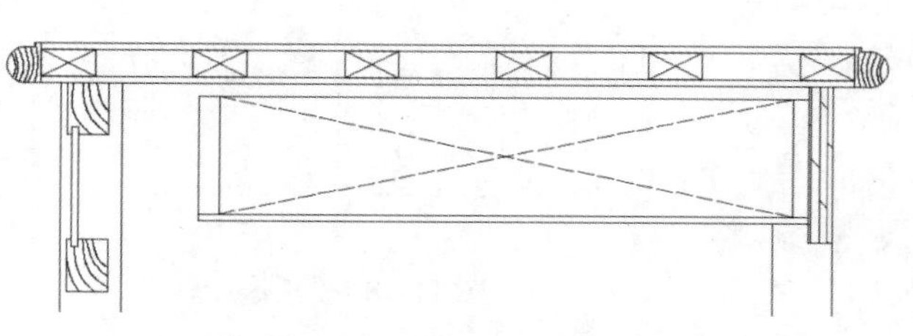

图 11-44　绘制木纹线

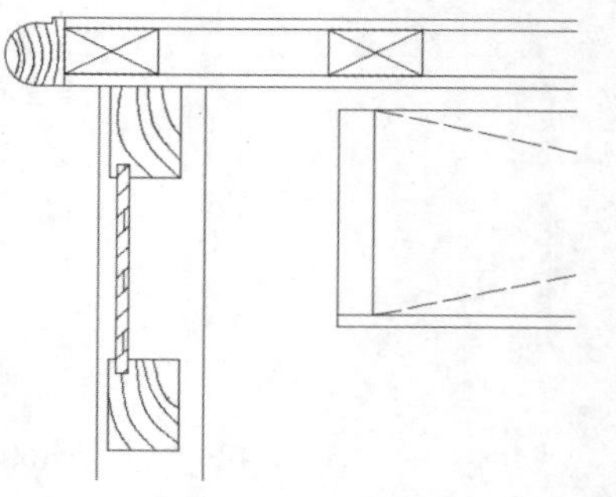

图 11-45　填充图案

11.2.4　绘制办公桌平面图

本节绘制如图 11-46 所示的办公桌平面图。首先根据立面图绘制定位平面图中的关键点，然后利用“矩形”“偏移”“修剪”等命令完成左侧图形，再利用“偏移”“修剪”“矩形阵列”命令绘制右侧内部结构，最后绘制抽屉。

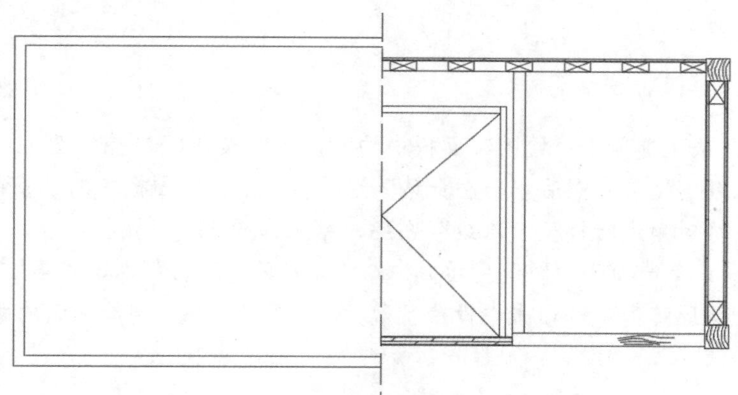

图 11-46　办公桌平面图

操作步骤如下：（光盘\动画演示\第 11 章\办公桌平面图.avi）

（1）将“粗实线”图层设置为当前图层。单击“默认”选项卡“绘图”面板中的“矩形”按钮，捕捉追踪立面图左上端点移动鼠标在立面图下方位置确定第一角点，绘制 1400×650 的矩形，单击“默认”选项卡“绘图”面板中的“直线”按钮，捕捉矩形的中点绘制竖直线，并将直线转换至“虚线”图层，虚线比例设置为 5，结果如图 11-47 所示。

（2）单击“默认”选项卡“修改”面板中的“偏移”按钮，将矩形向内偏移，偏移距离为 20mm；单击“默认”选项卡“修改”面板中的“分解”按钮，然后将矩形分解，结果如图 11-48 所示。

（3）单击“默认”选项卡“修改”面板中的“偏移”按钮，将上端水平直线向下偏移，偏移距离分别为 40mm、43mm、48mm、68mm、85mm，将最左侧竖直线向右偏移，偏移距离分别为 40mm、85mm，如图 11-49 所示。

（4）单击“默认”选项卡“修改”面板中的“修剪”按钮，修剪多余的线段，结果如图 11-50 所示。

Note

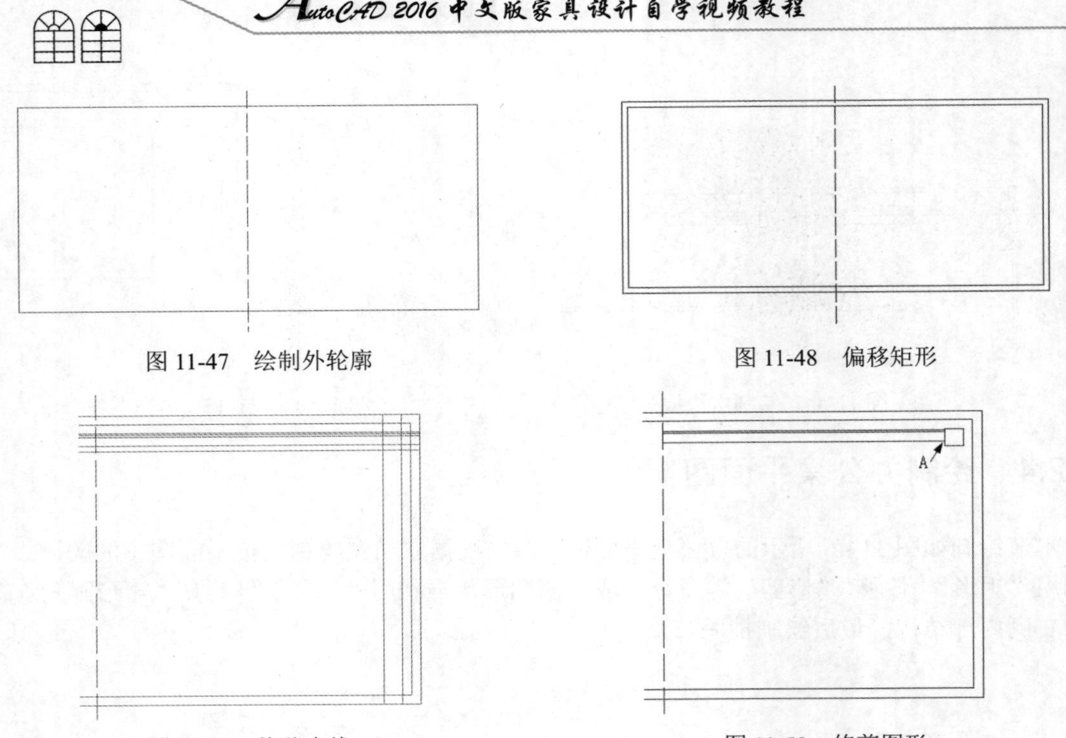

图 11-47　绘制外轮廓　　图 11-48　偏移矩形

图 11-49　偏移直线　　图 11-50　修剪图形

（5）单击“默认”选项卡“绘图”面板中的“矩形”按钮，捕捉图 11-50 中的 A 点为第一角点，绘制 50×20 的矩形，然后单击“默认”选项卡“绘图”面板中的“直线”按钮，绘制矩形的对角线，并将对角线转换至“木纹”图层，结果如图 11-51 所示。

（6）单击“默认”选项卡“修改”面板中的“矩形阵列”按钮，将第（5）步绘制的横截面进行阵列，在“矩形阵列”选项卡中设置行数为 1，列数为 6，列数之间的距离为−110，结果如图 11-52 所示。

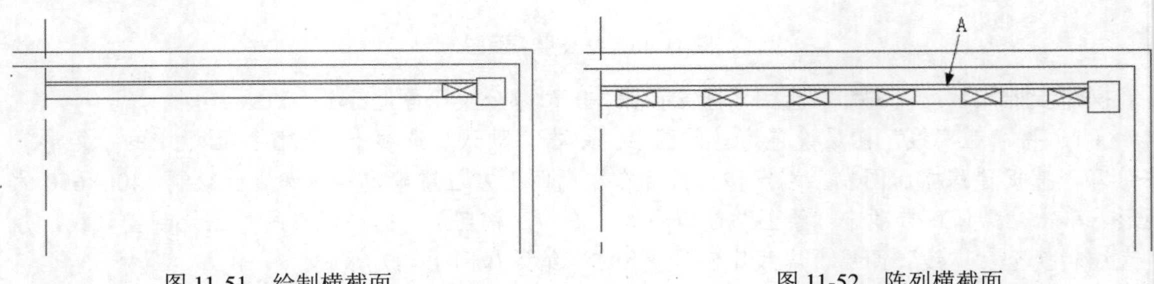

图 11-51　绘制横截面　　图 11-52　阵列横截面

（7）将“木纹”图层设置为当前图层。单击“默认”选项卡“绘图”面板中的“图案填充”按钮，打开“图案填充创建”选项卡，在“图案”面板中选择 DOLMIT 图案，设置角度为 0°，比例为 1，选取图 11-51 中的区域 A 进行填充，结果如图 11-53 所示。

（8）单击“默认”选项卡“修改”面板中的“偏移”按钮，将下端水平直线向上偏移，偏移距离分别为 40mm、43mm、68mm、85mm，将最左侧竖直线向右偏移，偏移距离分别为 40mm、45mm、50mm、80mm、85mm、428mm、450mm，如图 11-54 所示。

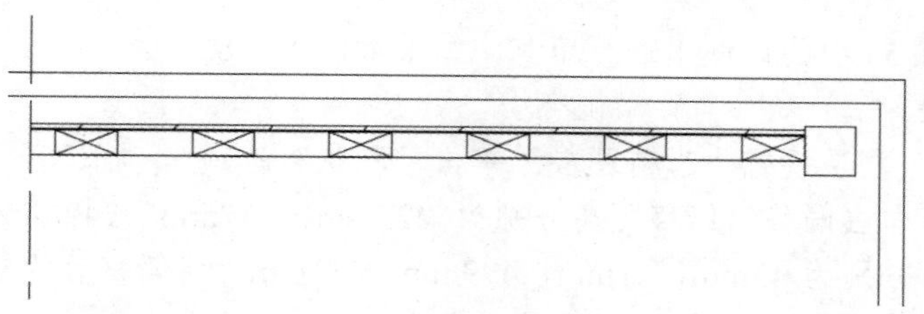

图 11-53 填充图案

（9）单击“默认”选项卡“修改”面板中的“修剪”按钮，修剪多余的线段，结果如图 11-55 所示。

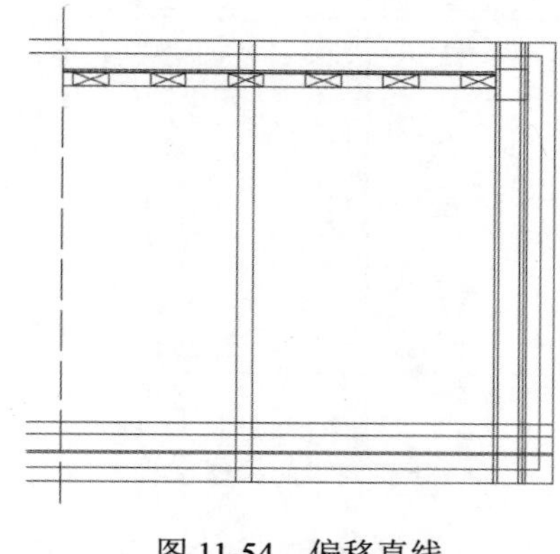

图 11-54 偏移直线

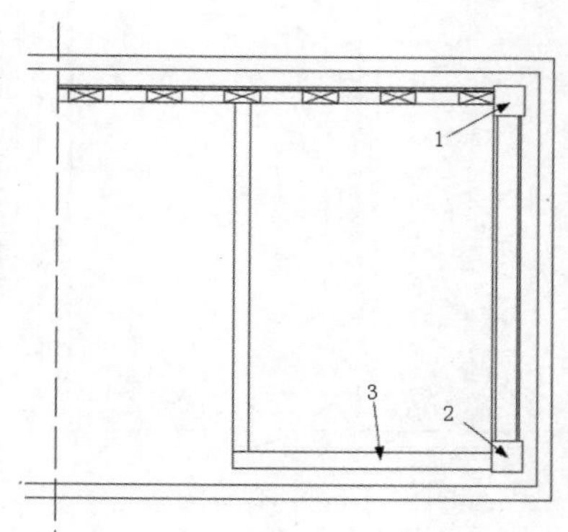

图 11-55 修剪图形

（10）单击“默认”选项卡“绘图”面板中的“样条曲线拟合”按钮，在图 11-55 中的区域 1、区域 2 和区域 3 内绘制木纹线，结果如图 11-56 所示。

（11）将“粗实线”图层设置为当前图层。单击“默认”选项卡“绘图”面板中的“矩形”按钮，在图 11-55 中的区域 1 两端绘制 30×45 的矩形，然后单击“默认”选项卡“绘图”面板中的“直线”按钮，绘制矩形的对角线，并将对角线转换至“木纹”图层，结果如图 11-57 所示。

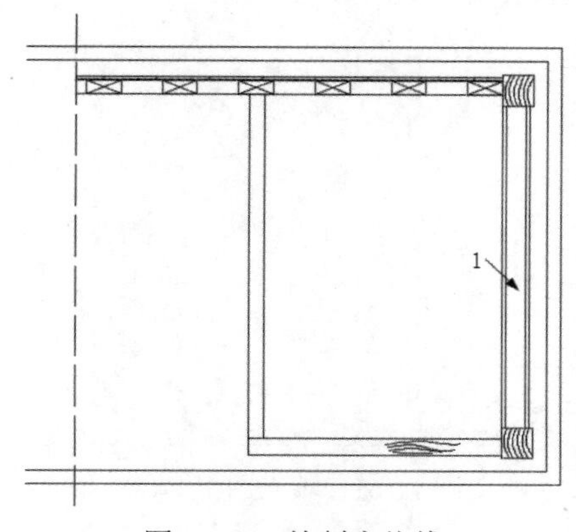

图 11-56 绘制木纹线

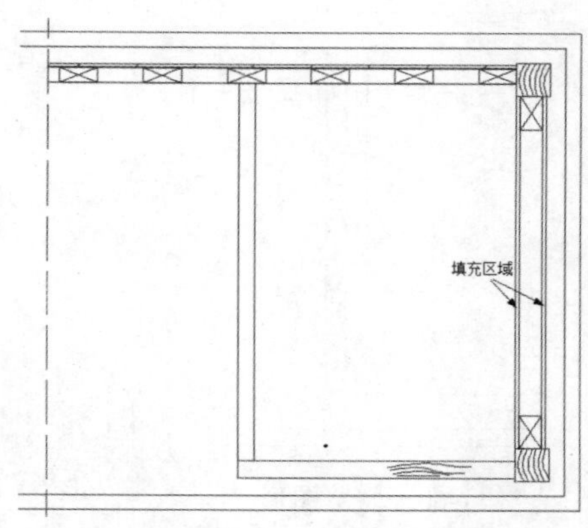

图 11-57 绘制横截面

（12）将“木纹”图层设置为当前图层。单击“默认”选项卡“绘图”面板中的“图案填充”按钮，打开“图案填充创建”选项卡，在“图案”面板中选择 DOLMIT 图案，设置角度为 90°，

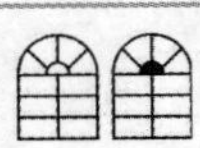

Note

比例为 1，选取图 11-55 中的区域 1 进行填充，结果如图 11-58 所示。

（13）绘制抽屉。

① 将“粗实线”图层设置为当前图层。单击“默认”选项卡“修改”面板中的“偏移”按钮，将中间的虚线向右偏移，偏移距离分别为 225mm、237mm、249mm，将最下端水平直线向上偏移，偏移距离分别为 43mm、61mm、499mm、511mm，将偏移后的虚线转换到“粗实线”图层，如图 11-59 所示。

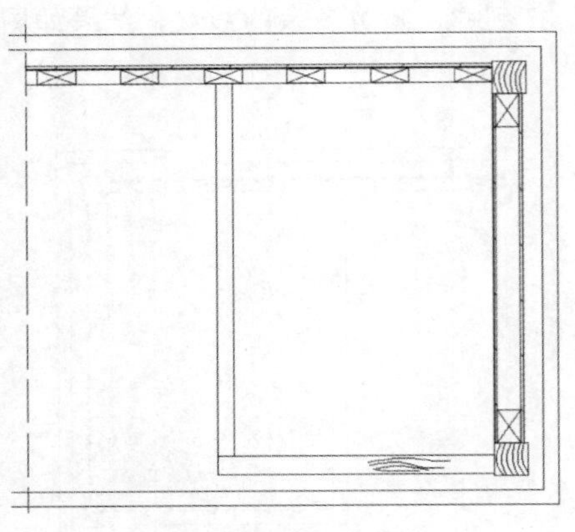

图 11-58　填充图案

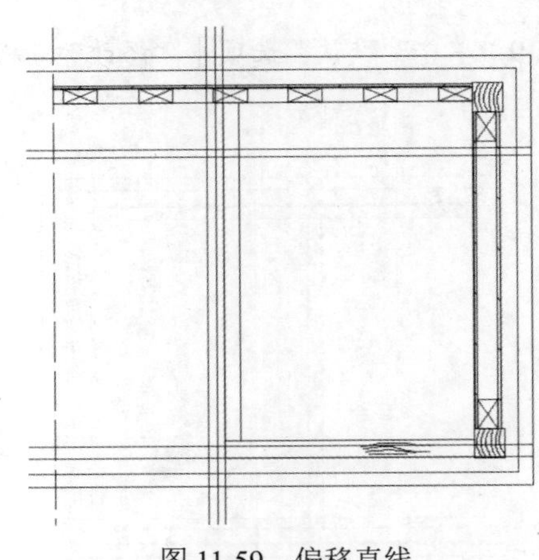

图 11-59　偏移直线

② 单击“默认”选项卡“修改”面板中的“修剪”按钮，修剪多余的线段，结果如图 11-60 所示。

（14）将“木纹”图层设置为当前图层。单击“默认”选项卡“绘图”面板中的“图案填充”按钮，打开“图案填充创建”选项卡，在“图案”面板中选择 DOLMIT 图案，设置角度为 0°，比例为 1，选取图 11-60 中的填充区域进行填充，结果如图 11-61 所示。

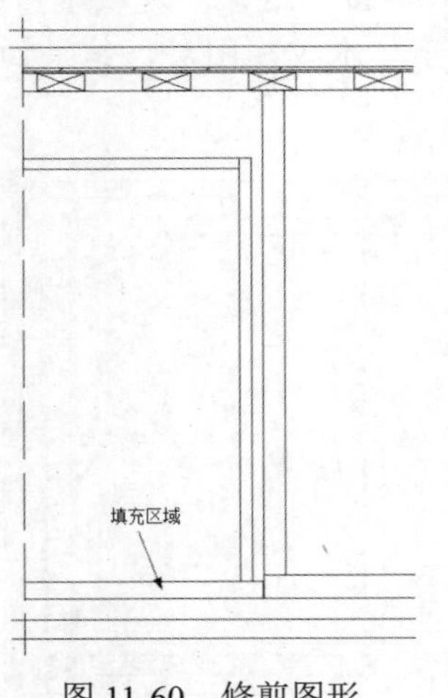

图 11-60　修剪图形

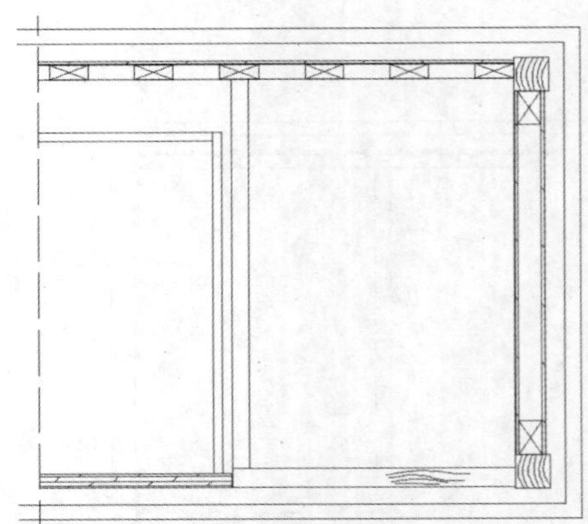

图 11-61　填充图案

（15）单击“默认”选项卡“修改”面板中的“修剪”按钮，修剪和删除多余的线段，结果如图 11-62 所示。

（16）单击“默认”选项卡“绘图”面板中的“直线”按钮，绘制矩形对角线，如图 11-63

所示。

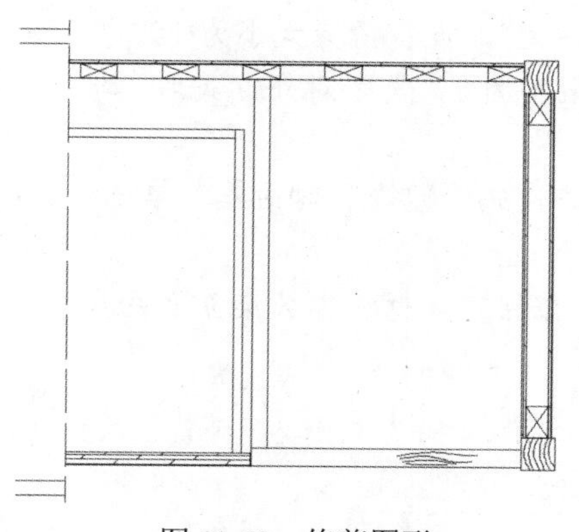

图 11-62　修剪图形

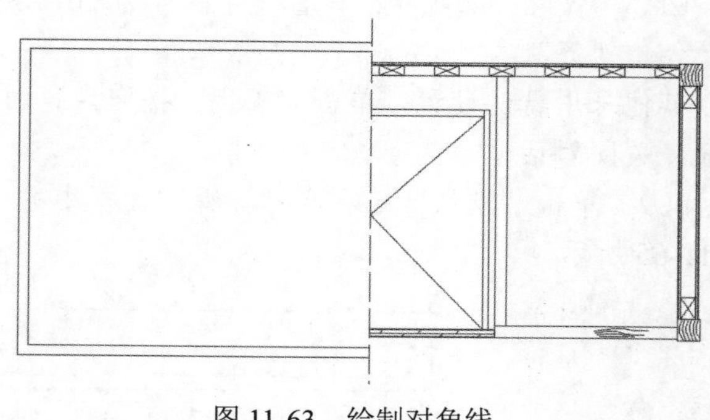

图 11-63　绘制对角线

11.2.5　标注办公桌尺寸和文字

本节标注办公桌尺寸和文字，如图 11-64 所示。首先设置尺寸样式，然后依次标注立面图、侧立面图、侧剖面图和平面图的尺寸，最后设置文字样式，添加文字。

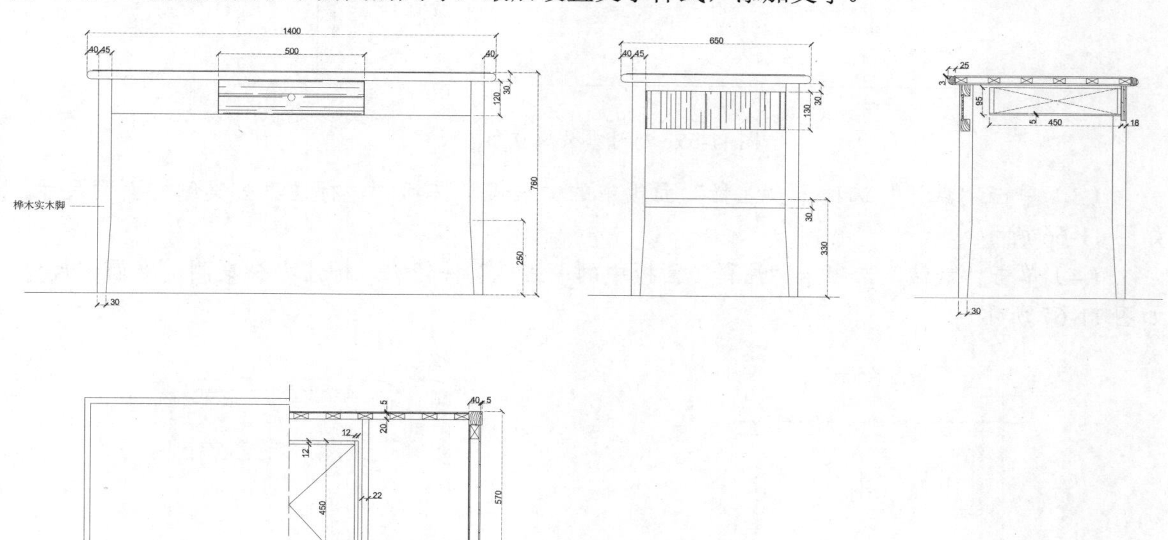

图 11-64　标注尺寸和文字

操作步骤如下：（📹：光盘\动画演示\第 11 章\标注办公桌尺寸和文字.avi）

1. 标注尺寸

（1）将“标注”图层设置为当前图层。单击“默认”选项卡“注释”面板中的“标注样式”按钮，打开“标注样式管理器”对话框，单击“修改”按钮，打开“修改标注样式：ISO-25”对话框，在该对话框中进行如下设置。

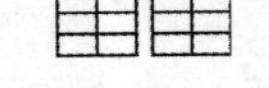

Note

☑ “线”选项卡：设置基线间距为 10，超出尺寸线为 3，起点偏移量为 8。

☑ “符号和箭头”选项卡：设置箭头类型为“建筑标记”，设置箭头大小为 15。

☑ “文字”选项卡：设置文字高度为 20，从尺寸线偏移为 1，文字对齐方式为“与尺寸线对齐”。

其他采用默认设置，单击“确定”按钮后返回到“标注样式管理器”对话框，单击“关闭”按钮，关闭对话框。

（2）单击“默认”选项卡“注释”面板中的“线性”按钮⊢⊣，标注办公桌立面图尺寸，如图 11-65 所示。

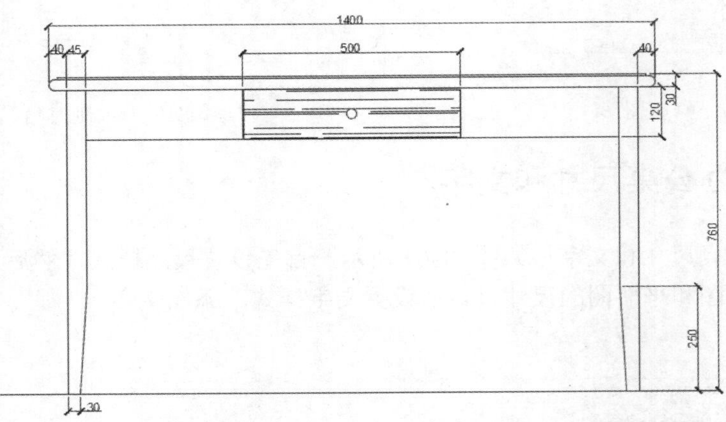

图 11-65 标注办公桌立面图尺寸

（3）单击“默认”选项卡“注释”面板中的“线性”按钮⊢⊣，标注办公桌侧立面图尺寸，如图 11-66 所示。

（4）单击“默认”选项卡“注释”面板中的“线性”按钮⊢⊣，标注办公桌侧剖立面图尺寸，如图 11-67 所示。

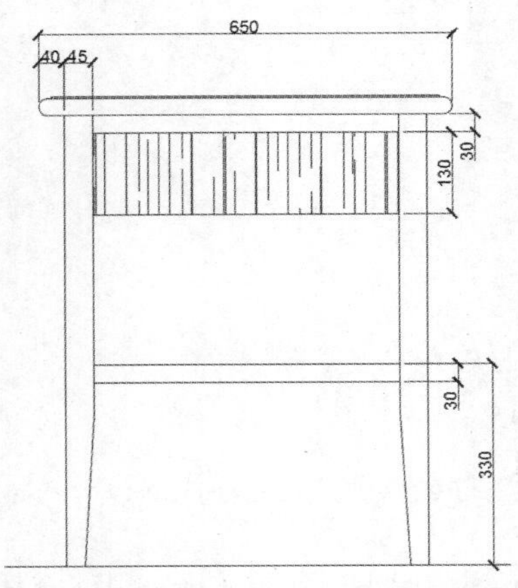

图 11-66 标注办公桌侧立面图尺寸

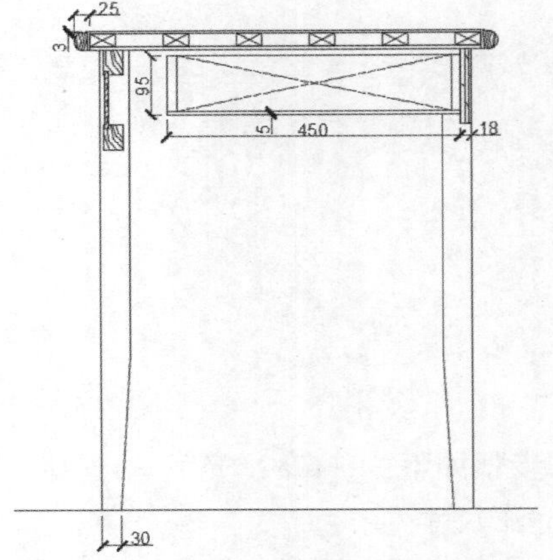

图 11-67 标注办公桌侧剖立面图尺寸

（5）单击“默认”选项卡“注释”面板中的“线性”按钮⊢⊣，标注办公桌平面图尺寸，如图 11-68 所示。

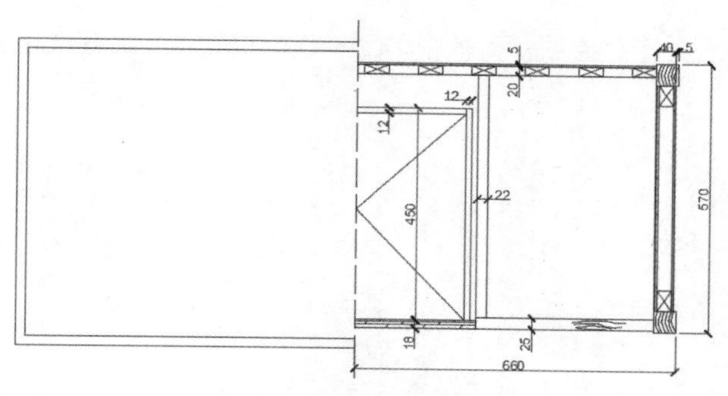

图 11-68　标注平面图尺寸

2. 标注文字

（1）将“文字”图层设置为当前图层。单击“默认”选项卡“注释”面板中的“文字样式”按钮，打开“文字样式”对话框，新建“文字”样式，设置字体名为“宋体”，高度为 25，并将其设置为当前，如图 11-69 所示。

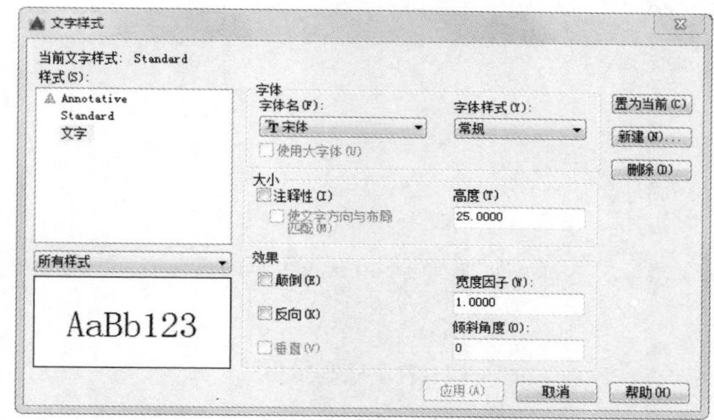

图 11-69　“文字样式”对话框

（2）单击“默认”选项卡“注释”面板中的“多行文字”按钮A，指定适当的区域，打开“文字编辑器”选项卡，在绘图区域中输入“桦木实木脚”文字，结果如图 11-70 所示。

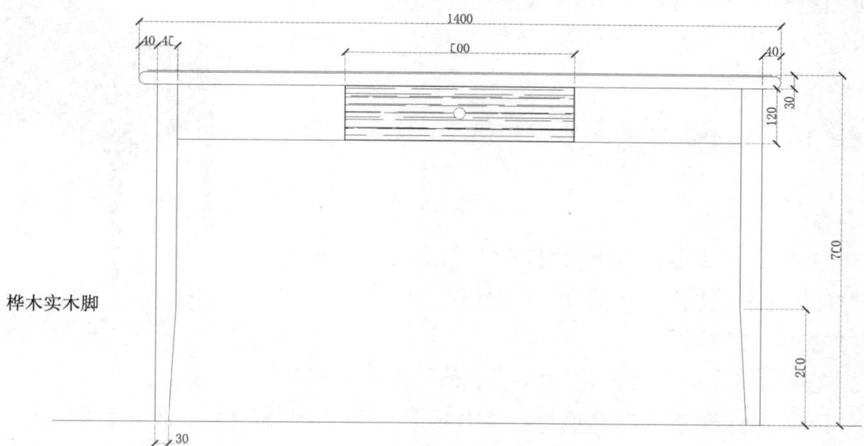

图 11-70　添加文字

（3）单击“默认”选项卡“绘图”面板中的“直线”按钮，绘制文字指引线，结果如图 11-71 所示。

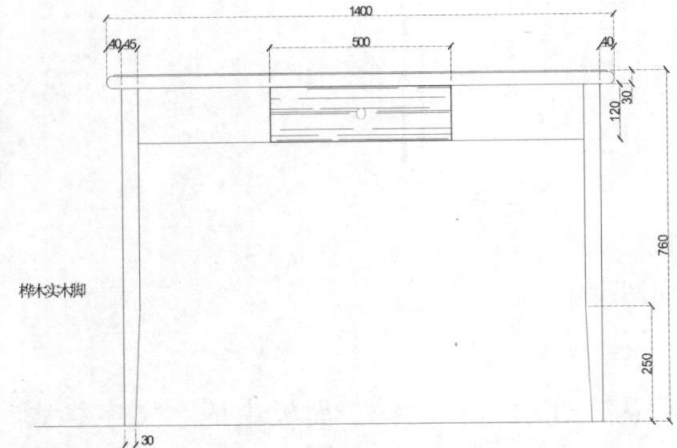

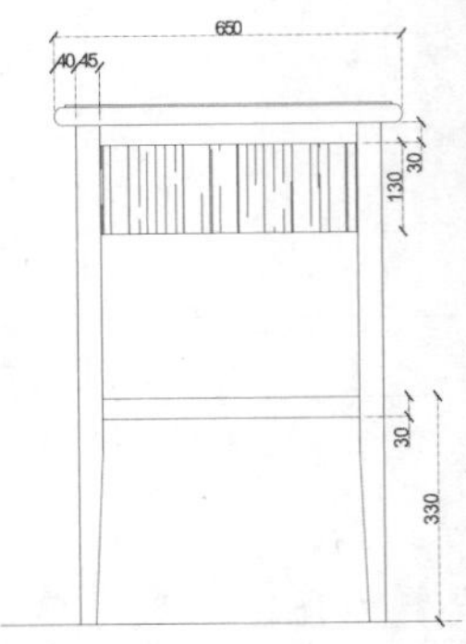

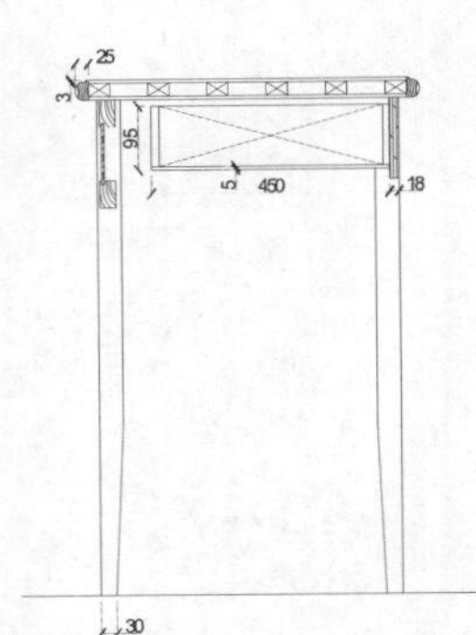

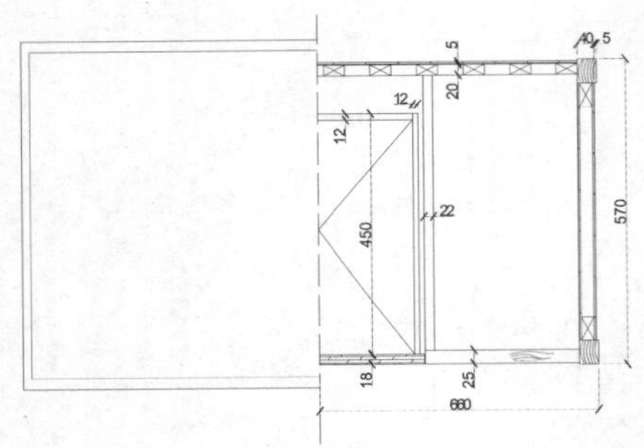

图 11-71　绘制指引线

11.2.6　绘制办公桌立体图

本节绘制如图 11-72 所示的办公桌立体图。首先打开平面图并对平面图进行整理，删除不需要的图形，然后在平面图的基础上通过“拉伸”“圆角”“放样”“圆柱体”等命令创建立体图，最后添加材质。

图 11-72　办公桌立体图

操作步骤如下：（：光盘\动画演示\第 11 章\办公桌立体图.avi）

1. 创建桌面

（1）单击快速访问工具栏中的“打开”按钮，打开前面绘制的“办公桌平面图”，然后单击“另存为”按钮，将其另存为“办公桌立体图”。

（2）单击“默认”选项卡“图层”面板中的“图层特性”按钮，打开“图层特性管理器”选项板，将 0 图层设置为当前图层，然后关闭“标注”、“文字”、“五金”和“木纹”图层，使尺寸线和填充不可见，将立面图、侧立面图和侧剖面图删除。

（3）单击“默认”选项卡“修改”面板中的“镜像”按钮，将平面图中左外侧轮廓线以竖直虚线为镜像线进行镜像，结果如图 11-73 所示。

（4）单击“默认”选项卡“绘图”面板中的“面域”按钮，选取图 11-73 中最外侧的直线创建为面域。将视图切换到西南等轴测视图，单击“三维工具”选项卡“建模”面板中的“拉伸”按钮，将前面创建的面域进行拉伸，拉伸距离为 27mm，如图 11-74 所示。

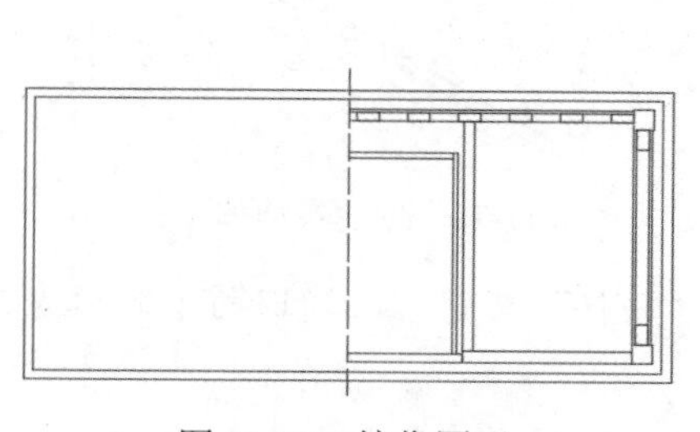

图 11-73　镜像图形

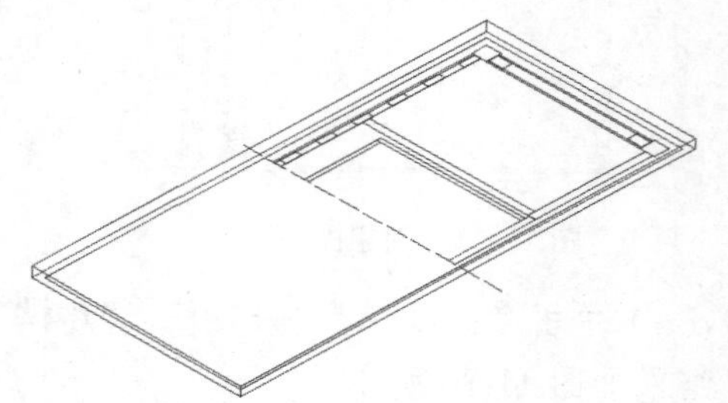

图 11-74　创建拉伸体

（5）单击“默认”选项卡“修改”面板中的“圆角”按钮，对第（4）步创建的拉伸体的上下两个面的 8 条边进行倒圆角，圆角半径为 13.5mm，结果如图 11-75 所示。

（6）单击“默认”选项卡“绘图”面板中的“面域”按钮，选取图 11-73 中内侧的直线创建为面域。单击“三维工具”选项卡“建模”面板中的“拉伸”按钮，将前面创建的面域进行拉伸，拉伸距离为 3mm。

（7）单击“默认”选项卡“修改”面板中的“移动”按钮，将第（6）步创建的拉伸体沿 Z 轴移动 27mm，结果如图 11-76 所示。

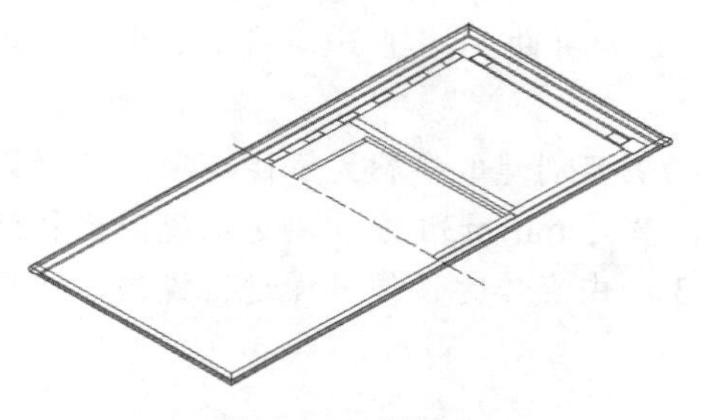

图 11-75　倒圆角

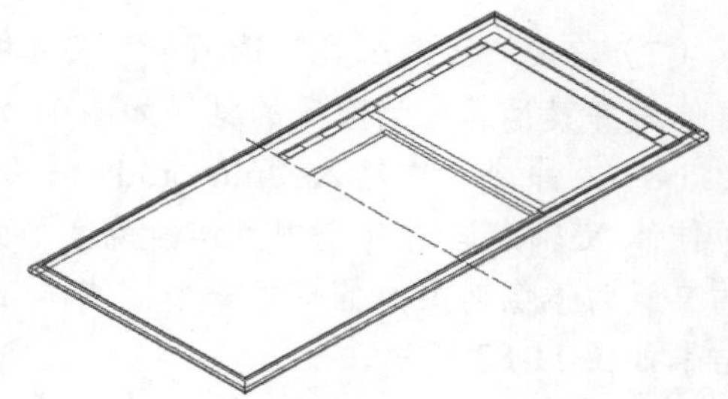

图 11-76　移动拉伸体

2. 创建桌腿

（1）将视图切换至俯视图。单击“默认”选项卡“绘图”面板中的“面域”按钮，选取图 11-77 所示的 4 条直线创建为面域。

（2）将视图切换到西南等轴测视图，单击“三维工具”选项卡“建模”面板中的“拉伸”按钮，将第（1）步创建的面域进行拉伸，拉伸距离为-480mm，结果如图 11-78 所示。

（3）单击“默认”选项卡“绘图”面板中的“矩形”按钮，选取图 11-78 中的点 1 为第一角点，捕捉拉伸体截面的另一个角点绘制矩形。

（4）在命令行中输入“UCS”命令，选取图 11-78 所示的点 1 为坐标原点；重复 UCS 命令，输入新坐标原点为（@0,0,-250）。

（5）单击“默认”选项卡“绘图”面板中的“矩形”按钮，以坐标原点为第一角点，以

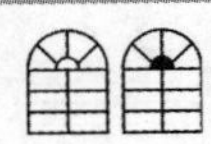

Note

坐标（@-30,30）为第二角点绘制矩形，结果如图 11-79 所示。

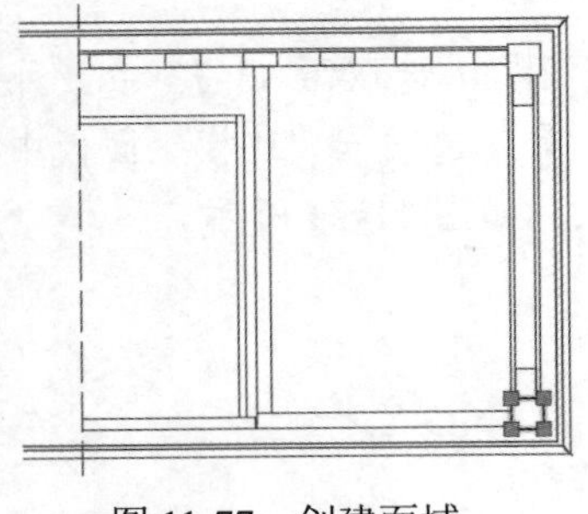

图 11-77　创建面域

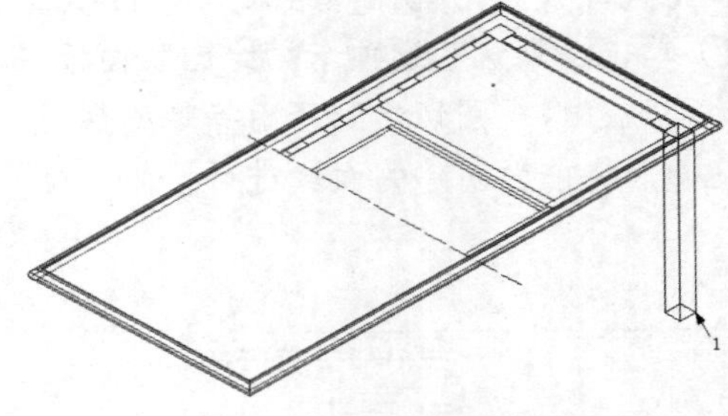

图 11-78　创建拉伸体

（6）单击“三维工具”选项卡“建模”面板中的“放样”按钮，选取两个矩形为放样截面，结果如图 11-80 所示。

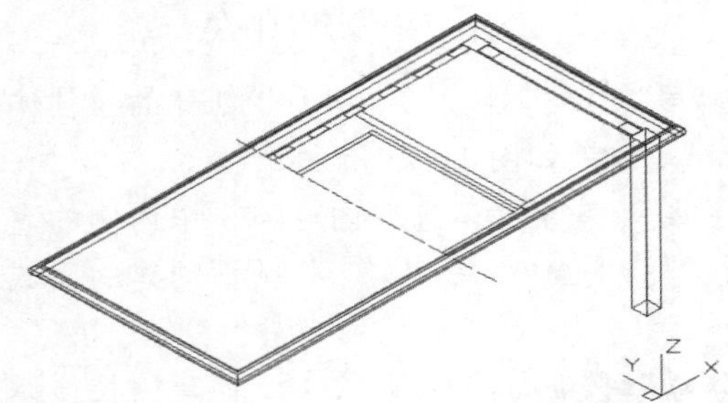

图 11-79　绘制矩形

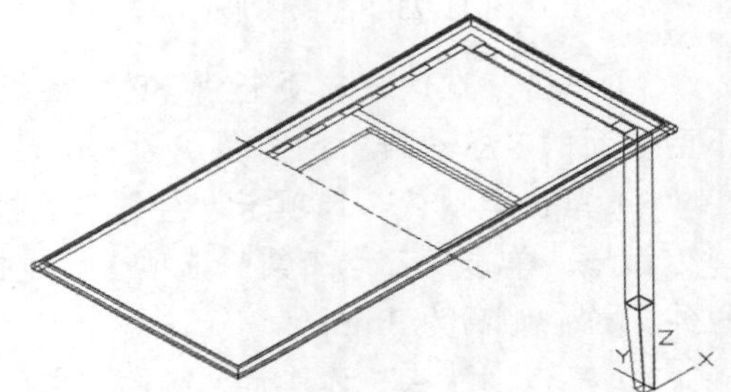

图 11-80　创建放样体

（7）单击“三维工具”选项卡“实体编辑”面板中的“并集”按钮，将第三个拉伸体和放样体做并集运算，消隐后的结果如图 11-81 所示。

（8）在命令行中输入“mirror3d”命令，选取第（7）步创建的桌腿为镜像对象，捕捉第一个拉伸体 X 轴方向的 3 个中点作为镜像平面进行镜像；重复 mirror3d 命令，选取镜像前和镜像后的桌腿为镜像对象，捕捉第一个拉伸体 Y 轴方向的 3 个中点作为镜像平面进行镜像，消隐后的结果如图 11-82 所示。

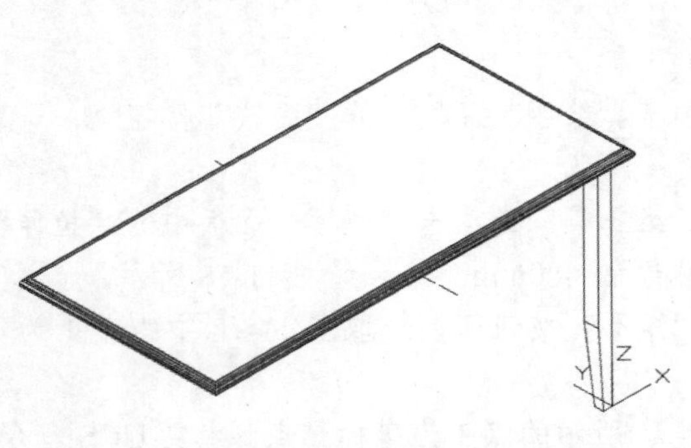

图 11-81　合并桌腿

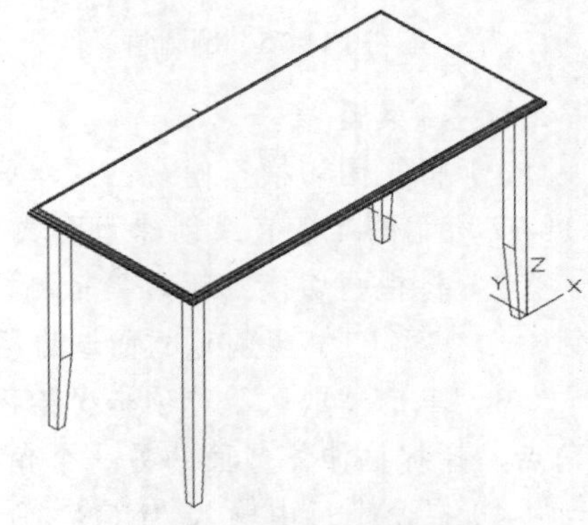

图 11-82　镜像桌腿

（9）将视图切换至俯视图。删除图 11-83 中区域 1 内的线段，单击“默认”选项卡“绘图”

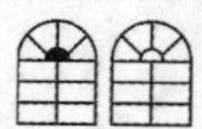

面板中的“直线”按钮╱，连接两端边界使其成为封闭区域（为了方便捕捉到直线端点，可以先将 0 图层关闭），单击“默认”选项卡“绘图”面板中的“面域”按钮◎，将封闭区域创建为面域。

（10）将视图切换到西南等轴测视图，单击“三维工具”选项卡“建模”面板中的“拉伸”按钮▣，将第（9）步创建的面域进行拉伸，拉伸距离为-130mm。

Note

（11）单击“默认”选项卡“修改”面板中的“移动”按钮✥，将第（10）步创建的拉伸体向下移动 30mm。在命令行中输入“mirror3d”命令，选取第（10）步创建的拉伸体为镜像对象，捕捉第一个拉伸体 Y 轴方向的 3 个中点作为镜像平面进行镜像；结果如图 11-84 所示。

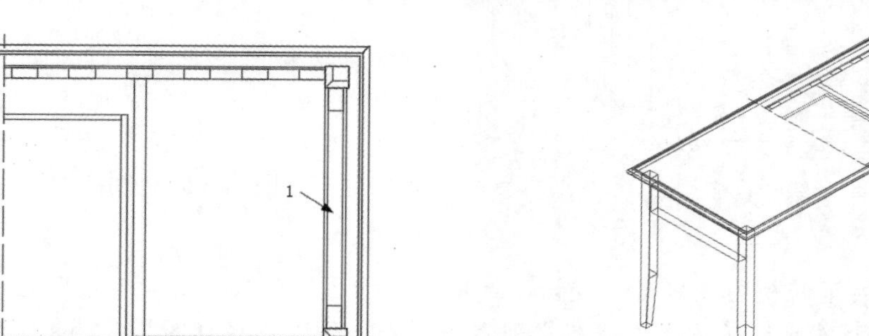

图 11-83　整理图形

图 11-84　镜像拉伸体

（12）将视图切换至俯视图。删除如图 11-85 所示的线段，单击“默认”选项卡“绘图”面板中的“直线”按钮╱，连接右端端点（为了方便捕捉到直线端点，可以先将 0 图层关闭）。

（13）单击“默认”选项卡“修改”面板中的“镜像”按钮⚠，将第（12）步创建的直线和边界线以竖直虚线为镜像线进行镜像，单击“默认”选项卡“绘图”面板中的“面域”按钮◎，将封闭区域创建为面域。

（14）将视图切换至西南等轴测视图。单击“三维工具”选项卡“建模”面板中的“拉伸”按钮▣，将第（13）步创建的面域进行拉伸，拉伸距离为-120mm，结果如图 11-86 所示。

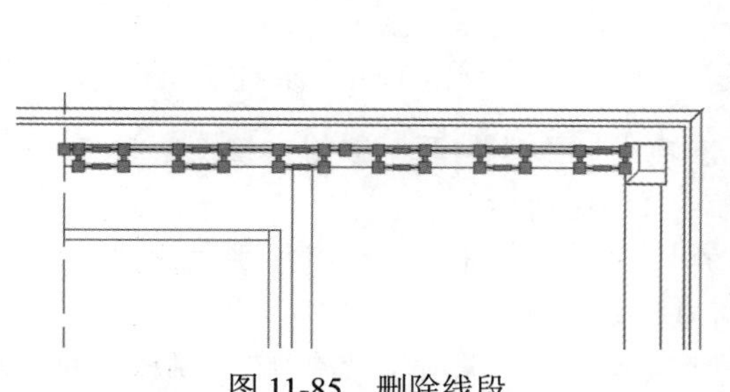

图 11-85　删除线段

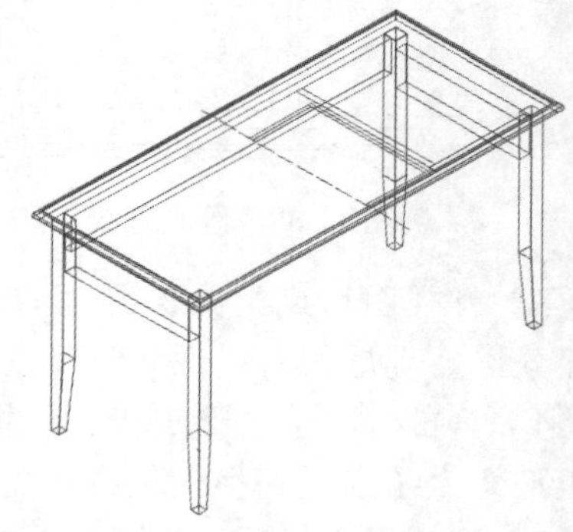

图 11-86　创建拉伸体

（15）将视图切换至俯视图。单击“默认”选项卡“绘图”面板中的“直线”按钮╱，绘制图 11-87 中的区域 1 两端直线（为了方便捕捉到直线端点，可以先将 0 图层关闭）。

（16）单击“默认”选项卡“绘图”面板中的“面域”按钮◎，将封闭区域创建为面域；单击“默认”选项卡“修改”面板中的“镜像”按钮⚠，将前面创建的面域以竖直虚线为镜像线进

Note

行镜像。将视图切换至西南等轴测视图。单击“三维工具”选项卡“建模”面板中的“拉伸”按钮，将前面创建的面域进行拉伸，拉伸距离为-120mm，结果如图 11-88 所示。

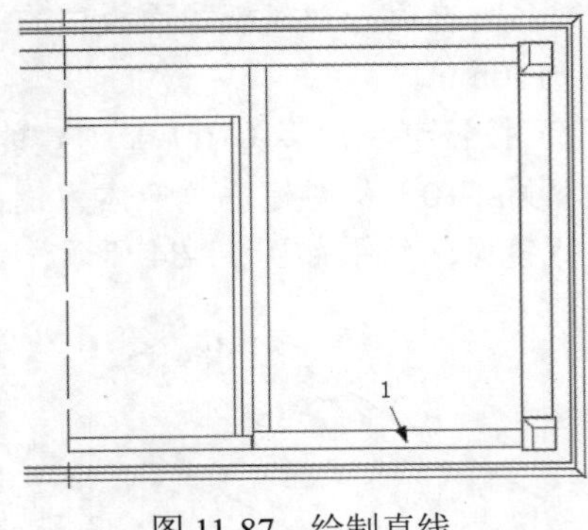

图 11-87　绘制直线

图 11-88　创建拉伸体

3. 创建抽屉

（1）将视图切换至俯视图。单击“默认”选项卡“绘图”面板中的“直线”按钮，绘制图 11-89 中的区域 1 两端直线（为了方便捕捉到直线端点，可以先将 0 图层关闭）。

（2）单击“默认”选项卡“绘图”面板中的“面域”按钮，将封闭区域创建为面域；单击“默认”选项卡“修改”面板中的“镜像”按钮，将第（1）步创建的面域以竖直虚线为镜像线进行镜像。将视图切换至西南等轴测视图。单击“三维工具”选项卡“建模”面板中的“拉伸”按钮，将第（1）步创建的面域进行拉伸，拉伸距离为-120mm，结果如图 11-90 所示。

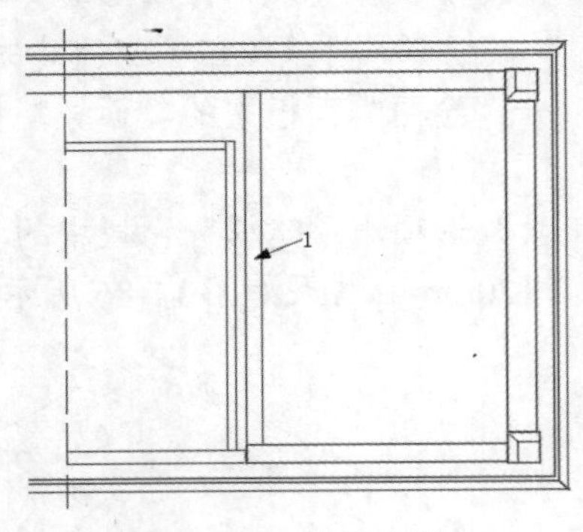

图 11-89　绘制直线

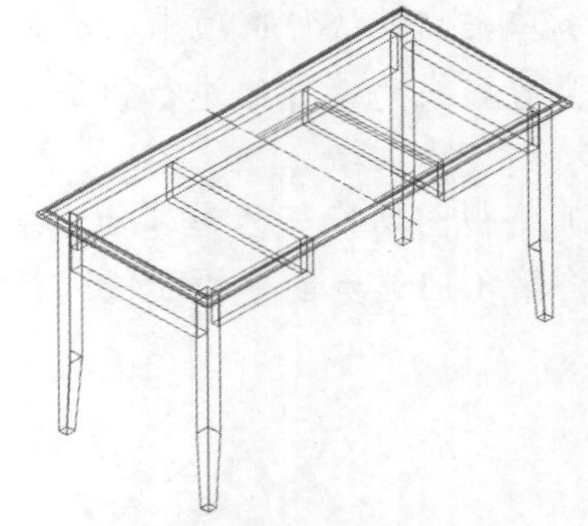

图 11-90　创建拉伸体

（3）将视图切换至俯视图。单击“默认”选项卡“修改”面板中的“镜像”按钮，选取抽屉部分以竖直虚线为镜像线进行镜像，结果如图 11-91 所示。

（4）单击“默认”选项卡“绘图”面板中的“矩形”按钮，捕捉抽屉内部区域的两角点绘制矩形（为了方便捕捉到直线端点，可以先将 0 图层关闭）。

（5）将视图切换至西南等轴测视图。单击“三维工具”选项卡“建模”面板中的“拉伸”按钮，将第（4）步创建的矩形进行拉伸，拉伸距离为 5mm；单击“默认”选项卡“修改”面板中的“移动”按钮，将拉伸体沿 Z 轴移动-100mm，结果如图 11-92 所示。

（6）将视图切换至俯视图，单击“默认”选项卡“绘图”面板中的“面域”按钮，选取图 11-93 中的区域 1 的边线创建为面域；将视图切换至西南等轴测视图。单击“三维工具”选项卡“建模”面板中的“拉伸”按钮，将刚创建的面域 1 进行拉伸，拉伸距离为-120mm。

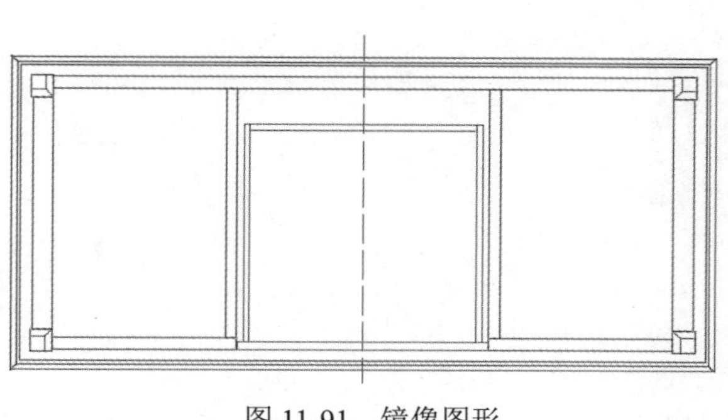

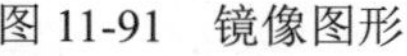
图 11-91　镜像图形

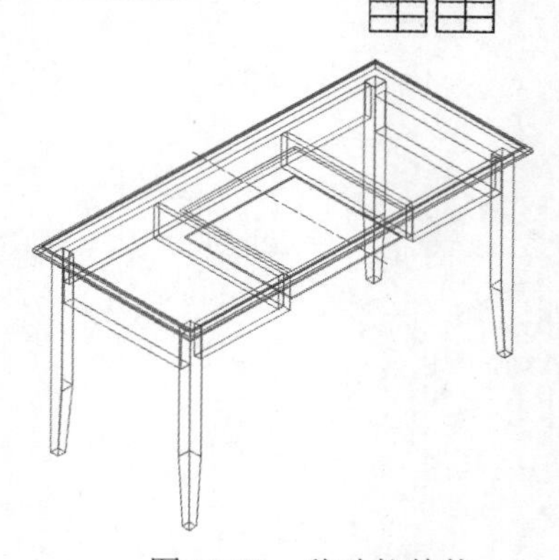

图 11-92　移动拉伸体

（7）将视图切换至俯视图。单击“默认”选项卡“绘图”面板中的“直线”按钮，绘制如图 11-94 所示的直线（为了方便捕捉到直线端点，可以先将 0 图层关闭）。单击“默认”选项卡“绘图”面板中的“面域”按钮，分别将 3 个区域创建成面域。

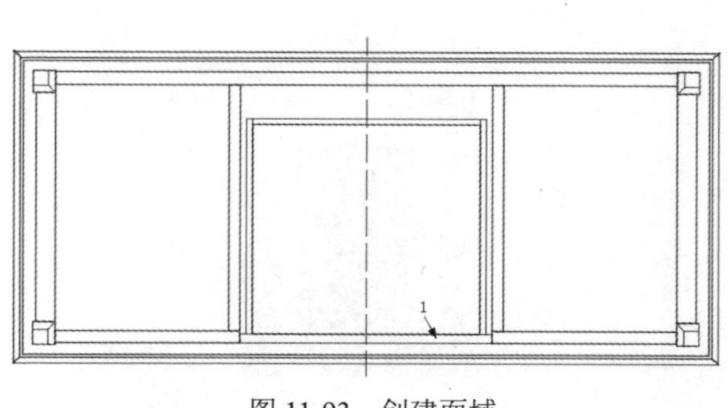

图 11-93　创建面域

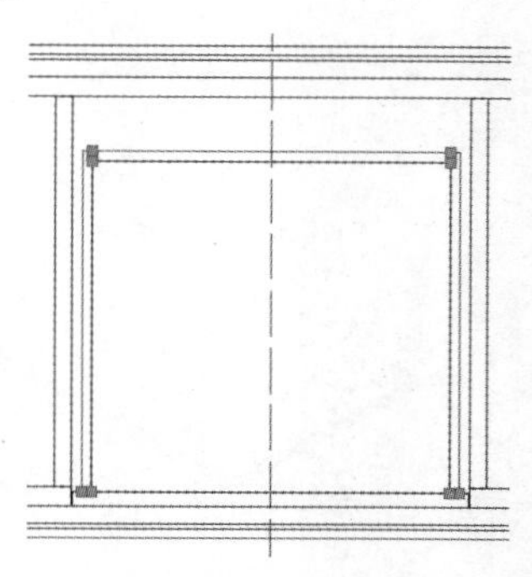

图 11-94　绘制直线

（8）将视图切换至西南等轴测视图。单击“三维工具”选项卡“建模”面板中的“拉伸”按钮，将第（7）步创建的面域进行拉伸，拉伸距离为-95mm。单击“默认”选项卡“修改”面板中的“移动”按钮，将拉伸体沿 Z 轴移动-10mm，结果如图 11-95 所示。

（9）在命令行中输入“UCS”命令，将坐标系移动到图 11-95 的点 1 处，并绕 X 轴旋转 90°。

（10）单击“三维工具”选项卡“建模”面板中的“圆柱体”按钮，以坐标（249,60,0）为中心绘制半径为 6、高为 30 的圆柱体；重复“圆柱体”命令，以（249,60,30）为中心绘制半径为 12.5、高度为 10 的圆柱体，消隐后的结果如图 11-96 所示。

（11）单击“默认”选项卡“修改”面板中的“圆角”按钮，对第二个圆柱体的外边线进行倒圆角，圆角半径为 4mm，结果如图 11-97 所示。

（12）关闭 0 图层，删除视图中多余的线段，然后打开 0 图层，单击“三维工具”选项卡“实体编辑”面板中的“并集”按钮，将第一拉伸体和第二个拉伸体做并集运算；重复“并集”命令，将抽屉各个部件和把手做并集运算。

（13）单击“默认”选项卡“修改”面板中的“移动”按钮，将合并后的抽屉沿 Z 轴向外移动，消隐后的结果如图 11-98 所示。

4. 渲染图形

（1）选择视图界面左上角的“视觉样式控件”下拉菜单中的“真实”样式。

Note

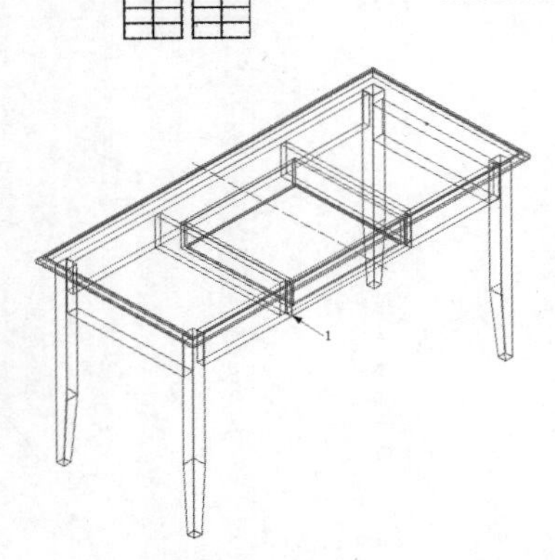

图 11-95　移动拉伸体

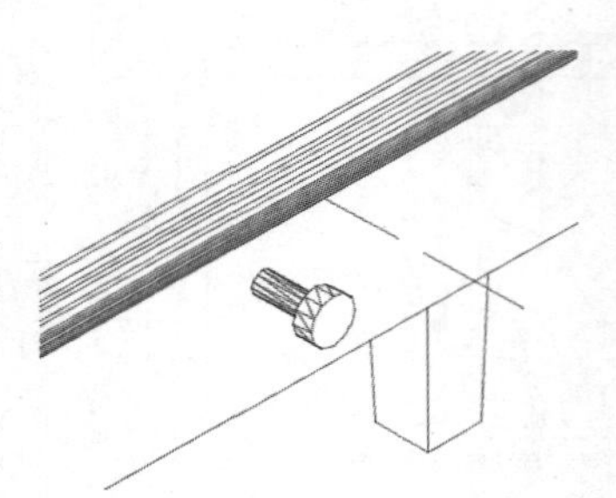

图 11-96　创建圆柱体

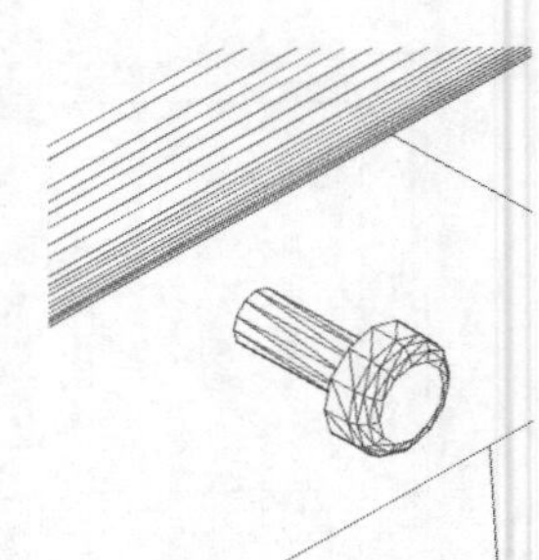

图 11-97　倒圆角

（2）选取视图中所有图形，在“默认”选项卡“特性”面板的“对象颜色”下拉列表中选择“更多颜色”，打开如图 11-99 所示的“选择颜色”对话框，单击“确定”按钮，结果如图 11-100 所示。

图 11-98　移动抽屉

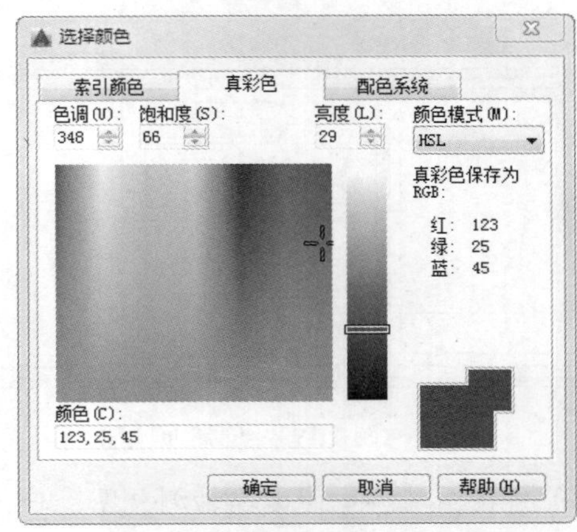

图 11-99　“选择颜色”对话框

（3）单击“三维工具”选项卡“实体编辑”面板中的“着色面”按钮，选取抽屉把手上的面，打开“选择颜色”对话框，选取 40 的颜色，结果如图 11-101 所示。

图 11-100　添加颜色

图 11-101　添加把手颜色

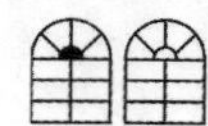

11.3　电　脑　桌

电脑桌是用来放电脑的桌子，是很重要的办公及生活用品。现代的电脑桌款式多样，质材多样，也有非常个性化的设计。随着社会和科技的进步，电脑桌的款式设计也是日新月异。

本节主要介绍电脑桌二维图形和三维图形的绘制方法，首先绘制立面图、平面图、侧立面图并对其标注尺寸和文字，然后在侧立面图的基础上通过“拉伸”“三维旋转”“三维镜像”“抽壳”等命令再根据其他两个视图的尺寸创建电脑桌的三维图形，如图 11-102 所示。

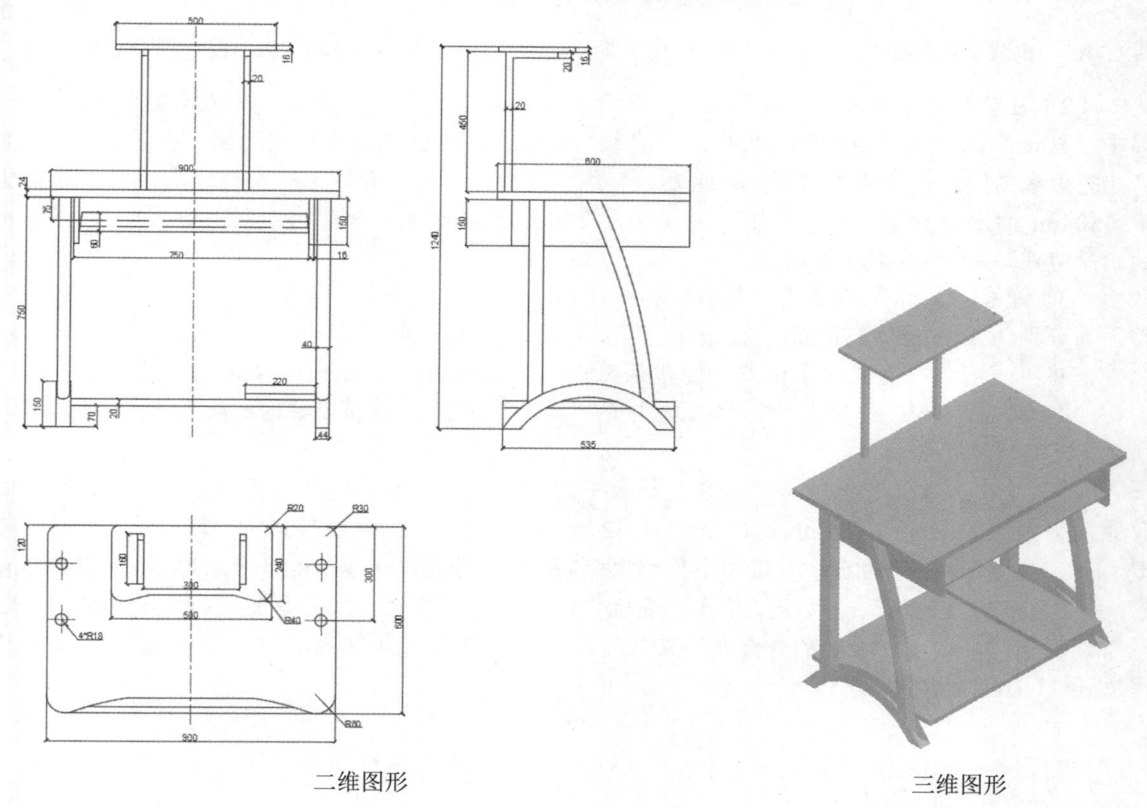

二维图形　　三维图形

图 11-102　电脑桌

11.3.1　绘制电脑桌立面图

本节绘制如图 11-103 所示的电脑桌立面图。首先设置图层，然后利用“直线”“偏移”“修剪”“打断”命令绘制立面图的左侧部分，最后利用“镜像”命令完成立面图的绘制。

操作步骤如下：（：光盘\动画演示\第 11 章\电脑桌立面图.avi）

（1）单击“默认”选项卡“图层”面板中的“图层特性”按钮，打开“图层特性管理器”选项板，新建图层，具体设置参数如图 11-104 所示。

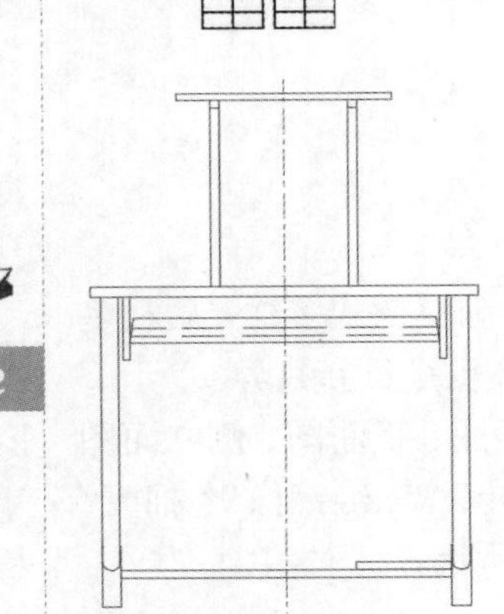

图 11-103　电脑桌立面图

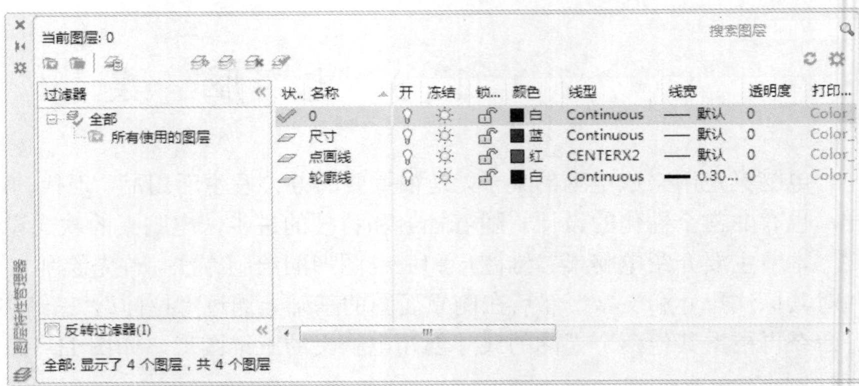

图 11-104　“图层特性管理器”选项板

（2）在状态栏中单击“正交”按钮，开启正交方式；将“点画线”图层设置为当前图层，单击“默认”选项卡“绘图”面板中的“直线”按钮，在图中适当位置绘制一条竖直中心线；将“轮廓线”图层设置为当前图层，重复“直线”命令，捕捉中心线上一点为起点绘制一条长度为 450mm 的水平直线，接续绘制一条长度为 24mm 的竖直线，然后再绘制一条长度为 450mm 的水平直线，如图 11-105 所示。

（3）单击“默认”选项卡“修改”面板中的“偏移”按钮，将竖直中心线向左偏移，偏移距离分别为 150mm、170mm、250mm，将偏移后的直线转换至“轮廓线”图层；重复“偏移”命令，将上端的水平直线向上偏移，偏移距离分别为 430mm、450mm、466mm。

（4）单击“默认”选项卡“修改”面板中的“修剪”按钮，修剪多余的线段，结果如图 11-106 所示。

（5）单击“默认”选项卡“修改”面板中的“偏移”按钮，将竖直中心线向左偏移，偏移距离分别为 383mm、385mm、425mm 和 427mm，将偏移后的直线转换至“轮廓线”图层；重复“偏移”命令，将下端的水平直线向下偏移，偏移距离分别为 600mm、660mm、680mm 和 750mm。

（6）单击“默认”选项卡“修改”面板中的“修剪”按钮，修剪多余的线段；单击“默认”选项卡“修改”面板中的“圆角”按钮，设置圆角半径为 20mm，对图形进行倒圆角，结果如图 11-107 所示。

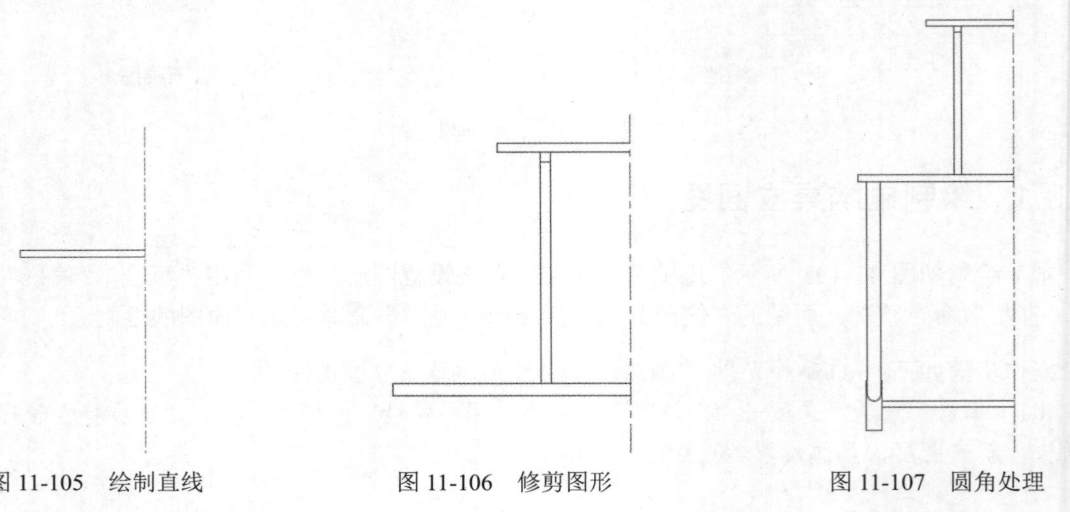

图 11-105　绘制直线　　图 11-106　修剪图形　　图 11-107　圆角处理

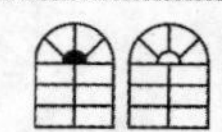

（7）单击“默认”选项卡“修改”面板中的“偏移”按钮，将竖直中心线向左偏移，偏移距离分别为 350mm、359mm 和 375mm，将偏移后的直线转换至“轮廓线”图层；重复“偏移”命令，将图 11-107 中下端水平直线向下偏移，偏移距离分别为 50mm、75mm、93mm、110mm 和 150mm，结果如图 11-108 所示。

（8）单击“默认”选项卡“绘图”面板中的“直线”按钮，连接图 11-108 中的点 1 和点 2。

（9）单击“默认”选项卡“修改”面板中的“修剪”按钮，修剪和删除多余的线段，结果如图 11-109 所示。

（10）单击“默认”选项卡“修改”面板中的“打断”按钮，打断直线，结果如图 11-110 所示。

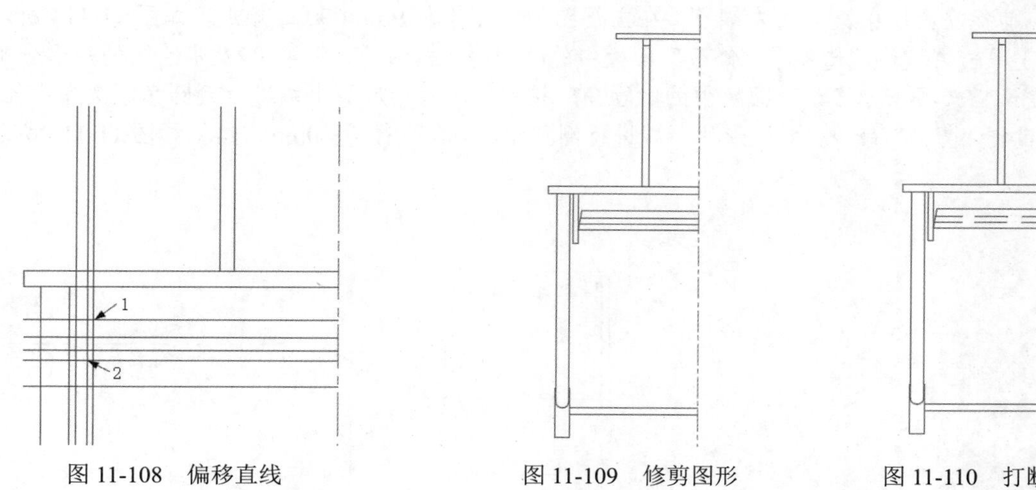

图 11-108　偏移直线　　图 11-109　修剪图形　　图 11-110　打断直线

（11）单击“默认”选项卡“修改”面板中的“镜像”按钮，将左侧图形以竖直中心线为镜像线进行镜像，结果如图 11-111 所示。

（12）单击“默认”选项卡“绘图”面板中的“矩形”按钮，以图 11-111 中的点 1 为角点，绘制 220×20 的矩形，结果如图 11-112 所示。

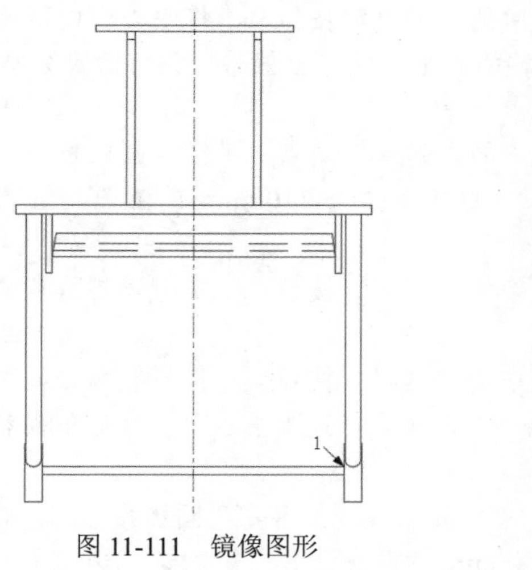

图 11-111　镜像图形

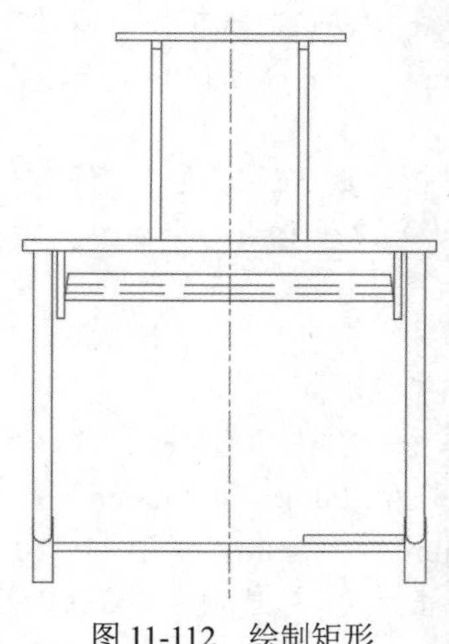

图 11-112　绘制矩形

11.3.2　绘制电脑桌平面图

Note

本节绘制如图 11-113 所示的电脑桌平面图。首先根据立面图绘制定位平面图中的关键点，然后利用“矩形”“偏移”“修剪”“圆角”等命令完成主体绘制，最后利用“圆”命令绘制孔。

操作步骤如下：（：光盘\动画演示\第 11 章\电脑桌平面图.avi）

（1）将“点画线”图层设置为当前图层，单击“默认”选项卡“绘图”面板中的“直线”按钮，捕捉立面图的中心线下端点，然后在主视图的下方绘制一条竖直中心线。

（2）将“轮廓线”图层设置为当前图层，单击“默认”选项卡“绘图”面板中的“矩形”按钮，捕捉立面图中桌面的左端点，在主视图的下方绘制 900×600 的矩形，如图 11-114 所示。

（3）单击“默认”选项卡“修改”面板中的“分解”按钮，将第（2）步绘制的矩形分解；单击“默认”选项卡“修改”面板中的“圆角”按钮，对矩形的上端进行倒圆角，圆角半径为 30mm；重复“圆角”命令，对矩形的下端进行倒圆角，圆角半径为 60mm，结果如图 11-115 所示。

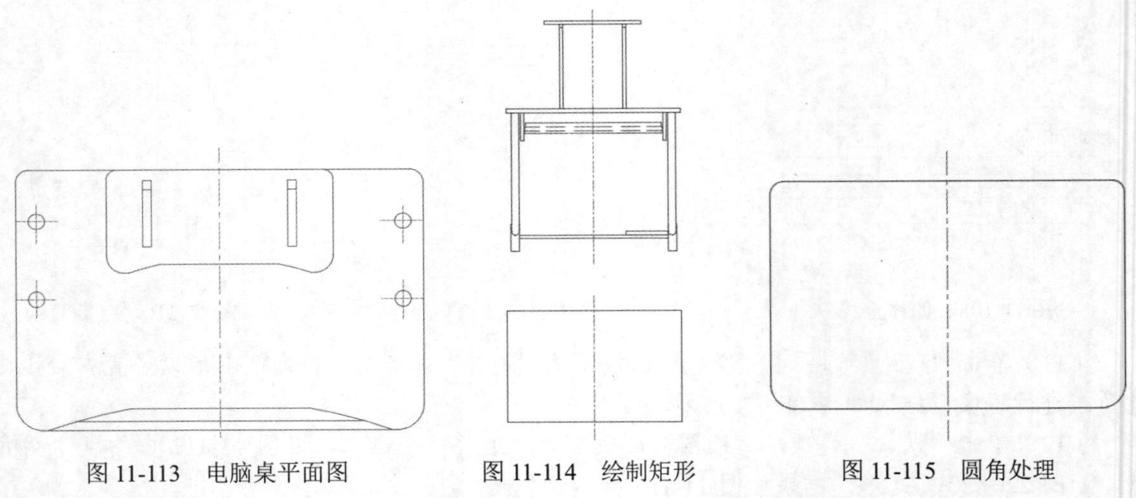

图 11-113　电脑桌平面图　　图 11-114　绘制矩形　　图 11-115　圆角处理

（4）单击“默认”选项卡“修改”面板中的“偏移”按钮，将中心线向两侧偏移，偏移距离为 380mm；重复“偏移”命令，将最下端的水平直线向上偏移，偏移距离分别为 20mm 和 50mm。

（5）单击“默认”选项卡“修改”面板中的“起点、端点、半径”圆弧按钮，捕捉偏移竖直线与最下端水平直线的交点为起点和端点，绘制半径为 1100mm 的圆弧，结果如图 11-116 所示。

（6）单击“默认”选项卡“修改”面板中的“修剪”按钮，修剪和删除多余的线段，结果如图 11-117 所示。

（7）单击“默认”选项卡“修改”面板中的“偏移”按钮，将竖直中心线向两侧偏移，偏移距离分别为 200mm 和 250mm；重复“偏移”命令，将最上端水平直线向下偏移，偏移距离分别为 220mm 和 240mm，如图 11-118 所示。

（8）单击“默认”选项卡“修改”面板中的“起点、端点、半径”圆弧按钮，捕捉图 11-118 中的点 1 和点 2 为起点和端点，绘制半径为 600mm 的圆弧。单击“默认”选项卡“修改”面板

中的“修剪”按钮，修剪和删除多余线段，并将两侧的中心线转换至“轮廓线”图层，结果如图 11-119 所示。

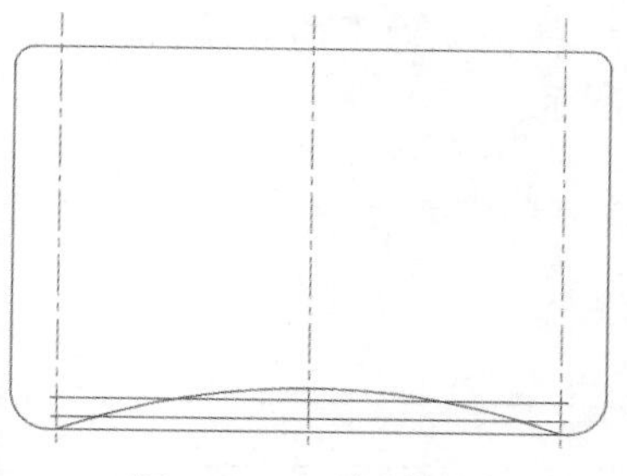

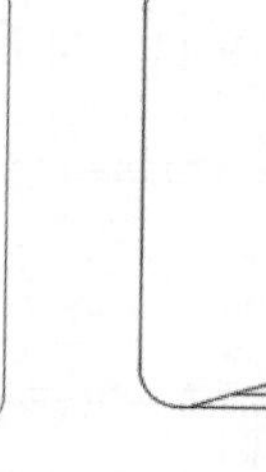

图 11-116　绘制圆弧

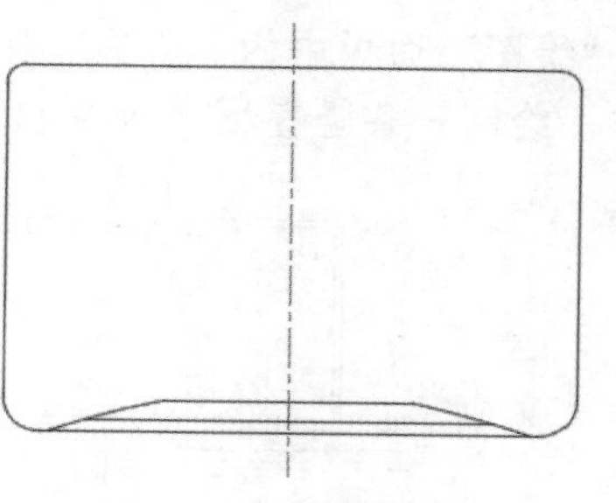

图 11-117　修剪图形

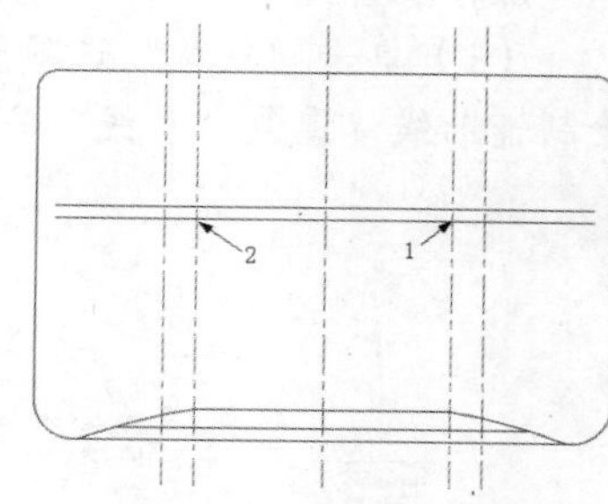

图 11-118　偏移直线

（9）单击“默认”选项卡“修改”面板中的“圆角”按钮，对内部图形的上端进行倒圆角，圆角半径为 20mm；重复“圆角”命令，对内部图形的下端进行倒圆角，圆角半径为 40mm，结果如图 11-120 所示。

（10）单击“默认”选项卡“修改”面板中的“偏移”按钮，将竖直中心线向两侧偏移，偏移距离分别为 150mm 和 170mm，并将偏移后的直线转换至“轮廓线”图层；重复“偏移”命令，将最上端水平直线向下偏移，偏移距离分别为 25mm、45mm 和 185mm。

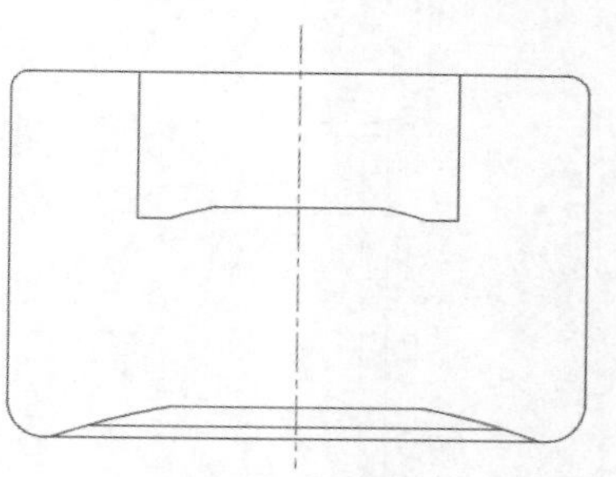

图 11-119　修剪图形

（11）单击“默认”选项卡“修改”面板中的“修剪”按钮，修剪和删除多余线段，结果如图 11-121 所示。

（12）单击“默认”选项卡“修改”面板中的“偏移”按钮，将竖直中心线向两侧偏移，偏移距离为 405mm；重复“偏移”命令，将最上端水平直线向下偏移，偏移距离分别为 120mm 和 300mm，并将偏移后的直线转换至“点画线”图层。

（13）单击“默认”选项卡“绘图”面板中的“圆”按钮，在中心线的交点处绘制半径为 18mm 的圆；单击“默认”选项卡“修改”面板中的“打断”按钮，调整中心线的长度，结果如图 11-122 所示。

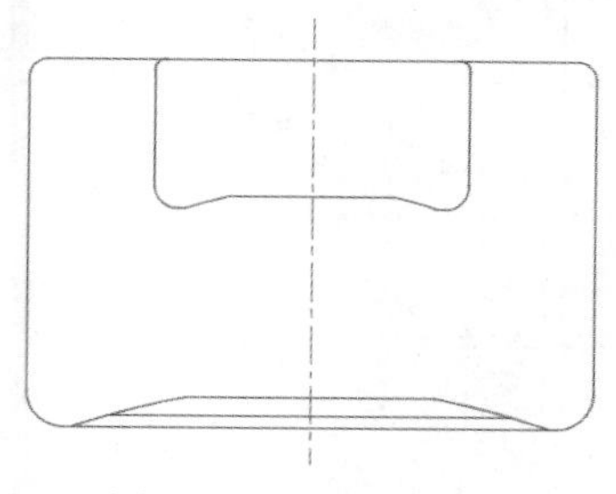

图 11-120　圆角处理

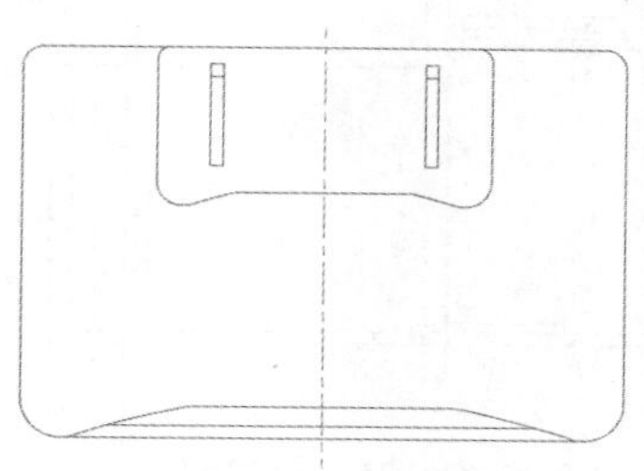

图 11-121　修剪图形

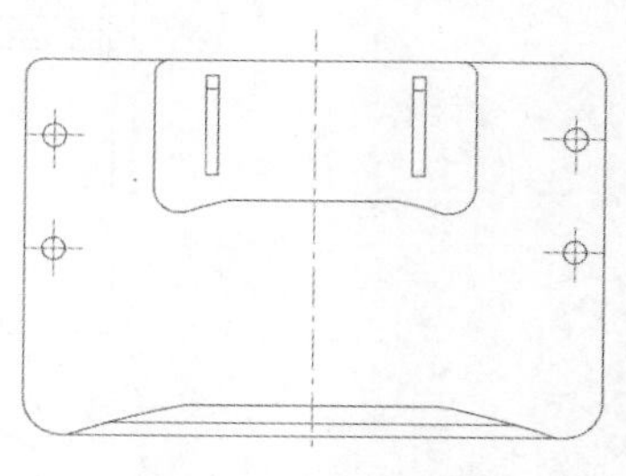

图 11-122　绘制圆

11.3.3　绘制电脑桌侧立面图

本节绘制如图 11-123 所示的电脑桌侧立面图。首先根据立面图绘制侧立面图中的辅助线，再利用“偏移”“修剪”“圆弧”等命令完成主体绘制。

操作步骤如下：（📹：光盘\动画演示\第11章\电脑桌侧立面图.avi）

Note

（1）单击“默认”选项卡“绘图”面板中的“直线”按钮⁄，捕捉立面图的各端点，向左绘制辅助线；重复“直线”命令，绘制一条竖直线，如图11-124所示。

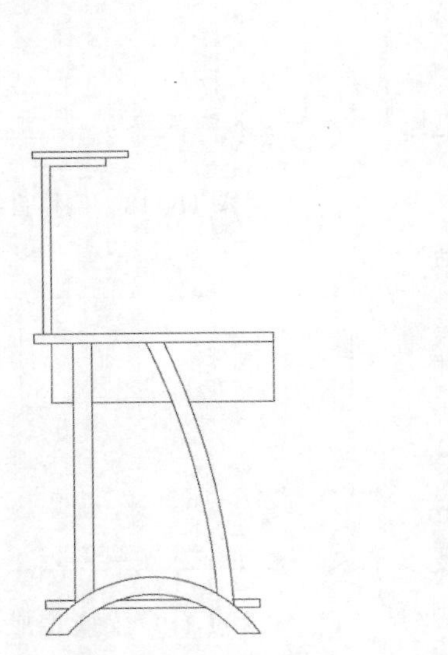

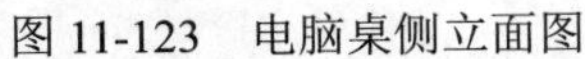

图11-123　电脑桌侧立面图

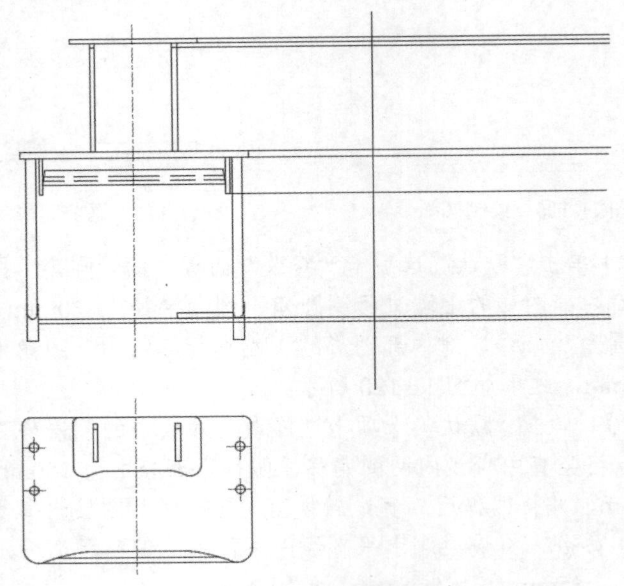

图11-124　绘制直线

（2）单击“默认”选项卡“修改”面板中的“偏移”按钮，将第（1）步绘制的竖直线向右偏移，偏移距离分别为25mm、45mm、100mm、145mm、185mm、240mm、560mm、600mm，结果如图11-125所示。

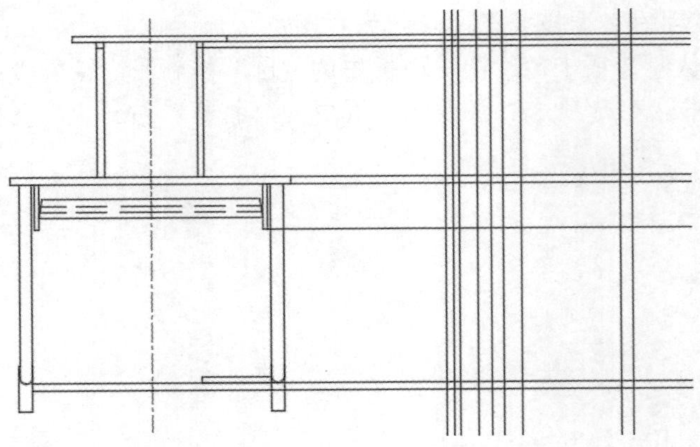

图11-125　偏移直线

（3）单击“默认”选项卡“修改”面板中的“修剪”按钮，修剪和删除多余线段，结果如图11-126所示。

（4）单击“默认”选项卡“绘图”面板中的“直线”按钮⁄，捕捉立面图下方的端点，向左绘制辅助线；重复“直线”命令，捕捉左视图中下方的两端点向下绘制直线，如图11-127所示。

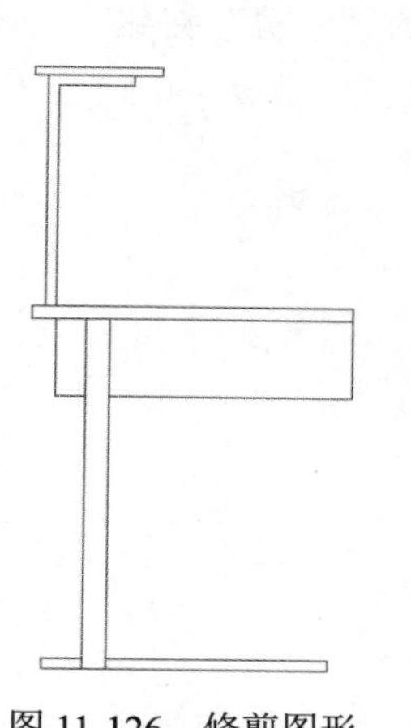

图 11-126　修剪图形

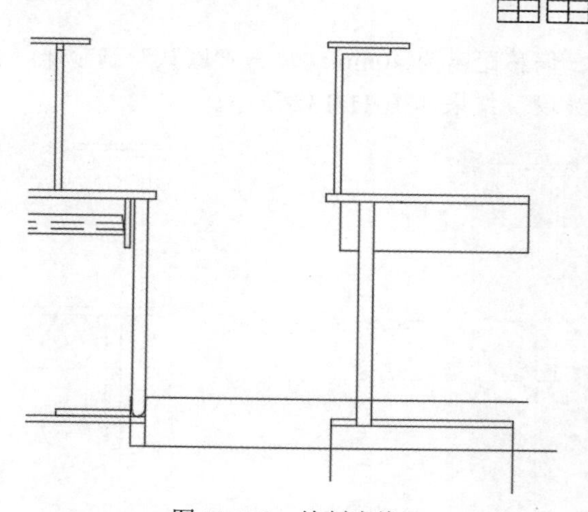

图 11-127　绘制直线

（5）单击“默认”选项卡“修改”面板中的“偏移”按钮，将第（4）步绘制的左端竖直线向右偏移，偏移距离为280mm，并拖动直线夹点延伸至第（4）步绘制的水平直线，结果如图 11-128 所示。

（6）单击“默认”选项卡“绘图”面板中的“三点圆弧”按钮，捕捉图 11-128 中的点 1、2、3 绘制圆弧，结果如图 11-129 所示。

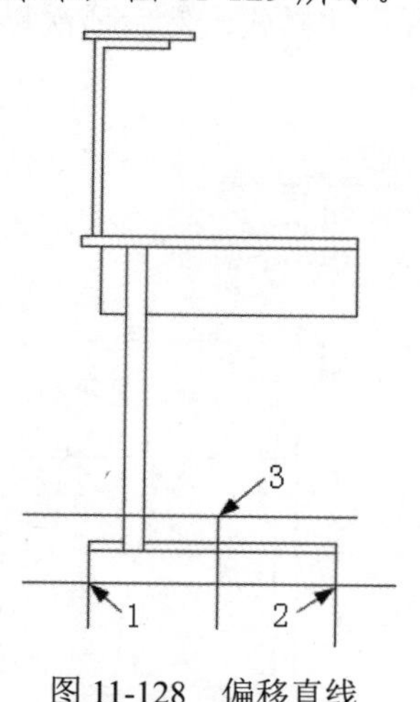

图 11-128　偏移直线

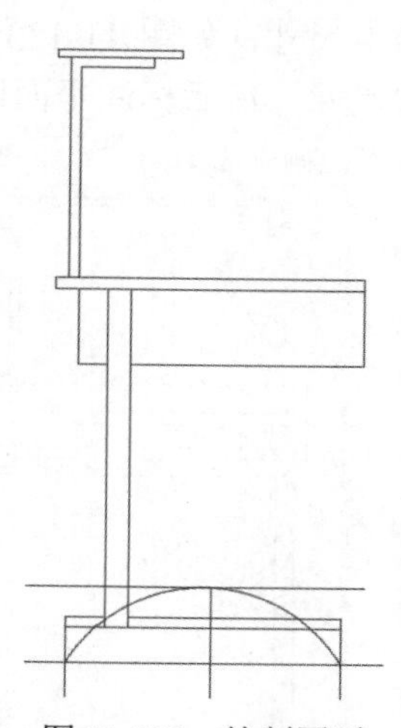

图 11-129　绘制圆弧

（7）单击“默认”选项卡“修改”面板中的“偏移”按钮，将第（6）步绘制的圆弧向下偏移，偏移距离为45mm；单击“默认”选项卡“修改”面板中的“修剪”按钮，修剪和删除多余线段，结果如图 11-130 所示。

（8）单击“默认”选项卡“修改”面板中的“偏移”按钮，将图 11-130 所示的直线 1 向右偏移，偏移距离为280mm；重复“偏移”命令，将图 11-130 所示的直线 2 向右偏移，偏移距离为430mm。

（9）单击“默认”选项卡“绘图”面板中的“起点、端点、半径”按钮，捕捉第（8）步偏移后的直线下端点为圆弧的起点和端点，绘制半径为1800mm的圆弧，结果如图 11-131 所示。

（10）单击“默认”选项卡“修改”面板中的“偏移”按钮，将第（9）步绘制的圆弧向

Note

右偏移，偏移距离为40mm；单击“默认”选项卡“修改”面板中的“修剪”按钮，修剪和删除多余线段，结果如图11-132所示。

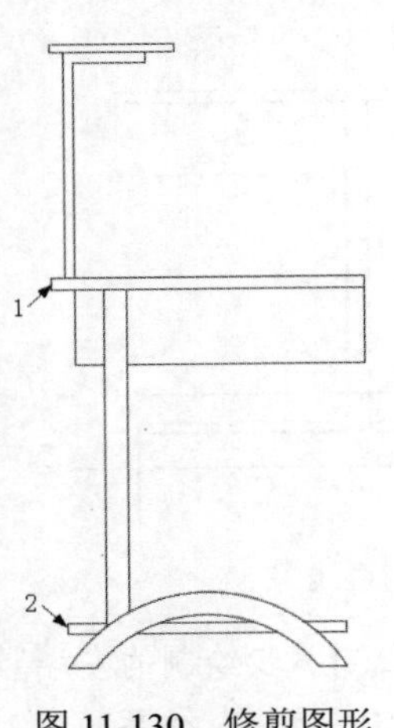

图11-130 修剪图形

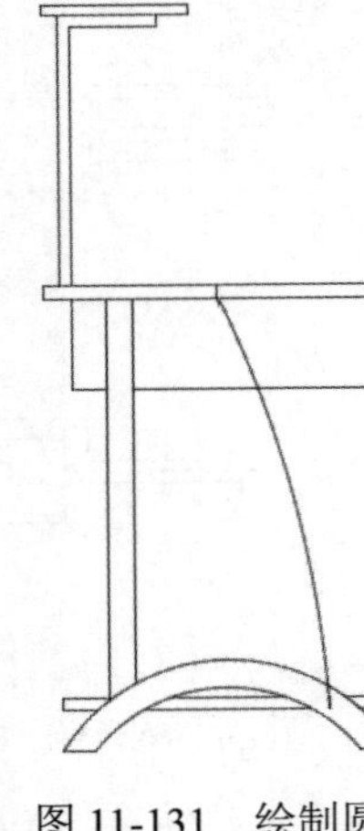

图11-131 绘制圆弧

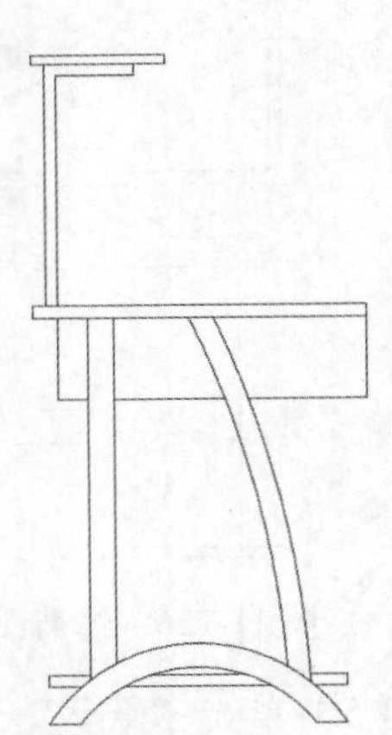

图11-132 修剪图形

11.3.4 标注电脑桌尺寸

本节标注电脑桌尺寸，如图11-133所示。首先设置尺寸样式，然后依次标注立面图、平面图和侧立面的线型尺寸，最后标注平面图上的半径尺寸。

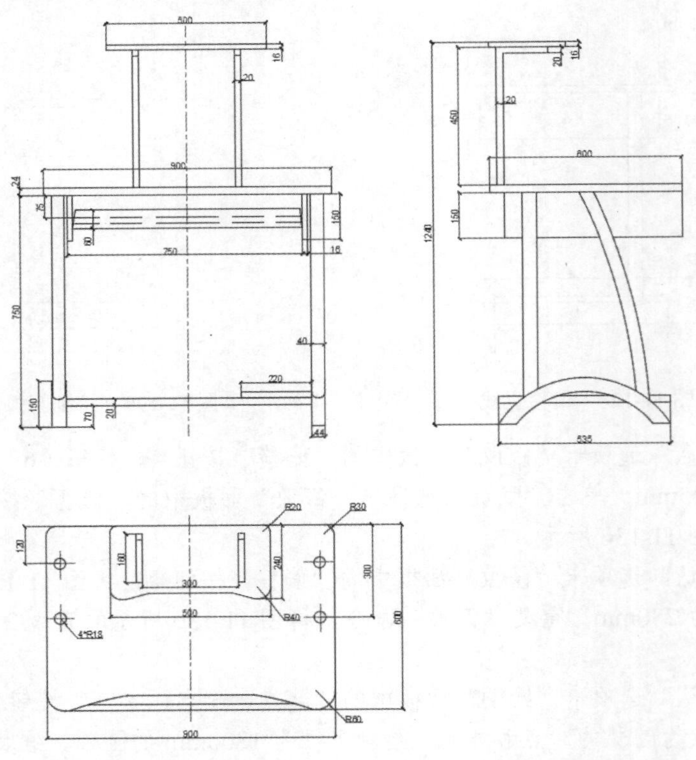

图11-133 标注电脑桌尺寸

Note

操作步骤如下：（：光盘\动画演示\第 11 章\标注电脑桌尺寸.avi）

1．标注线性尺寸

（1）将“尺寸”图层设置为当前图层。单击“默认”选项卡“注释”面板中的“标注样式”按钮，打开“标注样式管理器”对话框，单击“修改”按钮，打开“修改标注样式：ISO-25”对话框，在该对话框中进行如下设置。

☑ “线”选项卡：设置基线间距为 10，超出尺寸线为 3，起点偏移量为 8。

☑ “符号和箭头”选项卡：设置箭头类型为“建筑标记”，设置箭头大小为 10。

☑ “文字”选项卡：设置文字高度为 20，从尺寸线偏移为 1，文字对齐方式为“与尺寸线对齐”。

其他采用默认设置，单击“确定”按钮后返回到“标注样式管理器”对话框，单击“关闭”按钮，关闭对话框。

（2）单击“默认”选项卡“注释”面板中的“线性”按钮，标注电脑桌立面图尺寸，如图 11-134 所示。

（3）单击“默认”选项卡“注释”面板中的“线性”按钮，标注电脑桌平面图尺寸，如图 11-135 所示。

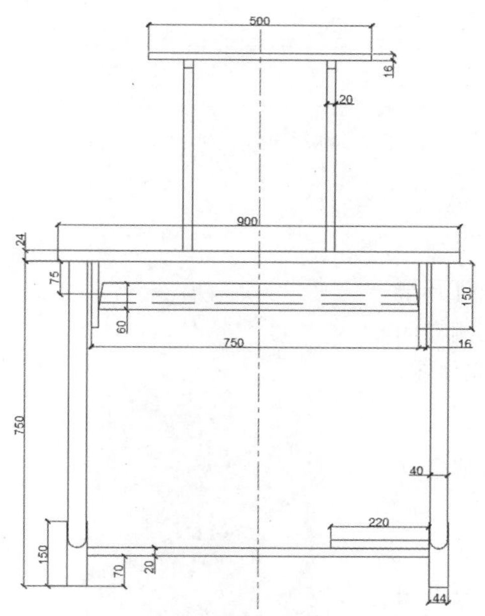

图 11-134　标注电脑桌立面图尺寸

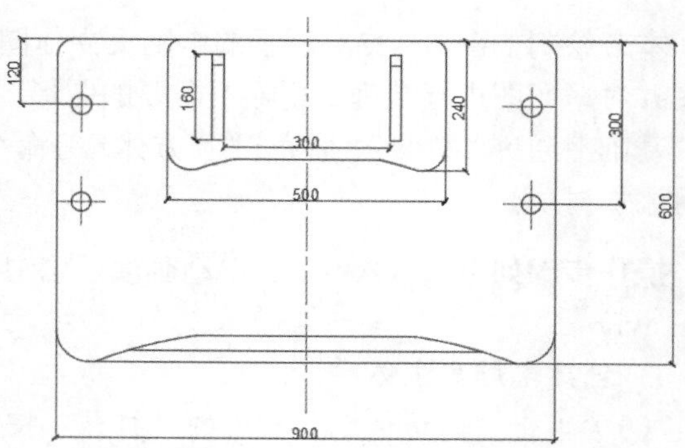

图 11-135　标注电脑桌平面图尺寸

（4）单击“默认”选项卡“注释”面板中的“线性”按钮，标注电脑桌侧立面图尺寸，如图 11-136 所示。

2．标注半径尺寸

（1）单击“默认”选项卡“注释”面板中的“标注样式”按钮，打开“标注样式管理器”对话框，单击“新建”按钮，打开“创建新标注样式”对话框，输入样式名称为“半径标注”，基础样式为 ISO-25，单击“继续”按钮，打开“新建标注样式：半径标注”对话框，在该对话框中进行如下设置：“符号和箭头”选项卡：设置箭头类型为“实心闭合”；“文字”选项卡，文字对齐方式为“ISO 标准”；其他采用默认设置，单击“确定”按钮后返回到“标注样式管理器”对话框，单击“关闭”按钮，关闭对话框。

（2）单击“默认”选项卡“注释”面板中的“半径”按钮，标注俯视图中的半径尺寸，如图 11-137 所示。

Note

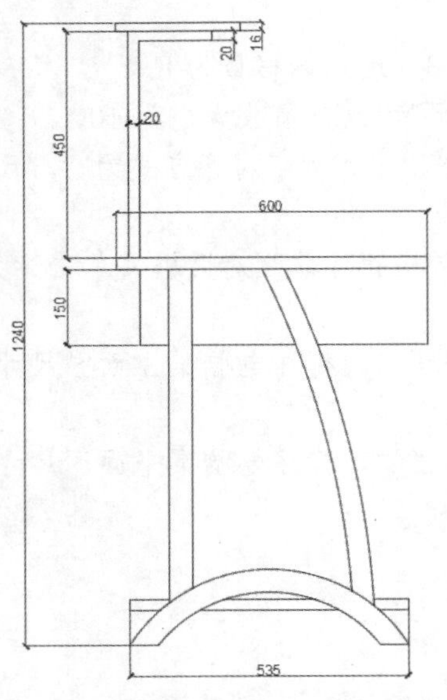

图 11-136　标注电脑桌侧立面图尺寸

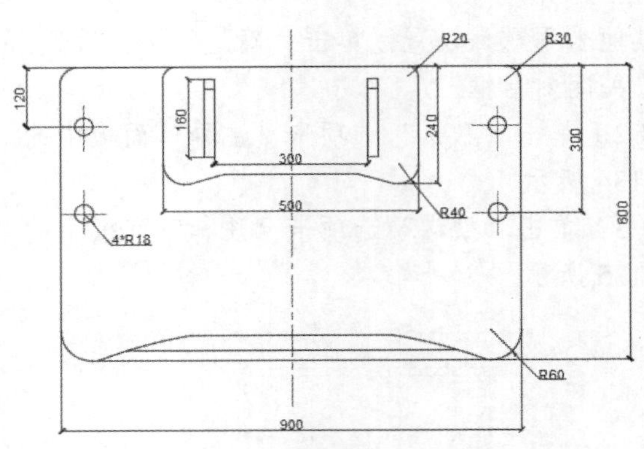

图 11-137　标注半径尺寸

11.3.5　绘制电脑桌立体图

本节绘制如图 11-138 所示的电脑桌立体图。首先打开平面图并对平面图进行整理，删除不需要的图形，然后在侧立面图的基础上通过“拉伸”“抽壳”“长方体”等命令创建立体图，最后添加材质。

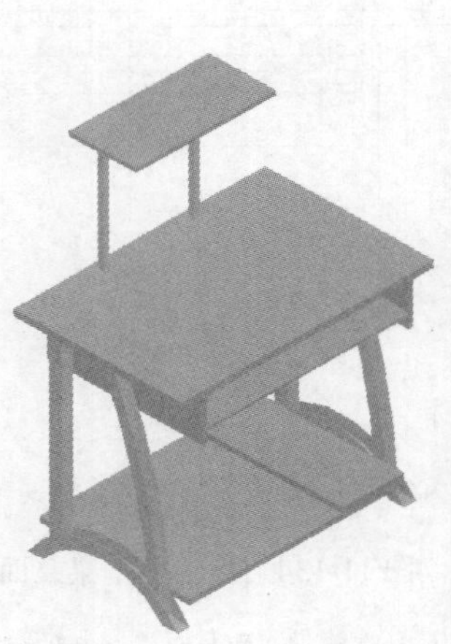

图 11-138　电脑桌立体图

操作步骤如下：（：光盘\动画演示\第 11 章\电脑桌立体图.avi）

1. 创建电脑桌主体

（1）单击快速访问工具栏中的“打开”按钮，打开前面绘制的“电脑桌平面图”，然后单击“另存为”按钮，将其另存为“电脑桌立体图”。

（2）单击“默认”选项卡“图层”面板中的“图层特性”按钮，打开“图层特性管理器”选项板，将 0 图层设置为当前图层，然后关闭“尺寸”图层，使“尺寸”图层不可见，将侧立面图以外的其他视图删除。

（3）单击“默认”选项卡“修改”面板中的“打断于点”按钮，将最右端的竖直线在图 11-139 的点 1 处打断。单击“默认”选项卡“绘图”面板中的“面域”按钮，选取图 11-139 中区域 2 创建为面域。

（4）将视图切换到西南等轴测视图，单击“三维工具”选项卡“建模”面板中的“拉伸”按钮，将第（3）步创建的面域进行拉伸，拉伸距离为 900mm，如图 11-140 所示。

（5）将视图切换到俯视图，单击“默认”选项卡“绘图”面板中的“直线”按钮，绘制如图 11-141 所示的直线。单击“默认”选项卡“绘图”面板中的“面域”按钮，选取刚创建的封闭区域将其创建为面域。

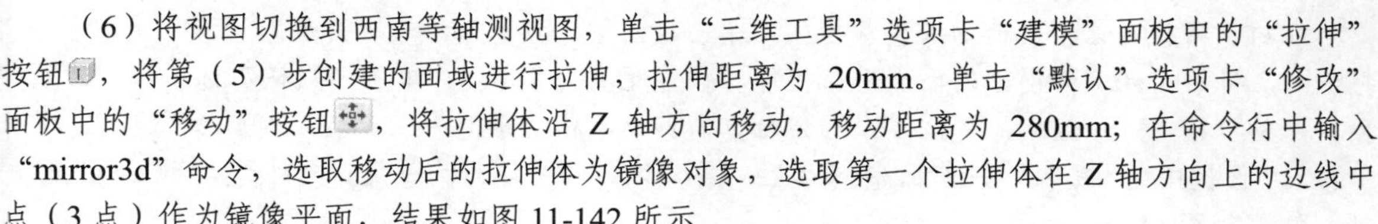

（6）将视图切换到西南等轴测视图，单击“三维工具”选项卡“建模”面板中的“拉伸”按钮，将第（5）步创建的面域进行拉伸，拉伸距离为 20mm。单击“默认”选项卡“修改”面板中的“移动”按钮，将拉伸体沿 Z 轴方向移动，移动距离为 280mm；在命令行中输入“mirror3d”命令，选取移动后的拉伸体为镜像对象，选取第一个拉伸体在 Z 轴方向上的边线中点（3 点）作为镜像平面，结果如图 11-142 所示。

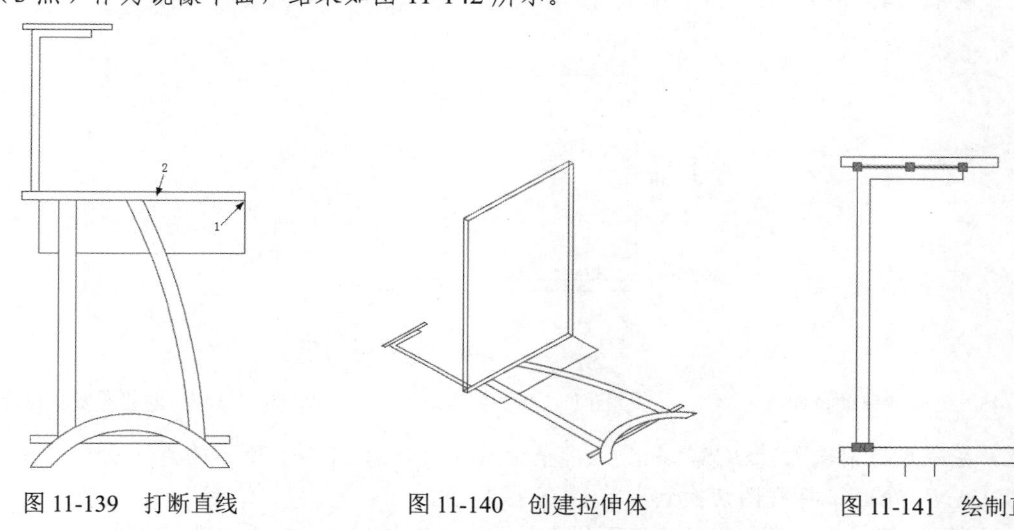

图 11-139　打断直线　　图 11-140　创建拉伸体　　图 11-141　绘制直线

（7）为了便于观察，在命令行中输入“3drotate”命令，将视图中的所有图形绕 X 轴旋转 90°，然后再绕 Z 轴旋转 90°，结果如图 11-143 所示。

（8）将视图切换到左视图，单击“默认”选项卡“绘图”面板中的“面域”按钮，选取最上端的矩形将其创建为面域，如图 11-144 所示。

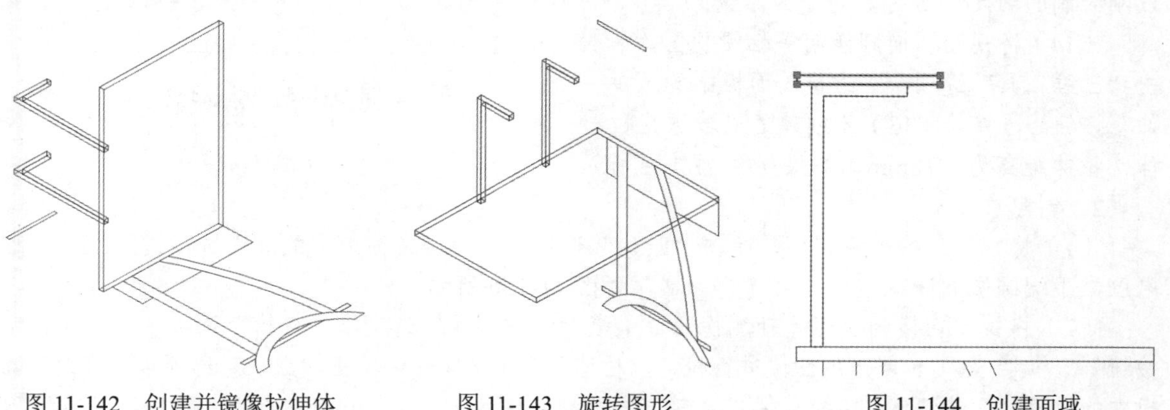

图 11-142　创建并镜像拉伸体　　图 11-143　旋转图形　　图 11-144　创建面域

（9）将视图切换到西南等轴测视图，单击“三维工具”选项卡“建模”面板中的“拉伸”

按钮，将第（8）步创建的面域进行拉伸，拉伸距离为500mm。单击“默认”选项卡“修改”面板中的“移动”按钮，将拉伸体沿Z轴方向移动，移动距离为200mm，结果如图11-145所示。

（10）将视图切换到左视图，单击“默认”选项卡“绘图”面板中的“直线”按钮，绘制如图11-146所示的直线；单击“默认”选项卡“绘图”面板中的“面域”按钮，选取刚绘制的封闭区域将其创建为面域，如图11-146所示。

（11）将视图切换到西南等轴测视图，单击“三维工具”选项卡“建模”面板中的“拉伸”按钮，将第（10）步创建的面域进行拉伸，拉伸距离为16mm。单击“默认”选项卡“修改”面板中的“移动”按钮，将拉伸体沿Z轴方向移动，移动距离为75mm；单击“默认”选项卡“修改”面板中的“复制”按钮，将移动后的拉伸体以右下端点为基点，复制到坐标（@0,0,734）处，结果如图11-147所示。

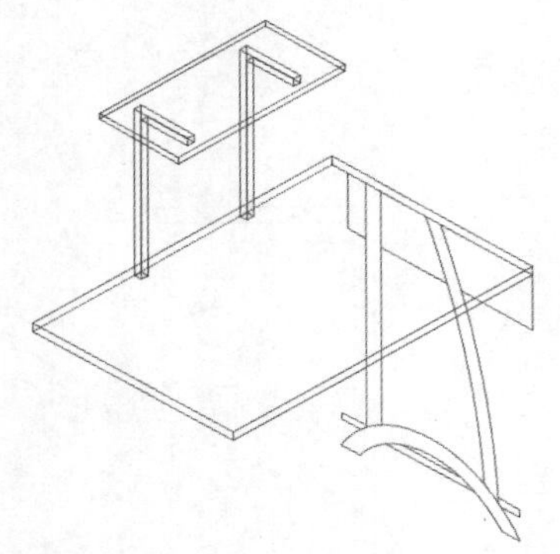

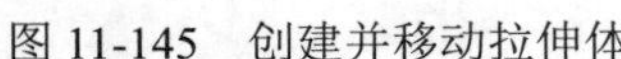
图11-145　创建并移动拉伸体

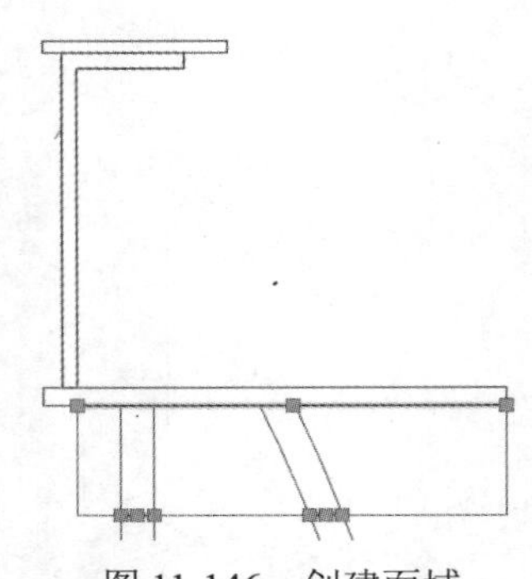

图11-146　创建面域

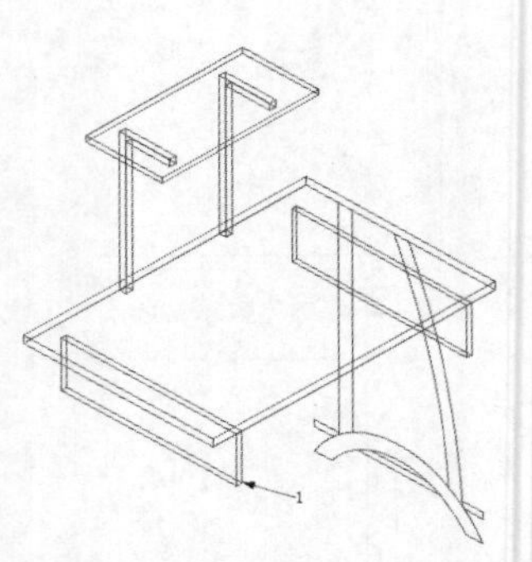

图11-147　创建并复制拉伸体

（12）在命令行中输入“UCS”命令，将坐标系移动到图11-147所示的点1处；在命令行中输入“PLAN”命令，将视图切换到当前UCS视图。

（13）单击“默认”选项卡“绘图”面板中的“直线”按钮，单击“默认”选项卡“修改”面板中的“偏移”按钮和“修剪”按钮等，绘制如图11-148所示的图形。单击“默认”选项卡“绘图”面板中的“面域”按钮，选取刚绘制的封闭区域将其创建为面域。

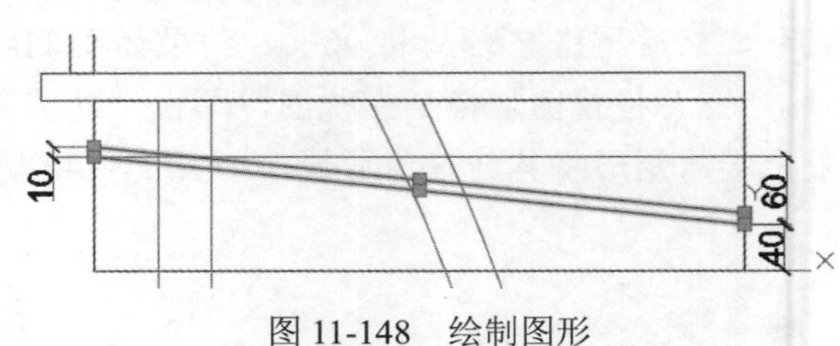

图11-148　绘制图形

（14）将视图切换到西南等轴测视图，单击“三维工具”选项卡“建模”面板中的“拉伸”按钮，将第（13）步创建的面域进行拉伸，拉伸距离为-718mm，结果如图11-149所示。

2. 创建桌腿

（1）将视图切换到左视图，单击“默认”选项卡“绘图”面板中的“面域”按钮，选取电脑桌下端圆弧封闭区域将其创建为面域，如图11-150所示。

（2）将视图切换到西南等轴测视图，单击“三维工具”选项卡“建模”面板中的“拉伸”按钮，将第（1）步创建的面域进行拉伸，拉伸距离为44mm。单击“默认”选项卡“修改”面板中的“移动”按钮，将拉伸体沿Z轴方向移动，移动距离为25mm；结果如图11-151所示。

（3）单击“三维工具”选项卡“实体编辑”面板中的“抽壳”按钮，选取第（2）步创建

的拉伸体为要抽壳的实体，选取图 11-151 中的面 1 为删除面，输入抽壳偏移距离为 2mm，完成抽壳操作，结果如图 11-152 所示。

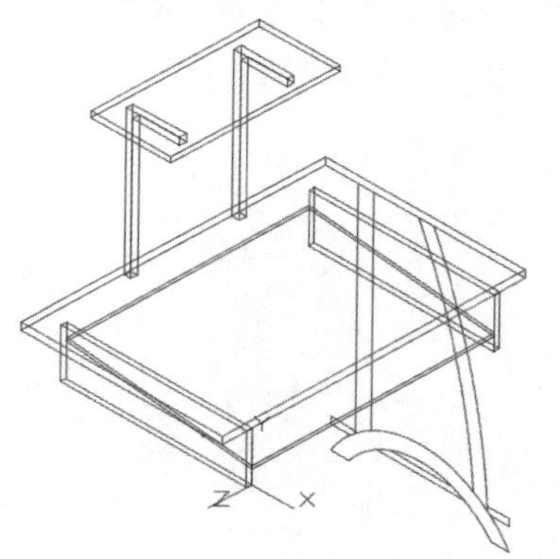

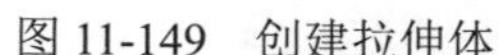

图 11-149 创建拉伸体

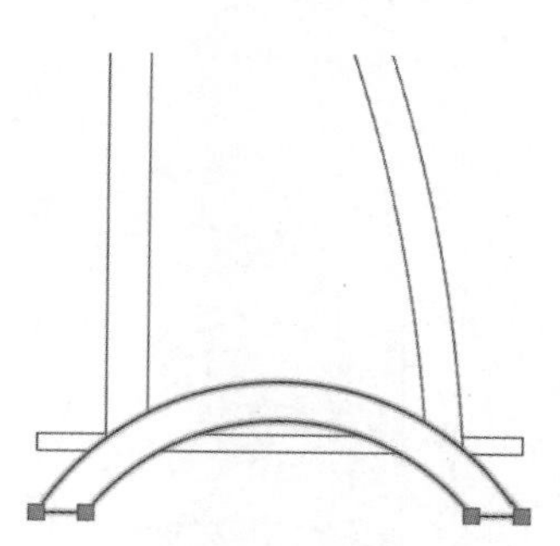

图 11-150 创建封闭区域

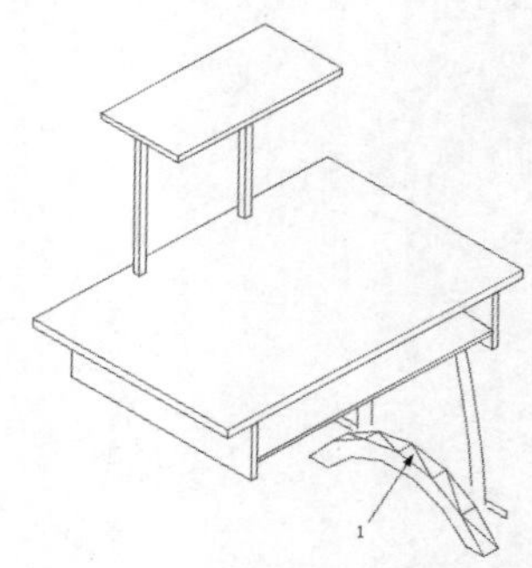

图 11-151 创建并移动拉伸体

（4）切换视图到左视图，单击“三维工具”选项卡“实体编辑”面板中的“复制边”按钮，复制图 11-152 中的边线 1，以此边线的前下端点为基点，复制到（@0,0,−25）处。

（5）将 0 图层关闭，将“粗实线”图层设置为当前图层。单击“默认”选项卡“修改”面板中的“延伸”按钮，将腿部的直线和圆弧线延伸至复制边线；单击“默认”选项卡“修改”面板中的“修剪”按钮，修剪多余的线段；单击“默认”选项卡“绘图”面板中的“直线”按钮，绘制直线使腿部图形封闭。单击“默认”选项卡“绘图”面板中的“面域”按钮，分别选取两个封闭区域创建成面域，如图 11-153 所示。

（6）打开 0 图层并将其设置为当前图层，将视图切换到西南等轴测视图，单击“三维工具”选项卡“建模”面板中的“拉伸”按钮，将第（5）步创建的面域进行拉伸，拉伸距离为 40mm。单击“默认”选项卡“修改”面板中的“移动”按钮，将拉伸体沿 Z 轴方向移动，移动距离为 27mm；结果如图 11-154 所示。

图 11-152 抽壳处理

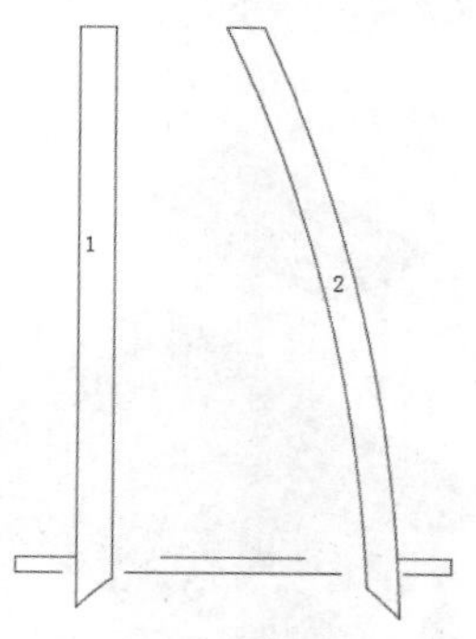

图 11-153 创建面域

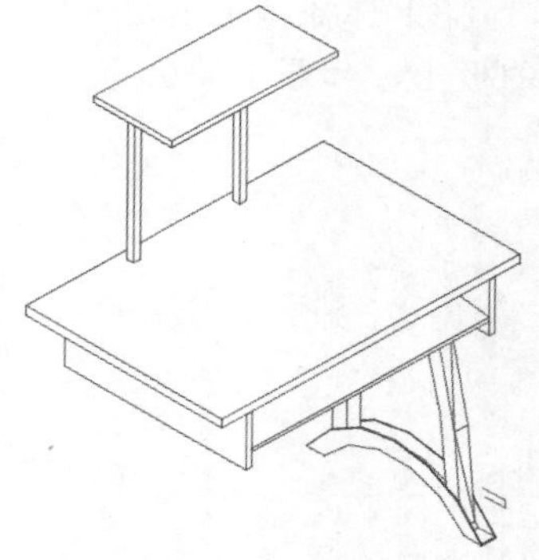

图 11-154 创建并移动拉伸体

（7）在命令行中输入“mirror3d”命令，选取腿部拉伸体为镜像对象，选取第一个拉伸体在 X 轴方向上的边线中点（3 点）作为镜像平面，结果如图 11-155 所示。

（8）切换视图到左视图，单击“默认”选项卡“绘图”面板中的“直线”按钮，绘制如图 11-156 所示的直线。单击“默认”选项卡“绘图”面板中的“面域”按钮，选取刚绘制的

封闭区域创建成面域，如图 11-156 所示。

（9）将视图切换到西南等轴测视图，单击“三维工具”选项卡“建模”面板中的“拉伸”按钮，将第（8）步创建的面域进行拉伸，拉伸距离为 766mm。单击“默认”选项卡“修改”面板中的“移动”按钮，将拉伸体沿 Z 轴方向移动，移动距离为 65mm；结果如图 11-157 所示。

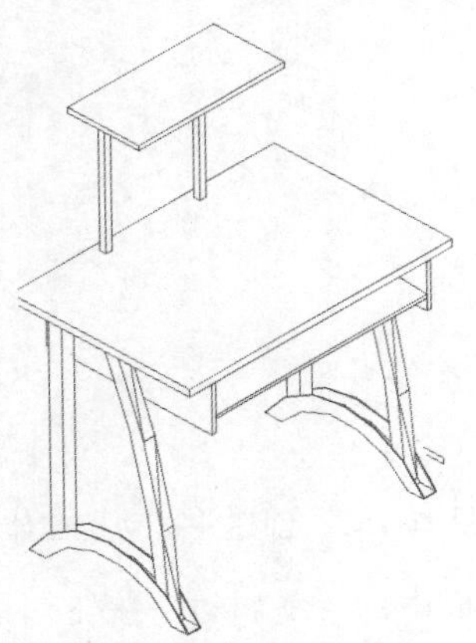

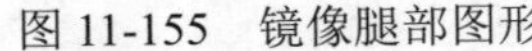

图 11-155　镜像腿部图形

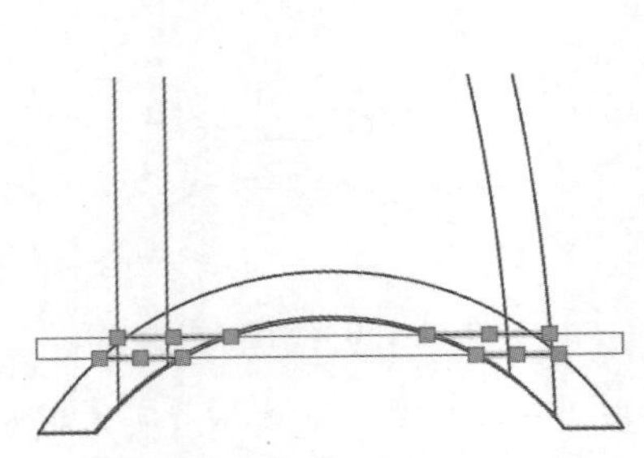

图 11-156　绘制直线并创建面域

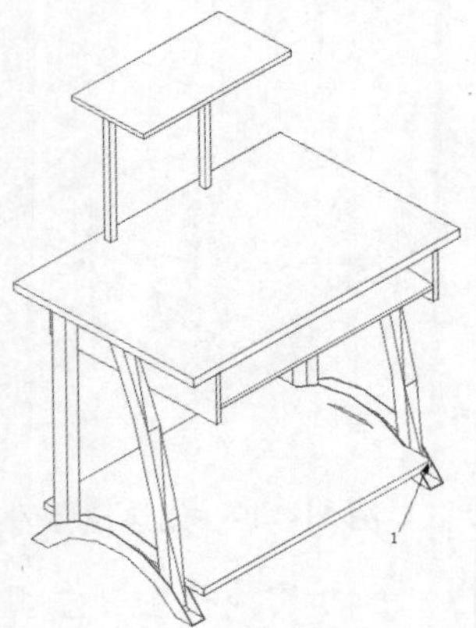

图 11-157　创建并移动拉伸体

（10）在命令行中输入“UCS”命令，将坐标系移动到图 11-157 中的点 1 处。单击“三维工具”选项卡“建模”面板中的“长方体”按钮，以坐标系原点为第一角点，绘制第二角点为（@-535,20,220）的长方体，结果如图 11-158 所示。

3. 渲染图形

（1）选择视图界面左上角的“视觉样式控件”下拉菜单中的“真实”样式，将坐标系返回到世界坐标系。

（2）单击“可视化”选项卡“材质”面板中的“材质浏览器”按钮，弹出“材质浏览器”选项板，选择“主视图”/“Autodesk 库”/“金属”/“钢”，然后选择“钢”材质拖动到视图电脑桌的支架和腿上，如图 11-159 所示。

（3）选择“主视图”/“Autodesk 库”/“木材”，然后选择“红橡木”材质拖动到视图电脑桌的板上，如图 11-160 所示。

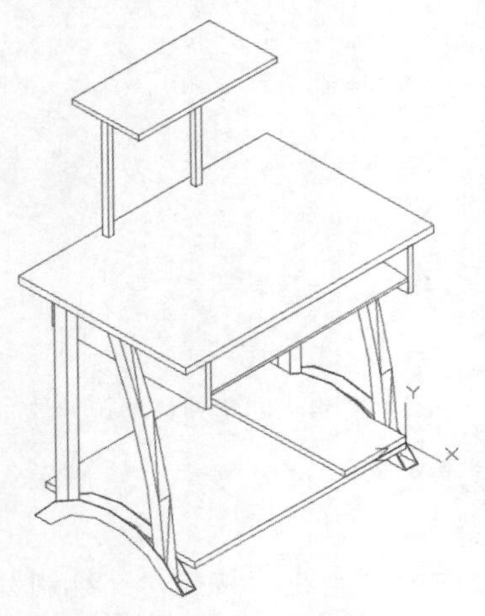

图 11-158　绘制长方体

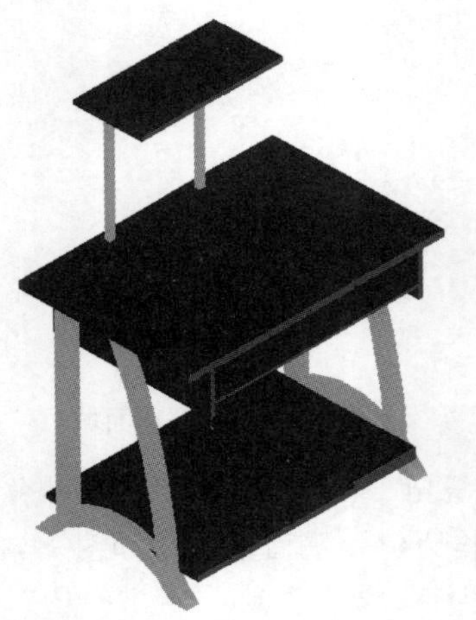

图 11-159　添加钢材质

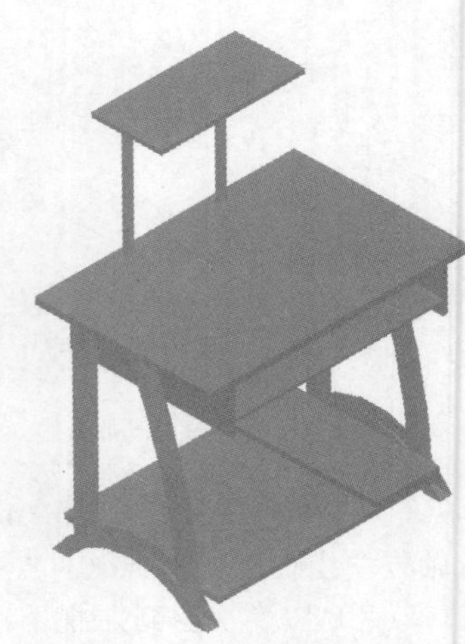

图 11-160　添加红橡木材质

（4）单击“可视化”选项卡“光源”面板，在下滑面板中设置如图 11-161 所示光源的曝光和白平衡，结果如图 11-162 所示。

（5）在“可视化”选项卡“渲染”面板中设置渲染级别为“中”，选择在窗口中渲染，单击“可视化”选项卡“渲染”面板中的“渲染到尺寸”按钮，打开渲染窗口，渲染结果如图 11-163 所示。

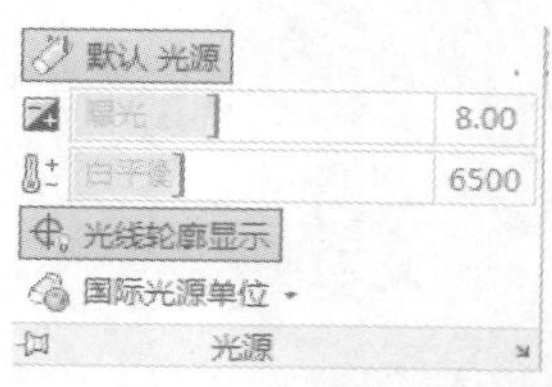

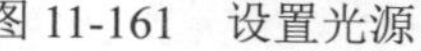
图 11-161　设置光源

图 11-162　效果

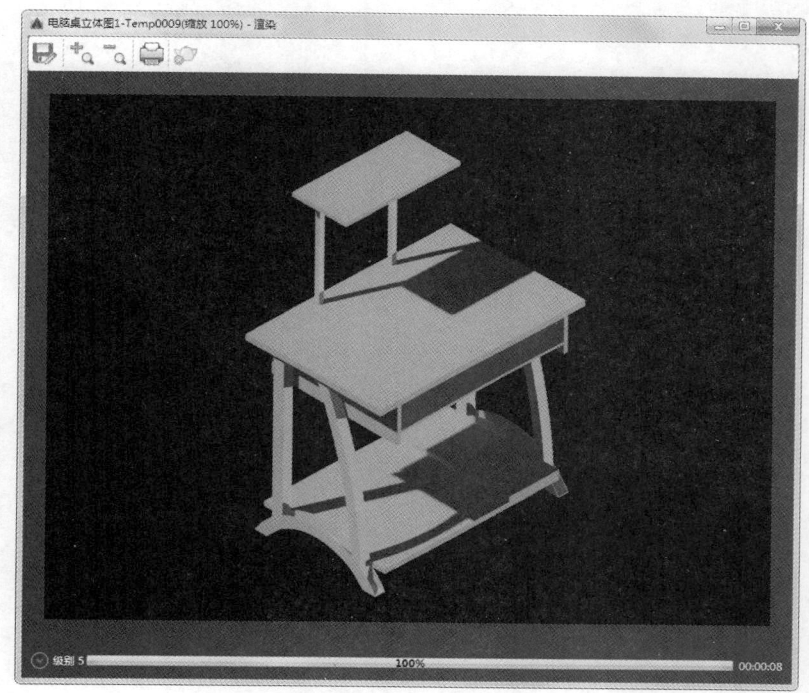

图 11-163　渲染

11.4　实战演练

通过前面的学习，读者对本章知识也有了大体的了解，本节通过几个操作练习使读者进一步掌握本章知识要点。

【实战演练 1】绘制如图 11-164 所示的梳妆台。

1．目的要求

本实例主要要求读者通过练习进一步熟悉和掌握桌台类图形的绘制方法。通过本实例，可以帮助读者学会完成梳妆台绘制的全过程。

2．操作提示

（1）绘制正立面图。

（2）绘制平面图。

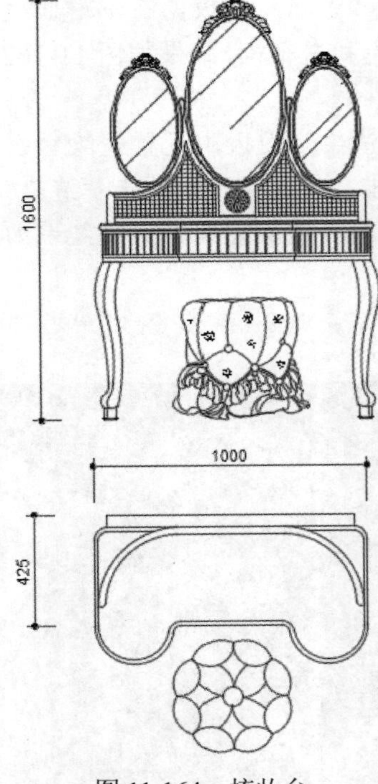

图 11-164　梳妆台

（3）标注尺寸。

【实战演练 2】绘制如图 11-165 所示的写字台。

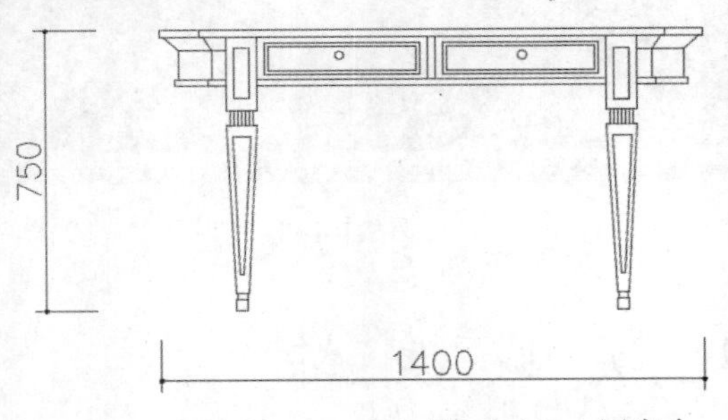

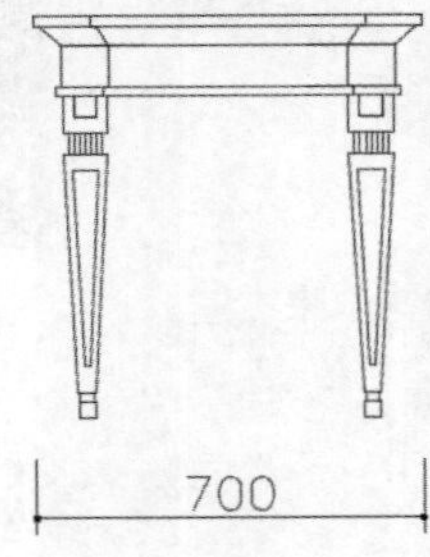

图 11-165　写字台

1．目的要求

本实例主要要求读者通过练习进一步熟悉和掌握桌台类图形的绘制方法。通过本实例，可以帮助读者学会完成写字台绘制的全过程。

2．操作提示

（1）绘制正立面图。

（2）绘制平面图。

（3）标注尺寸。

▶▶第 3 篇

施工结构图篇

本篇主要围绕一个典型的文件柜家具设计案例展开讲述，包括层板、脚线、门板、背板、底板、顶板和侧板等图例的设计以及装配过程。

本篇内容通过实例进一步加深读者对 AutoCAD 功能的理解和掌握，熟悉家具施工图设计的基本方法和技巧。

- 层板、脚线的绘制
- 左、右门板的绘制
- 背板、底板和顶板绘制
- 左右侧板的绘制
- 文件柜装配

第12章

文 件 柜

本章学习要点和目标任务：

☑ 层板

☑ 脚线

☑ 左、右门板

☑ 背板

☑ 底板

☑ 顶板

☑ 左右侧板

☑ 文件柜装配

文件柜主要用于放置文件、资料及各类档案物品。文件柜由层板、脚线、门板、背板、底板、顶板和侧板组成。

12.1 层　　板

层板结构图比较简单，利用“矩形”命令即可完成 3 个视图的创建，然后创建封边标记图块，最后对视图进行尺寸标注，如图 12-1 所示。

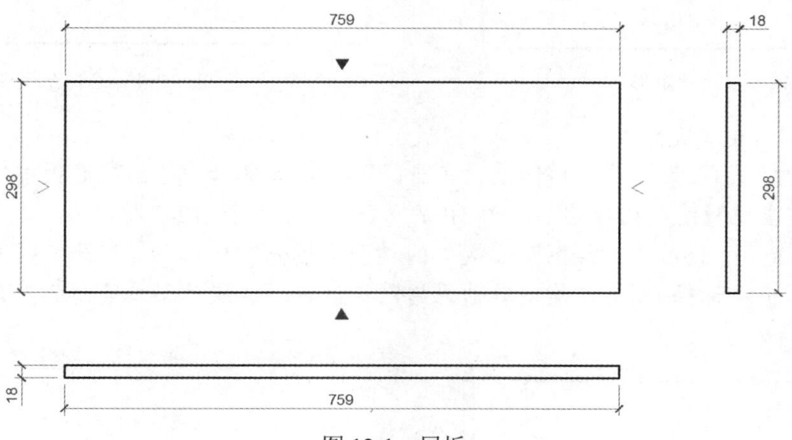

图 12-1　层板

操作步骤如下：（：光盘\动画演示\第 12 章\层板.avi）

（1）单击“默认”选项卡“图层”面板中的“图层特性”按钮，打开“图层特性管理器”选项板，新建图层，具体设置参数如图 12-2 所示。

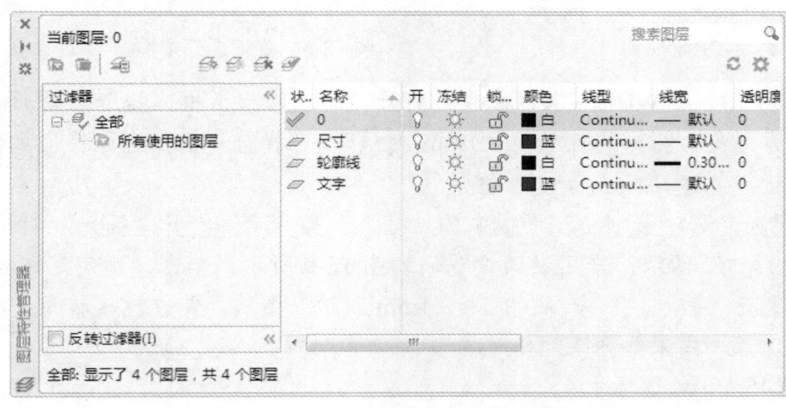

图 12-2　“图层特性管理器”选项板

（2）将“轮廓线”图层设置为当前图层。单击“默认”选项卡“绘图”面板中的“矩形”按钮，在图中适当位置绘制 759×298 的矩形，结果如图 12-3 所示。

（3）单击状态栏中的“对象捕捉追踪”按钮，打开对象追踪。单击“默认”选项卡“绘图”面板中的“矩形”按钮，捕捉主视图上的右上端点，然后向右移动鼠标到适当位置确定矩形第一角点，绘制 18×298 的矩形作为左视图，结果如图 12-4 所示。

（4）单击“默认”选项卡“绘图”面板中的“矩形”按钮，捕捉主视图的左下端点，然

Note

后向下移动鼠标到适当位置确定矩形第一角点，绘制 759×18 的矩形作为俯视图，结果如图 12-5 所示。

图 12-3　绘制矩形

图 12-4　绘制左视图

（5）创建 1mm 封边标示。

① 将“尺寸”图层设置为当前图层。单击“默认”选项卡“绘图”面板中的“多边形”按钮，在图中适当位置绘制内接圆半径为 10 的正三角形，如图 12-6 所示。

② 单击“默认”选项卡“绘图”面板中的“图案填充”按钮，打开“图案填充创建”选项卡，在图案面板中选择 solid 图案，其他采用默认设置，选取第①步绘制的三角形进行填充，结果如图 12-7 所示。

图 12-5　绘制俯视图

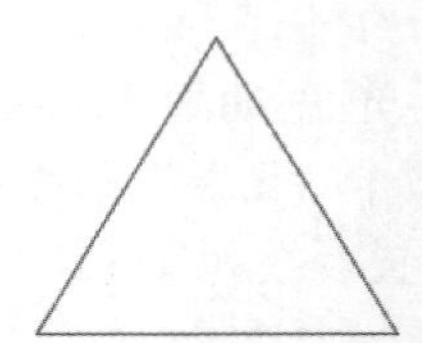
图 12-6　绘制正三角形

图 12-7　填充图案

③ 在命令行中输入“WBLOCK”命令，打开“写块”对话框，拾取三角形的顶点为基点，选取整个三角形为对象，指定文件名为“1mm 封边”，选择合适的保存路径，如图 12-8 所示，单击“确定”按钮，创建“1mm 封边”图块。

④ 单击“默认”选项卡“块”面板中的“插入”按钮，打开“插入”对话框，选择第③步创建的“1mm 封边”图块，采用默认设置，如图 12-9 所示，单击“确定”按钮，将其插入到主视图的下方；重复“插入块”命令，插入“1mm 封边”图块，并设置旋转角度为 180°，将其插入到主视图的上方，结果如图 12-10 所示。

（6）创建 0.45mm 封边标示。

① 单击“默认”选项卡“绘图”面板中的“多边形”按钮，在图中适当位置绘制内接圆半径为 10 的正三角形，如图 12-11 所示。

② 单击“默认”选项卡“修改”面板中的“分解”按钮，将第①步绘制的三角形进行分解；然后删除三角形中的水平边，结果如图 12-12 所示。

③ 在命令行中输入“WBLOCK”命令，打开“写块”对话框，拾取三角形的顶点为基点，选取整个三角形为对象，指定文件名为“0.45mm 封边”，选择合适的保存路径，单击“确定”按钮，创建“0.45mm 封边”图块。

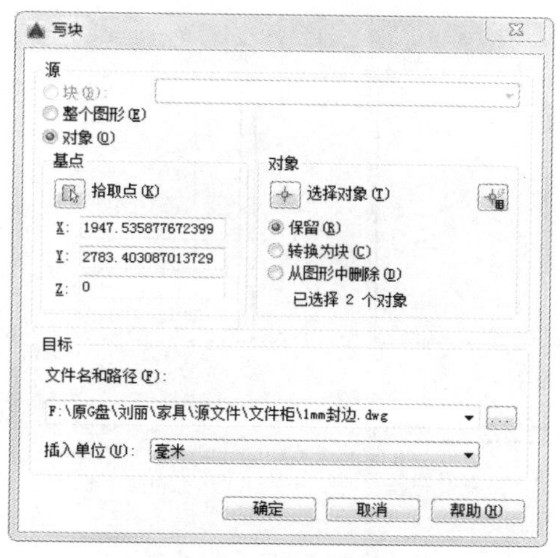

图 12-8　“写块”对话框

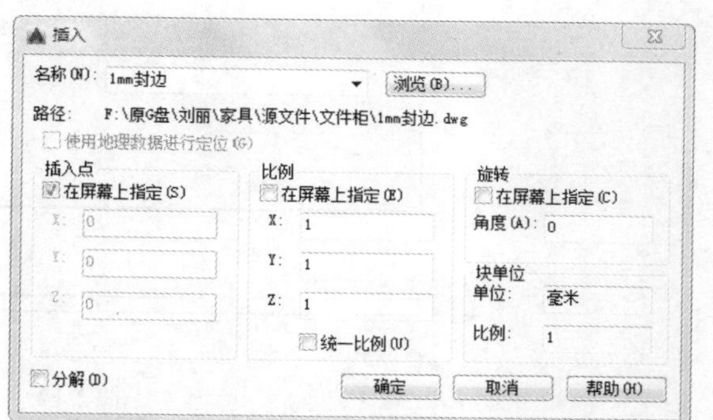

图 12-9　“插入”对话框

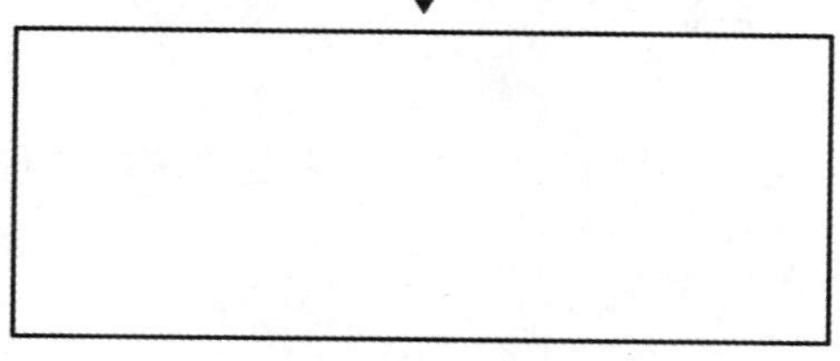

图 12-10　插入“1mm 封边”图块

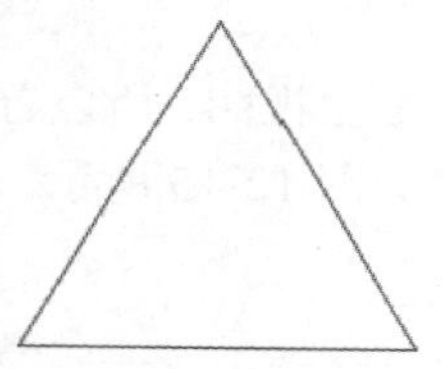

图 12-11　绘制正三角形

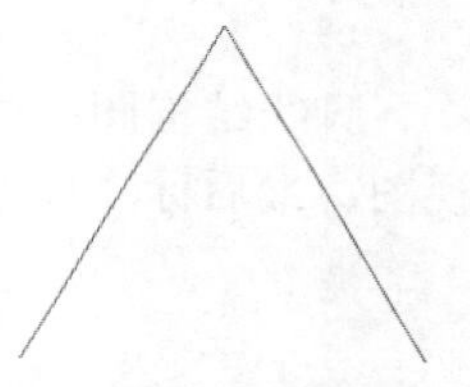

图 12-12　删除多余边

④ 单击“默认”选项卡“块”面板中的“插入”按钮，打开“插入”对话框，选择第③步创建“0.45mm 封边”图块，设置旋转角度为 90°，单击“确定”按钮，将其插入到主视图的右方；重复“插入块”命令，插入“0.45mm 封边”图块，并设置旋转角度为-90°，将其插入到主视图的左方，结果如图 12-13 所示。

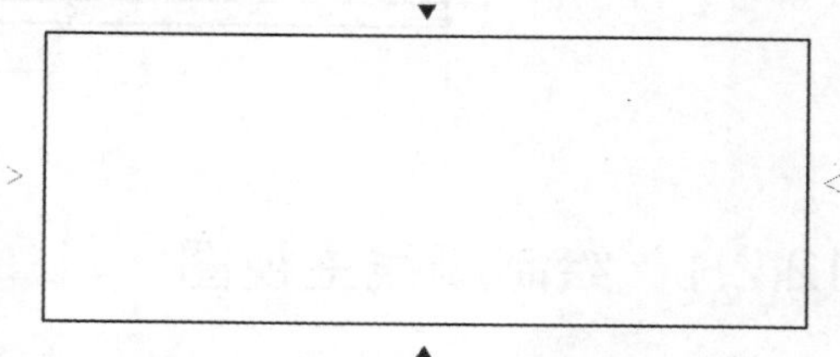

图 12-13　插入“0.45mm 封边”图块

（7）将“尺寸”图层设置为当前图层。单击“默认”选项卡“注释”面板中的“标注样式”按钮，打开“标注样式管理器”对话框，单击“修改”按钮，打开“修改标注样式：ISO-25”对话框，在该对话框中进行如下设置。

☑ “线”选项卡：设置基线间距为 5，超出尺寸线为 10，起点偏移量为 10。

☑ “符号和箭头”选项卡：设置箭头类型为“建筑标记”，设置箭头大小为 10。

☑ “文字”选项卡：设置文字高度为 15，从尺寸线偏移为 5，文字对齐方式为“与尺寸线对齐”。

其他采用默认设置，单击“确定”按钮后返回到“标注样式管理器”对话框，单击“关闭”按钮，关闭对话框。

（8）单击“默认”选项卡“注释”面板中的“线性”按钮，标注层板尺寸，结果如图 12-14 所示。

Note

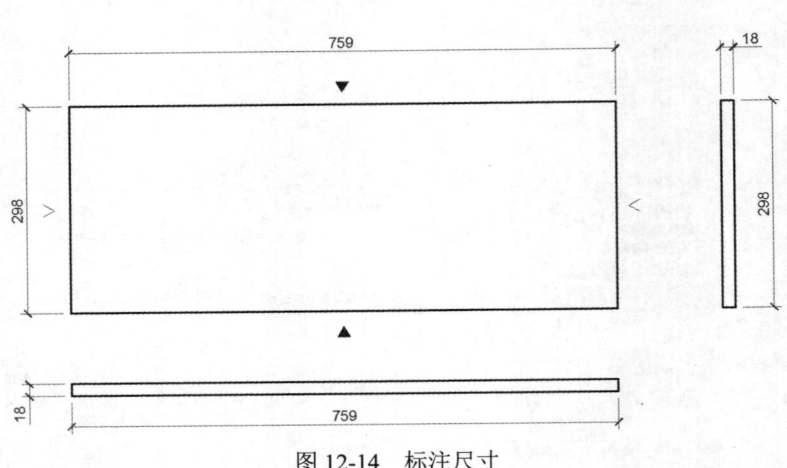

图 12-14　标注尺寸

12.2　脚　　线

脚线结构图中最复杂的是主视图，所以首先绘制主视图，然后根据主视图来定位俯视图和左视图，最后标注尺寸，结果如图 12-15 所示。

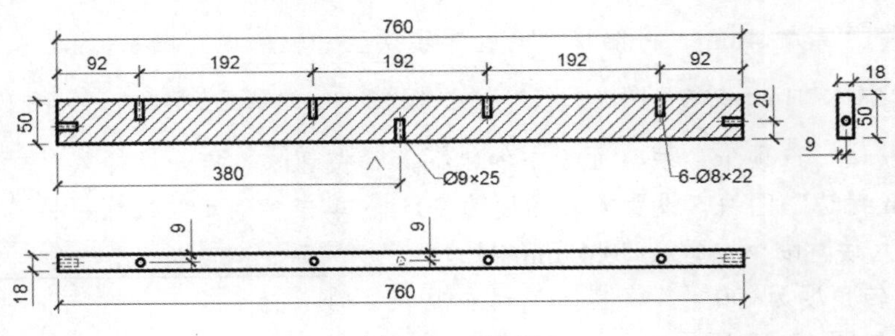

图 12-15　脚线

12.2.1　绘制脚线主视图

本节绘制如图 12-16 所示的脚线主视图。首先设置图层，然后绘制主体，再利用“偏移”“修剪”“矩形阵列”命令绘制孔，最后利用“图案填充”命令完成主视图的绘制。

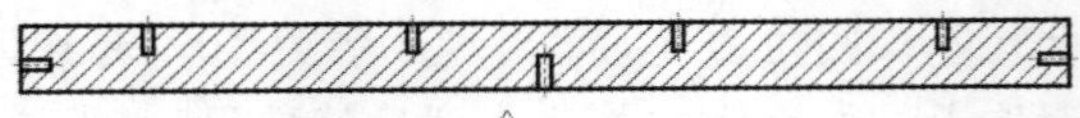

图 12-16　脚线主视图

操作步骤如下：（📹：光盘\动画演示\第 12 章\脚线主视图.avi）

（1）单击“默认”选项卡“图层”面板中的“图层特性”按钮，打开“图层特性管理器”选项板，新建图层，具体设置参数如图 12-17 所示。

（2）将“轮廓线”图层设置为当前图层。单击“默认”选项卡“绘图”面板中的“矩形”按钮，在图中适当位置绘制 760×50 的矩形，结果如图 12-18 所示。

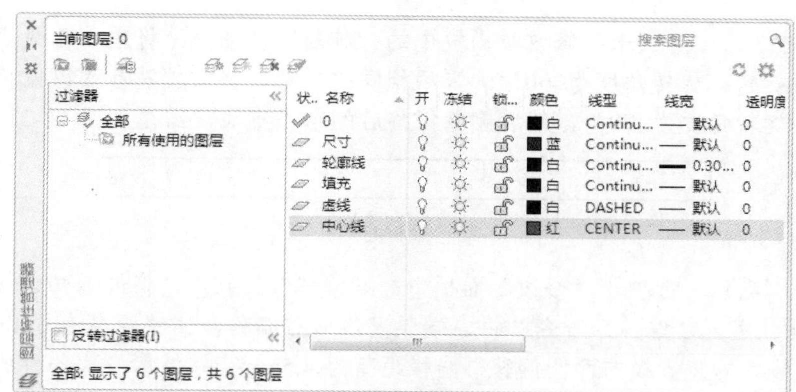

图 12-17 “图层特性管理器”选项板

图 12-18 绘制矩形

（3）单击“默认”选项卡“修改”面板中的“分解”按钮，将第（2）步绘制的矩形进行分解；单击“默认”选项卡“修改”面板中的“偏移”按钮，将左侧竖直线向右偏移，偏移距离为 92mm，并将偏移后的直线转换为中心线。

（4）单击“默认”选项卡“修改”面板中的“偏移”按钮，将第（3）步创建的中心线向两侧偏移，偏移距离为 4mm，将偏移后的直线转换至“轮廓线”图层；重复“偏移”命令，将矩形的上边线向下偏移，偏移距离为 22mm，结果如图 12-19 所示。

（5）单击“默认”选项卡“修改”面板中的“修剪”按钮，修剪多余线段；选中中心线，拖动夹点调整中心线的长度，结果如图 12-20 所示。

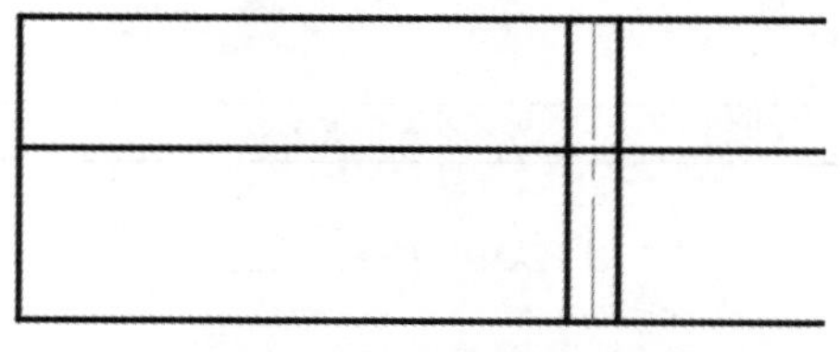

图 12-19 偏移直线

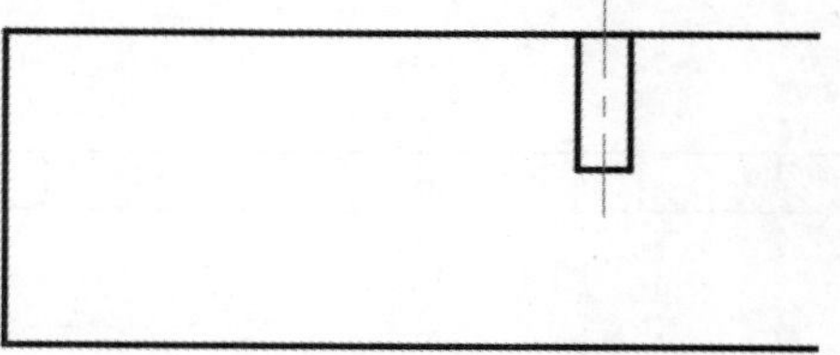

图 12-20 修剪图形

（6）单击“默认”选项卡“修改”面板中的“矩形阵列”按钮，将第（5）步创建的孔截面进行阵列，在打开的“阵列创建”选项卡中设置列数为 4，介于（列间距）为 192mm，行数为 1，单击“关闭阵列”按钮，完成阵列，结果如图 12-21 所示。

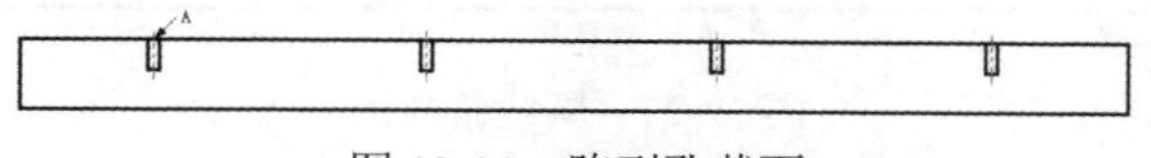

图 12-21 阵列孔截面

（7）单击“默认”选项卡“修改”面板中的“偏移”按钮，将最下端边线向上偏移，偏移距离为 20mm。

（8）单击“默认”选项卡“修改”面板中的“复制”按钮，将右端孔截面以 A 为基点复制到偏移直线与左右两侧的交点处。

Note

（9）单击“默认”选项卡“修改”面板中的“旋转”按钮，将左端孔截面以偏移直线与左侧交点为基点旋转，旋转角度为 90°；采用相同的方法，将右端孔截面以偏移直线与右侧交点为基点旋转，旋转角度为−90°，然后删除偏移后的水平直线，结果如图 12-22 所示。

图 12-22　绘制两侧孔截面

（10）单击“默认”选项卡“修改”面板中的“偏移”按钮，将最下端边线向上偏移，偏移距离为 25mm,; 重复“偏移”命令，将左端竖直线向右偏移，偏移距离为 380mm; 重复“偏移”命令，将偏移后的竖直线向两侧偏移，偏移距离为 4.5mm，并将第一次偏移的竖直线转换到中心线侧，结果如图 12-23 所示。

（11）单击“默认”选项卡“修改”面板中的“修剪”按钮，修剪多余线段；选中中心线，拖动夹点调整中心线的长度，结果如图 12-24 所示。

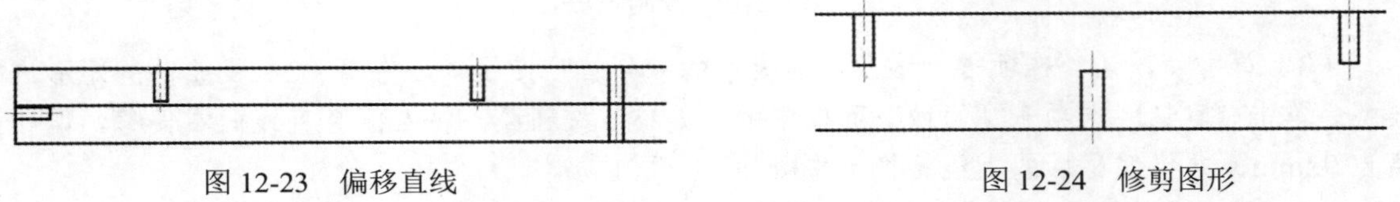

图 12-23　偏移直线　　图 12-24　修剪图形

（12）将“填充”图层设置为当前图层。单击“默认”选项卡“绘图”面板中的“图案填充”按钮，打开“图案填充创建”选项卡，在图案面板中选择 ANSI31 图案，比例设置为 3，其他采用默认设置，选取区域进行填充，结果如图 12-25 所示。

（13）单击“默认”选项卡“块”面板中的“插入”按钮，打开“插入”对话框，选择“0.45mm 封边”图块，设置旋转角度为 0°，单击“确定”按钮，将其插入到主视图的下方，结果如图 12-26 所示。

图 12-25　填充图案　　图 12-26　插入封边标示

12.2.2　绘制脚线俯视图

本节绘制如图 12-27 所示的脚线俯视图。首先根据主视图绘制定位俯视图中的关键点，再利用“矩形”命令创建主体，最后利用“复制”“圆”命令绘制孔截面和孔。

图 12-27　脚线俯视图

操作步骤如下：（：光盘\动画演示\第 12 章\脚线俯视图.avi）

（1）将“轮廓线”图层设置为当前图层。单击“默认”选项卡“绘图”面板中的“矩形”按钮，捕捉主视图的左下端点，然后向下移动鼠标到适当位置确定矩形第一角点，绘制 760×18 的矩形，结果如图 12-28 所示。

（2）单击“默认”选项卡“修改”面板中的“分解”按钮，将第（1）步绘制的矩形进行

分解；单击“默认”选项卡“修改”面板中的“偏移”按钮，将最下端的水平直线向上偏移，偏移距离为 9mm。

（3）单击“默认”选项卡“修改”面板中的“复制”按钮，将主视图中两侧的孔截面复制到俯视图中的偏移线与左右两侧竖直线交点处，然后删除偏移后的直线，将孔截面的轮廓线转换至“虚线”图层，结果如图 12-29 所示。

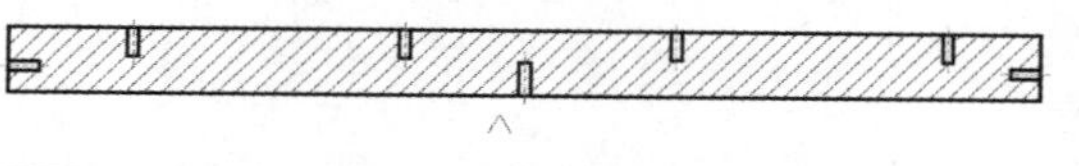

图 12-28　绘制矩形

图 12-29　复制孔截面

（4）单击“默认”选项卡“绘图”面板中的“圆”按钮，捕捉主视图上端第一个孔的中心线和俯视图中水平方向的孔中心线，在两条中心线的交点处绘制半径为 4 的圆，如图 12-30 所示。

（5）单击“默认”选项卡“修改”面板中的“矩形阵列”按钮，将第（4）步创建的圆进行阵列，在打开的“阵列创建”选项卡中设置列数为 4，介于（列间距）为 192mm，行数为 1，单击“关闭阵列”按钮，完成阵列，结果如图 12-31 所示。

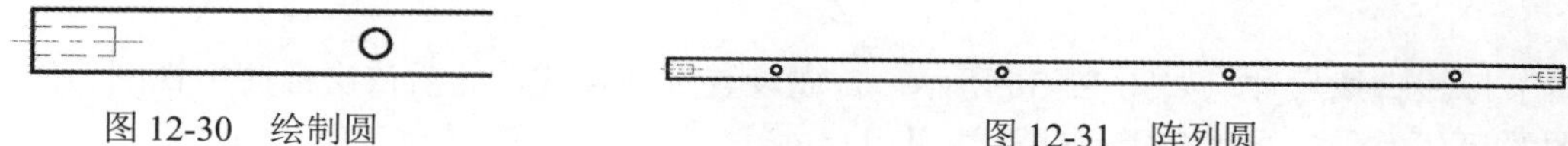

图 12-30　绘制圆

图 12-31　阵列圆

（6）将“虚线”图层设置为当前图层。单击“默认”选项卡“绘图”面板中的“圆”按钮，捕捉主视图下端孔的中心线和俯视图中水平方向的孔中心线，在两条中心线的交点处绘制半径为 4.5 的圆，如图 12-32 所示。

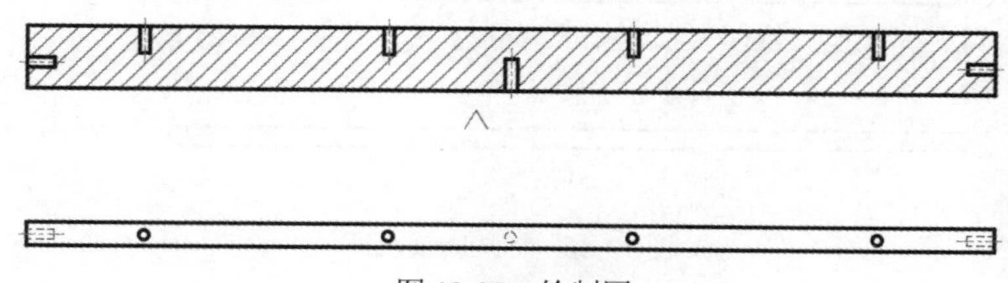

图 12-32　绘制圆

12.2.3　绘制脚线左视图

本节绘制如图 12-33 所示的脚线左视图。首先根据主视图绘制定位左视图中的关键点，再利用“矩形”命令创建主体，最后利用“圆”命令绘制孔。

图 12-33　脚线左视图

操作步骤如下：（：光盘\动画演示\第 12 章\脚线左视图.avi）

（1）将“轮廓线”图层设置为当前图层。单击“默认”选项卡“绘图”面板中的“矩形”按钮，捕捉主视图的右下端点，然后向右移动鼠标到适当位置确定矩形第一角点，绘制 18×50 的矩形，结果如图 12-34 所示。

（2）单击“默认”选项卡“修改”面板中的“分解”按钮，将第（1）步绘制的矩形进行分解；单击“默认”选项卡“修改”面板中的“偏移”按钮，将最下端的水

平直线向上偏移，偏移距离为 20mm；重复“偏移”命令，将右侧竖直线向左偏移，偏移距离为 9mm。

Note

（3）单击“默认”选项卡“绘图”面板中的“圆”按钮，在偏移直线的交点处绘制半径为 4 的圆，删除偏移直线，结果如图 12-35 所示。

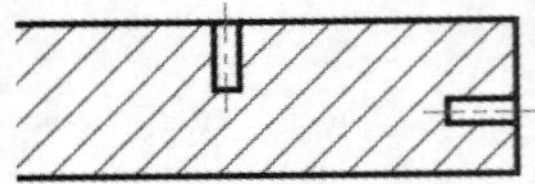

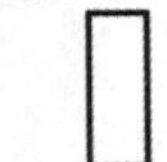

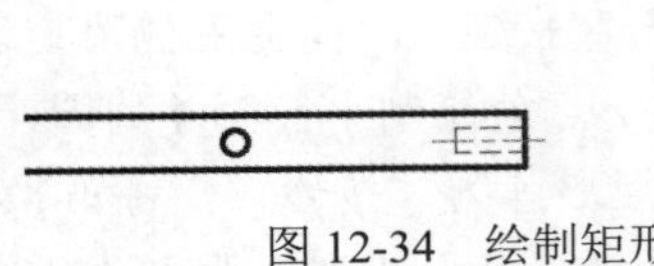

图 12-34　绘制矩形

图 12-35　绘制圆

12.2.4　标注脚线尺寸

本节标注脚线尺寸，如图 12-36 所示。首先设置尺寸样式，然后依次标注主视图、俯视图和左视图的尺寸，最后利用多重引线标注引出尺寸。

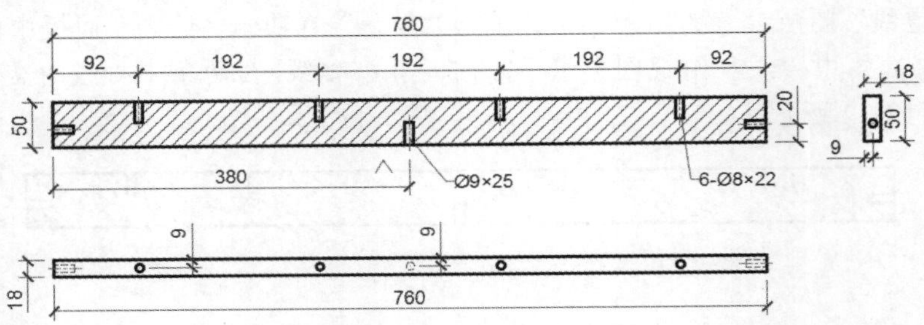

图 12-36　标注脚线尺寸

操作步骤如下：（：光盘\动画演示\第 12 章\标注脚线尺寸.avi）

（1）将“尺寸”图层设置为当前图层。单击“默认”选项卡“注释”面板中的“标注样式”按钮，打开“标注样式管理器”对话框，单击“修改”按钮，打开“修改标注样式：ISO-25”对话框，在该对话框中进行如下设置。

- ☑ “线”选项卡：设置基线间距为 5，超出尺寸线为 10，起点偏移量为 10。
- ☑ “符号和箭头”选项卡：设置箭头类型为“建筑标记”，设置箭头大小为 10。
- ☑ “文字”选项卡：设置文字高度为 15，从尺寸线偏移为 5，文字对齐方式为“与尺寸线对齐”。

其他采用默认设置，单击“确定”按钮后返回到“标注样式管理器”对话框，单击“关闭”按钮，关闭对话框。

（2）单击“注释”选项卡“标注”面板中的“线性”按钮和“连续”按钮，标注主视图的线性尺寸，结果如图 12-37 所示。

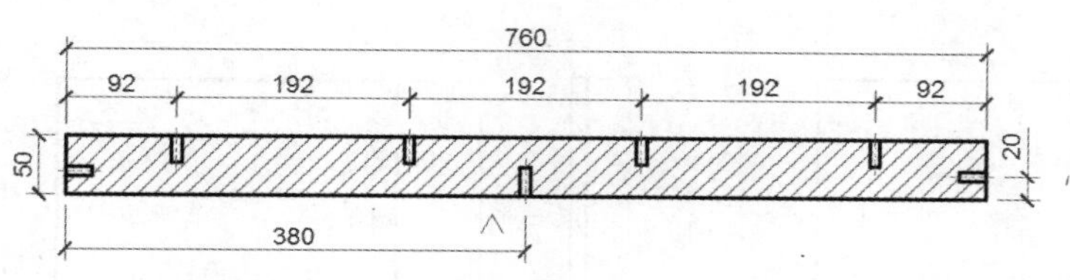

图 12-37 标注主视图尺寸

（3）单击“注释”选项卡“尺寸”面板中的“线性”按钮，标注俯视图的线性尺寸，结果如图 12-38 所示。

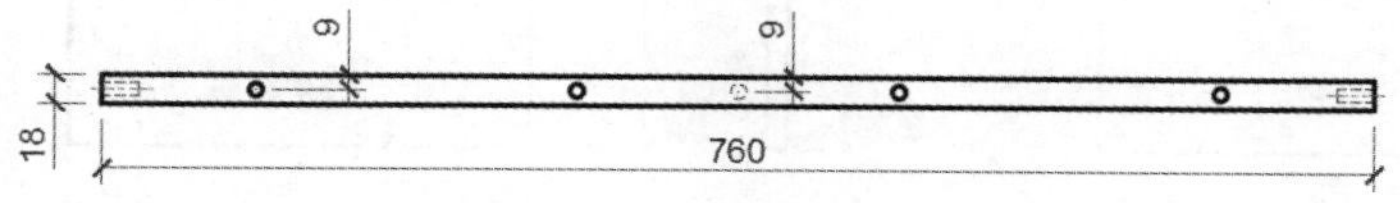

图 12-38 标注俯视图尺寸

（4）单击“注释”选项卡“尺寸”面板中的“线性”按钮，标注左视图的线性尺寸，结果如图 12-39 所示。

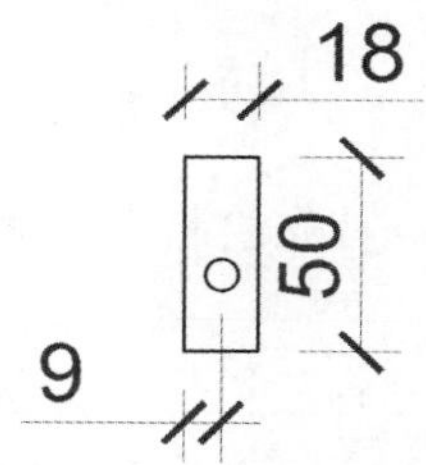

图 12-39 标注左视图尺寸

（5）单击“默认”选项卡“注释”面板中的“多重引线”按钮，在视图中指定引线箭头的位置，然后指定引线基线的位置，在打开的文字格式编辑器中输入尺寸值，结果如图 12-40 所示。

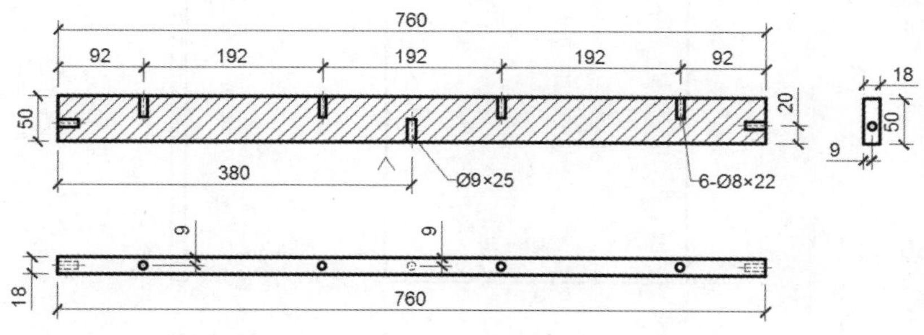

图 12-40 标注引出尺寸

12.3 左、右门板

左、右门板结构一样，只有局部地方不一样，所以先绘制结构比较复杂的右门板，然后再在右门板的基础上删除多余的图形，并调整把手位置即可完成左门板的绘制，如图 12-41 所示。

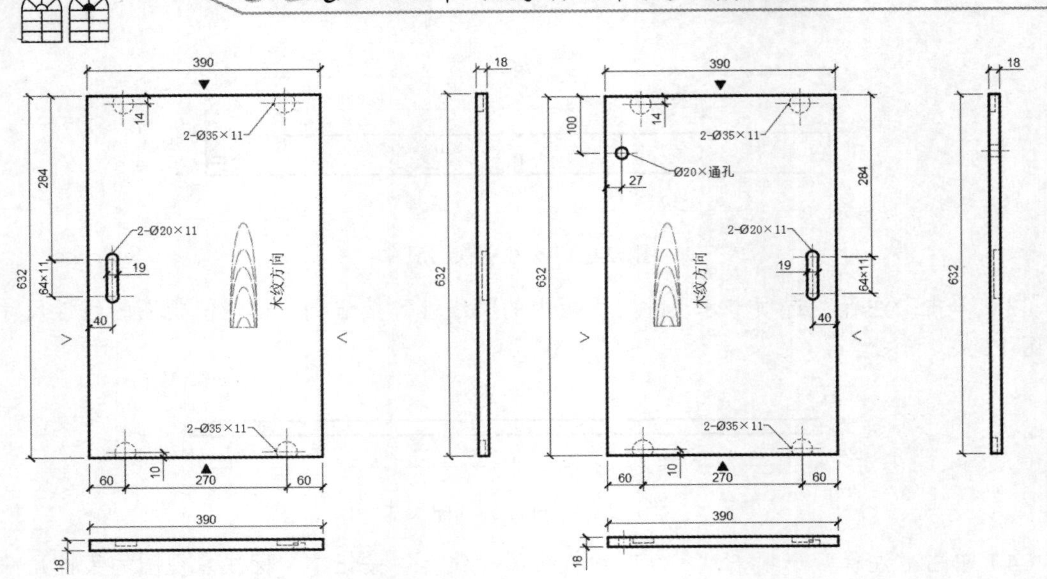

图 12-41　左、右门板

12.3.1　绘制右门板

本节绘制如图 12-42 所示的右门板。首先绘制右门板的主视、左视和俯视图，然后依此对各个视图进行尺寸标注。

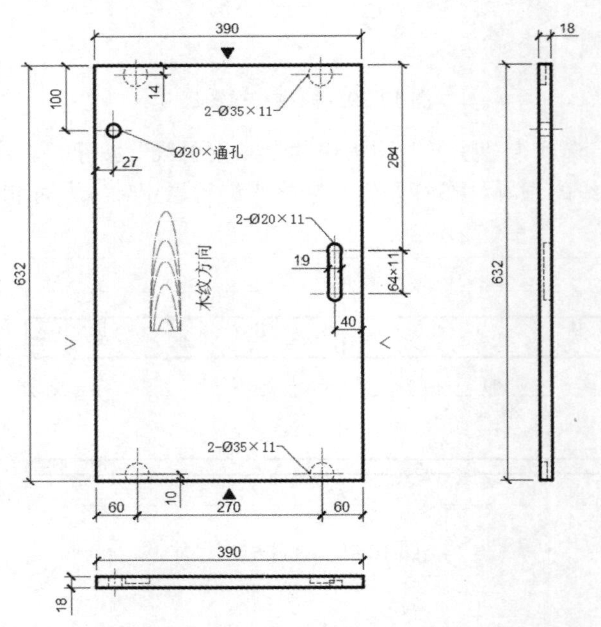

图 12-42　右门板

操作步骤如下：（：光盘\动画演示\第 12 章\右门板.avi）

（1）单击“默认”选项卡“图层”面板中的“图层特性”按钮，打开“图层特性管理器”选项板，新建图层，具体设置参数如图 12-43 所示。

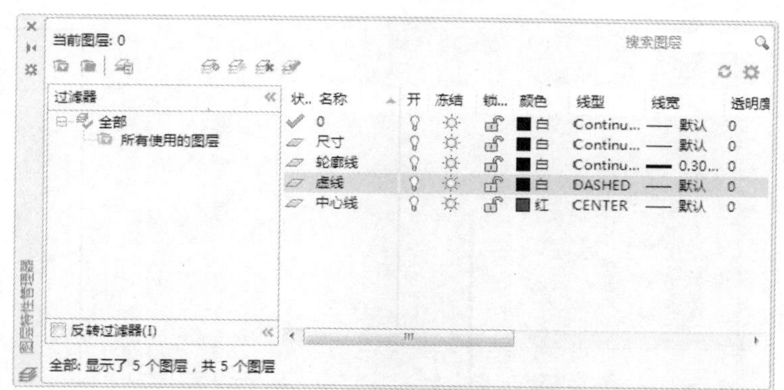

图 12-43 “图层特性管理器”选项板

（2）绘制右门板主视图。

① 将“轮廓线”图层设置为当前图层。单击“默认”选项卡“绘图”面板中的“矩形”按钮，在图中适当位置绘制 390×632 的矩形，结果如图 12-44 所示。

② 单击“默认”选项卡“修改”面板中的“分解”按钮，将第①步绘制的矩形进行分解；单击“默认”选项卡“修改”面板中的“偏移”按钮，将左侧竖直线向右偏移，偏移距离为 60mm；重复“偏移”命令，将最下端水平直线向上偏移，偏移距离为 10mm，并将偏移后的直线转换为中心线，并调整其长度，结果如图 12-45 所示。

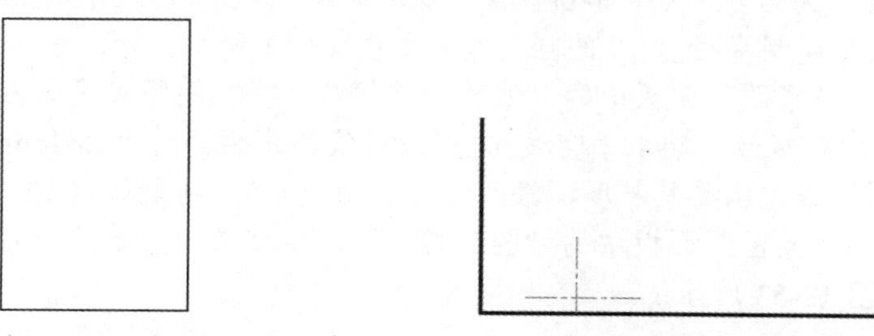

图 12-44 绘制矩形

图 12-45 绘制中心线

③ 将“虚线”图层设置为当前图层。单击“默认”选项卡“绘图”面板中的“圆”按钮，在第②步绘制的中心线交点处绘制直径为 35 的圆，修改虚线的特性比例为 0.5，结果如图 12-46 所示。

④ 单击“默认”选项卡“修改”面板中的“修剪”按钮，修剪掉超出外轮廓线的圆，结果如图 12-47 所示。

⑤ 单击“默认”选项卡“修改”面板中的“镜像”按钮，将圆和中心线以矩形上下两条水平线的中点为镜像线进行镜像；重复“镜像”命令，将镜像前和镜像后圆和中心线以矩形的左右两条竖直线的中点为镜像线进行镜像，结果如图 12-48 所示。

⑥ 单击“默认”选项卡“修改”面板中的“移动”按钮，将镜像后得到的上端圆弧以及中心线以其中心线交点为基点，向下移动 4mm（输入坐标为（@0,-4））；单击“默认”选项卡“修改”面板中的“延伸”按钮，将移动后的圆弧延伸至上端水平线，结果如图 12-49 所示。

⑦ 单击“默认”选项卡“修改”面板中的“偏移”按钮，将右侧竖直线向左偏移，偏移距离为 27mm；重复“偏移”命令，将最上端水平直线向下偏移，偏移距离为 100mm，并将偏移后的直线转换为中心线，调整其长度，修改线性比例为 0.5，结果如图 12-50 所示。

Note

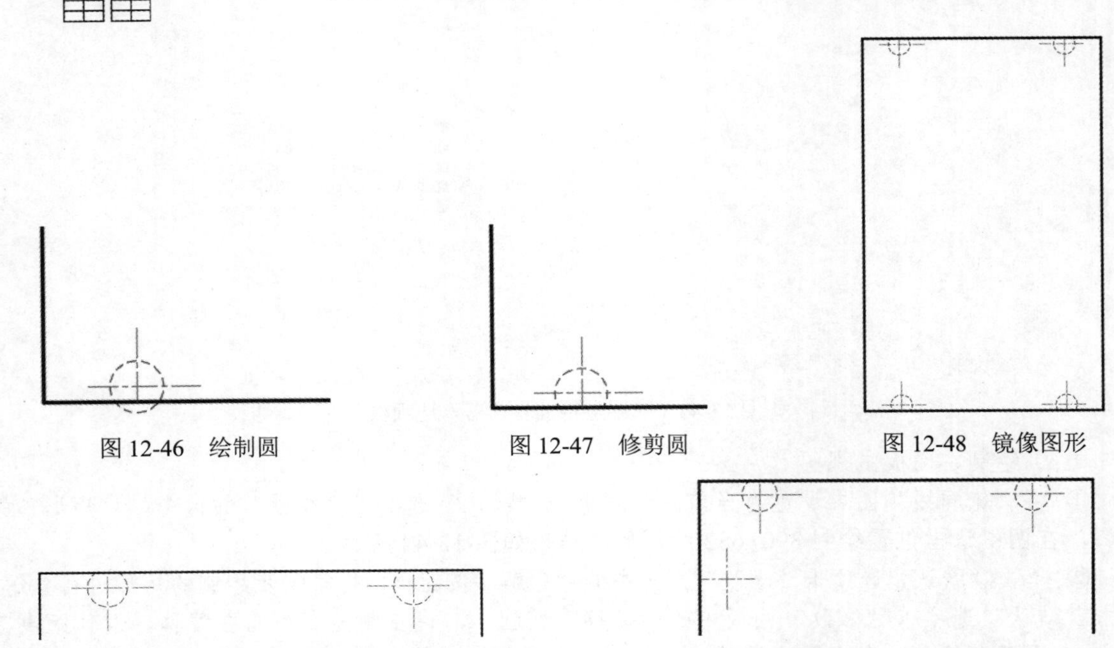

图 12-46　绘制圆　　图 12-47　修剪圆　　图 12-48　镜像图形

图 12-49　移动圆弧　　图 12-50　绘制中心线

⑧ 将“轮廓线”图层设置为当前图层。单击“默认”选项卡“绘图”面板中的“圆”按钮，在第⑦步绘制的中心线交点处绘制半径为 10 的圆，结果如图 12-51 所示。

⑨ 单击“默认”选项卡“修改”面板中的“偏移”按钮，将右侧竖直线向左偏移，偏移距离为 40mm；重复“偏移”命令，将最上端水平直线向下偏移，偏移距离分别为 284mm 和 348mm，并将偏移后的直线转换为中心线，调整其长度，修改线性比例为 0.5，结果如图 12-52 所示。

⑩ 单击“默认”选项卡“绘图”面板中的“圆”按钮，在第⑨步绘制的中心线交点处绘制半径为 10 的圆，结果如图 12-53 所示。

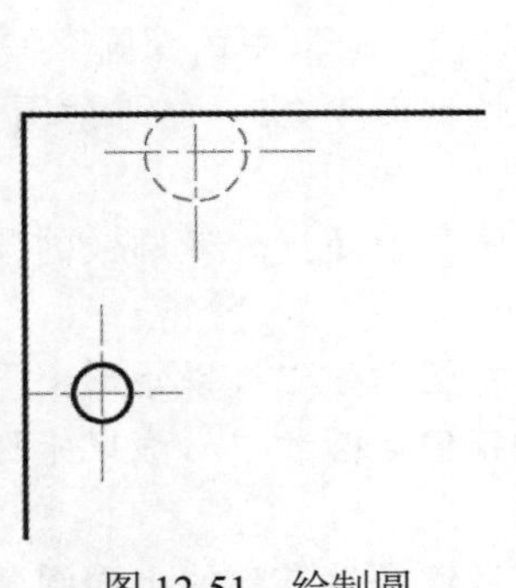

图 12-51　绘制圆

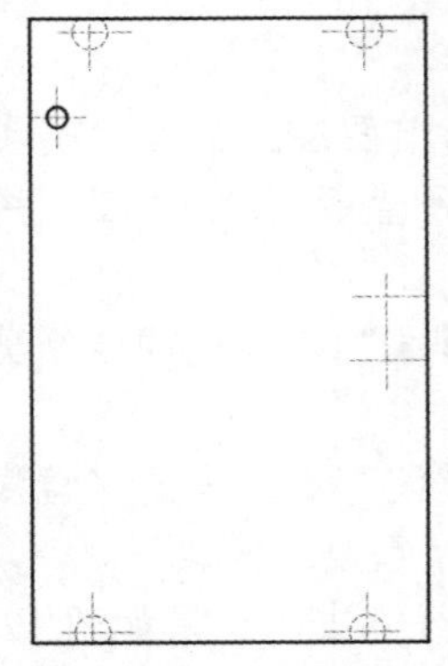

图 12-52　绘制中心线

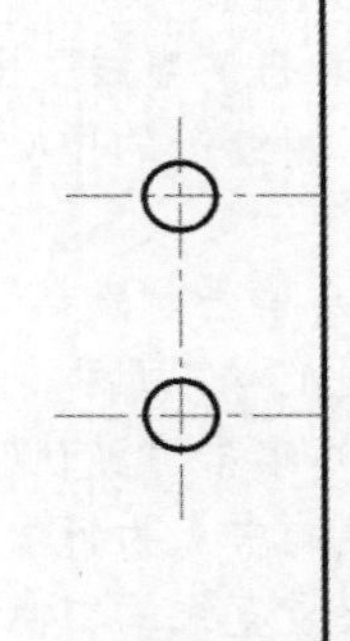

图 12-53　绘制圆

⑪ 单击“默认”选项卡“修改”面板中的“偏移”按钮，将竖直中心线向两侧偏移，偏移距离为 9.5mm，并将偏移后的线段转换到“轮廓线”图层。单击“默认”选项卡“修改”面板中的“修剪”按钮，修剪多余的线段，结果如图 12-54 所示。

（3）创建木纹方向。

① 将“中心线”图层设置为当前图层。单击“默认”选项卡“绘图”面板中的“椭圆”按

钮，在图中适当位置绘制一组椭圆。

② 单击“默认”选项卡“绘图”面板中的“直线”按钮，绘制一条水平直线。

③ 单击“默认”选项卡“修改”面板中的“修剪”按钮，修剪多余的线段，结果如图 12-55 所示。

④ 单击“默认”选项卡“注释”面板中的“多行文字”按钮，在木纹方向图案的旁边输入“木纹方向”字样；单击“默认”选项卡“修改”面板中的“旋转”按钮，将文字旋转-90°，结果如图 12-56 所示。

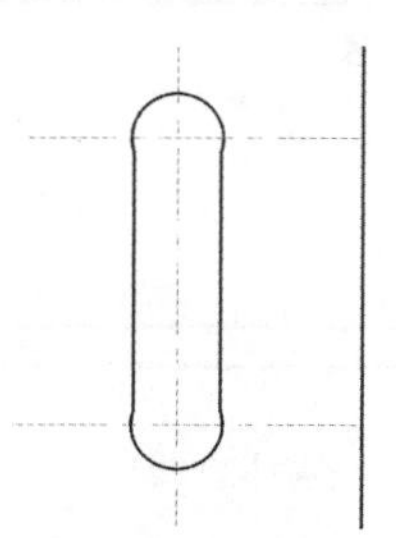

图 12-54　修剪图形

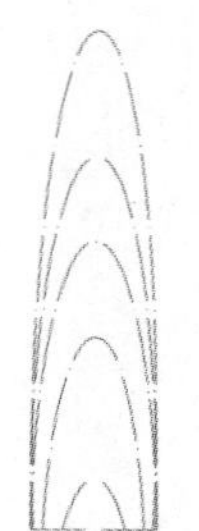

图 12-55　绘制木纹方向图形

图 12-56　标注文字

⑤ 在命令行中输入“WBLOCK”命令，打开“写块”对话框，拾取水平线的中点为基点，选取木纹方向图形和文字为对象，指定文件名为“木纹”，选择合适的保存路径，单击“确定”按钮，创建“木纹”图块。

⑥ 单击“默认”选项卡“块”面板中的“插入”按钮，打开“插入”对话框，选择“0.45mm 封边”图块，将其插入到视图的左右两侧；重复“插入块”命令，将“1mm 封边”图块插入到视图的上下两侧，结果如图 12-57 所示。

（4）绘制俯视图。

① 将“轮廓线”图层设置为当前图层。单击“默认”选项卡“绘图”面板中的“矩形”按钮，捕捉主视图的左下端点，然后向下移动鼠标到适当位置确定矩形第一角点，绘制 390×18 的矩形，结果如图 12-58 所示。

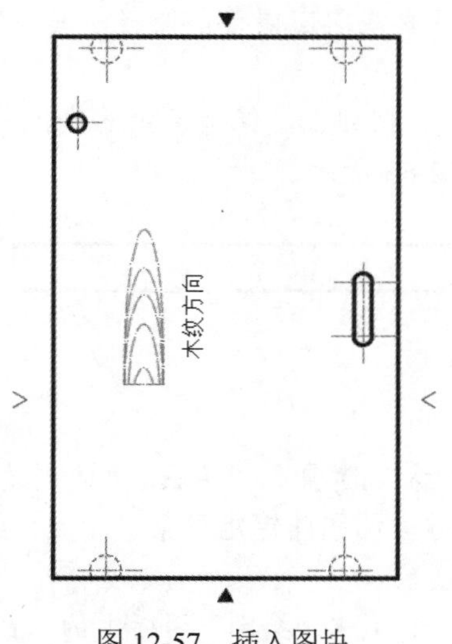

图 12-57　插入图块

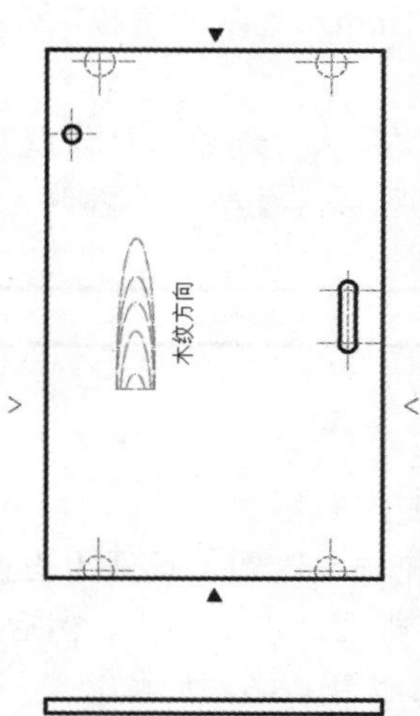

图 12-58　绘制矩形

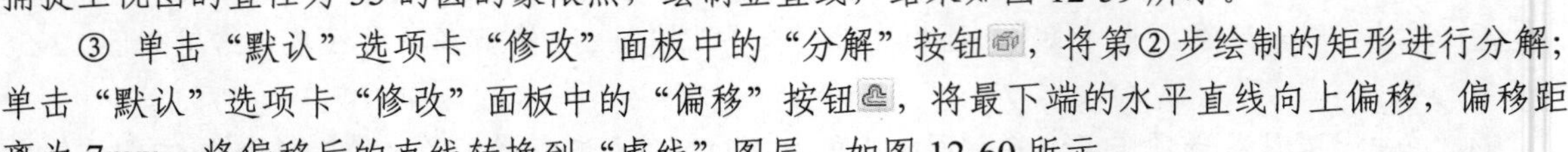

② 将“虚线”图层设置为当前图层。单击“默认”选项卡“绘图”面板中的“直线”按钮╱，捕捉主视图的直径为 35 的圆的象限点，绘制竖直线，结果如图 12-59 所示。

Note

③ 单击“默认”选项卡“修改”面板中的“分解”按钮，将第②步绘制的矩形进行分解；单击“默认”选项卡“修改”面板中的“偏移”按钮，将最下端的水平直线向上偏移，偏移距离为 7mm，将偏移后的直线转换到“虚线”图层，如图 12-60 所示。

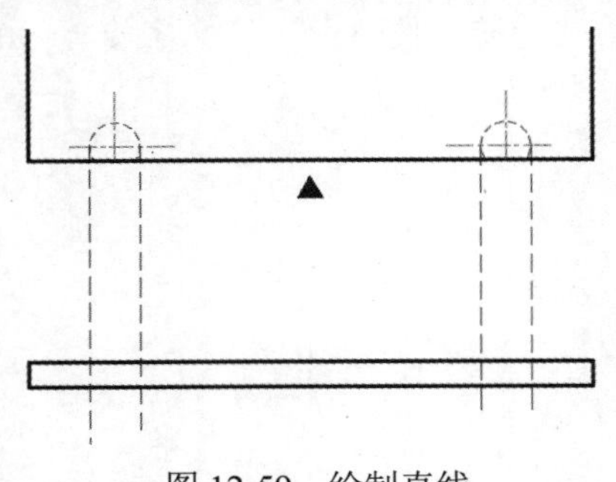

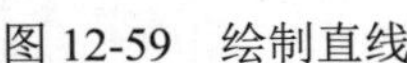

图 12-59　绘制直线

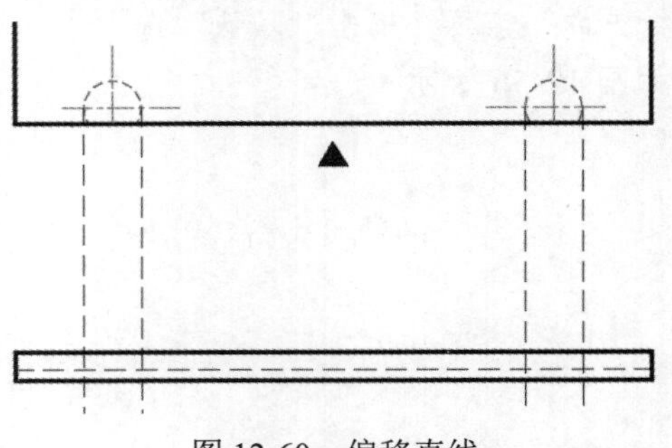

图 12-60　偏移直线

④ 单击“默认”选项卡“修改”面板中的“修剪”按钮，修剪多余的线段，然后将修剪后的虚线线型比例更改为 0.5，结果如图 12-61 所示。

⑤ 单击“默认”选项卡“修改”面板中的“偏移”按钮，将矩形的左侧边线向右偏移，偏移距离为 27mm，将偏移后的直线转换至“中心线”图层；重复“偏移”命令，将偏移后的直线向两侧偏移，偏移距离为 10mm，将偏移后的直线转换至“虚线”图层，将线型比例更改为 0.5，调整中心线的长度，结果如图 12-62 所示。

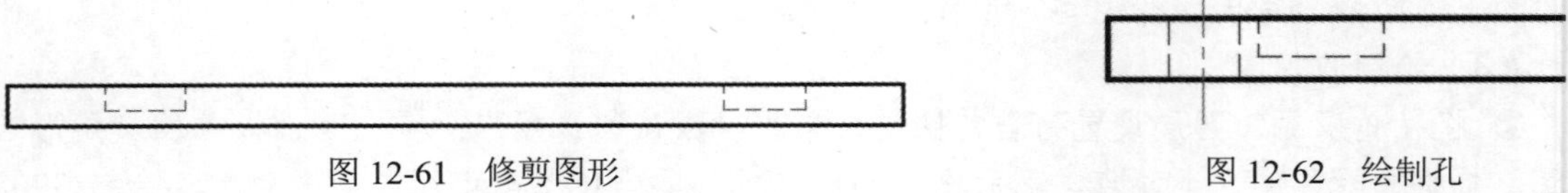

图 12-61　修剪图形

图 12-62　绘制孔

⑥ 单击“默认”选项卡“修改”面板中的“偏移”按钮，将最下端的水平直线向上偏移，偏移距离为 11mm；重复“偏移”命令，将最右端的竖直线向左偏移，偏移距离分别为 30.5mm 和 49.5mm。

⑦ 单击“默认”选项卡“修改”面板中的“修剪”按钮，修剪多余的线段，并将线段转换至“虚线”图层，线型比例修改为 0.5，结果如图 12-63 所示。

图 12-63　修剪图形

（5）绘制左视图。

① 将“轮廓线”图层设置为当前图层。单击“默认”选项卡“绘图”面板中的“矩形”按钮，捕捉主视图的右上端点，然后向右移动鼠标到适当位置确定矩形第一角点，绘制 18 × 632 的矩形，结果如图 12-64 所示。

② 将“虚线”图层设置为当前图层。单击“默认”选项卡“绘图”面板中的“直线”按钮╱，

捕捉主视图的关键点向右绘制水平线，结果如图 12-65 所示。

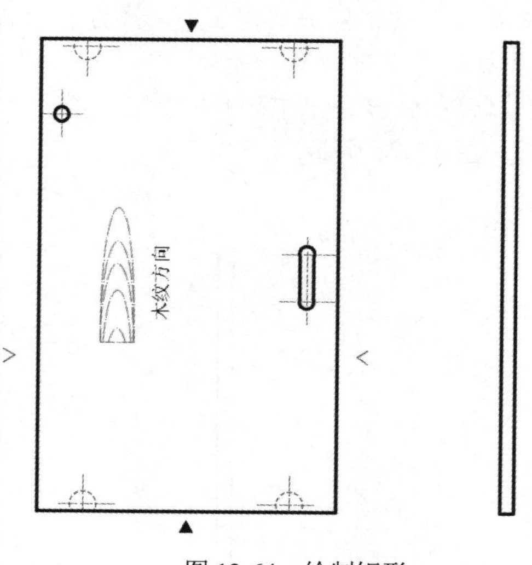

图 12-64　绘制矩形

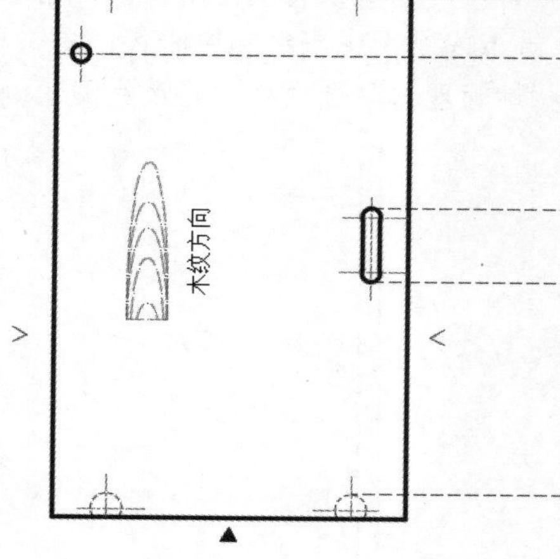

图 12-65　绘制直线

③ 单击“默认”选项卡“修改”面板中的“分解”按钮，将矩形分解；单击“默认”选项卡“修改”面板中的“偏移”按钮，将左视图中的左端竖直线向右偏移，偏移距离为 11mm，并将偏移后的直线转换至“虚线”图层，如图 12-66 所示。

④ 单击“默认”选项卡“修改”面板中的“修剪”按钮，修剪多余的线段，结果如图 12-67 所示。

⑤ 单击“默认”选项卡“修改”面板中的“偏移”按钮，将左视图中的右端竖直线向左偏移，偏移距离为 11mm，并将偏移后的直线转换至“虚线”图层，如图 12-68 所示。

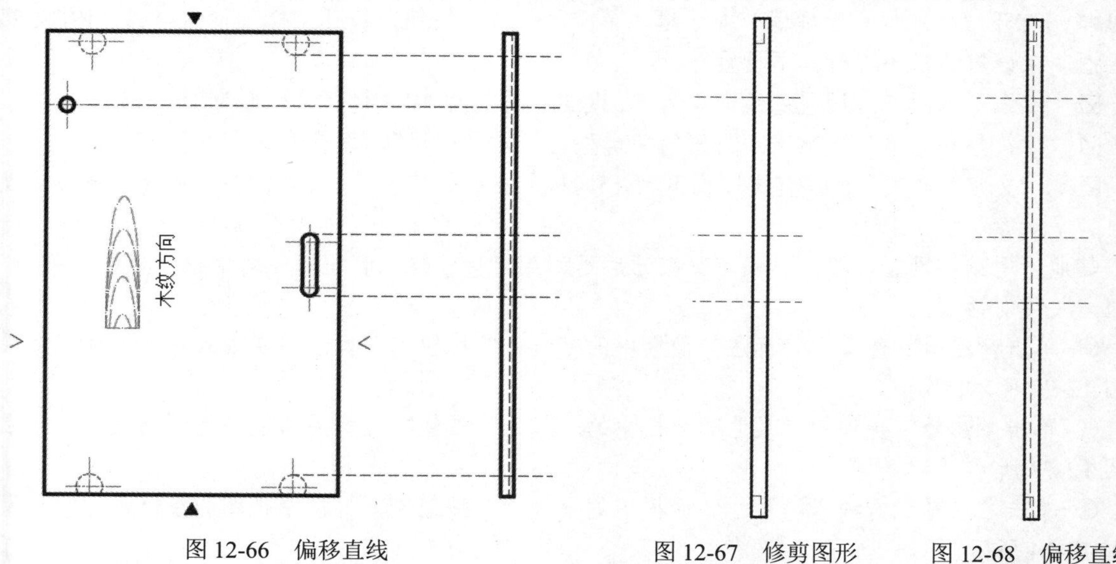

图 12-66　偏移直线　　图 12-67　修剪图形　　图 12-68　偏移直线

⑥ 单击“默认”选项卡“修改”面板中的“修剪”按钮，修剪多余的线段，结果如图 12-69 所示。

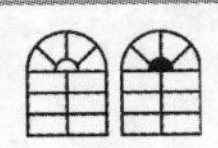

Note

⑦ 单击“默认”选项卡“修改”面板中的“偏移”按钮，将图12-69中的直线1向两侧偏移，偏移距离为10mm；单击“默认”选项卡“修改”面板中的“修剪”按钮，修剪多余的线段，并将中间的直线转换为中心线，结果如图12-70所示。

⑧ 选取左视图中虚线和中心线，单击鼠标右键，在打开的快捷菜单中选择“特性”命令，打开“特性管理器”选项板，修改线型比例为0.5，结果如图12-71所示。

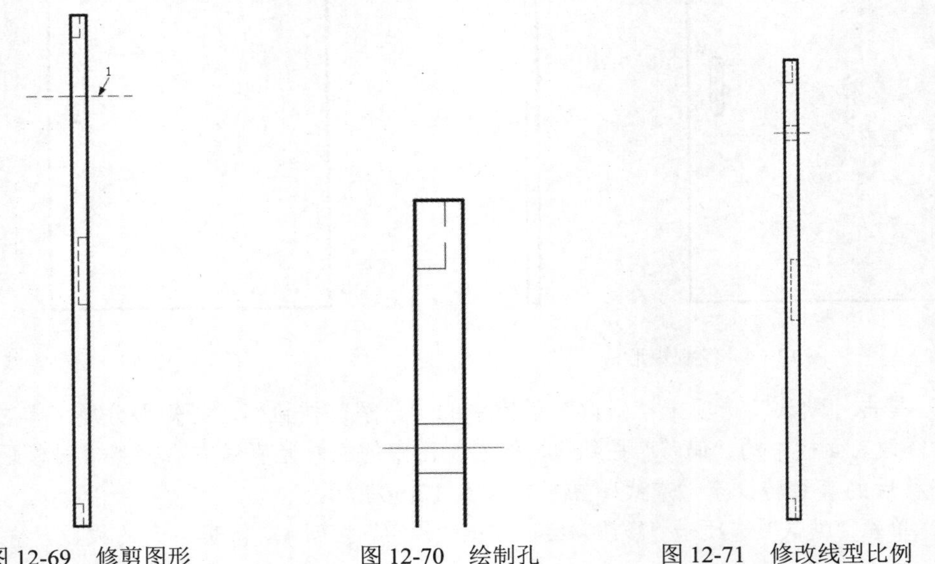

图12-69　修剪图形　　图12-70　绘制孔　　图12-71　修改线型比例

（6）标注尺寸。

① 将“尺寸”图层设置为当前图层。单击“默认”选项卡“注释”面板中的“标注样式”按钮，打开“标注样式管理器”对话框，单击“修改”按钮，打开“修改标注样式：ISO-25”对话框，在该对话框中进行如下设置。

☑ “线”选项卡：设置基线间距为5，超出尺寸线为10，起点偏移量为10。

☑ “符号和箭头”选项卡：设置箭头类型为“建筑标记”，设置箭头大小为10。

☑ “文字”选项卡：设置文字高度为15，从尺寸线偏移为5，文字对齐方式为“与尺寸线对齐”。

其他采用默认设置，单击“确定”按钮后返回到“标注样式管理器”对话框，单击“关闭”按钮，关闭对话框。

② 单击“注释”选项卡“标注”面板中的“线性”按钮，标注主视图的线性尺寸，结果如图12-72所示。

③ 单击“注释”选项卡“尺寸”面板中的“线性”按钮，标注俯视图的线性尺寸，结果如图12-73所示。

④ 单击“注释”选项卡“尺寸”面板中的“线性”按钮，标注左视图的线性尺寸，结果如图12-74所示。

⑤ 单击“默认”选项卡“注释”面板中的“多重引线”按钮，在视图中指定引线箭头的位置，然后指定引线基线的位置，在打开的文字格式编辑器中输入尺寸值，结果如图12-75所示。

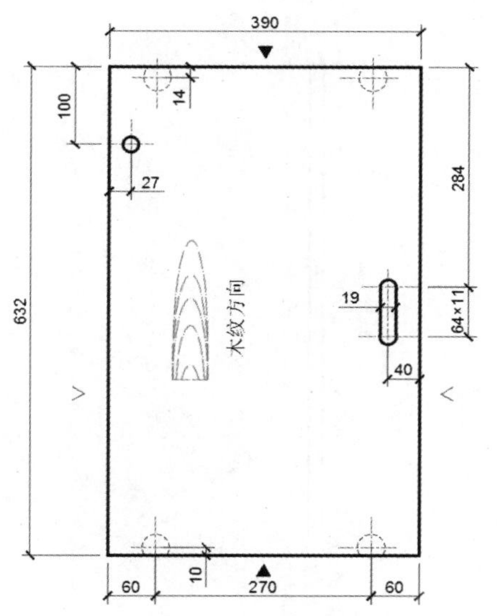

图 12-72　标注主视图尺寸

图 12-73　标注俯视图尺寸

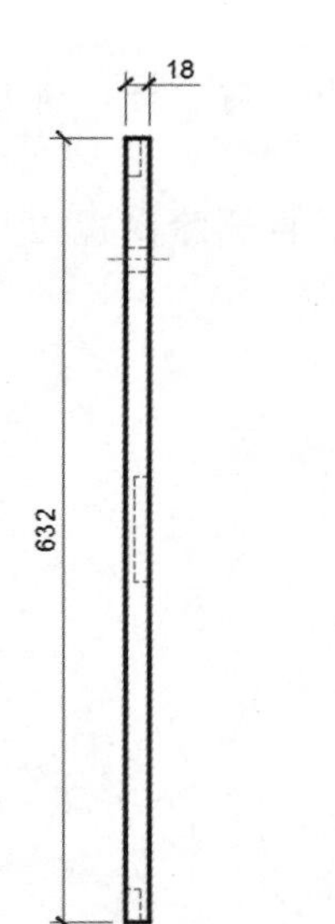

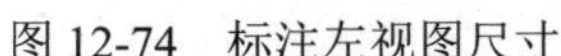

图 12-74　标注左视图尺寸

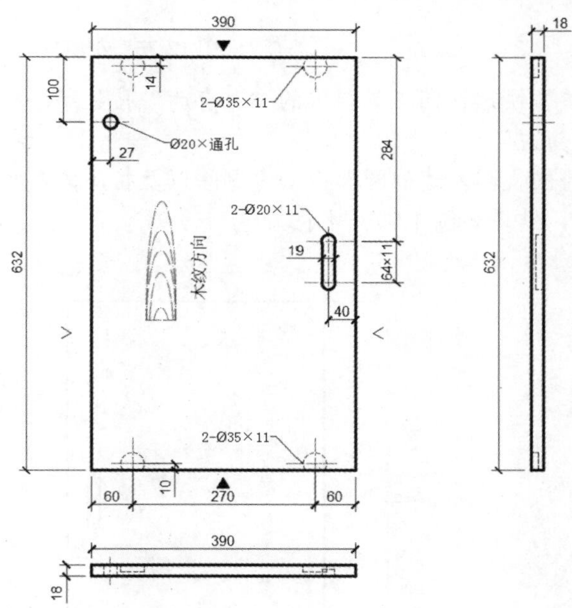

图 12-75　标注带引线尺寸

12.3.2　绘制左门板

本节绘制如图 12-76 所示的左门板。首先打开右门板文件，并删除多余的图形和尺寸，然后镜像图形，最后将尺寸移动到适当的位置。

操作步骤如下：（光盘\动画演示\第 12 章\左门板.avi）

（1）单击快速访问工具栏中的“打开”按钮，打开“选择文件”对话框，打开前面绘制的右门板图形。

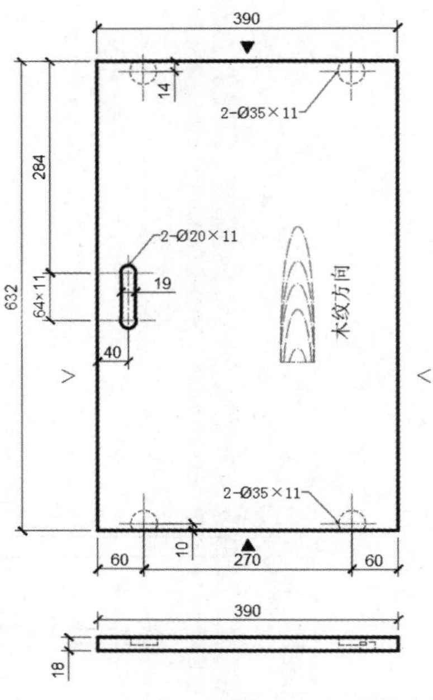

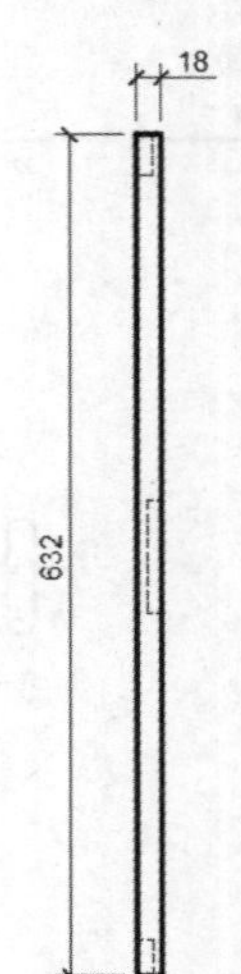

图 12-76　左门板

（2）单击快速访问工具栏中的“另存为”按钮，打开“另存为”对话框，将打开的右门板图形另存为左门板。

（3）将主视图左边的圆和中心线删除以及相应的尺寸删除，然后再删除俯视图和左视图中对应的图形，结果如图 12-77 所示。

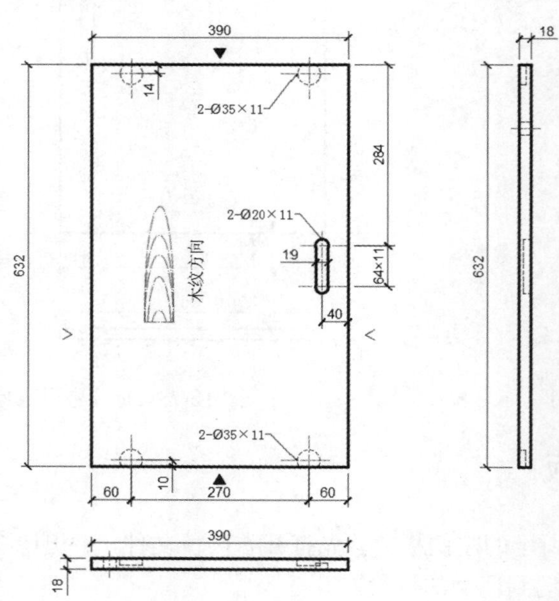

图 12-77　删除图形

（4）单击“默认”选项卡“修改”面板中的“镜像”按钮，选取图 12-78 所示的图形以主视图中的上下两条水平线中点为镜像线进行镜像，删除原图形，结果如图 12-79 所示。

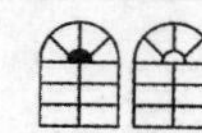

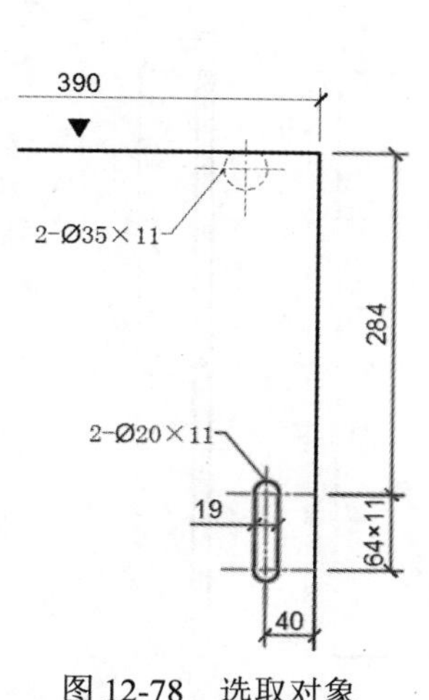

图 12-78 选取对象

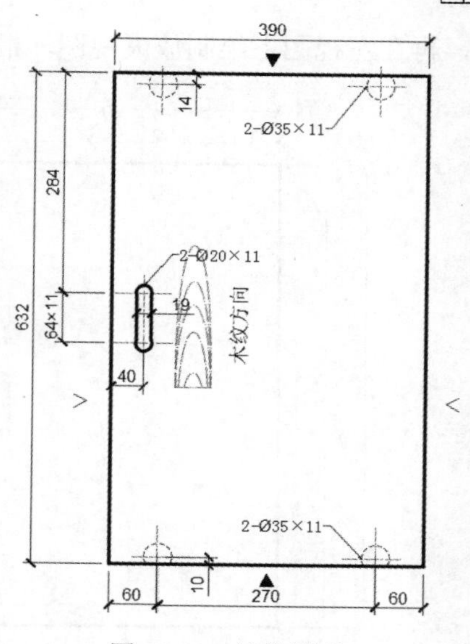

图 12-79 镜像图形

（5）单击“默认”选项卡“修改”面板中的“移动”按钮，将“木纹”图块移动到图形适当位置，结果如图 12-80 所示。

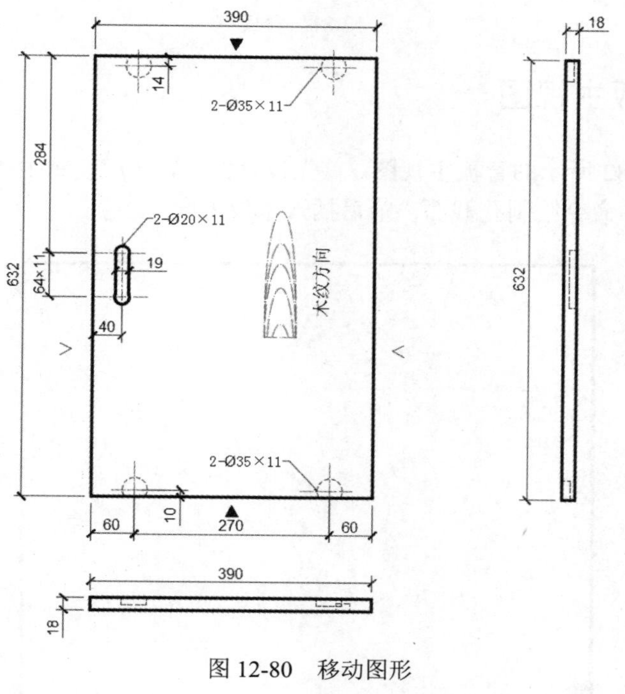

图 12-80 移动图形

12.4 背 板

首先绘制背板主视图，然后绘制背板俯视图，再绘制左视图，由于左视图的内部结构表达的

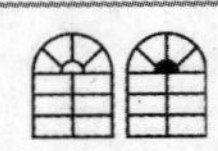

Note

不是很清楚，再在左视图上绘制放大视图，最后对图形进行尺寸和文字标注，如图 12-81 所示。

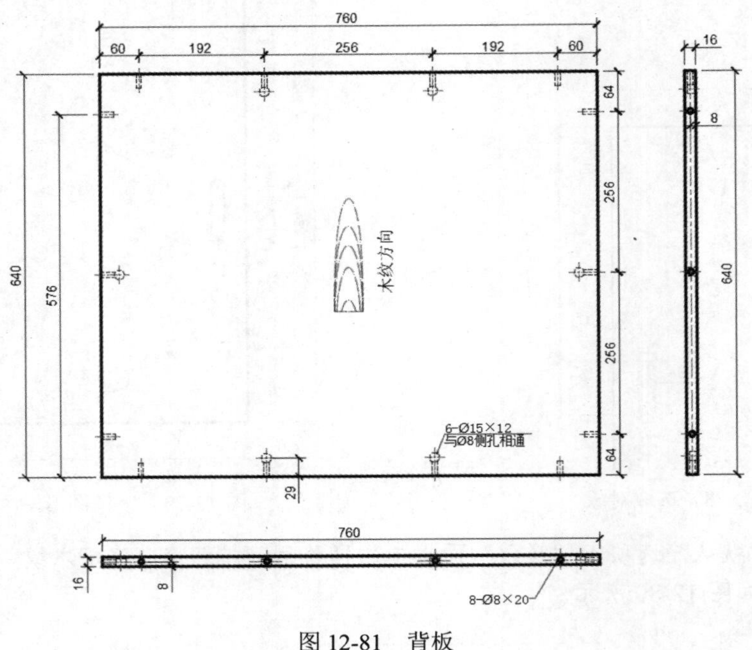

图 12-81　背板

12.4.1　绘制背板主视图

本节绘制如图 12-82 所示的背板主视图。首先设置图层，然后绘制主体，再利用“偏移”“修剪”“复制”“镜像”等命令绘制孔截面，最后插入木纹方向。

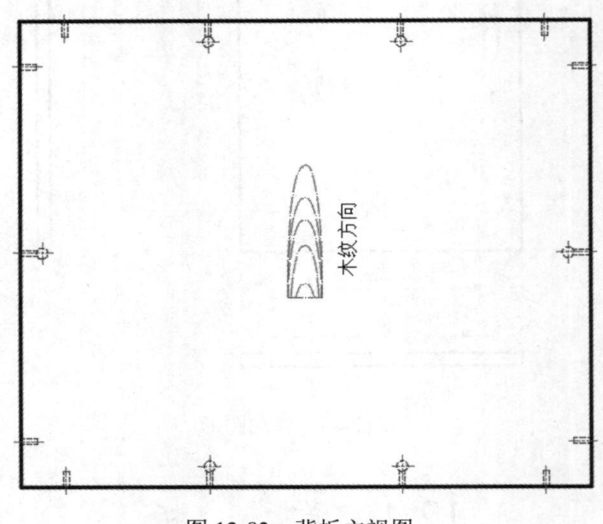

图 12-82　背板主视图

操作步骤如下：（📹：光盘\动画演示\第 12 章\背板主视图.avi）

（1）单击“默认”选项卡“图层”面板中的“图层特性”按钮，打开“图层特性管理器”

选项板，新建图层，具体设置参数如图12-83所示。

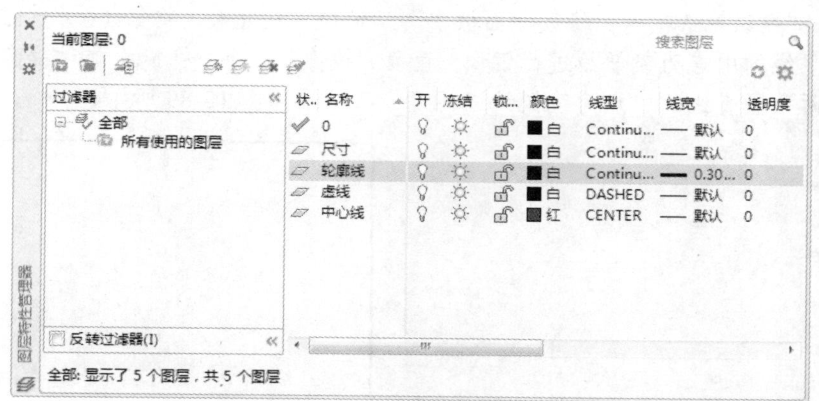

图12-83　“图层特性管理器”选项板

（2）将“轮廓线”图层设置为当前图层。单击“默认”选项卡“绘图”面板中的“矩形”按钮，在图中适当位置绘制760×640的矩形，结果如图12-84所示。

（3）单击“默认”选项卡“修改”面板中的“分解”按钮，将第（2）步绘制的矩形进行分解；单击“默认”选项卡“修改”面板中的“偏移”按钮，将左侧竖直线向右偏移，偏移距离分别为60mm、252mm；重复“偏移”命令，将最下端水平直线向上偏移，偏移距离分别为22mm和29mm，结果如图12-85所示。

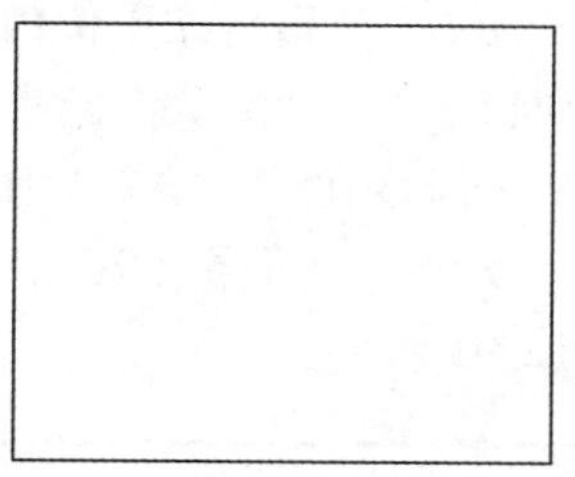

图12-84　绘制矩形

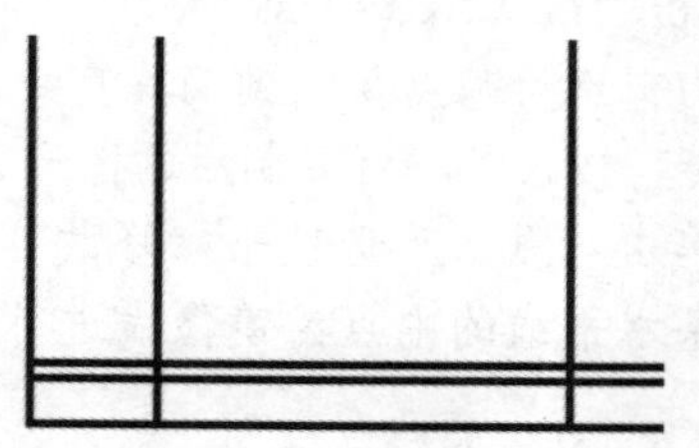

图12-85　偏移直线

（4）单击“默认”选项卡“修改”面板中的“偏移”按钮，将第（3）步创建的两条竖直线分别向两侧偏移，偏移距离为4mm，结果如图12-86所示。

（5）将“虚线”图层设置为当前图层。单击“默认”选项卡“绘图”面板中的“圆”按钮，在图12-86所示点1的位置绘制半径为7.5mm的圆，更改线型比例为0.5，结果如图12-87所示。

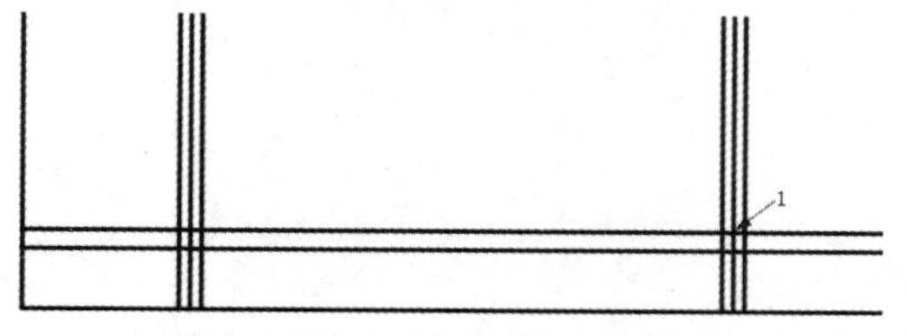

图12-86　偏移直线

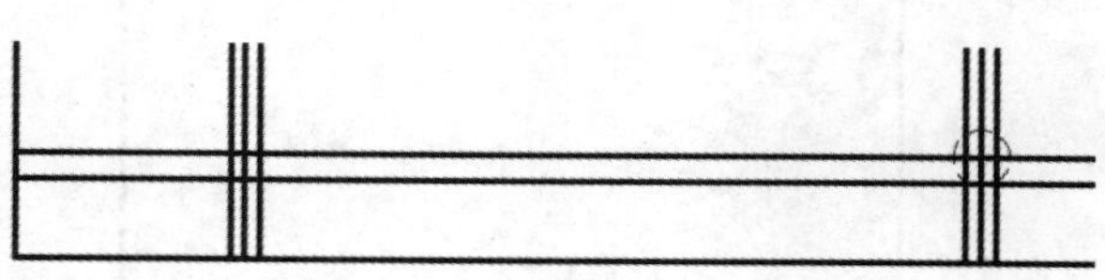

图12-87　绘制圆

（6）单击“默认”选项卡“修改”面板中的“修剪”按钮，修剪多余的线段；然后将线转换至“中心线”图层和“虚线”图层，并将线型比例更改为0.5，然后调整中心线的长度，结

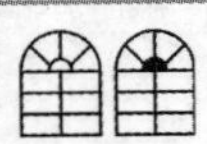

果如图 12-88 所示。

（7）单击“默认”选项卡“修改”面板中的“镜像”按钮，将第（6）步创建的图形以矩形上下两条水平线的中点为镜像线进行镜像；重复“镜像”命令，将镜像前和镜像后圆和中心线以矩形的左右两条竖直线的中点为镜像线进行镜像，结果如图 12-89 所示。

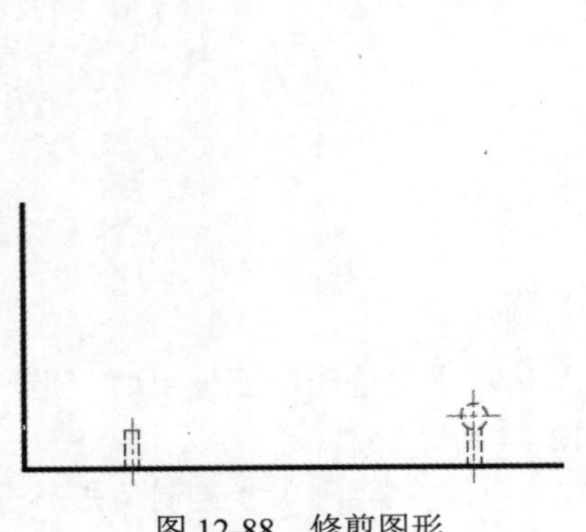

图 12-88　修剪图形

图 12-89　镜像图形

（8）单击“默认”选项卡“修改”面板中的“偏移”按钮，将最下端水平直线向上偏移，偏移距离分别为 64mm、320mm、576mm。

（9）单击“默认”选项卡“修改”面板中的“复制”按钮，分别将左下侧的图形以中心线和水平直线的交点为基点复制到偏移直线与左侧竖直线交点处；单击“默认”选项卡“修改”面板中的“旋转”按钮，将复制后的图形旋转-90°，然后删除偏移直线，结果如图 12-90 所示。

（10）单击“默认”选项卡“修改”面板中的“镜像”按钮，将第（9）步创建的图形以矩形上下两条水平线的中点为镜像线进行镜像，结果如图 12-91 所示。

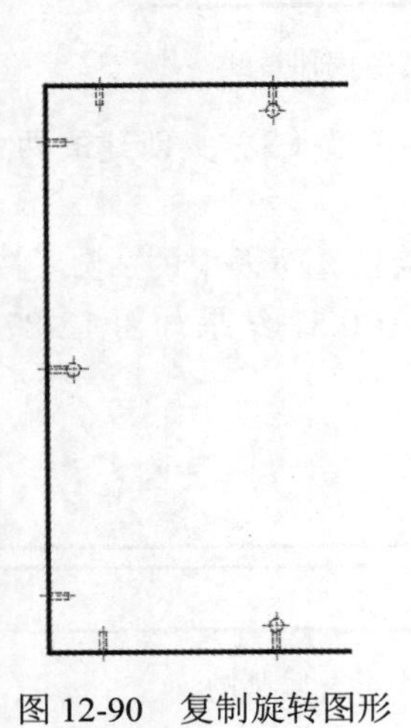

图 12-90　复制旋转图形

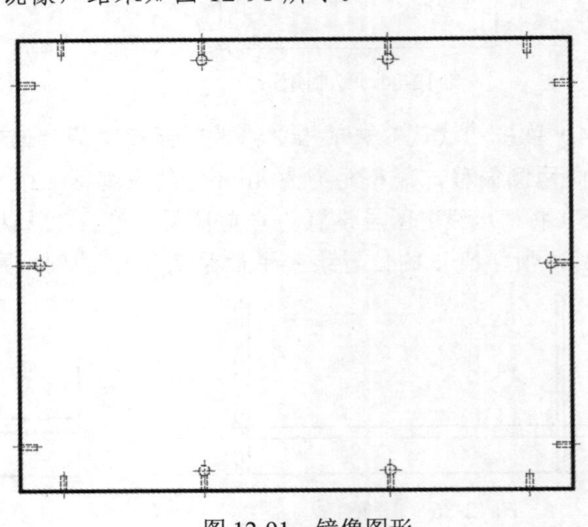

图 12-91　镜像图形

（11）单击“默认”选项卡“块”面板中的“插入”按钮，打开“插入”对话框，选择“木纹”图块，将其插入视图中适当位置，结果如图 12-92 所示。

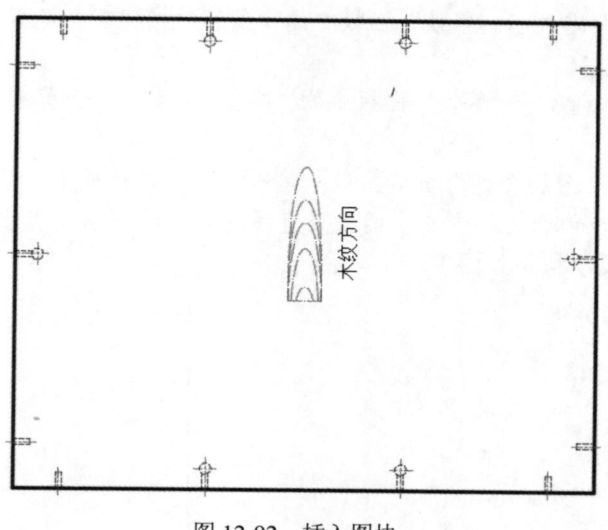

图 12-92　插入图块

12.4.2　绘制背板俯视图

本节绘制如图 12-93 所示的背板俯视图。首先根据主视图绘制俯视图中的辅助线，再利用"偏移""修剪""圆"等命令完成俯视图的绘制。

图 12-93　背板俯视图

操作步骤如下：（光盘\动画演示\第 12 章\背板俯视图.avi）

（1）将"轮廓线"图层设置为当前图层。单击"默认"选项卡"绘图"面板中的"直线"按钮，捕捉主视图中左右两个端点，绘制竖直线；重复"直线"命令，绘制一条水平直线，结果如图 12-94 所示。

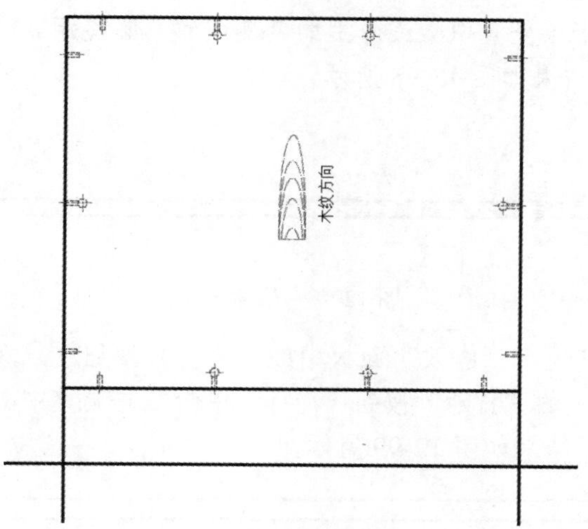

图 12-94　绘制直线

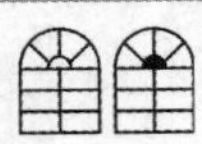

Note

（2）单击“默认”选项卡“修改”面板中的“偏移”按钮，将第（1）步绘制的水平直线向下偏移，偏移距离为16。

（3）单击“默认”选项卡“修改”面板中的“修剪”按钮，修剪多余线段，结果如图12-95所示。

（4）将“中心线”图层设置为当前图层。单击“默认”选项卡“绘图”面板中的“直线”按钮，捕捉第（3）步创建的矩形左右两条竖直线的中点绘制水平直线；重复“直线”按钮，从主视图中引出竖直线，结果如图12-96所示。

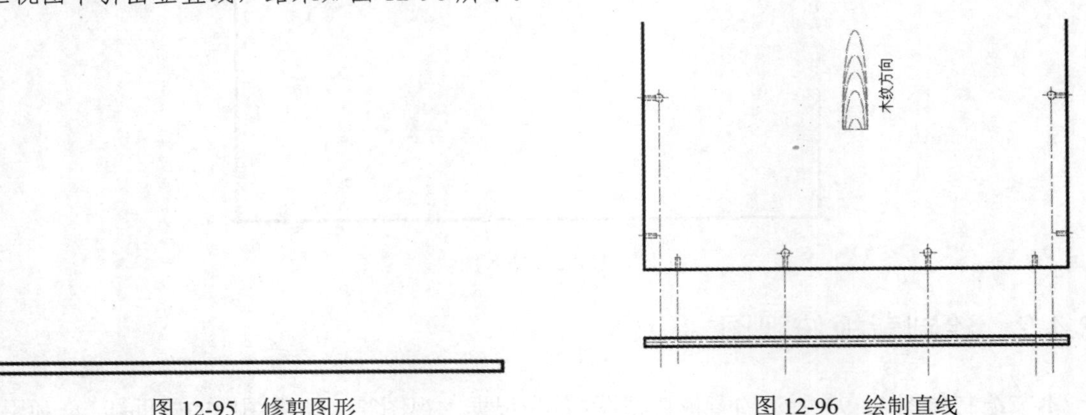

图12-95　修剪图形　　　　图12-96　绘制直线

（5）将“轮廓线”图层设置为当前图层。单击“默认”选项卡“绘图”面板中的“圆”按钮，在中心线的交点处绘制半径为4mm的圆，结果如图12-97所示。

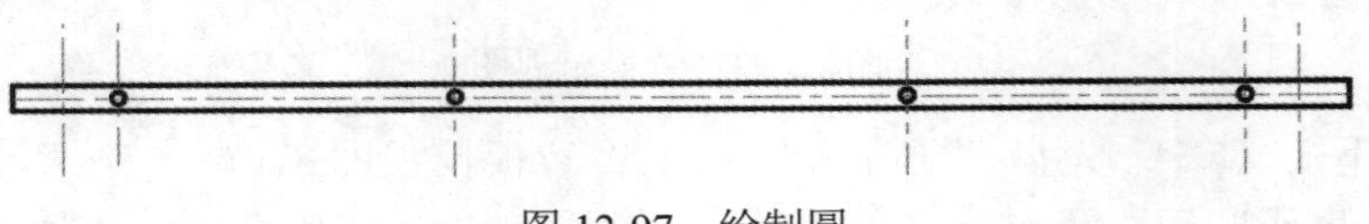

图12-97　绘制圆

（6）单击“默认”选项卡“修改”面板中的“偏移”按钮，将水平中心线向两侧偏移，偏移距离为4mm；重复“偏移”命令，将下端水平线向上偏移，偏移距离为12.5mm；重复“偏移”命令，将左右两端第一条竖直中心线分别向两侧偏移，偏移距离为7.5mm，并将偏移后的直线转换至“虚线”图层，结果如图12-98所示。

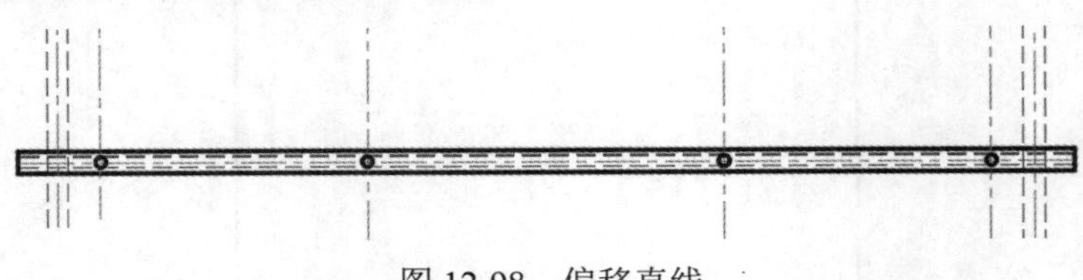

图12-98　偏移直线

（7）单击“默认”选项卡“修改”面板中的“修剪”按钮，修剪多余的线段。单击“默认”选项卡“修改”面板中的“打断”按钮，打断中心线并调整中心线的长度，将虚线和中心线的线型比例更改为0.5，结果如图12-99所示。

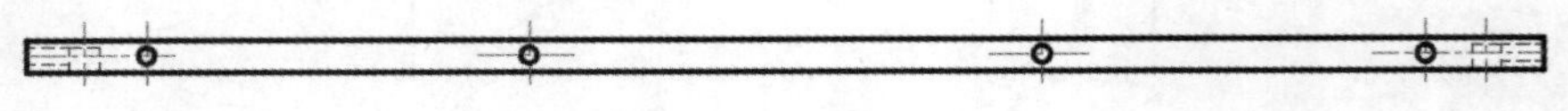

图12-99　修剪图形

（8）将“虚线”图层设置为当前图层。单击“默认”选项卡“绘图”面板中的“直线”按钮，捕捉主视图中圆的象限点向下绘制竖直直线。

（9）单击“默认”选项卡“修改”面板中的“偏移”按钮，将水平中心线向上偏移，偏移距离为 12mm，如图 12-100 所示。

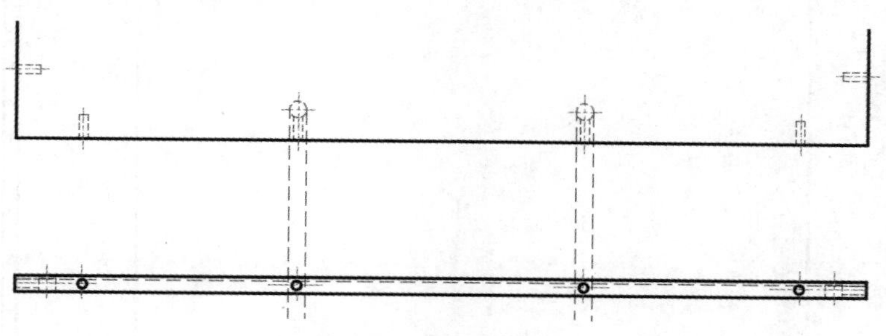

图 12-100　偏移直线

（10）单击“默认”选项卡“修改”面板中的“修剪”按钮，修剪多余的线段，并将修剪后的线段转换至“虚线”图层，并将线型比例更改为 0.5，结果如图 12-101 所示。

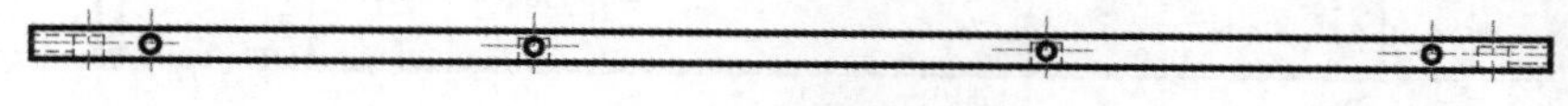

图 12-101　修剪图形

12.4.3　绘制背板左视图

背板左视图和背板俯视图类似，所以在这里就不再详细介绍它的绘制方法，读者可以根据俯视图的绘制思路绘制左视图，也可以利用前面学过的命令和技巧绘制左视图。背板左视图如图 12-102 所示。

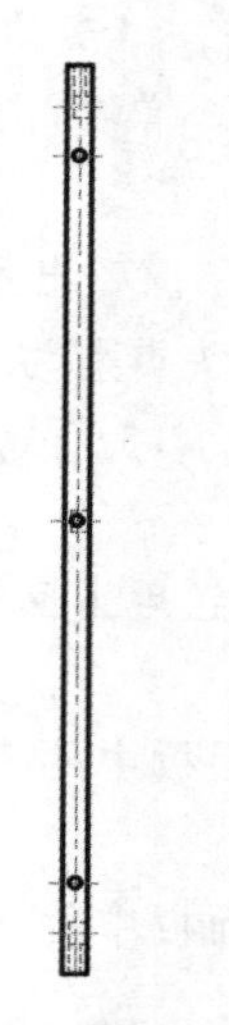

图 12-102　背板左视图

12.4.4　标注背板尺寸

本节标注背板尺寸，如图 12-103 所示。首先设置尺寸样式，然后依次标注主视图、俯视图和左视图的尺寸，最后利用多重引线标注引出尺寸。

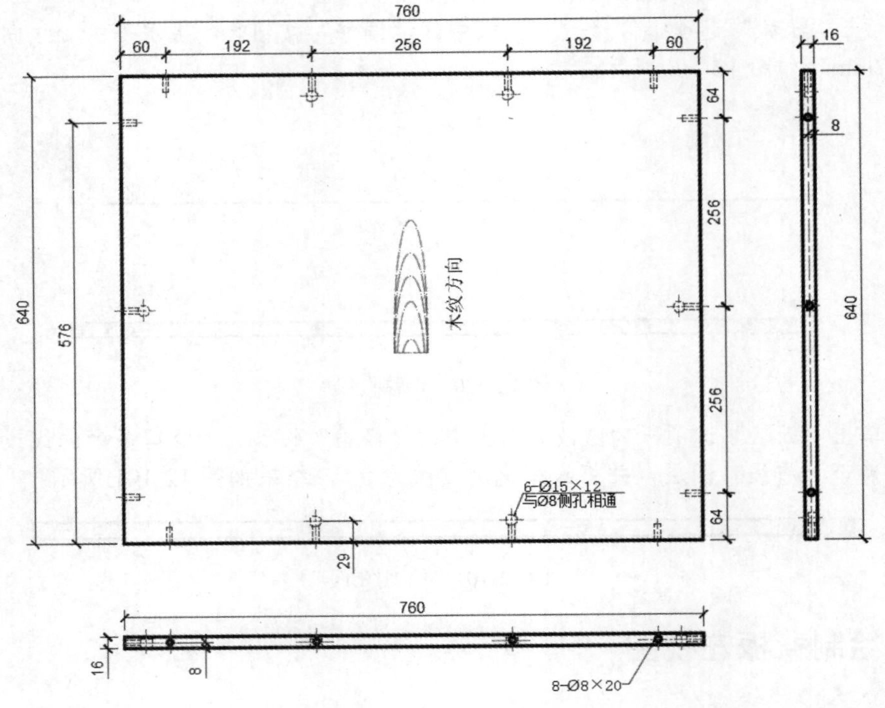

图 12-103　标注背板尺寸

操作步骤如下：（📹：光盘\动画演示\第 12 章\标注背板尺寸.avi）

（1）将“尺寸”图层设置为当前图层。单击“默认”选项卡“注释”面板中的“标注样式”按钮，打开“标注样式管理器”对话框，单击“修改”按钮，打开“修改标注样式：ISO-25”对话框，在该对话框中进行如下设置。

☑ “线”选项卡：设置基线间距为 5，超出尺寸线为 10，起点偏移量为 10。

☑ “符号和箭头”选项卡：设置箭头类型为“建筑标记”，设置箭头大小为 10。

☑ “文字”选项卡：设置文字高度为 15，从尺寸线偏移为 5，文字对齐方式为“与尺寸线对齐”。

其他采用默认设置，单击“确定”按钮后返回到“标注样式管理器”对话框，单击“关闭”按钮，关闭对话框。

（2）单击“注释”选项卡“标注”面板中的“线性”按钮和“连续”按钮，标注主视图的线性尺寸，结果如图 12-104 所示。

（3）单击“注释”选项卡“尺寸”面板中的“线性”按钮，标注俯视图的线性尺寸，结果如图 12-105 所示。

（4）单击“注释”选项卡“尺寸”面板中的“线性”按钮，标注左视图的线性尺寸，结果如图 12-106 所示。

（5）单击“默认”选项卡“注释”面板中的“多重引线”按钮，在视图中指定引线箭头的位置，然后指定引线基线的位置，在打开的文字格式编辑器中输入尺寸值，结果如图 12-107

所示。

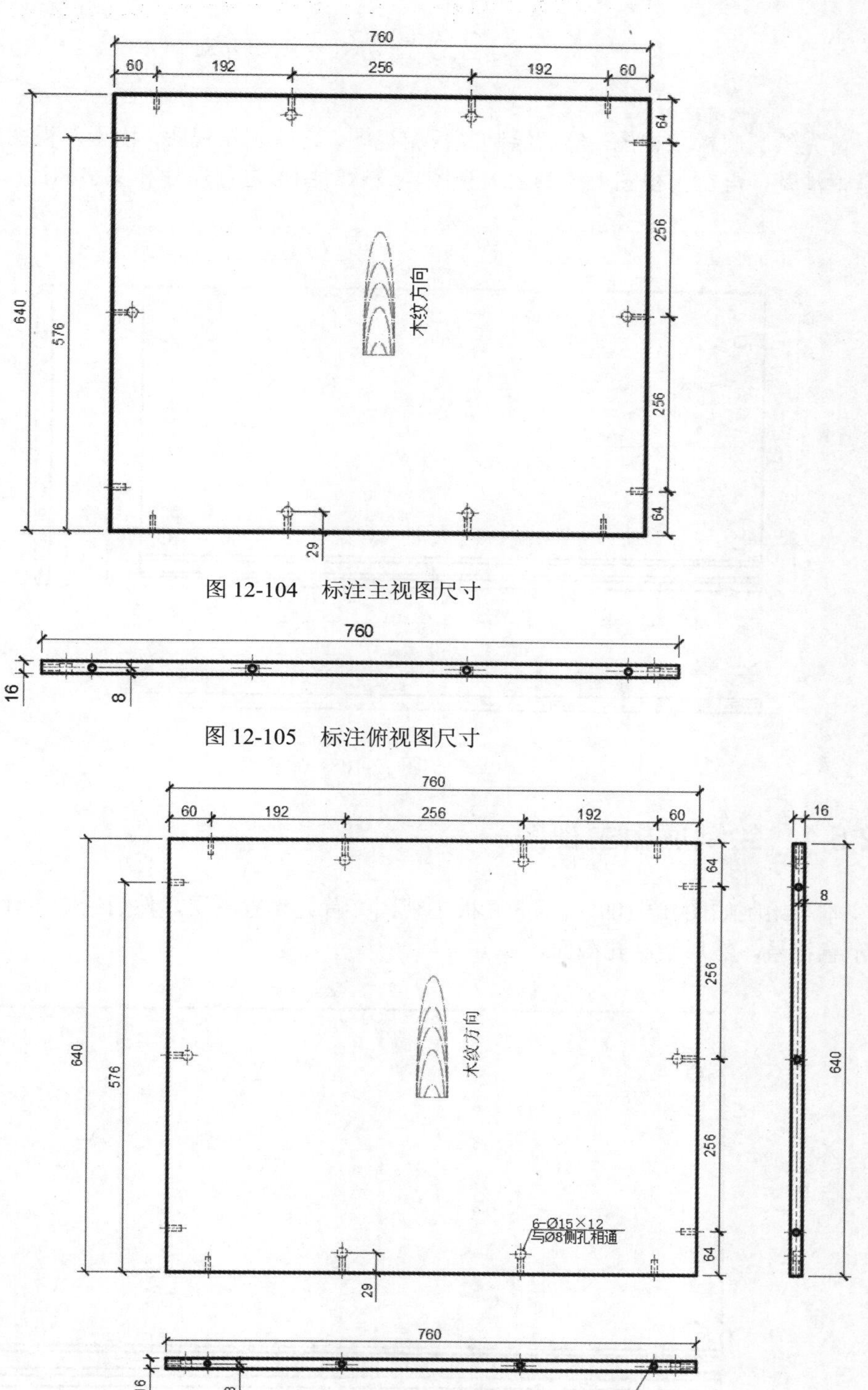

图 12-104 标注主视图尺寸

图 12-105 标注俯视图尺寸

图 12-106 标注左视图尺寸

图 12-107 标注带引线尺寸

12.5 底　　板

Note

首先绘制底板主视图，然后绘制底板俯视图，再绘制左视图，由于左视图的内部结构表达的不是很清楚，再在左视图上绘制放大视图，最后对图形进行尺寸和文字标注，如图 12-108 所示。

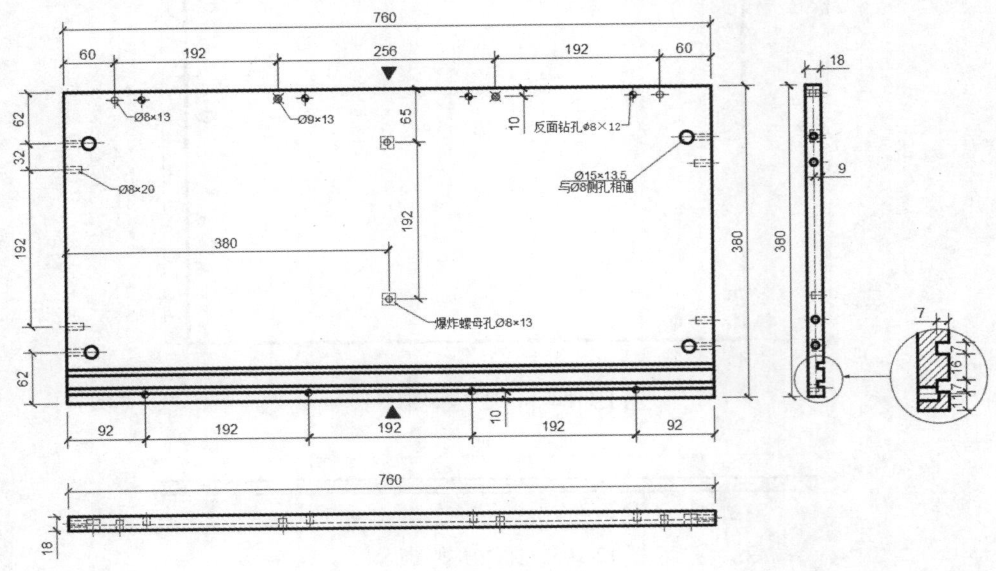

图 12-108　底板

12.5.1　绘制底板主视图

本节绘制如图 12-109 所示的底板主视图。首先设置图层，然后绘制主体，再分别绘制各种孔示意符号，然后绘制孔截面。

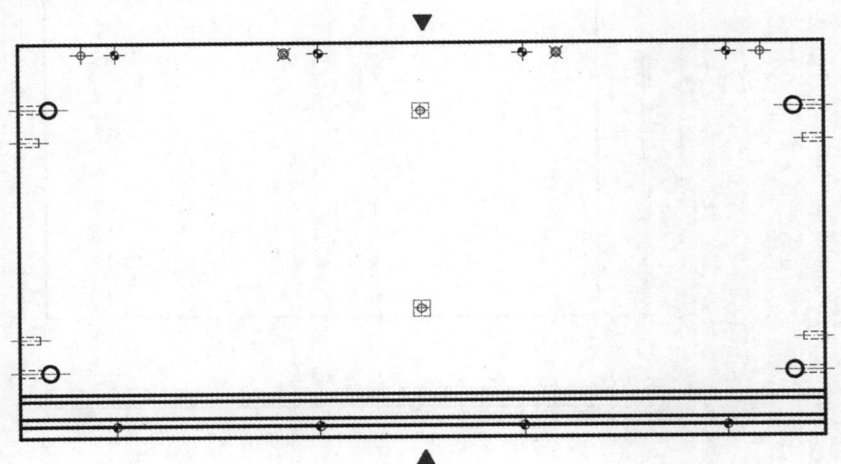

图 12-109　底板主视图

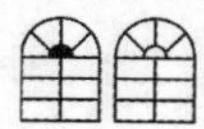

操作步骤如下：（：光盘\动画演示\第 12 章\底板主视图.avi）

（1）单击“默认”选项卡“图层”面板中的“图层特性”按钮，打开“图层特性管理器”选项板，新建图层，具体设置参数如图 12-110 所示。

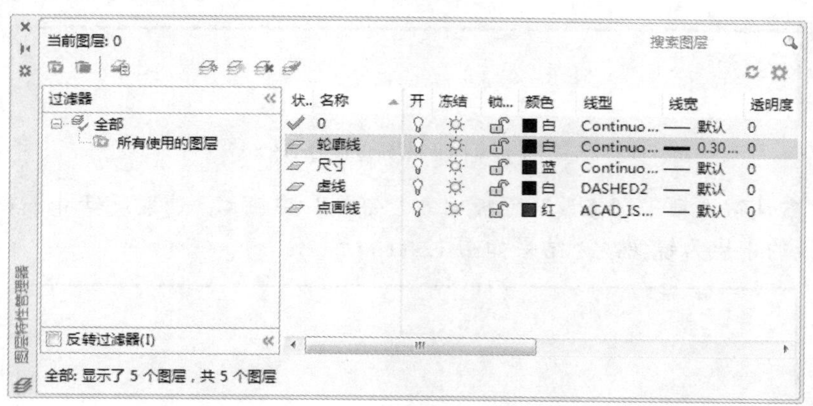

图 12-110　“图层特性管理器”选项板

（2）将“轮廓线”图层设置为当前图层。单击“默认”选项卡“绘图”面板中的“矩形”按钮，在图中适当位置绘制 760×380 的矩形，结果如图 12-111 所示。

（3）绘制反钻孔 φ8 深 12 示意符号。

① 单击“默认”选项卡“修改”面板中的“分解”按钮，将第（2）步绘制的矩形进行分解；单击“默认”选项卡“修改”面板中的“偏移”按钮，将左侧竖直线向右偏移，偏移距离为 92mm；重复“偏移”命令，将最上端水平直线向下偏移，偏移距离为 10mm，将偏移后的线段转换至 0 图层，并调整线段的长度，结果如图 12-112 所示。

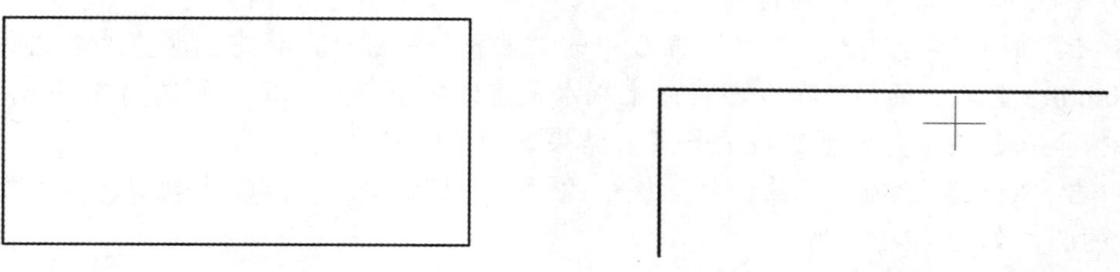

图 12-111　绘制矩形　　　　图 12-112　偏移直线

② 将 0 图层设置为当前图层。单击“默认”选项卡“绘图”面板中的“圆”按钮，在第①步创建的直线交点处创建半径为 4 的圆，如图 12-113 所示。

③ 单击“默认”选项卡“绘图”面板中的“图案填充”按钮，打开“图案填充创建”选项卡，在“图案”面板中选择 SOLID 图案，选取填充区域进行填充，单击“关闭图案填充创建”按钮，关闭“图案填充创建”选项卡，结果如图 12-114 所示。

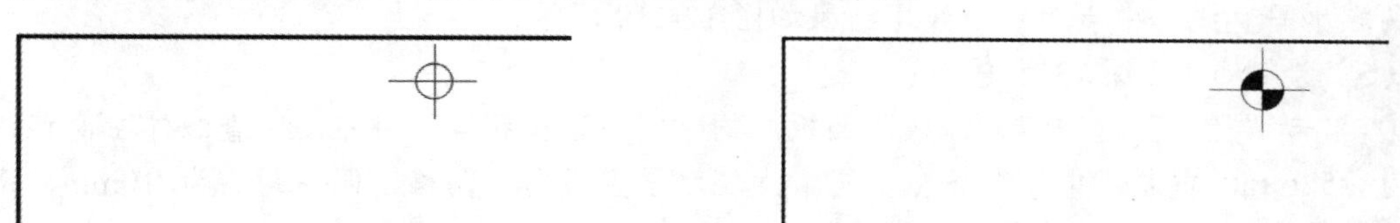

图 12-113　绘制圆　　　　图 12-114　填充图案

Note

④ 单击“默认”选项卡“修改”面板中的“矩形阵列”按钮，选择反钻孔ф8 为阵列对象，在“阵列创建”选项卡中输入列数为 4，介于（列间距）为 192，行数为 1，关闭选项卡，结果如图 12-115 所示。

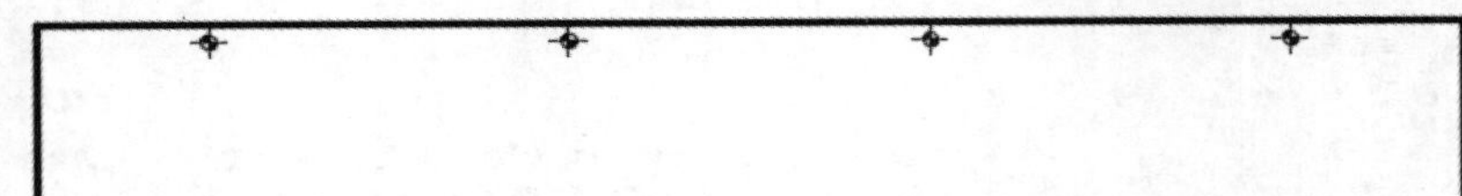

图 12-115　阵列反钻孔ф8

⑤ 单击“默认”选项卡“修改”面板中的“镜像”按钮，选取反钻孔ф8 为镜像对象，拾取两侧竖直线的中点为镜像线，结果如图 12-116 所示。

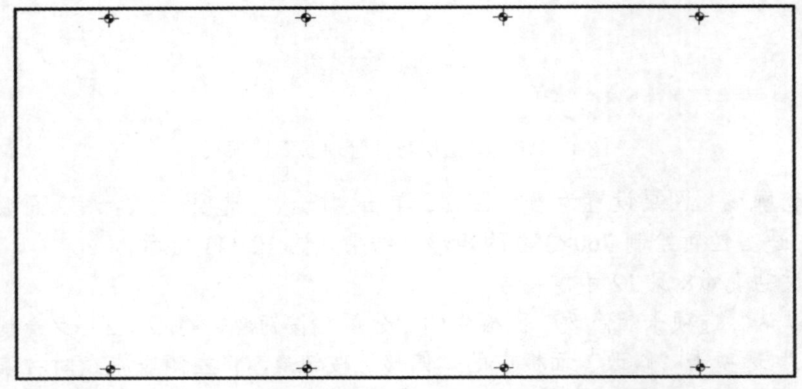

图 12-116　镜像图形

（4）绘制ф8 孔深 13 示意符号。

① 单击“默认”选项卡“修改”面板中的“偏移”按钮，将左侧竖直线向右偏移，偏移距离为 60mm；重复“偏移”命令，将最上端水平直线向下偏移，偏移距离为 10mm，将偏移后的线段转换至 0 图层，并调整线段的长度，结果如图 12-117 所示。

② 单击“默认”选项卡“绘图”面板中的“圆”按钮，在第①步创建的直线交点处创建半径为 4 的圆，如图 12-118 所示。

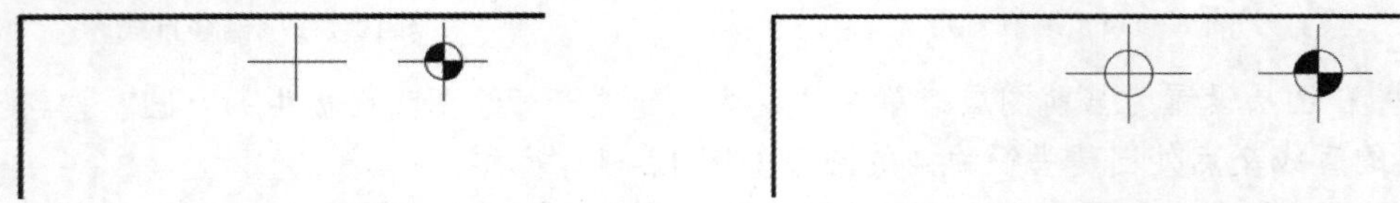

图 12-117　偏移直线　　　　图 12-118　绘制圆

③ 单击“默认”选项卡“修改”面板中的“镜像”按钮，选取ф8 孔为镜像对象，拾取上下两端水平直线的中点为镜像线，结果如图 12-119 所示。

（5）绘制ф9 孔深 13 示意符号。

① 单击“默认”选项卡“修改”面板中的“偏移”按钮，将左侧竖直线向右偏移，偏移距离为 252mm；重复“偏移”命令，将最上端水平直线向下偏移，偏移距离为 10mm，将偏移后的线段转换至 0 图层，并调整线段的长度，结果如图 12-120 所示。

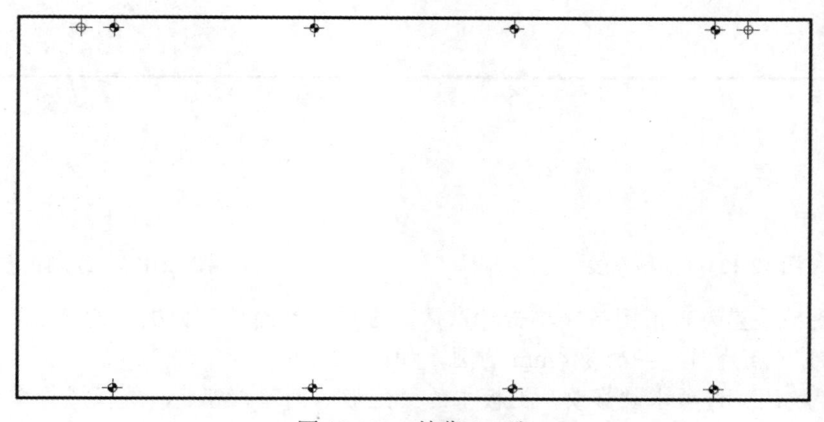

图 12-119　镜像φ8孔

图 12-120　偏移直线

② 单击“默认”选项卡“绘图”面板中的“圆”按钮，在第①步创建的直线交点处创建半径为 3mm 和 4.5mm 的圆，如图 12-121 所示。

③ 单击“默认”选项卡“修改”面板中的“旋转”按钮，将φ9 孔上的水平直线和竖直直线以圆心为基点旋转 45°，结果如图 12-122 所示。

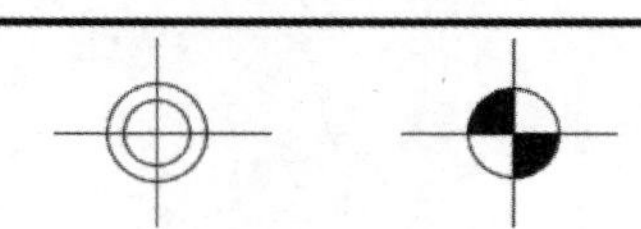

图 12-121　绘制圆

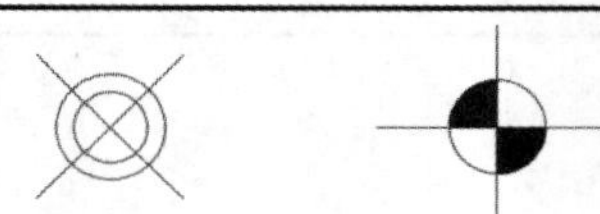

图 12-122　旋转图形

④ 单击“默认”选项卡“修改”面板中的“镜像”按钮，选取φ9 孔为镜像对象，拾取上下两端水平直线的中点为镜像线，结果如图 12-123 所示。

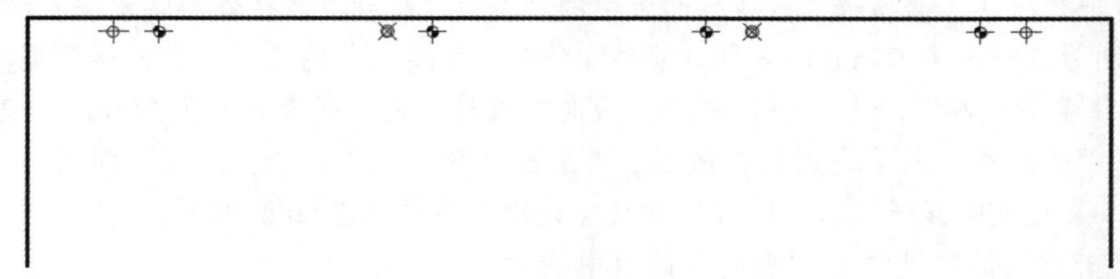

图 12-123　镜像φ9孔

（6）绘制爆炸螺母孔φ8 深 13 示意符号。

① 单击“默认”选项卡“修改”面板中的“偏移”按钮，将左侧竖直向右偏移，偏移距离为 380mm；重复“偏移”命令，将最上端水平直线向下偏移，偏移距离为 65mm，将偏移后的线段转换至“点画线”图层，并调整线段的长度，结果如图 12-124 所示。

② 将“点画线”图层设置为当前图层。单击“默认”选项卡“绘图”面板中的“多边形”按钮，以偏移直线的交点为正多边形的中心点，绘制外切圆半径为 7.5 的正方形，如图 12-125

所示。

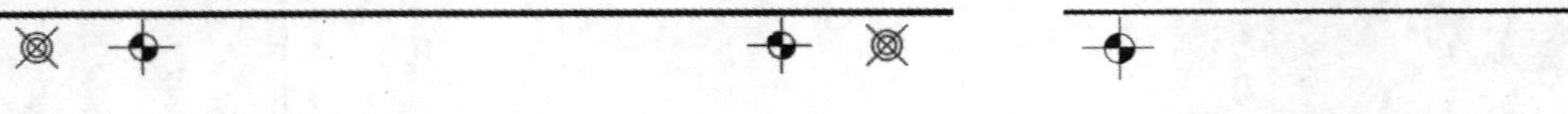

图 12-124　偏移直线　　　　图 12-125　绘制正方形

③ 将 0 图层设置为当前图层。单击“默认”选项卡“绘图”面板中的“圆”按钮，在第②步创建的直线交点处创建半径为 4mm 的圆，如图 12-126 所示。

④ 单击“默认”选项卡“修改”面板中的“矩形阵列”按钮，选择爆炸螺母孔 φ8 深 13 示意符号为阵列对象，在“阵列创建”选项卡中输入列数为 1，行数为 2，介于（行间距）为-192，关闭选项卡，结果如图 12-127 所示。

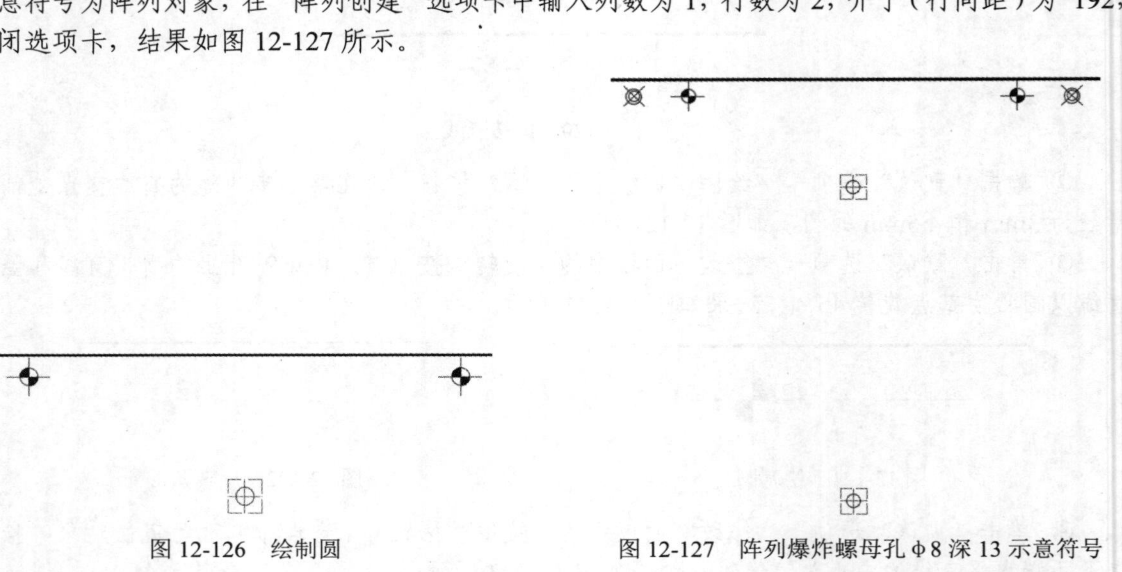

图 12-126　绘制圆　　　　图 12-127　阵列爆炸螺母孔 φ8 深 13 示意符号

（7）单击“默认”选项卡“修改”面板中的“偏移”按钮，将最上端水平直线向下偏移，偏移距离分别为 62mm 和 94mm；重复“偏移”命令，将刚偏移的直线分别向两侧偏移，偏移距离为 4mm；重复“偏移”命令，将左侧竖直线向右偏移，偏移距离分别为 20mm 和 29mm。

（8）将“轮廓线”图层设置为当前图层。单击“默认”选项卡“绘图”面板中的“圆”按钮，在第二条竖直偏移线和水平偏移线的交点处绘制半径为 7.5mm 的圆。

（9）单击“默认”选项卡“修改”面板中的“修剪”按钮，修剪多余的线段，并将直线切换到“虚线”图层和“点画线”图层，并调整点画线的长度，结果如图 12-128 所示。

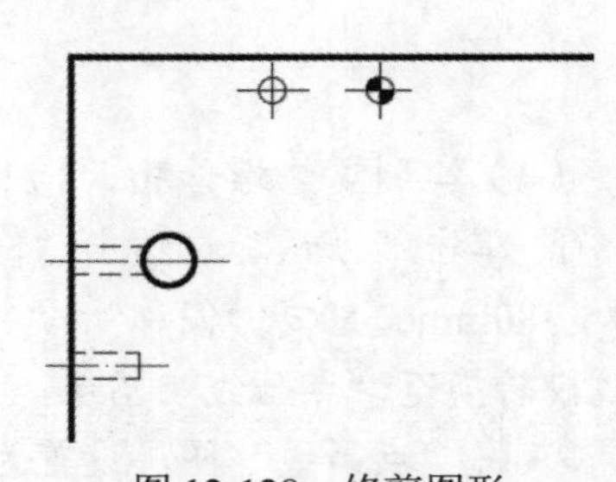

图 12-128　修剪图形

（10）单击“默认”选项卡“修改”面板中的“镜像”按钮，选取修剪后的图形为镜像对象，拾取上下两端水平直线的中点为镜像线；重复“镜像”命令，选取镜像前和镜像后的图形为镜像对象，拾取左右两条竖直线的中点为镜像线，结果如图 12-129 所示。

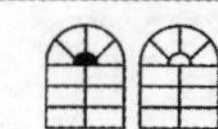

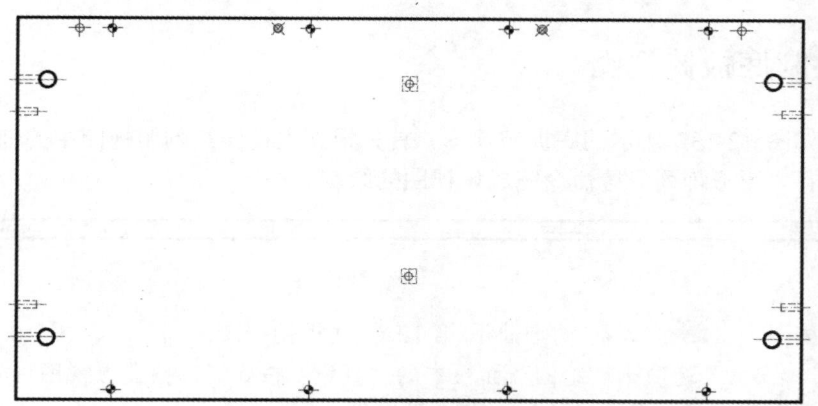

图 12-129　镜像图形

（11）单击“默认”选项卡“修改”面板中的“偏移”按钮，将最下端水平直线向上偏移，偏移距离分别为 11mm、18mm、34mm 和 41mm，结果如图 12-130 所示。

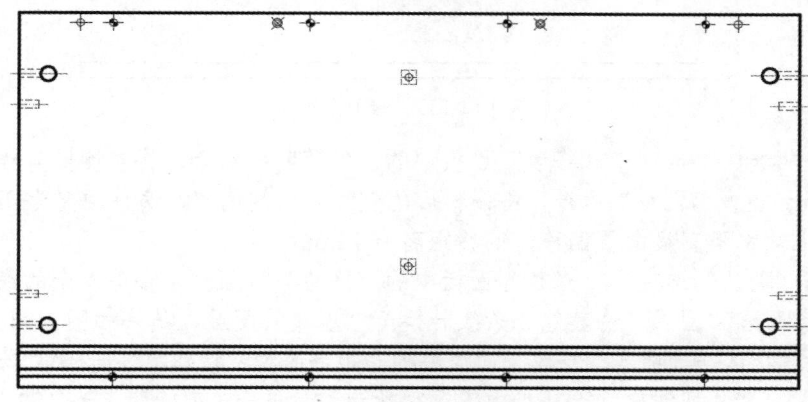

图 12-130　偏移直线

（12）单击“默认”选项卡“块”面板中的“插入”按钮，打开“插入”对话框，选择“1mm 封边”图块，将其插入到视图的上下两侧；结果如图 12-131 所示。

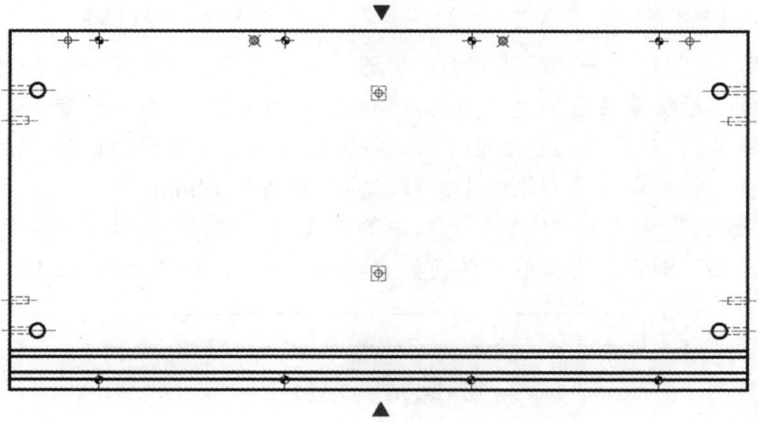

图 12-131　插入封边符号

12.5.2 绘制底板俯视图

Note

本节绘制如图 12-132 所示的底板俯视图。首先根据主视图绘制俯视图中的辅助线，再利用“偏移”“修剪”“矩形阵列”等命令完成俯视图的绘制。

图 12-132 底板俯视图

操作步骤如下：（：光盘\动画演示\第 12 章\底板俯视图.avi）

（1）单击“默认”选项卡“绘图”面板中的“直线”按钮，捕捉主视图中左右两个端点，绘制竖直线；重复“直线”命令，绘制一条水平直线。

（2）单击“默认”选项卡“修改”面板中的“偏移”按钮，将第（1）步绘制的水平直线向下偏移，偏移距离为 18mm。

（3）单击“默认”选项卡“修改”面板中的“修剪”按钮，修剪多余线段，结果如图 12-133 所示。

图 12-133 修剪图形

（4）单击“默认”选项卡“修改”面板中的“偏移”按钮，将左侧竖直线向右偏移，偏移距离为 92mm；重复“偏移”命令，将偏移后的直线向两侧偏移，偏移距离为 4mm；重复“偏移”命令，将上端水平直线向下偏移，偏移距离为 12mm。

（5）单击“默认”选项卡“修改”面板中的“修剪”按钮，修剪多余的线段，将中间竖直线转换至“点画线”图层，将其他 3 条线转换至“虚线”图层，结果如图 12-134 所示。

（6）单击“默认”选项卡“修改”面板中的“矩形阵列”按钮，选择第（5）步创建的图形为阵列对象，在“阵列创建”选项卡中输入列数为 4，介于（列间距）为 192，行数为 1，关闭选项卡，结果如图 12-135 所示。

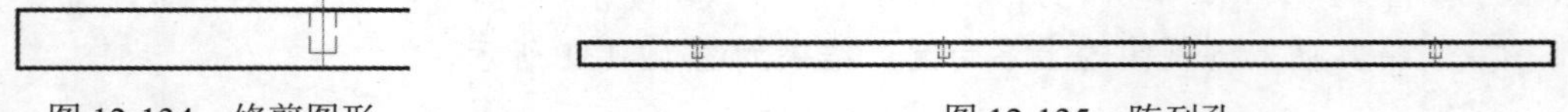

图 12-134 修剪图形　　图 12-135 阵列孔

（7）单击“默认”选项卡“修改”面板中的“偏移”按钮，将左侧竖直线向右偏移，偏移距离为 60mm，然后将偏移后的直线向两侧偏移，偏移距离为 4mm；重复“偏移”命令，将左侧竖直线向右偏移，偏移距离为 252mm，然后将偏移后的直线向两侧偏移，偏移距离为 4.5mm；重复“偏移”命令，将下端水平直线向上偏移，偏移距离为 13mm。

（8）单击“默认”选项卡“修改”面板中的“修剪”按钮，修剪多余的线段，将中间竖直线转换至“点画线”图层，将其他线转换至“虚线”图层，结果如图 12-136 所示。

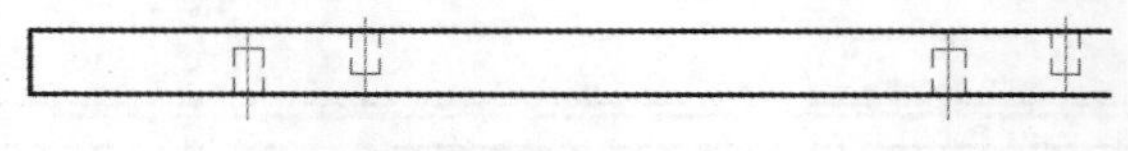

图 12-136 修剪图形

（9）单击“默认”选项卡“修改”面板中的“镜像”按钮，选取第（8）步创建的图形为

要镜像的图形，选择上下两条水平直线的中点为镜像线，结果如图 12-137 所示。

图 12-137　镜像图形

（10）分别将“虚线”和“点画线”图层设置为当前图层。单击“默认”选项卡“绘图”面板中的“直线”按钮，从主视图中关键点向下绘制竖直线。

（11）单击“默认”选项卡“修改”面板中的“偏移”按钮，将下端水平直线向上偏移，偏移距离为 9mm，然后将偏移后的直线向两侧偏移，偏移距离为 4mm；重复“偏移”命令，将下端水平直线向上偏移，偏移距离为 13.5mm，并将偏移后的直线转换至“虚线”和“点画线”图层，结果如图 12-138 所示。

（12）单击“默认”选项卡“修改”面板中的“修剪”按钮，修剪多余的线段，并调整点画线的长度，结果如图 12-139 所示。

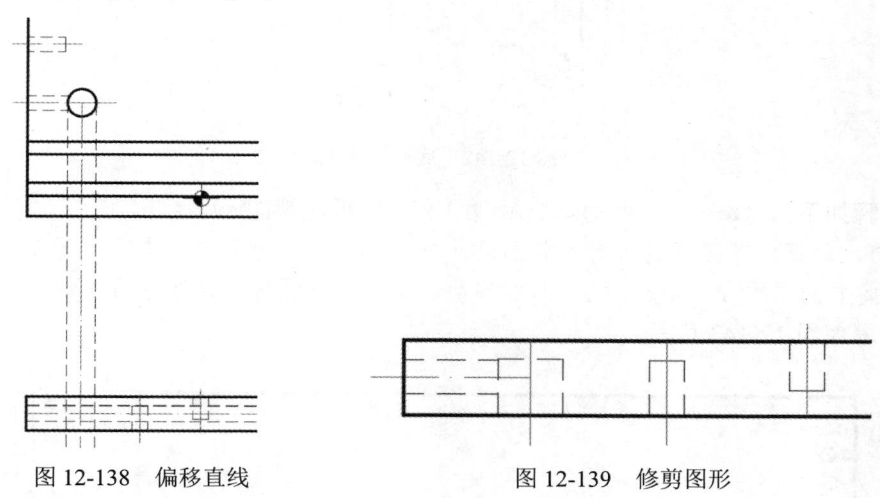

图 12-138　偏移直线　　　　图 12-139　修剪图形

（13）单击“默认”选项卡“修改”面板中的“镜像”按钮，选取第（12）步创建的图形为要镜像的图形，选择上下两条水平直线的中点为镜像线，结果如图 12-140 所示。

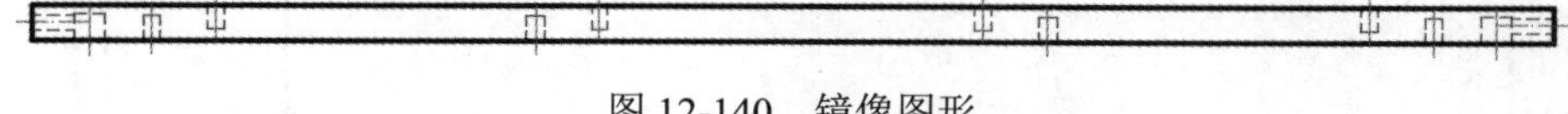

图 12-140　镜像图形

（14）单击“默认”选项卡“修改”面板中的“偏移”按钮，将下端的水平线向上偏移，偏移距离为 7mm，并将偏移后的直线转换至“虚线”图层，结果如图 12-141 所示。

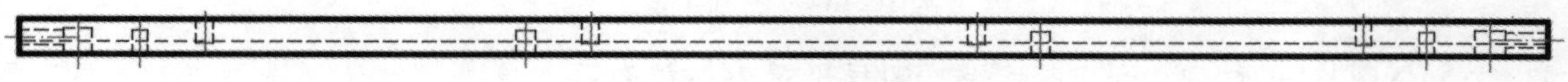

图 12-141　偏移直线

12.5.3　绘制底板左视图

本节绘制如图 12-142 所示的底板左视图。首先根据主视图绘制定位左视图中的关键点，再利用“矩形”命令创建主体，然后从主视图绘制辅助线绘制孔和凹槽，最后绘制放大图。

Note

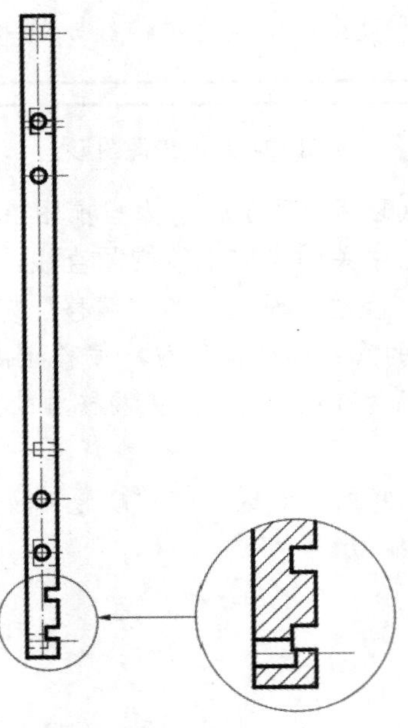
图 12-142　底板左视图

操作步骤如下：（光盘\动画演示\第 12 章\底板左视图.avi）

（1）将“轮廓线”图层设置为当前图层。单击“默认”选项卡“绘图”面板中的“矩形”按钮，捕捉主视图的右上端点，然后向右移动鼠标到适当位置确定矩形第一角点，绘制 18×380 的矩形，结果如图 12-143 所示。

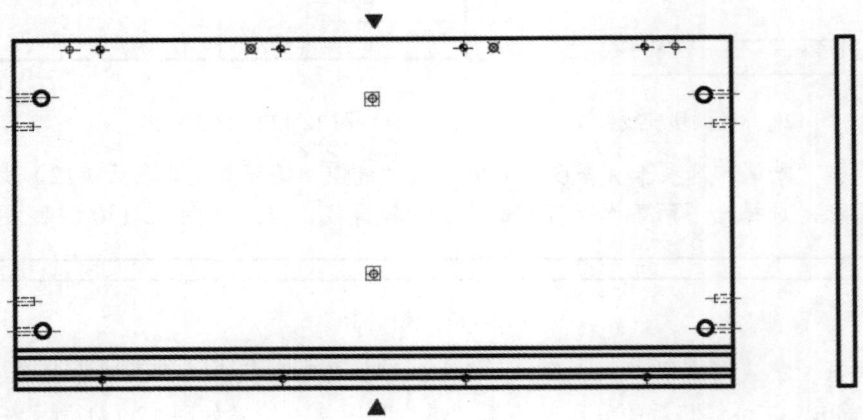
图 12-143　绘制矩形

（2）分别将“虚线”和“点画线”图层设置为当前图层。单击“默认”选项卡“绘图”面板中的“直线”按钮，从主视图中关键点向右绘制水平直线，如图 12-144 所示。

（3）单击“默认”选项卡“修改”面板中的“分解”按钮，将矩形进行分解。单击“默认”选项卡“修改”面板中的“偏移”按钮，将左侧竖直线向右偏移，偏移距离分别为 9mm 和 12mm；重复“偏移”命令，将右侧竖直线向左偏移，偏移距离分别为 13mm 和 13.5mm，将偏移后的直线转换至“虚线”和“点画线”图层，结果如图 12-145 所示。

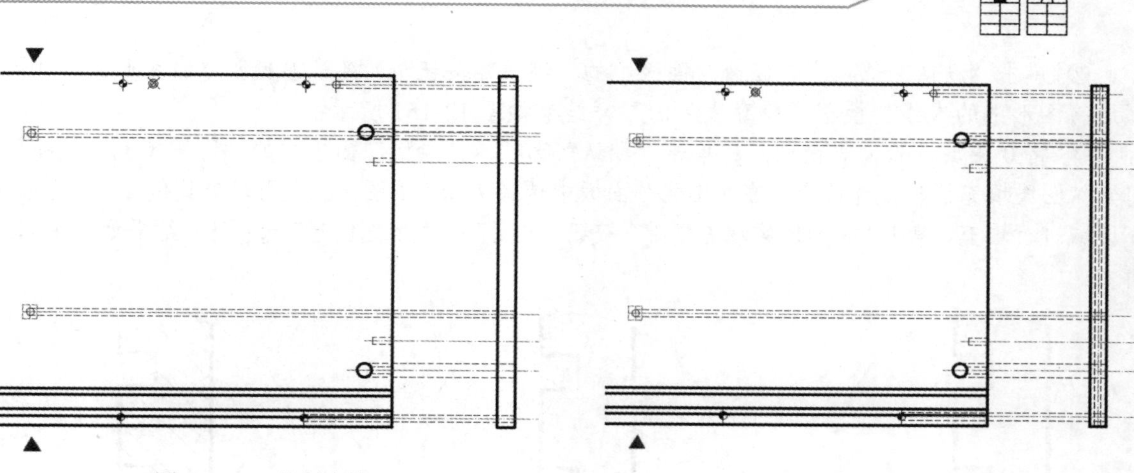

图 12-144　绘制直线　　　图 12-145　偏移线段

（4）单击“默认”选项卡“修改”面板中的“修剪”按钮，修剪和删除多余的线段，结果如图 12-146 所示。

（5）将“轮廓线”图层设置为当前图层。单击“默认”选项卡“绘图”面板中的“圆”按钮，在水平点画线和竖直点画线的交点处绘制半径为 4 的圆，结果如图 12-147 所示。

（6）单击“默认”选项卡“修改”面板中的“偏移”按钮，将下端水平直线向上偏移，偏移距离分别为 11mm、18mm、34mm、41mm；重复“偏移”命令，将右侧竖直线向左偏移，偏移距离为 7mm。

（7）单击“默认”选项卡“修改”面板中的“修剪”按钮，修剪多余线段，结果如图 12-148 所示。

（8）将“尺寸”图层设置为当前图层。单击“默认”选项卡“绘图”面板中的“圆”按钮，在视图下端适当位置绘制一个圆，如图 12-149 所示。

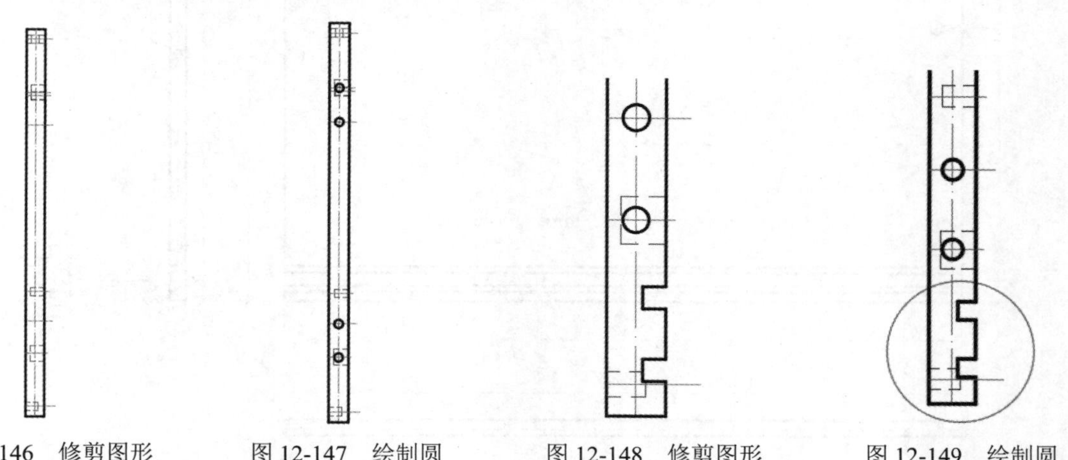

图 12-146　修剪图形　　图 12-147　绘制圆　　图 12-148　修剪图形　　图 12-149　绘制圆

（9）绘制大样图。

① 单击“默认”选项卡“修改”面板中的“复制”按钮，将第（8）步绘制的圆以及圆内图形复制到左视图的右侧；单击“默认”选项卡“修改”面板中的“修剪”按钮，修剪多余的线段，结果如图 12-150 所示。

② 单击“默认”选项卡“修改”面板中的“缩放”按钮，将第①步创建的图形放大两倍，然后将图形中的虚线转换至“轮廓线”图层，结果如图 12-151 所示。

Note

③ 将 0 图层设置为当前图层。单击“默认”选项卡“绘图”面板中的“图案填充”按钮，打开“图案填充创建”选项卡，在“图案”面板中选择 ANSI31 图案，设置填充比例为 2，选取填充区域进行填充，单击“关闭图案填充创建”按钮，关闭“图案填充创建”选项卡，结果如图 12-152 所示。

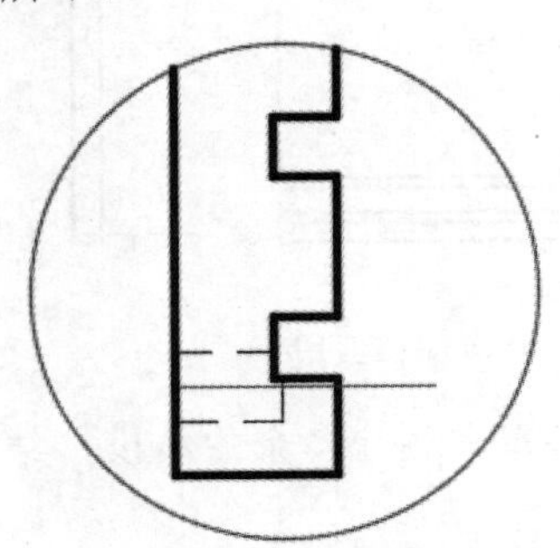

图 12-150 复制并修剪图形

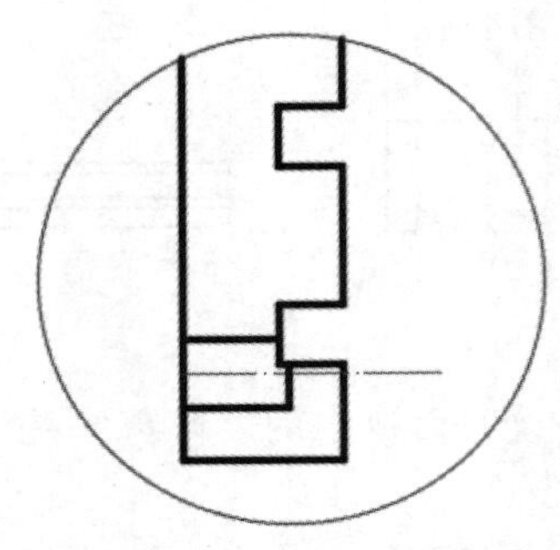

图 12-151 缩放图形

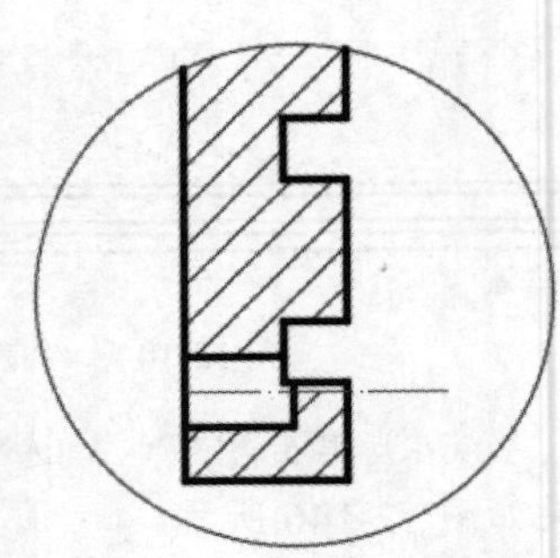

图 12-152 填充图案

12.5.4 标注底板尺寸

本节标注底板尺寸，如图 12-153 所示。首先设置尺寸样式，然后依次标注主视图、俯视图和左视图的尺寸，然后设置尺寸样式的比例标注放大图，最后利用多重引线标注引出尺寸。

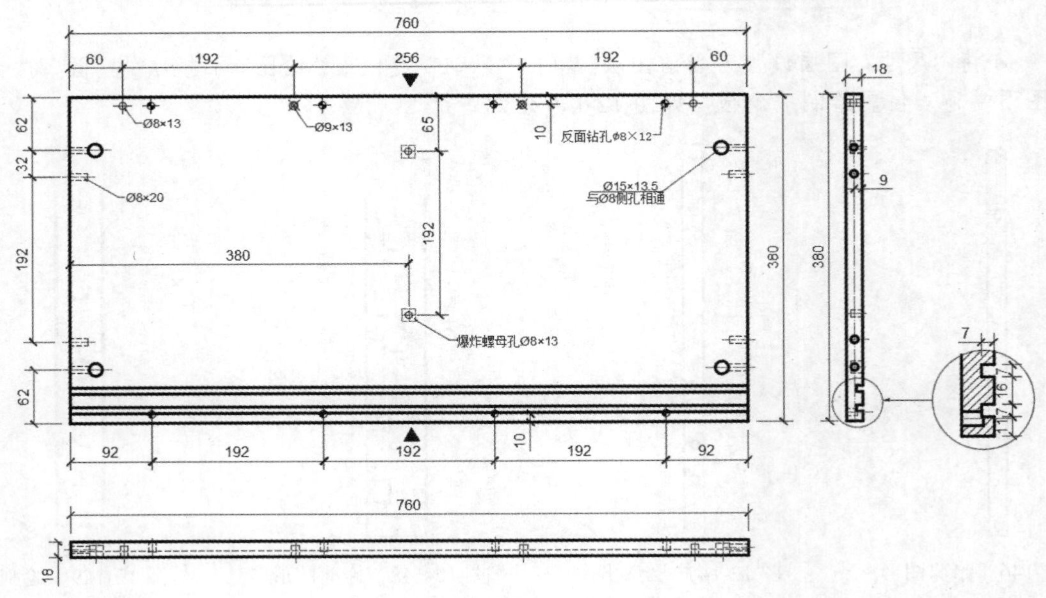

图 12-153 标注底板尺寸

操作步骤如下：（光盘\动画演示\第 12 章\标注底板尺寸.avi）

（1）将“尺寸”图层设置为当前图层。单击“默认”选项卡“注释”面板中的“标注样式”按钮，打开“标注样式管理器”对话框，单击“修改”按钮，打开“修改标注样式：ISO-25”

对话框，在该对话框中进行如下设置。

☑　“线”选项卡：设置基线间距为 5，超出尺寸线为 10，起点偏移量为 10。

☑　“符号和箭头”选项卡：设置箭头类型为“建筑标记”，设置箭头大小为 8。

☑　“文字”选项卡：设置文字高度为 12，从尺寸线偏移为 5，文字对齐方式为“与尺寸线对齐”。

Note

其他采用默认设置，单击“确定”按钮后返回到“标注样式管理器”对话框，单击“关闭”按钮，关闭对话框。

（2）单击“注释”选项卡“标注”面板中的“线性”按钮和“连续”按钮，标注主视图的线性尺寸，结果如图 12-154 所示。

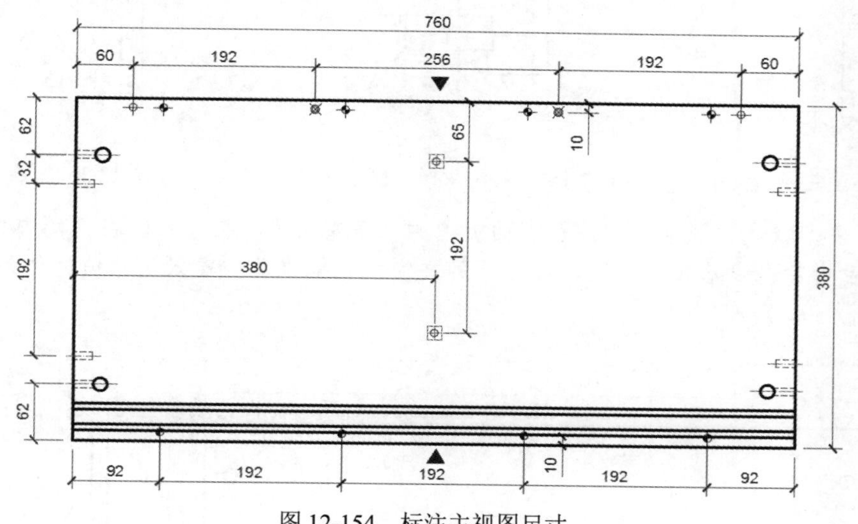

图 12-154　标注主视图尺寸

（3）单击“注释”选项卡“尺寸”面板中的“线性”按钮，标注俯视图的线性尺寸，结果如图 12-155 所示。

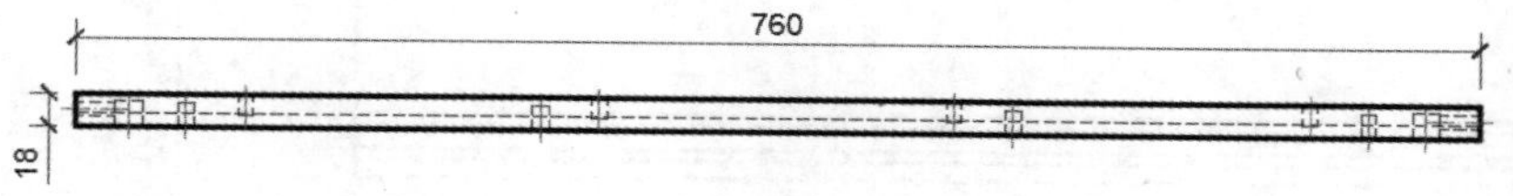

图 12-155　标注俯视图尺寸

（4）单击“注释”选项卡“尺寸”面板中的“线性”按钮，标注左视图的线性尺寸，结果如图 12-156 所示。

（5）单击“默认”选项卡“注释”面板中的“标注样式”按钮，打开“标注样式管理器”对话框，单击“新建”按钮，新建“大样图”标注样式，将“主单位”选项卡中的比例因子更改为 0.5，单击“确定”按钮。

（6）单击“注释”选项卡“尺寸”面板中的“线性”按钮，标注大样图的线性尺寸，结果如图 12-157 所示。

（7）单击“默认”选项卡“绘图”面板中的“多段线”按钮，绘制箭头，连接左视图和大样图，结果如图 12-158 所示。

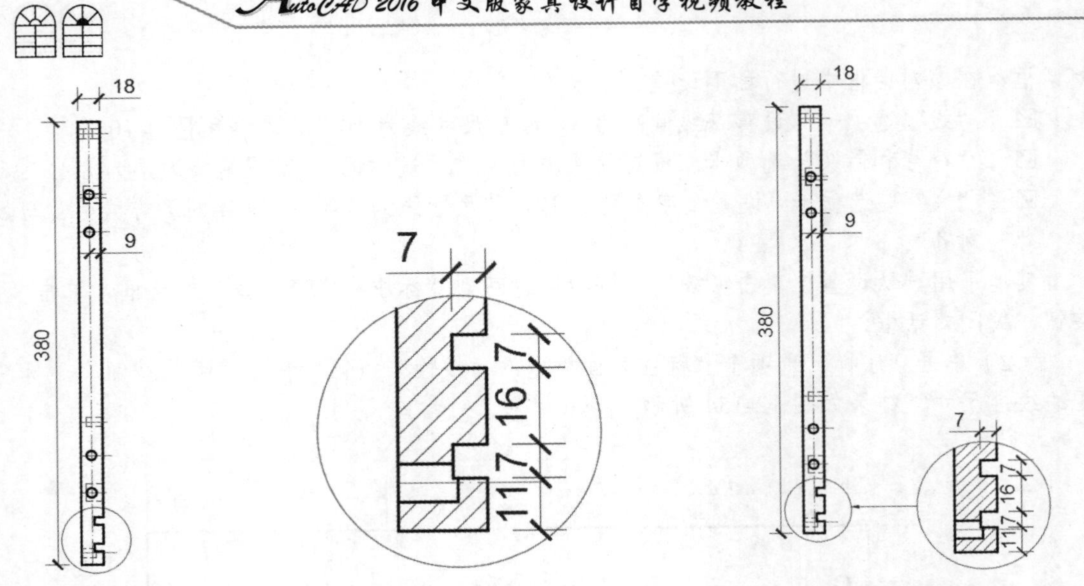

图 12-156　标注左视图尺寸　　图 12-157　标注大样图尺寸　　图 12-158　绘制箭头

（8）单击“默认”选项卡“注释”面板中的“多重引线”按钮，在视图中指定引线箭头的位置，然后指定引线基线的位置，在打开的文字格式编辑器中输入尺寸值，结果如图 12-159 所示。

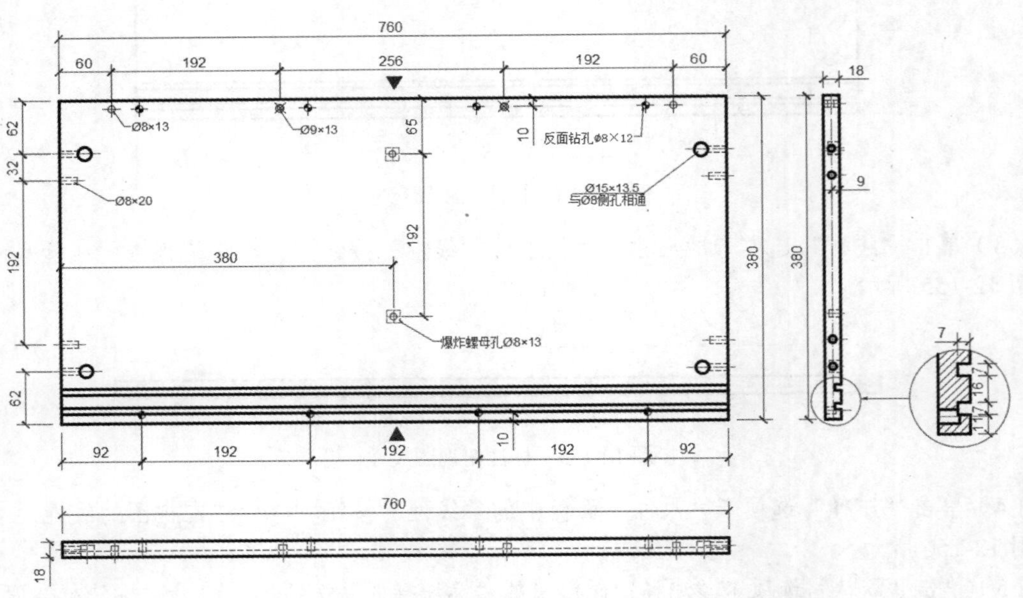

图 12-159　标注带引线尺寸

12.6　顶　　板

首先绘制顶板主视图，然后绘制背板俯视图，再绘制左视图，由于左视图的内部结构表达的不是很清楚，再在左视图上绘制放大视图，最后对图形进行尺寸和文字标注，如图 12-160 所示。

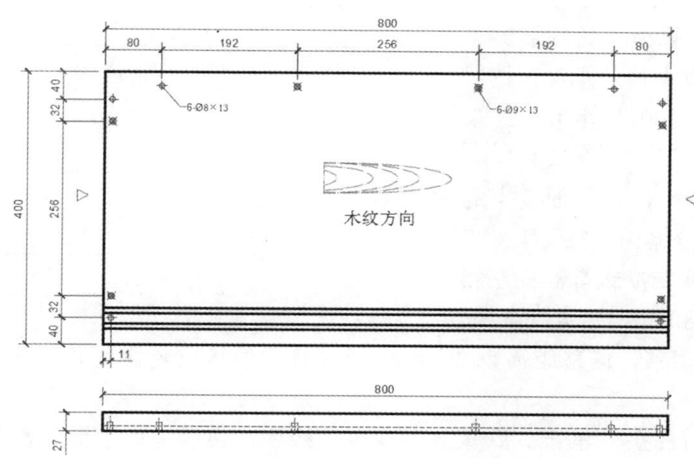

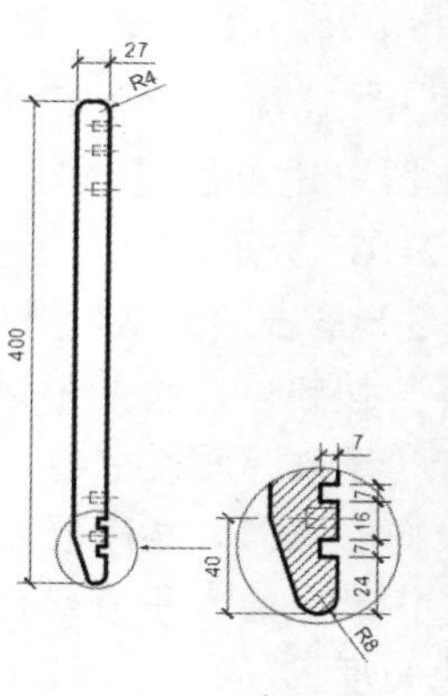

图 12-160 顶板

12.6.1 绘制顶板主视图

本节绘制如图 12-161 所示的顶板主视图。首先设置图层，然后绘制主体，再分别绘制各种孔示意符号，最后插入封边符号和木纹方向。

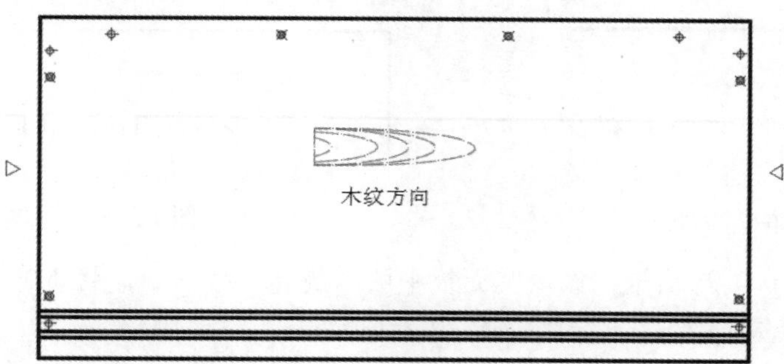

图 12-161 顶板主视图

操作步骤如下：（光盘\动画演示\第 12 章\顶板主视图.avi）

（1）单击“默认”选项卡“图层”面板中的“图层特性”按钮，打开“图层特性管理器”选项板，新建图层，具体设置参数如图 12-162 所示。

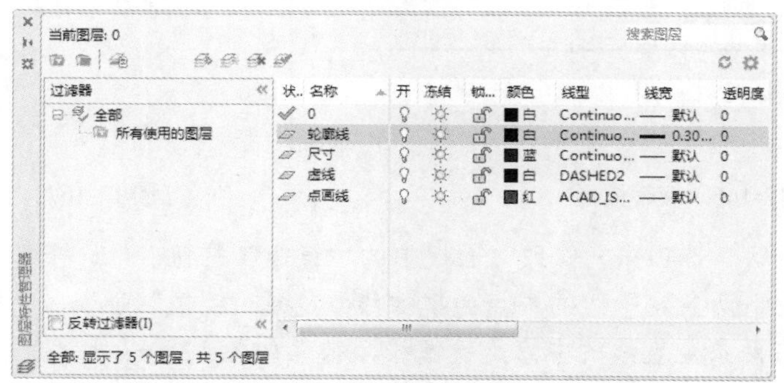

图 12-162 “图层特性管理器”选项板

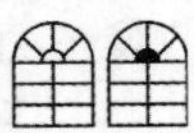

Note

（2）将“轮廓线”图层设置为当前图层。单击“默认”选项卡“绘图”面板中的“矩形”按钮，在图中适当位置绘制 800×400 的矩形，结果如图 12-163 所示。

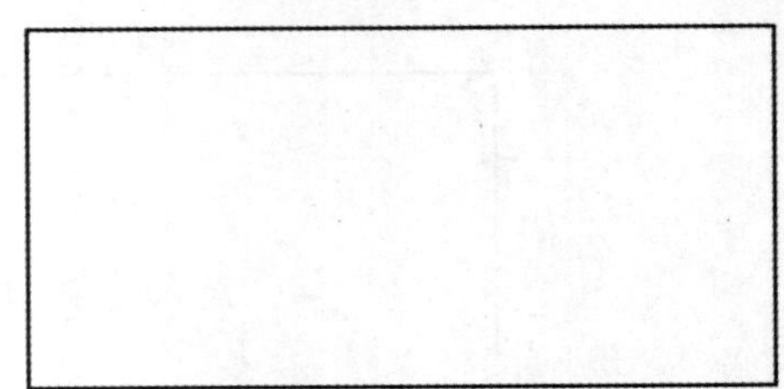
图 12-163 绘制矩形

（3）单击“默认”选项卡“修改”面板中的“分解”按钮，将矩形进行分解；单击“默认”选项卡“修改”面板中的“偏移”按钮，将左侧竖直线向右偏移，偏移距离为 80mm；重复“偏移”命令，将最上端水平直线向下偏移，偏移距离为 20mm，将偏移后的线段转换至 0 图层，并调整线段的长度。

（4）将 0 图层设置为当前图层。单击“默认”选项卡“绘图”面板中的“圆”按钮，在第（3）步创建的直线交点处创建半径为 4 的圆，如图 12-164 所示。

（5）单击“默认”选项卡“修改”面板中的“偏移”按钮，将左侧竖直线向右偏移，偏移距离为 272mm；重复“偏移”命令，将最上端水平直线向下偏移，偏移距离为 20mm，将偏移后的线段转换至 0 图层，并调整线段的长度。

（6）将 0 图层设置为当前图层。单击“默认”选项卡“绘图”面板中的“圆”按钮，在第（5）步创建的直线交点处创建半径分别为 3mm 和 4.5mm 的圆，如图 12-165 所示。

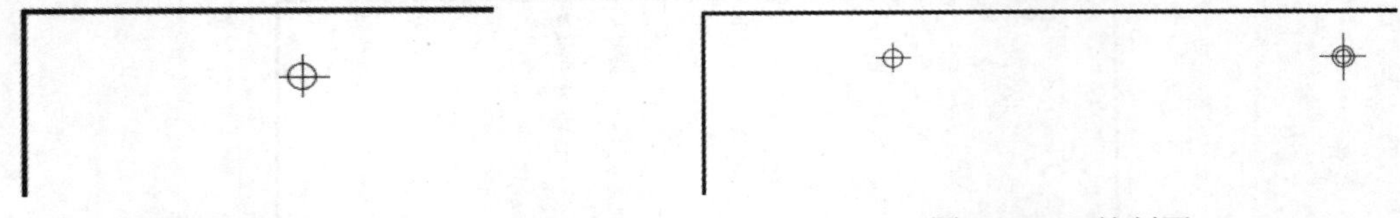
图 12-164 绘制圆　　图 12-165 绘制圆

（7）单击“默认”选项卡“修改”面板中的“旋转”按钮，将 ϕ9 孔上的水平直线和竖直直线以圆心为基点旋转 45°，结果如图 12-166 所示。

（8）单击“默认”选项卡“修改”面板中的“偏移”按钮，将左侧竖直线向右偏移，偏移距离为 11mm；重复“偏移”命令，将最上端水平直线向下偏移，偏移距离分别为 40mm 和 72mm。

（9）单击“默认”选项卡“修改”面板中的“复制”按钮，将前面绘制的图形复制到偏移线交点处，然后删除偏移线，结果如图 12-167 所示。

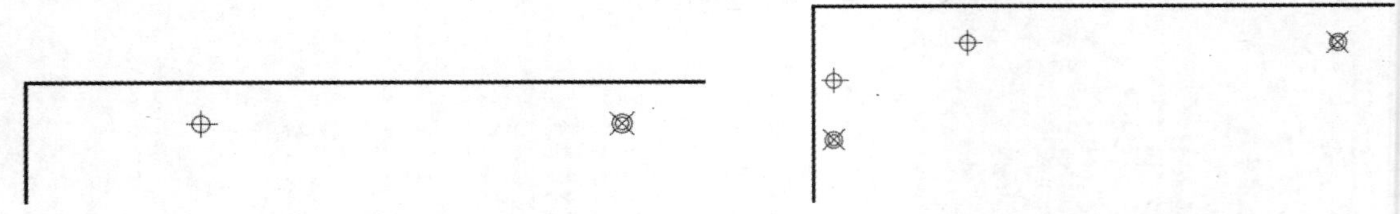
图 12-166 旋转图形　　图 12-167 复制图形

（10）单击“默认”选项卡“修改”面板中的“镜像”按钮，选择复制前和复制后的图形为镜像对象，选取上下两条水平线的中点为镜像线；重复“镜像”命令，选择竖直方向的图形为镜像对象，选取左右两条竖直线的中点为镜像线，结果如图 12-168 所示。

（11）单击“默认”选项卡“修改”面板中的“偏移”按钮，将最下端的水平直线向上偏

移，偏移距离分别为 24mm、31mm、47mm、54mm，结果如图 12-169 所示。

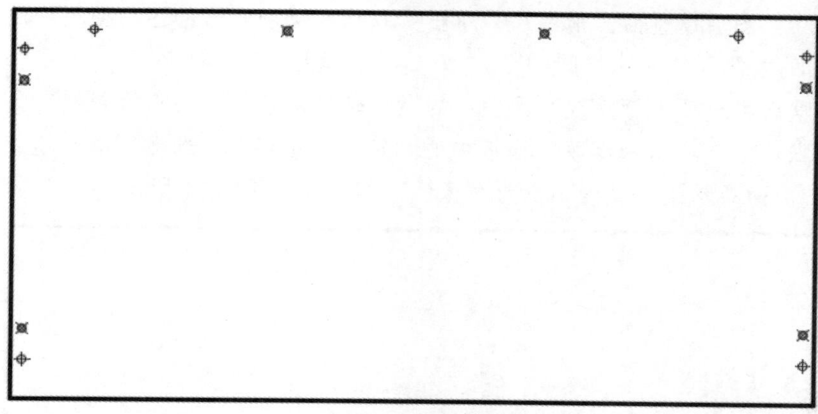

图 12-168 镜像图形

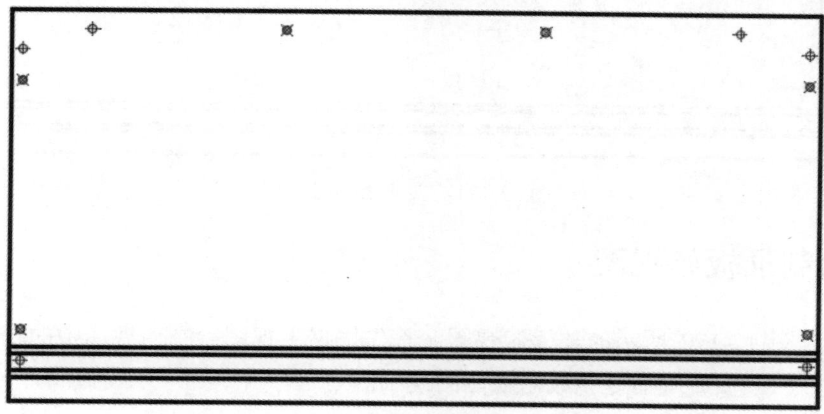

图 12-169 偏移直线

（12）单击“默认”选项卡“块”面板中的“插入”按钮，打开“插入”对话框，选择“木纹”图块，设置角度为-90°，将其插入到视图中适当位置，结果如图 12-170 所示。

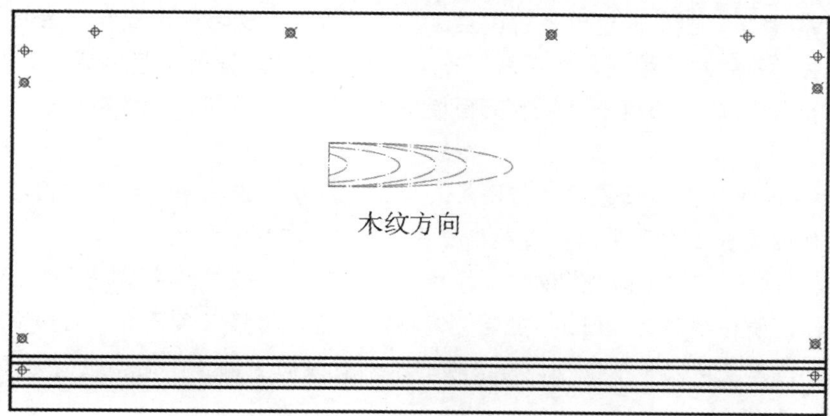

图 12-170 插入图块

Note

（13）创建 2mm 封边标示。

① 将“尺寸”图层设置为当前图层。单击“默认”选项卡“绘图”面板中的“多边形”按钮，在主视图的左侧面绘制内接圆半径为 10 的正三角形。

② 单击“默认”选项卡“修改”面板中的“旋转”按钮，将刚绘制的三角形旋转-90°。

③ 单击“默认”选项卡“修改”面板中的“镜像”按钮，选择第②步绘制的三角形为镜像对象，选取上下两条水平直线的中点为镜像线，结果如图 12-171 所示。

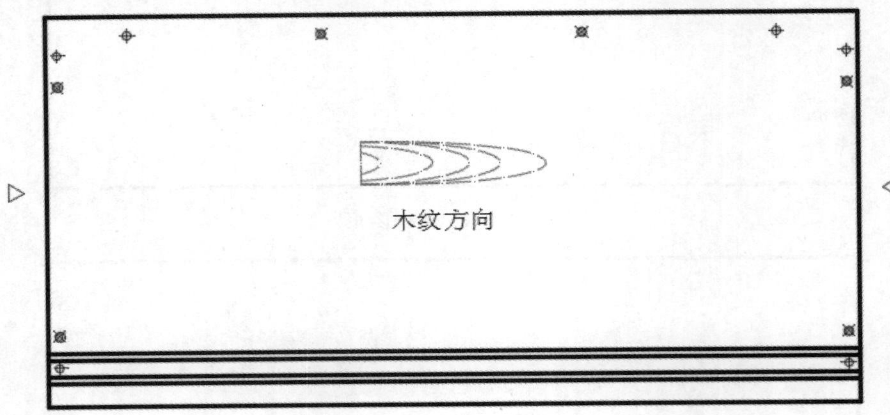

图 12-171　创建 2mm 封边

12.6.2　绘制顶板俯视图

本节绘制如图 12-172 所示的顶板俯视图。首先根据主视图绘制俯视图中的辅助线，再利用“偏移”“修剪”“镜像”等命令完成俯视图的绘制。

图 12-172　顶板俯视图

操作步骤如下：（光盘\动画演示\第 12 章\顶板俯视图.avi）

（1）将“轮廓线”图层设置为当前图层。单击“默认”选项卡“绘图”面板中的“矩形”按钮，捕捉主视图的左下端点，然后向下移动鼠标到适当位置确定矩形第一角点，绘制 800×27 的矩形；单击“默认”选项卡“修改”面板中的“分解”按钮，将矩形进行分解，结果如图 12-173 所示。

（2）将“点画线”图层设置为当前图层。单击“默认”选项卡“绘图”面板中的“直线”按钮，从主视图的孔心向下引出竖直线，结果如图 12-174 所示。

（3）单击“默认”选项卡“修改”面板中的“偏移”按钮，将第一、第二条竖直中心线分别向两侧偏移，偏移距离为 4mm；重复“偏移”命令，将第三条竖直中心线向两侧偏移，偏移距离为 4.5mm；重复“偏移”命令，将下端的水平直线向上偏移，偏移距离为 13mm，结果如图 12-175 所示。

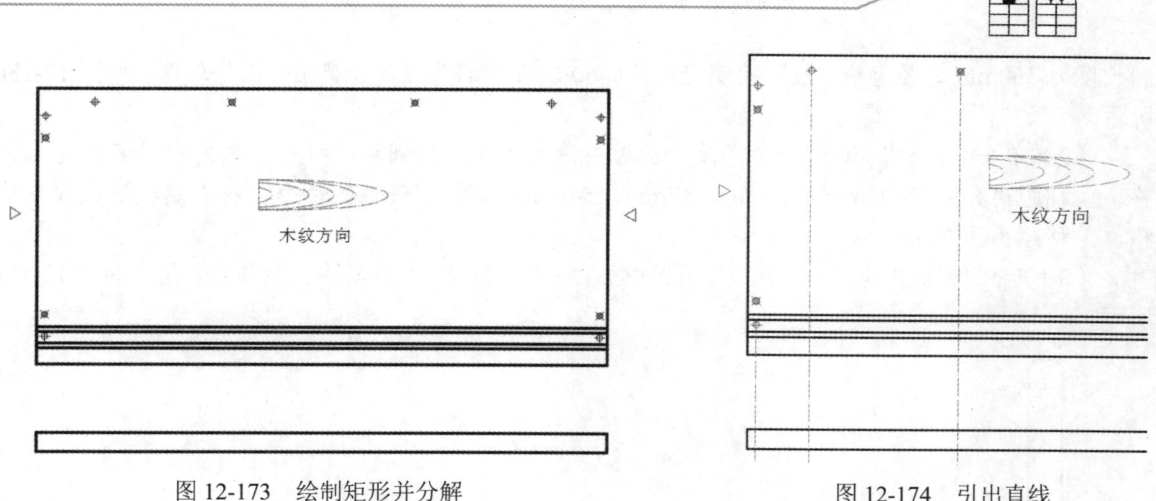

图 12-173 绘制矩形并分解　　图 12-174 引出直线

（4）单击“默认”选项卡“修改”面板中的“修剪”按钮，修剪多余的线段，将偏移后得到的线转换至“虚线”图层，调整点画线的长度，结果如图 12-176 所示。

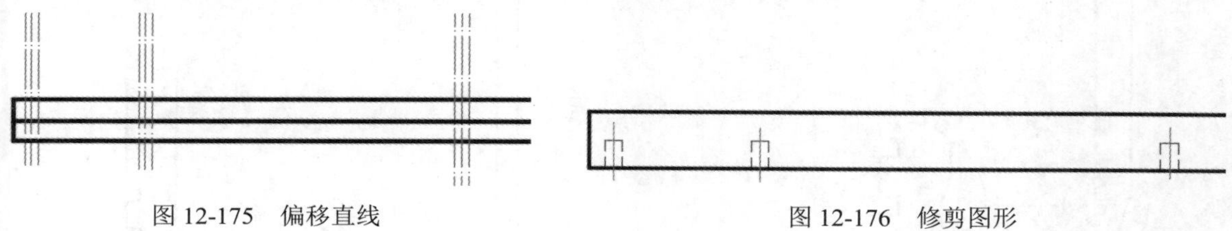

图 12-175 偏移直线　　图 12-176 修剪图形

（5）单击“默认”选项卡“修改”面板中的“镜像”按钮，选择第（4）步绘制的图形为镜像对象，选取上下两条水平直线的中点为镜像线，结果如图 12-177 所示。

图 12-177 镜像图形

（6）单击“默认”选项卡“修改”面板中的“偏移”按钮，将下端水平线向上偏移，偏移距离为 7mm，并将偏移后的直线转换至“虚线”图层，结果如图 12-178 所示。

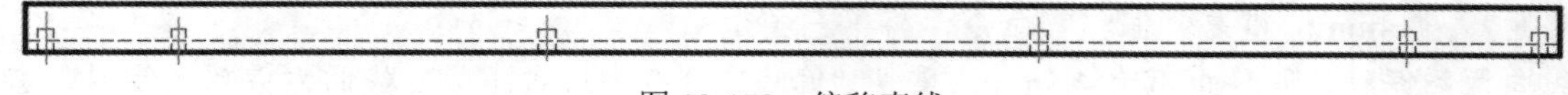

图 12-178 偏移直线

12.6.3 绘制顶板左视图

本节绘制如图 12-179 所示的顶板左视图。首先根据主视图绘制定位左视图中的关键点，再利用“直线”命令创建主体，然后从主视图绘制辅助线绘制孔和凹槽，最后绘制放大图。

操作步骤如下：（：光盘\动画演示\第 12 章\顶板左视图.avi）

（1）将“轮廓线”图层设置为当前图层。单击“默认”选项卡“绘图”面板中的“直线”按钮，捕捉主视图的右下端点，向右移动鼠标在适当位置确定直线的起点，向右绘制一条水平直线，向上绘制一条长度为 400mm 的竖直线，然后向左绘制长度为 27mm 的水平直线，再向下绘制长度为360mm的竖直线，最后绘制坐标为@60<-72的斜直线，绘制左视图外轮廓，如图12-180所示。

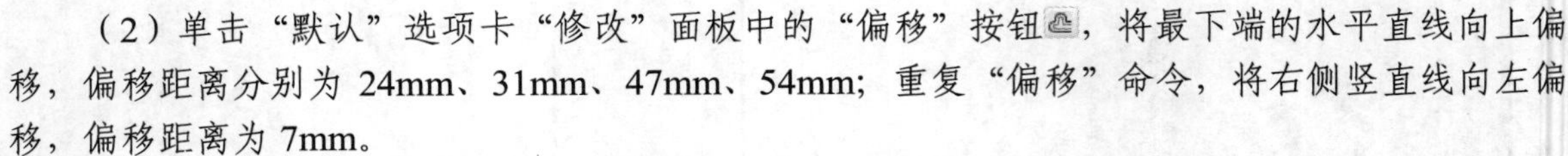

（2）单击“默认”选项卡“修改”面板中的“偏移”按钮，将最下端的水平直线向上偏移，偏移距离分别为24mm、31mm、47mm、54mm；重复“偏移”命令，将右侧竖直线向左偏移，偏移距离为7mm。

Note

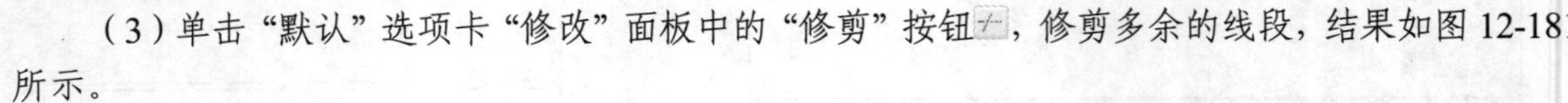

（3）单击“默认”选项卡“修改”面板中的“修剪”按钮，修剪多余的线段，结果如图12-181所示。

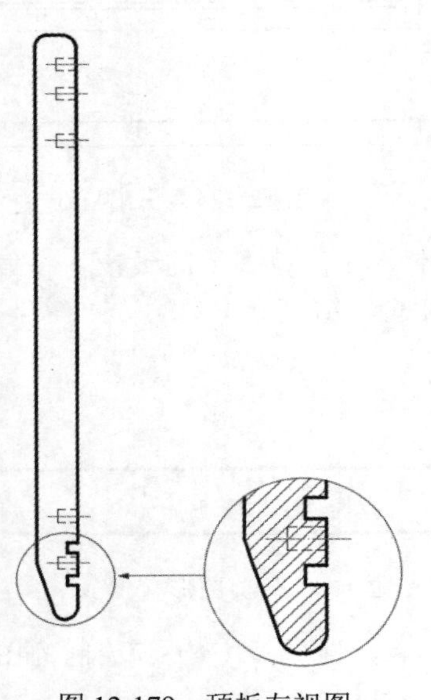

图12-179　顶板左视图

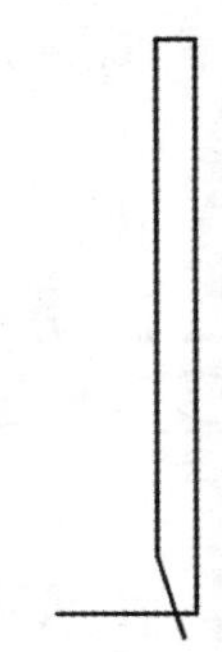

图12-180　绘制外轮廓

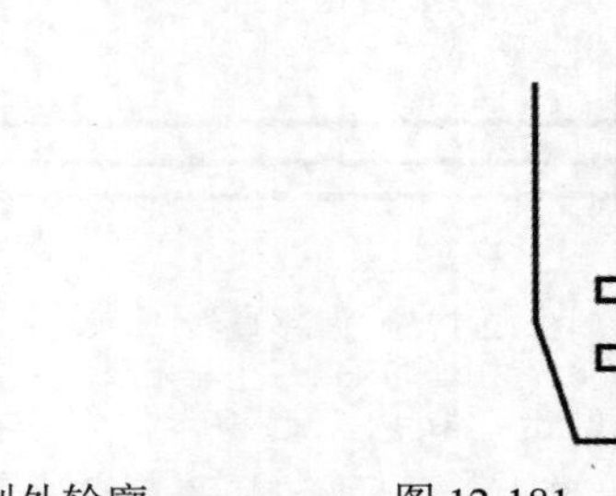

图12-181　修剪图形

（4）将“点画线”图层设置为当前图层。单击“默认”选项卡“绘图”面板中的“直线”按钮，从主视图的孔心向右引出水平直线，结果如图12-182所示。

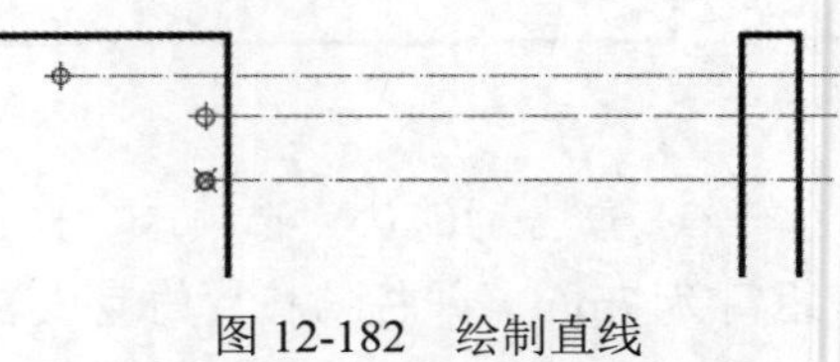

图12-182　绘制直线

（5）单击“默认”选项卡“修改”面板中的“偏移”按钮，分别将第一和第二条水平直线向两侧偏移，偏移距离为4mm；重复“偏移”命令，将第三条水平直线向两侧偏移，偏移距离为4.5mm；重复“偏移”命令，将右端竖直线向左偏移，偏移距离为13，将偏移后的直线转换至“虚线”图层。

（6）单击“默认”选项卡“修改”面板中的“修剪”按钮，修剪多余的线段，并调整中心线的长度，结果如图12-183所示。

（7）单击“默认”选项卡“修改”面板中的“镜像”按钮，选取图12-183中下方的两个孔截面为镜像对象，选取主视图中的左右两侧的竖直中点为镜像线，结果如图12-184所示。

（8）单击“默认”选项卡“修改”面板中的“圆角”按钮，设置圆角半径为8，对左视图的4个角进行倒圆角处理，结果如图12-185所示。

（9）将“尺寸”图层设置为当前图层。单击“默认”选项卡“绘图”面板中的“圆”按钮，在视图下端适当位置绘制一个圆，如图12-186所示。

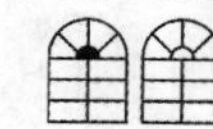

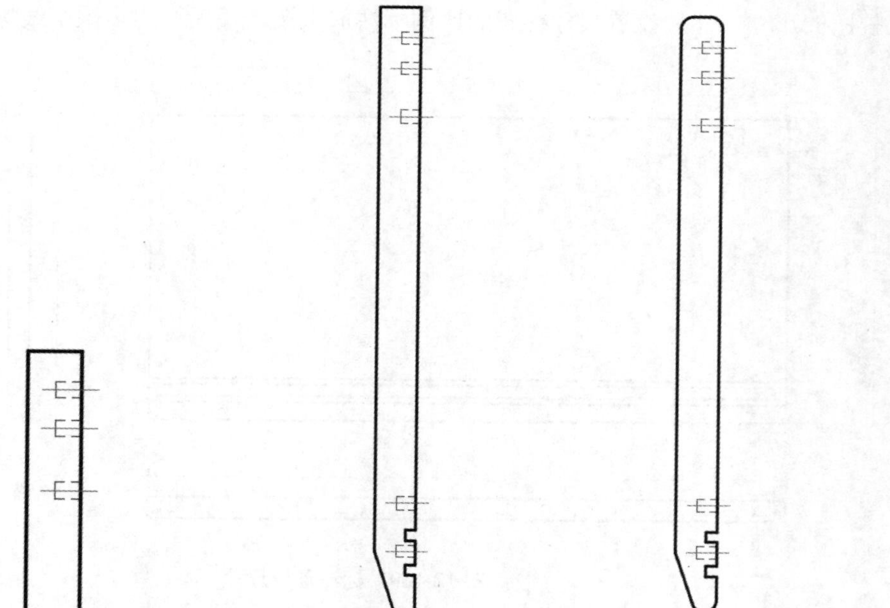

图 12-183　修剪图形　　　图 12-184　镜像图形　　　图 12-185　倒圆角处理

（10）绘制大样图。

① 单击“默认”选项卡“修改”面板中的“复制”按钮，将第（9）步绘制的圆以及圆内图形复制到左视图的右侧；单击“默认”选项卡“修改”面板中的“修剪”按钮，修剪多余的线段，结果如图 12-187 所示。

② 单击“默认”选项卡“修改”面板中的“缩放”按钮，将第①步创建的图形放大两倍。

③ 将 0 图层设置为当前图层。单击“默认”选项卡“绘图”面板中的“图案填充”按钮，打开“图案填充创建”选项卡，在“图案”面板中选择 ANSI31 图案，设置填充比例为 2，选取填充区域进行填充，单击“关闭图案填充创建”按钮，关闭“图案填充创建”选项卡，结果如图 12-188 所示。

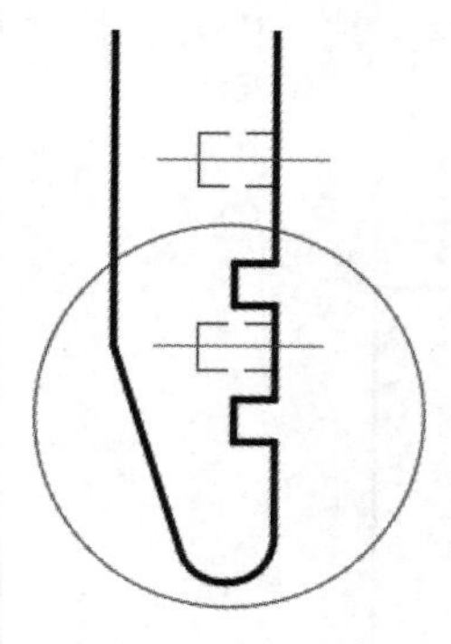

图 12-186　绘制圆

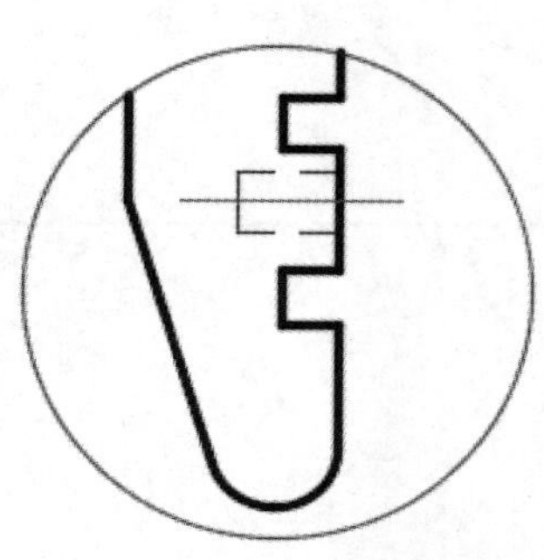

图 12-187　复制并修剪图形

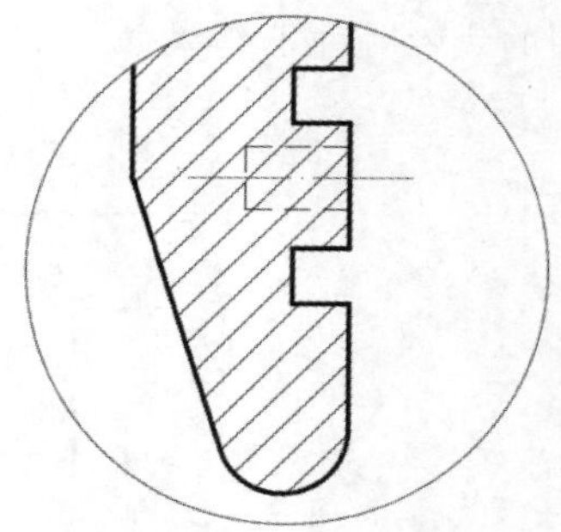

图 12-188　填充图案

12.6.4　标注顶板尺寸

本节标注顶板尺寸，如图 12-189 所示。首先设置尺寸样式，然后依次标注主视图、俯视图和左视图的尺寸，然后设置尺寸样式的比例标注放大图，最后利用多重引线标注引出尺寸。

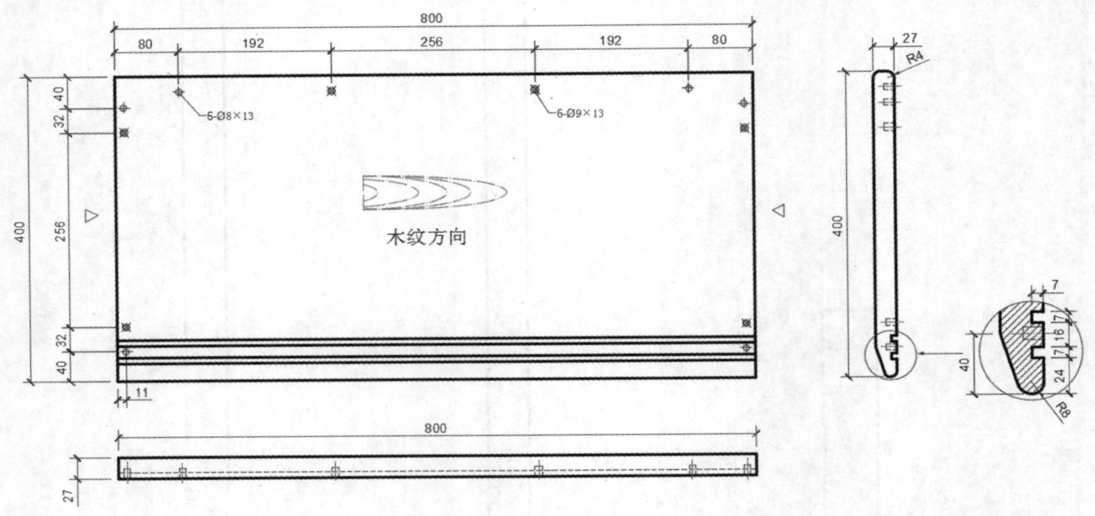

图 12-189　标注顶板尺寸

操作步骤如下：（光盘\动画演示\第 12 章\标注顶板尺寸.avi）

（1）将“尺寸”图层设置为当前图层。单击“默认”选项卡“注释”面板中的“标注样式”按钮，打开“标注样式管理器”对话框，单击“修改”按钮，打开“修改标注样式：ISO-25”对话框，在该对话框中进行如下设置。

☑ “线”选项卡：设置基线间距为 5，超出尺寸线为 10，起点偏移量为 10。

☑ “符号和箭头”选项卡：设置箭头类型为“建筑标记”，设置箭头大小为 8。

☑ “文字”选项卡：设置文字高度为 12，从尺寸线偏移为 5，文字对齐方式为“与尺寸线对齐”。

其他采用默认设置，单击“确定”按钮后返回到“标注样式管理器”对话框，单击“关闭”按钮，关闭对话框。

（2）单击“注释”选项卡“标注”面板中的“线性”按钮和“连续”按钮，标注主视图的线性尺寸，结果如图 12-190 所示。

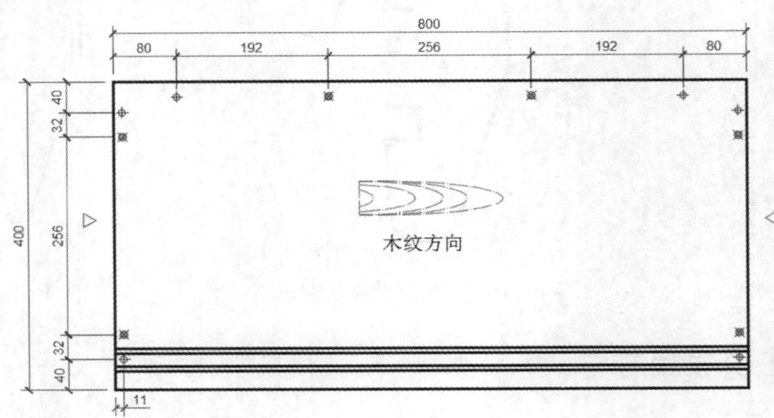

图 12-190　标注主视图尺寸

（3）单击“注释”选项卡“尺寸”面板中的“线性”按钮⊢⊣，标注俯视图的线性尺寸，结果如图 12-191 所示。

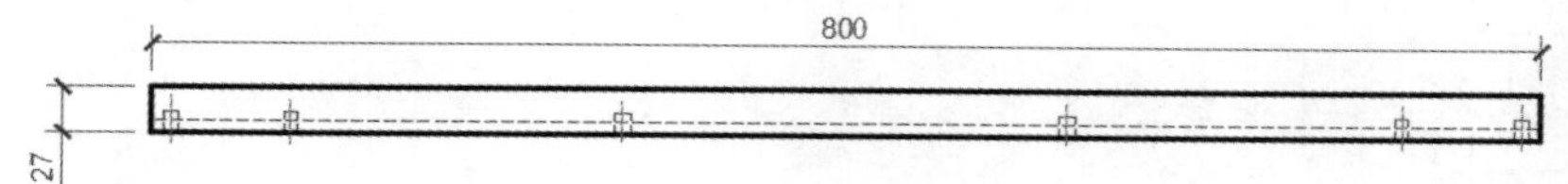

图 12-191　标注俯视图尺寸

Note

（4）单击“注释”选项卡“尺寸”面板中的“线性”按钮⊢⊣，标注左视图的线性尺寸，结果如图 12-192 所示。

（5）单击“默认”选项卡“注释”面板中的“标注样式”按钮，打开“标注样式管理器”对话框，单击“新建”按钮，新建“大样图”标注样式，将“主单位”选项卡中的比例因子更改为 0.5，单击“确定”按钮。

（6）单击“注释”选项卡“尺寸”面板中的“线性”按钮⊢⊣，标注大样图的线性尺寸，结果如图 12-193 所示。

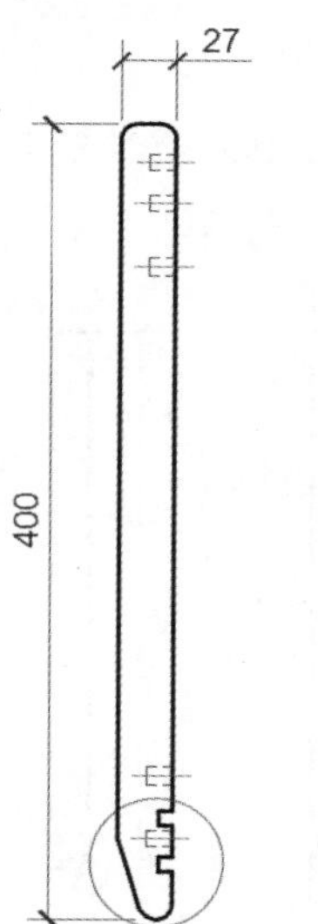

图 12-192　标注左视图尺寸

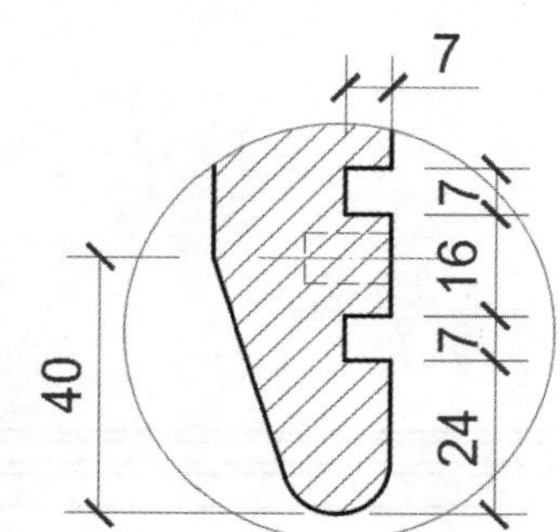

图 12-193　标注大样图尺寸

（7）单击“默认”选项卡“注释”面板中的“标注样式”按钮，打开“标注样式管理器”对话框，单击“新建”按钮，新建“半径”标注样式，将“符号和箭头”选项卡中的箭头更改为实心闭合，“主单位”选项卡中的比例因子更改为 0.5，单击“确定”按钮。

（8）单击“注释”选项卡“尺寸”面板中的“半径”按钮，标注左视图中的半径尺寸，结果如图 12-194 所示。

（9）单击“默认”选项卡“绘图”面板中的“多段线”按钮，绘制箭头，连接左视图和大样图，结果如图 12-195 所示。

（10）单击“默认”选项卡“注释”面板中的“多重引线”按钮，在视图中指定引线箭头

的位置，然后指定引线基线的位置，在打开的文字格式编辑器中输入尺寸值，结果如图 12-196 所示。

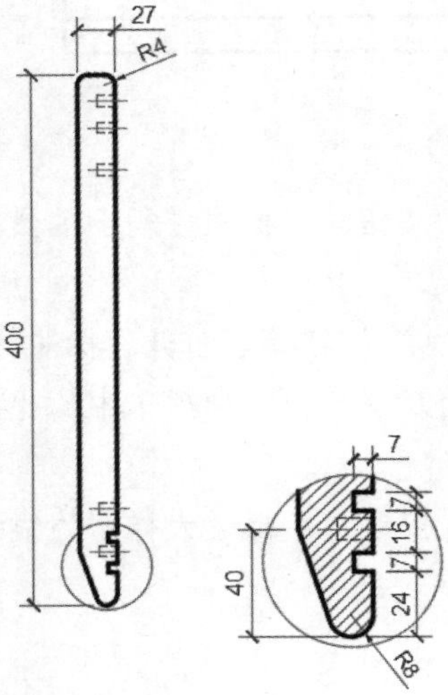

图 12-194　标注半径尺寸

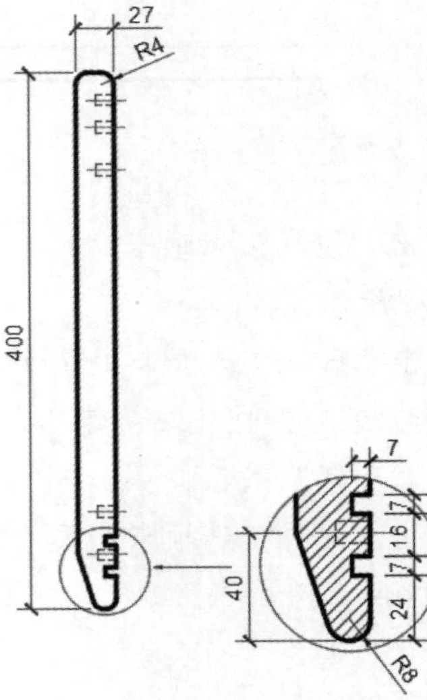

图 12-195　绘制箭头

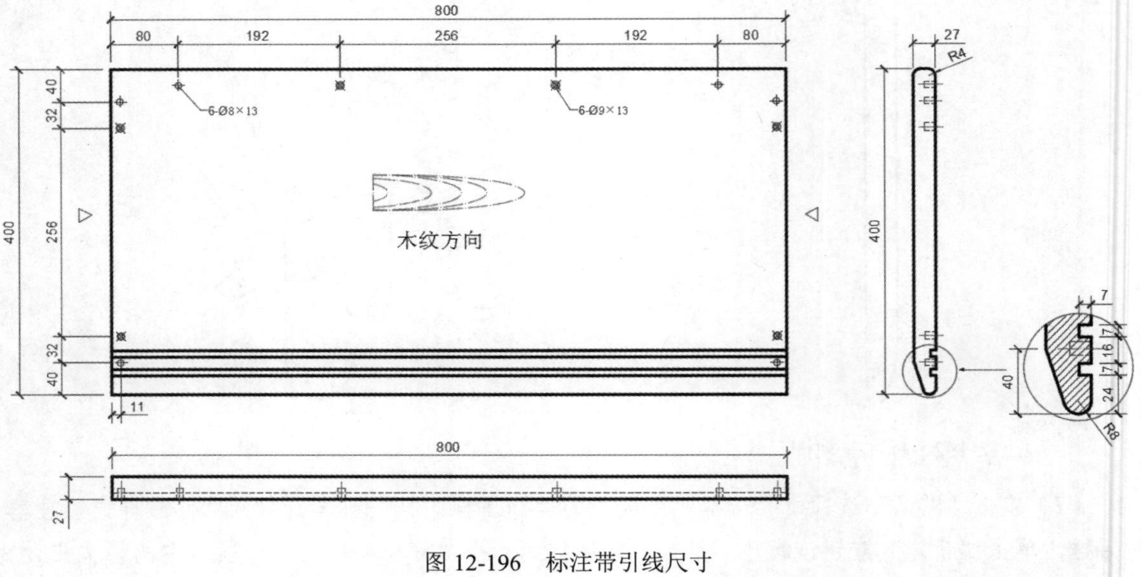

图 12-196　标注带引线尺寸

12.7　左右侧板

左、右侧板结构一样，这里绘制一张结构图即可。首先绘制主视图，然后根据主视图定位俯视图，再绘制左视图，最后标注侧板的尺寸和文字，如图 12-197 所示。

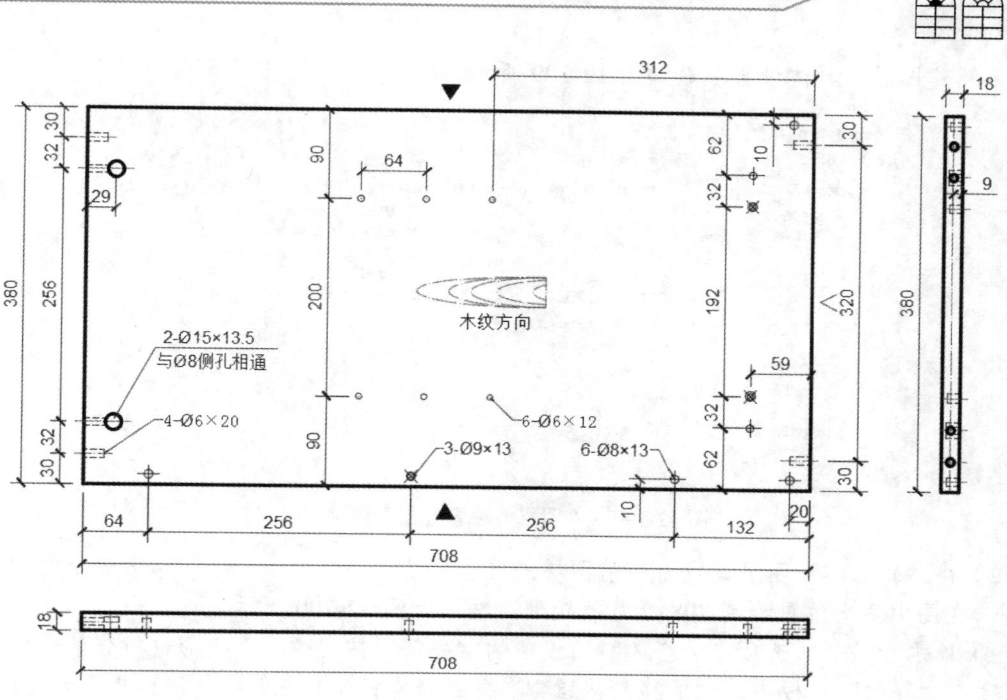

图 12-197 左右侧板

12.7.1 绘制左右侧板主视图

本节绘制如图 12-198 所示的侧板主视图。首先设置图层，然后绘制主体，再布置各种孔示意符号，最后插入封边符号和木纹方向。

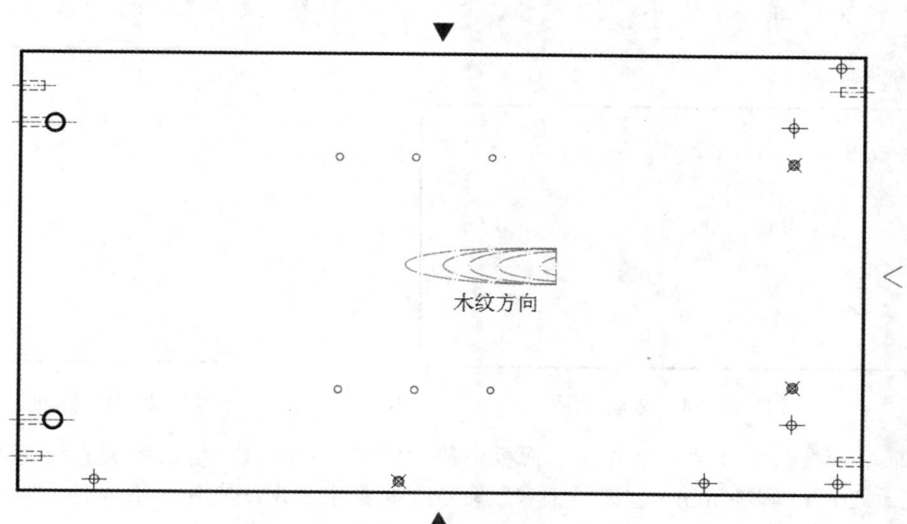

图 12-198 侧板主视图

操作步骤如下：（：光盘\动画演示\第 12 章\侧板主视图.avi）

（1）单击“默认”选项卡“图层”面板中的“图层特性”按钮，打开“图层特性管理器”

选项板，新建图层，具体设置参数如图 12-199 所示。

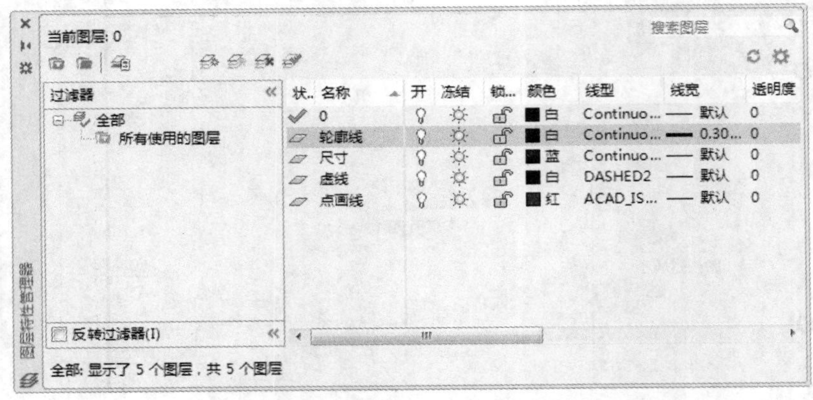

图 12-199 “图层特性管理器”选项板

（2）将“轮廓线”图层设置为当前图层。单击“默认”选项卡“绘图”面板中的“矩形”按钮，在图中适当位置绘制 708×380 的矩形，结果如图 12-200 所示。

（3）单击“默认”选项卡“修改”面板中的“分解”按钮，将矩形进行分解；单击“默认”选项卡“修改”面板中的“偏移”按钮，将右侧竖直线向左偏移，偏移距离为 312mm；重复“偏移”命令，将最上端水平直线向下偏移，偏移距离为 90mm。

（4）将 0 图层设置为当前图层。单击“默认”选项卡“绘图”面板中的“圆”按钮，在偏移线的交点处绘制半径为 3mm 的圆，然后删除偏移线。

（5）单击“默认”选项卡“修改”面板中的“矩形阵列”按钮，选择第（4）步绘制的圆为阵列对象，打开“阵列创建”选项卡，输入列数为 3，介于（列间距）为-64，行数为 2，介于（行间距）为-200，单击“关闭阵列”按钮，关闭选项卡，结果如图 12-201 所示。

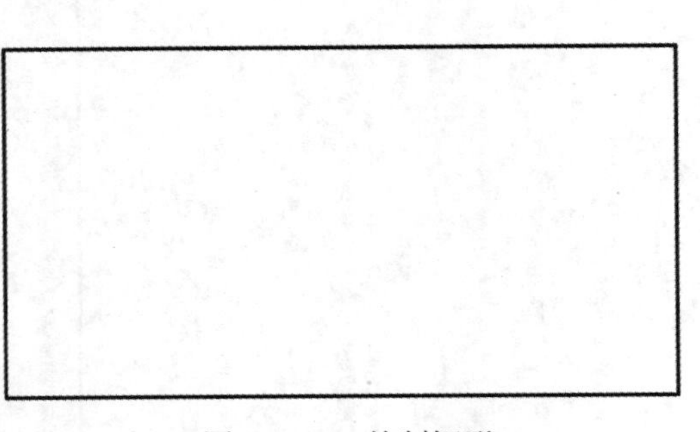

图 12-200 绘制矩形

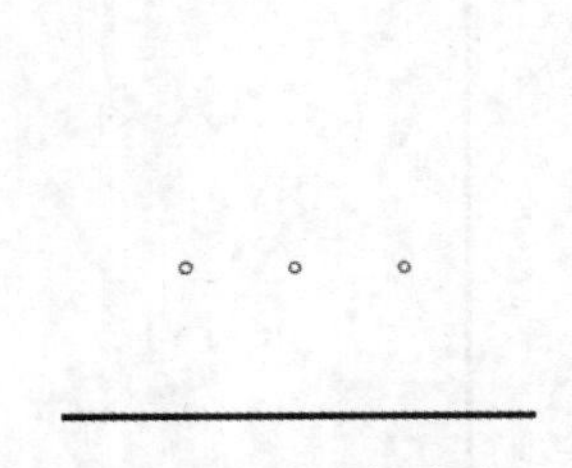

图 12-201 阵列圆

（6）单击“默认”选项卡“修改”面板中的“偏移”按钮，将右侧竖直线向左偏移，偏移距离分别为 20mm 和 59mm；重复“偏移”命令，将最上端水平直线向下偏移，偏移距离分别为 10mm、62mm 和 94mm。

（7）根据底板文件中的方法绘制 φ8 深 13 示意符号和 φ9 深 13 示意符号，将其放置在偏移直线的交点处（也可以打开底板文件将 φ8 深 13 示意符号和 φ9 深 13 示意符号复制后粘贴到左右侧板文件中），如图 12-202 所示。

Note

（8）单击“默认”选项卡“修改”面板中的“镜像”按钮，选取第（7）步创建的孔符号为镜像对象，选取矩形的左右两条竖直边中点为镜像线，结果如图 12-203 所示。

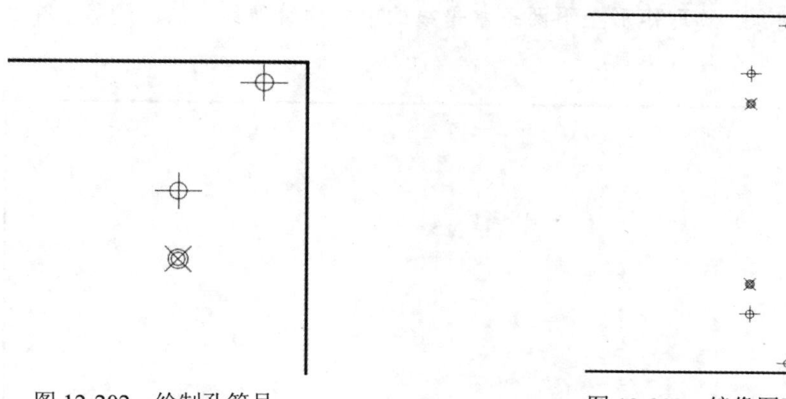

图 12-202　绘制孔符号　　图 12-203　镜像图形

（9）单击“默认”选项卡“修改”面板中的“偏移”按钮，将左侧竖直线向右偏移，偏移距离分别为 64mm、320 mm 和 576；重复“偏移”命令，将最下端水平直线向上偏移，偏移距离为 10mm。

（10）单击“默认”选项卡“修改”面板中的“复制”按钮，将ϕ8 深 13 示意符号和ϕ9 深 13 示意符号复制到偏移线的交点处，然后删除偏移后的直线，结果如图 12-204 所示。

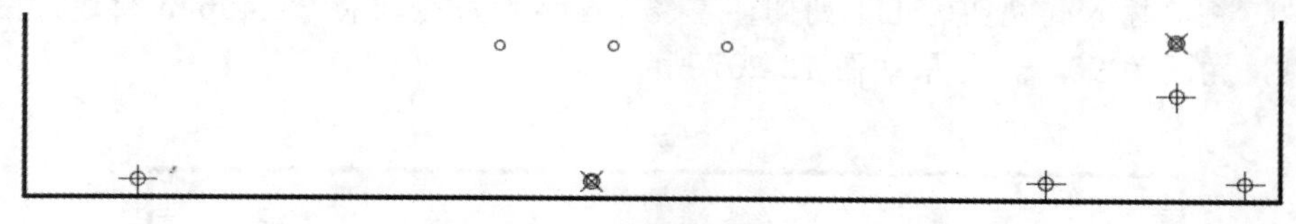

图 12-204　复制孔

（11）单击“默认”选项卡“修改”面板中的“偏移”按钮，将最下端水平直线向上偏移，偏移距离分别为 30mm 和 62mm；重复“偏移”命令，将偏移直线分别向两侧偏移，偏移距离为 4mm；重复“偏移”命令，将左侧竖直线向右偏移，偏移距离分别为 20mm 和 29mm。

（12）将“轮廓线”图层设置为当前图层。单击“默认”选项卡“绘图”面板中的“圆”按钮，在 62mm 和 29mm 偏移线交点处绘制半径为 7.5mm 的圆。

（13）单击“默认”选项卡“修改”面板中的“修剪”按钮，修剪多余的图形，将图形转换至“点画线”和“虚线”图层，然后调整点画线的长度，结果如图 12-205 所示。

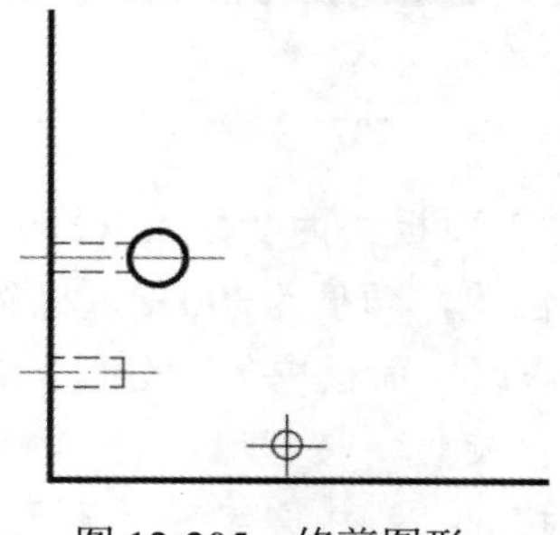

图 12-205　修剪图形

Note

（14）单击“默认”选项卡“修改”面板中的“镜像”按钮，选取第（13）步创建的图形为镜像对象，选取矩形的左右两条竖直边中点为镜像线；重复“镜像”命令，选取镜像前和镜像后的图形为镜像对象，选取矩形上下两条水平线的中点为镜像线，然后删除多余的图形，结果如图12-206所示。

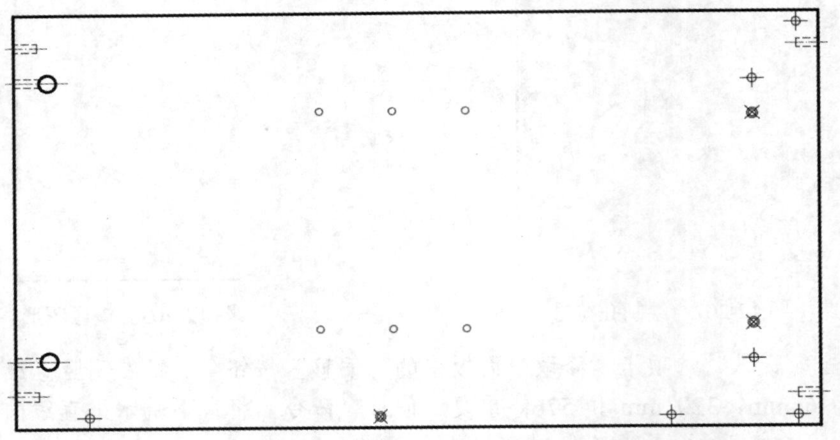

图12-206　镜像文件

（15）单击“默认”选项卡“块”面板中的“插入”按钮，打开“插入”对话框，选择“1mm封边”图块，将其插入到视图的上下两侧；重复“插入”命令，将“0.45mm封边”图块插入到视图的右侧，角度为90°，结果如图12-207所示。

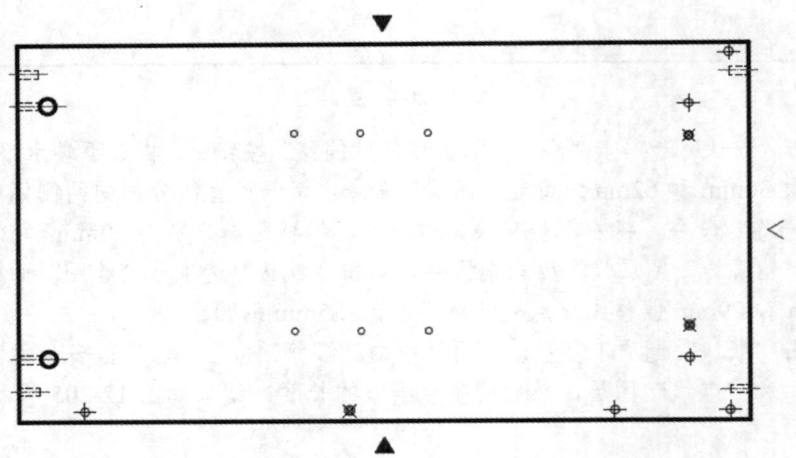

图12-207　插入封边符号

（16）单击“默认”选项卡“块”面板中的“插入”按钮，打开“插入”对话框，选择“木纹”图块，将其插入到视图中适当位置，角度为-90°，比例为0.7。

（17）单击“默认”选项卡“修改”面板中的“分解”按钮，将“木纹”图块分解，单击“默认”选项卡“修改”面板中的“旋转”按钮，将“木纹”图形旋转180°；单击“默认”选项卡“修改”面板中的“移动”按钮，将文字移动到图形下方，结果如图12-208所示。

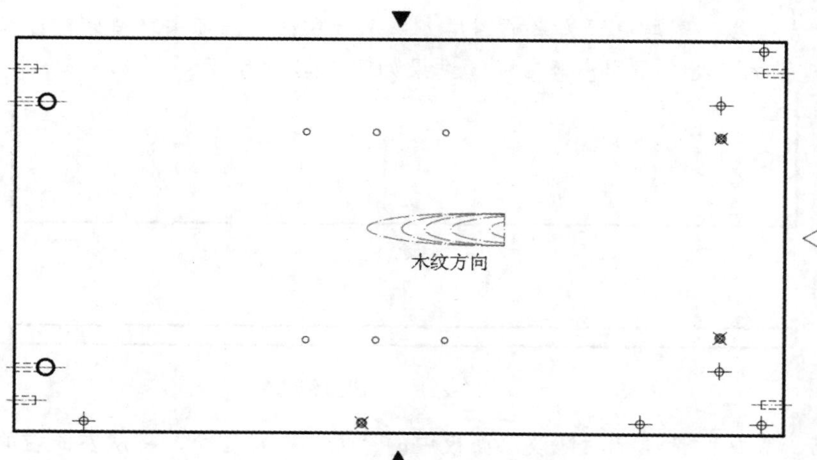

图 12-208　添加木纹

12.7.2　绘制左右侧板俯视图

本节绘制如图 12-209 所示的侧板俯视图。首先根据主视图绘制俯视图中的辅助线，再利用“偏移”“修剪”等命令完成俯视图的绘制。

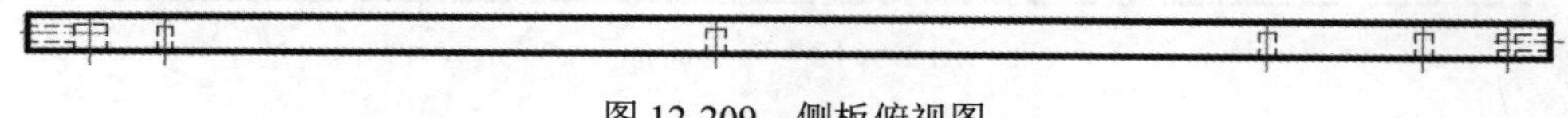

图 12-209　侧板俯视图

操作步骤如下：（：光盘\动画演示\第 12 章\侧板俯视图.avi）

（1）将“轮廓线”图层设置为当前图层。单击“默认”选项卡“绘图”面板中的“矩形”按钮，捕捉主视图的左下端点，然后向下移动鼠标到适当位置确定矩形第一角点，绘制 708×18 的矩形；单击“默认”选项卡“修改”面板中的“分解”按钮，将矩形进行分解，结果如图 12-210 所示。

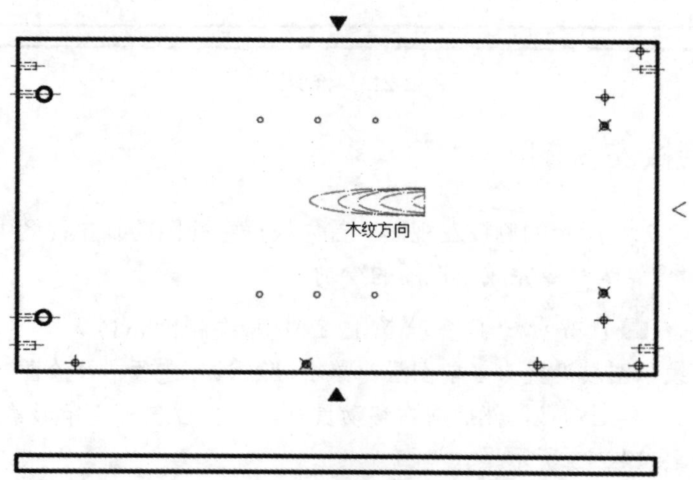

图 12-210　绘制矩形

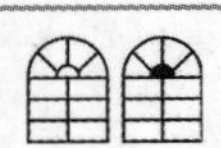

（2）将“点画线”图层设置为当前图层。单击“默认”选项卡“绘图”面板中的“直线”按钮，从主视图的孔心向下引出竖直线，结果如图 12-211 所示。

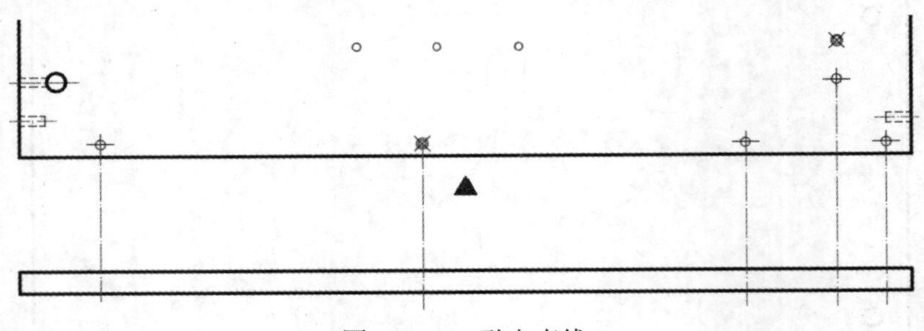

图 12-211　引出直线

（3）单击“默认”选项卡“修改”面板中的“偏移”按钮，将从左向右的第一、第三、第四和第五条竖直中心线分别向两侧偏移，偏移距离为 4mm；重复“偏移”命令，将第二条竖直中心线向两侧偏移，偏移距离为 4.5mm；重复“偏移”命令，将下端的水平直线向上偏移，偏移距离为 13mm。

（4）单击“默认”选项卡“修改”面板中的“修剪”按钮，修剪多余的线段，将偏移后得到的线转换至“虚线”图层，调整点画线的长度，结果如图 12-212 所示。

图 12-212　修剪图形

（5）单击“默认”选项卡“修改”面板中的“偏移”按钮，将左端竖直线向右偏移，偏移距离分别为 22mm、29mm 和 37mm；重复“偏移”命令，将右端竖直线向左偏移，偏移距离为 20mm；重复“偏移”命令，将下端的水平直线向上偏移，偏移距离分别为 9mm 和 13.5mm，然后将偏移 9mm 的水平线向两侧偏移，偏移距离为 4mm。

（6）单击“默认”选项卡“修改”面板中的“修剪”按钮，修剪多余的线段，将偏移后得到的线转换至“虚线”和“点画线”图层，调整点画线的长度，结果如图 12-213 所示。

图 12-213　修剪图形

12.7.3　绘制侧板左视图

本节绘制如图 12-214 所示的侧板左视图。首先根据主视图绘制左视图中的辅助线，再利用“偏移”“修剪”“镜像”等命令完成左视图的绘制。

操作步骤如下：（：光盘\动画演示\第 12 章\侧板左视图.avi）

（1）将“轮廓线”图层设置为当前图层。单击“默认”选项卡“绘图”面板中的“矩形”按钮，捕捉主视图的右上端点，然后向右移动鼠标到适当位置确定矩形第一角点，绘制 18×380 的矩形，结果如图 12-215 所示。

（2）分别将“虚线”和“点画线”图层设置为当前图层。单击“默认”选项卡“绘图”面

板中的“直线”按钮⁄，从主视图中关键点向左绘制水平直线，如图 12-216 所示。

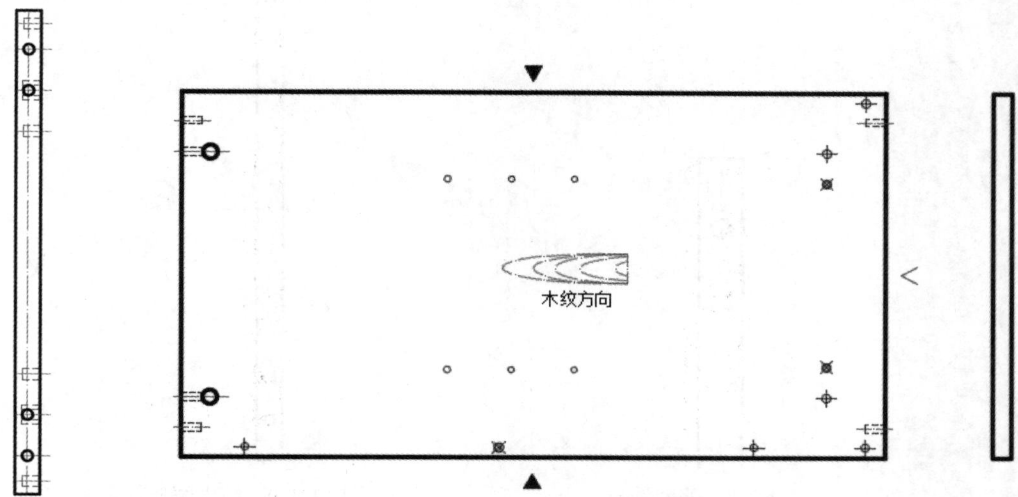

图 12-214　侧板左视图

图 12-215　绘制矩形

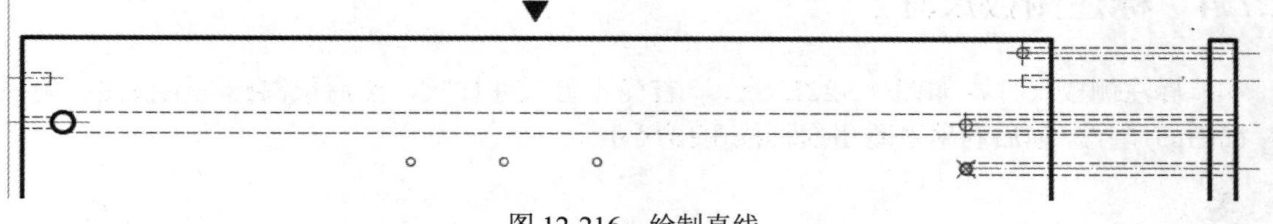

图 12-216　绘制直线

（3）单击“默认”选项卡“修改”面板中的“分解”按钮，将矩形进行分解。单击“默认”选项卡“修改”面板中的“偏移”按钮，将右侧竖直线向左偏移，偏移距离分别为 9mm、13mm 和 13.5mm，将偏移后的直线转换至“虚线”和“点画线”图层，结果如图 12-217 所示。

（4）将“轮廓线”图层设置为当前图层。单击“默认”选项卡“绘图”面板中的“圆”按钮，在水平中心线和竖直中心线交点处绘制半径为 4mm 的圆，结果如图 12-218 所示。

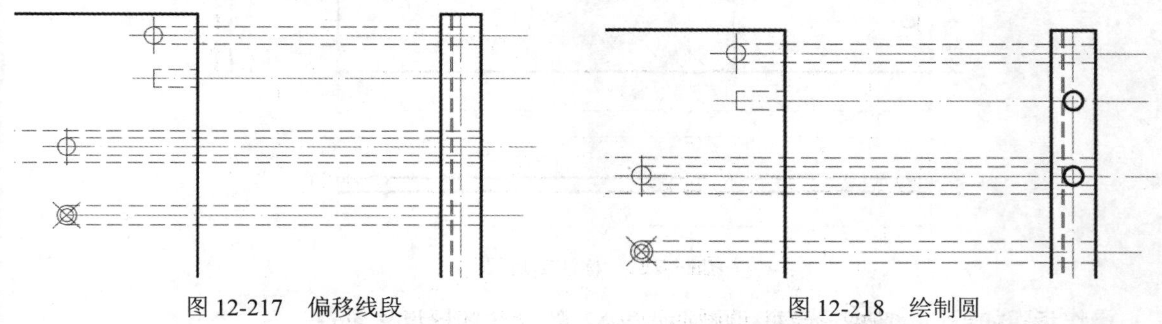

图 12-217　偏移线段

图 12-218　绘制圆

（5）单击“默认”选项卡“修改”面板中的“修剪”按钮，修剪和删除多余的线段，结果如图 12-219 所示。

（6）单击“默认”选项卡“修改”面板中的“镜像”按钮，选取第（5）步创建的图形为镜像图形，选取两条竖直线的中点为镜像线，如图 12-220 所示。

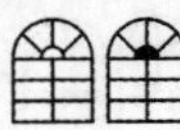

Note

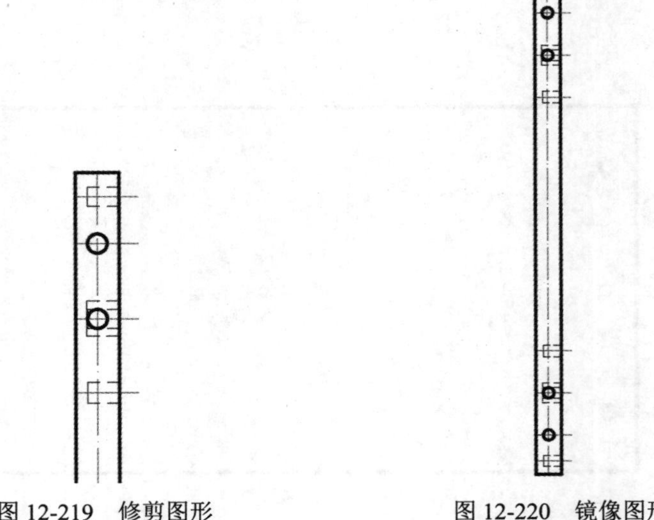

图 12-219　修剪图形　　　　图 12-220　镜像图形

12.7.4　标注侧板尺寸

本节标注侧板尺寸，如图 12-221 所示。首先设置尺寸样式，然后依次标注主视图、俯视图和左视图的尺寸，最后利用多重引线标注引出尺寸。

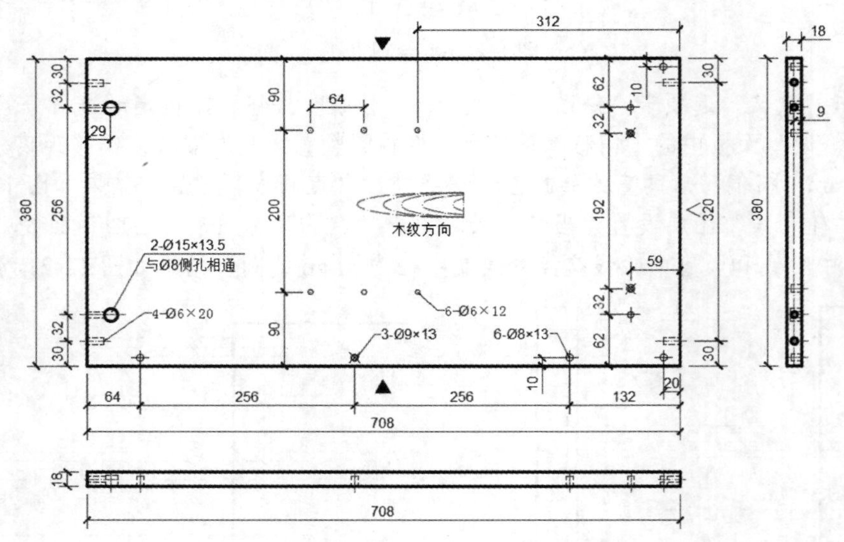

图 12-221　标注侧板尺寸

操作步骤如下：（光盘\动画演示\第 12 章\标注侧板尺寸.avi）

（1）将“尺寸”图层设置为当前图层。单击“默认”选项卡“注释”面板中的“标注样式”按钮，打开“标注样式管理器”对话框，单击“修改”按钮，打开“修改标注样式：ISO-25”对话框，在该对话框中进行如下设置。

☑　“线”选项卡：设置基线间距为 5，超出尺寸线为 10，起点偏移量为 10。

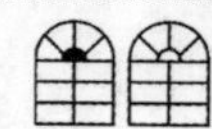

☑ "符号和箭头"选项卡：设置箭头类型为"建筑标记"，设置箭头大小为8。

☑ "文字"选项卡：设置文字高度为12，从尺寸线偏移为5，文字对齐方式为"与尺寸线对齐"。

其他采用默认设置，单击"确定"按钮后返回到"标注样式管理器"对话框，单击"关闭"按钮，关闭对话框。

（2）单击"注释"选项卡"标注"面板中的"线性"按钮和"连续"按钮，标注主视图的线性尺寸，结果如图12-222所示。

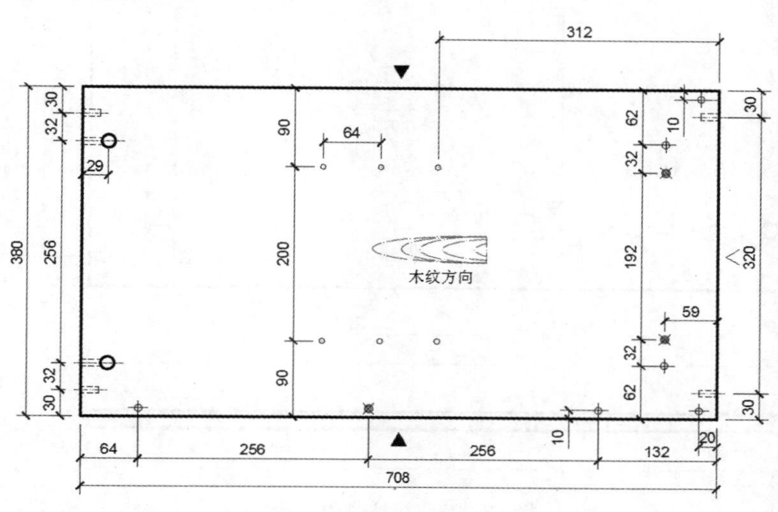

图12-222　标注主视图尺寸

（3）单击"注释"选项卡"尺寸"面板中的"线性"按钮，标注俯视图的线性尺寸，结果如图12-223所示。

（4）单击"注释"选项卡"尺寸"面板中的"线性"按钮，标注左视图的线性尺寸，结果如图12-224所示。

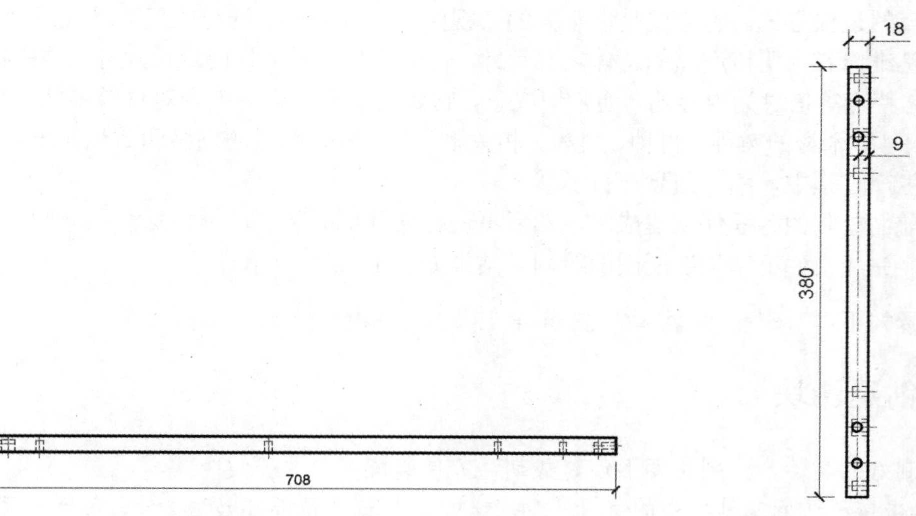

图12-223　标注俯视图　　　　图12-224　标注左视图

Note

（5）单击“默认”选项卡“注释”面板中的“多重引线”按钮，在视图中指定引线箭头的位置，然后指定引线基线的位置，在打开的文字格式编辑器中输入尺寸值，结果如图 12-225 所示。

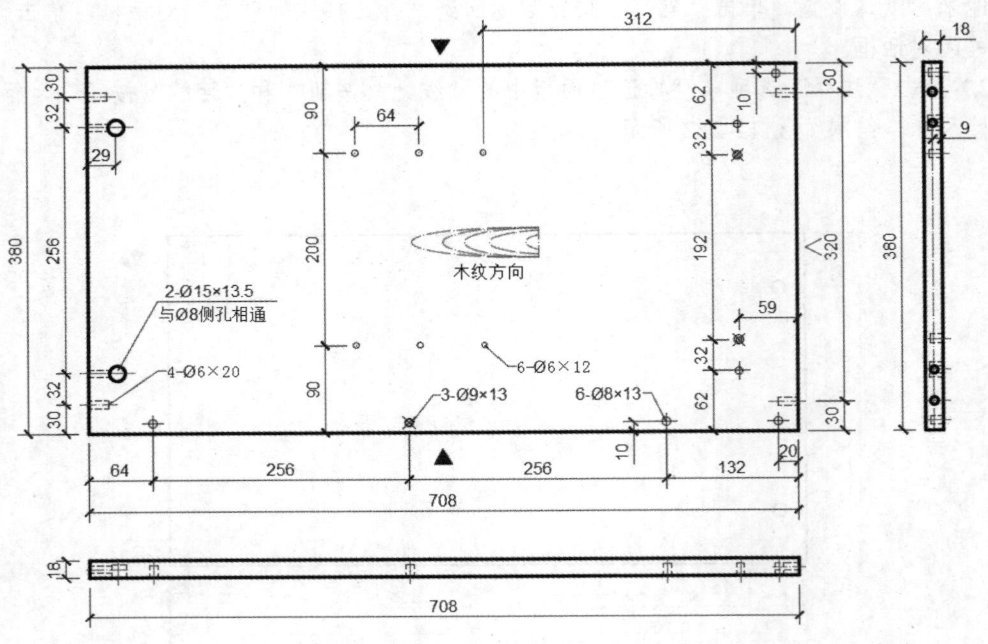

图 12-225　标注带引线尺寸

12.8　文件柜装配

结构装配图作为家具图面表现形式中最具理性化的表达方式，可以说是设计者与专业人士进行沟通、交流的最佳方式。它主要是以家具的三视图、剖视图结合详尽的尺寸标注及文字注释，向制作者或是维修者阐明该产品的总体轮廓尺寸、部件规格、零部件的定位尺寸、结构特点、材料特点、工艺特点等信息为内容的。通常情况下，它还需配合一份明细表对材料零件的名称、数量、规格、尺寸，木材的树种、材种、材积，相关附件、涂料、胶料的规格和数量作出详细标注，以使家具在生产过程中，相关信息一目了然。

首先将前面绘制的各零件创建成块，然后再进行文件柜的装配，最后标注尺寸和创建序号，生成明细表，完成文件柜结构装配图的绘制，结果如图 12-226 所示。

操作步骤如下：（：光盘\动画演示\第 12 章\文件柜装配.avi）

12.8.1　创建图块

打开绘制好的文件，分别将图形创建成块，方便装配。

（1）单击快速访问工具栏中的“打开”按钮，打开“顶板.dwg”文件，关闭“尺寸”“点

画线”“虚线”图层。

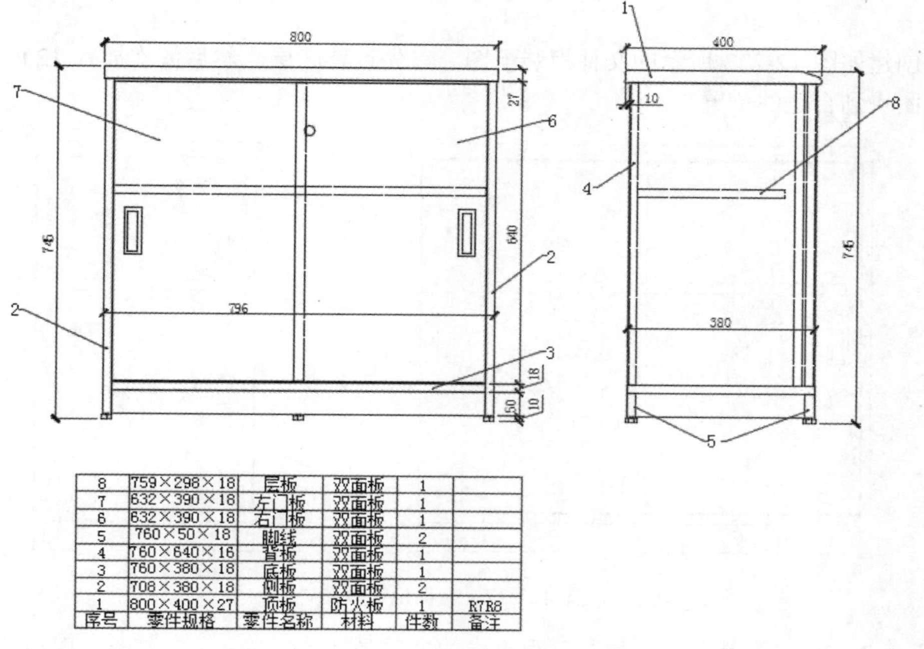

序号	零件规格	零件名称	材料	件数	备注
8	759×298×18	层板	双面板	1	
7	632×390×18	左门板	双面板	1	
6	632×390×18	右门板	双面板	1	
5	760×50×18	脚线	双面板	2	
4	760×640×16	背板	双面板	1	
3	760×380×18	底板	双面板	1	
2	708×380×18	侧板	双面板	2	
1	800×400×27	顶板	防火板	1	R7R8

图 12-226　文件柜装配结构图

（2）在命令行中输入“WBLOCK”命令，打开“写块”对话框，拾取俯视图的左下端点为基点，将顶板俯视图创建成“顶板俯视图”图块。

（3）在命令行中输入“WBLOCK”命令，拾取左视图的右上端点为基点，将顶板左视图创建成“顶板俯视图”图块。

（4）重复第（1）步～第（3）步，打开左右侧板文件，分别以视图的左下端点为基点创建“侧板主视图”和“侧板俯视图”图块。

（5）重复第（1）步～第（3）步，打开底板文件，分别以视图的左上端点为基点创建“底板俯视图”和“底板左视图”图块。

（6）重复第（1）步～第（3）步，打开背板文件，分别以视图的左下端点为基点创建“背板主视图”和“背板左视图”图块。

（7）重复第（1）步～第（3）步，打开脚线文件，分别以视图的左下端点为基点创建“脚线主视图”和“脚线左视图”图块。

（8）重复第（1）步～第（3）步，打开层板文件，分别以视图的左下端点为基点创建“层板俯视图”和“层板左视图”图块。

（9）重复第（1）步～第（3）步，打开左门板文件，以主视图的左下端点为基点创建“左门板主视图”，以左视图的右下端点为基点创建“左门板左视图”图块。

（10）重复第（1）步～第（3）步，打开右门板文件，以主视图的左下端点为基点创建“右门板主视图”，以左视图的右下端点为基点创建“右门板左视图”图块。

12.8.2 装配文件柜

Note

本节创建如图 12-227 所示的文件柜装配图。首先设置图层，然后依次插入 12.8.1 节创建的各个零件图块到合适的位置。

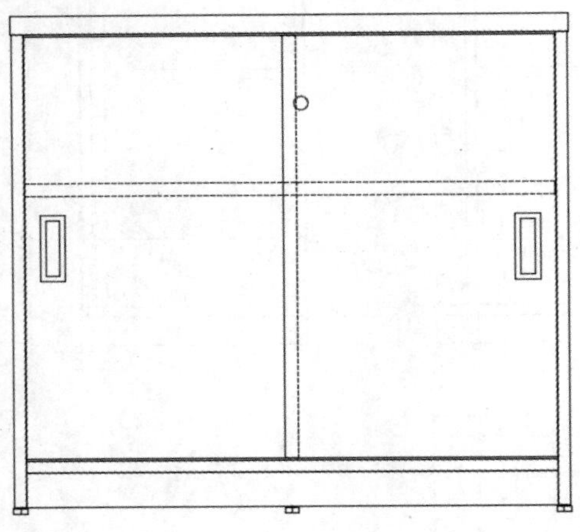

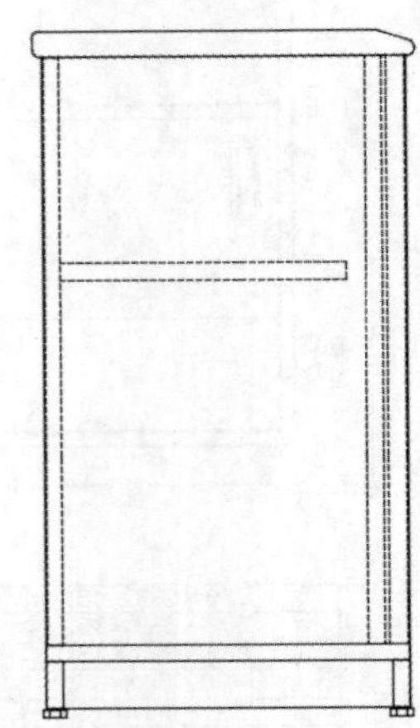

图 12-227 文件柜装配图

（1）单击“默认”选项卡“图层”面板中的“图层特性”按钮，打开“图层特性管理器”选项板，新建图层，如图 12-228 所示。

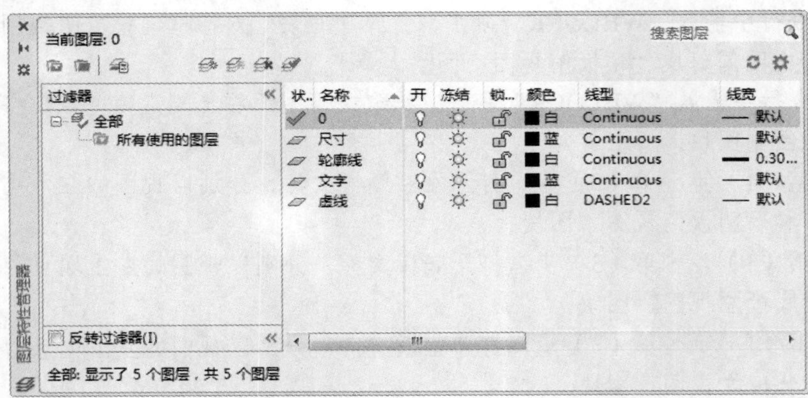

当前图层: 0

搜索图层

过滤器

全部

所有使用的图层

反转过滤器(I)

全部: 显示了 5 个图层，共 5 个图层

状..	名称	开	冻结	锁...	颜色	线型	线宽
✓	0				白	Continuous	—— 默认
	尺寸				蓝	Continuous	—— 默认
	轮廓线				白	Continuous	—— 0.30...
	文字				蓝	Continuous	—— 默认
	虚线				白	DASHED2	—— 默认

图 12-228 “图层特性管理器”选项板

（2）装配侧板。

① 将“轮廓线”图层设置为当前图层。单击“默认”选项卡“块”面板中的“插入”按钮，打开“插入”对话框，选取“侧板俯视图”图块，旋转角度为 90°，将其放置到图中适当位置作为文件柜的主视图。

② 单击“默认”选项卡“块”面板中的“插入”按钮，打开“插入”对话框，选取“侧板主视图”图块，旋转角度为 90°，捕捉侧板主视图的右下端点，在其右方适当位置单击，放置侧板主视图，结果如图 12-229 所示。

图 12-229 放置侧板

（3）装配脚线。

① 单击“默认”选项卡“块”面板中的“插入”按钮，打开“插入”对话框，选取“脚线主视图”图块，捕捉主视图中的侧板左下端点放置脚线主视图。

② 单击“默认”选项卡“块”面板中的“插入”按钮，打开“插入”对话框，选取“脚线左视图”图块，捕捉左视图中的侧板左下端点放置脚线左视图。

③ 单击“默认”选项卡“修改”面板中的“镜像”按钮，选择脚线左视图为镜像对象，选取主视图中的侧板的上下两边线中点为镜像线，结果如图 12-230 所示。

图 12-230 装配脚线

（4）复制侧板。单击“默认”选项卡“修改”面板中的“复制”按钮，复制主视图中的侧板文件，以其左下端点为基点，将其复制到脚线的右下端点处，结果如图 12-231 所示。

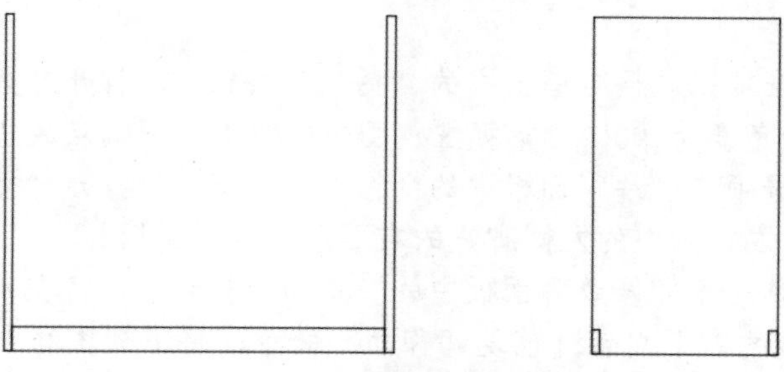

图 12-231 复制侧板

（5）装配底板。

① 单击“默认”选项卡“块”面板中的“插入”按钮，打开“插入”对话框，选取“底板俯视图”图块，捕捉主视图中的脚线左上端点放置底板。

② 单击“默认”选项卡“块”面板中的“插入”按钮，打开“插入”对话框，选取“底板左视图”图块，旋转角度为 90°，捕捉左视图中的右侧脚线的右上端点放置底板，结果如图 12-232

所示。

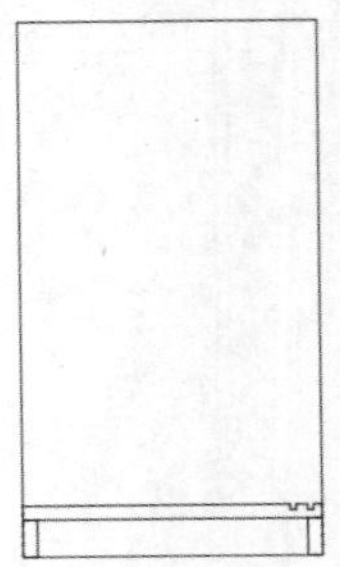

图 12-232　放置底板

（6）装配背板。

① 单击“默认”选项卡“块”面板中的“插入”按钮，打开“插入”对话框，选取“背板主视图”图块，捕捉主视图中的底板左上端点放置背板。

② 单击“默认”选项卡“块”面板中的“插入”按钮，打开“插入”对话框，选取“背板左视图”图块，捕捉左视图中的底板的左上端点放置背板。

③ 单击“默认”选项卡“修改”面板中的“移动”按钮，将左视图中的背板向右移动 2mm，结果如图 12-233 所示。

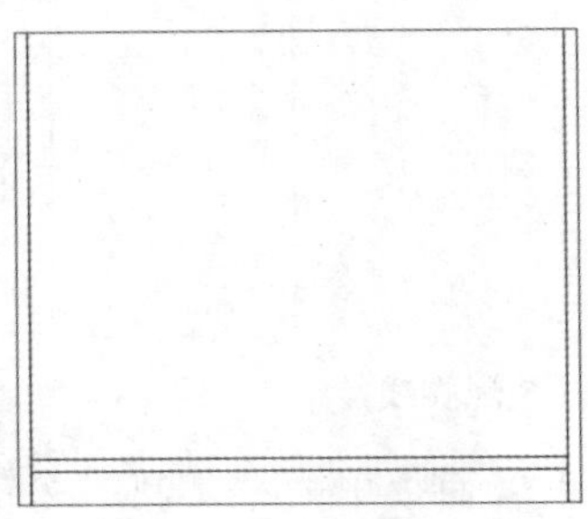

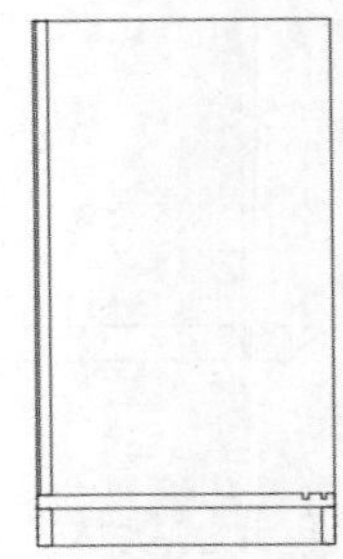

图 12-233　放置背板

（7）装配层板。

① 单击“默认”选项卡“块”面板中的“插入”按钮，打开“插入”对话框，选取“层板俯视图”图块，旋转角度为-90°，捕捉主视图中的侧板右下端点放置层板。

② 单击“默认”选项卡“块”面板中的“插入”按钮，打开“插入”对话框，选取“层板左视图”图块，捕捉左视图中的左侧脚线的右下端点放置层板。

③ 单击“默认”选项卡“修改”面板中的“移动”按钮，将左视图中的层板以左下端点为基点移动到左侧脚线的右下端点；重复“移动”命令，将主视图和左视图中的层板向上移动 467mm，结果如图 12-234 所示。

（8）装配右门板。

① 单击“默认”选项卡“块”面板中的“插入”按钮，打开“插入”对话框，选取“右门板主视图”图块，捕捉主视图中的底板右上端点放置右门板。

② 单击“默认”选项卡“块”面板中的“插入”按钮，打开“插入”对话框，选取“右门板左视图”图块，捕捉左视图中的底板的右上端点右门板。

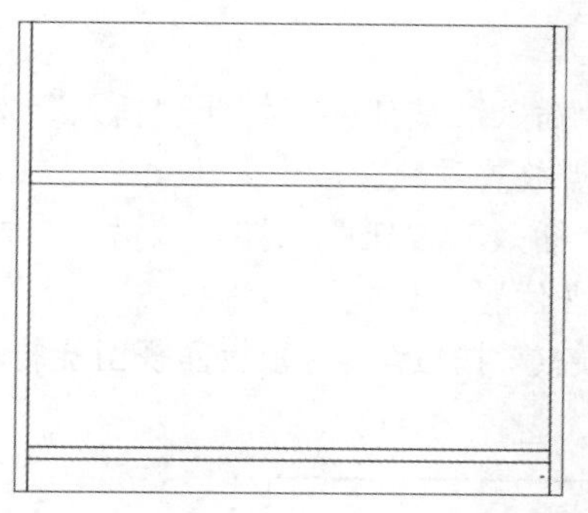

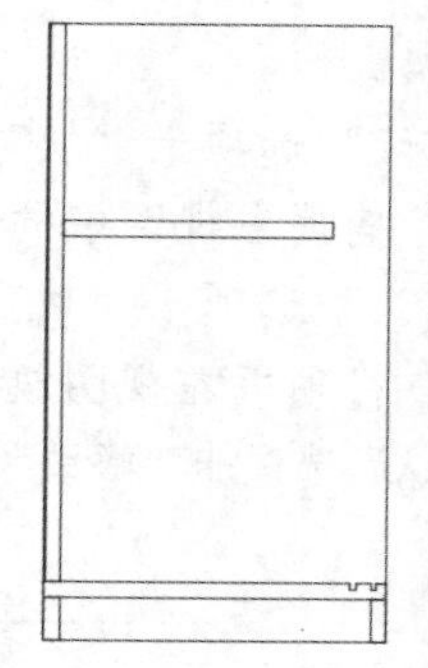

图 12-234　放置层板

③ 单击“默认”选项卡“修改”面板中的“移动”按钮，将左视图中的右门板向左移动2mm；重复“移动”命令，将主视图和左视图中的右门板向上移动 4mm，结果如图 12-235 所示。

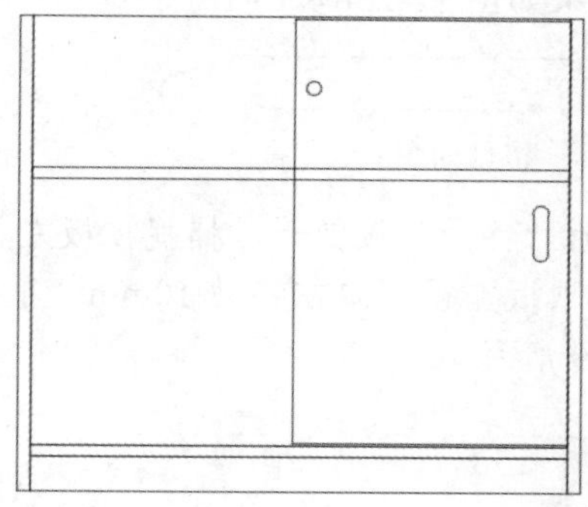

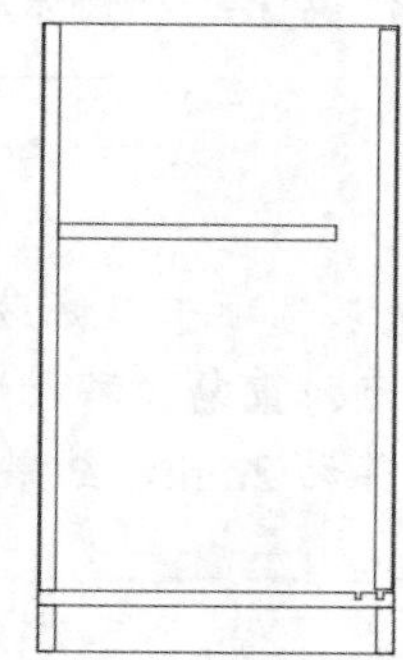

图 12-235　装配右门板

（9）装配左门板。

① 单击“默认”选项卡“块”面板中的“插入”按钮，打开“插入”对话框，选取“左门板主视图”图块，捕捉主视图中的底板左上端点放置右门板。

② 单击“默认”选项卡“块”面板中的“插入”按钮，打开“插入”对话框，选取“左门板左视图”图块，捕捉左视图中的底板的右上端点右门板。

③ 单击“默认”选项卡“修改”面板中的“移动”按钮，将左视图中的左门板向左移动25mm；重复“移动”命令，将主视图和左视图中的左门板向上移动 4mm，结果如图 12-236 所示。

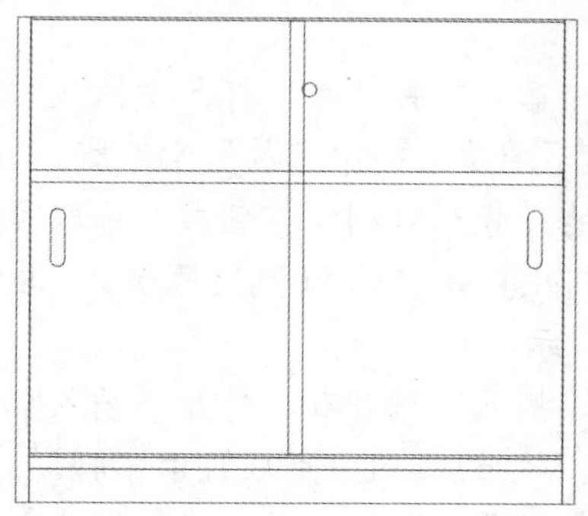

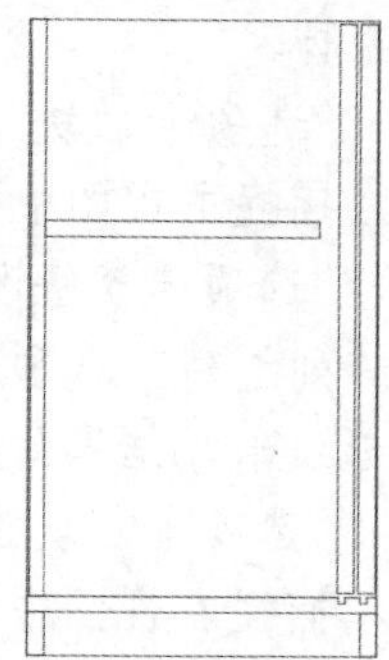

图 12-236　装配左门板

Note

（10）装配顶板。

① 单击“默认”选项卡“块”面板中的“插入”按钮，打开“插入”对话框，选取“顶板俯视图”图块，捕捉主视图中的侧板左上端点放置顶板。

② 单击“默认”选项卡“块”面板中的“插入”按钮，打开“插入”对话框，选取“顶板左视图”图块，将顶板左视图放置到图中适当位置。

③ 单击“默认”选项卡“修改”面板中的“旋转”按钮，将顶板左视图旋转90°，如图12-237所示。

图 12-237 旋转视图

④ 单击“默认”选项卡“修改”面板中的“镜像”按钮，将旋转后的顶板左视图以其上边线作为镜像线进行镜像，并删除源对象，结果如图12-238所示。

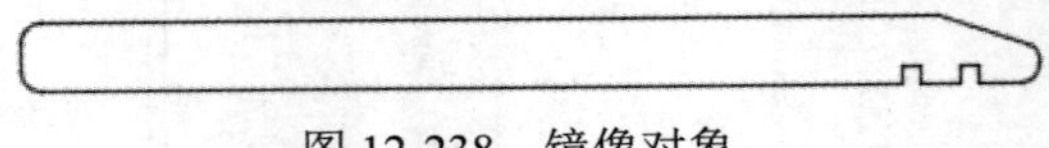

图 12-238 镜像对象

⑤ 单击“默认”选项卡“修改”面板中的“移动”按钮，捕捉顶板左视图的左下端点移动到侧板的左上端点；重复“移动”命令，将顶板左视图向左移动10mm；重复“移动”命令，将顶板主视图向左移动2mm，结果如图12-239所示。

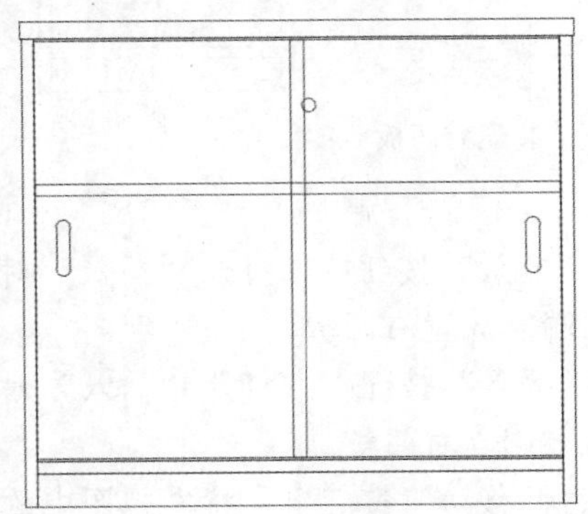

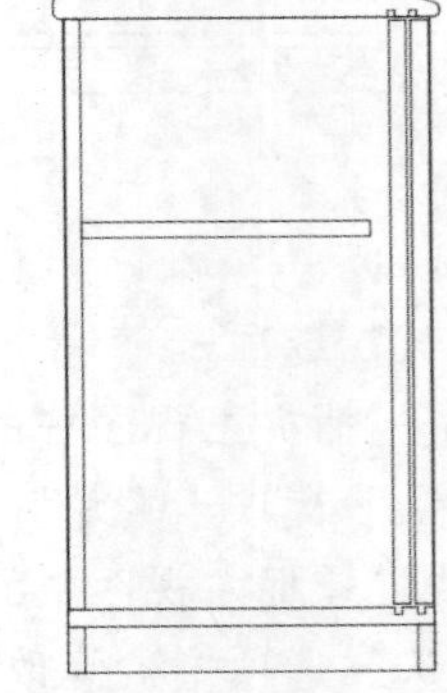

图 12-239 安装顶板

（11）装配十字脚。

① 单击“默认”选项卡“块”面板中的“插入”按钮，打开“插入”对话框，选取“十字脚主视图”图块，捕捉主视图中的左侧侧板下端边线的中点放置十字脚。

② 单击“默认”选项卡“修改”面板中的“矩形阵列”按钮，选取第①步放置的十字脚为阵列对象，在“阵列创建”选项卡中输入列数为3，介于（列间距）为389，输入行数为1，关闭“阵列创建”选项卡，结果如图12-240所示。

③ 单击“默认”选项卡“块”面板中的“插入”按钮，打开“插入”对话框，选取“十字脚左视图”图块，捕捉左视图中的左侧脚线下端边线的中点放置十字脚。

④ 单击“默认”选项卡“修改”面板中的“复制”按钮，将第③步创建的十字脚复制到右侧脚线下端边线中点，结果如图12-241所示。

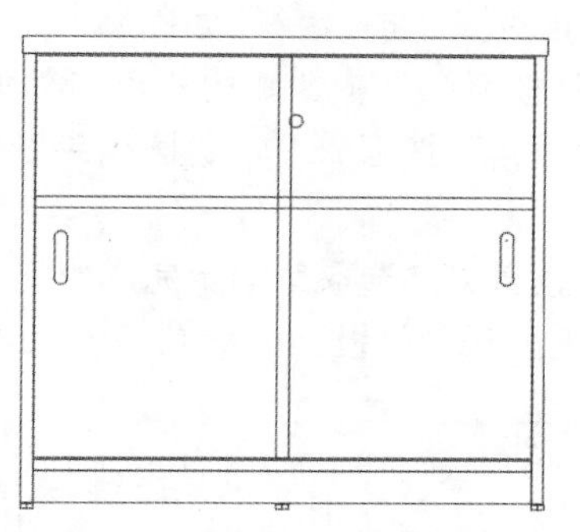

图 12-240 安装主视图中的十字脚

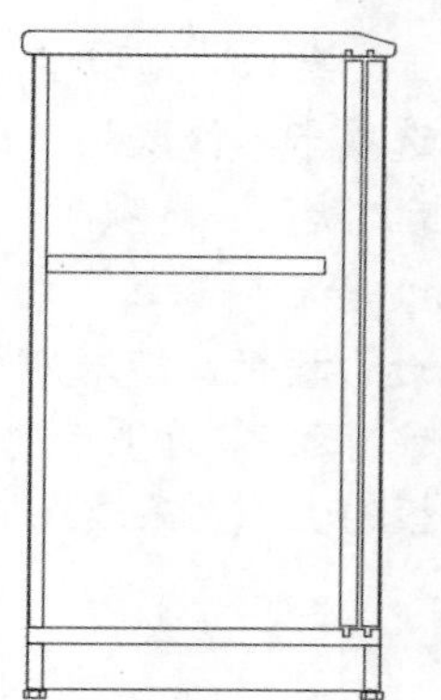

图 12-241 安装左视图中的十字脚

（12）整理图形。

① 单击“默认”选项卡“修改”面板中的“分解”按钮，将图形分解。

② 单击“默认”选项卡“修改”面板中的“修剪”按钮和“延伸”按钮，修剪多余的线段，然后延伸线段，结果如图 12-242 所示。

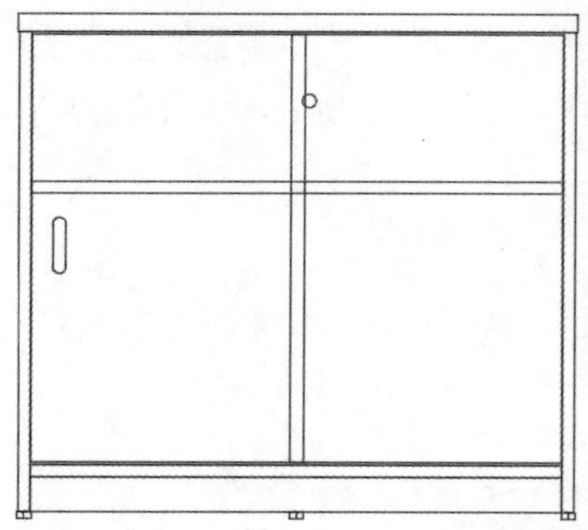

图 12-242 修剪图形

③ 将内部线条转换至“虚线”图层，结果如图 12-243 所示。

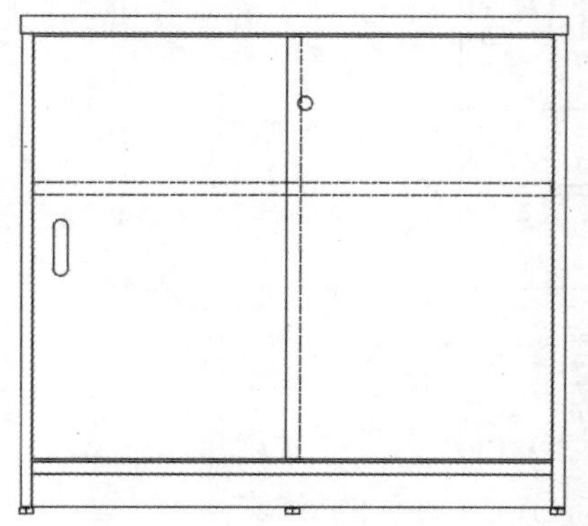

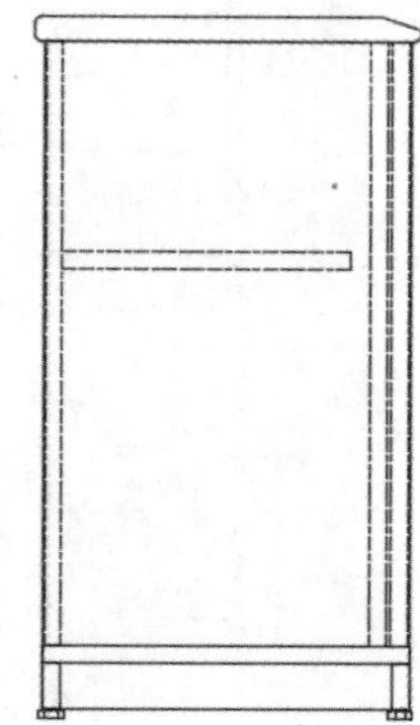

图 12-243 转换线型

④ 单击“默认”选项卡“绘图”面板中的“直线”按钮，过左门板上圆弧象限点绘制水

平直线；单击“默认”选项卡“修改”面板中的“延伸”按钮，将竖直线延伸至水平直线；单击“默认”选项卡“修改”面板中的“修剪”按钮，修剪多余的线段并删除圆弧。

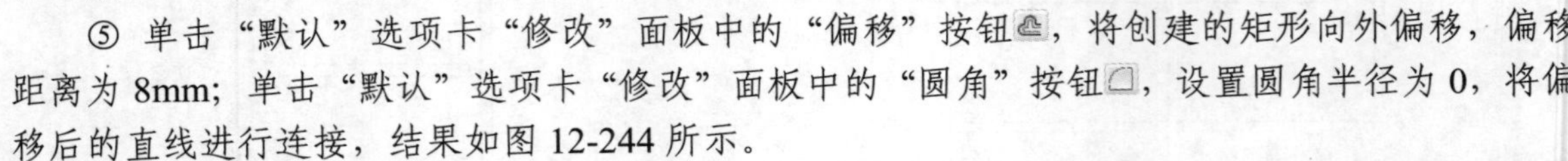

⑤ 单击“默认”选项卡“修改”面板中的“偏移”按钮，将创建的矩形向外偏移，偏移距离为 8mm；单击“默认”选项卡“修改”面板中的“圆角”按钮，设置圆角半径为 0，将偏移后的直线进行连接，结果如图 12-244 所示。

Note

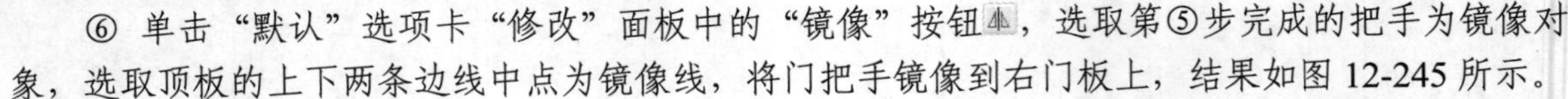

⑥ 单击“默认”选项卡“修改”面板中的“镜像”按钮，选取第⑤步完成的把手为镜像对象，选取顶板的上下两条边线中点为镜像线，将门把手镜像到右门板上，结果如图 12-245 所示。

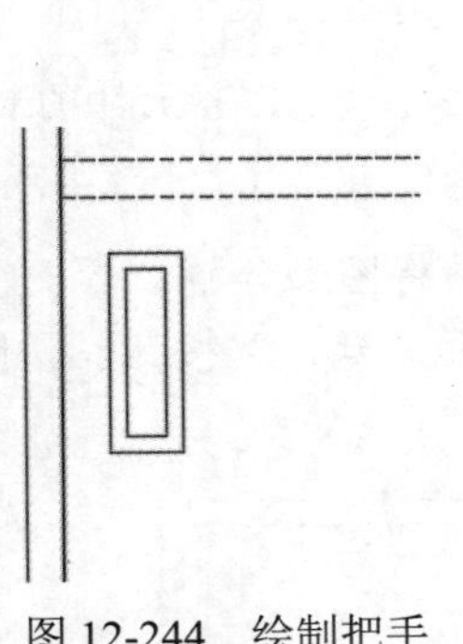

图 12-244　绘制把手

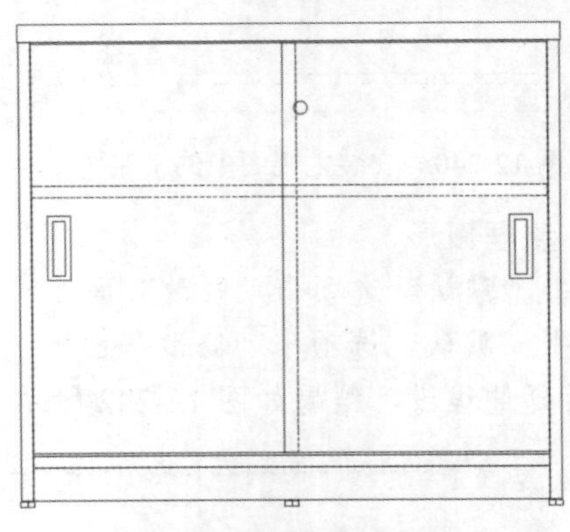

图 12-245　镜像把手

12.8.3　标注尺寸、序号和明细表

本节完成文件柜的创建，如图 12-246 所示。首先标注文件柜主要尺寸，然后添加各个部件的序号，最后创建明细表格并添加文字。

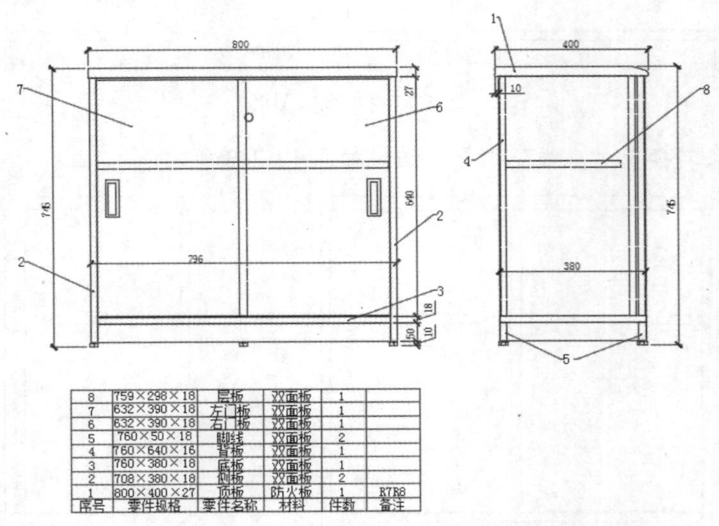

序号	零件规格	零件名称	材料	件数	备注
8	759×298×18	层板	双面板	1	
7	632×390×18	左门板	双面板	1	
6	632×390×18	右门板	双面板	1	
5	760×50×18	脚线	双面板	2	
4	760×640×16	背板	双面板	1	
3	760×380×18	底板	双面板	1	
2	708×380×18	侧板	双面板	2	
1	800×400×27	顶板	防火板	1	R7R8

图 12-246　标注尺寸、序号和明细表

1. 标注尺寸

（1）将“尺寸”图层设置为当前图层。单击“默认”选项卡“注释”面板中的“标注样式”

按钮，打开“标注样式管理器”对话框，单击“修改”按钮，打开“修改标注样式：ISO-25”对话框，在该对话框中进行如下设置。

☑ “线”选项卡：设置基线间距为5，超出尺寸线为10，起点偏移量为10。

☑ “符号和箭头”选项卡：设置箭头类型为“建筑标记”，设置箭头大小为10。

☑ “文字”选项卡：设置文字高度为15，从尺寸线偏移为5，文字对齐方式为“与尺寸线对齐”。

其他采用默认设置，单击“确定”按钮后返回到“标注样式管理器”对话框，单击“关闭”按钮，关闭对话框。

（2）单击“注释”选项卡“标注”面板中的“线性”按钮和“连续”按钮，标注文件柜尺寸，结果如图12-247所示。

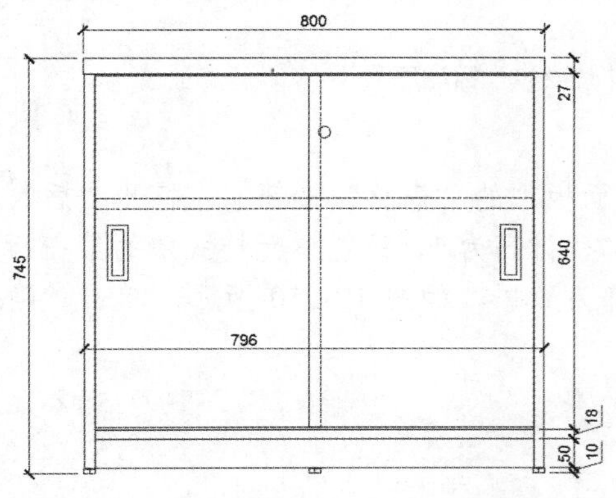

图12-247　标注尺寸

2. 标注文字

（1）单击“默认”选项卡“注释”面板中的“文字样式”按钮，打开“文字样式”对话框，新建“文字”样式，设置字体名为“宋体”，高度为25，并将其设置为当前，如图12-248所示。

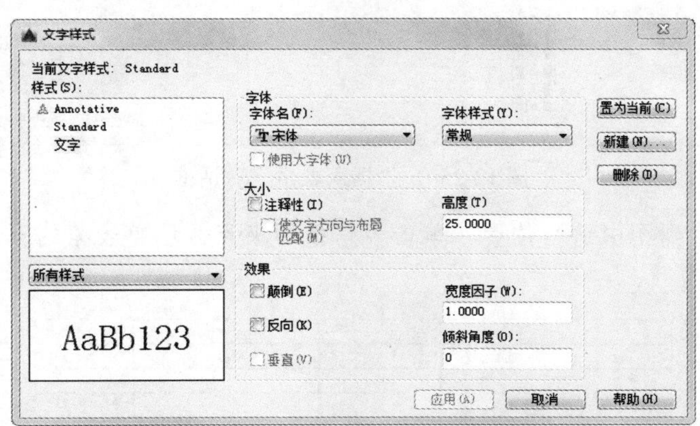

图12-248　“文字样式”对话框

（2）将“文字”图层设置为当前图层。单击“默认”选项卡“注释”面板中的“多重引线”按钮，标注文件序号，结果如图12-249所示。

Note

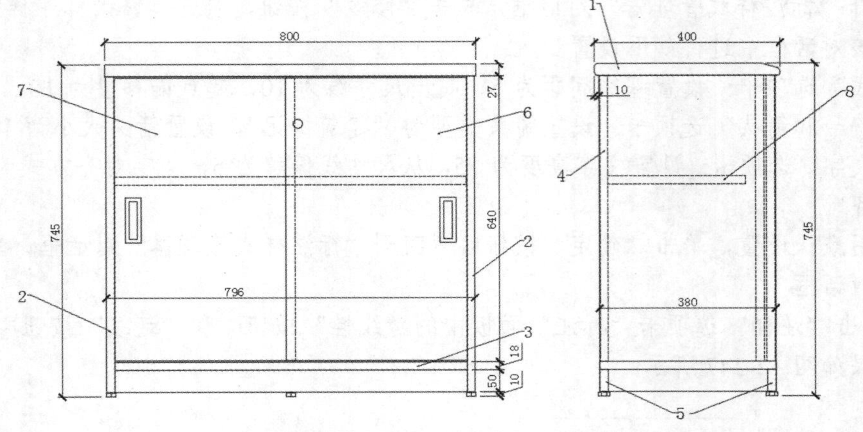

图 12-249　标注序号

3. 创建明细表

（1）单击“默认”选项卡“注释”面板中的“表格”按钮▦，打开“插入表格”对话框，设置列数为 6，列宽为 200，数据行数为 7，行高为 1，设置单元样式中的第一行单元样式、第二行单元样式和所有其他行数据单元样式都为数据，如图 12-250 所示。单击“确定”按钮，完成表格设置。

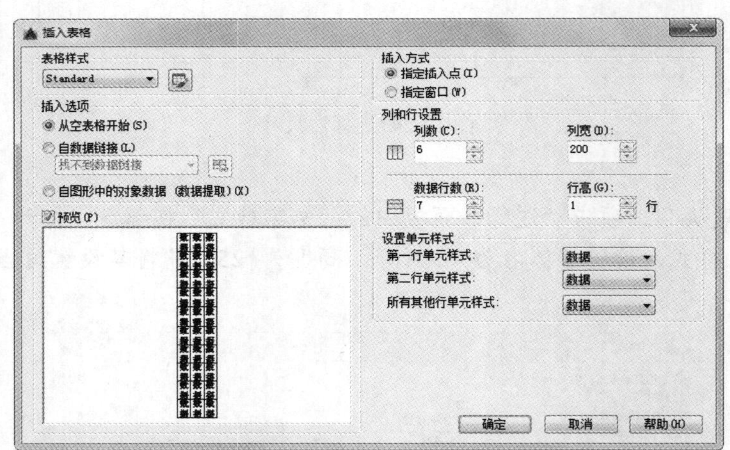

图 12-250　“插入表格”对话框

（2）将表格放置到图中适当位置，单击表格拖动夹点，调整表格的宽度，结果如图 12-251 所示。

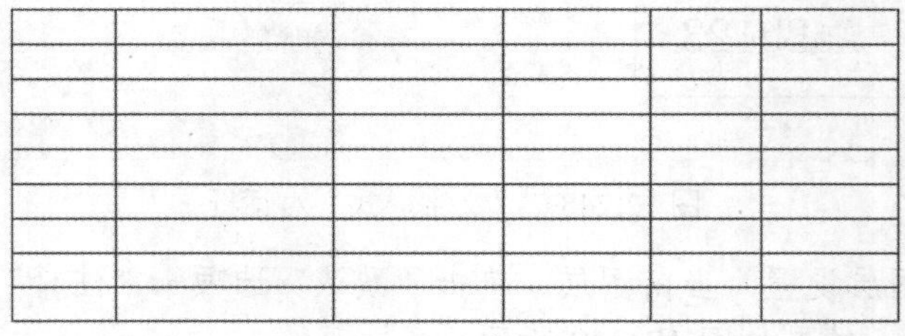

图 12-251　调整表格大小

（3）双击单元格，打开文字编辑器，输入对应的文字，完成明细表的创建，如图12-252所示。

序号	零件规格	零件名称	材料	件数	备注
8	759×298×18	层板	双面板	1	
7	632×390×18	左门板	双面板	1	
6	632×390×18	右门板	双面板	1	
5	760×50×18	脚线	双面板	2	
4	760×640×16	背板	双面板	1	
3	760×380×18	底板	双面板	1	
2	708×380×18	侧板	双面板	2	
1	800×400×27	顶板	防火板	1	R7R8

图12-252 填写文字

12.9 实战演练

通过前面的学习，读者对本章知识有了大体的了解，本节通过此练习使读者进一步掌握本章知识要点。

【实战演练】绘制如图12-253所示的移门柜。

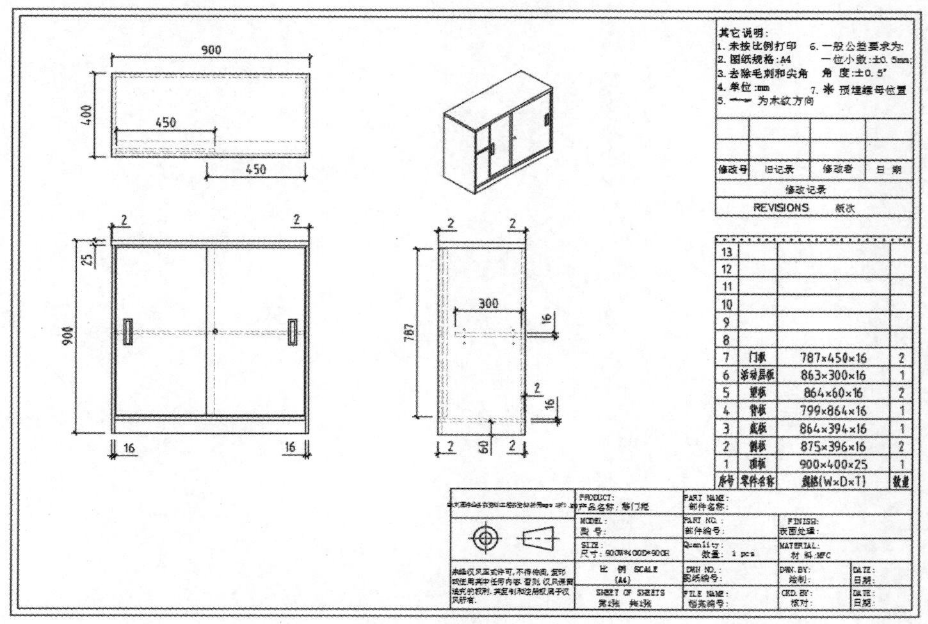

图12-253 移门柜

1．目的要求

本实例主要要求读者通过练习进一步熟悉和掌握装配图的绘制方法。通过本实例，可以帮助读者学会完成移门柜绘制的全过程。

2．操作提示

（1）根据尺寸绘制各个视图。

（2）标注尺寸。

（3）创建明细表。